液压缸手册

唐颖达 编著

机械工业出版社

本手册不但全面、系统地介绍了液压缸设计常用标准、公式和资料，还根据相关标准及作者实践经验的总结，给出了液压缸及缸零件的技术要求、液压缸的设计与制造禁忌、液压缸的试验方法，以及经过实机检验（或实证性试验）的大量液压缸产品图样，而且进一步通过研究及工程试验（含部分验证与复检），筛选出了具有实用价值或工程应用前景的液压缸设计与（再）制造新技术等。

本手册具有内容新颖、信息量大、取材广泛、规格齐全、实用性强、数据可靠、使用方便等特点。

本手册可供从事液压缸及液压机械、设备或装置的选型、设计、工艺、加工、装配、试验、验收、现场维护及保养、再制造及产品营销的人员使用，也可供高等院校相关专业的师生参考。

图书在版编目（CIP）数据

液压缸手册/唐颖达编著. —北京：机械工业出版社，2020.9（2023.1重印）

ISBN 978-7-111-66167-2

Ⅰ.①液… Ⅱ.①唐… Ⅲ.①液压缸—制造—手册 ②液压缸—设计—手册 Ⅳ.①TH137.51-62

中国版本图书馆 CIP 数据核字（2020）第 133111 号

机械工业出版社（北京市百万庄大街22号 邮政编码100037）
策划编辑：崔滋恩 王永新
责任编辑：崔滋恩 李含杨 王彦青 王永新
责任校对：张 征 封面设计：鞠 杨
责任印制：张 博
北京建宏印刷有限公司印刷
2023 年 1 月第 1 版第 2 次印刷
184mm×260mm·57 印张·2 插页·2129 千字
标准书号：ISBN 978-7-111-66167-2
定价：199.00 元

电话服务 网络服务
客服电话：010-88361066 机 工 官 网：www.cmpbook.com
　　　　　010-88379833 机 工 官 博：weibo.com/cmp1952
　　　　　010-68326294 金 书 网：www.golden-book.com
封底无防伪标均为盗版 机工教育服务网：www.cmpedu.com

前　言

　　在液压传动系统中，功率是通过在密闭回路内的受压液体来传递和控制的。液压缸是这类系统中的元件（部件）之一，它是将液压功率转换成直线机械力和运动的装置。液压缸由一些运动的零件、组件（分部件）等组成，即由在缸筒中运行的活塞杆或与活塞同轴并联为一体的活塞杆和活塞等组成。

　　在液压传动系统及元件中，除油箱、配管外，工程技术人员最可能遇到的技术设计是液压缸。尽管与其他液压元件或装置相比，液压缸的设计与制造相对简单、容易，但要真正设计、制造出一台好的液压缸却很难。因为其工况比液压阀、液压泵都难以确定，还可能受到意外因素影响；而且，液压缸经常为单件或小批（量）生产，其材料、热处理工艺、工艺装备、装配、检验等很难做到尽善尽美，任何一个细小的失误都可能引发大的事故。以液压机用液压缸为例，如果密封系统设计不合理，或者设计、加工、制造的零件尺寸、几何公差或表面粗糙度等没处理好，就会造成内、外泄漏，而仅更换密封圈一项就会造成很大的人力、物力浪费。现场曾发生过因热处理问题造成带凸缘的活塞杆端产生裂纹而引发的早期疲劳断裂，液压机滑块脱落造成人身伤害的事故。这些作者的亲身经历提示每位设计者：在进行液压缸设计时，必须考虑周全，小心谨慎，遵守标准，采用经工程实践证实和公认的计算方法设计。

　　现在液压缸的制造比过去更容易一些，表现为有符合 JB/T 11718—2013《液压缸　缸筒技术条件》规定的商品缸筒，有符合 GB/T 32957—2016《液压和气动系统设备用冷拔或冷轧精密内径无缝钢管》规定的精密内径无缝钢管，以及有符合 YB/T 4673—2018《冷拔液压缸筒用无缝钢管》规定的无缝钢管，但随之而来的就是前后端盖的连接和密封问题，如果处理不好，就可能会造成批量废品。因此，液压缸的制造工艺就显得十分重要。根据液压缸生产实际设计、总结出的加工工艺及工艺装备对正确指导生产，保证产品质量十分必要。

　　内泄漏量和/或外泄漏量大可能是一台液压缸质量差或变差首要的、直观的表象，液压缸的实际使用寿命也经常由泄漏量的多少来判定；同时，在现行的各项液压缸标准中，大部分内容都是关于密封要求的或与密封相关的，因此液压缸密封装置或密封系统的设计尤为重要。

　　液压缸的装配是需要专门技术的。因生产批量的原因，液压缸装配一般不能采用完全互换法装配，经常需要采用分组法、调整法或修配法等。因此，需要操作者不仅对液压缸的图样和装配工艺，还应对测量技术、装配尺寸链计算、钳工技术等熟练掌握。就此意义上讲，一台好的液压缸不但是设计出来的，也是装配出来的。

　　无论是液压缸定型（鉴定），还是出厂（验收）都需要检（试）验，因此液压缸的试验方法是否全面、正确、可行就显得尤其重要；而且，液压缸的可靠性和耐久性及环境适应性也是通过试验确定的，这对舰船、航空航天乃至军工领域应用的液压缸尤为重要。为此，本手册较为全面地介绍了军用装备实验室环境试验方法。

　　液压缸通常只是液压系统中一个元件、液压机（械）中一个部件，必须满足液压机（械）的技术条件。而现在液压缸的设计与制造经常忽视对液压机（械）整机的研究与把握，导致液压缸不能很好地满足整机的技术要求，致使液压缸成为整机中使用寿命最短的部件之一。本手

册根据液压机（械）相关标准及作者设计、制造液压机（械）的经验，从整机的角度出发，对液压缸设计与选型进行了概述，并对一些液压机技术条件中相关液压缸的内容提出了自己的观点，供读者在为液压机（械）设计配套液压缸时参考、使用。

同其他液压元件一样，液压缸也只能在一定条件（如规定工况）下运行才能安全可靠并得以保证具有一定的使用寿命。为此，液压缸需要正确地使用和正常的维护及保养。其中，液压工作介质的选择、使用和维护尤为重要，但液压工作介质的在线检（监）测不但需要必要的设备，同时也需要相关人员具有一定的实践经验。

近年来，在液压缸设计与制造领域中出现了一些新标准、新材料、新结构、新工艺、新产品、新技术、新设计理论和方法，本手册及时吸收并总结了包括绿色制造、再制造等方面的阶段性技术成果。

由此值得推广的是一种新的设计理念和方法，即在液压缸新品设计中就应融入再制造概念，使新品液压缸具有再制造性。具体做法是：在新品液压缸设计时，即对液压缸及缸零件所应有的再制造性达标情况进行评估，并对所暴露问题进行纠正。

本手册贯彻新发展理念，秉持与时俱进、开拓创新的精神，努力实现科学性、先进性、实用性、可靠性的最佳结合，以期最大限度地快速提高液压缸以及以液压缸为执行元件的液压机械、设备或装置设计人员自主创新的能力，适应建设创新型国家的需要。

本手册具有以下几个方面的特点：

1. 标准全、新、准

本手册不但全面、系统地引用包括摘录了 2018 年 12 月 31 日前发布、实施的与液压缸设计与制造相关的标准，如 GB/T 35023—2018《液压元件可靠性评估方法》、GB/T 36520.1—2018《液压传动　聚氨酯密封件尺寸系列　第 1 部分：活塞往复运动密封圈的尺寸和公差》、GB/T 36520.2—2018《液压传动　聚氨酯密封件尺寸系列　第 2 部分：活塞杆往复运动密封圈的尺寸和公差》、GB/T 2348—2018《流体传动系统及元件　缸径及活塞杆直径》、GB/T 37162.1—2018《液压传动　液体颗粒污染度的监测　第 1 部分：总则》，甚至还包括了 2019 年 8 月 30 日发布、2020 年 3 月 1 日实施的 GB/T 37400.10—2019《重型机械通用技术条件　第 10 部分：装配》、GB/T 37400.16—2019《重型机械通用技术条件　第 16 部分：液压系统》等标准，并且基于作者应用经验的总结，对引用这些标准时应注意的事项进行了说明。

2. 内容实用、可靠

本手册包括了液压缸设计与制造相关的标准、设计（计算）常用公式和资料、液压缸及缸零件技术要求等，为工程技术人员设计液压缸提供了全面、准确、实用的参照标准、文献和资料，如在 4.9 节中列举了大量经工程实机检验（或实证性试验）过的液压缸图样和以实践经验为根据编著 3.9 节一起，为工程技术人员设计与制造液压缸提供确实有用的参考。

3. 坚持创新、追求先进

创新是引领发展的第一动力，本手册中有些内容为作者第一次给出，如根据 GB/T 35023—2018 给出的液压缸密封系统失效模式。以本手册第 5 章为例，不但对 GB/T 15622—2005《液压缸试验方法》和 JB/T 10205—2010《液压缸》中规定的试验方法进行了创新（包括勘误），而且对 DB44/T 1169.2—2013《伺服液压缸　第 2 部分：试验方法》和 GB/T 32216—2015《液压传动　比例/伺服控制液压缸的试验方法》中规定的试验方法提出了作者的观点并给出了说

明，并对 CB/T 3812—2013《船用舱口盖液压缸》、JB/T 11588—2013《大型液压油缸》、GB/T 24946—2010《船用数字液压缸》中的试验方法等进行了分析比较，阐述了意见。

在本手册的编著过程中得到了多位专家、教授的大力支持和帮助，在此由衷地表示感谢！由于作者水平有限，调研工作还不够全面，本手册中肯定存在一些疏漏和不足，恳请广大读者批评指正。

编著者

目　录

第1章 液压缸设计与制造基础

1.1 液压缸设计与制造常用标准目录

标准是一种规范性文件，是以科学、技术和经验的综合成果为基础，为了达到在一定范围内获得最佳秩序的目的，按协商一致原则制定并经公认机构批准，具有共同使用和重复使用的特点。

阐明要求的文件称为规范。规范性文件是诸如标准、技术规范、规程和法规等这类文件的通称。

液压缸的设计与（再）制造等涉及很多现行标准，根据这些相关标准，可以对液压缸进行标准化设计与制造，进而获得统一、简化、协调、优化的液压缸。

液压缸设计与（再）制造包括液压缸及其零件再制造等相关的国际、国家、行业及地方标准目录，见下列各表。

1.1.1 基础标准目录

液压缸设计与（再）制造相关基础标准目录见表1-1。

表1-1 基础标准目录

序号	标 准
1	GB/T 786.1—2009《流体传动系统及元件图形符号和回路图 第1部分：用于常规用途和数据处理的图形符号》（新标准正在制定中）
2	GB/T 2346—2003《液压传动系统及元件 公称压力系列》
3	GB/T 2348—2018《流体传动系统及元件 缸径及活塞杆直径》
4	GB 2349—1980《液压气动系统及元件 缸活塞行程系列》
5	GB 2350—1980《液压气动系统及元件 活塞杆螺纹型式和尺寸系列》（新标准正在制定中）
6	GB/T 2422—2012《环境试验 试验方法编写导则 术语和定义》
7	GB/T 2900.99—2016《电工术语 可信性》
8	GB/T 3138—2015《金属及其他无机覆盖层 表面处理 术语》
9	GB/T 3375—1994《焊接术语》
10	GB/T 4728（所有部分）《电气简图用图形符号》
11	GB/T 4863—2008《机械制造工艺基本术语》
12	GB/T 7665—2005《传感器通用术语》
13	GB/T 7666—2005《传感器命名法及代码》
14	GB/T 7937—2008《液压气动管接头及其相关元件 公称压力系列》
15	GB/T 8129—2015《工业自动化系统 机床数值控制 词汇》
16	GB/T 8541—2012《锻压术语》
17	GB/T 10623—2008《金属材料 力学性能试验术语》
18	GB/T 10853—2008《机构与机器科学词汇》
19	GB/T 11464—2013《电子测量仪器术语》
20	GB/T 14479—1993《传感器图用图形符号》
21	GB/T 15312—2008《制造业自动化 术语》
22	GB/T 15706—2012《机械安全 设计通则 风险评估与风险减小》
23	GB/T 16978—1997《工业自动化 词汇》
24	GB/T 17212—1998《工业过程测量和控制 术语和定义》
25	GB/T 17446—2012《流体传动系统及元件 词汇》（新标准正在制定中）
26	GB/T 17611—1998《封闭管道中流体流量的测量术语和符号》
27	GB/T 18725—2008《制造业信息化 技术术语》
28	GB/T 19000—2016《质量管理体系 基础和术语》
29	GB/T 20002.3—2014《标准中特定内容的起草 第3部分：产品标准中涉及环境的内容》

（续）

序号	标　准
30	GB/T 20002.4—2015《标准中特定内容的起草　第4部分：标准中涉及安全的内容》
31	GB/T 20625—2006《特殊环境条件　术语》
32	GB/T 20921—2007《机器状态监测与诊断　词汇》
33	GB/T 23715—2009《振动与冲击发生系统　词汇》
34	GB/T 24340—2009《工业机械电气图用图形符号》
35	GB/T 27000—2006《合格评定　词汇和通用原则》
36	GB/T 28761—2012《锻压机械　型号编制方法》
37	GB/T 30206.1—2013《航空航天流体系统词汇　第1部分：压力相关的通用术语和定义》
38	GB/T 30206.2—2013《航空航天流体系统词汇　第2部分：流量相关的通用术语和定义》
39	GB/T 30206.3—2013《航空航天流体系统词汇　第3部分：温度相关的通用术语和定义》
40	GB/T 30208—2013《航空航天液压、气动系统和组件图形符号》
41	GB/T 33905.3—2017《智能传感器　第3部分：术语》
42	GB/T 36484—2018《锻压机械　术语》
43	GB/T 50670—2011《机械设备安装工程术语标准》
44	GJB 190—1986《特性分类》
45	GJB 456—1988《飞机液压系统温度型别和压力级别》
46	GJB 9001C—2017《质量管理体系要求》
47	GJB/Z 9004A—2001《质量管理体系　业绩改进指南》
48	CB/T 3004—2005《船用往复液压缸基本参数》
49	HB 0-83—2005《航空附件产品型号命名》
50	JB/T 2184—2007《液压元件　型号编制方法》
51	JB/T 3042—2011《组合机床　夹紧液压缸　系列参数》
52	JB/T 4174—2014《液压机　名词术语》
53	MT/T 94—1996《液压支架立柱、千斤顶内径及活塞杆直径系列》
54	QJ 976—1986《液压系统及元件压力温度分级》
55	QJ 1495—1988《航天流体系统术语》

注：根据 GB/T 1.1—2020 的规定，基础标准通常包括术语标准、符号标准、分类标准、试验标准等。

1.1.2　技术条件、要求和规定标准目录

液压缸设计与（再）制造相关技术条件、技术要求和规定标准目录见表 1-2。

1.1.3　产品及试验标准目录

液压缸设计与（再）制造相关产品及试验标准目录见表 1-3。

表 1-2　技术条件、技术要求和规定标准目录

序号	标　准
1	GB/T 3766—2015《液压传动　系统及其元件通用规则和安全要求》
2	GB/T 7935—2005《液压元件　通用技术条件》
3	GB/T 13342—2007《船用往复式液压缸通用技术条件》
4	GB 17120—2012《锻压机械　安全技术条件》
5	GB 25974.1—2010《煤矿用液压支架　第1部分：通用技术条件》
6	GB 25974.2—2010《煤矿用液压支架　第2部分：立柱和千斤顶技术条件》
7	GB 28241—2012《液压机　安全技术要求》
8	GJB 638A—1997《飞机Ⅰ、Ⅱ型液压系统设计、安装要求》
9	GJB 1482—1992《飞机液压系统附件通用规范》
10	GJB 3849—1999《飞机液压作动筒、阀、压力容器脉冲试验通用规范》
11	GJB 4000—2000《舰船通用规范》
12	CB 1374—2004《舰船用往复式液压缸规范》
13	HB 6090—1986《飞机Ⅰ、Ⅱ型液压系统直线式作动筒通用技术条件》
14	HB 7117—2014《民用飞机液压系统通用要求》
15	HB 7471—2013《民用飞机液压系统设计和安装要求》

（续）

序号	标　准
16	HB 8459—2014《民用飞机液压管路系统设计和安装要求》
17	HB 8521—2015《民用飞机软油箱设计和安装要求》
18	HB 8522—2015《民用飞机液压系统特性要求》
19	HB 8524—2015《民用飞机液压系统附件通用规范》
20	JB/T 1829—2014《锻压机械　通用技术条件》
21	JB/T 3818—2014《液压机　技术条件》
22	JB/T 9834—2014《农用双作用油缸　技术条件》
23	JB/T 13514—2018《自卸低速汽车液压缸　技术条件》
24	QC/T 460—2010《自卸汽车液压缸技术条件》
25	QJ 1499A—2001《伺服系统零、部件制造通用技术要求》
26	MT/T 459—2007《煤矿机械用液压元件通用技术条件》
27	MT/T 900—2000《采掘机械液压缸技术条件》
28	DB44/T 1169.1—2013《伺服液压缸　第1部分：技术条件》（已废止，仅供参考）

表 1-3　产品及试验标准目录

序号	标　准
1	GB/T 15622—2005《液压缸试验方法》
2	GB/T 24655—2009《农用拖拉机　牵引农具用分置式液压油缸》
3	GB/T 24946—2010《船用数字液压缸》
4	GB/T 32216—2015《液压传动　比例/伺服控制液压缸的试验方法》
5	GB/T 37476—2019《船用摆动转角液压缸》
6	CB/T 3812—2013《船用舱口盖液压缸》
7	HB 8506—2014《民用飞机液压系统试验要求》
8	JB/T 2162—2007《冶金设备用液压缸（$PN \leqslant 16MPa$）》
9	JB/ZQ 4181—2006《冶金设备用 UY 型液压缸（$PN \leqslant 25MPa$）》
10	JB/T 5000.1—2007《重型机械通用技术条件　第1部分：产品检验》
11	JB/T 6134—2006《冶金设备用液压缸（$PN \leqslant 25MPa$）》
12	JB/T 10205—2010《液压缸》
13	JB/T 11588—2013《大型液压油缸》
14	JB/T 11772—2014《机床　回转油缸》
15	JB/T 13101—2017《机床　高速回转油缸》
16	JB/T 13141—2017《拖拉机　转向液压缸》
17	JB/T 13644—2019《回转油缸　可靠性试验规范》
18	MT/T 291.2—1995《悬臂式掘进机　液压缸检验规范》
19	QJ 2478—1993《电液伺服机构及其组件装配、试验规范》
20	YB/T 028—1992《冶金设备用液压缸》（新标准正在制定中）
21	DB44/T 1169.2—2013《伺服液压缸　第2部分：试验方法》

1.1.4　密封件及其沟槽标准目录

　　液压缸设计与（再）制造相关密封件及其沟槽标准目录见表 1-4。

1.1.5　零部件标准目录

　　液压缸设计与（再）制造相关零部件标准目录见表 1-5。

表 1-4　密封件及其沟槽标准目录

序号	标　准
1	SAE AS 4716C：2017《O 形圈和其他橡胶密封的密封结构设计》
2	GB/T 2879—2005《液压缸活塞和活塞杆动密封沟槽尺寸和公差》
3	GB 2880—1981《液压缸活塞和活塞杆窄断面动密封沟槽尺寸系列和公差》

（续）

序号	标　　准
4	GB/T 3452.1—2005《液压气动用O形橡胶密封圈　第1部分：尺寸系列及公差》
5	GB/T 3452.2—2007《液压气动用O形橡胶密封圈　第2部分：外观质量检验规范》
6	GB/T 3452.3—2005《液压气动用O形橡胶密封圈　沟槽尺寸》
7	GB/T 4459.8—2009《机械制图　动密封圈　第1部分：通用简化表示法》
8	GB/T 4459.9—2009《机械制图　动密封圈　第2部分：特征简化表示法》
9	GB/T 5719—2006《橡胶密封制品　词汇》
10	GB/T 5720—2008《O形橡胶密封圈试验方法》
11	GB/T 5721—1993《橡胶密封制品标注、包装、运输、贮存的一般规定》
12	GB/T　6577—1986《液压缸活塞用带支承环密封沟槽型式、尺寸和公差》（新标准正在制定中）
13	GB/T 6578—2008《液压缸活塞杆用防尘圈沟槽型式、尺寸和公差》
14	GB/T 10708.1—2000《往复运动橡胶密封圈结构尺寸系列　第1部分：单向密封橡胶密封圈》
15	GB/T 10708.2—2000《往复运动橡胶密封圈结构尺寸系列　第2部分：双向密封橡胶密封圈》
16	GB/T 10708.3—2000《往复运动橡胶密封圈结构尺寸系列　第3部分：橡胶防尘密封圈》
17	GB/T 13871.1—2007《密封元件为弹性体材料的旋转轴唇形密封圈　第1部分：基本尺寸和公差》
18	GB/T 14832—2008《标准弹性材料与液压液体的相容性试验》
19	GB/T 15242.1—2017《液压缸活塞和活塞杆动密封装置尺寸系列　第1部分：同轴密封件尺寸系列和公差》
20	GB/T 15242.2—2017《液压缸活塞和活塞杆动密封装置尺寸系列　第2部分：支承环尺寸系列和公差》
21	GB/T 15242.3—1994《液压缸活塞和活塞杆动密封装置用同轴密封件安装沟槽尺寸系列和公差》（新标准正在制定中）
22	GB/T 15242.4—1994《液压缸活塞和活塞杆动密封装置用支承环安装沟槽尺寸系列和公差》（新标准正在制定中）
23	GB/T 15325—1994《往复运动橡胶密封圈外观质量》
24	GB/T 20739—2006《橡胶制品贮存指南》
25	GB/T 32217—2015《液压传动　密封装置　评定液压往复运动密封件性能的试验方法》
26	GB/T 36520.1—2018《液压传动　聚氨酯密封件尺寸系列　第1部分：活塞往复运动密封圈的尺寸和公差》
27	GB/T 36520.2—2018《液压传动　聚氨酯密封件尺寸系列　第2部分：活塞杆往复运动密封圈的尺寸和公差》
28	GB/T 36520.3—2019《液压传动　聚氨酯密封件尺寸系列　第3部分：防尘圈的尺寸和公差》
29	GB/T 36520.4—2019《液压传动　聚氨酯密封件尺寸系列　第4部分：缸口密封圈的尺寸和公差》
30	GJB 250A—1996《耐液压油和燃油丁腈橡胶胶料规范》
31	HB/Z 4—1995《O型密封圈及密封结构的设计要求》
32	HB 4-56~57—1987《圆截面橡胶圈密封结构》
33	HB 4-58—1987《圆截面橡胶圈密封结构保护圈》
34	HB 4-59—1987《螺纹连接件的密封结构》
35	HB 4-69—1983《管接头的堵盖》
36	HG/T 2021—2014《耐高温润滑油O形橡胶密封圈》
37	HG/T 2579—2008《普通液压系统用O形橡胶密封圈材料》
38	HG/T 2810—2008《往复运动橡胶密封圈材料》
39	HG/T 2811—1996《旋转轴唇形密封圈橡胶材料》
40	HG/T 3326—2007《采煤综合机械化设备橡胶密封件用胶料》
41	JB/T 982—1977《组合密封垫圈》（已废止）
42	JB/ZQ 4264—2006《孔用Y_x密封圈》
43	JB/ZQ 4265—2006《轴用Y_x密封圈》
44	JB/T 8241—1996《同轴密封件词汇》
45	MT/T 576—1996《液压支架立柱、千斤顶活塞和活塞杆用带支承环的密封沟槽型式、尺寸和公差》
46	MT/T 985—2006《煤矿用立柱和千斤顶聚氨酯密封圈技术条件》
47	MT/T 1164—2011《液压支架立柱、千斤顶密封件第1部分：分类》
48	MT/T 1165—2011《液压支架立柱、千斤顶密封件第2部分：沟槽型式、尺寸和公差》
49	QJ 1035.1—1986《O形橡胶密封圈》

表 1-5　零部件标准目录

序号	标　　准
1	ISO 1179.1-1：2013《一般用途和流体传动用连接　ISO 228-1（非密封管螺纹）螺纹及橡胶或金属对金属密封件的油口和螺柱端　第 1 部分：螺纹油口》
2	ISO 6162-1：2012《液压传动　带有分体式或整体式法兰以及米制或英制螺栓的法兰管接头　第 1 部分：用于 3.5~35MPa（35~350bar）压力下，DN13~DN127 的法兰管接头》
3	ISO 6162-2：2012《液压传动　带有分体式或整体式法兰以及米制或英制螺栓的法兰管接头　第 2 部分：用于 35~40MPa（350~400bar）压力下，DN13~DN51 的法兰管接头》
4	ISO 6164：1994《液压传动　25~40MPa（250~400bar）压力下使用的四螺栓整体方法兰》
5	ISO/DIS 8132：2014《液压传动　16MPa（160bar）中型系列和 25MPa（250bar）系列单杆缸附件的安装尺寸》（使用重新起草法修改采用 ISO 8132：2014 的国标正在制定中）
6	ISO/DIS 8133：2014《液压传动　16MPa（160bar）紧凑型系列单杆缸附件的安装尺寸》（使用重新起草法修改采用 ISO 8133：2014 的国标正在制定中）
7	ISO 8134《杆用单耳环（带球铰轴套）》
8	ISO 13726：2008《液压传动　16MPa 系列单杆缸附件的安装尺寸　缸径 250~500mm 紧凑型系列》（使用重新起草法修改采用 ISO 13726：2008 的国标正在制定中）
9	GB/T 241—2007《金属管　液压试验方法》
10	GB/T 2351—2005《液压气动系统用硬管外径和软管内径》
11	GB/T 2878.1—2011《液压传动连接　带米制螺纹和 O 形圈密封的油口和螺柱端　第 1 部分：油口》
12	GB/T 2878.2—2011《液压传动连接　带米制螺纹和 O 形圈密封的油口和螺柱端　第 2 部分：重型螺柱端（S 系列）》
13	GB/T 2878.3—2017《液压传动连接　带米制螺纹和 O 形圈密封的油口和螺柱端　第 3 部分：轻型螺柱端（L 系列）》
14	GB/T 2878.4—2011《液压传动连接　带米制螺纹和 O 形圈密封的油口和螺柱端　第 4 部分：六角螺塞》
15	GB/T 3098.1—2010《紧固件机械性能　螺栓、螺钉和螺柱》
16	GB/T 3098.3—2016《紧固件机械性能　紧定螺钉》
17	GB/T 3639—2009《冷拔或冷轧精密无缝钢管》
18	GB/T 5312—2009《船舶用碳钢和碳锰钢无缝钢管》
19	GB/T 5860—2003《液压快换接头　尺寸和要求》
20	GB/T 6461—2002《金属基体上金属和其他无机覆盖层　经腐蚀试验后的试样和试件的评级》
21	GB/T 8162—2018《结构用无缝钢管》
22	GB/T 8163—2018《输送流体用无缝钢管》
23	GB/T 9163—2001《关节轴承　向心关节轴承》
24	GB/T 12771—2008《流体输送用不锈钢焊接钢管》
25	GB/T 13306—2011《标牌》
26	GB/T 14036—1993《液压缸活塞杆端带关节轴承耳环安装尺寸》(ISO 6982—1982)
27	GB/T 14042—1993《液压缸活塞杆端柱销式耳环安装尺寸》(ISO 6981：1982)
28	GB/T 14976—2012《流体输送用不锈钢无缝钢管》
29	GB/T 17396—2009《液压支柱用热轧无缝钢管》
30	GB/T 19674.1—2005《液压管接头用螺纹油口和柱端　螺纹油口》
31	GB/T 19674.2—2005《液压管接头用螺纹油口和柱端　填料密封柱端（A 型和 E 型）》
32	GB/T 19674.3—2005《液压管接头用螺纹油口和柱端　金属对金属密封柱端（B 型）》
33	GB/T 32957—2016《液压和气动系统设备用冷拔或冷轧精密内径无缝钢管》
34	HB 6-84—87—1979《航空附件产品标牌》
35	JB/T 966—2005《用于流体传动和一般用途的金属管接头 O 形圈平面密封接头》
36	JB/T 3338—2013《液压件圆柱螺旋压缩弹簧　技术条件》
37	JB/T 8727—2017《液压软管　总成》
38	JB/T 9157—2011《液压气动用球涨式堵头　尺寸及公差》

（续）

序号	标　　准
39	JB/T 10759—2017《工程机械　高温高压液压软管总成》
40	JB/T 10760—2017《工程机械　焊接式液压金属管总成》
41	JB/T 11718—2013《液压缸　缸筒技术条件》（JB/T 10205.2—××××《液压缸　第2部分：缸筒技术条件》正在制定中）
42	JB/T 12705—2016《气动消声器》
43	JB/T 13611—2019《关节轴承　液压缸用杆端关节轴承》
44	YB/T 4673—2018《冷拔液压缸筒用无缝钢管》

1.1.6 液压工作介质及其清洁度标准目录

液压缸设计与（再）制造相关液压工作介质及其清洁度标准目录见表1-6。

1.1.7 液压缸及其零件再制造标准目录

液压缸及其零件再制造相关标准目录见表1-7。

表1-6　液压工作介质及其清洁度标准目录

序号	标　　准
1	SAE AS 1241C：2016《飞机用耐燃磷酸酯液压油》
2	GB/T 3141—1994《工业液体润滑剂　ISO黏度分类》
3	GB/T 7631.1—2008《润滑剂、工业用油和有关产品（L类）的分类　第1部分：总分组》
4	GB/T 7631.2—2003《润滑剂、工业用油和相关产品（L类）的分类 第2部分：H组（液压系统）》
5	GB 11118.1—2011《液压油（L-HL、L-HM、L-HV、L-HS、L-HG）》
6	GB/T 14039—2002《液压传动　油液　固体颗粒污染等级代号》
7	GB/T 16898—1997《难燃液压液使用导则》
8	GB/Z 19848—2005《液压元件从制造到安装达到和控制清洁度的指南》
9	GB/T 20082—2006《液压传动　液体污染　采用光学显微镜测定颗粒污染度的方法》
10	GB/Z 20423—2006《液压系统总成　清洁度检验》
11	GB/T 25133—2010《液压系统总成　管路冲洗方法》
12	GB/T 27613—2011《液压传动　液体污染　采用称重法测定颗粒污染度》
13	GB/T 30504—2014《船舶和海上技术　液压油系统　组装和冲洗导则》
14	GB/T 30506—2014《船舶和海上技术　润滑油系统　清洁度等级和冲洗导则》
15	GB/T 30508—2014《船舶和海上技术　液压油系统　清洁度等级和冲洗导则》
16	GB/T 37162.1—2018《液压传动　液体颗粒污染度的监测　第1部分：总则》
17	GB/T 37163—2018《液压传动　采用遮光原理的自动颗粒计数法测定液样颗粒污染度》
18	GJB 380.2A—2015《航空工作液污染测试　第2部分：在系统管路上采集液样的方法》
19	GJB 380.4A—2015《航空工作液污染测试　第4部分：用自动颗粒计数法测定固体颗粒污染度》
20	GJB 380.5A—2015《航空工作液污染测试　第5部分：用显微镜计数法测定固体颗粒污染度》
21	GJB 380.7A—2004《航空工作液污染测试　第6部分：在油箱中采集油样的方法》
22	GJB 380.8A—2015《航空工作液污染测试　第8部分：用显微镜对比法测定固体颗粒污染度》
23	GJB 420B—2006《航空工作液固体污染度分级》
24	GJB 1177A—2013《15号航空液压油》
25	HB 6639—1992《飞机Ⅰ、Ⅱ型液压系统污染度验收水平和控制水平》
26	HB 6649—1992《飞机Ⅰ、Ⅱ型液压系统重要附件污染度验收水平》
27	HB 7799—2006《飞机液压系统工作液采样点设计要求》
28	HB 8460—2014《民用飞机液压系统污染度验收水平和控制水平要求》
29	HB 8461—2014《民用飞机用液压油污染度等级》
30	JB/T 7858—2006《液压元件清洁度评定方法及液压元件清洁度指标》
31	JB/T 9954—1999《锻压机械　液压系统　清洁度》
32	JB/T 10607—2006《液压系统工作介质使用规范》
33	JB/T 12672—2016《土方机械　液压油应用指南》
34	JB/T 12675—2016《拖拉机液压系统清洁度限值及测量方法》

（续）

序号	标　准
35	JB/T 12920—2016《液压传动　液压油含水量检测方法》
36	MT 76—2011《液压支架用乳化油、浓缩液及其高含水液压液》
37	NB/SH/T 0599—2013《L-HM 液压油换油指标》
38	Q/XJ 2007—1992《12 号航空液压油》
39	QC/T 29104—2013《专用汽车液压系统液压油固体污染度限值》
40	QJ 2724.1—1995《航天液压污染控制　工作液固体颗粒污染等级编码方法》
41	SH 0358—1995《10 号航空液压油》

表 1-7　液压缸及其零件再制造相关标准目录

序号	标　准
1	GB 7247.1—2012《激光产品的安全　第 1 部分：设备分类、要求》
2	GB/T 20861—2007《废弃产品回收利用术语》
3	GB/T 27611—2011《再生利用品和再制造品通用要求及标识》
4	GB/T 28618—2012《机械产品再制造　通用技术要求》
5	GB/T 28619—2012《再制造　术语》
6	GB/T 28620—2012《再制造率的计算方法》
7	GB/T 29795—2013《激光修复技术　术语和定义》
8	GB/T 29796—2013《激光修复通用技术规范》
9	GB/T 31207—2014《机械产品再制造质量管理要求》
10	GB/T 31208—2014《再制造毛坯质量检验方法》
11	GB/T 32809—2016《再制造　机械产品清洗技术规范》
12	GB/T 32810—2016《再制造　机械产品拆解技术规范》
13	GB/T 32811—2016《机械产品再制造性评价技术规范》
14	GB/T 33221—2016《再制造　企业技术规范》
15	GB/T 33947—2017《再制造　机械加工技术规范》
16	GB/T 34631—2017《再制造　机械零件剩余寿命评估指南》
17	GB/T 35977—2018《再制造　机械产品表面修复技术规范》
18	GB/T 35978—2018《再制造　机械产品检验技术导则》
19	GB/T 35980—2018《机械产品再制造工程设计　导则》
20	GB/T 37654—2019《再制造　电弧喷涂技术规范》
21	GB/T 37672—2019《再制造　等离子熔覆技术规范》
22	GB/T 37674—2019《再制造　电刷镀技术规范》
23	DB 37/T 1932—2011《煤矿用液压支架立柱和千斤顶　激光熔覆再制造技术要求》
24	DB 37/T 2688.2—2015《再制造煤矿机械技术要求　第 2 部分：液压支架立柱、千斤顶》
25	DB 37/T 2688.3—2016《再制造煤矿机械技术要求　第 3 部分：液压支架》
26	SN/T 0570—2007《进口可用作原料的废物放射性污染检验规程》

1.1.8　其他常用标准目录

液压缸设计与（再）制造相关其他常用标准目录见表 1-8。

表 1-8　其他常用标准目录

序号	标　准
1	GB/T 2—2016《紧固件　外螺纹零件末端》
2	GB/T 3—1997《普通螺纹收尾、肩距、退刀槽和倒角》
3	GB/T 191—2008《包装储运图示标志》
4	GB/T 193—2003《普通螺纹　直径与螺距系列》
5	GB/T 197—2018《普通螺纹　公差》
6	GB/T 226—2015《钢的低倍组织及缺陷酸蚀检验法》

（续）

序号	标　准
7	GB/T 228.1—2010《金属材料　拉伸试验　第1部分：室温试验方法》
8	GB/T 229—2007《金属材料夏比摆锤冲击试验方法》
9	GB/T 699—2015《优质碳素结构钢》
10	GB/T 1176—2013《铸造铜及铜合金》
11	GB/T 1184—1996《形状和位置公差　未注公差值》
12	GB/T 1220—2007《不锈钢棒》
13	GB/T 1299—2014《工模具钢》
14	GB/T 1591—2018《低合金高强度结构钢》
15	GB 1720—1979《漆膜附着力测定法》
16	GB/T 1800.2—2009《产品几何技术规范（GPS）　极限与配合　第2部分：标准公差等级和孔、轴极限偏差表》
17	GB/T 1801—2009《产品几何技术规范（GPS）　极限与配合　公差带和配合的选择》
18	GB/T 1804—2000《一般公差　未注公差的线性和角度尺寸的公差》
19	GB/T 2423.1—2008《电工电子产品环境试验　第2部分：试验方法　试验A：低温》
20	GB/T 2423.2—2008《电工电子产品环境试验　第2部分：试验方法　试验B：高温》
21	GB/T 2423.4—2008《电工电子产品环境试验　第2部分：试验方法　试验Db　交变湿热（12h+12h循环）》
22	GB/T 2423.10—2008《电工电子产品环境试验　第2部分：试验方法　试验Fc：振动（正弦）》
23	GB/T 2423.16—2008《电工电子产品环境试验　第2部分：试验方法　试验J及导则：长霉》
24	GB/T 2423.17—2008《电工电子产品环境试验　第2部分：试验方法　试验Ka：盐雾》
25	GB/T 2423.101—2008《电工电子产品环境试验　第2部分：试验方法　试验：倾斜和摇摆》
26	GB/T 2828.1—2012《计数抽样检验程序　第1部分：按接受质量限（AQL）检索的逐批检验抽样计划》
27	GB/T 2829—2002《周期检验计数抽样程序及表（适用于对过程稳定性的检验）》
28	GB 3033.1—2005《船舶与海上技术　管路系统内含物的识别颜色　第1部分：主颜色和介质》
29	GB 3033.2—2005《船舶与海上技术　管路系统内含物的识别颜色　第2部分：不同介质和（或）功能的附加颜色》
30	GB/T 3077—2015《合金结构钢》
31	GB/T 3323—2005《金属熔化焊焊接接头射线照相》
32	GB/T 3783—2008《船用低压电器基本要求》
33	GB 3836.1—2010《爆炸性环境　第1部分：设备　通用要求》
34	GB/T 4208—2017《外壳防护等级（IP代码）》
35	GB/T 4879—2016《防锈包装》
36	GB/T 5231—2012《加工铜及铜合金牌号和化学成分》
37	GB/T 5267.1—2002《紧固件　电镀层》
38	GB/T 5267.2—2017《紧固件　非电解锌片涂层》
39	GB/T 5270—2005《金属基体上的金属覆盖层电沉积和化学沉积层附着强度试验方法评述》
40	GB/T 5616—2014《无损检测　应用导则》
41	GB/T 5777—2008《无缝钢管超声波探伤检验方法》
42	GB 6388—1986《运输包装收发货标志》
43	GB/T 6394—2017《金属平均晶粒度测定方法》
44	GB/T 6402—2008《钢锻件超声检测方法》
45	GB/T 6587—2012《电子测量仪器通用规范》
46	GB/T 7233.2—2010《铸钢件　超声检测　第2部分：高承压铸钢件》
47	GB/T 7307—2001《55°非密封管螺纹》
48	GB/T 8923.1—2011《涂覆涂料前钢材表面处理　表面清洁度的目视评定　第1部分：未涂覆过的钢材表面和全面清除原有涂层后的钢材表面的锈蚀等级和处理等级》
49	GB/T 8923.2—2008《涂覆涂料前钢材表面处理　表面清洁度的目视评定　第2部分：已涂覆过的钢材表面局部清除原有涂层后的处理等级》
50	GB/T 9094—2006《液压缸气缸活安装尺寸和安装型式代号》（新标准正在制定中）
51	GB/T 9286—1998《色漆和清漆　漆膜的划格试验》
52	GB/T 9790—1988《金属覆盖层及其他有关覆盖层维氏和努氏显微硬度试验》

（续）

序号	标　　准
53	GB/T 9969—2008《工业产品使用说明书　总则》
54	GB/T 10125—2012《人造气氛腐蚀试验　盐雾试验》
55	GB/T 10610—2009《产品几何技术规范（GPS）　表面结构　轮廓法　评定表面结构的规则和方法》
56	GB/T 10923—2009《锻压机械　精度检验通则》
57	GB/T 11352—2009《一般工程用铸造碳钢件》
58	GB/T 11379—2008《金属覆盖层　工程用铬电镀层》
59	GB/T 12332—2008《金属覆盖层　工程用镍电镀层》
60	GB 12348—2008《工业企业厂界环境噪声排放标准》
61	GB/T 12361—2016《钢质模锻件　通用技术条件》
62	GB/T 12467（所有部分）—2009《金属材料熔焊质量要求》
63	GB/T 12611—2008《金属零（部）件镀覆前质量控制技术要求》
64	GB/T 13384—2008《机电产品包装通用技术条件》
65	GB/T 14408—2014《一般工程与结构用低合金钢铸件》
66	GB/T 14409—1993《航空航天管路识别标志》
67	GB/T 17107—1997《锻件用结构钢牌号和力学性能》
68	GB/T 17487—1998《四油口和五油口液压伺服阀　安装面》
69	GB/T 17490—1998《液压控制阀　油口、底板、控制装置和电磁铁的标识》
70	GB/Z 18427—2001《液压软管组合件　液压系统外部泄漏分级》
71	GB 18599—2001《一般工业固体废物贮存、处置场污染控制标准》
72	GB/T 18854—2015《液压传动　液体自动颗粒计数器的校准》
73	GB/T 19001—2016《质量管理体系　要求》
74	GB/T 19349—2012《金属和其他无机覆盖层　为减少氢脆危险的钢铁预处理》
75	GB/T 19350—2012《金属和其他无机覆盖层　为减少氢脆危险的涂覆后钢铁的处理》
76	GB/T 19925—2005《液压传动　隔离式充气液压蓄能器优先选择的液压油口》
77	GB/T 19926—2005《液压传动　充气式液压蓄能器　气口尺寸》
78	GB/T 19934.1—2005《液压传动　金属承压壳体的疲劳压力试验　第1部分：试验方法》（新标准正在制定中）
79	GB/T 20015—2005《金属和其他无机覆盖层　电镀镍、自催化镀镍、电镀铬及最后精饰自动控制喷丸硬化前处理》
80	GB/T 24737.3—2009《工艺管理导则　第3部分：产品结构工艺性审查》
81	GB/T 25375—2010《金属切削机床　结合面涂色法检验及评定》
82	GB/T 26143—2010《液压管接头　试验方法》
83	GB 26484—2011《液压机　噪声限值》
84	GB/T 28782.2—2012《液压传动测量技术　第2部分：密闭回路中平均稳态压力的测量》
85	GB/T 30207—2013《航空航天　管子　外径和壁厚　米制尺寸》
86	GB/T 32289—2015《大型锻件用优质碳素结构钢和合金结构钢》
87	GB/T 32303—2015《航天结构断裂与损伤控制要求》
88	GB/T 33083—2016《大型碳素结构钢锻件　技术条件》
89	GB/T 33084—2016《大型合金结构钢锻件　技术条件》
90	GB/T 33523.2—2017《产品几何技术规范（GPS）表面结构 区域法　第2部分：术语、定义及表面结构参数》
91	GB/T 32535—2016《管螺纹收尾、肩距、退刀槽和倒角》
92	GB/T 33582—2017《机械产品结构有限元力学分析通用规则》
93	GB/T 34626.1—2017《金属及其他无机覆盖层　金属表面的清洗和准备　第1部分：钢铁及其合金》
94	GB/T 34882—2017《钢铁件的感应淬火与回火》
95	GB/T 35023—2018《液压元件可靠性评估方法》
96	GB/T 35478—2017《紧固件　螺栓、螺钉和螺柱预涂聚酰胺锁紧层技术条件》
97	GB/T 35480—2017《紧固件　螺栓、螺钉和螺柱预涂微胶囊型粘合层技术条件》
98	GB/T 36997—2018《液压传动　油路块总成及其元件的标识》
99	GB/T 37400.1—2019《重型机械通用技术条件　第1部分：产品检验》
100	GB/T 37400.2—2019《重型机械通用技术条件　第2部分：火焰切割件》
101	GB/T 37400.3—2019《重型机械通用技术条件　第3部分：焊接件》

（续）

序号	标　准
102	GB/T 37400.4—2019《重型机械通用技术条件　第4部分：铸铁件》
103	GB/T 37400.5—2019《重型机械通用技术条件　第5部分：有色金属铸件》
104	GB/T 37400.6—2019《重型机械通用技术条件　第6部分：铸钢件》
105	GB/T 37400.7—2019《重型机械通用技术条件　第7部分：铸钢件补焊》
106	GB/T 37400.8—2019《重型机械通用技术条件　第8部分：锻件》
107	GB/T 37400.9—2019《重型机械通用技术条件　第9部分：切削加工件》
108	GB/T 37400.10—2019《重型机械通用技术条件　第10部分：装配》
109	GB/T 37400.11—2019《重型机械通用技术条件　第11部分：配管》
110	GB/T 37400.12—2019《重型机械通用技术条件　第12部分：涂装》
111	GB/T 37400.13—2019《重型机械通用技术条件　第13部分：包装》
112	GB/T 37400.14—2019《重型机械通用技术条件　第14部分：铸钢件无损探伤》
113	GB/T 37400.15—2019《重型机械通用技术条件　第15部分：锻钢件无损探伤》
114	GB/T 37400.16—2019《重型机械通用技术条件　第16部分：液压系统》
115	GB/T 38178.2—2019《液压传动　10MPa系列单杆缸的安装尺寸　第2部分：短行程系列》
116	GB/T 38205.3—2019《液压传动　16MPa系列单杆缸的安装尺寸　第3部分：缸径250mm~500mm紧凑型系列》
117	GJB 145A—1993《防护包装规范》
118	GJB 150.1A—2009《军用装备实验室环境试验方法　第1部分：通用要求》
119	GJB 150.3A—2009《军用装备实验室环境试验方法　第3部分：高温试验》
120	GJB 150.4A—2009《军用装备实验室环境试验方法　第4部分：低温试验》
121	GJB 150.9A—2009《军用装备实验室环境试验方法　第9部分：湿热试验》
122	GJB 150.10A—2009《军用装备实验室环境试验方法　第10部分：霉菌试验》
123	GJB 150.11A—2009《军用装备实验室环境试验方法　第11部分：盐雾试验》
124	GJB 150.15A—2009《军用装备实验室环境试验方法　第15部分：加速度试验》
125	GJB 150.16A—2009《军用装备实验室环境试验方法　第16部分：振动试验》
126	GJB 150.18A—2009《军用装备实验室环境试验方法　第18部分：冲击试验》
127	GJB 150.23A—2009《军用装备实验室环境试验方法　第23部分：倾斜和摇摆试验》
128	GJB 450A—2004《装备可靠性通用要求》
129	GJB/Z 594A—2000《金属镀覆层和化学覆盖层选择原则与厚度》
130	GJB 899A—2009《可靠性鉴定和验收试验》
131	GJB 1443—2015《军品包装、装卸、运输、贮存的质量管理要求》
132	GJB 2532—1995《舰船电子设备通用规范》
133	GJB 4000—2000《舰船通用规范总册》
134	GJB 4239—2001《装备环境工程通用要求》
135	CB 1146.1—1996《舰船设备环境试验与工程导则　总则》
136	CB 1146.2—1996《舰船设备环境试验与工程导则　低温》
137	CB 1146.3—1996《舰船设备环境试验与工程导则　高温》
138	CB 1146.4—1996《舰船设备环境试验与工程导则　湿热》
139	CB 1146.6—1996《舰船设备环境试验与工程导则　冲击》
140	CB 1146.8—1996《舰船设备环境试验与工程导则　倾斜与摇摆》
141	CB 1146.9—1996《舰船设备环境试验与工程导则　振动（正弦）》
142	CB 1146.11—1996《舰船设备环境试验与工程导则　霉菌》
143	CB 1146.12—1996《舰船设备环境试验与工程导则　盐雾》
144	CB/T 3317—2001《船用柱塞式液压缸基本参数与安装连接尺寸》
145	CB/T 3318—2001《船用双作用液压缸基本参数与安装连接尺寸》
146	DL/T 990—2005《双吊点弧形闸门后拉式液压启闭机（液压缸）系列参数》
147	HB 0-2—2002《螺纹连接和销连接的防松方法》
148	HB/Z 223.19—2002《飞机装配工艺　第19部分：起落架的装配与试验》
149	HB/Z 417—2017《民用飞机用钢的热处理工艺》
150	HB/Z 418.1—2017《民用飞机用铝合金的热处理工艺　第1部分：铸造铝合金热处理工艺》

（续）

序号	标　准
151	HB/Z 418.2—2017《民用飞机用铝合金的热处理工艺　第 2 部分：变形铝合金热处理工艺》
152	HB 6167.1—2014《民用飞机机载设备环境条件和试验方法　第 1 部分：总则》
153	HB 6167.4—2014《民用飞机机载设备环境条件和试验方法　第 4 部分：湿热试验》
154	HB 6167.6—2014《民用飞机机载设备环境条件和试验方法　第 6 部分：振动试验》
155	HB 6167.11—2014《民用飞机机载设备环境条件和试验方法　第 11 部分：霉菌试验》
156	HB 6167.12—2014《民用飞机机载设备环境条件和试验方法　第 12 部分：盐雾试验》
157	HB 6167.13—2014《民用飞机机载设备环境条件和试验方法　第 13 部分：结冰试验》
158	HB 5870—1985《航空辅机产品运输包装通用技术条件》
159	JB/T 5000.2—2007《重型机械通用技术条件　第 2 部分：火焰切割件》
160	JB/T 5000.3—2007《重型机械通用技术条件　第 3 部分：焊接件》
161	JB/T 5000.4—2007《重型机械通用技术条件　第 4 部分：铸铁件》
162	JB/T 5000.5—2007《重型机械通用技术条件　第 5 部分：有色金属铸件》
163	JB/T 5000.6—2007《重型机械通用技术条件　第 6 部分：铸钢件》
164	JB/T 5000.7—2007《重型机械通用技术条件　第 7 部分：铸钢件补焊》
165	JB/T 5000.8—2007《重型机械通用技术条件　第 8 部分：锻件》
166	JB/T 5000.9—2007《重型机械通用技术条件　第 9 部分：切削加工件》
167	JB/T 5000.10—2007《重型机械通用技术条件　第 10 部分：装配》
168	JB/T 5000.11—2007《重型机械通用技术条件　第 11 部分：配管》
169	JB/T 5000.12—2007《重型机械通用技术条件　第 12 部分：涂装》
170	JB/T 5000.13—2007《重型机械通用技术条件　第 13 部分：包装》
171	JB/T 5000.14—2007《重型机械通用技术条件　第 14 部分：铸钢件无损探伤》
172	JB/T 5000.15—2007《重型机械通用技术条件　第 15 部分：锻钢件无损探伤》
173	JB/T 5058—2006《机械工业产品质量特性重要度分级导则》
174	JB/T 5673—2015《农林拖拉机及机具涂漆　通用技术条件》
175	JB/T 5943—2018《工程机械　焊接件通用技术条件》
176	JB/T 6050—2006《钢铁热处理零件硬度检验通则》
177	JB/T 5963—2014《液压传动　二通、三通和四通螺纹插装阀　插装孔》
178	JB/T 6396—2006《大型合金结构钢锻件　技术条件》
179	JB/T 6397—2006《大型碳素结构钢锻件　技术条件》
180	JB/T 6402—2018《大型低合金钢铸件　技术条件》
181	JB/T 7033—2007《液压传动　测量技术通则》
182	JB/T 7486—2008《温度传感器系列型谱》
183	JB/T 8609—2014《锻压机械焊接件　技术条件》
184	JB/T 9924—2014《磨削表面波纹度》
185	JB/T 10375—2002《焊接构件振动时效工艺参数选择及技术要求》
186	JB/T 11843—2014《耐磨损球墨铸铁件》
187	JB/T 12232—2015《液压传动　液压铸铁件技术条件》
188	JB/T 12706.1—2016《液压传动　16MPa 系列单杆缸的安装尺寸 第 1 部分：中型系列》
189	JB/T 12706.2—2017《液压传动　16MPa 系列单杆缸的安装尺寸 第 2 部分：缸径 25mm~220mm 紧凑型系列》
190	JB/T 13024—2017《热处理件清洗技术要求》
191	JB/T 13291—2017《液压传动　25MPa 系列单杆缸的安装尺寸》
192	MT/T 472—1996《悬臂式掘进机　液压缸内径、活塞杆及销轴直径系列》
193	NB/T 35019—2013《卧式液压启闭机（液压缸）系列参数》
194	NB/T 47008—2017《承压设备用碳素钢和合金钢锻件》
195	NB/T147013.3—2015《承压设备无损检测　第 3 部分：超声检测》
196	NB/T 47013.3—2015/XG1—2018《承压设备无损检测　第 3 部分：超声检测》行业标准第 1 号修改单
197	NB/T 47013.4—2015《承压设备无损检测　第 4 部分：磁粉检测》
198	QC/T 484—1999《汽车油漆涂层》
199	QC/T 625—2013《汽车用涂镀层和化学处理层》
200	QJ 2214—1991《洁净室（区）洁净度级别及评定》

1.2 液压缸设计与制造常用标准摘录

因标准具有共同使用和重复使用的特点，尽管本节摘录了以下各项标准，但为了读者查阅、使用方便，本手册可能在其他章节也重复使用了这些标准，如 GB/T 2348—2018《流体传动系统及元件 缸径及活塞杆直径》、GB 2350—1980《液压气动系统及元件 活塞杆螺纹型式和尺寸系列》（新标准正在制定中）等。

1.2.1 常用基础标准摘录

1. GB/T 2346—2003《液压传动系统及元件 公称压力系列》标准摘录

在流体传动系统中，功率是通过回路内的受压流体（液体或气体）来传递和控制的。通常，系统和元件是为指定的流体压力范围而设计和销售的。

标准规定的流体传动系统及元件的公称压力系列见表 1-9。该标准适用于流体传动系统及元件的公称压力，也适用于其他相关的流体传动标准中压力值的选择。

表 1-9 公称压力系列及压力参数代号

（摘自 GB/T 2346 和 JB/T 2184）

公称压力/MPa	公称压力/bar	压力参数代号	注
1	10		优先选用
[1.25]	[12.5]		
1.6	16	A	优先选用
[2]	[20]		
2.5	25	B	优先选用
[3.15]	[31.5]		
4	40		优先选用
[5]	[50]		
6.3	63	C	优先选用，C 可省略
[8]	[80]		
10	100	D	优先选用
12.5	125		优先选用
16	160	E	优先选用
20	200	F	优先选用
25	250	G	优先选用
31.5	315	H	优先选用
[35]	[350]		
40	400	J	优先选用
[45]	[450]		
50	500	K	优先选用
63	630	L	优先选用
80	800	M	优先选用
100	1000	N	优先选用
125	1250	P	优先选用
160	1600	Q	优先选用
200	2000	R	优先选用
250	2500		优先选用

注：1. 方括号中的值是非优先选用的。

2. 表中的公称压力应用于流体传动系统和元件的实际表压，即高于大气压的压力。

2. GB/T 2348—2018《流体传动系统及元件 缸径及活塞杆直径》标准摘录

标准规定的液压缸和气缸的缸径和活塞杆直径见表 1-10 和表 1-11。该标准适用于流体传动系统及元件中的流压缸和气缸。

表 1-10 液压缸和气缸的缸径

（摘自 GB/T 2348—2018）

（单位：mm）

AL					
8	25	63	125	220	400
10	32	80	140	250	(450)
12	40	90	160	280	500
16	50	100	(180)	320	
20	60	(110)	200	(360)	

注：1. AL 为 GB/T 2348—2018 中图 1 所示缸径的符号。

2. 圆括号内为非优先选用值。

3. 未列出的数值可按照 GB/T 321 中优选数系列扩展（数值小于 100 按 R10 系列扩展，数值大于 100 按 R20 系列扩展）。

表 1-11 液压缸和气缸的活塞杆直径

（摘自 GB/T 2348—2018）

（单位：mm）

MM					
4	16	32	63	125	280
5	18	36	70	140	320
6	20	40	80	160	360
8	22	45	90	180	400
10	25	50	100	200	450
12	28	56	110	220	
14	(30)	(60)	(120)	250	

注：1. MM 为 GB/T 2348—2018 中图 1 所示活塞杆直径的符号。

2. 圆括号内为非优先选用值。

3. 未列出的数值可按照 GB/T 321 中 R20 优选数系列扩展。

3. GB 2349—1980《液压气动系统及元件 缸活塞行程系列》标准摘录

标准规定的液压缸、气缸活塞行程参数依优先次序按表 1-12、表 1-13、表 1-14 选用。该标准适用于以液压油（或压缩空气）为工作介质的液压缸、气缸的活塞行程。

表 1-12 缸活塞行程（摘自 GB 2349—1980）（一）

（单位：mm）

25	50	80	100	125	160	200	250	320	400
500	630	800	1000	1250	1600	2000	2500	3200	4000

表 1-13　缸活塞行程（摘自 GB 2349—1980）（二）

（单位：mm）

	40			63		90	110	140	180
220	280	360	450	550	700	900	1100	1400	1800
2200	2800	3600							

表 1-14　缸活塞行程（摘自 GB 2349—1980）（三）

（单位：mm）

240	260	300	340	380	420	480	530	600	650
750	850	950	1050	1200	1300	1500	1700	1900	2100
2400	2600	3000	3400	3800					

注：1. 当缸活塞行程>4000mm 时，按 GB 321—1980
《优先数和优先系数》中，R10 数系选用；如不
能满足要求时，允许按 R40 数系选用。GB
321—1980 已被 GB/T 321—2005 替代，读者在
引用时应予以注意。

2. GB 2349 非为 JB/T 10205—2010《液压缸》规范
性引用文件。

4. GB 2350—1980《液压气动系统及元件　活塞杆螺纹型式和尺寸系列》标准摘录

如图 1-1~图 1-3 所示，活塞杆螺纹指液压缸、气缸活塞杆的外部连接螺纹，标准规定的活塞杆螺纹尺寸见表 1-15。该标准适用于以液压油（或压缩空气）为工作介质的液压缸、气缸的活塞杆螺纹。

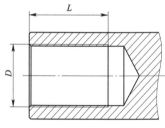

图 1-1　内螺纹

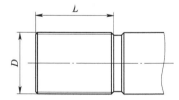

图 1-2　外螺纹（无肩）

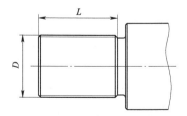

图 1-3　外螺纹（带肩）

注：活塞杆外螺纹台肩未示出密封件安装导入角及外角倒圆。

表 1-15　活塞杆螺纹尺寸（摘自 GB 2350—1980）

（单位：mm）

螺纹直径与螺距（D×P）	螺纹长度/L		螺纹直径与螺距（D×P）	螺纹长度/L	
	短型	长型		短型	长型
M3×0.35	6	9	M42×2	56	84
M4×0.5	8	12	M48×2	63	96
M5×0.5	10	15	M56×2	75	112
M6×0.75	12	16	M64×3	85	128
M8×1	12	20	M72×3	85	128
M10×1.25	14	22	M80×3	95	140
M12×1.25	16	24	M90×3	106	140
M14×1.5	18	28	M100×3	112	—
M16×1.5	22	32	M110×3	112	—
M18×1.5	25	36	M125×4	125	—
M20×1.5	28	40	M140×4	140	—
M22×1.5	30	44	M160×4	160	—
M24×2	32	48	M180×4	180	—
M27×2	36	54	M200×4	200	—
M30×2	40	60	M220×4	220	—
M33×2	45	66	M250×6	250	—
M36×2	50	72	M280×6	280	—

注：1. 螺纹长度（L）对内螺纹是指最小尺寸；对外螺纹是指最大尺寸。

2. 当需要用锁紧螺母时，采用长型螺纹长度。

5. GB/T 7937—2008《液压气动管接头及其相关元件公称压力系列》标准摘录

标准规定的液压气动管接头及其相关元件的公称压力系列见表 1-16。

表 1-16　公称压力系列（摘自 GB/T 7937—2008）

（单位：MPa）

0.25	4	[21]	50	160
0.63	6.3	25	63	
1	10	31.5	80	
1.6	16	[35]	100	
2.5	20	40	125	

注：1. 公称压力应按压力等级，分别以千帕（kPa）或兆帕（MPa）表示。

2. 当没有具体规定时，公称压力应被视为表压，即相对于大气压的压力。

3. 除本标准规定之外的公称压力应从 GB/T 2346—2003 中选择。

4. 方括号中为非推荐值。

6. JB/T 3042—2011《组合机床　夹紧液压缸系列参数》标准摘录

标准规定的组合机床夹紧液压缸的缸孔直径、活塞杆直径和行程系列参数见表 1-17。该标准适用于组合机床的单活塞杆或双活塞杆夹紧液压缸，其中较小缸孔直径还适用于定位液压缸。

表 1-17 组合机床夹紧液压缸系列参数
（摘自 JB/T 3042—2011）

（单位：mm）

缸孔直径 D	活塞杆直径 d	活塞杆行程 s	进出油口连接螺纹	较小活塞杆直径 d_1
20	10	20	M10×1	6
		32		
25	12	63		8
32	16	100		12
40	20	20	M14×1.5	16
50	25	32		20
63	32	63		25
80	40	100	M18×1.5	32
100			M22×1.5	
125	50	160		40
160			M27×2	

注：较小活塞杆直径 d_1 仅适用于双活塞杆液压缸。

7. JB/T 7939—2010《单活塞杆液压缸两腔面积比》标准摘录

标准规定的单活塞杆液压缸两腔面积比见表 1-18。该标准适用于单活塞杆液压缸所对应的液压缸无杆腔和有杆腔的两腔有效面积的标准比值。

对于每个 D（液压缸内径）值，该标准给出了一系列 d（活塞杆直径）的标准值，使其构成的面积比 ϕ 大致与下列优先数之一相当：1.06、1.12、1.25、1.32、1.40、1.60、2.00、2.50 和 5.00。

8. MT/T 94—1996《液压支架立柱、千斤顶内径及活塞杆直径系列》标准摘录

标准规定的液压支架立柱、千斤顶内径及活塞杆直径系列见表 1-19～表 1-22。该标准适用于液压支架立柱、千斤顶。

立柱、千斤顶内径及活塞杆直径匹配关系见表 1-23 和表 1-24。

表 1-18 液压缸内径与活塞杆直径及两腔面积比（摘自 JB/T 7939—2010）

液压缸内径 D/mm	两腔面积比 $\phi \approx$								
	1.06	1.12	1.25	1.32	1.40	1.60	2.00	2.50	5.00
	活塞杆直径 d/mm								
25	—	—	—	12	14	16	18	20	—
32	—	—	14	16	18	20	22	25	—
40	—	12	18	20	22	25	28	32	—
50	12	16	22	25	28	32	36	40	45
63	16	20	28	32	36	40	45	50	56
80	20	25	36	40	45	50	56	63	70
90	22	28	40	45	50	56	63	70	80
100	25	32	45	50	56	63	70	80	90
110	28	36	50	56	63	70	80	90	100
125	32	40	56	63	70	80	90	100	110
140	36	45	63	70	80	90	100	110	125
[150]	[38]	50	70	[75]	[85]	90	[105]	[115]	[135]
160	40	50	70	80	90	100	110	125	140
180	45	56	80	90	100	110	125	140	160
200	50	63	90	100	110	125	140	160	180
220	56	70	100	110	125	140	160	180	200
250	63	80	110	125	140	160	180	200	220
280	70	90	125	140	160	180	200	220	250
320	80	100	140	160	180	200	220	250	280
360	90	110	160	180	200	220	250	280	320
400	100	125	180	200	220	250	280	320	360
450	110	140	200	220	250	280	320	360	400
500	125	160	220	250	280	320	360	400	450

注：1. 方括号内的液压缸内径、活塞杆直径不符合 GB/T 2348—2018 的规定。

2. 当 $\phi \leq 1.06$ 时，应注意避免活塞杆产生弯曲或失稳；当 $\phi \geq 5.00$ 时，应注意防止由于无杆腔有效面积与有杆腔有效面积差大所引起的增压超过额定压力或公称压力极限值。

表 1-19 立柱内径系列（摘自 MT/T 94—1996）

（单位：mm）

105	110	125	140	160	180	200
(210)	220	230	250	280	320	350

注：括号内尺寸非优先推荐使用。

表 1-20 立柱活塞杆直径系列

（摘自 MT/T 94—1996）

（单位：mm）

85	105	120	130	150	160	170	185
190	210	220	230	20	260	290	340

表 1-21 千斤顶内径系列

（摘自 MT/T 94—1996）

（单位：mm）

50	63	80	100	110	125
140	160	180	200	230	

表 1-22 千斤顶活塞杆直径系列

（摘自 MT/T 94—1996）

（单位：mm）

32	45	50	60	70	85	95	105	120	140	160

表 1-23 双伸缩立柱内径及活塞杆直径匹配关系（摘自 MT/T 94—1996）

（单位：mm）

序号	内径 一级缸/二级缸	杆径 一级杆/二级杆	推荐管材
1	360/280	340/260	402×34 351×40
2	320/230	290/210	377×34 305×42
3	280/210	260/190	325×30 273×36
4	250/200	240/185	299×(28～30) 250×30
5	230/180	220/160	273×26 234×32
6	200/160	190/130	245×26 203×26
7	180/140	170/120	219×24 180×24
8	160/125	150/105	194×20 159×20
9	140/105	130/85	168×18 140×22

注：特殊用途的双伸缩立柱可按设计要求，根据表 1-19 和表 1-20 组合匹配。

表 1-24 单伸缩立柱内径及活塞杆直径匹配关系（摘自 MT/T 94—1996）

（单位：mm）

序号	内径	杆径	推荐管材
1	360	340	402×34
2	320	290	377×34
3	280	260	325×30
4	250	240、230	299×29～30
5	230	220、210	273×26
6	200	185	245×26
7	180	170	219×24
8	160	150、130	194×20
9	140	130	168×18

注：特殊用途的单伸缩立柱可按设计要求，根据表 1-19 和表 1-20 组合匹配。

立柱、千斤顶公称承载力与内径匹配比关系见表 1-25～表 1-27。

表 1-25 双伸缩立柱公称承载力与内径配比关系（摘自 MT/T 94—1996）

一级缸内径/mm	360	320	280	250	230
公称承载力/kN	3550～4000	2800～3150	2120～2500	1700～2000	1400～1700
一级缸内径/mm	200	180	160	140	
公称承载力/kN	1120～1250	900～1000	710～800	530～600	

表 1-26 单伸缩立柱公称承载力与内径配比关系（摘自 MT/T 94—1996）

一级缸内径/mm	360	320	280	250	230
公称承载力/kN	3750～4500	3000～3550	2340～2650	1900～2200	1600～1800
一级缸内径/mm	200	180	160	140	
公称承载力/kN	1180～1400	950～1100	750～850	600～670	

9. GB/T 7935—2005《液压元件 通用技术条件》标准摘录

标准规定的以液压油或性能相当的其他液压液为工作介质的一般工业用途的液压元件，其性能试验的测量准确度分为 A、B、C 三个等级：

1）A 级：适用于科学鉴定性试验。

2）B 级：适用于液压元件的型式试验或产品质量保证试验和用户的选择评定试验。

表 1-27　千斤顶公称承载力与内径配比关系（摘自 MT/T 94—1996）

内径/mm	杆径/mm	承载方式	公称承载力/kN	
			泵站压力为20MPa时	泵站压力为31.5MPa时
180	120	推力	509(508.94)	800(801.58)
		拉力	282(282.74)	445(445.32)
160	105	推力	401(402.13)	632(633.34)
		拉力	229(228.94)	360(360.59)
140	85	推力	308(307.88)	484(484.90)
		拉力	194(194.39)	306(306.16)
125	70	推力	245(245.44)	386(386.56)
		拉力	168(168.47)	265(265.34)
110	70	推力	190(190.07)	299(299.35)
		拉力	113(113.10)	178(178.13)
100	60	推力	157(157.08)	247(247.40)
		拉力	100(100.53)	158(158.34)
80	45	推力	100(100.53)	158(158.34)
		拉力	69(68.72)	108(108.24)
63	45	推力	62(62.35)	98(98.19)
		拉力	30.5(30.54)	48(48.09)
50	32	推力	39(39.27)	61.8(61.85)
		拉力	23.1(23.19)	36.5(36.52)

注：1. 千斤顶内径大于 180mm 时，其公称承载力由用户根据所选活塞杆的大小选定。

　　2. 表中圆括号内推力值、拉力值为作者添加。

3）C 级：适用于液压元件的出厂试验或用户的验收试验。

测量系统的允许误差应符合表 1-28 的规定。

表 1-28　测量系统的允许误差（摘自 GB/T 7935—2005）

测量参量	各测量准确度等级对应的测量系统的允许误差		
	A	B	C
压力(表压力 $p \geq 0.2$MPa)(%)	±0.5	±1.5	±2.5
流量(%)	±0.5	±1.5	±2.5
温度/℃	±0.5	±1.0	±2.0
转矩(%)	±0.5	±1.0	±2.0
转速(%)	±0.5	±1.0	±2.0

注：1. 测量参量的表压力 $p < 0.2$MPa 时，其允许误差参照被试元件的相应试验方法标准的规定。

　　2. 液压附件可参照本标准，但在 GB/T 17446—2012 中已经没有"液压附件""附件"或"辅件"这样的术语，下同。

试验测量应在稳态工况下进行，各被测参量平均显示值的允许变化范围符合表 1-29 规定时为稳态工

况。在稳态工况下应同时测量每个设定点的各个参量（压力、流量、转矩和转速等）。

表 1-29　被测参量平均显示值的允许变化范围（摘自 GB/T 7935—2005）

测量参量	各测量准确度等级对应的被测参量平均显示值的允许变化范围		
	A	B	C
压力(表压力 $p \geq 0.2$MPa)(%)	±0.5	±1.5	±2.5
流量(%)	±0.5	±1.5	±2.5
温度/℃	±1.0	±2.0	±4.0
转矩(%)	±0.5	±1.0	±2.0
转速(%)	±0.5	±1.0	±2.0
黏度(%)	±5	±10	±15

注：1. 测量参量的表压力 $p < 0.2$MPa 时，其允许变化范围参照被试元件的相应试验方法标准的规定。

　　2. 液压附件可参照本标准。

1.2.2　液压缸产品标准的范围和规范性引用文件摘录

产品标准是规定产品应满足的要求以确保其适用性的标准。

在下列标准摘录中，对规范性引用文件中未注明日期的引用文件添注了现行标准日期；对已被代替的标准引用了新标准，还进行了必要的勘误。

在依据下列标准进行质量评定和事故仲裁时，还是按原标准规定，即凡是注明日期的引用文件，其随后所有的修改单（不包括勘误的内容）或修订版均不适用于该标准，但鼓励根据该标准达成协议的各方研究是否使用这些文件的最新版本。凡是不注明日期的引用文件，其现行版本适用于该标准。

在本手册中另有章节专门论述 JB/T 10205—2010《液压缸》，因此本节没有对其单独摘录，但以下标准摘录中包括了几项液压缸（元件）技术条件（规范）的摘录。

1. 液压缸技术条件（规范）标准摘录

为了在液压缸设计与制造中能够遵守相关标准，表 1-30 主要摘录了几种液压缸技术条件（规范）中规定的范围和规范性引用文件。

2. 液压缸产品标准摘录

为了在液压缸设计与制造中能够遵守相关标准，表 1-31 主要摘录了几种液压缸产品标准中规定的范围和规范性引用文件。

表 1-30　液压缸技术条件（规范）规定的范围和规范性引用文件

范　围	规范性引用文件
GB/T 13342—2007《船用往复式液压缸通用技术条件》	
该标准规定了船用往复液压缸（以下简称液压缸）的要求、试验方法、检验规则、标志和包装等 该标准适用于以矿物基液压油为介质的液压缸的设计、制造、试验和验收	GB/T 699—1999（2015）《优质碳素结构钢》* GB/T 786.1—2009《流体传动系统及元件图形符号和回路图　第 1 部分：用于常规用途和数据处理的图形符号》 GB/T 2879—2005《液压缸活塞和活塞杆动密封沟槽尺寸和公差》 GB 2880—1981《液压缸活塞和活塞杆　窄断面动密封沟槽尺寸系列和公差》 GB/T 3098.1—2000（2010）《紧固件机械性能　螺栓、螺钉和螺柱》 GB/T 3323—1987（2005）《金属熔化焊焊接接头射线照相》* GB/T 3452.1—2005《液压气动用 O 形橡胶密封圈　第 1 部分：尺寸系列及公差》 GB/T 3452.2—2007《液压气动用 O 形橡胶密封圈　第 2 部分：外观质量检验规范》 GB/T 3452.3—2005《液压气动用 O 形橡胶密封圈　沟槽尺寸》 GB/T 5777—2008《无缝钢管超声波探伤检验方法》 GB/T 6402—1991《钢锻件超声波检验方法》*（已被 GB/T 6402—2008《钢锻件超声检测方法》代替） GB/T 6577—1986《液压缸活塞用带支承环密封沟槽型式、尺寸和公差》 GB/T 6578—2008《液压缸活塞杆用防尘圈沟槽型式、尺寸和公差》 GB/T 7935—2005《液压元件　通用技术条件》 GB/T 8162—1999（2018）《结构用无缝钢管》* GB/T 8163—1999（2018）《输送流体用无缝钢管》* GB/T 14039—2002《液压传动　油液　固体颗粒污染物等级代号》 GB/T 17446—2012《流体传动系统及元件　词汇》 CB/T 3004—2005《船用往复液压缸基本参数》 CB/T 3317—2001《船用柱塞式液压缸基本参数与安装连接尺寸》 CB/T 3318—2001《船用双作用液压缸基本参数与安装连接尺寸》 JB/T 4730.3—2005《承压设备无损检测　第 3 部分：超声检测》*（已被 NB/T 47013.3—2015 和 NB/T 47013.3—2015/XG1-2018 代替） JB/T 7858—2006《液压元件清洁度评定方法及液压元件清洁度指标》
GB 25974.2—2010《煤矿用液压支架　第 2 部分：立柱和千斤顶技术条件》	
GB 25974.2 规定了煤矿用液压支架立柱和千斤顶的术语和定义、要求、试验方法、检验规则、标志、包装、运输和贮存 该标准适用于煤矿液压支架支柱和千斤顶	GB/T 197—2003（2018）《普通螺纹　公差》* GB/T 228.1—2010《金属材料　拉伸试验　第 1 部分：室温试验方法》 GB/T 229—2007《金属材料　夏比摆锤冲击试验方法》 GB/T 1184—1996《形状和位置公差　未注公差值》 GB/T 1804—2000《一般公差　未注公差的线性和角度尺寸的公差》 GB/T 2649—1989《焊接接头机械性能试验取样方法》（已废止） GB/T 2650—2000《焊接接头冲击试验方法》 GB/T 2651—2008《焊接接头拉伸试验方法》 GB/T 2652—2008《焊缝及熔覆金属拉伸试验方法》 GB/T 2653—2008《焊接接头弯曲试验方法》 GB/T 2828.1—2003（2012）《计数抽样检验程序　第 1 部分：按接受质量限（AQL）检索的逐批检验抽样计划》* GB/T 2829—2002《周期检验计数抽样程序及表（适用于对过程稳定性的检验）》 GB/T 3452.1—2005《液压气动用 O 形橡胶密封圈　第 1 部分：尺寸系列及公差》 GB/T 3452.3—2005《液压气动用 O 形橡胶密封圈　沟槽尺寸》 GB/T 3836.1—2000《爆炸性气体环境用电气设备　第 1 部分：通用要求》*（被 GB 3836.1—2010《爆炸性环境　第 1 部分：设备　通用要求》代替） GB/T 6394—2002《金属平均晶粒度测定法》*（已被 GB/T 6394—2017《金属平均晶粒度测定方法》代替） GB/T 11352—2009《一般工程用铸造碳钢件》 GB/T 12361—2016《钢质模锻件　通用技术要求》 GB/T 12467.1~4—2009《金属材料熔焊质量要求》 GB/T 13306—2011《标牌》 JB/T 3338—2013《液压件圆柱螺旋压缩弹簧　技术条件》 MT/T 76—2011《液压支架用乳化油、浓缩油及其高含水液压液》

（续）

范　围	规范性引用文件
CB 1374—2004《舰船用往复式液压缸规范》	
该标准规定了舰船用往复式液压缸（以下简称液压缸）的要求、质量保证规定和交货准备 　该标准适用于液压缸的设计、制造、试验和验收	GB/T 699—1999（2015）《优质碳素结构钢》* GB/T 3098.1—2000（2010）《紧固件机械性能　螺栓、螺钉和螺柱》* GB/T 3323—1987（2005）《金属熔化焊焊接头射线照相》* GB/T 3452.1—2005《液压气动用 O 形橡胶密封圈　第 1 部分：尺寸系列及公差》 GB/T 3452.2—2007《液压气动用 O 形橡胶密封圈　第 2 部分：外观质量检验规范》 GB/T 3452.3—2005《液压气动用 O 形橡胶密封圈　沟槽尺寸》 GB/T 5777—2008《无缝钢管超声波探伤检验方法》 GB/T 6402—1991《钢锻件超声波检验方法》*（已被 GB/T 6402—2008《钢锻件超声检测方法》代替） GB/T 8163—1999（2018）《输送流体用无缝钢管》* GB/T 14039—2002《液压传动　油液　固体颗粒污染物等级代号》 GJB 150.16—1986《军用设备环境试验方法　振动试验》*（已被 GJB 150.16A—2009《军用装备实验室环境试验方法　第 16 部分：振动试验》代替） GJB 150.18—1986《军用设备环境试验方法　冲击试验》*（已被 GJB 150.18A—2009《军用装备实验室环境试验方法　第 18 部分：冲击试验》代替） GJB 150.23—1986《军用设备环境试验方法　倾斜和摇摆试验》*（已被 GJB 150.23A—2009《军用装备实验室环境试验方法　第 23 部分：倾斜和摇摆试验》代替） GJB 1085—1991《舰用液压油》 GJB 4000—2000《舰船通用规范》 CB/T 3317—2001《船用柱塞式液压缸基本参数与安装连接尺寸》 CB/T 3318—2001《船用双作用液压缸基本参数与安装连接尺寸》 CB/T 3812—2013《船用舱口盖液压缸》 HJB 37A—2000《舰船色彩标准》 JB/T 4730—2005《承压设备无损检测》*（已被 NB/T 47013—2015 代替）
JB/T 9834—2014《农用双作用油缸　技术条件》	
该标准规定了农业双作用油缸的术语和定义、参量、符号和单位、型号标记、技术要求、试验方法、检验规则及标志、包装、运输和贮存 　该标准适用于额定压力不大于 20MPa 的农用双作用油缸（以下简称油缸）	GB/T 2828.1—2012《计数抽样检验程序　第 1 部分：按接受质量限（AQL）检索的逐批检验抽样计划》 GB/T 14039—2002《液压传动　油液　固体颗粒污染物等级代号》 GB/T 17446—2012《流体传动系统及元件　词汇》 JB/T 5673—2015《农林拖拉机及机具涂漆　通用技术条件》 JB/T 7858—2006《液压元件清洁度评定方法及液压元件清洁度指标》
MT/T 900—2000《采掘机械液压缸技术条件》	
该标准规定了采掘机械用液压缸的技术要求、试验方法、检验规则、标志、包装及贮存 　该标准适用于以液压油为工作介质，额定压力不高于 31.5MPa 采掘机械用液压缸	GB/T 2348—1993《液压气动系统及元件　缸内径及活塞杆直径》*（已被 GB/T 2348—2018《流体传动系统及元件　缸径及活塞杆直径》代替） GB 2349—1980《液压气动系统及元件　缸活塞行程系列》 GB 2350—1980《液压气动系统及元件　活塞杆螺纹型式和尺寸系列》 GB/T 2828—1987《逐批检查计数抽样程序及抽样表（适用于连续批的检查）》*（已被 GB/T 2828.1—2012《计数抽样检验程序　第 1 部分：按接受质量限（AQL）检索的逐批检验抽样计划》代替） GB/T 2879—2005《液压缸活塞和活塞杆动密封沟槽尺寸和公差》 GB 2880—1981《液压缸活塞和活塞杆　窄断面动密封沟槽尺寸系列和公差》 GB/T 6577—1986《液压缸活塞用带支承环密封沟槽型式、尺寸和公差》 GB/T 6578—1986（2008）《液压缸活塞杆用防尘圈沟槽型式、尺寸和公差》* GB/T 9094—1988（2006）《液压缸气缸活安装尺寸和安装型式代号》* GB/T 14036—1993《液压缸活塞端等带关节轴承耳环安装尺寸》 GB/T 14039—1993《液压系统工作介质固体颗粒污染　等级代号》*（已被 GB/T 14039—2002《液压传动　油液　固体颗粒污染等级代号》代替） GB/T 14042—1993《液压缸活塞杆端柱销式耳环安装尺寸》 GB/T 15242.3—1994《液压缸活塞和活塞杆动密封装置用同轴密封件安装沟槽尺寸系列和公差》 GB/T 15242.4—1994《液压缸活塞和活塞杆动密封装置用支承环安装沟槽尺寸系列和公差》 MT/T 459—1995（2007）《煤矿机械用液压元件通用技术条件》* JB/T 5058—2006《机械工业产品质量特性重要度分级导则》

（续）

范　围	规范性引用文件
QC/T 460—2010《自卸汽车液压缸技术条件》	
该标准规定了自卸汽车液压缸产品型号的构成及其主参数选择，一般要求，性能要求，试验方法，检验规则，产品标牌、使用说明书和附件、运输、贮存 该标准适用于以液压油为工作介质的自卸汽车举升系统用单作用活塞式液压缸、双作用单活塞杆液压缸、单作用柱塞式液压缸、单作用伸缩式套筒液压缸、末级双作用伸缩式套筒液压缸（以下简称液压缸）	GB/T 2828.1—2012《计数抽样检验程序　第 1 部分：按接受质量限（AQL）检索的逐批检验抽样计划》 GB/T 9969—2008《工业产品使用说明书　总则》 JB/T 5943—2018《工程机械　焊接件通用技术条件》 QC/T 484—1999《汽车油漆涂层》 QC/T 625—2013《汽车用涂镀层和化学处理层》 QC/T 29104—2013《专用汽车液压系统液压油固体污染度限值》
DB44/T 1169.1—2013《伺服液压缸　第 1 部分：技术条件》（已废止，仅供参考）	
DB44/T 1169 的本部分规定了单、双作用伺服液压缸的技术要求、检验规则、标志、使用说明书、包装、运输和贮存 该标准适用于以液压油或性能相当的其他矿物油为工作介质的双作用或单作用伺服液压缸	GB/T 786.1—2009《流体传动系统及元件图形符号和回路图　第 1 部分：用于常规用途和数据处理的图形符号》 GB/T 2346—2003《液压传动系统及元件　公称压力系列》 GB/T 2348—1993《液压气动系统及元件　缸内径及活塞杆直径》*（已被 GB/T 2348—2018《流体传动系统及元件　缸径及活塞杆直径》代替） GB 2350—1980《液压气动系统及元件　活塞杆螺纹型式和尺寸系列》 GB/T 2828.1—2012《计数抽样检验程序　第 1 部分：按接受质量限（AQL）检索的逐批检验抽样计划》 GB/T 2878.1—2011《液压传动连接　带米制螺纹和 O 形圈密封的油口和螺柱端　第 1 部分：油口》 GB/T 2879—2005《液压缸活塞和活塞杆动密封沟槽尺寸和公差》 GB 2880—1981《液压缸活塞和活塞杆　窄断面动密封沟槽尺寸系列和公差》 GB/T 6577—1986《液压缸活塞用带支承环密封沟槽型式、尺寸和公差》 GB/T 6578—2008《液压缸活塞杆用防尘圈沟槽型式、尺寸和公差》 GB/T 7935—2005《液压元件　通用技术条件》 GB/T 9286—1998《色漆和清漆　漆膜的划格试验》 GB/T 9969—2008《工业产品使用说明书　总则》 GB/T 13306—2011《标牌》 GB/T 14039—2002《液压传动　油液　固体颗粒污染等级代号》 GB/T 17446—2012《流体传动系统及元件　词汇》 GB/Z 19848—2005《液压元件从制造到安装达到和控制清洁度的指南》 JB/T 7858—2006《液压元件清洁度评定方法及液压元件清洁度指标》

注：1. 标有"＊"的为注明日期的原标准，其他不注日期的原标准已更新为现行标准，表 1-31 同。

　　2. 圆括号内为注明日期的原标准的现行标准日期或现行标准号，表 1-31 同。

　　3. 勘误了一些标准编号、名称的书写错误，如 GB/T 13342—2007 中的 GB/T 2880—1981《液压缸活塞和活塞杆　窄断面动密封沟槽尺寸系列和公差》、GB/T 6402—1991《钢锻件超声波检验方法》、GB/T 6577—1986《液压缸活塞用带支承环密封沟槽型式、尺寸和公差》、JB/T 7858—2006《液压元件　清洁度评定方法及液压元件清洁度指标》。

表 1-31 液压缸产品标准规定的范围和规范性引用文件

范　围	规范性引用文件
GB/T 24946—2010《船用数字液压缸》	
该标准规定了船用数字液压缸（以下简称"数字缸"）的产品分类、要求、试验方法、检验规则和标志、包装、运输和贮存等 　该标准适用于数字（液压）缸的设计、生产和验收	GB/T 699—1999（2015）《优质碳素结构钢》* GB/T 2879—2005《液压缸活塞和活塞杆动密封沟槽尺寸和公差》 GB 2880—1981《液压缸活塞和活塞杆　窄断面动密封沟槽尺寸系列和公差》 GB/T 3098.1—2000（2010）《紧固件机械性能　螺栓、螺钉和螺柱》* GB/T 3452.1—2005《液压气动用O形橡胶密封圈　第1部分：尺寸系列及公差》 GB/T 3452.2—2007《液压气动用O形橡胶密封圈　第2部分：外观质量检验规范》 GB/T 3452.3—2005《液压气动用O形橡胶密封圈　沟槽尺寸》 GB/T 3783—2008《船用低压电器基本要求》 GB/T 5777—2008《无缝钢管超声波探伤检验方法》 GB/T 6577—1986《液压缸活塞用带支承环密封沟槽型式、尺寸和公差》 GB/T 6578—2008《液压缸活塞杆用防尘圈沟槽型式、尺寸和公差》 GB/T 7935—2005《液压元件　通用技术条件》 GB/T 8163—2008（2018）《输送流体用无缝钢管》* GB/T 14039—2002《液压传动　油液　固体颗粒污染物等级代号》 CB 1146.8—1996《舰船设备环境试验与工程导则　倾斜与摇摆》 CB 1146.9—1996《舰船设备环境试验与工程导则　振动（正弦）》 CB 1146.12—1996《舰船设备环境试验与工程导则　盐雾》 CB/T 3004—2005《船用往复液压缸基本参数》 JB/T 4730.3—2005《承压设备无损检测　第3部分：超声检测》*（已被 NB/T 47013.3—2015 和 NB/T 47013.3—2015/XG1—2018 代替） JB/T 7858—2006《液压元件清洁度评定方法及液压元件清洁度指标》
CB/T 3812—2013《船用舱口盖液压缸》	
该标准规定了船用舱口盖液压缸（以下简称液压缸）的分类、技术要求、试验方法及检验规则，标志和包装等 　该标准适用于双作用单活塞杆船用舱口盖液压缸的设计、生产和验收。其他船用液压缸也可参照执行	GB/T 699—1999（2015）《优质碳素结构钢》* GB/T 2346—2003《液压传动系统及元件　公称压力系列》 GB/T 2348—1993《液压气动系统及元件　缸内径及活塞杆直径》*（已被 GB/T 2348—2018《流体传动系统及元件　缸径及活塞杆直径》代替） GB 2350—1980《液压气动系统及元件　活塞杆螺纹型式和尺寸系列》 GB/T 5312—2009《船舶用碳钢和碳锰钢无缝钢管》 GB/T 5777—2008《无缝钢管超声波探伤检验方法》 GB/T 9163—2001《关节轴承　向心关节轴承》 GB/T 13342—2007《船用往复式液压缸通用技术条件》 CB/T 772—1998《碳钢和碳锰钢铸件技术条件》*（已被 CB/T 4299—2013《船用碳钢和碳锰钢铸件》代替） CB/T 773—1998《结构钢锻件技术条件》 JB/T 4730.3—2005《承压设备无损检测　第3部分：超声检测》（已被 NB/T 47013.3—2015 和 NB/T 47013.3—2015/XG1—2018 代替）
JB/T 2162—2007《冶金设备用液压缸（$PN \leqslant 16\text{MPa}$）》	
该标准规定了公称压力 $PN \leqslant$ 16MPa 的冶金设备用液压缸的基本参数、型式与尺寸和技术条件 　该标准适用于公称压力 $PN \leqslant$ 16MPa、环境温度为 $-20\sim80℃$ 的冶金设备用液压缸	JB/T 6134—2006《冶金设备用液压缸（$PN \leqslant 25\text{MPa}$）》

（续）

范　围	规范性引用文件
JB/T 6134—2006《冶金设备用液压缸（PN≤25MPa）》	
该标准规定了公称压力 PN≤25MPa 的冶金设备用液压缸的基本参数、型式与尺寸和技术要求、试验方法、检验规则、标志、包装、运输及贮存 　　该标准适用于公称压力 PN≤25MPa、环境温度为−20～80℃ 的冶金设备用液压缸	GB/T 1184—1996《形状和位置公差　未注公差值》 GB/T 1801—2009《产品几何技术规范（GPS）　极限与配合　公差带和配合的选择》 GB/T 2348—1993《液压气动系统及元件　缸内径及活塞杆直径》*（已被 GB/T 2348—2018《流体传动系统及元件　缸径及活塞杆直径》代替） GB 2349—1980《液压气动系统及元件　缸活塞行程系列》 GB 2350—1980《液压气动系统及元件　活塞杆螺纹型式和尺寸系列》 GB/T 2878.1—2011《液压传动连接　带米制螺纹和 O 形圈密封的油口和螺柱端　第 1 部分：油口》 GB/T 3452.1—2005《液压气动用 O 形橡胶密封圈　第 1 部分：尺寸系列及公差》 GB/T 4879—2016《防锈包装》 GB/T 13306—2011《标牌》 JB/T 5000.1—2007《重型机械通用技术条件　第 1 部分：产品检验》 JB/T 5000.2—2007《重型机械通用技术条件　第 2 部分：火焰切割件》 JB/T 5000.3—2007《重型机械通用技术条件　第 3 部分：焊接件》 JB/T 5000.4—2007《重型机械通用技术条件　第 4 部分：铸铁件》 JB/T 5000.5—2007《重型机械通用技术条件　第 5 部分：有色金属铸件》 JB/T 5000.6—2007《重型机械通用技术条件　第 6 部分：铸钢件》 JB/T 5000.7—2007《重型机械通用技术条件　第 7 部分：铸钢件补焊》 JB/T 5000.8—2007《重型机械通用技术条件　第 8 部分：锻件》 JB/T 5000.9—2007《重型机械通用技术条件　第 9 部分：切削加工件》 JB/T 5000.10—2007《重型机械通用技术条件　第 10 部分：装配》 JB/T 5000.11—2007《重型机械通用技术条件　第 11 部分：配管》 JB/T 5000.12—2007《重型机械通用技术条件　第 12 部分：涂装》 JB/T 5000.13—2007《重型机械通用技术条件　第 13 部分：包装》 JB/T 5000.14—2007《重型机械通用技术条件　第 14 部分：铸钢件无损探伤》 JB/T 5000.15—2007《重型机械通用技术条件　第 15 部分：锻钢件无损探伤》 JB/T 7858—2006《液压元件清洁度评定方法及液压元件清洁度指标》
JB/T 10205—2010《液压缸》	
该标准规定了单、双作用液压缸的分类和基本参数、技术要求、试验方法、检验规则、包装、运输等要求 　　该标准适用于公称压力为 31.5MPa 以下，以液压油或性能相当的其他矿物油为工作介质的单、双作用液压缸。公称压力高于 31.5MPa 的液压缸可参照本标准执行。除本标准规定外的特殊要求，应由液压缸制造商和用户协商	GB/T 786.1—2009《流体传动系统及元件图形符号和回路图　第 1 部分：用于常规用途和数据处理的图形符号》 GB/T 2346—2003《液压传动系统及元件　公称压力系列》 GB/T 2348—1993《液压气动系统及元件　缸内径及活塞杆直径》*（已被 GB/T 2348—2018《流体传动系统及元件　缸径及活塞杆直径》代替） GB 2350—1980《液压气动系统及元件　活塞杆螺纹型式和尺寸系列》 GB/T 2828.1—2003（2012）《计数抽样检验程序　第 1 部分：按接受质量限（AQL）检索的逐批检验抽样计划》* GB/T 2878.1—2011《液压传动连接　带米制螺纹和 O 形圈密封的油口和螺柱端　第 1 部分：油口》 GB/T 2879—2005《液压缸活塞和活塞杆动密封沟槽尺寸和公差》 GB 2880—1981《液压缸活塞和活塞杆　窄断面动密封沟槽尺寸系列和公差》 GB/T 6577—1986《液压缸活塞用带支承环密封沟槽型式、尺寸和公差》 GB/T 6578—2008《液压缸活塞杆用防尘圈沟槽型式、尺寸和公差》 GB/T 7935—2005《液压元件　通用技术条件》 GB/T 9286—1998《色漆和清漆　漆膜的划格试验》 GB/T 9969—2008《工业产品使用说明书　总则》 GB/T 13306—2011《标牌》 GB/T 14039—2002《液压传动　油液　固体颗粒污染等级代号》 GB/T 15622—2005《液压缸试验方法》 GB/T 17446—2012《流体传动系统及元件　词汇》 JB/T 7858—2006《液压元件清洁度评定方法及液压元件清洁度指标》

(续)

范 围	规范性引用文件
JB/T 11588—2013《大型液压油缸》	
该标准规定了大型液压油缸的结构型式与基本参数、技术要求、试验方法、检验规则、标志、包装、运输和贮存 该标准适用于内径不小于630mm的大型液压油缸。矿物油、抗燃油、水乙二醇、磷酸酯工作介质可根据需要选取	GB/T 1184—1996《形状和位置公差 未注公差值》 GB/T 1800.2—2009《产品几何技术规范(GPS)极限与配合 第2部分：标准公差等级和孔、轴极限偏差表》 GB/T 1801—2009《产品几何技术规范(GPS)极限与配合 公称带和配合的选择》 GB/T 7935—2005《液压元件 通用技术条件》 GB/T 13384—2008《机电产品包装通用技术条件》 GB/T 14039—2002《液压传动 油液 固体颗粒污染等级代号》 JB/T 5000.3—2007《重型机械通用技术条件 第3部分：焊接件》 JB/T 5000.8—2007《重型机械通用技术条件 第8部分：锻件》 JB/T 5000.10—2007《重型机械通用技术条件 第10部分：装配》 JB/T 5000.12—2007《重型机械通用技术条件 第12部分：涂装》 ISO 6164：1994《液压传动 25~40MPa(250~400bar)压力下使用的四螺栓整体方形法兰》*
JB/T 13141—2017《拖拉机 转向液压缸》	
该标准规定了拖拉机转向液压缸的术语和定义。参量、符号和单位、分类和基本参数、技术要求、试验方法、检验规则、标志、包装、运输和贮存 该标准适用于公称压力不大于20MPa、以液压油或性能相当的其他矿物油为工作介质的单、双作用转向液压缸	GB/T 2346—2003《流体传动系统及元件 公称压力系列》 GB/T 2828.1—2012《计数抽样检验程序 第1部分：按接受质量限(AQL)检索的逐批检验抽样计划》 GB/T 10125—2012《人造气氛腐蚀试验 盐雾试验》 GB/T 14039—2002《液压传动 油液 固体颗粒污染等级代号》 GB/T 17446—2012《流体传动系统及元件 词汇》 GB/Z 19848—2005《液压件从制造到安装达到和控制清洁度的指南》 JB/T 5673—2015《农林拖拉机及机具涂漆 通用技术条件》* JB/T 7858—2006《液压元件清洁度评定方法及液压元件清洁度指标》

注：1. 省略了 GB/T 24655—2009《农用拖拉机 牵引农具用分置式液压油缸》、YB/T 028—1992《冶金设备用液压缸》等标准的摘录。

　　2. 勘误了一些标准编号、名称的书写错误，如 JB/T 2162—2007 中的 JB/T—2006《冶金设备用液压缸（$PN \leqslant$ 25MPa）技术条件》等。

1.3 液压缸设计与制造常用标准中界定的术语和定义及其说明

1.3.1 常用标准中界定的术语和定义

术语是标准化的最基本主题。对于术语和定义，如果没有公认的标准，则一个技术领域内其他技术标准的制定将会变成一项艰巨而费时的工作，最终会导致工作效率低下，并且产生误解的概率也会很高。

术语是在特定专业领域中一般概念的语言（词语）指称。术语具有单名单义性，在相关学科或至少一个专业领域内应做到这一点，否则会出现异义、多义和同义现象。

每项标准或系列标准（或一项标准的不同部分）内，对于同一概念应使用同一术语。对于已定义的概念应避免使用同义词。每个选用的术语应尽量只有唯一的含义。

在某项标准中对某概念建立术语和定义前，应查找在其他标准中是否已经为该概念建立了术语和定义。如果已经建立，宜引用定义该概念的标准，不必重新定义。

如果确有必要重复某术语已经标准化的定义，则应标明该定义出自的标准。如果不得不改写已经标准化的定义，则应加注说明。

术语既不应包含要求，也不应写成要求的形式。定义的表述宜能在上下文中代替其术语。

在流体传动及控制技术领域中，其术语是有特定含义的。在制定、修改标准，编写书刊、报告及有关技术文件时应使用各标准规定的术语。

为了便于读者与各原标准进行查对，本手册摘录

的各标准中的术语和定义仍采用了原标准中的序号。同样，为了读者查阅、使用方便，本手册可能在其他章节也重复使用了这些术语和定义。

液压缸设计与制造常用标准中界定的术语和定义见表 1-32。

表 1-32　液压缸常用标准中界定的术语和定义

原标准中的序号	术　语	定　义
GB/T 241—2007《金属管　液压试验方法》		
3.1	最大试验压力	在试验的稳压时间内压力计所示的由有关产品标准、协议或附录 A 规定的压力
3.2	试验稳定时间	在最大试验压力作用下的一段时间
3.3	压力传递介质	指液体，通常是水、油、乳状液
3.4	加压速度	压力传递介质充入金属管过程中单位时间内压力的变化
3.5	卸压速度	压力传递介质从金属管内排出过程中单位时间内压力的变化
3.6	渗漏	在试验压力作用下，金属管基体的外表面或焊缝有压力传递介质出现的现象
3.7	破坏性试验	不断增加试验压力，直至使金属管出现渗漏或爆裂的试验
GB/T 2346—2003《液压气动系统及元件　公称压力系列》		
3.1	公称压力	为了便于表示和标识元件、管路或系统归属的压力系列，而对其指定的压力值
GB 2350—1980《液压气动系统及元件　活塞杆螺纹型式和尺寸系列》		
	活塞杆螺纹	指液压缸、气缸活塞杆的外部连接螺纹
GB/T 2878.2—2011《液压传动连接　带米制螺纹和 O 形圈密封的油口和螺柱端　第 2 部分：重型螺柱端（S 系列）》		
3.1	可调节螺柱端	在拧紧连接螺母期间，允许管接头调整方向以完成连接定位的螺柱管接头
3.2	不可调节螺柱端	在拧紧连接螺母期间，不需要专门调整方向的螺柱端管接头。仅用于直通式管接头
GB/T 2878.4—2011《液压传动连接　带米制螺纹和 O 形圈密封的油口和螺柱端　第 4 部分：六角螺塞》		
3.1	螺塞	不带流体通道的螺柱端，用于封堵油液
GB/T 3766—2015《液压传动　系统及其元件的通用规则和安全要求》		
3.1	功能标牌	包含描述手动操作装置每一项功能（例如，开/关、前进/后退、左/右、上升/下降）或系统执行功能的状态（例如，夹紧、提升和前进）信息的标识牌
GB/T 5719—2006《橡胶密封制品　词汇》		
2.11	液压气动用橡胶密封制品	用于防止流体从密封装置中泄漏，并防止外界灰尘、泥沙以及空气（对于高真空而言）进入密封装置内部的橡胶零部件
2.12	O 形橡胶密封圈	截面为 O 形的橡胶密封圈
2.14	X 形橡胶密封圈	截面为 X 形的橡胶密封圈
2.1.25	沟槽	安装密封件（不包括相对配合面）的槽穴
2.1.30	装配间隙	密封件装配后，密封装置中配偶件之间的间隙
2.3.1	旋转轴唇形密封圈	具有可变形截面，通常有金属骨架支撑，靠密封刃口施加的径向力起防止流体泄漏的密封圈
2.3.35	密封刃口	系密封唇的一部分，与密封接触区一起形成密封圈/轴接触面
2.3.57	密封唇	顶在轴上起密封作用的柔性弹性体元件
2.3.64	轴密封接触区	同密封唇接触的经精加工的那部分轴表面
2.3.76	挤出	密封圈某一部分被挤入相邻的缝隙而产生的永久的或暂时的位移
2.3.109	刃口接触宽度	密封刃口与轴接触的轴向长度
GB/T 13342—2007《船用往复式液压缸通用技术条件》		
3.2	无杆腔	液压缸没有活塞杆的一腔
GB/T 14832—2008《标准弹性材料与液压液体的相容性试验》		
3.1	弹性体	橡胶类高分子材料，该类材料在弱的应力下发生变形，应力取消之后迅速恢复，接近于初始尺寸和形状
3.2	试验弹性体	已知配方的硫化橡胶，用来评价介质对橡胶的影响 注：为了使误差最小，试验弹性体配方只包括硫化的最基本的配合剂

（续）

原标准中的序号	术语	定义
3.3	商品橡胶	实际使用的弹性体材料，制造商不提供其配方，为了满足加工和使用要求，其所含的配合剂比标准橡胶多 注：由于商品橡胶通常比试验弹性体的质量误差更大，因此使用商品橡胶来进行介质的质量控制是不可取的
GB/T 15242.1—2017《液压缸活塞和活塞杆动密封装置尺寸系列 第1部分：同轴密封件尺寸系列和公差》		
3.1	密封滑环	与液压缸的缸筒或活塞杆接触并相对运动且依靠弹性体施力以实现密封的元件 注：密封滑环与弹性体密封圈（有些情况下还包括挡圈）组合在一起为同轴密封件
3.2	弹性体	由微弱应力引起显著变形，且该应力消除之后能迅速回复到接近原有尺寸和形状的高分子材料
3.3	挡圈	防止密封件挤入被密封的两个配合零件之间的间隙中的环形件
3.4	孔用方形同轴密封件	密封滑环的截面为矩形，弹性体为 O 形圈或矩形圈的活塞用密封件
3.5	孔用组合同轴密封件	由密封滑环、一个山形弹性体、两个挡圈组合而成的活塞用组合密封件
3.6	轴用阶梯形同轴密封件	密封滑环截面为阶梯形，弹性体为 O 形圈的活塞杆用组合密封件
GB/T 15242.2—2017《液压缸活塞和活塞杆动密封装置尺寸系列 第2部分：支承环尺寸系列和公差》		
3.1	支承环	对液压缸的活塞或活塞杆起支撑作用，避免相对运动的金属之间的接触，并提供径向支撑力的有切口的环形非金属导向元件
GB 17120—2012《锻压机械 安全技术条件》		
3.2	工作方向行程	锻压机械做往复运动的工作部件从全开启位置运动到全闭合位置的行程
GB/T 17446—2012《流体传动系统及元件 词汇》		
3.1.1	实际的	在给定时间和特定点进行物理测量所得到的
3.1.3	工况	一组特性值
3.1.5	有效的	特性中的有用部分
3.1.6	几何的	忽略诸如因制造引起的微小尺寸变化，利用基本设计尺寸计算出来的
3.1.7	额定的	通过试验确定的，据此设计元件或配管以保证足够的使用寿命 注：可以规定最大值和/或最小值
3.1.8	运行的	系统、子系统、元件或配管，当执行其功能时所经历的
3.1.9	理论的	利用基本设计尺寸、仅以可能包括估计值、经验数据和特性系数的公式计算出的，而非基于实际的测量
3.1.10	工作的	系统或子系统预期在稳态工况下运行的特性含义
3.2.1	磨损	因磨耗、磨削或摩擦造成材料的损失 注：磨损的产物作为生成的颗粒性污染出现在系统中
3.2.2	绝对压力	用绝对真空作为基准的压力
3.2.6	实际元件温度	在给定时间和规定位置测量的元件的温度
3.2.7	实际流体温度	在给定的时间和系统内规定位置测量的流体的温度
3.2.8	实际压力	在特定时间存于特定位置的压力
3.2.11	执行元件	将流体能量转换成机械功的元件
3.2.15	可调行程缸	其行程停止位置可以改变，以允许行程长度变化的缸
3.2.18	充气	（液压）空气被带入液压油液中的过程
3.2.21	放气	（液压）从一个系统或元件中排出空气的手段
3.2.31	空气混入量	（液压）系统流体中的空气体积 注：空气混入量以体积的百分比表示
3.2.37	环境条件	系统的直接环境条件

（续）

原标准中的序号	术　语	定　义
3.2.38	环境温度	元件、配管或系统工作时周围环境的温度
3.2.41	防锈性	（液压）液压油液防止金属锈蚀的能力 注：对含水液尤为重要
3.2.42	挡圈	（液压）防止密封件挤入被密封的两个配合零件之间的间隙中的环形件
3.2.43	抗磨性	（液压）在已知的运行条件下，流体通过在运动表面之间保持油膜来防止金属与金属接触的能力
3.2.44	含水液	除其他成分外，包含水作为主要成分的液压油液 示例 1：水包油乳化液 示例 2：油包水乳化液 示例 3：水聚合物乳化液
3.2.45	总成	包括两个或多个相互连接元件的系统或子系统的部件
3.2.46	装配扭矩	实现紧固的最终连接所需的扭矩
3.2.64	轴向密封件	靠轴向接触力密封的密封件
3.2.65	背压	因下游阻力产生的压力
3.2.73	可生物降解油液	如果被引入环境，能在很大程度上迅速生物降解的液压油液 示例 1：甘油三酯（植物油） 示例 2：聚乙二醇 示例 3：合成酯
3.2.78	复合密封件	用弹性体材料粘结于刚性基衬件所制成的密封件
3.2.79	组合垫圈	由一个扁平的金属垫圈与一个同心的合成橡胶密封圈粘结而成的静密封垫片
3.2.82	起动压力	开始运动所需的最低压力
3.2.83	流体的体积弹性模量	施于流体的压力变化与所引起的体积应变之比 注：流体的体积弹性模量是流体压缩率的倒数
3.2.85	爆破	由过高压力引起壳体破坏，使得封闭容积中的物质向外释放
3.2.86	爆破压力	引起元件或配管破坏和流体外泄的压力
3.2.89	气穴（气蚀）	（液压）在流体中局部压力降低到临界压力（通常是液体的蒸发压力）处，出现的气体或蒸汽的空穴 注：在气穴状态下，液体会高速穿过空穴产生输出力效应，这不仅会产生噪声，而且可能损坏元件
3.2.95	氯化烃油液	（液压）种由芳香烃或链烷烃组成的不含水的合成液压油液，其中某些氢原子被氯代替，氯的存在使之成为一种难燃液压油液
3.2.96	氯丁橡胶	由氯丁二烯聚合成的弹性体材料 注：氯丁橡胶具有良好的耐石油基油液性能以及良好的耐臭氧性和耐气蚀性
3.2.100	清洁度	与污染度对应的，衡量元件或系统清洁程度的量化指标
3.2.108	压溃	由过高压差引起的结构向内的破坏 示例：滤芯压溃
3.2.110	相容流体	对系统、元件、配管或其他流体的性质和寿命没有不良影响的流体 作者注：正文与索引中的术语不一致，索引中为"相溶油液"
3.2.111	元件	由除配管以外的一个或多个零件组成的独立单元，作为流体传动系统的一个功能件
3.2.113	组合密封件	具有两种或多种不同材料单元的密封装置 示例：复合密封件和旋转轴唇形密封件
3.2.118	流体压缩率	当所受压力的每单位变化时，单位体积流体的体积变化
3.2.124	污染物	对系统可能有不良影响的任何物质或物质组合（固体、液体或气体）
3.2.127	污染物敏感度	由污染物引起的性能降低
3.2.128	污染	污染物侵入或存在

（续）

原标准中的序号	术　语	定　义
3.2.129	污染代码	（液压）用于对液压油液中污染物颗粒尺寸分布做简短描述的一组数字
3.2.130	污染度	规定污染程度的量化术语
3.2.134	控制机构	向元件提供输入信号的装置
3.2.135	控制压力	在控制口用来提供控制功能的压力 作者注：与控制压力（3.2.511）重复且不一致
3.2.136	控制信号	施加于控制机构的电气信号或流体压力
3.2.137	控制系统	控制流体传动系统的手段，将此系统与操作者和控制信号源的任何一个连接以实现控制作用
3.2.147	带缓冲的缸	带有缓冲装置的缸
3.2.148	缓冲	运动件在趋近其运动终点时借以减速的手段，主要有固定或可调节两种
3.2.149	缓冲压力	为使总运动质量减速而产生的压力
3.2.151	循环	以周期性或循环方式重复的一组完整事件或条件
3.2.152	循环稳定条件	相关因素的值以循环方式变化的条件
3.2.154	缸	提供线性运动的执行元件
3.2.155	缸脚架安装	用角形结构的支架固定缸的方法
3.2.156	缸体	缸活塞在其中运动的中空的承压力件
3.2.157	缸径	缸体的内径
3.2.158	缸无杆端	缸没有活塞杆伸出的一端 注：通常也称为"缸尾"或"缸盖端"
3.2.159	缸的双耳环安装	利用一个U字形安装装置，以销轴或螺栓穿过它实现缸的铰接安装的安装方式 作者注：正文与索引中的术语不一致，索引中为"缸的环叉安装"
3.2.160	缸控制	使用缸的一种控制机构
3.2.161	缸的缓冲长度	在缓冲开始点与缸行程末端之间的距离
3.2.162	缸的耳环安装	利用突出缸结构外的耳环，以销轴或螺栓穿过它实现缸的铰接安装的安装方式
3.2.163	缸输出力	由作用于活塞上的压力产生的力
3.2.164	缸输出力效率	缸的实际输出力与理论输出力之间的比值
3.2.165	缸回程	活塞杆缩回缸体的运动。对于双杆缸或无杆缸，是指活塞返回其初始位置的运动
3.2.166	缸回程排量	在一次完整的回程期间缸的排量
3.2.167	缸回程输出力	在缸回程期间产生的力
3.2.168	缸回程时间	活塞回程所用的时间
3.2.169	缸前端 螺纹安装	在缸有杆端借助于与缸轴线同轴的螺纹突台的安装 作者注：正文与索引中的术语不一致，索引中为"缸颈安装"
3.2.170	缸进程	活塞杆从缸体伸出的运动。对于双杆缸或无杆缸，是指活塞离开其初始位置的运动
3.2.171	缸进程排量	缸活塞在一次完整的进程期间的排量
3.2.172	缸进程输出力	在进程期间缸产生的力
3.2.173	缸进程时间	活塞进程所用的时间
3.2.174	活塞	靠压力下的流体作用，在缸径中移动并传递机械力和运动的缸零件
3.2.175	活塞杆	与活塞同轴并联为一体，传递来自活塞的机械力和运动的缸零件
3.2.176	活塞杆面积	活塞杆的横截面面积
3.2.177	活塞杆附件	在外露活塞杆端部借助其实现缸的连接的附加装置 示例：带螺纹的、平面的、耳环、环叉
3.2.178	缸的铰接安装	允许缸有角运动的安装
3.2.179	缸有杆端	缸的活塞杆伸出端 注：通常也称为"缸头"或"缸前端"
3.2.180	缸的球铰安装	允许缸在包含其轴线的任何平面内角位移的安装 示例：如在耳环或双耳环安装中的球面轴承
3.2.181	缸行程	其可动件从一个极限位置到另一个极限位置所移动的距离

（续）

原标准中的序号	术　语	定　义
3.2.182	缸行程时间	缸行程从开始到结束的时间
3.2.183	缸拉杆安装	借助于在缸体外侧并与之平行的缸装配用拉杆的延长部分，从缸的一端或两端安装缸的方式
3.2.184	缸横向安装	靠与缸的轴线成直角的一个平面来界定的所有安装方法
3.2.185	缸耳轴安装	利用缸两侧与缸轴线垂直的一对销轴或销孔来实现的铰接安装
3.2.186	带有不可转动活塞杆的缸	能防止缸体与活塞杆相对转动的缸
3.2.187	排气器	（液压）用来排除液压系统油液所含空气或气体的元件
3.2.195	定位机构	借助附加阻力把一个运动件阻留定位的装置
3.2.198	膜片缸	靠作用于膜片上的流体压力产生机械力的缸
3.2.201	差动缸	一种双作用缸，其活塞两侧的有效面积不同
3.2.202	压差	在不同测量点同时出现的两个压力之间的差
3.2.210	排量	每一行程、每一转或每一循环所吸入或排出的流体体积 注：其可以是固定的或可变的
3.2.215	溶解空气	（液压）以分子形式分散于液压油液中的空气
3.2.216	溶解水	（液压）以分子水平分散于液压油液中的水
3.2.219	双活塞杆缸	具有两根相互平行动作的活塞杆的缸
3.2.220	双作用缸	流体力可以沿两个方向施加于活塞的缸
3.2.222	泄油口	（液压）通向泄油管路的油口
3.2.229	防尘帽	用以阻止污染物和/或起防止损坏作用的可拆的凹状器件
3.2.230	防尘堵	用于开口处以阻止污染物和/或起防止损坏作用的可拆的凸状器件
3.2.231	动密封件	用在相对运动的零件之间的密封装置 作者注：正文与索引中的术语不一致，索引中为"动密封"
3.2.232	动力黏度	对流体的流动阻力或变形的度量，用所施加的剪切应力与流体的切变速度之间的关系表示
3.2.233	缸有效力	在规定工况下，缸所传递的可用的力
3.2.234	缸有效面积	流体压力作用其上，以提供可用力的面积
3.2.236	有杆端有效面积	在有杆端的缸有效面积
3.2.238	弹性体材料	在由应力和应力释放造成实质变形后能够迅速恢复到其接近最初尺寸和形状的橡胶类材料
3.2.239	弹性体密封件	用具有橡胶类性质的材料制成的密封件，即具有很大变形能力并在变形力去除后能迅速和基本完全恢复的能力
3.2.245	应急控制	用于失效情况下的替代控制
3.2.248	混入空气	（液压）空气（或气体）与液体形成乳化液的状态，其中气泡趋向于从液体相分离 注：在使用矿物油的液压系统中，混入空气可能对元件、密封件和塑料件产生十分有害的影响
3.2.249	环境污染物	存在于系统环境周围中的污染物
3.2.250	冲蚀磨损	由流体或悬浮颗粒流体的冲刷、微射流或它们的组合引起的机械零件的材料损失
3.2.255	外泄漏	从元件或配管的内部向周围环境的泄漏
3.2.256	外部压力	从外部作用于一个元件或系统的压力
3.2.258	反馈	元件的实际输出状态借以传达到控制系统或回到控制机构的手段
3.2.259	螺孔端	允许与外螺纹管接头连接的管接头的内螺纹端
3.2.271	难燃液压液	不易点燃，且火焰传播趋向极小的液压油液
3.2.274	法兰管接头	其密封面垂直于流动轴线，利用径向法兰与螺钉安装的一种非螺纹管接头
3.2.275	法兰安装	元件利用法兰进行安装的方法，其法兰的支撑面与安装面平行

（续）

原标准中的序号	术语	定义
3.2.276	法兰口	用于与法兰管接头连接的口
3.2.283	流动	靠压力差产生的流体运动
3.2.291	流道	输送流体的通道
3.2.292	流量	在规定工况下，单位时间穿过流道横截面的流体的体积
3.2.299	流量冲击	（液压）在一定时间段中流量的升降
3.2.305	流体	在流体传动系统中用作传动介质的液体或气体
3.2.308	流体缓冲	通过节制回油或排气流动而实现的缓冲
3.2.313	流体传动	用受压流体作为介质传递、控制、分配信号和能量的方式、方法
3.2.315	流体动力源	产生并维持有压力流体的流量的能量源 作者注：正文与索引中的术语不一致，索引中为"流体传动源"
3.2.316	流体传动系统	产生、传递、控制和转换流体传动能量的相互连接元件的配置
3.2.320	氟橡胶	一种在高温下能够耐受多数矿物油和合成液压液，并耐受臭氧、老化和大气侵蚀的弹性体材料 注：其普通配方的低温特性及对乙醇的耐受力均差
3.2.321	脚架安装	利用超出元件轮廓的凸起部分（脚架）安装元件的方法，这样支承面平行于该元件轴线，如缸轴线或泵驱动轴线
3.2.323	游离空气	因在液压系统中的，未冷凝、乳化或溶解的任何可压缩气体、空气或蒸汽
3.2.326	游离水	进入流体传动系统的水，由于水与系统中流体的密度不同而具有分离趋势
3.2.327	微动磨损	由两个表面的滑动或周期性压缩造成的一种磨损类型，它产生微细颗粒污染而没有化学变化
3.2.328	功能试验	验证输出功能对输入产生正确相应的测试行为
3.2.334	表压力	所测的绝对压力减去大气压力（可取为正值或负值）
3.2.337	生成污染	在系统或元件的工作过程中产生的污染
3.2.338	几何排量	不考虑公差、间隙或变形，用几何方法计算出的排量
3.2.353	液压油液	（液压）液压系统中用作传动介质的液体
3.2.355	液压锁定	（液压）由于一定量的受困液体阻止运动，致使活塞或阀芯产生的不良锁紧
3.2.358	液压功率	（液压）液压油液的额定流量与压力的乘积
3.2.359	液压泵	（液压）将机械能量转换成液压能量的元件
3.2.362	液压技术	涉及液体流动和液体压力规律的科学技术，简称液压
3.2.363	流动损失	（液压）由于液体运动引起的功率损失 作者注：正文与索引中的术语不一样，索引中为"液压动力损失"
3.2.374	冲击缸	一种双作用缸，带有整体配置的油箱和座阀，为活塞和活塞杆总成提供外伸时的快速加速
3.2.378	不相容流体	对系统、元件、配管或另一种流体的性质和寿命具有不良影响的流体
3.2.382	初始污染	在流体、元件、配管、子系统或系统中，在初次使用之前既已存在的或在装配过程中产生的残留污染
3.2.384	进口	输入流体的油（气）口
3.2.385	进口压力	元件、配管或系统的进口处的压力
3.2.386	输入流量	穿过进口横截面的流量
3.2.393	间歇工况	元件、配管或系统工作与非工作（停机或空运行）交替进行的运行工况 作者注：正文与索引中的术语不一样，索引中为"间歇运行条件"
3.2.396	内泄漏	元件内腔之间的泄漏
3.2.397	内部压力	在系统、配管或元件内部作用的压力
3.2.398	运动黏度	在重力下流体的流动阻力，以流体的动力黏度与其质量密度之比表示
3.2.402	泄漏	不做有用功并引起能量损失的相对少量的流体流动
3.2.403	极限工况	假设元件、配管或系统在规定应用的极端情况下满意地运行一个给定时间，其所允许的运行工况的最大和/或最小值

（续）

原标准中的序号	术　语	定　义
3.2.404	唇形密封件	一种密封件，它具有一个挠性的密封凸起部分；作用于唇部一侧的流体压力保持其另一侧与相配表面接触贴紧形成密封
3.2.409	负载压力	由外部负载所产生的压力
3.2.415	磁性活塞缸	一种在活塞上带永久磁铁的缸，该磁铁可用于沿着行程长度操纵定位的传感器
3.2.422	油路块	通常可以安装插装阀和板式阀，并按回路图通过流道使阀口相互连通的立方体基板
3.2.428	最高压力	可能暂时出现的对元件或系统性能或寿命没有任何严重影响的最高瞬时压力
3.2.429	最高工作压力	系统或子系统预期在稳态工况下工作的最高压力 注：对于元件和配管，见相关术语"额定压力"
3.2.436	矿物油	（液压）由可能含有不同精炼程度和其他成分的石油烃类组成的液压油液
3.2.437	最低工作压力	一个系统或子系统预期在稳态工况下工作的最低压力 注：对于元件和配管，见相关术语"额定压力"
3.2.447	安装	固定元件、配管或系统的方法
3.2.453	多位缸	除静止位置外，提供至少两个分开位置的缸 示例：由至少两个在同一轴线上，在分成几个独立控制的公共缸体中运动的活塞组成的缸；由两个单独控制的，用机械连接在一个公共轴的缸组成的元件（其通常称为双联缸）
3.2.454	多杆缸	在不同轴线上具有一个以上活塞杆的缸
3.2.461	丁腈橡胶	由丁二烯和丙烯腈共聚制成的弹性体材料 注：是制造密封件和填料密封应用最广泛的弹性体材料。对矿物油的耐受力随丙烯腈的含量变化
3.2.462	空载条件	当没有因外负载引起的流动阻力时，系统、子系统、元件或配管所经历的一组特性值
3.2.464	公称压力	为了便于标识并表示其所属的系列而指派给元件、配管或系统的压力值 作者注：在 GB/T 17446—1998《流体传动系统及元件　术语》（已被 GB/T 17446—2012 代替）中术语"公称压力"的定义为："装置按基本参数所确定的名义压力"
3.2.465	公称尺寸	尺寸值的名称，是为了便于参考的圆整值。其与制造尺寸仅是宽松关联
3.2.476	离线污染分析	用不直接连接到液压系统的仪器对流体样品所进行的污染分析
3.2.479	水包油乳化液	油微滴在连续水中的悬浊液
3.2.480	在线污染分析	对从液压系统经连续管路直接提供给仪器的流体所进行的污染分析
3.2.487	运行工况	系统、子系统、元件或配管在实现其功能时所经历的一组特性值
3.2.489	运行压力范围	系统、子系统、元件或配管在实现其功能时所能承受的所有压力
3.2.490	O 形圈	用模压制成的，在自由状态下横截面呈圆形的弹性体密封件 注：O 形圈又称"环形密封圈"
3.2.492	出口	为输出流动提供通道的油（气）口
3.2.493	出口压力	元件、配管或系统的出口处的压力
3.2.499	填料密封件	由一个或多个相配的可变形件组成的密封装置，通常承受可调整的轴向压缩以获得有效的径向密封
3.2.500	颗粒	小的离散的固体或液体物质
3.2.505	磷酸酯液压液	由磷酸酯组成的合成液压油液，它可以包含其他组分 注：其难燃性来自该油液的分子结构。它有良好的润滑性和耐磨性，良好的贮存稳定性和耐高温性
3.2.513	配管	允许流体在元件之间流动的管接头、软管接头、硬管和/或软管的任何组合
3.2.518	活塞位移	活塞从一个位置运动到另一个位置所走过的距离
3.2.522	柱塞缸	缸筒内没有活塞，压力直接作用于活塞杆的单作用缸
3.2.525	气动消声器	〈气动〉降低排气的噪声等级的元件
3.2.528	聚酰胺	一种具有高强度和耐磨损特性的热塑性材料 注：与大多数流体相容，主要用来制造防挤出圈和导向环或轴承环
3.2.529	聚四氟乙烯	一种热塑性聚合物，其几乎不受化学侵蚀影响，并且能在很宽的温度范围内使用 注：摩擦因数极低，但是挠性有限且恢复特性仅为中等。当添加适当的填料，如玻璃纤维、青铜、石墨，并熔结聚四氟乙烯时，它可以机械加工成所需形状。它主要用来制造挡圈和导向环或支撑环

（续）

原标准中的序号	术　语	定　义
3.2.530	聚氨酯	一种主要由异腈酸酯制成的弹性体材料 注：AU 类聚酯型聚氨酯，具有高耐磨性并耐多种油类，但是耐水性有限。EU 类具有良好的耐水性，但是耐磨性和耐受其他油液类型较差
3.2.532	油（气）口	元件内流道的终端，可对外连接
3.2.536	功率损失	流体传动元件或系统所吸收的而没有等量有用输出的功率
3.2.537	液压泵站	原动机、带或不带油箱的泵以及辅助装置（例如控制、溢流阀）的总成
3.2.539	充液阀	允许在工作循环的前进行程从油箱向工作缸全流量流动，在工作行程施加运行压力，在返回行程从缸向油箱自由流动的一种阀
3.2.541	压力	流体垂直施加在其约束体单位面积上的力
3.2.550	压力变动	压力随时间不受控制的变化
3.2.556	压力损失	由任何不转换成有用功的能量消耗所引起的压力的降低
3.2.559	压力峰值	超过其响应的稳态压力，并且甚至超过最高压力的压力脉冲
3.2.560	压力脉动	压力的周期性变化
3.2.562	压力脉冲	压力的短暂升降或降升
3.2.569	压力冲击	在某一时间段的压力升降
3.2.571	压力传感器	将流体压力转换成模拟电信号的器件
3.2.575	耐压压力	在装配后施加的，超过元件或配管的最高额定压力，不引起损坏或后期故障的试验压力
3.2.576	比例控制阀	一种电气调制的连续控制阀，其死区大于或等于阀芯行程的 3%
3.2.594	径向密封件	靠径向接触力密封的密封装置
3.2.595	额定工况	通过试验确定的，以基本特性的最高值和最低值（必要时）表示的工况。元件或配管按此工况设计以保证足够的使用寿命
3.2.596	额定流量	通过试验确定的，元件或配管被设计以此工作的流量
3.2.597	额定压力	通过试验确定的，元件或配管按其设计、工作以保证达到足够的使用寿命的压力 参见"最高工作压力" 注：技术规格中可以包括一个最高和/或最低额定压力
3.2.598	额定温度	通过试验确定的，元件或配管按其设计以保证足够的使用寿命的温度 注：技术规格中可以包括一个最高和/或最低额定温度
3.2.610	所需压力	在给定点和给定时间所需要的压力
3.2.611	油箱	用来存放液压系统中的液体的容器
3.2.631	旋转密封件	用于具有相对旋转运动的零件之间的密封装置
3.2.637	密封件	用于防止泄漏和/或污染物进入的元件
3.2.638	密封件挤出	密封件的一部分或全部进入到两个配合零件间隙中的不希望有的位移 注：通常密封件挤出由间隙和压力的共同作用所致。通过采用挡圈可以防止和控制密封件挤出
3.2.639	密封件沟槽	容纳密封件的空腔或沟槽
3.2.640	密封套件	用于特定密封件上的密封件的组件
3.2.641	密封材料相容性	密封件材料抵御与流体发生化学反应的能力
3.2.643	密封装置	由一个或多个密封件和配套件（如挡圈、弹簧、金属壳）组成的装置
3.2.653	伺服缸	（气动）能够响应可变控制信号而采取特定行程位置的缸
3.2.654	伺服阀	死区小于阀芯行程的 3% 的电调制连续控制阀
3.2.655	设定压力	压力控制元件被调整到的压力
3.2.657	贮存期	产品可以在规定工况下贮存，并期望仍可实现技术规格和具有足够的使用寿命的时间长度
3.2.662	硅橡胶	一种无机分子链上附有有机团的弹性体材料 注：在很宽的温度范围内其保持了橡胶类特性

（续）

原标准中的序号	术　语	定　义
3.2.663	淤积卡紧	活塞或阀芯因污染所致的不良锁紧
3.2.664	淤积	由流体所裹挟的细微污染物颗粒在系统中特定部位的聚集
3.2.665	单作用缸	流体力仅能在一个方向上作用于活塞的缸
3.2.667	单杆缸	只从一端伸出活塞杆的缸
3.2.670	滑动密封件	用于具有相对往复运动的零件之间的密封装置
3.2.674	规定工况	在运行或试验期间要满足的工况
3.2.688	起动时间	当从静止或空载状态起动时，达到稳态工况所需的时间段
3.2.690	静态工况	相关参数不随时间变化的工况
3.2.691	静压力	在静态工况或稳态工况下流体中的压力
3.2.692	静密封件	用于没有相对运动的零件之间的密封装置
3.2.693	稳态	物理参数随时间没有明显变化的状态
3.2.694	稳态工况	在稳定化作用期之后，相关参数处于稳态的运行工况
3.2.696	静摩擦	对静止状态下运动趋势的阻力
3.2.699	螺柱端	与油（气）口连接的管接头的外螺纹端
3.2.702	子系统	在流体传动系统中，提供指定功能的相互连接元件的配置
3.2.708	行程排量	泵或执行元件在一个完整行程、循环或整转所排出的流体的理论体积
3.2.712	合成液压液	通过不同的聚合工艺生产的主要基于脂、聚醇或聚 α-烯烃的液压油液。它可以含有其他成分 注：1. 合成液压液不含水分 　　2. 合成液压液的一个例子是聚氨酯液
3.2.713	系统放气	去除滞留在液压系统中的气泡
3.2.719	串联缸	在同一活塞杆上至少有两个活塞在同一个缸的分隔腔室内运动的缸
3.2.721	伸缩缸	靠空心活塞杆一个在另一个内部滑动来实现两级或多级外伸的缸
3.2.723	试验压力	元件、配管、子系统或系统为试验目的所承受的压力
3.2.724	缸理论输出力	忽略背压或摩擦产生的力以及泄漏的影响所计算出的缸输出力
3.2.725	缸的端螺纹安装	借助于与缸轴线同轴的外螺纹或内螺纹的安装 示例：加长螺杆，在端盖耳环上承装大螺母的螺纹，固定端盖的双头螺栓，在缸头处的螺柱或压盖，在端盖中的内螺纹和缸头中的内螺纹 作者注：正文与索引中的术语不一致，索引中为"端螺纹缸安装"
3.2.726	螺纹口	承装带螺纹的管接头的油（气）口
3.2.727	热塑性材料	在载荷下易变形，并且当载荷去除时部分地保持变形形状的材料
3.2.732	双杆缸	活塞杆从缸伸两端伸出的缸 作者注：正文与索引中的术语不一致，索引中为"双出杆缸"
3.2.736	硬管	用来传输流体的刚性或半刚性导管
3.2.746	不稳定工况	在运行期间各种参数值不能达到稳定的运行工况
3.2.766	黏度	由内部摩擦造成的流体对流动的阻力
3.2.771	水锤	在系统内由流量急遽减小所产生的压力上升
3.2.772	水聚合物溶液	一种难燃液压液，其主要成分是水和一种或多种乙二醇或聚乙二醇
3.2.774	油包水乳化液	微细的分散水滴在矿物油的连续相中的悬浮液，其带有特殊的乳化剂、稳定剂和抑制剂 注：含水量的改变可能降低该乳化液的稳定性和/或难燃性
3.2.777	防尘圈	用在往复运动活塞杆上防止污染物侵入的装置
3.2.779	工作口	与工作管路配合使用的元件的油（气）口
3.2.780	工作压力范围	在稳态工况下，系统或子系统预期运行的极限之间的压力范围

GB/Z 19848—2005《液压元件从制造到安装达到和控制清洁度的指南》

3.1	元件	流体传动系统中执行一定功能的零件、组件或零件的集合
3.2	制造商	制造或组装元件的一方
3.3	买方	规定机器、设备、系统或元件的要求并判断产品是否满足这些要求的一方

（续）

原标准中的序号	术 语	定 义
3.4	供货商	根据合同为满足买方的要求而提供产品的一方
GB 25974.1—2010《煤矿用液压支架 第1部分：通用技术条件》		
3.1	支架	以液压为动力实现升降、前移等运动，进行顶板支护的设备
3.5.1	外渗漏	液压元件的外渗漏处，平均每5min内工作液渗出多于一滴的渗漏
GB 25974.2—2010《煤矿用液压支架 第2部分：立柱和千斤顶技术条件》		
3.1	液压缸	由液压驱动往复直线运动的装置
3.2	立柱	近于垂直布置，使支架产生支撑力的液压缸
3.3	多伸缩立柱	多于一级伸缩行程的立柱
3.4	千斤顶	用于使支架实现其功能，不使支架产生支撑力的液压缸
3.5	支撑千斤顶	用于使支架产生辅助支撑力的平衡千斤顶或有球铰的液压缸
3.6	供液压力	液压系统提供给液压缸的压力
3.7	额定工作压力	液压缸能正常工作的最大设计压力
3.8	额定力	在忽略摩擦的条件下，液压缸按额定压力计算所得力
3.9	让压	外力引起压力超过安全阀开启压力，液压缸长度变化的过程
GB 28241—2012《液压机 安全技术要求》		
3.1	辅助装置	与液压机配套使用或与液压机集成在一起的装置，如润滑装置、送料装置和顶出装置
3.2	自动循环	一种操作方式，起动后无须进入危险区人工干预，即可完成滑块连续运动，间歇性重复运动等所有动作
3.3	工作循环	滑块从开始位置（一般在上限位）运行到下限位再回到起始位置（一般上限位）的运动。工作循环包括运动期间的所有操作
3.4	单次循环	一种操作方式，滑块的每次工作循环运动都由操作人员起动
3.5	死点	极限滑块位置。滑块与工作台相距最近的点（一般在行程闭合的末端）称为下死点（BDC）；滑块与工作台相距最远的点（一般在行程开启的末端）称为上死点（TDC）
3.6	下模	固定在液压机工作台上的模具部分
3.10	液压机	以矿物油为传动介质的液压传动方式，通过直线运动的模具闭合传递能量的机器，用于对金属或非金属材料进行压力加工（如成形）
3.20	滑块	完成行程运动并安装上模的液压机的主要部件
3.21	上模	一般指模具的运动部分
2.23	模具	生产上使用的各种模型，一般包括上模和下模，通过液压机合模对工件进行加工
GB/T 30206.1—2013《航空航天流体系统词汇 第1部分：压力相关的通用术语和定义》		
2.5	反压	与工作压力作用相反的力或压力
2.6	起动压力	附件在规定的条件下克服静摩擦所需要的最小压力
2.9	检定压力	验收试验时，使系统或附件稳定和正常工作时的认可压力
2.11	控制压力	控制或改变工作状态时所需的压力
2.12	切断压力	附件或系统改变工作顺序开始转换或系统开始供压时的压力
2.14	动压	流体中某处由于某种原因上升或下降但可恢复的压力
2.15	清洗压力	在规定条件（如规定流量）下清洗系统所需的压力
2.17	慢车压力	在慢车转速下维持系统或附件的流量和/或负载的所需压力
2.18	内部压力	系统或附件内部的压力
2.19	最大压力	瞬时发生的对附件或系统的性能无严重影响的最大瞬时压力
2.20	最小工作压力	附件或系统能够工作的最低压力
2.21	空载压力	在无载荷状态下，维持系统工作速度时所需的压力
2.22	名义压力/系统压力/额定压力	能作为定量设计依据参考的圆整的压力值，该压力能使附件完成适宜的功能
2.26	允许压力	系统或附件安全工作允许达到的压力 注：仅对维修时重要

（续）

原标准中的序号	术　语	定　义
2.27	预压力	由于施加相同或其他流体压力或由外部载荷导致附件或系统在某部分产生的压力
2.30	压降	处于同一条流体回路中的上游压力与下游压力之间的差值
2.33	压力梯度	在稳态流动情况下，压力随距离的变化率
2.38	压升	压力从低水平向高水平变化（由于增加了能量或泄漏产生的）
2.42	负载压力	对静态或动态载荷的响应压力
2.46	参考压力	作为设定的参考压力值
2.47	响应压力	某一功能起动时的压力
2.48	回流压力	由于流体阻力和/或油箱预充填压力引起的回流管路压力
2.49	设定压力	附件调节至规定工作状态时的压力
2.51	静压	流体除流速影响之外的压力
2.52	吸油压力（负压）	大气压力减去测得的绝对压力，压力值低于大气压力
2.53	供油压力/入口压力	附件入口压力
2.54	转换压力	系统或附件动作、非动作或换向时的压力
2.55	总压	给定位置处静压和动压之和

GB/T 30206.2—2013《航空航天流体系统词汇　第 2 部分：流量相关的通用术语和定义》

2.1	气穴	液体局部压力减至蒸汽压力时，液体中气体或水蒸气将形成空穴。它可能包括当压力降低时空气从液体中析出（软气穴）
2.8	泄漏	通过较小孔径的相对少量的介质。泄漏通常表现为无用流量并造成能量损失
2.8.1	外泄漏	通常从附件/装置流向外部的不可接受的泄漏。外部泄漏的发生通常表示装置或系统某部件出现了故障
2.8.2	内泄漏	装置内部空腔之间的泄漏。在多数情况下，内泄漏对校正附件功能是必要的
2.9	静流	静止状态的液压系统、分系统或附件的总的内泄漏量
2.10	额定流量	附件或系统在额定工作条件下的规定流量
2.12	反流	与预定工作方向相反的流量
2.13	渗漏/密封泄漏	附件表面非常少量的流体外漏，通常是由于密封件承受周期性压力载荷出现压缩膨胀现象造成的。对于液体，将在附件外表面形成一层薄的油膜，但规定时间内观察不应形成液滴
2.15	渗出	由于浸湿表面的密封或刮土圈而存在流体摩擦，造成滑动部分表面形成的非常少量的外漏。足够多的运动周期之后将形成液滴

GB/T 30206.3—2013《航空航天流体系统词汇　第 3 部分：温度相关的通用术语和定义》

2.3	冷起动温度	液压系统起动工作温度，但是无须满足全部性能
2.4	设备温度	某指定位置设备的温度，通常在表面某一指定点进行测量
2.5	极限工作温度	不会导致系统或附件出现故障或永久性能衰退的工作温度
2.7	流体温度	在系统某指定点测得的流体温度
2.9	最高流体温度	流体处于工作状态的最高温度
2.10	正常流体温度/正常流体工作温度	通常连续工作所能达到的流体稳态温度
2.13	储存温度	附件暴露在其中不会导致可靠性或性能衰退的极限环境温度
2.14	生存温度	高于规定的温度范围，附件和系统仍能工作但性能退化，不严重影响飞行任务的极限温度
2.15	设备温度范围	设备能良好工作的规定的环境温度范围
2.16	流体温度范围	不超过系统工作要求的规定的流体温度范围

（续）

原标准中的序号	术　语	定　义
2.17	液压系统温度型别	基于最高允许的流体温度，将飞机液压系统分为几个型别，即Ⅰ型、Ⅱ型、Ⅲ型 ——Ⅰ型：-55~70℃ ——Ⅱ型：-55~135℃ ——Ⅲ型：-55~240℃
GB/T 32216—2015《液压传动　比例/伺服控制液压缸的试验方法》		
3.1	比例/伺服控制液压缸	用于比例/伺服控制，有动态特性要求的液压缸
3.2	阶跃响应	比例/伺服控制液压缸输入信号（对应被测试液压缸活塞杆或缸筒的实际位移）对输入阶跃信号（对应期望的阶跃位移）的跟踪过程（特性）
3.2.1	阶跃响应时间	阶跃响应曲线的输出信号从达到稳定幅值（或目标值）的10%开始，至初次达到稳定幅值（或目标值）的90%，该过程所用时间
3.3	频率响应	额定压力下，输入的恒幅值正弦电流在一定的频率范围内变化时，输出位移信号对输入电流的复数比，包括幅频特性和相频特性
3.3.1	幅频特性	输出位移信号的幅值与输入电流幅值之比 注：幅值比为-3dB时的频率为幅频宽
3.3.2	相频特性	输出位移信号与输入电流的相位角差 注：相位角滞后90°的频率为相频宽
3.4	动摩擦力	比例/伺服控制液压缸带负载运动条件下，活塞和活塞杆受到的运动阻力
3.5	工作行程	液压缸在稳态工况下运行，其运动件从一个工作位置到另一工作位置的最大移动距离
GB/T 35023—2018《液压元件可靠性评估方法》		
3.1	元件	由除配管以外的一个或多个零件组成的实现液压传动系统功能件的独立单元 注：指缸、泵、马达、阀、过滤器等液压元件 作者注：其与GB/T 17446—2012中的定义不同，且存在问题
3.2	可靠性	产品在给定的条件下和给定的时间区间内能完成要求的功能的能力 [GB/T 2900.13—2008，定义191-02-06] 注：这种能力若以概率表示，即称可靠度 作者注：GB/T 2900.13—2008已部分被GB/T 2900.99—2016代替，其中（产品的）可靠性定义为：在给定的条件下，给定的时间区间，能无失效地执行要求的能力
3.3	失效	元件完成要求的功能的能力的中断 [GB/T 2900.13—2008，定义191-04-01] 作者注：GB/T 2900.13—2008已部分被GB/T 2900.99—2016代替，其中（产品的）失效定义为：执行要求的能力的丧失
3.4	B_{10}寿命	当元件投入使用后未经任何维修，可靠性为90%时的平均寿命；或预期有10%发生失效时的平均寿命
3.5	平均失效前时间（MTTF）	失效前时间的数学期望 [GB/T 2900.13—2008，定义191-12-07] 注：即元件投产后未经任何维修从投入运行到失效时所统计的平均工作时间 作者注：GB/T 2900.13—2008已部分被GB/T 2900.99—2016代替，其中"平均失效前时间"被"平均失效前工作时间"代替，且定义为：失效前工作时间的期望值
3.6	平均失效前次数（MCTF）	失效前次数的数学期望
3.7	阈值	用于与元件的性能参数（如泄漏量、流量和工作压力等）的试验数据进行比较的值 注：该值作为性能比较的关键参数，通常是由专家定义的某个值，但不一定表示元件工作终止

（续）

原标准中的序号	术　语	定　义
3.8	终止循环计数	一个样本首次达到某个阈值水平时的循环次数
GB/T 36484—2018《锻压机械　术语》		
5.1.1	液压机	用液压传动来驱动滑块或工作部件的压力机的总称，按介质不同分为油压机和水压机等，通常液压机是指油压驱动的压力机
5.1.2	手动液压机	用手动液压泵传动的液压机 作者注：在 GB/T 36484—2018 中的一些液压机的定义与在 JB/T 4174—2014 中列出的 21 种液压机的定义几乎完全相同
5.1.3	精密冲裁液压机	用作板料精密冲裁的液压机
5.1.4	单动液压机	有一个滑块的液压机
5.1.5	单动薄板冲压液压机	有一个滑块的薄板冲压液压机
5.1.6	双动液压机	具有两个分别驱动的滑块的液压机
5.1.7	三动液压机	在双动油压机的底座上装有一个反向运动的滑块的液压机
5.1.8	双动薄板拉伸液压机	有两个分别传动滑块的薄板拉伸液压机
5.1.9	四柱液压机	用上横梁、工作台和四柱构成受力框架机身的，工艺通用性较大的液压机
5.1.10	多柱式液压机	由多于四个立柱及上横梁与工作台组成框架机身的液压机
5.1.11	单柱液压机	机身是 C 型单柱式结构的液压机
5.1.12	单柱校正压装液压机	有 C 型机身结构的校正压装用的液压机
5.1.13	多工位液压机	装有多工位连续自动送料装置的液压机
5.1.14	多缸式液压机	具有两个以上工作缸的液压机
5.1.15	精冲液压压力机	能同时提供压边力、反压力和冲裁力的专用精密冲裁液压机，适用于中厚板零件的冲孔、落料、半冲孔等多种冲压工序
5.1.16	超高压压力机	100MPa 或以上工作压力的液压机
5.1.17	金属挤压液压机	金属坯料挤压成形用的液压机
5.1.18	模腔挤压液压机	挤压模腔用的液压机。模腔挤压液压机主要用于模具型腔内部的精密成形
5.1.19	侧压式粉末制品液压机	有侧压滑块的粉末制品液压机
5.1.20	塑料制品液压机	压制塑料制品用的液压机
5.1.21	金刚石液压机	合成金刚石用的液压机
5.1.22	耐火砖液压机	压制耐火砖用的液压机
5.1.23	碳极压制液压机	挤压碳极用的液压机
5.1.24	磨料制品液压机	压制砂轮、油石用的液压机
5.1.25	粉末制品液压机	压制粉末制品用的液压机
5.1.26	金属打包液压机	将废金属薄板材、线材等压缩成包块用的液压机

（续）

原标准中的序号	术　语	定　义
5.1.27	非金属打包 液压机	将非金属成品、材料或废料等压缩成包用的液压机
5.1.28	金属屑压块 液压机	将金属屑（铸件屑、钢屑、铜屑、铝屑等）压缩成团块用的液压机
5.1.29	伞形液压机	有伞形滑块的压装大型电机定子片用的液压机
5.1.30	轮轴压装 液压机	压装或拆卸过盈配合轮轴用的液压机
5.1.31	模具研配 液压机	研配大型模具用的液压机
5.2.1	空行程	滑块自上死点向下运动时，至接触工件之前的行程
5.2.2	空程速度	在空行程时，液压机滑块的运动速度
5.2.3	回程	滑块返回的过程
5.2.4	回程速度	滑块回程时的运动速度
5.2.5	许用的最大 液压力	液压系统许用的最大压力
5.2.6	惯性下降值	从滑块的停止信号发出开始，到滑块停住为止，滑块的下降量
5.2.7	最大下降速度	滑块向下运动时的最大速度
5.2.8	最大上升速度	滑块上升时的最大速度
5.2.9	公称力	液压机的名义工作力
5.2.10	回程力	运动部分（如滑块）提升时所需要的力
5.2.11	顶出力	顶出活塞或顶出机构的输出力
5.2.12	工作力	运动部分（如滑块）施加在工件上的力
5.2.13	液体最大 工作压力	液压系统中液体的最大工作压力
5.2.14	滑块行程	滑块移动的最大距离
5.2.17	顶出行程	顶出活塞或顶出机构移动的最大距离
5.2.18	滑块（压头） 空程下行速度	单位时间内滑块（压头）空载向下移动的距离
5.2.19	滑块（压头） 工作速度	单位时间内滑块（压头）满载移动的距离
5.2.20	滑块（压头） 回程速度	单位时间内滑块（压头）回程移动的距离
5.2.23	总压力	拉伸力与压边力之和
5.2.24	拉伸力	拉伸滑块的工作力
5.2.25	压边力	压边滑块的压紧力
5.2.26	液压垫力	液压垫的浮动压紧力
5.2.27	液压垫行程	液压垫移动的最大距离
5.2.28	液压垫顶出力	液压垫顶出制件的力
5.2.29	拉伸滑块行程	拉伸滑块移动的最大距离
5.3.1	机身	液压机的主要受力部件，是安装各种零部件的基础，有单柱式、四柱式、整体式框架、组合式框架等类型
5.3.9	液压缸	将输入的液压能量，转换成直线机械力和往复运动的部件 作者注：在 GB/T 36484—2019 中术语"液压缸"及其他缸的定义与在 JB/T 4174—2014 中的定义完全相同
5.3.9.1	主缸	起主要作用的液压缸
5.3.9.2	侧缸	主缸两侧的液压缸

（续）

原标准中的序号	术　语	定　　义
5.3.9.3	顶出缸	顶出制件用的液压缸
5.3.9.4	回程缸	复位用的液压缸
5.3.9.5	平衡缸	起平衡作用的液压缸
5.3.9.6	压边缸	压边用的液压缸
5.3.9.7	增压缸	输出压力大于输入压力的液压缸
5.3.9.8	辅助缸	实现辅助动作的液压缸
5.3.10	动力装置	由电动机、液压泵、阀和油箱等组成的液压机动力源
6.1.10	液压锤	依靠液压和气动共同驱动锤头或单独依靠液压驱动锤头进行打击的锤
10.2.16	上传动	（折弯机）传动系统位于工作台之上
10.2.17	下传动	（折弯机）传动系统位于工作台之下
10.2.18	上动式	（折弯机）滑块向下做往复运动的
10.2.19	下动式	（折弯机）滑块向上做往复运动的
GB/T 37476—2019《船用摆动转角液压缸》		
3.1	摆动转角 液压缸	一端采用固定式销轴配油结构，确保摆动、转角过程中油口位置不变，用于起升及降放设备中实现变幅、折臂等功能的特种液压缸
3.2	缸单位输出力	每兆帕压力下液压缸理论输出力的计算值
3.3	缸单位回程 输出力	每兆帕压力下液压缸理论回程输出力的计算值
GB/T 50670—2011《机械设备安装工程术语标准》		
2.0.23	密封	防止介质泄漏的措施总称
CB/T 3004—2005《船用往复式液压缸基本参数》		
3.1	面积比	液压缸无杆腔与有杆腔两腔有效液压作用面积的比值
HB 0-83—2005《航空附件产品型号命名》（见 HB 0-83—2005 中的表3）		
24	液压助力器	将驾驶员的操纵信号进行液压功率放大以减轻操纵负荷的装置
25	液压航空舵机	用放大的液压能自动操纵舵面的液压装置
26	液压作动筒	将液压能转变为机械往复运动的装置
JB /T 4174—2014《液压机　名词术语》		
2.1	液压机	用液压传动的压力机的总称
2.2	手动液压机	用手动液压泵传动的液压机
2.3	精密冲裁 液压机	用于板料精密冲裁的液压机
2.4	单动薄板冲压 液压机	有一个滑块的薄板冲压液压机
2.5	双动薄板冲压 液压机	有两个分别传动滑块的薄板拉伸液压机
2.6	四柱液压机	用上横梁、工作台和四柱构成受力框架机身的工艺通用性较大的液压机
2.7	单柱校正压装 液压机	呈 C 型机身的校正压装用的液压机
2.8	金属挤压 液压机	金属坯料挤压成形用的液压机
2.9	模腔挤压 液压机	挤压模腔用的液压机
2.10	侧压式粉末 制品液压机	有侧压滑块的粉末制品液压机
2.11	塑料制品 液压机	压制塑料制品用的液压机
2.12	金刚石液压机	合成金刚石用的液压机

原标准中的序号	术　语	定　　义
2.13	耐火砖液压机	压制耐火砖用的液压机
2.14	碳极压制液压机	挤压碳极用的液压机
2.15	磨料制品液压机	压制砂轮、油石用的液压机
2.16	粉末制品液压机	压制粉末制品用的液压机
2.17	金属打包液压机	将废金属薄板材、线材等压缩成包块用的液压机
2.18	非金属打包液压机	将非金属成品、材料或废料等压缩成包用的液压机
2.19	金属屑压块液压机	将金属屑压缩成团块用的液压机
2.20	伞形液压机	有伞形滑块的压装大型电机定子片用的液压机
2.21	轮轴压装液压机	压装或拆卸过盈配合轮轴用的液压机
2.22	模具研配液压机	研配大型模具用的液压机
4.11	液压缸	将输入的液压能量，转换成直线机械力和往复运动的部件 a）主缸　起主要作用的液压缸 b）侧缸　主缸两侧的液压缸 c）顶出缸　顶出制件用的液压缸 d）回程缸　复位用的液压缸 e）平衡缸　起平衡作用的液压缸 f）压边缸　压边用的液压缸 g）增压缸　输出压力大于输入压力的液压缸 h）辅助缸　实现辅助动作的液压缸
4.12	缸体	液压缸的本体，可将输入的液压能量转换成直线机械力，使活塞（或柱塞）在其中做相对往复运动
4.13	活塞	由活塞头与活塞杆组成，运动时传递液压、能量，活塞头与缸孔密封配合，将缸孔分割为两腔
4.14	导向套	起导向作用的套形零件
4.15	导向环	装于活塞头上的环形件，其外径与缸孔配合，起导向作用
JB/T 7033—2007《液压传动　测量技术通则》		
3.3	测量系统	组装起来以进行特定测量的全套测量仪器和其他设备
3.6	（量的）真值	与给定的特定量的定义一致的值
3.8	系统误差	在重复性条件下，对同一被测量进行无限多次测量所得结果的平均值与被测量的真值之差
JB/T 7939—2010《单活塞杆液压缸两腔面积比》		
3.1	无杆腔有效面积	液压缸内腔（无杆内腔）的有效截面面积
3.2	有杆腔有效面积	液压缸内径与活塞杆直径差的有效环形面积
3.3	两腔面积比	无杆腔有效面积与有杆腔有效面积之比

（续）

原标准中的序号	术　语	定　义
JB/T 7858—2006《液压元件清洁度评定方法及液压元件清洁度指标》		
3.1	内腔湿容积	元件和油液接触的内腔容积
JB/T 9954—1999《锻压机械液压系统　清洁度》		
2.1	污染物	指油液中含有的对系统的工作、寿命和可靠性有害的物质
2.2	清洁度（污染度）	与可控环境有关的污染物含量。通常以单位体积油液中所含污染物颗粒尺寸大于 $5\mu m$ 和大于 $15\mu m$ 的浓度表示
2.3	颗粒尺寸	颗粒最大的线性尺寸
2.4	颗粒浓度	单位容积油液中所含颗粒数量
2.11	纤维	长度大于 $10\mu m$，长宽比大于 10 的颗粒
2.13	颗粒尺寸分布	一群颗粒中，每种颗粒尺寸的颗粒浓度，通常以每毫升液体中累计粒数表示
JB/T 8241—1996《同轴密封件词汇》		
2.1	同轴密封件	塑料圈与橡胶圈组合在一起并全部由塑料圈作摩擦密封面的组合密封件
2.2	塑料圈	在同轴密封件中作摩擦密封面的塑料密封圈
2.3	橡胶圈	在同轴密封件中提供密封压力并对塑料圈磨耗起补偿作用的橡胶密封圈
2.4	橡胶圈结构	橡胶圈截面的几何形状
2.5	沟槽尺寸	安置同轴密封件、支承环用沟槽的结构尺寸
2.6	橡胶材料	一种或几种橡胶为基本原料的弹性体材料
2.7	橡胶共混材料	橡胶和塑料在混炼时掺合在一起为基本原料的弹性材料
2.8	活塞密封	安装在活塞上，塑料圈与液压缸缸壁接触的密封型式
2.9	活塞杆密封	安装在活塞缸缸体上，塑料圈与活塞杆接触的密封型式
2.10	方形密封圈	截面呈方形的塑料圈与橡胶圈组合的同轴密封件
2.11	阶梯形密封圈	截面呈阶梯形的塑料圈与橡胶密封圈组合的同轴密封件
2.12	山形多件组合圈	由塑料圈与截面呈山形的橡胶件多件同轴组合，由中间的塑料圈作摩擦密封面的同轴密封件
2.13	齿形多件组合圈	由塑料圈与截面呈锯齿形的橡胶件多件同轴组合，由中间的塑料圈作摩擦密封面的同轴密封件
2.14	支承环	抗磨的塑料材料制成的环，用以避免活塞与缸体碰撞，起支承及导向作用
2.15	支承环宽度	支承环截面的轴向尺寸
2.16	支承环厚度	支承环截面的径向尺寸
JB/T 9834—2004《农用双作用油缸　技术条件》		
3.7	行程	活塞从一端移动到另一端的位移距离
JB/T 10205—2010《液压缸》		
3.1	滑环式组合密封	滑环（由具有低摩擦因数和自润滑的材料制成）与 O 形圈等组合成的密封型式
3.2	负载效率	液压缸的实际输出力和理论输出力的百分比
3.3	最低起动压力	使液压缸起动的最低压力
JB/T 10607—2006《液压系统工作介质使用规范》		
3.1	矿物油型液压油	通过物理蒸馏方法从石油中提炼出的基础油称为矿物油（包括部分非深度加氢基础油）
3.2	合成烃型液压油	使用通过化学合成获得的基础油（其成分多数不直接存在于石油中）调配成的液压油
3.3	合成型液压油	使用通过化学合成获得的基础油（其成分多数不直接存在于石油中）调配成的液压油，或通过化学直接合成的液压油
3.4	环境可接受液压油	废弃后可被环境微生物分解，最终被无机化而成为自然界中碳元素循环的一个组成部分的液压油
JB/T 11718—2013《液压缸　缸筒技术条件》		
3.1	缸筒	液压缸的主要零件之一，使用规定材料加工且达到特定技术要求的管状体

（续）

原标准中的序号	术 语	定 义
3.2	缸筒壁厚偏差	在垂直于缸筒轴线的任一正截面上所测得壁厚减去公称尺寸的代数差
JB/T 13141—2017《拖拉机　转向液压缸》		
3.1	内泄漏	油液在一定压力和黏度下，从液压缸一腔泄漏到另一腔的现象
3.2	外渗漏	油液在一定压力和黏度下，从液压缸内部泄漏到大气的现象
3.3	实际输出力	活塞杆实际输出的力
3.4	理论输出力	作用在活塞或柱塞有效面积上推动液压缸运动的液压力，即油液压强和活塞或柱塞有效面积的乘积与液压阻力的差值
3.5	负载效率	液压缸的实际输出力与理论输出力的百分比
3.6	起动压力	使液压缸起动的最低压力
3.7	公称压力	为便于表示和标识液压缸的压力系列，而对其指定的压力值，即在规定条件下连续运行，并能保证设计寿命的工作压力
MT/T 900—2000《采掘机械液压缸技术条件》		
3.1	额定压力	设计允许的连续使用的工作压力
3.2	最低起动压力	使液压缸起动的最低压力
3.3	活塞有效面积	活塞按名义尺寸计算的面积
3.4	理论出力	流体作用在活塞有效面积上的力，即油液压力和活塞有效面积的乘积
3.5	实际出力	液压缸输出的推（或拉）力
3.6	负载效率	液压缸的实际和理论出力的百分比
MT/T 985—2006《煤矿用立柱和千斤顶聚氨酯密封圈技术条件》		
3.1	单体密封圈	由聚氨酯单一材料组成的密封圈
3.2	复合密封圈	聚氨酯材料制成的外圈、橡胶材料制成的内圈和聚氨酯材料制成的挡圈组成的三位一体的密封圈
3.3	密封压力	密封圈在工作过程中所承受密封介质的压力
3.4	压缩永久变形	通过连续的压缩载荷作用使聚合物产生永久变形占压缩量的百分比
3.5	抗水解性能	密封圈抵抗因工作介质作用引起的强度、硬度、体积等性能变化的能力
MT/T 1164—2011《液压支架立柱、千斤顶密封件　第1部分：分类》		
3.1	密封件	在立柱、千斤顶上使用的密封圈、挡圈、导向环和防尘圈的总称
3.2	单体密封圈	由单一材料或几种材料组成不可拆分的独立整体密封圈
3.3	复合密封圈	具有聚氨酯性能类材料制成的外圈、具有橡胶性能类材料制成的内圈和具有聚甲醛性能类材料制成的挡圈组成可拆分的组合的密封圈
QJ 1499A—2001《伺服系统零、部件制造通用技术要求》		
3.1	同一批次	由同一牌号、同一批号的原材料、同一批热处理及同一批加工而成的零件。同一批热处理、同一批加工是指按相同工艺规范，在相同调整状态下不间断地进行热处理或加工
DB44/T 1169.1—2013《伺服液压缸　第1部分：技术条件》（已废止，仅供参考）		
3.1	伺服液压缸	有静态和动态指标要求的液压缸。通过与内置或外置传感器、伺服阀或比例阀、控制器等配合，可构成具有较高控制精度和较快响应速度的液压控制系统。静态指标包括试运行、耐压、内泄漏、外泄漏、最低起动压力、带载动摩擦力、偏摆、低压下的泄漏、行程检测、负载效率、高温试验、耐久性等。动态指标包括阶跃响应、频率响应等
3.2	组合密封	伺服液压缸活塞密封的一种型式。在没有压力的情况下也能达到很好的密封效果
3.3	公称压力	伺服液压缸工作压力的名义值。即在规定条件下连续运行，并能保证寿命的工作压力
3.4	最低起动压力	使伺服液压缸无杆腔起动的最低压力
3.5	无杆腔	伺服液压缸没有活塞杆的一腔

（续）

原标准中的序号	术　语	定　义
3.6	有杆腔	伺服液压缸有活塞杆的一腔
3.7	理论输出力	作用在活塞或柱塞有效面积上的力，即油液压力与活塞或柱塞有效面积的乘积
3.8	实际输出力	伺服液压缸实际输出的推力（或拉）力
3.9	负载效率	液压缸的实际输出力和理论输出力的百分比
3.10	带载动摩擦力	伺服液压缸活塞杆带负荷移动条件下，缸筒、端盖和密封装置对活塞杆产生的运动阻力
3.11	偏摆	因配合间隙、加工、装配误差、偏载等原因导致的伺服液压缸活塞在运动过程中产生的偏转量
3.12	阶跃响应	伺服液压缸对阶跃输入控制信号的瞬态响应过程
3.13	幅频	响应正弦信号与输入正弦信号的幅值比称为幅频特性
3.14	相频	响应正弦信号与输入正弦信号的相位差称为相频特性
3.15	频率响应	频率响应是伺服液压缸对正弦输入控制信号的稳态响应过程，包含幅频特性和相频特性

1.3.2　关于一些术语和定义的说明

术语（概念）和定义是产品的生命（寿命）周期的起点，其重要程度不言而喻。

1. 比例/伺服控制液压缸

在现行标准和一些机械（液压）设计手册及液压技术专著中，缸、油缸、液压缸、伺服缸、伺服液压缸、液压助力器、液压作动筒、液压作动器、液压伺服动器和比例/伺服控制液压缸等都有使用，一些已在相关标准中进行了定义。例如，在 GB/T 17446—2012 中定义了"缸"和"伺服缸"，但其将"伺服缸"限定为仅与气动技术有关的术语；在 GB/T 32216—2015 中定义了"比例/伺服控制液压缸"这一术语，即用于比例/伺服控制，有动态特性要求的液压缸；在 HB 0-83—2005 中有"液压助力器"和"液压作动筒"名称，尽管没有定义，但却有说明；"液压伺服作动器"见于参考文献［83］，但不清楚其出处；QJ 1495—1988 中定义了"作动器""伺服作动器""电液伺服作动器"和"伺服液压缸"等术语，其适用于航天产品技术文件，各种论文专著、民品技术文件也可参照使用；在 DB44/T 1169.1—2013（已废止，仅供参考）中定义了"伺服液压缸"这一术语，即有静态和动态指标要求的液压缸。通过与内置或外置传感器、伺服阀或比例阀、控制器等配合，可构成具有较高控制精度和较快响应速度的液压控制系统。静态指标包括试运行、耐压、内泄漏、外泄漏、最低起动压力、带载动摩擦力、偏摆、低压下的泄漏、行程检测、负载效率、高温试验、耐久性等；

动态指标包括阶跃响应、频率响应等。

依据现行标准，本手册采用"比例/伺服控制液压缸""伺服控制液压缸""伺服液压缸"或"液压缸"。

根据或参考一些现行标准，如 GB/T 8129—2015，试定义"伺服液压缸"为缸进程、缸回程运动和/或停止根据指令运行的液压缸。指令中既可指出所需的下一位置值，也可能指出移到该位置所需的进给速度，或者可能指出其保持在预定位置上（附近）的时间、振幅和/或频率。

在此需要说明的是：

1）不应只将液压缸和伺服阀集成在一起的就称为"伺服液压缸"，如果这样，QJ 1495—1988 中"伺服液压缸"的定义将无法继续使用。

2）在一些领域内，液压振动发生器（或振动发生器、激振器等）也可能指的是伺服控制液压缸，具体请见 GB/T 2298—2010 等标准。

需要强调的是，在液压技术领域内至少应使用"液压缸"这一术语，因为需要区别于"气缸"；不宜使用"伺服缸"，因为其已经被限定为仅与气动技术有关的术语。

2. 缸行程

"行程""缸行程""工作行程""全行程"等术语都被相关标准定义或使用过，例如，在 GB/T 17446—2012 中将"缸行程"的定义为：其可动件从一个极限位置到另一个极限位置所移动的距离；其中还包括与"缸行程"相关的一些表述，如"可调行程缸（或可调行程液压缸）"定义为：其行程停止

位置可以改变，以允许行程长度变化的缸。另外，"全行程"在 CB/T 3812—2013、JB/T 10205—2010、QC/T 460—2010 和 DB44/T 1169.1—2013 等标准中使用过；而"最大缸行程"在参考文献［108］中定义过。

如果"行程"是两个极限位置间的距离，那么行程即不可改变；如果极限位置可以改变，那也不是极限位置。因此，极限位置和行程两个定义必须否定一个（或忽略一个，或改变其内涵）。如果"行程"是可以变化的，即是可以调节的，那么在液压缸中将没有一个能标定（表示）基本参数的参数，因此有必要界定"最大缸行程"这一术语和定义。

在参考文献［108］中，将"最大缸行程"定义为在其可动件从缸回程（进程）极限死点到缸进程（回程）极限死点所移动的距离。

既然可以定义"缸最大行程"，同样也可以定义"缸最小行程"，由此可将"缸行程"理解为具有一定范围，或者可表述为"缸行程范围"。

进一步还可定义"缸工作行程范围""缸最大行程"和"缸最小行程"应包含在"缸行程范围"内。

对伺服液压缸而言，定义"缸最大行程""缸最小行程""缸行程范围"及"缸工作行程范围"等具有重要意义。

因为将"缸进程极限死点"定义为缸结构限定的缸进程极限位置，所以"缸最大行程"是由缸结构决定的，也是此缸区别于彼缸的特征之一。这种特征应具有唯一性，而且应有一个确切含义，即缸进程极限死点。缸进程极限死点在一个特定的伺服液压缸中只有一个（点），也是唯一的。

在"缸工作行程范围"下可派生出"缸最大工作行程"和"缸最小工作行程"。因为"缸工作行程范围"包含在"缸行程范围"内，所以"缸最大工作行程"和"缸最小工作行程"也包含在"缸最大行程"和"缸最小行程"内。因此，伺服液压缸可以通过所在控制系统设定"软限位"，以避免运动件撞击上其他缸零件。

在 GB/T 36484—2018《锻压机械　术语》中有多个关于行程的术语，都被定义为："……移动的最大距离。"

3. 带载动摩擦力与动摩擦力

"带载动摩擦力"和"动摩擦力"与伺服液压缸或比例/伺服控制液压缸相关，其是否是同义词或哪一个比较准确，是伺服液压缸设计者需要考虑的问题。

在 DB44/T 1169.1—2013 中定义了"带载动摩擦力"这一术语，即伺服液压缸活塞杆带负荷移动条件下，缸筒、端盖和密封装置对活塞杆产生的运动阻力。在 GB/T 32216—2015 定义了"动摩擦力"这一术语，即比例/伺服控制液压缸带负载运动条件下，活塞和活塞杆受到的运动阻力。

不管是"带载动摩擦力"还是"动摩擦力"，其术语和定义都有一定问题，现简要说明如下：

1）尽管"带载动摩擦力"比"动摩擦力"稍好，但其都与摩擦学中的术语"动摩擦力"重复，即使是改写已经标准化的定义，也应加以说明。

2）在"带载动摩擦力"定义中，"缸筒、端盖和密封装置对活塞杆产生的运动阻力"这种说法值得商榷。

3）在"动摩擦力"定义中，柱塞式液压缸应该没有活塞，其"活塞和活塞杆受到的运动阻力"这样的定义不够严密。

4）在负载条件不明确的情况下（术语中未加以说明或限定），是否可以保证在一定检测（验）精度范围内，检测（验）出（准）或重复检测（验）出（准）"动摩擦力"，值得商榷。各种负载对动摩擦力和液压缸静、动特性产生何种影响，以及动摩擦本质非线性特征、建模不确定性等都是现在液压工作者研究的课题。

对 JB/T 10205—2010 规定的液压缸而言，动摩擦力是负载效率试验的内容。

根据以上简要分析，作者认为，以"运行摩擦力""空载运行摩擦力""加（带）载运行摩擦力"这一组词汇（指称）来区别其他液压缸（特定）是比较恰当的。

4. 渗漏

在各种标准、文献和资料中，以"渗漏"描述焊缝、零件、总成（装置）状况（现象）的都很常见。例如，在 GB/T 241—2007 中定义了"渗漏"这一术语，即在试验压力作用下，金属管基体的外表面或焊缝有压力传递介质出现的现象；同时，还利用"渗漏"定义了"破坏性试验"，即不断增加试验压力，直至使金属管出现渗漏或爆裂的试验。在 GB 25974.1—2010 中定义的"外渗漏"为液压元件的外渗漏处，平均每 5min 内工作液渗出多于一滴的渗漏；在 GB/T 30206.2—2013 中定义了"渗漏/密封泄漏"，即附件表面非常少量的流体外漏，通常是由于密封件承受周期性压力载荷出现压缩膨胀现象造成的。对于液体，将在附件外表面形成一层薄的油膜，但规定时间内观察不应形成液滴。在 JB/T 13141—2017 中定

义了"外渗漏"，即油液在一定压力和黏度下，从液压缸内部泄漏到大气的现象。

还有将渗漏分开定义的，如在 JB/T 13566—2018 中规定：10min 内渗漏超过一滴油的为漏油，不足一滴的为渗油。

在参考文献［102］中指出："泄漏通常有三种方式，窜漏、渗漏和扩散，发生在液压缸密封中的泄漏主要是窜（穿或串）漏。因为渗漏的特征是分子通过毛细管的泄漏，并且应通过密封件本（基）体，而液压缸密封产生的泄漏一般不具有以上特征，所以"发生在液压缸密封中的泄漏主要是窜漏"的说法较为准确。

在此需要说明的是，不能以泄漏（量）多少来区分是泄漏还是渗漏，具体例证可见 GB/Z 18427—2001。只要不是因密封材料致密性问题（如密封件存在孔隙）导致的泄漏，都应以泄漏来描述。

对于金属管（如缸筒或缸体）、焊缝等，应根据在 GB/T 241—2007 中定义的"渗漏"适用范围（在室温下的钢、铸铁及有色金属管的基体和焊缝）来使用。

5. 同轴密封件

在 GB/T 15242.1—2017 中给出了三种同轴密封件的术语和定义，分别为"孔用方形同轴密封件""孔用组合同轴密封件"和"轴用阶梯形同轴密封件"，但是在该标准中没有给出"同轴密封件"的术语和定义，而该标准的规范性引用文件 GB/T 17446—2012 中也没有"同轴密封件"这一术语和定义。如此，"同轴密封件"则变成一个没有定义的术语，或者不是术语了。这还不是问题的全部，参考文献［102］曾指出，术语"同轴密封件"定义本身即有问题。在 JB/T 8241—1996 中定义了"同轴密封件"这一术语，即塑料圈与橡胶圈组合在一起并全部由塑料圈作摩擦密封面的组合密封件。同时，以"同轴密封件"还定义了"方形密封圈""阶梯形密封圈""山形多件组合圈"和"齿形多件组合圈"四种同轴密封件，并定义了"塑料圈"这一术语，即同轴密封件中作摩擦密封面的塑料密封圈。

组合密封件（或圈）就是由两个或两个以上零件组成，通过将不同材料、不同功能的密封零件组合为一体，得到了比单一密封材料、零件的密封件性能更好的密封装置。

术语"同轴密封件"中的"同轴"并不是孔用或轴用密封件的区别特征，而是孔用、轴用密封件的共同特征，如在 GB/T 10708.2—2000 中规定的"鼓形橡胶密封圈"和"山形橡胶密封圈"都具有这样

的特征，其称为"双向橡胶密封圈"而不是"同轴密封件"。

对于在 GB/T 15242.1—2017 中定义的这类密封件，其区别特征是其结构中具有"塑料环"或"塑料圈"。因此，尽管在 JB/T 10205—2010 中定义的"滑环式组合密封"有一些问题，但总比在 GB/T 15242.1—2017 中定义"同轴密封件"要好。进一步试定义"滑环式组合密封"为密封滑环与弹性体等组成的密封装置。其中，"密封滑环"为作摩擦密封面且依靠弹性体施力以实现密封的圆环；"弹性体"或"弹性体材料"为在由应力和应力释放造成实质变形后能够迅速恢复到其接近最初尺寸和形状的橡胶类材料。

上述术语"弹性体材料"的定义见 GB/T 17446—2012，而在 GB/T 15242.1—2017 中又重新定义了"弹性体"，而且加注的说明为 GB/T 9981—2008，而不是 GB/T 17446—2012，但 GB/T 17446—2012 却是该标准的规范性引用文件，该标准这样做不符合相关标准的规定。

在 GB/T 15242.1—2017 中定义了"密封滑环"这一术语，即与液压缸的缸筒或活塞杆接触并相对运动且依靠弹性体施力以实现密封的元件。

6. 密封系统

"密封系统"多见于各种文献、资料中，还见于 GB/T 32217—2015 等标准中，但未见有标准将其列入术语并进行定义。

引入或确立"液压密封系统"这样一个术语有积极意义，见参考文献［102］，主要是可以进一步推动设计观念的进步。液压缸密封及其设计必须有整体观念，不能顾此失彼，应着眼于液压缸整体性能，注意各密封件或密封装置间协调、统一配置，这些是液压缸密封及其设计应遵守的核心理念。

确立一个术语应有其目的，确立液压缸"密封系统"这一术语也应如此。液压缸"密封系统"的确立，有助于液压缸密封设计观念的进步，以及液压缸密封技术的提高。但如果将只具有一处密封（一个密封件）的也称为密封系统的话，其目的将无法实现。

由两个密封件配置的也不一定能称为密封系统，如背对背布置的活塞密封。由两个或多个密封件配置组成的密封系统应具有协同增强密封的作用。因此，是否是密封系统，不可单纯按密封件数量来判定。

液压缸密封系统必须满足液压缸密封（性能）要求；液压缸密封系统一般由活塞密封系统和活塞杆密封系统组成；液压缸密封系统强调的（特征）是

各密封件间协调、统一配置。

试将"液压缸密封系统"这一术语给出如下定义：产生密封、控制泄漏和/或污染的一组按液压缸密封要求串联排列的密封件的配置。

需要说明的是，此处密封件为特指在液压缸上使用的密封圈、挡圈、导向环和防尘圈等的总称，而密封装置是由一个或多个密封件和配套件（例如挡圈、弹簧、金属壳），再加上导向环、支承环、支撑环等组合成的装置。

关于"最低起动压力""负载效率"及"组合式液压缸"的定义说明等可参见5.1.1节；关于数字液压缸的名称问题可参见5.5节。

1.4 液压缸及其他相关元器件图形符号

1.4.1 缸的图形符号

元件图形符号一般不代表元件的实际结构，但应给出所有的接口，而且元件图形符号表示的是元件未受激励的状态（非工作状态）。

缸的图形符号见表1-33。表中的每个图形符号按照GB/T 20063赋有唯一的注册号。

表1-33　缸的图形符号（摘自GB/T 786.1—2009）

原标准中的序号	注册号	图　形	描　述
6.3.1	X11430 101V13 2002V3 101V14 F004V1 401V2		单作用单杆缸，靠弹簧力返回行程，弹簧腔带连接油口
6.3.2	X11450 101V13 101V14 F004V1 401V2		双作用单杆缸
6.3.3	X11460 101V13 101V14 F004V1 F004V2 101V19 201V7 401V2		双作用双杆缸，活塞杆直径不同，双侧缓冲，右侧带调节
6.3.4	X11480 101V13 F006V1 F004V1 F003V1 201V1 401V2		带行程限制器的双作用膜片缸

（续）

原标准中的序号	注册号	图　形	描　述
6.3.5	X11480 101V13 F004V1 F006V1 101V19 2002V3 2174V1 401V2		活塞杆终端带缓冲的单作用膜片缸，排气口不连接
6.3.6	X11490 101V22 101V18 401V2		单作用缸，柱塞缸
6.3.7	X11500 101V22 F004V1 F004V3 401V2		单作用伸缩缸
6.3.8	X11510 101V22 F005V1 F005V2 401V2		双作用伸缩缸
6.3.9	X11520 101V13 101V14 101V19 101V20		双作用带状无杆缸，活塞两端带终点位置缓冲
6.3.10	X11530 101V13 101V14 101V19 101V20 201V7 245V1 401V2		双作用缆绳式无杆缸，活塞两端带可调节终点位置缓冲

（续）

原标准中的序号	注册号	图　形	描　　述
6.3.11	X11540 101V13 101V14 753V1 F045V1 F048V1 326V1 401V2		双作用磁性无杆缸，仅右边终端位置切换
6.3.12	X11550 101V13 101V14 F004V1 655V1 F041V1 401V2		行程两端定位的双作用缸
6.3.13	X11560 101V13 101V14 F004V1 753V1 F045V1 F048V1 401V2		双杆双作用缸，左终点带内部限位开关，内部机械控制；右终点有外部限位开关，由活塞杆触发
6.3.14	X11580 101V13 101V14 243V2 244V2 401V2		单作用压力介质转换器，将气体压力转换为等值的液体压力，反之亦然
6.3.15	X11590 F007V1 F008V1 243V2 244V2 401V2		单作用增压器，将气体压力 p_1 转换为更高的液体压力 p_2

注：1. 表中的图形符号按模数尺寸 $M=2.0$mm（原 $M=2.5$mm）、线宽为 0.25mm 绘制。

　　2. 关于"组合式液压缸"术语及图形符号请参见 5.1.1 节。

1.4.2　其他相关元器件的图形符号

除缸图形符号外，其他与液压缸相关的元器件图

形符号见表 1-34。表中的每个图形符号按照 GB/T 20063 赋有唯一的注册号。

表 1-34　其他相关元器件的图形符号（摘自 GB/T 786.1—2009）

原标准中的序号	注册号	图　形	描　述
6.4.2.1	X11750 101V5 F017V1 2002V1 201V2 401V2		可调节的机械电子压力继电器
6.4.2.2	X11760 753V1 F045V1 F048V1 201V1 401V1 401V2		输出开关信号、可电子调节的压力转换器
6.4.2.3	X11770 753V1 F045V1 234V1 401V2		模拟信号输出的压力传感器
6.4.4.1	X11980 101V15 F061V1 401V2		过滤器
6.4.6.1	X12320 F069V1 244V2 401V1		隔膜式充气蓄能器（隔膜式蓄能器）
6.4.6.2	X12330 F069V1 F006V1 244V2		囊隔式充气蓄能器（囊式蓄能器）

（续）

原标准中的序号	注册号	图　形	描　　述
6.4.6.3	X12340 F069V1 101V14 244V2		活塞式充气蓄能器（活塞式蓄能器）
8.7.4	F046V1	F—流量 G—位置或长度测量 L—液位 P—压力或真空测量 S—速度或频率 T—温度 W—质量或力	输入信号
8.7.6	435V1		导线符号
8.7.37	2033V1		消音器

注：表中的图形符号按模数尺寸 $M=2.0mm$（原 $M=2.5mm$）、线宽为 0.25mm 绘制。

1.5　液压缸设计与制造常用符号、量和单位

1.5.1　流体力学常用符号、量和单位（见表 1-35）

表 1-35　流体力学常用符号、量和单位

量的名称	符号与公式	单位	定义和备注
力	$F=ma$	N	$1N=1kg \times 1m/s^2$ 加在质量为 1kg 的物体上使之产生 $1m/s^2$ 加速度的力为 1N $1kgf=9.80665N$
重力	$W(P、G)=mg$	N	$1g=9.80665m/s^2$ $9.80665m/s^2$ 是标准自由落体（重力）加速度
压力，压强	$p=\dfrac{F}{A}$	Pa	力除以面积或流体垂直施加在其约束体单位面积上的力 $1Pa=1N/m^2$ $1bar=100kPa$ $1kgf/m^2=9.80665Pa$
功	$W=\int F \cdot dr$	J	$1J=1N \cdot m=1W \cdot s$ 1J 是 1N 的力在沿着力的方向上移过 1m 距离所做的功
功率	P	W	能的输送速率 $1W=1J/s$
体积流量	q_v	m^3/s	体积穿过一个面的速率 $1L/min=16.6667 \times 10^{-6} m^3/s$

（续）

量的名称	符号与公式	单位	定义和备注
体膨胀系数	$\alpha_V = \frac{1}{V}\frac{dV}{dT}$	1/℃	
压力系数	$\beta = \frac{dp}{dT}$	N/(m²·℃)	除非规定变化过程，否则量是不完全确定的
相对压力系数	$\alpha_p = -\frac{1}{p}\frac{dp}{dT}$	1/℃	
等温压缩率 或 体积压缩率	$k_T = -\frac{1}{V}\left(\frac{\partial V}{\partial p}\right)_T$ $k = \frac{1}{V}\frac{dV}{dP}$	m²/N	
动力黏度	$\eta,(\mu)$	Pa·s	$\tau_{xz} = \eta\frac{dv}{dz}$ 式中，τ_{xz} 是以垂直于切变平面的速度梯度 $\frac{dv}{dz}$ 移动的液体中的切应力（本定义适用于 $v_z = 0$ 的层流） 1P = 0.1Pa·s
运动黏度	$\nu = \eta/\rho$	m²/s	1St = 10^{-4} m²/s 1St 是动力黏度为 1P 而密度为 1g/cm³ 流体的运动黏度
体积质量，[质量] 密度	ρ	kg/m³	质量除以体积

1.5.2 液压缸设计与制造常用符号、量和单位

（1）比例/伺服控制液压缸

比例/伺服控制液压缸的量、符号和单位应符合表 1-36 的规定。

表 1-36　比例/伺服控制液压缸的量、符号和单位（摘自 GB/T 32216—2015）

名　称	符　号	单　位
压力	p	MPa
位移	x	mm
速度	v	m/s
力	F	N
响应时间	Δt	ms
频率	f	Hz
动摩擦力	$F_d(F_d)$	N
进口压力	$P_1(p_1)$	MPa
出口压力	$P_2(p_2)$	MPa
进口腔活塞有效面积	A_1	mm²
出口腔活塞有效面积	A_2	mm²

注：1. 对液压缸而言，没有"进口"或"出口"这样的称谓。

2. "活塞有效面积"是 GB/T 17446—1998 中规定的术语，在现行标准 GB/T 17446—2012 中无此术语。

3. 压力符号一般应小写；下角标应用正体（下角标为变量的应用斜体），具体见表中圆括号内。

（2）液压缸

液压缸的量、符号和单位应符合表 1-37 的规定。

表 1-37　液压缸的量、符号和单位（摘自 JB/T 10205—2010）

名　称	符号	单位
压力	p	Pa(MPa)
压差	Δp	Pa(MPa)
缸内径、套筒直径	D	mm
活塞杆直径、柱塞直径	d	mm
行程	l_t	mm
外渗漏量、内泄漏量	q_V	mL
活塞杆有效面积	A	mm²
实际输出力	W	N
温度	θ	℃
运动黏度	ν	m²/s(mm²/s)
负载效率	η	—

注：1. 在 JB/T 9834—2014 中给出的参量、符号和单位与此表基本相同，但 "A" 为活塞有效面积。

2. 表中的一些其他问题请见 6.1.2 节或参考文献 [108]。

1.6　液压缸设计与制造常用液压流体力学公式

1.6.1　流体静力学公式

常用流体静力学公式见表 1-38。

表 1-38 常用流体静力学公式

项　目	公　式	单　位	符　号　注　释
压力	$p = \dfrac{F}{A}$	Pa	p—压力（压强），单位为 Pa F—垂直于断面的（总）（垂直）力，单位为 N A—断面的有效面积，单位为 m^2
表压力	$p_c = p - p_{amb}$	Pa	p_c—表压力，单位为 Pa p_{amb}—环境压力，单位为 Pa，如 1atm（标准大气压）= 101325Pa，1at（工程大气压）= 1kg/cm² = 980665.5Pa
静力学基本方程	$p_2 = p_1 + \rho g h$	Pa	p_1—液面压力，单位为 Pa P_2—液面下 h 处压力，单位为 Pa h—液面下深度，单位为 m
流体对平壁面的作用力	$F_p = \rho g h_c A_p$	N	F_p—流体对平壁面的总作用力，单位为 N h_c—液面下平面的平壁面形心的深度，单位为 m A_p—平壁面面积，单位为 m^2
流体对曲壁面的作用力	$F_q = \sqrt{F_{qx}^2 + F_{qy}^2}$	N	F_q—流体对曲壁面的总作用力，单位为 N F_{qx}—流体对曲壁面在所设 x 轴向上分力，单位为 N F_{qy}—流体对曲壁面在所设 y 轴向上分力，单位为 N

注：1. "静力学基本方程"又称"不可压缩性流体的基本公式或静液压强基本公式"，适用于重力场中连续均一的不可压缩性流体。

　　2. 参考了参考文献 [3] 等。

1.6.2　流体动力学公式

常用流体动（运）力学公式 1-39。

1.6.3　阻力计算公式

实际流体在流动时会因有黏性摩擦力（运动阻力）而造成能量损失。一般将这种运动阻力造成的能量损失分为沿程阻（压）力损失和局部阻（压）力损失。

一段管路计算长度上的流体的能量损失为沿程阻（压）力损失和局部阻（压）力损失之和。

1. 沿程阻力损失计算

沿程阻力损失与流体流动状态有关，在给定一组条件下，用于表示流动是层流或紊流的量化标准（指标）为临界雷诺数。

圆管的沿程阻力损失计算公式见表 1-40。

表 1-39 常用流体动力学公式

项　目	公　式	符　号　注　释
连续性方程	在恒定流动时，对于不可压缩性流体任意两断面 　　　　$\rho v_1 A_1 - \rho v_2 A_2 = 0$ 或　　$v_1 A_1 = v_2 A_2 = vA = $常数 或　　$Q_1 = Q_2 = Q = $常数	A_1、A_2—任意两断面面积，单位为 m^2 v_1、v_2—任意两断面平均流速，单位为 m/s v—平均流速，单位为 m/s A—任意断面面积，单位为 m^3 Q_1、Q_2—穿过任意两端面的流量，单位为 m^3/s
理想流体伯努利方程	在重力场中恒定流动时，对于理想不可压缩性流体的某一条流线上两点 　　$\dfrac{p_1}{\rho} + \dfrac{v_1^2}{2} + gz_1 = \dfrac{p_2}{\rho} + \dfrac{v_2^2}{2} + gz_2$ 或　　$\dfrac{p}{\rho} + \dfrac{v^2}{2} + gz = $常数	p_1/ρ、p_2/ρ、p/ρ—单位质量的压强势能，单位为 J/kg（N·m/kg） $v_1^2/2$、$v_2^2/2$、$v^2/2$—单位质量的动能，单位为 J/kg gz_1、gz_2、gz—单位质量的位能，单位为 J/kg

（续）

项　目	公　式	符　号　注　释
实际流体 总流的 伯努利方程	在重力场中恒定流动时，对于实际不可压缩性流体的总流穿过的任意两断面（限于缓变流动） $\dfrac{p_1}{\rho}+\dfrac{\alpha_1 v_1^2}{2}+gz_1=\dfrac{p_2}{\rho}+\dfrac{\alpha_2 v_2^2}{2}+gz_2+gh_f$ 当在两个过流断面之间安装有流体机械（泵或马达）时 $\dfrac{p_1}{\rho}+\dfrac{\alpha_1 v_1^2}{2}+gz_1\pm W_s=\dfrac{p_2}{\rho}+\dfrac{\alpha_2 v_2^2}{2}+gz_2+gh_f$	α_1、α_2—动能修正系数，一般工程计算可取 　　　　$\alpha_1=\alpha_2\approx 1$ gh_f—单位质量流体克服黏性摩擦力所做的功（所消耗的能一般变成了热量），单位为 J/kg。 W_s—单位质量流体获得（失去）的能量，单位为 J/kg。获得能量（泵）记为$+W_s$，失去能量（马达）记为$-W$ 其他同上
恒定流动的动量方程	将动量修正系数简略为 1 的稳态力 $F_s=\rho Q\ (v_2-v_1)$	F_s—外部物体作用于流体的合力，单位为 N

注：参考了参考文献［3］等。

表 1-40　圆管的沿程阻力损失计算公式

项　目	公　式	符　号　注　释
雷诺数	$Re=\dfrac{vd}{\nu}$	Re—雷诺数 v—圆管内流体平均速度，单位为 m/s d—圆管内径，单位为 m
层流	$Re<Re_{(L)}$	ν—流体运动黏度，单位为 m²/s $Re_{(L)}$—临界雷诺数，如内孔光滑无缝钢管 $Re_{(L)}=2000\sim2300$；液压软管 $Re_{(L)}=1600\sim2000$
紊流	$Re>Re_{(L)}$	Δh_f—管路两端以流体液柱高度差表示的沿程阻力损失，单位为 m λ—沿程阻力系数，其为雷诺数和圆管内孔相对粗糙度的函数，如圆管层流（区）的理论沿程阻力系数为 $64/Re$，其他如过渡区、光滑区、过渡粗糙区、完全粗糙区等的沿程阻力系数按试验数据或相关公式计（估）算
沿程阻力损失	$\Delta h_f=\lambda\ \dfrac{l}{d}\ \dfrac{v^2}{2g}$ 或 $\Delta p_f=\lambda\ \dfrac{l}{d}\ \dfrac{\rho v^2}{2}$	l—计算选取的管路长度，单位为 m g—重力加速度，单位为 m/s² Δp_f—管路两端以流体压力差（压降）表示的沿程阻力损失，单位为 Pa ρ—流体密度，单位为 kg/m³

注：大部分参考文献都以 h_f 表示圆管沿程水头损失，但又在其他公式中以 h_f 表示水头，且"水头"是在 GB/T 17446—2012 中规定的不推荐术语。

2. 局部阻力损失计算

局部阻力所造成的能量损失一般比沿程阻力所造成的能量损失要小，因此又将其称为次要损失。

引起局部损失的流场一般比较复杂，除几种能在理论上进行一定的分析外，其他的难以进行解析分析，因此通常采用试验的方法测定局部阻（压）力损失或局部阻（压）力损失系数。

局部阻力所造成的能量损失的计算公式见表 1-41。

各种情况的局部阻力系数见表 1-42~表 1-48。

表 1-41　局部阻力所造成的能量损失计算公式

项　目	公　式	符　号　注　释
局部阻力损失	$\Delta h_m=\zeta\ \dfrac{v^2}{2g}$ 或 $\Delta p_m=\zeta\ \dfrac{\rho v^2}{2}$	Δh_m—以流体液柱高度差表示的局部阻力损失，单位为 m ζ—局部阻力系数，按试验数据或相关公式计（估）算 v—除指定部位流速外，一般指入口（管）处的平均流速，单位为 m/s g—重力加速度，单位为 m/s² Δp_m—以流体压力差（压降）表示的局部阻力损失，单位为 Pa ρ—流体质量密度，单位为 kg/m³

表 1-42 管道入口处的局部阻力系数

入口型式	局部阻力系数 ζ

入口处为尖角凸边 $Re>10^4$

当 $\delta/d_0<0.05$ 及 $b/d_0\leqslant0.5$ 时，$\zeta=1$

当 $\delta/d_0\geqslant0.05$ 及 $b/d_0>0.5$ 时，$\zeta=0.5$

注：据参考文献 [70] 介绍：第三种内伸管因形成涡旋损失最大 $K=0.8$（K 为局部损失系数，是一个无量纲量）。若无说明，入口管按 $K=0.5$ 计算

入口处为尖角 $Re>10^4$

$\alpha/(°)$	20	30	45	60	70	80	90
ζ	0.96	0.91	0.81	0.7	0.63	0.56	0.5

一般垂直入口，$\alpha=90°$

入口处为圆角

r/d_0	0.12	0.16
ζ	0.1	0.06

入口处为倒角 $Re>10^4$
（$\alpha=60°$ 时最佳）

$\alpha/(°)$	e/d_0					
	0.025	0.050	0.075	0.10	0.15	0.60
	ζ					
30	0.43	0.36	0.30	0.25	0.20	0.13
60	0.40	0.30	0.23	0.18	0.15	0.12
90	0.41	0.33	0.28	0.25	0.23	0.21
120	0.43	0.38	0.35	0.33	0.31	0.20

A_1/A	1	0.8	0.7	0.5	0.4	0.3	0.2	0.1
ζ	1	1.1	1.2	2	3.2	6.2	15	80

带丝网的进口

适用于 $Re=\dfrac{v\delta}{\nu}\geqslant400$

v—网前液体的平均流速

δ—网孔平均孔径

ν—液体黏度

A_1—丝网眼孔有效过流面积

A—管道的过流截面面积

表 1-43　管道出口处的局部阻力系数

出口型式	局部阻力系数 ζ											
素流 → 层流 → 从直管流出	素流时，$\zeta=1$ 层流时，$\zeta=2$											
从锥形喷嘴流出，$Re>2\times10^3$	$\zeta=1.05\,(d_0/d_1)^4$											
	d_0/d_1	1.05	1.1	1.2	1.4	1.6	1.8	2.0	2.2	2.4	2.6	2.8	3.0
	ζ	1.28	1.54	2.18	4.03	6.88	11.0	16.8	24.6	34.8	48.0	64.5	85.0

从锥形扩口管流出，$Re>2\times10^3$	l/d_0	$\alpha/(°)$									
		2	4	6	8	10	12	16	20	24	30
		ζ									
	1	1.3	1.15	1.03	0.90	0.80	0.73	0.59	0.55	0.55	0.58
	2	1.14	0.91	0.73	0.60	0.52	0.46	0.39	0.42	0.49	0.62
	4	0.86	0.57	0.42	0.34	0.29	0.27	0.29	0.47	0.59	0.66
	6	0.49	0.34	0.25	0.22	0.20	0.22	0.29	0.38	0.50	0.67
	10	0.40	0.20	0.15	0.14	0.16	0.18	0.26	0.35	0.45	0.60

从 90°弯管中流出，$Re>2\times10^3$	r/d_0	l/d_0							
		0	0.5	1.0	1.5	2.0	3.0	6.0	12.0
		ζ'							
	0	2.95	3.13	3.23	3.00	2.72	2.40	2.10	2.00
	0.2	2.15	2.15	2.08	1.84	1.70	1.60	1.52	1.48
	0.5	1.80	1.54	1.43	1.36	1.32	1.26	1.19	1.19
	1.0	1.46	1.19	1.11	1.09	1.09	1.09	1.09	1.09
	2.0	1.19	1.10	1.06	1.04	1.04	1.04	1.04	1.04

经栅栏的出口	A_1/A	0.9	0.8	0.7	0.6	0.5	0.4	0.3	0.2	0.1
	ζ	1.9	3.0	4.2	6.2	9.0	15	35	70	82.9

表 1-44 管道扩大处的局部阻力系数

管道扩大型式	α /(°)	局部阻力系数 ζ					
		d_1/d_0					
		1.2	1.5	2.0	3.0	4.0	5.0
		ζ					
	5	0.02	0.04	0.08	0.11	0.11	0.11
	10	0.02	0.05	0.09	0.15	0.16	0.16
	20	0.04	0.12	0.25	0.34	0.37	0.38
	30	0.06	0.22	0.45	0.55	0.57	0.58
	45	0.07	0.30	0.62	0.72	0.75	0.76
	60		0.36	0.68	0.81	0.83	0.84
	90		0.34	0.63	0.82	0.88	0.89
	120		0.32	0.60	0.82	0.88	0.89
	180		0.30	0.56	0.82	0.88	0.89

当 $\alpha = 180°$，为突然扩大

表中未计摩擦损失，其值按下列公式决定

$$\zeta_{摩擦} = \frac{A}{8\sin\frac{\alpha}{2}}\left[1-\left(\frac{A_0}{A_1}\right)^2\right]$$

A_0、A_1——管道相应于内径 d_0、d_1 的通过面积

表 1-45 管道缩小处的局部阻力系数

管道缩小型式	局部阻力系数 ζ									
$Re>10^4$	$$\zeta = 0.5\left(1-\frac{A_0}{A_1}\right)$$									
	A_0/A_1	0.1	0.2	0.3	0.4	0.5	0.6	0.7	0.8	0.9	1.0
	ζ	0.45	0.40	0.35	0.30	0.25	0.20	0.15	0.10	0.05	0
$Re>10^4$	$$\zeta = \zeta'\left(1-\frac{A_0}{A_1}\right)$$ ζ'——按表 1-42 第 4 项管道"入口处为倒角"的 ζ 值 A_0、A_1——管道相应于内径 d_0、d_1 的通过面积									

表 1-46 弯管的局部阻力系数

弯管型式	局部阻力系数 ζ									
	α/(°)	10	20	30	40	50	60	70	80	90
折管	ζ	0.04	0.10	0.17	0.27	0.40	0.55	0.70	0.90	1.12

（续）

弯管型式	局部阻力系数 ζ				
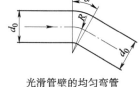 光滑管壁的均匀弯管	$\zeta = \zeta'\dfrac{\alpha}{90°}$				
	$d_0/(2R)$	0.1	0.2	0.3	0.4	0.5
	ζ'	0.13	0.14	0.16	0.21	0.29
	注：1. 对于粗糙管壁的铸造弯头，当紊流时，其 ζ' 较表中数值大 3～4.5 倍 2. 两个弯头相连的情况  $\zeta=2\zeta'_{90°}$　　$\zeta=3\zeta'_{90°}$　　$\zeta=4\zeta'_{90°}$					

表 1-47　分支管的局部阻力系数

型式及流向						
ζ	1.3	0.1	0.5	3	0.05	0.15

注：根据此表可以组合成各种分流或合流情况。

表 1-48　交贯钻孔通道的局部阻力系数

钻孔型式					
ζ	0.6~0.9	0.15	0.8	0.5	1.1

1.6.4　孔口及管嘴出流、缝隙流动、液压冲击计算公式

1. 孔口及管嘴出流的流量计算

孔口及管嘴出流的流量计算公式见表 1-49。

2. 环形缝隙中流体流动的流量计算

对液压缸而言，环形缝隙中流体流动的流量计算公式通常用于液压缸静、动密封处泄漏量的计（估）算，因此表 1-50 中的体积流量符号为 q_v，并且符合在 JB/T 10205—2010《液压缸》中量和符号的规定。

环形缝隙中流体流动的流量计算公式见表 1-50。

3. 液压冲击计算

在液压系统中的元件、附件和管路内，由于流量的急剧减小所产生的压力上升可能造成液压（压力）冲击。

在液压缸运动速度急剧改变（如起动、停止或换向）时，由容腔内油液及运动零部件的动量变化率所造成的惯性力而引起的液压（压力）冲击计算公式见表 1-51。

表 1-49 孔口及管嘴出流的流量计算公式

项 目	公 式	符 号 注 释
薄壁锐缘孔口出流（薄壁节流小孔）	当孔口的壁厚（长度）l 小于孔径 d 的 1/2，而且边缘是无倒角的锐缘时，则孔口出流的流体仅与孔口边缘接触。此时孔口就可认为是薄壁锐缘孔口，其流量计算公式为 $$q_V = C_d A \sqrt{\frac{2\Delta p}{\rho}}$$	q_V—小孔流量，单位为 $\mathrm{m^3/s}$ C_d—薄壁小孔流量系数，对于紊流（一般认为 $Re = \frac{vd}{\nu} > 250$ 时），$C_d = 0.60 \sim 0.61$
薄壁小孔自由出流	当 $l/d \leqslant 1/2$ 时 $$q_V = C_d A \sqrt{2\left(gH + \frac{\Delta p}{\rho}\right)}$$	A—孔口面积，单位为 $\mathrm{m^2}$。$A = \frac{\pi d^2}{4}$ Δp—孔口前后压差，单位为 Pa
阻尼长孔出流	当 $l = (2\sim3)d$ 时 $$q_V = C_q A \sqrt{\frac{2\Delta p}{\rho}}$$	ρ—流体的密度，单位为 $\mathrm{kg/m^3}$ g—重力加速度，单位为 $\mathrm{m/s^2}$ H—孔口距液面的高度，单位为 m
管嘴自由出流	当 $l = (2\sim4)d$ 时 $$q_V = C_q A \sqrt{2\left(gH + \frac{\Delta p}{\rho}\right)}$$	C_q—长孔及管嘴流量系数，$C_q = 0.82$

注：1. 当 $Re = \frac{vd}{\nu} < 250$ 时或一些其他情况下的 C_d 选取，可参考参考文献［115］等。

   2. 当孔口的壁厚较厚时，则不能按薄壁孔口计算。如 $l = (3\sim4)d$，则按喷嘴计算。此时流量公式仍可用 $q_V = C_d A \sqrt{2\Delta p/\rho}$，但流量系数 $C_d = 0.80 \sim 0.82$。当壁厚再进一步增加时，则应按管路计算。

表 1-50 环形缝隙中流体流动的流量计算公式

项 目	公 式	符 号 注 释
固定壁同心环缝隙	$$q_V = \frac{\pi D h^3 \Delta p}{12\mu l}$$	q_V—壁环形缝隙间流量，单位为 $\mathrm{m^3/s}$ D—壁孔直径，单位为 m
固定壁偏心环缝隙	$$q_V = \frac{\pi D h^3 \Delta p}{12\mu l}(1 + 1.5\varepsilon^2)$$	h—壁孔与壁轴间缝隙量，单位为 m Δp—缝隙两侧压力差，单位为 Pa μ—流体动力黏度，单位为 $\mathrm{Pa \cdot s}$
移动壁同心环缝隙	$$q_V = \frac{\pi D h^3 \Delta p}{12\mu l} \pm \frac{\pi D h}{2} U$$	l—缝隙长度，单位为 m ε—偏心比，$\varepsilon = e/h$
移动壁偏心环缝隙	$$q_V = \frac{\pi D h^3 \Delta p}{12\mu l}(1 + 1.5\varepsilon^2) \pm \frac{\pi D h}{2} U$$	e—壁孔与壁轴中心偏心量（距），单位为 m U—移动壁运动速度，单位为 $\mathrm{m/s}$

表 1-51 液压冲击计算公式

项 目	公 式	符 号 注 释
液压（压力）冲击	$$\Delta p = \left(\sum l_i A_i \rho + m\right)\frac{\Delta v}{At}$$	Δp—压力冲击的压力升值，单位为 Pa $\sum l_i A_i \rho$—第 i 段容腔的油液质量，单位为 kg l_i—第 i 段容腔的长度，单位为 m A_i—第 i 段容腔的截面面积，单位为 $\mathrm{m^2}$ ρ—第 i 段容腔内油液的质量密度，单位为 $\mathrm{kg/m^3}$ m—活塞及活塞杆等运动零部件的质量，单位为 kg Δv—活塞及活塞杆的速度变化量，单位为 $\mathrm{m/s}$ A—活塞有效面积，单位为 $\mathrm{m^2}$ t—活塞及活塞杆的速度变化 Δv 所需时间，单位为 s

1.7　液压缸设计与制造其他常用备查资料

1.7.1　常用金属材料分类与代号、力学性能

1. 优质碳素结构钢

(1) 优质碳素结构钢的分类与代号（见表 1-52）
(2) 优质碳素结构钢的力学性能（见表 1-53）

2. 合金结构钢

(1) 合金结构钢的分类与代号（见表 1-54）
(2) 合金结构钢的力学性能（见表 1-55）

表 1-52　优质碳素结构钢的分类与代号（摘自 GB/T 699—2015）

分　类			代　号
钢棒按使用加工方法分类（两类）	压力加工用钢	压力加工用钢	UP
		热压力加工	UHP
		顶锻用钢	UF
		冷拔坯料	UCD
	切削加工用钢		UC
钢棒按表面种类分类（五类）	压力加工表面		SPP
	酸洗		SA
	喷丸（砂）		SS
	剥皮		SF
	磨光		SP

表 1-53　优质碳素结构钢的力学性能（摘自 GB/T 699—2015）

牌号	试样毛坯尺寸/mm	推荐的热处理制度			力学性能					交货硬度-HBW	
		正火	淬火	回火	抗拉强度 R_m/MPa	下屈服强度 R_{eL}/MPa	断后伸长率 A（%）	断面收缩率 Z（%）	冲击吸收能量 KU_2/J	未热处理钢	退火钢
		加热温度/℃			≥					≤	
20	25	910	—	—	410	245	25	55	—	156	—
30	25	880	860	600	490	295	21	50	63	179	—
35	25	870	850	600	530	315	20	45	55	197	—
40	25	860	840	600	570	335	19	45	47	217	187
45	25	850	840	600	600	355	16	40	39	229	197
50	25	830	830	600	630	375	14	40	31	241	207
25Mn	25	900	870	600	490	295	22	50	71	207	—
35Mn	25	870	850	600	560	335	18	45	55	229	197

表 1-54　合金结构钢的分类与代号（摘自 GB/T 3077—2015）

分　类			代　号
钢棒按冶金质量分类（三类）	优质钢		
	高级优质钢		牌号后加 "A"
	特级优质钢		牌号后加 "E"
钢棒按使用加工方法分类（两类）	压力加工用钢	压力加工用钢	UP
		热压力加工	UHP
		顶锻用钢	UF
		冷拔坯料	UCD
	切削加工用钢		UC
钢棒按表面种类分类（五类）	压力加工表面		SPP
	酸洗		SA
	喷丸（砂）		SS
	剥皮		SF
	磨光		SP

表 1-55　合金结构钢的力学性能（摘自 GB/T 3077—2015）

牌号	试样毛坯尺寸/mm	推荐的热处理制度		力学性能					供货状态为退火或高温回火钢棒布氏硬度-HBW
		淬火	回火	抗拉强度 R_m/MPa	下屈服强度 R_{eL}/MPa	断后伸长率 A(%)	断面收缩率 Z(%)	冲击吸收能量 KU_2/J	
		加热温度/℃		≥					≤
35Mn2	25	840	500	835	685	12	45	55	207
27SiMn	25	920	450	980	835	12	40	39	217
40Cr	25	850	520	980	785	9	45	47	207
30CrMo	15	880	540	930	735	12	50	71	229
35CrMo	25	850	550	980	835	12	45	63	229
42CrMo	25	850	560	1080	930	12	45	63	229
30CrMnSi	25	880	540	1080	835	10	45	39	229

3. 一般工程用铸造碳钢件的力学性能（见表 1-56）

表 1-56　一般工程用铸造碳钢件的力学性能（≥）（摘自 GB/T 11352—2009）

牌号	屈服强度 $R_{eH}(R_{p0.2})$/MPa	抗拉强度 R_m/MPa	断后伸长率 A_5(%)	根据合同选择		
				断面收缩率 Z(%)	冲击吸收能量 KV/J	冲击吸收能量 KU/J
ZG230-450	230	450	22	32	25	35
ZG270-500	270	500	18	25	22	27
ZG310-570	310	570	15	21	15	24
ZG340-640	340	640	10	18	10	16

4. 一般工程与结构用低合金钢铸件的力学性能（见表 1-57）

表 1-57　一般工程与结构用低合金钢铸件的力学性能（摘自 GB/T 14408—2014）

材料牌号	屈服强度 $R_{p0.2}$/MPa	抗拉强度 R_m/MPa	断后伸长率 A_5(%)	断面收缩率 Z(%)	冲击吸收能量 KV/J
	≥	≥	≥	≥	≥
ZGD270-480	270	480	18	38	25
ZGD290-510	290	510	16	35	25
ZGD345-570	345	570	14	35	20
ZGD410-620	410	620	13	35	20
ZGD535-720	535	720	12	30	18
ZGD650-830	650	830	10	25	18
ZGD730-910	730	910	8	22	15
ZGD840-1030	840	1030	6	20	15
ZGD1030-1240	1030	1240	5	20	22
ZGD1240-1450	1240	1450	4	15	18

5. 大型锻件用优质碳素结构钢和合金结构钢的分类与代号（见表 1-58）

表 1-58　大型锻件用优质碳素结构钢和合金结构钢的分类与代号（摘自 GB/T 32289—2015）

分　类		代　号
锻材按冶金质量等级分类（三类）	优质钢	
	高级优质钢	牌号后加 "A"
	特级优质钢	牌号后加 "R"
锻材按表面种类分类（三类）	压力加工表面	SPP
	磨光	SP
	剥皮	SF

（续）

分　类		代　号
锻材按热处理状态分类 （四类）	退火	A
	高温回火	T
	正火	N
	正火+回火	N+T
锻材按使用加工方法分类 （两类）	热压力加工用钢	UHP
	切削加工用钢	UC

注：钢的牌号及化学成分（熔炼分析）应符合 GB/T 699、GB/T 3077 的规定。经供需双方协商，并在合同中注明，也可生产其他牌号的锻材。

6. 承压设备用碳素钢和合金钢锻件的力学性能（见表 1-59）

表 1-59　承压设备用碳素钢和合金钢锻件的力学性能（摘自 NB/T 47008—2017）

材料牌号	公称厚度 /mm	热处理 状态	回火温度 /℃	拉伸性能			冲击吸收能量		硬度 HBW
				R_m/MPa	R_{cL}/MPa	A（%）	试验温度 /℃	KV_2/J	
				≥	≥			≥	
20	≤100	N N+T	620	410~560	235	24	0	34	110~160
35	≤100	N N+T	590	510~670	265	18	20	41	136~192
20MnMo	≤300	Q+T	620	530~700	370	18	0	47	—
20MnMoNb	≤300	Q+T	630	620~790	470	16	0	47	—
30CrMo	≤300	Q+T	580	620~790	440	15	0	41	—
35CrMo	≤300	Q+T	580	620~790	440	15	0	41	—

注：因适用范围问题，本表仅供参考。

7. 液压铸铁件

（1）球墨铸铁件附铸试样的力学性能及主要基体组织（见表 1-60）

（2）灰铸铁件的力学性能及主要基体组织（见表 1-61）

（3）蠕墨铸铁件附铸试样的力学性能及主要基体组织（见表 1-62）

表 1-60　球墨铸铁件附铸试样的力学性能及主要基体组织（摘自 JB/T 12232—2015）

材料牌号	铸件壁厚 /mm		抗拉强度 R_m（min） /MPa	屈服强度 $R_{p0.2}$（min） /MPa	伸长率 A（min） （%）	冲击吸收能量（min） /J	弹性模量（min） /GPa	布氏硬度范围 HBW	主要基体组织
	>	≤							
QT500-10A		30	500	360	10	—	169	185~215	铁素体+珠光体
	30	60	490	360	9				
	60	200	470	350	7				
QT500-7A		30	500	320	7	—	169	180~230	铁素体+珠光体
	30	60	450	300	7				
	60	200	420	290	5				
QT550-5A		30	550	350	5	—	172	190~250	铁素体+珠光体
	30	60	520	330	4				
	60	200	500	320	3				
QT600-3		30	600	370	4	—	174	200~270	铁素体+珠光体
	30	60	600	360	2				
	60	200	550	340	1				

表 1-61　灰铸铁件的力学性能及主要基体组织（摘自 JB/T 12232—2015）

材料牌号	铸件壁厚 /mm		抗拉强度 R_m(min) /MPa			弹性模量 (min) /GPa	布氏硬度 范围 HBW	主要 基体组织
	>	≤	单铸试样	附铸试样	本体试样			
HT200	5	10	200	—	205	88	170~210	珠光体
	10	20		—	180			
	20	40		170	155			
	40	80		150	130			
	80	150		140	115			
HT225	5	10	225	—	230	95	175~215	珠光体
	10	20		—	200			
	20	40		190	175			
	40	80		170	150			
	80	150		155	135			
HT250	5	10	250	—	250	103	180~220	珠光体
	10	20		—	225			
	20	40		210	195			
	40	80		190	170			
	80	150		170	155			
HT275	10	20	275	—	250	105	185~225	珠光体
	20	40		230	220			
	40	80		205	190			
	80	150		190	175			
HT300	10	20	300	—	270	108	190~230	珠光体
	20	40		250	240			
	40	80		220	210			
	80	150		210	195			
HT350	10	20	350	—	315	123	200~250	珠光体
	20	40		290	280			
	40	80		260	250			
	80	150		230	225			

表 1-62　蠕墨铸铁件附铸试样的力学性能及主要基体组织（摘自 JB/T 12232—2015）

材料牌号	铸件壁厚 /mm		抗拉强度 R_m (min) /MPa	屈服强度 $R_{p0.2}$(min) /MPa	伸长率 A(min) (%)	弹性模量 (min) /GPa	布氏硬 度范围 HBW	主要基体组织
	>	≤						
RuT300A		30	300	210	2.0	169	185~215	铁素体
	30	60	275	195				
	60	120	250	175				
RuT500A		30	500	350	0.5	145	230~260	珠光体
	30	60	450	315				
	60	120	400	280				

8. 液压和气动系统设备用冷拔或冷轧精密内径无缝钢管的分类和代号（见表 1-63）

表 1-63 液压和气动系统设备用冷拔或冷轧精密内径无缝钢管的分类和代号

（摘自 GB/T 32957—2016）

分　类		代　号
钢管按交货状态分类 （五类）	冷拔或冷轧/硬	+C
	冷拔或冷轧/软	+LC
	冷拔或冷轧后消除应力退火	+SR
	退火	+A
	正火	+N

注：钢的牌号和化学成分（熔炼成分）应分别符合 GB/T 699—2015 中 20、45、25Mn，GB/T 1591—2008 中 Q345B（C、D、E）和 GB/T 3077—2015 中 27SiMn。

1.7.2　缸筒与压杆稳定性计算公式

1. 薄壁缸筒计算公式

薄壁缸筒因其归类为轴对称问题，所以可应用（薄）壳体无矩理论计算。由承受内压的均匀薄壳拉普拉斯（Laplace）方程 $\dfrac{\sigma_t}{r}+\dfrac{\sigma_z}{r}=\dfrac{p}{\delta}$，以及经假设、简化和省略后可得到薄壁缸筒计算公式。

承受内压 p 作用的薄壁缸筒应力分布如图 1-4 所示，计算公式见表 1-64。

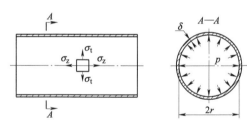

图 1-4　薄壁缸筒应力分布

2. 厚壁缸筒计算公式

承受内压的厚壁圆筒即是一种液压缸缸筒，壁厚大于其平均直径 1/10 的圆筒称为厚壁圆筒。

承受内压 p 作用的厚壁缸筒的载荷类型与应力分布如图 1-5 所示，计算公式见表 1-65。

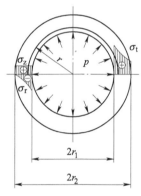

图 1-5　厚壁缸筒的载荷类型与应力分布

表 1-64　薄壁缸筒计算公式

项　目	计　算　公　式
带底的长圆柱薄壳体，承受均匀内压	离开边界较远处 $$\sigma_t = \frac{pr}{\delta}$$ $$\sigma_z = \frac{pr}{2\delta}$$ 按照第四强度理论，其强度条件为 $$\sigma_{\text{IV}} = \sqrt{\sigma_t^2+\sigma_z^2-\sigma_t\sigma_z} \leq [\sigma]$$ 则 $$\delta \geq \frac{\sqrt{3}\,pr}{2[\sigma]} = \frac{\sqrt{3}\,dp}{4[\sigma]}$$ 式中　σ_r—径向应力 　　　　σ_t—切向应力 　　　　σ_{IV}—按第四强度理论计算的相当应力 　　　　$[\sigma]$—长圆柱薄壳体许用应力

表 1-65 厚壁缸筒的计算公式

项　　目	计　算　公　式
半径为 r 的圆柱面上点的主应力	$$\sigma_r = \frac{pr_1^2}{r_2^2 - r_1^2}\left(1 - \frac{r_2^2}{r^2}\right)$$ $$\sigma_t = \frac{pr_1^2}{r_2^2 - r_1^2}\left(1 + \frac{r_2^2}{r^2}\right)$$ $$\sigma_z = 0 (\text{开口圆筒})$$ $$\sigma_z = \frac{pr_1^2}{r_2^2 - r_1^2} (\text{封闭圆筒})$$ 式中　σ_r—径向应力 σ_t—切向应力 σ_z—轴向应力
半径为 r 的圆柱面上点的径向位移 Δr，沿长度方向的位移 Δl	开口圆筒 $$\Delta r = \frac{pr_1^2}{E(r_2^2 - r_1^2)}\left[(1-\mu)r + (1+\mu)\frac{r_2^2}{r}\right]$$ 封闭圆筒 $$\Delta r = \frac{pr_1^2}{E(r_2^2 - r_1^2)}\left[(1-2\mu)r + (1+\mu)\frac{r_2^2}{r}\right]$$ $$\Delta l = \frac{pl}{E}\times\frac{r_1^2(1-2\mu)}{r_2^2 - r_1^2}$$ 式中　E—弹性模量 μ—泊松比
内径 d_1 的增大量	$$\Delta d_1 = \frac{d_1}{E}\left(\frac{d_2^2 + d_1^2}{d_2^2 - d_1^2} - \mu\right)p$$ 式中　d_1—缸筒内径 d_2—缸筒外径 注：上式对于无限长厚壁圆筒是正确的，而且当有筒底时，在离筒底足够远处也是可用的
外径 d_2 的增大量	$$\Delta d_2 = \frac{d_2}{E}\frac{2d_1^2}{d_2^2 - d_1^2}p$$
危险点的主应力，危险点的相当应力	危险点（应力最大点）在圆筒内壁，即 $r = r_1$ 处 $$\sigma_1 = \sigma_t = \frac{1+k^2}{1-k^2}p$$ $$\sigma_2 = \sigma_z = 0(\text{开口圆筒})$$ 或 $$\sigma_2 = \sigma_z = \frac{k}{1-k^2}p(\text{封闭圆筒})$$ $$\sigma_3 = \sigma_r = -p$$ $$\sigma_{\text{III}} = \frac{2p}{1-k^2}$$ 当 $r_2 \to \infty$，$k = \dfrac{r_1}{r_2} \to 0$ 时，根据第三强度理论有：$\sigma_{\text{III}} \equiv \sigma_1 - \sigma_3 \leqslant \sigma_p$

（续）

项　目	计　算　公　式
危险点的主应力，危险点的相当应力	强度条件为 $2p \leqslant \sigma_p$ 即 $p \leqslant \dfrac{\sigma_p}{2}$ 说明即使很厚的圆筒，其所承受的内压也不能超过某一确定的数值 $$\sigma_M = p\left(\dfrac{1+k^2}{1-k^2} + \dfrac{\sigma_{pt}}{\sigma_{pc}}\right)$$ $$\sigma_{pt} = \dfrac{\sigma_{bt}}{S}, \quad \sigma_{pc} = \dfrac{\sigma_{bc}}{S}$$ 式中　$k = r_1/r_2$ 　　　$\sigma_{\text{Ⅲ}}$—按第三强度理论计算的相当应力 　　　σ_M—按莫尔强度理论计算的相对应力 　　　σ_{pt}—拉伸时的许用应力 　　　σ_{pc}—压缩时的许用应力 　　　σ_{bt}—拉伸时的强度极限 　　　σ_{bc}—压缩时的强度极限 　　　S—安全系数

3. 组合式缸筒计算公式

因受内压的厚壁缸筒在 $r=r_1$ 和 $r=r_2$ 点（缸筒内圆柱表面和外圆柱表面）处的应力相差很大，使圆筒外层的大部分材料不能得以充分利用。为了使应力沿缸筒壁厚方向分布得均匀一些，减轻内壁负载，有效地提高缸筒承载能力，并能更好地利用缸筒外层材料，对于内压很高的缸筒宜采用组合式缸筒。

组合式缸筒通常是通过温差法装配的过盈配合的一个外缸筒紧紧地套在一个内缸筒上形成的，甚至还可能是一个内缸筒被套上两层外缸筒或更多。

承受内压 p 作用的 1 层组合式缸筒的载荷类型与应力分布如图 1-6 所示，计算公式见表 1-66。

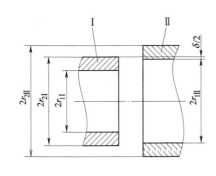 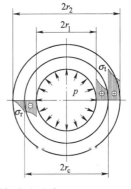

图 1-6　组合式缸筒的载荷类型与应力分布

表 1-66　组合式缸筒计算公式

项　目	公　式
内缸筒外圆柱面 $r_{2\text{Ⅰ}}$ 径向位移	$$\Delta r_{2\text{Ⅰ}} = -\dfrac{r_c}{E_\text{Ⅰ}}\left(\dfrac{1+k_1^2}{1-k_1^2} - \mu_\text{Ⅰ}\right)p_c$$ 式中　$k_1 = r_1/r_c$ 　　　$E_\text{Ⅰ}$—内缸筒弹性模量 　　　$\mu_\text{Ⅰ}$—内缸筒泊松比
外缸筒内圆柱面 $r_{1\text{Ⅱ}}$ 径向位移	$$\Delta r_{1\text{Ⅱ}} = \dfrac{r_c}{E_\text{Ⅱ}}\left(\dfrac{1+k_2^2}{1-k_2^2} - \mu_\text{Ⅱ}\right)p_c$$ 式中　$k_2 = r_c/r_2$ 　　　$E_\text{Ⅱ}$—外缸筒弹性模量 　　　$\mu_\text{Ⅱ}$—外缸筒泊松比

（续）

项　　目	公　　式
相同材料组合式缸筒接触面间压力 p_c	$$p_c = \frac{\delta E}{2r_c} \cdot \frac{(1-k_1^2)(1-k_2^2)}{(1+k_1^2)(1-k_2^2)+(1+k_2^2)(1-k_1^2)}$$ 式中　p_c—组合式缸筒接触面间压力 　　　δ—过盈量，$\lvert r_{2\,\mathrm{I}} \rvert + \lvert r_{1\,\mathrm{II}} \rvert = \delta/2$
在内压 $p=0$ 时，内缸筒半径为 r 处的初应力	$$\sigma_{r\,\mathrm{I}} = -\frac{r_{2\,\mathrm{I}}^2}{r_{2\,\mathrm{I}}^2 - r_{1\,\mathrm{I}}^2}\left(1-\frac{r_{1\,\mathrm{I}}^2}{r^2}\right)p_c$$ $$\sigma_{t\,\mathrm{I}} = -\frac{r_{2\,\mathrm{I}}^2}{r_{2\,\mathrm{I}}^2 - r_{1\,\mathrm{I}}^2}\left(1+\frac{r_{1\,\mathrm{I}}^2}{r^2}\right)p_c$$ $\sigma_{r\,\mathrm{I}}$ 和 $\sigma_{t\,\mathrm{I}}$ 都是压应力，且 $\lvert \sigma_{t\,\mathrm{I}} \rvert > \lvert \sigma_{r\,\mathrm{I}} \rvert$
内缸筒在 $p=0$ 时，危险点的主应力	危险点（应力最大点）在内缸筒内壁，即 $r=r_{1\,\mathrm{I}}$ 处 $$\sigma_{r1\,\mathrm{I}} = 0$$ $$\sigma_{t1\,\mathrm{I}} = -\frac{2}{1-k_1^2}p_c$$ 式中　$\sigma_{r1\,\mathrm{I}}$—内缸筒内壁径向应力 　　　$\sigma_{t1\,\mathrm{I}}$—内缸筒内壁切向应力

4. 缸筒材料强度要求的最小壁厚 δ_0 的计算

（1）缸筒材料强度要求的最小壁厚 δ_0 的计算条件

a）缸筒由塑性材料制造，并且没有淬硬，即非淬火状态。

b）计算指定的位置为缸筒中段，受三向应力作用而非受弯曲力矩影响的部分。

c）缸筒为等壁厚单层圆筒，且承受均匀内压作用。

d）可按 JB/T 10205—2010 规定的耐压试验、耐久性试验方法进行试验或检验。

（2）缸筒材料强度要求的最小壁厚 δ_0 的计算公式

a）当 $\delta/D < 0.08$ 时，推荐使用式（1-1）计算缸筒材料强度要求的最小壁厚 δ_0（mm）。

$$\delta_0 \geqslant \frac{p_{max} \times D}{2[\sigma]} \tag{1-1}$$

b）当 $\delta/D \geqslant 0.08$ 时，推荐使用式（1-2）计算缸筒材料强度要求的最小壁厚 δ_0（mm）。

$$\delta_0 \geqslant \frac{D}{2}\left(\sqrt{\frac{[\sigma]}{[\sigma]-\sqrt{3}p_{max}}}-1\right) \tag{1-2}$$

c）当 $p_{max} \leqslant 0.4[\sigma]$ 且不大于 35MPa 时，建议参考使用式（1-3）校核缸筒材料强度要求的最小壁厚 δ_0（mm）。

$$\delta_0 \geqslant \frac{p_{max} \times D}{2.3[\sigma]-p_{max}} \tag{1-3}$$

d）当 $\delta/D \geqslant 0.08$ 时，建议参考式（1-4）计算（验算）缸筒材料强度要求的最小壁厚 δ_0（mm）。

$$\delta_0 \geqslant \frac{p_{max} \times D}{2.3[\sigma]-3p_{max}} \tag{1-4}$$

式中　δ——缸筒壁厚，单位为 mm；

　　　δ_0——缸筒材料强度要求的最小壁厚，单位为 mm；

　p_{max}——缸筒耐压（试验）压力，单位为 MPa；

　　　D——缸径，单位为 mm；

　　$[\sigma]$——缸筒材料的许用应力，其中 $[\sigma] = \sigma_s/n_s$，单位为 MPa；

　　σ_s——缸筒材料的屈服强度或 R_{eL}，单位为 MPa；

　　n_s——安全系数，通常取 $n_s = 2 \sim 2.5$。

5. 压杆稳定性的计算公式

液压缸至少有一端是可以往复运动的，液压缸可以简化为等截面或非等截面压杆。处于变形状态的压杆（变形体），外部载荷与其所引起的弹性内力之间的平衡可以是稳定的，也可以是不稳定的。变形体的平衡形式的稳定性取决于施加在其上的压缩载荷数值，这一载荷数值的极限值 F_{kp} 被称为"临界载荷"。

对于简化为等截面直径为 d 的压杆（液压缸），当安装距加行程为 l 且与 d 之比大于 10 时，即 $l/d > 10$ 时，一般需要进行压杆稳定性的计算或验算（或称为校核），计算公式见表 1-67。

表 1-67　压杆稳定性的计算公式

项　目	公　式
欧拉（Euler）公式与压杆稳定性判据	欧拉公式 $$F_{kp} = \frac{n^2\pi^2 EI}{l^2}$$ 式中　F_{kp}—压杆受压产生弯曲的临界载荷 　　　n—挠曲杆长度上所包含的正弦半波的数目 　　　E—弹性模量 　　　I—压杆横截面的惯性矩 　　　l—计算长度 压杆稳定性判据 $$F_p \leqslant [F_p] = \frac{F_{kp}}{n_k}$$ 式中　F_p—外部施加的压缩载荷 　　　$[F_p]$—压杆许用载荷 　　　n_k—压杆稳定安全系数
两端固定约束	$$F_{kp} = \frac{4\pi^2 EI}{l^2}$$
一端固定约束，另一端为球铰约束	$$F_{kp} = \frac{2\pi^2 EI}{l^2}$$
两端为球铰约束	$$F_{kp} = \frac{\pi^2 EI}{l^2}$$
一端固定约束，另一端自由	$$F_{kp} = \frac{\pi^2 EI}{4l^2}$$

1.7.3　液压缸的许用应力及静力计算

1. 许用应力

1）液压缸受中心额定力时的许用应力。液压缸单个零件的法向应力不应超过材料的屈服极限或 0.2% 残余变形极限的 70%（同样适用于因液体压力造成的切向应力）；切向应力不应超过材料屈服极限的 65%。

液压缸高压底部的法向应力不应超过材料屈服极限的 80%。

2）立柱和支撑千斤顶受两倍中心额定力时的许用应力。立柱和支撑千斤顶在完全缩回状态且受两倍中心额定力作用时，应力应不超过材料的屈服极限。

注：此项要求仅包含机械载荷，没有液体压力。

3）立柱和支撑千斤顶受偏心额定力时的许用应力。在偏心额定力作用时，立柱和支撑千斤顶受弯零件的法向应力（边界应力）应不超过材料的屈服极限。

在偏心额定力同时有侧向载荷作用（如用于使支架稳定）时，立柱、支撑千斤顶受弯零件的法向

应力不应超过材料的屈服极限。

4）焊缝许用应力。在 1）~3）的载荷情况下，焊缝应力应不超过表 1-68 所列母体材料许用应力的比例值。

表 1-68　焊缝许用应力
（摘自 GB 25974.2—2010）

焊缝类型	法向应力比例(%)	剪切应力比例(%)	合成应力比例(%)
角焊缝	65	65	100
对接焊缝	80	80	100

2. 静力计算

（1）总则

液压缸的静力计算按本部分所列的计算方法进行。

（2）轴向应力

1）液压缸受轴向额定力作用。计算对象为完全伸出的液压缸（包含其最大的加长段）。

内（柱）段、外（柱）段，支承的中间段和加长段所有横断面的计算按式（1-5）进行

$$\sigma_{xa} = F_n/A \qquad (1-5)$$

2）立柱和支撑千斤顶受 2 倍额定力作用。计算对象为完全缩回的立柱和千斤顶（包含加长段）。

受 2 倍额定力加载作用的零件按式（1-6）计算

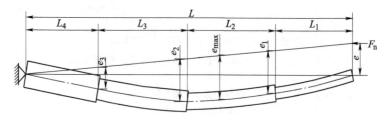

图 1-7 受偏心额定力作用下的液压缸

点 1（e_1 处）：　$M_1 = F_n \times e_1$　（1-7）

点 2（e_2 处）：　$M_2 = F_n \times e_1$　（1-8）

点 3（e_3 处）：　$M_3 = F_n \times e_1$　（1-9）

最大点（e_{max} 处）：

$$M_{max} = F_n \times e_1 \quad (1\text{-}10)$$

挠度值可以是计算值，也可以是按 GB 25974.2 中 5.6.7 条所测得的值。其中各自最大的值应作为下面应力计算的基础。

单由偏心力产生的弯曲应力按式（1-11）~式（1-14）求得（见图 1-7）。

点 1（e_1 处）：　$\sigma_{xb1} = \pm M_1/W_1$　（1-11）

点 2（e_2 处）：　$\sigma_{xb2} = \pm M_2/W_2$　（1-12）

点 3（e_3 处）：　$\sigma_{xb3} = \pm M_3/W_3$　（1-13）

最大点（e_{max} 处）：

$$\sigma_{xbmax} = \pm M_{max}/W \quad (1\text{-}14)$$

4）兼有侧向力。液压缸兼有侧向力加载，应以图 1-8 为基础进行计算，按式（1-15）求得此载荷情况下的最大弯矩

$$M_{hmax} = F_h \cdot a \cdot b/L \quad (1\text{-}15)$$

在点 1~点 3 和最大弯曲处的弯曲应力应按式（1-16）~式（1-19）求得

点 1（M_{h1} 处）：

$$\sigma_{xh1} = \pm M_{h1}/W_1 \quad (1\text{-}16)$$

点 2（M_{h2} 处）：

$$\sigma_{xh2} = \pm M_{h2}/W_2 \quad (1\text{-}17)$$

点 3（M_{h3} 处）：

$$\sigma_{xh3} = \pm M_{h3}/W_3 \quad (1\text{-}18)$$

最大点（M_{max} 处）：

$$\sigma_{xhmax} = \pm M_{hmax}/W \quad (1\text{-}19)$$

5）轴向应力的叠加。总应力为各分应力之和，由式（1-20）求得

$$\sigma_x = \sigma_{xa} + \sigma_{xb} + \sigma_{xh} \quad (1\text{-}20)$$

其中分应力都应是在液压缸相同位置上按图 1-7

$$\sigma_{xa} = 2F_n/A \quad (1\text{-}6)$$

3）受偏心额定力作用。按式（1-7）~式（1-10）求得力矩（见图 1-7）。

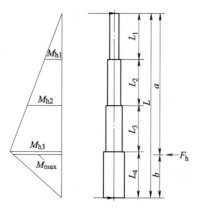

图 1-8 受许可侧向力作用下的液压缸

或图 1-8 计算，对于没有分应力的情况不需计入。

（3）切向正应力

液压缸由液体内压产生的切向正应力由式（1-21）~式（1-24）求得（见图 1-9）。

$$p = F_n/A \quad (1\text{-}21)$$

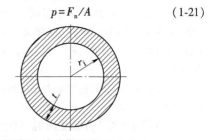

图 1-9 液压缸切向正应力

平均切向正应力（见图 1-9）为

$$\sigma_{ym} = \frac{p \cdot r_i}{t} \quad (1\text{-}22)$$

在内边缘和外边缘的切向正应力为

$$\sigma_{yi} = -\frac{p \cdot r_i}{t}\left[1 + \frac{t}{2(r_i + t/2)}\right] \quad (1\text{-}23)$$

$$\sigma_{yo} = -\frac{p \cdot r_i}{t}\left[1 - \frac{t}{2(r_i + t/2)}\right] \quad (1\text{-}24)$$

此处应对液压缸的所有受液压作用的（柱）段进行计算。

（4）径向正应力

径向正应力应在液压缸受液体压力的内表面上按 $\sigma_z = p$，在外表面上按 $\sigma_z = 0$ 计算。

（5）合成应力。在无剪切应力的情况下，合成应力按式（1-25）求得（见图 1-10）。

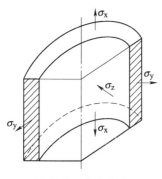

图 1-10　合成应力

$$\sigma_w = \sqrt{\frac{1}{2}\left[(\sigma_x - \sigma_y)^2 + (\sigma_y - \sigma_z)^2 + (\sigma_z - \sigma_x)^2\right]}$$

(1-25)

合成应力应逐段计算，并要计算图 1-7 中最大弯曲处的应力。

对于管状横断面而言，合成应力应在内径和外径上计算。

（6）使用的符号和意义

式（1-5）~式（1-25）中使用的符号和意义见表 1-69~表 1-71。按式（1-5）~式（1-25）中计算出的应力应不大于相应的许用应力。

表 1-69　力

符号	意　义
F_n	额定力
F_h	侧向力
p	液体压力
M	弯矩

表 1-70　几何尺寸

符号	意　义
L	全部伸出的液压缸长度，包括加长段
r_i	液压缸一段的内径
t	液压缸的壁厚
e	相对于液压缸中心线偏心作用的额定力的偏心值
e_{max}	变形后的液压缸中心轴线与力作用线的最大距离（变形+偏心值）
A	液压缸横断面面积
W	液压缸横断面的抗弯截面模数

表 1-71　应力和材料特性

符号	意　义
σ_s	材料屈服极限（最小值）
$\sigma_{x(a、b、h)}$	轴向正应力（a 为压力，b 为弯曲，h 为侧向力）
σ_y	切向正应力
σ_z	径向正应力
σ_w	合成应力

1.7.4　螺纹连接与紧固

1. 普通螺纹基本尺寸（见表 1-72）

表 1-72　普通螺纹基本尺寸（摘自 GB/T 196—2003）　　　（单位：mm）

公称直径(大径) D、d	螺距 P	中径 D_2、d_2	小径 D_1、d_1	公称直径(大径) D、d	螺距 P	中径 D_2、d_2	小径 D_1、d_1
6	1	5.350	4.917	11	1.5	10.026	9.376
	0.75	5.513	5.188		1	10.350	9.917
7	1	6.350	5.917		0.75	10.513	10.188
	0.75	6.513	6.188	12	1.75	10.863	10.106
8	1.25	7.188	6.647		1.5	11.026	10.376
	1	7.350	6.917		1.25	11.188	10.647
	0.75	7.513	7.188		1	11.350	10.917
9	1.25	8.188	7.647	14	2	12.701	11.835
	1	8.350	7.917		1.5	13.026	12.376
	0.75	8.513	8.188		1.25	13.188	12.647
10	1.5	9.026	8.376		1	13.350	12.917
	1.25	9.188	8.647	15	1.5	14.026	13.376
	1	9.350	8.917		1	14.350	13.917
	0.75	9.513	9.188				

（续）

公称直径(大径)	螺距	中径	小径	公称直径(大径)	螺距	中径	小径
D、d	P	D_2、d_2	D_1、d_1	D、d	P	D_2、d_2	D_1、d_1
16	2	14.701	13.835	36	4	33.402	31.670
	1.5	15.026	14.376		3	34.051	32.752
	1	15.350	14.917		2	34.701	33.835
17	1.5	16.026	15.376		1.5	35.026	34.376
	1	16.350	15.917	38	1.5	37.026	36.376
18	2.5	16.376	15.294	39	4	36.402	34.670
	2	16.701	15.835		3	37.051	35.752
	1.5	17.026	16.376		2	37.701	36.835
	1	17.350	16.917		1.5	38.026	37.376
20	2.5	18.376	17.294	40	3	38.051	36.752
	2	18.701	17.835		2	38.701	37.835
	1.5	19.026	18.376		1.5	39.026	38.376
	1	19.350	18.917	42	4.5	39.077	37.129
22	2.5	20.376	19.294		4	39.402	37.670
	2	20.701	19.835		3	40.051	38.752
	1.5	21.026	20.376		2	40.701	39.835
	1	21.350	20.917		1.5	41.026	40.376
24	3	22.051	20.752	45	4.5	42.077	40.129
	2	22.701	21.835		4	42.402	40.670
	1.5	23.026	22.376		3	43.051	41.752
	1	23.350	22.917		2	40.701	42.835
25	2	23.701	22.835		1.5	44.026	43.376
	1.5	24.026	23.376	48	5	44.752	42.587
	1	24.350	23.917		4	45.402	43.670
26	1.5	25.026	24.376		3	46.051	44.752
27	3	25.051	23.752		2	46.701	45.835
	2	25.701	24.835		1.5	47.026	43.376
	1.5	26.026	25.376	50	3	48.051	46.752
	1	26.350	25.917		2	48.701	47.835
28	2	26.701	25.835		1.5	49.026	48.376
	1.5	27.026	26.376	52	5	48.752	46.587
	1	27.350	26.917		4	49.402	47.670
30	3.5	27.727	26.211		3	50.051	48.752
	3	28.051	26.752		2	50.701	49.835
	2	28.701	27.835		1.5	51.026	50.376
	1.5	29.026	28.376	55	4	52.402	50.670
	1	29.350	28.917		3	53.051	51.752
32	2	30.701	29.835		2	53.701	52.835
	1.5	31.026	30.376		1.5	54.026	53.376
33	3.5	30.727	29.211	56	5.5	52.428	50.046
	3	31.051	29.752		4	53.402	51.670
	2	31.701	30.835		3	54.051	52.752
	1.5	32.026	31.376		2	54.701	53.835
35	1.5	34.026	33.376		1.5	55.026	54.376

（续）

公称直径(大径)	螺距	中径	小径	公称直径(大径)	螺距	中径	小径
D、d	P	D_2、d_2	D_1、d_1	D、d	P	D_2、d_2	D_1、d_1
58	4	55.402	53.670	80	6	76.103	73.505
	3	56.051	54.752		4	77.402	75.670
	2	56.701	55.835		3	78.051	76.752
	1.5	57.026	56.376		2	78.701	77.835
60	5.5	56.428	54.046		1.5	79.026	78.376
	4	57.402	55.670	82	2	80.701	79.835
	3	58.051	56.752	85	6	81.103	78.505
	2	58.701	57.835		4	82.402	80.670
	1.5	59.026	58.376		3	83.051	81.752
62	4	59.402	57.670		2	83.701	82.835
	3	60.051	58.752	90	6	86.103	83.505
	2	60.701	59.835		4	87.402	85.670
	1.5	61.026	60.376		3	88.051	86.752
64	6	60.103	57.505		2	88.701	87.835
	4	61.402	59.670	95	6	91.103	88.505
	3	62.051	60.752		4	92.402	90.670
	2	62.701	61.835		3	93.051	91.752
	1.5	63.026	62.376		2	93.701	92.835
65	4	62.402	60.670	100	6	96.103	93.505
	3	63.051	61.752		4	97.402	95.670
	2	63.701	62.835		3	98.051	96.752
	1.5	64.026	63.376		2	98.701	97.835
68	6	64.103	61.505	105	6	101.103	98.505
	4	65.402	63.670		4	102.402	100.670
	3	66.051	64.752		3	103.051	101.752
	2	66.701	65.835		2	103.701	102.835
	1.5	67.026	66.376	110	6	106.103	103.505
70	6	66.103	63.505		4	107.402	105.670
	4	67.402	65.670		3	108.051	106.752
	3	68.051	66.752		2	108.701	107.835
	2	68.701	67.835	115	6	111.103	108.505
	1.5	69.026	68.376		4	112.402	110.670
72	6	68.103	65.505		3	113.051	111.752
	4	69.402	67.670		2	113.701	112.835
	3	70.051	68.752	120	6	116.103	113.505
	2	70.701	69.835		4	117.402	115.670
	1.5	71.026	70.376		3	118.051	116.752
75	4	72.402	70.670		2	118.701	117.835
	3	73.051	71.752	125	6	121.103	118.505
	2	73.701	72.835		4	122.402	120.670
	1.5	74.026	73.376		3	123.051	121.752
76	6	72.103	69.505		2	123.701	122.835
	4	73.402	71.670	130	6	126.103	123.505
	3	74.051	72.752		4	127.402	125.670
	2	74.701	73.835		3	128.051	126.752
	1.5	75.026	74.376		2	128.701	127.835
78	2	76.701	75.835				

（续）

公称直径（大径） D、d	螺距 P	中径 D_2、d_2	小径 D_1、d_1	公称直径（大径） D、d	螺距 P	中径 D_2、d_2	小径 D_1、d_1
135	6	131.103	128.505	195	6	191.103	188.505
	4	132.402	130.670		4	192.402	190.670
	3	133.051	131.752		3	193.051	191.752
	2	133.701	132.835	200	8	194.804	191.340
140	6	136.103	133.505		6	196.103	193.505
	4	137.402	135.670		4	197.402	195.670
	3	138.051	136.752		3	198.051	196.752
	2	138.701	137.835	205	6	201.103	198.505
145	6	141.103	138.505		4	202.402	200.670
	4	142.402	140.670		3	203.051	201.752
	3	143.051	141.752	210	8	204.804	201.340
	2	143.701	142.835		6	206.103	203.505
150	8	144.804	141.340		4	207.402	205.670
	6	146.103	143.505		3	208.051	206.752
	4	147.402	145.670	215	6	211.103	208.505
	3	148.051	146.752		4	212.402	210.670
	2	148.701	147.835		3	213.051	211.752
155	6	151.103	148.505	220	8	214.804	211.340
	4	152.402	150.670		6	216.103	213.505
	3	153.051	151.752		4	217.402	215.670
160	8	154.804	151.340		3	218.051	216.752
	6	156.103	153.505	225	6	221.103	218.505
	4	157.402	155.670		4	222.402	220.670
	3	158.051	156.752		3	223.051	221.752
165	6	161.103	158.505	230	8	224.804	221.340
	4	162.402	160.670		6	226.103	223.505
	3	163.051	161.752		4	227.402	225.670
170	8	164.804	161.340		3	228.051	226.752
	6	166.103	163.505	235	6	231.103	228.505
	4	167.402	165.670		4	232.402	230.670
	3	168.051	166.752		3	233.051	231.752
175	6	171.103	168.505	240	8	234.804	231.340
	4	172.402	170.670		6	236.103	233.505
	3	173.051	171.752		4	237.402	235.670
180	8	174.804	171.340		3	238.051	236.752
	6	176.103	173.505	245	6	241.103	238.505
	4	177.402	175.670		4	242.402	240.670
	3	178.051	176.752		3	243.051	241.752
185	6	181.103	178.505	250	8	244.804	241.340
	4	182.402	180.670		6	246.103	243.505
	3	183.051	181.752		4	247.402	245.670
190	8	184.804	181.340		3	248.051	246.752
	6	186.103	183.505	255	6	251.103	248.505
	4	187.402	185.670		4	252.402	250.670
	3	188.051	186.752				

（续）

公称直径(大径) D、d	螺距 P	中径 D_2、d_2	小径 D_1、d_1	公称直径(大径) D、d	螺距 P	中径 D_2、d_2	小径 D_1、d_1
260	8	254.804	251.340	285	6	281.103	278.505
	6	256.103	253.505		4	282.402	280.670
	4	257.402	255.670	290	8	284.804	281.340
265	6	261.103	258.505		6	286.103	283.505
	4	262.402	260.670		4	287.402	285.670
270	8	264.804	261.340	295	6	291.103	288.505
	6	266.103	263.505		4	292.402	290.670
	4	267.402	265.670	300	8	294.804	291.340
275	6	271.103	268.505		6	296.103	293.505
	4	272.402	270.670		4	297.402	295.670
280	8	274.804	271.340				
	6	276.103	273.505				
	4	277.402	275.670				

2. 普通螺纹最大公称直径（见表 1-73）

表 1-73　普通螺纹最大公称直径

（摘自 GB/T 193—2003）

（单位：mm）

螺距	最大公称直径
0.5	22
0.75	33
1	80
1.5	150
2	200
3	300

注：选择比表 1-72 规定还小的螺距会增加螺纹的制造难度。对应于表 1-73 内的螺距，其所选用的最大特殊直径不宜超出表 1-63 所限定的直径范围。

3. 普通螺纹公差

螺纹旋合长度分为三组，分别为短组（S）、中等组（N）和长组（L）。各组的长度范围应符合表 1-74 的规定。

为了减少刀具数量，应优先按表 1-75 和表 1-76 选取螺纹公差带。

依据螺纹公差精度（精密、中等、粗糙）和旋合长度组别（S、N、L）确定螺纹公差带。

如果不知道螺纹的实际旋合长度（如标准螺栓），推荐按中等组别（N）确定螺纹公差带。

根据使用场合，螺纹的公差精度分为以下三级。

——精密：用于精密螺纹。

——中等：用于一般用途螺纹。

——粗糙：用于制造螺纹有困难场合，如在热轧棒料上和深盲孔内加工螺纹。

表 1-75 和表 1-76 内的公差带优先选用顺序为：粗字体公差带、一般字体公差带、括号内公差带。在黑框内的粗字体公差带用于大量生产的紧固螺纹。

表 1-74　螺纹旋合长度（摘自 GB/T 197—2018）

（单位：mm）

基本大径 D、d >	≤	螺距 P	旋合长度 S ≤	S >	N ≤	N >	L >
5.6	11.2	0.75	2.4	2.4	7.1	7.1	
		1	3	3	9	9	
		1.25	4	4	12	12	
		1.5	5	5	15	15	
11.2	22.4	1	3.8	3.8	11	11	
		1.25	4.5	4.5	13	13	
		1.5	5.6	5.6	16	16	
		1.75	6	6	18	18	
		2	8	8	24	24	
		2.5	10	10	30	30	
22.4	45	1	4	4	12	12	
		1.5	6.3	6.3	19	19	
		2	8.5	8.5	25	25	
		3	12	12	36	36	
		3.5	15	15	45	45	
		4	18	18	53	53	
		4.5	21	21	63	63	
45	90	1.5	7.5	7.5	22	22	
		2	9.5	9.5	28	28	
		3	15	15	45	45	
		4	19	19	56	56	
		5	24	24	71	71	
		5.5	28	28	85	85	
		6	32	32	95	95	
90	180	2	12	12	36	36	
		3	18	18	53	53	
		4	24	24	71	71	
		6	36	36	106	106	
		8	45	45	132	132	
180	355	3	20	20	60	60	
		4	26	26	80	80	
		6	40	40	118	118	
		8	50	50	150	150	

表 1-75 内螺纹推荐公差带（摘自 GB/T 197—2018）

公差精度	公差带位置 G			公差带位置 H		
	S	N	L	S	N	L
精密	—	—	—	4H	5H	6H
中等	(5G)	**6G**	(7G)	**5H**	**6H**	**7H**
粗糙	—	(7G)	(8G)	—	7H	8H

表 1-76 外螺纹推荐公差带（摘自 GB/T 197—2018）

公差精度	公差带位置 e			公差带位置 f			公差带位置 g			公差带位置 h		
	S	N	L	S	N	L	S	N	L	S	N	L
精密	—	—	—	—	—	—	—	(4g)	(5g4g)	(3h4h)	**4h**	(5h4h)
中等	—	**6e**	(7e6e)	—	**6f**	—	(5g6g)	**6g**	(7g6g)	(3h4h)	6h	(7h6h)
粗糙	—	(8e)	(9e8e)	—	—	—	—	8g	(9g8g)	—	—	—

表 1-75 内螺纹公差带可与表 1-76 外螺纹公差带进行任意组合。但是，为了保证内、外螺纹间有足够的接触高度，完工后的螺纹零件宜优先组成 H/g、H/h、G/h 配合。

如无其他特殊说明，推荐公差带适用于涂镀前螺纹。

4. 螺纹标记

完整螺纹标记由螺纹特征代号、尺寸代号、公差带代号及其他必要做进一步说明的个别信息组成。

普通螺纹的特征代号为"M"。

单线螺纹的尺寸代号为"公称直径×螺距"，公称直径和螺距数值单位为 mm。

示例 1：M8×1，表示公称直径为 8mm、螺距为 1mm 的单线细牙螺纹。

对粗牙螺纹，可以省略标注其螺距项。

示例 2：M8，表示公称直径为 8mm、螺距为 1.25mm 的单线粗牙螺纹。

公差带代号包含中径公差带代号和顶径公差带代号。中径公差带代号在前，顶径公差带代号在后。

各直径的公差带代号由表示公差等级的数值和表示公差带位置的字母（内螺纹用大写字母，外螺纹用小写字母）组成。

如果中径公差带代号与顶径（内螺纹小径或外螺纹大径）公差带代号相同，只标注一个公差带代号。

螺纹尺寸代号与公差带间用"–"号分开。

示例 3：

外螺纹：M10×1-5g6g，表示中径公差带为 5g、顶径公差带为 6g 的外螺纹。

M10-6g，表示中径公差带和顶径公差带为 6g 的粗牙外螺纹。

内螺纹：M10×1-5H6H，表示中径公差带为 5H、顶径公差带为 6H 的内螺纹。

M10-6H，表示中径公差带和顶径公差带为 6H 的粗牙内螺纹。

表示螺纹配合时，内螺纹公差带代号在前，外螺纹公差带代号在后，中间用斜线"/"分开。

示例 4：M6-6H/6g，表示公差带为 6H 内螺纹与公差带为 6g 外螺纹组成配合。

M20×2-6H/5g6g，表示公差带为 6H 内螺纹与公差带为 5g6g 外螺纹组成配合。

在下列情况下，中等公差精度螺纹的公差带代号可以省略。

a）内螺纹：

——5H 公称直径小于或等于 1.4mm 时；

——6H 公称直径大于或等于 1.6mm 时。

注：对螺距为 0.2mm 螺纹，其公差等级为 4 级。

b）外螺纹：

——6h 公称直径小于或等于 1.4mm 时；

——6g 公称直径大于或等于 1.6mm 时。

示例 5：M10，表示中径公差带和顶径公差带为 6g、中等公差精度的粗牙外螺纹或中径公差带和顶径公差带为 6H、中等公差精度的粗牙内螺纹。

标记内有必要说明的其他信息包括螺纹的旋合长度组别和旋向。

对旋合长度为短和长组螺纹，宜在公差带代号后分别标注"S"和"L"代号，公差带与旋合长度组别代号间用"–"号分开。对旋合长度为中等组螺纹，不标注其旋合长度组代号（N）。

示例 6：M20×2-5H-S，表示短旋合长度组的内螺纹。

M6-7H/7g6g-L，表示长旋合长度组的内、外螺纹。

M6，表示中等旋合长度组的螺纹。

5. 55°非密封管螺纹的基本直径见表 1-77。

表 1-77　55°非密封管螺纹的基本直径（摘自 GB/T 7307—2001）

尺寸代号	每25.4mm内所包含的牙数 n	螺距 P /mm	牙高 H /mm	基 本 直 径		
				大径 $d=D$ /mm	中径 $d_2=D_2$ /mm	小径 $d_1=D_1$ /mm
1/16	28	0.907	0.581	7.732	7.142	6.561
1/8	28	0.907	0.581	9.728	9.147	8.566
1/4	19	1.337	0.856	13.157	12.301	11.445
3/8	19	1.337	0.856	16.662	15.806	14.950
1/2	14	1.814	1.162	20.955	19.793	18.631
5/8	14	1.814	1.162	22.911	21.749	20.587
3/4	14	1.814	1.162	26.441	25.279	24.117
7/8	14	1.814	1.162	30.201	29.029	27.877
1	11	2.309	1.479	33.249	31.770	30.291
1⅛	11	2.309	1.479	37.897	36.418	34.939
1¼	11	2.309	1.479	41.910	40.431	38.952
1½	11	2.309	1.479	47.803	46.324	44.845
1¾	11	2.309	1.479	53.746	52.267	50.788
2	11	2.309	1.479	59.614	58.135	56.656
2¼	11	2.309	1.479	65.710	64.231	62.752
2½	11	2.309	1.479	75.184	73.705	72.226
2¾	11	2.309	1.479	81.534	80.055	78.576
3	11	2.309	1.479	87.884	86.405	84.926
3½	11	2.309	1.479	100.330	98.851	97.372
4	11	2.309	1.479	113.030	111.551	110.072
4½	11	2.309	1.479	125.730	124.251	122.772
5	11	2.309	1.479	138.430	136.951	135.472
5½	11	2.309	1.479	151.130	149.651	148.172
6	11	2.309	1.479	163.830	162.351	160.872

圆柱管螺纹的标记由螺纹特征代号、尺寸代号和公差等级代号组成。

螺纹特征代号用字母"G"表示。

螺纹尺寸代号为表 1-77 第 1 栏中所规定的分数或整数。

螺纹公差等级代号：对外螺纹，分 A、B 两级进行标记；对内螺纹，不标记公差等级代号。

标记示例：尺寸代号为 2 的右旋圆柱内螺纹的标记为 G 2

尺寸代号为 3 的 A 级右旋圆柱外螺纹的标记为 G 3 A

尺寸代号为 4 的 B 级右旋圆柱外螺纹的标记为 G 4 B

当螺纹为左旋时，应在外螺纹的公差等级代号或内螺纹的尺寸代号之后加注"LH"。

标记示例：尺寸代号为 2 的左旋圆柱内螺纹的标记为 G 2LH

尺寸代号为 3 的 A 级左旋圆柱外螺纹的标记为 G 3A-LH

尺寸代号为 4 的 B 级左旋圆柱外螺纹的标记为 G 4B-LH

表示螺纹副时，仅需标注外螺纹的标记代号。

6. 螺纹紧固

（1）螺栓、螺钉和螺柱预涂聚酰胺锁紧层

聚酰胺锁紧层常温型使用温度为 -50~120℃，高温型使用温度为 150~200℃。

注：聚酰胺锁紧层不能防止连接副松动，但能防止零件完全分离。

室温（23℃±5℃）、高温（120℃、150℃或200℃）条件下，有预紧力要求的外（带有聚酰胺锁紧层）螺纹紧固件连接扭矩值应符合表 1-78 的规定。

满足表 1-78 规定的情况下，聚酰胺锁紧层不应从（外螺纹紧固件）表面脱落。

表 1-78　有预紧力的带有聚酰胺锁紧层的外螺纹紧固件连接扭矩值（摘自 GB/T 35478—2017）

螺纹规格 （mm）			拧入扭矩 第一次拧入 T_{in} /N·m max	紧固扭矩 T_A /N·m 8.8、10.9、12.9	拧出扭矩	
					第一次拧出 T_{out} /N·m min	第三次拧出 T_{out} /N·m min
M3	—		0.43	1.2	0.1	0.08
M4	—		0.9	2.8	0.12	0.1
M5	—		1.6	5.5	0.18	0.15
M6			3	9.5	0.35	0.23
M8	M8×1		6	23	0.85	0.45
M10	M10×1	M10×1.25	10.5	46	1.5	0.75
M12	M12×1.25	M12×1.5	15.5	79	2.3	1.6
M14	M14×1.5		2.4	125	3.3	2.3
M16	M16×1.5		32	195	4	2.8
M18	M18×1.5		45	280	4.7	3.2

注：1. 适用于符合 GB/T 3098.1 规定的由碳钢或合金钢制造的外螺纹紧固件，以及符合 GB/T 3098.6 规定的由不锈钢制造的外螺纹紧固件。

2. GB/T 35478—2017 规定：在正常保管的情况下，应保证至少 4 年内性能不发生变化。

（2）螺栓、螺钉和螺柱预涂微胶囊型粘合层

微胶囊（型）粘合层常温型使用温度 −50～100℃，高温型使用温度为 150℃。

室温（23℃±5℃，相对湿度不大于 65%）、高温（100℃及 150℃）条件下，有预紧力要求的外（带有微胶囊型粘合层）螺纹紧固件连接扭矩值应符合表 1-79 的规定。

表 1-79　有预紧力的带有微胶囊型粘合层外螺纹紧固件连接扭矩值（摘自 GB/T 35480—2017）

螺纹规格 （mm）			拧入扭矩 T_{in} /N·m max	紧固扭矩 T_A /N·m 8.8、10.9、12.9	松动扭矩 $T_{LB} > 0.9 T_A$ /N·m 8.8、10.9、12.9	拧出扭矩 T_{out} /N·m max
M3			0.1	1.2	1.1	1.5
M4			0.2	2.8	2.5	3.0
M5			0.5	5.5	5.0	6.5
M6			0.8	9.5	8.6	10
M8	M8×1		1.5	23	20.7	26
M10	M10×1.25		3	46	41.4	55
M12	M12×1.25	M12×1.5	5	79	71.1	95
M14	M14×1.5		9	125	112.5	160
M16	M16×1.5		11	195	175.5	250
M18	M18×1.5	M18×2	12	280	252	335
M20	M20×1.5	M20×2	14	390	351	500
M22	M22×1.5	M22×2	16	530	477	800
M24	M24×2		18	670	603	1050
M27	M27×2		21	1000	900	1300
M30	M30×2		25	1350	1215	1700
M33	M33×2		28	1850	1665	2400
M36	M36×2		30	2350	2115	3000
M39	M39×2		35	3000	2700	4000

注：1. 适用于符合 GB/T 3098.1 规定的由碳钢或合金钢制造的外螺纹紧固件，以及符合 GB/T 3098.6 规定的由不锈钢制造的外螺纹紧固件。

2. GB/T 35480—2017 规定：在正常保管的情况下，应保证至少 4 年内性能不发生变化。

标记示例：

螺纹规格为 M12、公称长度 $l=80$mm、性能等级为 8.8、对粘合层摩擦因数没有特别要求（MK）的钢制螺栓的标记为

螺栓 GB/T 35480M12×80-8.8-MK

螺纹规格为 M12、公称长度 $l=80$mm、性能等级为 8.8、对粘合层摩擦因数有特定范围要求（MKL）、涂层长度 l_b 为 30mm、到螺栓端部的距离 a 为 10mm（30×10）的钢制螺栓的标记为

螺栓 GB/T 35480 M12×80-8.8-MKL-30×10

螺纹规格为 M12、公称长度 $l=80$mm、性能等级为 8.8、对粘合层摩擦因数有特定范围要求（MKL）、最高使用温度为 150℃、涂层长度 l_b 为 30mm、到螺栓端部的距离 a 为 10mm（30×10）的钢制螺栓的标记为

螺栓 GB/T 35480M12×80-8.8-MKL-150-30×10

表 1-80 给出了国内常用外螺纹紧固件预涂粘合层（锁固胶）的特征。可以参考这些要点及其他的特殊考量，选用或验证预涂粘合层产品。

功能上，主要应考虑耐温度及耐化学品老化性能（长期耐温性能、耐腐蚀性能）、粘合强度、待粘合层螺栓可拆卸性（返工或维修）。

表 1-80　国内常用外螺纹紧固件预涂锁固胶（摘自 GB/T 35480—2017）

使用温度	粘合强度	基材表面	可拆卸性	胶品化学类型
−50~100℃	低强度	各种表面基材	易	丙烯酸酯
	中强度		中等	丙烯酸酯、环氧树脂
	高强度		难	丙烯酸酯、环氧树脂
−50~150℃	低强度		易	丙烯酸酯
	中强度		中等	丙烯酸酯
	高强度		难	丙烯酸酯

注：粘合层化学类型主要分为两类，即丙烯酸酯（水基或溶剂类）及环氧类。

1.7.5　缸零件结构设计工艺性与结构要素

1. 产品结构工艺性审查

所有新设计的产品或改进设计的产品，在设计过程中均应进行产品结构工艺性审查。外来产品图样，在试生产前必须进行产品结构工艺性审查。

产品结构工艺性审查的目的：使产品在满足质量和用户要求的前提下符合工艺性要求，在现有生产条件下能用比较经济、合理的方法将其制造出来，并降低制造过程中对环境的负面影响，提高资源利用率，改善劳动条件，减少对操作者的危害，且便于使用、维修或回收。

工艺性分为生产工艺性和使用工艺性两类；评价形式也分为定性评价和定量评价两种。评定产品结构工艺性主要考虑如下几个因素：

1）产品的种类及复杂程度。

2）产品的产量或生产类型。

3）生产效率和经济性。

4）现有的生产、使用、维修、回收条件。

（1）零件结构的铸造、锻造、冲压、焊接、热处理、切削加工和装配工艺性基本要求

1）零件结构的铸造工艺性：

a. 铸件的壁厚应合适、均匀，在满足零件要求的情况下，尽量避免大的壁厚差，以降低制造难度。

b. 铸造圆角要合理，并不得有尖角。

c. 铸件的结构要尽量简化，并要有合理的起模斜度，便于起模。

d. 加强筋的厚度和分布要合理，以避免冷却时铸件变形或产生裂纹。

e. 铸件的选材要合理。

f. 铸件的内腔结构应使型芯数量少，并有利于型芯的固定和排气。

2）零件结构的锻造工艺性：

a. 结构应力求简单对称。

b. 模锻件应有合理的锻造斜度和圆角半径。

c. 材料和结构应有可锻性。

3）零件结构的冲压工艺性：

a. 结构应力求简单对称。

b. 外形和内孔应尽量避免尖角。

c. 圆角半径大小应有利于成形。

d. 选材应符合工艺要求。

4）零件结构的焊接工艺性：

a. 焊接件所用的材料应具有焊接性。

b. 焊缝的布置应有利于减小焊接应力及变形，并使能量和焊材消耗较少。

c. 焊接接头的形式、位置和尺寸应满足焊接质量的要求。

d. 焊接件的技术要求合理。

e. 零件结构应有利于焊接操作。

f. 应满足操作安全性和减少环境污染的要求。

5）零件结构的热处理工艺性：

a. 对热处理的技术要求要合理。

b. 热处理零件应尽量避免尖角、锐边和盲孔。

c. 截面要尽量均匀、对称。

d. 零件材料应与所要求的物理、力学性能相适应。

e. 零件材料热处理过程对环境的污染较轻。

6）零件结构的切削加工工艺性：

a. 尺寸公差、几何公差和表面结构的要求应经济、合理。

b. 各加工表面几何形状应尽量简单。

c. 有相互位置要求的表面应尽量在一次装夹中加工。

d. 零件应有合理的工艺基准并尽量与设计基准一致。

e. 零件的结构要素宜统一，并使其能尽量使用普通设备和标准刀具进行加工。

f. 零件的结构应便于多件同时加工。

g. 零件的结构应便于装夹、加工和检查。

h. 零件的结构应便于使用较少切削液加工。

7）装配工艺性：

a. 应尽量避免装配时采用复杂的工艺装备。

b. 在质量大于 20（或 15）kg 的装配单元或其组成部分的结构中，应具有吊装的结构要素。

c. 在装配时应避免有关组成部分的中间拆卸和再装配。

d. 各组成部分的连接方式应尽量保证能用最少的工具快速装拆。

e. 各种连接结构型式应便于装配工作的机械化和自动化。

（2）产品结构工艺性审查的主要指标项目（见表 1-81）

表 1-81　产品结构工艺性审查的主要指标项目（摘自 GB/T 24737.3—2009）

序号	指标项目	指标计算公式
1	产品制造劳动量	
2	单位产品材料用量	
3	材料利用系数	K_m = 产品净重/该产品的材料消耗工艺定额
4	产品结构装配性系数	K_a = 产品各独立部件中零件数之和/产品的零件总数
5	产品的工艺成本	
6	产品的维修劳动量	
7	加工精度系数	K_{ac} = 产品或零件图样中标注有公差要求的尺寸数/产品或零件的表面总数
8	表面粗糙度系数	K_r = 产品或零件图样中标注有粗糙度要求的表面数/产品或零件的表面总数
9	结构继承性系数	K_s = （产品中借用件数+通用件数）/产品零件总数
10	结构标准化系数	K_{st} = 产品中标准件数/产品零件总数
11	结构要素统一化系数	K_e = 产品中各零件所用同一结构要素数/该结构要素的尺寸规格数

（3）工艺性审查内容

为了保证所设计的产品具有良好的工艺性，在产品设计的各个阶段均应进行工艺审查。

1）初步设计阶段的审查：

a. 从制造观点分析结构方案的合理性。

b. 分析结构的继承性。

c. 分析结构的标准化、模块化、通用化、系列化程度。

d. 分析产品各组成部分是否便于装配、调整和维修。

e. 分析产品报废后各组成部分是否便于回收再利用。

f. 分析主要材料选用是否合理。

g. 主要件在本企业或外协加工的可能性。

2）技术设计阶段的审查：

a. 分析产品各组成部件进行平行装配和检查的可行性。

b. 分析总装配的可行性。

c. 分析装配时避免切削加工或减少切削加工的可行性。

d. 分析高精度复杂零件在本企业制造的可行性。

e. 分析主要参数的可检查性和主要装配精度的合理性。

f. 分析特殊零件外协加工的可行性。

3）工作图设计阶段的审查：

a. 各部件是否具有装配基准，是否便于装配。

b. 各大部件拆成平行装配的小部件的可行性。

c. 各零部件报废后进行回收再利用的可行性。

d. 审查零件的铸造、锻造、冲压、焊接、热处理、切削加工、特种加工及装配等工艺性。

e. 审查零部件制造过程可能产生的有害环境影响或安全隐患，该影响或隐患能否避免或减小。

2. 中心孔

（1）国标中心孔

GB/T 145—2001 规定了 A 型、B 型、C 型和 R 型中心孔的型式和尺寸。

1）A 型中心孔的型式如图 1-11 所示，尺寸由表 1-82 给出。

2）B 型中心孔的型式如图 1-12 所示，尺寸由表 1-83 给出。

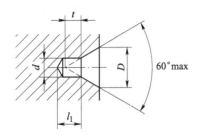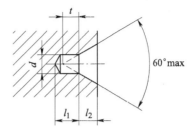

图 1-11 A 型中心孔的型式

表 1-82 A 型中心孔的尺寸　　　　　　　　　　　　（单位：mm）

d	D	l_2	t 参考尺寸	d	D	l_2	t 参考尺寸
(0.50)	1.06	0.48	0.5	2.50	5.30	2.42	2.2
(0.63)	1.32	0.60	0.6	3.15	6.70	3.07	2.8
(0.8)	1.70	0.78	0.7	4.00	8.50	3.90	3.5
1.00	2.12	0.97	0.9	(5.00)	10.60	4.85	4.4
(1.25)	2.65	1.21	1.1	6.30	13.20	5.98	5.5
1.60	3.35	1.52	1.4	(8.00)	17.00	7.79	7.0
2.00	4.25	1.95	1.8	10.00	21.20	9.70	8.7

注：1. 尺寸 l_1 取决于中心钻的长度 l_2，即使中心钻重磨后再使用，此值也不应小于 t 值。

　　2. 表中同时列出了 D 和 l_2 尺寸，制造厂可任选其中一个尺寸。

　　3. 括号内的尺寸尽量不采用。

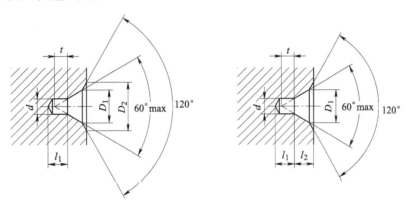

图 1-12 B 型中心孔的型式

表 1-83 B 型中心孔的尺寸　　　　　　　　　　　　（单位：mm）

d	D_1	D_2	l_2	t 参考尺寸	d	D_1	D_2	l_2	t 参考尺寸
1	2.12	3.15	1.27	0.9	4.00	8.50	12.50	5.05	3.5
(1.25)	2.65	4.00	1.60	1.1	(5.00)	10.60	16.00	6.41	4.4
1.60	3.35	5.00	1.99	1.4	6.30	13.20	18.00	7.36	5.5
2.00	4.25	6.30	2.54	1.8	(8.00)	17.00	22.40	9.36	7.0
2.50	5.30	8.00	3.20	2.2	10.00	21.20	28.00	11.66	8.7
3.15	6.70	10.00	4.03	2.8					

注：1. 尺寸 l_1 取决于中心钻的长度 l_2，即使中心钻重磨后再使用，此值也不应小于 t 值。

　　2. 表中同时列出了 D_2 和 l_2 尺寸，制造厂可任选其中一个尺寸。

　　3. 尺寸 d 和 D_2 与中心钻的尺寸一致。

　　4. 括号内的尺寸尽量不采用。

3）C 型中心孔的型式如图 1-13 所示，尺寸由表 1-84 给出。

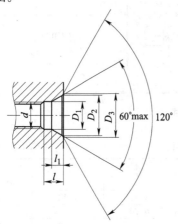

图 1-13　C 型中心孔的型式

表 1-84　C 型中心孔的尺寸

（单位：mm）

d	D_1	D_2	D_3	l	l_1 参考尺寸
M3	3.2	5.3	5.8	2.6	1.8
M4	4.3	6.7	7.4	3.2	2.1
M5	5.3	8.1	8.8	4.0	2.4
M6	6.4	9.6	10.5	5.0	2.8
M8	8.4	12.2	13.2	6.0	3.3
M10	10.5	14.9	16.3	7.5	3.8
M12	13.0	18.1	19.8	9.5	4.4
M16	17.0	23.0	25.3	12.0	5.2
M20	21.0	28.4	31.3	15.0	6.4
M24	26.0	34.2	38.0	18.0	8.0

4）R 型中心孔的型式如图 1-14 所示，尺寸由表 1-85 给出。

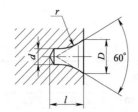

图 1-14　R 型中心孔的型式

（2）行标中心孔

1）75°中心孔

根据 JB/ZQ 4236—2006 的规定，75°中心孔的型式和尺寸见图 1-15 和表 1-86。

2）90°中心孔

根据行标 JB/ZQ 4237—2006 的规定，90°中心孔的型式和尺寸见图 1-16 和表 1-87。

表 1-85　R 型中心孔的尺寸

（单位：mm）

d	D	l_{min}	r max	r min
1.00	2.12	2.3	3.15	2.50
(1.25)	2.65	2.8	4.00	3.15
1.60	3.35	3.5	5.00	4.00
2.00	4.25	4.4	6.30	5.00
2.50	5.30	5.5	8.00	6.30
3.15	6.70	7.0	10.00	8.00
4.00	8.50	8.9	12.50	10.00
(5.00)	10.60	11.2	16.00	12.50
6.30	13.20	14.0	20.00	16.00
(8.00)	17.00	17.9	25.00	20.00
10.00	21.20	22.5	31.50	25.00

注：括号内的尺寸尽量不采用。

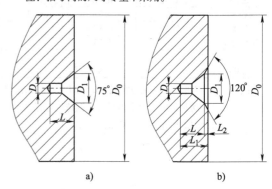

图 1-15　75°中心孔的型式

a）A 型　b）B 型

表 1-86　75°中心孔的尺寸

（单位：mm）

规格 D	D_1	L	L_1	L_2	选择中心孔的参考数据 毛坯轴端直径 D_0 min	毛坯质量 /kg max
3	9	7	8	1	30	200
4	12	10	11.5	1.5	50	360
6	18	14	16	2	80	800
8	24	19	21	2	120	1500
12	36	28	30.5	2.5	180	3000
20	60	50	53	3	260	9000
30	90	70	74	4	360	20000
40	120	95	100	5	500	35000
45	135	115	121	6	700	50000
50	150	140	148	8	900	80000

注：1. 中心孔的尺寸主要根据毛坯轴端直径 D_0 和零件毛坯总质量（如轴上装有齿轮、齿圈及其他零件等）来选择。若毛坯总质量超过表中 D_0 相对应的质量时，则依据毛坯质量确定中心孔尺寸。

2. 当加工零件毛坯总质量超过 5000kg 时，一般宜选择 B 型中心孔。

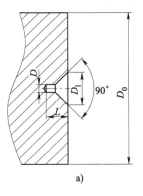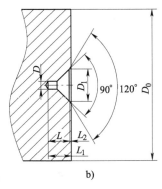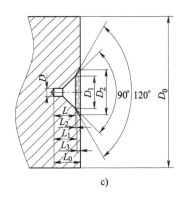

a)　　　　　　　　　　　b)　　　　　　　　　　　c)

图 1-16　90°中心孔的型式

a）A 型　b）B 型　c）C 型

表 1-87　90°中心孔的尺寸　　　　　　　　（单位：mm）

规格 D	D_1	D_2	L	L_1	L_2	L_3	L_0	选择中心孔的参考数据	
								毛坯轴端直径 D_0 min	毛坯质量/kg max
14	56	77	36	38.5	2.5	6	44.5	250	5000
16	64	85	40	42,5	2.5	6	48.5	300	10000
20	80	108	50	53	3	8	61	400	20000
24	96	124	60	64	4	8	72	500	30000
30	120	155	80	84	4	10	94	600	50000
40	160	195	100	105	5	10	115	800	80000
45	180	222	110	116	6	12	128	900	100000
50	200	242	120	128	8	12	140	1000	150000

注：1. 中心孔的尺寸主要根据毛坯轴端直径 D_0 和零件毛坯总质量（如轴上装有齿轮、齿圈及其他零件等）来选择。若毛坯总质量超过表中 D_0 相对应的质量时，则依据毛坯质量确定中心孔尺寸。

2. 当加工零件毛坯总质量超过 5000kg 时，一般宜选择 B 型中心孔。

3. C 型中心孔是属于中间型式，在制造时要考虑到在机床上加工去掉余量 "L_3" 以后，应与 B 型中心孔相同。

3. 零件倒圆与倒角

根据 GB/T 6403.4—2008 的规定，倒圆、倒角型式如图 1-17 所示，其尺寸系列值见表 1-88。

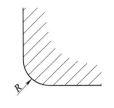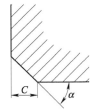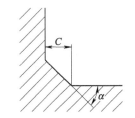

图 1-17　倒圆、倒角型式

注：α 一般采用 45°，也可采用 30°或 60°。倒圆半径、倒角的尺寸标注符合 GB/T 4458.4 的要求。

表 1-88　倒圆、倒角尺寸系列值　　　　　　　（单位：mm）

R、C	0.1	0.2	0.3	0.4	0.5	0.6	0.8	1.0	1.2	1.6	2.0	2.5	3.0
	4.0	5.0	6.0	8.0	10	12	16	20	25	32	40	50	—

根据 GB/T 6403.4—200 规范性附录 A，内角倒角、外角倒圆时 C 的最大值 C_{max} 与 R_1 的关系见图1-18 和表 1-89。

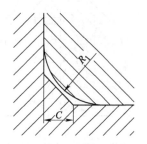

图 1-18 内角倒角、外角倒圆时 C_{max} 与 R_1 的关系

表 1-89 内角倒角、外角倒圆时 C 的最大值 C_{max} 与 R_1 的关系

（单位：mm）

R_1	0.1	0.2	0.3	0.4	0.5	0.6	0.8	1.0	1.2	1.6	2.0
C_{max}	—	0.1	0.1	0.2	0.2	0.3	0.4	0.5	0.6	0.8	1.0
R_1	2.5	3.0	4.0	5.0	6.0	8.0	10	12	16	20	25
C_{max}	1.2	1.6	2.0	2.5	3.0	4.0	5.0	6.0	8.0	10	12

根据 GB/T 6403.4—200 资料性附录 B，与直径 ϕ 相应的倒角 C、倒圆 R 的推荐值见表 1-90。

4. 光滑工件退刀槽

根据 YC/T 227—2007（DIN 509：1998）的规定，E 型、F 型、G 型、H 型和 Z 型退刀槽的型式见表 1-91，尺寸见表 1-92。

表 1-90 与直径 ϕ 相应的倒角 C、倒圆 R 的推荐值 （单位：mm）

ϕ	<3	>3~6	>6~10	>10~18	>18~30	>30~50
C 或 R	0.2	0.4	0.6	0.8	1.0	1.6
ϕ	>50~80	>80~120	>120~180	>180~250	>250~320	>320~400
C 或 R	2.0	2.5	3.0	4.0	5.0	6.0
ϕ	>400~500	>500~630	>630~800	>800~1000	>1000~1250	>1250~1600
C 或 R	8.0	10	12	16	20	25

表 1-91 E 型、F 型、G 型、H 型和 Z 型退刀槽的型式

型式代号	型 式	说 明
E		E 型退刀槽宜用于端面不再继续加工而圆柱面需要继续加工的工件。此时，与之相配的零件不应以该端面作为装配基准 z 是加工余量，d_1 是工件直径，后同
F		F 型退刀槽宜用于端面和圆柱面均需要继续加工的工件

（续）

型式代号	型　式	说　明
G		G 型退刀槽宜用于端面和圆柱面需要继续加工、直角处圆角半径 r 尽量小且负荷低的工件
H		H 型退刀槽宜用于端面和圆柱面需要继续加工且直角处圆角半径 r 要求较大的工件
Z		Z 型退刀槽宜用于基本尺寸相同而公差带不同的两表面间需退刀槽的工件

表 1-92　E 型、F 型、G 型、H 型退刀槽尺寸　　　（单位：mm）

型式代号	$r\pm0.1$[①] 系列 1	$r\pm0.1$[①] 系列 2	$t_1{}^{+0.1}_{\ 0}$	$f{}^{+0.2}_{\ 0}$	g	$t_2{}^{+0.05}_{\ 0}$	适用直径 d_1 范围[②] 一般要求	适用直径 d_1 范围[②] 提高交变强度
E、F	—	0.2	0.1	1	(0.9)	0.1	1.6~3	
G	0.4		0.2	2	(1.2)	0.1	3~10	
				1	(1.2)	0.2		
E、F	—	0.6	0.3	2	(1.4)	0.1	10~18	—
				2.5	(2.1)	0.2	18~80	
					(2.4)			
H	0.8	—		2	(1.1)	0.05		
E、F	—	1	0.2	2.5	(1.8)	0.1	—	18~50
			0.4	4	(3.2)	0.3	>80	—
	1.2	—	0.2	2.5	(2)	0.1	—	18~50
			0.4	4	(3.4)	0.3	>80	—
			0.3	2.5	(1.5)	0.05		18~50
H	1.6		0.3	4	(3.1)	0.2	—	50~80
E、F	2.5	—	0.4	5	(4.8)	0.3		80~125
	4		0.5	7	(6.4)			>125

作者注：因适用范围问题，此表仅供参考；而且按表中尺寸有绘制不出来问题。

① 宜采用系列 1 半径的退刀槽。

② 直径范围的划分不适用于短轴肩和薄壁工件。根据需要，可以在一个工件上做出相同型式和规格却适用于不同直径的若干退刀槽。

5. 砂轮越程槽

（1）回转面及端面砂轮越程槽

根据 GB/T 6403.5—2008 的规定，回转面及端面

砂轮越程槽的型式如图 1-19 所示。

根据 GB/T 6403.5—2008 的规定，回转面及端面砂轮越程槽的尺寸见表 1-93。

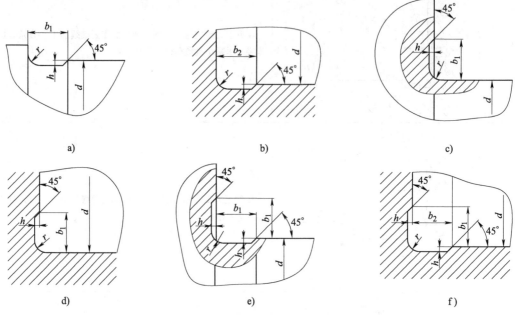

图 1-19　回转面及端面砂轮越程槽的型式

a）磨外圆　b）磨内圆　c）磨外端面　d）磨内端面　e）磨外圆及端面　f）磨内圆及端面

表 1-93　回转面及端面砂轮越程槽的尺寸 （单位：mm）

b_1	0.6	1.0	1.6	2.0	3.0	4.0	5.0	8.0	10
b_2	2.0	3.0		4.0			5.0	8.0	10
h	0.1	0.2		0.3	0.4		0.6	0.8	1.2
r	0.2	0.5		0.8	1.0		1.6	2.0	3.0
d	≤10			>10~50		>50~100		>100	

注：1. 越程槽与直线相交处，不允许产生尖角。

　　2. 越程槽深度 h 与圆弧半径 r，要满足 $r \leqslant 3h$。

磨削具有数个直径的工件时，可使用同一规格的越程槽。直径 d 值大的零件，允许选择小规格的砂轮越程槽。砂轮越程槽（包括平面砂轮越程槽）的尺寸公差和表面粗糙度根据该零件的结构、性能确定。

（2）平面砂轮越程槽

根据 GB/T 6403.5—2008 的规定，平面砂轮越程

槽的型式如图 1-20 所示，尺寸见表 1-94。

表 1-94　平面砂轮越程槽的尺寸

（单位：mm）

b	2	3	4	5
r	0.5	1	1.2	1.6

6. 退刀槽（摘自 JB/ZQ 4238—2006）

（1）外圆退刀槽及相配件的倒角和倒圆

1）适用于交变载荷，也可用于一般载荷的磨削件。A 型（轴的配合表面需磨削，轴肩不磨削），如图 1-21a 所示。B 型（轴的配合表面及轴肩皆需磨削），如图 1-21b 所示。

A、B 型退刀槽的各部尺寸见表 1-95；A、B 型退

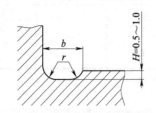

图 1-20　平面砂轮越程槽的型式

刀槽相配件的倒角和倒圆见图 1-22 和表 1-96。

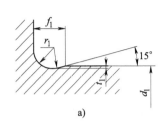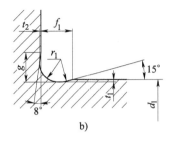

a)　　　　　　　　　　　　　b)

图 1-21　A、B 型退刀槽

a）A 型　b）B 型

表 1-95　A、B 型退刀槽的各部尺寸　（单位：mm）

r_1	$t_1^{+0.1}_{\ 0}$	f_1	g ≈	$t_2^{+0.05}_{\ 0}$	推荐的配合直径 d_1	
					用于一般载荷	用于交变载荷
0.6	0.2	2	1.4	0.1	>10~18	—
0.6	0.3	2.5	2.1	0.2	>18~80	
1	0.4	4	3.2	0.3	>80	
1	0.2	2.5	1.8	0.1	—	>18~50
1.6	0.3	4	3.1	0.2		>50~80
2.5	0.4	5	4.8	0.3		>80~125
4	0.5	7	6.4	0.3		>125

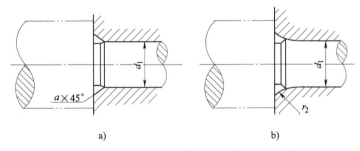

a)　　　　　　　　　　　　　b)

图 1-22　A、B 型退刀槽相配件的倒角和倒圆

a）A、B 型退刀槽相配件的倒角　b）A、B 型退刀槽相配件的倒圆

表 1-96　A、B 型退刀槽相配件的倒角和倒圆尺寸　（单位：mm）

退刀槽尺寸 $r_1 \times t_1$	倒角最小值 a		倒圆最小值 r_2	
	A 型	B 型	A 型	B 型
0.6×0.2	0.4	0.1	1	0.3
0.6×0.3	0.3	0	0.8	0
1×0.2	0.8	0	1.5	0
1×0.4	0.6	0.4	2.0	1.0
1.6×0.3	1.3	0.6	3.2	1.4
2.5×0.4	2.0	1.0	5.2	2.4
4×0.5	3.5	2.0	8.8	5

2）适用于对受载无特殊要求的磨削件。C 型（轴的配合表面需磨削，轴肩不磨削），如图 1-23a 所示。D 型（轴的配合表面不磨削，轴肩需磨削），如图 1-23b 所示。E 型（轴的配合表面及轴肩皆需磨削），如图 1-23c 所示。F 型（相配件为锐角的轴的配合表面及轴肩皆需磨削），如图 1-24 所示。C、D、E 型退刀槽及相配件的各部尺寸见表 1-97。F 型退刀槽的各部尺寸见表 1-98。

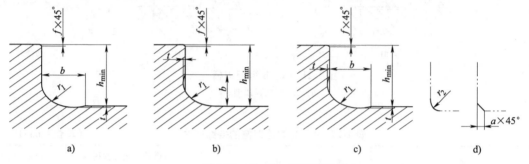

图 1-23　C、D、E 型退刀槽

a) C 型　b) D 型　c) E 型　d) C、D、E 的相配件

表 1-97　C、D、E 型退刀槽及相配件的各部尺寸　（单位：mm）

轴						相配件（孔）			
h_{min}	r_1	t	b		f_{max}	a	偏差	r_2	偏差
			C、D 型	E 型					
2.5	1.0	0.25	1.6	1.1	0.2	1	+0.6	1.2	+0.6
4	1.6	0.25	2.4	2.2	0.2	1.6	+0.6	2.0	+0.6
6	2.5	0.25	3.6	3.4	0.2	2.5	+1.0	3.2	+1.0
10	4.0	0.4	5.7	5.3	0.4	4.0	+1.0	5.0	+1.0
16	6.0	0.4	8.1	7.7	0.4	6.0	+1.6	8.0	+1.6
25	10.0	0.6	13.4	12.8	0.4	10.0	+1.6	12.5	+1.6
40	16.0	0.6	20.3	19.7	0.6	16.0	+2.5	20.0	+2.5
60	25.0	1.0	32.1	31.1	0.6	25.0	+2.5	32.0	+2.5

表 1-98　F 型退刀槽的各部尺寸

（单位：mm）

轴					
h_{min}	r_1	t_1	t_2	b	f_{max}
4	1.0	0.4	0.25	1.2	0.2
5	1.6	0.6	0.4	2.0	
8	2.5	1.0	0.6	3.2	
12.5	4.0	1.6	1.0	5.0	
20	6.0	2.5	1.6	8.0	0.4
30	10.0	4.0	2.5	12.5	

注：$r_1 = 10$mm 不适用于精整辊。相配件可不倒角、倒圆。

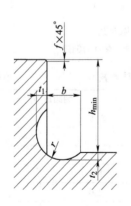

图 1-24　F 型退刀槽

（2）公称直径相同具有不同配合的退刀槽

公称直径相同具有不同配合的退刀槽见图 1-25 和表 1-99。

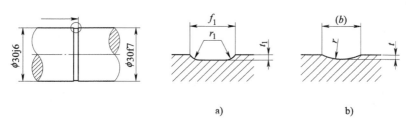

a)　　　　　　b)

图 1-25　公称直径相同具有不同配合的退刀槽

a) A 型　b) B 型

注：1. A 型退刀槽各部尺寸根据直径 d_1 的大小按表 1-95 选取。

　　2. B 型退刀槽各部尺寸见表 1-99。

表 1-99　公称直径相同具有不同配合的退刀槽尺寸　　　　　（单位：mm）

r	t	b $\approx$	r	t	b $\approx$	r	t	b $\approx$
2.5	0.25	2.2	6	0.4	4.3	16	0.6	8.7
4	0.4	3.5	10	0.6	6.8	25	1.0	14.0

（3）带槽孔的退刀槽

带槽孔的退刀槽如图 1-26 所示。退刀槽直径 d_2 可按选用的平键或楔键而定。退刀槽的深度 t_2 一般为 20mm，如因结构上的原因 t_2 的最小值不得小于 10mm。

（4）退刀槽的（表面）粗糙度

退刀槽的（表面）粗糙度（值）一般选用 $Ra3.2\mu m$，根据需要也可选用 $Ra1.6\mu m$、$Ra0.8\mu m$、$Ra0.4\mu m$。

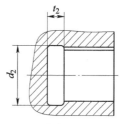

图 1-26　带槽孔的退刀槽

7. 外螺纹零件末端

根据 GB/T 2—2016 的规定，外螺纹零件（如螺栓、螺钉和螺柱）末端的型式和尺寸见图 1-27、图 1-28

和表 1-100~表 1-103。

（1）紧固件公称长度内的末端

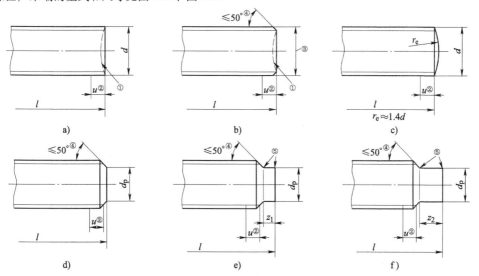

a)　　　　　　b)　　　　　　c)

d)　　　　　　e)　　　　　　f)

图 1-27　紧固件公称长度内的末端型式

a）辗制末端（RL）　b）倒角端（CH）　c）倒圆端（RN）　d）平端（FL）　e）短圆柱端（SD）　f）长圆柱端（LD）

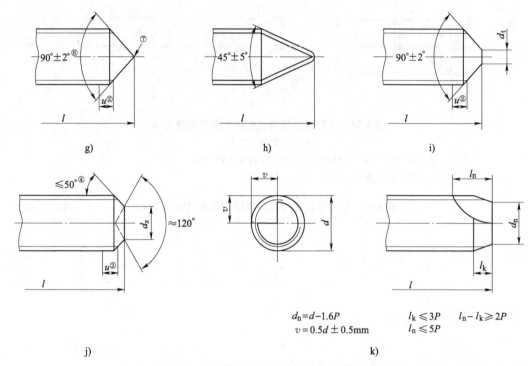

图 1-27 紧固件公称长度内的末端型式（续）

g）锥端（CN） h）螺纹锥端（CA） i）截锥端（TC）

j）凹端（CP） k）刮削端（SC）

注：P—螺距。

① 可带凹面的末端。

② 不完整螺纹长度 $u \leqslant 2P$。

③ ≤螺纹小径。

④ 角度仅适用于螺纹小径以下部分。

⑤ 倒角。

⑥ 对短螺钉为 $120° \pm 2°$，或者按产品标准规定，如 GB/T 78。

⑦ 触摸末端无锋利感。

表 1-100 紧固件公称长度内的末端尺寸 （单位：mm）

螺纹公称直径 d	d_p h14	d_t h16	d_z h14	z_1 $\begin{matrix}+IT14\\0\end{matrix}$	z_2 $\begin{matrix}+IT14\\0\end{matrix}$
6	4.0	1.5	3.0	1.50	3.00
7	5.0	2.0	4.0	1.75	3.50
8	5.5	2.0	5.0	2.00	4.00
10	7.0	2.5	6.0	2.50	5.00
12	8.5	3.0	8.0	3.00	6.00
14	10.0	4.0	8.5	3.50	7.00
16	12.0	4.0	10.0	4.00	8.00
18	13.0	5.0	11.0	4.50	9.00
20	15.0	5.0	14.0	5.00	10.00
22	17.0	6.0	15.0	5.50	11.00

（续）

螺纹公称直径 d	d_p h14	d_t h16	d_z h14	z_1 +IT14 0	z_2 +IT14 0
24	18.0	6.0	16.0	6.00	12.00
27	21.0	8.0	—	6.70	13.50
30	23.0	8.0	—	7.50	15.00
33	26.0	10.0	—	8.20	16.50
36	28.0	10.0	—	9.00	18.00
39	30.0	12.0	—	9.70	19.50
42	32.0	12.0	—	10.50	21.00
45	35.0	14.0	—	11.20	22.50
48	38.0	14.0	—	12.00	24.00
52	42.0	16.0	—	13.00	26.00

（2）紧固件公称长度外的末端

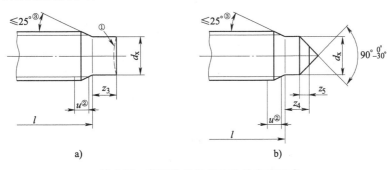

图1-28　紧固件公称长度外的末端型式

a) 平面导向端（PF）　b) 截锥导向端（PC）

① 可带凹面的末端。

② 不完整螺纹长度 $u \leqslant 2P$。

③ 角度仅适用于螺纹小径以下部分。

表1-101　平面导向端尺寸　粗牙　　　　　（单位：mm）

螺纹规格		M6	M8	M10	M12	M14	M16	M20	M24
d_x	max	4.5	6.1	7.8	9.4	11.1	13.1	16.3	19.6
	min	4.3	5.9	7.6	9.1	10.8	12.8	15.9	19.2
z_3	+IT17 0	3.0	4.0	5.0	6.0	7.0	8.0	10.0	12.0

表1-102　截锥导向端尺寸　粗牙　　　　　（单位：mm）

螺纹规格		M6	M8	M10	M12	M14	M16	M20	M24
d_x	max	4.5	6.1	7.8	9.4	11.1	13.1	16.3	19.6
	min	4.3	5.9	7.6	9.1	10.8	12.8	15.9	19.2
z_4	+IT17 0	3.0	4.0	5.0	6.0	7.0	8.0	10.0	12.0
z_5	max	2.00	2.50	3.00	3.50	4.00	4.50	5.00	6.00
	min	1.00	1.50	1.50	2.00	2.00	2.50	3.00	4.00

表 1-103　截锥导向端尺寸　细牙 （单位：mm）

螺纹规格		M8×1	M10×1	M12×1.5	M14×1.5	M16×1.5
d_x	max	6.30	8.00	9.60	11.40	13.50
	min	6.08	7.78	9.38	11.13	13.23
z_4	$^{+IT17}_{0}$	4	5	6	7	8
z_5	max	2.5	3.0	3.5	4.0	4.5
	min	1.5	1.5	2.0	2.0	2.5

8. 普通螺纹收尾、肩距、退刀槽和倒角（摘自 GB/T 3—1997）

（1）外螺纹

外螺纹收尾和肩距的型式与尺寸应符合图 1-29 和表 1-104 的规定。螺纹收尾的牙底圆弧半径不应小于对完整螺纹所规定的最小牙底圆弧半径。

外螺纹退刀槽的型式与尺寸应符合图 1-30 和表 1-105 的规定。过渡角（α）不应小于 30°。

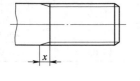 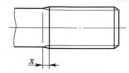 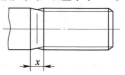

a)

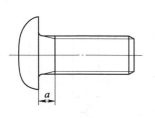 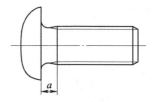

b)

图 1-29　外螺纹收尾和肩距的型式

a）收尾　b）肩距

表 1-104　外螺纹收尾和肩距的尺寸

（单位：mm）

螺距 P	收尾 x		肩距 a		
	max		max		
	一般	短的	一般	长的	短的
0.5	1.25	0.7	1.5	2	1
0.75	1.9	1	2.25	3	1.5
1	2.5	1.25	3	4	2
1.25	3.2	1.6	4	5	2.5
1.5	3.8	1.9	4.5	6	3
1.75	4.3	2.2	5.3	7	3.5
2	5	2.5	6	8	4
2.5	6.3	3.2	7.5	10	5
3	7.5	3.8	9	12	6
3.5	9	4.5	10.5	14	7
4	10	5	12	16	8
4.5	11	5.5	13.5	18	9
5	12.5	6.3	15	20	10
5.5	14	7	16.5	22	11
6	15	7.5	18	24	12
参考值	≈2.5P	≈1.25P	≈3P	=4P	=2P

注：应优先选用"一般"长度的收尾和肩距；"短的"收尾和"短的"肩距仅用于结构受限制的螺纹件上；产品等级为 B 或 C 级螺纹紧固件可采用"长的"肩距。

外螺纹始端端面的倒角一般为 45°，也可采用 60° 或 30° 倒角；倒角深度应大于等于螺纹牙型高度。对搓（滚）丝加工的外螺纹，其始端不完整螺纹的轴向长度不能大于 2P。

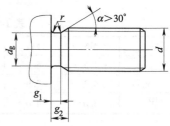

图 1-30　外螺纹退刀槽的型式

（2）内螺纹

内螺纹收尾和肩距的型式与尺寸应符合图 1-31 和表 1-106 的规定。

内螺纹退刀槽的型式和尺寸应符合图 1-32 和表 1-107 的规定。

内螺纹入口端的倒角一般为 120°，也可以采用 90° 倒角；端面倒角直径为（1.05~1）D。

表 1-105　外螺纹退刀槽的尺寸

（单位：mm）

螺距 P	g_2	g_1	d_g	r $\approx$
0.5	1.5	0.8	$d-0.8$	0.2
0.75	2.25	1.2	$d-1.2$	0.4
1	3	1.6	$d-1.6$	0.6
1.25	3.75	2	$d-2$	0.6
1.5	4.5	2.5	$d-2.3$	0.8
1.75	5.25	3	$d-2.6$	1
2	6	3.4	$d-3$	1
2.5	7.5	4.4	$d-3.6$	1.2
3	9	5.2	$d-4.4$	1.6
3.5	10.5	6.2	$d-5$	1.6
4	12	7	$d-5.7$	2
4.5	13.5	8	$d-6.4$	2.5
5	15	9	$d-7$	2.5
5.5	17.5	11	$d-7.7$	3.2
6	18	11	$d-8.3$	3.2
参考值	$\approx 3P$	—	—	—

注：1. d 为螺纹公称直径代号。
　　2. d_g 公差为 h13（$d>3$mm）。

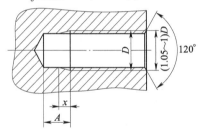

图 1-31　内螺纹收尾和肩距的型式

表 1-106　内螺纹收尾和肩距的尺寸

（单位：mm）

螺距 P	收尾 x max		肩距 A	
	一般	短的	一般	长的
0.5	2	1	3	4
0.75	3	1.5	3.8	6
1	4	2	5	8
1.25	5	2.5	6	10
1.5	6	3	7	12
1.75	7	3.5	9	14
2	8	4	10	16
2.5	10	5	12	18
3	12	6	14	22
3.5	14	7	16	24
4	16	8	18	26
4.5	18	9	21	29
5	20	10	23	32
5.5	22	11	25	35
6	24	12	28	38
参考值	$=4P$	$=2P$	$\approx 6P\sim 5P$	$\approx 8P\sim 6.5P$

注：应优先选用"一般"长度的收尾和肩距；容屑需要较大空间时可选用"长的"肩距，结构限制时可选用"短的"收尾。

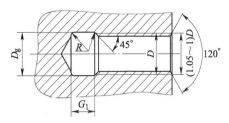

图 1-32　内螺纹退刀槽的型式

表 1-107　内螺纹的退刀槽

（单位：mm）

螺距 P	G_1 一般	短的	D_g	R $\approx$
0.5	2	1	$D+0.3$	0.2
0.75	3	1.5	$D+0.3$	0.4
1	4	2		0.5
1.25	5	2.5		0.6
1.5	6	3		0.8
1.75	7	3.5		0.9
2	8	4		1
2.5	10	5		1.2
3	12	6	$D+0.5$	1.5
3.5	14	7		1.8
4	16	8		2
4.5	18	9		2.2
5	20	10		2.5
5.5	22	11		2.8
6	24	12		3
参考值	$=4P$	$=2P$	—	$\approx 0.5P$

注：1. "短的"退刀槽仅在结构受限制时采用。
　　2. D_g 公差为 H13。
　　3. D 为螺纹公称直径代号。

9. 管螺纹收尾、肩距、退刀槽和倒角

GB/T 32535—2016 规定了 55°密封和非密封管螺纹（Rp、Rc、R1、R2 和 G）、60°密封和干密封管螺纹（NPT、NPSC、NPTF、PTF-SAE SHORT、NPSF 和 NPSI）以及米制密封螺纹（Mc 和 Mp）的收尾、肩距、退刀槽和倒角尺寸。55°密封和非密封管螺纹分别符合 GB/T 7306（所有部分）和 GB/T 7307 的规定；60°密封和干密封管螺纹分别符合 GB/T 12716 和 GB/T 27944 的规定；米制密封螺纹符合 GB/T 1415 的规定。

（1）外螺纹

外螺纹收尾和肩距的型式与尺寸应符合图 1-29 和表 1-108 的规定。

注意，GB/T 32535—2016 与 GB/T 3—1997 中的

外螺纹（的）收尾和肩距图仅有微小差别。

表 1-108 55°密封和非密封外螺纹 (R1、R2 和 G) 的收尾和肩距尺寸

（单位：mm）

牙数 n	螺距 P	收尾 x max		肩距 a max		
		中等组	短组	中等组	短组	长组
28	0.907	2.3	1.3	3.0	2.0	4.0
19	1.337	3.3	1.7	4.0	2.7	5.4
14	1.814	4.5	2.3	5.5	3.6	7.2
11	2.309	5.8	2.9	7.0	4.5	9.2
参考公式		2.5P	1.25P	3P	2P	4P

注：优选选用"中等组"。

外螺纹退刀槽的型式与尺寸应符合图 1-33 和表 1-109 的规定。过渡角为 45°，也允许采用 60°和 30°。

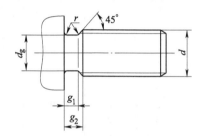

图 1-33 外螺纹退刀槽的型式

表 1-109 55°密封和非密封外螺纹 (R1、R2 和 G) 的退刀槽尺寸

（单位：mm）

牙数 n	螺距 P	退刀槽					
		g_{2max}		g_{1min} [1]			
		中等组	短组	中等组	短组	d_g [2]	r
28	0.907	3.2	2.3	1.5	0.6	d-2	0.45
19	1.337	4.7	3.3	2.5	1.1	d-2.5	0.7
14	1.814	6.3	4.5	3.8	2.0	d-3	0.9
11	2.309	8.1	5.8	4.6	2.3	d-4	1.2

注：优选选用"中等组"。

① g_{1min} 数值是在最小过渡角（30°）条件下从 g_{2max} 计算出来的。

② 槽底直径 d_g 的公差为 h13。

外螺纹始端端面的倒角为 45°，也允许采用 60°或 30°；倒角深度应大于或等于螺纹牙型高度。

（2）内螺纹

内螺纹收尾和肩距的型式与尺寸应符合图 1-31 和表 1-110 的规定。

表 1-110 55°密封和非密封内螺纹 (Rp、Rc 和 G) 的收尾和肩距尺寸

（单位：mm）

牙数 n	螺距 P	收尾 x max		肩距 A max	
		中等组	短组	中等组	短组
28	0.907	3.8	2.3	4.5	3.0
19	1.337	5.3	3.3	6.5	4.0
14	1.814	7.2	4.5	8.5	5.5
11	2.309	9.2	5.8	10.0	6.5
参考公式		4P	2.5P	4.5P	3P

注：优先选用"中等组"。

内螺纹退刀槽的型式与尺寸应符合图 1-32 和表 1-111 的规定。过渡角为 45°，也允许采用 60°和 30°。

表 1-111 55°密封和非密封内螺纹 (Rp、Rc 和 G) 的退刀槽尺寸

（单位：mm）

牙数 n	螺距 P	退刀槽			
		G_1		D_g [1]	R
		中等组	短组		
28	0.907	3.8	2.3		0.45
19	1.337	5.3	3.3	D+0.5	0.7
14	1.814	7.2	4.5		0.9
11	2.309	9.2	5.8		1.2
参考公式		4P	2.5P	—	0.5P

注：优选选用"中等组"。

① 槽底直径 D_g 的公差为 H13。

内螺纹入口端的倒角为 120°，也允许采用 90°；端面倒角直径为 (1~1.05)D。

10. 螺栓和螺钉通孔

根据 GB/T 5277—1985 的规定，螺栓和螺钉（装配）通孔型式与尺寸见图 1-34 和表 1-112。

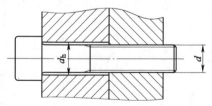

图 1-34 螺栓和螺钉（装配）通孔

11. 圆柱头用沉孔

根据 GB 152.3—1988 的规定，内六角螺钉用的圆柱头沉孔型式和尺寸见图 1-35 和表 1-113。

12. 螺钉拧入深度、攻螺纹深度和钻孔深度

根据 JB/GQ 0126—1980（1989）的规定，螺钉拧入深度、攻螺纹深度和钻孔深度见图 1-36 和表 1-114。

表 1-112 螺栓和螺钉（装配）通孔尺寸

（单位：mm）

螺纹规格	通孔 d_h		
	系列		
d	精装配	中等装配	粗装配
M4	4.3	4.5	4.8
M5	5.3	5.5	5.8
M6	6.4	6.6	7
M8	8.4	9	10
M10	10.5	11	12
M12	13	13.5	14.5
M14	15	15.5	16.5
M16	17	17.5	18.5
M18	19	20	21
M20	21	22	24
M22	23	24	26
M24	25	26	28
M27	28	30	32
M30	31	33	35
M33	34	36	38
M36	37	39	42
M39	40	42	45
M42	43	45	48
M45	46	48	52
M48	50	52	56
M52	54	56	62
M56	58	62	66
M60	62	66	70
M64	66	79	74
M68	70	74	78
M72	74	78	82

注：如无特殊要求，通孔公差按下列规定：精装配系
列：H12；中等装配系列：H13；粗装配系列：
H14。如有必要避免通孔边缘与螺栓头下圆角发生
干涉时，建议倒角。

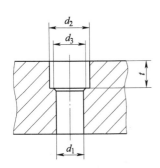

图 1-35 圆柱头沉孔型式

表 1-113 圆柱头沉孔尺寸

（单位：mm）

螺纹规格	M5	M6	M8	M10	M12	M14	M16	M20	M24	M30	M36
d_2	10.0	11.0	15.0	18.0	20.0	24.0	26.0	33.0	40.0	48.0	57.0
t	5.7	6.8	9.0	11.0	13.0	15.0	17.5	21.5	25.5	32.0	38.0
d_3	—	—	—	—	16	18	20	24	28	36	42
d_1	5.5	6.6	9.0	11.0	13.5	15.5	17.5	22.0	26.0	33.0	39.0

注：1. 此表适用于 GB 70 用的圆柱头沉孔尺寸。

2. 尺寸 d_1、d_2 和 t 的公差带均为 H13。

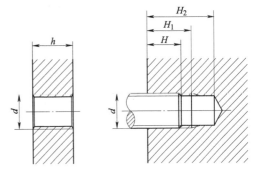

**图 1-36 螺钉拧入深度、攻螺
纹深度和钻孔深度**

表 1-114 螺钉拧入深度、攻螺纹深度和钻孔深度

（单位：mm）

公称直径	钢和青铜				铸铁			
	通孔	盲孔			通孔	盲孔		
d	拧入深度 h	拧入深度 H	攻螺纹深度 H_1	钻孔深度 H_2	拧入深度 h	拧入深度 H	攻螺纹深度 H_1	钻孔深度 H_2
5	7	5	7	11	10	8	10	14
6	8	6	8	13	12	10	12	17
8	10	8	10	16	15	12	14	20
10	12	10	13	20	18	15	18	25
12	15	12	15	24	22	18	21	30
16	20	16	20	30	28	24	28	33
20	25	20	24	36	35	30	35	47
24	30	24	30	44	42	35	42	55
30	36	30	36	52	50	45	52	68
36	45	36	44	62	65	55	64	82
42	50	42	50	72	75	65	74	95
48	60	48	58	82	85	75	85	108

13. 攻丝前钻孔用麻花钻直径（摘自 GB/T 20330—2006）

适用于正常旋合长度的丝锥攻丝前钻孔用麻花钻的直径，其近似等于螺纹公称直径（大径）减去螺距。

（1）用于普通螺纹（按 GB/T 193—2003）的麻花钻直径（见表 1-115 和表 1-116）

表 1-115　用于粗牙系列普通螺纹的麻花钻直径　　　　　　（单位：mm）

螺 纹					麻花钻直径
公称直径	螺距	下列等级的小径			
		5H 最大	6H 最大	7H 最大	5H、6H、7H 最小	
6.0	1.00	5.107	5.153	5.217	4.917	5.00
7.0	1.00	6.107	6.153	6.217	5.917	6.00
8.0	1.25	6.859	6.912	6.982	6.647	6.80
9.0	1.25	7.859	7.912	7.982	7.647	7.80
10.0	1.50	8.612	8.676	8.751	8.376	8.50
11.0	1.50	9.612	9.676	9.751	9.376	9.50
12.0	1.75	10.371	10.441	10.531	10.106	10.20
14.0	2.00	12.135	12.210	12.310	11.835	12.00
16.0	2.00	14.135	14.210	14.310	13.835	14.00
18.0	2.50	15.649	15.744	15.854	15.294	15.50
20.0	2.50	17.649	17.744	17.854	17.294	17.50
22.0	2.50	19.649	19.744	19.854	19.294	19.50
24.0	3.00	21.152	21.252	21.382	20.752	21.00
27.0	3.00	24.152	24.252	24.382	23.752	24.00
30.0	3.50	26.661	26.771	26.921	26.211	26.50
33.0	3.50	29.661	29.771	29.921	29.211	29.50
36.0	4.00	32.145	32.270	32.420	31.670	32.00
39.0	4.00	35.145	35.270	25.420	34.670	35.00
42.0	4.50	37.659	37.779	37.979	37.129	37.50
45.0	4.50	40.659	40.779	40.979	40.129	40.50
48.0	5.00	43.147	43.297	43.487	42.587	43.00
52.0	5.00	47.147	47.297	47.487	46.587	47.00
56.0	5.50	50.646	50.796	50.996	50.046	50.50

表 1-116　用于细牙系列普通螺纹的麻花钻直径　　　　　　（单位：mm）

螺 纹					麻花钻直径
公称直径	螺距	下列等级的小径			
		5H 最大	6H 最大	7H 最大	5H、6H、7H 最小	
6.0	0.75	5.338	5.378	5.424	5.188	5.20
7.0	0.75	6.338	6.378	6.424	6.188	6.20
8.0	0.75	7.338	7.378	7.424	7.188	7.20
9.0	0.75	8.338	8.378	8.424	8.188	8.20
10.0	0.75	9.338	9.378	9.424	9.188	9.20
11.0	0.75	10.338	10.378	10.424	10.188	10.20
8.0	1.0	7.107	7.153	7.217	6.917	7.00
9.0	1.0	8.107	8.153	8.217	7.917	8.00
10.0	1.0	9.107	9.153	9.217	8.917	9.00
11.0	1.0	10.107	10.153	10.217	9.917	10.00
12.0	1.0	11.107	11.153	11.217	10.917	11.00
14.0	1.0	13.107	13.153	13.217	12.917	13.00
15.0	1.0	14.107	14.153	14.217	13.917	14.00
16.0	1.0	15.107	15.153	15.217	14.917	15.00
17.0	1.0	16.107	16.153	16.217	15.917	16.00
18.0	1.0	17.107	17.153	17.217	16.917	17.00
20.0	1.0	19.107	19.153	19.217	18.917	19.00

（续）

公称直径	螺距	5H 最大	6H 最大	7H 最大	5H、6H、7H 最小	麻花钻直径
			螺 纹			
			下列等级的小径			
22.0	1.0	21.107	21.153	21.217	20.917	21.00
24.0	1.0	23.107	23.153	23.217	22.917	23.00
25.0	1.0	24.107	24.153	24.217	23.917	24.00
27.0	1.0	26.107	26.153	26.217	25.917	26.00
28.0	1.0	27.107	27.153	27.217	26.917	27.00
30.0	1.0	29.107	29.153	29.217	28.917	29.00
10.0	1.25	8.859	8.912	8.982	8.647	8.80
12.0	1.25	10.859	10.912	10.982	10.647	10.00
14.0	1.25	12.859	12.912	12.982	12.647	12.00
12.0	1.50	10.612	10.676	10.751	10.376	10.50
14.0	1.50	12.612	12.676	12.751	12.376	12.50
15.0	1.50	13.612	13.676	13.751	13.376	13.50
16.0	1.50	14.612	14.676	14.751	14.376	14.50
17.0	1.50	15.612	15.676	15.751	15.376	15.50
18.0	1.50	16.612	16.676	16.751	16.376	16.50
20.0	1.50	18.612	18.676	18.751	18.376	18.50
22.0	1.50	20.612	20.676	20.751	20.376	20.50
24.0	1.50	22.612	22.676	22.751	22.376	22.50
25.0	1.50	23.612	23.676	23.751	23.376	23.50
26.0	1.50	24.612	24.676	24.751	24.376	24.50
27.0	1.50	25.612	25.676	25.751	25.376	25.50
28.0	1.50	26.612	26.676	26.751	26.376	26.50
30.0	1.50	28.612	28.676	28.751	28.376	28.50
32.0	1.50	30.612	30.676	30.751	30.376	30.50
33.0	1.50	31.612	31.676	31.751	31.376	31.50
35.0	1.50	33.612	33.676	33.751	33.376	33.50
36.0	1.50	34.612	34.676	34.751	34.376	34.50
38.0	1.50	36.612	36.676	36.751	36.376	36.50
39.0	1.50	37.612	37.676	37.751	37.376	37.50
40.0	1.50	38.612	38.676	38.751	38.376	38.50
42.0	1.50	40.612	40.676	40.751	40.376	40.50
45.0	1.50	43.612	43.676	43.751	43.376	43.50
48.0	1.50	46.612	46.676	46.751	46.376	46.50
50.0	1.50	48.612	48.676	48.751	48.376	48.50
52.0	1.50	50.612	50.676	50.751	50.376	50.50
18.0	2.0	16.135	16.210	16.310	15.835	16.00
20.0	2.0	18.135	18.210	18.310	17.835	18.00
22.0	2.0	20.135	20.210	20.310	19.835	20.00
24.0	2.0	22.135	22.210	22.310	21.835	22.00
25.0	2.0	23.135	23.210	23.310	22.835	23.00
27.0	2.0	25.135	25.210	25.310	24.835	25.00
28.0	2.0	26.135	26.210	26.310	25.835	26.00
30.0	2.0	28.135	28.210	28.310	27.835	28.00
32.0	2.0	30.135	30.210	30.310	29.835	30.00
33.0	2.0	31.135	31.210	31.310	30.835	31.00

（续）

公称直径	螺距	下列等级的小径				麻花钻直径
		5H 最大	6H 最大	7H 最大	5H、6H、7H 最小	
36.0	2.0	34.135	34.210	34.310	33.835	34.00
39.0	2.0	37.135	37.210	37.310	36.835	37.00
40.0	2.0	38.135	38.210	38.310	37.835	38.00
42.0	2.0	40.135	40.210	40.310	39.835	40.00
45.0	2.0	43.135	43.210	43.310	42.835	43.00
48.0	2.0	46.135	46.210	46.310	45.835	46.00
50.0	2.0	48.135	48.210	48.310	47.835	48.00
52.0	2.0	50.135	50.210	50.310	49.835	50.00
30.0	3.0	27.152	27.252	27.382	26.752	27.00
33.0	3.0	30.152	30.252	30.382	29.752	30.00
36.0	3.0	33.152	33.252	33.382	32.752	33.00
39.0	3.0	36.152	36.252	36.382	35.752	36.00
40.0	3.0	37.152	37.252	37.382	36.752	37.00
42.0	3.0	39.152	39.252	39.382	38.752	39.00
45.0	3.0	42.152	42.252	42.382	41.752	42.00
48.0	3.0	45.152	45.252	45.382	44.752	45.00
50.0	3.0	47.152	47.252	47.382	46.752	47.00
52.0	3.0	49.152	49.252	49.382	48.752	49.00
42.0	4.0	38.145	38.270	38.420	37.670	38.00
45.0	4.0	41.145	41.270	41.420	40.670	41.00
48.0	4.0	44.145	44.270	44.420	43.670	44.00
52.0	4.0	48.145	48.270	48.420	47.670	48.00

（2）用于管螺纹（按 GB/T 7307—2001）的麻花钻直径（见表 1-117）

适用于不以螺纹作压力密封连接的场合。

表 1-117　用于管螺纹的麻花钻直径

公称直径 /in	每吋牙数	螺距 /mm	小径/mm		麻花钻直径 /mm
			最大	最小	
1/16	28	0.907	6.843	6.561	6.80[①]
1/8	28	0.907	8.848	8.566	8.80
1/4	19	1.337	11.890	11.445	11.80
3/8	19	1.337	16.395	14.950	15.25
1/2	14	1.814	19.172	18.631	19.00
5/8	14	1.814	21.128	20.587	21.00
3/4	14	1.814	24.658	24.117	24.50
7/8	14	1.814	28.418	27.877	28.25
1	11	2.309	30.931	30.291	30.75
1⅛	11	2.309	35.579	34.939	35.50[①]
1¼	11	2.309	39.592	38.952	39.50
1½	11	2.309	45.485	44.845	45.00
1¾	11	2.309	51.428	50.788	51.00
2	11	2.309	57.296	56.656	57.00

① 该数值近似于螺纹大径-螺距。

14. 焊接及相关工艺方法代号

每种工艺方法可通过代号加以识别。焊接及相关工艺方法一般采用三位数代号表示。其中，一位数号表示工艺方法大类，二位数代号表示工艺方法分类，而三位数代号表示某种工艺方法。

焊接及相关工艺方法代号见表 1-118。

15. 焊缝符号的尺寸、比例及简化表示法（摘自 GB/T 12212—2012）

在技术图样中，一般按 GB/T 324—2008《焊缝符号表示法》规定的焊缝符号表示焊缝。也可按 GB/T 4458.1—2002《机械制图　图样画法　视图》、GB/T 4458.3—2013《机械制图　轴测图》和 GB/T 4458.6—2002《机械制图　图样画法　剖视图和断面图》的规定表示焊缝。

绘制焊缝时，可用视图、剖视图或断面图表示，也可用轴测图示意地表示。

焊缝符号尺寸系列见表 1-119。

焊缝图形符号包括基本符号、补充符号、特殊情况下使用的焊缝符号、常用的几种基本符号组合和基本符号与补偿符号及焊缝尺寸符号组合的比例示例见表 1-120。

表 1-118　焊接及相关工艺方法代号（摘自 GB/T 5185—2005）

工　艺	代　号	工　艺	代　号
电弧焊	1	气焊	3
金属电弧焊	101	氧燃气焊	31
无气体保护的电弧焊	11	氧乙炔焊	311
焊条电弧焊	111	氧丙烷焊	312
重力焊	112	氢氧焊	313
自保护药芯焊丝电弧焊	114	压力焊	4
埋弧焊	12	超声波焊	41
单丝埋弧焊	121	摩擦焊	42
带极埋弧焊	122	高机械能焊	44
多丝埋弧焊	123	爆炸焊	441
添加金属粉末的埋弧焊	124	扩散焊	45
药芯焊丝埋弧焊	125	气压焊	47
熔化极气体保护焊	13	冷压焊	48
熔化极惰性气体保护电弧焊（MIG）	131	高能束焊	5
熔化极非惰性气体保护电弧焊（MAG）	135	电子束焊	51
非惰性气体保护的药芯焊丝电弧焊	136	真空电子束焊	511
惰性气体保护的药芯焊丝电弧焊	137	非真空电子束焊	512
非熔化极气体保护电弧焊	14	激光焊	52
钨极惰性气体保护电弧焊	141	固体激光焊	521
等离子弧焊	15	其他激光焊	522
等离子 MIG 焊	151	其他焊接方法	7
等离子粉末堆焊	152	铝热焊	71
其他电弧焊方法	18	电渣焊	72
磁激弧对焊	185	气电立焊	73
电阻焊	2	感应焊	74
点焊	21	感应对焊	741
单面点焊	211	感应缝焊	742
双面点焊	212	光辐射焊	75
缝焊	22	红外线焊	753
搭接缝焊	221	冲击电阻焊	77
压平缝焊	222	螺柱焊	78
薄膜对接缝焊	225	电阻螺柱焊	782
加带缝焊	226	带磁箍或保护气体的电弧螺柱焊	783
凸焊	23	短路电弧螺柱焊	784
单面凸焊	231	电容放电螺柱焊	785
双面凸焊	232	带点火嘴的电容放电螺柱焊	786
闪光焊	24	带易熔颈箍的电弧螺柱焊	787
预热闪光焊	241	摩擦螺柱焊	788
无预热闪光焊	242	切割与气刨	8
电阻焊	25	火焰切割	81
其他电阻焊方法	29	电弧切割	82
高频电阻焊	291	空气电弧切割	821
		氧电弧切割	822
		等离子弧切割	83
		激光切割	84
		火焰切割	86

（续）

工　艺	代　号	工　艺	代　号
电弧气刨	87	软钎焊	94
空气电弧气刨	871	红外线软钎焊	941
氧电弧气刨	872	火焰软钎焊	942
等离子气刨	88	炉中软钎焊	943
硬钎焊、软钎焊及钎接焊	9	浸渍软钎焊	944
硬钎焊	91	盐浴软钎焊	945
红外线硬钎焊	911	感应软钎焊	946
火焰硬钎焊	912	超声波软钎焊	947
炉中硬钎焊	913	电阻硬钎焊	948
浸渍硬钎焊	914	扩散硬钎焊	949
盐浴硬钎焊	915	波峰软钎焊	951
感应硬钎焊	916	烙铁软钎焊	952
电阻硬钎焊	918	真空软钎焊	954
扩散硬钎焊	919	拖焊	956
真空硬钎焊	924	其他软钎焊	96
其他硬钎焊	93	钎接焊	97
		气体钎接焊	971
		电弧钎接焊	972

表 1-119　焊缝符号尺寸系列　　　　　　　　　（单位：mm）

可见轮廓线宽度	0.5	0.7	1	1.4	2
细实线宽度	0.25	0.35	0.5	0.7	1
数字和大写字母的高度（h）	3.5	5	7	10	14
焊缝图形符号的线宽[①]和字体的笔画宽度（$d'=1/10h$）	0.35	0.5	0.7	1	1.4

注：在任一图样中，焊缝符号的线宽、焊缝符号中字体的字形、字高和字体笔画宽度应与图样中其他符号（如尺寸符号、表面结构符号、几何公差符号）的线宽、字体的字形、字高和笔画宽度相同。

① 当焊缝图形符号与基准线（细实线或虚线）的线宽比较接近时，允许将焊缝图形符号加粗表示。

表 1-120　焊缝符号（摘自 GB/T 12212—2012）

序号	名　称	符　号（示例）	说　明
基本符号（按原标准中的序号）			
1	卷边焊缝 （卷边完全熔化）		$R8.5d'$指向图线中心的尺寸
2	I 形焊缝		
3	V 形焊缝		

（续）

序号	名　　称	符　号（示例）	说　　明
		基本符号（按原标准中的序号）	
4	单边 V 形焊缝	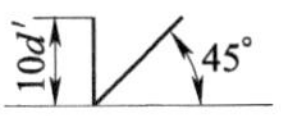 $10d'$　45°	
5	带钝边的 V 焊缝	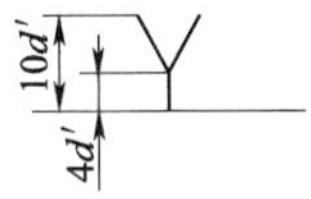 $10d'$　$4d'$	其他尺寸参照序号 3
6	带钝边单边 V 形焊缝	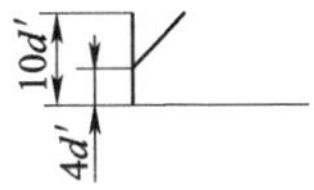 $10d'$　$4d'$	其他尺寸参照序号 4
7	带钝边 U 形焊缝	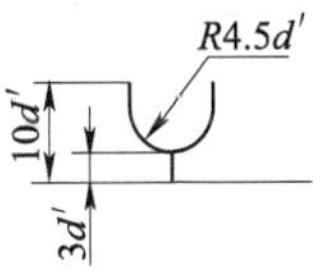 $R4.5d'$　$10d'$　$3d'$	$R4.5d'$ 为指向图线中心的尺寸
8	带钝边 J 形焊缝		其他尺寸参照序号 7
9	封底焊缝	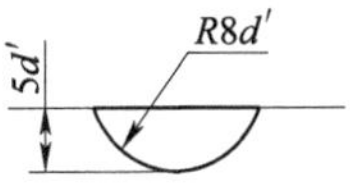 $5d'$　$R8d'$	$R8d'$ 为指向图线中心的尺寸
10	角焊缝	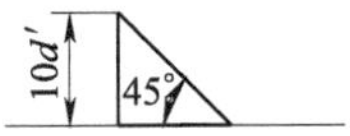 $10d'$　45°	
11	塞焊缝或槽焊缝	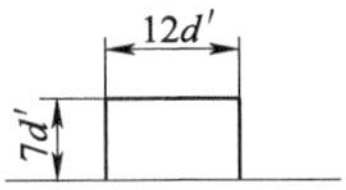 $12d'$　$7d'$	
12	点焊缝	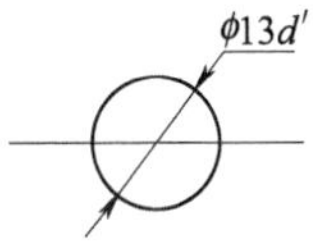 $\phi13d'$	$R13d'$ 为指向图线中心的尺寸
		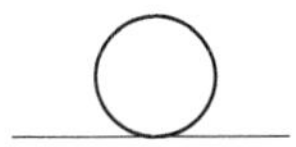	偏离中心，尺寸参照上图
13	缝焊缝	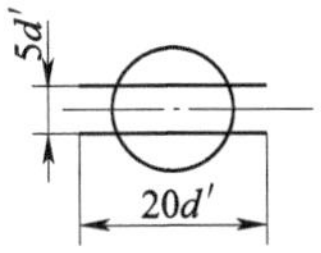 $5d'$　$20d'$	其他尺寸参照序号 12
		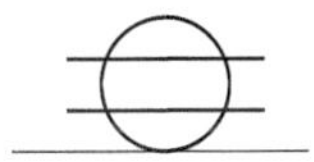	偏离中心，尺寸参照上图

（续）

序号	名　称	符　号（示例）	说　明
		基本符号（按原标准中的序号）	
14	陡边 V 形焊缝	$75°$　$4d'$　$10d'$	
15	陡边单 V 形焊缝	$75°$　$3d'$　$6d'$	
16	端焊缝	$10d'$　$3d'$	
17	堆焊缝	$R6.5d'$　$7d'$	
		补充符号（按原标准中的序号）	
1	平面符号	$15d'$　$45°$　$15d'$　$15d'$　$45°$	焊缝表面通常经过加工后平整
2	凹面符号	$R7.5d'$　$R7.5d'$	焊缝表面凹陷，$R7.5d'$ 为指向图线中心的尺寸
3	凸面符号		焊缝表面凸起，尺寸参照序号 2
4	圆滑过渡	$17d'$　$R6.5d'$	焊趾处过渡圆滑

（续）

序号	名　称	符　号（示例）	说　明
补充符号（按原标准中的序号）			
8	周围焊缝符号	$\phi 10d'$	沿着工件周边施焊的焊缝标注位置为基准线与箭头线的交点处，$R10d'$ 为指向图线中心的尺寸
10	尾部符号	$\phi 10d'$　90°	在该符号后面，可参照 GB/T 16901.1 标注焊接工艺方法以及焊缝条数等内容
特殊情况下使用的焊缝符号（按原标准中的序号）			
1	喇叭形焊缝	$R8.5d'$　$10d'$　$3d'$	$R8.5d'$ 为指向图线中心的尺寸 作者注：存在与基本符号序号1相同问题
2	单边喇叭形焊缝		尺寸参照序号1
3	堆焊缝	见基本符号序号17	$R6.5d'$ 为指向图线中心的尺寸
常用的几种基本符号组合和基本符号与补充符号及焊缝尺寸符号组合（按原标准中的序号）			
1	双面 I 形焊缝		
2	双面 V 形焊缝 （X 焊缝）		
3	双面单 V 形焊缝 （K 焊缝）		
4	带钝边的双面 V 形焊缝		
5	带钝边的双面单 V 形焊缝		
6	双面 U 形焊缝		
7	带钝边的双面 J 形焊缝		
8	对称角焊缝		

（续）

序号	名　称	符　号（示例）	说　明
		符号组合（按原标准中的序号）	
1			表示 V 形焊缝在箭头侧；带钝边 U 形焊缝在非箭头侧
2			表示双面 I 形焊缝（凸面）
3			表示现场施焊，塞焊缝或槽焊缝在箭头侧。箭头线也可由基准线在左侧引出，允许弯折一次
4		111/12	表示周围施焊：由埋弧焊（12）形成的 V 形焊缝（平整）在箭头侧；由手工（焊条）电弧焊（111）形成的封底焊缝（平整）在非箭头侧 注：原标准示例中缺少 V 形焊缝（被加工成平面的）平面符号
5		4条	表示相同角焊缝数量 $N=4$，在箭头测
6		5 210	表示角焊缝（凹面）在箭头侧，焊脚尺寸为 5mm，焊缝长度为 210mm。工件三面带有焊缝
7		5 210	表示 I 形焊缝在非箭头侧，焊缝有效厚度为 5mm，焊缝长度为 210mm
8		5 35×50 (30) / 5 35×50 (30)	表示对称交错断续角焊缝焊脚尺寸为 5mm，相邻焊缝的间距为 30mm，焊缝段数为 35，每段焊缝长度为 50mm

16. 金属热处理工艺分类及代号

金属热处理工艺按基础分类和附加分类两个主层次进行划分，每个主层次中还可进一步细分。

（1）基础分类

根据工艺总称、工艺类型和工艺名称（按获得的组织状态或渗入元素进行分类），将热处理工艺按

3 个层次进行分类，见表 1-121。

（2）附加分类

附加分类是对基础分类中某些工艺条件更细化的分类。包括实现工艺的加热方式及代号，见表 1-122；退火工艺及代号，见表 1-123；淬火冷却介质和冷却方法及代号，见表 1-124。

表 1-121　热处理工艺分类及代号（摘自 GB/T 12603—2005）

工艺总称	代号	工艺类型	代号	工艺名称	代号
热处理	5	整体热处理	1	退火	1
				正火	2
				淬火	3
				淬火和回火	4
				调质	5
				稳定化处理	6
				固溶处理、水韧处理	7
				固溶处理+失效	8
		表面热处理	2	表面淬火和回火	1
				物理气相沉积	2
				化学气相沉积	3
				等离子体增强化学气相沉积	4
				离子注入	5
		化学热处理	3	渗碳	1
				碳氮共渗	2
				渗氮	3
				氮碳共渗	4
				渗其他非金属	5
				渗金属	6
				多元共渗	7

表 1-122　加热方式及代号（摘自 GB/T 12603—2005）

加热方式	可控气氛（气体）	真空	盐浴（液体）	感应	火焰	激光	电子束	等离子体	固体装箱	液态床	电接触
代号	01	02	03	04	05	06	07	08	09	10	11

表 1-123　退火工艺及代号（摘自 GB/T 12603—2005）

退火工艺	去应力退火	均匀化退火	再结晶退火	石墨化退火	脱氢处理	球化退火	等温退火	完全退火	不完全退火
代号	St	H	R	G	D	Sp	I	F	P

表 1-124　淬火冷却介质和冷却方法及代号（摘自 GB/T 12603—2005）

冷却介质和方法	空气	油	水	盐水	有机聚合物水溶液	热浴	加压淬火	双介质淬火	分级淬火	等温淬火	变形淬火	气冷淬火	冷处理
代号	A	O	W	B	Po	H	Pr	I	M	At	Af	G	C

（3）常用热处理工艺代号（见表 1-125）

17. 钢铁零件热处理表示法

表面硬度的表示应该依据 GB/T 4340.1—2009《金属材料　维氏硬度试验　第 1 部分：试验方法》用维氏硬度表示，或者依据 GB/T 231.1—2009《金属材料 布氏硬度试验 第 1 部分：试验方法》用布氏硬度表示，或者依据 GB/T 230.1—2009《金属材料　洛氏硬度试验　第 1 部分：试验方法（A、B、C、D、E、F、G、H、K、N、T 标尺）》用洛氏硬度表示。

根据 HRA 或 HRC 最小深度硬化和最小表面硬化数据选择测试方法见表 1-126。

表 1-125　常用热处理工艺代号（摘自 GB/T 12603—2005）

工　艺	代　号	工　艺	代　号
热处理	500	稳定化处理	516
整体热处理	510	固溶处理,水韧化处理	517
可控气氛热处理	500-01	固溶处理+时效	518
真空热处理	500-02	表面热处理	520
盐浴热处理	500-03	表面淬火和回火	521
感应热处理	500-04	感应淬火和回火	521-04
火焰热处理	500-05	火焰淬火和回火	521-05
激光热处理	500-06	激光淬火和回火	521-06
电子束热处理	500-07	电子束淬火和回火	521-07
离子轰击热处理	500-08	电接触淬火和回火	521-11
流态床热处理	500-10	物理气相沉积	522
退火	511	化学气相沉积	523
去应力退火	511-St	等离子体增强化学气相沉积	524
均应化退火	511-H	离子注入	525
再结晶退火	511-R	化学热处理	530
石墨化退火	511-G	渗碳	531
脱氢处理	511-D	可控气氛渗碳	531-01
球化退火	511-Sp	真空渗碳	531-02
等温退火	511-I	盐浴渗碳	531-03
完全退火	511-F	固体渗碳	531-09
不完全退火	511-P	流态床渗碳	531-10
正火	512	离子渗碳	531-08
淬火	513	碳氮共渗	532
空冷淬火	513-A		
油冷淬火	513-O	渗氮	533
水冷淬火	513-W	气体渗氮	533-01
盐水淬火	513-B	液体渗氮	533-03
有机水溶液淬火	513-Po	离子渗氮	533-08
盐浴淬火	513-H	流态床渗氮	533-10
加压淬火	513-Pr	氮碳共渗	534
双介质淬火	513-I		
分级淬火	513-M	渗其他非金属	535
等温淬火	513-At	渗硼	535(B)
变形淬火	513-Af	气体渗硼	535-01(B)
气冷淬火	513-G	液体渗硼	535-03(B)
淬火及冷处理	513-C	离子渗硼	535-08(B)
可控气氛加热淬火	513-01	固体渗硼	535-09(B)
真空加热淬火	513-02	渗硅	535(Si)
盐浴加热淬火	513-03	渗硫	535(S)
感应加热淬火	513-04		
流态床加热淬火	513-10	渗金属	536
盐浴加热分级淬火	513-10M	渗铝	536(Al)
盐浴加热盐浴分级淬火	513-10H+M	渗铬	536(Cr)
淬火和回火	514	渗锌	536(Zn)
调质	515	渗钒	536(V)

（续）

工　艺	代　号	工　艺	代　号
多元共渗	537	铬硅共渗	537(Cr-Si)
硫氮共渗	537(S-N)	铬铝共渗	537(Cr-Al)
氧氮共渗	537(O-N)	硫氮碳共渗	537(S-N-C)
铬硼共渗	537(Cr-B)	氧氮碳共渗	537(O-N-C)
钒硼共渗	537(V-B)	铬铝硅共渗	537(Cr-Al-Si)

表 1-126　根据 HRA 或 HRC 最小深度硬化和最小表面硬化数据选择测试方法
（摘自 GB/T 24743—2009）

最小硬化深度/mm SHD, CHD	以 HRA 为硬度单位的最小表面硬度				以 HRC 为硬度单位的最小表面硬度			
	70~75	75~78	78~81	81 以上	40~49	49~55	55~60	60 以上
0.4	—	—	—	HRA	—	—	—	—
0.45	—	—	HRA	HRA	—	—	—	—
0.5	—	HRA	HRA	HRA	—	—	—	—
0.6	HRA	HRA	HRA	HRA	—	—	—	—
0.8	HRA	HRA	HRA	HRA	—	—	—	HRC
0.9	HRA	HRA	HRA	HRA	—	—	HRC	HRC
1	HRA	HRA	HRA	HRA	—	HRC	HRC	HRC
1.2	HRA	HRA	HRA	HRA	HRC	HRC	HRC	HRC

示例：淬火硬化深度 SHD：淬火硬化工件的表面硬度要求是（$55^{+0.5}_{0}$）HRC，硬化深度为 SHD500 = $0.8^{+0.8}_{0}$。因此，最小硬化深度为 0.8mm，最低表面硬度为 55HRC。在表 1-126 中没有这个表明硬度的测试类型。在这种情况下就采用其他的测试方法，如 HRA 或 HV。如果最小表面硬度值是 79HRA 符合 55HRC，则在视图中的表达方式为

淬火硬化
（79^{+2}_{0}）HRA
SHD 500 = $0.8^{+0.8}_{0}$

维氏硬度 HV，洛氏硬度 HRA、HRC、HRN 与硬度极限的关系（适合 80% 的最小表面硬度）见表 1-127。

表 1-127　维氏硬度 HV，洛氏硬度 HRA、HRC、HRN 与硬度极限的关系
（适合 80% 的最小表面硬度）（摘自 GB/T 24743—2009）

硬度极限	HV, HRA, HRC 或 HRN 最小表面硬度值					
	HV	HRC	HRA	HR15N	HR30N	HR45N
200[1]	240~265	20~25	—	—	—	—
225[1]	270~295	26~29	—	—	—	—
250	300~330	30~33	65~67	75, 76	51~53	32~35
275	335~355	34~36	68	77, 78	54, 55	36~38
300	360~385	37~39	69, 70	79	56~58	39~41
325	390~420	40~42	71	80, 81	59~62	42~46
350	425~445	43~45	72, 73	82, 83	63, 64	47~49
375	460~480	46、47	74	84	65、66	50~52
400	485~515	48~50	75	85	67、68	53、54
425	520~545	51、52	76	86	69、70	55~57
450	550~575	53	77	87	71	58、59
475	580~605	54、55	78	88	72、73	60、61
500	610~635	56、57	79	89	74	62、63
525	640~665	58	80	—	75、76	64、65
550	670~705	59、60	81	90	77	66、67
575	710~730	61	82	—	78	68
600	735~765	62	—	91	79	69

注：此表不能用来与硬度值表进行对比。
① 只适用于熔合硬化处理。

淬火硬化深度 SHD 值和极限偏差见表 1-128。

表 1-128　淬火硬化深度 SHD 值和
极限偏差（摘自 GB/T 24743—2009）

淬火硬化深度 SHD/mm	上极限偏差/mm		
	感应淬火	火焰硬化	激光和电子束硬化
0.1	0.1	—	0.1
0.2	0.2	—	0.1
0.4	0.4	—	0.2
0.6	0.6	—	0.3
0.8	0.8	—	0.4
1	1	—	0.5
1.3	1.1	—	0.6
1.6	1.3	2	0.8
2	1.6	2	1
1.5	1.8	2	1
3	2	2	1
4	2.5	2.5	—
5	3	3	—

表面硬化深度 CHD 值和极限偏差见表 1-129。

表 1-129　表面硬化深度 CHD 值和极限偏差
（摘自 GB/T 24743—2009）

表面硬化深度 CHD/mm	上极限偏差/mm
0.05	0.03
0.07	0.05
0.1	0.1
0.3	0.2
0.5	0.3
0.8	0.4
1.2	0.5
1.6	0.6
2	0.8
2.5	1
3	1.2

1.7.6　缸零件表面处理

1. 机械产品表面防护层质量分等分级

（1）涂层

涂层不得有漏底和明显厚薄不均等缺陷，其质量外观等级见表 1-130。

涂层附着力等级见表 1-131。

（2）电镀化学处理层

电镀化学处理层等级见表 1-132。

表 1-130　涂层质量外观等级（摘自 JB/T 8595—2014）

等级		外观检查要求	图号[1]
1 等		外观良好，无明显变化和缺陷	图 A.1
2 等	A 级	允许涂层表面轻微失光（失光率为 16%~30%），轻微褪色 [色差值（NBS）3.1~6.0]，有少量针孔等缺陷	—
	B 级	对于表面防护层为平光的涂层，不得有明显的桔皮或流挂现象	—
	C 级	产品主要表面的涂层，任一平方分米正方形面积内直径为 0.5mm 的气泡不得超过 2 个，不允许出现直径大于 1mm 的气泡及超过 10% 表面面积的隐形气泡	图 A.2
	D 级	铁心叠片表面锈蚀面积不得超过 5%	—

①　见 JB/T 8595—2014 附录 A：表面涂层质量等级样板参照图。

表 1-131　涂层附着力等级（摘自 JB/T 8595—2014）

等级	要　　求	图号[1]
0 等	刀痕十分光滑，无涂层小片脱落	图 B.1
1 等	在栅格交点处有细小涂层碎片剥落，剥落面积约占栅格面积 5% 以下	图 B.2
2 等	涂层沿刀痕和（或）栅格交点处剥落，剥落面积占栅格面积的 5%~15%	图 B.3

①　见 JB/T 8595—2014 附录 B：表面涂层附着力等级样板参照图。

表 1-132　电镀化学处理层等级（摘自 JB/T 8595—2014）

等级		外观检查要求	图号[1]
1 等		允许镀层轻微失光（失光率为 16%~30%），轻微褪色 [色差值（NBS）3.1~6.0]，但电镀化学处理层和金属表面不得出现腐蚀	图 C.1 图 C.5
2 等	A 级	标牌、导电部分的接触部位，活动零件的关键部位等影响产品性能的零件（或部件）不得出现腐蚀	—
	B 级	除 2 等 A 级零件外的其他零件（或部件）出现腐蚀破坏面积，为该零件主要表面面积的 5%~25% 的零件数不得超过产品零件总数的 20%	图 C.2 图 C.6

①　电镀化学处理层等级按 JB/T 8595—2014 附录 C 的样板参照图进行比较，可用网格或类似的测量器具或镜像分析仪直接测量。

2. 液压缸零件电镀层技术要求（摘自 GB 25974.2—2010）

（1）基本要求

电镀前应对被镀件进行材质、尺寸精度及表面缺陷的检查，不合格件不应进入电镀工序。

（2）镀层种类

1）活塞杆。活塞杆应采用以下复合镀层中的一种：

a）铜锡合金和硬铬。

b）铜锡合金和乳白铬。

c）乳白铬和硬铬。

2）其他零件。其他零件电镀一般采用镀锌，允许采用有效保护零件表面的其他镀种。

（3）镀层厚度

1）复合镀层。复合镀层厚度：

a）铜锡合金，20~35μm；硬铬，30~45μm。

b）铜锡合金，20~35μm；乳白铬，30~55μm。

c）乳白铬，20~35μm；硬铬，30~45μm。

2）镀锌或其他镀层。镀锌或其他镀层厚度：

a）7~15μm。

b）15~25μm。

3）特殊镀层。镀层厚度有特殊要求的，按图样文件的规定执行。

（4）镀层硬度

a）铜锡合金与乳白铬 ≥500HV。

b）乳白铬与硬铬 ≥800HV。

c）铜锡合金与硬铬 ≥800HV。

（5）镀层外观质量

1）检验环境。外观质量检验应在天然散射光或无反射光的白光透射光线下进行。

2）外观质量。镀层结晶应细致、均匀、不允许有下列缺陷：

a）表面粗糙、粒子、烧焦、裂纹、起泡、起皮、脱落。

b）树枝状结晶。

c）局部无镀层或暴露中间层。

3）允许缺陷。镀层允许存在的缺陷：

a）在倒角处有不影响装配的轻微粗糙表面。

b）焊缝处镀层发暗。

c）由于基体金属的缺陷、砂眼以及电镀工艺过程所导致的麻点或针孔，其直径和数量应符合下述要求：

① 镀锌件少于 5 点/dm²，孔隙直径不大于 0.2mm。

② 镀铬件少于 5 点/dm²，孔隙直径不大于 0.2mm。

③ 镀铜件少于 5 点/dm²，孔隙直径不大于 0.2mm。

4）不考核的表面。因焊接允许缺陷而引起镀层缺陷不考核；退刀槽表面的镀层质量不考核。

5）活塞杆行程表面落砂痕迹。活塞杆行程表面落砂痕迹规定：

a）活塞杆行程表面的同一圆周线上不应超过两条。

b）落砂痕迹长度不超过 6mm，其深度不大于 0.02mm。

c）两条痕迹的间隔应不大于 20mm。

d）落砂痕迹的条数不多于 10 条/m²。

3. 化学镀镍-磷合金镀层规范（摘自 GB/T 13913—2008）

化学镀镍-磷合金镀层通常是在热的弱酸性溶液中用次磷酸钠作还原剂，使镍金属离子催化还原而获得的。由于已沉积的镍磷合金是反应的催化剂，因此该反应是自动进行的。只要化学镀溶液循环自由地通过不规则形状零件的所有表面，便可获得镀层均匀的沉积层。

所获得的镀层是磷含量最多为 14%（质量分数）的镍-磷过饱和固溶体的热力学亚稳合金。化学镀镍-磷的结构、物理和化学性质取决于镀层的组成、化学镀镍槽液的化学成分、基材预处理和镀后热处理。

化学镀镍-磷镀层可改善防腐蚀性能和提供耐磨性能。一般而言，当镀层中磷含量增加到 8%（质量分数）以上时，耐腐蚀性能将显著提高；而随着镀层中磷含量减少到 8%（质量分数）以下时，耐磨性能会得到提高。但是通过适当的热处理，将会大大提高磷含量镀层的显微硬度，从而提高了镀层的耐磨性。

（1）镍-磷镀层的耐磨性、厚度和应用条件

表 1-133 中列出了在不同使用条件下，镍-磷镀层具有足够的耐磨性的最小厚度。为了以最小的镍-磷镀层厚度获得最佳的耐磨性，基体材料的表面应平整和无气孔。表面粗糙度值 $Ra<0.2\mu m$ 的基体材料可用作样板。

由于可以通过控制化学镀镍-磷沉积过程，获得具有能满足不同使用要求特性的镍-磷镀层。因此，工程技术人员就可以根据特殊要求来规定镀层的特性。表 1-134 列出了不同使用条件下推荐采用的镍-磷镀层的种类和磷含量。

表 1-133　满足耐磨性使用要求的最小镍-磷镀层厚度　　　　　　　　（单位：μm）

使用条件序号	种　　类	铁基材料上的最小镀层厚度
5（极度恶劣）	在易受潮和易磨损的室外条件下使用，如油田设备	125
4（非常恶劣）	在海洋性和其他恶劣的室外条件下使用，极易受到磨损，易暴露在酸性溶液中，高温高压	75
3（恶劣）	在非海洋性室外条件下使用，由于雨水和露水易受潮，比较容易受磨损，高温时会暴露在碱性盐环境中	25
2（一般条件）	室内条件下使用，但表面会有凝结水珠；在工业使用条件下会暴露在干燥或油性环境中	13

注：镍-磷镀层一般不适用于在同时具有高温和耐磨性要求的条件下使用。

表 1-134　不同使用条件下推荐采用的镍-磷镀层的种类和磷含量

种类	磷含量（质量分数，%）	应　　用
3（低磷）	2~4	较高的镀态硬度，以防止黏附和磨损
4（中磷）	5~9	一般耐磨和耐腐蚀要求
5（高磷）	>10	较高的镀态耐腐蚀性，非磁性，可扩散焊，具有较高的延展柔韧性

沉积大于或等于 $125\mu m$ 的化学镀镍-磷镀层，可用于修复磨损的工件和挽救超差的工件。

（2）基体金属、镀层及热处理条件的标识

基体金属、镀层及热处理条件应标注在工程图、订购单、合约或产品明细表中。标识应按如下顺序进行标注：基体金属、特殊合金（可选）、消除内应力的要求、底层的厚度和种类、化学镀镍-磷镀层中磷含量和镀层厚度，涂覆在化学镀镍-磷镀层上的涂（覆）层种类和厚度以及后处理（包括热处理）。双斜线（//）将用于指明某一步骤或操作没有被列举或被省略。

标识包括以下内容：

a）术语"化学镀镍-磷镀层"。

b）国家标准号，即 GB/T 13913。

c）连字符。

d）基体金属的化学符号（见基体金属的标识）。

e）斜线分隔符（/）。

f）化学镀镍-磷镀层的符号（见镀层的种类和厚度的标识），以及用于化学镀镍-磷前后的镀层的符号（见镀层的种类和厚度的标识），镀层顺序中的每一级都用分隔符按操作顺序分开。镀层的标识应包括镀层的厚度（μm）和热处理要求（见热处理要求的标识）。

标识示例：

在 16Mn 钢基体上化学镀层磷含量为 10%（质量分数），厚度为 $15\mu m$ 的镍-磷镀层，要求在 210℃ 温度下进行 22h 的消除应力处理，随后在其表面电镀 $0.5\mu m$ 厚的铬。镀铬后，再在 210℃ 温度下进行 22h 的消除氢脆的热处理。具体标识如下：

化学镀镍-磷镀层 GB/T 13913-Fe<16Mn>

［SR(210)22］/NiP(10)15/Cr0.5［ER(210)22］

1）基体金属的标识。基体金属应用化学符号来标识，如果是合金则用其主要的组成来标识。对于特殊合金，推荐用其标准名称来标识。例如，在<>符中填入其钢号或相应的国家标准。如 Fe<16Mn>是低合金高强度钢的国家标准命名。

2）热处理要求的标识。热处理要求应按如下内容标注在方括号内。

a）SR 表示消除应力的热处理；HT 表示增加镀层硬度或镀层与基体金属间结合力的热处理；ER 表示消除氢脆的热处理。

b）在圆括号中标注热处理的最低温度（℃）。

c）标注热处理持续时间（h）。

3）镀层的种类和厚度的标识。化学镀镍-磷镀层应用符号 NiP 标识，并在紧跟其后的圆括号中填入镀层磷含量数值，然后再在其后标注出化学镀镍-磷镀层的最小局部厚度，单位为 μm。

底层应用所沉积金属的化学符号来标识，并在其后标出镀层的最小局部厚度，单位为 μm。例如，符号 Ni 表示镍电镀层。

沉积在化学镀镍-磷镀层上的其他镀层，如铬，

其标识方法为电镀层的化学符号加上镀层的最小局部厚度，单位为 μm。

（3）镍-磷镀层的技术要求

1）镀层外观。化学镀镍-磷镀层重要表面的外观按需方的指定应为光亮、半光亮或无光泽的，并且用肉眼检查时，表面没有点坑、起泡、剥落、球状生长物、裂纹和其他危害最终精饰的缺陷（除非有其他要求）。

通过肉眼可见的起泡或裂纹，以及由热处理引起的缺陷，都应视作废品。

2）镀层表面粗糙度。如果需方规定了最终表面粗糙度的要求，其测量方法应遵照 GB/T 10610 的规定进行。

注：化学镀镍-磷镀层的最终表面粗糙度不一定比镀前基底的表面粗糙度好。除非镀层底层特别平滑和经过抛光。

3）镀层厚度。在标识部分所指定的镀层厚度指其最小局部厚度。在需方没有特别指明的情况下，镀层的最小局部厚度应在工件重要表面（可以和直径 20mm 的球相切）的任何一点测量。

4）镀层硬度。如果指定了硬度值，那么应按 GB/T 9790 中规定的方法测量。镀层硬度应在需方规定的硬度值的±10%以内。

5）镀层结合力。化学镀镍-磷镀层可以附着在有镀覆层和未经镀覆的金属上。根据需方的规定，镀层应能通过 GB/T 5270 中规定的一种或几种结合力的测试。

6）镀层孔隙率。如果有要求，化学镀镍-磷镀层的最大孔隙率应根据需方的规定和孔隙率的测试方法共同确定。

7）镀层的耐腐蚀性。如果有要求，镀层的耐腐蚀性及其测试方法应由需方根据同 GB/T 6461 一致的标准来规定。GB/T 10125、醋酸盐雾试验以及铜加速盐雾等试验方法可以被指定为评估镀层抗点腐蚀能力的测试方法。

8）镀覆前消除内应力的热处理。当需方特别指明时［见 GB/T 13913—2008 中的 4.1b)］，抗拉强度大于或等于 1000MPa，以及含有因加工、摩擦、矫正或冷加工而产生拉应力的钢件，都需要在清洗和沉积金属之前进行消除内应力的热处理。消除内应力的热加工工序和种类由需方专门指定，或者由需方按照 GB/T 19349 选择合适的工序和种类。消除内应力的热处理工序应在任何酸性或阴极电解之前进行。

9）镀覆后消除氢脆的热处理。抗拉强度大于或等于 1000MPa 的钢件，同经过表面硬化处理的工件一样，需要在镀覆后依据 GB/T 19350 或需方规定的相关工序，进行消除氢化的热处理［见 GB/T 13913—2008 中的 4.1b)］。

所有镀覆后消除氢脆的热处理应及时进行，最好在表面精饰加工之后、打磨和其他机加工之前的 1h 内完成，最多不要超过 3h。

消除氢脆处理的有效性应通过需方指定的测试方法或相关标准中描述的测试方法来确定。如 ISO 10587 中描述了一种测试螺纹件残余应力氢脆的方法，而 ISO 15724 中则描述了钢铁中扩散氢浓度的一种测试方法。

10）提高镀层硬度的热处理。采用热处理方法提供化学镀镍-磷镀层的硬度（和耐磨性）的规定见表 1-135［见下 12）条]。

表 1-135　推荐提高硬度和附着力的热处理方法

种　　类		温度/℃	时间/h
为获得最大硬度而进行的热处理，按类型分类（见表 1-133）	2（一般条件）	350~380	1
	3（恶劣）	360~390	1
	4（非常恶劣）	365~400	1
	5（极度恶劣）	375~400	1
提高在钢铁上镀层的附着力（结合力）		180~200	2~4

如果有需要，提高化学镀镍-磷镀层的硬度（和耐磨性）的热处理应在机镀后 1h 内完成，并且应在机加工之前进行。热处理的持续时间应为在零件达到特定热处理温度后至少 1h。

如果进行提高镀层硬度的热处理工序后，满足了 GB/T 19350 所规定的要求，那么就不需要再单独进行消除氢脆的热处理。

11）改善镀层结合力的热处理。改善化学镀镍-磷镀层在某种金属基体上结合力的热处理工序应参考表 1-135 进行，除非需方特别指定了其他工序要求。

12）镀层耐磨性。如果有要求，应由需方指定镀层耐磨性的要求，并指定用于检测镀层耐磨性是否达到要求的测试方法。

13）镀层焊接性。如果有要求，应由需方指定镀层的焊接性，并指定用于检测镀层的焊接性是否达到要求的测试方法。

14）镀层化学成分。化学镀镍-磷镀层中的磷含量应在标识中指定［见镀层的种类和厚度的标识及表 1-124］。

15）金属零件的抛丸。如果需方要求在镀覆之前进行抛丸（喷丸），那么抛丸工序应在任何酸性或碱性电解处理之前按照 GB/T 20015 的要求进行。该标准同时还规定了测量抛丸强度的方法。

16）电镀镍底层应符合 GB/T 12332 中的相关规定。用于化学镀镍-磷镀层之上的铬镀层应符合 GB/T 11379 中的相关规定。

（4）需方向生产方提供的资料

1）必要资料。当订购的工件需要按 GB/T 13913—2008 标准要求镀覆时，需方应该以书面形式在工程图、需方订货单和详细的生产明细表中对所有重要项目提供如下信息：

a）镀层名称。

b）零件的抗拉强度和镀覆层沉积前后的任何热处理要求。

c）主要表面的详述，在图样或试样上标出适当的标志。

d）基体金属的性质、状态和表面粗糙度，如果这些因素中任何一项会影响到镀层的使用性或外观。

e）缺陷的位置、种类和尺寸。

f）表面粗糙度要求。

g）底层的任何要求。

h）取样方法、验收标准或其他检验要求。

i）镀层厚度、硬度、结合力、孔隙率、耐腐蚀性、耐磨性和焊接性测试的标准方法和特殊试验的条件。

j）产生压应力处理的任何特殊要求，如镀前的喷丸硬化。

k）预处理或限制预处理的特殊要求。

l）热处理或限制热处理的特殊要求。

m）对最大镀层的特殊要求，尤其是对于产生磨损或加工过度的零件。无论是零件镀前还是镀后测量其厚度，这些要求都必须严格遵守。

n）对在化学镀镍-磷镀层上的涂（镀）层的特殊要求。

2）补充资料。下列补充资料应由需方规定。

a）钢零件镀前应去磁（退磁），尽量减少磁性微粒或铁屑杂质进入镀层。

b）镀层的最终表面粗糙度。

c）对于镀层化学成分的任何特殊要求。

d）不合格产品修复的任何特殊要求。

e）其他任何特殊要求。

1.7.7 液压缸设计与制造常用标准件及其性能

1. **螺栓、螺钉和螺柱的机械和物理性能**（见表 1-136～表 1-140）

表 1-136 螺栓、螺钉和螺柱的机械和物理性能（摘自 GB/T 3098.1—2010）

机械或物理性能		性能等级				
		8.8		9.8	10.9	12.9/12.9
		$d \leqslant 16mm$[①]	$d > 16mm$[②]	$d \leqslant 16mm$		
抗拉强度 R_m/MPa	公称	800		900	1000	1200
	min	800	830	900	1040	1220
下屈服强度 R_{eL}/MPa	公称	—	—	—	—	—
	min	—	—	—	—	—
机械加工试件的规定非比例延伸 0.2% 的应力 $R_{p0.2}$/MPa	公称	640	640	720	900	1080
	min	640	660	720	940	1100
紧固件实物的规定非比例延伸 0.0048d 的应力 R_{pf}/MPa	公称	—		—	—	—
	min	—		—	—	—
保证应力 S_p/MPa	公称	580	600	650	830	970
保证应力比 $S_{p,公称}/R_{eL,min}$ 或 $S_{p,公称}/R_{po.2,min}$ 或 $S_{p,公称}/R_{pf,min}$		0.91	0.91	0.90	0.88	0.88
机械加工试件的断后伸长率 A(%)	min	12	12	10	9	8
机械加工试件的断面收缩率 Z(%)	min	52		48	48	44
紧固件实物的断后伸长率 A_f(%)	min	(0.20[⑧])		—	(0.13[⑧])	—
头部坚固性		不得断裂或出现裂纹				
维氏硬度 HV, $F \geqslant 98N$	min	250	255	290	320	385
	max	320	335	360	380	435

（续）

机械或物理性能			性　能　等　级			
			8. 8		9. 8	10. 9	12. 9/12. 9
			$d \leqslant 16mm$[1]	$d > 16mm$[2]	$d \leqslant 16mm$		
布氏硬度 HBW，$F \geqslant 30D^2$	min	245	250	286	316	380
	max	316	331	355	375	429
洛氏硬度 HRB	min	—	—	—	—	—
	max	—	—	—	—	—
洛氏硬度 HRC	min	22	23	28	32	39
	max	32	34	37	39	44
表面硬度 HV0.3	max	[3]			[3][4]	[3][5]
螺纹未脱碳层的高度 E/mm	min	$1/2H_1$			$2/3H_1$	$3/4H_1$
螺纹全脱碳层的深度 G/mm	max	0. 015				
再回火后硬度的降低值 HV		20				
破坏扭矩 M_B/N·m		按 GB/T 3098.13 的规定				
吸收能量 KV[6][9]/J		27	27	27	27	[7]
表面缺陷		GB/T 5779.1				GB/T 5779.3

① 数值不适用于栓接结构。

② 对栓接结构 $d \geqslant M12$。

③ 当采用 HV0.3 测定表面硬度及芯部硬度时，紧固件的表面硬度不应比芯部硬度高出 30HV 单位。

④ 表面硬度不应超出 390HV。

⑤ 表面硬度不应超出 435HV。

⑥ 适用于 $d \geqslant 16mm$。

⑦ KV 数值尚在调查研究中。

⑧ 圆括号内的 $A_{f,min}$ 数值为附录 C 中给出，这些数值仍在调查研究中。

⑨ 在-20℃下测定。

表 1-137　最小拉力载荷（粗牙螺纹）（摘自 GB/T 3098.1—2010）

螺纹规格 （d）	螺纹公称应力截面积 $A_{s,公称}$/mm²	性　能　等　级			
		8. 8	9. 8	10. 9	12. 9/12. 9
		最小拉力载荷 $F_{m,min}$（$A_{s,公称} \times R_{m,min}$）/N			
M6	20. 1	16100	18100	20900	24500
M7	28. 9	23100	26000	30100	35300
M8	36. 6	29200	32900	38100	44600
M10	58	46400	52200	60300	70800
M12	84. 3	67400	75900	87700	103000
M14	115	92000	104000	120000	140000
M16	157	125000	141000	163000	192000
M18	192	159000	—	200000	234000
M20	245	203000	—	255000	299000
M22	303	252000	—	315000	370000
M24	353	293000	—	367000	431000
M27	459	381000	—	477000	560000
M30	561	466000	—	583000	684000
M33	694	576000	—	722000	847000
M36	817	678000	—	850000	997000
M39	976	810000	—	1020000	1200000

表 1-138 保证载荷（粗牙螺纹）（摘自 GB/T 3098.1—2010）

螺纹规格 (d)	螺纹公称应力截面积 $A_{s,公称}/mm^2$	性 能 等 级			
		8.8	9.8	10.9	12.9/<u>12.9</u>
		保证载荷 $F_p(A_{s,公称} \times S_{p,公称})/N$			
M6	20.1	11600	13100	16700	19500
M7	28.9	16800	18800	24000	28000
M8	36.6	21200	23800	30400	35500
M10	58	33700	37700	48100	56300
M12	84.3	48900	54800	70000	81800
M14	115	66700	74800	95500	112000
M16	157	91000	102000	130000	152000
M18	192	115000	—	159000	186000
M20	245	147000	—	203000	238000
M22	303	182000	—	252000	294000
M24	353	212000	—	293000	342000
M27	459	275000	—	381000	445000
M30	561	337000	—	466000	544000
M33	694	416000	—	576000	673000
M36	817	490000	—	678000	792000
M39	976	586000	—	810000	947000

表 1-139 最小拉力载荷（细牙螺纹）（摘自 GB/T 3098.1—2010）

螺纹规格 ($d \times P$)	螺纹公称应力截面积 $A_{s,公称}/mm^2$	性 能 等 级			
		8.8	9.8	10.9	12.9/<u>12.9</u>
		最小拉力载荷 $F_{m,min}(A_{s,公称} \times R_{m,min})/N$			
M8×1	39.2	31360	35300	40800	47800
M10×1.25	61.2	49000	55100	63600	74700
M10×1	64.5	51600	58100	67100	78700
M12×1.5	88.1	70500	79300	91600	107000
M12×1.25	92.1	73700	82900	95800	112000
M14×1.5	125	100000	112000	130000	152000
M16×1.5	167	134000	150000	174000	204000
M18×1.5	216	179000	—	225000	264000
M20×1.5	272	226000	—	283000	332000
M22×1.5	333	276000	—	346000	406000
M24×2	384	319000	—	399000	469000
M27×2	496	412000	—	516000	605000
M30×2	621	515000	—	646000	758000
M33×2	761	632000	—	791000	928000
M36×3	865	718000	—	900000	1055000
M39×3	1030	855000	—	1070000	1260000

表 1-140　保证载荷（细牙螺纹）（摘自 GB/T 3098.1—2010）

螺纹规格 $(d \times P)$	螺纹公称应力截面积 $A_{s,公称}/mm^2$	性 能 等 级			
		8.8	9.8	10.9	12.9/12.9
		保证载荷 $F_p(A_{s,公称} \times S_{p,公称})/N$			
M8×1	39.2	22700	25500	32500	38000
M10×1.25	61.2	35500	39800	50800	59400
M10×1	64.5	37400	41900	53500	62700
M12×1.5	88.1	51100	57300	73100	85500
M12×1.25	92.1	53400	59900	76400	89300
M14×1.5	125	72400	81200	104000	121000
M16×1.5	167	96900	109000	139000	162000
M18×1.5	216	130000	—	179000	210000
M20×1.5	272	163000	—	226000	264000
M22×1.5	333	200000	—	276000	323000
M24×2	384	230000	—	319000	372000
M27×2	496	298000	—	412000	481000
M30×2	621	373000	—	515000	602000
M33×2	761	457000	—	632000	738000
M36×3	865	519000	—	718000	839000
M39×3	1030	618000	—	855000	999000

2. 内六角圆柱头螺钉

内六角圆柱头螺钉的型式、尺寸及技术条件和引用标准见图 1-37、表 1-141 和表 1-142。

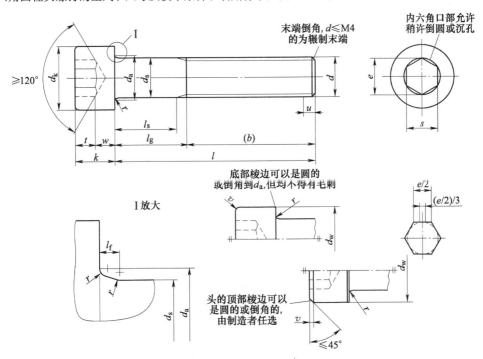

图 1-37　内六角圆柱头螺钉的型式

注：μ 为不完整螺纹的长度，$\mu \leqslant 2P$；d_s 适用于规定了 $l_{s,min}$ 数值的产品。

标记示例：

螺纹规格 d=M6、公称长度 l=20mm、性能等级为 8.8 级、表面氧化的 A 级内六角圆柱头螺钉的标记：螺钉　GB/T 70.1　M6×20

表 1-141　内六角圆柱头螺钉的尺寸（摘自 GB/T 70. 1—2008）

螺纹规格(d)		M6	M8	M10	M12	(M14)[7]	M16	M20
P[1]		1	1. 25	1. 5	1. 75	2	2	2. 5
b[2]	参考	24	28	32	36	40	44	52
d_k	max[3]	10. 00	13. 00	16. 00	18. 00	21. 00	24. 00	30. 00
	max[4]	10. 22	13. 27	16. 27	18. 27	21. 33	24. 33	30. 33
	min	9. 78	12. 73	15. 73	17. 73	20. 67	23. 67	29. 67
d_a	max	6. 8	9. 2	11. 2	13. 7	15. 7	17. 7	22. 4
d_s	max	6. 00	8. 00	10. 00	12. 00	14. 00	16. 00	20. 00
	min	5. 82	7. 78	9. 78	11. 73	13. 73	15. 73	19. 67
e[5][6]	min	5. 723	6. 683	9. 149	11. 429	13. 716	15. 996	19. 437
l_f	max	0. 68	1. 02	1. 02	1. 45	1. 45	1. 45	2. 04
k	max	6. 00	8. 00	10. 00	12. 00	14. 00	16. 00	20. 00
	min	5. 7	7. 64	9. 64	11. 57	13. 57	15. 57	19. 48
r	min	0. 25	0. 4	0. 4	0. 6	0. 6	0. 6	0. 8
s[6]	公称	5	6	8	10	12	14	17
	max	5. 14	6. 14	8. 175	10. 175	12. 212	14. 212	17. 23
	min	5. 02	6. 02	8. 025	10. 025	12. 032	14. 032	17. 05
t	min	3	4	5	6	7	8	10
ν	max	0. 6	0. 8	1	1. 2	1. 4	1. 6	2
d_w	min	9. 38	12. 33	15. 33	17. 23	20. 17	23. 17	28. 87
w	min	2. 3	3. 3	4	4. 8	5. 8	6. 8	8. 6
商品长度规格 l		10~60	12~80	16~100	20~120	25~140	25~160	30~200
全螺纹长度 l		10~30	12~35	16~40	20~50	25~55	25~60	30~70
l 系列		10、12、16、20、25、30、35、40、45、50、55、60、65、70、80、90、100、110、120、130、140、150、160、180、200						

螺纹规格(d)		M24	M30	M36	M42	M48	M56	M64
P[1]		3	3. 5	4	4. 5	5	5. 5	6
b[2]	参考	60	72	84	96	108	124	140
d_k	max[3]	36. 00	45. 00	54. 00	63. 00	72. 00	84. 00	96. 00
	max[4]	36. 39	45. 39	54. 45	63. 46	72. 46	84. 54	96. 54
	min	35. 61	44. 61	53. 54	62. 54	71. 54	83. 46	95. 46
d_a	max	26. 4	33. 4	39. 4	45. 6	52. 6	63	71
d_s	max	24. 00	30. 00	36. 00	42. 00	48. 00	56. 00	64. 00
	min	23. 67	29. 67	35. 61	41. 61	47. 61	55. 54	63. 54
e[5][6]	min	21. 734	25. 154	30. 854	36. 571	41. 131	46. 831	52. 531
l_f	max	2. 04	2. 89	2. 89	3. 06	3. 91	5. 95	5. 95
k	max	24. 00	30. 00	36. 00	42. 00	48. 00	56. 00	64. 00
	min	23. 48	29. 48	35. 38	41. 38	47. 38	55. 26	63. 26
r	min	0. 8	1	1	1. 2	1. 6	2	2
s[6]	公称	19	22	27	32	36	41	46
	max	19. 275	22. 275	22. 275	32. 33	36. 33	41. 33	46. 33
	min	19. 065	22. 065	27. 065	32. 08	36. 08	41. 08	46. 08
t	min	12	15. 5	19	24	28	34	38
ν	max	2. 4	3	3. 6	4. 2	4. 8	5. 6	6. 4
d_w	min	34. 81	43. 61	52. 54	61. 34	70. 34	82. 26	94. 26
w	min	10. 4	13. 1	15. 3	16. 3	17. 5	19	22

（续）

螺纹规格（d）	M24	M30	M36	M42	M48	M56	M64
商品长度规格 l	40~200	45~200	55~200	60~300	70~300	80~300	90~300
全螺纹长度 l	40~80	45~100	55~110	60~130	70~150	80~160	90~180
l 系列	40、45、50、55、60、65、70、80、90、100、110、120、130、140、150、160、180、200、220、240、260、280、300						

① P—螺距。

② 用于在粗阶梯线之间的长度。

③ 对光滑头部。

④ 对滚花头部。

⑤ $e_{min} = 1.14 s_{min}$。

⑥ 内六角组合量规尺寸见 GB/T 70.5。

⑦ 尽量不采用括号内的规格。

表 1-142　技术条件和引用标准（摘自 GB/T 70.1—2008）

材料		钢	不锈钢	有色金属
通用技术条件		GB/T 16938		
螺纹	公差	12.9 级：5g6g；其他等级：6g		
	标准	GB/T 196、GB/T 197		
机械性能	等级	$d<3mm$：按协议 $3mm < d \leqslant 39mm$：8.8、10.9、12.9 $d>39mm$：按协议	$d \leqslant 24mm$：A2-70①、A3-70、A4-70、A5-70 $24mm<d\leqslant39mm$：A2-50②、A3-50、A4-50、A5-50 $d>39mm$：按协议	CU2、CU3
	标准	GB/T 3098.1	GB/T 3098.6	GB/T 3098.10
公差	产品等级	A		
	标准	GB/T 3103.1		
表面处理		氧化 电镀技术要求按 GB/T 5267.1 非电解锌片涂层技术要求按 GB/T 5267.2	简单处理	简单处理 电镀技术要求按 GB/T 5267.1
表面缺陷		12.9 级：GB/T 5779.3；其他等级：GB/T 5779.1		
验收及包装		GB/T 90.1、GB/T 90.2		

① 棒料切制的不锈钢螺钉，允许使用 A1-70（$d \leqslant$ M12），但在螺钉上应标志其性能等级。

② 棒料切制的不锈钢螺钉，允许使用 A1-50，但在螺钉上应标志其性能等级。

1.7.8　其他常用（标准）缸零件

1. 六角螺塞（摘自 GB/T 2878.4—2011）

此六角螺塞（外六角螺塞和内六角螺塞）适合在表 1-143 给出的最高工作压力下和 -40~120℃ 的温度范围内使用。

此六角螺塞可以带有橡胶密封件（O 形圈）交付，所带 O 形圈规格见表 1-144。

表 1-143　外六角和内六角螺塞的压力

螺纹 （$d_1 \times P$）	外六角螺塞			内六角螺塞		
	最高工作压力①/MPa	试验压力/MPa		最高工作压力①/MPa	试验压力/MPa	
		爆破	脉冲②		爆破	脉冲②
M8×1	63	252	84	42	168	56
M10×1	63	252	84	42	160	56
M12×1.5	63	252	84	42	160	56

（续）

螺纹	外六角螺塞			内六角螺塞		
	最高工作压力[①]/MPa	试验压力/MPa		最高工作压力[①]/MPa	试验压力/MPa	
$(d_1 \times P)$		爆破	脉冲[②]		爆破	脉冲[②]
M14×1.5	63	152	84	63	152	84
M16×1.5	63	252	84	63	252	84
M18×1.5	63	252	84	63	252	84
M20×1.5[③]	40	160	52	40	160	52
M22×1.5	63	252	84	63	252	84
M27×2	40	160	52	40	160	52
M30×2	40	160	52	40	160	52
M33×2	40	160	52	40	160	52
M42×2	25	100	33	25	100	33
M48×2	25	100	33	25	100	33
M60×2	25	100	33	25	100	33

① 适用于碳钢制造的螺塞。

② 循环耐久性试验压力。

③ 仅适用于插装阀阀孔（参见 JB/T 5963）。

表 1-144 O 形圈规格

（单位：mm）

螺纹	内径 d_8		截面直径 d_9	
$(d_1 \times P)$	尺寸	极限偏差	尺寸	极限偏差
M8×1	6.1	±0.2	1.6	±0.08
M10×1	8.1	±0.2	1.6	±0.08
M12×1.5	9.3	±0.2	2.2	±0.08
M14×1.5	11.3	±0.2	2.2	±0.08
M16×1.5	13.3	±0.2	2.2	±0.08
M18×1.5	15.3	±0.2	2.2	±0.08
M20×1.5[①]	17.3	±0.22	2.2	±0.08
M22×1.5	19.3	±0.22	2.2	±0.08
M27×2	23.6	±0.24	2.9	±0.09
M30×2	26.6	±0.26	2.9	±0.09
M33×2	29.6	±0.29	2.9	±0.09
M42×2	38.6	±0.37	2.9	±0.09
M48×2	44.6	±0.43	2.9	±0.09
M60×2	56.6	±0.51	2.9	±0.09

① 仅适用于插装阀的插装孔（参见 JB/T 5963）

（1）外六角螺塞

外六角螺塞应符合图 1-38 所示的型式及表 1-145 所给的尺寸。

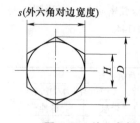

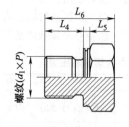

图 1-38 外六角螺塞（PLEH）的型式

注：螺纹端应符合 GB/T 2878.2 不可调节重型（S 系列）螺柱端规定。

表 1-145 外六角螺塞的尺寸

（摘自 GB/T 2878.4—2011）

（单位：mm）

螺纹 $(d_1 \times P)$	L_4 参考	L_5 参考	$L_6 \pm 0.5$	s[①]
M8×1	9.5	1.6	16.5	12
M10×1	9.5	1.6	17	14
M12×1.5	11	2.5	18.5	17
M14×1.5	11	2.5	19.5	19
M16×1.5	12.5	2.5	22	22
M18×1.5	14	2.5	24	24
M20×1.5[②]	14	2.5	25	27
M22×1.5	15	2.5	26	27
M27×2	18.5	2.5	31.5	32
M30×2	18.5	2.5	33	36
M33×2	18.5	3	34	41
M42×2	19	3	36.5	50
M48×2	21.5	3	40	55
M60×2	24	3	22.5	65

① 公差见 GB/T 2878.4—2011 中第 4.2 节。

② 仅适用于插装阀的插装孔（参见 JB/T 5963）

（2）内六角螺塞

内六角螺塞应符合图 1-39 所示的型式及表 1-146 所给的尺寸。

（3）六角螺塞的命名

为了方便订购，应使用代号命名六角螺塞。用 "GB/T 2878.4" 进行区分，紧接连字符，后接形状代号（外六角用 "PLEH"，内六角用 "PLIH"）；然后是连字符，后接螺塞螺纹尺寸对于交付带有符合

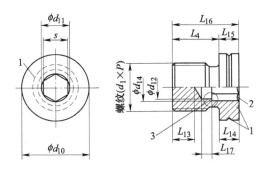

图 1-39　内六角螺塞（PLIH）的型式

1—标识凹槽：1mm（宽）×0.25mm（深），形状可选择，标识位置可于直径 d_{10} 的肩部接近 L_{15} 的中点。亦可位于螺塞的顶面。

2—孔口倒角：90°×d_{11}（直径）。

3—可选择的沉孔的底孔：d_{11}×L_{17}。

注：螺纹端应符合 GB/T 2878.2 不可调节重型（S 系列）螺柱端规定。

GB/T 2878.4 要求的 O 形圈的螺塞，后接 O 形圈（材料）代号 NBR。如果需要，可以对代号补充，用连字符后跟符合 GB/T 5267.1 或 GB/T 5267.2 规定的镀层代号，后接符合 GB/T 5576 规定的 O 形圈材料代号。

示例 1：用于 GB/T 2878.1 油口，螺纹尺寸为 M12×1.5 的外六角螺塞，命名如下：
螺塞　GB/T 2878.4-PLEH -M12

示例 2：用于 GB/T 2878.1 油口，螺纹尺寸为 M12×1.5，订货带有符合 GB/T 2878.4 要求的 O 形圈的外六角螺塞，命名如下：
螺塞　GB/T 2878.4-PLEH -M12-NBR

示例 3：用于 GB/T 2878.1 油口，螺纹尺寸为 M12×1.5，订货带有符合 GB/T 2878.4 要求且用 FKN（氟橡胶）代替 NBR 制作的 O 形圈的外六角螺塞，命名如下：
螺塞　GB/T 2878.4-PLEH-M12-FKM

示例 4：用于 GB/T 2878.1 油口，螺纹尺寸为 M12×1.5，订货带有符合 GB/T 5267.1 规定的镀锌层及装有符合 GB/T 2878.4 要求且用 FKM 代替 NBR 制作的 O 形圈的外六角螺塞，命名如下：
螺塞　GB/T 2878.4-PLEH-M12-A3C-FKM

表 1-146　内六角螺塞尺寸（摘自 GB/T 2878.4—2011）　　　（单位：mm）

螺纹 (d_1×P)	d_{10} ±0.2	d_{11} +0.25 / 0	d_{12} +0.13 / 0	d_{14} +0.25 / 0	L_4	L_{13}	L_{14}	L_{15}	L_{16}	L_{17}	s[①]
M8×1	11.8	4.6	4	4.7	9.5	3	5	3.5	13	2.1	4
M10×1	13.8	5.8	5	5.9	9.5	3	5.5	4	13.8	2.1	5
M12×1.5	16.8	6.9	6	7	11	3	7.5	4.5	15.5	2.5	6
M14×1.5	18.8	6.0	6	7	11	3	7.7	5	116	2.5	6
M16×1.5	21.8	9.2	8	9.3	12.5	3	8.5	5	17.5	2.5	8
M18×1.5	23.8	9.2	8	9.3	14	3	8.5	5	19	2.5	8
M20×1.5[②]	26.8	11.5	10	11.6	14	3	8.5	5	19	2.9	10
M22×1.5	26.8	11.5	10	11.6	15	3	8.5	5	20	2.9	10
M27×2	31.8	13.9	12	14	18.5	3	10.5	5	23.5	3.7	12
M30×2	35.8	16.2	14	16.3	18.5	3	11	6	24.5	3.7	14
M33×2	40.8	16.2	14	16.3	18.5	3	11	6	24.5	3.7	14
M42×2	49.8	19.6	17	19.7	19	3	11	6	25	3.7	17
M48×2	54.8	19.6	17	19.7	21.5	3	11	6	27.5	3.7	17
M60×2	64.8	21.9	19	22	24	3	12	6	30	3.7	19

① 公差见 GB/T 2878.4—2011 中第 4.2 节。

② 仅适用于插装阀的插装孔（参见 JB/T 5963）。

2. 液压和气动系统设备用冷拔或冷轧精密内径无缝钢管的内径和壁厚及内径允许偏差见表 1-147。

表 1-147　钢管的内径和壁厚及内径允许偏差（摘自 GB/T 32957—2016）（单位：mm）

内径	壁　厚										
	1.5	2.0	2.5	3.0	4.5	5.0	6.0	7.5	8.0	9.0	10
	内径允许偏差										
25	±0.10	±0.10	±0.10	±0.08	±0.08	±0.08	±0.08				
32	±0.10	±0.10	±0.10	±0.10	±0.10	±0.08	±0.08	±0.08	±0.08		
40	±0.10	±0.10	±0.10	±0.10	±0.10	±0.08	±0.08	±0.08	±0.08		
50	±0.15	±0.15	±0.15	±0.15	±0.10	±0.10	±0.10	±0.10	±0.10	±0.10	
63	±0.15	±0.15	±0.15	±0.15	±0.10	±0.10	±0.10	±0.10	±0.10	±0.10	
80			±0.20	±0.20	±0.15	±0.15	±0.10	±0.10	±0.10	±0.10	±0.10
90			±0.20	±0.20	±0.15	±0.15	±0.10	±0.10	±0.10	±0.10	±0.10
100			±0.20	±0.20	±0.15	±0.15	±0.15	±0.10	±0.10	±0.10	±0.10
110				±0.20	±0.20	±0.20	±0.20	±0.15	±0.15	±0.15	±0.15
125					±0.25	±0.20	±0.20	±0.15	±0.15	±0.15	±0.15
140					±0.25	±0.25	±0.25	±0.20	±0.20	±0.15	±0.15
160					±0.25	±0.25	±0.25	±0.20	±0.20	±0.15	±0.15
180							±0.30	±0.25	±0.25	±0.25	±0.20
200							±0.30	±0.30	±0.25	±0.25	±0.20
220							±0.30	±0.30	±0.25	±0.25	±0.20
250									±0.40	±0.35	±0.30
280									±0.40	±0.35	±0.30
320											±0.50
360											±0.50
400											
450											
500											

内径	壁　厚											
	11	12	14	15	17	18	22	25	28	30	35	45
	内径允许偏差											
110	±0.15	±0.15										
125	±0.15	±0.15										
140	±0.15	±0.15	±0.15	±0.15								
160	±0.15	±0.15	±0.15	±0.15								
180	±0.20	±0.20	±0.20	±0.20								
200	±0.20	±0.20	±0.20	±0.20	±0.20							
220	±0.20	±0.20	±0.20	±0.20	±0.20							
250	±0.25	±0.25	±0.30	±0.30	±0.30	±0.30	±0.30	±0.30				
280	±0.25	±0.25	±0.30	±0.30	±0.30	±0.30	±0.30	±0.30				
320	±0.45	±0.40	±0.30	±0.30	±0.30	±0.30	±0.30	±0.40	±0.40			
360	±0.45	±0.40	±0.30	±0.30	±0.30	±0.30	±0.30	±0.40	±0.50	±0.50	±0.50	±0.50
400		±0.60	±0.50	±0.40	±0.40	±0.30	±0.30	±0.40	±0.50	±0.50	±0.50	±0.50
450		±0.60	±0.50	±0.40	±0.40	±0.30	±0.30	±0.40	±0.40	±0.50	±0.50	±0.50
500		±0.60	±0.50	±0.40	±0.40	±0.30	±0.30	±0.40	±0.40	±0.50	±0.50	±0.50

第 2 章 液压缸及其零部件的设计

2.1 液压缸的分类与结构

2.1.1 液压缸的类型及分类

按项目的用途或任务（功能或作用）分类，液压缸提供驱动线性机械运动用机械能。

对液压缸进一步分类（划分下位类）很困难，到目前为止，只有在 JB/T 10205—2010 中有一个明确分类。其他标准，如 JB/T 2184—2007 中列出了七种液压缸；GB/T 17446—2012 和 GB/T 17446—1998（已被代替）中定义了 20 多种液压缸；GB/T 9094—2006 中规定了 64 种液压缸安装型式等。

GB/T 13342—2007 规定，常用的船用液压缸有下列两种型式：柱塞式液压缸和双作用活塞式液压缸。但其适用范围应仅限于船用往复式液压缸，而非所有液压缸。

JB/T 12706.1—2016 中规定了圆头液压缸和方头液压缸；JB/T 12706.2—2017 中规定了紧凑型方头液压缸。

液压缸以工作方式分类，可分为单作用缸和双作用缸两类。单作用缸是流体仅能在一个方向作用于活塞（或活塞杆）的缸；双作用缸是流体力可以沿两个方向施加于活塞的缸。

在各标准（包括被代替标准）中曾经定义过的液压缸见表 2-1。

表 2-1 各标准中曾经被定义过的液压缸

序号	名 称	定 义
1	可调行程缸	其行程停止位置可以改变，以允许行程长度变化的缸
2	带缓冲的缸	带有缓冲装置的缸
3	带有不可转动活塞杆的缸	能防止缸体与活塞杆相对转动的缸
4	膜片缸	流体作用在膜片上产生机械力的缸
5	差动缸	一种双作用缸，其活塞两侧的有效面积不同。活塞两端有效面积之比在回路中起主要作用的双作用缸
6	双活塞杆缸	具有两根相互平行动作的活塞杆的缸
7	双作用缸	流体力可以沿两个方向施加于活塞的缸
8	冲击缸	一种双作用缸，带有整体配置的油箱和阀座，为活塞和活塞杆总成提供外伸时的快速加速。
9	磁性活塞缸	一种在活塞上带有永久磁体的缸，该磁体可以用来沿着行程长度操纵定位的传感器
10	多位缸	除了静止位置外，提供至少两个分开位置的缸。在同一轴上至少安装两个活塞在公共缸体内移动，这个缸体分成几个单独控制腔，允许选择不同的位置
11	多杆缸	在不同缸线上具有一个以上活塞杆的缸
12	柱塞缸	缸筒内没有活塞，压力直接作用于活塞杆的单作用缸
13	<气动>伺服缸	能够响应可变控制信号而采取特定行程位置的缸
14	单作用缸	流体力仅能在一个方向上作用于活塞或活塞杆的缸
15	单杆缸	只从一端伸出活塞杆的缸
16	串联缸	在同一活塞杆上至少有两个活塞在同一个缸的分隔腔室内运动的缸
17	伸缩缸	靠空心活塞杆一个在另一个内部滑动来实现两级或多级外伸的缸
18	双杆缸	活塞杆从缸体两端伸出的缸
19	比例/伺服控制液压缸	用于比例/伺服控制，有动态特性要求的液压缸
20	活塞缸	流体压力作用在活塞上生产机械力的缸
21	弹簧复位单作用缸	靠弹簧复位的单作用缸

（续）

序号	名　称	定　义
22	重力作用单作用缸	靠重力复位的单作用缸
23	双联缸	单独控制的两个缸机械地连接在同一轴上，根据工作方式可获得三、四个定位的装置
24	多级伸缩缸	具有两个或多个套装在一起的空心活塞杆，靠一个在另一个内滑动来实现逐个伸缩的缸
25	数字液压缸	由电脉冲信号控制位置、速度和方向的液压缸
26	伺服液压缸	有静态和动态指标要求的液压缸。通过与内置或外置传感器、伺服阀或比例阀、控制器等配合，可构成具有较高控制精度和较快响应速度的液压控制系统。静态指标包括试运行、耐压、内泄漏、外泄漏、最低起动压力、带载动摩擦力、偏摆、低压下的泄漏、行程检测、负载效率、高温试验、耐久性等。动态指标包括阶跃响应、频率响应等
27	气液转换器	将功率从一种介质（气体）不经增强传递给另一种介质（液体）的装置
28	增压器	将初级流体进口压力转换成较高值的次级流体出口压力的元件
29	立柱	近于垂直布置，使支架产生支撑力的液压缸
30	多伸缩立柱	多于一级伸缩行程的立柱
31	千斤顶	用于使支架实现其功能，不使支架产生支撑力的液压缸
32	支撑千斤顶	用于使支架产生辅助支撑力的平衡千斤顶或有球铰的液压缸
33	液压助力器	将驾驶员的操纵讯号进行液压功率放大以减轻操纵负荷的装置
34	液压作动筒	将液压能转变为机械往复运动的装置
35	作动器	把其他形式的能量转换成机械能的装置
36	伺服作动器	功率放大器与作动器的组合机械。一般指液压伺服作动器，即伺服阀、作动器及附件的组合机构
37	电液伺服作动器	用电信号进行控制的液压伺服作动器
38	伺服液压缸	缸的位移与控制阀的输入信号成函数关系而起跟踪作用的缸、阀一体
39	步进液压缸	活塞杆行程是由数字控制输入信号来确定的液压缸
40	带锁紧装置的液压缸	带有锁紧装置，能把活塞组件紧固在所需要工作位置上的液压缸

注：1. <气动>伺服缸尽管在 GB/T 17446—2012 中规定为气动术语，但其对定义液压伺服缸有参考价值。

　　2. 有将"气液转换器"称为气液缸的；也有将"增压器"称为增压缸或（超）高压发生器的。

JB/T 2184—2007 中列出的七种液压缸的名称和代号见表 2-2。

**表 2-2　JB/T 2184—2007 中列出的
七种液压缸的名称和代号**

序号	液压缸名称	代号
1	单作用柱塞式液压缸	ZG
2	单作用活塞式液压缸	HG
3	单作用伸缩式套筒液压缸	※TG
4	双作用伸缩式套筒液压缸	※SG
5	双作用单活塞液压缸	SG
6	双作用双活塞液压缸	2HG
7	电液步进液压缸	MG

注：1. 此处不能将"双作用双活塞杆液压缸"理解为在 GB/T 17446—2012 中规定的"双活塞杆缸"，因为其是具有两根相互平行动作的活塞杆的缸。

　　2. ※表示前基数字。

除在 GB/T 9094—2006 和 JB/T 2162—2007、

JB/T 6134—2006、JB/T 11588—2013、CB/T 3812—2013、CB/T 3317—2001、CB/T 3318—2001 等标准中给出了液压缸安装型式（尺寸）外，GB/T 17446—2012 中定义的液压缸安装型式见表 2-3。

表 2-4 是 GB/T 17446—1998 中定义的液压缸安装型式。尽管此标准已被代替，但对理解表 2-3 有一定帮助，并且市场（或合同定制）还需要。

安装尺寸（型式）是液压缸的基本参数，液压缸设计时必须给出。对 GB/T 9094—2006 中包括的液压缸，其安装尺寸和安装型式应按标准规定的尺寸标注方法和标识代号表示。

几点说明：

1）"项目"的定义见 GB/T 5094.1—2002《工业系统、装置与设备以及工业产品　结构原则与参照代号　第 1 部分：基本规则》。

2）在 DB44/T 1169.2—2013《伺服液压　第 2 部分：试验方法》中将伺服液压缸分为双作用、单

作用、带位移传感器伺服液压缸。这样分类不科学，且与在 DB44/T 1169.1—2013《伺服液压　第 1 部分：技术条件》中的分类不一致。

3）根据对 GB/T 24946—2010《船用数字液压缸》中"图 1 数字缸的典型结构示意图"与参考文献［15］第 1309 页中"图 9.3-24 电液步进缸原理图"及参考文献［21］第 1375 页"图 22.2-8 电液步进缸结构原理图"比较，此三幅图样相同，因此可

以判定：所谓"数字液压缸"与在 JB/T 2184—2007《液压元件　型号编制方法》中规定的"电液步进液压缸"为同一类型液压缸。

4）缸安装型式的标识代号见本章第 2.15.1 节表2-239。

5）在 GB/T 15622—2005《液压缸试验方法》的范围中列出的"组合式液压缸"定义请见第 5.1.1 节。

表 2-3　GB/T 17446—2012 中定义的液压缸安装型式

序号	名　称	定　义
1	缸脚架安装	用角形结构的支架固定缸的方法
2	缸的双耳环安装	利用一个 U 字形安装装置，以销轴或螺栓穿过它实现缸的铰接安装的安装方式
3	缸的耳环安装	利用突出缸结构外的耳环，以销轴或螺栓穿过它实现缸的铰接安装的安装方式
4	缸前端螺纹安装	在缸有杆端借助于与缸轴线同轴的螺纹凸台的安装
5	缸的铰接安装	允许缸有角运动的安装
6	缸的球铰安装	允许缸在包含其轴线的任何平面内角位移的安装（如在耳环或双耳环安装中的球面轴承）
7	缸拉杆安装	借助于在缸体外侧并与之平行的缸装配用拉杆的延长部分，从缸的一端或两端安装缸的方式
8	缸的横向安装	靠与缸的轴线成直角的一个平面来界定的所有安装方法
9	缸耳轴安装	利用缸两侧与缸轴线垂直的一对轴销或销孔来实现的铰接安装
10	缸的端螺纹安装	借助于与缸轴线同轴的外螺纹或内螺纹的安装

注：1. 在 GB/T 17446—2012 中的正文和中文索引有一不致的，包括以上的一些术语，具体请见表 1-32。

　　2. 因"安装"即是固定方法，所以"安装方法"这样的表述不合适。根据在 GB/T 17446—2012 中的图示，活塞杆端部的活塞杆附件与活塞杆应为连接，而不是安装。以下同。

表 2-4　GB/T 17446—1998 中定义的液压缸安装型式

序号	名　称	定　义
1	侧面安装	在平行于缸轴线的面上的所有安装方法
2	角架安装	在具有一定角度支架上固定缸的安装方法
3	锥孔安装	藉缸外壳上的锥孔而使缸固定的安装方法
4	脚架安装	用超出缸轮廓的脚架来实现的安装。脚架可与缸轴线平行
5	横向安装	在垂直与缸轴线的面上的所有安装方法
6	销孔安装	伸出缸轮廓外的缸结构突出物组成的安装。它借助于与缸轴线成直角的销轴来安装
7	法兰安装	利用缸壳体上合适的盘或法兰来实现的横向安装（通常带有适当的安装孔）
8	端螺纹安装	利用与缸同轴线的具有外螺纹的凸台或内螺纹的凹槽来实现的横向安装
9	拉杆安装	利用把缸盖和缸筒夹紧的长螺杆伸出部分来实现的横向安装
10	杆端螺纹安装	利用活塞杆端部螺纹来实现的横向安装
11	铰接安装	允许缸有角运动的所有安装方法
12	双耳环安装	采用耳轴或轴销穿过 U 形安装装置的铰接安装
13	销轴安装	带销轴孔的外伸凸缘的安装
14	耳轴安装	利用与缸轴线垂直的一对轴销或销孔来实现的铰接安装
15	球铰安装	能绕通过缸轴线的铰接点任意方向摆动的铰接安装

同样，对伺服液压缸进一步分类（划分下位类）也很困难。因现在与伺服液压缸相关标准，如 GB/T 32216—2015、JB/T 10205—2010、DB44/T 1169.1—2013 和 DB44/T 1169.2—2013 等中都没有较为准确地对伺服液压缸进行分类，更没有给出型号。因此，根据（参考）以上标准及 HB 0-83—2005、JB/T 2184—2007 等其他标准，试对电液伺服控制液压缸（或简称为伺服液压缸）进行分类

根据 JB/T 10205—2010 中的分类："液压缸以工作方式划分为单作用缸和双作用缸两类。"现将伺服液压缸也划分为单作用伺服液压缸和双作用活塞式伺服液压缸。

注：双作用活塞式液压缸又见 GB/T 13342—2007。

常见伺服液压缸的分类（划分下位类）见表2-5。其是否集成了电液伺服阀（组成复合元件）可用带与不带电液伺服阀表述，但一般不带电液伺服阀的可省略表述。

表 2-5　常见伺服液压缸的分类

分　类	下位类	说　明
单作用伺服液压缸	柱塞式伺服液压缸	按"柱塞缸"定义，在活塞杆处密封
	单作用活塞式伺服液压缸	按"单作用缸"定义，在活塞和活塞杆处至少一处密封（一般应活塞密封）
双作用活塞式伺服液压缸	双作用单活塞杆伺服液压缸	按"双作用缸"和"单杆缸"定义，在活塞和活塞杆处皆密封
	差动伺服液压缸	按"差动缸"定义，其一般是"单杆缸"，但也可以是"双杆缸"，在活塞和活塞杆处皆密封
	双出杆伺服液压缸	按"双杆缸"定义，其包括等速伺服液压缸这一特例，在活塞和活塞杆处皆密封
	等速伺服液压缸	按"双杆缸"定义，其从两端伸出的活塞杆直径相等，在活塞和活塞杆处皆密封

除数字液压缸和/或伸缩缸（伸缩式套筒液压缸）外，其他的可称为普通液压缸，以便与伺服液压缸区别。

2.1.2　标准液压缸的基本结构

1. 各标准液压缸型号表示方法

通常液压缸的型号由两部分组成，前部分表示名称和结构特征，后部分表示压力参数、主参数及连接和安装方式。在液压缸型号中允许增加第三部分，以表示其他特征和其他详细说明。

JB/T 2184—2007 规定，液压缸的主参数为缸内径×行程，其单位均为 mm；QC/T 460—2010 规定，液压缸主参数代号用缸径×行程表示，其单位均为 mm。活塞缸的缸径指缸内径，柱塞缸的缸径指柱塞直径，套筒缸的缸径指伸出第一级套筒直径，行程指总行程。

通常所说的标准液压缸至少应包括表 2-6 中所列的各种液压缸。部分标准液压缸的标记示例见表2-6。

表 2-6　部分标准液压缸的标记示例

液压缸名称	标　准	标记示例
船用数字液压缸	GB/T 24946—2010	公称压力为 16MPa，缸径为 100mm，杆径为 63mm，行程为 1100mm，脉冲当量为 0.1mm/脉冲的船用数字缸标记为 　数字缸　GB/T 24946—2010　CSGE100/63×1100-0.1
船用舱口盖液压缸	CB/T 3812—2013	公称压力为 25MPa、缸筒内径为 220mm，活塞杆直径为 125mm，活塞行程为 450mm，两端内螺纹舱口盖液压缸标记为 　船用舱口盖液压缸　CB/T 3812—2013　CYGa-G220/125×450 公称压力为 28MPa、缸筒内径为 125mm，活塞杆直径为 70mm，活塞行程为 400mm，头段焊接缸盖缸端内卡键舱口盖液压缸标记为 　船用舱口盖液压缸　CB/T 3812—2013　CYGb-H125/70×400

(续)

液压缸名称	标　准	标记示例
冶金设备用液压缸 （$PN \leqslant 16$MPa）	JB/T 2162—2007	液压缸内径 $D=50$mm，行程 $S=400$mm 的脚架固定式液压缸标记为 液压缸　G50×400　JB/T 2162—2007
单作用活塞式液压缸	JB/T 2184—2007	额定压力为 16MPa，缸径为 50mm，行程为 500mm，进出油口螺纹连接活塞端部耳环安装，行程终点阻尼，活塞杆直径为 25mm，结构代号为 0，设计序号为 1 的液压缸标记为 HG-E50×500L-E25ZC1
冶金设备用 UY 型液压缸 （$PN \leqslant 25$MPa）	JB/ZQ 4181—2006	液压缸内径 $D=200$mm，行程 $S=500$mm，后端耳环式 WE，外螺纹无耳环 m 的标记为 液压缸　UY-WE/m　200×500　JB/ZQ 4181—2006 液压缸内径 $D=200$mm，行程 $S=500$mm，前端法兰式 TF，外螺纹带 I 型耳环 mI 的标记为 液压缸　UY-TF/mI　200×500　JB/ZQ 4181—2006 液压缸内径 $D=100$mm，行程 $S=800$mm，中间固定耳轴式 ZB，内螺纹带 II 型耳环 MII 的标记为 液压缸　UY-ZB/MII　100×800　JB/ZQ 4181—2006 液压缸内径 $D=160$mm，行程 $S=1000$mm，两端脚架式 JG，内螺纹无耳环 M 的标记为 液压缸　UY-JG/M　160×1000　JB/ZQ 4181—2006 伺服液压缸内径 $D=200$mm，行程 $S=800$mm，后端法兰式 WF，外螺纹带 I 型耳环 mI，内置整体式传感器 LH，模拟输出 4~20mA 电流 A 的标记为 液压缸　USY-WF/mILHA　200×800　JB/ZQ 4181—2006 伺服液压缸内径 $D=320$mm，行程 $S=2000$mm，前端固定耳轴式 TB，内螺纹带 II 型耳环 MII，内置整体式传感器 LH，数字输出 RS422（R）的标记为 液压缸　USY-TB/MIILHR　320×2000　JB/ZQ 4181—2006
冶金设备用液压缸 （$PN \leqslant 25$MPa）	JB/T 6134—2006	液压缸内径 $D=160$mm，活塞杆直径 $d=100$mm，行程 $S=800$mm 的端部脚架式液压缸的标记为 液压缸　G-160/100×800　JB/T 6134—2006 液压缸内径 $D=200$mm，活塞杆直径 $d=160$mm，行程 $S=1000$mm 的前端固定耳轴式液压缸标记为 液压缸　B1-200/160×1000　JB/T 6134—2006 液压缸内径 $D=125$mm，活塞杆直径 $d=90$mm，行程 $S=900$mm 的装关节轴承的后端耳环式液压缸标记为 液压缸　S1-125/90×900　JB/T 6134—2006
农业双作用液压油缸	JB/T 9834—2014	压力等级为 16MPa，缸径为 80mm，活塞杆直径为 35mm，有效行程为 600mm 和具有定位功能的双作用油缸标记为 DGN-E80/35-600-S
大型液压油缸	JB/T 11588—2013	公称压力为 16MPa，液压油缸内径为 900mm，活塞杆直径为 560mm，工作行程为 2000mm，中间耳轴安装型式，有缓冲，采用矿物油的大型液压油缸标记为 DXG16-900/560-2000-MT4-E　大型液压油缸　JB/T 11588—2013

（续）

液压缸名称	标 准	标记示例
自卸汽车液压缸	QC/T 460—2010	示例 1：HG-E200×630EZ-1 　HG—表示单作用活塞式液压缸 　　E—表示压力级别，16MPa 　200—表示液压缸内径，mm 　630—表示行程，mm 　　E—表示上部安装方式为耳环式 　　Z—表示下部安装方式为铰轴式 　　1—表示第一次设计的产品 示例 2：4TG-E150×4600Z-2 　　4—表示液压缸伸出级数为 4 　TG—表示单作用伸缩式套筒液压缸 　　E—表示压力级别，16MPa 　150—表示第一级套筒外径，mm 4600—表示总行程，mm 　　Z—表示上、下部安装方式为铰轴 　　2—表示第二次设计的产品

2. 伺服液压缸型号表示方法

GB/T 32216—2015 适用于以液压油液为工作介质的比例/伺服控制的活塞式和柱塞式液压缸（以下简称液压缸或活塞缸、柱塞缸）。以活塞缸为例，其组成一般应包括缸体（筒）、活塞、活塞杆、缸盖、缸底、导向套、密封装置、缓冲装置、放气装置、锁紧与防松装置、内置（式）或外置（式）传感器等，如果将电液伺服阀集成于活塞缸上，则还应包括电液伺服阀、油路块及配管等。

液压元件型号—律采用汉语拼音字母及阿拉伯数字编制，伺服液压缸型号拟由三部分组成，前部分表示伺服液压缸名称和结构特征，中部分表示伺服液压缸参数，后部分表示伺服液压缸其他特征和其他细节说明。

（1）伺服液压缸型号的前部分具体内容

1）根据 JB/T 2184—2007 的规定，前项（数字）以阿拉伯数字表示伺服液压缸的活塞杆数，如双出杆伺服液压缸及等速伺服液压缸以阿拉伯数字"2"表示活塞杆数，单活塞杆缸的前项数字省略。

2）根据 JB/T 2184—2007 的规定，以代号 DC※G 表示伺服液压缸的名称，具体含义为电液伺服控制（DC）※液压缸（G）。※G 具体所指可参照 JB/T 2184—2007 的规定。

3）根据 JB/T 2184—2007 的规定，对集成了电液伺服阀的伺服液压缸，其组成的复合元件以代号 DC 表示，与伺服液压缸代号中间用斜线隔开，不带电液伺服阀的省略。

4）参照 JB/T 2184—2007 中关于结构代号的规定，以活塞杆密封型式为结构特征，拟规定间隙密封代号为 01、密封件（圈）密封代号为 02、其他密封型式代号为 03，但现在的编制没有遵守按伺服液压缸定型先后给定。

（2）伺服液压缸型号的中部分具体内容

1）根据 JB/T 2184—2007 的规定，伺服液压缸的额定压力或公称压力的数值一般应符合 GB/T 2346 的规定，代号按 JB/T 2184—2007 的规定，其中特殊规定 21MPa 以代号 F_1 表示。

2）根据 JB/T 2184—2007 的规定，液压缸的缸内径×行程为其主参数。但在伺服液压缸编号中，以缸内径/活塞杆直径×最大缸行程数值（阿拉伯数字）表示，且一般应符合 GB/T 2348、GB 2349 的规定。

3）根据 JB/T 2184—2007 的规定，连接和安装方式应以大写汉语拼音表示。但在伺服液压缸编号中，其安装代号一般应按 GB/T 9094—2006 规定，而没有按照 JB/T 2184—2007 的规定。

（3）伺服液压缸型号的后部分其他特征具体内容

1）参照 JB/T 2184—2007 中关于行程端阻尼代号的规定，伺服液压缸行程端设置有固定式缓冲装置的以代号 ZC 表示，设置有可调节式缓冲装置的以代号 ZT 表示，伺服液压缸行程端没有设置缓冲装置的则省略。

2）分别以汉语拼音字母 NZ 表示具有内置（式）传感器的，以 WZ 表示具有外置（式）传感器的伺服

液压缸，没有设置传感器的则省略。

（4）伺服液压缸型号的后部分其他细节说明具体内容

其他细节说明可包括设计序号、制造商代号、工作介质、温度要求等，其标注方式由制造商确定。

1）工作介质（待定）。

2）密封材料（待选）。

3）制造商代号（待定）。

4）设计序号（待选）等。

（5）伺服液压缸型号示例

2DCHG/DC01-F₁63/45×150MP5-ZCNZ□

各项内容含义：

　　2——双出杆；

　DCHG——电液伺服控制（DC）活塞式液压缸（HC）；

　　DC——带电液伺服阀；

　　01——活塞杆密封型式为间隙密封；

　　F₁——额定压力为 21MPa；

63/45×150——缸内径为 63mm，活塞杆直径为 45mm，最大缸行程 150mm；

　MP5——带关节轴承，后端固定单耳环式；

ZC——缸行程端设置有固定式缓冲装置；

NZ——内置传感器；

□——其他细节说明（待定）。

在中船重工第七〇四研究所《伺服油缸产品手册》中给出了含有 10 项内容的产品型号组成，具有一定参考价值。

产品型号组成：

| 1 |—| 2 |/| 3 |—| 4 | 5 | 6 | 7 | 8 | 9 | 10 |

各项内容含义：

1——产品主称，以 CFG 表示伺服油缸；

2——缸径，见表 2-7；

3——活塞杆直径，见表 2-8；

4——活塞行程，表 2-9；

5——安装型式，包括伺服油缸中装电阻式或差动变压器式位移传感器、磁致伸缩位移传感器；

6——额定工作压力，见表 2-10；

7——传感器安装型式，见表 2-11；

8——活塞杆结构型式，见表 2-11；

9——活塞杆端连接型式，见表 2-12；

10——密封（密封材料与特性），见表 2-13。

表 2-7　缸径　（单位：mm）

20	25	30	32	35	40	45	50	55	60	63	65	70	75
80	85	90	95	100	105	220	110	120	125	130	140	160	180
200	210	220	240	250	265	280	300	320	360	380	400	450	500

注：表中带灰底的数字可能有误。

表 2-8　活塞杆直径　（单位：mm）

16	18	20	22	25	28	32	36	40	45	50	56	63	70
80	90	100	110	125	140	160	180	200	220	250	280	320	360

表 2-9　活塞行程　（单位：mm）

20	25	30	35	40	45	50	55	60	65	70	75	80	85
90	95	100	110	125	130	140	150	160	180	200	220	250	300

注：可按客户需要的行程订货（单活塞杆式伺服缸行程可在 20~2500mm 间任意选择，双活塞杆式伺服缸行程可在 20~2000mm 间任意选择）。

表 2-10　额定工作压力　（单位：MPa）

7	10	14	16	21	28

注：额定工作压力一般按 21MPa。

表 2-11　位移传感器安装型式和活塞杆结构型式

代号	位移传感器安装型式	代号	活塞杆结构型式
W	外装位移传感器	A	双向活塞杆
N	内装位移传感器	B	单向活塞杆

表 2-12 活塞杆端连接型式

代号	外螺纹	内螺纹	单耳球铰	Y 型接头	T 型接头
活塞杆端连接型式	1	2	3	4	5

作者注：在 GB/T 9094—2006 中没有规定"Y 型接头""T 型接头"这样的活塞杆端。

表 2-13 密封（密封材料与特性）

密封	密封材料	允许最大速度/(mm/s)	温度范围/℃
1	丁腈橡胶+聚亚胺脂	500	−25～100
2	氟橡胶+聚四氟乙烯	1000	−25～180
3	丁腈橡胶+聚四氟乙烯	1000	−25～100
4	丁腈橡胶+聚四氟乙烯加填充物	4000	−25～100

3. 液压缸结构特征

（1）液压缸结构特征

在液压缸型号组成的前部分中，前项数字表示液压缸的活塞杆数或伸缩缸级数（单活塞杆缸的前项数字省略）。

名称、主参数相同而结构不同的液压缸，根据定型先后用顺序编排的阿拉伯数字表示。一般包括：

1）缸体端部连接结构。

2）活塞结构及连接结构。

3）活塞杆结构。

4）缸盖结构。

5）缸底结构。

6）导向套结构。

7）密封结构。

8）缓冲结构。

9）排放气结构。

10）锁紧与防松结构。

11）连接和安装结构。

12）油口结构。

13）其他结构，如行程（外伸）限位、定位、调整，以及组合或集成的传动、控制、传感、信号、介质污染度控制、能量转换等元件、附件、总成或装置等。

对液压缸而言，其控制主要是针对工作腔（如无杆腔和有杆腔）压力、可动件（如活塞及活塞杆）速度（含方向）、缸行程（如最大行程和可调行程）（或含方向）的控制；能量转换包括气液和电液间转换。

更细的结构特征还可能包括如材料及机械性能、热处理、表面处理、防腐蚀、防污染等。

（2）各标准液压缸图样设计

1）JB/T 2162—2007 附录 A（规范性附录）液压缸图样设计。液压缸的进出油孔、固定螺栓、排气阀、压盖、支架的圆周分布位置标准图样设计按该标准图 A1 和表 A.1 的规定。选用时除排气阀和固定螺栓位置固定不动外，进出油孔的位置和连接螺纹均可根据需要与生产厂家商定。

2）JB/ZQ 4181—2006 中液压缸图样设计。后端耳环式（WE 型）冶金设备用 UY 型液压缸（$PN \leqslant$ 25MPa）按该标准图 1 的规定，前端法兰式（TF 型）冶金设备用 UY 型液压缸（$PN \leqslant$ 25MPa）按该标准图 2 的规定，后端法兰式（WF 型）冶金设备用 UY 型液压缸（$PN \leqslant$ 25MPa）按该标准图 3 的规定，中间固定耳轴式（ZB 型）冶金设备用 UY 型液压缸（$PN \leqslant$ 25MPa）按该标准图 4 的规定，前端固定耳轴式（TB 型）冶金设备用 UY 型液压缸（$PN \leqslant$ 25MPa）按该标准图 5 的规定，端部脚架式（JG 型）冶金设备用 UY 型液压缸（$PN \leqslant$ 25MPa）按该标准图 6 的规定。

3）JB/T 6134—2006 附录 A（规范性附录）液压缸图样设计。液压缸的进出油孔、固定螺栓、排气阀、压盖、支架的圆周分布位置标准图样设计应符合以下规定：①液压缸缸内径 $D = 40 \sim 200$mm 时按该标准图 A.1、表 A.1 的规定；②液压缸缸内径 $D = 220 \sim$ 320mm 时按该标准图 A.2、表 A.2 的规定；③选用时除排气阀和固定螺栓位置固定不动外，缓冲阀、单向阀、进出油孔的位置均可根据需要与生产厂家商定。

除上述几项液压缸标准外，在 JB/T 11588—2013 和 CB/T 3812—2013 等标准中还有一些图样可供设计时参照使用。

2.2 液压缸参数及参数计算

2.2.1 液压缸参数与主参数

JB/T 10205—2010 规定，液压缸的基本参数应包括缸内径、活塞杆直（外）径、公称压力、行程、安装尺寸。

除 JB/T 10205—2010 中规定的液压缸基本参数外，在其他液压缸及其相关标准中，还有将公称压力下的推力和拉力、活塞速度、额定压力、较小活塞杆直（外）径、柱塞式液压缸的柱塞直径、极限或最大行程、两腔面积比、螺纹油口及油口公称通径、活

塞杆螺纹型式和尺寸、质量、安装型式和连接尺寸等列入液压缸的基本参数。

JB/T 2184—2007 中规定的液压缸主参数为缸内径×行程，单位为 mm×mm。

各液压缸及其相关标准规定的液压缸参数见表2-14。

表 2-14　各液压缸及其相关标准规定的液压缸参数

标　准	参　数
GB/T 7935—2005	公称压力、缸内径和活塞杆直径、缸活塞行程、活塞杆螺纹型式和尺寸、油口、活塞杆端带关节轴承耳环安装尺寸等
GB/T 13342—2007	CB/T 3004—2005 规定的有液压缸的公称压力、液压缸内径、柱塞直径、活塞杆直径、面积比、行程和油口公称通径等 CB/T 3317—2001 规定的有公称压力、柱塞直径、内球头型缸的柱塞行程、缸的进出油口尺寸、安装型式和连接尺寸 CB/T 3318—2001 规定的有公称压力、缸的内径、面积比、活塞杆直径、缸的活塞行程、缸的进出油口、安装型式和连接尺寸
GB/T 24946—2010	公称压力、缸径、杆径、行程，数字缸的脉冲当量一般为 0.01~0.2mm/脉冲
JB/T 2162—2007	液压缸内径、活塞杆直径、极限行程、公称压力、公称压力下推力和拉力、安装型式
JB/T 3042—2011	基孔直径、活塞杆直径、活塞杆行程、进出油口联接螺纹、较小活塞杆直径
JB/ZQ 4181—2006	液压缸内径、活塞杆直径、活塞面积、活塞杆端环形面积、工作压力（范围）、液压缸工作环境温度、工作速度
JB/T 6134—2006	液压缸内径、两腔面积比、活塞杆直径、液压缸活塞速度、公称压力、公称压力下推力和拉力、极限行程
JB/T 11588—2013	缸径、活塞杆直径、油口、公称压力下推力和拉力、安装型式和连接尺寸、质量、最大行程等
JB/T 13141—2017	液压缸的基本参数应该包括液压缸内径、活塞杆直径、公称压力、行程。一般情况下，这些参数在设计转向系统时确定，详细设计由液压缸制造厂家完成
QC/T 460—2010	液压缸产品型号由级数代号、液压缸类别代号、压力等级代号、主参数代号、连接和安装方式代号、产品序号组成，其中主参数代号用缸径乘以行程表示，单位为 mm。活塞缸缸径指缸的内径，柱塞缸缸径指柱塞直径，套筒缸缸径指伸出第一级套筒直径，行程指总行程

注："额定压力"见于 GB/T 3766—2015、JB/T 9834—2014 等标准中。

2.2.2　液压缸参数计算公式

（1）液压缸理论输出力计算公式

1）对双作用单活塞杆液压缸，推力计算公式为

$$F_1 = pA_1 \tag{2-1}$$

式中　F_1——双作用单活塞杆液压缸缸理论输出推力，单位为 N；

　　　　p——（公称）压力，单位为 MPa；

　　　　A_1——无杆腔有效面积，$A_1 = \dfrac{\pi}{4}D^2$，单位为 mm²；

　　　　D——缸（内）径，单位为 mm。

式（2-1）还适用于单作用活塞式液压缸缸理论输出推力的计算。

注：缸输出推力也可称为"缸进程输出力"。

拉力计算公式为

$$F_2 = pA_2 \tag{2-2}$$

式中　F_2——双作用单活塞杆液压缸缸理论输出拉力，单位为 N；

　　　　p——（公称）压力，单位为 MPa；

　　　　A_2——有杆腔有效面积，$A_2 = \dfrac{\pi}{4}(D^2 - d^2)$，单位为 mm²；

　　　　D——缸（内）径，单位为 mm；

　　　　d——活塞杆直径，单位为 mm。

注：缸输出拉力也可称为"缸回程输出力"。

2）对单作用柱塞式液压缸，推力计算公式为

$$F_3 = pA_3 \tag{2-3}$$

式中　F_3——单作用柱塞式液压缸缸理论输出推力，单位为 N；

　　　　p——（公称）压力，单位为 MPa；

　　　　A_3——活塞杆截面面积，$A_3 = \dfrac{\pi}{4}d^2$，单位为 mm²；

　　　　d——活塞杆直径，单位为 mm。

式（2-3）适用于柱塞缸以及以液压缸为执行元

件的差动回路中双作用单活塞杆液压缸的理论输出推力的计算。

注：在 JB/T 10205—2010 中规定的"理论输出力"是指包括一个公称压力值在内的额定压力下（或范围内）的缸理论输出推力。严格地讲，上面各式如以公称压力计算，则应是公称压力这一个压力值下的缸理论输出力。

（2）缸运动阻力的计算公式

缸的实际输出力小于缸理论输出力，因为在缸理论输出力计算时忽略了背压、摩擦产生的阻力以及泄漏的影响等。缸运动阻力的计算公式为

$$F = F_1 + F_2 + F_3 \pm F_4 \pm F_5 \qquad (2\text{-}4)$$

式中　F——缸运动总阻力，或者为折算到活塞（活塞杆）上的一切外部载荷，单位为 N；

F_1——包括外部摩擦力在内的外载荷阻力，其主要由缸连接的运动零部件摩擦阻力和所驱动的外负载反作用力组成，数值上与缸实际输出力相等，单位为 N；

F_2——液压缸密封装置或系统的摩擦阻力，一般可按缸理论输出力的 4% 估算，单位为 N；

F_3——背压产生的阻力，包括带缓冲的液压缸进入缓冲状态时产生的缓冲压力，单位为 N；

F_4——缸及缸连接运动零部件折算到缸轴线上的重力，式（2-4）中重力与运动方向相反取"+"，重力与运动方向相同取"–"，$F_4 = mg$，单位为 N；

F_5——液压缸在起动、制动或换向时，缸及缸连接运动零部件折算到活塞（活塞杆）上的惯性阻力，式（1-4）中加速起动时取"+"，减速制动时取"–"，$F_5 = ma$，单位为 N；

m——缸及缸连接运动零部件折算到活塞（活塞杆）上的质量，单位为 kg；

g——重力加速度，$g_n = 9.80665\text{m/s}^2$；

a——加速度，匀速运动 $a = 0$，单位为 m/s²。

注：可以使用公式 $m = F_4/g_n$ 求取缸及缸连接运动零部件折算到活塞（活塞杆）上的质量。

（3）缸运行速度的计算公式

1）对双作用单活塞杆液压缸，缸进程速度的计算公式为

$$v_1 = \frac{Q}{60A_1} \times 10^6 \qquad (2\text{-}5)$$

式中　v_1——双作用单活塞杆液压缸缸进程速度，单位为 mm/s；

Q——无杆腔输入流量，单位为 L/min；

A_1——无杆腔有效面积，$A_1 = \dfrac{\pi}{4}D^2$，单位为 mm²；

D——缸（内）径，单位为 mm。

缸回程速度的计算公式为

$$v_2 = \frac{Q}{60A_2} \times 10^6 \qquad (2\text{-}6)$$

式中　v_2——双作用单活塞杆液压缸缸回程速度，单位为 mm/s；

Q——有杆腔输入流量，单位为 L/min；

A_2——有杆腔有效面积，$A_2 = \dfrac{\pi}{4}(D^2 - d^2)$，单位为 mm²；

D——缸（内）径，单位为 mm；

d——活塞杆直径，单位为 mm。

2）对单作用柱塞式液压缸，缸进程速度的计算公式为

$$v_3 = \frac{Q}{60A_3} \times 10^6 \qquad (2\text{-}7)$$

式中　v_3——单作用柱塞式液压缸缸进程速度，单位为 mm/s；

Q——工作腔输入流量，单位为 L/min；

A_3——活塞杆截面面积，$A_3 = \dfrac{\pi}{4}d^2$，单位为 mm²；

d——活塞杆直径，单位为 mm。

式（2-7）适用于柱塞缸以及以液压缸为执行元件的差动回路中双作用单活塞杆液压缸缸进程速度的计算。

（4）双作用单活塞杆液压缸往复运动速比计算公式

速比的计算公式为

$$\varphi = \frac{v_1}{v_2} = \frac{D^2 - d^2}{D^2} = \frac{1}{\phi} \qquad (2\text{-}8)$$

式中　φ——双作用单活塞杆液压缸缸进程速度与缸回程速度之比，简称速比；

ϕ——两腔面积比，$\phi = \dfrac{A_1}{A_2} = \dfrac{\dfrac{\pi}{4}D^2}{\dfrac{\pi}{4}(D^2 - d^2)}$；

A_1——无杆腔有效面积，单位为 mm²；

A_2——有杆腔有效面积，单位为 mm²；

D——缸（内）径，单位为 mm；

d——活塞杆直径，单位为 mm。

注：1. 液压缸往复运动速比不是液压缸参数，且在各版手册中皆以 $\varphi = v_2/v_1 = \phi$ 定义速比，即速比等于两腔面积比，而本手册以 $\varphi = v_2/v_1 = 1/\phi$ 定义速比，敬请读者注意。

2. JB/T 7939—2010 中规定了单活塞杆液压缸两腔面积比的标准比值。

（5）缸全行程时间计算公式

1）对双作用单活塞杆液压缸，缸进程全行程时间的计算公式为

$$t_1 = \frac{60V_1}{Q} \times 10^{-6} = \frac{15\pi D^2 s}{Q} \times 10^{-6} \qquad (2\text{-}9)$$

式中　t_1——缸进程全行程时间，单位为 s；

V_1——缸进程全行程无杆腔（湿）容积最大变化量（值），$V_1 = \frac{\pi}{4} D^2 s$，即缸进程时的充油量，单位为 mm³；

Q——无杆腔输入流量，单位为 L/min；

D——缸（内）径，单位为 mm；

s——缸全行程（或缸的活塞行程、极限行程、最大行程），单位为 mm。

缸回程全行程时间的计算公式为

$$t_2 = \frac{60V_2}{Q} \times 10^{-6} = \frac{15\pi (D^2 - d^2) s}{Q} \times 10^{-6} \qquad (2\text{-}10)$$

式中　t_2——缸进程全行程时间，单位为 s；

V_2——缸回程全行程有杆腔（湿）容积最大变化量（值），$V_2 = \frac{\pi}{4} (D^2 - d^2) s$，即缸回程时的充油量，单位为 mm³；

Q——有杆腔输入流量，单位为 L/min；

D——缸（内）径，单位为 mm；

d——活塞杆直径，单位为 mm；

s——缸全行程（或缸的活塞行程、极限行程、最大行程），单位为 mm。

2）对单作用柱塞式液压缸，缸进程全行程时间的计算公式为

$$t_3 = \frac{60V_3}{Q} \times 10^{-6} = \frac{15\pi d^2 s}{Q} \times 10^{-6} \qquad (2\text{-}11)$$

式中　t_3——缸进程全行程时间，单位为 s；

V_3——缸进程全行程容腔（湿）容积最大变化量（值），$V_3 = \frac{\pi}{4} d^2 s$，即缸进程时的充油量，单位为 mm³；

Q——容腔输入流量，单位为 L/min；

d——活塞杆直径，单位为 mm；

s——缸全行程（或缸的活塞行程、极限行程、最大行程），单位为 mm。

式（2-11）适用于柱塞缸以及以液压缸为执行元件的差动回路中双作用单活塞杆液压缸缸进程全行程时间的计算。

（6）液压缸理论输出功和功率计算公式

1）对双作用单活塞杆液压缸，缸进程全行程理论输出功的计算公式为

$$W_1 = F_1 s = pA_1 s = \frac{\pi}{4} D^2 ps \times 10^{-3} \qquad (2\text{-}12)$$

式中　W_1——缸进程全行程理论输出功，单位为 J；

F_1——双作用单活塞杆液压缸理论输出推力，单位为 N；

p——公称压力，单位为 MPa；

A_1——无杆腔有效面积，$A_1 = \frac{\pi}{4} D^2$，单位为 mm²；

D——缸（内）径，单位为 mm；

s——缸全行程（或缸的活塞行程、极限行程、最大行程），单位为 mm。

缸回程全行程理论输出功的计算公式为

$$W_2 = F_2 s = pA_2 s = \frac{\pi}{4} (D^2 - d^2) ps \times 10^{-3} \qquad (2\text{-}13)$$

式中　W_2——缸回程全行程理论输出功，单位为 J；

F_2——双作用单活塞杆液压缸缸理论输出拉力，单位为 N；

p——公称压力，单位为 MPa；

A_2——有杆腔有效面积，$A_1 = \frac{\pi}{4} (D^2 - d^2)$，单位为 mm²；

D——缸（内）径，单位为 mm；

d——活塞杆直径，单位为 mm；

s——缸全行程（或缸的活塞行程、极限行程、最大行程），单位为 mm。

缸理论输出功率或输入功率的计算公式为

$$P_1 = \frac{W_1}{t_1} = F_1 v_1 = pA_1 \frac{Q}{60A_1} = \frac{pQ}{60}$$

或

$$P_2 = \frac{W_2}{t_2} = F_2 v_2 = pA_2 \frac{Q}{60A_2} = \frac{pQ}{60}$$

或

$$P = \frac{pQ}{60} \qquad (2\text{-}14)$$

式中　P——缸理论输出功率或输入功率，单位为 kW；

p——公称压力，单位为 MPa；

Q——工作腔输入流量，单位为 L/min。

式（2-14）不但适用于双作用单活塞杆液压缸的驱动功率计算，而且还适用于柱塞缸的驱动功率计算。

2）对单作用柱塞式液压缸，缸进程全行程理论输出功的计算公式为

$$W_3 = F_3 s = pA_3 s = \frac{\pi}{4} d^2 ps \times 10^{-3} \quad (2\text{-}15)$$

式中　W_3——缸进程全行程理论输出功，单位为 J；

F_3——单作用柱塞式液压缸缸理论输出推力，单位为 N；

p——公称压力，单位为 MPa；

A_3——活塞杆截面面积，$A_3 = \frac{\pi}{4} d^2$，单位为 mm^2；

d——活塞杆直径，单位为 mm；

s——缸全行程（或缸的活塞行程、极限行程、最大行程），单位为 mm。

（7）缸输出力效率计算公式

缸的输出力效率为缸的实际输出力与理论输出力的比值，在液压缸及其相关标准中这一量的名称还称为"负载效率"。

$$\eta = \frac{F_1}{F} \times 100\% = \frac{F_1}{pA} \times 100\% \quad (2\text{-}16)$$

式中　η——缸输出力效率或负载效率；

F_1——缸实际输出力，单位为 N；

F——缸理论输出力，单位为 N；

p——包括一个公称压力值在内的额定压力，单位为 MPa；

A——缸有效面积，分别为无杆腔有效面积、有杆腔有效面积和活塞杆面积等，单位为 mm^2。

在液压缸及其相关标准中规定液压缸的负载效率不得低于90%。

注：缸实际输出力 F_1 一般应在液压缸水平安装，缸进程匀速运动下（中）测量。

（8）缸效率计算公式

液压缸是将流体能量转换成直线机械功的装置，因此存在能量转化（液压传动）效率问题。一般结构的液压缸总效率 η_t 由以下效率组成：

1）机械效率 η_m。因有液压缸密封装置或系统所产生的摩擦阻力而造成的能量损失，一般液压缸的机械效率 $\eta_m \geqslant 90\%$。

2）容积效率 η_v。因液压缸密封装置或系统存在泄漏，尤其采用活塞环密封时泄漏更大，一般液压缸容积效率 $\eta_v \geqslant 98\%$。

3）液压力效率 η_y。因液压缸一般存在液压力损失，如作用于缸有效面积上的液压力需克服背压或缓冲压力所产生的阻力等。

仅以背压为 p_1 的双作用单活塞杆液压缸为例，其在缸进程时液压（推）力效率为

$$\eta_y = \frac{pA_1 - p_1 A_2}{pA_1} \times 100\% \quad (2\text{-}17)$$

其在缸回程时液压（拉）力效率为

$$\eta_y = \frac{pA_2 - p_1 A_1}{pA_2} \times 100\% \quad (2\text{-}18)$$

式中　η_y——液压力效率；

p——公称压力（进油压力），单位为 MPa；

p_1——背压（排油压力），单位为 MPa；

A_1——无杆腔有效面积，$A_1 = \frac{\pi}{4} D^2$，单位为 mm^2；

A_2——有杆腔有效面积，$A_2 = \frac{\pi}{4}(D^2 - d^2)$，单位为 mm^2；

D——缸（内）径，单位为 mm；

d——活塞杆直径，单位为 mm。

则液压缸的总效率为

$$\eta_t = \eta_m \eta_v \eta_y \quad (2\text{-}19)$$

注：液压缸总效率（值）一定低于缸输出力效率（值），而且它不是现行液压缸及其相关标准规定的参数，但却是以液压缸为执行元件的液压系统设计所需要的。

2.2.3　液压缸参数计算示例

1. 理论输出力计算示例

在选定液压缸公称压力、缸内径和活塞杆直径后，依据式（2-1）和式（2-2）可以对双作用单活塞杆液压缸公称压力值下的理论输出推力和拉力进行计算，计算结果见表2-15。

表2-15 中的单位按 1kN = 1000N 或 1N = 10^{-3} kN 进行了换算。

另外，在 JB/ZQ 4181—2006 中给出的液压缸的基本参数表 1 可作为表2-15 的补充，具体见表2-16。

2. 缸内径计算示例

1）如果给定了液压系统公称（或额定或最高工作）压力、液压机主参数（公称力）等，即可对液压缸缸内径进行设计计算。

表 2-15　双作用单活塞杆液压缸的理论输出力

缸内径 D /mm	活塞杆直径 d /mm	公称压力/MPa					
		10		16		25	
		推力	拉力	推力	拉力	推力	拉力
		kN					
40	20	12.57	9.42	20.11	15.08	31.42	23.56
	22		8.77		14.02		21.91
50	25	19.63	14.73	31.42	23.56	49.09	36.82
	28		13.48		21.56		33.69
63	32	31.17	23.13	49.88	37.01	77.93	67.82
	36		20.99		33.59		52.48
80	40	50.27	37.70	80.42	60.32	125.66	94.25
	45		34.36		54.98		85.90
100	45	78.54	62.64	125.66	100.22	196.35	156.59
	56		53.91		86.26		134.77
	63		47.37		75.79		118.42
	70		40.06		64.09		100.14
125	56	122.72	98.09	196.35	156.94	306.80	245.22
	70		84.23		134.77		210.58
	80		72.45		115.92		181.13
	90		59.10		94.56		147.75
140	63	153.94	122.77	246.30	196.43	384.85	306.91
	80		103.67		165.88		259.18
	90		90.32		144.51		225.80
	100		75.40		120.64		188.50
160	70	201.06	162.58	321.70	260.12	502.65	406.44
	90		137.45		219.91		343.61
	100		122.52		196.04		306.31
	110		106.03		169.65		265.07
180	80	254.47	204.20	407.15	326.73	636.17	510.51
	100		175.93		281.49		440.15
	110		159.44		255.10		398.59
	125		131.75		210.80		329.38
200	90	314.16	250.54	502.65	400.87	785.40	626.45
	110		219.13		350.60		547.81
	125		191.44		306.31		478.60
	140		160.22		256.35		400.55
220	100	380.13	301.59	608.21	482.55	950.33	753.98
	125		257.41		411.86		643.54
	140		226.19		361.91		565.47
	160		179.07		286.51		447.68
225	100	397.61	319.07	636.17	510.51	994.02	797.67
	125		274.89		439.82		687.22
	140		243.67		389.88		609.17
	160		196.55		314.47		491.36
250	110	490.87	395.84	785.40	633.34	1227.18	989.60
	140		336.94		539.10		842.34
	160		289.81		463.71		724.53
	180		236.40		378.25		591.01
280	160	985.20		985.20	663.50	1539.38	1036.72
	180				578.05		903.21
	200				482.55		753.98

（续）

缸内径 D /mm	活塞杆直径 d /mm	公称压力/MPa					
		10		16		25	
		推力	拉力	推力	拉力	推力	拉力
		kN					
320	180			1286.80	879.65	2010.62	1374.45
	200				784.14		1225.22
	220				678.58		1060.29
360	220					2544.69	1594.36
	250						1317.50
400	250					3141.59	1914.41
	280						1602.21
450	280					3976.08	2436.70
	320						1965.46
500	320					4908.73	2898.12
	360						2364.05
630	380					7789.11	4957.82
	450						3817.03
710	440					9897.97	6096.65
	500						4989.24
800	500					12566.36	7657.63
	580						5961.17
900	560					15904.30	9746.78
	640						7861.83
950	580					17720.53	11115.34
	640						9678.06
1000	620					19634.94	12087.27
	710						9736.97

注：1. 参考了 GB/T 2348、JB/T 2162、JB/T 3042、JB/T 6134、JB/T 7939、JB/T 11588 和 CB/T 3812 等标准。

2. 公称压力值为 20MPa 和 31.5MPa 下的液压缸理论输出推力、拉力可参考 MT/T 94—1996 中表 B3（千斤顶公称承载力与内径配比关系）。

3. 对液压机主参数（公称力）以 tf 表示的，在工程上可按 $1N=10^{-4}tf$ 换算液压缸的推、拉力。

表 2-16 冶金设备用 UY 型液压缸（$PN \leqslant 25MPa$）的基本参数表

液压缸内径 D /mm	活塞杆直径 d /mm	工作压力/MPa									
		10		12.5		16		21		25	
		推力	拉力	推力	拉力	推力	拉力	推力	拉力	推力	拉力
		kN									
40	28	12.57	6.41	15.71	8.01	20.11	10.23	26.39	13.46	31.42	16.12
50	36	19.63	9.46	24.54	11.82	31.42	15.13	41.23	19.86	49.09	23.64
63	45	31.17	15.27	38.97	19.09	49.88	24.43	65.46	32.06	77.93	38.17
80	56	50.27	25.64	62.83	32.05	80.42	41.02	105.56	53.84	125.66	64.09
100	70	78.54	40.06	98.17	50.07	125.66	64.09	164.93	84.12	196.35	100.14
125	90	122.72	59.1	153.4	73.88	196.35	94.57	257.71	124.12	306.8	147.76
140	100	153.94	75.4	192.42	94.25	246.35	120.64	323.27	158.34	384.85	188.5
160	110	201.06	106.03	251.33	132.54	321.7	169.65	422.23	222.67	502.65	265.08
180	125	254.47	131.75	318.09	164.69	407.15	210.81	534.38	276.68	636.17	329.39
200	140	314.16	160.23	392.7	200.28	502.65	256.36	659.73	336.47	785.4	400.57
220	160	308.13	179.08	475.17	233.85	608.21	286.52	798.28	376.06	950.33	447.69
250	180	490.87	236.41	613.59	295.52	785.4	378.26	1030.84	496.47	1227.18	591.03

（续）

液压缸内径 D /mm	活塞杆直径 d /mm	工作压力/MPa									
		10		12.5		16		21		25	
		推力	拉力	推力	拉力	推力	拉力	推力	拉力	推力	拉力
		kN									
280	200	615.75	310.6	769.69	377	985.2	482.56	1293.08	633.37	1539.38	754.01
320	220	804.25	424.13	1005.31	530.16	1286.8	678.6	1688.92	890.67	2010.62	1060.32
360	250	1017.88	527.02	1272.35	658.77	1628.6	843.23	2137.54	1106.74	2544.69	1317.54
400	280	1256.64	640.9	1570.8	801.13	2010.62	1025.45	2638.94	1345.9	3141.59	1602.26

注：1. 液压缸工作环境温度-30~225℃；

　　2. 工作速度≤5m/s。

例如，给定液压系统公称压力为 $PN(p)$ = 16MPa，粉末制品液压机公称力为 F = 400kN，根据式（2-1）导出公式

$$D = \sqrt{\frac{4F}{\pi p}} \qquad (2\text{-}20)$$

式中　D——缸（内）径，单位为 mm；

　　　F——液压缸缸理论输出推力，单位为 N；

　　　p——公称压力或额定压力，单位为 MPa。

设计计算缸内径，则

$$D = \sqrt{\frac{4F}{\pi p}} = \sqrt{\frac{4 \times 400 \times 10^3}{3.14159 \times 16}} \text{mm} = 178.412\text{mm}$$

根据 GB/T 2348—2018 的规定及圆整计算值，此液压机用液压缸缸内径可选取为 D = 180mm。

如果选用的额定压力小于公称压力（如选用的额定压力为 14MPa）或需要有一定的缸输出力裕量（度），还可进一步考虑选取缸内径为 D = 200mm，但应认真权衡利弊；但是，不能选取缸内径 D = 160mm 的液压缸用于该液压机，因为在液压系统公称压力下，其缸输出推力只有 $F = \frac{\pi}{4} D^2 p = \frac{3.14159}{4} \times 160^2 \times$ 16N = 321698.816N ≈ 321.70kN，无法达到该粉末制品液压机所要求的公称力 F = 400kN。

上述粉末制品液压机公称力由一台双作用单活塞杆液压缸缸输出推力提供，但大多数液压机公称力是由两台或多台液压缸缸输出力共同提供（见下例），特殊结构的液压机公称力还有的是由液压缸输出拉力提供的。因此，当依据液压机公称力设计计算缸内径时要注意折算公称力。

另外，不建议采用依靠提高（超过公称压力或额定压力的）液压系统工作压力的办法来增大液压缸的缸输出力的做法。如果这样做，将会给液压缸、液压系统乃至液压机都可能带来危险，这也是液压机安全技术要求所不允许的。

根据参考文献［76］给出的盾构推进电液系统主要设计参数，设计计算液压缸内径。盾构推进电液系统主要设计参数见表 2-17。

表 2-17　盾构推进电液系统主要设计参数

参　数	参数值	参数	参数值
液压缸行程/mm	1500	最大顶力/kN	3900
液压缸数量/台	6	额定压力/MPa	24
推进速度/(mm/min)	0~60	最大压力/MPa	30
额定顶力/kN	3000		

液压缸内径 D 按额定压力计算，根据式（2-20），则缸内径为

$$D = \sqrt{\frac{4F}{\pi p}} = \sqrt{\frac{4 \times 3000 \times 10^3}{3.14159 \times 24 \times 6}} \text{mm} \approx 162.868\text{mm}$$

圆整后可取液压缸内径 D 为 200mm。

2）如果给定了液压系统向液压缸的输入流量、缸进程速度或缸进程时间等，即可对液压缸缸内径进行设计计算。

例如，给定缸进程（工进）速度为 v ≤ 8mm/s，WC67Y—100T 液压板料折弯机液压系统向单台液压缸输入流量为 Q = 12.125L/min，根据式（2-3）导出公式：

$$D = \sqrt{\frac{Q}{15\pi v}} \times 10^3 \qquad (2\text{-}21)$$

式中　D——缸（内径），单位为 mm；

　　　Q——液压系统向缸无杆腔输入流量，单位为 L/min；

　　　v——缸进程速度，单位为 mm/s。

设计计算缸内径，则

$$\begin{aligned} D &= \sqrt{\frac{Q}{15\pi v}} \times 10^3 \\ &= \sqrt{\frac{12.125}{15 \times 3.14259 \times 8}} \times 10^3 \text{mm} \\ &= 179.34\text{mm} \end{aligned}$$

根据 GB/T 2348—2018 的规定及圆整计算值，此液压机用液压缸缸内径可选取为 D = 180mm。

3. 活塞杆直径计算示例

1) 对于双作用单活塞杆液压缸，如果给定了液压系统公称（或额定）压力、液压缸输出拉力等，在选取缸内径后，即可对液压缸活塞杆直径进行设计计算。根据式（1-2）导出公式：

$$d = \sqrt{D^2 - \frac{4F}{\pi p}} \qquad (2\text{-}22)$$

式中 d——活塞杆直径，单位为 mm；

D——缸（内）径，单位为 mm；

F——液压缸缸理论输出拉力，单位为 N；

p——公称压力或额定压力，单位为 MPa。

如果给定液压系统公称压力为 $p = 16$MPa，液压缸理论输出拉力 $F = 200$kN，缸内径选定为 $D = 160$mm，则

$$d = \sqrt{D^2 - \frac{4F}{\pi p}} = \sqrt{160^2 - \frac{4 \times 200 \times 10^3}{3.14159 \times 16}}\text{mm}$$

$$= 98.41\text{mm}$$

根据 GB/T 2348—2018 的规定及圆整计算值，该液压缸活塞杆直径可选取为 $d = 90$mm。

一般不能选取活塞杆直径为 $d = 100$mm，因为在液压系统公称压力下，其缸输出拉力只有 $F = \frac{\pi}{4}(D^2 - d^2)p = \frac{3.14159}{4}(160^2 - 100^2)16\text{N} = 196035.216\text{N} = 196.04$kN，无法达到液压缸输出理论拉力应为 $F = 200$kN 的设计要求。

如果液压机公称力是由两台或多台液压缸输出拉力共同提供，在依据液压机公称力设计计算缸内径时仍要注意折算公称力。

2) 如果给定了液压缸往复运动速比或两腔面积比，在选取缸内径后，即可对液压缸活塞杆直径进行设计计算。根据式（2-8）导出公式：

$$d = D\sqrt{1 - \varphi} \qquad (2\text{-}23)$$

或

$$d = D\sqrt{\frac{\phi - 1}{\phi}} \qquad (2\text{-}24)$$

式中 d——活塞杆直径，单位为 mm；

D——缸（内）径，单位为 mm；

φ——双作用单活塞杆液压缸缸进程速度与缸回程速度之比；

ϕ——两腔面积比。

因 $\phi = 1/\varphi$，在已知速比 φ 时即可计算出两腔面积比 ϕ，进一步可根据 JB/T 7939—2010 的规定及圆整计算值后，再根据 GB/T 2348—2018 选取活塞杆直径；也可根据两腔面积比直接选取活塞杆直径。

如给定两腔面积比为 $\phi = 1.46$，在选定缸径为 $D = 160$mm 后，依据式（2-23），则

$$d = D\sqrt{\frac{\phi - 1}{\phi}} = 160\sqrt{\frac{1.46 - 1}{1.46}}\text{mm}$$

$$= 89.81\text{mm}$$

根据 GB/T 2348—2018 规定及圆整计算值，该液压缸活塞杆直径可选取为 $d = 90$mm。

3) 如果给定了液压系统向液压缸的输入流量、缸回程速度或缸回程时间等，在选定缸径后，即可对液压缸活塞杆直径进行设计计算。

例如，给定缸回程速度为 $v \geqslant 70$mm/s，还以 WC67Y—100T 液压板料折弯机液压系统为例，该液压系统向单台液压缸输入流量为 $Q = 12.125$L/min，根据式（2-6）导出公式

$$d = \sqrt{D^2 - \frac{Q}{15\pi v} \times 10^6} \qquad (2\text{-}25)$$

式中 d——活塞杆直径，单位为 mm；

D——缸（内）径，单位为 mm；

Q——液压系统向缸有杆腔输入流量，单位为 L/min；

v——缸回程速度，单位为 mm/s。

设计计算活塞杆直径，则

$$d = \sqrt{D^2 - \frac{Q}{15\pi v} \times 10^6}$$

$$= \sqrt{180^2 - \frac{12.125}{15 \times 3.14159 \times 70} \times 10^6}\text{mm}$$

$$= 169.48\text{mm}$$

经圆整计算值，该液压缸活塞杆直径可选取为 $d = 170$mm（非标）。

4) 如果液压缸无速比等要求，则可按下式初步选取活塞杆直径。

$$d = (0.45 \sim 0.7)D$$

根据参考文献［76］给出的盾构推进电液系统主要设计参数（见表 2-17）及液压缸内径设计计算结果，设计计算活塞杆直径。

活塞杆的外径 d 根据受力情况和工作压力来选取。当工作压力 $p > 7$MPa 时，可取 $d = 0.7D$。

$$d = 0.7D = 0.7 \times 200\text{mm} = 140\text{mm}$$

圆整后可取活塞杆直径 d 为 160mm。

当选取活塞杆直径时，主要应注意以下几点：

a) JB/T 7939—2010 中给出的各两腔面积比 1.06、1.12、1.25、1.40、1.60、2.00、2.50、5.00 是优先数值而非实际值。

b) 当两腔面积比 $\phi \geqslant 5$ 时，应注意防止由于无杆腔有效面积与有杆腔有效面积差大，即缸径与活塞杆直径

差小所引起的增压超过额定压力或公称压力极限值。

c）当两腔面积比 $\phi \geqslant 5$ 时，应注意避免以活塞与其他缸零件接触作为缸进程的限位器。

d）当两腔面积比 $\phi \leqslant 1.06$ 时，应注意避免活塞杆由于无杆腔有效面积与有杆腔有效面积差小，即缸径与活塞杆直径差大所产生弯曲或失稳；必要时应对活塞杆进行强度、刚度及压杆稳定性验算（校核）。

对于非标的活塞杆直径选取，应考虑活塞杆密封装置或系统中各密封件的选取；两腔面积比大的液压缸有杆腔应设置安全阀。

5）活塞杆强度计（验）算。

a）当活塞杆处于稳定状态下，仅承受轴向载荷（忽略自身重力）作用时，按简单拉伸（压缩）强度条件：

$$\sigma \leqslant \sigma_1 - \sigma_3 = \sigma_p = \frac{\sigma_s}{n} \qquad (2\text{-}26)$$

或

$$\sigma \leqslant \sigma_1 - \nu\sigma_3 = \sigma_p = \frac{\sigma_s}{n} \qquad (2\text{-}27)$$

式中　σ——在常温、静载荷作用下危险截面最大拉（压）应力，单位为 MPa；
　　　σ_p——材料的许用应力，单位为 MPa；
　　　σ_s——屈服点，单位为 MPa；
　　　n——安全系数，对于 $R_m = R_{mc}$ 的塑性材料，如低碳钢、非淬硬中碳钢、退火球墨铸铁等，$n = 1.4 \sim 1.6$；对于 $R_m < R_{mc}$ 的脆性材料，如灰口铸铁等，$n = 2.5 \sim 3$。

以材料为 20 钢正火、45 钢正火、45 钢调质处理的实心活塞杆为例，分别在公称压力 16MPa、25MPa 下，符合强度条件的活塞杆直径见表 2-18。

表 2-18　符合强度条件的活塞杆直径　　　　　（单位：mm）

缸（内）径 D	在公称压力 16MPa 下			在公称压力 25MPa 下		
	20 钢正火	45 钢正火	45 钢调质	20 钢正火	45 钢正火	45 钢调质
	活塞杆直径 $d \geqslant$					
50	18	14	14	22	18	16
63	22	18	16	28	22	20
80	28	25	20	36	28	25
100	36	28	25	45	36	32
125	45	36	32	56	45	40
160	56	45	40	70	56	50
200	70	56	50	90	70	63
250	90	70	63	110	90	80

注：因产品选取的活塞杆直径通常为表 2-18 所列的在 GB/T 2348 中规定的活塞杆直径系列内至少大一个规格，因此对只承受单向载荷作用（如只输出推力）的中碳钢材料的活塞杆，可以不进行调质处理；在一定条件下，可以用正火或正火+回火代替调质。表 2-18 不但是活塞杆直径选取的基本依据，还是提出这些活塞杆技术要求的基本根据。

b）当活塞杆处于稳定状态下，承受偏心（忽略自身重力）载荷作用时，即有弯曲力矩作用时，按偏心拉伸（压缩）强度条件：

$$\sigma = \left(\frac{F}{A} + \frac{M}{W}\right) \times 10^{-6} \leqslant \sigma_p = \frac{\sigma_s}{n} \qquad (2\text{-}28)$$

式中　σ——在常温、静载荷作用下危险截面最大偏心拉（压）应力，单位为 MPa；
　　　F——平行但不重合于活塞杆轴线的与缸理论输出推力或拉力相等的外部载荷，单位为 N；
　　　A——危险面截面面积，单位为 m^2；
　　　M——偏心载荷对活塞杆产生的弯曲力矩，单位为 N·m；
　　　W——活塞杆截面系数，单位为 m^3
其他符号含义同上。

下面以参考文献［76］给出的 $\phi6.3\text{m}$ 盾构推进液压缸活塞杆轴向压缩时强度校核做为示例。

液压缸受力：额定压力为 33MPa，工作行程为 2150mm，轴向载荷为 175t，径向载荷为 89.8（≈ 90）kN，轴向（和径向）载荷偏心量为 60mm。

因为活塞杆承受偏心载荷，弯曲力矩不可忽略，所以活塞杆强度按下式［即式（2-28），其仅为单位不同］校核。

$$\sigma = \frac{F}{A} + \frac{M}{W} \leqslant [\sigma]$$

式中　F——液压缸的最大推力，$F = 1.75 \times 10^6 \text{N}$；
　　　A——活塞杆截面面积，$A = \pi d^2/4$；
　　　d——活塞杆直径，由给定的参数知其为 0.2m，可得 $A = \pi d^2/4 = \pi \times 0.2^2/4 = 3.14 \times 10^{-2} \text{m}^2$；
　　　W——截面系数，对于实心圆截面活塞杆，$W = \pi d^2/32 = \pi \times 0.2^2/32 = 3.93 \times 10^{-3} \text{m}^2$；

$[\sigma]$——活塞杆材料的许用应力，$[\sigma]=R_m/n$；

R_m——材料的抗拉强度，活塞杆的材质为 45 钢，其抗拉强度 $R_m=6\times10^8$ Pa；

n——安全系数，通常取 $n=2\sim4$，故 $[\sigma]=R_m/n=6\times10^8/3=2\times10^8$ Pa；

M——偏心载荷对活塞杆产生的弯曲力矩。

轴向载荷 F 所产生的弯曲力矩为

$$M_1=Fe=1.75\times10^6\times0.06\,\text{N}\cdot\text{m}$$
$$=1.05\times10^5\,\text{N}\cdot\text{m}$$

径向载荷 N 所产生的弯（曲力）距为

$$M_2=Nl\approx9\times10^4\times5.05\,\text{N}\cdot\text{m}$$
$$=4.545\times10^5\,\text{N}\cdot\text{m}$$

将其分别代入上式，得

$$\sigma_1=\frac{F}{A}+\frac{M_1}{W}$$
$$=\frac{1.75\times10^6}{3.14\times10^{-2}}\text{Pa}+\frac{1.05\times10^5}{3.93\times10^{-3}}\text{Pa}$$
$$=8.24\times10^7\,\text{Pa}$$

$$\sigma_2=\frac{F}{A}+\frac{M_2}{W}$$
$$=\frac{1.75\times10^6}{3.14\times10^{-2}}\text{Pa}+\frac{4.545\times10^5}{3.93\times10^{-3}}\text{Pa}$$
$$=1.71\times10^8\,\text{Pa}$$

σ_1、σ_2 均小于 $[\sigma]$，所以满足（活塞杆）轴向压缩时的强度条件。

但是，如果按下式计算

$$\sigma=\frac{F}{A}+\frac{M_1+M_2}{W}$$
$$=\frac{1.75\times10^6}{3.14\times10^{-2}}\text{Pa}+\frac{1.05\times10^5+4.545\times10^5}{3.93\times10^{-3}}\text{Pa}$$
$$=1.98\times10^8\,\text{Pa}$$

则此应力与按 $[\sigma]=R_m/n=6\times10^8/3=2\times10^8$（Pa）计算的材料许用应力非常接近。这恐怕不止与式（2-26）或式（2-27）给出的材料的许用应力不同有关，还与给出 $l=5.05$m 是否正确有关，因为该参考文献给出的缸工作行程为 2150mm。

4. 缸行程限值计算示例

在一定条件下，缸行程存在一个限值。当液压缸缸行程超过这一限值时，液压缸及活塞杆即可能存在强度、刚度及压杆稳定性问题。这里的"一定条件"至少还应包括活塞杆材料、结构型式、热处理、表面处理等。

（1）双作用单活塞杆液压缸缸行程限值

各液压缸产品标准中规定的双作用单活塞杆液压缸缸行程值见表 2-19 和表 2-20。

表 2-19　双作用单活塞杆液压缸缸行程限值（$PN\leqslant16$MPa）

液压缸内径 D /mm	活塞杆直径 d /mm	在公称压力为 16MPa 下，缸行程限值 s_{max}/mm				
		安装型式				
		G	B	S	T	W
50	28	1000	630	400	1000	450
63	36	1250	800	550	1250	630
80	45	1600	1000	800	1600	800
100	56	2000	1250	1000	2000	1000
125	70	2500	1600	1250	2500	1250
160	90	3200	2000	1600	3200	1800
200	110	3600	2500	2000	3600	2000
250	140	4750	3200	2500	4750	2800

注：1. 摘自 JB/T 2162—2007 中的表 1，G 为脚架固定式，B 为中间摆动式，S 为尾部悬挂式，T 为头部法兰式，W 为尾部法兰式。

2. 除 JB/T 2162 规定的液压缸外，其他仅供参考。

表 2-20　双作用单活塞杆液压缸缸行程限值（$PN\leqslant25$MPa）

液压缸内径 D /mm	活塞杆直径 d /mm	在公称压力为 25MPa 下，缸行程限值 s_{max}/mm					
		安装型式					
		S1 S2	B1	B2	B3	G F1	F2
40	22	40	200	135	80	450	120
50	28	140	400	265	180	740	265
63	36	210	550	375	250	990	375
80	45	280	700	480	320	1235	505
100	56	360	900	600	400	1520	610
125	70	465	1100	760	550	1915	785
125	90	960	2200	1415	1000	3310	1480
140	80	550	1400	900	630	2200	900
140	90	800	1800	1210	800	2905	1260
140	100	1055	2200	1560	1100	3640	1630
160	90	630	1400	1000	700	2500	1000
160	100	840	2000	1295	900	3120	1350
160	110	1095	2500	1630	1100	3835	1705
200	110	700	1800	1100	800	2800	1250
200	125	1065	2200	1625	1100	3890	1700
200	140	1445	3200	2135	1400	4975	2240
220	125	800	2200	1400	1000	3600	1400
220	140	1205	2800	1850	1250	4440	1930
220	160	1730	3600	2550	1800	5920	2675
250	140	900	2200	1400	1100	3600	1600
250	160	1445	3200	2180	1600	5255	2280
250	180	1965	4000	2875	2000	6630	3020
320	180	1250	2800	2000	1400	5000	2000
320	200	1710	3600	2600	1800	6205	2730
320	220	2215	4000	3270	2200	7635	3445

注：1. 摘自 JB/T 6134—2006 中的表 1，S1 为装关节轴承的后端耳环式，S2 为装滑动轴承的后端耳环式，B1 为前端固定耳轴式，B2 为中间固定耳轴式，B3 为后端固定耳轴式，G 为端部脚架式，F1 为前端法兰式，F2 为后端法兰式。

2. 除 JB/T 6134 规定的液压缸外，其他仅供参考。

（2）由压杆临界载荷决定的缸行程限程

由压杆稳定条件，有

$$F_p \leqslant [F_p] = \frac{F_{kp}}{n_k} \tag{2-29}$$

式中　F_p——与缸理论输出推力相等的压缩压杆的外部载荷，单位为 N；

　　　$[F_p]$——压杆的许用载荷，单位为 N；

　　　F_{kp}——压杆受压产生弯曲的临界载荷，单位为 N；

　　　n_k——压杆稳定安全系数，一般按 $n_k = 4 \sim 6$ 选取。

当安装距加行程为 l 且与 d 之比大于 10 时，即 $l/d > 10$ 时，根据式（1-29）及欧拉公式，有

$$F_p \leqslant \frac{n^2 \pi^2 EI}{n_k l^2}$$

即

$$l \leqslant \sqrt{\frac{n^2 \pi^2 EI}{n_k F_p}} \tag{2-30}$$

式中　l——安装距与行程限值之和（或称计算长度），单位为 m；

　　　n——末端条件系数；

　　　E——材料弹性模量，单位为 Pa；

　　　I——活塞杆横截面的惯性矩，单位为 m^4；

　　　n_k——压杆稳定安全系数，一般按 $n_k = 4 \sim 6$ 选取；

　　　F_p——与缸理论输出推力相等的压缩压杆的外部载荷，单位为 N。

如果选择两端为球铰约束（两端采用球轴承，如 CB/T 3812 规定的 d 型）的液压缸，因 $n = 1$，则

$$l \leqslant \pi \sqrt{\frac{EI}{n_k F_p}} \tag{2-31}$$

选择实心活塞杆材料为 45 钢调质处理，其材料弹性模量选取 $E = 210 \times 10^9$ Pa，在选取的几种压杆稳定安全系数（$n_k = 2$、3、4、5、6）下，按式（2-31）计算安装距与行程限值之和 l，见表 2-21。

表 2-21　选取几种安全系数下的安装距与行程限值之和

液压缸内径 D /mm	活塞杆直径 d /mm	惯性矩 I /10^{-6} m^4	在公称压力为 25MPa 下						
			推力 F_p /N	选取在各压杆稳定安全系数 n_k 下					参考值
				2	3	4	5	6	
				安装距与行程限值之和 $l/m \leqslant$					
100	56	0.48275	196	1.597	1.304	1.129	1.010	0.922	—
125	70	1.17859	306	1.998	1.631	1.412	1.263	1.153	—
140	80	2.01062	384	2.329	1.902	1.647	1.473	1.345	—
160	90	3.22062	502	2.578	2.105	1.823	1.630	1.488	—
180	100	4.90873	636	2.828	2.309	1.999	1.788	1.633	—
200	110	7.18688	785	3.080	2.515	2.178	1.948	1.778	2.030
220	125	11.9842	950	3.616	2.952	2.556	2.228	2.087	2.280
250	140	18.8574	1227	3.991	3.258	2.821	2.524	2.304	—

因 $l = L + s_{max}$，其中设安装距为 L，行程限值为 s_{max}，当安装距给定一个值，则按表 2-21 即可确定行程限值。

例如，CB/T 3812—2013 规定的船用舱口盖液压缸 CYGd-G220/125×□ 的安装距（最小）为 680mm，按表 2-21 中 $n_k = 5$ 下 $l \leqslant 2.228$m，则 $s_{max} \leqslant 2228$mm—680mm = 1548mm，与在 CB/T 3812 中规定的行程 1600mm 基本相符。

几点说明：

1）严格地讲，有两种不同类型的稳定（性）计算，即稳定（性）校核计算和稳定（性）设计计算，根据式（2-31）计算的属于稳定性设计计算。

2）式（2-30）及式（2-31）适用于等截面、液压缸及活塞杆承受轴向（非偏心）载荷作用且应力没有超过比例极限的大柔度压杆计算。

3）表 2-21 中参考值来源于 CB/T 3812—2013 中的表 9。

4）各参考文献中的压杆稳定安全系数可选取范围不尽相同，如 $n_k = 2 \sim 4$ 或 $n_k = 3.5 \sim 6$ 等，本手册建议按 $n_k = 4 \sim 6$ 选取。

（3）液压缸活塞杆稳定性校核

下面再以参考文献［76］给出的 ϕ6.3m 盾构推进液压缸活塞杆稳定性校核作为示例。

当液压缸支撑长度 $L_B \geqslant (10 \sim 15)d$ 时，需验算活塞杆的弯曲稳定性。直杆受偏载示意如图 2-1 所示。按材料力学理论，一根受压直杆，当其轴向载荷 F 超过临近载荷 F_k 时就会产生失稳。对液压缸还需考虑稳定安全系数 n_k，因此受压活塞杆的稳定性条件为

$$F \leqslant \frac{F_k}{n_k}$$

式中　F_k——液压缸临界载荷；

　　　　n_k——稳定安全系数，一般取 $n_k = 2 \sim 4$。

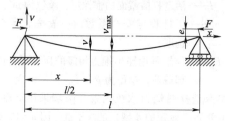

图 2-1　直杆受偏载示意

细长压杆在受偏心距为 e 的偏心压力 F 作用下变成如图 2-1 所示的挠曲线。x-ν 平面是杆的纵向对称面，轴向偏心压力 F 就在此平面内，压杆在该平面内的弯曲刚度为 EI。任意横截面 x 处的挠度为 ν，弯矩为

$$M(x) = -F(e+\nu) \tag{2-32}$$

挠曲线的近似微分方程为

$$EI\nu'' = -F(e+\nu) \tag{2-33}$$

$$\nu'' + K^2\nu = -K^2 e \tag{2-34}$$

式中　$K^2 = \dfrac{F}{EI}$。

此微分方程的通解为

$$\nu = C_1 \sin Kx + C_2 \cos Kx - e \tag{2-35}$$

式中　C_1、C_2——积分常数。

对压杆的两端铰支，边界条件为：当 $x = 0$ 时，$\nu = 0$；当 $x = l$ 时，$\nu = 0$。

由式 (2-35) 得

$$C_1 = e\tan\frac{Kl}{2}, \quad C_2 = e$$

将 C_1、C_2 代入式 (2-35) 得挠度曲线的方程

$$\nu = e\left(\tan\frac{Kl}{2}\sin Kx + \cos Kx - 1\right) \tag{2-36}$$

(假设) 最大挠度 ν_{max} 在压杆的中点，即 $x = l/2$ 处。将 $x = l/2$ 代入式 (2-36)，得最大挠度 ν_{max} 为

$$\nu_{max} = e\left(\sec\frac{Kl}{2} - 1\right) \tag{2-37}$$

将式 (2-37) 改写为

$$\sec\frac{Kl}{2} = \frac{\nu_{max}}{e} + 1 \tag{2-38}$$

下面讨论 $e \to 0$ 的情况：

由式 (2-38) 可见，当 $e \to 0$ 时，若 $\sec\dfrac{Kl}{2}$ 不趋

于无限大，则必有 $\nu_{max} = 0$；若 $\sec\dfrac{Kl}{2}$ 趋于无限大的任意值，即失稳。而 $\sec\dfrac{Kl}{2}$ 趋于无限时，$\dfrac{Kl}{2}$ 的最小值为

$$\frac{Kl}{2} = \frac{\pi}{2}$$

由此得

$$K = \sqrt{\frac{F}{EI}} = \frac{\pi}{l}$$

即

$$F = \frac{\pi^2 EI}{l^2} \tag{2-39}$$

式中，F 是实际压杆承载能力的一个理论上的上限值，即 F_k。

因盾构推进液压缸活塞杆材料为 45 钢，其他参数同上，则

$$F_k = \frac{\pi^2 EI}{l^2} = \frac{\pi^2 \times E \times \dfrac{\pi d^4}{64}}{l^2}$$

$$= \frac{3.14^2 \times 2.11 \times 10^{11} \times \dfrac{3.14 \times 0.2^4}{64}}{5.05^2}\text{N}$$

$$= 6.4 \times 10^6 \text{N}$$

$$\frac{F_k}{n_k} = \frac{6.4 \times 10^6}{4}\text{N} = 1.6 \times 10^6 \text{N} < F = 1.75 \times 10^6 \text{N}$$

因上式不符合 $F \leqslant \dfrac{F_k}{n_k}$，所以当 $n_k = 4$ 时，此压杆失稳。

参考文献 [76] 指出：活塞杆稳定性计算结果超出允许范围，这是由于采用材料力学知识无法处理活塞杆末端位移约束所造成的。采用有限元方法能够全面考虑各种复杂约束，可以较好地解决此问题。

2.3　液压缸的技术要求

2.3.1　《液压缸》标准规定的技术要求

(1) 一般要求

1) 液压缸的公称压力应符合 GB/T 2346 的规定。

2) 液压缸缸径、活塞杆直径应符合 GB/T 2348 的规定。

3) 油口连接螺纹尺寸应符合 GB/T 2878.1 的规定。

4) 活塞杆螺纹型式和尺寸应符合 GB 2350 的规定。

5) 密封沟槽应符合 GB/T 2879、GB 2880、

GB/T 6577—1986、GB/T 6578 的规定。

6）液压缸工作的环境温度应在-20~50℃，工作介质温度应在-20~80℃。

（2）性能要求

1）最低起动压力试验测量值应符合 JB/T 10205 中 6.2.1 条的规定。

2）内泄漏量试验测量值应符合 JB/T 10205 中 6.2.2 条的规定。

3）外渗漏试验测量值应符合 JB/T 10205 中 6.2.3.1 条和 6.2.3.2 条的规定。

4）低压下的泄漏应符合 JB/T 10205 中 6.2.4 条的规定。

5）耐压性应符合 JB/T 10205 中 6.2.7 条的规定。

6）缓冲应符合 JB/T 10205 中 6.2.8 条的规定。

（3）装配和外观要求

1）液压缸的装配质量应符合 JB/T 10205 中 6.3.2 条的规定。

2）液压缸的外观质量应符合 JB/T 10205 中 6.4 条的规定。

（4）其他要求

在与客户签订的合同或技术协议中约定的其他要求。

（5）说明

当选择遵守《液压缸》标准时，在试验报告、产品目录和销售文件中应使用以下说明：

"本公司液压缸产品符合 JB/T 10205—2010《液压缸》的规定"。

注：1）可能的话，应在液压缸技术要求中剔除 GB 2880 标准，并增加如 GB/T 3452.3—2005、GB/T 15242.3—1994 等标准。

2）工作介质温度宜通过技术协议约定为-20~65℃。

3）出厂试验宜通过技术协议约定在室温下进行。

4）标准起草、修订时应适当增加绿色制造及再制造等内容，以适应环保、循环经济等要求。

5）有专门（产品）标准规定的液压缸除外。

6）上述文件经常用作液压缸制造商提供给买方的技术文件之一。

2.3.2　比例/伺服控制液压缸的技术要求

1. 产品分类、标记和基本参数

（1）分类

电液伺服阀控制液压缸（以下简称伺服液压缸或液压缸）以工作方式划分为单作用伺服液压缸和双作用活塞式伺服液压缸两类。

（2）标记

1）伺服液压缸的型号。参见第 2.1.2 节伺服液压缸型号表示方法。

2）伺服液压缸标记示例。参见第 2.1.2 节伺服液压缸型号表示方法。

（3）基本参数

伺服液压缸的基本参数除应包括缸（内）径、活塞杆直径、额定（或公称）压力、最大缸行程、安装尺寸等外，还可包括最低（温度）速度、最高速度，以及指令额定值（如额定电流）、传感器参数等。

2. 结构

1）伺服液压缸中缸体（筒）连接部分所采用的连接螺钉、螺栓应不低于 GB/T 3098.1—2000 中规定的 8.8 级；用于缸盖、缸体（筒）和缸底间夹紧和/或装配的双头螺柱、螺母技术要求见第 3.17.3 节缸装配用双头螺柱及拧紧力矩。

2）伺服液压缸可根据需要设置缓冲装置、排放气装置。

3）伺服液压缸应有防腐措施。

4）焊缝强度应不低于母材的强度。

5）伺服液压缸中的密封件应能耐高温、耐腐蚀、耐老化、耐水解、密封性能好，静摩擦力、动摩擦力小，既能满足液压油液的密封，又能满足应用环境的要求。

6）质量大于 15kg 的伺服液压缸宜具有用于起重设备吊装的起吊装置，或者伺服液压缸宜设有起吊点，所设的起吊点应能承受 4 倍起吊重量的力而不破坏。

3. 要求

（1）外观要求

伺服液压缸的外观质量应满足下列要求：

1）伺服液压缸不应有毛刺、碰伤、划痕、锈蚀等缺陷，镀层应无麻点、起泡、脱落或对表面精饰有害的其他缺陷。

2）铸锻件表面应光洁，无缺陷。

3）焊缝应平整、均匀美观，不得有焊渣、飞溅物等。

4）法兰结构的伺服液压缸，两法兰接合面径向错位量应不大于 0.1mm。

5）外漏元件应经防锈处理，也可采用镀层或钝化层、漆层等进行防腐处理。

6）伺服液压缸外表面在油漆前应除锈或去氧化皮，不应有锈坑；漆层应光滑和顺，不应有疤瘤等缺陷。

7）按图样的规定位置固定标牌，标牌应清晰、正确、平整。

8）进出油口及外连接表面应采取适当的密封、防尘、防漏及保护措施。

（2）材料

伺服液压缸用主要零件材料见表 2-22，也可选用性能不低于表 2-22 规定的其他材料。

表 2-22　伺服液压缸用主要零件材料

名称	材料	标　　准
缸体（筒）	35	牌号及化学成分按 GB/T 699—2015 力学性能或按（参考）GB/T 8162—2018 等
活塞杆	45	GB/T 699—2015

注：1. 考虑到现有大量公称压力低于 16MPa 且工况条件良好的液压缸，在本章第 2.4 节液压缸缸体（筒）的技术要求中还推荐了 20 钢、30 钢等。

2. 可参照 JB/T 12232—2015 选择灰铸铁件、球墨铸铁件和蠕墨铸铁件。

缸体（筒）应进行 100% 的超声检测，并且应达到 NB/T 47013.3—2015 中规定的 I 级。

（3）环境条件

一般情况下，伺服液压缸工作的环境温度应在 -25~ 65℃，工作介质温度应在 -20~80℃ 的范围。

（4）工作介质污染度等级

伺服液压缸腔体内工作介质的固体颗粒污染等级代号不得高于 GB/T 14039—2002 规定的 -/17/14。

（5）耐压强度

伺服液压缸压力容腔体应能承受其额定（公称）1.5 倍的压力，至少保压 5min，所有缸零部件不应有永久变形或损坏等现象，缸体（筒）外表面及焊缝处不应有渗漏。

（6）密封性

伺服液压缸在 1.25 倍额定（公称）压力下，至少保压 5min，所有接合面处应无外泄漏。

伺服液压缸泄漏及低压下的泄漏应按照 JB/T 10205—2010 中 6.2.2、6.2.3 和 6.2.4 的规定。

（7）起动压力

伺服液压缸的起动压力一般应小于或等于 0.5MPa，其中起动压力不超过 0.3MPa 的为低摩擦力伺服液压缸。

（8）加（带）载运行摩擦力

在模拟实际工况加载条件下，伺服液压缸的最大加（带）载运行摩擦力应小于其额定负载的 2%。

（9）缸输出力效率（负载效率）

伺服液压缸缸输出力效率不得低于 90%。

（10）最低速度

当缸径小于等于 200mm 时，伺服液压缸能平稳运行的最低速度应不大于 4mm/s；当缸径大于 200mm 时，伺服液压缸能平稳运行的最低速度应不大于 5mm/s；或者参照第 3.3.2 节中的相关规定。

（11）最高速度

伺服液压缸活塞杆和/或活塞密封系统及密封圈材料往往限定了其最高速度。伺服液压缸能平稳运行的最高速度可由制造商与用户商定，或者参照第 3.3.2 节中的相关规定。

（12）耐久性

伺服液压缸在额定工况下运行，其累计行程应不低于 10^5 m。

（13）频率响应

伺服液压缸的频率响应指标（幅频宽和相频宽，或者两项指标中较低值者）可由制造商与用户商定，或者应满足设计要求。

（14）阶跃响应

伺服液压缸阶跃率响应指标（阶跃响应时间）可由制造商与用户商定，或者应满足设计要求。

2.3.3　集成了电液伺服阀的液压缸的技术要求

集成了电液伺服阀的液压缸的确切含义为电液伺服阀、液压缸及其他元附件的一体组合机构，具体还可参见 QJ 1495 中"伺服作动器"和"伺服液压缸"的定义。

以下集成了电液伺服阀的液压缸技术要求仅包括了与电液伺服阀控制液压缸通用技术要求不同的内容。

1. 一般要求

（1）公称压力或额定压力

液压缸的额定压力应符合表 2-23 的规定。

表 2-23　液压缸的额定压力

（单位：MPa）

6.3	16	21	25	31.5

注：还有待确定的其他等级压力，如 28MPa。

（2）油口连接螺纹尺寸

新研制的伺服液压缸，油口在结构设计上应采取防差错措施，即采用不同口径的接管嘴以防止反向安装（见 GJB 1482—1992）。

（3）液压元件通用技术条件

1）集成于伺服液压缸上的液压元件、配管及油路块等应能承受伺服液压缸额定（公称）1.5倍的压力，至少保压5min，不应有外泄漏、永久变形或损坏等现象，金属件外表面及焊缝处不应有渗漏。

如无特殊要求，集成于伺服液压缸上的电液伺服阀不宜再次进行其额定压力1.3倍的耐压试验。

2）集成于伺服液压缸上的液压元件、配管等宜优先采用现行标准规定的产品，其（安全）技术要求应符合相关标准的规定。

（4）特殊要求

有特殊技术要求的产品，由用户和制造商商定，如阻抗特性要求、工作模态要求、电磁兼容性要求、可靠性、维修性和检测性要求，质量保证要求等。

2. 尺寸、重量、结构要求

（1）尺寸

新研制的液压缸外廓尺寸应等于或小于同类型、同规格的正在服役的液压缸。修改缸的零、部件设计时，不应任意更改安装的结构要素。

电连接器应与正在服役的电液伺服阀相同。推荐选用GJB 599A中规定的插头座。

伺服液压缸的长度包括全伸出状态、中立位置和全缩回状态下的长度。

（2）结构

1）在满足功能要求、性能要求的前提下，液压缸的结构设计应尽可能简单，以保证主机的安全可靠和较少的维护工作量。

2）电液伺服阀与液压缸之间的管路应尽量短，且应尽量采用硬管；管径在满足最大瞬时流量前提下，应尽量小。

3）测压点应符合GB/T 28782.2—2012中7.2的规定。

4）当传感器等有缸体与活塞杆相对不可转动要求时，液压缸及其安装和连接应设计（置）防止缸体与活塞杆相对转动的结构或机构。

3. 动态性能要求

伺服阀响应频率应大于液压缸最高试验频率的3倍以上。

电液伺服阀动态试验用液压缸的共振频率应高于被试电液伺服阀额定幅频宽的3倍。

2.3.4 液压缸的安全技术要求

液压缸设计与制造必须为用户在规定使用寿命内的使用提供基本的安全保证。任何一种液压机械在调整、使用和维护时都可能存在危险，所以用户只能按该液压机械的安全技术条件或要求调整、使用和维护液压缸，才能减小或消除危险。

下面对液压缸提出了一些要求，其中一些要求依据安装液压系统的机器的危险而定。因此，所需的液压系统及液压缸最终技术规格和结构将取决于对风险的评价和制造商与用户之间的协议，但一般应遵循：

1）有必要的如特殊场合使用的液压缸，应在设计时进行风险评价。

2）设计、制造时应采取减少风险的措施，如各种紧固件应采取可靠的防松措施等。

3）对于液压缸设计、制造不能避免的危险，如（液压缸带动的）滑块的意外行程和自重意外下落，应由主机厂采取安全防护措施，包括风（危）险警告。

4）更加具体的安全技术要求（条件），请按照相关标准并加以遵循。

1. 适用性

1）抗失稳。为避免液压缸的活塞杆在任何位置产生弯曲或失稳，应注意液压缸的行程长度、负载和安装型式。

2）结构设计。液压缸的设计应考虑预定的最大负载和压力峰值。

3）安装额定值。确定液压缸的所有额定负载时，应考虑其安装型式。因为液压缸的额定压力仅反映缸体的承压能力，而不能反映安装结构的力传递能力。

4）限位产生的负载。当液压缸被作为限位器使用时，应根据被限制机件所引起的最大负载，确定液压缸的尺寸和选择其安装型式。

5）抗冲击和振动。安装在液压缸上或与液压缸连接的任何元件和附件，其安装或连接应能防止使用时由冲击和振动等引起的松动。

6）意外增压。在液压系统中应采取措施，防止由于有效活塞面积差引起的压力意外增高，从而超过额定压力。还应当注意，由于液压缸的面积比和减压的影响，通过液压缸所在液压系统的回油管路过滤器的最大流量可能大于泵的最大流量。

2. 安装和调整

液压缸宜采取的最佳安装方式是使负载产生的反作用沿液压缸的中心线作用。液压缸的安装应尽量减少（小）下列情况：

1）由于负载推力或拉力导致液压缸结构过度变形。

2）引起侧向或弯曲载荷。

3）铰接安装型式的转动速度（其可能迫使采用

连续的外部润滑）。

（1）安装位置

安装面不应使液压缸变形，并应留出热膨胀的余量。液压缸安装位置应易于接近，以便于维修、调整缓冲装置和更换全套部件。

（2）安装用紧固件

液压缸及其附件安装用紧固件的选用和安装，应能使之承受所有可预见的力。脚架安装的液压缸可能对其安装螺栓施加剪切力。如果涉及剪切载荷，宜考虑使用具有承受剪切载荷机构的液压缸。安装用的紧固件应足以承受倾覆力矩。

3. 缓冲器和减速装置

当使用内部缓冲时，液压缸的设计应考虑负载减速带来压力升高的影响。

4. 可调节行程终端挡块

应采取措施，防止外部或内部的可调节行程终端挡块松动。

5. 活塞行程

行程长度（包括公差）如果在相关标准中没有规定，应根据液压系统的应用做出规定。

行程长度的公差参见 JB/T 10205—2010。

6. 活塞杆

（1）材料、表面处理和保护

应选择合适的活塞杆材料和表面处理方式，使磨损、腐蚀和可预见的碰撞损伤降至最低程度。

宜保护活塞杆免受来自压痕、刮伤和腐蚀等可预见的损伤，可使用保护罩。

（2）装配

为了装配，带有螺纹端的活塞杆应具有可用扳手施加反向力的结构，参见 ISO 4395。活塞应可靠地固定在活塞杆上。

7. 密封装置和易损件的维护

密封装置和其他预定维护的易损件宜便于更换。

8. 单作用活塞式液压缸

单作用活塞式液压缸应设计放气口，并设置在适当位置，以避免排除的油液喷射，对人员造成危险。

9. 更换

应尽可能避免采用整体式液压缸，但当其被采用时，可能磨损的部件宜是可更换的。

10. 气体排放

（1）放气位置

在固定式工业机械上安装液压缸，应使其能自动放气，或者提供易于接近的外部放气口。安装时，应使液压缸的放气口处于最高位置。当这些要求不能满足时，应提供相关的维修和使用资料。

（2）排气口

有充气腔的液压缸应设计或配置排气口，以避免危险。液压缸利用排气口应能无危险地排出空气。

2.4 液压缸缸体（筒）的设计

缸体是液压缸的本体，广义的液压缸缸体是指能形成液压缸这种特殊密闭压力容器的所有承压零部件，几乎包括组成液压缸的所有零部件；狭义的液压缸缸体是指活塞和/或活塞杆在其中做相对往复运动的中空的承压件；缸体可以是一端封闭，也可两端都不封闭，其中两端都不封闭的管状体缸体被称为缸筒。

缸体是液压缸的主要零件之一，其必须使用规定的材料加工且达到特定的技术要求。

本手册中所述缸体即为狭义的液压缸缸体，缸体内孔为圆孔，但不全为管状体，其两端面要求垂直于内孔中心（轴）线。

注：1. 将液压缸缸体（筒）理解为金属承压壳体更合适。具体可参见 GB/T 19934.1—2005。

2. 在 JB/T 12706.1—2016 和 JB/T 12706.2—2017 中规定的所谓"方头液压缸"，其缸体横截面或可是外方内圆形缸筒。

2.4.1 总则

液压缸缸体（筒）应有足够的强度、刚度、塑性和冲击韧度（性）。对需要后期焊接缸底（端盖）的缸体（筒）要求其材料（与缸底为同种钢或异种钢）应具有良好的焊接性（如 35 钢），焊缝强度不应低于母材的强度指标，焊缝质量应达到 GB/T 3323 中规定的 Ⅱ 级。液压缸油口凸起部分（接管）与缸底（端盖）宜同步焊接。

对缸体（筒）内孔有耐磨损或防腐等要求的液压缸，可采用在缸孔内套装合适材料的内衬结构。

各种缸体（筒）的结构型式见第 4.9 节液压缸设计与选型参考图样。

同一制造厂生产的型号相同的液压缸缸体（筒），必须具有互换性。

设计过程中宜赋予缸体（筒）具有再制造性，即缸筒宜具有固有再制造性。

必要的如特殊场合使用的液压缸，应在设计时对缸体（筒）做风险评价（估）。

2.4.2 材料

有产品标准的液压缸或主机标准有规定的液压

缸，其缸体或缸筒应按相关标准规定选用材料，此处"缸体"一般是指广义的液压缸缸体。

用于制造缸体（筒）的材料的力学性能 R_{eL}（下屈服强度）一般应不低于 280MPa，常用材料如下：

- 优质碳素结构钢牌号：20、30、35、45、20Mn、25Mn、35Mn。
- 合金结构钢牌号：20MnVB、20MnMo、20MnMoNb、27SiMn、30CrMo、35MnMo、35Mn2、42CrMo。
- 低合金高强度结构钢牌号：Q355B（C、D）。
- 不锈钢牌号：12Cr13、20Cr13、06Cr19Ni10（304）、06Cr17Ni12Mo2（316）、12Cr18Ni9。
- 铸造碳钢牌号：ZG270-500、ZG310-570。
- 灰铸铁牌号：HT350。
- 球墨铸铁牌号：QT500-7、QT500-10、QT550-5、QT600-3。
- 特殊情况下，可采用铝合金等材料。

参考文献［115］提出：铸铁可采用 HT200、HT250、HT300 和 HT350 几个牌号或球墨铸铁。因 20 钢的力学性能略低，且不能调质，应用较少。

当进行液压缸耐压试验时，应保证缸体（筒）不能产生永久变形。在额定静态压力下不得出现 JB/T 5924—1991《液压元件压力容腔体的额定疲劳压力和额定静态压力试验方法》（已废止）规定的被试压力容腔的任何一种失效模式。

对于液压缸工作的环境温度低于 -50℃ 的缸体（筒）材料，必须选用经调质处理的 35、45 钢或低温用钢。

对于液压机用液压缸，一些标准规定采用大型碳素钢锻件或大型合金钢锻件，如在 JB/T 12510—2015 中规定：主缸和回程缸一般采用 JB/T 6397 规定的碳素结构钢整体锻造制造，也可采用分体锻件焊接的方法制造。锻件应进行调质热处理，按计算应力选择适宜的材料和 σ_s 值，安全系数宜大于或等于 3。材料的化学成分和力学性能应符合所选材料标准的规定，检验项目和取样数量应符合 JB/T 5000.8—2007 中锻件验收分组第 V 组级别的规定，并应逐件检验切向力学性能 σ_s、R_m、A、Z、K。

JB/T 5924—1991《液压元件压力容腔体的额定疲劳压力和额定静态压力试验方法》已于 2017-05-12 废止，但至今还没有其他标准规定液压缸这种"压力容腔体"或"承压壳体"的失效模式，所以暂且如上文这样表述，且在其他各节也是如此。

在 GB/T 19934.1—2005《液压传动　金属承压壳体的疲劳压力试验　第 1 部分：试验方法》中规定的失效标准是：①由疲劳引起的任何外泄漏；②由疲劳引起的任何内泄漏；③材料分离（如：裂缝）。但其对液压缸是否完全适用是个问题。

2.4.3　热处理

用于制造缸体（筒）的铸件、锻件，应采用热处理或其他降低应力的方法消除内应力。用于制造缸体（筒）的锻钢（铸钢）、优质碳素结构钢和合金结构钢等，应在加工前或粗加工后进行调质处理。45 钢应调质到 250~280HBW。

缸体（筒）的热处理或可表述为：宜在加工前或粗加工后进行调质处理。符合 JB/T 11718—2013 规定的缸筒应在交货时按供需双方的商定，供方按需方的要求对交货的缸筒的热处理状态进行特别说明。

参考文献［115］及前版给出的为：热处理：调质，硬度 241~285HBW。

在 JB/T 8491.1—2008《机床零件热处理技术条件　第 1 部分：退火、正火、调质》中规定了 45 钢调质硬度，分别为 200~230HBW、220~250HBW、250~280HBW 和 270~300HBW。

警告：缸体（筒）不可进行在 GB/T 12603 或 GB/T 16924 中规定的工艺代号为 513 或 513-# 的整体热处理。

对于使用 JB/T 11718—2013 规定的缸筒或其他标准规定的内孔表面已精加工的缸筒，以及采用焊接连接缸底（端盖）的缸体（筒），不能采用热处理的方法消除内应力，可尝试采用如振动时效、静压拉伸等方法消除内应力，并且应对所采用的方法进行工艺验证。

2.4.4　几何尺寸与几何公差

（1）基本尺寸

缸体基本尺寸包括缸内径、缸体内孔位置、缸体外形、缸体（内孔）长度和油口尺寸；对于内孔与外圆同心的管状体缸筒，缸筒基本尺寸包括缸内径、缸筒外径或缸筒壁厚（优先采用缸筒壁厚）和缸筒长度。

（2）缸内径

1）缸内径应优先选用表 2-24 中的推荐尺寸。

对于缸内径不小于 630mm 的大型液压油缸，其缸内径应优先选用表 2-25 中推荐尺寸。

2）缸内径尺寸公差宜采用 GB/T 1801—2009 规定的 H8（或 H7 或 H6）；对用于中、低压或长的缸筒，也可采用 GB/T 1801—2009 规定的 H9 或 H10。

孔 H6、H7、H8 和 H9 的上极限偏差 ES 值见表 2-26。

表 2-24　缸内径推荐尺寸

（单位：mm）

缸内径 D			
25	90	(180)	(360)
32	100	200	400
40	(110)	220	(450)
50	125	250	500
63	140	280	
80	160	320	

注：圆括号内为非优先选用者。

表 2-25　大型液压油缸缸内径推荐尺寸

（单位：mm）

缸内径 D				
630	800	950	1120	1500
710	900	1000	1250	2000

表 2-26　孔 H6、H7、H8 和 H9 的上极限偏差 ES 值（摘自 GB/T 1800.2—2009）

公称尺寸 /mm	H6	H7	H8	H9
	μm			
25	+13	+24	+33	+52
32	+16	+25	+39	+62
40	+16	+25	+39	+62
50	+16	+25	+39	+62
63	+19	+30	+46	+74
80	+19	+30	+46	+74
90	+22	+35	+54	+87
100	+22	+35	+54	+87
110	+22	+35	+54	+87
125	+25	+40	+63	+100
140	+25	+40	+63	+100
160	+25	+40	+63	+100
180	+25	+40	+63	+100
200	+29	+46	+72	+115
220	+29	+46	+72	+115
250	+29	+46	+72	+115
280	+32	+52	+81	+130
320	+36	+57	+89	+140
630	+44	+70	+110	+175
710	+50	+80	+125	+200
800	+50	+80	+125	+200
900	+56	+90	+140	+230
950	+56	+90	+140	+230
1000	+56	+90	+140	+230
1120	+66	+105	+165	+260
1250	+66	+105	+165	+260
1500	+78	+125	+195	+310
2000	+92	+150	+230	+370

（3）缸筒外径

缸筒外径允许偏差应不超过缸筒外径公称尺寸的 ±0.5%。

（4）缸筒壁厚

缸筒壁厚应根据强度计算结果，在保证有足够安全裕量的前提下，优先选用表 2-27 中最接近的推荐值。

注：缸筒材料强度要求的最小壁厚 δ_0 的计算按第 1.7.2 节，但对于伺服液压缸而言，一般安全系数应加大。

表 2-27　缸筒推荐壁厚

（单位：mm）

缸内径 D	缸筒壁厚 δ
25～70	4、5.5、6、7.5、8、10
>70～120	5、6.5、7、8、10、11、13.5、14
>120～180	7.5、9、10.5、12.5、13.5、15、17、19
>180～250	10、12.5、15、17.5、20、22.5、25
>250～320	15、17.5、20、22.5、25、28.5
<320～400	15、18.5、22.5、25.5、28.5、30、35、38.5
>400～500	20、25、28.5、30、35、40、45

（5）缸筒壁厚偏差

缸筒壁厚偏差应符合表 2-28 的规定。

表 2-28　缸筒壁厚允许偏差

（单位：mm）

缸筒种类	缸筒壁厚 δ			
	4～7	>7～13.3	>13.5～20	>20
	缸筒壁厚允许偏差			
机加工	±(4.5%×δ)	±(4%×δ)	±(3%×δ)	±(2.5%×δ)
冷拔加工	±(8%×δ)	±(6%×δ)	±(5%×δ)	±(4.5%×δ)

（6）缸筒长度

缸筒内孔长度必须满足液压缸缸行程要求，长度偏差应符合表 2-29 的规定，参考缸行程长度公差表 2-30。

表 2-29　缸筒内孔长度允许偏差

（单位：mm）

缸筒长度		允许偏差
大于	至	
—	500	+0.63 / 0
500	1000	+1.00 / 0
1000	2000	+1.32 / 0
2000	4000	+1.70 / 0
4000	7000	+2.00 / 0
7000	10000	+2.65 / 0
10000	—	+3.35 / 0

表 2-30　缸行程长度公差

（单位：mm）

缸行程 s		允许偏差
大于	至	
—	500	+2.0 0
500	1000	+3.0 0
1000	2000	+4.0 0
2000	4000	+5.0 0
4000	7000	+6.0 0
7000	10000	+8.0 0
10000	—	+10.0 0

（7）几何公差

设计时，缸体（筒）内孔轴线一般被确定为基准要素。

1）内孔圆度

缸体（筒）内孔圆度分为四个等级，其公差数值以小于内径公差值的百分数表示。对应关系如下：A级——50%；B级——60%；C级——70%；D级——80%（一般不宜选用）。

或者可要求缸体（筒）内孔的圆度公差不低于 GB/T 1184—1996 中的 8 级（或 7 级），圆度公差值见表 2-31。

2）内孔轴线直线度

缸筒内孔轴线直线度分为四个等级：A级——0.06/1000；B级——0.20/1000；C级——0.50/1000；D级——1.00/1000（一般不宜选用），其对应值可参见表 2-31。

注：0.06/1000 表示为 1000mm 长度上直线度公差为 ϕ0.06mm，余同。

3）内孔表面素线直线度

也可要求缸体内孔表面素线任意 100mm 的直线度公差应不低于 GB/T 1184—1996 中规定的 7 级（或 6 级），直线度公差值见表 2-31。

4）内孔表面相对素线平行度

内孔圆柱度误差由内孔圆度、内孔轴线直线度和内孔表面相对素线平行度组成，其内孔表面素线平行度公差应不低于 GB/T 1184—1996 中规定的 8 级（或 7 级），其对应值见表 2-31。

5）内孔圆柱度

根据功能要求，缸体内孔的圆柱度公差值可单独注出，尤其当要求其圆柱度公差值小于其组成的综合结果时。缸体内孔圆柱度公差应不低于 GB/T 1184—1996 中规定的 8 级（或 7 级），其对应值见表 2-31。

6）缸体（筒）端面垂直度

缸体（筒）两端端面应与内孔轴线（中心线）垂直，缸体法兰端面与缸体内孔轴线的垂直度公差应不低于 GB/T 1184—1996 中规定的 7 级（或 6 级）；缸体法兰端面轴向圆跳动公差应不低于 GB/T 1184—1996 中规定的 8 级（或 7 级）。其对应值见表 2-31。

7）耳轴垂直度、位置度

当缸体（筒）上（前端、中部、后端）有固定耳轴时，耳轴中心线对缸体中心线的垂直度公差不应低于 GB/T 1184—1996 中规定的 9 级（或 8 级）；耳轴中心线与缸体中心线距离不应大于 0.03mm。

8）当缸体（筒）与缸底（头）或端盖采用螺纹连接时，螺纹应选取 6 级精度的细牙普通螺纹 M。

9）如果将电液伺服阀安装座设置在缸体上，电液伺服阀安装面应符合电液伺服阀技术要求，并且在电液伺服阀安装螺钉规定扭矩下，缸体变形量不得超过允许值。

10）如果将油路块（如液压保护模块）安装在缸体上，油路块安装面应符合相关标准规定，并且在安装螺钉规定扭矩下，缸体变形量不得超过允许值。

注：1. 对液压机用液压缸而言，一些标准规定液压缸锁紧螺母与（上）横梁、液压缸法兰台肩与（上）横梁的固定接合面应紧密贴合。

2. 圆括号内的公差等级主要是针对伺服液压缸而言的，具体可参考参考文献［118］。

3. 缸体更为严格的几何公差可参见第 4.4.3 节六辊带材冷轧机。

2.4.5　机械性能

完全用机加工制成的缸筒，其机械性能应不低于所用材料的标准规定的机械性能要求。

冷拔加工的缸筒受材料和加工工艺的影响，其材料机械性能由供需双方商定。

钢的牌号为 45、25Mn、Q355B（C、D）、27SiMn 等钢管的力学性能、工艺性能等按 GB/T 32957—2015 的规定。

2.4.6　表面质量

（1）内孔表面

1）内孔表面的表面粗糙度值一般不大于 Ra0.4μm，也可根据设计要求从表 2-32 中选取。

表 2-31 几何公差值（摘自 GB/T 1182—2018、GB/T 1184—1996）

公差 类型	几何 特征	有无 基准	主参数	6 级	7 级	8 级	9 级
			mm		μm		
形状 公差	直线度	无	>250~400	20	30	50	80
			>400~630	25	40	60	100
			>630~1000	30	50	80	120
			>1000~1600	40	60	100	150
			>1600~2500	50	80	120	200
			>2500~4000	60	100	150	250
			>4000~6300	80	120	200	300
			>6300~10000	100	150	250	400
	圆度 （圆柱度）	无	>30~50	4	7	11	16
			>50~80	5	8	13	19
			>80~120	6	10	15	22
			>120~180	8	12	18	25
			>180~250	10	14	20	29
			>250~315	12	16	23	32
			>315~400	13	18	25	36
			>400~500	15	20	27	40
方向 公差	垂直度 （平行度）	有 （内孔轴线）	>40~63	20	30	50	80
			>63~100	25	40	60	100
			>100~160	30	50	80	120
			>160~250	40	60	100	150
			>250~400	50	80	120	200
			>400~630	60	100	150	250
			>630~1000	80	120	200	300
			>1000~1600	100	150	250	400
			>1600~2500	120	200	300	500
			>2500~4000	150	250	400	600
跳动 公差	轴向 圆跳动	有 （内孔轴线）	>30~50	12	20	30	60
			>50~120	15	25	40	80
			>120~250	20	30	50	100
			>250~500	25	40	60	120
			>500~800	30	50	80	150
			>800~1250	40	60	100	200
			>1250~2000	50	80	120	250
			>2000~3150	60	100	150	300

注：内孔表面相对素线平行度为线对线平行度，基准线为与被测素线相对的另一条素线。

2）内孔表面应光滑，不应有目视可见的缺陷，如缩孔、夹杂（渣）、白点、波纹、划擦痕、磕碰伤、凹坑、裂纹、结疤、翘皮及锈蚀等。

表 2-32 内孔表面的表面粗糙度值

（单位：μm）

等级	A	B	C	D
Ra	0.1	0.2	0.4	0.8

（2）外表面

外表面不应有目视可见的缩孔、夹杂（渣）、折叠、波纹、裂纹、划擦痕、磕碰伤及冷拔时因外模有积屑瘤造成的拉痕等缺陷。

缸体（筒）上的尖锐边缘，除密封沟槽槽棱、阀口外，在工作图上未示出的，均应去掉。

缸体（筒）外表面应经防锈处理，也可采用镀层或钝化层、漆层等进行防腐。外表面在涂漆前应无氧化皮、锈坑。涂漆时应先涂防锈漆，再涂面漆，漆层不应有疤瘤等缺陷。

液压缸有防湿热、盐雾和霉菌要求的，应在缸体技术要求中明确给出所应遵照的标准（包括试验方法）和应达到的要求，并给出具体方法或措施，如油漆涂层应给出油漆品种（包括指定生产厂家）和操作规程。

2.4.7 密实性

缸体采用锻件的应进行 100% 的探伤检查；缸体经无损探伤后，应达到 NB/T 47013.3 中规定的 I 级。

缸底（头）与缸体焊接的焊缝，按 GB/T 5777 规定的方法对焊缝进行 100% 的探伤，质量应符合 NB/T 47013.3 中规定的 I 级要求。

密实性检验按 GB/T 7735—2004 中验收等级 A 的规定进行涡流探伤，或者按 GB/T 12606 中验收等级 L4 的规定进行漏磁探伤。

在耐压试验压力作用下，缸体（筒）的外表面或焊缝不得有渗漏。

关于"渗漏"这一术语的定义请参见 GB/T 241—2007《金属管　液压试验方法》等标准，或者参考第 1.3.2 节。

2.4.8　其他要求

1）现在可用厚钢板卷成筒形，焊接后探伤并退火，作为缸体毛坯，也可选用冷拔高频焊管用作液压机用液压缸缸筒。

2）安装密封件的导入倒角应按所选用的密封件要求确定，但其与内孔交接处必须倒圆。安装密封件时，需要经（通）过的沟槽、卡键槽、流道交接处等应倒圆或倒角，去毛刺。

3）一般认为，缸体（筒）的光整加工工艺应与密封件（圈）的密封材料相适应；缸体（筒）珩磨内孔后宜对其进行抛光；滚压孔包括采用两刃或三刃刀刀具复合镗-刮削-滚（刮削滚光）工艺，缸筒内孔也可进行抛光。

刮削滚光按其刀具组合型式有三组合式和两组合式，按其刮削刀刃数量有三刀刃式和双刀刃式。进一步可参考江华撰写的《基于液压缸内孔加工用刮削滚光技术》（《工艺与制造》2019 年第 5 期）一文。

4）缸体（筒）内孔也可以进行内表面处理，包括镀硬铬等，但镀后必须抛光或研磨。进一步还可参考第 6 章相关内容。

注：1. 在 YB/T 017—2017 中规定：液压缸内壁及活塞杆外表面应镀硬铬处理，镀层厚 0.03 ~ 0.05mm。

2. 在 JB/T 13566—2018 中规定：液压缸内壁镀硬铬，表面光滑，硬度不应低于 60HRC，镀层厚度不应低于 0.08mm。

5）抽检并记录缸体（筒）的磁性，需要时退磁到 12Gs（高斯，$1Gs = 10^{-4}T$）以下。其他构成液压缸内腔湿容积的零件也应如此。

6）必要时应对缸体（筒）的强度、刚度进行验算。

以液压机用液压缸为例，液压机用液压缸的缸体，一般型式是一端开口、一端封闭的缸形件，缸体的结构一般包括三部分，即缸底、法兰和中间厚壁圆筒（缸筒）。

液压机的液压缸荷载大，工作频繁，往往由于设计、制造或使用不当，易于过早损坏。

① 缸体受力分析。液压缸在工作时，高压工作介质进入缸体，作用在活塞或活塞杆上，反作用力作用于缸底，通过缸筒（壁）传递到法兰，靠法兰与横梁支承面上的支承反力来平衡。

缸体受力状况可从三个方面来分析，即缸底、法兰和中间厚壁圆筒（缸筒）。

理论分析和应力测试均表明，只有在与法兰上表面（支承面，有过渡圆弧端）及缸底内表面（有过渡圆弧）距离各为 $0.75D_1$ 的缸筒中段，即所谓中间圆筒，才可以按厚壁圆筒进行强度计算，而其余两段（部分），因分别受到缸底与法兰弯曲力矩的影响，不能用一般的厚壁圆筒公式来计算。

缸底的应力分析也存在着同样的问题。如果按均布载荷作用下的周边固定圆形薄板弹性力学公式计算，因没有考虑缸壁的实际作用和影响，也没有考虑过渡圆弧区的应力集中，所以计算出的应力可能远小于实际应力。参考文献 [36] 提出了一种环壳联解法，它是把缸底、缸壁及法兰作为相联系的整体来分析，也考虑过渡区截面的变化，因此缸底厚度的计算结果可能更接近实际。

如果运用有限元法对缸底进行分析与计算，结果将可能更精确。

② 缸筒的强度与变形计算。对于前端圆法兰或前端凸台式安装型式的液压缸，由低碳钢、非淬硬中碳钢和退火球墨铸铁等塑性材料制造的缸筒中段，可根据弹性力学理论，采用冯·米塞斯（Von Mises）强度准则，即第四强度理论强度条件，缸内壁最大合成当量应力及强度条件为

$$\sigma_{max} = \frac{\sqrt{3}R_1^2}{R_1^2 - R^2}p \leqslant [\sigma] \tag{2-40}$$

当已知缸内径 D 及材料许用应力 $[\sigma]$ 时，推导出缸筒外径 D_1 为

$$D_1 \geqslant D\sqrt{\frac{[\sigma]}{[\sigma] - \sqrt{3}p}} \tag{2-41}$$

式中　D——缸内径，$D = 2R$；

　　　D_1——缸筒外径，$D_1 = 2R_1$；

　　　$[\sigma]$——材料许用应力，$[\sigma] = \sigma_s/n_s$，n_s 为安全系数，可取 2 ~ 2.5；

　　　p——液压缸耐压试验压力。

对于后端圆法兰安装型式的液压缸，缸内壁最大合成当量应力及强度条件为

$$\sigma_{max} = \frac{\sqrt{3R_1^4 + R^4}}{R_1^2 - R^2}p \leqslant [\sigma] \tag{2-42}$$

在缸内工作介质压力 p 作用下，液压缸缸筒中段外表面的径向位移值 u_1，即径向（单边）膨胀量为

$$u_1 = \frac{-3\mu R^2 R_1}{E(R_1{}^2 - R^2)}p \qquad (2\text{-}43)$$

式中　μ——缸筒材料的泊松比；

　　　E——缸筒材料的弹性模量；

　　　其他同上。

JB/T 12098—2014 和 JB/T 12099—2014 规定，增压缸应进行超声检测，并在增压缸试验压力为 1.1 倍的最大工作压力下保压 3min，不应有渗漏现象，且缸筒变形量在外径中段的测量值应小于 H8 的规定值。

GB 25974.2—2010 规定，立柱（包括加长段）和支撑千斤顶应在承受 1.5 倍的额定力的静载荷和机械冲击动载荷达到 1.5 倍的额定工作压力时，不出现功能失效，缸筒扩径残余变形量小于缸径 0.02%。

7）由式 (1-2) $\delta_0 \geqslant \dfrac{D}{2}\left(\sqrt{\dfrac{[\sigma]}{[\sigma]-\sqrt{3}\,p_{max}}}-1\right)$ 可以

得出，当 $p_{max} = \dfrac{[\sigma]}{\sqrt{3}}$ 时，$\delta_0 = \infty$。如果材料许用应力 $[\sigma] < \sqrt{3}\,p$，则无法保证强度条件。因此，当公称压力过高时，仅靠增加缸体壁厚，并不一定能保证液压缸有足够的强度，而必须采取其他措施，如采用组合式缸筒或钢丝缠绕预应力结构等。

8）在单层（非预应力结构）缸体的液压缸设计中，各（基本）参数间最合理的关系见以下各式。

① 公称力：

$$F = \frac{1}{4}\pi D^2 p \qquad (2\text{-}44)$$

② 缸筒外径：

$$D_1 = \sqrt{2}\,D \qquad (2\text{-}45)$$

③ 公称压力：

$$p = \frac{1}{2\sqrt{3}}[\sigma] \qquad (2\text{-}46)$$

④ 公称力另一表达式为

$$F = \frac{1}{4}\pi D^2 p = \frac{1}{4}\pi D^2 \times \frac{1}{2\sqrt{3}}[\sigma] = \frac{1}{8\sqrt{3}}\pi D^2[\sigma]$$

$$(2\text{-}47)$$

考虑到液压缸的安全性等因素，实际设计的液压缸的最高额定压力不应高于 $\dfrac{1}{2\sqrt{3}}[\sigma]$，一般以 (0.7~0.8)$p$ 为宜。

注："公称力"是锻压机械（液压机）中规定的术语，此处只是借用；作为液压缸，"缸理论输出力"与之较为近义。

2.5　液压缸活塞的设计

在 GB/T 17446—2012 中定义了活塞这一术语，即靠压力下的流体作用，在缸径中移动并传递机械力和运动的缸零件。

通常情况下，活塞通过密封件与缸孔（径）密封配合，并且将缸孔（径）分割（隔）为两腔。

作者注：在 JB/T 4174—2014 中给出的活塞定义为：由活塞头与活塞杆组成，运动时传递液压、能量，活塞头与缸孔密封配合，将缸孔分割为两腔。比较上述两项标准，问题不仅在于后发布实施的行业标准与先发布实施的国家标准不符，还在于在 JB/T 4174—2014 中定义的"活塞"本身不尽合理。

2.5.1　结构型式

液压缸活塞应有足够的强度和导向长度（或密封长度）。对需要与活塞杆焊接连接的活塞，要求其材料有良好的焊接性。

根据活塞上密封沟槽结构型式决定活塞是采用整体式或组合式。活塞的密封系统（密封、导向等元件的组合）或间隙密封要合理、可靠、寿命长；活塞与活塞杆连接必须有可靠的连接结构（包括锁紧措施）、足够的连接强度，同时应便于拆装。

活塞有整体式和组合式两种结构，其中使用 V 形圈等密封的活塞为组合式结构。组合式在 GB 2880—1981《液压缸活塞和活塞杆　窄断面动密封沟槽尺寸系列和公差》中又称装配式。

各种活塞的结构型式见第 4.9 节液压缸设计与选型参考图样。

同一制造厂生产的型号相同的液压缸活塞，必须具有互换性。

设计过程中宜赋予活塞具有再制造性，即活塞宜具有固有再制造性。

2.5.2　材料

除活塞和活塞杆为一体结构材料相同外，其他用于制造活塞的常用材料如下所述。

- 碳素结构钢牌号：Q235、Q275。
- 优质碳素结构钢牌号：20、30、35、45。
- 合金结构钢牌号：40Cr。
- 低合金高强度结构钢牌号：Q355B（C、D）。
- 灰铸铁牌号：HT200、HT225、HT250、HT275、HT300、HT350。
- 球墨铸铁牌号：QT400-15、QT400-18、QT450-10。
- 蠕墨铸铁牌号：RuT300。

● 其他，如变形铝及铝合金、双金属、复合材料、塑料等。

参考文献［115］给出的液压缸活塞的常用材料为：耐磨铸铁、灰铸铁（HT300、HT350）、钢（有的在外径上套有尼龙66、尼龙1010或夹布酚醛塑料的耐磨环）及铝合金等。

经查对，现行国标中没有"耐磨铸铁"这一名称的标准，或者应为JB/T 11843—2014《耐磨损球墨铸铁件》。

活塞材料一般采用35或45优质碳素结构钢制成，也有采用铸铁以及铝合金等制造，更为细致的可以这样划分：

无支承环（导向环）活塞可采用灰铸铁HT200～HT350或球墨铸铁及铝合金、塑料等。有支承环（导向环）活塞可采用20、35、45或40Cr钢等材料，根据实际情况或无特殊要求，中碳钢一般可以考虑不进行热处理，但不包括旨在消除应力的热处理。

当进行液压缸耐压试验时，应保证活塞不能产生永久变形，包括压溃。在额定静态压力下不得出现JB/T 5924—1991《液压元件压力容腔体的额定疲劳压力和额定静态压力试验方法》（已废止）规定的被试压力容腔的任何一种失效模式。

轴承合金材料与钢背结合的双金属，其结合强度应符合设计要求。

大型液压缸活塞材料的屈服强度应不低于280MPa。

对于缸筒内孔与活塞外径配合为H8/f8或H9/f9及间隙更小的间隙配合的活塞材料（或与钢制缸筒直接接触活塞材料），不宜采用钢。

注："压溃"这一术语除具有在CB/T 17446中定义的含义外，在上述应用中还具有零件接触面间因挤压应力所造成的"压溃"这种失效（模式），但与高副机构因挤压应力而失效的模式不同。本手册下文中"压溃"含义同。

2.5.3　热处理

调质钢制活塞宜进行调质处理；与活塞杆一体结构的调质钢制活塞应同活塞杆一起进行调质处理。

与活塞杆焊接后的活塞应采用热处理或其他降低应力的方法消除内应力。

CB/T 3812—2013《船用舱口盖液压缸》中4.2规定，活塞材料采用调质处理的45钢。

2.5.4　几何尺寸与几何公差

设计时，活塞内孔轴线（或活塞杆轴线）一般被确定为基准要素。

（1）基本尺寸

活塞的基本尺寸包括活塞（名义）外径、活塞配用外径、活塞厚度、密封、导向、连接尺寸。

（2）活塞（名义）外径

1）活塞（名义）外径应优先选用表2-33中的推荐尺寸。

表 2-33　活塞（名义）外径推荐尺寸

（单位：mm）

活塞（名义）外径 D			
25	90	(180)	(360)
32	100	200	400
40	(110)	220	(450)
50	125	250	500
60	140	280	
63			
80	160	320	

注：圆括号内为非优先选用者。

2）直接滑动于缸体（筒）内孔表面的活塞外径尺寸公差宜采用GB/T 1801—2009中规定的f8或f9（或f6或f7），其配合选为H9/f8（H8/f8）、H9/f9（或H7/f6或H8/f7）。

间隙密封的活塞外径尺寸公差可采用GB/T 1801—2009中规定的h6、h7或h8，但应通过选配法保证设计的密封间隙。

3）标准规定的活塞配用外径

在GB/T 6577—1986《液压缸活塞用带支承环密封沟槽型式、尺寸和公差》中规定的活塞（名义）外径 D 与活塞配用外径 D_1 尺寸见表2-34。

表 2-34　活塞配用外径尺寸（摘自 GB/T 6577—1986）　（单位：mm）

D	D_1	D	D_1	D	D_1	D	D_1
25	24	(90)	88.5/88	(180)	178	(360)	357
32	31	100	98.5/98	200	197	400	397
40	39	(110)	108.5/108	(220)	217	(450)	447
50	49/48.5	125	123	250	247	500	497
63	62/61.5	(140)	138	(280)	277		
80	78.5/78	160	158	320	317		

注：1. 圆括号内为非优先选用者。
　　2. 表中尺寸 D 与标准中密封沟槽外径（缸内径）尺寸相等；尺寸 D_1 与标准中活塞配合直径尺寸相等。

4）活塞配用外径

活塞配用外径尺寸及尺寸公差、几何公差、表面粗糙度等按相关标准和选用的密封型式及密封件要求选取。

（3）活塞厚度

活塞厚度由导向长度和密封结构（密封系统）决定，一般为活塞（名义）外径的 0.6~1.0 倍，间隙密封的活塞厚度应符合设计要求。

（4）圆度公差

配合为 H7/f6 或 H8/f7 的活塞外表面圆度公差按 GB/T 1184—1996 中规定的 6 级；配合为 H8/f8 或 H9/f9 的活塞外表面圆度公差按 GB/T 1184—1996 中规定的 7 级。

（5）圆柱度公差

配合为 H7/f6 或 H8/f7 的活塞外表面圆柱度公差按 GB/T 1184—1996 中规定的 6 级或 7 级；配合为 H8/f8 或 H9/f9 的活塞外表面圆柱度公差按 GB/T 1184—1996 中规定的 8 级。

（6）同轴度公差

活塞（配用）外表面对内孔轴线（或活塞杆轴线）的同轴度公差应不低于 GB/T 1184—1996 中规定的 8 级；配合为 H7/f6 或 H8/f7 的活塞外表面对内孔轴线（或活塞杆轴线）的同轴度公差按 GB/T 1184—1996 中规定的 6 级；配合为 H8/f8 或 H9/f9 的活塞外表面对内孔轴线（或活塞杆轴线）的同轴度公差按 GB/T 1184—1996 中规定的 7 级。

（7）垂直度公差

活塞端面对轴线的垂直度公差应不低于 GB/T 1184—1996 中规定的 7 级（或 6 级）；活塞端面对轴线的径向圆跳动公差应不低于 GB/T 1184—1996 中规定的 8 级（或 7 级）。

注：圆括号内的公差等级主要是针对伺服液压缸而言的，具体可参考参考文献［118］。

2.5.5　表面质量

（1）外表面

1）配合为 H8/f8 或 H9/f9 的活塞外表面的表面粗糙度值一般不大于 $Ra0.8\mu m$，也可根据设计要求从表 2-35 中选取。

2）外表面不应有目视可见的缺陷，如缩孔、夹杂（渣）、白点、波纹、划擦痕、磕碰、凹坑、裂纹、结疤、翘皮及锈蚀等。

活塞上的尖锐边缘，除密封沟槽棱或阀口外，在工作图上未示出的，均应去掉。

表 2-35　活塞外表面的表面粗糙度值

（单位：μm）

等级	A	B	C	D	E
Ra	0.2	0.4	0.8	1.6	3.2

（2）端面

活塞端面的表面粗糙度值一般不大于 $Ra3.2\mu m$，也可根据设计要求从表 2-35 中选取。但选作检验基准的端面，其表面糙度值一般应不大于 $Ra0.8\mu m$。

2.6　液压缸活塞杆的设计

GB/T 17446—2012 中定义了活塞杆这一术语，即与活塞同轴并联为一体，传递来自活塞的机械力和运动的缸零件。

柱塞缸中因没有活塞，液压油液压力直接作用在活塞杆上，所以定义活塞杆是传递机械力和运动的缸零件则更为准确。

2.6.1　总则

液压缸活塞杆应具有足够的强度、刚度和冲击韧度（性）。对需要焊接的组合式（空心或活塞与活塞杆焊接的）活塞杆，要求其材料具有良好的焊接性，焊缝强度不应低于母材的强度指标，焊缝质量应达到 GB/T 3323 中规定的 II 级。

活塞杆与活塞的连接必须有可靠的连接结构（包括锁紧措施）、足够的连接强度，同时应便于拆装（如活塞与活塞杆是可拆卸的）。

活塞杆与固定式缓冲装置中的缓冲柱塞最好做成一体。

活塞杆的结构设计必须有利于提高其受压时抗弯曲强度和稳定性。

带有外螺纹或内螺纹端头的活塞杆上，应设置适合标准扳手平面。当活塞杆太小以致无法设置规定平面的情况下，可以省去。

焊接组合的闭式空心活塞杆时，必须在活塞杆外连接端预留通气孔。对开式空心活塞杆，应避免增大液压缸内腔湿容积。

各种活塞杆的结构型式见第 4.9 节液压缸设计与选型参考图样。

同一制造厂生产的型号相同的液压缸活塞杆，必须具有互换性。

设计过程中宜赋予活塞杆具有再制造性，即活塞杆宜具有固有再制造性。

2.6.2　结构型式

与活塞同轴并联为一体的活塞杆或没有活塞的活塞杆，有实心的也有空心的。但空心活塞杆不宜做成开口向缸底侧的，那样会形成过大的无杆腔湿容积，

而过大的内腔湿容积一般是有害的。且不论其可能影响液压固有频率、液压（弹簧）刚度、（阶跃和/或频率）响应特性等，如在加压终了时，缸内液体所积储的弹性能过大，泄压时可能也会引起液压机械及管道的剧烈振动。

柱塞缸中的活塞杆端部还可能设有凸台，靠此凸台台肩与导向套内端面抵靠，限定缸行程并防止活塞杆脱（射）出，这凸台或可称为活塞杆头，这种活塞杆或可称为带活塞杆头的活塞杆。

有的活塞杆在端部设计有缓冲柱塞，用于在缸底部减缓活塞（杆）回程速度，以免活塞严重撞击缸底。

与外部活塞杆用法兰连接的带外螺纹的活塞杆端，因其活塞杆螺纹经常设计为只能传递缸回程输出力和缸回程运动，所以活塞杆螺纹可能不符合 GB 2350—1980《液压气动系统及元件　活塞杆螺纹型式和尺寸系列》的规定，其螺纹长度可能较短。

2.6.3　材料

用于制造活塞杆的材料的力学性能 R_{eL}（下屈服强度）一般应不低于 280MPa，对于采用铬覆盖层的活塞杆，其本体的抗拉强度应大于或等于 375MPa。用于制造活塞杆的常用材料如下所述。

- 优质碳素结构钢牌号：35、45、50。
- 合金结构钢牌号：27SiMn、30CrMo、30CrMnSiA、35CrMo、38CrMoAl、40Cr、42CrMo。
- 低合金高强度结构钢牌号：Q355B（C、D）、Q355E。
- 不锈钢牌号：20Cr13、06Cr9Ni10、（304）、06Cr17Ni12-Mo2（316）、12Cr18Ni9、14Cr17Ni2。
- 铸造碳钢牌号：ZG270-500、ZG310-570。
- 其他，如变形铝及铝合金（铝合金锻件）、加工青铜、可锻铸铁、冷硬铸铁等。

活塞杆一般选用 45 或 50 优质碳素结构钢制成，采用锻造或铸造方法；对于大尺寸活塞杆，也有分段锻造或铸造后再用电渣焊焊接而成的；小的活塞杆也有采用冷硬铸铁制造的。

现在有选用合金结构钢，如 42CrMo 钢等制造液压机用液压缸活塞杆的。在腐蚀条件下工作的活塞杆则多采用不锈钢，也可在活塞杆表面堆焊不锈钢。

应特别重视液压机（械）对其所用液压缸的详细要求，如在 JB/T 12510 中规定的："工作缸柱塞一般采用 JB/T 6397 规定的碳素结构钢整体锻件制造，也可采用分体锻件焊接的方法制造，并应进行相应的热处理。材料的化学成分和力学性能应符合所采选材料标准的规定。柱塞表面应进行硬化处理，其工作面的硬度不应低于 48HRC，硬化层厚度宜大于 3mm。"

不建议使用更高含碳量的材料如 65 钢作为活塞杆材料。

2.6.4　热处理

活塞杆一般应在粗加工后进行调质处理。对于只承受单向载荷作用的活塞杆，公称压力低、缸内径小或行程短以及动作频率低的活塞杆，也可不进行调质处理。活塞杆直径滑动表面最好进行表面淬火（静压支承结构的活塞杆应进行表面淬火），表面淬火后必须回火，表面感应淬火与回火的工艺代号为 521-04。

在一定条件下，可以用正火或正火+回火代替调质。

对于焊接的组合式（空心或活塞与活塞杆焊接的）活塞杆，应采用热处理或其他降低应力的方法消除内应力。

选用 45 钢制成的活塞杆，其调质硬度一般应为 250~280HBW，滑动表面表面淬火+回火后硬度应为 45~52HRC，而且应较为均匀，其硬度偏差推荐值见表 2-36。

宜采用合金结构钢，热处理后表面硬度不低于 52HRC，并且应进行稳定性处理。

表 2-36　活塞杆硬度偏差推荐值

活塞杆长度/mm	硬度偏差推荐值 HBW
≤2000	<25
>2000	<35

注：GB/T 34882—2017 中规定了钢铁件的感应淬火与回火的洛氏（HRC）硬度偏差范围、维氏（HV 或 HK）硬度或努氏硬度偏差范围和肖氏（HS）硬度偏差范围。

采用氮化钢，如对 35CrMo、38CrMoAl 等进行氮化处理，其表面硬度可达 60HRC 以上；对 45 钢活塞杆进行离子软氮化处理，表面硬度可达 64HRC；表面堆焊不锈钢，热处理后硬度可达 50HRC 以上。

参考文献［115］给出了活塞杆的热处理："粗加工后调质到 229~285HBW，必要时，再经高频淬火，硬度达 45~55HRC。"

2.6.5　几何尺寸与几何公差

设计时，活塞杆轴线一般被确定为基准要素。

（1）基本尺寸

活塞杆的基本尺寸包括活塞杆直径、活塞杆长度（滑动面长度或导向面）、活塞杆螺纹型式和尺寸（端部连接型式和尺寸）、与活塞连接型式和尺寸及缓冲柱塞型式和尺寸。

（2）活塞杆直径

1）活塞杆直径 d 应符合 GB/T 2348—2018 的规定，见表 2-37。

表 2-37　活塞杆直径　（单位：mm）

活塞杆直径 d			
4	20	56	160
5	22	(60) / 63	180
6	25	70	200
8	28	80	220
10	(30) / 32	90	250
12	36	100	280
14	40	110	320
16	45	(120) / 125	360
18	50	140	400 / 450

注：圆括号内为非优先选用值。

对于大型液压油缸，活塞杆直径应符合表 2-38 的规定。

2）活塞杆直径公差

活塞杆导向面的外径尺寸公差应不低于 GB/T 1801—2009 中规定的 f8（或 f6 或 f7）。

含有活塞杆静压支承结构的或有特殊要求的液压缸的活塞杆与导向套配合也可选用 H7/h6、H8/h7，但应通过选配法保证设计的间隙（相当于轴承间隙）。一般（静压支承结构的）导向套材料不应采用钢。

注：1. "轴承间隙"见于 GB/T 28279.1—2012。

2. 在 GB/T 32217—2015 中规定，试验用活塞杆的直径为 φ36mm，公差为 f8。

轴 f6、f7、f8 和 h7 的极限偏差见表 2-39。

（3）活塞杆长度公差

活塞杆长度公差应符合 GB/T 1804—2000 中规定的公差等级 "c"。

在 JB/T 10205—××××《液压缸　第 3 部分：活塞杆技术条件》（报批稿）中还规定了两端面需再加工的活塞杆长度公差，但是否可行是个问题。

（4）活塞杆螺纹型式和尺寸

活塞杆螺纹指液压缸活塞杆的外部连接螺纹。

标准规定的活塞杆螺纹有三种型式，如图 2-2~图 2-4 所示。

注：活塞杆外螺纹台肩未示出密封件安装导入角及外角倒圆（如果需要）。

表 2-38　大型液压油缸活塞杆直径（摘自 JB/T 11588—2013）　（单位：mm）

缸内径	630	710	800	900	950	1000	1120	1250	1500	2000
活塞杆	380	440	500	560	580	620	680	760	920	1220
直径	450	500	580	640	640	710	780	880	1060	1420

表 2-39　轴 f6、f7、f8 和 h7 的极限偏差（摘自 GB/T 1800.2—2009）

公称尺寸 /mm	f6	f7	f8	h7	公称尺寸 /mm	f6	f7	f8	h7
	μm					μm			
4	−10	−10	−10	0	70	−30	−30	−30	0
5	−18	−22	−28	−12	80	−49	−60	−76	−30
6					90				
8	−13	−13	−13	0	100	−36	−36	−36	0
10	−22	−28	−35	−15	110	−58	−71	−90	−35
12					125				
14	−16	−16	−16	0	140	−43	−43	−43	0
16	−27	−34	−43	−18	160	−68	−83	−106	−40
18					180				
20					200	−50	−50	−50	0
22	−20	−20	−20	0	220	−79	−96	−122	−46
25	−33	−41	−53	−21	250				
28					280	−56	−56	−56	0
32						−88	−108	−137	−52
36					320	−62	−62	−62	0
40	−25	−25	−25	0	360	−98	−119	−151	−57
45	−41	−50	−64	−25	380				
50					440				
56	−30	−30	−30	0	450	−68	−68	−68	0
63	−49	−60	−76	−30	500	−108	−131	−165	−63

注：在 JB/T 10205—××××《液压缸　第 3 部分：活塞杆技术条件》（报批稿）中还规定了 f9。

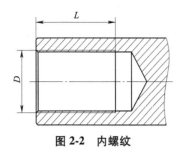

图 2-2　内螺纹

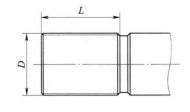

图 2-3　外螺纹（无肩）

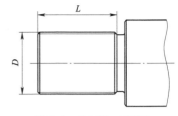

图 2-4　外螺纹（带肩）

活塞杆螺纹的型式和尺寸应符合 GB 2350—1980 的规定，活塞杆螺纹的尺寸应符合表 2-40 的规定。

表 2-40　活塞杆螺纹的尺寸（摘自 GB 2350—1980）　　　　（单位：mm）

螺纹直径与螺距 ($D×t$)	螺纹长度 L		螺纹直径与螺距 ($D×t$)	螺纹长度 L		螺纹直径与螺距 ($D×t$)	螺纹长度 L	
	短型	长型		短型	长型		短型	长型
M3×0.35	6	9	M24×2	32	48	M90×3	106	140
M4×0.5	8	12	M27×2	36	54	M100×3	112	—
M5×0.5	10	15	M30×2	40	60	M110×3	112	—
M6×0.75	12	16	M33×2	45	66	M125×4	125	—
M8×1	12	20	M36×2	50	72	M140×4	140	—
M10×1.25	14	22	M42×2	56	84	M160×4	160	—
M12×1.25	16	24	M48×2	63	96	M180×4	180	—
M14×1.5	18	28	M56×2	75	112	M200×4	200	—
M16×1.5	22	32	M64×3	85	128	M220×4	220	—
M18×1.5	25	36	M72×3	85	128	M250×6	250	—
M20×1.5	28	40	M80×3	95	140	M280×6	280	—
M22×1.5	30	44						

注：1. 螺纹长度 L 对内螺纹是指最小尺寸；对外螺纹是指最大尺寸。

　　2. 当需要用锁紧螺母时，采用长型螺纹长度。

活塞杆上的连接螺纹应选取 6 级精度的细牙普通螺纹 M。

（5）几何公差

1）活塞杆导向面（电镀前）的圆度公差应不低于 GB/T 1184—1996 中规定的 8 级（或 7 级）；电镀后精加工（抛光或研磨）的圆度公差应不低于 GB/T 1184—1996 中规定的 9 级（或 8 级）。

2）活塞杆导向面素线的直线度公差应不低于 GB/T 1184—1996 中规定的 8 级（或 7 级）。

3）活塞杆导向面的圆柱度公差应选取 GB/T 1184—1996 中规定的 8 级（或 7 级）。

4）用于活塞安装的端面对活塞杆轴线的垂直度公差应按 GB/T 1184—1996 中规定的 7 级（或 6 级）选取。

5）活塞杆导向面对安装活塞的圆柱轴线的径向跳动公差不低于 GB/T 1184—1996 中规定的 7 级（或 6 级）或同轴度公差应不低于 GB/T 1184—1996 中的 7 级（或 6 级）。

6）缓冲柱塞对安装活塞的圆柱（或导向面）轴线的径向跳动公差应不低于 GB/T 1184—1996 中规定的 7 级（或 6 级）。

7）当活塞杆端部有连接销孔时，该孔径的尺寸公差应选取 GB/T 1801—2009 中规定的 H11（或 H10）；销孔轴线对活塞杆轴线的垂直度公差不应低于 GB/T 1184—1996 中规定的 9 级（或 8 级）；耳轴中心线与缸体中心线距离不应大于 0.03mm。

8）活塞杆的导向面与（导向套）配合面的同轴度公差应不低于 GB/T 1184—1996 中规定的 8 级（或 7 级）。

注：1. 圆括号内的公差等级主要是针对伺服液压缸而言的，具体可参考参考文献 [118]。

　　2. 对液压机用液压缸而言，通常要求活塞杆端面与滑块应紧密贴合。

2.6.6　表面质量

1）活塞杆与（静压支承结构的）导向套配合滑

动表面应镀硬铬，铬覆盖层厚度（指单边、抛光或研磨后）一般在 0.03~0.05mm 范围内；铬覆盖层硬度为 800~1000HV；镀后精加工；镀层必须光滑细致（均匀、密实），不得有起皮（层）、脱（剥）落或起泡等任何缺陷；在设计的最大载荷下和/或交变载荷下，镀铬层不得有裂纹。缸回程终点时，活塞杆外露部分应一同镀硬铬。

除采用镀硬铬外，活塞杆外表面还可以采用化学镀镍-磷合金镀层。

有特殊要求的活塞杆表面可以采用热喷涂合金或喷涂陶瓷层。

GB/T 32217—2015 规定，试验用活塞杆感应淬火后镀 0.015~0.03mm 厚硬铬。

液压缸有防湿热、盐雾和霉菌要求的，应在活塞杆技术要求中明确给出所应遵照的标准和应达到的要求，并给出试验（测量）方法。

对于没有镀硬铬的或镀硬铬前的活塞杆外表面，表面应光滑一致，不应有目视可见的缺陷，如缩孔、夹杂（渣）、白（斑）点、波纹、螺旋纹、划擦痕、磕碰伤、毛刺、凹坑、裂纹、结疤、凸瘤、翘皮、氧化皮及锈蚀等。

目视检查应在光线充足或人工照明良好的条件下进行，必要时可用 3~5 倍放大镜目测检查。

活塞杆上的尖锐边缘，除活塞与活塞杆一体结构上的密封沟槽棱外，在工作图上未示出的，均应去掉。

2）活塞杆与（静压支承结构的）导向套的配合滑动表面的表面粗糙度值一般应不大于 $Ra0.4\mu m$，也可根据设计要求从表 2-41 中选取。

表 2-41 表面粗糙度值

（单位：μm）

等级	A	B	C	D	E	F	G
Ra	0.1	0.2	0.25	0.32	0.4	0.63	0.8

3）图样上已规定表面粗糙度值［即零（部）件最终表面粗糙度值］的，其镀覆前的表面粗糙度值应不大于图样上所标出的表面粗糙度值的一半。

4）GB/T 32217—2015 中规定，按 GB/T 10610—2009 沿着活塞杆轴向测量试验活塞杆表面粗糙度 Ra 和 Rt，每次取样长度为 0.8mm，评定长度为 4mm。

GB/T 32217—2015 中规定的试验用活塞杆的表面粗糙度值为：研磨、抛光到 $Ra0.08\mu m \sim Ra0.15\mu m$，但未给出 Rt 值。

2.6.7 其他要求

1）安装密封件的导入倒角按所选用的密封件要求确定，但与外径交接处必须倒圆。

2）活塞杆成品应保留完好的中心孔。

3）（液压缸带动的）滑块有意外下落危险的活塞杆连接型式，设计时应进行风险评价（估），并应给出预期使用寿命；达到预期使用寿命的，要求用户必须自觉、及时更换活塞杆。

4）柱塞缸等在试验、调试、使用和维修中有活塞杆可能射出（脱节）的，应有行程极限位置限位装置。在限位装置无效、解除或拆除后，不得对液压缸各工作腔施压，以防止液压缸失效而产生的各种危险。

2.7 液压缸缸盖的设计

此处缸盖特指缸有杆端端盖（缸头），即 GB/T 19934.1—2005 中液压缸（单杆缸）这种承压壳体的前端盖，但因双出杆缸无法区分前、后端盖，所以以"缸盖"命名较为准确。

2.7.1 结构型式

缸盖可以与导向套制成整体结构，也可制成分体结构（如压盖-导向套、缸盖-静压支承套），还可根据缸盖与缸体（筒）、活塞杆及导向套间是否有密封而分为密封缸盖和非密封缸盖。

缸盖与缸体（筒）连接必有可靠的连接结构（包括锁紧措施）、足够的连接强度，同时应便于拆装。

缸盖与缸体（筒）连接通常有法兰连接、内（外）螺纹连接、内（外）卡键连接、拉杆连接等，因一般要求缸盖要便于拆装，所以缸盖与缸体（筒）通常不采用焊接连接。

一般高压且缸内径大的液压缸（如标准规定的大型液压油缸）的缸盖与缸体应为法兰连接，而且缸盖与缸体间不宜采用端面（轴向）挤压密封型式，包括不能采用在 GB 150.3—2011《压力容器 第 3 部分：设计》中给出的各种垫片。具体还可参考参考文献［108］中的相关内容。

缸盖上液压缸油口按开设位置不同，分为轴向油口和径向油口。

各种缸盖的结构型式见第 4.9 节液压缸设计与选型参考图样。

同一制造厂生产的型号相同的液压缸整体结构缸盖，必须具有互换性。

设计过程中宜赋予缸盖具有再制造性，即缸盖宜具有固有再制造性。

2.7.2　材料

一体结构缸盖的常用材料如下所述。

- 碳素结构钢牌号：Q235、Q275。
- 优质碳素结构钢牌号：20、30、35、45。
- 合金结构钢牌号：27SiMn、30CrMo、30CrMnSiA、40Cr、42CrMo。
- 低合金高强度结构钢牌号：Q355B（C、D）。
- 不锈钢牌号：12Cr18Ni9、14Cr17Ni2。
- 铸造碳钢牌号：ZG270-500、ZG310-570。
- 灰铸铁牌号：HT300、HT350。
- 球墨铸铁牌号：QT400-15、QT400-18、QT450-10、QT500-7、QT500-10、QT550-5、QT600-3。
- 蠕墨铸铁牌号：RuT500。
- 其他，如双金属、（压）铸铝、铸铜等。

缸盖式导向套或缸盖材料，一般在公称压力 $p \leqslant$ 10MPa 时可以考虑使用铸铁，其他可使用 20、35、45 优质碳素结构钢。如与缸筒需采用焊接连接，一般使用 20、35 钢，并且焊接后应做消除应力处理；非焊接连接缸盖可以使用 45 钢并视情况进行调质处理。

钢制缸盖或导向套与活塞杆直接接触的是支承环。

当进行液压缸耐压试验时，应保证缸盖不产生永久变形，包括压溃。在额定静态压力下不得出现 JB/T 5924—1991《液压元件压力容腔体的额定疲劳压力和额定静态压力试验方法》（已废止）规定的被试压力容腔的任何一种失效模式。

采用 GB/T 3078—2008 规定的优质碳素结构钢或合金结构钢冷拉钢棒制造的套装静压支承套的缸盖 ［轴承套筒（外套）］，其材料的（冷拉）抗拉强度不能低于 610MPa。

大型液压缸的缸盖材料的屈服强度应不低于 280MPa。

对于缸盖内孔与活塞杆直径配合为 H8/f7、H8/h7、H8/f8、H8/f9、H9/f9 及间隙更小的间隙配合的缸盖材料，不能采用钢。

2.7.3　热处理

缸盖一般应在粗加工后进行调质处理，尤其是未经正火或退火的锻钢或铸钢，更应在粗加工后进行热处理，但淬火后必须回火。

对于缸内径小、公称压力低、使用工况好以及动作频率低的液压缸盖或使用非调质钢制造的缸盖，也可不进行热处理，但毛坯应在机械加工前进行时效处理。

2.7.4　几何尺寸与几何公差

设计时，缸盖内孔轴线一般被确定为基准要素，但对整体结构的缸盖，也可以导向套外圆柱面轴线为基准要素。

GB/T 32217—2015 规定，支承环沟槽槽体（导向套）以外圆柱面轴线为基准。

（1）基本尺寸

整体结构法兰连接密封缸盖的基本尺寸包括缸盖内径、外径、（导向）长度、密封、导向和法兰尺寸。

（2）缸盖内径

1）缸盖（名义）内径应优先选用表 2-42 中的推荐值。

表 2-42　缸盖（名义）内径推荐值

（单位：mm）

缸盖（名义）内径			
4	20	56	160
5	22	(60)	180
		63	
6	25	70	200
8	28	80	220
10	(30)	90	250
	32		
12	36	100	280
14	40	110	320
16	45	(120)	360
		125	
18	50	140	400
			450

注：圆括号内为非优先选用值。

2）缸盖相对于导向套的部分内径尺寸公差应不低于 GB/T 1801—2009 中规定的 H9，一般选取 H8。

3）整体缸盖需要安装密封件（包括支承环）的，按密封件和/或支承环沟槽的要求确定缸盖内径。

GB/T 32217—2015 规定，支承环沟槽槽体（导向套）内径为 $\phi 36.7P7$，与之装配的活塞杆直径为 $\phi 36f8$。

（3）缸盖外径

1）缸盖外径 ［与缸体（筒）的配合部分］尺寸应优先选用表 2-43 中的推荐值。

表 2-43　缸盖外径推荐值　（单位：mm）

缸盖外径 D			
25	90	(180)	(360)
32	100	200	400
40	(110)	220	(450)
50	125	250	500
60	140	280	
63			
80	160	320	

注：圆括号内为非优先选用值。

2）缸盖与缸体（筒）的配合部分外径尺寸公差一般选取 GB/T 1801—2009 中规定的 f7，但一些专门用途的液压缸或有特殊要求的液压缸，其缸盖与缸体（筒）的配合可在 H7/k6、H7/g6 或 H8/k7～H8/g7 间选取。

GB/T 32217—2015 中给出的试验装置，其配合为 ϕ60H7/g6。

（4）法兰尺寸

液压缸（$PN \leqslant 25$MPa）缸盖法兰外径尺寸可参考表 2-44。

表 2-44　液压缸（$PN \leqslant 25$MPa）缸盖法兰外径尺寸　（单位：mm）

缸内径	40	50	63	80	100	125	140	160	200	220	250	320
缸筒外径	57	63.5	76	102	121	152	168	194	245	273	299	377
法兰外径	85	105	120	135	165	200	220	265	320	355	395	490

液压缸进出油孔、固定螺栓、排气阀、压盖、支架的圆周分布位置见 JB/T 6134—2006 附录 A（规范性附录）液压缸图样设计。

液压缸（$PN \leqslant 16$MPa）缸盖法兰外径尺寸可参考表 2-45。

表 2-45　液压缸（$PN \leqslant 16$MPa）缸盖法兰外径尺寸
（单位：mm）

缸内径	50	63	80	100	125	160	200	250
缸筒外径	63.5	76	102	121	152	194	245	299
法兰外径	106	120	136	160	188	266	322	370

液压缸进出油孔、固定螺栓、排气阀、压盖、支架的圆周分布位置见 JB/T 2162—2007 附录 A（规范性附录）液压缸图样设计。

（5）几何公差

1）缸盖内孔的圆度公差不低于 GB/T 1184—1996 中规定的 7 级（或 6 级）。

2）缸盖内孔的圆柱度公差不低于 GB/T 1184—1996 中规定的 8 级（或 7 级）。

3）缸盖与缸体（筒）的配合部分的圆柱度应不低于 GB/T 1184—1996 中规定的 8 级（或 7 级）。

4）缸盖外表面［与缸体（筒）的配合部分］对缸盖内孔（相当于导向套的部分）轴线的同轴度公差应不低于 GB/T 1184—1996 中规定的 7 级（或 6 级）。

5）缸盖与压盖或与缸体抵靠的（法兰）端面和安装于液压缸有杆腔内端面对缸盖内孔轴线的垂直度公差应不低于 GB/T 1184—1996 中规定的 7 级（或 6 级）。

圆括号内的公差等级主要是针对伺服液压缸而言的，具体可参考参考文献 ［118］。

2.7.5　表面质量

（1）内孔表面

1）液压缸缸盖内孔表面的表面粗糙度值应不大于 Ra1.6μm，一般选取 Ra0.8μm，也可根据设计要求从表 2-46 中选取。

2）液压缸缸盖内孔表面应光滑，不应有目视可见的缺陷，如缩孔、夹杂（渣）、白点、波纹、划擦痕、磕碰伤、凹坑、裂纹、结疤、翘皮及锈蚀等。

表 2-46　缸盖内孔表面的表面粗糙度值
（单位：μm）

等级	A	B	C	D
Ra	0.2	0.4	0.8	1.6

（2）端面

缸盖安装于有杆腔内的端面表面粗糙度值应不大于 Ra1.6μm，但选作检验基准的端面，其表面粗糙度值一般不大于 Ra0.8μm。

（3）外表面

缸盖外表面不应有目视可见的缩孔、夹杂（渣）、折叠、波纹、裂纹、划痕、磕碰伤及冷拔时因外模有积屑瘤造成的拉痕等缺陷。

缸盖上的尖锐边缘，除密封沟槽棱外，在工作图上未示出的，均应去掉。

缸盖外表面应经防锈处理，也可采用镀层或钝化层、漆层等进行防腐。外表面在涂漆前应无氧化皮、锈坑。涂漆时应先涂防锈漆，再涂面漆，漆层不应有疤瘤等缺陷。

液压缸有防湿热、盐雾和霉菌要求的，应在缸技术要求中明确给出所应遵照的标准（包括试验方法）和应达到的要求，并给出具体方法或措施，如油漆涂层应给出油漆品种（包括指定生产厂家）和操作规程。

2.8　液压缸缸底的设计

此处缸底特指缸无杆端端盖（缸尾），即 GB/T 19934.1—2005 中液压缸（单杆缸）承压壳体的后端盖。

2.8.1　总则

液压缸缸底应有足够的强度、刚度和抗冲击韧度（性）。对需要后期与缸体（筒）焊接的缸底，要求其材料具有良好的焊接性，焊缝强度不应低于母材的强度指标，焊缝质量应达到 GB/T 3323 中规定的Ⅱ级。

缸底与缸体（筒）焊接的焊缝，按 GB/T 5777 规定的方法对焊缝进行 100% 的探伤，质量应符合 NB/T 47013.3 中规定的Ⅰ级要求。

缸底与缸体（筒）连接必须有可靠的连接结构（包括锁紧措施）、足够的连接强度。

同一制造厂生产的型号相同的液压缸缸底（缸体），必须具有互换性。

2.8.2　结构型式

根据液压缸的安装型式，缸底与后端固定单（双）耳环、圆（方、矩）形法兰等制成一体结构。

液压缸缓冲装置除缓冲柱塞外一般都设置在缸底上。

缸底上液压缸油口按开设位置不同，分为轴向油口和径向油口。

除缸底同缸体（筒）为一体结构外，其他缸底与缸体（筒）连接型式通常有法兰连接、内（外）螺纹连接、拉杆连接、焊接等，其中缸底与缸体（筒）采用焊接是最常见的连接（固定）型式，即采用锁底对接焊缝固定方式的焊接式缸底。

采用焊接式缸底的缸体（筒）一般称为密闭式缸体（筒）或缸形缸体（筒）。

焊接式缸底或锻造缸形缸体（筒）的内端面型式多为平盖形，其他还有椭圆形、碟形、球冠形和半球形等型式的凹面形缸底，而缸底（中心）上开设轴向进出油孔（口）或充液阀安装孔的缸底称为有孔缸底。

各种缸底的结构型式见第 4.9 节液压缸设计与选型参考图样。

2.8.3　材料

用于制造缸底的材料的力学性能 R_{eL}（下屈服强度）应不低于 280MPa，常用材料如下所述。

- 优质碳素结构钢牌号：30、35、45、25Mn、35Mn。
- 合金结构钢牌号：27SiMn、30CrMo、40Cr、42CrMo。

- 低合金高强度结构钢牌号：Q355B（C、D）。
- 不锈钢牌号：12Cr18Ni9。
- 铸造碳钢牌号：ZG270-500、ZG310-570。
- 球墨铸铁牌号：QT400-15、QT400-18、QT450-10、QT500-7、QT500-10、QT550-5、QT600-3。
- 蠕墨铸铁牌号：RuT500。

焊接式缸底材料一般应选择与缸体（筒）同种的钢。

当进行液压缸耐压试验时，应保证缸底不产生永久变形，包括压溃。在额定静态压力下不得出现 JB/T 5924—1991《液压元件压力容腔体的额定疲劳压力和额定静态压力试验方法》（已废止）规定的被试压力容腔的任何一种失效模式。

2.8.4　热处理

用于制造缸底的铸锻件，应采用热处理或其他降低应力的方法消除内应力。

缸底一般应在粗加工后进行调质处理，尤其是未经正火或退火的锻钢和铸钢更应该在粗加工后进行热处理，但淬火后必须高温回火，并注意在本章液压缸缸体（筒）的技术要求中的警告。

对于缸内径小、公称压力低、使用工况好的液压缸缸底或使用非调质钢制造的缸底，也可不进行热处理。

2.8.5　几何尺寸与几何公差

设计时，缓冲孔轴线或与缸体（筒）配合止口直径轴线一般被确定为基准要素。

（1）基本尺寸

焊接式缸底的基本尺寸包括缸底止口直径、止口高度、外径、缸底厚度和连接尺寸；在缸底上设计有缓冲装置的如缓冲孔等，另行规定。

（2）止口直径

1）止口直径按所配装缸（体）筒内径选取。

2）止口直径尺寸公差一般应按 GB/T 1801—2009 中规定的 js7 选取；在缸底上设计有缓冲腔孔的，其缸底与缸体（筒）的配合可以选取 H7/k6 或 H8/k7。

（3）止口高度

焊接式缸底的止口高度应能使活塞密封远离平接焊缝 20mm 以上。

（4）缸底厚度

缸底厚度一般可按缸筒壁厚的 1.2～1.3 倍选取；对于伺服液压缸的缸底厚度，建议按缸筒壁厚的 1.3～1.5 倍选取。

平盖形锻钢缸底厚度可以按照四周嵌住（固定）的圆盘强度公式进行近似计算，本手册参考文献中多数推荐使用式（2-48）计算缸底厚度 $\delta(\text{mm})$，即

$$\delta = 0.433D\sqrt{\frac{p}{[\sigma]}} \qquad (2\text{-}48)$$

式中　D——缸内径，单位为 mm；

　　　p——液压缸耐压试验压力，单位为 MPa；

　　　$[\sigma]$——缸底材料的许用应力，$[\sigma]=\sigma_s/n_s$，安全系数可按 $n_s=4\sim4.5$ 选取。

需要说明的是，如果是中心有孔的包括设有缓冲腔孔非通孔的平盖形缸底厚度 $\delta(\text{mm})$，其推荐的近似计算公式为

$$\delta = 0.433D\sqrt{\frac{pD}{(D-d)[\sigma]}} \qquad (2\text{-}49)$$

式中　d——缸底中心孔直径，单位为 mm。

对于伺服液压缸，应充分考虑其可能承受的压力冲击和产生的疲劳破坏。

当采用无限寿命设计方法设计液压缸体（广义液压缸缸体包括缸底）时，疲劳安全系数至少应大于等于 2.5，具体还可参考参考文献［49］、［115］等机械设计手册中关于疲劳强度设计的内容。

（5）几何公差

1）止口（缸底与缸体配合处）的圆柱度应不低于 GB/T 1184—1996 中规定的 8 级；

2）止口对缓冲孔轴线的同轴度公差应不低于 GB/T 1184—1996 中规定的 7 级。

3）缸底与缸体配合的端面与缸底轴线的垂直度公差应不低于 GB/T 1184—1996 中规定的 7 级。

4）螺纹油口密封面对螺纹中径垂直度公差不低于 GB/T 1184—1996 中规定的 6 级；也可按 GB/T 19674.1—2005 选取。

5）销孔轴线对缸体（筒）轴线的垂直度公差不应低于 GB/T 1184—1996 中规定的 9 级。

2.8.6　表面质量

缸底外表面不应有目视可见的缩孔、夹杂（渣）、折叠、波纹、裂纹、划痕、磕碰伤及锈蚀等缺陷。

缸底上的尖锐边缘，除密封沟槽槽棱外，在工作图未示出的，均应去掉。

缸底外表面应经防锈处理，也可采用镀层或钝化层、漆层等进行防腐。外表面在涂漆前应无氧化皮、锈坑。涂漆时应先涂防锈漆，再涂面漆，漆层不应有疤瘤等缺陷。

2.8.7　密实性

缸底采用锻件的应进行 100% 的探伤检查，缸底经无损探伤后，应达到 NB/T 47013.3 中规定的 I 级。

密实性检验按 GB/T 7735—2004 中验收等级 A 的规定进行涡流探伤，或者按 GB/T 12606 中验收等级 L4 的规定进行漏磁探伤。

在耐压试验压力作用下，缸底的外表面或焊缝不得有渗漏。

2.8.8　缸底的强度计算

必要时应对缸底强度、刚度进行验算。

锻造的缸形缸体其缸底型式多为平盖形缸底，而非凹面形，其缸底中心一般还开设有进出油孔（口）或充液阀安装孔等通孔，以及开设有缓冲腔孔等非通孔，因此在其受力分析和强度计算中，现在一般将其视为四周固定或嵌住的圆形薄板或圆盘。到现在为止仍没有一个较为简便、权威的缸底厚度计算公式。究其原因，除确定液压缸缸底工况困难外，主要是用于推导强度计算公式的力学模型有问题。

现在常用的是苏联米海耶夫（B. A. Михеев）推荐的强度计算公式，即

$$\sigma_d = 0.75\frac{PR^2}{\varphi\delta^2} \le [\sigma] \qquad (2\text{-}50)$$

式中　σ_d——计算应力，单位为 MPa；

　　　p——液压缸耐压试验压力，单位为 MPa；

　　　R——缸（内）半径，单位为 mm；

　　　δ——缸底厚度，单位为 mm；

　　　φ——系数，与缸底油孔半径 R_k 有关，即

$$\varphi = \frac{R-R_k}{R}；$$

　　　$[\sigma]$——材料许用应力，$[\sigma]=\sigma_s/n_s$，安全系数取 $n_s\ge4\sim4.5$。

此外，还有苏联罗萨诺夫（Б. В. Розанов）推荐的强度计算公式：

$$\sigma_d = \frac{PR^2}{\varphi\delta^2} \le [\sigma] \qquad (2\text{-}51)$$

式中　φ——系数，取为 0.7～0.8。

德国缪勒（EMüller）推荐的强度计算公式：

$$\sigma_d = 0.68\frac{PR^2}{\delta^2} \le [\sigma] \qquad (2\text{-}52)$$

以上三个公式均来源于均布载荷下周边固定的圆形薄板弹性力学解，而前两个公式以 φ 来考虑缸底开孔的影响。

对于室温下采用碳素钢和低合金钢制成的缸度与

缸筒全焊透接连接结构的无孔或有孔平盖形缸底，其强度验算建议采用如下公式，即

$$\sigma = \frac{KpD^2}{\phi\delta^2} \leq [\sigma] \qquad (2\text{-}53)$$

式中　K——结构特征系数，$K = 0.44\delta/\delta_c$，δ_c 为缸筒有效壁厚，K 应 $>0.3 \sim 0.5$；

　　　ϕ——焊接接头系数，全焊透对接焊缝且全部经无损检测的取 $\phi = 1$，局部无损检测的取 $\phi = 0.85$；

　　　$[\sigma]$——常温下的材料许用应力，单位为 MPa；其他符号含义与上同。

如果采用式（2-53）进行平盖形缸底设计，则此无孔或有孔平盖形缸盖已被加强，但如采用轧制板材直接加工制造缸底，设计时则应对板材提出抗层状撕裂性能的附加要求。

铸造的半球形缸底可按内压球壳的强度公式计算。

对于铸钢的半球形缸底，采用冯·米塞斯（Von Mises）强度准则，即第四强度理论强度条件，其当量计算应力及强度条件为

$$\sigma_d = \frac{1.5R_2^3}{R_2^3 - R_1^3} p \leq [\sigma] \qquad (2\text{-}54)$$

式中　R_1——球壳内半径，单位为 mm；

　　　R_2——球壳外半径，单位为 mm；

　　　其他同上。

对于铸铁（不含退火球墨铸铁）的半球形缸底，采用第二强度理论强度条件，其当量计算应力及强度条件为

$$\sigma_d = \frac{0.65R_2^3 + 0.4R_1^3}{R_2^3 - R_1^3} \leq [\sigma] \qquad (2\text{-}55)$$

式中　$[\sigma]$——材料的许用应力，$[\sigma] = \sigma_b/n$，单位为 MPa。

2.9　液压缸导向套的设计

导向套是对活塞杆起导向和支承作用的套型缸零件。

2.9.1　结构型式

导向套可以与缸盖制成一（整）体结构，也可制成分体结构，即所谓缸盖式和轴套式。一般导向套内、外圆柱面上都设计、加工有密封沟槽，用于（相当于）活塞静密封和活塞杆动密封以及活塞杆防尘（密封）。

对于钢制导向套，其内孔还必须加工有支承环安装沟槽，用于活塞杆导向和支承。

导向套必须定位（有锁定措施）且应便于拆装。

各种导向套的结构型式见第 4.9 节液压缸设计与选型参考图样。

同一制造厂生产的型号相同的液压缸导向套，必须具有互换性。

注：1. 具有密封件沟槽的导向套是 GB/T 19934.1—2005 中液压这种承压壳体的一个组成部分。

2. 在 GB/T 32217—2015 中将带支承环安装沟槽的导向套称为"支承环沟槽槽体"。

2.9.2　材料

用于制造导向套的常用材料主要有以下几种。

• 灰铸铁牌号：HT200、HT225、HT250、HT300。

• 可锻铸铁牌号：KTZ650-02、KTZ700-02。

• 球墨铸铁牌号：QT400-15、QT400-18、QT450-10、QT500-7。

• 蠕墨铸铁牌号：RuT300、RuT350、RuT400、RuT450。

• 碳钢、铸造碳钢。

• 其他，如双金属、（压）铸铝合金、铸铜合金、塑料（非金属材料）。

在《现代机械设计手册》第二卷 8-14 页中给出了耐磨铸铁牌号（HT-1、HT-2、HT-3、QT-1、QT-2、KT-1、KT-2），但除耐磨损球墨铸铁外，其他未查找到相关标准。

在 JB/T 11843—2014《耐磨损球墨铸铁件》中规定了五个牌号：QTML-1、QTML-2、QTMD-1、QTMD-2 和 QTMCD。其中 L——连续冷却淬火热处理；D——等温淬火热处理；CD——等温淬火热处理（得到的是含碳化物奥铁体组织）。

液压缸导向套在活塞杆往复运动时起支承和导向作用。轴套式导向套一般可用抗压、耐磨的 ZCuSn6Pb3Zn6、ZCuSn10P1 等锡青铜铸造后加工而成，也有采用离心浇铸的铸造尼龙 6 加二硫化钼来制造导向套的，但因其抗偏载能力差，热膨胀大，加工、装配后吸湿变形等，可能出现活塞杆摆动或偏摆、抱死活塞杆和本体断裂等问题。因此，现在采用最多的是灰铸铁和球墨铸铁。

当进行液压缸耐压试验时，应保证导向套不产生永久变形，包括压溃。在额定静态压力下不得出现 JB/T 5924—1991《液压元件压力容腔体的额定疲劳压力和额定静态压力试验方法》（已废止）规定的被试压力容腔的任何一种失效模式。

对于导向套内孔与活塞杆直径配合为 H8/f7、

H8/h7、H8/f8、H9/f9 及间隙更小的间隙配合的导向套，材料不能采用钢。

2.9.3 热处理

应采用热处理或其他降低应力的方法消除内应力。

钢制导向套一般应进行调质处理；铸铁可进行表面淬火。

2.9.4 几何尺寸与几何公差

设计时，导向套内孔轴线一般被确定为基准要素，也可将导向套外圆柱面轴线选作基准。

（1）基本尺寸

导向套的基本尺寸包括导向套（名义）内径、配用内径、外径、（导向或支承）长度、密封、导向和定位（锁定）尺寸。

（2）导向套内径

1）导向套（名义）内径应优先选用表 2-47 中的推荐值。

表 2-47 导向套（名义）内径推荐值

（单位：mm）

	导向套（名义）内径		
4	20	56	160
5	22	(60)	180
		63	
6	25	70	200
8	28	80	220
10	(30)	90	250
	32		
12	36	100	280
14	40	110	320
16	45	(120)	360
		125	
18	50	140	400
			450

注：圆括号内为非优先选用值。

对于非钢制导向套内径可按表 2-47 选取。

2）导向套内径尺寸公差应不低于 GB/T 1801—2009 中规定的 H9（或 H8），一般选取 H8（或 H7）。

3）导向套配用内径

对于内孔安装导向环（带）或支承环的导向套，一般只有导向环（带）或支承环与活塞杆直径 d 表面接触，而导向套配用内径表面与活塞杆直径 d 表面不接触。

装配间隙 g ［GB/T 5719 定义为密封装置中配合偶件之间的（单边径向）间隙］一般可按表

2-48 选取，设计时也可根据选用的密封件技术要求选取。

设计时导向套配用内径按下式计算：导向套配用内径 $=d+2g$，并在 H7~H10 之间给出公差值。

表 2-48 导向套与活塞杆装配间隙参考值

（单位：mm）

活塞杆直径	10MPa	20MPa	40MPa
d	g_{max}		
4	0.30	0.20	0.15
5	0.30	0.20	0.15
6	0.30	0.20	0.15
8	0.40	0.25	0.15
10	0.40	0.25	0.15
12	0.40	0.25	0.15
14	0.40	0.25	0.15
16	0.40	0.25	0.15
18	0.40	0.25	0.15
20	0.50	0.30	0.20
22	0.50	0.30	0.20
25	0.50	0.30	0.20
28	0.50	0.30	0.20
32	0.50	0.30	0.20
36	0.50	0.30	0.20
40	0.70	0.40	0.25
45	0.70	0.40	0.25
50	0.70	0.40	0.25
56	0.70	0.40	0.25
63	0.70	0.40	0.25
70	0.70	0.40	0.25
80	0.70	0.40	0.25
90	0.70	0.40	0.25
100	0.70	0.40	0.25
110	0.70	0.40	0.25
125	0.70	0.40	0.25
140	0.70	0.40	0.25
160	0.70	0.40	0.25
180	0.70	0.40	0.25
200	0.80	0.60	0.35
220	0.80	0.60	0.35
250	0.80	0.60	0.35
280	0.90	0.70	0.40
320	0.90	0.70	0.40
360	0.90	0.70	0.40

对于采用铝青铜或锡青铜等材料制造的导向套，如内孔表面直接与活塞杆直径 d 表面接触，则导向套内径尺寸公差应不低于 GB/T 1801—2009 中的 H7；一般选取 H6。

（3）导向套外径

1）一般导向套外径圆柱表面上都加工有密封沟槽，并与缸体（筒）内径配合，所以导向套外径尺

寸按缸体（筒）内径值选取。

2）导向套外径尺寸公差选取 GB/T 1801—2009 中规定的 f7，但一些专门用途液压缸或有特殊要求的液压缸，其导向套与缸体（筒）的配合可以在 H7/k6 或 H8/k7~H8/g7 间选取。

在 GB/T 32217—2015 中给出的试验装置的配合为 $\phi54H7/p6$。

（4）导向套（导向或支承）长度

导向套长度一般是指导向套的导向长度或支承长度，导向套长度确定应考虑如下因素：

a）液压缸使用工况。

b）液压缸安装方式。

c）液压缸基本参数。

d）液压缸强度、刚度和寿命设计裕度。

e）活塞杆受压时抗弯曲强度和稳定性。

一般导向套导向长度或支承长度 $B>0.7d$。

导向套的长度一般取（0.4~0.8）d；若为卧式柱塞缸，导向长度应增加，可取为（0.8~1.5）d，活塞缸可取短一些；其中 d 为活塞杆直径。

（5）几何公差

1）导向套内孔的圆度公差应不低于 GB/T 1184—1996 中规定的 7 级。

2）导向套内孔的圆柱度公差应不低于 GB/T 1184—1996 中规定的 8 级。

3）导向套与缸体（筒）的配合部分的圆柱度应不低于 GB/T 1184—1996 中规定的 8 级。

4）导向套外表面［与缸体（筒）的配合部分］对导向套内孔（相当于导向套的部分）轴线的同轴度公差应不低于 GB/T 1184—1996 中规定的 7 级。

5）导向套（有杆腔内）端面对内孔轴线的垂直度公差应不低于 GB/T 1184—1996 中规定的 7 级。

对于采用铝青铜或锡青铜等材料制造的导向套，如内孔表面直接与活塞杆直径 d 表面接触，则导向套几何精度应比上述要求有所提高。

导向套与缸筒内径配合，当 $d\leqslant500mm$ 时，取 H7/k6 或 H8/k7；当 $d>500mm$ 时，取 H7/g6 或 H8/g7；导向套内孔与活塞杆直径配合取 H9/f8 或 H9/f9，表面粗糙度值应小于 $Ra1.6\mu m$。

液压机用液压缸的导向套与缸筒内径配合严于一般液压缸的 H8/f7。

2.9.5　表面质量

（1）内孔表面

1）内孔表面粗糙度值应不大于 $Ra1.6\mu m$，一般选取 $Ra0.8\mu m$，也可根据设计要求从表 2-49 中选取。

2）内孔表面光滑，不应有目视可见的缺陷，如缩孔、夹杂（渣）、白点、波纹、划擦痕、磕碰伤、凹坑、裂纹、结疤、翘皮及锈蚀等。

表 2-49　内孔表面粗糙度值

（单位：μm）

等级	A	B	C	D
Ra	0.2	0.4	0.8	1.6

（2）端面

导向套安装于有杆腔内的端面表面粗糙度值应不大于 $Ra1.6\mu m$；但选作检验基准的端面，其表面糙度值一般不大于 $Ra0.8\mu m$。

（3）外表面

导向套外表面不应有目视可见的缩孔、夹杂（渣）、折叠、波纹、裂纹、划痕和磕碰伤，以及冷拔时因外模有积屑瘤造成的拉痕等缺陷。

导向套上的尖锐边缘，除密封沟槽棱外，在工作图未示出的均应去掉，尤其是开有润滑槽的各处倒角、倒圆。

黑色金属材料制造的导向套（外露）外表面应经防锈处理，也可采用镀层或钝化层等。

2.10　液压缸密封的设计

2.10.1　液压缸密封概论

1. 泄漏与密封

液压缸是一种密闭的特殊压力容器，依靠封闭在无杆腔和/或有杆腔（以活塞式单活塞杆双作用液压缸为例）的液压工作介质体积的变化驱动活塞（活塞杆）相对液压缸体（筒）运动，将液压能转换成机械能。液压工作介质是受压的，有时压力会很高，也就是说有公称压力超过 32MPa 的超高压液压缸。一般来说，液压工作介质的压力越高，泄漏越严重，密封越困难，但液压工作介质压力在低压（0~2.5MPa）、中压（2.5~8.0MPa）时也不可忽视。实践中确实遇到过液压缸在高压（16.0~31.5MPa）、超高压（≥32MPa）时不泄漏，而在中低压时泄漏。液压缸的泄漏是指液压工作介质越过容腔边界，由高压侧向低压侧流出的现象。泄漏一般分为内泄漏和外泄漏，如液压缸的无杆腔液压工作介质向有杆腔泄漏，或者有杆腔液压工作介质向无杆腔泄漏，这些称为内泄漏（串腔）；向液压缸周围环境泄漏液压工作介质的称为外泄漏，如焊接式缸底的液压缸焊缝处漏油、活塞杆伸出带油等。GB/T 17446—2012 定义泄漏为不做有用功并引起能量损失的相对少量的流体流

动，定义内泄漏为元件内腔间的泄漏，定义外泄漏为从元件或配管的内部向周围环境的泄漏。液压缸泄漏的主要原因，一是配合零件偶合面间存在间隙；二是偶合面两侧存在压差（压力）。内泄漏影响液压缸的效率、速度及缸进程和/或回程输出力等，同时使液压工作介质进一步升温，也可能引发事故；外泄漏浪费液压工作介质、污染环境、易引发事故。所以，对于液压缸，不管是内泄漏或是外泄漏超标，都可能是很严重的事故。内泄漏（量）和外泄漏（量）都是液压缸出厂试验的必检项目，具体请参见 JB/T 10205—2010 及 GB/T 15622—2005 等标准。液压缸的泄漏主要是窜（穿、串）漏。

能够防止或减少泄漏的装置一般称为密封或密封装置，密封装置是由一个或多个密封件和配套件（如挡圈、弹簧、金属壳）组合成的装置。密封装置中用于防止泄漏和/或污染物进入的元件称为密封件，也有将密封圈、挡圈、导向环（支承环）和防尘圈统称为密封件的（参见 MT/T 1164—2011）。密封的作用就是封住偶合面间隙，切断泄漏通道或增加泄漏通道的阻力，以减少或阻止泄漏。衡量密封性能好坏的主要指标是泄漏率（泄漏量/时间或泄漏量/累计行程等）、使用寿命和使用条件（压力、速度、温度等）。现在由于我国的液压缸密封设计标准及水平、加工工艺及设备、密封件结构型式与参数、密封（橡胶和塑料等）材料和添加剂以及检测等都有很大进步，液压缸的密封性能也有很大提高。总之，液压缸的压力、速度、温度、产品档次、使用寿命（耐久性）和可靠性等技术性能很大程度取决于液压缸密封装置（系统）及其设计。

除上述密封就是防止或减少泄漏的措施（行为或做法即处理办法）这一种含义外，"密封"就相对"泄漏"而言，还具有表述与泄漏这种现象或状态相反的另一种含义。

作者注：1. 超高压液压机是工作介质压力不低于32MPa 的液压机，具体请见 GB/T 8541—2012。公称压力 ≥32MPa 的液压缸也可称为超高压液压缸。

2. "密封"是"泄漏"的反义词，但"密封"在 GB/T 17446—2012 中没有定义。

3. 在 GB/T 50670—2011《机械设备安装工程术语标准》中定义了"密封"这一术语，即防止介质泄漏的措施总称。

2. 密封的分类

密封分为动密封和静密封。动密封的密封偶合（配偶、配合）件间有相对运动；静密封的密封偶合（配偶、配合）件间没有（明显地）相对运动。这两种不同的密封工作状态，对密封件的要求有许多区别。动密封件除了要承受液工作介质压力外，还必须耐受偶合件相对运动引起的摩擦、磨损（或磨耗）；既要保证一定的密封性能，又要满足运动性能的各项要求，包括运动零部件的支承和导向要求。根据密封偶合件间的是滑动还是旋转运动，动密封又分为往复（运）动密封与旋转动密封。液压缸中的缸体（筒）与活塞、活塞杆与导向套间的密封都是往复运动密封。根据密封件与偶合件密封面的接触关系，往复运动密封又可分为孔用密封（或称外径密封、活塞密封）与轴用密封（或称内径密封、活塞杆密封）。孔用密封的密封件与孔有相对运动，轴用密封的密封件与轴有相对运动，如图 2-5 所示。静密封又可分为平面静密封（轴向静密封）、圆柱静密封（径向静密封）及角静密封（见图 2-6），它们的泄漏间隙分别是轴向间隙和径向间隙。根据液压工作介质压力作用于密封圈的内径还是外径，轴向静密封又有受内压与受外压之分，液压工作介质可能从内向外泄漏的称为受内压轴向静密封（外流式），液压工作介质可能从外向内泄漏的称为受外压轴向静密封（内流式），如图 2-6a、b 所示。圆柱静密封（径向静密封）参考图 2-5。

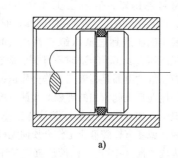
a)

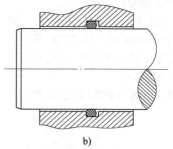
b)

图 2-5 往复运动密封示意图
a）径向密封的活塞密封（孔用密封、外径密封） b）径向密封的活塞杆密封（轴用密封、内径密封）

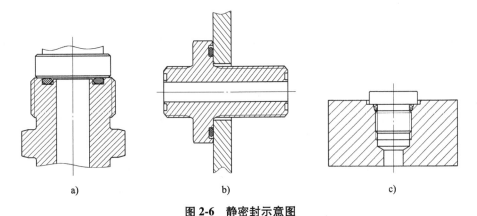

图 2-6　静密封示意图

a）受内压轴向静密封（外流式）　b）受外压轴向静密封（内流式）　c）角静密封

按密封件的形状及密封型式，密封又可分为成型填料（模压制品或模压成型密封件）密封和胶密封、带密封、填料密封。成型填料密封（件）泛指橡胶、塑料等材料模压成型的环状密封圈，如 O 形橡胶密封圈、Y 形橡胶密封圈等。其结构简单紧凑、品种规格多、工作参数范围广、安装使用方便。

动密封根据密封偶合件偶合面的接触型式还可分为接触型与非接触型密封。接触型密封靠密封件在强制压力作用下，紧贴在偶合件密封面上，密封面与密封件之间处于仅有一层极薄的液压介质隔开的摩擦接触状态。这种密封方式密封性能好，但受摩擦、磨损条件限制，密封面相对运动速度不能太高，液压元件的大多数往复动密封都属于这种情况。接触型密封又分为压缩型密封和压力赋能型密封，压缩型密封靠挤压装在密封沟槽中的密封填料，使其沿径向扩张，紧压在轴或孔上实现密封；压力赋能型密封是一种有自封能力的密封，成型密封圈中的 O 形橡胶圈、Y 形密封圈等都属于这种密封。它们的工作原理是将密封圈装入密封沟槽中并与偶合件装配后，密封件通过弹性变形即对偶合件施以一个预压力，当密封件在一个方向受到密封工作介质的压力作用后，密封件进一步变形，密封面（线）的接触压力（应力）增加，以适应密封工作介质压力的增加，保证密封。压力赋能型密封有挤压型和唇型两大类。挤压型的代表是 O 形橡胶密封圈，唇形的代表是 Y 形密封圈。非接触式密封是一种间隙密封，如活塞间隙密封，由于密封偶合面没有接触和摩擦，所以这种密封摩擦、磨损小，起动压力低，使用寿命长，但密封性能较差。

按密封件在密封装置中所起的作用，又有主要密封与辅助密封之分。辅助密封的作用就是保护主密封件不受损坏，延长主密封件的使用寿命，提高其密封性能，如防尘圈、挡圈、缓冲圈、防污保护圈等。

此外，密封件还可按密封工作介质、密封材料、所密封的工作介质压力的不同等进行分类。

液压缸常用密封件类型见表 2-50。

表 2-50　液压缸常用密封件类型

分　类			常用密封件
静密封	橡胶密封		O 形圈、蕾形圈等
	金属密封		垫圈 DQG
	橡胶+金属		组合密封垫圈
	其他		密封胶、密封带
动密封	接触式密封	成型密封	挤压型密封：O 形圈、X（星）形圈、单体蕾形圈（NL）、组合类型圈（NZ）、单体鼓形圈（G）、组合鼓形圈（GZ）、单体山形圈（SH）、同轴密封件等
			唇型密封：Y 形圈、单体 Y×d 密封圈、单体 Y×D 密封圈、Yx 形圈、U 形圈、L 形圈、J 形圈、防尘密封圈等
		成型填料密封	V 形组合密封圈
		旋转密封	旋转轴唇形密封圈等
		其他	挡圈、导向环（耐磨环、导向带）、支承环、支撑环、压环等

相关说明

1）单体 U 形密封圈、单体 Y×D 密封圈、单体鼓形圈（G）、单体山形圈（SH）、组合鼓形圈（GZ）为 GB/T 36520.1—2018 中规定的液压传动系统中活塞往复运动聚氨酯密封圈；单体蕾形圈（NL）、组合类型圈（NZ）、单体 Y×d 密封圈、单体 U 形密封圈为 GB/T 36520.2—2018 中规定的液压传动系统中活塞杆往复运动聚氨酯密封圈。

2）根据 MT/T 1165—2011 的规定，蕾形密封圈和 Y 形密封圈可用于静密封。

3）JB/T 966—2005 规定了垫圈 DQG，并代替 JB 1002—77。

4）根据 GB/T 17446—2012 中界定的术语"填料密封件"的定义："由一个或多个相配的可变形件组合的密封装置，通常承受可调整的轴向压缩以获得有效径向密封。"只有 V 形组合密封圈符合此定义。

5）还有非接触型密封，如 JB/T 3042 规定的组合机床夹紧液压缸、DB44/T 1169.1 规定的伺服液压缸上的间隙密封等，但在其他液压缸密封中很少采用。

（1）成型挤压型密封圈

在挤压型密封圈中，橡胶挤压型密封圈应用最广，类型最多。按 GB/T 5719—2006，以其截面形状命名的橡胶密封制品（橡胶密封圈）就有 O 形橡胶密封圈、D 形橡胶密封圈、X 形橡胶密封圈、W 形橡胶密封圈、U 形橡胶密封圈、V 形橡胶密封圈、Y 形橡胶密封圈、L 形橡胶密封圈、J 形橡胶密封圈、矩形橡胶密封圈、蕾形橡胶密封圈、鼓形橡胶密封圈及橡胶防尘圈等。

其他见于各密封件制造商样本的还有角-O 形橡胶密封圈、方矩形橡胶密封圈、三角形橡胶密封圈、T 型橡胶密封圈、心形橡胶密封圈、哑铃形橡胶密封圈及多边形橡胶密封圈等。

O 形圈和异形截面 O 形圈如图 2-7 所示。

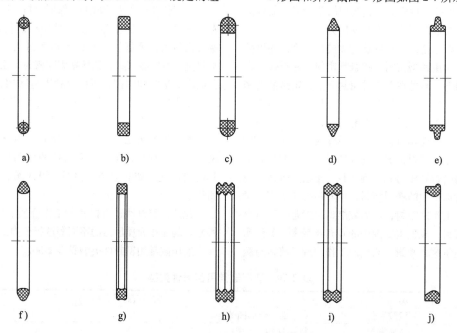

图 2-7 O 形圈和异形截面 O 形圈
a）O 形圈 b）方（矩）形圈 c）D 形圈 d）三角形圈 e）T 形圈
f）心形圈 g）X 形圈 h）角-O 形圈 i）哑铃形圈 j）多边形圈

1）O 形橡胶密封圈。

① 截面为 O 形的橡胶密封圈。O 形橡胶密封圈一般多用合成橡胶模压制成，是一种在自然状态下（横）截面形状为 O 形的橡胶密封件（或称横截面呈圆形的橡胶密封圈）。O 形橡胶密封圈（以下简称 O 形圈）具有良好的密封性能，能在静止或运动条件下使用，可以单独使用，即能密封双向流体；其结构简单、尺寸紧凑、拆装容易，对安装技术要求不高；在工作面上有磨损，高压或/和间隙大时需要采用（加装）挡圈以防止挤出而损坏；O 形圈工作时，在其内径上、端面上或其他任意表面上均可形成密封。因此，其适用工作参数范围广，工作压力在静止条件下可达

63MPa 或更高（有参考文献介绍可达 200MPa），往复运动条件下可达 35MPa；选用不同的密封材料，其工作温度范围为-60~200℃；线速度可达 3m/s（一般限定在 0.5m/s 以下）；轴径可达 3000mm。

O 形圈用作往复运动密封时，有起动摩擦阻力大，易产生扭曲、翻滚的缺点，特别是在间隙不均匀、偏心量较大以及在较高往复运动速度下使用时，更容易扭曲破坏。随着偶合件直（内）径的增大，扭曲倾向也会增大。因此，O 形圈用于动密封时只能是在轻载工况或内部（活塞密封）往复动密封中使用较为合理。具体地讲，就是在小直径活塞、短行程、中低压力下的场合应用比较合适。

O 形圈也可用作低速旋转运动及运行周期较短的摆转轴密封。

② 异形截面橡胶 O 形圈。不同于 O 形圈截面的其他一些特殊截面形状的挤压型密封圈，或可称之为异形截面 O 形圈。常用的是 X 形圈，也称为星形圈。

异形截面 O 形圈的开发与使用主要是为了克服 O 形圈的缺点，如翻滚、扭转和起动摩擦力大等缺点。以 4 个密封唇 X 形圈为例，与 O 形圈相比，由于 X 形圈的其中两个与运动表面接触的密封唇间可形成润滑容腔，因此具有较小的摩擦阻力和起动阻力。由于成型模具分型面开在截面凹处（与 45°分型面 O 形圈道理相同），所以密封效果好。其非圆形截面可避免在往复运动时发生翻滚，现已有系列产品，一般可以在标准 O 形圈密封沟槽中使用。根据 X 的上述特点，X 形圈主要用于动密封，但也可用于静密封，如其组合在低泄漏同轴密封件中的应用等。除 X 形圈、哑铃形圈在后面还有专门介绍外，其他异形截面 O 形圈很少在液压缸上实际使用，下面只做一些简单介绍。

a. 方（矩）形圈：其容易成型，安装不便，密封性较差，摩擦阻力较大，常作为静密封件使用。但有一个特例，就是在汽车钳盘式液压制动器上的液压缸密封中使用。

b. D 形圈：其工作时位置稳定，适用于双向密封交变压力场合，主要用于往复运动密封。高压时要防止受到挤出破坏而引起密封失效。

c. 三角形圈：其工作时位置稳定，但摩擦阻力比较大，使用寿命短，一般只适用于特殊用途的密封。

d. T 形圈：其工作时位置稳定，耐振动，摩擦阻力小，采用 5%沟槽压缩率即能达到密封，一般用于中低压有振动的场合，高压时要防止被挤出破坏。

e. 心形圈：其截面与 O 形圈截面相似，但摩擦系数比 O 形圈小，一般适用于低压旋转轴的密封。

f. X 形圈：形似两个 O 形圈，截面有 4 个突出密封部，在沟槽中位置稳定，摩擦阻力小，采用 1%的沟槽压缩率即可达到密封，允许工作线速度较高。可用于旋转及往复运动而又要求摩擦阻力低的轴的密封。X 形圈静密封也可采用，但主要用于动密封。

g. 角-O 形圈：形似 3 个 O 形圈，有 3 个突出部分，外侧两个突出部分较高，使其在沟槽中位置稳定且压缩率大，有参考文献介绍其工作压力可达 210MPa。

作者注：在参考文献［46］及其前一版中都有如上"可达 210MPa"的表述，但作者未做过实机检验。

h. 哑铃形圈：可以替代 O 形圈加挡圈用于静密封，非常耐挤出、耐扭曲，寿命长，工作压力最高可达 50MPa，适用于有压力脉动和有污染物侵入的工况，在工程机械液压缸等上有应用，而且现在应用越来越广。

i. 多边形圈：其摩擦阻力比 O 形圈小，泄漏量也比 O 形圈少。工作压力可达 14MPa，在液压缸柱塞密封上有应用。

2）非橡胶 O 形密封圈。常见的非橡胶材料 O 形圈是聚四氟乙烯 O 形圈（含包覆聚四氟乙烯 O 形圈）和不锈钢空心管 O 形圈。由于聚四氟乙烯有工作温度范围较宽，耐工作介质能力强，低摩擦因数等其他材料不具备的特性，所以在一些特殊场合也被制成 O 形圈来使用。聚四氟乙烯的弹性比橡胶差，当使用标准 O 形圈密封沟槽时，需要重新设计和试验，一般压缩率不应超过 7%，主要用于静密封。

3）同轴密封件。它是一种组合式密封组件，其特点是通过将不同材料、不同功能的密封件组合一体，得到结构尺寸紧凑、低摩擦、轻型、寿命长的密封组件。一般的同轴密封件都是以塑料为滑环、橡胶为弹性体组成的，所以也有将这种组合密封件定义为滑环式组合密封。由于滑环是由具有低摩擦因数或自润滑塑料制成，因此具有上述优点。其缺点是泄漏量一般比唇形密封件大，安装较为困难，经常需采用专用工具和规定的工艺方法安装。

① 国标件 I。GB/T 15242.1—2017 规定了孔用方形、孔用组合、轴用阶梯形三种同轴密封件，适用于以水基或油基为传动介质的液压缸活塞和活塞杆用往复运动的动密封。

已被代替的标准 GB/T 15242.1—1994 规定：适用于以液压油为工作介质、工作压力 ≤40MPa、速度≤5m/s，温度范围-40~200℃的往复运动液压缸活塞和活塞杆（柱塞）的密封。

a. 孔用方形同轴密封件。它是密封滑环的截面为矩形，弹性体为 O 形圈或矩形圈的活塞用密封件。

b. 孔组合同轴密封件。它是由密封滑环、一个山形弹性体、两个挡圈组合而成的活塞用组合密封件。

c. 轴用阶梯形同轴密封件。它是密封滑环截面为阶梯形，弹性体为 O 形圈的活塞杆用组合密封件。

② 国标件 Ⅱ。GB/T 36520.1—2018 规定了单体鼓形圈（G）、T 形沟槽组合鼓形圈（GZ）、直沟槽组合鼓形圈（GZ）、单体山形圈（SH）四种（同轴）密封圈。其中 T 形沟槽安装的双向组合鼓形圈（GZ）和直沟槽安装的双向组合鼓形圈（GZ）是由聚氨酯耐磨环和其他橡胶弹性圈及塑料支承环组成。

注：如果作为同轴密封件，在 GB/T 36520.1—2018 中这样的表述，即双向组合鼓形圈是由聚氨酯耐磨环和橡胶弹性圈组成是不对的。

③ 行标件。标准 JB/T 8241—1996 中还定义了两种同轴密封件。

a. 山形多件组合圈。由塑料圈与截面呈山形的橡胶件多件同轴组合，由中间的塑料圈作摩擦密封面的同轴密封件。其仅有定义，但没有产品标准。

b. 齿形多件组合圈。由塑料圈与截面呈锯齿形的橡胶件多件同轴组合，由中间的塑料圈作摩擦密封面的同轴密封件。其仅有定义，但没有产品标准。

4）双向密封橡胶密封圈。GB/T 10708.2—2000 规定了往复运动用双向密封橡胶密封圈（鼓形橡胶密封圈和山形橡胶密封圈）及其塑料支承环。

在 GB/T 36520.1—2018 中也规定了单体双向密封圈（单体鼓形密封圈和单体山形密封圈）及密封结构型式。但缺少塑料支承的型式与尺寸。

值得注意的是，鼓形橡胶密封圈和山形橡胶密封圈密封的摩擦密封面都是橡胶，而非（塑料）密封环，其密封原理与异形截面 O 形圈相似。

（2）唇形橡胶密封圈

唇形橡胶密封圈具有至少一个挠性的密封（防尘）凸起部分，作用于唇部一侧的流体压力保持其另一侧与相配表面接触贴紧形成密封。更直白地描述为：在它们的截面轮廓中，都包含一个或多个角形的带有腰部的所谓唇口（或称为刃口）。按其（横）截面形状命名的唇形橡胶密封圈有：Y 形橡胶密封圈、Yx 形橡胶密封圈、V 形橡胶密封圈、U 形橡胶密封圈、L 形橡胶密封圈、J 形橡胶密封圈等，其中 Yx 没有被标准 GB/T 5719 定义。

在 2018-07-13 发布、2019-02-01 实施的 GB/T 36520.1—2018 和 GB/T 36520.2—2018 中分别规定了单体 Y×D 密封圈和单体 Y×d 密封圈。

进一步讲，一些橡胶防尘密封圈也可归类为唇形橡胶密封圈。

唇形橡胶密封圈如图 2-8 所示。

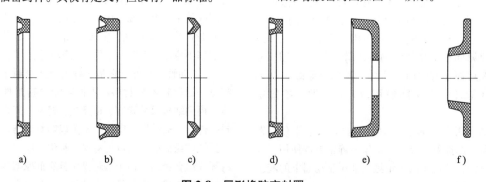

图 2-8 唇形橡胶密封圈
a) Y 形圈 b) Yx 形圈 c) V 形圈 d) U 形圈 e) L 形圈 f) J 形圈

1）Y 形橡胶密封圈。Y 形橡胶密封圈（以下简称 Y 形圈）有等高唇 Y 形圈和不等高唇（高低唇）Y 形圈；根据其截面宽窄（截面的高度与宽度比例不同），又有宽截面 Y 形圈，窄截面 Y 形圈。一般宽截面等高唇 Y 形圈简称为 Y 形圈；窄截面等高唇 Y 形圈称为 EY 形圈。

Y 形圈是一种单向密封圈，等高唇 Y 形圈有轴、孔通用的，也有与不等高唇 Y 形圈一样分轴用、孔

用两种。尽管等高唇 Y 形圈轴用、孔用的截面形状区别不大，但确实分轴用、孔用的，如活塞用 Y 形圈，孔用等高唇 Y 形圈标记为 Y80×65×9.5；活塞杆用 Y 形圈，轴用等高唇 Y 形密封圈标记为 Y70×85×9.5，具体可参见 GB/T 10708.1。

Y 形圈的使用寿命和密封性能均高于 O 形圈。由于 Y 形圈的唇部比单一的 V 形圈宽，所以它的密封性能更好。Y 形圈的动、静摩擦力变化小，在液压缸

密封系统的往复运动密封装置中最为常用。但由于是单向密封，如果用于活塞这类需要双向密封的场合就要使用一对 Y 形圈，因此增加了轴向尺寸，而且安装也有一定困难，有时不得已还要把沟槽做成分离（开）式的。

Y 形圈的特点在于使用单个密封圈只能实现单向密封，并可用于较苛刻的工作条件。当往复运动速度为 0.5m/s、间隙 f 为 0.2mm 时，工作压力范围为 0~15MPa，间隙为 0.1mm 时，工作压力范围为 0~20MPa；当往复运动速度为 0.15m/s、间隙为 0.2mm 时，工作压力范围为 0~20MPa，间隙为 0.1mm 时，工作压力范围为 0~25MPa。一般用于制造 Y 形圈的密封材料为丁腈橡胶、聚氨酯橡胶和氟橡胶，这三种密封材料的 Y 形圈产品在-20~80℃温度范围内使用都没有问题。

关于 Y 形圈是否需要加装支撑环和挡圈问题，GB/T 10708.1—2000 中没有提及，但有的参考文献中介绍，当压力波动很大时，等高唇 Y 形圈需要使用支撑环，而不等高唇 Y 形圈不需要使用支撑环。使用丁腈橡胶制造的 Y 形密封圈，当工作压力为 14~31.5MPa 时，使用聚氨酯橡胶制造的 Y 形圈；当工作压力为>31.5~70MPa 时，需要使用挡圈。Y 形圈使用支撑环作者没有经验，但使用挡圈却有实践经验，就是比照 Yx 形圈使用挡圈条件决定是否设置挡圈的，即当工作压力为>16MPa 时宜加装挡圈，当工作压力>25MPa 时应加装挡圈，实际效果很好。

2）Yx 形密封圈。Yx 形密封圈（以下简称 Yx 形圈）也是一种唇形橡胶密封圈，分轴用、孔用两种，分别有如下标准：JB/ZQ 4265—2006《轴用 Yx 形密封圈》和 JB/ZQ 4264—2006《孔用 Yx 形密封圈》。这两个标准分别规定了 Yx 形圈的型式、密封沟槽的尺寸和极限偏差。Yx 形圈在温度-20~80℃、工作压力≤31.5MPa 条件下使用。

Yx 形圈的截面高度比厚度大 1 倍或还多，使用时不易在沟槽内翻转，即使在工作压力和运动速度变化较大时，也不需要加装支撑环。使用 Yx 形圈时一般不设挡圈。当工作压力>16MPa 时，或者当运动副有较大偏心量及间隙较大时，可在密封圈支承面放置一个挡圈。需要说明的是，有的参考文献将标准 GB/T 2879—2005 中所规定的沟槽说成是 Yx 形圈规定使用的沟槽，这是不正确的。

3）单体 Y×D 密封圈和单体 Y×d 密封圈。在 GB/T 36520.1—2018 和 GB/T 36520.2—2018 中分别规定的单体 Y×D 密封圈和单体 Y×d 密封圈都是唇形聚氨酯橡胶密封圈。适用于往复速度为 0.5m/s、最大工作压力为 35MPa、使用温度为-40~80℃，以矿物油为工作介质的工程缸。

4）V 形橡胶密封圈。V 形橡胶密封圈（以下简称 V 形圈）是唇形橡胶密封圈的典型形式，也是唇形橡胶密封圈中应用最早和最广泛的一种。根据 GB/T 17446—2012 中界定的术语，现将其归类为填料密封件。其特点是耐压和耐磨性好，可根据压力大小重叠数个一起使用，但缺点是体积大、摩擦阻力大，而且必须采用分离（开）式密封沟槽，一般还需密封沟槽长度尺寸可调节。在液压缸上主要用于活塞和活塞杆的往复运动密封上，既可密封孔（活塞密封），又可密封轴（活塞杆密封），但它很少用于旋转密封和静密封。V 形圈很少单独使用，它通常与压环和弹性密封圈或支撑环叠加使用，称为 V 形组合密封圈。在具体使用中，通常由 1~6 个 V 形圈叠加一起与压环和支撑环（或弹性密封圈）组成一个 V 形组合密封圈，构成一道或多道密封，具有很好的密封效果。这样一个 V 形组合密封圈的工作压力可达 60MPa 或更高。V 形圈的工作压力为：橡胶 V 形圈一般为 31.5MPa，夹布橡胶 V 形圈可达 60MPa 或更高；工作温度范围为-30~100℃，或更高。

5）U 形橡胶密封圈。U 形橡胶密封圈（以下简称 U 形圈）是现在液压缸密封中使用最广泛的密封圈之一，它也是一种唇形橡胶密封圈，无论是用于活塞或活塞杆密封都能获得良好的密封效果。

在 2018 年 7 月 13 日前，国内现行的密封件标准中没有 U 形圈，只是在 GB/T 5719—2006 中有一个 U 形圈定义，而国外密封件制造商产品样本中却鲜见 Y 形圈。U 形圈也与 Y 形圈一样，有等高唇和不等高唇两种，一般等高唇 U 形圈轴、孔通用，也就是说可以用于活塞密封，也可用于活塞杆密封；不等高唇 U 形圈分活塞密封和活塞杆密封。

为了改善润滑条件，降低摩擦力，提高使用寿命，还有一种所谓双唇 U 形圈（作者认为应该称为双封 U 形圈）。为了提高 U 形圈的抗挤出能力，还有在 U 形圈底部嵌有塑料挡圈的 U 形圈，以及既具有双唇又嵌有塑料挡圈的 U 形圈。

U 形圈是截面为 U 形的橡胶密封圈。在其 U 形内嵌有 O 形圈或其他形状的弹性体（橡胶）成为另一种形式的 U 形圈，这种 U 形圈密封低温、低压工作介质性能更好，抗冲击、耐高压且密封性能稳定，本手册将其归类为非典型 U 形圈，或者称为（预）加载 U 形圈。

在 2018 年 7 月 13 日发布的 GB/T 36520.1—2018 和 GB/T 36520.2—2018 标准中，给出了单体 U 形密

封圈及其密封结构型式，其是一种等高唇 U 形圈。根据上述两项标准判断，等高唇的唇形密封圈称为单体 U 形密封圈；不等高唇的唇形密封圈称为单体 Y×D 密封圈或单体 Y×d 密封圈。尽管这样的分类值得商榷，但总归现在国内还是有了 U 形圈产品。

另外，在 GB/T 36520.2—2018 标准中还规定了一种组合蕾形圈（NZ），其结构型式与上文"（预）加载 U 形圈"类似，但其使用条件是：往复速度为 0.5m/s、最大工作压力为 60MPa、使用温度为 −40 ~ 80℃，介质为水加乳化液（油）、应用领域为液压支架。

6）防尘密封圈。GB/T 10708.3—2000 规定的橡胶防尘密封圈分为 A 型、B 型和 C 型，它们都至少有一个唇口起防尘作用（C 型为双唇，起防尘和辅助密封作用），而非密封液压缸工作介质。

3. 常用密封材料分类与性能

（1）常用密封材料分类

密封圈（件）材料简称为密封材料。

在 HG/T 2579—2008 中规定了普通液压系统耐石油基液压油和润滑油（脂）用 O 形橡胶密封圈材料的分类。适用于普通液压系统耐石油基液压油和润滑油（脂）、工作温度范围分别为 −40 ~ 100℃ 和 −25 ~ 125℃ 的 O 形橡胶密封圈材料。

该标准规定的 O 形橡胶密封圈材料按其工作温度分为Ⅰ、Ⅱ两类。每类分为四个硬度等级。Ⅰ类工作温度范围为 −40 ~ 100℃，Ⅱ类工作温度范围为 −25 ~ 125℃。

普通液压系统用 O 形橡胶密封圈材料分类见表 2-51 和表 2-52。

表 2-51　Ⅰ类橡胶材料

橡胶材料	硬度（IRHD 或邵尔 A）/度	工作温度范围
YⅠ6455	60±5	
YⅠ7445	70±5	−40 ~ 100℃
YⅠ8535	80±5	
YⅠ9525	88^{+5}_{-4}	

表 2-52　Ⅱ类橡胶材料

橡胶材料	硬度（IRHD 或邵尔 A）/度	工作温度范围
YⅡ6454	60±5	
YⅡ7445	70±5	−25 ~ 125℃
YⅡ8535	80±5	
YⅡ9524	88^{+5}_{-4}	

在 GJB 250A—1996 中规定了耐液压油和燃油丁腈橡胶胶料的分类，即按脆性温度将丁腈橡胶胶料分为Ⅰ、Ⅱ、Ⅲ三种类型，见表 2-53。

表 2-53　耐液压油和燃油丁腈橡胶胶料的分类

类型	Ⅰ	Ⅱ	Ⅲ
胶料牌号	5080	5880	试 5171
温度/℃	−42	−55	−60

在 HG/T 2333—1992 中规定了用于真空系统的 O 形橡胶密封圈材料的分类。

在 HG/T 2021—2014 中规定了耐高温润滑油 O 形橡胶密封圈材料的分类。

在 HG/T 2181—2009 中规定了耐酸碱橡胶密封件材料的分类。

在 HG/T 2811—1996 中规定了旋转轴唇形密封圈用橡胶材料的分类。

在 HG/T 2810—2008 中规定了密封材料的分类：该标准规定的往复运动橡胶密封圈材料分为 A、B 两类。A 类为丁腈橡胶材料，分为三个硬度级，五种胶料，工作温度范围为 −30 ~ 100℃；B 类为浇注型聚氨酯橡胶材料，分为四个硬度等级，四种胶料，工作温度范围 −40 ~ 80℃。

往复运动丁腈橡胶密封圈材料（A 类）见表 2-54。

表 2-54　A 类橡胶材料

橡胶材料	硬度（邵尔 A 型或 IRHD）/度	工作温度范围
丁腈橡胶—WA7443	70±5	
丁腈橡胶—WA8533	80±5	
丁腈橡胶—WA9523	88^{+5}_{-4}	−30 ~ 100℃
丁腈橡胶—WA9530	88^{+5}_{-4}	
丁腈橡胶—WA7453	70±5	

注：1. WA9530 为防尘密封圈橡胶材料。

2. WA7453 为涂覆织物橡胶材料。

往复运动聚氨酯橡胶密封圈材料（B 类）见表 2-55。

表 2-55　B 类橡胶材料

橡胶材料	硬度（邵尔 A 型或 IRHD）/度	工作温度范围
聚氨酯橡胶—WB6884	60±5	
聚氨酯橡胶—WB7874	70±5	−40 ~ 80℃
聚氨酯橡胶—WB8974	80±5	
聚氨酯橡胶—WB9974	88^{+5}_{-4}	

在 HG/T 3326—2007《采煤综合机械化设备橡胶密封件用胶料》中规定了采煤综合机械化设备用橡

胶密封件胶料的要求。该标准规定的材料分为八种类型，分别用识别代码表示。字母 ML 表示采煤综合机械化设备用橡胶密封件用胶料，第一个数字表示胶料序号，第二个数字表示胶料的硬度级别，第三个数字表示材料类型（1 表示丁腈橡胶材料、2 表示聚氨酯材料）。

采煤综合机械化设备橡胶密封件用胶料的识别代码及适用的橡胶密封件类型见表 2-56。

表 2-57 列出了常用橡胶密封材料的名称、代号。

表 2-56　胶料的识别代码及适用的橡胶密封件类型

识别代码	橡胶密封件类型
ML171	O 形圈、鼓形圈、蕾形圈软胶部分
ML281	O 形圈、黏合密封件等
ML391	防尘圈等
ML491	Y 形圈等
ML571	涂覆材料
ML691	阀垫
ML782	鼓形圈、类型圈、防尘圈、Y 形圈等
ML892	鼓形圈、类型圈、防尘圈、Y 形圈等

表 2-57　常用橡胶密封材料的名称、代号

橡胶代号	橡胶名称	化学组成	主要特征信息
ACM	聚丙烯酸酯	聚丙烯酸酯与少量能促进硫化的单体共聚物	聚合类型、生胶门尼黏度、耐油耐寒型
CSM	氯磺化聚乙烯	氯磺化聚乙烯	氯含量、硫含量、生胶门尼黏度
EPM	二元乙丙橡胶	乙烯-丙烯共聚物	乙烯含量、生胶门尼黏度等
EPDM	三元乙丙橡胶	乙烯、丙烯与二烯烃的共聚物	第三单体类型及含量、生胶门尼黏度、充油信息等
FEPM	四丙氟橡胶	聚四氟乙烯和丙烯的共聚物	—
FFKM	全氟橡胶	聚合物中的所有取代基是氟、全氟烷基或全氟烷氧基	
FPM（FKM）	氟橡胶	氟橡胶（聚合物链中含有氟、全氟烷基取代基的氟橡胶）	生胶门尼黏度、密度、特征聚合单体。对于含氟烯烃类的氟橡胶的通常数码为：2—偏氟乙烯，3—三氟氯乙烯，4—四氟乙烯，6—六氟丙烯
FVMQ	氟硅橡胶	聚合物链中含有甲基、乙烯基和氟取代基团的硅橡胶	硫化温度、取代基类型等
MQ	甲基硅橡胶	聚合物链中含有甲基、乙烯基取代基团的硅橡胶	
VMQ	甲基乙烯基硅橡胶	聚合物链中含有甲基和乙烯基两种取代基团的硅橡胶	
BR	丁二烯橡胶	丁二烯橡胶	顺式-1,4 结构含量、生胶门尼黏度、填充信息等
CR	氯丁橡胶	氯丁二烯橡胶	调节形式、结晶速度、生胶门尼黏度等
HNBR	氢化丁腈橡胶	氢化丙烯腈-丁二烯橡胶	不饱和度、结合丙烯腈含量、生胶门尼黏度等
IIR	丁基橡胶	异丁烯-异戊二烯橡胶	不饱和度、生胶门尼黏度等
NBR	丁腈橡胶	丙烯腈-丁二烯橡胶	结合丙烯腈含量、生胶门尼黏度等
NR	天然橡胶	顺式 1,4-聚戊异二烯	—
SBR	丁苯橡胶	苯乙烯-丁二烯橡胶	聚合温度、填充信息等
CIIR	氯化丁基橡胶	氯化异丁烯-异戊二烯橡胶	氯元素含量、不饱和度、生胶门尼黏度等
T（OT）	聚硫橡胶	聚硫橡胶	硫含量、平均相对分子质量
AU	聚酯型聚氨酯橡胶	聚酯型聚氨酯橡胶	通常数码为：1—混炼型，2—浇注型；3—热塑性
EU	聚醚型聚氨酯橡胶	聚醚型聚氨酯橡胶	
ECO（CHC）	二元氯醚橡胶	聚环氧氯丙烷-环氧乙烷共聚物	氯含量、生胶门尼黏度、相对密度

注：1. 橡胶符号参考了 GB/T 5576—1997。

2. 此表参考了 GB/T 5577—2008。

3. 氯醚橡胶（CHC）见 JB/T 7757.2—2006。

表 2-58 列出了常用塑料密封材料的名称、代号。 或表 2-60 规定的要求。

（2）常用密封材料性能　　　　　　　　　　　　往复运动橡胶密封圈材料的物理性能应符合表 2-
O 形橡胶密封圈材料的物理性能应符合表 2-59　61 或表 2-62 规定的要求。

表 2-58　常用塑料密封材料的名称、代号

塑料代号	塑料名称	主要应用
PTFE（或加填充料）	聚四氟乙烯	用于制造挡圈、滑环、导向环或支承环
POM（或夹布）	增强聚甲醛	用于制造防挤出圈（挡圈）、支承环和 V 形组合圈压环、支撑环
PA（或加填充料）	聚酰胺（尼龙）	用于制造防挤出圈（挡圈）和导向环（支承环）
TPE（U）	聚酯（或聚氨酯）	用于制造滑环、支承环

注：聚酰胺代号按 GB/T 32363.1—2015。

表 2-59　Ⅰ类橡胶材料的物理性能

项　　目	指　　标			
	YⅠ6455	YⅠ7445	YⅠ8535	YⅠ9525
硬度（IRHD 或邵尔 A）/度	60±5	70±5	80±5	88^{+5}_{-4}
拉伸强度（最小）/MPa	10	10	14	14
拉断拉伸率（最小）(%)	250	200	150	100
压缩永久变形，B 形试样 100℃×22h（最大）(%)	30	30	25	30
热空气老化 100℃×70h				
硬度变化/度	0～+10	0～+10	0～+10	0～+10
拉伸强度变化率（最大）(%)	−15	−15	−18	−18
拉伸伸长率变化率（最大）(%)	−35	−35	−35	−35
耐液体 100℃×70h				
1#标准油				
硬度变化/度	−3～+8	−3～+7	−3～+6	−3～+6
体积变化率（%）	−10～+5	−8～+5	−6～+5	−6～+5
3#标准油				
硬度变化/度	−14～0	−14～0	−12～0	−12～0
体积变化率（%）	0～+20	0～+18	0～+16	0～+16
脆性温度（不高于）/℃	−40	−40	−37	−35

表 2-60　Ⅱ类橡胶材料的物理性能

项　　目	指　　标			
	YⅡ6454	YⅡ7445	YⅡ8535	YⅡ9524
硬度（IRHD 或邵尔 A）/度	60±5	70±5	80±5	88^{+5}_{-4}
拉伸强度（最小）/MPa	10	10	14	14
拉断拉伸率（最小）(%)	250	200	150	100
压缩永久变形，B 形试样 125℃×22h（最大）(%)	35	30	25	35
热空气老化 125℃×70h				
硬度变化/度	0～+10	0～+10	0～+10	0～+10
拉伸强度变化率（最大）(%)	−15	−15	−18	−18
拉伸伸长率变化率（最大）(%)	−35	−35	−35	−35

（续）

项　目	指　标			
	YⅡ6454	YⅡ7445	YⅡ8535	YⅡ9524
耐液体 125℃×70h				
1# 标准油				
硬度变化/度	−5～+10	−5～+10	−5～+8	−5～+8
体积变化率（%）	−10～+5	−10～+5	−8～+5	−8～+5
3# 标准油				
硬度变化/度	−15～0	−15～0	−12～0	−12～0
体积变化率（%）	0～+24	0～+22	0～+20	0～+20
脆性温度（不高于）/℃	−25	−25	−25	−25

表 2-61　A 类橡胶材料的物理性能

序号	项　目	指　标				
		WA7443	WA8533	WA9523	WA9530	WA7453
1	硬度（邵尔 A 型或 IRHD）/度	70±5	80±5	88^{+5}_{-4}	88^{+5}_{-4}	70±5
2	拉伸强度（最小）/MPa	12	14	15	14	10
3	拉断拉伸率（最小）（%）	220	150	140	150	250
4	压缩永久变形，B 形试样 100℃×70h（最大）（%）	50	50	50	—	50
5	撕裂强度（最小）/(kN/m)	30	30	35	35	—
6	黏合强度（25mm）（最小）/kN/m	—	—	—	—	3
7	热空气老化 100℃×70h					
	硬度变化（最大）/(IRHD 或度)	+10	+10	+10	+10	+10
	拉伸强度变化率（最大）（%）	−20	−20	−20	−20	−20
	拉断伸长率变化率（最大）（%）	−50	−50	−50	−50	−50
8	耐液体 100℃×70h					
	1# 标准油					
	硬度变化（IRHD 或度）	−5～+10	−5～+10	−5～+10	−5～+10	−5～+10
	体积变化率（%）	−10～+5	−10～+5	−10～+5	−10～+5	−10～+5
	3# 标准油					
	硬度变化（IRHD 或度）	−10～+5	−10～+5	−10～+5	−10～+5	−10～+5
	体积变化率（%）	0～+20	0～+20	0～+20	0～+20	0～+20
9	脆性温度（不高于）/℃	−35	−35	−35	−35	−35

注：1. WA9530 为防尘密封圈橡胶材料。

　　2. WA7453 为涂覆织物橡胶材料。

表 2-62　B 类橡胶材料的物理性能

序号	项　目	指　标			
		WB6884	WB7874	WB8974	NB9974
1	硬度（邵尔 A 型或 IRHD）/度	60±5	70±5	80±	88^{+5}_{-4}
2	拉伸强度（最小）/MPa	25	30	40	45
3	拉断拉伸率（最小）（%）	500	450	400	400
4	压缩永久变形，B 形试样 70℃×70h（最大）（%）	40	60	80	90

（续）

序号	项 目	指 标			
		WB6884	WB7874	WB8974	NB9974
5	撕裂强度（最小）/(kN/m)	40	60	80	90
6	热空气老化 70℃×70h 　硬度变化（IRHD 或度） 　拉伸强度变化率（最大）(%) 　拉断伸长率变化率（最大）(%)	±5 −20 −20	±5 −20 −20	±5 −20 −20	±5 −20 −20
7	耐液体 70℃×70h 1#标准油 　体积变化率（%） 3#标准油 　体积变化率（%）	−5~+10 0~+10	−5~+10 0~+10	−5~+10 0~+10	−5~+10 0~+10
8	脆性温度（不高于）/℃	−50	−50	−50	−50

采煤综合机械化设备橡胶密封件用胶料的物理性　　能应符合表 2-63 规定的要求。

表 2-63　采煤综合机械化设备橡胶密封件用胶料的物理性能

序号	项 目	指 标					
		ML171	ML281	ML391	ML491	ML782	ML892
1	硬度（邵尔 A）/度	75±5	80±5	88±5	88±5	82±5	93±5
2	拉伸强度/MPa, 不小于	16	18	15	18	35	35
3	拉断伸长率（%），不小于	200	150	150	140	400	350
4	撕断强度/(kN/m)，不小于	30	30	55	35	90	90
5	压缩永久变形（%），不大于 　B 型试样 100℃，22h 　B 型试样 70℃，22h	30 —	30 —	— —	30 —	— 45	— 45
6	热空气老化 （1）100℃，24h 拉断伸长变化率（%），不大于 （2）70℃，24h 拉断伸长变化率（%），不大于	−25 —	−25 —	−35 —	−30 —	— −20	— −20
7	耐 32#机油 100℃，24h 体积变化率（%） 70℃，24h 体积变化率（%）	−6~+6 —	−6~+6 —	−6~+6 —	−6~+6 —	— −5~+10	— −5~+10
8	耐 5%M-10 乳化液 70℃，24h 体积变化率（%）	−4~+8	−4~+8	−4~+8	−4~+8	−5~+10	−5~+10

常用工作介质与相适应的密封材料见表 2-64。

表 2-64　常用工作介质与相适应的密封材料

工作介质类型	相适应的密封材料
矿物油型或合成烃型液压油（HL、HM、HV、HS）	丁腈橡胶、聚氨酯、聚四氟乙烯
水-乙二醇型液压液（HFC）	丁腈橡胶、聚四氟乙烯、聚酰胺
磷酸酯型液压油（HFDR）	氟橡胶、聚四氟乙烯、聚酰胺、硅橡胶
水包油型液压液（HFAE）	丁腈橡胶、聚酰胺、聚氨酯、聚四氟乙烯、氟橡胶
油包水型液压液（HFB）	胶、硅橡胶、氯丁橡胶

注：1. 详细的对应关系需参照相关产品的具体说明。

　　2. 常用工作介质与各种材料的适应性可参见 JB/T 10607—2006 附录 B。

　　3. JB/T 12672—2016 附录 A 中指出，L-HM、L-HV、L-HS 三类液压油产品与丁腈橡胶、聚氨酯、聚四氟乙烯、氟橡胶等密封材料具有很好的相容性，可以选用。

4. 液压缸使用工况

液压缸使用工况一般是指液压缸驱动外部载荷情况以及工作介质、环境等情况，液压缸使用工况一般可划分轻型载荷、中型载荷和重型载荷。

液压缸及其密封是按规定工况设计的，并应满足规定工况。液压缸的规定工况是指液压缸在运行和试验期间要满足的工况，因此液压缸使用工况仅是液压缸规定工况的一部分。

对于使用液压油液的液压缸密封设计，首先应明确密封系统应适合的压力、温度、速度、行程及其范围。

表 2-65 归纳了液压缸及其密封的使用工况，供初始设计时参考。

表 2-65　液压缸及其密封的使用工况

工　况		轻型载荷	中型载荷	重型载荷
压力状况	最高压力/MPa	≤25	≤35	≤50
	工作压力范围/MPa	10~16	>16~25	>25~35
	压力峰值状况	无	有间歇性压力峰值	通常有压力峰值
密封结构受力状况		一般工作压力低且稳定，侧向力（偏载）很小	一般工作压力稳定或有间歇性高压，有一定的侧向力	通常在高压下工作，并承受侧向力
工作介质状况		过滤良好，没有内、外部污染工作介质的可能	过滤良好，没有内、外部污染工作介质的可能	有受内、外部污染工作介质的可能
工作环境状况		室内工作，环境清洁，温度变化有限	室内或室外工作	环境污染重，温度变化大，工作条件恶劣
使用状况		在工作压力下有短行程运动，在最低工作压力下有规律地运动	在工作压力下有规律地全行程运动	在最高工作压力下全行程运动
典型应用		机床 举升设备 机械搬运设备 注塑机 自动控制设备 农业机械 包装设备 航空设备 轻载翻斗车	重型举升设备 农业机械 轻载公路车辆 起重器 重型机床 注塑机 煤矿机械 航空设备 液压机 重型翻斗车 重型机械搬运设备	铸造设备 锻造设备 煤矿设备 重型工程机械 重型非公路车辆 重型液压机

5. 液压缸常用密封件

（1）在 JB/T 10205—2010 中规定的（密封）沟槽及适配的密封件

1）GB/T 2879—2005《液压缸活塞和活塞杆动密封沟槽尺寸和公差》适配的密封件：GB/T 10708.1 中规定的 Y 形密封圈、蕾形密封圈及 V 形组合密封圈。

2）GB 2880—1981《液压缸活塞和活塞杆　窄断面动密封沟槽尺寸系列和公差》适配的密封件：暂缺。

3）GB/T 6577—1986《液压缸活塞用带支承环密封沟槽型式、尺寸和公差》适配的密封件：GB/T 10708.2 中规定的鼓形密封圈和山形密封圈。

4）GB/T 6578—2008《液压缸活塞杆用防尘圈沟槽型式、尺寸和公差》适配的密封件：GB/T 10708.3 中规定的橡胶防尘密封圈。

（2）在 GB/T 13342—2007 中规定的（密封）沟槽及适配的密封件

1）GB/T 3452.3—2005《液压气动用 O 形橡胶密封圈　沟槽尺寸》适配的密封件：GB/T 3452.1—2005 中规定的 O 形橡胶密封圈。

2）其他同 JB/T 10205—2010 中规定的（密封）沟槽及适配的密封件。

表 2-66 列出了常用密封件的名称及主要应用。

表 2-66　常用密封件的名称及主要应用

序号	名　称	主要应用
1	O 形橡胶密封圈	一般用途工业密封用（GB/T 3452.1 规定的 O 形圈，安装于 GB/T 3452.3 规定的沟槽）
2	D 形橡胶密封圈	往复运动密封用
3	X 形橡胶密封圈	主要用于运动密封，包括旋转运动密封
4	矩形橡胶密封圈	静密封用
5	U 形橡胶密封圈	往复运动密封用
6	L 形橡胶密封圈	活塞密封用
7	J 形橡胶密封圈	活塞杆密封用
8	Y 形橡胶密封圈	适用于安装在液压缸活塞和活塞杆上起单向密封作用（GB/T 10708.1 单向密封橡胶密封圈，安装于 GB/T 2879 规定的密封沟槽）
9	蕾形橡胶密封圈	
10	V 形（组合）橡胶密封圈	
11	鼓形橡胶密封圈	适用于安装在液压缸活塞上起双向密封作用（GB/T 10708.2 双向密封橡胶密封圈，安装于 GB/T 6577 规定的密封沟槽）
12	山形橡胶密封圈	
13	橡胶防尘（密封）圈	适用于安装在往复运动液压缸活塞杆导向套上起防尘和密封作用（GB/T 10708.3 橡胶防尘密封圈，安装于 GB/T 6578 规定的密封沟槽）
14	孔用 Yx 形密封圈	JB/ZQ 4264 孔用 Yx 形密封圈（含密封沟槽）
15	轴用 Yx 形密封圈	JB/ZQ 4265 轴用 Yx 形密封圈（含密封沟槽）
16	孔用方形同轴密封圈	适用于液压缸活塞（双向）和活塞杆（单向）动密封装置用往复运动同轴密封件（GB/T 15242.1 规定的同轴密封件，安装于 GB/T 15242.3 规定的密封沟槽）
17	孔用组合同轴密封件	
18	轴用阶梯形同轴密封件	
19	同轴密封件—山形多件组合圈	在 JB/T 8241—1996《同轴密封件词汇》标准中有定义
20	同轴密封件—齿形多件组合圈	
21	旋转轴唇形密封圈	适用于在≤0.05MPa 压力下使用的旋转轴唇形密封（GB/T 13871.1）
22	组合密封垫圈	JB/T 982 规定了适用于焊接、卡套、扩口管接头及螺塞密封用组合垫圈
23	支承环	适用于往复运动液压缸活塞和活塞杆起支承作用及导向作用的支承环（GB/T 15242.2 支承环，安装于 GB/T 15242.4 规定的安装沟槽） 适用于液压缸上起双向密封作用的橡胶密封圈用塑料支承环（L 形、J 形、矩形）（GB/T 10708.2 规定的塑料支承环，同密封圈一起安装于 GB/T 6577 规定的密封沟槽）
24	挡圈	JB/ZQ 4264 中规定了孔用 Yx 形密封圈用挡圈 JB/ZQ 4265 中规定了轴用 Yx 形密封圈用挡圈
25	压环	适用于往复运动 V 形组合密封圈用（GB/T 10708.1 压环、支撑环，安装于 GB/T 2879 规定的密封沟槽）
26	支撑环	

注：1. 此表参考了 GB/T 5719—2005 和 JB/T 8241—1996 及其他相关密封圈标准。
　　2. GB/T 15242.1—2017、GB/T 15242.2—2017、GB/T 36520.1—2018 和 GB/T 36520.2—2018 规定的同轴密封件、支承环、活塞往复运动密封圈和活塞杆往复运动密封圈未收录在此表中。

2.10.2　液压缸密封的一般技术要求

1. 概述

液压缸密封的含义之一是指液压缸密封装置，这些密封装置是组成液压缸的重要装置之一，用于密封所有往复运动处（动密封）及连接处（静密封）。一般包括活塞密封、活塞杆密封、缸体（筒）组件间密封、活塞与活塞杆组件间密封、油口处密封等，液压缸密封装置通常还包括活塞杆防尘（密封）及活塞和活塞杆导向和支承。

液压缸密封的另一个含义是相对液压缸泄漏而言的，具有表述与泄漏这种现象或状态相反的另一种含义。

液压缸的泄漏是指液压工作介质越过容腔边界，由高压侧向低压侧流出的现象。泄漏又分内泄漏和外泄漏。

在现行各液压缸标准中，液压缸密封技术要求是其重要的组成部分，液压缸设计与制造就是要满足这

些技术要求。表 2-67 中所列各项标准中的液压缸密封技术要求尽管表述各不相同，但主要是对液压缸静密封和动密封性能的要求。

在规定条件下，液压缸密封的耐压性包括耐高压性和耐低压性、耐久性，以及与液压缸密封相关的其他性能，如起动压力、最低速度、最高速度等。一般情况下，在液压缸设计及制造中都必须保证，而对伺服液压缸而言，这些指标还很重要。

对于表 2-67 中各项液压缸标准，其中有不尽合理的或错误的技术要求，如外泄漏指标、最低速度要求以及试验压力（公称压力或额定压力）确定等，敬请各位液压缸设计与制造者在确定液压缸密封技术要求（条件）时注意，也可进一步参阅参考文献 [102] 等。

2. 液压缸密封的一般技术要求

各标准中对液压缸密封的技术要求见表 2-67。

表 2-67　各标准中对液压缸密封的技术要求

序号	技　术　要　求
	GB/T 13342—2007《船用往复式液压缸技术条件》
1	1）液压缸中的密封件应能耐高温、耐腐蚀、耐老化、耐水解、密封性能好，既能满足油液的密封，又能满足海洋性空气环境的要求 2）各密封件及沟槽的设计制造应符合下列要求 　a）O 形橡胶密封圈尺寸应符合 GB/T 3452.1 的要求 　b）O 形橡胶密封圈外观应符合 GB/T 3452.2 的要求 　c）O 形橡胶密封圈沟槽尺寸应符合 GB/T 3452.3 的要求 　d）液压缸活塞和活塞杆动密封沟槽尺寸和公差应符合 GB/T 2879 的要求 　e）液压缸活塞和活塞杆窄断面动密封沟槽尺寸系列和公差应符合 GB 2880 的要求 　f）液压缸活塞用带支承环密封沟槽型式、尺寸和公差应符合 GB/T 6577 的要求 　g）液压缸活塞杆用防尘圈沟槽型式、尺寸和公差应符合 GB/T 6578 的要求 　h）其他类型的密封圈及沟槽宜优先采用国家标准，所选密封件的型号应是经鉴定过的产品 3）非举重用途的液压缸，其密封推荐采用支撑环加动密封件的密封结构，支撑材料推荐采用填充青铜粉四氟乙烯或采用长分子链的增强聚甲醛 4）举重用途的液压缸，对于油液泄漏会造成重物下降的油腔，其动密封宜采用橡胶夹织物 V 形密封圈 5）环境温度为-25~65℃时，液压缸应能正常工作 所谓正常工作（状态）是指液压缸在规定的工作条件下，其各性能参数（值）变化均在预定范围内的工作（状态） 6）工作介质温度为-15℃时，液压缸应无卡滞现象 7）工作介质温度为+70℃时，液压缸各结合面应无泄漏 8）液压缸在承受 1.5 倍公称压力下，所有零件不应有破坏和永久性变形现象，密封垫片、焊缝处不应有渗漏 9）液压缸在承受 1.25 倍公称压力下，缸筒与活塞之间内泄漏量，应符合规定值，具体参见表 2-159 10）双作用活塞式液压缸的内泄漏量不应大于规定值，具体参见表 2-159 11）液压缸各密封处和运动时，不应（外）泄漏 12）双作用活塞式液压缸，活塞全程换向 5 万次，活塞杆处外泄漏应不成滴。换向 5 万次后，活塞每移动 100m 时，当活塞杆直径 $d \leqslant 50mm$ 时，外泄漏量应不大于 0.01mL；当活塞杆直径 $d > 50mm$ 时，外渗漏量应不大于 0.0002dmL 13）柱塞式液压缸，柱塞全程换向 2.5 万次，柱塞杆处外渗漏应不成滴。换向 2.5 万次后，柱塞每移动 100m 时，当柱塞杆直径 $d \leqslant 50mm$ 时，外泄漏量应不大于 0.01mL/min；当活塞杆直径 $d > 50mm$ 时，外泄漏量应不大于 0.0002dmL 14）柱塞式液压缸的最低起动压力应不大于表 2-67-1 规定值

表 2-67-1　柱塞式液压缸的最低起动压力　（单位：MPa）

公称压力	柱塞杆密封型式	
	除 V 形外	V 形
≤16	0.4	0.5
>16	0.03PN	0.04PN

（续）

序号	技 术 要 求
	GB/T 13342—2007《船用往复式液压缸技术条件》
1	15) 双作用活塞式液压缸的最低起动压力应不大于规定值，具体参见表 2-158 16) 当液压缸内径 $D \leqslant 200mm$ 时，液压缸的最低稳定速度为 4mm/s；当液压缸内径 $D > 200mm$ 时，液压缸的最低稳定速度为 5mm/s 17) 双作用活塞式液压缸，当有下列情况之一时，液压缸的内泄漏时（量）的增加值应不大于规定值的 2 倍，外泄漏量应不大于规定值的 2 倍 　　a) 活塞行程不大于 500mm 时，累计行程不少于 100km 　　b) 活塞行程大于 500mm 时，累计换向次数应不少于 20 万次 18) 柱塞式液压缸，当有下列情况之一时，液压缸的外泄漏量应不大于规定值的 2 倍 　　a) 行程不大于 500mm 时，累计行程不少于 75km 　　b) 行程大于 500mm 时，累计换向次数应不少于 15 万次 作者注：在 GB/T 13342—2007 上述两处涂有底色的外泄漏量规定值的正确性值得商榷；另外，"液压缸各密封处和运动时，不应有（外）渗漏。"这样的技术要求也不尽合理。
2	**GB/T 24946—2010《船用数字液压缸》** 1) 数字缸中的密封件应能耐高温、耐腐蚀、耐老化、耐水解、密封性能好，既能满足油液的密封，又能满足海洋性空气环境的要求 2) 数字缸的各密封件及沟槽的设计制造应符合下列要求 　　a) O 形橡胶密封圈尺寸及公差应符合 GB/T 3452.1 的要求 　　b) O 形橡胶密封圈外观质量应符合 GB/T 3452.2 的要求 　　c) O 形橡胶密封圈沟槽尺寸及设计应符合 GB/T 3452.3 的要求； 　　d) 数字缸活塞和活塞杆动密封沟槽尺寸和公差应符合 GB/T 2879 的要求 　　e) 数字缸活塞和活塞杆窄断面动密封沟槽尺寸系列和公差应符合 GB/T 2880 的要求 　　f) 数字缸活塞用带支承环密封沟槽型式、尺寸和公差应符合 GB/T 6577 的要求 　　g) 数字缸活塞杆用防尘圈沟槽型式、尺寸和公差应符合 GB/T 6578 的要求 　　h) 其他类型的密封圈及沟槽宜优先采用国家标准，所选密封件的型号应是经鉴定过的产品 3) 数字缸在环境温度为 −25~65℃ 范围内应能正常工作 4) 数字缸在表 2-67-2 规定的倾斜、摇摆条件下应能正常工作 **表 2-67-2　倾斜、摇摆角** <table><tr><td rowspan="2">横倾/(°)</td><td rowspan="2">纵倾/(°)</td><td>横摇</td><td>纵摇</td></tr><tr><td>角度/(°)</td><td>角度/(°)</td></tr><tr><td>±15</td><td>±5</td><td>±22.5</td><td>±7.5</td></tr></table> 5) 数字缸在振动频率 2.0~10Hz 时，位移振幅值 1.0mm±0.01mm；或者频率 10~100Hz 时加速度幅值为 $7m/s^2 \pm 0.1m/s^2$ 条件下应能正常工作 6) 数字缸在 GB/T 3783 规定的盐雾性能条件下，应能正常工作 7) 数字缸在 1.25 倍公称压力下，所有结合面处应无外渗漏 8) 数字缸的最低起动压力为 0.5MPa 作者注：1. 数字缸的耐压强度、最低稳定速度、最高速度、耐久性等性能也涉及对密封的要求，但具体要求不明确 　　　　2. 因数字缸有动态特性要求，在 GB/T 24946—2010 中给出的各密封圈及沟槽不一定完全适用，所有只能仅供参考。

（续）

序号	技 术 要 求

CB/T 3812—2013《船用舱口盖液压缸》

1）液压缸最低起动压力应按表 2-67-3 规定

表 2-67-3　液压缸最低起动压力 （单位：MPa）

活塞密封圈型式[①]	公称压力 $PN \leqslant 16$	公称压力 $PN > 16$
O、U、Yx	<0.3	<0.04PN
V	<0.5	<0.06PN

① 当活塞杆密封也采用 V 形密封时，表中数值应增加 50%（按杆腔压力规定）

2）当液压缸内径 $D \leqslant 200$mm 时，液压缸的最低稳定速度为 8mm/s；当液压缸内径 $D > 200$mm 时，液压缸的最低稳定速度为 10mm/s

3）液压缸的内泄漏量不应大于表 2-67-4 中的规定值

表 2-67-4　液压缸内泄漏量

缸筒内径 /mm	100	120	125	(140)	150	160	(180)	200	(220)	(225)	250	(260)	280	300	(320)
内泄漏量 /(mL/min)	0.26	0.36	0.4	0.54	0.62	0.67	1.04	1.04	1.3	1.4	1.63	1.8	2.05	2.25	2.68

注：括号内的公称值为非优先选用。

4）液压缸耐压试验的压力为公称压力的 1.5 倍，在保压时间（5min）内其液压缸应无泄漏

5）各静密封处和动密封处静止时，不应有（外）泄漏

6）活塞杆动密封处换向 1 万次后，外泄漏不成滴；每移动 100mm：对活塞直径 $d \leqslant 50$mm，外泄漏量（应）不大于 0.05mL/min；当活塞杆直径 $d > 50$mm 时，外泄漏量（应）不大于 0.001dmL/min

7）在公称压力下，连续往复运动 5000 次无故障

作者注：1. 在 CB/T 3812 中活塞杆动密封处外泄漏量规定值与 GB/T 13342—2007 的规定不符

2. 对第 6）"每移动 100mm：对活塞直径 $d \leqslant 50$mm，外泄漏量（应）不大于 0.05mL/min"无法理解

（序号 3）

JB/T 6134—2006《冶金设备用液压缸（$PN \leqslant 25$MPa）》

1）该标准适用于公称压力 $PN \leqslant 25$MPa、环境温度为 $-20 \sim 80$℃的冶金设备用液压缸

2）被试液压缸在无载工况下，全行程进行五次试运转，活塞的运动应平稳，最低起动压力应不大于表 2-67-5 的规定

表 2-67-5　最低起动压力 （单位：MPa）

公称压力 PN	活塞杆密封型式	活塞密封型式	
		V 形	其他
$\leqslant 10$	V 形	0.75	0.5
	其他	0.45	0.3
> 10	V 形	0.09PN	0.06PN
	其他	0.06PN	0.04PN

3）有载运转时，活塞的运动应平稳，不得有爬行等不正常现象

4）在活塞一侧施加公称压力，测量活塞另一侧的内泄漏（量）应不大于规定（值）。当行程大于 1m 时，还需测量行程中间位置的内泄漏量

5）当活塞杆移动距离为 100m 时，活塞杆防尘圈处（外泄漏）漏油总量应不大于 0.002dmL（d 为活塞杆直径，单位为 mm）。而其他部分不得漏油

作者注：1. 液压缸的内泄漏量规定值可参见表 2-159，但 JB/T 6134—2006 中表 12 给出的液压缸内泄漏量规定值有问题

2. 冶金设备用液压缸（$PN \leqslant 25$MPa）的耐压性、耐高温性、耐久性等也涉及对密封的要求，但具体要求不明确

（序号 4）

（续）

序号	技 术 要 求
	JB/T 9834—2014《农用双作用油缸　技术条件》
5	1）该标准适用于额定压力不大于 20MPa 的农用双作用油缸（以下简称油缸） 2）试验用油液推荐用 N100D 拖拉机传动、液压两用油或黏度相当的矿物油。油液在 40℃时的运动黏度应为 90~110mm²/s，或者在 65℃时的运动黏度应为 25~35mm²/s 3）在试运行试验中，活塞运动均匀，不得有爬行、外泄漏等不正常现象 4）起动压力应不大于 0.3MPa 5）在耐压性试验中，活塞分别位于油缸两端，向空腔供油，使油压为试验压力的 1.5 倍工作压力下，保压 2min，不得有外泄漏、机械零件损坏或永久变形等现象 6）在内泄漏试验中，在试验压力下 10min 内由内泄漏引起的活塞移动量不大于 1mm 7）在外泄漏试验中，活塞移动 100m，活塞杆处泄漏不大于 0.008dmL/min（d 为活塞杆直径，单位为 mm）。其他部分不得漏油 8）在高温性能试验中，油温为 90~95℃时，液压缸能正常运行，活塞杆处漏油量不大于上述外泄漏试验中规定值的 2 倍，其他部位无外泄漏现象 9）在低温性能试验中，环境温度在−25~−20℃时，液压缸能正常运行 10）在液压缸耐久性试验后，内、外泄漏油量不得大于上述内泄漏、外泄漏试验中规定值的 2.5 倍，零件不得有损坏现象
6	**JB/T 10205—2010《液压缸》** 1）该标准适用于公称压力在 31.5MPa 以下，以液压油或性能相当的其他矿物油为工作介质的单、双作用液压缸 2）密封沟槽应符合 GB/T 2879、GB 2880、GB6577、GB6578 的规定 3）一般情况下，液压缸工作的环境温度应在−20~50℃范围，工作介质温度应在−20~80℃范围 4）双作用液压缸的最低起动压力不得大于表 2-67-6 的规定 **表 2-67-6　双作用液压缸的最低起动压力**　（单位：MPa）

公称压力	活塞密封型式	活塞杆密封型式	
		除 V 形外	V 形
≤16	V 形	0.5	0.75
	O、U、Y、X 形，组合密封	0.3	0.45
>16	V 形	公称压力×6%	公称压力×9%
	O、U、Y、X 形，组合密封	公称压力×4%	公称压力×6%

注：活塞密封型式为活塞环的最低起动压力要求由制造商与用户协商确定。

5）活塞式单作用液压缸的最低起动压力不得大于表 2-67-7 的规定；柱塞式单作用液压缸的最低起动压力不得大于表 2-67-8 的规定

表 2-67-7　活塞式单作用液压缸最低起动压力　（单位：MPa）

公称压力	活塞密封型式	活塞杆密封型式	
		除 V 形外	V 形
≤16	V 形	0.5	0.75
	除 V 形外	0.35	0.50
>16	V 形	公称压力×3.5%	公称压力×9%
	除 V 形外	公称压力×3.4%	公称压力×6%

表 2-67-8　柱塞式单作用液压缸最低起动压力　（单位：MPa）

公称压力	柱塞杆密封型式	
	O、Y 形	V 形
≤16	0.4	0.5
>16	公称压力×3.5%	公称压力×6%

（续）

序号	技　术　要　求

6

6）多级套筒式单、双作用液压缸的最低起动压力不得大于表 2-67-9 的规定

表 2-67-9　多级套筒式单、双作用液压缸最低起动压力　（单位：MPa）

公称压力	柱塞杆密封型式	
	O、Y 形	V 形
≤16	公称压力×3.5%	公称压力×5%
>16	公称压力×4%	公称压力×6%

7）双作用液压缸的内泄漏量不得大于规定值，具体参见表 2-159

8）活塞式单作用液压缸的内泄漏量不得大于规定值，具体参见 2-160

9）除活塞杆（柱塞杆）处外，其他各部位不得有泄漏

10）活塞杆（柱塞杆）静止时不得有泄漏

11）双作用液压缸：当行程 L≤500mm 时，活塞换向 5 万次；当行程 L>500mm 时，允许按行程 500mm 换向，活塞换向 5 万次，活塞杆处外泄漏不成滴。换向 5 万次后，活塞每移动 100m，当活塞杆直径 d≤50mm 时，外泄漏量 q_V≤0.05mL；当活塞杆直径 d>50mm 时，外泄漏量 q_V<0.001dmL

12）活塞式单作用液压缸：当行程 L≤500mm 时，活塞换向 4 万次；当行程 L>500mm 时，允许按行程 500mm 换向，活塞换向 4 万次，活塞杆处外泄漏不成滴。换向 4 万次后，活塞每移动 80m，当活塞杆直径 d≤50mm 时，外泄漏量 q_V≤0.05mL；当活塞杆直径 d>50mm 时，外泄漏量 q_V<0.001dmL

13）柱塞式单作用液压缸：当行程 L≤500mm 时，活塞换向 2.5 万次；当行程 L>500mm 时，允许按行程 500mm 换向，活塞换向 2.5 万次，活塞处外渗漏不成滴。换向 2.5 万次后，活塞每移动 65m，当活塞杆直径 d≤50mm 时，外泄漏量 q_V≤0.05mL；当活塞杆直径 d>50mm 时，外泄漏量 q_V<0.001dmL

14）多级套筒式单、双作用液压缸：当行程 L≤500mm 时，套筒换向 1.6 万次；当行程 L>500mm 时，允许按行程 500mm 换向，活塞换向 1.6 万次，套筒处外泄漏不成滴。换向 1.6 万次后，套筒每移动 50m，当套筒直径 D≤70mm 时，外泄漏量 q_V≤0.05mL；当套筒直径 D>70mm 时，外泄漏量 q_V<0.001DmL

15）液压缸在低压试验过程中，活塞杆密封处（应）无油液泄漏；试验结束时，活塞杆上的油膜应不足以形成油滴或油环；所有静密封处及焊接处无油液泄漏；液压缸安装的节流和（或）缓冲元件无油液泄漏

16）耐久性试验后，内泄漏量增加值不得大于规定值的 2 倍

17）液压缸的缸体应能承受公称压力的 1.5 倍压力，不得有外泄漏及零件损坏等现象

18）在额定压力下，向被试液压缸输入 90℃ 的工作油液，全行程往复运行 1h，应符合与用户商定的性能要求

7

JB/T 11588—2013《大型液压油缸》

1）该标准适用于内径不小于 630mm 的大型液压油缸。矿物油、抗燃油、水乙二醇、磷酸酯工作介质可根据需要选取

2）密封应符合工作介质和工况的要求

3）液压油缸的最低起动压力应不超过表 2-67-10 的规定

表 2-67-10　最低起动压力　（单位：MPa）

活塞密封型式	活塞杆密封型式		
	V 形	M 形	T 形
V 形	0.6	0.5	0.5
M 形	0.5	0.3	0.3
T 形	0.5	0.3	0.15

注：M 形为标准密封，T 形为低摩擦密封，V 形为 V 形组合密封

(续)

序号	技 术 要 求

JB/T 11588—2013《大型液压油缸》

| 7 | 4）液压油缸的内泄漏量不应超过表 2-67-11 规定值 |

表 2-67-11 液压油缸内泄漏量

缸内径 /mm	φ630	φ710	φ800	φ900	φ950	φ1000	φ1120	φ1250	φ1500	φ2000
内泄漏量 /(mL/min)	3.0	4.0	5.0	6.0	6.5	7.8	9.0	12.0	16.0	31.4

注：特殊规格液压油缸内泄漏量按照无杆腔加压 0.01mm/min 位移量计算。

5）在公称工作压力下，活塞分别停于液压油缸的两端，保压 30min，不得有外泄漏

6）液压油缸在进行耐压试验时，向工作腔施加 1.5 倍的公称工作压力，出厂试验保压 10s，不得有外泄漏

7）在最低起动压力下，使液压油缸全程往复运动 3 次以上，每次在行程端部停留至少 10s。当试验结束时，出现在活塞杆上的油膜不足以形成油滴或油环，所有静密封及焊接处应无油液泄漏

QC/T 460—2010《自卸汽车液压缸技术条件》

| 8 | 1）该标准适用于以液压油为工作介质的自卸汽车举升系统用单作用活塞式液压缸、双作用单活塞杆液压缸、单作用柱塞式液压缸、单作用伸缩式套筒液压缸、末级双作用伸缩式套筒液压缸（以下简称液压缸）

2）液压缸使用环境温度应为 −20~40℃

3）进行试运转试验时，液压缸的运动必须平稳，不得有外泄漏等不正常现象，且应符合表 4-195 规定的起动压力

4）液压缸在进行耐压试验时，不得产生松动、永久变形、零件损坏和外泄漏等异常现象；液压缸在进行耐压试验后，应不得出现脱节、失效现象

5）在进行外泄漏试验时，结合面不得有外泄漏现象；在进行内泄漏试验及耐压试验时，液压缸不得有泄漏现象

6）在额定压力下，活塞式液压缸的内泄漏量允许值应符合表 2-67-12 或表 2-67-13 的规定 |

表 2-67-12 密封圈密封内泄漏量允许值

液压缸内径 /mm	密封圈密封的内泄漏量允许值/(mL/min)	
	带限位阀	不带限位阀
63	≤0.9	≤0.3
80	≤1.5	≤0.5
100	≤2.4	≤0.8
125	≤3.3	≤1.1
160	≤6.0	≤2.0
180	≤7.8	≤2.8
200	≤9.4	≤3.1
220	≤11.4	≤3.8
250	≤14.7	≤5.0

7）在额定压力下，液压缸能全行程往复运行 5 万次或全行程往复移动 50km。液压缸全行程往复运动 1 万次或全行程往复移动 10km 之前，不得有外泄漏，此后每往复运动 100 次或全行程往复移动 100m，对活塞杆、柱塞及套筒直径小于或等于 50mm 的液压缸，外泄漏量应小于或等于 0.1mL；对活塞杆、柱塞及套筒直径大于 50mm 的液压缸，外泄漏量应小于或等于 $0.002d$mL（d—直径，mm）

（续）

序号	技　术　要　求

QC/T 460—2010《自卸汽车液压缸技术条件》

8

表 2-67-13　活塞环密封的内泄漏量允许值

液压缸内径 /mm	额定压力/MPa				
	6.3	10	16	20	25
	活塞环密封的内泄漏量允许值/（mL/min）				
63	≤50	≤65	≤80	≤90	≤100
80	≤65	≤80	≤100	≤115	≤130
100	≤80	≤100	≤125	≤145	≤160
125	≤100	≤125	≤160	≤180	≤200
160	≤130	≤160	≤200	≤230	≤255
180	≤145	≤180	≤230	≤255	≤285
200	≤160	≤200	≤255	≤285	≤320
220	≤175	≤220	≤280	≤315	≤350
250	≤200	≤250	≤320	≤355	≤395

MT/T 900—2000《采掘机械用液压缸技术条件》

1）该标准适用于以液压油为工作介质，额定压力不高于31.5MPa的采掘机械用液压缸

2）活塞及活塞杆密封沟槽尺寸和公差应符合 GB/T 2879、GB 2880 及 GB/T 15242.3 的规定；活塞用支承环尺寸和公差应符合 GB/T 6577 及 GB/T 15242.4 的规定；活塞杆用防尘圈沟槽型式和尺寸公差应符合 GB/T 6578 的规定

3）液压缸的最低起动压力应符合表 2-67-14 的规定

表 2-67-14　最低起动压力　（单位：MPa）

公称压力	活塞密封型式	活塞杆密封型式	
		其他形	V 形
≤16	V 形	0.5	0.75
	组合密封	0.3	0.45
	活塞环	0.1	0.15
>16	V 形	0.06PN	0.09PN
	组合密封	0.04PN	0.06PN
	活塞环	0.015PN	0.025PN

9

4）液压油缸的内泄漏量（合格品和一等品）不应超过 MT/T 900—2000 中表1 的规定，具体参见 2-159

5）除活塞杆处外，不得有外泄漏

6）活塞杆静止时不得有外泄漏

7）活塞换向5万次活塞处外泄漏不成滴，换向5万次后，活塞每移动100m，当活塞杆径 $d \leqslant 50$mm 时，外泄漏量 $q_V \leqslant 0.05$mL；当活塞杆径 $d > 50$mm 时，外泄漏量 $q_V < 0.001 d$mL

8）可靠性或耐久性质量分等：当活塞行程 $L < 500$mm 时，累计行程≥100km；当活塞行程 $L \geqslant 500$mm 时，累计换向次数≥20万次，为合格品。当活塞行程 $L < 500$mm 时，累计行程≥150km；当活塞行程 $L \geqslant 500$mm 时，累计换向次数≥30万次，为一等品

　　作者注：在 MT/T 900—2000 中，"最低起动压力"和"内泄漏量"合格品与一等品（质量分等）指标相同

（续）

序号	技 术 要 求

DB44/T 1169.1—2013《伺服液压缸　第 1 部分：技术条件》（已废止，仅供参考）

10

1）该标准适用于以液压油或性能相当的其他矿物油为工作介质的双作用或单作用伺服液压缸

2）密封沟槽应符合 GB/T 2879、GB 2880、GB/T 6577、GB/T 6578 的规定

3）双作用伺服液压缸的最低起动压力不得大于表 2-67-15 的规定

表 2-67-15　双作用伺服液压缸的最低起动压力　（单位：MPa）

公称压力	活塞密封型式	最低起动压力	
		活塞杆单道密封	活塞杆其他密封
≤40	组合密封	0.03	0.05
	间隙密封	0.03	0.04

4）活塞式单作用伺服液压缸的最低起动压力不得大于表 2-67-16 的规定

表 2-67-16　活塞式单作用伺服液压缸的最低起动压力　（单位：MPa）

公称压力	活塞密封型式	最低起动压力	
		活塞杆有密封	活塞杆无密封
≤40	组合密封	0.05	0.03
	间隙密封	0.04	0.03
	活塞式无密封	0.04	0.03

5）柱塞式单作用伺服液压缸的最低起动压力不得大于表 2-67-17 的规定

表 2-67-17　柱塞式单作用伺服液压缸的最低起动压力（单位：MPa）

公称压力	单位为兆帕	
	柱塞组合密封	柱塞间隙密封
≤40	0.05	0.03

6）缸内径为 40~500mm 的双作用伺服液压缸的内泄漏量在额定工作压力下不得大于规定值，具体参见表 2-159

7）缸内径为 40~500mm 的单作用伺服液压缸的内泄漏量在额定工作压力下不得大于规定值，具体参见表 2-160

8）缸内径大于 500mm 的双作用或单作用伺服液压缸的内泄漏量，当调节伺服液压缸系统压力至伺服液压缸的额定工作压力时，在无杆腔施加额定工作压力时，打开有杆腔油口，保压 5min 后，压降应为 0.8MPa 以下

9）缸内径大于 500mm 的双作用间隙密封伺服液压缸的内泄漏量在额定工作压力下不得大于表 2-67-18 的规定

表 2-67-18　缸内径大于 500mm 的双作用间隙密封伺服液压缸的内泄漏量

公称压力/MPa	活塞处内泄漏量 q_V/(mL/min)	活塞杆处内泄漏量 q_V/(mL/min)
≤16	100	80
>16	150	100

注：若活塞直径 D>250mm 或活塞杆直径 d>150mm，可与用户协商，适当增大内泄漏允许值。

10）缸内径大于 500mm 的单作用间隙密封伺服液压缸的内泄漏量在额定工作压力下不得大于表 2-67-19 的规定

表 2-67-19　缸内径大于 500mm 的单作用间隙密封伺服液压缸的内泄漏量

公称压力/MPa	活塞处内泄漏量 q_V/(mL/min)
≤16	80
>16	100

注：若活塞直径 D>250mm 或活塞杆直径 d>150mm，可与用户协商，适当增大内泄漏允许值。

（续）

序号	技 术 要 求
10	11）除活塞杆（柱塞杆）处外，其他各部位不得有泄漏 12）活塞杆（柱塞杆）静止时其他各部位不得有泄漏 13）双作用伺服液压缸，活塞全程换向 5 万次，活塞杆处外泄漏不成滴。换向 5 万次后，活塞每移动 100m，当活塞杆直径 $d \leqslant 50mm$ 时，外泄漏量 $q_V \leqslant 0.05mL$；当活塞杆直径 $d > 50mm$ 时，外泄漏量 $q_V \leqslant 0.001dmL$ 14）活塞式单作用伺服液压缸，活塞全程换向 4 万次，活塞杆处外泄漏不成滴。换向 4 万次后，活塞每移动 80m，当活塞杆直径 $d \leqslant 50mm$ 时，外泄漏量 $q_V \leqslant 0.05mL$；当活塞杆直径 $d > 50mm$ 时，外泄漏量 $q_V \leqslant 0.001dmL$ 15）柱塞式单作用伺服液压缸，柱塞全行程换向 2.5 万次，柱塞杆处外泄漏不成滴。换向 2.5 万次后，柱塞每移动 65m 时，当柱塞直径 $d \leqslant 50mm$ 时，外泄漏量 $q_V \leqslant 0.05mL$；当柱塞直径 $d > 50mm$ 时，外泄漏量 $q_V \leqslant 0.001dmL$ 16）耐久性试验后，内泄漏增加值不得大于规定值的 2 倍，零件不应有异常磨损和其他形式的损坏 17）伺服液压缸的缸体应能承受 1.5 倍的公称压力，在保压 5min，不得有外泄漏、零件变形或损坏等现象 18）伺服液压缸在 3MPa 压力以下试验过程中，油缸应无外泄漏；试验结束后时，活塞杆伸出处不允许有油滴或油环

注：1. 在 GB 25974.2—2010《煤矿用液压支架　第 2 部分：立柱和千斤顶技术条件》中对液压缸密封的技术要求见第 4.8.5 节。

2. 在 GB 3102.1—1993《空间和时间的量和单位》中"程长"（行程）的符号为 s。

3. 比较、对照上述及其他各标准，其中外泄漏量、最低速度、换向次数、累计行程、试验压力和保压时间等不尽相同，还有船用往复式液压缸与船用数字缸具有相同的密封件性能、各密封圈及沟槽的设计制造要求，敬请读者注意。

2.10.3　液压缸对密封制品质量的一般技术要求

1. 外观质量

在自然状态下，密封制品在适当灯光下用 2 倍的放大镜观察时，表面不应有超过允许极限值的缺陷及裂纹、破损、气泡、杂质等其他表面缺陷。

橡胶密封圈的工作面外观应当平整、光滑，不允许有孔隙、杂质、裂纹、气泡、划痕和轴向流痕。

夹织物橡胶密封圈的工作面外观不允许有断线、露织物、离层、气泡、杂质和凸凹不平。对分模面在工作面的夹织物橡胶密封圈，其胶边高等、宽度和修损深度不大于 0.2mm。棱角处织物层允许有不平现象。

液压气动用 O 形橡胶密封圈外观质量应符合 GB/T 3452.2—2007 中的相关规定。

往复运动橡胶密封圈及其压环、支撑环和挡圈的外观质量要求应符合 GB/T 15325—1994 中的相关规定。

聚氨酯密封圈外观质量可参照 MT/T 985—2006 中的相关规定。

一些术语可参照 GB/T 5719—2006 中规定的术语和定义。

2. 尺寸和公差

橡胶密封件试样尺寸的测量应按 GB/T 2941—2006《橡胶物理试验方法试样制备和调节通用程序》中的相关规定进行。

根据 GB/T 5719—2005 中"橡胶密封制品"的定义，试对液压缸用"橡胶、塑料密封制品"进行定义，即用于防止流体工作介质从液压缸密封装置中泄漏，并防止灰尘、泥沙等污染物以及空气（对于高真空而言）进入液压缸及其密封装置内部的橡胶、塑料零部件。

液压缸用橡胶、塑料密封制品尺寸和公差遵循下列标准：

1）GB/T 3452.1—2005《液压气动用 O 形橡胶密封圈　第 1 部分：尺寸系列及公差》。其对应的沟槽标准为 GB/T 3452.3—2005《液压气动用 O 形橡胶密封圈　沟槽尺寸》。

2）GB/T 10708.1—2000《往复运动橡胶密封圈结构尺寸系列　第 1 部分：单向密封橡胶密封圈》。其对应的沟槽标准为 GB/T 2879—2005《液压缸活塞和活塞杆动密封沟槽尺寸和公差》。

由 GB 2880—1981《液压缸活塞和活塞杆　窄断

面动密封沟槽尺寸系列和公差》规定的沟槽暂缺适配密封圈。

3）GB/T 10708.2—2000《往复运动橡胶密封圈结构尺寸系列　第 2 部分：双向密封橡胶密封圈》。其对应的沟槽标准为 GB/T 6577—1986《液压缸活塞用带支承环密封沟槽型式、尺寸和公差》。

4）GB/T 10708.3—2000《往复运动橡胶密封圈结构尺寸系列　第 3 部分：橡胶防尘密封圈》。其对应的沟槽标准为 GB/T 6578—2008《液压缸活塞杆用防尘圈沟槽型式、尺寸和公差》。

5）GB/T 15242.1—2017《液压缸活塞和活塞杆动密封装置尺寸系列　第 1 部分：同轴密封件尺寸系列和公差》。其对应的沟槽标准为 GB/T 15242.3—1994《液压缸活塞和活塞杆动密封装置用同轴密封件安装沟槽尺寸系列和公差》。

6）GB/T 15242.2—2017《液压缸活塞和活塞杆动密封装置尺寸系列　第 2 部分：支承环尺寸系列和公差》。其对应的沟槽标准为：GB/T 15242.4—1994《液压缸活塞和活塞杆动密封装置用支承环安装沟槽尺寸系列和公差》。

7）其他密封件及其沟槽标准为 JB/ZQ 4264—2006《孔用 Yx 形密封圈》、JB/ZQ 4265—2006《轴用 Yx 形密封圈》、JB/T 982—1977《组合密封垫圈》（已废止）等。

GB/T 3672.1—2002《橡胶制品的公差　第 1 部分：尺寸公差》适用于硫化胶和热塑性橡胶制造的产品，但不适用于精密的环形密封圈。而在 MT/T 985—2006 中规定，密封圈尺寸极限偏差应满足 GB/T 3672.1—2002 表 1 中 M1 级的要求。

3. 硬度

不论采用邵尔硬度计还是便携式橡胶国际硬度计测量橡胶硬度，都是由综合效应在橡胶表面形成一定的压入深度，用以表示硬度测量结果。橡胶国际硬度是一种橡胶硬度的度量，其值由在规定的条件下从给定的压头对试样的压入深度导出。

尽管曾对某些橡胶和化合物建立了邵尔硬度和橡胶国际硬度之间转换的修正值，但现在不建议把邵尔硬度（邵尔 A、邵尔 D、邵尔 AO、邵尔 AM）值直接转换为橡胶国际硬度（IRHD）值。

硫化橡胶和热塑性橡胶的硬度可以采用 GB/T 531.1—2008《硫化橡胶或热塑性橡胶　压入硬度试验方法　第 1 部分：邵尔硬度计法（邵尔硬度）》或 GB/T 531.2—2009《硫化橡胶或热塑性橡胶　压入硬度试验方法　第 2 部分：便携式橡胶国际硬度计法》和 GB/T 6031—1998《硫化橡胶或热塑性橡胶硬

度的测定（10~100 IRHD）》中规定的方法测定。

在 GB/T 5720—2008 中规定的用于 O 形圈硬度测定的微型硬度计应符合 GB/T 6031—1998 中的有关规定。

GB/T 6031 中规定的硬度微观试验法，本质上是按比例缩小的常规试验法，适用于橡胶的硬度在 35~85IRHD 范围内，也可用于硬度在 30~95IRHD 范围内，试样厚度小于 4mm 的橡胶。

在 MT/T 985 的规范性引用文件中引用了 GB/T 531 标准，MT/T 985 中规定的聚氨酯密封圈硬度为：

1）23℃时，单体密封圈的硬度值应在 90^{+5}_{-4} 邵尔 A。

2）23℃时，复合密封圈外圈的硬度值应大于 90 邵尔 A。

3）23℃时，复合密封圈的内圈硬度值应大于 70 邵尔 A。

4. 拉伸强度

拉伸强度是试样拉伸至断裂过程中的最大拉伸应力，测定拉伸强度宜选用哑铃状试样。

硫化橡胶和热塑性橡胶的拉伸强度可以采用 GB/T 528—2009《硫化橡胶或热塑性橡胶　拉伸应力应变性能的测定》的规定的方法测定，其原理为：在动夹持器或滑轮恒速移动的拉力试验机上，将哑铃状试样进行拉伸，按要求记录试样在不断拉伸过程中最大力的值。

在 GB/T 5720—2008《O 形橡胶密封圈试验方法》的规范性引用文件中引用了 GB/T 528—1998（已被 GB/T 528—2009 代替）和 HG/T 2369—1992《橡胶塑料拉力试验机技术条件》（已废止）标准。

在 MT/T 985 的规范性引用文件中引用了 GB/T 528 标准，MT/T 985 中规定的聚氨酯密封圈拉伸强度为：

1）23℃时，单体密封圈和复合密封圈产品的外圈拉伸强度应大于 35MPa。

2）23℃时，复合密封圈的内圈拉伸强度应大于 16MPa。

5. 拉断伸长率

拉断伸长率是试样断裂时的百分比伸长率，只要在下列条件下，环状试样可以得出与哑铃状近似相同的拉断伸长率值：

1）环状试样的伸长率以初始内圆周长的百分比计算。

2）如果"压延效应"明显存在，哑铃状试样长度方向垂直于压延方向裁切。

硫化橡胶和热塑性橡胶的拉断伸长率可以采用

GB/T 528—2009《硫化橡胶或热塑性橡胶 拉伸应力应变性能的测定》中规定的方法测定，其原理为：在动夹持器或滑轮恒速移动的拉力试验机上，将哑铃状或环状标准试样进行拉伸，按要求记录试样在拉断时伸长率的值。

在 GB/T 5720—2008《O 形橡胶密封圈试验方法》的规范性引用文件中引用了 GB/T 528—1998（已被 GB/T 528—2009 代替）标准。

在 MT/T 985 的规范性引用文件中引用了 GB/T 528—1998（已被 GB/T 528—2009 代替）标准，MT/T 985 中规定的聚氨酯密封圈的拉断伸长率：

1）23℃时，单体密封圈的扯断伸长率应大于 400%。

2）23℃时，复合密封圈的外圈扯断伸长率应大于 350%。

3）23℃时，复合密封圈的内圈扯断伸长率应大于 260%。

6. 压缩永久变形

橡胶在压缩状态时，必然会发生物理和化学变化。当压缩力消失后，这些变化阻止橡胶恢复到其原来的状态，于是产生了永久变形。压缩永久变形的大小，取决于压缩状态的温度和时间，以及恢复高度时的温度和时间。在高温下，化学变化是导致橡胶发生缩永久变形的主要原因。压缩永久变形是去除施加给试样的压缩力，在标准温度下恢复高度后测得。在低温下试验，由玻璃态硬化和结晶作用造成的变化是主要的；当温度回升后，这些作用就会消失。因此，必须在试验温度下测量试验高度。

在 GB/T 7759 中给出的试验原理分为室温和高温试验及低温试验原理：

（1）室温和高温试验原理

在标准实验室温度下，将已知高度的试样，按压缩率要求压缩到规定的高度，在标准实验室温度或高温条件下，压缩一定时间，然后在一定温度条件下除去压缩，将试样在自由状态下，恢复规定时间，测量试样的高度。

（2）低温试验原理

在标准实验室温度下，将已知高度的试样按压缩率要求压缩到规定的高度，在规定的低温试验温度下保持一定时间，然后在相同的低温下除去压缩，将试样在自由状态下恢复，测量试样的高度；可以每隔一定时间测量一次（得到一个试样高度与时间的对数曲线图，以此评价试样的压缩永久变形特性），也可以在规定的时间后进行测量。

1）常温压缩永久变形。在常温条件下的试验，试验温度为（23±2）℃或（27±2）℃。

在 GB/T 5720—2008《O 形橡胶密封圈试验方法》的规范性引用文件中引用了 GB/T 7759—1996 标准。

在 MT/T 985 的规范性引用文件中引用了 GB/T 7759—1996 标准，在 MT/T 985 中规定的聚氨酯密封圈常温压缩永久变形：

① 单体密封圈压缩永久变形应小于 25%。

② 复合密封圈的外圈压缩永久变形应小于 30%。

2）高温压缩永久变形。在高温条件下的试验，试验温度可选（40±1）℃、（55±1）℃、（70±1）℃、（85±1）℃、（100±1）℃、（125±2）℃、（150±2）℃、（175±2）℃、（200±2）℃、（225±2）℃或（250±2）℃。

在 GB/T 5720—2008《O 形橡胶密封圈试验方法》的规范性引用文件中引用了 GB/T 7759—1996 标准。

在 MT/T 985 的规范性引用文件中引用了 GB/T 7759—1996 标准，MT/T 985 中规定的聚氨酯密封圈高温压缩永久变形：

① 单体密封圈压缩永久变形应小于 45%。

② 复合密封圈的外圈压缩永久变形应小于 50%。

③ 复合密封圈的内圈压缩永久变形应小于 30%。

7. 耐液体性能

液体对硫化橡胶或热塑性橡胶的作用通常导致以下结果：

1）液体被橡胶吸入。

2）抽出橡胶中可溶成分。

3）与橡胶发生化学反应。

通常，吸入量 1）大于抽出量 2），导致橡胶体积增大，这种现象被称为"溶胀"。吸入液体使橡胶的拉伸强度、拉断伸长率、硬度等物理及化学性能发生很大变化。此外，由于橡胶中增塑剂和防老剂类可溶物质，在宜挥发性液体中易被抽出，其干燥后的物理及化学性能同样会发生很大变化。因此，测定橡胶在浸泡后或进一步干燥后的性能很重要。

在 GB/T 1690—2010《硫化橡胶或热塑性橡胶耐流体试验方法》的规定了通过测试橡胶在试验液体中浸泡前、后性能的变化，评价液体对橡胶的作用。

在 GB/T 5720—2008《O 形橡胶密封圈试验方法》的规范性引用文件中引用了 GB/T 1690—1992（已被 GB/T 1690—2010 代替）标准，且在 GB/T 5720 中给出了质量变化百分率和体积变化百分率计算方法。

在 MT/T 985 的规范性引用文件中引用了 GB/T

1690—1992 标准，MT/T 985 中规定的聚氨酯密封圈抗水解性能要求为：

聚氨酯单体密封圈和复合密封圈的外圈抗水解性能（8 周时间）应达到如下要求：

1) 硬度变化下降小于 9%。
2) 拉伸强度变化下降小于 18%。
3) 拉断伸长率变化下降小于 9%。
4) 体积变化小于 6%。
5) 质量变化小于 6%。

8. 热空气老化性能

硫化橡胶或热塑性橡胶在常压下进行的热空气加速老化和耐热试验，是试样在高温和大气压力下的空气中老化和测定其性能，并与未老化试样的性能作比较的一组试验，经常测定的物理性能包括拉伸强度、定伸应力、拉断伸长率和硬度等。

在 GB/T 5720—2008《O 形橡胶密封圈试验方法》的规范性引用文件中引用了 GB/T 3512—2001《硫化橡胶或热塑性橡胶　热空气加速老化和耐热试验》标准。

在 MT/T 985 的规范性引用文件中引用了 GB/T 3512—2001 标准。

在 MT/T 985 中规定了聚氨酯单体密封圈和复合密封圈的外圈经老化后，性能应满足：

1) 硬度变化下降小于 8%。
2) 拉伸强度变化下降小于 10%。
3) 拉断伸长率变化下降小于 12%。

MT/T 985 中规定了聚氨酯复合密封圈的内圈经老化后，性能应满足：

1) 硬度变化下降小于 8%。
2) 拉伸强度变化下降小于 10%。
3) 拉断伸长率变化下降小于 30%。

9. 低温性能

在 GB/T 7758—2002《硫化橡胶　低温性能的测定　温度回缩法（TR 试验）》标准中规定了测定拉伸的硫化橡胶温度回缩性能的方法，其原理为：将试样在室温下拉伸，然后冷却到在除去拉伸力时，不出现回缩的足够低的温度。除去拉伸力，并以均匀的速率升高温度。测出规定回缩率时的温度。

在 GB/T 5720—2008《O 形橡胶密封圈试验方法》的规范性引用文件中引用了 GB/T 7758—2002 标准。

在 MT/T 985 的规范性引用文件中引用了 GB/T 7759—1996《硫化橡胶、热塑性橡胶 常温、高温和低温下压缩永久变形测定》标准，其原理见本节第 6 条。

在 MT/T 985 中规定了聚氨酯单体密封圈和复合密封圈的内、外圈经低温处理后，性能应满足：

1) 硬度变化下降小于 8%。
2) 拉伸强度变化下降小于 10%。
3) 拉断伸长率变化下降小于 12%。

但要求上述三项性能测定缺乏标准依据。

10. 可靠性

密封件（圈）的可靠性是指在规定条件下，规定时间内保证其密封性能的能力。可靠性是由设计、制造、使用、维护等多种因素共同决定的，因此可靠性是一个综合性能指标。

可靠性这一术语有时也被用于一般意义上笼统地表示可用性（有效性）和耐久性。在 JB/T 10205—2010 中规定的密封圈可靠性主要包括耐压性能（含耐低压性能）和耐久性能等，具体请参见 JB/T 10205—2010《液压缸》。

在 MT/T 985 中规定，聚氨酯密封圈可靠密封应满足 21000 次试验要求。但在没有"规定条件下"，所进行的耐久性试验一般不具有可重复性和可比性。因此，密封圈的可靠性还是按照 JB/T 10205—2010 中的相关规定为妥。

11. 工作温度范围

根据 JB/T 10205—2010《液压缸》标准的规定，一般情况下，液压缸工作的环境温度应在 $-20 \sim 50$℃ 范围，工作介质温度应在 $-20 \sim 80$℃ 范围；同时又规定当产品有高温要求时，在额定压力下，向被试液压缸输入 90℃ 的工作油液，全行程往复运行 1h，应符合双方商定的液压缸高温要求。

在 HG/T 2810—2008《往复运动橡胶密封圈材料》标准中规定，往复运动橡胶密封圈材料分为 A、B 两类。A 类为丁腈橡胶材料，分为三个硬度级，五种胶料，工作温度范围为 $-30 \sim 100$℃；B 类为浇注型聚氨酯橡胶材料，分为四个硬度等级，四种胶料，工作温度范围为 $-40 \sim 80$℃。

在 MT/T 985 中规定了聚氨酯密封圈应能适应 $-20 \sim 60$℃ 的温度。

12. 密封压力范围

密封压力是指密封圈在工作过程中所承受密封介质的压力。一般而言，密封圈的密封压力与密封圈密封材料、结构型式、密封介质及温度、沟槽型式和尺寸与公差、单边径向间隙、配合偶件表面质量及相对运动速度等密切相关。因此，密封压力或密封压力范围必须在一定条件下才能做出规定。

在 GB/T 3452.1—2005《液压气动用 O 形橡胶密封圈　第 1 部分：尺寸系列及公差》和 GB/T

3452.3—2005《液压气动用 O 形橡胶密封圈　沟槽尺寸》标准中对密封压力及范围未做出了规定，但在 GB/T 2878.1—2011《液压传动连接　带米制螺纹和 O 形圈密封的油口和螺柱端　第 1 部分：油口》标准中规定，油口适用的最高工作压力为 63MPa。许用工作压力应根据油口尺寸、材料、结构、工况、应用等因素来确定。

在 GB/T 10708.1—2000《往复运动橡胶密封圈结构尺寸系列　第 1 部分：单向密封橡胶密封圈》标准附录 A 中给出了 Y 形橡胶密封圈的工作压力范围为 0~25MPa、蕾形橡胶密封圈的工作压力范围为 0~50MPa、V 形组合密封圈的工作压力范围为 0~60MPa。

在 GB/T 10708.2—2000《往复运动橡胶密封圈结构尺寸系列　第 2 部分：双向密封橡胶密封圈》标准附录 A 中给出了鼓形橡胶密封圈的工作压力范围为 0.10~70MPa，山形橡胶密封圈的工作压力范围为 0~35MPa。

尽管在 GB/T 10708.3—2000《往复运动橡胶密封圈结构尺寸系列　第 3 部分：橡胶防尘密封圈》标准中规定的 C 型防尘圈有辅助密封作用，但未给出密封压力。

在 GB/T 15242.1—1994《液压缸活塞和活塞杆动密封装置用同轴密封件尺寸系列和公差》（已被代替）标准中规定，该标准适用于以液压油为工作介质、压力≤40MPa、速度≤5m/s、温度范围为-40~200℃的往复运动液压缸活塞和活塞杆（柱塞）的密封。

在 JB/ZQ 4264—2006《孔用 Yx 形密封圈》和 JB/ZQ 4265—2006《轴用 Yx 形密封圈》标准中规定，该标准适用于以空气、矿物油为介质的各种机械设备中，在温度-40(-20)~80℃、工作压力 p≤31.5MPa 条件下起密封作用的孔（轴）用 Yx 形密封圈。

在 JB/T 982—1977《组合密封垫圈》标准中规定，该标准仅规定焊接、卡套、扩口管接头与螺塞密封用组合垫圈，公称压力 40MPa，工作温度-25~80℃。

在 GB/T 13871.1—2007《密封元件为弹性体的旋转轴唇形密封圈　第 1 部分：基本尺寸和公差》标准中规定，该标准适用于轴径为 6~400mm 以及相配合的腔体为 16~440mm 的旋转轴唇形密封圈，不适用于较高的压力（>0.05MPa）下使用的旋转轴唇形密封圈。

在 MT/T 985 中规定了聚氨酯密封圈的密封压力范围：聚氨酯双向密封圈密封压力范围为 2~60MPa，聚氨酯单向密封圈密封压力范围为 2~40MPa。

13. 其他性能要求

在 GB/T 5720—2008《O 形橡胶密封圈试验方法》标准中规定了实心硫化 O 形橡胶密封圈尺寸测量、硬度、拉伸性能、热空气老化、恒定变形压缩永久变形、腐蚀试验、耐液体、密度、收缩率、低温试验和压缩应力松弛的试验方法，但未给出密封圈性能指标。

在 MT/T 985—2006《煤矿用立柱和千斤顶聚氨酯密封圈技术条件》标准中规定了煤矿用立柱和千斤顶聚氨酯密封圈的术语和定义、密封沟槽尺寸、要求、试验方法、检验规则、标志、包装、运输和贮存，适用于工作介质为高含水液压油（含乳化液）的煤矿用立柱和千斤顶聚氨酯密封圈，但没有具体给出密封圈性能试验方法，只是在规范性引用文件[⊖]中引用了下列文件：

GB/T 528—1998《硫化橡胶或热塑性橡胶拉伸应力应变性能的测定》

GB/T 531—1999《橡胶袖珍硬度计压入硬度试验方法》

GB/T 1690—1992《硫化橡胶　耐流体试验方法》

GB/T 3512—2001《硫化橡胶或热塑性橡胶　热空气加速老化和耐热试验》

GB/T 3672.1—2002《橡胶制品的公差　第 1 部分：尺寸公差》

GB/T 7759—1996《硫化橡胶、热塑性橡胶 常温、高温和低温下压缩永久变形测定》

GB/T 7759—1996 已被 GB/T 7759.1—2015《硫化橡胶或热塑性橡胶　压缩永久变形的测定　第 1 部分：在常温及高温条件下》代替。GB/T 7759 还有第 2 部分，即 GB/T 7759.2—2014《硫化橡胶或热塑性橡胶　压缩永久变形的测定　第 2 部分：在低温条件下》。

上述标准规定的试样对象一般为按相关标准制备的"试样"，而非密封圈实物。

除了上述标准之外，密封件（圈）性能试验方法还有一些现行标准，如耐磨性、与金属黏附性和溶胀指数等，可用于进一步测定密封圈性能。

⊖　MT/T 985—2006 规范性引用文件中的一些标准已经更新。

在韩胜广、吴斌、邱召佩撰写的《采煤机械油缸密封材料用聚氨酯弹性体的研究》一文中给出的性能测试为：硬度按照 GB/T 531.1—2008 测试；定伸强度、拉伸强度和断裂伸长率按照 GB/T 528—2009 测试；回弹率按照 GB/T 1681—2009 测试；撕裂强度按照 GB/T 529—2008 测试，新月形样条。耐热性能测试试验安装在拉伸试验机上，在设定温度下烘烤 0.5h 后测试；水乳化液介质耐受性试验为试样密闭于容器中，在烘箱中热烘 21d。

2.10.4　液压往复运动密封件性能的试验方法

在 GB/T 32217—2015 中规定的液压往复运动密封件性能的试验条件和方法，适用于以液压油液为传动介质的液压往复运动密封件性能的评定。

为了获得往复密封性能的对比数据，为密封件的设计和选用提供依据，液压往复运动密封件性能的试验应严格控制影响密封性能的因素，这些因素包括：

（1）安装

1）密封系统，如支承环、密封件和防尘圈的设计。

2）安装公差，包括密封沟槽、活塞杆和支承环，挤出间隙。

3）活塞杆的材质和硬度。

4）活塞杆的表面粗糙度值在 $Ra0.08 \sim Ra0.15\mu m$ 之外或大于 $Rt1.5\mu m$ 都会严重影响密封的性能。最佳表面粗糙度的选择随着密封件材料的不同而不同；

5）沟槽的表面粗糙度。为了避免静态泄漏和压力

循环时密封件的磨损，表面粗糙度值应小于 $Ra0.8\mu m$。

6）支承环的材质，包括对活塞杆纹理和边界层的影响。

（2）运行

1）流体介质，如黏度、润滑性、与密封材料及添加剂的相容性，以及污染等级。

2）压力，包括压力循环。

3）速度，特别是速度循环。

4）速度/压力循环，如起动-停止条件。

5）行程，特别是会阻止油膜形成的短行程（密封接触宽度的 2 倍及以下宽度）。

6）温度，如对黏度和密封材料性能的影响。

7）外部环境。

在应用密封件标准试验结果预测密封件实际应用的性能时，需要考虑以上所有因素及它们对密封件性能的潜在影响。

> 作者注：1. 如果缺乏对影响往复密封件、装置或系统安装和运行因素的控制，则往复密封的试验结果将具有不可预测性，也是不可用于性能对比的。
>
> 2. 密封的可靠性应使用平均失效前时间（MTTF）和 B_{10} 寿命来表示，具体请见第 5.7 节。

1. 试验装置

（1）概述

1）试验装置示意图如图 2-9 所示。装配要求如图 2-10 所示。

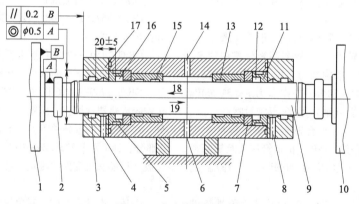

图 2-9　试验装置示意图

1—线性驱动器　2—测力传感器　3—防尘圈　4—泄漏测试口Ⅰ　5—静密封 O 形圈和挡圈　6—流体入口　7—隔离套　8—泄漏测试口Ⅱ　9—试验活塞杆　10—可选的驱动器和测力传感器位置　11—试验密封件槽体　12—试验密封件 B　13、15—支承环　14—流体出口　16—试验密封件 A　17—泄漏收集区（见图 2-13）　18—前进行程　19—返回行程

2）支承环沟槽和隔离套应满足图 2-11 和图 2-12要求。支承环槽体材料为钢材，隔离套材料为磷青

铜。支承环材料为聚酯织物/聚酯材料，不应含有玻璃、陶瓷、金属或其他会造成磨损的填料，支承环应

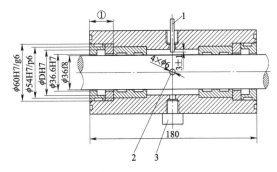

图 2-10　装配要求

1—热电偶　2—试验油的底部入口
和顶部出口　3—压力传感器

① 凹槽长度（=密封件槽体长度+隔离
套长度），公差为 $^{0}_{-0.2}$mm。

符合 GB/T 15242.2 的要求。

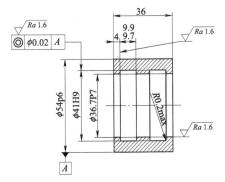

图 2-11　支承环沟槽

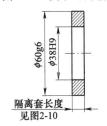

隔离套长度
见图2-10

图 2-12　隔离套

3）试验回路应能提供循环压力，并按表 2-68 要求控制循环参数；新的试验油液应使用新的过滤器循环 5h 后才能开始试验。

表 2-68　循环要求

参　数	要　求
流量	4~10L/min
过滤精度	10μm
储油罐	20~50L
滤芯的更换	每试验 1000h 更换一次
试验油的更换	每试验 3000h 更换一次

（2）装置要求

1）试验用活塞杆。试验用活塞杆应满足表 2-69 的要求。

表 2-69　试验用活塞杆的要求

参数	要　求
直（外）径	φ36mm，公差 f8（见 GB/T 1800.2—2009）
材质	活塞杆的材质为一般工程用钢，感应淬火后镀 0.015~0.03mm 厚硬铬
（表面）粗糙度	研磨、抛光到 Ra0.08~0.15μm，按 6.（1）1）测量

2）行程。行程应控制在 500±20mm。

3）试验密封件沟槽。试验密封件沟槽尺寸应符合图 2-10 的要求，槽体材料为磷青铜，沟槽表面粗糙度值应小于 Ra0.8μm。

4）漏油的收集和排出。

① 活塞杆密封（见图 2-9 和图 2-10）：试验密封件的空气侧，在防尘圈和试验密封件之间设有一个 20±5mm 长的泄漏收集区（见图 2-13）。收集并测量泄漏收集区内的所有泄漏油。防尘圈由丁腈橡胶（NBR）制成，硬度在 70IRHD 到 75IRHD 之间，尺寸应符合图 2-14 要求。每次试验需使用新的防尘圈。

② 漏油的排出：漏油的排出孔应不小于 φ6mm。

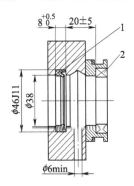

图 2-13　泄漏收集区
1—防尘圈　2—试验密封件

2. 试验参数

（1）试验介质

试验介质应是符合 GB/T 7631.2—2003 规定的 ISO-L-HS 32 合成烃型液压油液。

合成烃型液压油，即使用通过化学合成获得的基础油（其成分多数并不直接存在于石油中）调配成的液压油。

（2）试验介质温度

在试验过程中，试验介质温度应保持在 60~

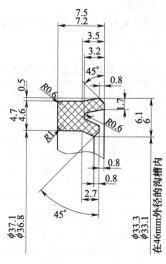

图 2-14 防尘圈

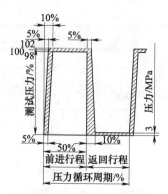

图 2-15 压力循环

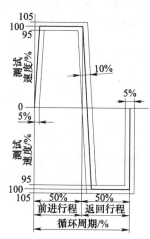

图 2-16 速度循环

65℃，测量试验温度的热电偶安装位置如图 2-10 所示。

这里需要说明的是，试验介质温度在 GB/T 32217—2015 中没有给出所谓"系列标准值"，即只能在一个温度下进行试验，且与一些标准的规定不一致，如 JB/T 10205—2010 规定，除特殊规定外，（液压缸）型式试验应在 50℃±2℃下进行；出厂试验应在 50℃±4℃下进行。

（3）支承环

支承环应符合 1.（1）2）要求，其沟槽应满足图 2-11 的要求。

（4）试验压力

试验压力 p_1，选择如下，误差控制在±2%（以内）：

1）6.3MPa（63bar）。

2）16MPa（160bar）。

3）31.5MPa（315bar）。

（5）线性驱动器速度

线性驱动器速度（v）选择如下，误差控制在±5%（以内）：

1）0.05m/s。

2）0.15m/s。

3）0.5m/s。

（6）动态试验

试验压力和行程应按如下方式循环：

1）在恒定压力 p_1 下的前进行程。

2）在恒定压力 p_2 下的返回行程。

压力循环应满足图 2-15 要求，速度循环应满足图 2-16 要求。

作者注：在 GB/T 32217—2015 中的各图（以原图号注出）有一些问题，如缺失活塞密封试验装置示意图问题，原图 1 中基准 A 选择问题、其所示结构难以保证同轴问题、与零件图（原图 2）不一致问题、图下说明中缺少支承环槽体（或支承环沟槽，见原图 3），原图 2 中尺寸配合 $\phi54H7/p6$ 选择问题、凹槽长度公差值 $0_{-0.2}$ 问题，原图 4 中隔离套长度 /见图 2（原图 2 上没有具体尺寸）问题，原图 6 名称与结构型式不符（与现行标准规定的防尘圈结构不符或就不是防尘圈）问题、尺寸 $\phi33.3/\phi33.1$ 注释"在 46mm 外径的沟槽内"不知何意，原图 7 纵坐标单位问题，原图 3 标注问题（如原图 3 中 $\phi41H9$ 与 GB/T 15242.2—2017 中 $\phi41H8$ 不一致）等。

3. 密封件安装

试验的密封件可以是单一的密封件或组合密封件。按密封件产生商提供的说明将密封件安装在密封沟槽内。安装前，应在试验活塞杆和密封件上稍微抹些试验油；安装后，应从试验活塞杆上擦掉多余的油，以避免造成泄漏量测量的偏差和额外的润滑。

4. 测量方法与仪器

（1）泄漏

每次试验前，应准备一个量程为 10mL、精度为 0.1mL 的量杯。如果试验泄漏量超过 10mL，则应准备更大量程的精度为 1mL 的量杯。

（2）摩擦力

1）测力传感器。测力传感器应安装在试验装置的线性驱动器和试验活塞杆之间，用于测量因密封件摩擦产生的拉力和压力。测力传感器应连接到一个合适的调节装置和图表记录仪上，以便保留摩擦力记录。图表记录仪应有适当的频率响应，能够测定摩擦力的振幅。

2）动摩擦力的测定。

① 每次试验开始，应测量滑动支承环及防尘密封圈的固有摩擦力 F_1。

② 从图表记录仪的曲线（见 GB/T 32217—2015 中图 2-9 和图 2-10）计算试验密封件的平均摩擦力，见式（2-56）

$$F_s = \frac{F_t - F_i}{4} \quad (2-56)$$

式中　F_s——单个试验密封件的前进中程和返回中程摩擦力平均值；

　　　　F_i——试验装置前进中程和返回中程固有摩擦力之和；

　　　　F_t——两个试验密封件及试验装置的前进中程和返回中程摩擦力总和。

注：F_s 是平均值，不能作为单个密封件指定行程的实际摩擦力。

3）测量起动摩擦力的步骤。

① 设定试验回路压力，开始静态试验周期（如 16h）。

② 完成静态试验周期后，将驱动回路压力调整为零。

③ 设定试验速度。

④ 设定活塞杆运动方向，相对试验密封件 A 作前进行程。

⑤ 起动图表记录仪，见 4.（2）1）。

⑥ 逐渐增加驱动回路压力使活塞杆开始移动。

⑦ 记录活塞杆开始移动瞬间的摩擦力，见 GB/T 32217—2015 中图 10。

⑧ 增加驱动回路压力以克服运动时的摩擦力，并进行动态试验。

（3）压力测量

1）压力表。应安装一个量程合适的压力表，并

确保在循环压力条件下是可靠的。

2）压力传感器。选择一个合适的压力传感器，按图 2-10 所示的要求安装，记录试验压力循环。压力传感器应有温度补偿功能，保证 65℃ 时的测量误差在 ±0.5%（以）内。

（4）表面粗糙度

表面粗糙度测量应符合 GB/T 6062—2009，并配备一个滤波器。

（5）温度测量

热电偶应按图 2-10 所示的要求安装，并能承受最大回路压力。热电偶应校正至 ±0.25℃。

5. 校准

用来完成试验的仪器和测量设备应按可追溯的国家标准每年进行校准，相关校准证书和数据应记录在所有试验数据表上，需校准的试验的仪器和测量设备如下：

1）试验温度热电偶。

2）试验压力表。

3）试验压力传感器。

4）试验摩擦力测力传感器。

5）表面粗糙度测量仪。

任何与国家标准不一致的最新校准结果都应记录在试验数据表上。

6. 试验程序

（1）试验步骤

1）按 GB/T 10610—2009 沿着活塞杆轴向测量活塞杆表面粗糙度 Ra 和 Rt，每次取样长度为 0.8mm，评价长度为 4mm。

2）使用分辨率为 0.02mm 的非接触测量仪器测量新试验密封件尺寸：d_1、d_2、S_1、S_2 及 h。

3）安装新试验密封件和两个新的泄漏集油防尘圈。

4）将油温升到试验温度。

5）试验装置以线速度 v，稳定介质压力 p_1 往复运动 1h。

6）在往复运动结束前，记录至少一个循环的摩擦力曲线，并记录摩擦力 F_t。

7）停止往复运动，维持试验压力 p_1 和试验温度 16h。

8）按 4.（2）3）测量起动摩擦力。

9）试验装置继续以线速度 v 按 2.（6）的循环要求往复运动，压力在前进行程 p_1 和返回行程 p_2 之间交替。

10）完成 20 万次不间断循环（线速度为 0.05m/s 时，完成 6 万次循环）。如果循环中断，忽略重新起动

至达到平稳状态时的泄漏。

11）在不间断循环过程中，每试验24h后和完成20万次循环后，收集、测量并记录每个密封件的泄漏量。

12）完成不间断循环后，按6.（1）5）和6.（1）6）测量恒定压力下的摩擦力。

13）继续按6.（1）9）的要求进行往复运动。

14）不间断完成总计30万次循环。速度为0.05m/s时完成总计10万次循环。

15）完成不间断循环后，按6.（1）5）和6.（1）6）测量恒定压力下的摩擦力。

16）按6.（1）7）和6.（1）8）再次测量起动摩擦力。

17）停止试验。

18）按6.（1）2）测量拆下的试验密封件，并对密封件的状况进行拍照和记录。

（2）试验次数

为了获得合理的数据，每一类型密封件应至少进行6次试验。

7. 试验记录

按6.（1）得到的每次试验结果应按如下方式进行记录：

1）应记录密封件和密封件沟槽的尺寸，见GB/T 32217—2015附录A的表A.1和表A.2；

2）应记录每个密封件的试验结果，见GB/T 32217—2015附录B的表B.1；

3）每种类型密封件的试验报告应按GB/T 32217—2015附录C进行编制。

注：本节涉及的代号、定义和单位见GB/T 32217—2015中表1。

GB/T 32217—2015《液压传动 密封装置 评定液压往复运动密封件性能的试验方法》于2015-12-10发布，2017-01-01实施以来，作者对其进行了多次解读和研讨，也曾使用该标准对国内某密封件公司的密封件性能试验台进行过评价，现就该标准应用过程中需注意的一些问题做一说明：

1）液压往复运动密封件或密封装置包括液压缸活塞动密封装置和液压缸活塞杆动密封装置这是毫无疑问的，从该标准的规范性引用文件即可证明，因为其引用了GB/T 15242.2—2017《液压缸活塞和活塞杆动密封装置尺寸系列 第2部分：支承环尺寸系列和公差》。在GB/T 32217—2015中仅给出了液压缸活塞杆动密封试验装置示意图（见原图1），而没有给出液压缸活塞动密封试验装置示意图，即缺少评定液压缸活塞动密封装置（或密封件）的试验装置，亦即该标准缺少了评定液压往复运动活塞密封件这部分所应有的内容。建议各方面加紧研究，给出液压缸活塞动密封装置（或密封件）的试验装置及试验方法。

2）GB/T 32217—2015中规定的试验介质温度仅有一个温度，并且与一些液压缸标准不一致，这将导致按此标准得出的试验结果不能在液压缸实际应用该种密封件时作为参考，也就失去了该试验所应具有的工程意义，或者可表述为：该试验不能"为密封件的设计与选用提供依据"。建议与其他试验参数一样，试验温度也给出"系列标准值"，而其中至少有一个试验温度值应与现行液压缸标准相适应。

3）GB/T 32217—2015中规定的起动摩擦力试验与一般标准规定的液压缸起动压力特性试验还有不同之处，如在JB/T 10205—2010中规定："使无杆腔（双杆液压缸，两腔均可）压力逐渐升高，至液压缸起动时，记录下的起动压力即为最低起动压力"，其密封件受到了逐渐增大的压力作用，而不是"维持试验压力 p_1"测量起动摩擦力。在JB/T 10205—2010中规定的"起动压力特性"试验与液压缸实际应用的工况基本相同，而在GB/T 32217—2015中规定的由外力驱动的"测量起动摩擦力的步骤"与液压缸的实际工况不符，并且两者试验结果的一致性无法评价，其试验也可能无法"为密封件的设计与选用提供依据"。

4）由GB/T 32217—2015中给出的原图5可以确定，所谓防尘圈1（见原图6）根本不具有"用在往复运动杆上防止污染物侵入的装置"的结构特征，因为其没有防止污染物侵入的密封唇，其结构形状与现行标准规定的Y形或U形一致。就这一点来说，一般液压缸都应具有防尘装置，不含有防尘密封圈的活塞杆密封系统或装置不具有实际应用价值；同时，不具有防尘装置的试验装置在试验中也是很危险的。另外，该标准也没有对试验环境的清洁度作出规定。建议采用双唇防尘圈（如C型防尘圈），这样可起到防尘和辅助密封作用。

5）从在GB/T 32217—2015中规定的试验步骤来看，有一些问题影响试验的具体操作：

① 在"试验装置以线速度v，稳定介质压力 p_1 往复运动1h。"中没有规定v和 p_1 具体值，因此不好操作，也容易产生争议。

② 根据在GB/T 32217—2015中规定的试验步骤，试验主要分为三段：往复运动1h和维持试验压力 p_1 和试验温度16h，测量起动摩擦力为第一段；完成20万次不间断循环（线速度为0.05m/s时，完成

6 万次循环）为第二段；不间断完成总计 30 万次循环（线速度为 0.05m/s 时，完成 10 万次循环）为第三段。这里存在一个问题，除线速度 0.05m/s 外，速度系列标准值中还有 0.15m/s 和 0.5m/s 两种速度，在后两段试验中应如何选择速度是个问题。

③ 在以上三个阶段试验都分别记录或测量了（恒定压力下的）摩擦力，但这三个摩擦力值究竟应该如何处理，在 GB/T 32217—2015 附录 B（规范性附录）试验结果中也没有明确规定。

④ 同样，在后两个阶段试验中都进行了"起动摩擦力"测量，这两个起动摩擦力值究竟应该如何处理是个问题。

6）该标准中还有一些说法、算法或做法值得商榷：

① 在该标准引言中提出了"关键变量"，且要求"密封件的试验应严格控制这些关键变量，"但下文中却没有给出什么是关键变量。

② 在"每次试验开始，应测量滑动支承环及防尘密封圈的固有摩擦力 F_1"中的"滑动支承环""固有摩擦力 F_1"不知出于哪项标准，其中如何测量固有摩擦力 F_1 也不清楚。

③ 因"固有摩擦力 F_1"的问题，试验密封件的平均摩擦力计算式（2-56）也就有问题了。当然，计算结果（试验密封件的平均摩擦力）就值得商榷了。

④ 在" F_s ——单个试验密封件的前进中程和返回中程摩擦力平均值"中的"前进中程"和"返回中程"不知出于哪项标准，也不清楚具体含义。

⑤ 在"测量起动摩擦力的步骤"中的"驱动回路压力"不知所指，因为在试验装置示意图（原图 1）中没有驱动回路，仅有"线性驱动器"。

⑥ 因该标准中有"起动摩擦力"和"动摩擦力"，所以原式（1）应是计算试验件的平均动摩擦力，而不应是"计算试验件的平均摩擦力"。其他地方也有"动摩擦力"与"摩擦力"混用情况。

2.10.5　液压缸密封件及其沟槽

1. O 形橡胶密封圈及其沟槽

（1）O 形圈的特点及其作用

如图 2-17 所示，O 形橡胶密封圈（简称 O 形圈）是一种形状为圆环形、横截面为圆形（或截面形状为 O 形）的橡胶圈，它是密封件中用途广、产量大的一种密封元件。它既可以用于静密封，也可用于动密封，而且还是很多组合密封装置中的基本组成部分。现在使用的 O 形圈基本都是由合成橡胶模压制成，普通液压系统用 O 形圈按其工作温度范围分为

Ⅰ、Ⅱ 两类，每类按硬度又分四个等级。Ⅰ 类工作温度范围为 -40 ~ 100℃，Ⅱ 类工作温度范围为 -25 ~ 125℃；适用的工作介质是石油基液压油和润滑油。其他不同于上述工作条件和工作介质的 O 形圈就需要选择其他合适的橡胶材料，如仍使用普通 O 形圈模具压制，就可能导致 O 形圈的内径尺寸、截面直径尺寸都不对；这样就需要重新设计密封沟槽，或新开成型模具达到标准沟槽所对应的 O 形圈。由于 O 形圈成型模具的设计、制造相对简单，所以很多特殊场合选择 O 形圈密封。由此遇到设计 O 形圈沟槽情况就比较多。

关于 O 形圈设计与制造，读者可进一步参阅参考文献［102］及其参考文献等。

O 形圈与其他密封圈比较有如下优点：

1）密封沟槽简单，尺寸小。

2）可以双向密封，可用于动、静密封。

3）静密封性能好。

4）动摩擦阻力小，也可用于压力交变场合。

5）O 形圈及其沟槽都有现行标准，便于选择使用。

6）制造容易，价格便宜。

图 2-5 和图 2-6 所示为 O 形圈用于动密封和静密封几种形式。

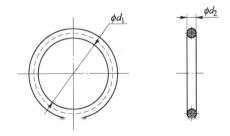

图 2-17　O 形圈的结构型式

需要说明的是，在我国 O 形圈现在已经很少单独用于液压缸的动密封——往复运动密封，而液压缸中的静密封却经常使用，敬请读者注意。

（2）O 形圈的密封设计

O 形圈选定后，O 形圈的压缩率和拉伸率及其工作状态是由沟槽（或称密封沟槽）决定的。密封沟槽的设计与选择对密封性能和使用寿命影响很大，密封沟槽的设计是 O 形圈密封设计的主要内容。密封沟槽的设计主要包括确定密封沟槽的形状（结构型式）、尺寸及公差、表面粗糙度等，应该强调的是沟槽各处倒角或圆角、几何公差等设计尤为重要；往复运动密封的配合间隙确定也非常重要。总之，O 形圈

密封沟槽的设计应遵循：尺寸设计合理，加工制造容易，精度容易保证，维修时拆装方便。

1) 密封沟槽形状。液压气动用 O 形橡胶密封圈常用的密封沟槽为矩形沟槽，如图 2-18 所示。GB/T 3452.3—2005《液压气动用 O 形橡胶密封圈 沟槽尺寸》中规定了液压气动一般应用的 O 形橡胶密封圈的沟槽尺寸和公差，这种沟槽的优点是加工制造容易，便于测量，尺寸及精度好保证。除矩形沟槽外，还有一些其他形状的异形 O 形圈密封沟槽，但一般在液压缸密封上不常用，如图 2-19 所示。

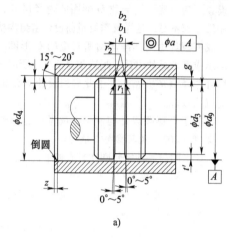
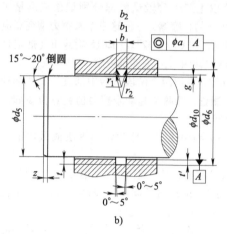

图 2-18 O 形圈用矩形沟槽

a）径向密封的活塞密封沟槽 b）径向密封的活塞杆密封沟槽

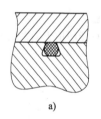
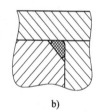
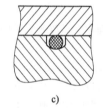
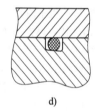

图 2-19 O 形圈用异形沟槽

a）梯形（燕尾）形沟槽 b）三角形沟槽 c）圆底形沟槽 d）斜底形沟槽

2) O 形圈用矩形密封沟槽。O 形圈沟槽尺寸应根据 O 形圈的预拉伸率 $y(\%)$、预压缩率 $k(\%)$、压缩率 $x(\%)$、O 形圈截面减小、溶胀等因素进行设计。

① 活塞密封。所选用的 O 形密封圈内径 d_1 应小于或等于沟槽底直径 d_3，最大预拉伸率不得大于表 2-70 的规定，最小拉伸率应等于零。

表 2-70 活塞密封 O 形圈预拉伸率

应用情况	O 形圈内径 d_1/mm	$y_{max}(\%)$
	4.87~12.20	8
	14.0~38.7	6
	40.0~97.5	5
动密封或静密封	100~200	4
	206~250	3
	258~400	3
静密封	412~670	2

② 活塞杆密封。所选用的 O 形圈外径 $d_1 + 2d_2$ 大于或等于沟槽槽底直径 d_6。最大压缩率不得大于表 2-71 的规定，最小压缩率应等于零。

表 2-71 活塞杆密封 O 形圈预压缩率

应用情况	O 形圈内径 d_1/mm	$y_{max}(\%)$
	3.75~10.0	8
	10.6~25	6
动密封或静密封	25.8~60	5
	61.5~125	4
	128~250	3
静密封	258~670	2

③ 截面直径最大减小量。O 形圈被拉伸时截面会减小。

④ O 形圈挤压。O 形圈装入密封沟槽会被挤压，O 形圈密封沟槽设计就是要确定 O 形圈的压缩率。正

确的压缩率，能补偿因拉伸引起的 O 形圈截面减小和沟槽加工误差。为了保证在正常条件下有足够的密封性，设计 O 形圈时要确定压缩率，它经常是由经验给出。压缩率的大小是通过修改密封沟槽深浅来实现的。

⑤ O 形圈溶胀。当 O 形圈和液压工作介质接触时，会吸收一定数量的液压工作介质产生膨胀，其膨胀的大小随密封材料、液压工作介质不同而不同。O 形圈密封沟槽的体积应能适应 O 形圈溶胀以及由于温度的升高而产生的 O 形圈的膨胀。

⑥ 沟槽深度。根据工况及经验确定 O 形圈的压缩率，由压缩率确定沟槽的深度。一般应用的活塞密封、活塞杆密封沟槽深度极限值及对应的压缩率变化范围应符合表 2-72 的规定。

轴向密封沟槽的深度极限值及其对应的压缩率变化范围应符合下表 2-73 的规定。

表 2-72　活塞密封、活塞杆密封沟槽深度的极限值及对应的压缩率　　（单位：mm）

应用	截面直径 d_2	1.80±0.08		2.65±0.09		3.55±0.10		5.30±0.13		7.00±0.15	
		min	max	min	max	min	max	min	max	min	max
液压	深度 t	1.34	1.49	2.08	2.27	2.81	3.12	3.34	4.70	5.75	6.23
动密封	压缩率（%）	13.5	28.5	11.5	24.0	9.5	23.0	9	20.5	9	19.5
气动	深度 t	1.40	1.56	2.14	2.34	2.92	3.23	4.51	4.89	6.04	6.51
动密封	压缩率（%）	9.5	25.5	8.5	20.0	6.5	20.0	5.5	17.0	5.0	15.5
静密封	深度 t	1.31	1.49	1.97	2.23	2.80	3.07	4.30	4.63	5.83	6.16
	压缩率（%）	13.5	30.5	13	28	11.5	27.5	11.0	26.0	10.5	24.0

注：1. 本表给出的是极限值，活塞杆密封沟槽深度值及其对应的压缩率应根据实际需要选定。

2. 涂有底色的极限值值得商榷，并且 t 应为沟槽的径向深度，$t=t'+g$，其中 t' 为沟槽深度；g 为单边径向间隙。

表 2-73　轴向密封沟槽的深度极限值及其对应的压缩率　　（单位：mm）

应用	截面直径 d_2	1.80±0.08		2.65±0.09		3.55±0.10		5.30±0.13		7.00±0.15	
		min	max	min	max	min	max	min	max	min	max
轴向	深度 t	1.23	1.33	1.92	2.02	2.70	2.79	4.13	4.34	5.65	5.82
密封	压缩率（%）	22.5	24.5	21.0	30.0	19.0	26.0	16.0	24.0	15.0	21.0

⑦ 沟槽宽度。GB/T 3452.3—2005《液压气动用 O 形圈橡胶密封圈　沟槽》中的密封沟槽宽度是按 O 形圈材料体积溶胀值 15% 给出的。

外购 O 形圈时应要求密封件制造商提供体积溶胀率参数。

⑧ 沟槽各处圆角。实践证明，沟槽各处圆角十分重要，直接关系 O 形圈的使用寿命。适当的沟槽棱圆角既能保证 O 形圈装配时不被划伤，又能保证 O 形圈被挤压时不被切（挤）伤，一般加工成 R0.1～R0.3。适当的沟槽底部圆角既能避免此处应力集中，又能在 O 形圈被挤压时避免在底角处过度变形而被挤伤。当 O 形圈截面直径为 $\phi1.8$、$\phi2.65$ 时，沟槽底部圆角半径为 R0.2～R0.4；当 O 形圈截面直径为 $\phi3.55$～$\phi5.30$ 时，圆角半径为 R0.4～R0.8；当 O 形圈截面直径为 $\phi7$ 时，圆底半径为 R0.8～R1.2。但此处沟槽底部圆角也不可太大，太大了 O 形圈容易发生挤出。

⑨ 间隙。往复运动偶合面间必须有间隙，其间隙大小与液压工作介质压力、黏度和 O 形圈截面尺寸及密封材料硬度等有关，在设计、选择间隙时还有注意工作温度。一般来说，工作压力大，间隙就得小；密封材料硬度高，间隙可适当放大。

有如下参考资料可供设计时参考：未使用挡圈时，O 形圈的挤出将明显影响 O 形圈的寿命。配合件间隙（2g）对 O 形圈槽部的挤压现象有特别影响，其他如流体的压力、橡胶材质的硬度等也对其产生影响。

在 JIS B 2406 中，当超过表 2-74 的值时，推荐与挡圈一起使用。

表 2-74 给出了从 O 形圈的槽部挤出的间隙极限值，该极限值为试验测定值。到目前为止，我国一直将此值作为参考值使用。

⑩ 沟槽和配合偶件表面的表面粗糙度值见表 2-78。

（3）O 形圈沟槽的设计方法

根据相关标准及作者技术设计经验总结，O 形圈沟槽可按下列方法设计：

1) 确定或设计选用活塞密封还是活塞杆密封。

2) 确定密封的最高额定压力或工作压力范围。

表 2-74 未使用挡圈的配合间隙（2g）的最大值 （单位：mm）

O形圈硬度 HA	配合件间隙（2g）				
	使用压力/MPa				
	<4	≥4~6.3	≥6.3~10	≥10~16	≥16~25
70	0.35	0.30	0.15	0.07	0.03
90	0.65	0.60	0.50	0.30	0.17

注：1. g 为单边径向间隙。

2. 参考了日本华尔卡工业株式会社 2013 年版的华尔卡 O 形圈。

3）根据偶合件孔（活塞密封）或轴（活塞杆密封）直径确定 O 形圈内径尺寸 d_1。

4）根据 O 形圈适用范围（见表 2-75）选取 O 形圈截面直径尺寸 d_2，至此 O 形圈选取完毕。

5）根据压力、间隙状况等决定是否加装挡圈并选取沟槽宽度，并确定挡圈厚度和公差。

6）根据压力状况并考虑 O 形圈压缩率（参考表 2-72 等）等设计沟槽的径向深度 t。

7）根据沟槽的径向深度 t 计算挡圈内径或外径，确定挡圈内、外径和公差，至此挡圈设计完毕。

8）根据标准推荐的沟槽尺寸设计选取最小导角长度 Z_{min}、沟槽底圆角半径 r_1、沟槽棱圆角半径 r_2 等。

9）根据表 2-78 对沟槽各面、偶合件表面、导角表面粗糙度值进行选取。

10）根据相关技术要求设计确定沟槽尺寸公差、几何（同轴度）公差，并计算出 t' 和 g 极限尺寸，校核压缩率，至此沟槽设计完毕。

11）绘制零部件及总装图纸。

12）密封性能总体评价、审核。

O 形圈沟槽及 O 形圈用挡圈设计可进一步参见第 2.10.5.12 节。

（4）O 形圈的选用

O 形圈的选用首先要根据规定工况选择 O 形圈材料，其中液压传动介质性质、工作温度范围、密封性质、密封型式、公称压力范围等都必须考虑到，尤其不可忽略了往复运动速度。如果选择的 O 形圈不是使用在石油基液压工作介质中，或者工作温度不在 −40~125℃ 范围内，在市场上就有可能不易购买到。如使用乳化液的矿井液压支柱（油缸）和使用磷酸酯难燃液压液的油缸上的密封件就需要从厂家定制或购买。

选择 O 形圈截面尺寸时，应优先选择大截面 O 形圈。大截面 O 形圈不易扭转和被挤出。GB/T 3452.3—2005《液压气动用 O 形圈 沟槽》给出了不同截面 O 形圈对于静密封和动密封的适用范围，见表 2-75。

表 2-75 径向静密封和动密封的适用范围

O形圈规格范围 (mm)		应 用			
		活塞密封		活塞杆密封	
d_2	d_1	动密封	静密封（t/mm）	动密封	静密封（t/mm）
1.8	5.0~13.2	▲	▲（1.3）	▲	▲（1.3）
	14.0~32.5			▲	▲
2.65	14.0~40.0	▲	▲（2.0）	▲	▲（2.0）
	41.2~165			▲	▲
3.55	18.0~41.2	▲	▲（2.7）	▲	▲（2.7）
	42.5~200			▲	▲（2.7）
5.30	40.0~115	▲	▲（4.1）	▲	▲（4.1）
	118~400			▲	▲（4.1）
7.00	109~250	▲	▲（5.5）	▲	▲（5.5）
	258~670	▲*（5.5）		▲	▲（5.5）

注：1. 括号内尺寸为沟槽的径向深度 t 的标准规定值，且 ▲* 为作者添加。

2. "▲"为推荐使用的密封型式。

对于 O 形圈内、外径的选择一般应遵循：

1）当 O 形圈用于活塞密封时，所选用的 O 形圈内径应小于或等于沟槽槽底直径。也就是说，应稍紧一点，即 O 形圈被拉伸。

2）当 O 形圈用于活塞杆密封时，所选用的 O 形圈外径应大于或等于沟槽底直径。也就是说，应稍胀一点，即 O 形圈被压缩。

3）当 O 形圈用于轴向密封且受内部压力时，O

形圈外径应大于或等于沟槽外径，也就是说应稍胀一点；当受外部压力时，O 形圈内径应小于或等于沟槽内径，也就是说应稍紧一点。

4）当 O 形圈用于旋转轴密封时，O 形圈内径应大于或等于旋转轴直径，也就是说 O 形圈内径相对旋转轴直径而言应稍松一点。

（5）标准 O 形圈沟槽尺寸

1）径向密封的沟槽尺寸。GB/T 3452.3—2005 规

定："工作压力超过 10MPa 时，需采用带挡圈的结构型式。"

如图 2-20 所示，其分别为加一个挡圈、加两个挡圈时径向密封带挡圈密封沟槽型式。

径向密封的沟槽尺寸应符合表 2-76 的规定。

2）沟槽的尺寸公差。沟槽尺寸公差应符合表 2-77 的规定。

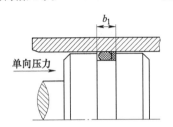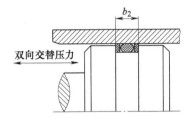

图 2-20　径向密封带挡圈密封沟槽型式

表 2-76　径向密封的沟槽尺寸　（单位：mm）

O 形圈截面直径 d_2			1.80	2.65	3.55	5.30	7.00
沟槽宽度	气动动密封		2.2	3.4	4.6	6.9	9.3
	液压动密封或静密封	b	2.4	3.6	4.8	7.1	9.5
		b_1	3.8	5.0	6.2	9.0	12.3
		b_2	5.2	6.4	7.6	10.9	15.1
沟槽深度 t	活塞密封（计算 d_3 用）	气动动密封	1.4	2.15	2.95	4.5	6.1
		液压动密封	1.35	2.10	2.85	4.35	5.85
		静密封	1.32	2.0	2.9	4.31	5.85
	活塞杆密封（计算 d_6 用）	气动动密封	1.4	2.15	2.95	4.5	6.1
		液压动密封	1.35	2.10	2.85	4.35	5.85
		静密封	1.32	2.0	2.9	4.31	5.85
最小导入倒角长度 z_{min}			1.1	1.5	1.8	2.7	3.6
沟槽底圆角半径 r_1			0.2~0.4		0.4~0.8		0.8~1.2
沟槽棱圆角半径 r_2			0.1~0.3				

注：t 值考虑了 O 形橡胶密封圈的压缩率，允许活塞或活塞杆密封深度值按实际需要选定。

表 2-77　沟槽尺寸公差　（单位：mm）

O 形圈截面直径 d_2	1.80	2.65	3.55	5.30	7.00
轴向密封时沟槽深度 h		+0.05 0		+0.10 0	
缸内径 d_4			H8		
沟槽底直径（活塞密封）d_3			h9		
活塞直径 d_9			f7		
活塞杆直径 d_5			f7		
沟槽底直径（活塞杆密封）d_6			H9		
活塞杆配合孔直径 d_{10}			H8		
轴向密封时沟槽外径 d_7			H11		
轴向密封时沟槽内径 d_8			H11		
O 形圈沟槽宽度 h，h_1，h_2			+0.25 0		

注：为适应特殊应用需要，d_3、d_4、d_5、d_6 的公差范围可以改变。

3) 沟槽表面粗糙度。沟槽和配合偶件表面的表面粗糙度值应符合表 2-78 的规定。

4) 液压、气动静密封沟槽尺寸。
① 液压、气动活塞静密封沟槽尺寸见表 2-79。

表 2-78 沟槽和配合偶件表面的表面粗糙度值 （单位：μm）

表 面	应用情况	压力状况	表面粗糙度值	
			Ra	$Ry(Rz)$
沟槽的底面和侧面	静密封	无交变、无脉冲	3.2 (1.6)	12.5 (6.3)
		交变或脉冲	1.6	6.3
	动密封		1.6 (0.8)	6.3 (3.2)
配合表面	静密封	无交变、无脉冲	1.6 (0.8)	6.3 (3.2)
		交变或脉冲	0.8	3.2
	动密封		0.4	1.6
（导入）倒角表面			3.2	12.5

注：1. 括号内数值为要求精度较高的场合应用。

2. 根据参考文献 [32]，表 2-4-12 注③："新的 Rz 为原 Ry 的定义，原 Ry 的符号不再使用。"

3. 对于静密封而言，在 GB/T 34635—2017《法兰式管接头》中规定的"应保证密封面的表面粗糙度，环形刀痕的表面粗糙度 $Ra \leqslant 3.2\mu m$。O 形槽内和槽底不得有径向且宽度大于 0.13mm 的垂直、射线或螺旋形划痕。"具有重要参考价值。

表 2-79 液压、气动活塞静密封沟槽尺寸 （单位：mm）

d_4 H8	d_9 f7	d_3 h11	d_1	d_4 H8	d_9 f7	d_3 h11	d_1	d_4 H8	d_9 f7	d_3 h11	d_1
$d_2 = 1.8$				$d_2 = 2.65$				$d_2 = 3.55$			
6		3.4	3.15	30		26	25	35		29.6	28
7		4.4	4	31		27	26.5	36		30.6	30
8		5.4	5.15	32		28	27.3	37		31.6	30
9		6.4	6	33		29	28	38		32.6	31.5
10		7.4	7.1	34		30	28	39		33.6	32.5
11		8.4	8	35		31	30	40		34.6	33.5
12		9.4	9	36		32	31.5	41		35.6	34.5
13		10.4	10	37		33	32.5	42		36.6	35.5
14		11.4	11.2	38		34	33.5	43		37.6	36.5
15		12.4	12.1	39		35	34.5	44		38.6	36.5
16		13.4	13.2	40		36	35.5	45		39.6	38.7
17		14.4	14	41		37	36.5	46		40.6	40
18		15.4	15	42		38	37.5	47		41.6	41.2
19		16.4	16	43		39	37.5	48		42.6	41.2
20		17.4	17	44		40	38.7	49		43.6	42.5
$d_2 = 2.65$				$d_2 = 3.55$				50		44.6	43.7
19		15	14.5	24		18.6	18	51		45.6	45
20		16	15.5	25		19.6	19	52		46.6	45
21		17	16	26		20.6	20	53		47.6	46.2
22		18	17	27		21.6	21.2	54		48.6	47.5
23		19	18	28		22.6	21.2	55		49.6	48.7
24		20	19	29		23.6	22.4	56		50.6	50
25		21	20	30		24.6	23.6	57		51.6	50
26		22	21.2	31		25.6	25	58		52.6	51.5
27		23	22.4	32		26.6	25.8	59		53.6	53
28		24	23.6	33		27.6	27.3	60		54.6	53
29		25	24.3	34		28.6	28	61		55.6	54.5

（续）

d_4	d_9	d_3	d_1	d_4	d_9	d_3	d_1	d_4	d_9	d_3	d_1
H8	f7	h11		H8	f7	h11		H8	f7	h11	
$d_2 = 3.55$				$d_2 = 3.55$				$d_2 = 3.55$			
62	56.6	56		109	103.6	100		156	150.6	147.5	
63	57.6	56		110	104.6	103		157	151.6	150	
64	58.6	58		111	105.6	103		158	152.6	150	
65	59.6	58		112	106.6	103		159	153.6	150	
66	60.6	58		113	107.6	106		160	154.6	152.5	
67	61.6	60		114	108.6	106		161	155.6	152.5	
68	62.6	60		115	109.6	106		161	156.6	155	
69	63.6	61.5		116	110.6	109		163	157.6	155	
70	64.6	63		117	111.6	109		164	158.6	155	
71	65.6	63		118	112.6	109		165	159.6	175.5	
72	66.6	65		119	113.6	112		166	160.6	175.5	
73	67.6	65		120	114.6	112		167	161.6	160	
74	68.6	67		121	115.6	112		168	162.6	160	
75	69.6	69		122	116.6	115		169	163.6	160	
76	70.6	69		123	117.6	115		170	164.6	162.5	
77	71.6	69		124	118.6	115		171	165.6	162.5	
78	72.6	71		125	119.6	118		172	166.6	165	
79	73.6	71		126	120.6	118		173	167.6	165	
80	74.6	73		127	121.6	118		174	168.6	165	
81	75.6	73		128	122.6	118		175	169.6	167.5	
82	76.6	75		129	123.6	122		176	170.6	167.5	
83	77.6	75		130	124.6	122		177	171.6	167.5	
84	78.6	77.5		131	125.6	122		178	172.6	170	
85	79.6	77.5		132	126.6	125		179	173.6	170	
86	80.6	77.5		133	127.6	125		180	174.6	172.5	
87	81.6	80		134	128.6	125		181	175.6	172.5	
88	82.6	80		135	129.6	128		182	176.6	172.5	
89	83.6	82.5		136	130.6	128		183	177.6	175	
90	84.6	82.5		137	131.6	128		184	178.6	175	
91	85.6	82.5		138	132.6	128		185	179.6	177.5	
92	86.6	85		139	133.6	132		186	180.6	177.5	
93	87.6	85		140	134.6	132		186	181.6	177.5	
94	88.6	87.5		141	135.6	132		188	182.6	180	
95	89.6	87.5		142	136.6	132		189	183.6	180	
96	90.6	87.5		143	137.6	136		190	184.6	182.5	
97	91.6	90		144	138.6	136		191	185.6	182.5	
98	92.6	90		145	139.6	136		192	186.6	182.5	
99	93.6	92.5		146	140.6	136		193	187.6	185	
100	94.6	92.5		147	141.6	140		194	188.6	185	
101	95.6	92.5		148	142.6	140		195	189.6	187.5	
102	96.6	95		149	143.6	142.5		196	190.6	187.5	
103	97.6	95		150	144.6	142.5		197	191.6	187.5	
104	98.6	95		151	145.6	142.5		198	192.6	190	
105	99.6	97.5		152	146.6	145		199	193.6	190	
106	100.6	97.5		153	147.6	145		200	194.6	190	
107	101.6	100		154	148.6	145		201	195.6	190	
108	102.6	100		155	149.6	147.5		202	196.6	190	

（续）

d_4 H8 d_9 f7	d_3 h11	d_1	d_4 H8 d_9 f7	d_3 h11	d_1	d_4 H8 d_9 f7	d_3 h11	d_1
$d_2=3.55$			$d_2=5.3$			$d_2=5.3$		
203	197.6	195	88	79.8	77.5	166	157.8	155
204	198.6	195	90	81.8	80	168	159.8	157.5
205	199.6	195	92	83.8	80	170	161.8	160
206	200.6	195	94	85.8	82.5	172	163.8	162.5
207	201.6	195	95	86.8	85	174	165.8	162.5
208	202.6	200	96	87.8	85	175	166.8	165
209	203.6	200	98	89.8	87.5	176	167.8	165
210	204.6	200	100	91.8	87.5	178	169.8	167.5
211	205.6	200	102	93.8	90	180	171.8	170
212	206.6	200	104	95.8	92.5	182	173.8	170
213	207.6	200	105	96.8	95	184	175.8	172.5
$d_2=5.3$			106	97.8	95	185	176.8	172.5
50	41.8	40	108	99.8	97.5	186	177.8	175
51	42.8	41.2	110	101.8	100	188	179.8	177.5
52	43.8	42.5	112	103.8	100	190	181.8	177.5
53	44.8	43	114	105.8	103	192	183.8	180
54	45.8	43.7	115	106.8	103	194	185.8	182.5
55	46.8	45	116	107.8	106	195	186.8	182.5
56	47.8	46.2	118	109.8	106	196	187.8	185
57	48.8	47.5	120	111.8	109	198	189.8	187.5
58	49.8	48.7	122	113.8	112	200	191.8	187.5
59	50.8	48.7	124	115.8	112	202	193.8	190
60	51.8	50	125	116.8	115	204	195.8	190
61	52.8	51.5	126	117.8	118	205	196.8	195
62	53.8	51.5	128	119.8	118	206	197.8	195
63	54.8	53	130	121.8	122	208	199.8	195
64	55.8	54.5	132	123.8	122	210	201.8	200
65	56.8	54.5	134	125.8	125	212	203.8	200
66	57.8	56	135	126.8	125	214	205.8	203
67	58.8	56	136	127.8	125	215	206.8	203
68	59.8	58	138	129.8	128	216	207.8	203
69	60.8	58	140	131.8	128	218	209.8	206
70	61.8	60	142	133.8	132	220	211.8	206
71	62.8	61.5	144	135.8	132	222	213.8	212
72	63.8	61.5	145	136.8	132	224	215.8	212
73	64.8	63	146	137.8	136	225	216.8	212
74	65.8	63	148	139.8	136	226	217.8	212
75	66.8	65	150	141.8	140	228	219.8	218
76	67.8	65	152	143.8	142.5	230	221.8	218
77	68.8	67	154	145.8	142.5	232	223.8	218
78	69.8	67	155	146.8	145	234	225.8	224
79	70.8	69	156	147.8	145	235	226.8	224
80	71.8	69	158	149.8	147.5	236	227.8	224
82	73.8	71	160	151.8	150	238	229.8	227
84	75.8	73	162	153.8	152.5	240	231.8	227
85	76.8	75	164	155.8	152.5	242	233.8	230
86	77.8	75	165	156.8	155	244	235.8	230

（续）

d_4 H8	d_9 f7	d_3 h11	d_1	d_4 H8	d_9 f7	d_3 h11	d_1	d_4 H8	d_9 f7	d_3 h11	d_1
$d_2=5.3$				$d_2=5.3$				$d_2=5.3$			
245		236.8	230	324		315.8	311	402		393.8	387
246		237.8	230	325		316.8	311	404		395.8	391
248		239.8	236	326		317.8	315	405		396.8	391
250		241.8	239	328		319.8	315	410		401.8	395
252		243.8	239	330		321.8	315	415		406.8	400
254		245.8	243	332		323.8	320	420		411.8	400
255		246.8	243	334		325.8	320	$d_2=7$			
256		247.8	243	335		326.8	320	122		111	109
258		249.8	243	336		327.8	325	124		113	109
260		251.8	243	338		329.8	325	125		114	112
262		253.8	250	340		331.8	325	126		115	112
264		255.8	250	342		333.8	330	128		117	115
265		256.8	254	344		335.8	330	130		119	115
266		257.8	254	345		336.8	330	132		121	118
268		259.8	254	346		337.8	335	134		123	118
270		261.8	258	348		339.8	335	135		124	122
272		263.8	258	350		341.8	335	136		125	122
274		265.8	261	352		343.8	340	138		127	122
275		266.8	261	354		345.8	340	140		129	125
276		267.8	265	355		346.8	340	142		131	128
278		269.8	265	356		347.8	345	144		133	128
280		271.8	268	358		349.8	345	145		134	132
282		273.8	268	360		351.8	345	146		135	132
284		275.8	272	362		353.8	350	148		137	132
285		276.8	272	364		355.8	350	150		139	136
286		277.8	272	365		356.8	350	152		141	136
288		279.8	276	366		357.8	355	154		143	140
290		281.8	276	368		359.8	355	155		144	142.5
292		283.8	280	370		361.8	355	156		145	142.5
294		285.8	283	372		363.8	360	158		147	145
295		286.8	283	374		365.8	360	160		149	147.5
296		287.8	283	375		366.8	360	162		151	147.5
298		289.8	286	376		367.8	365	164		153	150
300		291.8	286	378		369.8	365	165		154	152.5
302		293.8	290	380		371.8	365	166		155	152.5
304		295.8	290	382		373.3	370	168		157	155
305		296.8	290	384		375.8	370	170		159	155
306		297.8	295	385		376.8	370	172		161	157.5
308		299.8	295	386		377.8	375	174		163	160
310		301.8	295	388		379.8	375	175		164	160
312		303.8	300	390		381.8	375	176		165	162.5
314		305.8	303	392		383.8	375	178		167	165
315		306.8	303	394		385.8	383	180		169	165
316		307.8	303	395		386.8	383	182		171	167.5
318		309.8	307	396		387.8	383	184		173	170
320		311.8	307	398		389.8	387	185		174	170
322		313.8	311	400		391.8	387	186		175	172.5

d_4 H8	d_9 f7	d_3 h11	d_1	d_4 H8	d_9 f7	d_3 h11	d_1	d_4 H8	d_9 f7	d_3 h11	d_1
		$d_2=7$				$d_2=7$				$d_2=7$	
188		177	175	266		255	250	345		334	330
190		179	175	268		257	250	346		335	330
192		181	177.5	270		259	250	348		337	330
194		183	180	272		261	258	350		339	335
195		184	180	274		263	258	352		341	335
196		185	182.5	275		264	261	354		343	340
198		187	185	276		265	261	355		344	340
200		189	185	278		267	261	356		345	340
202		191	187.5	280		269	265	358		347	340
204		193	190	282		271	268	360		349	345
205		194	190	284		273	268	362		351	345
206		195	190	285		274	268	364		353	350
208		197	190	286		275	272	365		354	350
210		199	195	288		277	272	366		355	350
212		201	195	290		279	276	368		357	350
214		203	200	292		281	276	370		359	355
215		204	200	294		283	280	372		361	355
216		205	203	295		284	280	374		363	360
218		207	203	296		285	280	375		364	360
220		209	203	298		287	283	376		365	360
222		211	206	300		289	286	378		367	360
224		213	206	302		291	286	380		369	365
225		214	212	304		293	290	382		371	365
226		215	212	305		294	290	384		373	370
228		217	212	306		295	290	385		374	370
230		219	212	308		297	290	386		375	370
232		221	218	310		299	295	388		377	370
234		223	218	312		301	295	390		379	375
235		224	218	314		303	300	392		381	375
236		225	218	315		304	300	394		383	379
238		227	224	316		305	300	395		384	379
240		229	227	318		307	303	396		385	379
242		231	227	320		309	303	398		387	383
244		233	230	322		311	307	400		389	383
245		234	230	324		313	307	402		391	387
246		235	230	325		314	311	404		393	387
248		237	230	326		315	311	405		394	391
250		239	236	328		317	311	406		395	391
252		241	236	330		319	315	408		397	391
254		243	239	332		321	315	410		399	395
255		244	239	334		323	320	412		401	395
256		245	239	335		324	320	414		403	400
258		247	243	336		325	320	415		404	400
260		249	243	338		327	320	416		405	400
262		251	243	340		329	325	418		407	400
264		253	250	342		331	325	420		409	406
265		254	250	344		333	330	422		411	406

（续）

d_4 H8	d_9 f7	d_3 h11	d_1	d_4 H8	d_9 f7	d_3 h11	d_1	d_4 H8	d_9 f7	d_3 h11	d_1
$d_2=7$				$d_2=7$				$d_2=7$			
424	413		406	502	491		487	580	569		560
425	414		406	504	493		487	582	571		560
426	415		412	505	494		487	584	573		560
428	417		412	506	495		487	585	574		570
430	419		412	508	497		493	586	575		570
432	421		418	510	499		493	588	577		570
434	423		418	512	501		493	590	579		570
435	424		418	514	503		493	592	581		570
436	425		418	515	504		500	594	583		570
438	427		418	516	505		500	595	584		580
440	429		425	518	507		500	596	585		580
442	431		425	520	509		500	598	587		580
444	433		429	522	511		500	600	589		580
445	434		429	524	513		508	602	591		580
446	435		429	525	514		508	604	593		580
448	437		433	526	515		508	605	594		590
450	439		433	528	517		508	606	595		590
452	441		437	530	519		515	608	597		590
454	443		437	532	521		515	610	599		590
455	444		437	534	523		515	612	601		590
456	445		437	535	524		515	614	603		590
458	447		443	536	525		515	615	604		600
460	449		443	538	527		523	616	605		600
462	451		443	540	529		523	618	607		600
464	453		450	542	531		523	620	609		600
465	454		450	544	533		523	622	611		600
466	455		450	545	534		530	624	613		608
468	457		450	546	535		530	625	614		608
470	459		450	548	537		530	626	615		608
472	461		456	550	539		530	628	617		608
474	463		456	552	541		530	630	619		608
475	464		456	554	543		538	632	621		615
476	465		456	555	544		538	634	623		615
478	467		462	556	545		538	635	624		615
480	469		462	558	547		538	636	625		615
482	471		466	560	549		545	638	627		615
484	473		466	562	551		545	640	629		623
485	474		466	564	553		545	642	631		623
486	475		466	565	554		545	644	633		623
488	477		466	566	555		545	645	634		623
490	479		475	568	557		553	646	635		630
492	481		475	570	559		553	648	637		630
494	483		475	572	561		553	650	639		630
495	484		479	574	563		553	652	641		630
496	485		479	575	564		560	654	643		630
498	487		483	576	565		560	655	644		630
500	489		483	578	567		560	656	645		640

（续）

d_4 H8	d_9 f7	d_3 h11	d_1
		$d_2=7$	
658		647	640
660		649	640
662		651	640
664		653	640
665		654	640
666		655	650
668		657	650
670		659	650
672		661	650
674		663	650
675		664	650
676		665	660
678		667	660
680		669	660
682		671	660
684		673	660
685		674	670
686		675	670
688		677	670
690		679	670

（注：d_4 H8 与 d_9 f7 为同一公称尺寸，表中合并列示。）

② 液压、气动活塞杆静密封沟槽尺寸见表 2-80。

表 2-80　液压、气动活塞杆静密封沟槽尺寸　　　　（单位：mm）

$d_2=1.8$

d_5 f7	d_{10} H8	d_6 H11	d_1
3		5.7	3.15
4		6.7	4
5		7.7	5
6		8.7	6
7		9.7	7.1
8		10.7	8
9		11.7	9
10		12.7	10
11		13.7	11.2
12		14.7	12.1
13		15.7	13.1
14		16.7	14
15		17.7	15
16		18.7	16
17		19.7	17

$d_2=2.65$

d_5 f7	d_{10} H8	d_6 H11	d_1
14		18	14
15		19	15
16		20	16
17		21	17
18		22	18
19		23	19
20		24	20
21		25	21.2
22		26	22.4
23		27	23.6
24		28	24.3
25		29	25
26		30	26.5
27		31	27.3
28		32	28
29		33	30
30		34	30
31		35	31.5
32		36	32.5
33		37	33.5
34		38	34.5
35		39	35.5
36		40	36.5
37		41	37.5
38		42	38.7
39		43	40

$d_2=3.55$

d_5 f7	d_{10} H8	d_6 H11	d_1
18		23.4	18
19		24.4	19
20		25.4	20
21		26.4	21.2
22		27.4	22.4
23		28.4	23.6
24		29.4	24.3
25		30.4	25
26		31.4	26.5
27		32.4	27.3
28		33.4	28
29		34.4	30
30		35.4	30
31		36.4	31.5
32		37.4	32.5
33		38.4	33.5
34		39.4	34.5
35		40.4	35.5
36		41.4	36.5
37		42.4	37.5
38		43.4	38.7
39		44.4	40
40		45.4	41.2
41		46.4	41.2
42		47.4	42.5
43		48.4	43.7
44		49.4	45
45		50.4	45
46		51.4	46.2
47		52.4	47.5
48		53.4	48.7
49		54.4	50
50		55.4	50
51		56.4	51.5
52		57.4	53
53		58.4	53
54		59.4	54.5
55		60.4	56
56		61.4	56
57		62.4	58
58		63.4	58
59		64.4	60
60		65.4	60
61		66.4	61.5
62		67.4	63
63		68.4	63
64		69.4	65
65		70.4	65
66		71.4	67
67		72.4	67
68		73.4	69
69		74.4	69
70		75.4	71
71		76.4	71
72		77.4	73
73		78.4	73

（注：d_5 f7 与 d_{10} H8 为同一公称尺寸，表中合并列示。）

（续）

d_5 f7	d_{10} H8	d_6 H11	d_1	d_5 f7	d_{10} H8	d_6 H11	d_1	d_5 f7	d_{10} H8	d_6 H11	d_1
$d_2 = 3.55$				$d_2 = 3.55$				$d_2 = 3.55$			
74	79.4	75		121	126.4	125		168	173.4	170	
75	80.4	75		122	127.4	125		169	174.4	170	
76	81.4	77.5		123	128.4	125		170	175.4	172.5	
77	82.4	77.5		124	129.4	125		171	176.4	172.5	
78	83.4	80		125	130.4	125		172	177.4	175	
79	84.4	80		126	131.4	128		173	178.4	175	
80	85.4	80		127	132.4	128		174	179.4	175	
81	86.4	82.5		128	133.4	128		175	180.4	177.5	
82	87.4	82.5		129	134.4	132		176	181.4	177.5	
83	88.4	85		130	135.4	132		177	182.4	180	
84	89.4	85		131	136.4	132		178	183.4	180	
85	90.4	87.5		132	137.4	132		179	184.4	180	
86	91.4	87.5		133	138.4	136		180	185.4	182.5	
87	92.4	87.5		134	139.4	136		181	186.4	185	
88	93.4	90		135	140.4	136		182	187.4	185	
89	94.4	90		136	141.4	136		183	188.4	185	
90	95.4	92.5		137	142.4	140		184	189.4	185	
91	96.4	92.5		138	143.4	140		185	190.4	187.5	
92	97.4	92.5		139	144.4	140		186	191.4	190	
93	98.4	95		140	145.4	140		187	192.4	190	
94	99.4	95		141	146.4	142.5		188	193.4	190	
95	100.4	97.5		142	147.4	145		189	194.4	190	
96	101.4	97.5		143	148.4	145		190	195.4	195	
97	102.4	100		144	149.4	145		191	196.4	195	
98	103.4	100		145	150.4	147.5		192	197.4	195	
99	104.4	100		146	151.4	147.5		193	198.4	195	
100	105.4	103		147	152.4	150		194	199.4	195	
101	106.4	103		148	153.4	150		195	200.4	200	
102	107.4	103		149	154.4	150		196	201.4	200	
103	108.4	106		150	155.4	152.5		197	202.4	200	
104	109.4	106		151	156.4	152.5		198	203.4	200	
105	110.4	106		152	157.4	155		$d_2 = 5.3$			
106	111.4	109		153	158.4	155		40	48	40	
107	112.4	109		154	159.4	155		41	49	41.2	
108	113.4	109		155	160.4	157.5		42	50	42.5	
109	114.4	112		156	161.4	157.5		43	51	43.7	
110	115.4	112		157	162.4	160		44	52	45	
111	116.4	112		158	163.4	160		45	53	46.2	
112	117.4	115		159	164.4	160		46	54	47.2	
113	118.4	115		160	165.4	162.5		47	55	47.5	
114	119.4	115		161	166.4	162.5		48	56	48.7	
115	120.4	115		162	167.4	165		49	57	50	
116	121.4	118		163	168.4	165		50	58	51.5	
117	122.4	118		164	169.4	165		51	59	51.5	
118	123.4	122		165	170.4	167.5		52	60	53	
119	124.4	122		166	171.4	167.5		53	61	54.5	
120	125.4	122		167	172.4	170		54	62	54.5	

（续）

d_5 f7	d_{10} H8	d_6 H11	d_1	d_5 f7	d_{10} H8	d_6 H11	d_1	d_5 f7	d_{10} H8	d_6 H11	d_1
		$d_2 = 5.3$				$d_2 = 5.3$				$d_2 = 5.3$	
55	63		56	116	124.2		118	195	203.2		200
56	64		56	118	126.2		118	196	204.2		200
57	65		58	120	128.2		122	198	206.2		200
58	66		58	122	130.2		125	200	208.2		203
59	67		60	124	132.2		125	202	210.2		206
60	68		60	125	133.2		125	204	212.2		206
61	69.2		61.5	126	134.2		128	205	213.2		206
62	70.2		63	128	136.2		128	206	214.2		212
63	71.2		63	130	138.2		132	208	216.2		212
64	72.2		65	132	140.2		132	210	218.2		212
65	73.2		65	134	142.2		136	212	220.2		218
66	74.2		67	135	143.2		136	214	222.2		218
67	75.2		67	136	144.2		136	215	223.2		218
68	76.2		69	138	146.2		140	216	224.2		218
69	77.2		69	140	148.2		140	218	226.2		224
70	78.2		71	142	150.2		145	220	228.2		224
71	79.2		71	144	152.2		145	222	230.2		224
72	80.2		73	145	153.2		145	224	232.2		227
73	81.2		73	146	154.2		147.5	225	233.2		230
74	82.2		75	148	156.2		150	226	234.2		230
75	83.2		75	150	158.2		150	228	236.2		230
76	84.2		77.5	152	160.2		155	230	238.2		236
77	85.2		77.5	154	162.2		155	232	240.2		236
78	86.2		80	155	163.2		155	234	242.2		236
79	87.2		80	156	164.2		157.5	235	243.2		239
80	88.2		80	158	166.2		160	236	244.2		239
82	90.2		82.5	160	168.2		162.5	238	246.2		243
84	92.2		85	162	170.2		165	240	248.2		243
85	93.2		85	164	172.2		165	242	250.2		250
86	94.2		87.5	165	173.2		167.5	244	252.2		250
88	96.2		90	166	174.2		167.5	245	253.2		250
90	98.2		92.5	168	176.2		170	246	254.2		250
92	100.2		92.5	170	178.2		170	248	256.2		250
94	102.2		95	172	180.2		175	250	258.2		254
95	103.2		97.5	174	182.2		175	252	260.2		254
96	104.2		97.5	175	183.2		175	254	262.2		258
98	106.2		100	176	184.2		180	255	263.2		258
100	108.2		103	178	186.2		180	256	264.2		258
102	110.2		103	180	188.2		182.5	258	266.2		261
104	112.2		106	182	190.2		185	260	268.2		265
105	113.2		106	184	192.2		185	262	270.2		265
106	114.2		109	185	193.2		187.5	264	272.2		268
108	116.2		109	186	194.2		190	265	273.2		268
110	118.2		112	188	196.2		190	266	274.2		268
112	120.2		115	190	198.2		195	268	276.2		272
114	122.2		115	192	200.2		195	270	278.2		272
115	123.2		118	194	202.2		195	272	280.2		276

（续）

d_5 f7	d_{10} H8	d_6 H11	d_1	d_5 f7	d_{10} H8	d_6 H11	d_1	d_5 f7	d_{10} H8	d_6 H11	d_1
		$d_2 = 5.3$				$d_2 = 5.3$				$d_2 = 7$	
274	282.2	276		352	360.2	355		134	145	136	
275	283.2	280		354	362.2	360		135	146	136	
276	284.2	280		355	363.2	360		136	147	140	
278	286.2	280		356	364.2	360		138	149	140	
280	288.2	286		358	366.2	365		140	151	142.5	
282	290.2	286		360	368.2	365		142	153	145	
284	292.2	286		362	370.2	370		144	155	145	
285	293.2	286		364	372.2	370		145	156	147.5	
286	294.2	290		365	373.2	370		146	157	147.5	
288	296.2	290		366	374.2	370		148	159	150	
290	298.2	295		368	376.2	375		150	161	152.5	
292	300.2	295		370	378.2	375		152	163	155	
294	302.2	300		372	380.2	379		154	165	155	
295	303.2	300		374	382.2	379		155	166	157.5	
296	304.2	300		375	383.2	383		156	167	157.5	
298	306.2	300		376	384.2	383		158	169	160	
300	308.2	303		378	386.2	387		160	171	162.5	
302	310.2	307		380	388.2	387		162	173	165	
304	312.2	307		382	390.2	387		164	175	167.5	
305	313.2	307		384	392.2	387		165	176	167.5	
306	314.2	311		385	393.2	391		166	177	167.5	
308	316.2	311		386	394.2	391		168	179	170	
310	318.2	315		388	396.2	395		170	181	172.5	
312	320.2	315		390	398.2	395		172	183	175	
314	322.2	320		392	400.2	400		174	185	177.5	
315	323.2	320		394	402.2	400		175	186	177.5	
316	324.2	320		395	403.2	400		176	187	180	
318	326.2	320		396	404.2	400		178	189	180	
320	328.2	325		398	406.2	400		180	191	182.5	
322	330.2	325		400	408.2	400		182	193	185	
324	332.2	330				$d_2 = 7$		184	195	187.5	
325	333.2	330		106	117	109		185	196	187.5	
326	334.2	330		108	119	109		186	197	190	
328	336.2	330		110	121	112		188	199	190	
330	338.2	335		112	123	115		190	201	195	
332	340.2	335		114	125	115		192	203	195	
334	342.2	340		115	126	118		194	205	195	
335	343.2	340		116	127	118		195	206	200	
336	344.2	340		118	129	122		196	207	200	
338	346.2	345		120	131	122		198	209	200	
340	348.2	345		122	133	125		200	211	203	
342	350.2	345		124	135	125		202	213	206	
344	352.2	350		125	136	128		204	215	206	
345	353.2	350		126	137	128		205	216	212	
346	354.2	350		128	139	132		206	217	212	
348	356.2	350		130	141	132		208	219	212	
350	358.2	355		132	143	136		210	221	212	

d_5 f7	d_{10} H8	d_6 H11	d_1	d_5 f7	d_{10} H8	d_6 H11	d_1	d_5 f7	d_{10} H8	d_6 H11	d_1
$d_2=7$				$d_2=7$				$d_2=7$			
212	223	218		290	301	295		368	379	370	
214	225	218		292	303	295		370	381	375	
215	226	218		294	305	300		372	383	375	
216	227	218		295	306	300		374	385	379	
218	229	224		296	307	300		375	386	379	
220	231	224		298	309	300		376	387	379	
222	233	224		300	311	303		378	389	383	
224	235	227		302	313	307		380	391	383	
225	236	230		304	315	307		382	393	387	
226	237	230		305	316	307		384	395	387	
228	239	230		306	317	311		385	396	391	
230	241	236		308	319	311		386	397	391	
232	243	236		310	321	315		388	399	391	
234	245	236		312	323	315		390	401	395	
235	246	239		314	325	320		392	403	395	
236	247	239		315	326	320		394	405	400	
238	249	243		316	327	320		395	406	400	
240	251	243		318	329	320		396	407	400	
242	253	250		320	331	325		398	409	400	
244	255	250		322	333	325		400	411	406	
245	256	250		324	335	330		402	413	406	
246	257	250		325	336	330		404	415	406	
248	259	250		326	337	330		405	416	412	
250	261	254		328	339	330		406	417	412	
252	263	254		330	341	335		408	419	412	
254	265	258		332	343	335		410	421	412	
255	266	258		334	345	340		412	423	418	
256	267	258		335	346	340		414	425	418	
258	269	261		336	347	340		415	426	418	
260	271	265		338	349	340		416	427	418	
262	273	265		340	351	345		418	429	425	
264	275	268		342	353	345		420	431	425	
265	276	268		344	355	350		422	433	425	
266	277	268		345	356	350		424	435	429	
268	279	272		346	357	350		425	436	429	
270	281	272		348	359	350		426	437	433	
272	283	276		350	361	355		428	439	433	
274	285	276		352	363	355		430	441	437	
275	286	280		354	365	360		432	443	437	
276	287	280		355	366	360		434	445	437	
278	289	280		356	367	360		435	446	437	
280	291	283		358	369	360		436	447	443	
282	293	286		360	371	365		438	449	443	
284	295	286		362	373	365		440	451	443	
285	296	290		364	375	370		442	453	450	
286	297	290		365	376	370		444	455	450	
288	299	295		366	377	370		445	456	450	

（续）

d_5 f7	d_{10} H8	d_6 H11	d_1	d_5 f7	d_{10} H8	d_6 H11	d_1	d_5 f7	d_{10} H8	d_6 H11	d_1
$d_2=7$				$d_2=7$				$d_2=7$			
446	457	450		518	529	523		590	601	600	
448	459	450		520	531	523		592	603	600	
450	461	456		522	533	530		594	605	600	
452	463	456		524	535	530		595	606	600	
454	465	462		525	536	530		596	607	600	
455	466	462		526	537	530		598	609	608	
456	467	462		528	539	530		600	611	608	
458	469	462		530	541	538		602	613	608	
460	471	462		532	543	538		604	615	615	
462	473	466		534	545	538		605	616	615	
464	475	466		535	546	545		606	617	615	
465	476	470		536	547	545		608	619	615	
466	477	470		538	549	545		610	621	615	
468	479	475		540	551	545		612	623	615	
470	481	475		542	553	545		614	625	623	
472	483	475		544	555	553		615	626	623	
474	485	479		545	556	553		616	627	623	
475	486	479		546	557	553		618	629	630	
476	487	483		548	559	553		620	631	630	
478	489	487		550	561	560		622	633	630	
480	491	487		552	563	560		624	635	630	
482	493	487		554	565	560		625	636	630	
484	495	487		555	566	560		626	637	630	
485	496	487		556	567	560		628	639	640	
486	497	493		558	569	560		630	641	640	
488	499	493		560	571	570		632	643	640	
490	501	493		562	573	570		634	645	640	
492	503	500		564	575	570		635	646	640	
494	505	500		565	576	570		636	647	640	
495	506	500		566	577	570		638	649	650	
496	507	500		568	579	570		640	651	650	
498	509	500		570	581	580		642	653	650	
500	511	508		572	583	580		644	655	650	
502	513	508		574	585	580		645	656	650	
504	515	508		575	586	580		646	657	650	
505	516	508		576	587	580		648	659	660	
506	517	515		578	589	580		650	661	660	
508	519	515		580	591	590		652	663	660	
510	521	515		582	593	590		654	665	660	
512	523	515		584	595	590		655	666	660	
514	525	523		585	596	590		656	667	660	
515	526	523		586	597	590		658	669	670	
516	527	523		588	599	600		660	671	670	

2. Y 形橡胶密封圈及其沟槽

（1）Y 形圈的密封机理、分类及其特点

1）Y 形圈的密封机理。如图 2-21 所示，Y 形圈的自然状态是密封唇张开，而且唇口部较大；当装入密封沟槽后，唇口部缩小，唇部贴在密封面上，但接触力很小；当有密封工作介质充入唇口部后，随着压力的升高，唇部与密封面接触变宽，接触力增大，这也是前面讲到的 Y 形圈的具有自封能力：即随着密封

工作介质压力升高，密封能力也随之增高。但绝不是说工作压力可以无限升高，一般 Y 形圈的最高工作压力不超过 25MPa。随着压力升高，摩擦力、磨损都在增大。

2）Y 形圈的分类。如图 2-22 所示，GB/T 10708.1—2000《往复运动橡胶密封圈结构尺寸系列第 1 部分：单向密封橡胶密封圈》规定了 L_1 密封沟槽用 Y 形圈有两种，分别是图 2-22a 所示的活塞 L_1 密封沟

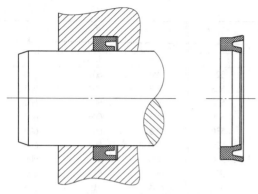

图 2-21　Y 形圈密封

槽用 Y 形圈和图 2-22b 所示的活塞杆用 L_1 密封沟槽用 Y 形圈；L_2 密封沟槽用 Y 形圈有两种，分别是图 2-22c 所示的活塞 L_2 密封沟槽用 Y 形圈和图 2-22d 所示的活塞杆用 L_2 密封沟槽用 Y 形圈。L_1 密封沟槽用 Y 形圈是等高唇 Y 形圈，L_2 密封沟槽用 Y 形圈是不等唇 Y 形圈。

3) Y 形圈的特点。Y 形圈与 O 形圈相比，最显著的特点就是起动摩擦力小，其使用寿命和密封性能也高于 O 形圈。与 V 形圈相比，其摩擦力小于 V 形圈，密封性好于 V 形圈。归纳起来，Y 形圈有如下特点：

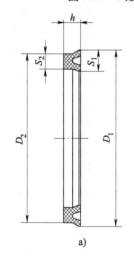
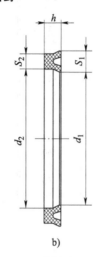
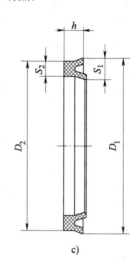
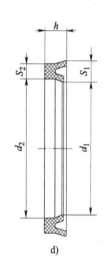

a)　　　　　b)　　　　　c)　　　　　d)

图 2-22　Y 形圈结构型式

a）活塞 L_1 密封沟槽用 Y 形圈　b）活塞杆用 L_1 密封沟槽用 Y 形圈
c）活塞 L_2 密封沟槽用 Y 形圈　d）活塞杆用 L_2 密封沟槽用 Y 形圈

① 密封性能好，密封可靠。
② 静摩擦阻力小，起动平稳。
③ 耐压性好，使用压力范围广。
④ 矩形沟槽安装，相对简单。
（2）Y 形圈的密封设计

Y 形圈的密封设计主要是密封沟槽设计。根据使用工况及结构要求，选择使用 L_1 密封沟槽 Y 形圈还是使用 L_2 密封沟槽 Y 形圈以及是否使用挡圈，实践中使用 L_2 密封沟槽 Y 形圈较多。现在使用 L_1、L_2 密封沟槽 Y 形圈用挡圈都没有相关标准，加装挡圈的 Y 形圈沟槽也没有相应标准。图 2-23 所示为 Y 形圈加装挡圈的沟槽结构型式，相应的尺寸见表 2-81~表 2-84。

3. Yx 形橡胶密封圈及其沟槽

（1）Yx 形圈及其特点

Yx 形圈是一种不等高唇窄截（断）面唇形密封圈，前面已经做过一些介绍，这里不再重复，它的密封机理也与 Y 形圈相同。

（2）Yx 形圈的密封设计

因有 JB/ZQ 4264—2006《孔用 Yx 形密封圈》和 JB/ZQ 4265—2006《轴用 Yx 形密封圈》标准，在 Yx 形圈的密封设计中只要选对密封圈的密封材料，满足工作介质、工作温度、工作压力和速度的要求，并决定是否加装挡圈，即可按标准设计密封沟槽。孔用 Yx 形密封圈在其底部有如下标记：Yx $D50$，其为公称外径（缸内径）$D = 50\text{mm}$ 的孔用 Yx 形密封圈，即用于活塞密封的 Yx 形密封圈。轴用 Yx 形密封圈在其底部有如下标记：Yx　$d50$，其为公称内径（活塞杆直径）$d = 50\text{mm}$ 的轴用 Yx 形密封圈，即用于活塞杆密封的 Yx 形密封圈。

Yx 形圈及其沟槽型式如图 2-24 和图 2-25 所示。

孔用 Yx 形密封圈的沟槽尺寸见表 2-85。

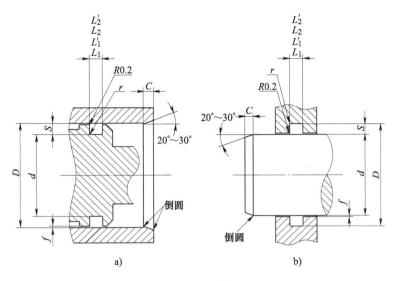

图 2-23　Y 形圈加装挡圈的沟槽结构型式

a）活塞 L_1、L_1' 和 L_2、L_2' 密封沟槽　b）活塞杆 L_1、L_1' 和 L_2、L_2' 密封沟槽

注：挤出间隙 f 取决于与密封件相邻的金属件的直径，
建议由沟槽设计者与密封件制造商协商确定，后同。

表 2-81　活塞 L_1 密封沟槽的公称尺寸（摘自 GB/T 2879—2005）　　　（单位：mm）

缸径 D	沟槽底 直径 d	沟槽 轴向长度 $L_1{}^{+0.25}_{\ 0}$	沟槽底 最大圆角 半径 r	沟槽 径向深度 S	S 的 极限 偏差	安装倒角轴 向最小长度 C	加装挡圈 的沟槽长 度 L_1'
16	8						
20	12						
25	17	5		4	+0.15 -0.05	2	7
32	24						
40	32						
20	10		0.3				
25	15						
32	22						
40	30	6.3		5	+0.15 -0.10	2.5	8.3
50	40						
56	46						
63	53						
50	35						
56	41						
63	48						
70	65						
80	65	9.5	0.4	7.5	+0.20 -0.10	4	12
90	75						
100	85						
110	95						

（续）

缸径 D	沟槽底直径 d	沟槽轴向长度 $L_1{}^{+0.25}_{\ 0}$	沟槽底最大圆角半径 r	沟槽径向深度 S	S 的极限偏差	安装倒角轴向最小长度 C	加装挡圈的沟槽长度 L_1'
70	50						
80	60						
90	70						
100	80						
110	90	12.5	0.6	10	+0.25	5	15.5
125	105						
140	120						
160	140						
180	160						
125	100						
140	115						
160	135				+0.30		
180	155	16	0.8	12.5	-0.15	6.5	19
200	175						
220	195						
250	225						
200	170						
220	190						
250	220				+0.35		
280	250	20	0.8	15	-0.20	7.5	24
320	290						
360	330						
400	360				+0.40		
450	410	25	1.0	20	-0.20	10	29
500	460						

注：加装挡圈的沟槽长度 L_1' 仅为参考值。

表 2-82 活塞杆 L_1 密封沟槽的公称尺寸（摘自 GB/T 2879—2005）   （单位：mm）

活塞杆直径 d	沟槽底直径 D	沟槽轴向长度 $L_1{}^{+0.25}_{\ 0}$	沟槽底最大圆角半径 r	沟槽径向深度 S	S 的极限偏差	安装倒角轴向最小长度 C	加装挡圈的沟槽长度 L_1'
6	14						
8	16						
10	18						
12	20						
14	22				+0.15		
16	24	5		4	-0.05	2	7
18	26						
20	28		0.3				
22	30						
25	33						
28	38						
32	42						
36	46				+0.15		
40	50	6.3		5	-0.10	2.5	8.3
45	55						
50	60						

（续）

活塞杆直径 d	沟槽底直径 D	沟槽轴向长度 $L_1{}^{+0.25}_{\ 0}$	沟槽底最大圆角半径 r	沟槽径向深度 S	S 的极限偏差	安装倒角轴向最小长度 C	加装挡圈的沟槽长度 L_1'
56	71						
63	78						
70	85	9.5	0.4	7.5	+0.20 −0.10	4	12
80	95						
90	105						
100	120						
110	130						
125	145	12.5	0.6	10	+0.25 −0.10	5	15.5
140	160						
160	185						
180	205	16		12.5	+0.30 −0.15	6.5	19
200	225		0.8				
220	250						
250	280	20		15	+0.35 −0.20	7.5	24
280	310						
320	360	25	1.0	20	+0.40 −0.20	10	29
360	400						

注：加装挡圈的沟槽长度 L_1' 仅为参考值。

表 2-83　活塞 L_2 密封沟槽的公称尺寸（摘自 GB/T 2879—2005）　　　（单位：mm）

缸径 D	沟槽底直径 d	沟槽轴向长度 $L_2{}^{+0.25}_{\ 0}$	沟槽底最大圆角半径 r	沟槽径向深度 S	S 的极限偏差	安装倒角轴向最小长度 C	加装挡圈的沟槽长度 L_2'
12	4						
16	8						
20	12	6.3		4	+0.15 −0.05	2	8.3
25	17						
32	24						
40	32						
20	10		0.3				
25	15						
32	22						
46	30	8		5	+0.15 −0.10	2.5	10
50	40						
56	46						
63	53						
50	35						
56	41						
63	48						
70	55	12.5	0.4	7.5	+0.20 −0.10	4	15.5
80	65						
90	75						
100	85						
110	95						

（续）

缸径 D	沟槽底直径 d	沟槽轴向长度 $L_2^{+0.25}_{\ 0}$	沟槽底最大圆角半径 r	沟槽径向深度 S	S 的极限偏差	安装倒角轴向最小长度 C	加装挡圈的沟槽长度 L_2'
70	50						
80	60						
90	70						
100	80						
110	90	16	0.6	10	+0.25 −0.10	5	19
125	105						
140	120						
160	140						
180	160						
125	100						
140	115						
160	135						
180	155	20		12.5	+0.30 −0.15	6.5	24
200	175						
220	195						
250	225		0.8				
200	170						
220	190						
250	220	25		15	+0.35 −0.20	7.5	29
280	250						
320	290						
360	330						
400	360						
450	410	32	1.0	20	+0.40 −0.20	10	36
500	460						

注：加装挡圈的沟槽长度 L_2' 仅为参考值。

表 2-84　活塞杆 L_2 密封沟槽的公称尺寸（摘自 GB/T 2879—2005）　（单位：mm）

活塞杆直径 d	沟槽底直径 D	沟槽轴向长度 $L_2^{+0.25}_{\ 0}$	沟槽底最大圆角半径 r	沟槽径向深度 S	S 的极限偏差	安装倒角轴向最小长度 C	加装挡圈的沟槽长度 L_2'
6	14						
8	16						
10	18						
12	20						
14	22	6.3		4	+0.15 −0.05	2	8.3
16	24						
18	26		0.3				
20	28						
22	30						
25	33						
10	20						
12	22	8		5	+0.15 −0.10	2.5	10
14	24						

（续）

活塞杆直径 d	沟槽底直径 D	沟槽轴向长度 $L_2{}^{+0.25}_{\ 0}$	沟槽底最大圆角半径 r	沟槽径向深度 S	S 的极限偏差	安装倒角轴向最小长度 C	加装挡圈的沟槽长度 L_2'
16	26						
18	28						
20	30						
22	32						
25	35						
28	38	8	0.3	5	+0.15 -0.10	2.5	10
32	42						
36	46						
40	50						
45	55						
50	60						
28	43						
32	47						
36	51						
40	55						
45	60						
50	65	12.5	0.4	7.5	+0.20 -0.10	4	15.5
56	71						
63	78						
70	85						
80	95						
90	105						
56	76						
63	83						
70	90						
80	100						
90	110	16	0.6	10	+0.25 -0.10	5	19
100	120						
110	130						
125	145						
140	160						
100	125						
110	135						
125	150						
140	165	20		12.5	+0.30 -0.15	6.5	24
160	185						
180	205		0.8				
200	225						
160	190						
180	210						
200	230						
220	250	25		15	+0.35 -0.20	7.5	29
250	280						
280	310						
320	360	32	1	20	+0.40 -0.20	10	36
360	400						

注：1. 加装挡圈的沟槽长度 L_2' 仅为参考值。

　　2. 蕾形圈使用 L_2 密封沟槽。

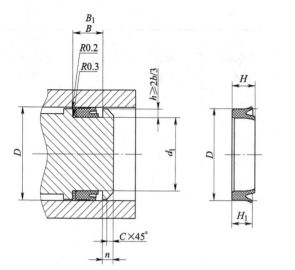

图 2-24 孔用 **Yx** 形圈及其沟槽型式　　　　图 2-25 轴用 **Yx** 形圈及其沟槽型式

表 2-85　孔用 **Yx** 形密封圈的沟槽尺寸（摘自 JB/ZQ 4264—2006）　　（单位：mm）

公称外径 D	d_1	B	B_1	n	C	公称外径 D	d_1	B	B_1	n	C
16	10					130	118				
18	12					140	128				
20	14	9	10.5			150	138	16	18	5	1
22	16					160	148				
25	19					170	154				
28	22					180	164				
30	22					190	174				
32	24			4	0.5	200	184			8	
35	27					220	204				
36	28					230	214	20	22.5		1.5
40	32	12	13.5			240	224				
45	37					250	234				
50	42					265	249			6	
55	47					280	264				
56	48					300	284				
60	48					320	296				
63	51					340	316				
65	53					360	336				
70	58					380	356				
75	63					400	376				
80	68					420	396				
85	73					450	426				
90	78	16	18	5	1	480	456	26.5	30	7	2
95	83					500	476				
100	88					530	506				
105	93					560	536				
110	98					600	576				
115	103					630	606				
120	108					650	626				
125	113										

孔用 Yx 形密封圈用挡圈的型式如图 2-26 所示。　　　孔用 Yx 形密封圈用挡圈的尺寸与公差见表 2-86。

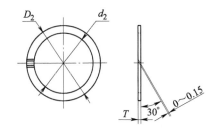

A型：切口式

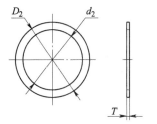

B型：整体式

图 2-26　孔用 Yx 形密封圈用挡圈的型式

表 2-86　孔用 Yx 形密封圈用挡圈的尺寸与公差（摘自 JB/ZQ 4264—2006）（单位：mm）

公称外径 D	D_2 基本尺寸	D_2 极限偏差	d_2 基本尺寸	d_2 极限偏差	T 基本尺寸	T 极限偏差
16	16	${}^{-0.020}_{-0.070}$	10	${}^{+0.035}_{0}$	1.5	±0.1
18	18		12			
20	20	${}^{-0.025}_{-0.085}$	14			
22	22		16			
25	25		19			
28	28		22			
30	30		22	${}^{+0.045}_{0}$		
32	32		24			
35	35		27			
36	36	${}^{-0.032}_{-0.100}$	28			
40	40		32			
45	45		37			
50	50		42	${}^{+0.050}_{0}$		
55	55		47			
56	56		48			
60	60		48			
63	63	${}^{-0.040}_{-0.120}$	51			
65	65		53			
70	70		58	${}^{+0.060}_{0}$		
75	75		63			
80	80		68			
85	85		73			
90	90		78		2	±0.15
95	95		83			
100	100	${}^{-0.050}_{-0.140}$	88			
105	105		93	${}^{+0.070}_{0}$		
110	110		98			
115	115		103			
120	120		108			
125	125		113			
130	130	${}^{-0.060}_{-0.165}$	118	${}^{+0.080}_{0}$	2	±0.15
140	140		128			
150	150		138			
160	160		148			
170	170		158			
180	180		164			
190	190		167			
200	200	${}^{-0.075}_{-0.195}$	184	${}^{+0.090}_{0}$	2.5	
220	200		204			
230	230		214			
240	240		224			
250	250		234			
265	265		249			
280	280	${}^{-0.090}_{-0.225}$	264	${}^{+0.100}_{0}$		
300	300		284			
320	320		296			
340	340		316			
360	360		336			
380	380		356			
400	400		376			
420	420	${}^{-0.105}_{-0.255}$	396	${}^{+0.120}_{0}$		
450	450		426			
480	480		456		3	±0.20
500	500		476			
530	530	${}^{-0.120}_{-0.260}$	506	${}^{+0.140}_{0}$		
560	560		536			
600	600		576			
630	630		606			
650	650	${}^{-0.130}_{-0.280}$	626			

轴用 Yx 形密封圈的沟槽尺寸见表 2-87。

表 2-87　轴用 **Yx** 形密封圈的沟槽尺寸（摘自 JB/ZQ 4265—2006）　　（单位：mm）

公称内径 d	D_6	B	B_1	公称内径 d	D_6	B	B_1
8	14			110	122		
10	16			120	132		
12	18			125	137		
14	20			130	142	16	18
16	22			140	152		
18	24	9	10.5	150	162		
20	26			160	172		
22	28			170	186		
25	31			180	196		
28	34			190	206		
30	38			200	216	20	22.5
32	40			220	236		
35	43			250	266		
36	44			280	296		
40	48	12	13.5	300	316		
45	53			320	344		
50	58			340	364		
55	63			360	384		
56	64			380	404		
60	72			400	424		
63	75			420	444		
65	77			450	474	26.5	30
70	82			480	504		
75	87			500	524		
80	92	16	18	530	554		
85	97			560	584		
90	102			600	624		
95	107			630	654		
100	112			650	674		
105	117						

　　轴用 Yx 形密封圈用挡圈的型式如图 2-27 所示。

　　轴用 Yx 形密封圈用挡圈的尺寸与公差见表 2-88。

4. 关于挡圈的几点说明

　　1）孔用 Yx 形密封圈用挡圈的尺寸与公差（见表 2-86）和轴用 Yx 形密封圈用挡圈的尺寸与公差（见表 2-88）是目前可以查到仅有的液压缸密封圈用挡圈标准，其中表注："使用（孔用、轴用）Yx 形圈时，一般不设置挡圈。当工作压力大于 16MPa 时，或因运动副有较大偏心及间隙较大的情况下，在密封圈支承面放置一个挡圈，以防止密封圈被挤入间隙。挡圈材料可选用聚四氟乙烯、尼龙 6 或尼龙 1010，其硬度应大于或等于 90HS（HA）。"仍可作为其他密封圈用挡圈的使用条件加以应用。

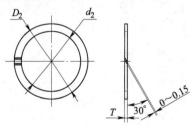
A型：切口式

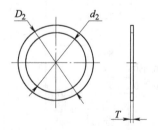
B型：整体式

图 2-27　轴用 **Yx** 形密封圈用挡圈的型式

表 2-88　轴用 Yx 形密封圈用挡圈的尺寸与公差（摘自 JB/ZQ 4265—2006）（单位：mm）

公称内径 d	d₂ 基本尺寸	d₂ 极限偏差	D₂ 基本尺寸	D₂ 极限偏差	T 基本尺寸	T 极限偏差
8	8	+0.030 / 0	14	-0.020 / -0.070	1.5	±0.1
10	10		16			
12	12		18			
14	14	+0.035 / 0	20	-0.025 / -0.085		
16	16		22			
18	18		24			
20	20		26			
22	22	+0.045 / 0	28	-0.032 / -0.100		
25	25		31			
28	28		34			
30	30		38			
32	32		40			
35	35		43			
36	36	+0.050 / 0	44	-0.040 / -0.120		
40	40		48			
45	45		53			
50	50		58			
55	55		63		2	±0.15
56	56		64			
60	60		72			
63	63	+0.060 / 0	75			
65	65		77			
70	70		82			
75	75		87			
80	80		92			
85	85		97	-0.050 / -0.140		
90	90		102			
95	95	+0.070 / 0	107			
100	100		112			
105	105		117			
110	110	+0.070 / 0	122	-0.060 / -0.165	2	±0.15
120	120		132			
125	125	+0.080 / 0	137			
130	130		142			
140	140		152			
150	150		162			
160	160		172			
170	170	+0.090 / 0	186	-0.075 / -0.195	2.5	
180	180		196			
190	190		206			
200	200		216			
220	220		236			
250	250		266			
280	280	+0.10 / 0	296	-0.090 / -0.225		
300	300		316			
320	320		344	-0.105 / -0.225	3	±0.2
340	340		364			
360	360		384			
380	380	+0.12 / 0	404			
400	400		424			
420	420		444			
450	450		474			
480	480		504	-0.120 / -0.260		
500	500		524			
530	530	+0.14 / 0	554			
560	560		584			
600	600		624			
630	630		654	-0.130 / -0.280		
650	650	+0.15 / 0	674			

2) 在表 2-86 和表 2-88 中，孔用挡圈和轴用挡圈外径、内径给出的极限偏差原则不一致，但挡圈设计应遵循以下原则：要区分轴用、孔用，（封）轴用挡圈内径公差就要小，（封）孔用挡圈外径公差就要小。

3) 对于像 O 形圈这种既可以用于静密封也可用于动密封的，O 形圈用挡圈也应有所区别，但现在实际很难做到。

5. V 形橡胶密封圈及其沟槽

（1）V 形橡胶密封圈的密封机理

V 形橡胶密封圈也是一种唇形密封圈，其（横）截面为 V 形（或称其横截面呈 V 字状）（以下简称 V 形圈），如图 2-28 所示。

V 形圈一般不能单独使用，它必须与压环和支撑环（或弹性密封圈）至少三件一起组成一个组合密封才能使用，即 V 形组合密封圈。V 形圈夹角一般做成 90°，特殊也有 60°的，压环和支撑环也做成 90°或稍大一点。以活塞杆密封用 V 形圈为例，V 形圈自由状态时外径大于密封沟槽内径，V 形圈内径小于活塞杆直径，三件组装在一起安装到密封沟槽中，V 形圈即产生初始变形。由于支撑环的作用，这种变形只发生在 V 形圈的唇口部，并在其接触的部位产生压力，即使不施加压紧力，V 形圈唇口也能密封有一定压力的工作介质，这就是 V 形圈具有的"自封"作用。当被密封的工作介质压力升高时，其唇口部位改变接触形状和加大了接触应力，唇口部位与接触面贴

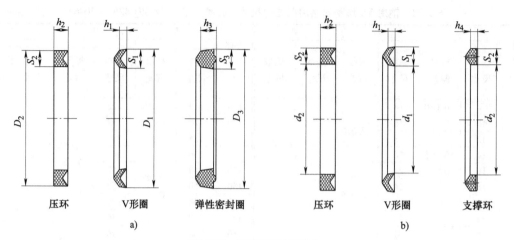

图 2-28 V 形圈结构型式

a) 活塞密封 V 形组合圈   b) 活塞杆密封 V 形组合圈

合得更加紧密，产生了密封压力升高，密封能力也随之增高的 V 形圈自封作用。

当工作介质的压力很高时，可以将几个 V 形圈叠加一起组合使用，通过压环和支撑环对一组 V 形圈的压紧，使其密封能力更强，甚至可以达到 60MPa 或更高。密封能力增强的原因是工作介质通过每个 V 形圈时都会被降压，直至泄漏被阻止。经压紧的 3~4 个 V 形圈即可封住 60MPa 的超高压，标准中最多有 6 个 V 形圈叠加成一组的。

V 形圈是单向密封圈，其 V 形圈凹口端必须面向高压侧。当用于双作用液压缸活塞密封时，由于必须采用对称布置两组 V 形圈，导致活塞的长度就太长，同时摩擦力也会增加得很大，同样比较麻烦的是 V 形圈的压紧力不易（能）调节，只有采用弹性密封圈施加压紧力。V 形圈密封比其他密封的摩擦力都大，反映到液压缸的最低起动压力就大，在 JB/T 10205—2010《液压缸》标准中，公称压力 ≤16MPa 双作用液压缸 V 形（组合）圈密封（活塞、活塞杆密封都是 V 形圈）的最低起动压力不得大于 0.75MPa；而采用其他密封的双作用液压缸的最低起动压力不得大于 0.3MPa。公称压力 >16MPa 的双作用液压缸 V 形（组合）圈密封（活塞、活塞杆密封都是 V 形圈）的最低起动压力不得大于公称压力的 9%，而采用其他密封的双作用液压缸的最低起动压力不得大于公称压力的 6%。

制造 V 形圈的材料以丁腈橡胶最为常见，也有使用夹布橡胶的，其中夹布氟橡胶可用于高温或其他介质（使用时应根据工作介质核对其密封材料性能）。制造压环和支撑环（弹性密封圈）的材料一般

都使用夹布橡胶，也有使用塑料和金属的，但现在已很少有人自己制作，也无必要。

（2）V 形密封圈的使用和特点

V 形圈使用较早，但现在却使用得不多。在一些农用柱塞泵上使用是因为其润滑不好（水、农药或液体肥料等），偶尔在液压缸上使用是因为工况恶劣，希望在有泄漏时，紧一紧压盖（一般是用压盖压紧 V 形圈的）还能继续使用。V 形圈使用时能承受一定的偏心，但不要指望它用在大的偏心场合还有很长的使用寿命。一组 V 形圈的数量也不可太多，5 个 6 个封不住，再加也不可能封住。为了提高密封效果和使用寿命，可以把夹布的和没夹布的 V 形圈混装使用，一般把没夹布的放在中间。一组 V 形圈密封时润滑不好，可加装隔环改善润滑，也可专门润滑。有参考文献介绍压环和支撑环在 8MPa 以上就要使用锡青铜或铝青铜制作，作者认为使用锡青铜或铝青铜制作压环和支撑环肯定比夹布橡胶（或称夹布增强橡胶）强。压环和支撑环的几何形状对 V 形圈密封来说至关重要，金属比（夹布）橡胶或塑料变形都小，更有利于 V 形圈保证密封状态。

V 形圈密封的特点：

1）可以数个 V 形圈叠加使用，密封能力一般随叠加数量的增加而提高。

2）有一定的抗偏心能力。

3）可通过加大压紧力，提高其使用寿命。

4）耐高压且性能可靠。

5）当叠加使用时，可以切开安装。

6）可用于润滑不好或工况恶劣的场合。

7）特别适合重载工况下使用。

8）在低温下有良好的密封效果。

9）摩擦阻力大，结构尺寸大。

（3）V形密封圈的设计和选用原则

V形圈密封设计的主要任务是：确定V形圈安装结构，选择V形圈的材料、数量，以及选择或设计V形圈的压环和支撑环。

V形圈的最高工作压力可达60MPa，甚至更高。工作温度为-30~100℃或更高，运动速度≤0.5m/s。

1）安装结构的确定。V形圈的安装结构不同于其他密封圈沟槽的地方在于必须有可调整沟槽长度的结构，这种结构是向V形圈实施压紧力必需的。可调整的部分通常是压盖，压盖通常又是压在压环上的。使用调整垫片是最常用的调整压紧力的方法。

2）材料的选择。V形圈的材料有纯橡胶的、夹布橡胶的和橡塑复合的三类，纯橡胶的V形圈具有优良的密封性能，夹布橡胶V形圈的耐压、耐磨性比纯橡胶的V形圈好。有资料推荐在低温条件下，一组V形圈密封中至少包括一个纯橡胶圈，就能保证在低温条件下具有良好密封效果。夹布V形圈可以切开装配，纯橡胶的V形圈则不行。切夹布V形圈时要45°斜切，而且每个V形圈只能切一个断口，安装时要错开90°~180°。这一特点很重要，作者一次在油田处理油井密封时就用到了。目前，V形圈适用于液压油和石油基润滑油，如果要密封其他工作介质，要事先与密封件制造商认真沟通。

3）数量的选择。一组V形圈数量的多少取决于密封压力的大小，数量越多，密封压力越高。但当数量达到一定量后再增加，密封效果就没有明显变化了，而摩擦力却急剧上升。V形圈数量选择1~6个均可，但选择3~5个居多。为了提高密封的综合性能，可以将两种材料的V形圈交替安装，也可使用隔环。

4）压环和支撑环的选择与设计。市场销售的V形圈一般都是成组的，包括压环、V形圈、支撑环（或弹性密封圈），只要按照GB/T 10708.1—2000《往复运动橡胶密封圈结构尺寸系列　第1部分：单向密封橡胶密封圈》中的《活塞 L_3 密封沟槽用V形圈、压环和弹性圈尺寸和公差》表或《活塞杆 L_3 密封沟槽用V形圈、压环和支撑环尺寸和公差》表选取即可。

活塞 L_3 密封沟槽的结构型式如图2-29所示。

活塞 L_3 密封沟槽的公称尺寸见表2-89。

活塞杆 L_3 密封沟槽的公称尺寸见表2-90。

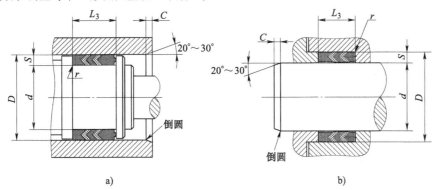

图 2-29　活塞 L_3 密封沟槽的结构型式

a）V形圈活塞密封结构　　b）V形圈活塞杆密封结构

表 2-89　活塞 L_3 密封沟槽的公称尺寸（摘自 GB/T 2879—2005）　　（单位：mm）

缸径 D	沟槽底直径 d	沟槽轴向长度 $L_3^{+0.25}$	沟槽底最大圆角半径 r	沟槽径向深度 S	S 的极限偏差	安装倒角轴向最小长度 C	V形圈数量
20	10						
25	15						
32	22						
40	30	16	0.3	5	+0.15 −0.10	2.5	1
50	40						
56	46						
63	53						

（续）

缸径 D	沟槽底 直径 d	沟槽轴 向长度 $L_3^{+0.25}$	沟槽底 最大圆角 半径 r	沟槽径 向深度 S	S 的 极限 偏差	安装倒角轴 向最小长度 C	V 形圈 数量
50	35						
56	41						
63	48						
70	55	25	0.4	7.5	+0.20 −0.10	4	
80	65						
90	75						
100	85						
110	95						
70	50						2
80	60						
90	70						
100	80						
110	90	32	0.6	10	+0.25 −0.10	5	
125	105						
140	120						
160	140						
180	160						
125	100						
140	115						
160	135						
180	155	40		12.5	+0.30 −0.15	6.5	
200	175						
220	195		0.8				
250	225						
200	170						
220	190						
250	220	50		15	+0.35 −0.20	7.5	
280	250						3
320	290						
360	330						
400	360				+0.40 −0.20		
450	410	63	1	20			
500	460						

表 2-90　活塞杆 L_3 密封沟槽的公称尺寸（摘自 GB/T 2879—2005）　　（单位：mm）

活塞杆 外径 d	沟槽底 直径 D	沟槽轴 向长度 $L_3^{+0.25}$	沟槽底 最大圆角 半径 r	沟槽径 向深度 S	S 的 极限 偏差	安装倒角轴 向最小长度 C	V 形圈 数量
6	14						
8	16						
10	18						
12	20						
14	22	14.5	0.3	4	+0.15 −0.05	2	2
16	24						
18	26						
20	28						
22	30						
25	33						

（续）

活塞杆外径 d	沟槽底直径 D	沟槽轴向长度 $L_3^{+0.25}$	沟槽底最大圆角半径 r	沟槽径向深度 S	S 的极限偏差	安装倒角轴向最小长度 C	V 形圈数量
10	20						
12	22						
14	24						
16	26						
18	28						
20	30						
22	32	16	0.3	5	+0.15 −0.10	2	2
25	35						
28	38						
32	42						
36	46						
40	50						
45	55						
50	60						
28	43						
32	47						
36	51						
40	55						
45	60						
50	65	25	0.4	7.5	+0.20 −0.15	4	
56	71						
63	78						
70	85						
80	95						3
90	105						
56	76						
63	83						
70	90						
80	100						
90	110	32	0.6	10	+0.25 −0.10	5	
100	120						
110	130						
125	145						
140	160						
100	125						
110	135						
125	150						
140	165	40		12.5	+0.30 −0.15	6.5	4
160	185						
180	205		0.8				
200	225						
160	190						
180	210						
200	230						
220	250	50		15	+0.35 −0.20	7.5	5
250	280						
280	310						
320	360	63	1	20	+0.40 −0.20	10	6
360	400						

V 形组合密封圈的使用条件见表 2-91。

表 2-91　V 形组合密封圈的使用条件

密封圈结构型式	往复运动速度 /(m/s)	间隙 f /mm	工作压力范围 /MPa
V 形组合密封圈	0.5	0.3	0~20
		0.1	0~40
	0.15	0.3	0~25
		0.1	0~60

如果采用金属压环、支撑环，那么就有可能要自己设计，为了保证 V 形圈的正确位置，金属环要认真设计、加工，但 V 形圈的形状、尺寸都会有误差，又要求金属环有一定的弹性。因此，一般选择使用锡青铜、铝青铜等软金属。

如果被密封的液压介质压力低，又要求摩擦力小时，可以把压环凹部角度设计得比密封圈角度大一些，有参考文献介绍最大可达 96°。

最后说明一点，V 形圈组合密封的使用寿命（包括密封性能）与压紧力调节密切相关。理论上讲，在最佳压紧力下，V 形圈会有较长的使用寿命，但如果第一次就把压紧力调到很大，其使用寿命一定很低。在现场调节压紧力时，一定要逐步调紧，不可急功近利，这方面作者有多次现场实践经验。

6. U 形橡胶密封圈及其沟槽

（1）U 形圈的特点及其作用

U 形橡胶密封圈（以下简称 U 形圈）是一种截面为 U 形的唇形密封件，其具有一对挠性的密封凸起部分（密封刃口或唇口，即有内唇口和外唇口一对唇口），如图 2-30 所示。根据 U 形圈的定义，U 形圈的一对密封唇应该等高（对称），U 形圈的底部应该比 Y 形圈短，但究竟短多少才能称为 U 形圈而不称为 Y 形圈没有标准，其实这种目前液压缸密封经常使用的密封圈在 2018 年 7 月 13 日前国内既无产品标准，也无密封沟槽标准，而国外密封件制造商产品样本中则常见 U 形圈。其产品样本中 U 形圈的一对密封唇既有等高（对称）的，也有不等高（不对称）的；等高（对称）唇的 U 形圈一般轴、孔（活塞和活塞杆密封）通用，不等高（不对称）唇的 U 形圈分活塞密封和活塞杆密封，与国内 Y 形圈标准类似，而国外密封件制造商产品样本中鲜见 Y 形圈。因此，有参考文献指出国外的 U 形圈与国内的 Y 是一种密封圈。

如图 2-31 所示，国外密封件制造商样本中的 U 形圈除了有一对（对称或不对称）密封唇外，在与偶合件接触面侧还可能设有另一密封唇，即所谓第二

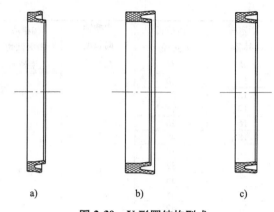

图 2-30　U 形圈结构型式
a）活塞密封用 U 形圈　b）活塞杆密封用 U 形圈
c）活塞和活塞杆密封两用 U 形圈

密封唇。根据相关术语定义，此处密封不能称为唇形密封，此密封型式不是唇形密封，因为它没有挠性部分。正确的定义应该是第二道挤压型密封，即与 O 形圈密封机理相同。因此，这种密封圈应称为双封 U 形圈。

如图 2-32 所示，因 U 形圈也有挤出问题，尤其在高温、高压（压力脉动或冲击）情况下问题还很严重，因此有一种组合 U 形圈，这种 U 形圈的底部嵌有塑料挡圈。

如图 2-33 所示，为了提高 U 形圈的初始密封力，还有一种在 U 形凹槽内嵌装或组合 O 形圈或其他形状弹性体的非典型 U 形圈。

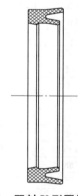

图 2-31　双封 U 形圈结构型式

在 GB/T 36520.2—2018 中规定的组合蕾形圈与图 2-32 所示组合 U 形圈结构极为类似。

U 形圈是一种单向密封圈，可用于往复运动的活塞密封或活塞杆密封；有参考文献指出 U 形圈还可用于静密封或低速旋转轴密封。U 形圈用于静密封和旋转轴密封的液压件实物作者都见到过，但作者没有

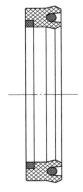

图 2-32　组合 U 形圈结构型式

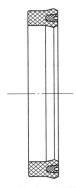

图 2-33　非典型 U 形圈结构型式

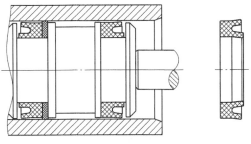

图 2-34　U 形圈活塞密封

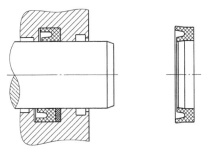

图 2-35　U 形圈活塞杆密封

在国内各标准中查找到适用于静密封和旋转轴密封的 U 形圈密封沟槽。

U 形圈用于活塞杆密封最为合适。

U 形圈的基本特点：

1）适用于单向密封，尺寸小，密封沟槽简单且较浅，一般可在整体式沟槽内安装。

2）摩擦力较小，有一定的抗挤出能力，耐磨性好，使用寿命长。

3）可以加装挡圈提高耐压能力。

4）产品品种多、规格多，密封材料可选。

5）与 C 型防尘圈（双唇橡胶密封圈）组合成的密封系统可能达到"零"泄漏。

6）双封 U 形圈润滑性好，低摩擦力，受冲击载荷或压力峰值影响小，密封性能稳定，尤其是低压密封性能好，还可防止外部空气进入。

7）有一定的随动能力，比 O 形圈抗偏心。

8）背对背安装时，有带泄压槽产品可供选择。

（2）U 形圈的密封机理

如图 2-34 和图 2-35 所示，因 U 形圈具有一对挠性的密封凸起部分（密封刃口或唇口），作用于唇口一侧的流体压力保持其另一侧与相配表面接触紧贴形成密封。

当 U 形圈装配后，其密封沟槽与相配表面将 U 形圈径向压缩，与相配表面接触并产生初始接触应力，阻断装配间隙，形成初始密封；当被密封的工作介质对其加压后，一对挠性唇口径向扩张，唇口进一步贴紧封面，随着工作介质压力升高，密封接触区及接触应力也会增大，密封能力增强。因此，U 形圈是一种具有自封作用（能力）的密封圈。

典型的 U 形圈与挤压型密封圈相比，初始密封能力弱。因此一般并不适合用作静密封。

非典型 U 形圈因 U 形凹槽内嵌有弹性体，有效克服了 U 形圈的上述缺点，使 U 形圈有了与挤压型密封几乎相当的初始密封能力，因此可以用于静密封。

非典型 U 形圈的密封机理包含挤压型和唇形密封圈的密封机理，但 U 形凹槽内嵌有弹性体后可能影响密封唇口的激发能力，即对压力冲击不敏感或自封能力减弱。其解决方案是先硫化竹节状 O 形直条，然后粘结成 O 形圈，再嵌装入 U 形圈的 U 形凹槽内，组合成一种既不影响密封唇口激发能力，又具有良好的初始密封能力的非典型 U 形圈。

另一种非典型 U 形圈因 U 形凹槽内嵌有 U 形或椭圆截面形状的金属弹簧（通常为不锈钢），其静、动密封性能俱佳，还可用于旋转密封。由于其可在较宽工作温度范围内能比较精确地控制摩擦力，因此被用于开关元件，如压力开关。这种 U 形圈因材料可

以消毒，如 PTFE+不锈钢，可用于食品、医药等行业，具体可参见表 2-149 图⑥非典型 U 形圈（嵌装金属弹簧）活塞密封。

（3）U 形圈产品及其密封沟槽

1）活塞用 U 形圈。活塞往复运动聚氨酯单体 U 形密封圈（简称单体 U 形密封圈）及其密封结构型式如图 2-36 所示。单体 U 形密封圈的尺寸和公差见表 2-92。

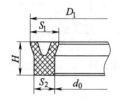 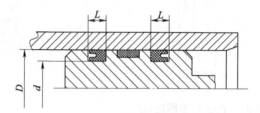

图 2-36　活塞往复运动单体 U 形密封圈及其密封结构型式

表 2-92　单体 U 形密封圈的尺寸和公差（摘自 GB/T 36520.1—2018）　（单位：mm）

密封沟槽尺寸			尺寸及公差									
D	d	L	D_1		d_0		S_1		S_2		H	
			尺寸	公差	尺寸	公差	尺寸	公差	尺寸	公差	尺寸	公差
20	10	8	21.5		9.8							
25	15	8	26.5		14.8							
36	26	8	37.5		25.8							
40	30	8	41.5	±0.20	29.8	±0.20	6.6		4.8		7.2	±0.15
50	40	8	51.5		39.8							
56	46	8	57.5		45.8							
63	53	8	64.5		52.8							
70	55	12.5	72.1		54.8							
80	65	12.5	82.1	±0.35	64.8			±0.20		±0.10		
90	75	12.5	92.1		74.8	±0.35	9.7		7.3		11.5	
100	85	12.5	102.3		84.8							
110	95	12.5	112.3		94.8							
125	105	16	127.7	±0.45	104.7							±0.20
140	120	16	142.7		119.6							
160	140	16	162.7		139.6		12.7		9.7		14.8	
180	160	16	182.7		159.6	±0.45						
200	175	20	203.5		174.5							
220	195	20	223.5	±0.60	194.5		15.9		12.2		18.5	
230	205	20	233.5		204.5							
250	225	20	253.8		224.5							
280	250	25	284.1		249.4	±0.60						
320	290	25	324.1		289.4		18.9	±0.25	14.5	±0.15	23.5	
360	330	25	364.5		329.4							
400	360	32	404.8	±0.90	359.4							±0.30
450	410	32	454.8		409.4	±0.90						
500	460	32	504.8	±1.20	459.4		24.5		19.5		30.2	
600	560	32	604.8	±1.50	559.5	±1.20						

注：1. 在 GB/T 36520.1—2018 中没有规定适用的密封沟槽标准；其所给出的密封沟槽尺寸也没有公差。作者建议密封沟槽尺寸及公差按 $DH9$、$dh9$、$L_0^{+0.2}$ 确定。

　　2. 两个单体 U 形密封圈背向安装实现活塞往复运动的双向密封，如果密封圈不带泄压槽，则可能损伤密封唇口。

2）活塞杆用 U 形圈。活塞杆往复运动聚氨酯单体 U 形密封圈（简称单体 U 形密封圈）及其密封结构型式如图 2-37 所示。

单体 U 形密封圈密封沟槽尺寸分为 I 系列和 II 系列。I 系列密封沟槽单体 U 形密封圈的尺寸和公差见表 2-93，II 系列密封沟槽单体 U 形密封圈的尺寸和公差见表 2-94。

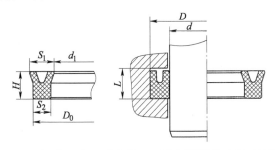

图 2-37　活塞杆往复运动单体 U 形密封圈及其密封结构型式

表 2-93　I 系列密封沟槽单体 U 形密封圈的尺寸和公差（摘自 GB/T 36520.2—2018）

（单位：mm）

密封沟槽公称尺寸			尺寸和公差									
			d_1		D_0		S_1		S_2		H	
d	D	L	尺寸	公差	尺寸	公差	尺寸	公差	尺寸	公差	尺寸	公差
20	30	8	18.60		30.20							
22	32	8	20.60		32.20							
25	35	8	23.60		35.20	±0.20						
28	38	8	26.60	±0.20	38.20		6.40	±0.15	4.80	±0.08	7.20	
36	46	8	34.60		46.20							
40	50	8	38.60		50.20							
45	55	8	43.60		55.20							
50	60	8	48.60		60.20							
56	71	12.5	53.60		71.20	±0.35						±0.15
63	78	12.5	61.60		78.20							
70	85	12.5	68.60	±0.35	85.20		9.70		7.30		11.50	
80	95	12.5	78.60		95.20							
90	105	12.5	88.60		105.30			±0.20		±0.10		
100	120	16	97.30		120.30							
110	130	16	107.30		130.30	±0.45						
125	135	16	122.30		135.20		12.70		9.70		15.00	
140	160	16	137.30	±0.45	160.30							
160	185	20	157.20		185.30							
180	205	20	177.20		205.30		15.90		12.20		19.00	
200	225	20	197.20		225.30	±0.60						
220	250	25	216.20		250.30							
250	280	25	246.20	±0.60	280.30		18.90	±0.25	14.70	±0.15	23.50	±0.20
280	310	25	276.20		310.40							
320	360	32	315.50		360.40	±0.90						
360	400	32	355.50	±0.90	400.50		24.50		19.50		30.50	

注：1. 在 GB/T 36520.2—2018 中没有规定适用的密封沟槽标准；其所给出的密封沟槽尺寸也没有公差。作者建议密封沟槽尺寸及公差按 df8、DH9、$L_0^{+0.2}$ 确定，以下同。

2. 表中涂有底色的数据有疑。

表 2-94　Ⅱ系列密封沟槽单体 U 形密封圈的尺寸和公差（摘自 GB/T 36520.2—2018）（单位：mm）

密封沟槽公称尺寸			尺寸和公差									
			d_1		D_0		S_1		S_2		H	
d	D	L	尺寸	公差	尺寸	公差	尺寸	公差	尺寸	公差	尺寸	公差
14	22	5.7	12.90	±0.20	22.20	±0.20	5.20	±0.15	3.80	±0.08	5.00	±0.15
16	24	5.7	14.90		24.20							
18	26	5.7	16.90		26.20							
20	28	5.7	18.90		28.20							
22	30	5.7	20.90		30.20							
25	33	5.7	23.90		33.20							
28	36	5.7	26.90		36.20							
30	40	7	28.60		40.20							
32	42	7	30.60		42.20							
35	45	7	33.80		45.20							
38	48	7	36.80		48.20							
40	50	7	38.80		50.20							
45	55	7	43.80		55.20							
50	60	7	48.80		60.20							
55	65	7	53.80		65.20		6.40		4.80		6.00	
56	66	7	54.80		66.20							
58	68	7	56.80		68.20							
60	70	7	58.80	±0.35	70.20	±0.35						
63	73	7	61.50		73.20							
65	75	7	63.50		75.20							
70	80	7	68.50		80.20							
75	85	7	73.50		85.20							
80	90	7	78.50		90.20							
85	95	7	83.50		95.20							
85	100	10	83.20		100.20							
90	105	10	88.20		105.30							
95	110	10	93.20		110.30							
100	115	10	98.20		115.30							
105	120	10	102.30		120.30							
110	125	10	107.30		125.30							
115	130	10	112.30		130.30							
120	135	10	117.30		135.30	±0.45	9.70		7.30		9.00	
125	140	10	122.30		140.30							
130	145	10	127.30		145.30							
135	150	10	132.30		150.30							
140	155	10	137.30	±0.45	155.30			±0.20		±0.10		
145	160	10	142.30		160.30							
150	165	10	147.30		165.30							
155	170	10	152.30		170.30							
160	175	10	157.30		175.30							
165	180	10	162.30		180.30							
175	190	10	172.30		190.30							
180	200	13	177.00		200.30							
190	210	13	187.00		210.30							
200	220	13	197.00		220.30							
210	230	13	207.00		230.30							
220	240	13	217.00		240.30	±0.60	12.70		9.70		12.00	
230	250	13	227.00		250.30							
235	255	13	232.00	±0.60	255.30							±0.20
240	260	13	237.00		260.30							
250	270	13	247.00		270.30							
260	290	13	256.20		290.40							
280	310	13	276.20		310.40	±0.90	18.90	±0.25	14.70	±0.15	14	
295	325	13	292.20		325.40							

3）单体 U 形密封圈的标识。活塞单体 U 形密封圈应以代表活塞单体 U 形密封圈的字母"U"、公称尺寸（D×d×L）及本部分的标准编号进行标识。

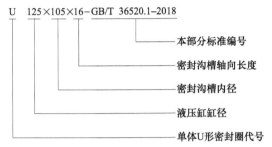

活塞杆单体 U 形密封圈应以代表活塞杆单体 U

形密封圈的字母"U"、公称尺寸（d×D×L）及本部分的标准编号进行标识。

4）单体 U 形密封圈的使用条件。活塞和活塞杆往复运动聚氨酯单体 U 形密封圈的使用条件见表2-95。

表 2-95　单体 U 形密封圈使用条件

序号	类　　别	使　用　条　件				
		往复速度/（m/s）	最大工作压力/MPa	使用温度/℃	介质	领域
1	活塞单体 U 形密封圈	0.5	35	−40~80	矿物油	工程缸
2	活塞杆单体 U 形密封圈	0.5	35	−40~80	矿物油	工程缸

7. 蕾形橡胶密封圈及其沟槽

（1）蕾形圈的特点及其作用

如图 2-38 所示，截面象花蕾形的橡胶密封圈称为蕾形橡胶密封圈（以下简称蕾形圈）。蕾形圈是单向密封圈且有标准，在 GB/T 10708.1—2000《往复运动橡胶密封圈结构尺寸系列　第 1 部分：单向密封橡胶圈》中规定了蕾形圈结构型式、尺寸和公差。

蕾形圈一般由两部分组成，其密封部由橡胶制成，支撑部由夹布橡胶制成，且夹布橡胶硬度高于密封部橡胶。

图 2-38　蕾形圈的结构型式

根据相关定义判定，蕾形圈不属于唇形密封件。因为其密封凸起部分（密封刃口或唇口）没有相连一个挠性部分。单向密封是因为其结构中组合有支撑部（环），当密封部一侧密封液压油液受压时，另一侧支撑部只能抵靠在密封沟槽槽侧面上抵抗挤压，相反受压则不行。

因其结构特点，当双作用液压缸活塞密封采用蕾

形圈时，如采用背靠背安装，其困油后泄压将很难解决。所以，蕾形圈主要用于活塞杆密封而非双作用液压缸活塞密封。

因其结构特点，蕾形圈可以用于径向静密封。

往复运动用单向密封蕾形圈的使用条件见表2-96。

表 2-96　往复运动用单向密封蕾形圈的使用条件

结构型式	运动速度/（m/s）	挤出间隙/mm	工作压力范围/MPa
蕾形圈	0.5	0.3	0~25
		0.1	0~45
	0.15	0.3	0~30
		0.1	0~50

与 Y 形圈比较，蕾形圈具有如下特点：

1）结构型式合理。

2）密封压力高，寿命长。

3）密封性能好。

4）有一定的自动补偿能力。

5）有一定的抗偏心能力。

6）与 Y（不等高唇）形圈沟槽通用。

7）可用于径向静密封。

当使用 Y（不等高唇）形圈密封的液压缸密封出现问题时，应首先考虑更换蕾形圈，但因缸体（筒）内孔拉伤则不行。因其密封材料一般为 NBR，抗撕裂、抗磨损性能低于 AU 或 EU，作者在这方面有过现场实践经验。

（2）蕾形圈的密封机理

蕾形圈密封机理更近于挤压型密封，其结构可理解为一个异形 O 形圈与一个特殊挡圈的组合，即上文所述的密封部和支撑部。蕾形圈的密封部所采用的密封材料应与 O 形圈相当，硬度应低于 90HA（或 IRHD），一般为 75HA 左右；支撑部所采用的夹布橡胶硬度一般高于 90HA，并且一般采用同一种橡胶模压制成。因有支撑部（特殊挡圈）的原因，只能单向使用，即单向密封。当蕾形圈装入密封沟槽后，其密封部径向压缩，对配合偶件面及沟槽底面形成初始密封；当密封部受油液作用即受压后，支撑部抵靠沟槽侧面，密封部进一步径向扩张变形，密封接触区增大，密封能力增强；密封压力进一步增高，支撑部和密封部将一同变形，密封接触区进一步增大，密封能力进一步增强。因有支撑部，尽管密封部回弹能力增强，但同时也限制了密封部径向扩张变形，再加之支撑部抗挤压有一定限值，因此，密封压力也有一定限制，但比 Y 形圈密封压力高，甚至可能高出一倍。由于蕾形圈能随着密封工作介质压力的增高而密封能力也一同提高，所以蕾形圈具有自封作用。

支撑部的主要作用就是加强密封部强度，尤其抗

挤出能力。但夹布橡胶的抗挤出能力不如塑料，所以必要时还可再加装塑料挡圈。

往复运动使蕾形圈产生磨损后，因为是挤压型密封，所以蕾形圈还有一定的自动补偿作用，这也是比 Y 形圈寿命长的原因之一。

（3）蕾形圈及其沟槽

活塞杆 L_2 密封沟槽的结构型式及蕾形圈如图 2-39 所示。适用于活塞杆 L_2 密封沟槽用蕾形圈的尺寸和公差见表 2-97。

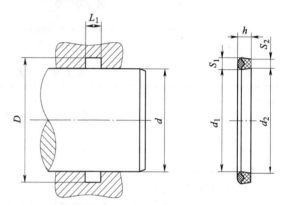

图 2-39 活塞杆 L_2 密封沟槽的结构型式及蕾形圈

表 2-97 活塞杆 L_2 密封沟槽用蕾形圈的尺寸和公差（摘自 GB/T 10708.1—2000）

（单位：mm）

活塞杆直径 d	密封沟槽底面直径 D	密封沟槽轴向长度 L_2	内径 d_1	内径 d_2	内径 极限偏差	宽度 S_1	宽度 S_2	宽度 极限偏差	高度 h	高度 极限偏差
18	26		15.3	16.5	±0.18	4.7	3.5		5.5	
20	28	6.3	19.3	20.5						
22	30		21.3	22.5	±0.22					
25	33		24.3	25.5						
18	28		17.2	18.6	±0.18					
20	30		19.2	20.6						
22	32		21.2	22.6						
25	35		24.2	25.6					7	
28	38		27.2	28.6						
32	42	8	31.2	32.6		5.8	4.4	±0.15		±0.20
36	46		35.2	36.6						
40	50		39.2	40.6						
45	55		44.2	45.6	±0.22					
50	60		49.2	50.6						
28	43		27	28.9						
32	47		31	32.9						
36	51	12.5	35	36.9		8.5	6.6		11.3	
40	55		39	40.9						
45	60		44	45.9						
50	65		49	50.9						

（续）

活塞杆直径 d	密封沟槽底面直径 D	密封沟槽轴向长度 L_2	内径			宽度			高度	
			d_1	d_2	极限偏差	S_1	S_2	极限偏差	h	极限偏差
56	71		55	56.9	±0.22					
63	78		62	63.9						
70	85	12.5	69	70.9	±0.28	8.5	6.6		11.3	
80	95		79	80.9						
90	105		89	90.9						
56	76		54.8	57.4	±0.22					
63	83		61.8	64.4						
70	90		68.8	71.4	±0.28					
80	100	16	78.8	81.4		11.2	8.6		14.5	
90	110		88.8	91.4				±0.15		±0.20
100	120		98.8	101.4						
110	130		108.8	111.4						
125	145		123.8	126.4						
140	160		138.8	141.4						
100	125		98.7	101.8	±0.35					
110	135		108.7	111.8						
125	150		123.7	126.8						
140	165	20	138.7	141.8		13.8	10.7		18	
160	185		158.7	161.8						
180	205		178.7	181.8						
200	225		198.7	201.8						
160	190		158.6	162						
180	210		178.6	182	±0.45					
200	230		198.6	202						
220	250	25	218.6	222		16.4	13		22.5	
250	280		248.6	252				±0.20		±0.25
280	310		278.6	282						
320	360	32	318.6	323	±0.60	21.8	17		28.5	
360	400		358.6	363						

注：活塞杆 L_2 密封沟槽的公称尺寸见表 2-84。

在 GB/T 36520.2—2018 中给出了活塞杆往复运动聚氨酯单体蕾形密封圈（简称单体蕾形圈）、活塞杆往复运动聚氨酯组合蕾形密封圈（简称组合蕾形圈）及其结构型式，单体蕾形圈、组合蕾形圈的尺寸和公差；其使用条件见表 2-98。

表 2-98　**活塞杆往复运动聚氨酯单体蕾形圈和组合蕾形圈的使用条件**（摘自 GB/T 36520.2—2018）

类别	使用条件				
	往复速度 /(m/s)	最大工作压力/MPa	使用温度 /℃	介质	应用领域
单体蕾形圈	0.5	45	−40~80	水加乳化液（油）	液压支架
组合蕾形圈	0.5	60	−40~80	水加乳化液（油）	液压支架

8. 鼓形和山形橡胶密封圈及其沟槽

（1）鼓形圈和山形圈的特点及其作用

鼓形橡胶密封圈（以下简称为鼓形圈）和山形橡胶密封圈（以下简称山形圈）是适用于安装在液压缸活塞上起双向密封作用的橡胶密封圈。根据 GB/T 10708.2—2000《往复运动橡胶密封圈结构尺寸系列 第2部分：双向密封橡胶密封圈》，它的结构型式有两种，如图 2-40 所示。第 1 种由一个鼓形圈与两个 L 形支承环组成（见图 2-40a）；第 2 种由一个山形圈与两个 J 形、两个矩形支承环组成（见图 2-40b）。采用 GB/T 6577—1986《液压缸活塞用带支承环密封沟槽型式、尺寸和公差》中规定的密封沟槽。

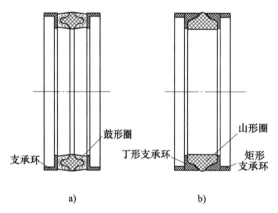

图 2-40　鼓形圈和山形圈及其支承环的结构型式

a）鼓形圈　b）山形圈

当往复运动速度不大于 0.15m/s 时，鼓形圈的工作压力范围为 0.10~70MPa，山形圈的工作压力范围为 0~35MPa；当往复运动速度不大于 0.5m/s 时，鼓形圈的工作压力范围为 0.10~40MPa，山形圈的工作压力范围为 0~20MPa。

鼓形圈和山形圈是孔用组合式双向密封圈。在一个鼓形圈与两个 L 形支承环组合的一个鼓形密封圈中，鼓形圈一般由夹布橡胶包裹橡胶模压制成，两个 L 形支承环由塑料制成；在一个山形圈与两个 J 形、两个矩形支承环组成的一组山形密封圈中，山形圈一般由橡胶制成，两个 J 形环和两个矩形支承环由塑料制成。具体来说，两个 J 形环由热塑性聚酯塑料制成，L 形和矩形支承环由夹有玻璃纤维的增强酚醛塑料制成。

这种密封结构有如下优点：

1）在低压条件下具有良好的密封性能。

2）活塞长度可以较短，一些可以在整体活塞上安装。

3）密封组件的特殊结构使得安装时密封圈不会在沟槽内发生扭曲。

4）密封圈抗挤出能力高，活塞导向好。

5）耐高温、耐磨损。

（2）鼓形密封圈和山形密封圈及其沟槽

1）密封结构型式。密封结构型式有两种。第 1 种由一个鼓形圈与两个 L 形支承环组成，第 2 种由一个山形圈与两个 J 形、两个矩形支承环组成，如图 2-41 所示。

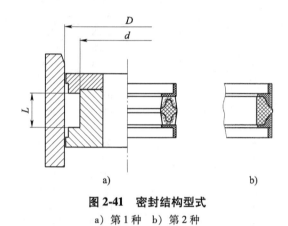

图 2-41　密封结构型式

a）第 1 种　b）第 2 种

2）橡胶密封圈和塑料支承环。鼓形圈和山形圈的形状如图 2-42 所示，其尺寸和公差见表 2-99。

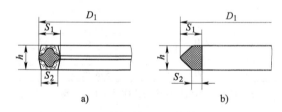

图 2-42　鼓形圈和山形圈的形状

a）鼓形圈　b）山形圈

塑料支承环的形状如图 2-43 所示，其尺寸和公差见表 2-100。

3）双向密封橡胶密封圈的使用条件。双向密封橡胶密封圈的使用条件见表 2-101。

在 GB/T 36520.1—2018 中给出了活塞往复运动聚氨酯单体鼓形密封圈（简称单体鼓形圈）、活塞往复运动聚氨酯组合鼓形密封圈（简称组合鼓形圈）、活塞往复运动聚氨酯单体山形密封圈（简称单体山形圈）及其结构型式，单体鼓形圈、组合鼓形圈和单体山形圈的尺寸和公差；使用条件见表 2-102。

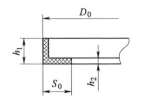 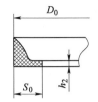 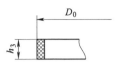

图 2-43 塑料支承环的形状

表 2-99 鼓形圈和山形圈的尺寸和公差（摘自 GB/T 10708.2—2000） （单位：mm）

D	d	L	外径		高度		宽 度					
							鼓形圈			山形圈		
			D_1	极限偏差	h	极限偏差	S_1	S_2	极限偏差	S_1	S_2	极限偏差
25	17		25.6		6.5		4.6	3.4		4.7	2.5	
32	21	10	32.6									
40	32		40.6									
25	15		25.7		8.5		5.7	4.2		5.8	3.2	
32	22		32.7	±0.22								
40	30	12.5	40.7									
50	40		50.7									
56	46		56.7									
63	53		63.7									
50	35		50.9		14.5	±0.20	8.4	6.5	±0.15	8.5	4.5	±0.15
56	41		56.9									
63	48		63.9									
70	55	20	70.9									
80	65		80.9									
90	75		90.9	±0.28								
100	85		100.9									
110	95		110.9									
80	60		81		18		11	8.7		11.2	5.5	
90	70		91									
100	80		101									
110	90	25	111									
125	105		126	±0.35								
140	120		141									
160	140		161									
180	160		181									
125	100		126.3		24		13.7	10.8		13.9	7	
140	115	32	141.3									
160	135		161.3	±0.45								
180	155		181.3									
200	170		201.5		28		16.5	12.9		16.7	8.6	
220	190		221.5									
250	220		251.5									
280	250	36	281.5			±0.25			±0.20			±0.20
320	290		321.5	±0.60								
360	330		361.5									
400	360		401.8		40		21.8	17.5		22	12	
450	410	50	451.8	±0.90								
500	460		501.8									

表 2-100　塑料支承环的尺寸和公差（摘自 GB/T 10708.2—2000）　（单位：mm）

D	d	L	外径		宽度		高度			
			D_0	极限偏差	S_0	极限偏差	h_1	h_2	h_3	极限偏差
25	17	10	25	0 -0.15	4		5.5	1.5	4	
32	21		32							
40	32		40							
25	15	12.5	25	0 -0.18	5	0 -0.10				
32	22		32							
40	30		40							
50	40		50							
56	46		56							
63	53		63							
50	35	20	50	0 -0.22	7.5		6.5		5	+0.10 0
56	41		56							
63	48		63							
70	55		70							
80	65		80							
90	75		90							
100	85		100							
110	95		110							
80	60	25	80	0 -0.26	10		8.3	2	6.3	
90	70		90							
100	80		100							
110	90		110							
125	105		125							
140	120		140							
160	140		160							
180	160		180							
125	100	32	125		12.5		13		10	
140	115		140							
160	135		160							
180	155		180							
200	170	36	200	0 -0.35	15	0 -0.12	15.5	3	12.6	+0.12 0
220	190		220							
250	220		250							
280	250		280							
320	290		320							
360	330		360							
400	360	50	400	0 -0.50	20	0 -0.15	20	4	16	+0.15 0
450	410		450							
500	460		500							

表 2-101　双向密封橡胶密封圈的使用条件

密封圈结构型式	往复运动速度 /(m/s)	工作压力范围 /MPa
鼓形橡胶密封圈	0.5	0.10~40
	0.15	0.10~70
山形橡胶密封圈	0.5	0~20
	0.15	0~35

表 2-102   活塞往复运动聚氨酯单体鼓形圈、组合鼓形圈和单体山形圈的使用条件

（摘自 GB/T 36520.1—2018）

类别	使用条件				
	往复速度/(m/s)	最大工作压力/MPa	使用温度/℃	介质	应用领域
单体鼓形圈	0.5	45	−40~80	水加乳化液（油）	液压支架
组合鼓形圈	0.5	90	−40~80	水加乳化液（油）	液压支架
单体山形圈	0.5	45	−40~80	水加乳化液（油）	液压支架

4）密封沟槽。液压缸活塞（活塞也可制成分离式）用带支承环密封沟槽的型式如图 2-44 所示，其尺寸和公差见表 2-103。

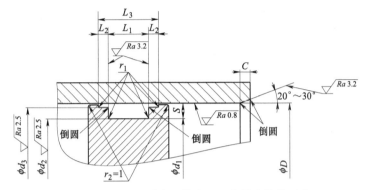

图 2-44   液压缸活塞用带支承环密封沟槽的型式

表 2-103   液压缸活塞用带支承环密封沟槽的尺寸和公差（摘自 GB/T 6577—1986）   （单位：mm）

D H9	S	d₁ h9	L₁ ⁺⁰·³⁵₊₀·₁₀	L₂ ⁺⁰·¹⁰₀	L₃	d₂ h9	d₃ h11	r₁	C≥
25	4	17	10	4	18	22	24	0.4	2
	5	15	12.5		20.5				2.5
32	4	24	10	4	18	29	31	0.4	2
	5	22	12.5		20.5				2.5
40	4	32	10	4	18	37	39	0.4	2
	5	30	12.5		20.5				2.5
50	5	40	12.5	4	20.5	47	49	0.4	2.5
	7.5	35	20	5	30	46	48.5		4
(56)	5	46	12.5	4	20.5	53	55	0.4	2.5
	7.5	41	20	5	30	52	54.5		4
63	5	53	12.5	4	20.5	60	62	0.4	2.5
	7.5	48	20	5	30	59	61.5		4
(70)	7.5	55	20	5	30	66	68.5	0.4	4
	10	50	25	6.3	37.6	65	68	0.8	5
80	7.5	65	20	5	30	76	78.5	0.4	4
	10	60	25	6.3	37.6	75	78	0.8	5
(90)	7.5	75	20	5	30	86	88.5	0.4	4
	10	70	25	6.3	37.6	85	88	0.8	5
100	7.5	85	20	5	30	96	98.5	0.4	4
	10	80	25	6.3	37.6	95	98	0.8	5
(110)	7.5	95	20	5	30	106	108.5	0.4	4
	10	90	25	6.3	37.6	105	108	0.8	5
125	10	105	25	6.3	37.6	120	123	0.8	5
	12.5	100	32	10	52	119			6.5

（续）

D H9	S	d_1 h9	$L_1{}^{+0.35}_{+0.10}$	$L_2{}^{+0.10}_{0}$	L_3	d_2 h9	d_3 h11	r_1	$C\geqslant$
(140)	10	120	25	6.3	37.6	135	138	0.8	5
	12.5	115	32	10	52	134			6.5
160	10	140	25	6.3	37.6	155	158	0.8	5
	12.5	135	32	10	52	154			6.5
(180)	10	160	25	6.3	37.6	175	178	0.8	5
	12.5	155	32	10	52	174			6.5
200	15	170	36	12.5	61	192	197	0.8	7.5
(220)	15	190	36	12.5	61	212	217	0.8	7.5
250	15	220	36	12.5	61	242	247	0.8	7.5
(280)	15	250	36	12.5	61	272	277	0.8	7.5
320	15	290	36	12.5	61	312	317	0.8	7.5
(360)	15	330	36	12.5	61	352	357	0.8	7.5
400	20	360	50	16	82	392	397	1.2	10
(450)	20	410	50	16	82	442	447	1.2	10
500	20	460	50	16	82	492	497	1.2	10

注：1. 括号内的缸孔内径为非优先选用尺寸。

　　2. 除缸内径 $D=25\sim160$，在使用小截面密封圈外，缸内径 D 的加工精度可选 H11。

作者注：1. 表中"注2"内容不可取。

　　　　2. GB/T 6577—××××《液压缸活塞用带支承环密封沟槽型式、尺寸和公差》标准正在制定中。

9. 同轴密封件及其沟槽

（1）同轴密封件的特点及其作用

在 JB/T 8241—1996《同轴密封件词汇》中定义了同轴密封件这一术语，即塑料圈与橡胶圈组合在一起并全部由塑料圈作摩擦密封面的组合密封件。

同轴密封件通常是由至少一个密封滑环（或称塑料圈、滑环）和一个弹性体组成，一般滑环的材料由聚四氟乙烯填充青铜（或二硫化钼等）或高硬度聚氨酯等制成，弹性体由橡胶材料制成。在 GB/T 15242.1—2017 中分别给出了孔用方形同轴密封件、孔用组合同轴密封件和轴用阶梯形同轴密封件。孔用方形同轴密封件是密封滑环的截面为矩形，弹性体为 O 形圈或矩形圈的活塞用密封件；孔用组合同轴密封件是由一个密封滑环、一个山形弹性体、两个挡圈组合而成的活塞用组合密封件；轴用阶梯形同轴密封件是密封滑环截面为阶梯形，弹性体为 O 形圈的活塞杆用组合密封件。

同轴密封件适用于以液压油为工作介质的液压缸活塞及活塞杆的动密封，其工作压力≤40MPa、往复运动速度≤5m/s、工作温度范围为-40~200℃。经多年的发展和技术进步，其工作压力可达 60MPa，往复运动速度可达 15m/s，但工作温度范围没有太大的变化，主要是弹性体（这里指常用的 O 形圈材料）性能没有太大变化。需要说明的是，不是一种 O 形圈材料即可适用于-40~200℃工作范围，而是选用如低温型丁腈橡胶（HNBR）工作温度范围-40~100℃、丁腈橡胶（NBR）工作温度范围-30~120℃、氟橡胶（FKM）工作温度范围-20~200℃等综合后的工作温度范围。

特殊性能的同轴密封件请参见第 2.10.5.14 节。

同轴密封件分双作用和单作用两种，一般为两种的组合，其中弹性体常见为 O 形橡胶密封圈，也有方（矩）形或山形等橡胶密封圈；滑环截面形状多种多样，以方形塑料环和阶梯塑料环为常用。同轴密封件不仅用于活塞和活塞杆密封，还可用于防尘密封。

在同轴密封件中有我国自主知识产权系列产品，称为"车氏密封"。

因同轴密封件结构上主要是滑环变化大，以下列举出若干型式的同轴密封件，以便将来可以统一名称，如图 2-45 所示。

从上面列举的同轴密封件各种结构型式可以看出有如下几个变化：

1）轴用密封也有双向密封结构型式，并发展出轻载结构型式。

2）孔用密封也有单向密封结构型式，并发展出弹性体非 O 形圈的四件组成的同轴密封，同时孔用密封也有轻型结构型式。

3）轴用、孔用都有用于旋转密封的结构型式。

根据作者多年使用同轴密封件情况，归纳总结出同轴密封件有如下特点：

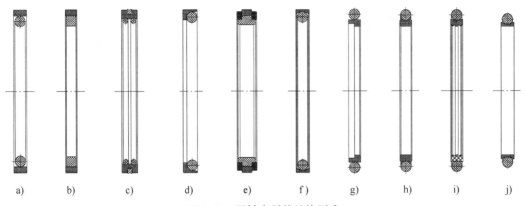

图 2-45　同轴密封件结构型式

注：图 2-45 所示的同轴密封件结构型式见表 2-104。

表 2-104　常用同轴密封件结构型式

图号	适用范围	结构型式	图号	适用范围	结构型式
a)	活塞密封	矩形环+O 形圈	g)	活塞杆密封	阶梯形环+O 形圈
b)		矩形环+方形圈	h)		矩形环+O 形圈
c)		异形环+X 形圈+双 O 形圈	i)		齿形环+O 形圈
d)		角形环+O 形圈	j)		薄环+O 形圈
e)		带挡圈的同轴密封件			
f)		薄环+O 形圈			

1）摩擦力小，低压起动容易，运行平稳，无爬行。

2）适应于高速运行。

3）O 形圈无挤出危险，寿命长。

4）如选用 O 形圈材料得当，适用工作介质广、工作温度范围大。

5）能耐高压、耐高温。

6）密封结构紧凑。

7）用聚氨酯制作滑环，低压密封性能有所提高。

8）旋转密封结构用于液压接头和旋转接头性能比较可靠。

但常见的同轴密封件却有两个缺点：

1）安装困难。

2）密封性能不佳。

特别提示：有动态特性要求的液压缸，如数字液压缸、伺服液压缸等，应首先选用同轴密封件，包括同轴组合防尘密封圈。

与唇式密封圈相比，同轴密封件的密封性能较低，即有泄漏，尤其在低温、低压时更为明显。因此，在液压缸内泄漏要求严格的地方，以及起重（或举升）机械等一般不使用同轴密封件密封或必须与唇形密封圈串联使用。

（2）同轴密封件及安装沟槽

1）孔用方形同轴密封件及安装沟槽。孔用方形同轴密封件（适用于活塞密封）及安装沟槽如图 2-46 所示。

孔用方形同轴密封件的尺寸系列和公差应符合表 2-105 的规定。

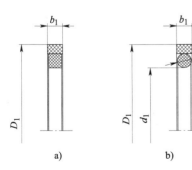
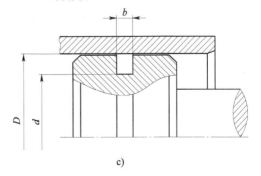

图 2-46　孔用方形同轴密封件及安装沟槽

a）弹性体截面为矩形圈　b）弹性体截面为 O 形圈　c）安装沟槽

表 2-105 孔用方形同轴密封件的尺寸系列和公差（摘自 GB/T 15242.1—2017）　（单位：mm）

规格代码	D	d	D_1		$b_0^{+0.2}$	$b_1\pm0.1$	配套弹性体规格
	H9	h9	公称尺寸	公差			$d_1\times d_2$
TF0160	16	8.5	16	+0.63	3.2	3.0	8.0×2.65
TF0160B		11.1		+0.20	2.2	2.0	10.6×1.8
TF0200	20	12.5	20	+0.77	3.2	3.0	12.5×2.65
TF0200B		15.1		+0.25	2.2	2.0	15×1.8
TF0250	25	17.5	25		2.3	3.0	17×2.65
TF0250B		20.1			2.2	2.0	20×1.8
TF0250C		14.0			4.2	4.0	14×3.55
TF0320	32	24.5	32		3.2	3.0	24.3×2.65
TF0320B		27.1			2.2	2.0	26.5×1.8
TF0320C		21.0			4.4	4.0	20.6×3.55
TF0400	40	29.0	40	+0.92	4.2	4.0	28×3.55
TF0400B		32.5		+0.30	3.2	3.0	32.5×2.65
TF0500	50	39.0	50		4.2	4.0	38.7×3.55
TF0500B		42.5			3.2	3.0	42.5×2.65
TF0500C		34.5			6.3	5.9	34.5×5.3
TF0560	56	45.0	56		4.2	4.0	45×3.55
TF0560B		48.5			3.2	3.0	47.5×2.65
TF0560C		40.5			6.3	5.9	40×5.3
TF0630	63	52.0	63		4.2	4.0	51.5×3.55
TF0630B		55.5			3.3	3.0	54.5×2.65
TF0630C		47.5			6.3	5.9	47.5×5.3
TF0700	70	59.0	70	+1.09	4.2	4.0	58×3.55
TF0700B		62.5		+0.35	3.2	3.0	61.5×2.65
TF0700C		54.5			6.3	5.9	54.5×5.3
TF0700D		55.0			7.5	7.2	△
TF0800	80	64.5	80		6.3	5.9	63×5.3
TF0800B		69.0			4.2	4.0	69×3.55
TF0800C		59.0			8.1	7.7	58×7
TF0800D		60.0			10	9.6	△
TF1000	100	84.5	100		6.3	5.9	82.5×5.3
TF1000B		89.0			4.2	4.0	87.5×3.55
TF1000C		79.0			8.1	7.7	77.5×7
TF1000D		80.0		+1.27	10	9.6	△
TF1100	110	94.5	110	+0.40	6.3	5.9	92.5×5.3
TF1100B		99.0			4.2	4.0	97.5×3.55
TF1100D		90.0			10	9.6	△
TF1250	125	109.5	125		6.3	5.9	109×5.3
TF1250B		114.0			4.2	4.0	112×3.55
TF1250C		104.0			8.1	7.7	103×7
TF1250D		105.0			10	9.6	△
TF1400	140	119.0	140		8.1	7.7	118×7
TF1400B		124.5		+1.45	6.3	5.9	122×5.3
TF1400D		120.0		+0.45	10	9.6	△
TF1600	160	139.0	160		8.1	7.7	136×7
TF1600B		144.4			6.3	5.9	142.5×5.3
TF1600D		135.0			12.5	12.1	△
TF1800	180	159.0	180		8.1	7.7	157.5×7
TF1800B		164.5			6.3	5.9	162.5×5.3
TF1800D		155.0			12.5	12.1	△

（续）

规格代码	D	d	D₁		$b_0^{+0.2}$	$b_1 \pm 0.1$	配套弹性体规格
	H9	h9	公称尺寸	公差			$d_1 \times d_2$
TF2000	200	179.0	200	+1.65 +0.50	8.1	7.7	177.5×7
TF2000B		184.5			6.3	5.9	182.5×5.3
TF2000D		175.0			12.5	12.1	△
TF2200	220	199.0	220		8.1	7.7	195×7
TF2200B		204.5			6.3	5.9	203×5.3
TF2200D		195.0			12.5	12.1	△
TF2500	250	229.0	250		8.1	7.7	227×7
TF2500B		225.6			8.1	7.7	224×7
TF2500D		220.0			15	14.5	△
TF2800	280	259.0	280	+1.85 +0.55	8.1	7.7	258×7
TF2800C		255.5			8.1	7.7	254×7
TF2800D		250.0			15	14.5	△
TF3000	300	279.0	300		8.1	7.7	276×7
TF3000C		275.5			8.1	7.7	272×7
TF3000D		270.0			15	14.5	△
TF3200	320	299.0	320		8.1	7.7	295×7
TF3200C		295.5			8.1	7.7	295×7
TF3200D		290.0			15	14.5	△
TF3600	360	335.5	360	+2.00 +0.60	8.1	7.7	335×7
TF3600B		229.0			8.1	7.7	335×7
TF3600D		220.0			15	14.5	△
TF4000	400	375.5	400		8.1	7.7	375×7
TF4000D		370.0			15	14.5	△
TF4500	450	425.5	450	+2.20 +0.65	8.1	7.7	425×7
TF4500D		420.0			15.0	14.5	△
TF5000	500	475.5	500		8.1	7.7	475×7
TF5000D		470.0			15.0	14.5	△
TF5500	550	525.5	550	+2.45 +0.70	8.1	7.7	523×7
TF5500D		515.0			17.5	17.0	△
TF6000	600	575.5	600		8.1	7.7	570×7
TF6000D		565.0			17.5	17.0	△
TF6600	660	635.5	660	+2.75 +0.75	8.1	7.7	630×7
TF6600D		625.0			17.5	17.0	△
TF7000	700	672.0	700		9.5	9.0	670×8.4
TF7000D		665.0			17.5	17.0	△
TF8000	800	772.0	800		9.5	9.0	770×8.4
TF8000D		760.0			17.5	19.5	△

注："△"表示弹性体截面为矩形圈，矩形圈规格尺寸由用户与生产厂家协商而定。除"△"外，给出尺寸的均为 O 形
圈规格。

2）孔用组合同轴密封件及安装沟槽。孔用组合同轴密封件（适用于活塞密封）及安装沟槽如图 2-47 所示。

孔用组合同轴密封件的尺寸系列和公差应符合表 2-106 的规定。

3）轴用梯形同轴密封件尺寸系列和公差。

轴用阶梯形同轴密封件（适用于活塞杆密封）及安装沟槽如图 2-48 所示。

轴用阶梯形同轴密封件的尺寸系列和公差应符合表 2-107 的规定。

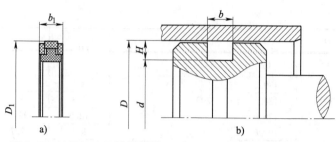

图 2-47 孔用组合同轴密封件（适用于活塞密封）及安装沟槽

a）孔用组合同轴密封件　b）安装沟槽

表 2-106 孔用组合同轴密封件的尺寸系列和公差（摘自 GB/T 15242.1—2017）（单位：mm）

规格代码	D	d	D₁		H	$b^{+0.2}_0$	$b_1 \pm 0.2$
	H9	h9	公称尺寸	公差			
TZ0500	50	36	50		7	9	8.5
TZ0600	60	46	60	+1.09 +0.35			
TZ0630	63	48	63	+1.09 +0.35	7.5	11	10.5
TZ0650	65	50	65	+1.09 +0.35	7.5	11	10.5
TZ0700	70	55	70	+1.09 +0.35	7.5	11	10.5
TZ0750	75	60	75	+1.09 +0.35	7.5	11	10.5
TZ0800	80	65	80	+1.09 +0.35	7.5	11	10.5
TZ0850	85	70	85	+1.27 +0.40	7.5	11	10.5
TZ0900	90	75	90	+1.27 +0.40	7.5	11	10.5
TZ0950	95	80	95	+1.27 +0.40	7.5	12.5	12
TZ1000	100	85	100	+1.27 +0.40	7.5	12.5	12
TZ1050	105	90	105	+1.27 +0.40	7.5	12.5	12
TZ1100	110	95	110	+1.27 +0.40	7.5	12.5	12
TZ1150	115	100	115	+1.27 +0.40	7.5	12.5	12
TZ1200	120	105	120	+1.45 +0.45	11.5	16	15.5
TZ1250	125	102	125	+1.45 +0.45	11.5	16	15.5
TZ1300	130	107	130	+1.45 +0.45	11.5	16	15.5
TZ1350	135	112	135	+1.45 +0.45	11.5	16	15.5
TZ1400	140	117	140	+1.45 +0.45	11.5	16	15.5
TZ1450	145	122	145	+1.45 +0.45	11.5	16	15.5
TZ1500	150	127	150	+1.45 +0.45	11.5	16	15.5
TZ1600	160	137	160	+1.45 +0.45	11.5	16	15.5
TZ1700	170	147	170	+1.45 +0.45	11.5	16	15.5
TZ1800	180	157	180	+1.45 +0.45	11.5	16	15.5
TZ1900	190	167	190	+1.65 +0.50	11.5	16	15.5
TZ2000	200	177	200	+1.65 +0.50	11.5	16	15.5
TZ2100	210	187	210	+1.65 +0.50	11.5	16	15.5
TZ2200	220	197	220	+1.65 +0.50	11.5	16	15.5
TZ2300	230	207	230	+1.65 +0.50	11.5	16	15.5
TZ2400	240	217	240	+1.65 +0.50	11.5	16	15.5
TZ2500	250	222	250	+1.65 +0.50	11.5	16	15.5
TZ2600	260	232	260	+1.85 +0.55	14	17.5	17
TZ2700	270	242	270	+1.85 +0.55	14	17.5	17
TZ2800	280	252	280	+1.85 +0.55	14	17.5	17
TZ3000	300	272	300	+1.85 +0.55	14	17.5	17
TZ3200	320	292	320	+1.85 +0.55	14	17.5	17

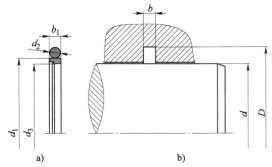

图 2-48　轴用阶梯形同轴密封件及安装沟槽

a) 轴用阶梯形同轴密封件　b) 安装沟槽

表 2-107　轴用阶梯形同轴密封件的尺寸系列和公差（摘自 GB/T 15242.1—2017）

（单位：mm）

规格代码	d	D	d_3		$b_0^{+0.2}$	$b_1 \pm 0.1$	配套弹性体
	h9	H9	公称尺寸	公差			规格 $d_1 \times d_2$
TJ0060	6	10.9	6	-0.15	2.2	2.0	7.5×1.8
				-0.45			
TJ0080	8	15.3	8		3.2	3.0	10.6×2.65
TJ0080B		12.9		-0.15	2.2	2.0	9.5×1.8
TJ0100	10	17.3	10	-0.51	3.2	3.0	12.8×2.65
TJ0100B		14.9			2.2	2.0	11.6×1.8
TJ0120	12	19.3	12		3.2	3.0	14.5×2.65
TJ0120B		16.9			2.2	2.0	14.0×1.8
TJ0140	14	21.3	14		3.2	3.0	17.0×2.65
TJ0140B		18.9		-0.20	2.2	2.0	16.0×1.8
TJ0160	16	23.3	16	-0.63	3.2	3.0	19.0×2.65
TJ0160B		20.9			2.2	2.0	18.0×1.8
TJ0180	18	25.3	18		3.2	3.0	20.6×2.65
TJ0180B		22.9			2.2	2.0	20.0×1.8
TJ0200	20	30.7	20		4.2	4.0	25.0×3.55
TJ0200B		27.3			3.2	3.0	23.0×2.65
TJ0220	22	32.7	22		4.2	4.0	26.5×3.55
TJ0220B		29.3			3.2	3.0	25.0×2.65
TJ0250	25	35.7	25	-0.25	4.2	4.0	30.0×3.55
TJ0250B		32.3		-0.77	3.2	3.0	28.0×2.65
TJ0280	28	38.7	28		4.2	4.0	32.5×3.55
TJ0280B		35.3			3.2	3.0	30.0×2.65
TJ0300	(30)	40.7	30		4.2	4.0	34.5×3.55
TJ0300B		37.3			3.2	3.0	32.5×2.65
TJ0320	32	42.7	32		4.2	4.0	36.5×3.55
TJ0320B		39.3			3.2	3.0	34.5×2.65
TJ0360	36	46.7	36		4.2	4.0	41.2×3.55
TJ0360B		43.3			3.2	3.0	38.7×2.65
TJ0400	40	55.1	40	-0.30	6.3	5.9	46.2×5.3
TJ0400B		50.7		-0.92	4.2	4.0	45.0×3.55
TJ0450	45	60.1	45		6.3	5.9	51.5×5.3
TJ0450B		55.7			4.2	4.0	50×3.55
TJ0500	50	65.1	50		6.3	5.9	56.0×5.3
TJ0500B		60.7			4.2	4.0	54.5×3.55

（续）

规格代码	d	D	d_3		$b_0^{+0.2}$	$b_1 \pm 0.1$	配套弹性体规格 $d_1 \times d_2$
	h9	H9	公称尺寸	公差			
TJ0560	56	71.1	56		6.3	5.9	61.5×5.3
TJ0560B		66.7			4.2	4.0	60.0×3.55
TJ0600	(60)	75.1	60		6.3	5.9	65.0×5.3
TJ0600B		70.7			4.2	4.0	65.0×3.55
TJ0630	63	78.1	63	−0.35	6.3	5.9	69.0×5.3
TJ0630B		73.7		−1.09	4.2	4.0	67.0×3.55
TJ0700	70	85.1	70		6.3	5.9	75.0×5.3
TJ0700B		80.7			4.2	4.0	75.0×3.55
TJ0800	80	95.1	80		6.3	5.9	85.0×5.3
TJ0800B		90.7			4.2	4.0	85.0×3.55
TJ0900	90	105.1	90		6.3	5.9	95.0×5.3
TJ0900B		100.7			4.2	4.0	92.5×3.55
TJ0900C		110.5			8.1	7.7	97.5×7
TJ1000	100	115.1	100		6.3	5.9	106.0×5.3
TJ1000B		110.7			4.2	4.0	103.0×3.55
TJ1000C		120.5		−0.40	8.1	7.7	109.0×7
TJ1100	110	125.1	110	−1.27	6.3	5.9	115.0×5.3
TJ1100B		120.7			4.2	4.0	112.0×3.55
TJ1100C		130.5			8.1	7.7	118.0×7
TJ1200	(120)	135.1	120		6.3	5.9	125.0×5.3
TJ1200B		130.7			4.2	4.0	122.0×3.55
TJ1200C		140.5			8.1	7.7	128.0×7
TJ1250	125	140.1	125		6.3	5.9	132.0×5.3
TJ1250B		135.7			4.2	3.9	128.0×3.55
TJ1250C		145.5			8.1	7.7	132.0×7
TJ1300	(130)	145.1	130		6.3	5.9	136.0×5.3
TJ1300B		140.7			4.2	3.9	132.0×3.55
TJ1300C		150.5			8.1	7.7	136.0×7
TJ1400	140	155.1	140	−0.45	6.3	5.9	145.0×5.3
TJ1400B		150.7		−1.45	4.2	3.9	142.5×3.55
TJ1400C		160.5			8.1	7.7	147.5×7
TJ1500	(150)	165.1	150		6.3	5.9	155.0×5.3
TJ1500C		170.5			8.1	7.7	157.5×7
TJ1600	160	175.1	160		6.3	5.9	165.0×5.3
TJ1600C		180.5			8.1	7.7	167.5×7
TJ1700	(170)	185.1	170		6.3	5.9	175.0×5.3
TJ1700C		190.5			8.1	7.7	177.5×7
TJ1800	180	195.1	180		6.3	5.9	185.0×5.3
TJ1800C		200.5			8.1	7.7	187.5×7
TJ1900	(190)	205.1	190		6.3	5.9	195.0×5.3
TJ1900C		210.5					195.0×7
TJ2000	200	220.5	200				206.0×7
TJ2000C		224.0		−0.50			212.0×7
TJ2100	(210)	230.5	210	−1.65	8.1	7.7	218.0×7
TJ2200	220	240.5	220				227.0×7
TJ2400	240	260.5	240				250.0×7
TJ2500	250	270.5	250				258.0×7

（续）

规格代码	d	D	d_3		$b^{+0.2}_{0}$	$b_1 \pm 0.1$	配套弹性体规格 $d_1 \times d_2$
	h9	H9	公称尺寸	公差			
TJ2800	280	304.0	280	-0.55 -1.85	8.1	7.7	290.0×7
TJ2900	290	314.0	290				300.0×7
TJ3000	300	324.0	300				311.0×7
TJ3200	320	344.0	320	-0.60 -2.00			330.0×7
TJ3600	360	384.0	360				370.0×7
TJ4000	400	424.0	400				412.0×7
TJ4200	420	444.0	420				429.0×7
TJ4500	450	474.0	450	-0.65 -2.20			462.0×7
TJ4900	490	514.0	490				500.0×7
TJ5000	500	524.0	500				508.0×7
TJ5600	560	584.0	560	-0.70 -2.45			570.0×7
TJ6000	600	624.0	600				608.0×7
TJ7000	700	727.3	700	-0.75 -2.75	9.5	8.7	710.0×8.4
TJ8000	800	827.3	800				810.0×8.4

注：1. 带"（ ）"的杆径为非优先选用。

2. 在 GB/T 15242.1—2019 规定的轴用阶梯形同轴密封件安装沟槽中给出的活塞杆直径及公差为 dh9，其与在 GB/T 15242.2—2017 规定的活塞杆用支承环安装沟槽中给出的活塞杆直径及公差为 df8 不一致。作者建议活塞杆直径及公差还是统一为 df8 比较合适。

3. 阶梯形同轴密封件是单向密封件，安装时注意方向。

4）同轴密封件安装沟槽。GB/T 15242.3—1994《液压缸活塞和活塞杆动密封装置用同轴密封件安装沟槽尺寸系列和公差》为现行标准，但经过查对，GB/T 15242.3—1994 中给出的沟槽已经不能全部适于安装 GB/T 15242.1—2017 中给出的同轴密封件。为了应用 GB/T 15242.1—2017 中给出的同轴密封件，现在只得按 GB/T 15242.1—2017 并参考 GB/T 15242.3—1994（GB/T 15242.3—××××《液压缸活塞和活塞杆动密封装置尺寸系列　第 3 部分：同轴密封件沟槽尺寸系列和公差》正在制定中）自行设计一些沟槽。

液压缸活塞动密封装置用同轴密封件安装沟槽型式如图 2-49 所示。

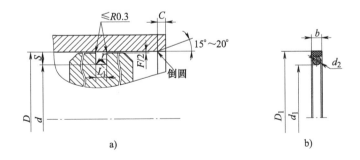

图 2-49　液压缸活塞动密封装置用同轴密封件安装沟槽型式

a）安装沟槽　b）同轴密封件

S—密封沟槽径向深度 $\left(S = \dfrac{D-d}{2} \right)$　C—导入角部位的轴向长度

F—装配间隙　R—圆角半径

液压缸活塞动密封装置用同轴密封件安装沟槽的　尺寸系列和公差应符合表 2-108 规定。

表 2-108　液压缸活塞动密封装置用同轴密封件安装沟槽的尺寸系列和公差（单位：mm）

D H9	S	d h9	$L_1\,^{+0.20}_{\ \ 0}$	r	备注
16	2.5	11	2.2		不适用
	3.75	8.5	3.2		适用
20	2.5	15	2.2		不适用
	3.75	12.5	3.2		适用
25	3.75	17.5	3.2		适用
	5.5	14	4.2		适用
	5	15	5		不适用
32	3.75	24.5	3.2		适用
	5.5	21	4.2		适用
	5	22	5		不适用
40	3.75	32.5	3.2		适用
	5.5	29	4.2	≤0.5	适用
	5	30	5		不适用
50	3.75	39	4.2		适用
	5.5	34.5	6.3		适用
	5	35	7.5		不适用
56①	5.5	45	4.2		适用
	7.75	40.5	6.3		适用
	7.5	41	7.5		不适用
63	5.5	52	4.2		适用
	7.75	47.5	6.3		适用
	7.5	48	7.5		不适用
70①	5.5	59	4.2		适用
	7.75	54.5	6.3		适用
	7.5	55	7.5		适用
80	5.5	69	4.2		适用
	7.75	64.5	6.3		适用
	10	60	10		适用
(90)	5.5	79	4.2		—
	7.75	74.5	6.3		—
	10	70	10		—
100	5.5	89	4.2		适用
	7.75	84.5	6.3		适用
	10	80	10		适用
(110)	5.5	99	4.2		适用
	7.75	94.5	6.3	≤0.9	适用
	10	90	10		适用
125	7.75	109.5	6.3		适用
	10.5	104	8.1		适用
	10	105	10		适用
(140)	7.75	124.5	6.3		适用
	10.5	119	8.1		适用
	10	120	10		适用
160	7.75	144.5	6.3		适用
	10.5	139	8.1		适用
	12.5	135	12.5		适用

（续）

D H9	S	d h9	$L_1{}^{+0.20}_{\ 0}$	r	备注
（180）	7.75	164.5	6.3		适用
	10.5	159	8.1		适用
	12.5	155	12.5		适用
200	7.75	184.5	6.3		适用
	10.5	179	8.1		适用
	12.5	175	12.5		适用
（220）	7.75	204.5	6.3		适用
	10.5	199	8.1		适用
	12.5	195	12.5		适用
250	10.5	229	8.1		适用
	12.25	225.5	8.1		适用
	15	220	15		适用
（280）	10.5	259	8.1		适用
	12.25	255.5	8.1		适用
	15	250	15		适用
320	10.5	299	8.1	≤0.9	适用
	12.25	295.5	8.1		适用
	15	290	15		适用
360	10.5	339	8.1		适用
	12.25	335.5	8.1		适用
	15	330	15		适用
400	12.25	375.5	8.1		适用
	15	370	12.5		适用
	20	360	20		不适用
（450）	12.25	425.5	8.1		适用
	15	420	12.5		适用
	20	410	20		不适用
500	12.25	475.5	8.1		适用
	15	470	12.5		适用
	20	460	20		不适用

注：带圆括号的缸径为非优先选用。

① 仅限于老产品或维修配件使用。

液压缸活塞杆动密封装置用同轴密封件安装沟槽型式如图 2-50 所示。

液压缸活塞杆动密封装置用同轴密封件安装沟槽尺寸系列和公差应符合表 2-109 规定。

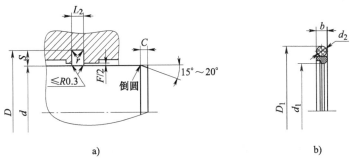

a)　　　　　　　　　　　　b)

图 2-50　液压缸活塞杆动密封装置用同轴密封件安装沟槽型式

a）安装沟槽　b）同轴密封件

表2-109 液压缸活塞杆动密封装置用同轴密封件安装沟槽尺寸系列和公差（单位：mm）

d f8	D 公称尺寸	D 公差	S	$L_2{}^{+0.25}_{0}$	r	备注
6	11		2.5	2.2		不适用
8	13					不适用
10	15					不适用
12	17					不适用
	19.5		3.75	3.2		不适用
14	19		2.5	2.2		不适用
	21.5					不适用
16	23.5		3.75	3.2		不适用
18	25.5					不适用
20	27.5					不适用
	31		5.5	4.2		不适用
22	29.5		3.75	3.2		不适用
	33		5.5	4.2		不适用
25	32.5		3.75	3.2	≤0.5	不适用
	36					不适用
28	39	H9				不适用
32	43					不适用
36	47		5.5	4.2		不适用
40	51					不适用
45	56					不适用
50	61					不适用
56	67		5.5	4.2		不适用
	71.5		7.75	6.3		不适用
60①	71		5.5	4.2		不适用
	75.5		7.75	6.3		不适用
63	74		5.5	4.2		不适用
	78.5					不适用
70	85.5					不适用
80	95.5					不适用
90	105.5					不适用
100	115.5		7.75	6.3		不适用
110	125.5					不适用
125	140.5					不适用
140	155.5					不适用
160	175.5					不适用
	181		10.5	8.1	≤0.9	不适用
180	195.5	H8	7.75	6.3		不适用
	201					不适用
200	221		10.5			不适用
220	241			8.1		不适用
250	271					不适用
280	304.5					不适用
320	344.5		12.25			不适用
360	384.5					不适用

① 仅限于老产品或维修配件使用。

导入角按20°~30°选取，导入角部位的轴向长度 C 不得小于表2-110的规定。

装配间隙 F 按密封介质的压力高低不同分为 F_1、F_2 和 F_3 三档，活塞用时的装配间隙应符合表2-111的规定，活塞杆用时的装配间隙应符合表2-112的规定。

表 2-110　导入角部位的最小轴向长度　（单位：mm）

S	2.5	3.75	5	7.5	10	12.25	15	20
			5.5	7.75	10.5	12.5		
C	1.5	2	2.5	4	5	6.5	7.5	10

注：S 为密封沟槽径向深度。

表 2-111　活塞用时的装配间隙（双边间隙）　（单位：mm）

D H9	F_1（0~10MPa）	F_2（10~20MPa）	F_3（20~40MPa）
16	1.6~0.8	0.8~0.3	
20			
25			
32	1.7~0.9	0.9~0.4	0.4~0.1
40			
50			
56①			
63			
70①	2.0~1.0	1.0~0.4	0.4~0.2
80			
(90)			
100			
(110)			
125			
(140)	2.2~1.1	1.1~0.5	0.5~0.2
160			
(180)			
200			
(220)			
250			
(280)			
320			
(360)			0.5~0.3
400			
(450)			
500			

注：带 "（ ）" 的缸径为非优先选用。

① 仅限于老产品或维修配件使用。

表 2-112　活塞杆用时的装配间隙（双边间隙）　（单位：mm）

d f8	F_1（0~10MPa）	F_2（10~20MPa）	F_3（20~40MPa）
6	0.6~0.3		0.3~0.1
8			
10			
12			
14			
16			
18			
20			0.3~0.2
22			
25			
28			
32			
36			

（续）

d f8	F_1（0~10MPa）	F_2（10~20MPa）	F_3（20~40MPa）
40			
45			
50			
56			
60[①]			
63			
70			
80	0.8~0.4		0.4~0.2
90			
100			
110			
125			
140			
160			
180			
200			
220			
250			
280	1.0~0.6		0.6~0.4
320			
360			

① 仅限于老产品或维修配件使用。

安装（密封）沟槽各处倒角应根据组合件中 O 形圈截面直径，按 GB/T 3452.3—2005《液压气动用 O 形橡胶密封圈 沟槽尺寸》中规定选取。但要强调的是：密封沟槽棱圆角半径 R 必须 ≤ 0.3mm，并且是圆角而非倒角。

10. 几种非典型密封件及其沟槽

（1）带挡圈的活塞杆组合密封圈

带挡圈的活塞杆组合密封圈（以下简称活塞杆组合圈）是由两种材料分别制成的密封圈和挡圈组合而成的密封件。

如图 2-51 所示，活塞杆组合圈是一种唇形密封件，密封圈由聚氨酯橡胶制成（93HA），其截面形状近似三叉戟；挡圈是由塑料制成，硬度高于密封圈。

其主要优点在于：

1）耐磨性特好。

2）耐冲击。

3）抗挤出。

4）受介质压力轴向压缩变形小。

5）能适应最恶劣（苛刻）工况。

6）可以在整体式（闭式）密封沟槽内安装。

7）结构紧凑，适用于国际标准沟槽安装。

活塞杆组合圈适用于矿物液压油，其工作温度范

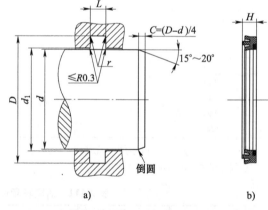

图 2-51 带挡圈的活塞杆组合密封圈及其沟槽

a）沟槽 b）密封圈

围为-35~110℃，最高工作压力可达 50MPa（压力峰值可达 100MPa），最高速度为 0.5m/s。

这种具有特殊结构的活塞杆组合密封圈主要用于行走机械液压缸的密封。其应用在建筑机械液压缸密封系统中，主要用作主密封前的缓冲密封，使液压缸内最高工作压力不能直接作用于主密封。

活塞杆组合圈密封沟槽的公称尺寸（含活塞杆组合圈长度）见表 2-113。

表 2-113　活塞杆组合圈密封沟槽的公称尺寸　　　（单位：mm）

ϕd f8	ϕD H11	H	$L^{+0.20}$	ϕd_1 $^{+0.10}$	r $\leqslant$	ϕd f8	ϕD H11	H	$L^{+0.20}$	ϕd_1 $^{+0.10}$	r $\leqslant$
55	70	8.5	9.5	55.5		90	105.5	6.1	6.3	90.5	
56	71	8.5	9.5	56.5		95	110.5	6.1	6.3	95.5	
60	75	6.1	6.3	60.5	0.5	100	115.5	6.1	6.3	100.4	
60	75	8.5	9.5	60.5		100	120	11.4	12.5	100.6	
63	78.1	6.1	6.3	63.4		110	125.5	6.1	6.3	110.4	
65	80.5	6.1	6.3	65.4		110	130	11.4	12.5	110.6	
70	85	8.5	9.5	70.5		120	140	11.4	12.5	120.6	
70	85.1	6.1	6.3	70.5		130	150	14.5	16	130.6	0.9
70	85.5	6.1	6.3	70.5		140	160	14.5	16	140.6	
75	90	8.5	9.5	75.5		150	170	14.5	16	150.6	
75	90.5	6.1	6.3	75.5	0.9	160	180	14.5	16	160.6	
80	95	8.5	9.5	80.5		180	205	14.5	16	180.8	
80	95.1	6.1	6.3	80.5		200	225	14.5	16	200.8	
80	95.5	6.1	6.3	80.4		220	250	18.2	20	220.8	
85	100.5	6.1	6.3	85.4		250	280	18.2	20	250.8	
90	105	8.5	9.5	90.5							

（2）带支撑环的活塞单向密封圈及其沟槽

带支撑环的活塞单向密封圈（以下简称活塞组合圈）是由不同硬度的一种材料分别制成的密封圈和支撑环组合而成的密封件。

如图 2-52 所示，活塞组合圈是一种唇形密封件，密封圈由夹布橡胶制成，硬度稍低，其截面形状近似三叉戟；支撑环也是由夹布橡胶制成，硬度高于密封圈。

活塞组合密封圈背靠背安装可用于双作用液压缸的活塞密封，因其密封材料和结构型式能够满足恶劣工况要求，如有压力冲击、振动和偏心等场合，最高工作压力可达 60MPa。

其突出的性能特点在于支撑环既可以防挤出，又可以在高压时一同产生密封作用，即可以形成第二道密封，因此适用于重载工况。

活塞组合圈的技术参数见表 2-114。

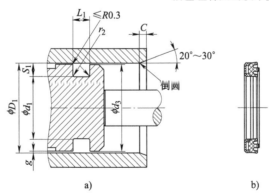

图 2-52　带支撑环的活塞单向密封圈及安装沟槽
a）安装沟槽　b）密封圈

表 2-114　活塞组合圈的技术参数

技术条件	最高压力	最大速度	温度范围	行程
	60MPa	0.8m/s	−30～100℃	—
对应公称压力下的最大挤出间隙 g/mm	16MPa，0.35	25MPa，0.3	40MPa，0.2	60MPa，0.1
沟槽深度 S/mm	≤5.0	≤7.5	≤10.0	≤12.5	≤15.0

（续）

技术条件		最高压力	最大速度	温度范围	行程
		60MPa	0.8m/s	−30~100℃	—
最小倒角长度 C/mm	2.5	4.0	5.0	6.5	7.5
沟槽底圆角半径 r_2/mm	≤0.8	≤0.8	≤0.8	≤1.2	≤1.6
沟槽棱圆角半径 R/mm	≤0.3	≤0.3	≤0.3	≤0.3	≤0.3
表面粗糙度值 Ra/μm		缸内径	沟槽槽底直径	沟槽侧面	倒角表面
		0.1~0.4	1.6	3.2	3.2
公差/mm		ϕD_1H9	ϕd_1h11	$\phi d_{3-0.30}$	$L_1^{+0.3}$

活塞组合圈沟槽的公称尺寸见表 2-115。

表 2-115　活塞组合圈沟槽的公称尺寸　　　　　　（单位：mm）

ϕD_1	ϕd_1	ϕd_3	L_1	ϕD_1	ϕd_1	ϕd_3	L_1
25	15	24	6.3	100	80	98.5	12.5
32	22	31	6.3	110	90	108.5	13
40	30	39	6.3	125	100	123.5	16
45	30	44	10	140	115	138.5	16.2
50	35	49	9.5	160	135	158	16
63	48	62	9.5	180	150	178	19.8
70	59	68.5	13	200	170	198	20
80	60	78.5	12.5	250	220	248	20
90	70	88.5	13				

（3）带挡圈的同轴密封件

在参考文献［102］中给出的"带挡圈的同轴密封件"与在 GB/T 15242.1—2017 中给出的孔用组合同轴密封件具有相同的结构型式。但是，GB/T 15242.1—2017 中除了给出适用于水基或油基为传动介质的液压缸活塞动密封装置用往复运动同轴密封件外，再无其他可供选择、参考的技术条件，还不如 GB/T 15242.1—1994（已被代替）中给出的适用于以液压油为工作介质、压力≤40MPa、速度≤5m/s、温度范围为−40~200℃的往复运动液压缸活塞的密封具有价值。因此，以下内容仍具有一定参考价值。

带挡圈的同轴密封件不同于在 GB/T 15242.1—1994《液压缸活塞和活塞杆动密封装置用同轴密封件尺寸系列和公差》标准中给出的两种同轴密封件的结构型式，其弹性体截面形状不是 O 形，而是一种特殊形状（如山形）的弹性体赋能元件；其滑环既有用 PTFE+青铜或 PTFE+玻璃纤维制成的，也有用耐水解热塑性聚酯 TPE 制成的，而且滑环两侧还各加装了一个 POM 或 PA 制挡圈，如图 2-53 所示。

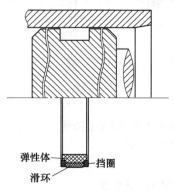
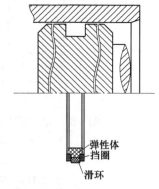

弹性体
挡圈
滑环

弹性体
挡圈
滑环

图 2-53　带挡圈的同轴密封件及安装沟槽

特殊形状的弹性体比 O 形圈具有对滑环更大的挤压（赋能）能力；滑环两侧加装的 POM 挡圈既可增强滑环抗挤出能力，也可减小压力冲击，因其具有一定刮污和纳污能力，还对滑环和弹性体起到一定的保护作用。

这种结构型式的同轴密封件主要用于中、重载荷

工况下使用的液压缸活塞密封，组合Ⅲ带挡圈的同轴密封件适合在水基乳化液工作介质中使用，如煤矿液压支架用液压缸。

带挡圈的同轴密封件在工程机械上的应用，具体请参见表 2-149 图②带挡圈的同轴密封件活塞密封系统，但各密封件制造商提供的技术参数可能有所不同。

带挡圈的同轴密封件的技术参数见表 2-116。

表 2-116　带挡圈的同轴密封件的技术参数

带挡圈的同轴密封件	滑环	弹性体	挡圈	最高工作压力/MPa	工作温度范围/℃	最高速度/(m/s)
组合Ⅰ	填充 40%青铜 PTFE	NBR	PA6/二硫化钼	50	−30~120	1.5
组合Ⅱ	填充 15%玻璃纤维、5%二硫化钼 PTFE	NBR	PA6/二硫化钼	50	−30~120	1.5
组合Ⅲ	TPE	NBR	POM	70	−30~120	0.3

需要说明的是，带挡圈的同轴密封件安装时，一般需要使用安装工具。

（4）TPU 同轴密封件

一种密封滑环材料为 TPU（聚氨酯）的同轴密封件越来越受到人们的青睐，其已在工程机械用液压缸、液压机用液压缸、升降机用液压缸、农机用液压缸、机床用液压缸、模具用液压缸、增压缸等领域成功地应用。根据国内某厂家的总结，其与密封滑环材料为填充聚四氟乙烯（PTFE）的同轴密封件相比，具有如下特点：

1）具有更好的贴合性，其动、静密封性能更高。

2）安装更便捷。

3）抗挤出性能更好。

4）与缸筒内壁或活塞杆外表面接触的 TPU 密封滑环的密封面对轻微的划伤不敏感。

5）对缸筒内壁或活塞杆外表面的加工精度要求可以降低。

6）TPU 密封滑环的材料性能一致性更好。

7）TPU 密封滑环上具有防 O 形圈挤出设计，可更好地保护弹性体。

8）TPU 密封滑环上具有导油槽结构，可有效避免贯穿泄漏。

9）TPU 与 PTFE 材料相比，耐磨性相当。

10）TPU 材料的同轴密封件具有更好的经济性。

TPU 同轴密封件与 Y 形圈或 U 形圈相比，具有如下特点：

1）具有更低的摩擦力。

2）可有效地避免或减少液压缸爬行和/或异响的发生。

3）保压性能相当，但动密封性能更好。

4）依靠弹性体施力，在低压或低、高速时密封性更好。

5）超高硬度的 TPU 材料，更耐压和耐挤出。

6）不会发生背压损伤密封唇口的情况，也不会发生因困气导致烧伤密封唇口的情况。

7）聚碳酸酯体系的 TPU 材料，比现在绝大多数国外 Y 形圈或 U 形圈材料更耐高温和耐工作介质。

8）TPU+NBR 材料组合比单一 TPU 材料的密封圈可具有更低的压缩永久变形。

9）密封沟槽与其他国内外密封件制造商的密封沟槽通用，密封件选择方便。

10）密封沟槽小，更节省空间。

11）安装更便捷。

12）与进口密封圈相比具有更好的经济性。

孔用 TPU 同轴密封件及安装沟槽如图 2-54 所示，安装沟槽的尺寸和公差见表 2-117。

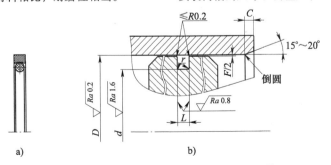

图 2-54　孔用 TPU 同轴密封件及安装沟槽

a）密封件　b）安装沟槽

表 2-117　孔用 TPU 同轴密封件安装沟槽尺寸和公差　　　（单位：mm）

D H9	d h9	$L_0^{+0.20}$	D H9	d h9	$L_0^{+0.20}$	D H9	d h9	$L_0^{+0.20}$
15	7.5	3.2	60	44.5	6.3	130	109	8.1
16	8.5	3.2	63	55.5	3.2	135	114	8.1
18	10.5	3.2	63	52	4.2	140	119	8.1
18	13.1	2.2	63	47.5	6.3	140	124.5	6.3
20	12.5	3.2	65	54	4.2	145	124	8.1
22	14.5	3.2	65	49.5	6.3	150	129	8.1
24	16.5	3.2	65	52	6.3	155	134	8.1
25	20.1	2.2	70	62.5	3.2	160	139	8.1
25	17.5	3.2	70	59	4.2	165	144	8.1
25	14	4.2	70	54.5	6.3	170	149	8.1
28	20.5	3.2	75	64	4.2	175	154	8.1
30	22.5	3.2	75	59.5	6.3	180	159	8.1
32	24.5	3.2	80	64.5	6.3	185	164	8.1
35	27.5	3.2	80	69	4.2	190	169	8.1
36	28.5	3.2	85	69.5	6.3	195	174	8.1
39	31.5	3.2	90	74.5	6.3	200	179	8.1
40	32.5	3.2	95	79.5	6.3	205	184	8.1
40	29	4.2	100	84.5	6.3	210	189	8.1
42	31	4.2	105	89.5	6.3	220	199	8.1
45	34	4.2	110	94.5	6.3	225	204	8.1
48	37	4.2	115	99.5	6.3	230	209	8.1
50	39	4.2	115	94	8.1	240	219	8.1
50	34.5	6.3	120	104.5	6.3	250	229	8.1
52	34.5	6.3	120	99	8.1	260	239	8.1
52	41	4.2	125	109.5	6.3	270	249	8.1
55	44	4.2	125	104	8.1	280	259	8.1
55	39.5	6.3	125	114	4.2	290	269	8.1
60	49	4.2	130	114.5	6.3	300	279	8.1

注：1. 其他尺寸按 GB/T 15242.3 规定。

2. 资料由苏州美福瑞新材料科技有限公司提供，具体应用时可向厂家进一步查询。

轴用 TPU 同轴密封件及安装沟槽如图 2-55 所示，安装沟槽的尺寸和公差见表 2-118。

（5）低泄漏同轴密封件

一般常见的同轴密封件的弹性体为一个 O 形圈，与配合件偶合面接触并起密封作用的摩擦密封面是塑料环，而低泄漏同轴密封件的弹性体为两个 O 形圈，与配合件偶合面接触并起密封作用的摩擦密封面不只是塑料环，还有 X 形圈，如图 2-56 所示。

这种型式的同轴密封件因在金属、塑料摩擦密封面中增加了橡胶密封件，所以其动密封性能更好；同时，因采用两个 O 形圈将滑环压靠在偶合面上，其对滑环的赋能能力更强，所以初始密封（静密封）性能更好。

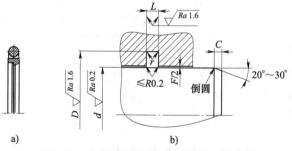

图 2-55　轴用 TPU 同轴密封件及安装沟槽

a）密封件　b）安装沟槽

表 2-118　轴用 TPU 同轴密封件安装沟槽尺寸和公差　　　　（单位：mm）

d f9	D H9	$L_0^{+0.20}$	d f9	D H9	$L_0^{+0.20}$	d f9	D H9	$L_0^{+0.20}$
4	8.9	2.2	40	55.1	6.3	140	155.1	6.3
5	9.9	2.2	42	57.1	6.3	150	165.1	6.3
7	11.9	2.2	45	60.1	6.3	155	170.1	6.3
8	15.3	3.2	48	63.1	6.3	160	175.1	6.3
10	17.3	3.2	50	65.1	6.3	170	185.1	6.3
12	19.3	3.2	52	67.1	6.3	175	190.1	6.3
14	21.3	3.2	55	70.1	6.3	180	195.1	6.3
15	22.3	3.2	56	71.1	6.3	185	200.1	6.3
16	23.3	3.2	60	75.1	6.3	190	205.1	6.3
18	25.3	3.2	63	78.1	6.3	195	210.1	6.3
20	30.7	4.2	65	80.1	6.3	200	220.5	8.1
22	32.7	4.2	70	85.1	6.3	210	230.5	8.1
24	34.7	4.2	75	90.1	6.3	220	240.5	8.1
25	35.7	4.2	80	95.1	6.3	225	245.5	8.1
26	36.7	4.2	85	100.1	6.3	230	250.5	8.1
28	38.7	4.2	90	105.1	6.3	240	260.5	8.1
30	40.7	4.2	95	110.1	6.3	250	270.5	8.1
32	42.7	4.2	100	115.1	6.3	260	284	8.1
35	45.7	4.2	110	125.1	6.3	270	294	8.1
36	46.7	4.2	120	135.1	6.3	280	304	8.1
37	47.7	4.2	125	140.1	6.3	290	314	8.1
38	53.1	6.3	130	145.1	6.3	300	324	8.1

注：1. 其他尺寸按 GB/T 15242.3 规定。

　　2. 资料由苏州美福瑞新材料科技有限公司提供，具体应用时可向厂家进一步查询。

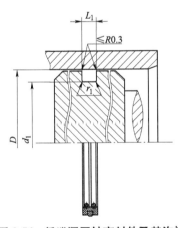

图 2-56　低泄漏同轴密封件及其沟槽

为了不使 O 形圈与塑料环间可能产生的困油干扰 O 形圈对滑环的赋能（挤压），通常在塑料滑环侧面开有泄压槽。

低泄漏同轴密封件的主要特点：

1）动、静密封性能俱佳。

2）兼有滑环式组合密封和 X 密封优点。

3）密封压力高、泄漏量小。

4）结构尺寸小、安全可靠。

5）低摩擦、无爬行、高寿命。

因其具有以上特点，低泄漏同轴密封件主要用于活塞式蓄能器、同步控制液压缸、锁紧、定位、支撑、悬挂、伺服、数字液压缸等，随着人们对其了解、认识的深入，低泄漏同轴密封件将在中、重负载工况下使用的各种液压缸上得以应用。

表 2-119 列出了活塞密封用低泄漏同轴密封件的使用工况。

活塞密封用低泄漏同轴密封件产品规格见表 2-120。

活塞密封用另一种低泄漏同轴密封件产品规格见表 2-121。

在串联同步缸上使用活塞密封用低泄漏同轴密封件，具其起动压力低、内泄漏量小，尤其结构尺寸小等特点。

在串联同步缸图样中给出的密封沟槽表面粗糙度值表 2-122，供读者参考使用。

活塞密封用低泄漏同轴密封件的密封性能与活塞及活塞杆的支承环导向性能密切相关，为了保证发挥其优良的密封性能，必须采用优质支承环和较为精密的支承环安装沟槽。

表 2-119 活塞密封用低泄漏同轴密封件使用工况

低泄漏同轴密封件	塑料滑环	O 形圈	X 形圈	适配偶合件材料	最高工作压力 /MPa	工作温度范围/℃	最高速度 /(m/s)
组合 I	填充青铜 PTFE	NBR	NBR	钢、淬火钢 铸铁	60	−30~100	
		FKM	FKM			−10~200	
组合 II	填充碳纤维 PTFE	NBR	NBR	钢、铸铁、不锈钢、铝、青铜	25	−30~100	3
		FKM	FKM			−10~200	
		EPDM	EPDM			−45~145	
组合 III	填充石墨 PTFE	NBR	NBR	钢、不锈钢	60	−30~100	
		FKM	FKM			−10~200	
		EPDM	EPDM			−45~145	

注：EPDM（应）不适合在矿物液压油中使用。

表 2-120 活塞密封用低泄漏同轴密封件产品规格 （单位：mm）

缸内径 D H9	密封沟槽槽底直径 d_1h9	密封沟槽宽度 $L_1^{+0.10}$	沟槽底圆角半径 r_1	最大沟槽棱圆角半径 r_2	最大径向间隙 S			O 形圈截面直径 d_2（2 件）	X 形圈截面尺寸
					10MPa	20MPa	40MPa		
40~79.9	D−10.0	6.0	0.6		0.30	0.20	0.15	2.62	1.78
80~132.9	D−13.0	8.3	1.0	0.3	0.40	0.30	0.15	3.53	2.62
133~462.9	D−18.0	12.3	1.3		0.40	0.30	0.20	5.33	3.53
463~700	D−31.0	16.3	1.8		0.50	0.40	0.30	7.00	5.33

表 2-121 活塞密封用另一种低泄漏同轴密封件产品规格 （单位：mm）

缸内径 D H9	密封沟槽槽底直径 d_1h9	密封沟槽宽度 $L_1^{+0.10}$	沟槽底圆角半径 r_1	最大沟槽棱圆角半径 r_2	最大径向间隙 S			O 形圈截面直径 d_2（1 件）	X 形圈截面尺寸
					10MPa	20MPa	40MPa		
15~39.9	D−11.0	4.2	1.0		0.25	0.15	0.10	3.53	1.78
40~79.7	D−15.5	6.3	1.3		0.30	0.20	0.15	5.33	1.78
80~132.9	D−21.0	8.1	1.8		0.30	0.20	0.15	7.00	2.62
133~252.9	D−24.5	8.1	1.8	0.3	0.30	0.20	0.15	7.00	2.62
253~462.9	D−28.0	9.5	2.5		0.45	0.30	0.25	8.40	3.53
463~700	D−35.0	11.5	3.0		0.55	0.40	0.35	10.00	5.33

表 2-122 活塞密封用低泄漏同轴密封件密封沟槽表面粗糙度值 （单位：μm）

配合件偶合面	沟槽底面	沟槽侧面
Ra0.2（Rz0.8）	Ra0.4（Rz1.6）	Ra0.8（Rz3.2）

11. 防尘密封圈及其沟槽

（1）标准橡胶防尘密封圈及其沟槽

标准橡胶防尘密封圈是指在 JB/T 10205—2010《液压缸》及其他液压缸产品标准中被引用的 GB/T 6578—2008《液压缸活塞杆用防尘圈沟槽型式、尺寸和公差》所适配的橡胶防尘密封圈（或可简称为防尘圈）。

防尘圈是起擦拭（刮除）作用以防止污染物侵入的密封件，或是用于往复运动的活塞杆（柱塞杆）上防止污染物侵入的装置。在标准 GB/T 10708.3—2000《往复运动橡胶密封圈尺寸系列第 3 部分：橡胶防尘密封圈》中规定了往复运动用橡胶防尘圈的类型、尺寸和公差。

此标准规定的防尘圈按其结构和用途分三种基本

类型：

1）A 型防尘圈：是一种单唇无骨架橡胶密封圈，适于在 A 型密封结构型式内安装，起防尘作用。

2）B 型防尘圈：是一种单唇带骨架橡胶密封圈，适于在 B 型密封结构型式内安装，起防尘作用。

3）C 型防尘圈：是一种双唇橡胶密封圈，适于在 C 型密封结构型式内安装，起防尘和辅助密封作用。

A 型防尘圈如图 2-57 所示，A 型防尘圈用沟槽如图 2-58 所示。

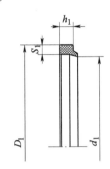

图 2-57　A 型防尘圈

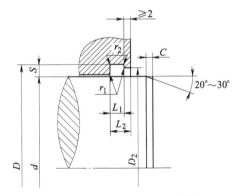

图 2-58　A 型防尘圈用沟槽

注：倒角的最小轴向长度 C 见 GB/T 6578—2008 中的表 5。

B 型防尘圈如图 2-59 所示，B 型防尘圈用沟槽如图 2-60 所示。

图 2-59　B 型防尘圈

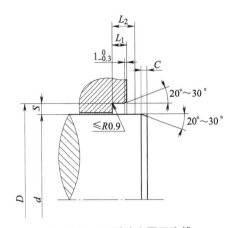

图 2-60　B 型防尘圈用沟槽

注：倒角的最小轴向长度 C 见 GB/T 6578—2008 中的表 5。

C 型防尘圈如图 2-61 所示，C 型防尘圈用沟槽如图 2-62 所示。

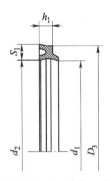

图 2-61　C 型防尘圈

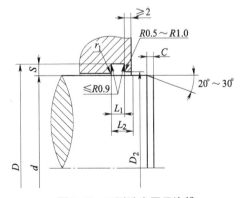

图 2-62　C 型防尘圈用沟槽

注：倒角的最小轴向长度 C 见 GB/T 6578—2008 中的表 5。

A 型防尘圈用沟槽的尺寸和公差见表 2-123。

表 2-123　A 型防尘圈用沟槽的尺寸和公差（摘自 GB/T 6578—2008）　（单位：mm）

活塞杆直径[①][②] d	沟槽底径 $D(D_1)$ H11	沟槽径向深度 S[③]	沟槽宽度 L_1	防尘圈长度 L_2 max	沟槽端部孔径 D_2 H11	r_1 max	r_2 max
14	22			8	19.5	0.3	0.5
16	24			8	21.5	0.3	0.5
18	26			8	23.5	0.3	0.5
20	28			8	25.5	0.3	0.5
22	30			8	27.5	0.3	0.5
25	33	4	$5^{+0.20}$	8	30.5	0.3	0.5
28	36			8	33.5	0.3	0.5
32	40			8	37.5	0.3	0.5
36	44			8	41.5	0.3	0.5
40	48			8	45.5	0.3	0.5
45	53			8	50.5	0.3	0.5
50	58			8	55.5	0.3	0.5
56	66			10	63	0.4	0.5
63	73			10	70	0.4	0.5
70	80	5	$6.3^{+0.20}$	10	77	0.4	0.5
80	90			10	87	0.4	0.5
90	100			10	97	0.4	0.5
100	115			14	110	0.6	0.5
110	125			14	120	0.6	0.5
125	140			14	135	0.6	0.5
140	155	7.5	$9.5^{+0.30}$	14	150	0.6	0.5
160	175			14	170	0.6	0.5
180	195			14	190	0.6	0.5
200	215			14	210	0.6	0.5
220	240			18	233.5	0.8	0.9
250	270			18	263.5	0.8	0.9
280	300	10	$12.5^{+0.30}$	18	293.5	0.8	0.9
320	340			18	333.5	0.8	0.9
360	380			18	373.5	0.8	0.9

注：推荐用于 16MPa 中型系列和 25MPa 系列结构型式的单杆液压缸。

① 见 GB/T 2348 及 GB/T 2879。

② 整体式沟槽用于活塞杆直径大于 14mm 的液压缸。

③ 沟槽径向深度 S=（沟槽底径 D_1-活塞杆直径 d）/2。

B 型防尘圈用沟槽的尺寸和公差见表 2-124。

表 2-124　B 型防尘圈用沟槽的尺寸和公差（摘自 GB/T 6578—2008）　（单位：mm）

活塞杆直径[①] d	沟槽径向深度 S	沟槽底径 $D(D_2)$ H8	沟槽宽度 $L_1{}^{+0.50}_{\ 0}$	防尘圈长度 L_2 max
14	5	24	7	11
16	5	26	7	11
18	5	28	7	11
20	5	30	7	11
22	5	32	7	11

（续）

活塞杆直径[①] d	沟槽径向深度 S	沟槽底径 $D\ (D_2)$ H8	沟槽宽度 $L_1{}^{+0.50}_{\ \ 0}$	防尘圈长度 L_2 max
25	5	35	7	11
28	5	38	7	11
32	5	42	7	11
36	5	46	7	11
40	5	50	7	11
45	5	55	7	11
50	5	60	7	11
56	5	66	7	11
63	5	73	7	11
70	5	80	7	11
80	5	90	7	11
90	5	100	7	11
100	7.5	115	9	13
110	7.5	125	9	13
125	7.5	140	9	13
140	7.5	155	9	13
160	7.5	175	9	13
180	7.5	195	9	13
200	7.5	215	9	13
220	10	240	12	16
250	10	270	12	16
280	10	300	12	16
320	10	340	12	16
360	10	380	12	16

注：推荐用于 16MPa 中型系列和 25MPa 系列结构型式的单杆液压缸。

① 见 GB/T 2348 及 GB/T 2879。

C 型防尘圈用沟槽的尺寸和公差见表 2-125。

表 2-125　C 型防尘圈用沟槽的尺寸和公差（摘自 GB/T 6578—2008）　（单位：mm）

活塞杆 直径[①][②] d	沟槽径 向深度 S	沟槽底径 $D\ (D_3)$ H11	沟槽宽度 L_1	防尘圈长度 L_2 max	沟槽端部孔径 D_2 H11	r_1 max
14[③]	3	20		7	16.5	0.3
16	3	22		7	18.5	0.3
18[③]	3	24		7	20.5	0.3
20	3	26	$4^{+0.20}_{\ \ 0}$	7	22.5	0.3
22[③]	3	28		7	24.5	0.3
25	3	31		7	27.5	0.3
28[③]	4	36		8	31	0.3
32	4	40		8	35	0.3
36[③]	4	44		8	39	0.3
40	4	48	$5^{+0.20}_{\ \ 0}$	8	43	0.3
45[③]	4	53		8	48	0.3
50	4	58		8	53	0.3

（续）

活塞杆直径[①][②] d	沟槽径向深度 S	沟槽底径 $D(D_3)$ H11	沟槽宽度 L_1	防尘圈长度 L_2 max	沟槽端部孔径 D_2 H11	r_1 max
56	5	66		9.7	59	0.3
63	5	73		9.7	66	0.3
70[③]	5	80		9.7	73	0.3
80	5	90	$6^{+0.20}_{0}$	9.7	83	0.3
90[③]	5	100		9.7	93	0.3
100	5	110		9.7	103	0.4
110[③]	7.5	125		13	114	0.4
125	7.5	140		13	129	0.4
140[③][④]	7.5	155	$8.5^{+0.30}_{0}$	13	144	0.4
160	7.5	17		13	164	0.4
180[④]	7.5	195		13	184	0.4
200	7.5	215		13	204	0.4
220[④]	10	240		18	226	0.6
250[④]	10	270		18	256	0.6
280[④]	10	300	$12^{+0.30}_{0}$	18	286	0.6
320	10	340		18	326	0.6
360[④]	10	380		18	366	0.6

注：适用于 16MPa 紧凑型系列和 10MPa 系列结构型式的单杆液压缸。

[①] 见 GB/T 2348 及 GB/T 2879。

[②] 可分离压盖式沟槽用于活塞杆直径小于等于 18mm 的液压缸。

[③] 这些规格推荐用于 16MPa 紧凑型系列单杆液压缸和 10MPa 系列的液压缸。

[④] 这些规格推荐用于缸筒内径为 250~500mm 的 16MPa 紧凑型系列的单杆液压缸。

需要进一步说明的是，表 2-123~表 2-125 中防尘圈长度 L_2 尺寸可用于液压缸活塞杆密封设计中装配尺寸的确定，即活塞杆缩回时，其导入倒角不能进入防尘圈。

根据液压缸设计的相关标准，其设计准则应为各表所示尺寸 $\geq L_2 + 2\text{mm}$，具体可参考 JB/T 10205—2010 中表 9。其他型式的防尘圈沟槽，该尺寸也应按上述准则设计。

此外，GB/T 6578—2008《液压缸活塞杆用防尘圈沟槽型式、尺寸和公差》还给出了 D 型防尘圈用沟槽，但在 GB/T 10708.3—2000 中未规定 D 型防尘圈的结构型式。

D 型防尘圈用沟槽如图 2-63 所示。

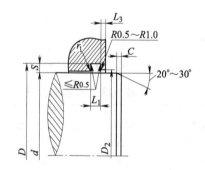

图 2-63　D 型防尘圈用沟槽

注：倒角的最小轴向长度 C 见 GB/T 6578—2008 中的表 5。

D 型防尘圈用沟槽的尺寸和公差见表 2-126。

表 2-126　D 型防尘圈用沟槽的尺寸和公差　（单位：mm）

活塞杆直径[①][②] d	沟槽径向深度 S	沟槽底径 D H9	沟槽宽度 $L_1^{+0.20}_{0}$	沟槽端部孔径 D_2 H11	沟槽端部宽度 L_3 min	r_1 max
14	3.4	20.8	5	15.5	2	0.8
16	3.4	22.8	5	17.5	2	0.8

（续）

活塞杆直径[①][②] d	沟槽径向深度 S	沟槽底径 D H9	沟槽宽度 $L_1^{+0.20}_{\ \ 0}$	沟槽端部孔径 D_2 H11	沟槽端部宽度 L_3 min	r_1 max
18	3.4	24.8	5	19.5	2	0.8
20	3.4	26.8	5	21.5	2	0.8
22	3.4	28.8	5	23.5	2	0.8
25	3.4	31.8	5	26.5	2	0.8
28	3.4	34.8	5	29.5	2	0.8
32	3.4	38.8	5	33.5	2	0.8
36	3.4	42.8	5	37.5	2	0.8
40[③]	3.4	46.8	5	41.5	2	0.8
	4.4	48.8	6.3	41.5	3	0.8
45	3.4	51.8	5	46.5	2	0.8
	4.4	53.8	6.3	46.5	3	0.8
50	3.4	56.8	5	51.5	2	0.8
	4.4	58.8	6.3	51.5	3	0.8
56	3.4	62.8	5	57.5	2	0.8
	4.4	64.8	6.3	57.5	3	0.8
63	3.4	69.8	5	64.5	2	0.8
	4.4	71.8	6.3	64.5	3	0.8
70	4.4	78.8	6.3	71.5	3	1
	6.1	82.8	8.1	72	4	1
80	4.4	88.8	6.3	81.5	3	1
	6.1	92.8	8.1	82	4	1
90	4.4	98.8	6.3	91.5	3	1
	6.1	102.8	8.1	92	4	1
100	4.4	108.8	6.3	101.5	3	1
	6.1	112.8	8.1	102	4	1
110	4.4	118.8	6.3	111.5	3	1
	6.1	122.2	8.1	112	4	1
125	4.4	133.8	6.3	126.5	3	1
	6.1	137.2	8.1	127	4	1
140	6.1	152.2	8.1	142	4	1
	8	156	9.5	142.5	5	1
160	6.1	172.2	8.1	162	4	1
	8	176	9.5	162.5	5	1.5
180	6.1	192.2	8.1	182	4	1
	8	196	9.5	182.5	5	1.5
200	6.1	212.2	8.1	202	4	1
	8	216	9.5	202.5	5	1.5
220	6.1	232.2	8.1	222	4	1
	8	236	9.5	222.5	5	1.5
250	6.1	262.2	8.1	252	4	1
	8	266	9.5	252.5	5	1.5
280	6.1	292.2	8.1	282	4	1
	8	296	9.5	282.5	5	1.5
320	6.1	332.2	8.1	322	4	1
	8	336	9.5	322.5	5	1.5
360	6.1	372.2	8.1	362	4	1
	8	376	9.5	362.5	5	1.5

注：D 型防尘圈沟槽推荐用于所有适用规格的液压缸。

① 见 GB/T 2348 和 GB/T 2879。

② 可分离压盖式沟槽用于活塞杆直径小于等于 18mm 的液压缸。

③ 活塞杆直径大于 40mm 的规格，轻型系列（径向深度较小）推荐用于固定液压设备，重型系列（径向深度较大）推荐用于行走液压设备。

（2）其他防尘密封圈及其沟槽

除上述 GB/T 10708.3—2000《往复运动橡胶密封圈尺寸系列　第3部分：橡胶防尘密封圈》中规定的往复运动用橡胶防尘密封类型外，实际应用中还有很多类型的防尘圈，如双唇带骨架防尘密封圈、同轴密封件类型防尘密封圈、带"侧翼"的防尘密封圈等。

如图 2-64 所示，因双唇带骨架防尘圈在低温下有较小的直径收缩百分比，所以实际中经常采用。

表 2-127 列出了某公司 DKB 型往复运动用双唇带骨架防尘密封圈及沟槽尺寸。

12. 支承环、导向环及其沟槽

（1）支承环及其沟槽

支承环或导向环在 GB/T 17446—2012《流体传动系统及元件词汇》中没有定义。在 GB/T 15242.2—2017 中定义了支承环，即对液压缸的活塞或活塞杆起支撑作用，避免相对运动的金属之间的接触，并提供

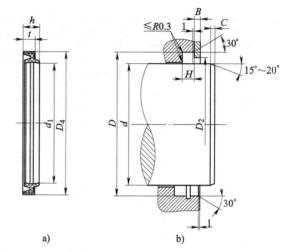

图 2-64　双唇带骨架防尘圈及安装沟槽
a）防尘圈　b）安装沟槽

表 2-127　双唇带骨架防尘密封圈及沟槽尺寸　　　　　（单位：mm）

活塞杆直径 d f8	沟槽底面直径 $D(D_4)$ H8	t	h	H	D_2	B
14	24	5	7	$5^{+0.5}_{+0.3}$	19	
16	26				21	
18	30	6	9	$6^{+0.5}_{+0.3}$	25	
20	32				27	
22	34				29	
22.4	34.4				29	
25	37				32	
28	40				35	
30	42				37	
31.5	44	7	10	$7^{+0.5}_{+0.3}$	38.5	
32	44				39	
35	47				42	
35.5	47.5				42.5	4
36	48				43	
40	52				47	
45	57				52	
50	62				57	
55	69	8	11	$8^{+0.6}_{+0.4}$	62	
56	70				63	
60	74				67	
63	77				70	
65	79				72	
70	84				77	
75	89				82	
80	94				87	
85	99				92	
90	104				97	
95	109				102	
100	114				107	

（续）

活塞杆直径 d f8	沟槽底面直径 $D(D_4)$ H8	t	h	H	D_2	B
105	121				113	
110	126				118	
112	128	9	12	$9^{+0.6}_{+0.4}$	120	
120	136				128	
125	141				133	
140	160				150	
145	165				155	5
150	170				160	
155	175	10	14	$10^{+0.6}_{+0.4}$	165	
160	180				170	
170	190				180	
175	195				185	
180	205				191	
200	225	12	17	$12^{+0.7}_{+0.5}$	212	6
225	250				237	
250	275				262	

注：密封材料为 NBR。

径向支撑力的有切口的环状非金属导向元件。在 JB/T 8241—1996 中也定义了支承环，即抗磨的塑料材料制成的环，用来避免活塞与缸体碰撞，起支承及导向作用。

液压缸活塞和活塞杆往复运动都必须导向，尽管活塞往复运动名义上被缸体（筒）内径导向，活塞杆往复运动名义上被导向套（或缸盖）内孔导向，但现在的液压缸中与缸筒或活塞杆接触的一般是导向环（带）。因导向环在偶合件（缸筒或活塞杆）表面进行往复运动，所以要求其必须耐磨，因此也有将其称为耐磨环（带）的。

关于支承环名称，在一些国内外密封件制造商产品样本中，称其为支承环的较少，而称其为导向环（带）、耐磨环的居多，还有称其为支撑环的。

支承环和导向环是同一种密封件的两个称谓，这对于液压缸密封设计有实际意义。在山形橡胶密封圈组成中将挡圈和导向环制成一体结构的，称其为"导向支承环"更为准确。但因"导向支承环"还没有被现行标准定义，所以本手册叙述中仍采用支承环。

塑料支承环在一定意义上可认为其为非金属轴承，在液压缸密封装置或系统中，支承环具有如下作用：

1）起支承作用，将活塞或活塞杆支承起来并将其与有相对往复运动的金属面隔开。

2）起导向作用，对活塞和活塞杆往复运动进行导向并抵抗侧向力。

3）安装在密封圈前面有抗冲击和去污防污作用。

4）有对中和抑制（吸收）机械振动作用。

5）整体和止口式支承环具有一定的密封作用。

现在常见的用于制造支承环的材料有：聚四氟乙烯+青铜（或加二硫化钼、石墨等）、玻璃纤维增强聚甲醛、玻璃纤维增强聚酰胺、夹织物（布）聚甲醛、夹织物（布）聚酰胺等塑料，它们的工作温度范围除了标准 GB/T 15242.2 中提到的 PTFE 是−40~200℃外，其余两种使用温度没有那么高，大致在−40~130℃，具体采用时请读者仔细阅读密封件制造商产品样本，但像有的密封件制造商推荐在高速轻载荷或可能有爬行产品样本中介绍的支承环的使用温度可在−180~250℃，读者如想采用请仔细斟酌。

有出现爬行现象可能时，使用聚四氟乙烯+青铜材料制造的支承环比较合适；在低速重载工况下使用夹织物聚甲醛、夹织物聚酰胺（或称夹布增强塑料）材料制造的支承环比较合适。现行标准 GB/T 15242.4—1994 中给出的 S 尺寸公差不尽合理，对材料的溶胀、热胀（如线性热膨胀）等考虑不周，应该根据使用温度范围分别给出 S 尺寸公差。尽管制造导向支承环（带）的材料都是选择了摩擦因数小的材料，但如果 S 尺寸公差给的不合理，一种情况是导向不好，更多的情况是配合太紧。液压缸制造厂一般

在进行液压缸出厂试验时大都不做 GB/T 15622—2005 中规定的高温试验，即在额定压力下，向被试液压缸输入 90℃ 的工作油液，全行程往复运行 1h。甚至试验油液连 50℃ 也不会达到，因为液压试验台用油一般加不起温，也没那个时间。因此，有的液压缸在现场安装后就会出现一开始正常运行，但运行一段时间后液压缸就出现了运动速度变慢、爬行（抖动）或异响等现象，拆开检查时可能是导向支承环被挤严重或磨损严重。GB/T 15242.2—2017 中给出的导向支承环截面厚度有 1.55mm、2.5mm、3mm、4mm 四种规格，但目前经常使用的还有 2.0mm、3.5mm 等规格，使用时请读者认真查阅密封件制造商产品样本。

活塞用支承环及安装沟槽如图 2-65 所示。

活塞用支承环的规格代号采用系列号及活塞直径表示，其尺寸系列和公差见表 2-128。

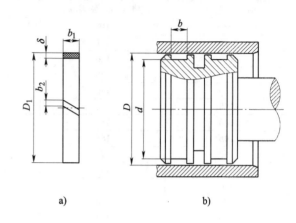

图 2-65 活塞用支承环及安装沟槽
a）活塞用支承环 b）安装沟槽

表 2-128 活塞用支承环的尺寸系列和公差（摘自 GB/T 15242.2—2017）（单位：mm）

规格代号	D H9	d h8	$b\ ^{+0.2}_{0}$	D_1	$b_1\ ^{0}_{-0.15}$	$\delta\ ^{0}_{-0.05}$	b_2
SD0250008	8	4.9	2.5	8	2.4		
SD0250010	10	6.9	2.5	10	2.4	1.55	
SD0400012	12	8.9	4.0	12	3.8		
SD0400016	16	12.9	4.0	16	3.8		
SD0560016		11.0	5.6		5.4	2.5	1.0~1.5
SD0400020	20	16.9	4.0	16	3.8	1.55	
SD0560020		15	5.6		5.4	2.5	
SD0400025	25	21.9	4.0	25	3.8	1.55	
SD0560025		20	5.6		5.4	2.5	
SD0630025			6.3		6.1		
SD0400032	32	28.9	4.0	32	3.8	1.55	
SD0560032		27	5.6		5.4	2.5	
SD0630032			6.3		6.1		
SD0970032			9.7		9.5		1.5~2.0
SD0400040	40	36.9	4.0	40	3.8	1.55	
SD0560040		35	5.6		5.4	2.5	
SD0630040			6.3		6.1		
SD0810040			8.1		7.9		
SD0970040			9.7		9.5		
SD0400050	50	46.9	4.0	50	3.8	1.55	
SD0560050		45	5.6		5.4	2.5	
SD0630050			6.3		6.1		
SD0810050			8.1		7.9		
SD0970050			9.7		9.5		2.0~3.5
SD0560060	60	55	5.6	60	5.4	2.5	
SD0970060			9.7		9.5		
SD1500060			15.0		14.8		
SD097A0060		54	9.7		9.5	3.0	

（续）

规格代号	D H9	d h8	$b^{+0.2}_{0}$	D_1	$b_1{}^{0}_{-0.15}$	$\delta{}^{0}_{-0.05}$	b_2
SD0560063	63	58	5.6	63	5.4	2.5	2.0~3.5
SD0630063			6.3		6.1		
SD0810063			8.1		7.9		
SD0970063			9.7		9.5		
SD1500063			15.0		14.8		
SD097A0063		57	9.7		9.5	3.0	
SD0630070	(70)	65	6.3	70	6.1	2.5	
SD0810070			8.1		7.9		
SD0970070			9.7		9.5		
SD0560080	80	75	5.6	80	5.4	2.5	
SD0630080			6.3		6.1		
SD0810080			8.1		7.9		
SD0970080			9.7		9.5		
SD1500080			15.0		14.8		
SD097A0080		74	9.7		9.5	3.0	
SD0560085	(85)	80	5.6	85	5.4	2.5	
SD0630085			6.3		6.1		
SD0810085			8.1		7.9		
SD0970085			9.7		9.5		
SD1500085			15.0		14.8		
SD097A0085		79	9.7		9.5	3.0	
SD0560090	(90)	85	5.6	90	5.4	2.5	
SD0810090			8.1		7.9		
SD0970090			9.7		9.5		
SD1500090			15.0		14.8		
SD097A0090		84	9.7		9.5	3.0	
SD150A0090			15.0		14.8		
SD0560100	100	95	5.6	100	5.4	2.5	3.5~5.0
SD0810100			8.1		7.9		
SD0970100			9.7		9.5		
SD1500100			15.0		14.8		
SD097A0100		94	9.7		9.5	3.0	
SD150A0100			15.0		14.8		
SD0560110	110	105	5.6	110	5.4	2.5	
SD0810110			8.1		7.9		
SD0970110			9.7		9.5		
SD1500110			15.0		14.8		
SD097A0110		104	9.7		9.5	3.0	
SD150A0110			15.0		14.8		
SD0560115	115	110	5.6	115	5.4	2.5	
SD0810115			8.1		7.9		
SD0970115			9.7		9.5		
SD1500115			15.0		14.8		
SD097A0115		109	9.7		9.5	3.0	
SD150A0115			15.0		14.8		
SD0810125	125	120	8.1	125	7.9	3.0	
SD0970125			9.7		9.5		
SD1500125			15.0		14.8		

（续）

规格代号	D H9	d h8	$b^{+0.2}_{0}$	D_1	$b_1{}^{0}_{-0.15}$	$\delta{}^{0}_{-0.05}$	b_2
SD2000125	125	120	20.0	125	19.5	3.0	
SD2500125			25.0		24.5		
SD097A0125		119	9.7		9.5	3.0	
SD150A0125			15.0		14.8		
SD200A0125			20.0		19.5		
SD0810135	135	130	8.1	135	7.9	2.5	
SD0970135			9.7		9.5		
SD1500135			15.0		14.8		
SD2000135			20.0		19.5		
SD2500135			25.0		24.5		
SD097A0135		129	9.7		9.5	3.0	
SD150A0135			15.0		14.8		
SD200A0135			20.0		19.5		
SD0810140	(140)	135	8.1	140	7.9	2.5	
SD0970140			9.7		9.5		
SD1500140			15.0		14.8		
SD2000140			20.0		19.5		
SD2500140			25.0		24.5		
SD097A0140		134	9.7		9.5	3.0	
SD150A0140			15.0		14.8		
SD200A0140			20.0		19.5		
SD0810145	145	140	8.1	145	7.9	2.5	3.5~5.0
SD0970145			9.7		9.5		
SD1500145			15.0		14.8		
SD2000145			20.0		19.5		
SD2500145			25.0		24.5		
SD097A0145		139	9.7		9.5	3.0	
SD150A0145			15.0		14.8		
SD200A0145			20.0		19.5		
SD0810160	160	155	8.1	160	7.9	2.5	
SD0970160			9.7		9.5		
SD1500160			15.0		14.8		
SD2000160			20.0		19.5		
SD2500160			25.0		24.5		
SD097A0160		154	9.7		9.5	3.0	
SD150A0160			15.0		14.8		
SD200A0160			20.0		19.5		
SD0810180	180	175	8.1	180	7.9	2.5	
SD0970180			9.7		9.5		
SD1500180			15.0		14.8		
SD2000180			20.0		19.5		
SD2500180			25.0		24.5		
SD097A0180		174	9.7		9.5	3.0	
SD150A0180			15.0		14.8		
SD200A0180			20.0		19.5		
SD0810200	200	195	8.1	200	7.9	2.5	
SD0970200			9.7		9.5		
SD1500200			15.0		14.8		

（续）

规格代号	D H9	d h8	$b^{+0.2}_{0}$	D_1	$b_{1-0.15}^{0}$	$\delta_{-0.05}^{0}$	b_2
SD2000200	200	195	20.0	200	19.5	2.5	
SD2500200			25.0		24.5		
SD097A0200		194	9.7		9.5	3.0	
SD150A0200			15.0		14.8		
SD200A0200			20.0		19.5		
SD0810220	(220)	215	8.1	220	7.9	2.5	3.5~5.0
SD0970220			9.7		9.5		
SD1500220			15.0		14.8		
SD2000220			20.0		19.5		
SD2500220			25.0		24.5		
SD097A0220		214	9.7		9.5	3.0	
SD150A0220			15.0		14.8		
SD200A0220			20.0		19.5		
SD0810250	250	245	8.1	250	7.9	2.5	
SD0970250			9.7		9.5		
SD1500250			15.0		14.8		
SD2000250			20.0		19.5		
SD2500250			25.0		24.5		
SD097A0250		244	9.7		9.5	3.0	
SD150A0250			15.0		14.8		
SD200A0250			20.0		19.5		
SD0810270	270	265	8.1	270	7.9	2.5	
SD0970270			9.7		9.5		
SD1500270			15.0		14.8		
SD2000270			20.0		19.5		
SD2500270			25.0		24.5		
SD097A0270		264	9.7		9.5	3.0	
SD150A0270			15.0		14.8		
SD200A0270			20.0		19.5		
SD0810280	(280)	275	8.1	280	7.9	2.5	5.0~6.0
SD1500280			15.0		14.8		
SD2000280			20.0		19.5		
SD2500280			25.0		24.5		
SD150A0280		274	15.0		14.8	3.0	
SD200A0280			20.0		19.5		
SD200B0280		272	20.0		19.5	4.0	
SD250B0280			25.0		24.5		
SD0810290	290	285	8.1	290	7.9	2.5	
SD1500290			15.0		14.8		
SD2000290			20.0		19.5		
SD2500290			25.0		24.5		
SD150A0290		284	15.0		14.8	3.0	
SD200A0290			20.0		19.5		
SD200B0290		282	20.0		19.5	4.0	
SD250B0290			25.0		24.5		
SD0810300	300	295	8.1	300	7.9	2.5	
SD1500300			15.0		14.8		
SD2000300			20.0		19.5		

（续）

规格代号	D H9	d h8	$b^{+0.2}_{0}$	D_1	$b_1{}^{0}_{-0.15}$	$\delta{}^{0}_{-0.05}$	b_2
SD2500300	300	295	25.0	300	24.5	2.5	5.0~6.0
SD150A0300		294	15.0		14.8	3.0	
SD200A0300			20.0		19.5		
SD200B0300		292	20.0		19.5	4.0	
SD250B0300			25.0		24.5		
SD1500320	320	315	15.0	320	14.8	2.5	
SD2000320			20.0		19.5		
SD2500320			25.0		24.5		
SD150A0320		314	15.0		14.8	3.0	
SD200A0320			20.0		19.5		
SD200B0320		312	20.0		19.5	4.0	
SD250B0320			25.0		24.5		
SD1500350	350	345	15.0	350	14.8	2.5	
SD2000350			20.0		19.5		
SD2500350			25.0		24.5		
SD150A0350		344	15.0		14.8	3.0	
SD200A0350			20.0		19.5		
SD200B0350		342	20.0		19.5	4.0	
SD250B0350			25.0		24.5		
SD1500360	360	355	15.0	360	14.8	2.5	
SD2000360			20.0		19.5		
SD2500360			25.0		24.5		
SD3000360			30.0		29.5		
SD150A0360		354	15.0		14.8	3.0	
SD200A0360			20.0		19.5		
SD200B0360		352	20.0		19.5	4.0	
SD250B0360			25.0		24.5		
SD300B0360			30.0		29.5		
SD1500400	400	395	15.0	400	14.8	2.5	6.0~8.0
SD2000400			20.0		19.5		
SD2500400			25.0		24.5		
SD3000400			30.0		29.5		
SD150A0400		394	15.0		14.8	3.0	
SD200A0400			20.0		19.5		
SD200B0400		392	20.0		19.5	4.0	
SD250B0400			25.0		24.5		
SD300B0400			30.0		29.5		
SD1500450	(450)	445	15.0	450	14.8	2.5	
SD2000450			20.0		19.5		
SD2500450			25.0		24.5		
SD3000450			30.0		29.5		
SD150A0450		444	15.0		14.8	3.0	
SD200A0400			20.0		19.5		
SD200B0400		442	20.0		19.5	4.0	
SD250B0400			25.0		24.5		
SD300B0400			30.0		29.5		
SD1500500	500	495	15.0	500	14.8	2.5	
SD2000500			20.0		19.5		

（续）

规格代号	D H9	d h8	$b^{+0.2}_{0}$	D_1	$b_1{}^{0}_{-0.15}$	$\delta{}^{0}_{-0.05}$	b_2
SD2500500	500	495	25.0	500	24.5	2.5	6.0~8.0
SD3000500			30.0		29.5		
SD150A0500		494	15.0		14.8	3.0	
SD200A0500			20.0		19.5		
SD200B0500		492	20.0		19.5	4.0	
SD250B0500			25.0		24.5		
SD300B0500			30.0		29.5		
SD2000540	（540）	535	20.0	540	19.5	2.5	
SD2500540			25.0		24.5		
SD3000540			30.0		29.5		
SD200A0540		534	20.0		19.5	3.0	
SD200B0540		532	20.0		19.5	4.0	
SD250B0540			25.0		24.5		
SD300B0540			30.0		29.5		
SD2000560	（560）	555	20.0	560	19.5	2.5	
SD2500560			25.0		24.5		
SD3000560			30.0		29.5		
SD200A0560		554	20.0		19.5	3.0	
SD200B0560		552	20.0		19.5	4.0	
SD250B0560			25.0		24.5		
SD300B0560			30.0		29.5		
SD2000600	（600）	595	20.0	600	19.5	2.5	
SD2500600			25.0		24.5		
SD3000600			30.0		29.5		
SD200A0600		594	20.0		19.5	3.0	
SD200B0600		592	20.0		19.5	4.0	
SD250B0600			25.0		24.5		
SD300B0600			30.0		29.5		
SD2000620	（620）	615	20.0	620	19.5	2.5	
SD2500620			25.0		24.5		
SD3000620			30.0		29.5		
SD200A0620		614	20.0		19.5	3.0	
SD200B0620		612	20.0		19.5	4.0	
SD250B0620			25.0		24.5		
SD300B0620			30.0		29.5		
SD2000850	（850）	845	20.0	850	19.5	2.5	8.0~10.0
SD2500850			25.0		24.5		
SD3000850			30.0		29.5		
SD200A0850		844	20.0		19.5	3.0	
SD200B0850		842	20.0		19.5	4.0	
SD250B0850			25.0		24.5		
SD300B0850			30.0		29.5		
SD2501000	1000	995	25.0	1000	24.5	2.5	10~15
SD2501700	1700	1695	25.0	1700	24.5		
SD2503200	3200	3195	25.0	3200	24.5		

注：带圆括号的缸径为非优先选用。

活塞杆用支承环及安装沟槽如图 2-66 所示。

活塞杆用支承环的规格代号采用系列号及活塞杆

直径表示,其尺寸系列和公差见表 2-129。

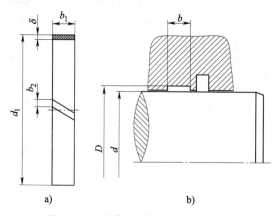

图 2-66 活塞杆用支承环及安装沟槽

a)活塞杆用支承环 b)安装沟槽

表 2-129 活塞杆用支承环的尺寸系列和公差(摘自 GB/T 15242.2—2017)(单位:mm)

规格代号	d f8	D H8	$b^{+0.2}_0$	d_1	$b_1{}^0_{-0.15}$	$\delta{}^0_{-0.05}$	b_2
GD0250004	4	7.1		4			
GD0250005	5	8.1		5			
GD0250006	6	9.1	2.5	6	2.4		
GD0250008	8	11.1		8			
GD0250010	10	13.1		10		1.55	1.0~1.5
GD0400012	12	15.1		12			
GD0400014	14	17.1		14			
GD0400016	16	19.1	4.0	16	3.8		
GD0400018	18	21.1		18			
GD0400020	20	23.1		20			
GD0400022	22	25.1	4.0	22	3.8	1.55	
GD0560022		27	5.6		5.4	2.5	
GD0620022			6.3		6.1		
GD0400025	25	28.1	4.0	25	3.8		
GD0560025		30	5.6		5.4	2.5	
GD0630025			6.3		6.1		
GD0970025			9.7		9.5		
GD0400028	28	31.1	4.0	28	3.8	1.55	1.5~2.0
GD0560028		33	5.6		5.4		
GD0630028			6.3		6.1		
GD0970028			9.7		9.5		
GD0560030	(30)	35	5.6	30	5.4	2.5	
GD0630030			6.3		6.1		
GD0970030			9.7		9.5		
GD1500030			15.0		14.8		
GD0560032	32	37	5.6	32	5.4		
GD0630032			6.3		6.1		
GD0970032			9.7		9.5		
GD1500032			15.0		14.8		

（续）

规格代号	d f8	D H8	$b^{+0.2}_{\ 0}$	d_1	$b_{1\ -0.15}^{\ 0}$	$\delta^{\ 0}_{-0.05}$	b_2
GD0560036	36	41	5.6	36	5.4		
GD0630036			6.3		6.1		
GD0970036			9.7		9.5		
GD1500036			15.0		14.8		
GD0560040	40	45	5.6	40	5.4		
GD0810040			8.1		7.9		
GD0970040			9.7		9.5		
GD1500040			15.0		14.8		
GD0560045	45	50	5.6	45	5.4	2.5	
GD0810045			8.1		7.9		
GD0970045			9.7		9.5		
GD1500045			15.0		14.8		
GD0560050	50	55	5.6	50	5.4		
GD0810050			8.1		7.9		
GD0970050			9.7		9.5		
GD1500050			15.0		14.8		
GD097A0050		56	9.7		9.5	3.0	
GD150A0050			15.0		14.8		
GD0560056	56	61	5.6	56	5.4	2.5	2.0~3.5
GD0810056			8.1		7.9		
GD0970056			9.7		9.5		
GD1500056			15.0		14.8		
GD097A0056		62	9.7		9.5	3.0	
GD150A0056			15.0		14.8		
GD0810060	(60)	65	8.1	60	7.9	2.5	
GD0970060			9.7		9.5		
GD0560063	63	68	5.6	63	5.4	2.5	
GD0810063			8.1		7.9		
GD0970063			9.7		9.5		
GD1500063			15.0		14.8		
GD097A0063		69	9.7		9.5	3.0	
GD150A0063			15.0		14.8		
GD0560070	70	75	5.6	70	5.4	2.5	
GD0810070			8.1		7.9		
GD0970070			9.7		9.5		
GD1500070			15.0		14.5		
GD097A0070		76	9.7		9.5	3.0	
GD150A0070			15.0		14.8		
GD0810080	80	85	8.1	80	7.9	2.5	3.5~5.0
GD0970080			9.7		9.5		
GD1500080			15.0		14.8		
GD2000080			20.0		19.5		
GD2500080			25.0		24.5		
GD097A0080		86	9.7		9.5	3.0	
GD150A0080			15.0		14.8		
GD200A0080			20.0		19.5		
GD0810090	90	95	8.1	90	7.9	2.5	
GD0970090			9.7		9.5		

（续）

规格代号	d f8	D H8	$b_{~0}^{+0.2}$	d_1	$b_{1~-0.15}^{~~0}$	$\delta_{~-0.05}^{~~0}$	b_2
GD1500090	90	95	15.0	90	14.8	2.5	
GD2000090			20.0		19.5		
GD2500090			25.0		24.5		
GD097A0090		96	9.7		9.5	3.0	
GD150A0090			15.0		14.8		
GD200A0090			20.0		19.5		
GD0810100	100	105	8.1	100	7.9	2.5	
GD0970100			9.7		9.5		
GD1500100			15.0		14.8		
GD2000100			20.0		19.5		
GD2500100			25.0		24.5		
GD097A0100		106	9.7		9.5	3.0	
GD150A0100			15.0		14.8		
GD200A0100			20.0		19.5		
GD0810110	110	115	8.1	110	7.9	2.5	
GD0970110			9.7		9.5		
GD1500110			15.0		14.8		
GD2000110			20.0		19.5		
GD2500110			25.0		24.5		
GD097A0110		116	9.7		9.5	3.0	
GD150A0110			15.0		14.8		
GD200A0110			20.0		19.5		
GD0810120	120	125	8.1	120	7.9	2.5	3.5~5.0
GD0970120			9.7		9.5		
GD1500120			15.0		14.8		
GD2000120			20.0		19.5		
GD2500120			25.0		24.5		
GD097A0120		126	9.7		9.5	3.0	
GD150A0120			15.0		14.8		
GD200A0120			20.0		19.5		
GD0810125	125	130	8.1	125	7.9	2.5	
GD0970125			9.7		9.5		
GD1500125			15.0		14.8		
GD2000125			20.0		19.5		
GD2500125			25.0		24.5		
GD097A0125		131	9.7		9.5	3.0	
GD150A0125			15.0		14.8		
GD200A0125			20.0		19.5		
GD0810130	130	135	8.1	130	7.9	2.5	
GD0970130			9.7		9.5		
GD1500130			15.0		14.8		
GD2000130			20.0		19.5		
GD2500130			25.0		24.5		
GD097A0130		136	9.7		9.5	3.0	
GD150A0130			15.0		14.8		
GD200A0130			20.0		19.5		
GD0810140	140	145	8.1	140	7.9	2.5	
GD0970140			9.7		9.5		

（续）

规格代号	d f8	D H8	$b_0^{+0.2}$	d_1	$b_1{}_{-0.15}^{0}$	$\delta_{-0.05}^{0}$	b_2
GD1500140	140	145	15.0	140	14.8	2.5	
GD2000140			20.0		19.5		
GD2500140			25.0		24.5		
GD097A0140		146	9.7		9.5	3.0	
GD150A0140			15.0		14.8		
GD200A0140			20.0		19.5		
GD0810150	150	155	8.1	150	7.9	2.5	
GD0970150			9.7		9.5		
GD1500150			15.0		14.8		
GD2000150			20.0		19.5		
GD2500150			25.0		24.5		
GD097A0150		156	9.7		9.5	3.0	
GD150A0150			15.0		14.8		
GD200A0150			20.0		19.5		
GD0810160	160	165	8.1	160	7.9	2.5	
GD0970160			9.7		9.5		
GD1500160			15.0		14.8		
GD2000160			20.0		19.5		
GD2500160			25.0		24.5		
GD097A0160		166	9.7		9.5	3.0	
GD150A0160			15.0		14.8		
GD200A0160			20.0		19.5		
GD0810170	170	175	8.1	170	7.9	2.5	3.5~5.0
GD0970170			9.7		9.5		
GD1500170			15.0		14.8		
GD2000170			20.0		19.5		
GD2500170			25.0		24.5		
GD097A0170		176	9.7		9.5	3.0	
GD150A0170			15.0		14.8		
GD200A0170			20.0		19.5		
GD0810180	180	185	8.1	180	7.9	2.5	
GD0970180			9.7		9.5		
GD1500180			15.0		14.8		
GD2000180			20.0		19.5		
GD2500180			25.0		24.5		
GD097A0180		186	9.7		9.5	3.0	
CD150A0180			15.0		14.8		
GD200A0180			20.0		19.5		
GD0810190	190	195	8.1	190	7.9	2.5	
GD0970190			9.7		9.5		
GD1500190			15.0		14.8		
GD2000190			20.0		19.5		
GD2500190			25.0		24.5		
GD097A0190		196	9.7		9.5	3.0	
GD150A0190			15.0		14.8		
GD200A0190			20.0		19.5		
GD0810200	200	205	8.1	200	7.9	2.5	
GD0970200			9.7		9.5		

（续）

规格代号	d f8	D H8	$b^{+0.2}_{0}$	d_1	$b_{1-0.15}^{0}$	$\delta_{-0.05}^{0}$	b_2
GD1500200	200	205	15.0	200	14.8	2.5	
GD2000200			20.0		19.5		
GD2500200			25.0		24.5		
GD097A0200		206	9.7		9.5	3.0	
GD150A0200			15.0		14.8		
GD200A0200			20.0		19.5		
GD0810210	(210)	215	8.1	210	7.9	2.5	
GD0970210			9.7		9.5		
GD1500210			15.0		14.8		
GD2000210			20.0		19.5		
GD2500210			25.0		24.5		
GD097A0210		216	9.7		9.5	3.0	
GD150A0210			15.0		14.8		
GD200A0210			20.0		19.5		
GD0810220	220	225	8.1	220	7.9	2.5	3.5~5.0
GD0970220			9.7		9.5		
GD1500220			15.0		14.8		
GD2000220			20.0		19.5		
GD2500220			25.0		24.5		
GD097A0220		226	9.7		9.5	3.0	
GD150A0220			15.0		14.8		
GD200A0220			20.0		19.5		
GD0810240	240	245	8.1	240	7.9	2.5	
GD0970240			9.7		9.5		
GD1500240			15.0		14.8		
GD2000240			20.0		19.5		
GD2500240			25.0		24.5		
GD097A0240		246	9.7		9.5	3.0	
GD150A0240			15.0		14.8		
GD200A0240			20.0		19.5		
GD0810250	250	255	8.1	250	7.9	2.5	
GD0970250			9.7		9.5		
GD1500250			15.0		14.8		
GD2000250			20.0		19.5		
GD2500250			25.0		24.5		
GD097A0250		256	9.7		9.5	3.0	
GD150A0250			15.0		14.8		
GD200A0250			20.0		19.5		
GD0810280	280	285	8.1	280	7.9	2.5	5.0~6.0
GD0970280			9.7		9.5		
GD1500280			15.0		14.8		
GD2000280			20.0		19.5		
GD2500280			25.0		24.5		
GD097A0280		286	9.7		9.5	3.0	
GD150A0280			15.0		14.8		
GD200A0280			20.0		19.5		
GD200B0280		288	20.0		19.5	4.0	
GD250B0280			25.0		24.5		

（续）

规格代号	d f8	D H8	$b_{\ 0}^{+0.2}$	d_1	$b_{1\ -0.15}^{\ 0}$	$\delta_{\ -0.05}^{\ 0}$	b_2
GD0970290	290	295	9.7	290	9.5	2.5	5.0~6.0
GD1500290			15.0		14.8		
GD2000290			20.0		19.5		
GD2500290			25.0		24.5		
GD097A0290		296	9.7		9.5	3.0	
GD150A0290			15.0		14.8		
GD200A0290			20.0		19.5		
GD200B0290		298	20.0		19.5	4.0	
GD250B0290			25.0		24.5		
GD1500320	320	325	15.0	320	14.8	2.5	
GD2000320			20.0		19.5		
GD2500320			25.0		24.5		
GD150A0320		326	15.0		14.8	3.0	
GD200A0320			20.0		19.5		
GD200B0320		328	20.0		19.5	4.0	
GD250B0320			25.0		24.5		
GD1500360	360	365	15.0	360	14.8	2.5	
GD2000360			20.0		19.5		
GD2500360			25.0		24.5		
GD150A0360		366	15.0		14.8	3.0	
GD200A0360			20.0		19.5		
GD200B0360		368	20.0		19.5	4.0	
GD250B0360			25.0		24.5		
GD2500400	400	405	25.0	400	24.5	2.5	6.0~8.0
GD3000400			30.0		29.5		
GD250B0400		408	25.0		24.5	4.0	
GD300B0400			30.0		29.5		
GD2500450	450	455	25.0	450	24.5	2.5	
GD3000450			30.0		29.5		
GD250B0450		458	25.0		24.5	4.0	
GD300B0450			30.0		29.5		
GD2500490	(490)	495	25.0	490	24.5	2.5	
GD3000490			30.0		29.5		
GD250B0490		498	25.0		24.5	4.0	
GD300B0490			30.0		29.5		
GD2500500	500	505	25.0	500	24.5	2.5	
GD3000500			30.0		29.5		
GD250B0500		508	25.0		24.5	4.0	
GD300B0500			30.0		29.5		
GD2500800	800	805	25.0	800	24.5	2.5	8.0~10.0
GD3000800			30.0		29.5		
GD250B0800		808	25.0		24.5	4.0	
GD300B0800			30.0		29.5		
GD25001000	1000	1005	25.0	1000	24.5	2.5	
GD30001000			30.0		29.5		
GD250B01000		1008	25.0		24.5	4.0	
GD300B01000			30.0		29.5		
GD2502500	2500	2505	25.0	2500	24.5	2.5	10~15
GD2503200	3200	3205	25.0	3200	24.5	2.5	

注：带圆括号的活塞杆径为非优先选用。

在 GB/T 15242.2—2017 附录 A（规范性附录）中规定了支承环的切口类型及切割长度的计算。切口类型分 A 型（斜切口）、B 型（直切口）和 C 型（搭接口），如图 2-67 所示。

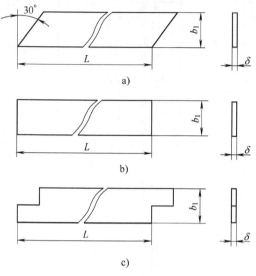

图 2-67 支承环的切口类型

a）A 型（斜切口） b）B 型（直切口） c）C 型（搭接口）

活塞用支承环切割长度 L 按式（2-57）计算，即

$$L = \pi(D - \delta) - b_2 \tag{2-57}$$

活塞杆用支承环切割长度 L 按式（2-58）计算，即

$$L = \pi(D + \delta) - b_2 \tag{2-58}$$

式中　L——支承环切割长度；

　　　D——液压缸缸径或活塞杆支承环沟槽底径；

　　　δ——支承环的截面厚度；

　　　b_2——支承环的切口宽度。

GB/T 15242.4—1994《液压缸活塞和活塞杆动密封装置用支承环安装沟槽尺寸系列和公差》为现行标准，但经过查对，GB/T 15242.4—1994 中给出的沟槽已经不能全部适于安装 GB/T 15242.2—2017 中给出的支承环。为了应用 GB/T 15242.2—2017 中给出的支承环，现在只得按 GB/T 15242.2—2017 并参考 GB/T 15242.4—1994（GB/T 15242.4—××××《液压缸活塞和活塞杆动密封装置用尺寸系列 第 4 部分：支承环安装沟槽尺寸系列和公差》正在制定中）自行设计一些沟槽。

液压缸活塞动密封装置用支承环安装沟槽型式如图 2-68 所示。

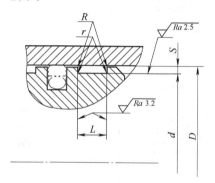

图 2-68 液压缸活塞动密封装置用支承环安装沟槽型式

液压缸活塞动密封装置用支承环安装沟槽的尺寸系列和公差应符合表 2-130 规定。

表 2-130 活塞用支承环安装沟槽的尺寸系列和公差（摘自 GB/T 15242.4—1994）

（单位：mm）

D H9	d h9	S	$L_0^{+0.20}$	R, r ≤	D H9	d h9	S	$L_0^{+0.20}$	R, r ≤
16	13	1.5	3.2		(110)	105		8.1、9.7	
20	15	2.5	4.2		125	120			
	17	1.5			(140)	135			
25	20	2.5	4.2、6.3		160	155		8.1、9.7、15	
	22	1.5			(180)	175			
32	27	2.5			200	195			
	29	1.5			(220)	215	2.5		0.3
40	35		4.2、6.3、8.1	0.3	250	245			
50	45				(280)	275		9.7、15、20	
56①	51		6.3、8.1、9.7		320	315		16、20、25	
63	58	2.5			(360)	355			
70①	65				400	395		20、25、30	
80	75				(450)	445			
(90)	85		8.1、9.7		500	495			
100	95								

注：带圆括号的缸径为非优先选用。

① 仅限于老产品维修配件使用。

液压缸活塞杆动密封装置用支承环安装沟槽型式如图 2-69 所示。

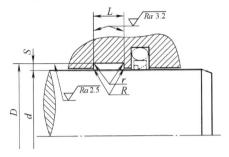

图 2-69　液压缸活塞杆动密封装置用支承环安装沟槽型式

液压缸活塞杆动密封装置用支承环安装沟槽的尺寸系列和公差应符合表 2-131 规定。

塑料导向带是现在最常用的一种制作开式（切口型）导向环材料，其截面形状为矩形，并具有圆角或倒角边缘，相对闭式（整体型）导向环有很多优点，尤其是可以成卷购买，任意选取长度，安装简单、容易等。

导向带与上述导向环材料基本相同，但因导向带在制造工艺上更容易将其表面处理成较理想的表面结构，如网纹结构，使其润滑性能更好，更加耐磨，静、动摩擦因数小，液压缸可低速运行而无爬行现象等。

切口型导向环市场上有三种供货形式，加工好的管状材料开口成型圆环、螺旋状和扁平卷导向带；切口型式一般也有三种，斜切口（A 型）、直切口（B 型）和搭接口或止口式（C 型），但不管何种切口型式导向环，都必须留有足够的切口间隙 b_2。

表 2-131　活塞杆用支承环安装沟槽的尺寸系列和公差（摘自 GB/T 15242.4—1994）

（单位：mm）

d f8	D H9	S	$L_0^{+0.20}$	R, r $\leqslant$	d f8	D H9	S	$L_0^{+0.20}$	R, r $\leqslant$
6	9				60[1]	65			
8	11				63	68			
10	13		3.2		70	75			
12	15	1.5			80	85		8.1、9.7	
14	17				90	95			
16	19				100	105			
18	21		3.2、4.2		110	115			
20	23				125	130			
22	27			0.3	140	145	2.5	8.1、9.7、15	0.3
25	30		4.2、6.3		160	165			
28	33				180	185			
32	37				200	205			
36	41	2.5			220	225		8.1、9.7、 15、20	
40	45				250	255			
45	50		8.1、9.7		280	285			
50	55				320	325		15、20、25	
56	61				360	365			

① 仅限于老产品或维修配件使用。

非兼具密封的支承环必须留有足够的切口间隙 b_2 或 $Z（Z_1）$ 的原因在于：

1）在液压缸工作时温度会升高，有标准规定液压缸工作温度可以 ≤80℃，而且液压缸高温试验也要求液压油温度在 90℃ 输入液压缸且全程往复运行 1h，因为温度升高，塑料支承环会伸长，即线性热膨胀可能将往复运动件抱住（摩擦力增大，油温急升）甚至抱死。

2）如安装在活塞杆唇形密封圈前的支承环不能对"困油"泄压，可能将支承环（或唇形密封圈）挤出，所以要力求支承环受液压工作介质轴向作用力平衡，同时保证密封圈（主要是唇形密封圈）及其沟槽内空气排气顺畅。

现将某公司产品样本中的导向带（耐磨环）列于表 2-132 和表 2-133 中。

（2）支承环选择及其沟槽设计

1）支承环的选择。根据液压缸的应用及工况条件（见表 2-134），对支承环做出初步设计（选型）。

表 2-132　活塞用支承环（夹织物塑料导向带）　　　　　（单位：mm）

缸内径范围 D H9	沟槽直径 d h8	沟槽长度 $L^{+0.20}$	间隙最大值 S_1	支承环厚度 δ	支承环 厚度公差	支承环间隙 Z_1
16~50	D-3.1	4.0	0.50	1.55		1~3
16~125	D-5.0	5.6		2.50		2~6
25~250	D-5.0	9.7		2.50		2~9
80~500	D-5.0	15.0	0.90	2.50		4~17
125~1000	D-5.0	25.0		2.50	$^{0}_{-0.08}$	6~33
>1000~1500	D-5.0	25.0		2.50		33~48
280~1000	D-8.0	25.0	1.50	4.00		10~33
>1000~1500	D-8.0	25.0		4.00		33~48

表 2-133　活塞杆用支承环（夹织物塑料导向带）　　　　　（单位：mm）

活塞杆直径范围 d f8/h9	沟槽直径 D H8	沟槽长度 $L^{+0.20}$	间隙最大值 S_1	支承环厚度 δ	支承环 厚度公差	支承环间隙 Z_1
8~50	d+3.1	4.0	0.50	1.55		1~3
16~125	d+5.0	5.6		2.50		2~6
25~250	d+5.0	9.7		2.50		2~9
75~500	d+5.0	15.0	0.90	2.50		4~17
120~1000	d+5.0	25.0		2.50	$^{0}_{-0.08}$	5~33
>1000~1500	d+5.0	25.0		2.50		33~49
280~1000	d+8.0	25.0	1.50	4.00		10~33
>1000~1500	d+8.0	25.0		4.00		33~48

表 2-134　支承环的应用及工况条件

材　料	应用领域	适配表面材料	工作温度范围 /℃	最高速度 /(m/s)	最大承载能力 /(N/mm²)
PTFE+青铜	轻、中型	钢、铸铁	−60~150	15	在 25℃时为 15；在 80℃ 时为 12；在 120℃时为 8
PTFE+石墨	轻、中型	钢、不锈钢、铝、青铜			
碳纤维增强 PTFE	轻型	钢、不锈钢、铝、青铜			
玻璃纤维增强 POM	轻、中型	钢、铸铁	−40~110	0.8	在 25℃时为 40；在>60℃ 时为 25
玻璃纤维增强 PA	轻、中、重	钢、铸铁	−40~+130	1.0	在≤60℃时 75；在>60℃ 时为 40
玻璃纤维增强 PA+PTFE	轻、中、重	钢、铸铁			
夹织物 POM	轻、中、重	钢、铸铁、不锈钢	−60~+120		在 25℃时为 100；在>60℃ 时为 50
夹织物 PA	轻、中、重	钢、铸铁、不锈钢			
棉纤维增强酚醛	轻、中、重	钢、铸铁、不锈钢			

2）支承环宽度的计算。假定如下计算条件：

① 径向载荷 F 沿支承宽度 T（累计，非单条，即多条总和宽度）均匀作用。

② 径向载荷增加，支承环与被支承的活塞（D）或活塞杆（d）接触面积增加。

③ 径向载荷 F 沿接触面圆周呈抛物线分布。

④ 支承环最大间隙（因配合件及沟槽尺寸公差、支承环厚度公差及加压和磨损等造成的径向间隙）小于密封装置要求的最大密封间隙。

有参考资料给出了如下计算公式：

$$T = \frac{Fn}{d(D)p} \qquad (2\text{-}59)$$

式中　T——支承环总和宽度，单位为 mm；

F——径向载荷，单位为 N；

$d(D)$——活塞杆直径或活塞直径，单位为 mm；

p——在使用温度下的支承环最大承载力，单位为 N/mm²；

n——安全系数，一般取 $n \geqslant 2$。

3）支承与导向设计。支承环在液压缸密封系统中占有重要地位，在初步选型后，其相对各密封圈位置（含间距，即布置）、采用数量、不同材料的支承环搭配等都需有进一步设计。

① 活塞上支承与导向设计。对采用双向密封圈的活塞密封系统，应在密封圈两侧各布置一道支承环，更好的布置是在密封圈两侧布置的夹织物 POM、夹织物 PA 或棉纤维增强酚醛制支承环外再各加一道填充聚四氟乙烯支承环；对于采用单向密封圈的活塞密封系统，应在两密封圈间布置一道较宽支承环。更好的布置是在两密封圈外各再布置填充聚四氟乙烯支承环。

增加的填充聚四氟乙烯支承环对可能损害密封圈和其他导向环的液压工作介质中的固体颗粒污染物有吸收（嵌入）作用或称纳污作用，并增加了导向长度，因此这些密封系统更加合理，如图 2-70 所示。在表 2-149 同轴密封件活塞密封系统中还有较为详细的说明。

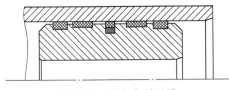

图 2-70　活塞密封系统

有参考文献就称这种支承环为防污染密封件，由于在其滑动表面上开有油槽，因此称其还具有防止因空气绝热压缩"烧毁"密封圈的作用。

② 活塞杆导向套上支承与导向设计。对于布置在导向套（或端盖）上的活塞杆密封系统，当采用同轴密封件+唇形密封圈+防尘密封圈组合的密封系统时，一般应在同轴密封件两侧布置支承环，更好的布置是在同轴密封件前的夹织物 POM、夹织物 PA 或棉纤维增强酚醛制支承环前再布置一道填充聚四氟乙烯支承环或填充聚四氟乙烯支承环+同轴密封件+夹织物 POM、夹织物 PA 或棉纤维增强酚醛制支承环+唇形密封圈+夹织物 POM、夹织物 PA 或棉纤维增强酚醛制+防尘密封圈。

填充聚四氟乙烯支承环布置在夹织物 POM、夹织物 PA 或棉纤维增强酚醛制支承环前面（液压缸工作介质作用侧），作用同上。而同轴密封件前只布置一道填充聚四氟乙烯支承环（共三道支承环）的活塞杆密封系统，因液压缸运动部件（包括活塞和活塞杆）的支承长度更长，所以更加合理，如图 2-71 所示。更为详尽的技术参数可参见表 2-150 同轴密封件+唇形密封圈活塞杆密封系统。

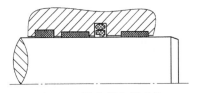

图 2-71　活塞杆密封系统

4）沟槽设计。

① 支承环安装沟槽设计原则：

a. 沟槽径向深度尽量浅。因为只有这样，才能尽量将活塞或活塞杆与相对往复运动的金属表面隔开，避免碰撞。必要时应采用较厚支承环。

b. 在活塞或导向套（缸盖）长（宽）度允许情况下，尽量采用宽的支承环。

c. 沟槽底尺寸公差应比密封系统中其他密封圈（不含防尘圈）密封沟槽槽底尺寸公差等级高一级。

d. 沟槽侧面要垂直沟槽底面，槽底圆角不能大于规定值，防止此处"扛劲"，使支承环边缘处与配合件抱紧或抱死。

e. 对多道支承环，其沟槽底面必须同轴，其中一道沟槽底面可作为其他密封件沟槽底面同轴度基准。

f. 相邻两道支承环间距应大于其沟槽深度；与其他密封件相邻的间距应大于此密封件沟槽深度。

② 支承环安装沟槽设计注意事项：

a. POM 和 PA 材料都有吸水膨胀问题，在加工、保存、装配以及使用过程中，都可能因遇水膨胀（或尺寸变化）而产生严重问题。根据作者实践经验，PA06、PA66 和 PA1010（尼龙 06、尼龙 66、尼龙 1010）比 POM 遇水膨胀问题更严重，除装配前遇水（包括水洗、空气中湿气、潮气吸入等），主要可能是由于液压油中含水量过高造成的。产生的问题就是相对往复运动件被抱紧（胀紧）或抱死（胀死）。

b. 支承环厚度超差可能是国产导向带存在的主要问题之一，而且同一制造商不同批次的产品可能一次一个样。

c. 沟槽长度尺寸及公差也应按照标准或产品样本规定设计制造。

d. 沟槽深度不得小于规定的最小深度。

13. 挡圈及其沟槽

（1）O 形圈用挡圈及其沟槽

O 形圈加装挡圈是为了提高 O 形圈的使用压力和使用寿命，防止 O 形圈被挤入低压侧间隙中；在压力进一步加大的情况下，O 形圈从配合间隙处挤

出而破坏。加装了挡圈的 O 形圈密封压力大大提高，静密封可达 63MPa，动密封可达 35MPa。当动密封工作压力超过 10MPa 时（静密封超过 16MPa 时）就应考虑加装挡圈。根据 O 形圈受压情况决定加装数量，单向受压加装一个挡圈，挡圈加装在 O 形圈可能被挤出侧；双向受压加装两个挡圈，将 O 形圈夹装在两个挡圈中间。作者曾在液压翻转机的两组 8 台齿轮齿条液压缸的缸底处密封采用单个 O 形圈，其密封几乎全部在试机中失效，改制缸底密封沟槽并加装了挡圈，此问题得以解决。最常用的加工挡圈材料是聚四氟乙烯，也可用尼龙 6 或尼龙 1010。一般认为 O 形圈用挡圈与偶合件接触，在 O 形圈用于动密封时加装挡圈，有可能使摩擦力增大，甚至在液压机用液压缸上可能会造成滑块无法快下等问题。

这里再次强调，O 形圈是否需要加装挡圈，除了考虑液压缸的工作压力或公称压力（额定压力），还应考虑偶合件配合间隙或单边（最大）间隙（挤出间隙）等。

O 形圈用挡圈尺寸系列及其公差现在还没有标准，国外产品可配套采购，国内液压缸制造商一般多为自行设计制作。

注：GB/T 3452.4—××××《液压气动用 O 形橡胶密封圈第 4 部分：抗挤压环（挡环）》正在制定中，但作者对其送审稿提出了一些意见，包括不同意按活塞直径加公差确定活塞用 O 形圈挡环的外径尺寸及公差等。

如图 2-72 所示，O 形圈用挡圈截面形状通常为矩形；有整体式、斜切口式和螺旋式三种型式。O 形圈用挡圈还有图 2-72d 所示的型式，因其与 O 形圈挤压面呈凹形，试称其为凹面式挡圈，它能更加有利地保护 O 形圈。

挡圈设计应遵循以下原则：要区分轴用、孔用，（封）轴用挡圈内径公差要小，（封）孔用挡圈外径公差要小；加装挡圈占用密封沟槽宽度后，剩余沟槽宽度（容腔）仍要满足 O 形圈溶胀要求。根据对 GB/T 3452.3—2005《液压气动用 O 形橡胶密封圈沟槽》分析，$\phi 1.80mm$、$\phi 2.65mm$、$\phi 3.55mm$ 三种截面 O 形圈用挡圈截面厚度应是 1.4mm，$\phi 5.30mm$ 截面 O 形圈用挡圈截面厚度应是 1.9mm，$\phi 7.00mm$ 截面 O 形圈用挡圈截面厚度应是 2.8mm。考虑到密封沟槽宽度公差及挡圈材料为塑料，挡圈厚度一般可确定为：1.5mm、2.0mm、3.0mm；挡圈与运动偶合面间必须有间隙，不能将配合件抱（或胀）紧或抱（或胀）死，否则摩擦力将有可能增加很大。

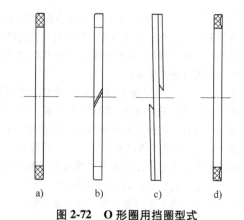

图 2-72　O 形圈用挡圈型式

a）整体式　b）斜切口式　c）螺旋式　d）凹面式

当工作压力 ≤31.5MPa 时，O 形圈用挡圈的尺寸及公差按表 2-135 选取为宜。现在各种文献、资料中关于 O 形圈用挡圈著述各异，读者设计采用时需谨慎。

表 2-135 给出了挡圈的尺寸及公差，使用时根据公称直径（d 或 D）、公称（或额定）压力、偶合件配合间隙、工作温度、工作时间、静或动密封、挡圈材料等选择。

特别强调的是：

1）当使用聚酰胺塑料 PA06、PA1010（尼龙 06、尼龙 1010）等制作挡圈时，可能因遇水或吸潮（湿）而使挡圈尺寸发生变化，所以要求在加工、保存、装配以及使用过程中防止挡圈遇水和吸潮，甚至要求严格控制液压油的含水量。

2）如图 2-73 所示，O 形圈挤压面（接触面）不得倒角（倒圆），而安装与沟槽槽底圆角接触处必须倒角或倒圆。倒角或倒圆尺寸见表 2-136。

3）按 22°~30° 斜切挡圈时，切口为 0~0.15mm，但绝对不可使与 O 形圈挤压面或挤出面上"缺肉"。

（2）U 形圈用挡圈及其沟槽

在一些密封件产品样本中，U 形圈用挡圈也被称为支承环，为了能与已被标准定义过的支承环以区别，以下叙述中统称为 U 形圈用挡圈（或简称为圈）。

U 形圈用挡圈一般是在往复运动中使用，可参照 JB/ZQ 4264 或 JB/ZQ 4265 两标准中规定的挡圈型式与尺寸及公差设计制作。

U 形圈用挡圈一般由聚四氟乙烯（或称氟塑料）、聚酰胺或聚甲醛塑料等工程材料制作，因其材料特性，在液压工作介质压力作用下容易压缩及变形，尽管对上述几种材料进行了改良，但按上述两标

表 2-135　O 形圈用挡圈的尺寸及公差　　（单位：mm）

O 形圈截面直径 d_2	挡圈厚度 T	极限偏差					适用沟槽宽度		
		挡圈厚度公差	内径 d		外径 D		b	b_1	b_2
			孔用	轴用	孔用	轴用			
1.80±0.08	1.5	0 -0.20	+0.070 +0.020	+0.030 0	0 -0.030	-0.020 -0.070	2.4	3.8	5.2
2.65±0.09	1.5		+0.085 +0.025	+0.045 0	0 -0.045	-0.025 -0.085	3.6	5.0	6.4
3.55±0.10	1.5		+0.100 +0.032 +0.120 +0.040	+0.050 0 +0.060 0	0 -0.050 0 -0.060	-0.032 -0.100 -0.040 -0.120	4.8	6.2	7.6
5.30±0.13	2.0	0 -0.30	+0.120 +0.040 +0.140 +0.050 +0.165 +0.060 +0.195 +0.075	+0.060 0 +0.070 0 +0.080 0 +0.090 0	0 -0.060 0 -0.070 0 -0.080 0 -0.090	-0.040 -0.120 -0.050 -0.140 -0.060 -0.165 -0.075 -0.195	7.1	9.0	10.9
7.00±0.15	3.0	0 -0.40	+0.225 +0.090 +0.225 +0.105 +0.260 +0.120 +0.280 +0.130	+0.10 0 +0.12 0 +0.14 0 +0.15 0	0 -0.10 0 -0.12 0 -0.14 0 -0.15	-0.090 -0.225 -0.105 -0.225 -0.120 -0.260 -0.130 -0.280	9.5	12.3	15.1

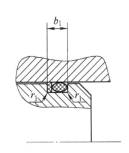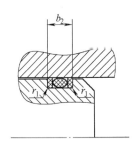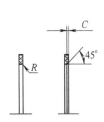

图 2-73　O 形圈用挡圈及其沟槽

表 2-136　挡圈倒角或倒圆（参考 GB/T 6403.4—2008）　　（单位：mm）

沟槽底圆角半径 r_1	0.2	0.3	0.4	0.5	0.6	0.8	1.0	1.2
挡圈圆角半径 R 或 45°倒角 C	0.3	0.4	0.5	0.6	0.8	1.0	1.2	1.6

准设计的挡圈一定会与配偶件表面接触、摩擦。因此，要求挡圈材料具有低摩擦因数，高的耐挤压特性。聚酰胺比聚四氟乙烯具有更高的抗挤压能力，适用于更高压力。

挡圈常用工程材料的摩擦因数可参见表2-137。

某密封件制造商产品样本中的挡圈材料、特性及

适用密封圈见表2-138。

表 2-137　挡圈常用工程材料的摩擦因数

下试样为塑料	上试样为钢		摩擦副为45钢淬火-塑料的摩擦因数 μ	
	静摩擦因数 μ_s	动摩擦因数 μ_k	无润滑	有润滑
聚甲醛	0.14	0.13	0.46	0.016
聚酰胺（尼龙）	0.37	0.34	0.48	0.023
聚四氟乙烯	0.10	0.05	—	—

表 2-138　挡圈材料特性及适用密封圈

材　料	材料代号	特　性	适用密封圈
聚四氟乙烯（或氟塑料）	10FF	纯 PTEF	用于 NBR 或 FKM 材料的 U 形圈，如 OU-HR、UPH、USH、IUH 等
	34WF	比纯 PTEF 性能好	
	31BF		
	19YF	在高压作用下具有高的抗挤出性能和耐磨性能	可用于包括上面的所有 U 形圈，如 ODI、OSI、OUIS、UPI、USI、IDI、ISI、UNI、IUIS 等
	49YF		
聚酰胺	80NP	高压挡圈用材料	
	12NM	高压挡圈用材料，吸水后尺寸变化小	

注：摘自日本 NOK 株式会社 2010 年版的《液压密封系统密封件》。

U 形圈用挡圈材料的选择原则：

1）最大挤出间隙是在发生最大偏心量时出现的，挡圈材料的极限抗挤出能力必须能满足最大挤出间隙要求。

2）一定型式的挡圈材料的极限抗挤出能力主要与最高工作压力、最高工作温度、工作时间等密切相关。

3）在表 2-138 中，材料抗挤出能力由上至下依次递增，其中 10FF、34WF 和 31BF 挡圈材料主要用于 NBR 或 FKM 橡胶材料的 U 形圈。

一定型式的挡圈材料的极限抗挤出能力是以极限挤出间隙表示的，极限挤出间隙是在一定条件下通过理论计算和试验验证取得的。

当最大挤出间隙超出极限挤出间隙时，加装挡圈的 U 形圈也没有长的使用寿命。随着工作压力、工作温度升高和工作时间的延长，挡圈的最大抗挤出能力随之下降，使用寿命也随之缩短。

一般情况下，U 形圈的最大偏心量（允许偏心量）应小于 U 形圈密封沟槽对 U 形圈预压缩量的

20%；最大挤出间隙为单边最大配合间隙与最大偏心量之和。

为了发挥上述两种材料的各自特点，可以将其组合或配对使用，如图 2-74 所示。

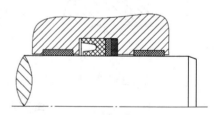

图 2-74　U 形圈用挡圈组合型式

14. 组合密封垫圈及其沟槽

（1）密封垫圈

液压缸油口密封也是液压缸密封设计内容之一。液压缸油口一般有螺纹油口和法兰油口两种型式，分别采用螺纹连接和法兰连接。根据 JB/T 10205—2010 中的相关规定，螺纹油口应符合 GB/T 2878.1—2011 的相关规定。但在实际工作中，液压缸采用 GB/T

19674.1—2005 中规定的螺纹油口更多。

在 JB/T 12706.1—2016 中给出的油口引用标准为 GB/T 2878.1（M 螺纹）和 ISO 1179-1（G 螺纹）。

用于连接液压缸油口的金属管接头有多种型式，其密封型式也有多种，而其中以采用如图 2-75 所示的组合密封垫圈密封最为常见。

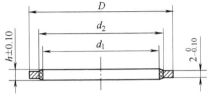

图 2-75　组合密封垫圈密封

JB 982—77《组合密封垫圈》（本标准已废止，仅供参考）仅规定了焊接、卡套、扩口管接头及螺塞密封用组合垫圈，公称压力为 40MPa，工作温度为 −25～80℃。组合密封圈材料：件 1——耐油橡胶 Ⅰ—4；件 2——A2 钢。

组合密封垫圈尺寸见表 2-139。

在 JB/T 966—2005《用于流体传动和一般用途的金属管接头　O 形圈平面密封接头》中规定了另一种图 16 垫圈 DQG，其尺寸见表 2-140，材料为纯铜。

尽管 JB/T 966—2005 代替了 JB 1002—77《密封垫圈》，但是 JB 1002 规定的密封垫圈仍然在实际生产中大量使用，为了便于查对，现将 JB 1002—77《密封垫圈》摘录列于表 2-141。

表 2-139　组合密封垫圈尺寸（摘自 JB 982—77）　　（单位：mm）

适用螺纹	垫圈内径 d_1	垫圈外径 D	垫圈厚度	适用螺纹	垫圈内径 d_1	垫圈外径 D	垫圈厚度
M8	8.4	14		M30	30.5	38	
M10（G1/8）	10.4	16		M33（G1）	33.5	42	
M12（G1/4）	12.4	18		M36	36.5	46	
M14（G1/4）	14.4	20		M39	39.6	50	
M16（G3/8）	16.4	22	$2_{-0.10}^{0}$	M42（G1 1/4）	42.6	53	$2_{-0.10}^{0}$
M18（G3/8）	18.4	25		M45	45.6	56	
M20（G1/2）	20.5	28		M48	47.7	60	
M22（G1/2）	22.5	30		M52	52.7	66	
M24	24.5	32		M60（G2）	60.7	75	
M27（G3/4）	27.5	35					

表 2-140　图 16 垫圈 DQG 尺寸（摘自 JB/T 966—2005）　　（单位：mm）

管子外径	螺纹	d_9		d_{10}		$l_{11}\pm 0.1$
		尺寸	公差	尺寸	公差	
6	M12×1.5	12.2		15.9		1.5
6	M14×1.5	14.2		17.9		1.5
8	M16×1.5	16.2	+0.24	19.9	0	1.5
10	M18×1.5	18.2	0	22.9	−0.14	2
12	M22×1.5	22.2		26.9		2
16	M27×1.5	27.2		31.9	0	2
20	M30×1.5	30.2	+0.28	35.9	−0.28	2
25	M36×2	36.2	0	41.9		2
28	M39×2	39.2		45.9		2
30	M42×2	42.2		48.9		2
35	M45×2	45.2	+0.34	51.9	0	2
38	M52×2	52.2	0	59.9	−0.34	2
42	M60×2	60.2		67.9		2
50	M64×2	64.2		71.9		2

JB 1002—77《密封垫圈》规定了焊接、卡套、扩口管接头及螺塞密封用垫圈。垫圈材料为纯铝、纯铜，退火后的硬度为 32～45HBW。

注：JB 1002—77《密封垫圈》（已于 2017 年 5 月 12 日废止）才应是发布、实施时的标准号，但现在多见 JB/T 1007—1977《密封垫圈》，如 JB/T 966—2005 代替标准。

表 2-141　密封垫圈（摘自 JB 1002—77）　　　　　　（单位：mm）

公称直径	内径 d		外径 D		厚度 H	允许偏心	配用螺纹	
	尺寸	公差	尺寸	公差			螺栓上	螺孔内
4	4.2		7.9					M10×1
5	5.2		8.9					M12×1.25
7	7.2		10.9					M14×1.5
8	8.2		11.9	0 −0.14	1.5	0.1	M8	
10	10.2	+0.24 0	13.9				M10	
12	12.2		15.9					M18×1.5
13	13.2		16.9					M20×1.5
14	14.2		17.9				M14	
15	15.2		18.9					M27×2
16	16.2		19.9				M16	
18	18.2		22.9					M33×2
20	20.2		24.9	0 −0.28			M20	
22	22.2	+0.28 0	26.9				M22	
24	24.2		28.9			0.15		M42×2
27	27.2		31.9				M27	
30	30.2		35.9				M30	
32	32.2		37.9					M60×2
33	33.2		38.9	0 −0.34	2		M33	
36	36.2		41.9				M36	M48×2
39	39.2	+0.34 0	45.9			0.20	M39	
40	40.2		46.9				M40	
42	42.2		48.9				M42	
45	45.2		51.9				M45	
48	48.2		54.9	0 −0.40		0.25	M48	M60×2
52	52.2	+0.40 0	59.9				M52	
60	60.2		67.9				M60	

（2）密封垫圈沟槽

在上文中列出的三种密封垫圈中，以 JB/T 966—2005《用于流体传动和一般用途的金属管接头 O 形圈平面密封接头》为例，其图 17 柱端直通接头 ZZJ 及图 24 固定柱端所示，用于密封垫圈密封固定柱端尺寸及垫圈和油口端密封沟槽见表 2-142。

从表 2-142 可以看出，图 16 垫圈 DQG 并未完全取代 JB 1002—77 规定的密封垫圈，至少其中缺少规格。

当图 17 柱端直通接头 ZZJ 采用 JB 982—77 规定的组合密封圈密封时，并不全部适用，如垫圈 60 JB 982—77 中件 2（件 2—A2）尺寸为 φ75×φ64×2（mm），而图 17 柱端直通接头 ZZJ 的密封凸台直径为 φ64.8mm，密封一定会失效。

油口直径、深度也是液压缸油口连接密封中经常出现问题的地方，因油口直径小了（如达到最小尺寸）、油口深了（如达到最大尺寸），都可能导致油口无法密封。

15. 耐高温、高压密封圈

液压缸是能量转换装置，必定会有一部分能量损失，而这部分损失能量大部转化成了热能（量）。（超）高压液压缸在相同体积重量下可以转换更高（多）的能量，因此现在的液压系统和元件都在追求高压或超高压。高压在很多情况下伴随着高温，为了降低液压系统及元件的最高工作温度，一般需要采用冷却系统，但这同样需要能量。

如果液压系统和元件都允许在一定高温、高压下运行，那么至少可以节约冷却系统这部分能量。液压缸作为执行元件，不仅是因为自身产生热量，还可能因所驱动的负载传递热能及周围环境热能辐射造成温度高于系统温度，所以液压缸密封设计必须要预判工作温度范围。

现在，在最高工作温度为 150℃、最高工作压力 ≤35MPa 的液压缸密封系统设计已日臻成熟，但对更高的温度、压力下的液压缸密封系统设计必须慎重。

表 2-149 中所介绍的一种非典型 U 形圈（嵌装金属弹簧）活塞密封系统，其工作温度范围可能在 -60~150℃。

表 2-142　柱端直通接头 ZZJ 密封垫圈密封固定柱端尺寸
及垫圈和油口端密封沟槽尺寸　　　　　　（单位：mm）

JB/T 966—2005					JB 982—77	GB/T 2878.1—2011	GB/T 19674.1—2005
图 17 柱端直通接头 ZZJ 图 24 固定柱端				图 16 垫圈 DQG	组合密封垫圈	油口端密封沟槽	螺纹油口密封沟槽
螺纹 D_1	密封凸台直径 $d_{19}\pm0.20$	密封凸台厚度 $l_{28}\pm0.10$	S_4	$d_{10}\times l_{11}$	外径×厚度 $D\times h'$	直径×深度 $d_{2min}\times L_{3max}$	直径×深度 $d_{4min}\times L_{1max}$
M10×1	13.8	2.5	14	—	16×2	20、16×1	15×1
M12×1.5	16.8	2.5	17	15.9×1.5	18×2	23、19×1.5	18×1.5
M14×1.5	18.8	2.5	18	17.9×1.5	20×2	25、21×1.5	20×1.5
M16×1.5	21.8	2.5	22	19.9×1.5	22×2	28、24×1.5	23×1.5
M18×1.5	23.8	2.5	24	22.9×2	25×2	30、26×2	25×2
M22×1.5	26.8	2.5	30	26.9×2	30×2	33、29×2	28×2.5
M27×2	31.8	2.5	32	31.9×2	35×2	40、34×2	33×2.5
M33×2	40.8	3	41		42×2	49、43×2.5	41×2.5
M42×2	49.8	3	50	48.9×2	53×2	58、52×2.5	51×2.5
M48×2	54.8	3	55	—	60×2	63、57×2.5	56×2.5
M60×2	64.8	3	65	67.9×2	75×2	74、67×2.5	—

注：表中图 16、图 17 和图 24 及符号含义见 JB/T 966—2005。

（1）密封材料最高工作温度

在 HG/T 2579—2008《普通液压系统用 O 形橡胶密封圈材料》中分别规定了工作温度范围为 -40~100℃和 -25~125℃的 O 形橡胶密封圈材料。

在 HG/T 2021—2014《耐高温滑油 O 形橡胶密封圈》中规定的密封材料按不同介质分为 I 类、II 类、III 类和Ⅳ类，I 类是以丁腈橡胶 NBR 为代表，适用于石油基滑油，工作温度范围一般为 -25~125℃，短期可达 150℃；II 类是低压缩变形氟橡胶 FKM 为代表，适用于合成脂类润滑油，工作温度范围一般为 -15~200℃，短期可达 250℃。III 类是以丙烯酸酯橡胶 ACM 和乙烯丙烯酸酯橡胶 AEM 为代表，适用于石油基润滑油，工作温度范围一般为 -20~150℃，短期可达 175℃。III 类是以氢化丁腈橡胶 HNBR 为代表，适用于石油基润滑油，工作温度范围一般为 -25~150℃，短期可达 160℃。

在 HG/T 2810—2008《往复运动橡胶密封圈材料》中规定的密封材料分为 A、B 两类，A 类为丁腈橡胶材料，工作温度范围为 -30~100℃；B 类为浇注型聚氨酯材料，工作温度范围为 -40~80℃。

（2）密封圈最高工作温度

根据 JB/T 10205—2010《液压缸》中高温试验的规定：在额定压力下，向被试液压缸输入 90℃的工作油液，全程往复运行 1h，应符合由客户与制造商商定的高温性能要求。同时规定：一般情况下，液压缸工作的环境温度应在 -20~50℃范围内，工作介质温度应在 -20~80℃范围内。在 GB/T 7935—2005《液压元件　通用技术条件》中规定：试验油液除特殊规定外，试验时油液温度应为 50℃（A 级±1.0℃、B 级±2.0℃、C 级±4.0℃）。在 GB/T 15622—2005《液压缸试验方法》中规定：除特殊规定外，型式试验应在 50℃±2℃下进行，出厂试验应在 50℃±4℃下进行。

在 GB/T 3452.1—2005《液压气动用 O 形橡胶密封圈　第 1 部分：尺寸系列及公差》中未对工作温度作出规定。

在 JB/T 7757.2—2006《机械密封用 O 形橡胶圈》中规定了丁腈橡胶 O 形圈的工作温度范围为 -30~100℃；氟橡胶的工作温度范围为 -20~200℃。

在 JB/T 10706—2007《机械密封用氟塑料包覆橡胶 O 形圈》中规定的工作温度范围为 -60~200℃（氟橡胶包覆 FEP 为 -20~180℃、硅橡胶包覆 FEP 为 -60~180℃、氟橡胶包覆为 PFA -20~200℃、硅橡胶包覆为 -60~200℃）。

在 GB/T 15242.1—2017《液压缸活塞和活塞杆动密封装置尺寸系列　第 1 部分：同轴密封件尺寸系列和公差》中未对工作温度作出规定。

在 GB/T 15242.2—2017《液压缸活塞和活塞杆动密封装置尺寸系列　第 2 部分：支承环尺寸系列和公差》中规定的使用温度范围为 -30~100℃（聚

甲醛支承环)、-60~1200℃（酚醛树脂夹织物支承环）、-60~150℃［填充聚四氟乙烯（PTFE）支承环］。

在 GB/T 10708.1—2000《往复运动橡胶密封圈结构尺寸系列 第1部分：单向密封橡胶密封圈》、GB/T 10708.2—2000《往复运动橡胶密封圈结构尺寸系列 第2部分：双向密封橡胶密封圈》和 GB/T 10708.3—2000《往复运动橡胶密封圈结构尺寸系列 第3部分：橡胶防尘密封圈》等标准中未对工作温度作出规定。

在 JB/ZQ 4264—2006《孔用 Y_x 形密封圈》和 JB/ZQ 4265—2006《轴用 Y_x 形密封圈》中规定的工作温度范围为-40(-20)~80℃。

在 MT/T 985—2006《煤矿用立柱和千斤顶聚氨酯密封圈技术条件》中规定的密封圈适应工作温度范围为-20~60℃。

（3）密封圈最高工作压力

根据 GB/T 10205—2010《液压缸》中耐压试验的规定：将被试液压缸活塞分别停在形成的两端（单作用液压缸处于行程极限位置），分别向工作腔施加1.5倍公称压力的油液，型式试验保压2min，出厂试验保压10s，应不得有外泄漏及零件损坏等现象。

在 GB/T 3452.1—2005《液压气动用 O 形橡胶密封圈 第1部分：尺寸系列及公差》中未对最高工作压力作出规定。

在 GB/T 15242.1—1994《液压缸活塞和活塞杆动密封装置用同轴密封件尺寸系列和公差》（已被代替）中规定的最高工作压力为40MPa。

在 GB/T 15242.1—2017《液压缸活塞和活塞杆动密封装置尺寸系列 第1部分：同轴密封件尺寸系列和公差》中未对最高工作压力作出规定。

在 GB/T 10708.1—2000《往复运动橡胶密封圈结构尺寸系列 第1部分：单向密封橡胶密封圈》中规定了 Y 形圈的最高工作压力为25MPa、蕾形圈的最高工作压力为50MPa 及 V 形组合圈的最高工作压力60MPa。

GB/T 10708.2—2000《往复运动橡胶密封圈结构尺寸系列 第2部分：双向密封橡胶密封圈》中规定了鼓形圈的最高工作压力为70MPa、山形圈的最高工作压力为35MPa。

GB/T 36520.1—2018《聚氨酯密封件尺寸系列 第1部分：活塞往复运动密封圈的尺寸和公差》中规定了单体 U 形密封圈、单体 Y×D 密封圈的最高工作压力为35MPa（介质为矿物油，应用领域为工程缸）；单体鼓形密封圈、单体山形密封圈的最高工作压力为45MPa［介质为水加乳化液（油），应用领域为液压支架］；T 形沟槽组合鼓形密封圈、直沟槽组合鼓形密封圈的最高工作压力为90MPa［介质为水加乳化液（油），应用领域为液压支架］。

GB/T 36520.2—2018《聚氨酯密封件尺寸系列 第2部分：活塞杆往复运动密封圈的尺寸和公差》中规定了单体 U 形密封圈、单体 Y×d 密封圈的最高工作压力为35MPa（介质为矿物油，应用领域为工程缸）；单体蕾形密封圈的最高工作压力为45MPa［介质为水加乳化液（油），应用领域为液压支架］；组合类型密封圈的最高工作压力为60MPa［介质为水加乳化液（油），应用领域为液压支架］。

在 JB/ZQ 4264—2006《孔用 Y_x 形密封圈》和 JB/ZQ 4265—2006《轴用 Y_x 形密封圈》中规定的最高工作压力为31.5MPa。

在 JB/T 982—1977《组合密封垫圈》中规定的最高工作压力为40MPa。

在 MT/T 985—2006《煤矿用立柱和千斤顶聚氨酯密封圈技术条件》中规定了双向密封圈的最高工作压力为60MPa、单向密封圈的最高工作压力为40MPa。

（4）耐高温、高压密封圈

根据液压缸密封相关标准及现有密封件（圈）材料、结构型式、使用工况等，将最高工作温度高于90℃、最高工作压力大于31.5MPa 的静密封圈（如 O 形圈）、往复运动密封圈（件）等定义为耐高温、（超）高压密封圈。

密封圈耐高温、高压密封性能的预判比较困难，主要是其不仅与密封材料、结构型式相关，而且还与使用工况等相关，如密封圈的挤出间隙（含偏心量的最大挤出间隙）就很难在设计时判定准，因此任何一台液压缸密封设计都必须在实际工况下通过检验（实机密封性能检验）。

在此提醒读者注意，在 GB/T 32217—2015《液压传动 密封装置 评定液压往复运动密封件性能的试验方法》中规定的试验介质温度为60~65℃，（最高）试验压力为31.5MPa。

1）耐高温、高压 O 形圈。如图 2-76 所示，耐高温、高压静密封用 O 形圈必须加装挡圈，双向密封时在 O 形圈两侧各加装一个（含配对式）或两个挡圈（组合式），单向密封时在 O 形圈可能被挤出侧加装一个（含配对式）或两个挡圈（组合式）。

高温下静密封用 O 形圈密封材料可按表 2-143 选取。

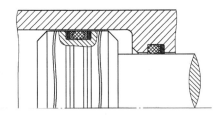

图 2-76　耐高温、高压静密封 O 形圈及其挡圈

表 2-143　高温下静密封用 O 形圈密封材料

密封材料	NBR Ⅰ	NBR Ⅱ	HNBR	FKM	FFKM
最高工作温度	100℃	125℃	150℃	200℃	260℃

注：摘自德克迈特德氏封密封（上海）有限公司的静密封产品样本。

O 形圈用挡圈请参阅第 2.10.5.12 节 O 形圈用挡圈及其沟槽。

表 2-144 列出了某密封件厂家 O 形橡胶密封圈的使用工况。

2）其他耐高温、高压形圈

表 2-144　O 形橡胶密封圈的使用工况

密封材料	最高工作压力/MPa	工作温度范围/℃	最高速度/(m/s)	应　用　场　合
弹性体	200	−60 ～+200	0.5	双向静、动（往复、旋转、螺旋运动）密封

注：摘自特瑞堡 2011 版的工业密封产品目录。

表 2-145　同轴密封件适用工况

同轴密封件 Ⅰ	同轴密封件 Ⅱ	同轴密封件 Ⅲ
−40～100℃	−25～125℃	−20～200℃
PTEF+NBR Ⅰ	PTEF+NBR Ⅱ	PTEF+FKM

更严重的问题还在于，有国内密封件制造商将同轴密封件工作温度范围标定为−55～260℃，可能需要更多套密封件以适应上述温度。因此，在设计、使用同轴密封件时必须注意。

② 唇形密封圈。尽管聚氨酯唇形密封圈在各标准、产品样本中标定的工作温度范围不同（见表 2-146），但一般用于最高工作温度＞90℃、最高工作压力＞31.5MPa 的液压缸往复运动密封还是有危险的。

表 2-146　聚氨酯橡胶最高工作温度

标准规定	样本 1	样本 2	样本 3	样本 4	样本 5	样本 6
80℃	110℃	100℃	110℃	110℃	80℃	100℃

在加热装配（安装）聚氨酯唇形密封圈时可参考表 2-146 给出的最高加热温度，但作者认为加热温

① 同轴密封件。由于 GB/T 15242.1—2017 修改了 GB/T 15242.1—1994 中的"范围"，致使按 GB/T 15242.1—2017 选择、使用该标准规定的同轴密封件没有了依据。

尽管在 GB/T 15242.1—1994《液压缸活塞和活塞杆动密封装置用同轴密封件尺寸系列和公差》（已被代替）中规定了适用于以液压油为工作介质、压力 ≤40MPa，速度 ≤5m/s、工作温度范围为−40～200℃的往复运动液压缸活塞和活塞杆的密封，但同轴密封件中塑料滑环和弹性体材料组号并未规定（材料组号由用户与生产厂协商而定），而其他标准中也没有相应规定，如在 HG/T 2579—2008《普通液压系统用 O 形橡胶密封圈材料》中仅规定了 Ⅰ、Ⅱ 两类（每类分为四个硬度等级）的 O 形橡胶密封圈材料，且其最高工作温度只有 125℃，因此给液压缸密封设计带来困难。

在 GB/T 15242.1—1994（已被代替）标准中规定的工作温度范围为−40～200℃，不是一套密封装置能够达到的，根据现行标准起码应该是三套，见表 2-145。

度不宜高于 90℃。

氟橡胶唇形密封圈加装挡圈可用于液压缸的高温、高压密封，但有些规格品种需向密封件制造商特殊订购。

某公司氟橡胶唇形（含 V 形）高温、高压密封圈的见表 2-147。

其他如全氟橡胶（FFKM）、氟硅橡胶（FVQM）等耐高温密封材料的唇形密封圈几乎全部需要特殊订购。

③ 防尘密封圈。在液压缸密封系统中，防尘密封圈不只具有防尘作用，还可能具有辅助密封作用；加之金属零部件热传导作用，在高温液压缸上的防尘圈也一样要承受高温。

在 GB/T 10798.3—2000 中规定的橡胶防尘密封圈因其密封材料（一般为丁腈橡胶或聚氨酯橡胶）的原因，通常无法满足高温、高压液压缸使用工况要求。

作者注：在 GB/T 32217—2015 规定的试验装置中，防尘圈的材料为丁腈橡胶，硬度为 70～75IRHD。

表 2-147 氟橡胶唇形（含 V 形）高温、高压密封圈

密封件类型		密封材料	工作温度范围 /℃	最高工作压力 /MPa	使用速度 /(m/s)	备注
活塞密封	UHP+挡圈	FKM+PTEF(PA)	−10~150	34.3	0.04~1.0	标型
	UNP+挡圈					特订
	MLP+挡圈					标型
	组合 VNF	夹布 FKM		58.8	0.1~1.5	标型
活塞杆密封	UHR+挡圈	FKM+PTEF(PA)		34.3	0.04~1.0	标型
	UNR+挡圈					特订
	MLR+挡圈					标型
	UHS+挡圈					标型
	UNS+挡圈					特订
	组合 VNF	夹布 FKM		58.8	0.1~1.5	标型
	组合 MV	夹布 FKM		34.3		标型

注：摘自华尔卡（上海）贸易有限公司 2012 版的液压用密封圈。

如图 2-77 所示，与同轴密封件原理相同的另一类型防尘密封圈可以满足高温、高压液压缸使用工况要求，这一类型防尘圈也是由塑料滑环和弹性体（O 形圈）组成的，塑料滑环起防尘和密封作用，O 形圈对塑料环施压（赋能），其原理与同轴密封件相同，具体请参见第 2.10.5.8 节同轴密封件及其沟槽。这一类型防尘密封圈或可命名为滑环式（同轴）组合防尘密封圈（简称滑环式防尘圈）。

某公司几种滑环式防尘圈的使用工况见表 2-148。

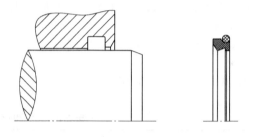

图 2-77 滑环式防尘圈

表 2-148 几种滑环式防尘圈的使用工况

滑环式组合防尘圈	尺寸范围 /mm	密封材料	工作温度范围 /℃	最高速度 /(m/s)	作用	应用场合
防尘圈 I	4~2600	PTEF+FKM	−10~200	15	双	轻、中、重型
防尘圈 II	20~2600	PTEF+FKM	−10~200	15	双	轻、中、重型
防尘圈 III	19~1000	PTEF+FKM	−10~200	15	双	轻、中、重型
防尘圈 IV	100~1000	PTEF+FKM	−10~200	5	双	轻、中、重型

注：1. 摘自特瑞堡 2011 版的工业密封产品目录。

2. 摘自特瑞堡密封系统（中国）有限公司 2012 版的直线往复运动液压密封件。

2.10.6 常见液压缸密封结构型式

1. 液压缸密封系统的定义

在液压缸密封及其设计中经常使用密封件（圈）、组合密封件（圈）、复合密封圈、密封装置等专业术语或词汇，现在国内外密封件产品样本中经常使用液压缸"密封系统"这一术语，包括在标准中使用，但至今这一术语也未见在国内任何一个标准中被定义。

作者试将"液压缸密封系统"这一术语给出如下定义，即产生密封、控制泄漏和/或污染的一组按液压缸密封要求串联排列的密封件的配置。

需要说明的是，此处密封件为特指在液压缸上使用的密封圈、挡圈、支承环（导向环）和防尘圈等的总称，即密封装置是由一个或多个密封件和配套件（如挡圈、弹簧、金属壳），再加上导向环、支承环、支撑环等组合而成的装置。

液压缸密封系统这一术语有其确定的内涵与外延，其内涵为：

1）必须是两个或两个以上密封件的配置，单个密封件不能称为密封系统。

2）用于密封同一个泄漏间隙（或称配合间隙）的两个或两个以上密封件只能是串联排列（配置）；

对背对背布置的活塞密封, 严格来讲不能称为密封系统。但为了表述方便, 本手册中有时也将上面 1)、2) 所述的密封件配置归类到活塞密封系统中。

3) 液压缸密封系统一般由活塞密封系统和活塞杆密封系统两个子密封系统组成。

4) 液压缸密封系统必须满足液压缸密封 (性能) 要求。

5) 液压缸密封系统强调的 (特征) 是各密封件间的协调、统一配置。

其外延为: 适用于液压缸的密封。

为了在液压缸密封及其设计中表述密封系统, 确定如下表示方法:

1) 活塞密封系统按离液压缸无杆腔油口, 活塞杆密封系统按离 (有杆腔) 液压缸油口最近的一个密封件开始表述。

2) 双杆缸活塞密封系统按离图样左端油口最近的密封件开始表述。

3) 定义 (符号) 的密封件按定义表示, 无定义 (符号) 密封件用汉字表示, 串联配置用 "+" 号表示。

4) 装配在一个零 (部) 件上的密封件一般在一个密封系统中表述。

5) 密封系统适用工况暂定为: 最高工作压力或工作压力范围、最高工作温度或工作温度范围、最高往复运动速度或往复运动速度范围。

密封系统适用工况可进一步参见表 2-157 液压缸密封设计额定工况汇总表。

6) 液压缸的液压工作介质一般为液压油或性能相当的其他矿物油, 如果采用其他工作介质, 如水-乙二醇、磷酸酯难燃液压液等, 需特别注明。

2. 常见液压缸密封的结构型式

(1) 液压缸活塞密封系统

几种液压缸的活塞密封系统见表 2-149。

表 2-149　几种液压缸的活塞密封系统

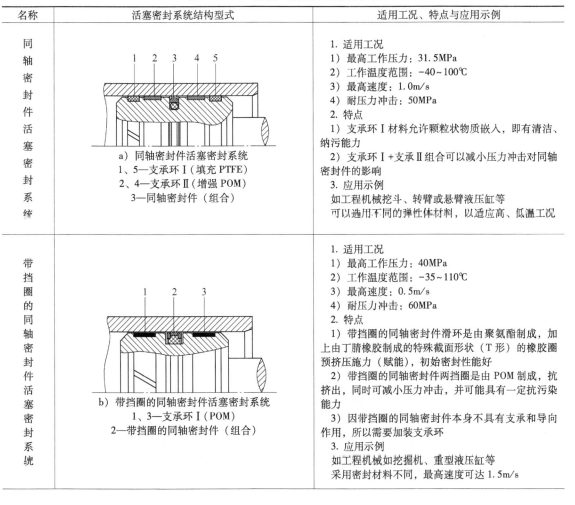

名称	活塞密封系统结构型式	适用工况、特点与应用示例
同轴密封件活塞密封系统	a) 同轴密封件活塞密封系统 1、5—支承环Ⅰ (填充 PTFE) 2、4—支承环Ⅱ (增强 POM) 3—同轴密封件 (组合)	1. 适用工况 1) 最高工作压力: 31.5MPa 2) 工作温度范围: -40~100℃ 3) 最高速度: 1.0m/s 4) 耐压力冲击: 50MPa 2. 特点 1) 支承环Ⅰ材料允许颗粒状物质嵌入, 即有清洁、纳污能力 2) 支承环Ⅰ+支承环Ⅱ组合可以减小压力冲击对同轴密封件的影响 3. 应用示例 如工程机械挖斗、转臂或悬臂液压缸等 可以选用不同的弹性体材料, 以适应高、低温工况
带挡圈的同轴密封件活塞密封系统	b) 带挡圈的同轴密封件活塞密封系统 1、3—支承环Ⅰ (POM) 2—带挡圈的同轴密封件 (组合)	1. 适用工况 1) 最高工作压力: 40MPa 2) 工作温度范围: -35~110℃ 3) 最高速度: 0.5m/s 4) 耐压力冲击: 60MPa 2. 特点 1) 带挡圈的同轴密封件滑环是由聚氨酯制成, 加上由丁腈橡胶制成的特殊截面形状 (T 形) 的橡胶圈预挤压施力 (赋能), 初始密封性能好 2) 带挡圈的同轴密封件两挡圈是由 POM 制成, 抗挤出, 同时可减小压力冲击, 并可能具有一定抗污染能力 3) 因带挡圈的同轴密封件本身不具有支承和导向作用, 所以需要加装支承环 3. 应用示例 如工程机械如挖掘机、重型液压缸等 采用密封材料不同, 最高速度可达 1.5m/s

（续）

名称	活塞密封系统结构型式	适用工况、特点与应用示例
典型U形圈活塞密封I	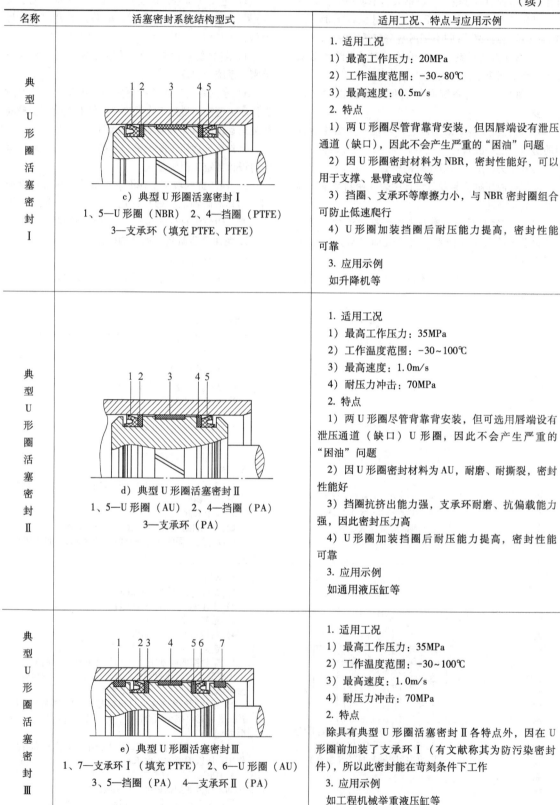c）典型U形圈活塞密封I 1、5—U形圈（NBR）　2、4—挡圈（PTFE） 3—支承环（填充PTFE、PTFE）	1. 适用工况 1）最高工作压力：20MPa 2）工作温度范围：-30～80℃ 3）最高速度：0.5m/s 2. 特点 1）两U形圈尽管背靠背安装，但因唇端设有泄压通道（缺口），因此不会产生严重的"困油"问题 2）因U形圈密封材料为NBR，密封性能好，可以用于支撑、悬臂或定位等 3）挡圈、支承环等摩擦力小，与NBR密封圈组合可防止低速爬行 4）U形圈加装挡圈后耐压能力提高，密封性能可靠 3. 应用示例 如升降机等
典型U形圈活塞密封II	d）典型U形圈活塞密封II 1、5—U形圈（AU）　2、4—挡圈（PA） 3—支承环（PA）	1. 适用工况 1）最高工作压力：35MPa 2）工作温度范围：-30～100℃ 3）最高速度：1.0m/s 4）耐压力冲击：70MPa 2. 特点 1）两U形圈尽管背靠背安装，但可选用唇端设有泄压通道（缺口）U形圈，因此不会产生严重的"困油"问题 2）因U形圈密封材料为AU，耐磨、耐撕裂，密封性能好 3）挡圈抗挤出能力强，支承环耐磨、抗偏载能力强，因此密封压力高 4）U形圈加装挡圈后耐压能力提高，密封性能可靠 3. 应用示例 如通用液压缸等
典型U形圈活塞密封III	e）典型U形圈活塞密封III 1、7—支承环I（填充PTFE）　2、6—U形圈（AU） 3、5—挡圈（PA）　4—支承环II（PA）	1. 适用工况 1）最高工作压力：35MPa 2）工作温度范围：-30～100℃ 3）最高速度：1.0m/s 4）耐压力冲击：70MPa 2. 特点 除具有典型U形圈活塞密封II各特点外，因在U形圈前加装了支承环I（有文献称其为防污染密封件），所以此密封能在苛刻条件下工作 3. 应用示例 如工程机械举重液压缸等

（续）

名称	活塞密封系统结构型式	适用工况、特点与应用示例
非典型U形圈（嵌装金属弹簧）活塞密封	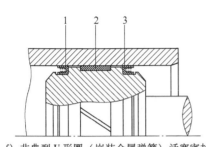 f）非典型U形圈（嵌装金属弹簧）活塞密封 1、3—非典型U形圈Ⅰ（PTFE+不锈钢） 2—支承环（填充PTFE）	1. 适用工况 1）最高工作压力：30MPa 2）工作温度范围：-60~150℃ 3）最高速度：15m/s 4）耐压力冲击：45MPa 2. 特点 1）因U形圈凹口内嵌装了金属弹簧，其初始密封性能好，高压密封可靠 2）摩擦力小，没有爬行，耐磨性好 3）贮存寿命长，使用寿命长 4）适用范围广 3. 应用示例如食品、医药及其他腐蚀性介质，极端温度条件下使用的液压缸；在轧钢机械液压缸上也有应用 4. 说明 1）另一应用示例是用于食品灌装机液压缸，不同之处在于U形金属弹簧凹口空腔内预先填充满了硅胶，避免液体中含有的固体颗粒物进入，影响密封性能 2）当液压缸采用上述非典型U形圈（嵌装金属弹簧）活塞密封系统时，应在活塞杆密封系统中同时采用非典型U形圈（嵌装金属弹簧）活塞杆密封系统，其活塞杆密封系统为支承环（填充PTFE）+非典型U形圈（PTFE+不锈钢）+单唇防尘圈（同轴密封件，PTFE+橡胶） 同轴密封件类型的防尘圈工作温度范围-45~200℃
非典型组合U形圈+同轴密封件活塞密封系统	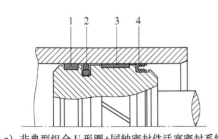 g）非典型组合U形圈+同轴密封件活塞密封系统 1—支承环Ⅰ（填充PTFE）　2—同轴密封件（组合） 3—支承环Ⅱ（POM）　4—非典型组合U形圈（组合）	1. 适用工况 1）最高工作压力：35MPa 2）工作温度范围：-45~110℃ 3）最高速度：1.0m/s 4）耐压力冲击：50MPa 2. 特点 1）适用于高压、高压力冲击的重载液压缸 2）非典型组合U形圈动、静密封性能优异，适用于长时间单向保压 3）支承环Ⅰ为防污染密封件，活塞密封系统抗污染能力强 4）密封性能可靠，使用寿命长 3. 应用示例 如液压机用液压缸等 此活塞密封系统为作者设计

（2）液压缸活塞杆密封系统

几种液压缸活塞杆的密封系统见表 2-150。

表 2-150　几种液压缸活塞杆的密封系统

名称	活塞杆密封系统结构型式	适用工况、特点与应用示例
同轴密封件+唇形密封圈活塞杆密封系统	 a）同轴密封件+唇形密封圈活塞杆密封系统 1—支承环Ⅰ（填充 PTFE）　2、4—支承环Ⅱ（增强 POM）　3—同轴密封件（组合） 5—唇形密封圈（AU）　6—防尘圈（AU）	1. 适用工况 1）最高工作压力：31.5MPa 2）工作温度范围：−40～100℃ 3）最高速度：1.0m/s 4）耐压力冲击：50MPa 2. 特点 1）支承环Ⅰ材料允许颗粒状物质嵌入，即有清洁、纳污能力 2）支承环Ⅰ+支承环Ⅱ组合可以减小压力冲击对同轴密封件的影响 3）同轴密封件+唇形密封圈组合能够做到近乎"零"泄漏 4）使用单唇带骨架防尘密封圈（注意：骨架与标准规定的型式不同） 3. 应用示例 如工程机械吊杆、挖斗或悬臂液压缸等
缓冲密封圈+唇形密封圈活塞杆密封系统	 b）缓冲密封圈+唇形密封圈活塞杆密封系统 1、3—支承环（POM）　2—缓冲密封圈（组合） 4—唇形密封圈（AU）　5—防尘圈（AU）	1. 适用工况 1）最高工作压力：40MPa 2）工作温度范围：−30～100℃ 3）最高速度：0.5m/s 4）耐压力冲击：60MPa 采用密封材料不同，最高速度可达 1.0m/s 2. 特点 1）加装缓冲密封圈后可以减小压力冲击对唇形密封圈的影响 2）可以抑制液压油油温的传递 3）缓冲密封圈本身即嵌装有挡圈，而且是专门为密封系统开发的 4）缓冲密封圈+唇形密封圈组合使用寿命长，并且能够做到近乎"零"泄漏 5）一般使用双唇防尘密封圈 3. 应用示例 工程机械，如挖掘机液压缸、重型液压缸等
两道同轴密封件活塞杆密封系统Ⅰ	 c）两道同轴密封件活塞杆密封系统Ⅰ 1、2—同轴密封件（PTFE+NBR） 3—防尘圈（同轴密封件，PTFE+NBR）	1. 适用工况 1）最高工作压力：20MPa 2）工作温度范围：−40～130℃ 3）最高速度：15m/s 4）耐压力冲击：60MPa 2. 特点 1）相同的同轴密封件两道排列以适应高速、高冲击压力 2）低摩擦、无爬行 3）耐磨性好、寿命长 4）使用同轴密封件类型的双唇防尘密封圈 3. 应用示例 如液压锤等

（续）

名称	活塞杆密封系统结构型式	适用工况、特点与应用示例
两道同轴密封件活塞杆密封系统Ⅱ	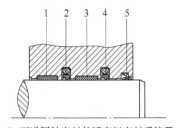 d）两道同轴密封件活塞杆密封系统Ⅱ 1—同轴密封件Ⅰ（PTFE+NBR） 2—同轴密封件Ⅱ（AU+NBR）　3—防尘圈（AU）	1. 适用工况 1）最高工作压力：25MPa 2）工作温度范围：−40~130℃ 3）最高速度：1.0m/s 4）耐压力冲击：60MPa 2. 特点 1）不同的同轴密封件两道排列以适应高压、高冲击压力 2）静、动密封性能好，因具有"杆带回"功能，可做到"零"泄漏 3）耐磨性好、寿命长 4）使用双唇防尘密封圈 3. 应用示例 因无支承环，适用于特定液压缸 O形圈密封材料可另选FKM等
两道同轴密封件活塞杆密封系统Ⅲ	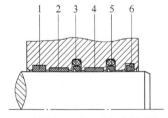 e）两道同轴密封件活塞杆密封系统Ⅲ 1、3—支承环Ⅰ（夹织物PA）　2—同轴密封件Ⅰ （PTFE+NBR）　4—同轴密封件Ⅱ（AU+NBR） 5—防尘圈（AU）	1. 适用工况 1）最高工作压力：25MPa 2）工作温度范围：−40~130℃ 3）最高速度：1.0m/s 4）耐压力冲击：60MPa 2. 特点 1）不同的同轴密封件两道排列以适应高压、高冲击压力 2）静、动密封性能好，因具有"杆带回"功能，可做到"零"泄漏 3）耐磨性好、寿命长 4）使用双唇防尘密封圈 3. 应用示例 通用液压缸，如汽车、机床、注塑机和工程机械液压缸等 O形圈材料可另选FKM等
两道同轴密封件活塞杆密封系统Ⅳ	 f）两道同轴密封件活塞杆密封系统Ⅳ 1—支承环Ⅰ（填充PTFE）　2、4—支承环Ⅱ （夹织物PA）　3—同轴密封件Ⅰ（PTFE+NBR） 5—同轴密封件Ⅱ（AU+NBR） 6—防尘圈（同轴密封件，PTFE+NBR）	1. 适用工况 1）最高工作压力：25MPa 2）工作温度范围：−40~130℃ 3）最高速度：1.0m/s 4）耐压力冲击：60MPa 2. 特点 1）不同的同轴密封件两道排列以适应高压、高冲击压力 2）静、动密封性能好，因具有"杆带回"功能，可做到"零"泄漏 3）三道导向且具有清洁、纳污能力，抗偏载能力强 4）耐磨性好、寿命长 5）使用双唇防尘密封圈 3. 应用示例 如机床、工程机械液压缸等 4. 说明 1）使用两道同轴密封件及双唇防尘圈密封活塞杆时，两道同轴密封件间及与双唇防尘圈间应留有足够间距（空间），以利于"杆带回"功能发挥 2）两道同轴密封件材料采用硬+软配置、三道支承环材料采用软+硬+硬配置比较合理 3）没有支承环导向或轴承材料制成的导向套导向的活塞杆密封系统没有使用寿命，除非内部或外部结构可以提供这种导向，如液压锤 O形圈密封材料可另选FKM等

（续）

名称	活塞杆密封系统结构型式	适用工况、特点与应用示例
U形圈活塞杆密封系统 I	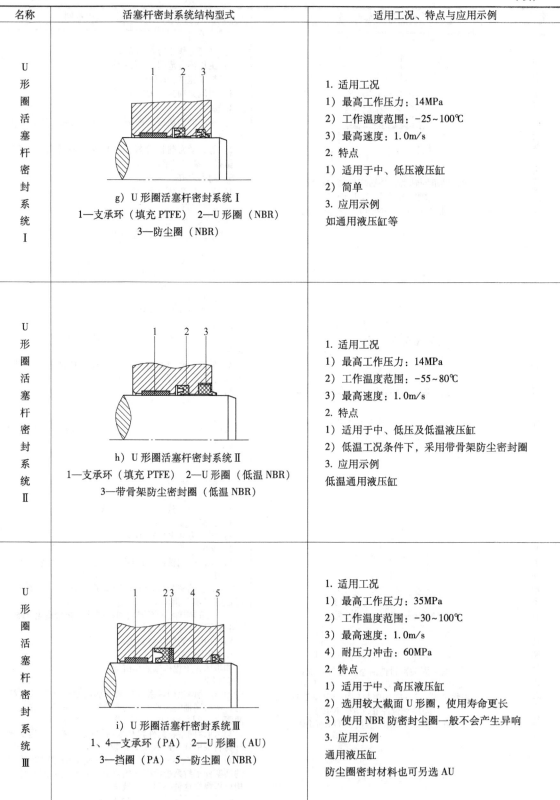 g）U形圈活塞杆密封系统 I 1—支承环（填充 PTFE）　2—U形圈（NBR） 3—防尘圈（NBR）	1. 适用工况 1）最高工作压力：14MPa 2）工作温度范围：−25~100℃ 3）最高速度：1.0m/s 2. 特点 1）适用于中、低压液压缸 2）简单 3. 应用示例 如通用液压缸等
U形圈活塞杆密封系统 II	h）U形圈活塞杆密封系统 II 1—支承环（填充 PTFE）　2—U形圈（低温 NBR） 3—带骨架防尘密封圈（低温 NBR）	1. 适用工况 1）最高工作压力：14MPa 2）工作温度范围：−55~80℃ 3）最高速度：1.0m/s 2. 特点 1）适用于中、低压及低温液压缸 2）低温工况条件下，采用带骨架防尘密封圈 3. 应用示例 低温通用液压缸
U形圈活塞杆密封系统 III	i）U形圈活塞杆密封系统 III 1、4—支承环（PA）　2—U形圈（AU） 3—挡圈（PA）　5—防尘圈（NBR）	1. 适用工况 1）最高工作压力：35MPa 2）工作温度范围：−30~100℃ 3）最高速度：1.0m/s 4）耐压力冲击：60MPa 2. 特点 1）适用于中、高压液压缸 2）选用较大截面 U形圈，使用寿命更长 3）使用 NBR 防密封尘圈一般不会产生异响 3. 应用示例 通用液压缸 防尘圈密封材料也可另选 AU

（续）

名称	活塞杆密封系统结构型式	适用工况、特点与应用示例
蕾形圈活塞杆密封系统	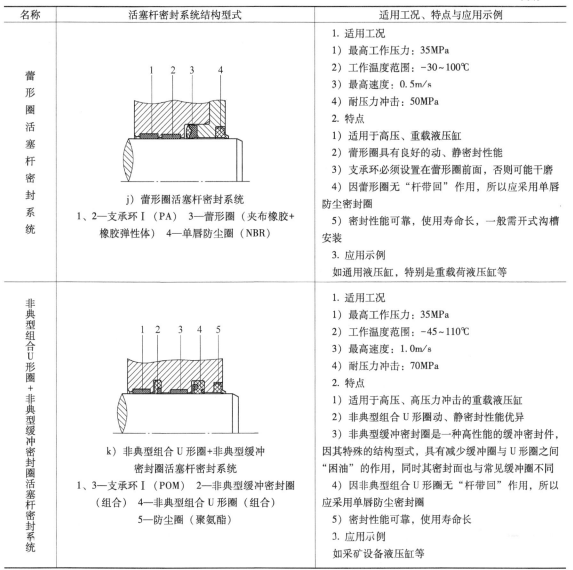 j）蕾形圈活塞杆密封系统 1、2—支承环 I（PA） 3—蕾形圈（夹布橡胶+橡胶弹性体） 4—单唇防尘圈（NBR）	1. 适用工况 1）最高工作压力：35MPa 2）工作温度范围：−30~100℃ 3）最高速度：0.5m/s 4）耐压力冲击：50MPa 2. 特点 1）适用于高压、重载液压缸 2）蕾形圈具有良好的动、静密封性能 3）支承环必须设置在蕾形圈前面，否则可能干磨 4）因蕾形圈无"杆带回"作用，所以应采用单唇防尘密封圈 5）密封性能可靠，使用寿命长，一般需开式沟槽安装 3. 应用示例 如通用液压缸，特别是重载荷液压缸等
非典型组合U形圈+非典型缓冲密封圈活塞杆密封系统	k）非典型组合U形圈+非典型缓冲密封圈活塞杆密封系统 1、3—支承环 I（POM） 2—非典型缓冲密封圈（组合） 4—非典型组合U形圈（组合） 5—防尘圈（聚氨酯）	1. 适用工况 1）最高工作压力：35MPa 2）工作温度范围：−45~110℃ 3）最高速度：1.0m/s 4）耐压力冲击：70MPa 2. 特点 1）适用于高压、高压力冲击的重载液压缸 2）非典型组合U形圈动、静密封性能优异 3）非典型缓冲密封圈是一种高性能的缓冲密封件，因其特殊的结构型式，具有减少缓冲圈与U形圈之间"困油"的作用，同时其密封面也与常见缓冲圈不同 4）因非典型组合U形圈无"杆带回"作用，所以应采用单唇防尘密封圈 5）密封性能可靠，使用寿命长 3. 应用示例 如采矿设备液压缸等

2.10.7 液压缸密封系统设计中的几个具体问题

1. 沟槽间距问题

确定（密封）沟槽间最小距离是液压缸密封系统设计经常遇到的问题。合理设计沟槽间距，可以在保证密封可靠的前提下，获得液压缸最佳的结构尺寸，进而达到液压缸密封系统结构的优化设计。液压缸密封系统设计不但包括各密封件的排列（配置），还包括各密封件间距确定，只有保证各（密封）沟槽尺寸、形状稳定，才能保证活塞密封系统或活塞杆密封系统的密封性能。

沟槽侧面零件机体一般称为边墙，边墙强度、刚度不够，沟槽侧面就可能产生弯曲，甚至边墙被剪切，导致密封失效。

在液压缸活塞杆密封系统设计中，对两道同轴密封件活塞杆密封系统的密封件间（含防尘圈）密封沟槽间距，如果仅从其强度、刚度方面考虑，一般不应小于其中最深的沟槽深度，如图2-78所示。

缓冲密封圈与其他密封件间的间距应更大。

在液压缸活塞杆密封系统设计中，因受交变压力作用，如果密封件间沟槽间距仅从其强度、刚度方面考虑，应至少大于1.5倍的其中最深的沟槽深度。

支承环与其他密封件间沟槽间距一般为支承环安装沟槽深度的1.5~2倍。

特殊情况下应对边墙进行必要的强度验算。

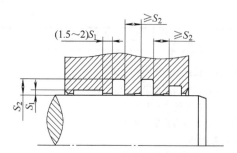

图 2-78　两道同轴密封件活塞杆密封系统的沟槽设计

2. 支承环宽度与布置问题

（1）支承环匹配问题

一般情况下以采用宽、厚的支承环为好，但因结构、安装、成本等一系列问题，不可能也不允许按现有支承环（导向带）产品极限尺寸选取。尽管 GB/T 15242.2—2017 规定了液压缸活塞和活塞杆动密封装置用支承环，但市场上还有其他尺寸规格的支承环供应，加上国外的一些产品与之不一致情况还会长期存在。因此，在表 2-151～表 154（摘自参考文献［102］）中各给出了一个支承环的尺寸范围，供读者在设计液压缸密封系统时参考。

表 2-151　同轴密封件活塞密封系统用支承环的尺寸范围

（单位：mm）

缸内径 D	可选取的支承环截面厚度 δ	可选取的支承环宽度 b
18～63	2	8
33～80	2	10
41～130	2.5	15
65～160	2.5	20
85～225	2.5	25
112～250	2.5	30
132～300	2.5	35
150～350	2.5	40
165～400	2.5	45
205～450	3	50
230～500	3	55
260～600	3	60
290～1000	3	70

注：支承环材料为填充聚四氟乙烯。

（2）支承环布置问题

液压缸密封系统设计强调整体观念，注重各密封件或密封装置间的协调、统一配置，其中就包括支承环布置。

无论是活塞密封系统还是活塞杆密封系统，都不能单纯考虑自身导向和支承，而应把液压缸作为一个整体统一考虑（设计）。

表 2-152　带挡圈的同轴密封件活塞密封系统用支承环的尺寸范围

（单位：mm）

缸内径 D	可选取的支承环截面厚度 δ	可选取的支承环宽度 b
30～40	2	8
45～63	2.5	8
65～80	2.5	10
85～130(130)	3(3.5)	15
140～160	3.5	20
170～225	4	25
230～250	4	30

注：支承环材料为夹布酚醛塑料。

表 2-153　典型 U 形圈活塞密封系统用支承环的尺寸范围（单位：mm）

缸内径 D	可选取的支承环截面厚度 δ	可选取的支承环宽度 b
18～31.5	2	8
33～40	2	10
41(41)～63	(2)2.5	15
65～80	2.5	20
85～110	3	25
112～130(130)	3(3.5)	30
130～150	3.5	35
157～160	3.5	40
165～200	4	45
205～225	4	50
230～250	4	55
260～275	4	60
290～332	4	70

注：支承环材料为夹布酚醛塑料。

表 2-154　两道同轴密封件活塞杆密封系统用支承环的尺寸范围（单位：mm）

活塞杆直径 d	可选取的支承环截面名义厚度 δ	可选取的支承环名义宽度 b
8～50	1.5	4
16～120	2.5	6
25～250	2.5	10
75～500	2.5	15
120～1000	2.5	25
>1000～1500	2.5	25
280～1000	4	25
>1000～1500	4	25

注：1. 实际尺寸可能与名义尺寸不同。

　　2. 支承环材料为夹布酚醛塑料等。

在液压缸设计应尽量紧凑的前提下，支承环布置一般应遵循以下原则：

1) 活塞密封系统或活塞杆密封系统自身应有最大的导向和支承。

2) 活塞或活塞杆必须有最大的导向和支承。

3) 密封介质最好应经过（防污）支承环再作用于其他密封件。

4) 缓冲密封圈前最好也应有支承环。

5) 其他密封件间最好有支承环，包括防尘圈与其他密封件间。

6) 当支承环串联排列时，材料硬度低的应首先受到密封介质作用，即排在前面。

3. 开设泄漏通道问题

如图 2-79 所示，如果可能，最好在防尘密封圈前开设泄漏通道。

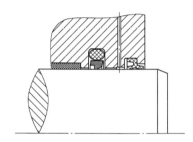

图 2-79　防尘密封圈前开设泄漏通道

这是因为：

1) 单唇橡胶防尘密封圈只具有防尘作用，而不具有辅助密封作用。

2) 即使采用双唇橡胶防尘密封圈，要达到"零"泄漏也非常困难。

3) 即使在某一特定工况下液压缸的外泄漏为"零"，一旦工况发生变化（如油温升高），就可能产生外泄漏，只是泄漏量多少的问题。

正因为如此，只有将防尘密封圈前的"泄漏油"通过泄漏通道直接引入开式油箱或其他开式容器，防尘密封圈始终密封"零"压力的液压油，其密封性能才可以较为长久的得以保持，活塞杆处的外泄漏才能在工况变化下保证为最小或为"零"。

如果在防尘密封圈前开设泄漏通道，所采用的防尘密封圈应为双唇丁腈橡胶密封圈。

在此需要说明的是：①在 GB/T 32217—2016 试验装置示意图中，其"泄漏测量口"的开设位置对其他液压缸泄漏通道的开设具有重要参考价值，其规定的"泄漏收集区"（对活塞杆直径为 $\phi36$mm，长度为（20mm±5mm 的）也很重要。②现在有的产品将泄漏通道开设在活塞杆密封系统的第 2 道密封圈前，这样做是不对的。

4. 选用单、双唇防尘密封圈问题

防尘密封圈是活塞杆密封系统中的一个重要组成部分，应该得到应有的重视。

在 GB/T 10708.3—2000《往复运动橡胶密封圈结构尺寸系列　第 3 部分：橡胶防尘密封圈》中规定了三种基本型式的防尘圈，其中两种为单唇防尘圈，一种是双唇防尘圈。

在活塞杆密封系统中，不管采用单唇或双唇防尘圈，要达到活塞杆处"零"泄漏都是非常困难的，只是单唇防尘圈可能一直在泄漏；而双唇防尘圈偶尔会出现一次较大量的泄漏。

在有同轴密封件（同轴密封件与防尘圈相靠）的活塞杆密封系统中，不管此同轴密封件是否具有"杆带回"作用，都应采用双唇防尘圈。

在有唇形密封件（唇形密封件与防尘圈相靠）的活塞杆密封系统中，一般应采用单唇防尘圈。

单唇防尘圈和双唇防尘圈还经常被称为单作用防尘圈和双作用防尘圈。防尘圈在缸回程过程中（杆缩回）都具有刮除活塞杆上污染物，如泥浆、灰尘和凝露（水）等功能；双作用防尘圈的另一个作用是刮除（薄）经其他密封件密封后泄漏的油膜，进一步优化密封系统的密封性能。但不管是单作用还是双作用的防尘圈，以 GB/T 10708.3—2000 中规定的防尘圈为例，如果所承受的压力过高，则可能被挤出沟槽。

所见防尘圈一般都没有适用压力或额定压力的规定，即使双唇防尘圈，也主要是刮油而非密封，或者说具有辅助密封作用。

常用的丁腈橡胶防尘圈和聚氨酯橡胶防尘圈都需要润滑。滑环式防尘圈因滑环材料可能为填充聚四氟乙烯，所以对润滑要求不甚严格。缺少润滑的防尘圈使用寿命较短，尤其是聚氨酯防尘圈，还可能在活塞杆往复运动中发出异响。

关于防止防尘圈被挤出和防尘圈刮冰都有专门的结构（包括材料）设计防尘圈。

2.10.8　液压缸密封工况的初步确定

液压缸密封工况是液压缸在实现其密封功能时经历的一组特性值。液压缸在试验和运行中的密封性能要满足规定工况，其中额定工况是保证液压缸密封有足够寿命的设计依据。

设计液压缸密封时，首先需要确定规定工况，液压缸密封的允许泄漏量也是在规定工况下给出的。液压缸的实际使用工况在一般情况下很难确定，即规定工况与实际工况不同。原因在于液压缸密封的极端

（限）工况很难预判，如活塞和活塞杆运动的瞬间极限速度，液压工作介质和环境温度及状况的突发变化，外部负载尤其是极端侧向载荷（偏载）及压力峰值的剧烈变化，环境变化可能造成的污染等，这些极端工况可能发生的时间很短且不可重复，但确实会造成液压缸密封失效，甚至演变成事故。

任何一个密封装置或密封系统都存在泄漏的可能且不可能适应各种工况，所以规定工况在液压缸密封设计中十分重要。

1. 液压缸密封规定工况

规定工况是液压缸在运行或试验期间要满足的工况。

（1）JB/T 10205—2010 中的规定工况

JB/T 10205—2010《液压缸》适用于公称压力在 31.5MPa 以下，以液压油或性能相当的其他矿物油为工作介质的单、双作用液压缸。

液压缸的基本参数包括缸内径、活塞杆直径、公称压力、缸行程、安装尺寸等。

1）压力。

① 液压缸的公称压力应符合 GB/T 2346 的规定。

② 液压缸活塞分别停在行程的两端（单作用液压缸处于行程极限位置），分别向工作腔施加 1.5 倍公称压力的油液，型式试验保压 2min，出厂试验保压 10s，应不得有外泄漏及零件损坏等现象。

③ 当液压缸缸内径大于 32mm 时，在最低压力为 0.5MPa 下；当液压缸缸内径小于或等于 32mm 时，在 1MPa 压力下，使液压缸全行程往复运动 3 次以上，每次在行程端部停留 10s。试验过程中，应符合：

a. 液压缸应无振动或爬行。

b. 活塞杆密封处无油液泄漏，试验结束时，活塞杆上的油膜应不足以形成油滴或油环。

c. 所有静密封处及焊接处无油液泄漏。

d. 液压缸安装的节流和（或）缓冲元件无油液泄漏。

2）油液黏度。油温在 40℃ 时的运动黏度应为 $29 \sim 74 \text{mm}^2/\text{s}$。

3）工作介质温度。

① 一般情况下，液压缸工作介质温度应在 $-20 \sim 80℃$ 范围；

② 在公称压力下，向液压缸输入 90℃ 的工作油液，全行程往复运行 1h，应符合制造商与用户间的商定。

4）环境温度。一般情况下，液压缸的工作环境温度应在 $-20 \sim 50℃$ 范围。

5）速度。在公称压力下，液压缸以设计要求的最高速度连续运行，速度误差 ±10%，每次连续运行 8h 以上。在试验期间，液压缸的零部件均不得进行调整，记录累计行程或换向次数，试验后各项要求应符合液压缸的耐久性要求。

（2）各密封件标准中的规定工况

在 JB/T 10205—2010《液压缸》中，规范性引用文件有：GB/T 2879—2005《液压缸活塞和活塞杆动密封沟槽尺寸和公差》、GB 2880—1981《液压缸活塞和活塞杆 窄断面动密封沟槽尺寸系列和公差》、GB/T 6577—1986《液压缸活塞用带支承环密封沟槽型式、尺寸和公差》、GB/T 6578—2008《液压缸活塞杆用防尘圈沟槽型式、尺寸和公差》。

在 JB/T 10205—2010《液压缸》中规定，密封沟槽应符合 GB/T 2879、GB 2880、GB/T 6577、GB/T 6578 的规定。

1）GB/T 10708.1—2000 中规定的密封圈使用条件。在 GB/T 2879—2005《液压缸活塞和活塞杆动密封沟槽尺寸和公差》中规定的密封件沟槽适用于安装 GB/T 10708.1—2000《往复运动橡胶密封圈结构尺寸系列 第 1 部分：单向密封橡胶密封圈》中规定的密封圈。

单向密封橡胶密封圈使用条件见表 2-155。

表 2-155 单向密封橡胶密封圈使用条件

密封圈结构型式	往复运动速度/(m/s)	间隙 f/mm	工作压力范围/MPa
Y 形橡胶密封圈	0.5	0.2	0~15
		0.1	0~20
	0.15	0.2	
		0.1	0~25
蕾形橡胶密封圈	0.5	0.3	
		0.1	0~45
	0.15	0.3	0~30
		0.1	0~50
V 形组合密封圈	0.5	0.3	0~20
		0.1	0~40
	0.15	0.3	0~25
		0.1	0~60

2）GB/T 10708.2—2000 中规定的密封圈使用条件。在 GB/T 6577—1986《液压缸活塞用带支承环密封沟槽型式、尺寸和公差》中规定的密封件沟槽适用于安装 GB/T 10708.2—2000《往复运动橡胶密封圈结构尺寸系列 第 2 部分：双向密封橡胶密封圈》中规定的密封圈。

双向密封橡胶密封圈使用条件见表 2-156。

表 2-156　双向密封橡胶密封圈使用条件

密封圈结构型式	往复运动速度 /(m/s)	工作压力范围 /MPa
鼓形橡胶密封圈	0.5	0.10~40
	0.15	0.10~70
山形橡胶密封圈	0.5	0~20
	0.15	0~35

2. 液压缸密封极端工况

极端工况是假设元件、配管或系统在规定应用的极端情况下满意地运行一个给定时间,其所允许的运行工况的最大和/或最小值。

例如,液压缸耐压试验就是:"分别向工作腔施加 1.5 倍公称压力的油液,出厂试验保压 10s,不得有外泄漏及零件损坏等现象。"

由于在耐压试验时也可能出现超压情况,一般超压≤10%。为了描述这种情况,暂且将在极端情况下瞬间发生的运行工况称为极端工况。

极端工况应包括:

1)压力峰值:超过其响应的稳态压力,并且甚至超过最高压力的压力脉冲。

2)增压:由于活塞面积差引起的增压超过额定压力极限。

3)重力速度:以自由落体(重力)加速度 g_n = 9.80665m/s² 运行的极端速度。

4)超低速:当液压缸内径 D≤200mm 时,液压缸的最低稳定速度为<4mm/s;当液压缸内径 D>200mm 时,液压缸的最低稳定速度为<5mm/s。

5)行程中超内泄漏:超过 1m 行程的液压缸除了在行程两端内泄漏较大以外,最大内泄漏处可能发生在行程中间位置。

6)低压超泄漏:工作压力低于 0.5MPa(或 1MPa)时,低压泄漏可能超标。

7)超工作温度范围:当工作温度低于-30℃或高于 90℃时。

8)超载:在会遇到超载或其他外部负载的应用场合,液压缸的设计和安装要考虑的最大的预期负载或压力峰值。

9)侧向或弯曲载荷:由于结构设计或安装和找正等原因造成液压缸结构的过度变形。

10)冲击和振动:液压缸本身或其连接件有规定工况以外的冲击和振动。

3. 液压缸密封额定工况的初步确定

额定工况是通过试验确定的、以基本特性的最高值和最低值(必要时)表示的工况。元件或配管按此工况设计以保证足够的使用寿命。但实际上有些工况,特别是极端工况不可重复,因此也无法试验。

液压缸密封设计必须给出规定工况,但规定工况是一个较为理想的工况,实际设计中要准确给出很困难。额定工况可根据试验逐步修正,尽管有些工况,如极端工况无法试验,但不规定出液压缸密封额定工况,其液压缸就无法设计。因此,作者根据多年液压缸设计实践经验,参考了相关标准和文献及大量密封件制造商产品样本,设计了表 2-157,供液压缸密封设计者在确定液压缸密封额定工况时参考使用。

表 2-157　液压缸密封设计额定工况汇总表

序号	工(状)况	名称	规定值	额定值	备注
1	工作介质	牌号及黏度			
		温度/℃	-20~80		JB/T 10205
2	密封件与密封材料	密封件 1 名称			包括密封圈(件)、防尘密封圈、挡圈、支承环、防尘堵(帽)、防护罩及密封辅助件(装置)等
		密封(件)材料			
		往复运动速度范围			
		间隙			
		工作压力范围			
		工作温度范围			
		密封件 2 名称			
		……			
3	压力/MPa	公称压力	PN		JB/T 10205
		耐压试验压力	$1.5PN$		JB/T 10205
		最高(额定)压力	$1.5PN$		
		额定压力	$PE=1.2PN$ 或 $PE=PN$		当 $PE≥20$ 或 当 $PE<20$

（续）

序号	工（状）况	名称	规定值	额定值	备注
3	压力/MPa	最低额定压力	0.5 或 1.0		JB/T 10205
		压力循环			
		压力峰值≤	1.1×1.5PN		
		缓冲压力峰值≤	1.5PN		
4	工作介质温度/℃	温度范围	−20~80		JB/T 10205
		极端最高温度			
		极端最低温度			
5	环境温度范围/℃	环境温度	−20~50		JB/T 10205
		极端最高温度			
		极端最低温度			
6	速度/(mm/s)	缸进程速度范围			
		缸回程速度范围			
		速度循环			
		极端高速			
		极端低速			
7	换向频率/Hz 或其他				
8	工作制/(h/d)				
9	缸行程/mm	最大（或极限）行程			
		（全）行程			
		（最）短行程			
		可调（或定位）行程			
		公称力行程			
10	载荷状况/kN	额定载荷			
		超载			
		侧向或弯曲载荷			
		冲击和振动			
11	使用状况	地点			
		室内或室外			
		周围环境			
		起动-停止条件			
		全行程占比			
		短行程占比			
12	其他工况	不稳定工况			
		间歇工况			
		防尘（圈）对象			
		水、泥浆、冰			
		其他环境污染物			
		环境试验规定工况			

注：1. 应进一步明确以下情况：①主机（厂）名称，类型；②液压缸类型（液压缸编号）；③合同规定双方应遵照的液压缸及密封相关标准；④合同规定的密封件制造商。

2. 因各标准间相互矛盾，当额定压力选择条件有交集时，一般公称压力大于16MPa的，以额定压力按1.2倍的公称压力计算，但建议仅用于设计而非试验和运行。

3. 此表中"最高额定压力"更准确的术语是"最高压力"，"最高压力"和"压力峰值"一样，属于系统术语而非元件术语。

4. 此表中"全行程"或"行程"更为确切的含义分别是"缸行程范围"或"缸工作行程范围"。

5. 压力峰值即为极端压力之一，可能出现在耐压试验中，应尽量避免。

6. 在JB/T 2162和JB/T 6134等标准中使用符号PN表示液压缸的公称压力。

液压缸密封件（装置）的使用条件还应包括偶合件的材料、热处理、偶合面加工方法、耦合面涂镀层性质与状况、尺寸和公差、几何公差、表面结构质量（表面粗糙度及其选择），以及液压缸安装型式与姿态，行程末端液压缸内部和/或外部借以减速的手段和状态等，同时密封系统设计对液压缸密封的可靠性和耐久性（寿命）也至关重要。

2.10.9 液压缸密封技术要求的比较与分析及伺服液压缸密封件选择

1. 伺服液压缸密封技术要求的比较与分析

在 DB44/T 1169.1—2013《伺服液压缸　第 1 部分：技术条件》（已废止，仅供参考）中规定了单、双作用伺服液压缸的技术要求。其中涉及伺服液压缸

密封的技术要求主要有：最低起动压力、内泄漏、负载效率、外泄漏、耐久性、耐压性、带载动摩擦力、低压下的泄漏等，仅就该标准规定的技术要求而言，密封的技术要求占有了大部分内容。

在该标准中除带载摩擦力之外，其他的密封技术要求在其他液压缸标准中都有。

在 DB44/T 1169.1 中规定了带载摩擦力指标，在 DB44/T 1169.2—2013《伺服液压缸　第 2 部分：试验方法》中规定了带载摩擦力试验方法。

（1）最低起动压力的比较与分析

比较各标准中规定的最低起动压力，DB44/T 1169.1—2013 给出的双作用伺服液压缸的最低起动压力指标几乎为其他液压缸标准给出的指标的 1/10 或更低，见表 2-158。

表 2-158　双作用伺服液压缸最低起动压力规定值比较　　（单位：MPa）

标准	活塞密封型式	活塞杆密封型式	最低起动压力规定值	备　注
GB/T 13342—2007	O、U、Y、X、组合密封	除 V 形外	0.3	公称压力≤16
	活塞环	除 V 形外	0.1	
	O、U、Y、X、组合密封	除 V 形外	0.03×公称压力	公称压力>16
	活塞环	除 V 形外	0.01×公称压力	
GB/T 24946—2010	标准规定的各种密封圈	标准规定的各种密封圈	0.5	公称压力≤31.5
JB/T 10205—2010	O、U、Y、X、组合密封	除 V 形外	0.3	公称压力≤16
			公称压力×4%	公称压力>16
DB44/T 1169.1—2013	组合密封	单道密封	0.03	公称压力≤40
		其他型密封	0.05	
	间隙密封	单道密封	0.03	
		其他型密封	0.04	

活塞密封以间隙密封的静、动摩擦力为最小。如果活塞密封型式为组合密封，其静、动摩擦力一定会大于活塞间隙的摩擦力，只是在测试时因测试系统精度的问题，能否测出而已。

通过以上比较，可以得出如下结论：

1）在 DB44/T 1169.1—2013 中规定的最低起动压力指标过低。

2）组合密封与间隙密封的最低起动压力规定值（指标）相同，不尽合理。

考虑到现在国内电液伺服阀控制液压缸设计、制造的实际情况，以及液压缸密封技术的发展水平，以起动压力不超过 0.3MPa 的电液伺服阀控制液压缸为低摩擦力液压缸的这种提法较为合适。

（2）内泄漏量的比较与分析

比较各标准中规定的内泄漏量，DB44/T 1169.1 给出的单、双作用伺服液压缸的内泄漏量指标与其他

液压缸标准给出的指标完全相同，见表 2-159 和表 2-160。

由上述各标准对密封的要求及表 2-159 和表 2-160 可以看出：

1）在 GB/T 13342—2007 中只对双作用活塞式液压缸内泄漏量做出了规定；在 GB/T 24946—2010 中对内泄漏（量）未作规定。

2）在缸内径为 40～500mm 范围内，GB/T 13342—2007、JB/T 10205—2010 和 DB44/T 1169.1—2013 中规定的双作用活塞式液压缸内泄漏量、双作用液压缸内泄漏量和缸内径为 40～500mm 的双作用伺服液压缸的内泄漏量完全相同。

3）在缸内径为 40～200mm 范围内，JB/T 10205—2010 和 DB44/T 1169.1—2013 中规定的活塞式单作用液压缸的内泄漏量和缸内径为 40～500mm 的单作用液压缸的内泄漏量完全相同。

表 2-159　双作用液压缸的内泄漏量

液压缸内径 D/mm	内泄漏量 q_V /(mL/min)	液压缸内径 D/mm	内泄漏量 q_V /(mL/min)
25 *	0.02	180	0.63(0.6359)
32 *	0.025	200	0.70(0.7854)
40	0.03(0.0421)	220	1.00(0.9503)
50	0.05(0.0491)	250	1.10(1.2266)
63	0.08(0.0779)	280	1.40(1.5386)
80	0.13(0.1256)	320	1.80(2.0106)
90	0.15(0.1590)	360	2.36(2.5434)
100	0.20(0.1963)	400	2.80(3.1416)
110	0.22(0.2376)	500	4.20(4.9063)
125	0.28(0.3067)	630 *	5.30
140	0.30(0.38465)	720 *	6.00
160	0.50(0.5024)	800 *	6.80

注：1. 使用滑环式组合密封时，允许泄漏量为规定值的2倍。

2. 液压缸采用活塞环密封时的内泄漏量要求由制造商与用户协商确定。

3. 圆括号内的值为按（缸回程方向）沉降量为 0.025mm/min 计算出的内泄漏量。

4. 有"＊"标注的仅是 GB/T 13342—2007 规定的液压缸在承受 1.25 倍公称压力下，缸筒与活塞之间的内泄漏量。

表 2-160　活塞式单作用液压缸的内泄漏量

液压缸内径 D/mm	内泄漏量 q_V /(mL/min)	液压缸内径 D/mm	内泄漏量 q_V /(mL/min)
40	0.06(0.0628)	180	1.40(1.2717)
50	0.10(0.0981)	200	1.80(1.5708)
63	0.18(0.1558)	220 *	2.20
80	0.26(0.2512)	250 *	2.70
90	0.32(0.3179)	280 *	3.20
100	0.40(0.3925)	320 *	3.60
110	0.50(0.4749)	360 *	4.00
125	0.64(0.6132)	400 *	4.40
140	0.84(0.7693)	500 *	5.40
160	1.20(1.0048)		

注：1. 使用滑环式组合密封时，允许泄漏量为规定值的2倍。

2. 液压缸采用活塞环密封时的内泄漏量要求由制造商与用户协商确定。

3. 采用沉降量检查内泄漏时，沉降量不超过 0.05mm/min。

4. 括号内的值为按（缸回程方向）沉降量为 0.05mm/min 计算出的内泄漏量。

5. 有"＊"标注的仅是 DB44/T 1169.1—2013 规定的单作用伺服液压缸在额定工作压力下的内泄漏量。

（3）负载效率的比较与分析

在 GB/T 24946—2010 中对负载效率未作规定。

在 GB/T 13342—2007、JB/T 10205—2010 和 DB44/T 1169.1—2013 中规定的负载效率为液压缸的负载效率应不低于90%、液压缸的负载效率不得低于90%和伺服液压缸的负载效率不得低于90%。

在 GB/T 17446—2012 中，与效率有关的一般述语为缸输出力效率。

在电液伺服阀控制液压缸中经常采用活塞杆静压支承结构，其无论是内部供油和还是外部供油都有一定液压功率损失；再加上电液伺服阀控制液压缸可能基于提高其所在系统稳定性目的而在活塞上打孔，也会造成一定液压功率损失。因此，应给出一个指标，使其能反映或标定电液伺服阀控制液压缸（总）效率，即能对液压缸输入液压功率的利用率做出全面的评价。

（4）外泄漏量的比较与分析

在 GB/T 24946—2010 中对外渗漏量未作规定，但规定了密封性，即数字缸在 1.25 倍公称压力下，所有结合面处应无外泄漏。

JB/T 10205—2010 中规定，活塞杆（柱塞杆）静止时不得有渗漏；DB44/T 1169.1—2013 中规定，活塞杆（柱塞杆）静止时其他各部位不得有渗漏；

GB/T 13342—2007 中规定，液压缸各密封处和运动时，不应（外）泄漏。

对于液压缸活塞杆处，当活塞杆运动时，如果想达到"零"泄漏是非常困难的。理论上的所谓"零"泄漏工况出现在杆带出液压油液量与杆带回液压油液量相等时，并且当条件一旦变化，此工况即行消失。

另外，以"渗漏"来表述液压缸活塞杆处的（外）泄漏不尽合理，此处的泄漏量按表 2-161 来表述较为合适。

表 2-161　液压缸活塞杆处泄漏量分级

级	描　　述
0	无潮气迹象
1	未出现流体
2	出现流体但未形成液滴
3	出现流体形成不滴落液滴
4	出现流体形成液滴且滴落
5	出现流体液滴的频率形成了明显的液流

注：1. 参考 GB/Z 18427—2001，描述的是在观察期间内目视的泄漏状态。

2. 在 GB/Z 18427—2001 中没有使用"渗漏"或"渗出"这样的术语。

（5）耐久性的比较与分析

在 GB/T 24946—2010 中规定的耐久性为数字缸在额定工况下的使用寿命为往复运动累计行程不低于 10^5 m。

在 JB/T 10205—2010 和 DB44/T 1169.1—2013 中规定的耐久性指标完全相同。在 GB/T 13342—2007 中规定的耐久性除没有活塞式单作用缸或活塞式单作用伺服液压缸外，其他与 JB/T 10205—2010 和 DB44/T 1169.1—2013 中规定的耐久性指标完全相同，但其对柱塞式液压缸的耐久性要求不同，其为"液压缸的外泄漏量应不大于规定值的 2 倍"。

在 GB/T 13342—2007 中规定柱塞式液压缸在耐久性试验后的"外泄漏量"比较合理，因为不管是柱塞式单作用液压缸或柱塞式单作用伺服液压缸，其在耐久性试验后或在耐久性试验前，不可能有内泄漏量或内泄漏增加值。因此，在 JB/T 10205—2010 和 DB44/T 1169.1—2013 中规定的"耐久性试验后，内泄漏增加值不得大于规定值的 2 倍，零件不应有异常磨损和其他形式的损坏。"这项要求不尽合理。

在 GB/T 13342—2007 中规定了柱塞式液压缸在耐久性试验后的"外泄漏量"，此点也是本手册引用该项标准的原因之一。否则，柱塞式伺服液压缸在耐久性试验后的外泄漏量的确定将没有根据。

（6）耐压性的比较与分析

在 GB/T 13342—2007 中规定的耐压强度要求为液压缸在承受 1.5 倍公称压力下，所有零件不应有破坏和永久性变形现象，密封垫片、焊缝处不应有泄漏。

在 GB/T 24946—2010 和 DB44/T 1169.1—2013 中规定的耐压性要求基本相同，分别为数字缸在承受 1.5 倍公称压力下（保压 5min），所有零件不应有破坏或永久变形现象，焊缝处不应有渗漏和伺服液压缸的缸体应能承受公称压力 1.5 倍的压力，在保压 5min，不得有外泄漏、零件变形或损坏等现象。

在 JB/T 10205—2010 中规定进行耐压试验时，将被试液压缸活塞分别停在行程的两端（单作用液压缸处于行程极限位置），分别向工作腔施加 1.5 倍公称压力的油液，型式试验保压 2min，出厂试验保压 10s，应不得有外泄漏及零件损坏等现象。

比较上述四项标准，JB/T 10205—2010 中规定的耐压性就保压时间而言，比较合理。

（7）低压下的泄漏的比较与分析

在 GB/T 13342—2007 中对低压下的泄漏未作规定；在 GB/T 24946—2010 中对低压下的泄漏也未作规定。

在 JB/T 10205—2010 中规定的低压下的泄漏为：当液压缸内径大于 32mm 时，在最低压力为 0.5MPa 下；当液压缸内径小于等于 32mm 时，在 1MPa 压力下，使液压缸全行程往复运动 3 次以上，每次在行程端部停留至少 10s。在试验过程中，应符合……；b）活塞杆密封处无油液泄漏，试验结束时，活塞杆上的油膜不足以形成油滴或油环；c）所有静密封处及焊接处无油液泄漏；……。

在 DB44/T 1169.1—2013 中规定的低压下的泄漏为：伺服液压缸在 3MPa 压力下试验过程中，油缸应无外泄漏；试验结束时，活塞杆伸出处不允许有油滴或油环。

比较 JB/T 10205—2010 和 DB44/T 1169.1—2013 两项标准，其规定的低压下的泄漏要求基本相同，但以表 2-161 中的液压缸活塞杆处的泄漏描述为好。

综合以上比较与分析，DB44/T 1169.1—2013 标准所规定的密封技术要求与其他标准规定的密封技术要求的主要区别是在"最低起动压力"上。

进一步分析这一主要区别：伺服液压缸固有动态指标要求，其阶跃响应和频率响应都规定了技术要求（指标），如果起动压力过高，其响应速度一定就低。但除了活塞间隙密封外，DB44/T 1169.1—2013 标准中规定的组合密封的低压起动压力指标几乎为现在的各液压缸标准的规定指标的 1/10 甚至还低，这样的规定从伺服液压缸设计、制造者角度考虑是否合理确实有待商榷。

2. 伺服液压缸密封件选择

现仅参考国外某家密封件制造商产品，根据伺服（控制）液压缸对密封的技术要求，筛选部分活塞组合密封件。但如果按照 DB44/T 1169.1—2013 关于"组合密封"的定义来选择密封件的话，将是非常困难的，因为该标准中给出的组合密封定义缺乏最基本的内涵。

还是根据 GB/T 17446—2012 中"组合密封件"定义，即按照"具有两种或多种不同材料单元的密封装置。"这一定义来选择密封件，见表 2-162。

密封与摩擦是一个问题的两个方面且相互制约，如果要求有很好的密封性，其摩擦力就可能大。过分地追求小的最低起动压力（应该就是起动压力，见 GB/T 17446—2012），在液压缸密封中没有太大的意义，对伺服液压缸也是如此，因为最低起动压力与公称压力之比很小。

DB44/T 1169.1—2013 规定的最低起动压力指标过低，这样的规定即不科学，也无必要。

表 2-162　伺服液压缸活塞密封件

序号	类 型	应 用 场 合	工 作 范 围			备注
			压力 /MPa	温度 /℃	速度 /(m/s)	
1	特康格来圈	往复运动、双作用	60	−45~200	15	摩擦力小
2	T 型特康格来圈	往复运动、双作用	60	−45~200	15	摩擦力小
3	佐康 P 型格来圈	往复运动、双作用	50	−30~110	1	
4	特康双三角密封圈	往复运动、双作用	35	−45~200	15	
5	特康 AQ 封	往复运动、静密封、双作用	60	−45~200	2	
6	5 型特康 AQ 封	往复运动、静密封、双作用	60	−45~200	3	
7	佐康威士封圈	往复运动、双作用	40	−35~110	0.8	
8	M 型佐康威士密封圈	往复运动、双作用	50	−45~200	10	动态应用
9	D-A-S 组合密封圈 DBM 组合密封圈	往复运动、双作用	35	−35~100	0.5	
10	PHD/CST 型密封圈	往复运动、双作用	40	−45~135	1.5	低摩擦
11	DSM 密封圈	往复运动、双作用	70	−40~130	0.5	
12	特康双向 CR 密封圈	往复运动、双作用	100	−45~200	5	摩擦力小 最小起动力
13	2K 型特康斯特封	往复运动、单作用	60	−45~200	15	摩擦力小
14	V 型特康斯特封	往复运动、单作用	60	−45~200	15	摩擦力小 起动力小 动态应用
15	特康 VL 型密封圈	往复运动、单作用	60	−45~200	15	摩擦力小 动态应用
16	特康单向 CR 密封圈	往复运动、单作用	60	−45~200	15	摩擦力小 最小起动力 动态应用

注：1. 参考特瑞堡密封系统（中国）有限公司工业密封产品目录（2011 年 6 月）、直线往复运动液压密封件（2012 年 9 月）、密封选型指南（2012 年 10 月）等产品样本。

2. 据参考文献［109］介绍：VL 密封在控制泄漏量和摩擦力大小方面均有突出的优势，是一种性能非常好的新型航空作动器密封；相对于常用的 O 形密封，无论是在密封效果还是抗摩擦磨损性能方面都有优势；虽然斯特封泄漏较少，但若密封高压流体，其磨损严重，而在频繁（往复）运动的作动器中其结构易翻转失效，VL 密封与之相比则没有此类缺点。目前，在航空领域 VL 密封已经逐步取代 O 形密封圈、斯特封，在 Boeing，Airbus 飞机作动器上获得广泛应用。但与该公司一些国内代理商交流，情况与参考文献［109］介绍的不符。

根据上面对 DB44/T 1169.1—2013《伺服液压缸第 1 部分：技术条件》的比较与分析，其内容与其他液压缸标准并无多少不同，而且在动态指标（要求）方面没有内容，如与 GB/T 24946—2010 比较后读者即可一目了然。

2.10.10　几种国外密封件选型

1）特瑞堡液压缸密封件总汇见表 2-163~表 2-166。

2）NOK 液压缸密封件总汇见表 2-167~表 2-170。

表 2-163　活塞杆密封件（仅供参考）

序号	密封件类型	应用领域	尺寸范围 /mm	作用	温度范围 /℃	速度 /(m/s)	压力 /MPa
1	2K 型特康斯特封	轻、中、重	3~2600	单	−45~200	15	70
2	佐康雷姆封	轻、中、重	8~2200	单	−45~100	5	60
3	夹布 V 形圈	中、重型	20~1000	单	−30~200	0.5	40

（续）

序号	密封件类型	应用领域	尺寸范围/mm	作用	温度范围/℃	速度/(m/s)	压力/MPa
4	SM 型杆密封	中、重型	15~335	单	-40~130	0.5	70
5	巴塞尔杆密封	轻、中型	10~1200	单	-30~130	0.5	40
6	佐康埃尔密封圈	轻、中型	6~250	单	-35~110	0.5	40
7	U 形圈 RU0	轻、中型	6~200	单	-35~110	0.5	40
8	U 形圈 RU2	轻、中型	6~185	单	-35~110	0.5	40
9	U 形圈 RU3	轻、中型	6~235	单	-35~110	0.5	40
10	U 形圈 RU6	轻、中型	12~440	单	-35~110	0.5	25
11	M2 型特康泛塞密封	轻、中型	3~2600	单	-70~260	15	40
12	RG 杆用格来圈	轻、中、重	3~2600	双	-45~200	15	60
13	RT 杆用 T 型格来圈	轻、中、重	3~2600	双	-45~200	15	60
14	特康双三角密封	轻、中型	3~2600	双	-45~200	15	20

注：参考特瑞堡密封系统（中国）有限公司产品样本（2012 年版本）。

表 2-164　活塞密封件（仅供参考）

序号	密封件类型	应用领域	尺寸范围/mm	作用	温度范围/℃	速度/(m/s)	压力/MPa
1	特康格来圈	轻、中、重	8~2700	双	-45~200	15	60
2	T 型特康格来圈	轻、中、重	8~2700	双	-45~200	15	60
3	5 型特康 AQ 封	中、重型	40~700	双	-45~200	3	60
4	特康 AQ 封	轻、中型	15~700	双	-45~200	2	40
5	PHD 组合密封	轻、中、重	50~180	双	-45~135	1.5	40
6	2K 型特康斯特封	轻、中、重	8~2700	单	-45~200	15	70
7	特康双三角密封	轻、中型	5~2700	双	-45~200	15	20
8	M2 型特康泛塞密封	轻、中型	6~2500	单	-70~260	15	45
9	PUA 佐康 U 形圈	轻、中、重	16~250	单	-35~110	0.5	40
10	佐康威士密封	轻、中型	12~300	双	-35~110	0.5	25
11	PHD/P 组合密封	轻、中、重	50~180	双	-35~110	0.5	40
12	DAS/DBM 组合密封	轻、中型	20~250	双	-30~100	0.5	35
13	PCC/PCG 组合密封	轻、中、重	40~270	双	-35~110	0.5	40
14	DPS/DPC 组合密封	轻、中、重	40~250	双	-30~130	0.5	40
15	CH/G1 夹布 V 形圈	轻、中、重	40~250	单	-30~200	0.5	40
16	高压型 DSM 组合密封	轻、中、重	45~360	双	-30~130	0.5	70

注：参考特瑞堡密封系统（中国）有限公司产品样本（2012 年版本）。

表 2-165　用于活塞杆或活塞的对称型密封件（仅供参考）

序号	密封件类型	应用领域	尺寸范围/mm	作用	温度范围/℃	速度/(m/s)	压力/MPa
1	夹布 V 形圈 CH 系列	轻、中、重	20~545	单	-30~130 / -20~200 / -20~150	0.5	40
2	佐康 U 形圈	轻、中型	5~290	单	-35~110	0.5	40

注：参考特瑞堡密封系统（中国）有限公司产品样本（2012 年版本）。

表 2-166　防尘圈（仅供参考）

序号	密封件类型	应用领域	尺寸范围/mm	作用	温度范围/℃	速度/(m/s)	沟槽类型
1	2 型特康埃落特	轻、中、重	4~2600	双	-45~200	15	闭*
2	5 型特康埃落特	轻、中、重	20~2600	双	-45~200 / -45~100	15 / 2	闭*
3	500 型佐康埃落特	轻、中、重	12~130	双	-30~80	1	闭*
4	DA17 防尘圈	轻、中型	10~440	双	-30~110	1	闭*
5	佐康 DA22 防尘圈	轻、中、重	5~180	双	-35~100	1	闭*
6	佐康 DA24 防尘圈	轻、中、重	50~280	双	-35~100	0.5	闭
7	WRM 防尘圈	轻、中型	12~260	单	-30~110	1	闭
8	佐康 ASW 防尘圈	轻、中型	8~125	单	-35~100	1	闭*
9	PW 防尘圈	轻、中型	4~280	单	-35~80	1	闭
10	佐康 WNE 防尘圈	轻、中、重	8~250	单	-35~100	1	闭
11	佐康 WNV 防尘圈	轻、中、重	16~100	双	-35~100	1	闭
12	WRM/C-WSA 防尘圈	轻、中型	16~120	单	-30~110	1	开
13	WRM/PC 防尘圈	轻、中、重	16~175	单	-35~100	1	开
14	佐康 SWP 防尘圈	中、重型	25~190	单	-35~100	1	开
15	金属防尘圈	轻、中、重	12~220	单	-40~110	1	开

注：1. 参考特瑞堡密封系统（中国）有限公司产品样本（2012 年版本）。
　　2. 沟槽类型为"闭*"的有时需开式沟槽。

表 2-167　活塞杆密封件（仅供参考）

序号	密封件类型	密封材料	尺寸范围/mm	作用	温度范围/℃	速度/(m/s)	压力/MPa
1	IDI	AU	6.3~300	单	-35~100	1	70
2	ISI	AU	18~300	单	-30~100	1	42
3	IUIS	AU	18~180	单	-30~100	1	42
4	IUH	NBR	14~180	单	-25~100	1	21
5	UNI（组合）	AU+VMQ	40~140	单	-45~100	1	42
6	SPNO（组合）	PTFE+NBR	12~380	双	-30~100	1.5	35
7	SPN（组合）	PTFE+NBR	18~140	双	-40~100	1.5	35
8	SPNS（组合）	PTFE+NBR	4~180	单	-30~100	1.5	35
9	SPNC（组合）	PTFE+NBR	3~385	双	-30~100	1.5	2

注：参考 NOK 株式会社产品样本（2010 年版本）。

表 2-168　活塞密封件（仅供参考）

序号	密封件类型	密封材料	尺寸范围/mm	作用	温度范围/℃	速度/(m/s)	压力/MPa
1	ODI	AU	18~332	单	-35~100	1	70
2	OSI	AU	35~300	单	-30~100	1	42
3	OUIS	AU	40~200	单	-10~110	1	42
4	OUHR	NBR	32~250	单	-55~80	1	21
5	SPG（组合）	PTFE+NBR	30~1650	双	-40~100	1.5	35
6	SPGW（组合）	PTFE+PA+NBR	50~320	双	-40~100	1.5	50
7	SPGO（组合）	PTFE+NBR	20~400	双	-30~100	1.5	35
8	SPGC（组合）	PTFE+NBR	6~400	双	-30~100	1.5	2
9	CPI	AU	25~300	单	-35~100	0.3	7
10	CPH	NBR	30~257	单	-25~100	0.3	3.5

注：参考 NOK 株式会社产品样本（2010 年版本）。

表 2-169　用于活塞杆或活塞的两用密封件（仅供参考）

序号	密封件类型	密封材料	尺寸范围 /mm	作用	温度范围 /℃	速度 /(m/s)	压力 /MPa
1	UPI	AU	6.3~1430	单	-35~100	1	35
2	USI	AU	10~160	单	-35~80	1	21
3	UPH	NBR	6.3~1680	单	-25~100	1	32
4	USH	NBR	12~525	单	-25~100	1	21
5	V99F	NBR（夹布）	6.3~630	单	-25~100	1	30
6	V96H	NBR	6.3~300	单	-25~100	0.5	30

注：参考 NOK 株式会社产品样本 2010 年版本。

表 2-170　防尘圈（仅供参考）

序号	密封件类型	密封材料	尺寸范围 /mm	作用	温度范围 /℃	速度 /(m/s)	沟槽 类型
1	DKI（有金属环）	AU	6.3~300	单	-35~100	1	开
2	DWI（有金属环）	AU	40~140	单	-55~100	1	开
3	WRIR（有金属环）	AU	25~140	单	-55~100	1	开
4	DKBI（有金属环）	AU	20~140	双	-55~100	1	开
5	DKB（有金属环）	NBR	14~250	双	-55~100	0.5	开
6	DKH（有金属环）	NBR	10~500	单	-20~100	0.5	开
7	DSI	AU	6.3~300	单	-35~100	1	闭
8	LBI	AU	18~250	双	-35~100	1	闭
9	LBH	NBR	12~500	双	-25~100	0.5	闭
10	LBHK	NBR	14~120	双	-25~100	0.5	闭
11	DSPB	PTFE+NBR	5~180	单	-30~100	15	闭*

注：1. 参考 NOK 株式会社产品样本 2010 年版本。

　　2. 沟槽类型为"闭*"的有时需开式沟槽。

3）赫莱特液压缸密封件总汇见表 2-171~表 2-175。

表 2-171　活塞杆密封件（仅供参考）

序号	密封件型号	密封材料	尺寸范围 /mm	作用	温度范围 /℃	速度 /(m/s)	压力 /MPa
1	16（滑环）	PTFE+NBR	12~650	单	-30~100	4.0	30
2	605—U 形圈	TPE（EU）	6~330	单	-45~110	1.0	40
3	610—U 形圈	TPE（EU）	8~134	单	-45~110	1.0	40
4	616—短 U 形圈	TPE（EU）	14~160	单	-45~110	1.0	24
5	620（组合）	EU+NBR	0.625*~ 1.750*	单	-45~110	1.0	40
6	621（组合）	POM+EU+NBR	30~215	单	-45~110	1.0	70
7	652（组合）	POM+EU+NBR	32~470	单	-45~110	1.0	70
8	653（缓冲环）	POM+EU	40~215	单	-45~110	1.0	70
9	663—U 形圈	AU 或 EU	3~385	单	-45~110	1.0	40

注：1. 参考芬纳密封科技（上海）有限公司产品样本 2011 年版本。

　　2. 带"*"尺寸单位为 in，以下同。

表 2-172　活塞密封件（仅供参考）

序号	密封件型号	密封材料	尺寸范围 /mm	作用	温度范围 /℃	速度 /(m/s)	压力 /MPa
1	50（组合）	PA+NBR	25~160	双	-30~100	0.5	35
2	51（组合 V 形圈）	POM+NBR 夹布	30~320	单	-30~100	0.5	70

（续）

序号	密封件型号	密封材料	尺寸范围/mm	作用	温度范围/℃	速度/(m/s)	压力/MPa
3	52（组合）	NBR 夹布	25~300	单	-30~100	0.8	60
4	53（组合）	PA+POM+NBR	25~280	双	-25~100	0.5	50
5	54（组合）	PTFE+NBR	8~356	双	-30~100	4.0	35
6	56（抗污染组合）	NBR+NBR 夹布	30~580	双	-30~100	0.5	50
7	58（组合）	POM+NBR+NBR 夹布	40~280	双	-30~100	0.5	70
8	64（组合）	PA+POM+NBR	32~250	双	-30~100	0.5	40
9	65（组合）	POM+NBR	25~200	双	-30~100	0.5	16
10	68（组合）	PA+POM+NBR	25~250	双	-30~100	0.5	50
11	77（组合）	POM+NBR	25~125	双	-30~100	0.5	35
12	714M（组合）	PTFE+NBR	40~280	双	-40~110	2.0	50
13	730（组合）	TPE+POM+NBR	50~500	双	-40~110	0.3	70
14	735（组合）	POM+PTFE+NBR	50~400	双	-40~120	1.5	50
15	753（组合）	POM+TPE+NBR	40~250	双	-30~100	0.5	40
16	754（滑环组合）	TPE+NBR	15~180	双	-40~110	1.0	50
17	755（滑环组合）	TPE+NBR	1.000~10.000*	双	-40~110	1.0	35
18	764（滑环组合）	TPE+NBR	22~125	双	-30~110	1.0	25
19	770（滑环组合）	TPE+NBR	0.750*~8.000*	双	-40~110	1.0	35
20	775（滑环组合）	TPE+NBR	1.500*~5.000*	双	-30~110	1.0	35
21	780（组合）	PA+POM+NBR	20~250	双	-30~100	0.5	40
22	606—U 形圈	EU	16~280	单	-45~110	1.0	40
23	659—U 形圈	EU	90~130	单	-45~110	1.0	40

注：参考芬纳密封科技（上海）有限公司产品样本（2011 年版本）。

表 2-173　用于活塞杆或活塞的两用密封件（仅供参考）

序号	密封件类型	密封材料	尺寸范围/mm	作用	温度范围/℃	速度/(m/s)	压力/MPa
1	15（组合U）	NBR（夹布）	16~130	单	-30~100	0.5	30
2	18（组合U）	NBR（夹布）	6~440	单	-30~100	0.5	50
3	511（组合）	EU+NBR	0.125*~10.000*	单	-45~110	0.5	35
4	512（组合）	EU+NBR	0.250*~9.250*	单	-40~110	0.5	35
5	513（组合）	EU+NBR	0.250*~9.000*	单	-40~110	0.5	35
6	601—U 形圈	EU	4.5~400	单	-45~110	1.0	40

注：参考芬纳密封科技（上海）有限公司产品样本（2011 年版本）。

表 2-174　V 形组合密封圈（仅供参考）

序号	密封件类型	密封材料	尺寸范围/mm	作用	温度范围/℃	速度/(m/s)	压力/MPa
1	07	POM+NBR+NBR（夹布）	25~200	单	-30~100	0.5	70
2	09	POM+NBR+NBR（夹布）	12~200	单	-30~100	0.5	40
3	11	POM+NBR+NBR（夹布）	20~200	单	-30~100	0.5	40
4	13	POM+NBR+NBR（夹布）	20~380	单	-30~100	0.5	70
5	14	POM+NBR+NBR（夹布）	20~380	单	-30~100	0.5	70

注：参考芬纳密封科技（上海）有限公司产品样本（2011 年版本）。

表 2-175　防尘圈（仅供参考）

序号	密封件类型	密封材料	尺寸范围/mm	作用	温度范围/℃	速度/(m/s)	沟槽类型
1	33	NBR	12~220	单	−30~100	4.0	闭
2	38	TPE	18~470	单	−40~120	4.0	闭*
3	335（组合）	PTFE+NBR	12~440	双	−30~100	5.0	闭*
4	520	TPE	0.375*~15.000*	单	−45~110	4.0	闭
5	831	EU	12~135	单	−45~110	4.0	闭
6	834	EU	18~140	双	−45~110	4.0	闭
7	839	EU	12~180	双	−45~110	4.0	闭
8	842	EU	32~350	单	−45~110	4.0	闭
9	844	AU	25~105	双	−45~110	4.0	闭
10	846	EU	24~100	双	−45~110	4.0	闭
11	860（有金属环）	AU	15~160	单	−40~100	1.0	开
12	862（有金属环）	AU	0.625~5.000*	单	−40~100	1.0	开
13	864（有金属环）	AU	25~160	双	−45~110	1.0	开

注：1. 参考芬纳密封科技（上海）有限公司产品样本（2011 年版本）。

　　2. 沟槽类型为"闭*"的有时需开式沟槽。

4）派克液压缸密封件总汇见表 2-176~表 2-179。

表 2-176　活塞杆密封件（仅供参考）

序号	密封件型号	密封材料	尺寸范围/mm	作用	温度范围/℃	速度/(m/s)	压力/MPa
1	B3—U 形圈	AU	4~280	单	−35~110	0.5	40
2	BS—U 形圈	AU	8~280	单	−35~110	0.5	40
3	BA（组合）	AU+NBR	3~505.7	单	−35~80	0.5	35
4	BD（组合）	POM+AU+NBR	40~240	单	−35~110	0.5	35
5	BU（缓冲环）	POM+AU	55~250	单	−35~110	0.5	50
6	C1	NBR	2~320	单	−35~100	0.5	16
7	M2（V 形组合圈）	POM+NBR+NBR 夹布	8~200	单	−40~100	0.5	35
	M3（V 形组合圈）		10~320				
8	OD（滑环组合圈）	PTFE+NBR	4~1300	单	−30~100	4	40
9	JS（组合）	PTFE+金属圈	适合 O 形圈沟槽	单	−150~260	15	35
10	R3（组合）	PTFE+NBR	10~360	单	−30~100	0.5	31.5

注：参考派克·汉尼汾公司密封件样本。

表 2-177　活塞密封件（仅供参考）

序号	密封件型号	密封材料	尺寸范围/mm	作用	温度范围/℃	速度/(m/s)	压力/MPa
1	B7（唇形密封圈）	AU	15~320	单	−35~110	0.5	40
2	C2	NBR	4~360	单	−25~110	0.5	16
3	KR（滑环组合圈）	AU+NBR	20~200	双	−35~110	0.5	30
4	M4（V 形组合圈）	POM+NBR+NBR 夹布	20~300	单	−40~100	0.5	50
5	OE（滑环组合圈）	PTFE+NBR	8~1500	双	−30~100	4.0	40
6	OK（滑环组合圈）	PA+NBR	25~480	双	−30~110	1.0	50
7	Y3（组合）	PA+PTFE+NBR	50~280	双	−40~110	1.2	50
8	ZW（组合）	PA+AU+NBR	30~250	双	−35~100	0.5	40

（续）

序号	密封件型号	密封材料	尺寸范围 /mm	作用	温度范围 /℃	速度 /（m/s）	压力 /MPa
9	ZX（组合）	PA+聚酯橡胶+NBR	25~320	双	-30~100	0.5	25
10	JK（组合）	PTFE+金属圈	适合 O 形 圈沟槽	单	-150~260	15	35
11	ZC（组合）	POM+NBR	50~320	双	-20~100	0.1	50
12	ZP（组合）	POM+NBR	110~300	双	-20~100	0.1	50

注：参考派克·汉尼汾公司密封件样本。

表 2-178　防尘圈（仅供参考）

序号	密封件类型	密封材料	尺寸范围 /mm	作用	温度范围 /℃	速度 /（m/s）	沟槽 类型
1	A1	AU	12~325	单	-35~100	2.0	闭
2	A5	NBR	5~360	单	-35~100	2.0	闭
3	AD（组合）	PTFE+NBR	4~1300	双	-30~100	4.0	闭
4	AF（有金属环）	AU	30~140	单	-35~100	2.0	开
5	AM（有金属环）	NBR	6~200	单	-35~80	2.0	开
6	AY	AU	8~230	双	-35~100	2.0	闭

注：参考派克·汉尼汾公司密封件样本。

表 2-179　导向带（仅供参考）

序号	密封件类型	密封材料	尺寸范围 /mm	温度范围 /℃	速度 /（m/s）	沟槽 类型
1	F3	填充 PTFE	1.5、1.55、1.6、2.5、4.0	-100~200	5	闭
2	FR	增强 POM	2.5、3.0、4.0	-50~120	0.5	闭

注：参考派克·汉尼汾公司密封件样本。

5）华尔卡液压缸密封件总汇见表 2-180~表 2-183。

表 2-180　活塞杆密封件（仅供参考）

序号	密封件型号	尺寸范围 /mm	作用	密封材料	温度范围 /℃	速度 /（m/s）	压力* /MPa
1	UHR—U 形圈	18~200	单	（AU）或 EU	-20~80		20.6
2	UNR—U 形圈	160~280	单	NBR	-30~80	0.04~1.0	34.3
3	MLR—U 形圈	22.4~100	单	HNBR	-25~120		
4	UNS—U 形圈	6.3~150	单	FPM（FKM）	-10~150		
5	UHS—U 形圈	11.2~145	单				20.6
6	VNV—V 形圈	6~400	单	NBR 夹布	-30~80	0.1~1.5	58.8
7	VNF—V 形圈	6.3~1000	单	FKM 夹布	-10~150		
8	VGH—V 形圈	6.3~1000	单	NBR	-30~80	0.05~0.5	17.2
				FKM	-10~150		
9	MV—V 形圈	40~670	单	NBR	-30~80	0.1~1.5	34.5
				HNBR	-25~120		
				FPM（FKM）	-10~150		
10	U 形圈 （配装支撑环）	18~700	单	NBR 夹布	-30~80	0.1~1.5	20.6
				FKM 夹布	-10~150		
11	J 形圈	6~150	单	NBR 夹布	-30~80	0.1~1.5	3.4
				FKM 夹布	-10~150		

注：参考华尔卡（上海）贸易有限公司产品样本（2013 年版本）。

表 2-181　**活塞密封件**（仅供参考）

序号	密封件型号	尺寸范围 /mm	作用	密封材料	温度范围 /℃	速度 /(m/s)	压力 /MPa
1	UHP—U 形圈	40~250	单	（AU）或 EU	-20~80		20.6
2	UNP—U 形圈	180~330	单	NBR HNBR	-30~80 -25~120	0.04~1.0	34.3
3	MLP—U 形圈	40~250	单	FPM（FKM）	-10~150		
4	APS（滑环）	20~250	双	PTFE+NBR	-30~80	0.01~1.0	20.6
5	APL（滑环）	40~200	双				34.3
6	APT（组合）	50~320	双	PTFE+POM+NBR	-30~80	0.01~1.0	34.4
7	L 形圈	25~300	单	NBR 夹布 FKM 夹布	-30~80 -10~150	0.1~1.5	6.9

注：参考华尔卡（上海）贸易有限公司产品样本（2013 年版本）。

表 2-182　**防尘圈**（仅供参考）

序号	密封件型号	尺寸范围 /mm	作用	密封材料	温度范围 /℃	速度 /(m/s)	沟槽 类型
1	DHS	11.2~230	双	（AU）或 EU NBR FPM（FKM）	-20~80 -30~80 -10~150	0.04~1.0	闭*
2	DRL	6.3~315	单	（AU）或 EU	-20~80		闭
3	DSL（有金属环）	6.3~315	单	（AU）或 EU	-20~80		开

注：1. 参考华尔卡（上海）贸易有限公司产品样本（2013 年版本）。
　　2. 沟槽类型为"闭*"的有时需开式沟槽。

表 2-183　**耐磨环**（仅供参考）

序号	密封件类型	密封材料	尺寸范围 /mm	温度范围 /℃	速度 /(m/s)	压力 /MPa
1	WPL	夹布 POM	2×(8~12)、3×(16~60)	-30~150	0.04~1.0	44.1

注：参考华尔卡（上海）贸易有限公司产品样本（2013 年版本）。

6）Merkel 液压缸密封件总汇见表 2-184~表 2-188。

表 2-184　**活塞杆密封件**（仅供参考）

序号	密封件型号	尺寸范围 /mm	作用	密封材料	温度范围 /℃	速度 /(m/s)	压力 /MPa
1	LF 300	16~92	单/副	94 AU 925	-30~110	0.6~0.8	32
2	NI 300	10~180	单/副	94 AU 925	-30~110	0.5	40
3	T 20	8~320	单/副	95 AU V142	-30~110	0.5~0.8	40
4	T 23	40~260	单/副	95 AU V142	-30~110	0.1	50
5	T 24	45~171	单/副	95 AU V142	-30~110	0.5	40
6	TM 20	320~1250	单/副	95 AU V142	-30~110	0.5	40
7	TM 23	60~340	单/副	95 AU V157 8893 AU V167	+5~60	0.1	50
8	SM	40~200	单/主	95 AU V142/POM	-30~110	0.5	40

（续）

序号	密封件型号	尺寸范围 /mm	作用	密封材料	温度范围 /℃	速度 /（m/s）	压力 /MPa
9	OMS-MR	3~1120	单/主	PTFE 青铜/NBR PTFE 青铜/FKM PTFE 玻璃纤维/NBR	-30~100	5	40
10	OMS-MR PR	25~1120	单/主	PTFE 青铜/NBR PTFE 青铜/FKM PTFE 玻璃纤维/NBR	-30~100	5	40
11	OMS-S	20~1070	单/主	PTFE 玻璃纤维/NBR	-30~100	5	40
12	OMS-S PR	80~1250	单/主	PTFE 青铜/NBR PTFE 玻璃纤维/NBR	-30~100	5	40
13	KI 310	10~145	单/副	94 AU 925	-30~110	0.5	40
14	KI 320	40~140	单/副	94NBR 925/POM	-30~110	0.5	50
15	S 8	5~240	单/副	70NBR B209	-30~100	0.5	25
16	ES/ESV	16~1220	单	NBR/FKM 夹布 NBR/夹布 FKM	-30~140	0.5	40
17	V 1000	100~2450	单	夹布 NR	-30~100	0.5	60
18	FOI	5~125	单	PTFE	-200~260	15	30
19	NI 150	6~140	单/副	80NBR 878	-30~100	0.5	10
20	NI 250	20~90	单/副	80NBR 878/POM	-30~100	0.5	25
21	N 1400	20~360	单/副	夹布 80NBR 878/POM	-30~100	0.5	40
22	T22	15~160	单/副	95 AU V142	-30~100	0.5	40
23	0214	140~1000	单/副	夹布 80NBR 878/POM 夹布 80NBR/PA	-30~100	1.5	40
24	0216	125~1070	单/副	夹布 80NBR 878/POM 夹布 80NBR/PA	-30~100	1.5	40
25	TFMI	10~100	双/主	PTFE/NBR	-30~100	2	16
26	PTFE V 型 组合	20~160	单	PTFE	-200~260	1.2	70
27	PTFE TFW	5~130	单	石墨填充 PTFE	-200~220	1.5	31.5
28	帽形皮碗 H 型　带弹簧	8~420	单	88NBR 101	-30~100	0.5	1
29	帽形皮碗 H 型　无弹簧	3~125	单	88NBR 101	-30~100	0.5	1

注：参考 Freudenberg 集团 2009 版流体传动用密封样本，但根据 2015 版样本进行了一些修改。

表 2-185　活塞密封件（仅供参考）

序号	密封件型号	尺寸范围 /mm	作用	密封材料	温度范围 /℃	速度 /（m/s）	压力 /MPa
1	NA 300	16~400	单	94 AU 925	-30~110	0.5	40
2	T 18	40~320	单	95 AU V142/POM	-30~110	0.5	50
3	TM 21	160~1160	单	95 AU V142	-30~110	0.5	40
4	T 42	60~380	双	93 AU V167/POM	+5~110	0.1	50
5	T 44	110~345	双	93 AU V167/POM	+5~60	0.1	150

（续）

序号	密封件型号	尺寸范围 /mm	作用	密封材料	温度范围 /℃	速度 /(m/s)	压力 /MPa
6	OMK-E	8~950	单	PTFE 青铜/NBR PTFE 青铜/FKM PTFE 玻璃纤维/NBR	-30~100	5	40
7	OMK-ES	110~1000	单	PTFE 玻璃纤维 NBR	-30~100	5	40
8	OMK-MR	8~1330	双	PTFE 青铜/NBR PTFE 青铜/FKM PTFE 玻璃纤维/NBR	-30~100	5	40
9	OMK-S	50~1160	双	PTFE 玻璃纤维/NBR	-30~100	5	40
10	Simko 300	20~200	双	98 AU 928/NBR	-30~100	0.5	40
11	L 27	50~320	双	PTFE/POM/NBR	-30~100	1.5	40
12	L 43	32~200	双	NBR/TPE/PA	-30~100	5	40
13	EK/EKV	40~1100	单	NBR/FKM	-30~140	5	40
14	FOA	10~200	单	PTFE	-200~260	15	30
15	NA 150	12~200	单	88NBR 878	-30~100	0.5	10
16	NA 250	32~180	单	88NBR 878/POM	-30~100	0.5	25
17	NA 400	25~320	单	夹布 88NBR 878/POM	-30~100	0.5	40
18	0215	80~900	单	夹布 88NBR /POM 夹布 88NBR /PA	-30~100	1.5	40
19	0217	200~1120	单	夹布 88NBR /POM 夹布 88NBR /PA	-30~100	1.5	40
20	OMK-PU	20~200	双	95 AU V142/70NBR	-30~100	0.5	25
21	Simko 320×2	25~250	双	夹布 80NBR/PA	-30~100	0.5	40
22	Simko 520	40~320	双	夹布 80NBR/POM	-30~100	0.5	50
23	T 19	25~100	双	95 AU V142/POM	-40~100	0.5	21
24	TFMA	10~150	双	PTFE/70NBR	-30~100	2	16
25	TDUOH	25~300	双	90NBR 109	-30~100	0.5	6
26	帽形皮碗 T 型 带弹簧	20.4~400	单	88NBR 101	-30~100	0.5	1
27	帽形皮碗 T 型 带弹簧	10~550	单	88NBR 101	-30~100	0.5	1

注：参考 Freudenberg 集团 2009 版流体传动用密封样本，但根据 2015 版样本进行了一些修改。

表 2-186　活塞杆/活塞通用型密封件（仅供参考）

序号	密封件型号	尺寸范围 /mm	作用	密封材料	温度范围 /℃	速度 /(m/s)	压力 /MPa
1	N 1	2~460	单	90NBR 109	-30~110	0.5	10
2	AUN 1	4~285	单	94 AU 925	-30~100	0.5	20
3	N 100	8~400	单	90NBR 109	-30~100	0.5	10
4	AUN 10	10~360	单	94 AU 925	-30~100	0.5	30

注：参考 Freudenberg 集团 2009 版流体传动用密封样本，但根据 2015 版样本进行了一些修改。

表 2-187　防尘圈（仅供参考）

序号	密封件型号	尺寸范围 /mm	作用	密封材料	温度范围 /℃	速度 /(m/s)	沟槽类型
1	AUPS	35~90	单	94 AU 925	−30~110	2	B 型
2	AUAS	10~200	单	94 AU 925	−30~110	2	B 型
3	AUAS R	25~80	单	94 AU 925	−30~110	2	B 型
4	P 6	16~900	单	85NBR B247 85 FKM K664	−30~100 −10~200	2	闭
5	PU 5	16~200	单	95 AU V149	−30~110	2	A 型
6	PU 6	12~200	单	95 AU V149	−30~110	2	闭
7	P 9	200~2450	双	85NBR B247	−30~100	1	闭
8	PRW 1	22~125	双	94 AU 925 92 AU 1100	−30~110 −40~100	0.6	A 型
9	PT 1	10~920	双	PTFE 青铜/NBR PTFE 青铜/FKM PTFE 玻璃纤维/NBR	−30~100	5	闭
10	PT 2	100~1500	双	PTFE 青铜/NBR PTFE 青铜/FKM	−30~100	5	闭*
11	PU 11	12~170	双	95 AU V149	−30~110	1	C 型
12	AS	6~400	单	88NBR	−30~100	2	B 型
13	ASOB	8~140	单	88NBR 101	−30~100	2	闭
14	AUASOB	6~200	单	94 AU 925	−30~110	2	A 型
15	PU 7	10~150	单	95 AU V149	−30~100	2	B 型
16	P 8	10~1000	双	90NBR 109 90NBR B283 85NBR B247	−30~100	1	闭

注：1. 参考 Freudenberg 集团 2009 版流体传动用密封样本，但根据 2015 版样本进行了一些修改。

2. A 型、B 型、C 型沟槽符合 ISO 6195 的规定，沟槽类型为"闭*"的有时需开式沟槽。

表 2-188　导向环（仅供参考）

序号	密封件类型	密封材料	尺寸范围 /mm	温度范围 /℃	速度 /(m/s)	压力 /MPa
1	FRA	PAGF Q04112	φ20×3.9~φ200×14.8	−30~100	1	≤40，在 20℃ ≤30，在 100℃
2	KB	HGW HG517 HGW HG600	φ30×5.5~φ300×14.8 φ305×14.8~φ1050×24.4	−40~120	1	<50，60℃以下 <25，100℃以下
3	KBK	HGW HG517 HGW HG600	φ40×14.8~φ300×34.5 φ300×24.5~φ1450×39.5	−40~120	1	<60，120℃以下
4	KF	PTFE B500	φ20×5.5~φ1300×24.5	−40~200	5	<15，20℃以下 <7.5，80℃以下 <5，120℃以下
5	FR1	PAGF Q04112	φ20×3.9~φ100×9.5	−30~100	1	≤40，在 20℃ ≤30，在 100℃
6	SBK	HGW HG517 HGW HG600	φ25×9.5~φ292×24.5 φ300×24.5~φ1626×39.5	−40~120	1	<60，120℃以下

（续）

序号	密封件类型	密封材料	尺寸范围 /mm	温度范围 /℃	速度 /(m/s)	压力 /MPa
7	SB	HGW HG517 HGW HG600	$\phi20\times5.5\sim\phi300\times14.8$ $\phi300\times24.5\sim\phi1650\times24.5$	$-40\sim120$	1	<50, 60℃以下 <25, 100℃以下
8	SF	PTFE B500	$\phi25\times5.5\sim\phi1150\times24.5$	$-40\sim200$	5	<15, 20℃以下 <7.5, 80℃以下 <5, 120℃以下

2.11　液压缸活塞杆静压支承结构的设计

1. 总则

活塞杆静压支承结构（液体静压轴向滑动轴承）的工作原理在于活塞杆的支承力是主要由外部流体压力产生的，而非由活塞杆与其静压支承套间相对运动（即动压效应）产生的。

液体静压轴向滑动轴承中的轴向是指活塞杆与其静压支承套间相对运动形式，而非其承受载荷作用方向。本手册中的活塞杆静压支承结构包括滑动轴承和滑动轴承组件。

通常，活塞杆静压支承结构的设计应遵循这样一条规律：在可能承受的最大载荷下，润滑间隙厚度至少要保持初始润滑间隙的 50%~60%。

设计时，应将偏心率（加载后相对位移量 $\varepsilon = e/C_R$）限定在 $\varepsilon = 0\sim0.5$ 的范围内；计算中应假设节流比 $\xi=1$，这样静压支承的刚度特性接近最佳值。

还应考虑到静压支承结构的载荷方向，有必要区分载荷作用在油腔中心和载荷作用在封油面中心这两种极端的情况。另外，还要特别注意的一种现象是由于活塞杆弯曲变形而导致的轴心不对中，从而使活塞杆与静压支承套边缘接触而损坏静压支承结构。

活塞杆静压支承结构的设计与计算是建立在若干假设（包括前提和边界条件等）基础上的。是否能够精确确定其运行参数与运行工况、几何形状和液压油液等的函数关系，即偏心距、承载能力、油膜刚度、供油压力、流量、摩擦功率、温升等众多参数，经常需要实机验证。

2. 结构型式

在常见的活塞杆静压支承结构中，静压支承套为油腔之间带回油槽，4 个油腔或更多个偶数油腔，油腔深度是润滑间隙（径向间隙 C_R）10 倍以上、长径比 B/D 为 0.3~1 的这种应用中最普遍的结构型式。

这种与不带回油槽的结构相比，在相同刚度的情况下，带回油槽的需要更大的供油功率。

静压支承套与缸盖间应有可靠的连接结构。如果采用中型压入配合，应采取必要的措施，防止极端工况下连接不牢固（稳定）甚至失效。

3. 基本参数

活塞杆静压支承结构的基本参数包括：静压支承套内径 D_B、外径 D_O、宽度 B，油腔个数 Z，轴向封油面宽度 l_{ax}，径向封油面宽度 l_c，回油槽宽度 b_G，径向间隙（相当轴承间隙）及节流器型式（如小孔节流式、毛细管式、内部节流式等）、尺寸等。

4. 材料

静压支承套（或轴承瓦）材料：铜合金应符合 GB/T 18324—2001 的规定；铸造铜合金应符合 JB/T 7921—1995 的规定；锻造铜合金应符合 JB/T 7922—1995 的规定。

5. 几何尺寸、几何公差

设计时，静压支承套内孔轴线一般被确定为基准要素。

（1）静压支承套内径

1）静压支承套内径 D_B 应优先选用表 2-189 的推荐尺寸。

表 2-189　活塞杆静压支承结构内径 D_B 推荐尺寸

（单位：mm）

4	20	56	160
5	22	(60) 63	180
6	25	70	200
8	28	80	220
10	(30) 32	90	250
12	36	100	280
14	40	110	320
16	45	(120) 125	360
18	50	140	400 450

注：圆括号内数值为非优先选用尺寸。

2）静压支承套内径 D_B 尺寸公差

静压支承套内径 D_B 尺寸公差宜采用 GB/T 1801—2009 规定的 H7 或 H8，其与活塞杆配合也可

选用 H7/h6、H8/h7，但应通过选配法保证设计的间隙（相当于轴承间隙）。

轴承间隙见 GB/T 28279.1—2012。

（2）静压支承套外径 D_0

静压支承套壁厚 $[(D_0-D_B)/2]$ 应足够厚，保证安装后和使用中不产生过大变形，尤其在规定的环境温度和工作介质温度范围内应能正常工作。

静压支承套外径尺寸公差按所选择的密封要求确定。

整体金属轴套外径 D_0 符号见 GB/T 27939—2011。

（3）其他参数

其他参数可根据运行参数，如承载能力（载荷）、往复运动频率（速度）、工作介质、供油压力和温度等设计计算。设计计算结果一般需要实机验证。

（4）几何公差

1）内孔圆柱度公差应不低于 GB/T 1184—1996 中的 7 级。

2）外圆圆柱度公差应不低于 GB/T 1184—1996 中的 7 级。

3）内孔轴线与外圆轴线的重合性（同轴度公差）应不低于 GB/T 1184—1996 中的 7 级。

4）静压支承套两端面对内孔轴线的垂直度公差应不低于 GB/T 1184—1996 中的 7 级。

5）带翻边的静压支承套外端面对内孔轴线跳动应不低于 GB/T 1184—1996 中的 7 级。

6. 表面质量

不应有加工以及后续处理工序中造成的表面缺陷，如裂缝、擦伤划痕、毛刺、金属淤积和凸起等。

内孔表面粗糙度值应不大于 $Ra0.8\mu m$；外圆表面粗糙度值应不大于 $Ra1.6\mu m$；如带有翻边，则翻边内端面表面粗糙度值应不大于 $Ra2.5\mu m$，外端面表面粗糙度值应不大于 $Ra3.2\mu m$；边上应去除毛刺。

只有在外圆表面上才允许有轻微的划痕，并且还不能对装配和性能产生影响。

7. 其他要求

未给出公差的尺寸，其允许偏差应符合 GB/T 1804—2000 中规定的公差等级"m"。

静压支承套内孔上各孔口、槽棱也应倒钝、圆滑，内孔两端的圆角应圆滑，其圆角半径应符合图样要求。

2.12 液压缸缓冲装置的设计

缓冲是运动件（如活塞）趋近其运动终点时借

以减速的手段，主要有固定（式）或可调节（式）两种，统一归类为带缓冲的缸，其中带固定式（液压缸）缓冲装置的缸的设计是液压缸设计的难点之一。

对伺服液压缸而言，因可通过所在控制系统设置软限位以避免运动件撞击其他缸零件，即缸工作行程范围可控制，所以对于一些运动速度不高、运动件质量不大或考虑到即使在特殊情况下产生了碰撞也不会造成缸外泄漏及缸零件损坏等现象的液压缸，可考虑不设置液压缸缓冲装置。

液压缸缓冲装置的技术要求一般来源于液压机（械）的技术条件（要求），应与主机的技术条件（要求）相适应，如在 JB/T 3818—2014《液压机 技术条件》中对液压机用液压缸有以下具体规定：液压驱动元件［如活（柱）塞、滑块、移动工作台等］在规定行程、速度范围内，不应有振动、爬行和停滞现象，在换向和卸压时不应有影响正常工作的冲击现象。

2.12.1 液压缸固定式缓冲装置的技术要求

1. 各标准规定的固定式缓冲装置技术要求

对带固定式缓冲装置的缸，其缓冲性能在线无法调节，并且不包括通过改变工作介质（液压油液）黏度这种办法使其缓冲性能发生变化的这种情况。

在液压缸各产品标准中，有如下两个标准对固定式液压缸缓冲装置提出了技术要求：

1）在 CB/T 3812—2013《船用舱口盖液压缸》中规定，将被试液压缸输入压力为公称压力的 50% 的情况下，以设计的最高速度进行试验，缓冲效果是活塞在进入缓冲区时，应平稳缓慢。

2）在 QC/T 460—2010《自卸汽车液压缸技术条件》中规定，液压缸在全伸位置时，使活塞杆以 50~70mm/s 的速度伸缩，当液压缸自动停止时应听不到撞击声。

2. 缓冲装置一般技术要求

除以上标准规定的固定式液压缸缓冲装置性能要求外，设计固定式液压缸缓冲装置时还应尽量满足以下基本性能要求：

1）缓冲装置应能以较短的缸的缓冲长度（也称缓冲行程）吸收最大的动能，即要把运动件（含各连接件或相关件）的动能全部转化为热能。

2）缓冲过程中尽量避免出现压力脉冲及过高的缓冲腔压力峰值，使压力的变化为渐变过程。

3）缓冲腔内（无杆端）的缓冲压力峰值应小于等于液压缸的 1.5 倍公称压力。

4）在有杆端设置缓冲（装置）的，其缓冲压力应避免作用在活塞杆动密封（系统）上。

5）动能转化为热能使液压油温度上升，油温的最高温度不应超过密封件允许的最高使用温度。

6）在 JB/T10205—2010《液压缸》中规定，液压缸对缓冲性能有要求的，由用户和制造商协商确定。

7）应兼顾液压缸起动性能，不可使液压缸（最低）起动压力超过相关标准的规定；应避免活塞在起动或离开缓冲区时出现迟动或窜动（异动）、异响等异常情况。

3. 缓冲装置设计所期望的理想缓冲性能

1）适应工况变化，可以在一定范围内调节，如液压油黏度变化、环境温度变化、活塞在缓冲开始时的速度变化、液压缸回程压力变化、相关运动部分重力变化等。

2）在缓冲过程中，保持缓冲压力不变，活塞的减速度为常数。

3）缓冲时液压油温升最好不超过 55℃，最高温度不得超过 80℃。

4）如果缓冲腔出现压力峰值，也不得大于 1.5 倍液压缸的公称压力。

5）缸回程终点时活塞运动速度为零，且无异响及回弹。

6）缸进程开始时不能出现异响和异动，即不能出现缓冲过度问题。

7）结构简单、容易调节、制造成本低，便于批量加工、制造。

4. 液压缸缓冲装置的设计原则

1）液压缸活塞的运动速度 ≤100mm/s 时，可考虑不设置缓冲装置；当活塞的运动速度 >200mm/s 时，必须设置缓冲装置。

2）双作用液压缸无杆端变节流型缓冲装置的缓冲柱塞为凹抛物线形最为理想，所以要尽量把缓冲柱塞设计、加工成接近凹抛物线形状（主要选用圆锥形或双圆锥形）。

3）缓冲柱塞端部不能撞缸底，且在结构设计时要保护好缓冲装置。

4）缓冲后再起动时速度不能过快，更不能把缓冲侧（无杆端）吸空。

5）在有杆端设置缓冲（装置）的，其缓冲压力应避免作用在活塞杆动密封（系统）上。

6）符合液压缸缓冲装置设计的一般技术要求。

5. 液压缸缓冲装置设计的依据

1）动件运动速度，如果缸体固定，活塞杆回程运动，则活塞杆回程速度为设计依据。

2）动件质量，如果缸体固定，活塞杆回程运动，则活塞杆质量为设计依据；如果活塞杆连接滑块，还要考虑计入滑块质量；如果双缸（或多缸）控制一个滑块，还涉及质量折算计入。

3）载荷（重力）与运动速度方向，如是否为超越负载。

4）缓冲时液压缸的另一腔体的（控制）压力、流量情况。

5）缓冲停止（结束）的控制方式。

6）缓冲后再起动情况（要求），不能只考虑缓冲效果，同时也要考虑起动效果。

7）液压油液的温度变化范围。

8）缓冲装置的预期设计寿命。

2.12.2　双作用液压缸无杆端固定式缓冲装置的设计计算

1. 液压缸缓冲装置缓冲压力的一般计算

如图 2-80 所示，一种液压缸无杆端固定式恒节流缓冲装置刚开始进入缓冲，液压缸开始制动的状态。

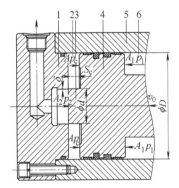

图 2-80　液压缸恒节流缓冲装置示意图
1—缸底（缓冲孔）　2—缓冲腔
3—缓冲柱塞　4—活塞　5—缸筒
6—液压缸有杆腔

在液压缸缓冲制动情况下，液压缸活塞的动力学方程式为

$$A_1 p_1 \times 10^6 - A_2 p_2 \times 10^6 - A p_c \times 10^6 \pm R = \frac{G dv}{g dt} = \frac{G}{g} a$$

(2-60)

几点说明：

1）动力学基础。上述公式来源于动力学公式 $F=ma$，即加在质量为 1kg 的物体上且使之产生 $1m/s^2$ 加速度的力为 1N，以及 $F=d(mv)/dt$，作用物体上的合力等于物体动量的变化率。

2) 公式各项注释及说明。

$A_1 p_1$——作用于活塞上的缸回程力，其作用方向与活塞运动（速度）方向一致，使活塞的缓冲行程减小。

$A_2 p_2$——作用于缓冲柱塞头部的压力，即液压缸排油压力；其作用方向与活塞运动（速度）方向相反，有制动作用，但通常很小，甚至为零。

$A p_c$——作用于活塞上的制动力，其作用方向与活塞运动（速度）方向相反，随缓冲腔内的瞬时缓冲压力 p_c 大小而变化，对运动件起主要制动作用。

$\dfrac{G}{g}$——折算到活塞上的一切有关运动部分的质量。

$\dfrac{dv}{dt}$——折算到活塞上的一切有关运动部分（相当质量）的加速度。

3) 计算中的注意事项。

① p_1——缸回程的工作压力在缓冲过程中一般是有变化的。当采用液压泵提供液压油液给液压缸致使缸回程时，因缓冲制动可能使缸回程的工作压力升高，缸回程的最高工作压力由安装在液压系统上的溢流阀（或安全阀）调定；在一定条件下，之所以缸回程缓冲制动能使活塞减速，还必须有溢流阀（或安全阀）溢流；当采用蓄能器提供液压油液给液压缸有杆腔致使缸回程时，蓄能器压力在一直下降。

② p_c——缓冲腔内的（瞬时）缓冲压力，其最大值为缓冲腔内的压力峰值 p_{cmax}。缓冲腔内的压力峰值 p_{cmax} 一般认为发生在缓冲开始时，但缓冲柱塞形状不同，其缓冲压力峰值发生的（对缓冲行程来说）位置也不同，一般要靠装机试验获得。现在设计的固定式缓冲装置几乎都有缓冲压力峰值，只是要将其限定在 $p_{cmax} \leqslant 1.5$ 倍的液压缸公称压力下。

③ R——折算到活塞上的一切外部载荷，在缓冲设计计算中最难准确确定，其中的液压缸外部摩擦力几乎是没有相同的，好在其在此起制动作用。

④ 在缓冲设计计算中，经常需做如下一些假设，如液压油液是不可压缩的；节流口的流量系数是恒定的；通过节流口的是紊流；缓冲过程中缸回程工作压力不变；液压缸内摩擦力（带载动摩擦力）小，可忽略不计等。

⑤ 必须要进行液压油液的温升验算。

2. 液压缸恒节流缓冲装置的设计计算

所谓恒节流缓冲装置即为在液压缸缓冲过程中，其节流面积不变的缓冲装置，如节流阀缓冲装置（本手册已将缓冲阀缓冲装置技术要求在下面单列）、缓冲柱塞为圆柱形（缓冲孔为圆柱孔，见图 2-80）的缓冲装置等。

对采用恒节流缓冲装置进行缓冲的，假设活塞的平均加速度为 $a_m = -v_0^2/2s_c$，则缓冲腔内的平均缓冲压力为

$$p_{cm} = \dfrac{A_1 p_1 s_c + \left(\dfrac{1}{2} \times \dfrac{G}{g} v_0^2 \pm R s_c\right) \times 10^{-6}}{A s_c} \text{（MPa）}$$

(2-61)

缓冲腔内缓冲压力的最大值，即缓冲腔内的压力峰值 p_{cmax} 一般发生在活塞刚进入缓冲区（缓冲柱塞刚进入缓冲孔）的一瞬间，假设此时的加速度为 $a_0 = 2a_m = -v_0^2/s_c$（或绝对值最大加速度 $a_{max} = v_0^2/s_c$），则缓冲腔内的压力峰值（近似计算）为

$$p_{cmax} = \dfrac{A_1 p_1 s_c + \left(\dfrac{G}{g} v_0^2 \pm R s_c\right) \times 10^{-6}}{A s_c} \text{（MPa）} \quad (2\text{-}62)$$

1) 式（2-61）~式（2-62）皆源于液压缸活塞的动力学方程式，只是对 a 作了一定的假设。例如，假设 $a = a_m = -v_0^2/2s_c$，则推导出缓冲腔内的平均缓冲压力计算公式（2-61）；假设 $a_0 = a_{max} = -v_0^2/s_c$，则推导出缓冲腔内的压力峰值计算（近似计算）公式（2-62）。

式（2-61）~式（2-62）不仅可用于对节流阀缓冲进行计（估）算，还可用于其他节流缓冲计（估）算，如环形缝隙恒（变）节流装置。

2) 当采用环形缝隙恒节流缓冲装置时，环形节流缝隙（单边）δ 的近似计算公式为

$$\delta = \sqrt[3]{\dfrac{12 q_{vm} \mu s_c}{p_{cm} d_m \pi}} \times 10^{-2} \text{（m）} \quad (2\text{-}63)$$

因 $q_{vm} = A v_0/2$，且 $d_m \approx d$，则上式可改写为

$$\delta = \sqrt[3]{\dfrac{6 A v_0 \mu s_c}{p_{cm} d \pi}} 10^{-2} \text{（m）} \quad (2\text{-}64)$$

设 $V = A s_c$，则上式可改写为

$$\delta = \sqrt[3]{\dfrac{6 V v_0 \mu}{p_{cm} d \pi}} 10^{-2} \text{（m）} \quad (2\text{-}65)$$

3) 当采用环形缝隙恒节流缓冲装置时，缓冲柱塞直径 d 的近似计（估）算公式为

$$d = \dfrac{-\delta^3 p_{cm} \times 10^6 + \sqrt{\delta^6 p_{cm}^2 \times 10^{12} + 9 D^2 v_0^2 \mu^2 s_c^2}}{3 v_0 \mu s_c} \text{（m）}$$

(2-66)

4) 当采用环形缝隙恒节流缓冲装置时，活塞的

缓冲行程的近似计（估）算公式为

$$s_c = \frac{2\delta^3 p_{cm} d}{3(D^2-d^2) v_0 \mu} \times 10^6 (\text{m}) \qquad (2\text{-}67)$$

（1）设计环形节流缝隙（单边）δ 时需要考虑的因素：

1）设计恒节流缓冲装置的环形节流缝隙（单边）δ 时，要考虑以下因素：

① A——缓冲压力作用在活塞上的有效作用面积。

② v_0——活塞在缓冲开始时的缓冲速度。

③ μ——液压油的动力黏度。

④ s_c——活塞的缓冲行程。

⑤ p_{cm}——缓冲腔内的平均缓冲压力。

⑥ d 或 d_m——缓冲柱塞直径或环形缝隙的平均直径。

2）恒节流缓冲装置的环形节流缝隙（单边）δ 与相关因素有如下关系：

① A——缓冲压力作用在活塞上的有效作用面积越大，环形节流缝隙（单边）δ 就可以越大。此点在液压缸工程设计中有重要意义。

② v_0——活塞在缓冲开始时的缓冲速度越高，环形节流缝隙（单边）δ 就得越大。否则，缓冲腔内缓冲压力的最大值，即缓冲腔内的压力峰值 p_{cmax} 就可能>1.5 倍的液压缸公称压力，此点在液压缸设计中经常出现相反的设计。

③ μ——液压油的动力黏度越大，环形节流缝隙（单边）δ 就得越大。

④ s_c——活塞的缓冲行程越长，环形节流缝隙（单边）δ 也可越小。在环形节流缝隙（单边）δ 不变的情况下，改变活塞的缓冲行程即可改变缓冲效果，此点为作者专利设计的理论基础。

⑤ p_{cm}——平均缓冲压力越高，环形节流缝隙（单边）δ 就得越小。

⑥ d——缓冲柱塞直径越大，环形节流缝隙（单边）就得越小。此点在液压缸工程设计中的意义与①相同。

（2）几点说明

1）环形节流缝隙（单边）δ 的计算公式来源于固定壁同心环缝隙中流体流动的流量计算公式。

2）实际情况一定不是同心环缝隙，应该为偏心环缝隙，而且还是移动壁偏心环缝隙，具体请参见表 1-50。表 1-50 中的公式是以壁（缓冲）孔孔径为参量计算的，与上式中 d 所指缓冲柱塞直径不同。

3）环形节流缝隙（单边）δ 的计算公式只能进行近似计算，不仅在于上述原因，还在于形成缝隙流

的原因不止因压差产生的压差流，还应有因缓冲柱塞运动而产生的剪切流。

4）缓冲柱塞与缓冲孔单边间隙（环形节流缝隙）δ 不可设计过小，根据液压缸及其零件的尺寸与公差以及几何精度要求，一般取 $\delta \geqslant 0.10 \sim 0.12\text{mm}$。

如果 δ 设计、选取得太小，还可能因为液压缸总成装配及各零部件加工质量和导向套（环）磨损后可能造成的偏心等原因，使缓冲柱塞与缸盖（设置在缸底上的缓冲孔）间产生碰撞或擦边。

5）因缓冲腔内的缓冲油量为 $V = As_c = \pi(D^2-d^2) s_c/4$，缓冲时间为 $t_c = 2s_c/v_0$，则 $q_{Vc} = V/t_c = Av_0/2$。其中缓冲开始时的缓冲腔容积即缓冲油量 V 在液压缸缓冲装置的工程设计中有重要意义。

有参考文献根据经验给出了一组一般液压缸缓冲油量推荐值，见表 2-190。

表 2-190　液压缸缓冲油量推荐值

缸内径 D/mm		40	50	63	80	100	125	140	160
缓冲油量/mL	有杆端	110	190	310	670	1140	1940	2270	3100
	无杆端	240	360	560	1140	1800	2780	3500	4450

6）缓冲腔内的缓冲油量为 $V = As_c = \pi(D^2-d^2) s_c/4$，在缓冲过程中的温升所需能量全部来自于液压缸及带动的部件动能。动能 E_k（J 或 $\text{kg} \cdot \text{m}^2/\text{s}^2$）的表达式为

$$E_k = \frac{1}{2} m v_0^2 \qquad (2\text{-}68)$$

7）如果不考虑缓冲过程中的散热，认为缓冲时间很短（按绝热条件计算），则油液的温升 T（K）的计算式为

$$T = \frac{E_k g}{c\gamma As_c} \qquad (2\text{-}69)$$

或

$$\Delta T = \frac{E_k}{c\rho V} \qquad (2\text{-}70)$$

8）缓冲行程 s_c 不可设计过长，以免液压缸缓冲时间 t_c 过长和液压缸尺寸过大，一般设计为 $10 \sim 30\text{mm}$。

9）根据缓冲腔内的平均缓冲压力 p_{cm}、活塞在缓冲开始时的缓冲速度 v_0 及活塞的缓冲行程 s_c 等给出的缓冲柱塞直径 d 的近似计（估）算公式，是液压缸环形缝隙恒节流缓冲装置设计的基础。

3. 液压缸变节流缓冲装置的设计计算

所谓变节流缓冲装置，即在液压缸缓冲过程中，其节流面积随缓冲过程而变化的缓冲装置，如缓冲柱塞为抛物线形、阶梯形、圆锥形、铣槽形等（缓冲

孔为圆柱孔）的缓冲装置或缓冲孔为非圆柱孔的缓冲装置等。

理想的缓冲装置在缓冲过程中，最好保持缓冲压力不变，活塞的加速度为常数。按上述假设条件，则活塞的加速度 $a(\text{m/s}^2)$ 为

$$a = a_m = \frac{v_0^2}{2s_c} \qquad (2\text{-}71)$$

则缓冲压力 $p_c(\text{MPa})$ 为

$$p_c = p_{cm} = \frac{A_1 p_1 s_c + (\frac{1}{2} \times \frac{G}{g} v_0^2 \pm R s_c) \times 10^{-6}}{A s_c} \qquad (2\text{-}72)$$

则缓冲时间 $t_c(\text{s})$ 为

$$t_c = \frac{2s_c}{v_o}(\text{s}) \qquad (2\text{-}73)$$

则相对于缓冲行程 s 的节流面积 $A_i(\text{m}^2)$ 为

$$A_i = \frac{A\sqrt{\gamma}}{C_d \sqrt{2g\Delta p \times 10^6}} v_i \qquad (2\text{-}74)$$

或

$$A_i = \frac{A\sqrt{\rho}}{C_d \sqrt{2\Delta p \times 10^6}} v_i \qquad (2\text{-}75)$$

上述相对于缓冲行程 s 的节流面积公式是依据薄壁节流小孔流量公式 $Q = C_d A_0 \sqrt{\frac{2\Delta p}{\rho}}$ 导出的。在缓冲过程中，t 时刻即 t_i 时的活塞速度 v_i 应为（在活塞的加速度为常数即匀减速 $a = a_m = -\frac{v_0^2}{2s_c}$ 条件下）$v_i = v_0 - \frac{v_0^2}{2s_c} t_i$；相同条件下，$t$ 时刻即 t_i 时的活塞行程 s 应为 $s = v_0 t - \frac{v_0^2}{4s_c} t_i^2$。由上述两式及边界条件 $t \leqslant t_c$（缓冲时间 $t_c = 2s_c/v_0$）可得

$$v_i = v_0 \frac{\sqrt{s_c - s}}{\sqrt{s_c}} \qquad (2\text{-}76)$$

则上述相对于缓冲行程 s 的节流面积 A_i 的计算公式为

$$A_i = \frac{A v_0 \sqrt{\rho}}{C_d \sqrt{2\Delta p \times 10^6}} \times \frac{\sqrt{s_c - s}}{\sqrt{s_c}} \qquad (2\text{-}77)$$

此公式即为变节流瞬时节流面积计算公式，它是设计缓冲柱塞形状的依据。

但是，实际节流口并不是薄壁小孔，流量系数 C_d 也非常数，并且很难设定（试验）准确，所以计算结果与试验结果有差距，必须通过试验加以修正。如果按阻尼长孔流量公式推导上述公式，也存在相同

问题。

2.12.3　液压缸缓冲阀缓冲装置的技术要求

对于带可调节式缓冲装置的液压缸，其缓冲性能可以在线调节，缓冲阀缓冲装置即是这种缓冲装置，但此处的缓冲阀（组）与液压系统中通常使用的缓冲阀不同。

在液压缸各产品标准中，有如下三个标准对缓冲阀液压缸缓冲装置提出了技术（试验）要求：

1）在 GB/T 15622—2005《液压缸试验方法》中规定，将被试缸工作腔的缓冲阀全部松开，调节试验压力为公称压力的50%，以设计的最高速度运动，检测当运行至缓冲阀全部关闭时的缓冲效果。

2）在 JB/T 10205—2010《液压缸》中规定，将被试缸工作腔的缓冲阀全部松开，调节试验压力为公称压力的50%，以设计的最高速度运动，当运行至缓冲阀全部关闭时，缓冲效果应符合6.2.8要求，即液压缸对缓冲性能有要求的，由用户和制造商协商确定。同时要求：液压缸安装的节流和（或）缓冲元件（应）无油液泄漏。

3）在 JB/T 11588—2013《大型液压油缸》中规定，将被试缸工作腔的缓冲阀全部松开，调节试验压力为公称压力的50%，以设计的最高速度运动，检测当运行至缓冲阀全部关闭时的缓冲效果。

作者注：在此 JB/T 11588—2013 中无缓冲效果或性能要求。

尽管在 JB/T 11588—2013 规范性引用文件中没有引用 GB/T 15622—2005，但在上述三项标准中关于缓冲的技术要求内容几乎一致。

不管液压缸上安装的是固定式或是可调节式的缓冲装置，都应按 GB/T 10205—2010 中的规定，即液压缸安装的节流和（或）缓冲元件无油液（外）泄漏。

2.13　液压缸用传感器（开关）的设计与选择

2.13.1　液压缸用传感器的一般技术要求

传感器是能感受被测量并按照一定规律转换成可用输出信号的器件或装置，通常由敏感元件和转换元件组成。其中敏感元件是指传感器中能直接感受或响应被测量的部分；转换元件是指传感器中能将敏感元件感受或响应的被测量转换成适于传输或测量的电信号部分。当输出为规定的标准信号时，传感器则称为

变送器。

传感器应符合其通用技术要求和相关产品技术条件（详细规范）的规定，产品技术条件（详细规范）的要求不应低于通用技术要求。当通用技术要求与产品技术条件（详细规范）的要求不一致时，应以产品技术条件（详细规范）为准。

带传感器如力传感器、压力传感器、位置传感器、位移传感器、速度传感器、加速度传感器和温度传感器等的液压缸，其所带的传感器性能指标应符合液压缸的相关技术要求。

1）GB/T 7665—2005《传感器通用术语》以及各产品标准中确立的术语和定义适用于本要求。

2）传感器命名法及代码按 GB/T 7666—2005 的规定。表 2-191 列举了典型传感器的命名构成及各级修饰语的示例，可供传感器命名时参照。

表 2-191　典型传感器的命名构成及各级修饰语举例一览表

主题词	第一级修饰语—被测量	第二级修饰语—转换原理	第三级修饰语—特征描述（传感器结构、性能、材料特征、敏感元件或辅助措施等）	第四级修饰语—技术指标	
				范围（量程、测量范围、灵敏度等）	单位
传感器	压力	压阻式	［单晶］硅	0~2.5	MPa
	力	应变式	柱式［结构］	0~100	kN
	速度	磁电式	—	600	cm/s
	加速度	电容式	［单晶］硅	±5	g
	振动	磁电式	—	5~1000	Hz
	位移	电涡流［式］	非接触式［结构］	25	mm
	温度	光纤［式］	—	800~2500	℃

注：1. 转换原理，一般后续以"式"字；特征描述，一般后续以"型"字。
　　2. 在技术文件、产品样本、学术论文、教材及书刊的陈述句子中，作为产品的名称应采用表中相反的顺序表述，如 0~2.5MPa［单晶］硅压阻式压力传感器。

3）传感器图用图形符号可参照 GB/T 14479—1993。

4）传感器的防护等级、工作电压及电气连接应符合相关标准规定。

5）传感器的耐久性或使用寿命应不低于其所在液压缸的耐久性指标。

6）内置式的传感器耐流体压力的能力或公称压力应不低于其所在液压缸耐压性指标。

7）内置式的传感器的安装与连接处应无液压油液外泄漏。

8）传感器应有产品合格证，且应按规定定期检验、校正（校准）。

关于液压缸的控制精度与传感器的关系，在 GB/T 10844—2007 和 GJB 4069—2000 中的规定，即测试仪表应与测试范围相适应，其精度应于被测参数的公差相适应，仪表精度与被测参量精度之比一般应不大于 1∶5 或有参考价值。

2.13.2　液压缸用力传感器的技术要求

力传感器是能感受力并将输入力转换成与其成比例的输出量（通常为电参数）的装置，在 GB/T 33010—2016 中规定了力传感器的技术要求。

力传感器属于物理量传感器，在液压缸上常用重量（称重）传感器，而应力传感器或剪切应力传感器等不常应用。

（1）环境与工作条件

在下列环境与工作条件下力传感器应能正常工作：

1）环境温度为 -10~40℃，相对湿度不大于 80%。

2）无较强磁场的环境中。

3）周围无腐蚀性介质。

（2）力传感器的分级

力传感器的分级和主要技术指标见表 2-192。

（3）力传感器电气特性的要求

1）力传感器的绝缘电阻应不大于 2000MΩ。

2）力传感器输入电阻偏差的最大允许值为其标称值的 ±5%，输出电阻偏差的最大允许值为其标称值的 ±1%。

（4）力传感器的其他要求

1）力传感器的两端应配用具有合适结构和足够刚度的连接件及附件，附件不应随意更换。

2）力传感器及其附件的表面质量应符合 GB/T 2611—2007 中第 10 章的规定。

表 2-192 力传感器的分级和主要技术指标

力传感器级别	有稳定性指标	0.01	0.02	0.03	0.05	0.1	0.3	0.5	1
	无稳定性指标	0.01NS	0.02NS	0.03NS	0.05NS	0.1NS	0.3NS	0.5NS	1NS
零点输出 Z（%FS）		±1.0				±2.0		±5.0	
零点漂移 Z_d（%FS）		0.005	0.01	0.015	0.025	0.05	0.15	0.25	0.5
重复性 R（%FS）		0.01	0.02	0.03	0.05	0.1	0.3	0.5	1.0
直线度 L（%FS）		±0.01	±0.02	±0.03	±0.05	±0.1	±0.3	±0.5	±1.0
滞后 H（%FS）		±0.01	±0.02	±0.03	±0.05	±0.1	±0.3	±0.5	±1.0
长期稳定性 S_b（%FS）		±0.02	±0.04	±0.06	±0.1	±0.2	±0.6	±1.0	±2.0
蠕变/蠕变恢复 C_p/C_r（%FS）		±0.01	±0.02	±0.03	±0.05	±0.1	±0.3	±0.5	±1.0
零点输出温度影响 Z_t（%FS/10K）		±0.01	±0.02	±0.03	±0.05	±0.1	±0.3	—	—
额定输出温度影响 S_t（%FS/10K）		±0.01	±0.02	±0.03	±0.05	±0.1	±0.3	—	—

注：NS 表示传感器未进行稳定性考核。

3）与产品技术条件（详细规范）关系的表述。

2.13.3 液压缸用压力传感器的技术要求

压力传感器是能感受压强并转换成可用输出信号的传感器，在 JB/T 6170—2006 中规定了压力传感器的技术要求。

压力传感器属于物理量传感器。在液压缸上，表压传感器、差压传感器、绝压传感器等偶有应用。

1. 基本参数

（1）测量范围

传感器测量范围应符合产品技术条件（详细规范）的规定。除另有规定外，传感器测量范围推荐从下列数字中选取。

$1×10^n$、$1.6×10^n$、$2×10^n$、$2.5×10^n$、$3×10^n$、$4×10^n$、$5×10^n$、$6×10^n$、$8×10^n$。

其中 n 为整数，$n=0$、$±1$、$±2$、$±3$…。

测量范围的单位为 Pa、kPa、MPa、GPa。

（2）传感器感受压力的类型

1）表压传感器（p_g）。

2）绝压传感器（p_a）。

3）差压传感器（p_d）。

（3）被测介质的类型

与压力腔接触的介质类型，如气体、液体、腐蚀性介质、非腐蚀性介质等。

（4）与被测介质相接触的材料

列出与被测介质相接触材料的名称、牌号。

（5）安装影响

如果最大安装力或力矩影响传感器的性能，应做出具体规定。

（6）方向

以传感器压力接口的轴向（即被测介质进入传感器的流向）为准确定其方向，与该方向一致的为 Y 轴向、其余为 X、Z 轴向，并附外形图说明。

（7）壳体密封

传感器的壳体需要密封时，应写明密封用材料和密封方式，电连接器也应有同样要求。传感器的壳体有防护要求时，应给出防护等级，防护等级按 GB/T 4208 的规定。

（8）电气连接方式

应给出电连接器型号、电气连接原理图及必要的说明。

（9）激励

传感器的激励应符合产品技术条件（详细规范）的规定。

（10）工作温度范围

传感器的工作温度范围应符合产品技术条件（详细规范）的规定，推荐从以下五个级别中选取。

1）商业级：0~70℃。

2）工业级：−25~85℃。

3）汽车级：−30~100℃。

4）军事级：−55~125℃。

5）特殊级：−60~350℃。

（11）贮存温度范围

贮存温度范围的下限温度通常比工作温度的下限值低10℃，上限温度通常比工作温度的上限值高15~20℃。

2. 技术要求

（1）产品技术条件（详细规范）

传感器应符合本技术要求和相关产品技术条件（详细规范）的规定，当本技术要求与产品技术条件（详细规范）的要求不一致时，应以产品技术条件（详细规范）为准。

（2）外观

传感器的外观应无明显的瑕疵、划痕、锈蚀和损伤；螺纹部分应无毛刺；标志应清晰完整、准确

无误。

（3）外形及安装尺寸

传感器的外形及安装尺寸应符合 2（1）项的规定。

（4）输入阻抗

传感器的输入阻抗应符合 2（1）项的规定。

（5）输出阻抗

传感器的输出阻抗应符合 2（1）项的规定。

（6）负载电阻

传感器的负载电阻应符合 2（1）项的规定。

（7）绝缘电阻

传感器的绝缘电阻应符合 2（1）项的规定。

（8）绝缘强度

传感器的绝缘强度应符合 2（1）项的规定。

（9）静态特性

1）零点输出。传感器的零点输出应符合 2（1）项的规定。

2）满量程输出。传感器的满量程输出应符合 2（1）项的规定。

3）非线性。传感器的非线性应符合 2（1）项的规定。传感器的非线性推荐从表 2-193 对应准确度等级或更高级别中选取。

4）迟滞。传感器的迟滞应符合 2（1）项的规定。传感器的迟滞推荐从表 2-193 对应准确度等级或更高级别中选取。

5）重复性。传感器的重复性应符合 2（1）项的规定。传感器的重复性推荐从表 2-193 对应准确度等级或更高级别中选取。

6）准确度。传感器的准确度应符合 2（1）项的规定。传感器的准确度推荐从表 2-193 对应准确度等级或更高级别中选取。

表 2-193　传感器准确度等级、非线性、迟滞、重复性

准确度等级	非线性 %FS	迟滞 %FS	重复性 %FS	准确度 %FS
0.01	≤0.005	≤0.005	≤0.005	±0.005
0.025	≤0.010	≤0.010	≤0.010	±0.010
0.05	≤0.025	≤0.025	≤0.025	±0.025
0.1	≤0.05	≤0.05	≤0.05	±0.05
0.25	≤0.10	≤0.10	≤0.10	±0.10
0.5	≤0.25	≤0.25	≤0.25	±0.25
1.0	≤0.5	≤0.5	≤0.5	±0.5
2.5	≤1.0	≤1.0	≤1.0	±1.0
5.0	≤2.5	≤2.5	≤2.5	±2.5

（10）零点时漂

传感器在规定时间内的零点时漂应符合 2（1）项的规定。

（11）过载

传感器的过载应符合 2（1）项的规定。

（12）热零点漂移

传感器在工作温度范围内的热零点漂移应符合 2（1）项的规定。传感器的热零点漂移推荐从表 2-194 对应准确度等级和更高级别指标范围内选取。

（13）热满量程输出漂移

传感器在工作温度范围内的热满量程输出漂移应符合 2（1）项的规定。传感器的热满量程输出漂移推荐从表 2-194 对应准确度等级和更高级别指标范围内选取。

表 2-194　热零点漂移和热满量程输出漂移

准确度等级	热零点漂移 %FS/℃	热满量程输出漂移 %FS/℃
0.01	±0.002	±0.002
0.025	±0.005	±0.005
0.05	±0.01	±0.01
0.1	±0.03	±0.03
0.25	±0.04	±0.04
0.5	±0.05	±0.05
1.0	±0.08	±0.08
2.5	±0.10	±0.10
5.0	±0.20	±0.20

（14）零点长期稳定性

在规定的时间（一般为半年或一年）内，传感器零点长期稳定性应符合 2（1）项的规定。

（15）动态性能（适用时）

1）频率响应。传感器的频率响应应符合 2（1）项的规定。

2）谐振频率。传感器的谐振频率应符合 2（1）项的规定。

3）自振频率（振铃频率）。传感器的自振频率应符合 2（1）项的规定。

4）阻尼比。传感器的阻尼比应符合 2（1）项的规定。

5）上升时间。传感器的上升时间应符合 2（1）项款的规定。

6）时间常数。传感器的时间常数应符合 2（1）项的规定。

7）过冲量。传感器的过冲量应符合 2（1）项的规定。

（16）环境影响特性

1）高温试验。试验后传感器外观应符合2（2）项的规定，静态性能应符合2（9）的规定。

2）低温试验。试验后传感器外观应符合2（2）项的规定，静态性能应符合2（9）项的规定。

3）温度变化（适用时）。试验后传感器外观应符合2（2）项的规定，静态性能应符合2（9）项的规定。

4）振动。振动过程中零点变化应符合2（1）项的规定，试验后传感器外观应符合2（2）项的规定，静态性能应符合2（9）项的规定。

5）冲击。试验后传感器外观应符合2（2）项的规定，静态性能应符合2（9）项的规定。

6）加速度。试验后传感器外观应符合2（2）项的规定，静态性能应符合2（9）项的规定。

7）湿热。试验后传感器外观应符合2（2）项的规定，绝缘电阻应符合2（7）项的规定，静态性能应符合2（9）项的规定。

8）长霉（适用时）。试验后传感器长霉程度应符合2（1）项的规定，绝缘电阻应符合2（7）项款的规定，静态性能应符合2（9）项的规定。

9）盐雾。试验后传感器外观应符合2（2）项的规定，绝缘电阻应符合2（7）项的规定，静态性能应符合2（9）项的规定。

作者注：在 JB/T 6170—2006 中关于此项要求可能有误。

10）外磁场。传感器在 50%～70% 的量程内，传感器输出变化应符合2（1）项的规定，试验后传感器外观应符合2（2）项的规定，静态性能应符合2（9）项的规定。

（17）疲劳寿命

试验后传感器外观应符合2（2）项的规定，静态性能应符合2（9）项的规定。

（18）质量

传感器的质量应符合2（1）项的规定。

2.13.4　液压缸用位移传感器的技术要求

1. 典型线位移传感器的计量特性

位移传感器是能感受位移（线位移或角位移）量并转换成可用输出信号的传感器。它可用于测量位移、距离、位置和应变量等长度尺寸，在工程测试中应用广泛。

（线）位移传感器属于物理量传感器。在液压缸上，电容式、电涡流式、磁致伸缩式位移传感器及光

栅位移传感器等都有应用，其中一些位移传感器有产品标准（详细规范）。

在 JJF 1305—2011 中给出了典型线位移传感器的计量特性，见表 2-195～表 2-201。

电感式位移传感器的计量特性见表 2-195。

表 2-195　电感式位移传感器的计量特性

项　目	技术指标				
基本误差（%）	±0.10	±0.20	±0.30	±0.50	±1.0
线性度（%）	±0.10	±0.20	±0.30	±0.50	±1.0
回归误差（%）	0.04	0.08	0.12	0.20	0.4
重复性（%）	0.04	0.08	0.12	0.20	0.4

差动变压器式位移传感器（含直流差动、交流差动变压器型）的计量特性见表 2-196。

表 2-196　差动变压器式位移传感器的计量特性

项　目	技术指标				
基本误差（%）	±0.10	±0.20	±0.30	±0.50	±1.0
线性度（%）	±0.10	±0.20	±0.30	±0.50	±1.0
回归误差（%）	0.04	0.08	0.12	0.20	0.4
重复性（%）	0.04	0.08	0.12	0.20	0.4

振弦（应变）式位移传感器的计量特性见表 2-197。

表 2-197　振弦（应变）式位移传感器的计量特性

项　目	技术指标
基本误差（%）	±2.5
线性度（%）	±2.0
回归误差（%）	1.0
重复性（%）	0.5

典型磁致伸缩式位移传感器的计量特性见表 2-198。

表 2-198　典型磁致伸缩式位移传感器的计量特性

项　目	技术指标
基本误差（%）	±0.05
线性度（%）	±0.05
回归误差（%）	0.02
重复性（%）	0.02

典型电阻式位移传感器（含电位器型、滑线电阻型、导电塑料型）的计量特性见表 2-199。

典型拉线（绳）式位移传感器的计量特性见表 2-200。

表 2-199　典型电阻式位移传感器的计量特性

项　目	传感器类型		
	电位器型	滑线电阻型	导电塑料型
	技术指标		
基本误差（%）	±2.0	±2.0	±0.05	±0.1	±1.0
线性度（%）	±2.0	±2.0	±0.05	±0.1	±1.0
回归误差（%）	1.0	1.0	0.02	0.04	0.4
重复性（%）	0.5	0.5	0.02	0.04	0.4

表 2-200　典型拉线（绳）式位移传感器的计量特性

项　目	技术指标			
基本误差（%）	±0.05	±0.1	±0.2	±0.5
线性度（%）	±0.05	±0.1	±0.2	±0.5
回归误差（%）	0.01	0.02	0.03	0.10
重复性（%）	0.01	0.02	0.03	0.10

典型激光式位移传感器的计量特性见表 2-201。

表 2-201　典型激光式位移传感器的计量特性

项　目	技术指标		
基本误差（%）	±0.02	±0.1	±0.2
线性度（%）	±0.02	±0.1	±0.2
回归误差（%）	0.01	0.03	0.05
重复性（%）	0.01	0.03	0.05

2. 光栅线位移测量装置

光栅线位移测量装置是由光栅线位移传感器感受线位移量，并用光栅数字显示仪表显示其长度的测量装置。在 JB/T 10030—2012 中规定的光栅线位移测量装置适用于机床、仪器等的坐标线位移检测与测量的光栅线位移传感器和光栅数字显示仪表相连组成的光栅线位移测量装置（以下简称测量装置）。

（1）要求

1）基本参数。测量装置的基本参数见表 2-202。

表 2-202　基本参数

基本参数	参　数　值
分辨力/μm	0.1, 0.2, 0.5, 1.0, 2.0, 5.0, 10
测量长度/mm	70, 120, 170, …, 920, 1020, 1140, 1240, 1440, …, 30040 50, 100, 150, …, 1050, …, 1850, 2050, 2250, …, 3050, …, 3500, 4000, 4500, 5000, 5500, 6000
最大移动速度/(m/min)	480, 360, 240, 180, 120, 60, 48, 24, 18, 12
供电电压（AC）/V	110, 220, 100~230

2）准确度。测量装置的准确度用最大间隔误差的 1/2 冠以"±"号表示，准确度等级分为 5 级，见表 2-203。

表 2-203　准确度等级

（单位：mm）

有效量程	准确度等级				
	1	2	3	4	5
≤200	±0.0003	±0.0005	±0.001	±0.002	±0.003
>200~500	±0.0005	±0.001	±0.002	±0.004	±0.008
>500~1000	±0.001	±0.002	±0.004	±0.008	±0.015
>1000~1500	±0.003	±0.006	±0.012	±0.025	±0.050
>1500~2000	±0.006	±0.012	±0.025	±0.050	±0.080
>2000~3500	±0.015	±0.030	±0.050	±0.080	±0.120

3）重复精度。测量装置在有效量程内任一点上的重复精度应符合表 2-204 的规定。

表 2-204　重复精度

（单位：μm）

分辨力	重复精度
0.1, 0.2	≤0.2
0.5	≤0.5
1.0	≤1.0
2.0	≤2.0
5.0	≤5.0
10	≤10

4）基本功能。

① 计数。测量装置在有效量程内应正确计数，且显示数值。

② 清零。测量装置应具有清零功能。

5）外观及相互作用。

① 外观。测量装置的表面不得有明显的凹痕、划伤、裂纹和变形，表面涂层或镀层不应有气泡、龟裂、脱落和锈蚀等缺陷。

② 标志。测量装置机壳和面板上的开关、按钮、灯、插头座等均应有表示其功能的标志，标志应牢固、清晰、美观、耐久。

③ 颜色。连接导线和线径的颜色及面板上的开关、按键和灯的颜色应符合 GB 5226.1—2008（2019）的规定。

④ 相互作用。各紧固和焊接部位应牢固，插头与插座接口应接触可靠、松紧适度，传感器各运动部分应灵活平稳，无阻滞和松动现象。

6）防护等级（IP）。测量装置应具有防护能力，敞开式光栅线位移传感器防护等级不应低于 IP50，封闭式光栅线位移传感器防护等级不应低于 IP53，

光栅数字显示仪表的机箱防护等级不应低于 IP43，面板的防护等级不应低于 IP54（按 GB 4208—2008 的规定）。

7）抗干扰能力。

①抗静电干扰能力。测量装置工作时，对操作人员经常触及的所有部位进行接触放电电压为 4kV、空气放电电压为 8kV 的抗静电干扰能力试验，试验过程中的测量系统应能正常工作。

②抗快速瞬变电脉冲群干扰能力。

a. 测量装置工作时，在交流供电电源端和保护接地之间施加脉冲群（见表 2-205）进行抗快速瞬变电脉冲群抗干扰能力试验，试验过程中测量装置应能正常工作。

b. 测量装置工作时，传感器信号电缆用耦合夹施加脉冲群（脉冲幅度为 1kV）进行抗快速瞬变脉冲群抗干扰能力试验，试验过程中的测量装置应能正常工作。

③抗电压冲击干扰能力。测量装置工作时，输入电源中叠加脉冲电压（见表 2-206）进行抗电压冲击抗干扰能力试验，试验过程中的测量装置应能正常工作。

表 2-205　抗快速瞬变电脉冲群试验等级

脉冲群持续时间	脉冲群间隔	单脉冲宽度	脉冲上升沿	脉冲幅度 /kV	脉冲重复率 /kHz	正、负脉冲群干扰时间 /min
ms		ns				
15	300	50×（1±30%）	50×（1±30%）	2	5	1

表 2-206　抗电压冲击试验等级

叠加脉冲电压的前沿	叠加脉冲电压的宽度	叠加脉冲电压的峰值 /kV	叠加脉冲电压的脉冲重复率 /（次数/min）	叠加脉冲电压的极性	叠加脉冲电压的试验次数
μs					
1.2×（1±30%）	50×（1±20%）	2×（1±10%）	1	正极/负极	正、负各 5 次

④抗电压暂降、短时中断干扰能力。测量装置工作时，在交流供电电源端口使电压（见表 2-207）发生变化进行电压暂降、短时中断抗干扰能力试验，试验过程中的测量装置应能正常工作。

表 2-207　抗电压暂降、短时中断试验等级

%U_T	持续周期	时间/ms
0	0.15	3
40	1	20
70	5	100

8）稳定度。在试验条件下，测量装置的数显仪表置输入标定后的光栅线位移传感器信号，其数显仪表的显示数字漂移不应超过 ±1 个分辨力。

（2）电气安全性能

1）接地保护。

①机壳应有保护接地，有 PE 标志。电源中线 N 不应与 PE 相连，且不应相互替代。

②电气与机械的导体件都应用黄/绿双色导线连接到保护接地电路上，连接要牢固。保护接地电路的连续性应符合 GB 5226.1—2008（2019）的规定。

2）绝缘电阻。在工作环境下，电源线 L、N 端子和保护接地（线）之间施加 500V 直流电压时，测得绝缘电阻不应小于 1MΩ。

3）耐电压强度。电源线 L、N 端子和保护接地线之间应能经受交流电压为 1000V（有效值）、频率为 50Hz、时间为 10s 和漏电流不应大于 5mA 的耐压试验，试验中不应有击穿和飞弧现象。

（3）环境适应性

1）气候环境。适应于测量装置的气候环境要求见表 2-208。

表 2-208　气候环境要求

气候环境	环境温度	相对湿度[①]
工作气候	0~45℃	≤95%
贮存、运输气候	−25~70℃	

①指在温度为 45℃±2℃ 时的相对湿度。

2）力学环境。

①机械振动（正弦）。承受一定机械振动（见表 2-209）后的测量装置，其外观仍应符合 1.（5）的规定，测量装置仍应能正常工作。

表 2-209　机械振动（正弦）条件

振动幅度 /mm	扫频范围 /Hz	扫频速率 倍频程/min	振动方向	持续时间 /min
0.15	10~55~10	≤1	X、Y、Z	30

注：倍频程表示频率比为 2 的两个频率之间的频段。

② 冲击。承受一定冲击（见表 2-210）后的测量装置，其外观不应有明显的损伤和变形；通电后，测量装置仍应能正常工作。

表 2-210　冲击试验条件

冲击加速度 /(m/s²)	持续时间 /ms	冲击波形	冲击次数
300	11	半正弦波	3

3）周围环境。测量装置在运输、存放和使用时，不应置于潮湿、油雾、不能和强电磁直接接触、超量污染物和强振动环境中。

4）电源。在稳态电压值为 85%～110% 的额定电压、98%～102% 的额定频率的电源条件下，测量装置应能正常工作。

（4）连续运行试验

在温度为 40℃±2℃、相对湿度为 30%～60% 的环境条件下，对测量（装置）进行不少于 2 个循环（48h）的连续运行试验（见表 2-211）后，测量（装置）不应出现故障。

注：每 24h 为 1 个循环，2 个循环即为 48h。

表 2-211　连续运行试验条件

1 个循环的试验步骤	工作电压	试验时间/h
1	电压额定值	4
2	110% 的电压额定值	8
3	电压额定值	4
4	85% 的电压额定值	8

2.13.5　液压缸用速度传感器的技术要求

速度传感器指能感受速度并转换成可用输出信号的传感器。在 GB/T 30242—2013 中规定了速度传感器的技术要求。

速度传感器属于物理量传感器，在液压缸上一般应用的是线速度（振动速度）传感器，而非角速度（转动速度）传感器。

1. 环境与工作条件

1）环境温度：15～35℃。

2）相对湿度：不大于 75%。

3）电磁场：不应存在对试验结果产生影响的电磁场。

2. 技术要求

（1）外观

传感器的外观完好，应无裂痕、划痕；标志应清晰、完整、正确。

（2）标志

传感器应在本体醒目的位置上固定产品的标志，应标明下列内容：

1）型号规格。

2）名称。

3）测量范围。

4）生产厂的名称或商标。

5）出厂编号。

6）生产日期。

当产品尺寸较小时，应至少将型号规格、出厂编号两项内容标注在传感器本体上，其余内容可在产品包装上注明。

（3）重量

传感器的重量应符合产品详细规范，如 JB/T 9517—1999《磁电式速度传感器》的要求。

（4）外形及安装尺寸

传感器的外形及安装尺寸应符合产品详细规范的要求。

（5）输出电阻

传感器的输出电阻应符合产品详细规范的要求。

（6）绝缘电阻

施加直流电压 500V 时，传感器的绝缘电阻不应小于 10MΩ。

（7）绝缘强度

施加交流电压 500V、频率 50Hz 时，传感器的表面应无飞弧、击穿和闪烁，试验电压应无突然下降。

（8）参考灵敏度

振动速度传感器的参考灵敏度误差应优于±5%

（9）频率响应（适用时）

振动速度传感器的频率响应偏差应符合产品详细规范的要求。

（10）振幅线性度（适用时）

振幅速度传感器的幅值线性度应符合产品详细规范的要求。

（11）横向灵敏度比（适用时）

振幅速度传感器的横向灵敏度比应符合产品详细规范的要求。

（12）灵敏度时间漂移（适用时）

振幅速度传感器的灵敏度时间漂移应符合产品详细规范的要求。

（13）灵敏度热漂移（适用时）

振幅速度传感器的灵敏度热漂移应符合产品详细规范的要求。

（14）高温贮存

高温贮存的上限温度和保温时间在下列条件中

选取。

1）上限温度：70℃、85℃、100℃、125℃、150℃。

2）保温时间：48h、72h、96h、168h。

传感器经过高温贮存试验后，外观应符合2.（1）项要求，振动速度传感器参考灵敏度应符合2.（8）项要求。

（15）低温贮存

低温贮存的下限温度和保温时间在下列条件中选取。

1）下限温度：-55℃、-40℃、-100℃、-25℃、-10℃。

2）保温时间：24h、48h、72h、96h。

传感器经过低温贮存试验后，外观应符合2.（1）项要求，振动速度传感器参考灵敏度应符合2.（8）项要求。

（16）温度变化

温度变化应符合下列条件。

1）极限温度：分别从（14）和（15）条规定的上限温度和下限温度中选取。

2）极限温度下最少试验时间：根据传感器重量，按产品详细规范的规定执行。

3）转换时间：不大于5min。

4）循环次数：5次、10次。

传感器经过温度变化试验后，外观应符合2.（1）项要求，振动速度传感器参考灵敏度应符合2.（8）项要求。

（17）振动

室温下，沿传感器三个轴（X、Y、Z）向分别对传感器施加振动，振动量级和时间按照产品详细规范的规定进行。

传感器经过振动试验后，外观应符合2.（1）项要求，振动速度传感器参考灵敏度应符合2.（8）项要求。

（18）冲击

室温下，沿传感器三个轴（X、Y、Z）向分别对传感器施加冲击，每个方向各施加冲击12次，加速度为1000m/s²，波形为半正弦脉冲，脉冲持续时间为6ms，或者按照产品详细规范的规定进行。

传感器经过冲击试验后，外观应符合2.（1）项要求，振动速度传感器参考灵敏度应符合2.（8）项要求。

（19）恒定湿热

恒定湿热试验在下列条件中选取。

1）温度：40℃±2℃。

2）相对湿度：93%±3%。

3）试验时间：48h、96h、120h。

传感器经过恒定湿热试验后，外观应符合2.（1）项要求，绝缘电阻应符合2.（6）项要求，振动速度传感器参考灵敏度应符合2.（8）项要求。

（20）盐雾

盐雾试验在下列条件中选取。

1）温度：35℃±2℃。

2）盐水浓度：5%±1%质量分数。

3）试验时间：48h、96h。

传感器经过恒定湿热试验后，外观应符合2.（1）项要求，绝缘电阻应符合2.（6）项要求，振动速度传感器参考灵敏度应符合2.（8）项要求。

作者注：产品详细规范如 JB/T 9517—1999《磁电式速度传感器》等。

2.13.6　液压缸用温度传感器的技术要求

一体化温度传感器是温度传感器模块安装在接线盒内与温度传感器探头相连接形成一体化，输出与检测温度对应的毫伏信号呈线性关系（即具有线性化能力）的传感器。温度传感器可根据使用的感温元件不同进行分类，如按所配检测元件区分，有热电偶一体化温度传感器和热电阻一体化温度传感器。

1. 基本参数

（1）测量范围

热电阻一体化温度传感器的推荐测量范围及其极限值见表2-212。

（2）输出参数与信号传输

一体化温度传感器的输出参数与信号传输方式见表2-213。

（3）正常工作条件

一体化温度传感器的正常工作条件包括环境温度、相对湿度与大气压等大气条件，见表2-214。

对于非防爆型传感器，周围空气中不应有对铬、镍镀层，有色金属及合金起腐蚀作用的介质，不含有易燃、易爆的物质。

本质安全防爆型传感器和隔爆型传感器的正常工作条件按 JB/T 12599—2016 的规定执行。

2. 技术要求

1）传感器应符合本技术要求和相关产品技术条件（详细规范）的规定，当本技术要求与产品技术条件（详细规范）的要求不一致时，应以产品技术条件（详细规范）为准。

2）外部连接性能应符合 JB/T 12599—2016 的规定。

表 2-212　热电阻一体化温度传感器的推荐测量范围及其极限值

测温元件名称	所配测温元件分度号	推荐测量范围分档	测温元件对应的测量范围极性推荐值
铜热电阻	Cu_{50}	$0\sim100$、$0\sim150$、$-50\sim100$	$-50\sim150$
	Cu_{100}	$0\sim100$、$0\sim150$、$-50\sim100$、$-60\sim100$	$-60\sim150$
铂热电阻	Pt_{10}	$0\sim150$、$0\sim200$、	$-50\sim850$
	Pt_{100}	$0\sim100$、$0\sim150$、$0\sim200$、$-50\sim100$、$-100\sim100$、$-150\sim150$、$-200\sim850$	$-200\sim850$
	Pt_{1000}	$0\sim100$、$0\sim150$、$0\sim200$、$-50\sim100$、$-100\sim100$、$-150\sim150$、$-200\sim500$	$-200\sim850$

注：表中未包括的测量范围分档可查看 JB/T 12599—2016。

表 2-213　一体化温度传感器的输出参数与信号传输方式

输出信号	信号传输方式	在标准供电电压条件下的负载电阻和传输导线电阻
$4\sim20mA$，DC	二线制	含传输导线电阻在内的负载电阻允许值$\leq625\Omega$
	三线制	含传输导线电阻在内的负载电阻允许值$\leq750\Omega$
	四线制	含传输导线电阻在内的负载电阻允许值$\leq750\Omega$
$0\sim10mA$，DC	三线制	传输导线电阻在内的负载电阻允许值$\leq1000\Omega$
	四线制	
$1\sim5V$，DC	三线制	负载应选用高阻抗，具体要求由制造厂自行规定
	四线制	
$0\sim5V$，DC	三线制	
	四线制	

注：标准供电电压为 DC24V，允差为 ±10.0%，纹波小于 1.0%。

表 2-214　环境温度、相对湿度与大气压等大气条件

安装场所等级	参数				
	温度 /℃	相对湿度 (%)	大气压 /kPa	最大含水量 kg/kg 干空气	温度变化率 /(℃/h)
C_{X1}	$-5\sim55$	$5\sim95$	$86\sim106$	0.028	5
C_{X2}	$-25\sim55$				
C_{X3}	$-20\sim80$				
C_{X4}	$-40\sim80$				

注：表中安装场所等级 $C_{X1}\sim C_{X4}$，系指 GB/T 17214.1—1998 中工业自动化仪表工作条件—温度、湿度和大气压所规定的非标准场所等级。

3）与准确度有关的技术指标应符合 JB/T 12599—2016 的规定。

4）与影响量有关的技术要求应符合 JB/T 12599—2016 的规定。

5）其他技术指标应符合 JB/T 12599—2016 的规定。

2.13.7　液压缸用接近开关的技术要求

接近开关是与运动部件无机械接触而能动作的位置开关。接近开关可按各种基本特性进行分类，如按感应方式可分为电感式（I）、电容式（C）、超声波式（U）、漫射光电式（D）、非机械磁性式（M）、回射光电式（R）和对射光电式（T）。

下面以霍尔接近开关传感器为例，给出其基本工作参数和技术要求。

1. 基本工作参数

（1）工作电压

传感器工作电压的标称值应符合产品技术条件

（详细规范）的规定。

传感器工作电压值推荐从 DC2.5V~40V 中选取。

（2）输出形式

传感器的输出形式通常为单极型、全极型、双极型、双极锁存型。

（3）最大负载电流

传感器的最大负载电流推荐从以下数值中选取：20mA、50mA、100mA、200mA、300mA、500mA。

（4）工作温度范围

传感器的工作温度范围应符合产品技术条件（详细规范）的规定。

推荐工作温度范围下限值为：−55℃、−40℃、−25℃、−10℃。

推荐工作温度范围上限值为：70℃、85℃、100℃、125℃、150℃。

（5）贮存温度范围

传感器贮存温度范围的下限值通常等于或低于下限工作温度10℃，贮存温度范围的上限值通常等于或高于上限工作温度15~20℃。

2. 技术要求

（1）外观

传感器的外观应无目视可见的瑕疵、锈蚀和损伤；螺纹部分应无毛刺；零部件无缺损；标志应清晰完整、准确无误。

（2）外形、安装尺寸及引线连接

传感器的外形、安装尺寸及引线连接应符合产品技术条件（详细规范）的规定。

（3）动作点磁感应强度

传感器的动作点磁感应强度应符合产品技术条件（详细规范）规定的范围。

（4）复位点磁感应强度

传感器的复位点磁感应强度应符合产品技术条件（详细规范）规定的范围。

（5）回差

传感器的回差应符合产品技术条件（详细规范）规定的范围。

（6）截止状态电流

传感器的截止状态电流应符合产品技术条件（详细规范）的规定。

（7）通态压降

传感器的通态压降应符合产品技术条件（详细规范）的规定。

（8）工作频率

传感器的工作频率应符合产品技术条件（详细规范）的规定。

（9）绝缘电阻

在规定的试验环境下，传感器的接线端子与外壳之间的绝缘电阻应不小于20MΩ。

（10）绝缘强度

在规定的试验环境下，传感器应能承受幅值为1000V、频率为50Hz的正弦交流电压，历时1min，无击穿和飞弧现象。

（11）低温贮存

传感器经低温贮存后，外观应符合2.（1）的要求，动作点磁感应强度、复位点磁感应强度及回差应符合2.（3）~2.（5）项的要求。

（12）高温贮存

传感器经高温贮存后，外观应符合2.（1）的要求，动作点磁感应强度、复位点磁感应强度及回差应符合2.（3）~2.（5）项的要求。

（13）温度变化

传感器经温度变化试验后，外观应符合2（1）项的要求，动作点磁感应强度、复位点磁感应强度及回差应符合2.（3）~2.（5）项的要求。

（14）恒定湿热

传感器经恒定湿热试验后，外观应符合2.（1）的要求，动作点磁感应强度、复位点磁感应强度及回差应符合2.（3）~2.（5）项的要求，绝缘电阻应符合2.（9）项的要求。

（15）振动

传感器经振动试验后，外观应符合2.（1）的要求，动作点磁感应强度、复位点磁感应强度及回差应符合2.（3）~2.（5）项的要求。

（16）冲击

传感器经冲击试验后，外观应符合2.（1）项的要求，动作点磁感应强度、复位点磁感应强度及回差应符合2.（3）~2.（5）项的要求。

（17）静电放电抗扰度（规定时）

在静电放电抗扰度试验时，传感器的输出状态不应改变。

（18）电快速瞬变脉冲群抗扰度（规定时）

在电快速瞬变脉冲群抗扰度试验时，传感器的输出状态不应改变。

（19）寿命

传感器开关的寿命应不少于100万次。

2.13.8 几种液压缸常用传感器（开关）产品

以下为几种液压缸常用传感器（开关）产品，供读者在液压缸设计时选择。

1. HBK-1L 柱式测力/称重传感器

（1）产品特点

1）拉压式测力/称重传感器，弹性体为柱式、筒式、柱环式结构。

2）合金钢弹性元件。

3）金属焊接密封（全密封结构）。

4）表面镀铬处理。

5）可内置放大器。

（2）应用行业

1）制药机械、医疗器械。

2）工程机械、港口机械。

3）冶金轧钢设备。

4）电力设备。

5）石油机械。

6）环保机械。

7）疲劳试验设备。

注：产品特点参考了中国航天空气动力技术研究院《产品手册》。

（3）技术参数（见表 2-215）

表 2-215　技术参数

技术参数	技术指标		单位
额定载荷	0.1～50		tf
最大载荷	120		%FS
安全载荷极限	150		%FS
非线性误差	±0.05	±0.1	%FS
滞后误差	±0.05	±0.1	%FS
重复性误差	±0.05	±0.1	%FS
零点温漂	≤0.005		%FS/℃
蠕变（30min）	≤0.02		%FS
温补范围	−20～60		℃
使用温度	−30～80		℃
激励电压	≤15		V
灵敏度	1～2		mV/V
输入阻抗	380±15	750±150	Ω
输出阻抗	350±3	700±3	Ω
零点输出	≤1		%FS
绝缘电阻	≥5000		Ω

注：表中数据参考北京航天恒力测控技术开发有限公司《测力/称重传感器/压力传感器/扭矩传感器/控制仪表产品手册》，但其中的一些参数和指标与中国航天空气动力技术研究院《产品手册》不同，提请读者注意。

（4）外形尺寸

如图 2-81 所示，其为 HBK-1L 柱式测力/称重传感器外形图。

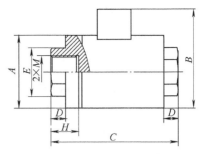

图 2-81　HBK-1L 柱式测力/称重传感器外形图

其外形尺寸见表 2-216。

表 2-216　HBK-1L 柱式测力/称重传感器外形尺寸（单位：mm）

量程/tf	A	B	C	D	E	2×M	H
0.1～1	φ63	95	120	16	25	M16×1.5-6H	20
1.5～3	φ63	95	110	12	32	M24×2-6H	23
5、8	φ78	115	130	10	45	M30×2-6H	25
10、15	φ88	125	150	14	53	M36×2-6H	30
20、25	φ98	140	186	14	63	M45×3-6H	35
30	φ108	147	186	21	72	M48×3-6H	40
40、50	φ118	162	230	27	85	M56×3-6H	50

注：表中数据参考北京航天恒力测控技术开发有限公司《测力/称重传感器/扭转传感器/控制仪表产品手册》。

（5）选型表

HBK-1L 柱式测力/称重传感器选型表见表 2-217。

表 2-217　HBK-1L 柱式测力/称重传感器选型表

HBK-1L					
0~ tf	量程与外形连接方式相对应				
	O	精度 0.1%			
	H	精度 0.05%			
		V1	电压型毫伏输出	V2	0～10V
		A1	电流型 4～20mA	X1	自定义
			L	拉向	Y 压向　X 双向
			C1	出线方式直接出线	C2 航空插头　X 自定义
			A	合金钢	S 不锈钢
			标准出线 3m，如有其他要求请备注		

注：见表 2-216 注。

（6）电气连接

HBK-1L 柱式测力/称重传感器的电气连接见表 2-218。

2. HBK-4C 轮辐式测力/称重传感器

（1）产品特点

1）拉压式测力/称重传感器，轮辐式结构。

2）合金钢弹性元件，加载方便。

表 2-218 电气连接

传感器引线定义		
航插引脚	导线颜色	导线功能
1	红	电源正
2	蓝（绿）	电源负
3	黄	输出正
4	白	输出负

注：见表 2-216 注。

3）金属焊接密封，性能可靠。

4）可内置放大器，精度高。

（2）应用行业

1）料斗秤等各种称重设备。

2）船舶设备。

3）试验测力设备。

4）冶金、轧钢设备。

（3）技术参数（见表 2-219）

表 2-219 技术参数

技术参数	技术指标		单位
额定载荷	0.5～100		tf
最大载荷	120		%FS
安全载荷极限	150		%FS
非线性误差	±0.05	±0.1	%FS
滞后误差	±0.05	±0.1	%FS
重复性误差	±0.05	±0.1	%FS
零点温漂	≤0.005		%FS/℃
蠕变（30min）	≤0.02		%FS
温补范围	−20～60		℃
使用温度	−30～80		℃
激励电压	≤15		V
灵敏度	1.5	2	±0.05mV/V
输入电阻	780		±20Ω
输出电阻	700		±5Ω
零点输出	≤1		%FS
绝缘电阻	≥5000		MΩ

（4）外形尺寸

如图 2-82 所示，其为 HBK-4C 轮辐式测力/称重传感器外形图。

其外形尺寸见表 2-220。

（5）选型表

HBK-4C 轮辐式测力/称重传感器选型表见表 2-221。

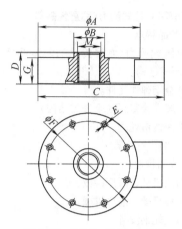

图 2-82 HBK-4C 轮辐式测力/称重传感器外形图

表 2-220 外形尺寸

（单位：mm）

量程/tf	φA	φB	F	D	G	M	E
1、2	106	30	92	32	30	M20×2-6H 通孔	4×M8 通孔
3、5	134	40	112	42	36	M30×2-6H 通孔	8×M8 通孔
10、15	172	54	144	51	45	M36×2-6H 通孔	8×M12 通孔
20	198	65	160	55	49	M45×3-6H 通孔	8×M16 通孔
30	208	70	170	55	49	M48×3-6H 通孔	8×M20 通孔
40	230	80	190	60	54	M56×3-6H 通孔	8×M24 通孔
50	254	90	210	62	56	M64×3-6H 通孔	8×M30 通孔
100	330	130	280	98	92	M90×4-6H 通孔	8×φ32 通孔

注：表中数据参考北京航天恒力测控技术开发有限公司《测力/称量传感器/压力传感器/控制仪表产品手册》。

（6）电气连接

HBK-4C 轮辐式测力/称重传感器电气连接见表 2-222。

3. BTL7 系列杆型磁致伸缩微脉冲位移传感器

（1）产品简介

磁致伸缩位移测量系统已应用于工厂工程和自动化技术中。磁致伸缩微脉冲位移传感器用于要求高可靠性和精确性的应用领域。测量长度为 25～7600mm 的内置式或紧凑型传感器使位移测量系统得到广泛使用。

表 2-221　选型表

HBK-4C								
	0~t	量程与外形连接方式相对应						
	O	精度 0.05%						
	H	精度 0.02%						
		V1	电压型毫安输出	V2	0~10V			
		A1	电流型 4~20mA	X1	自定义			
		L		拉向	Y	压向	X	双向
				C1	出线方式 直接出线	C2	航空插头	X	自定义
				标准出线 3m，如有其他要求可另注				

注：见表 2-220 注。

表 2-222　电气连接

传感器引线定义		
航插引脚	导线颜色	导线功能
1	红	电源正
2	蓝（绿）	电源负
3	黄	输出正
4	白	输出负

注：见表 2-220 注。

无接触、精确和绝对量测量是其重要特性，并将线性磁致伸缩磁铁广泛应用在工业用途中。无接触，因而无磨损的工作方式有助于节省高昂的维修费用，并避免故障停机带来的麻烦。这种特性它们能够被安装在完全密封的外壳中，因为可以通过磁场将当前位置信息传送至内部的传感器元件，而无须接触。理论上，一个测量系统可以同时测量多个位置。便捷、轻松、可靠的密封设计，使磁致伸缩位移测量系统达到 IP 67~IP 67K 的保护等级。良好的抗冲击性和抗震性，使其在工业领域的应用迅速扩展到重型机械和系统设计领域。许多应用要求获得测量值和位置值，而在测量系统开启后就可迅速以绝对量提供这些值。因为省略了参考运行，机器可用性得到极大提高。

杆形结构的微脉冲位移传感器主要用于液压驱动的应用中。当安装于液压缸的压力部分上时，位移传感器需有与当时液压缸相同的耐压强度。实际上，传感器必须能够经受高达 1000bar（$1bar = 10^5 Pa$）的压力。芯片被整合在一个铝制或不锈钢的外壳中，波导管安装在一个耐高压的无磁性不锈钢管中，管的前端使用焊接塞子堵住。另一端法兰安装面上的 O 形密封圈封住高压部分。安装有定位磁块的磁环沿内置有波导管的管或杆滑动以标记检测前的位置。

（2）技术参数

杆型传感器 BTL7 系列产品具有耐压高达 600bar，重复精度高，非接触、坚固耐用等特点，可组成在恶劣环境下经久耐用的位置反馈系统，检测范围为 25~7620mm。

传感器的测量段安装在耐高压的不锈钢金属管中，得到可靠的保护。该系统非常适合于液压缸的位置反馈，或者在食品化工领域中用于腐蚀性液体的液位控制。

杆型传感器 BTL7 系列产品的一般性能参数见表 2-223。

表 2-223　杆型传感器 BTL7 系列
产品的一般性能参数

项　目	性能参数
冲击负载	150g/6ms，符合 EN60068-2-27
振动	20g，10~200Hz，符合 60068-2-6
极性反接保护	有
过电压保护	TranZorb 保护二极管
绝缘强度	500V AC（外壳接地）
防护等级符合 IEC 60529	IP68（电缆连接），IP67（与插头 BKS-S···可靠连接时）
外壳材质	阳极电镀铝/1.4571 不锈钢管，1.3952 不锈钢铸造法兰
紧固件	外壳 B 螺纹 M18×1.5，外壳 Z 螺纹 3/4″-16UNF
带有 φ10.2mm 保护管耐压强度	600bar（安装在液压缸内）
带有 φ8mm 保护管耐压强度	250bar（安装在液压缸内）
连接	插头或电缆连接
无线电干扰辐射	EN 55016-2-3（工业和住宅区域）
静电干扰（ESD）	EN 61000-4-2，锐度 3
电磁场干扰（RFI）	EN 61000-4-3，锐度 3
快速瞬变电脉冲（爆发）	EN 61000-4-4，锐度 3
浪涌电压	EN 61000-4-5，锐度 2
因高频磁场感应引起的线路噪声	EN 61000-4-6，锐度 3
磁场	EN 61000-4-8，锐度 4
标准的额定检测长度	0.025~7520mm（1mm 增量）
带有 φ8mm 保护管的最大额定检测长度	1016mm

模拟量接口杆型传感器 BTL7 系列产品详细技术参数见表 2-224。

表 2-224　模拟量接口杆型传感器 BTL7 系列产品详细技术参数

项　目	技 术 参 数			
	BTL7-A110-M…	BTL7-G110-M…	BTL7-E1…0-M…	BTL7-C1…0-M…
输出信号	模拟	模拟	模拟	模拟
传感器接口	A	G	E	C
客户设备接口	模拟	模拟	模拟	模拟
输出电压	0~10V 和 10V~0	−10V~10V 和 10V~−10V		
输出电流			4~20mA 或 20~4mA	0~20mA 或者 20mA~0
负载电流	最大 5mA	最大 5mA		
最大残余波纹	≤5mV$_{pp}$	≤5mV$_{pp}$		
负载电阻			≤500Ω	≤500Ω
系统分辨率	≤0.33mV	≤0.33mV	≤0.66μA	≤0.66μA
滞后	≤5μm	≤5μm	≤5μm	≤5μm
重复精度	系统分辨率 ≥2μm	系统分辨率 ≥2μm	系统分辨率 ≥2μm	系统分辨率 ≥2μm
采样频率（取决于长度）	≤4kHz	≤4kHz	≤4kHz	≤4kHz
最大线性误差 　≤500mm 额定检查长度 　501~5500mm 额定检查长度 　>5500mm 额定检查长度	±50μm ±0.01% ±0.02%FS	±50μm ±0.01% ±0.02%FS	±50μm ±0.01% ±0.02%FS	±50μm ±0.01% ±0.02%FS
温度系数	≤30ppm/K	≤30ppm/K	≤30ppm/K	≤30ppm/K
供电电压	20~28V，DC	20~28V，DC	20~28V，DC	20~28V，DC
电流消耗（24V，DC 时）	≤150mA	≤150mA	≤150mA	≤150mA
极性反接保护	有	有	有	有
过电压保护	有	有	有	有
绝缘强度（外壳接地）	500V，AC	500V，AC	500V，AC	500V，AC
工作温度	−40~85℃	−40~85℃	−40~85℃	−40~85℃

（3）外形尺寸

几种杆型传感器 BTL7 系列产品外形尺寸如图 2-83~图 2-87 所示。

几种 BTL 杆型结构定位磁块参数见表 2-225，型式尺寸如图 2-88 和图 2-89 所示。

（4）安装

传感器通常安装在远离液压缸的位置，如果需要维修或更换带有波导管的电子器件，通常是很困难以成本高昂。但如果微脉冲位移传感器的电子器件发生了故障，只需简单、快速地更换一个电子头部即可，油路也不会受到干扰。

杆型微脉冲位移传感器 BTL7 系列产品具有 M18×1.5 或 3/4″-16UNF 安装螺纹。制造商建议，传感器安装体螺纹由无磁性材料制成，如果使用磁性材料，

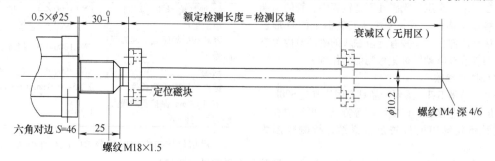

图 2-83　类型 A 杆型传感器外形尺寸

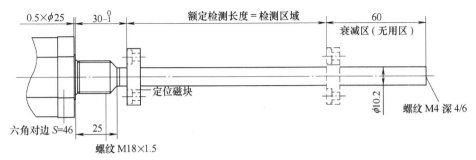

图 2-84　类型 B 杆型传感器外形尺寸

图 2-85　类型 B8 杆型传感器外形尺寸

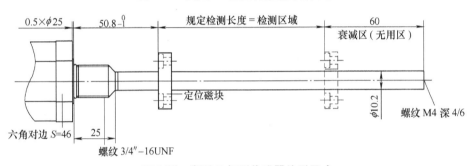

图 2-86　类型 Z 杆型传感器外形尺寸

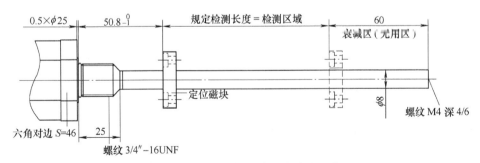

图 2-87　类型 Z8 杆型传感器外形尺寸

表 2-225　BTL 杆型结构定位磁块参数

项目	参　　数			
	BTL-P-1013-4R	BTL-P-1013-4R-PA	BTL-P-1012-4R	BTL-P-1012-4R-PA
材料	铝	PA60 玻璃纤维加固	铝	PA60 玻璃纤维加固
重量/g	约 12	约 10	约 12	约 10
行进速度	任意	任意	任意	任意
工作温度/℃	-40~100	-40~100	-40~100	-40~100

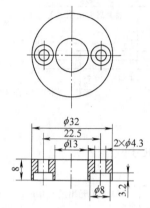

图 2-88　BTL-P-1013-4R 和 BTL-
P-1013-4R-PA 定位磁块型式尺寸

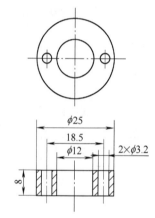

图 2-89　BTL-P-1012-4R 和 BTL-
P-1012-4R-PA 定位磁块型式尺寸

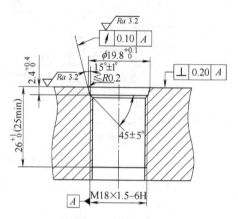

图 2-90　安装体 M18×1.5 螺纹孔

注：参考巴鲁夫（上海）贸易有限公司的
《线性位移测量》产品样本，图 2-91 同。

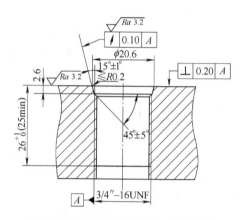

图 2-91　安装体 3/4″-16UNF 螺纹孔

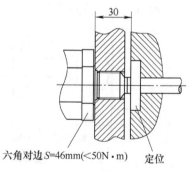

六角对边 S=46mm（<50N·m）

图 2-92　非导磁材料的安装型式

注：参考 MTS 传感器中国《磁致伸缩位移
传感器》产品目录，图 2-93 同。

则必须采用制造商推荐的安装型式。在法兰安装面进行密封，如在类型 B 设计中，用带有 O 形圈 15.4×2.1 的 M18×1.5（符合 ISO 6149 标准）螺纹密封；在类型 Z 设计中，用带有 O 形圈 15.3×2.4 的 3/4″-16UNF（符合 SAE J475 标准）螺纹密封。

定位磁块如果安装在磁性材料上，则也要采用非导磁材料的隔离环。杆型微脉冲位移传感器 BTL7 系列产品使用的隔离环厚度一般为 7mm。

杆型微脉冲位移传感器 BTL7 系列产品的安装体螺纹孔必须在安装前制出，并且符合图 2-90 或图 2-91 要求。

各传感器制造商给出的安装意见基本相同，即安装磁铁（定位磁块）时，请用非导磁的固定材料[如螺钉、隔离垫片（隔离环）与支撑等]。

MTS 磁致伸缩位移传感器制造商推荐的安装型式如图 2-92 和图 2-93 所示。

需要说明的是，图 2-92 和图 2-93 中所示的隔离距离都是最小值，杆型微脉冲位移传感器实际安装时应大于图示各值。

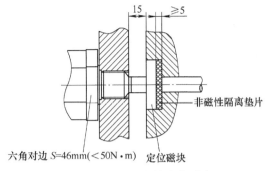

六角对边 S=46mm（<50N·m）　定位磁块

图 2-93　导磁材料的安装型式

4. LWH 系列电位计式直线位移传感器

（1）产品简介

LWH 系列电位计式直线位移传感器与 BTL7 系列杆型磁致伸缩微脉冲位移传感器不同，其为接触式直线位移传感器。

该系列传感器用于测量和控制系统中，对位移和长度进行直接和绝对测量。

工作量程最大可达 900mm，高分辨率（0.01mm）可提供精确的线性位移测量。

传感器内外结构表面经过特殊处理，可在高速低磨损状态下工作。传感器前端的柔性缓冲轴承可以克服传动杆的一些微小侧向应力，保证传感器正常工作。结构设计上考虑了便于安装与拆卸。

传感器导电材料的固定和结构设计等工艺，保证即使在最恶劣的条件下传感器也能可靠工作。

传感器四面都有安装槽，这样就方便在安装时尽量将导电材料面向下安装，避免传感器内部存在微小杂质颗粒，从而影响传感器的寿命。

该系列传感器具有以下特点：

a）不同应用条件下，使用寿命长达 10×10^7 次。

b）线性优异，高达 ±0.04%。

c）分辨率高于 0.01mm。

d）运行速度高。

e）配有 DIN 43650 标准插头和插座（压力接头）。

f）防护等级为 IP 55。

除此以外，还需说明是：

a）外壳为阳极氧化铝。

b）安装采用了扣压式可调节固定夹钳。

c）拉杆为不锈钢（1.4305），可旋转，M6 外螺纹。

d）轴承采用了柔性缓冲轴承。

e）电阻元件采用了导电塑料。

f）滑刷组件采用了贵金属多触角滑刷。

g）电气连接为符合 DIN 43650 标准的 4 极插座。

（2）技术参数

LWH 系列直线位移传感器参数指标见表 2-226。

表 2-226　LWH 系列直线位移传感器参数指标

参　数	LWH0075~LWH0900 系列直线位移传感器指标						
	0075	0100	0200	0300	0400	0500	0900
工作行程/mm	75	100	200	300	400	500	900
电气行程/mm	77	102	203	304	406	508	914
标准阻值/kΩ	3	3	5	5	5	5	10
阻值公差（%）	±20						
独立线性（%）	0.1	0.1	0.07	0.06	0.05	0.05	0.04
可重复性/mm	0.01						
滑刷正常工作电流/μA	≤1						
致事故时滑刷的最大电流/mA	10						
允许最大工作电压/V	42						
输出电压与输入电压的有效温度系数比/(ppm/K)	通常为 5						
绝缘阻抗（500V，DC）/MΩ	≥10						
绝缘强度（500V，AC，50Hz）/μA	≤100						
外壳长度（尺寸 A）/±2mm	146	171	273	375	476	578	984
机械行程（尺寸 B）/±2mm	85	110	212	313	415	516	923
总质量/g	220	250	380	500	620	740	1230
滑刷及拉杆质量/g	50	55	78	100	125	146	245
水平方向工作受力/N	<10						
垂直方向工作受力/N	≤10						
工作温度范围/℃	−30~100						

（续）

参　数	LWH0075～LWH0900 系列 直线位移传感器指标						
	0075	0100	0200	0300	0400	0500	0900
抗振动标准	5～2000Hz，$A_{max}=0.75mm$，$a_{max}=20g$						
抗冲击标准	50g，11ms						
寿命/次	$>10\times10^7$						
最大运行速度/（m/s）	10						
最大运行加速度/（m/s²）	200（20g）						
保护等级	IP 55（DIN EN 60529）						

（3）外形尺寸

LWH 系列直线位移传感器产品外形尺寸如图 2-94 所示。

5. 耐高压电感式接近开关

（1）产品简介

耐高压接近开关高端版本现有两个系列：

1）在环境温度范围为-25～90℃的条件下，感应距离可达 2.5mm 的耐高压接近开关。

2）在环境温度范围为-25～120℃的条件下，感应距离为 1.5mm 的耐高压接近开关。

这两种系列耐高压接近开关都可以耐高压至 500bar。

参考资料介绍，BHS····-PSD15-S04 系列耐高压电感式接近开关（以下简称耐高压接近开关）具有如下特点：

1）特别适合于现代高效液压系统。

2）适用于新一代会变热的液压流体。

3）适用于高温注塑模具的液压缸。

4）BHS····-PSD15-S04-T01 带温度输出，即具有以电压为温度输出形式的集成温度传感器。

（2）技术参数

环境温度范围为-25～120℃系列耐高压接近开关的技术参数见表 2-227。

（3）外形尺寸

环境温度范围为-25～120℃系列耐高压接近开关的外形尺寸如图 2-95～图 2-100 所示。

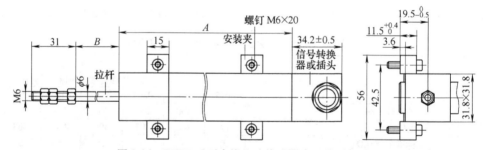

图 2-94　LWH 系列直线位移传感器产品外形尺寸

注：LWH 系列直线位移传感器参考诺沃泰克（Novotechnik）《直线位移传感器》产品样本。

表 2-227　耐高压接近开关的技术参数

技术参数	技术指标	
	BHS B135V-PSD15-S04-T01	BHS····-PSD15-S04（或 BHS E308V-PSD15-S04）
外形尺寸（见图样）	M12×1	M12×1（或 M18×1）
安装方式（见说明）	平齐式	平齐式
额定感应距离 S_n	1.5mm	1.5mm
可靠感应距离 S_a	0～1.2mm	0～1.2mm
供电电压 U_B	10～30V，DC	10～30V，DC
I_e 时的电压降 U_d	≤2.5V	≤2.5V
额定绝缘电压 U_i	75V，DC	75V，DC
额定工作电流 I_e	200mA	200mA
最大空载电流 I_0	≤8mA	≤8mA

（续）

技术参数	技 术 指 标	
	BHS B135V-PSD15-S04-T01	BHS…-PSD15-S04（或 BHS E308V-PSD15-S04）
极性接反保护	有	有
短路保护	有	有
重复定位精度 R	≤5%	≤5%
环境温度范围 T_a	−25~120℃	−25~120℃
开关工作频率	400Hz	400Hz
使用类别	DC13	DC13
功能指示	无	无
保护等级符合 IEC 60529	IP 68 符合 BWN Pr. 20	IP 68 符合 BWN Pr. 20
外壳材料	不锈钢	不锈钢
感应面材料	陶瓷	陶瓷
连接方式	插头	插头
认证	cULus	cULus
推荐插头型号	BKS-S 19-3-PY/S 20-3-PY	BKS-B 19/B 20-1-PU2
O 形圈/备件编号	6.75×1.78/149621	6.75×1.78/149621（或 12.42×1.78/130654）
挡圈/备件编号	10×7×1.8/150229	10×7×1.8/150229（或 15×12.2×0.7/642827）
耐高压到	500bar	500bar

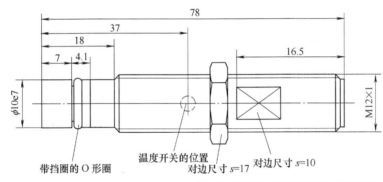

图 2-95　BHS B135V-PSD15-S04-T01 带温度输出的耐高压接近开关外形尺寸

注：耐高压接近开关参考巴鲁夫（上海）贸易有限公司的《目标检测—接近开关》产品样本。

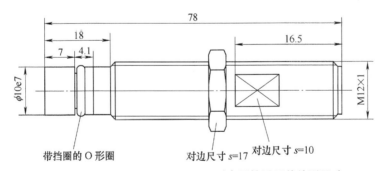

图 2-96　BHS B135V-PSD15-S04 耐高压接近开关外形尺寸

如果选择环境温度范围为−25~90℃系列耐高压接近开关，其额定感应距离和可感应距离与上述系列不同。另外，环境温度的上升会导致工作电流的降低，具体采用时请仔细阅读产品样本。

（4）安装

安装在金属材料内的标准感应距离的接近开关时，感应面可以与金属表面齐平，即齐平式安装。接近开关表面到其对面金属物体的距离要大于或等于三倍的额定感应距离（S_n），邻近的两个接近开关间的距离必须大于或等于两倍的接近开关安装孔直径。

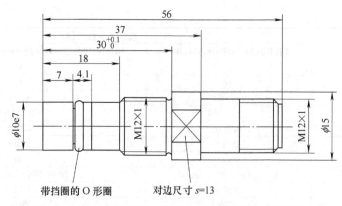

图 2-97 BHS B400V-PSD15-S04 耐高压接近开关外形尺寸

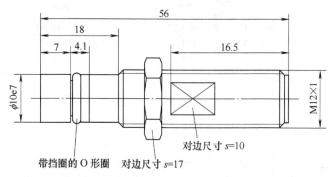

图 2-98 BHS B249V-PSD15-S04 耐高压接近开关外形尺寸

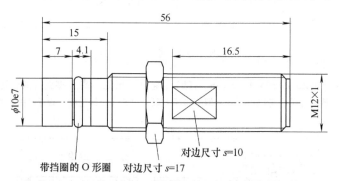

图 2-99 BHS B265V-PSD15-S04 耐高压接近开关外形尺寸

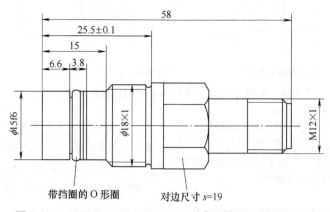

图 2-100 BHS E308V-PSD15-S04 耐高压接近开关外形尺寸

2.14　液压缸放气与防松及其他元件、装置的设计

2.14.1　液压缸排气装置的技术要求

1. 液压缸排气装置的技术要求

放气是从一个系统或元件中排出空气的手段。排气器是用来排出液压系统油液中所含空气或气体的元件，液压系统应根据需要设置必要的排气装置（器），并能方便地排（放）气。

"放气""排气器"和"排气"均为 GB/T 17446—2012 中界定的词汇，但"排气"却被界定为仅与气动有关的术语，因此本手册经常出现"排（放）气"这样的表述。

在 GB/T 13342—2007 中规定，液压缸一般应设排气装置。

在 GB/T 24946—2010 中规定，数字缸可根据需要设置排气装置。

在 GB/T 3766—2015 中规定，在固定式工业机械上安装液压缸，应使其能自动放气或提供易于接近的外部放气口。安装时，应使液压缸的放气口处于最高位置。当这些要求不能满足时，应提供相关的维修和使用资料；有充气腔的液压缸应设计或配置排气口，以避免危险。液压缸利用排气口应能无危险地排除空气。

在 GB/T 3766—2001（已被代替）中规定，单作用活塞式液压缸应设置放气口，并设置在适当位置，以避免排出的油液喷射对人员造成的危险。

GJB 638A—1997 中规定，凡是混入的空气会妨碍液压系统正常工作之处，均应采取安装人工排气阀那样的合适方法来排除，而不采取断开管路或松开导管螺母的方法；自动放气阀的要求参见 MIL-V-29592。

2. 排（放）气阀

部分标准规定的和液压缸上常见的排（放）气阀的结构型式见表 2-228。

表 2-228　排（放）气阀的结构型式

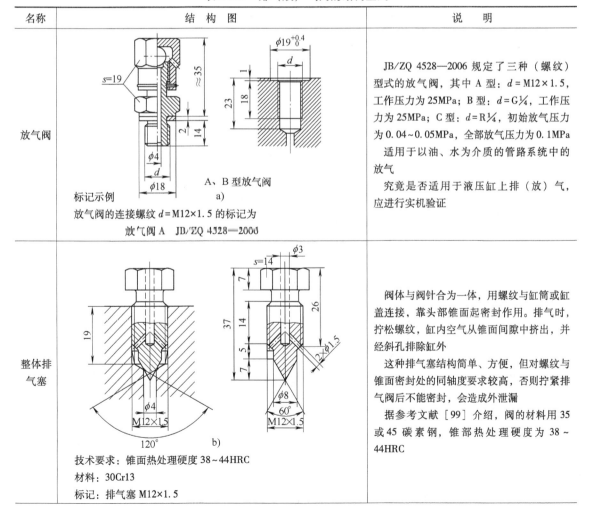

名称	结　构　图	说　明
放气阀	A、B 型放气阀 a) 标记示例 放气阀的连接螺纹 d=M12×1.5 的标记为 放气阀 A　JB/ZQ 4528—2006	JB/ZQ 4528—2006 规定了三种（螺纹）型式的放气阀，其中 A 型：d=M12×1.5，工作压力为 25MPa；B 型：d=G¼，工作压力为 25MPa；C 型：d=R¼，初始放气压力为 0.04~0.05MPa，全部放气压力为 0.1MPa 适用于以油、水为介质的管路系统中的放气 究竟是否适用于液压缸上排（放）气，应进行实机验证
整体排气塞	b) 技术要求：锥面热处理硬度 38~44HRC 材料：30Cr13 标记：排气塞 M12×1.5	阀体与阀针合为一体，用螺纹与缸筒或缸盖连接，靠头部锥面起密封作用。排气时，拧松螺纹，缸内空气从锥面间隙中挤出，并经斜孔排除缸外 这种排气塞结构简单、方便，但对螺纹与锥面密封处的同轴度要求较高，否则拧紧排气阀后不能密封，会造成外泄漏 据参考文献 [99] 介绍，阀的材料用 35 或 45 碳素钢，锥部热处理硬度为 38~44HRC

（续）

名称	结 构 图	说 明
组合排气阀	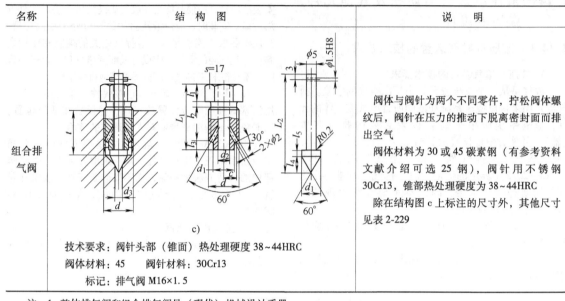 c) 技术要求：阀针头部（锥面）热处理硬度 38~44HRC 阀体材料：45　　阀针材料：30Cr13 标记：排气阀 M16×1.5	阀体与阀针为两个不同零件，拧松阀体螺纹后，阀针在压力的推动下脱离密封面而排出空气 　　阀体材料为 30 或 45 碳素钢（有参考资料文献介绍可选 25 钢），阀针用不锈钢 30Cr13，锥部热处理硬度为 38~44HRC 　　除在结构图 c 上标注的尺寸外，其他尺寸见表 2-229

注：1. 整体排气阀和组合排气阀见（现代）机械设计手册。
　　2. 液压缸上的排气阀多采用钢球式，其阀座一般直接用钻头钻出。常用钻头的角度一般为 120°。根据经验，此角度以 160°左右（密封性能）为最佳（见参考文献 [82]）。仅供参考。

表 2-229　组合式排气阀尺寸　　　　　　　　（单位：mm）

d	c	d_1	d_2	D	l_1	l_2	l_3	L_1	s	d_4	l_4	l_5	L_2	d_3	t
M16	6	11	6	19.6	9	3	2	31	17	10	8.5	3	48	4~6	23
M16×1.5	6.75	11	6	19.6	9	3	5	34	17	9.81	8.5	3	51	4~6	23
M20×2	8	14	7	25.4	11	4	3	39	22	13	11	4	59	4~8	28

2.14.2　液压缸防松措施的技术要求

　　在 GB/T 3766—2015 中规定，安装在液压缸上或与液压缸连接的任何元件和附件，其安装或连接应能防止使用时由冲击和振动引起松动。同时，应采取措施，防止外部或内部的可调节行程终端挡块松动。

　　对液压缸而言，螺纹连接件或紧固件的防松应采用确实可行的方法，可采用表 2-230 所列的螺栓、螺钉、螺杆和螺母的各种常用防松方法。

表 2-230　各种常用防松方法

序号	防松方法	标　记	说　明
1	冲点	HB 0—2—N	≤6mm，螺钉对称冲两点；>6mm，螺钉均布冲三点
2	自锁螺母	GB/T 1337	M3~M10；M12×1.5~M24×1.5
3	锁紧螺母	（GB/T 889.1） （GB/T 889.2） （GB/T 6172.2） （GB/T 6182）	尼龙圈锁紧螺母是将尼龙圈或块嵌装在螺母体上，为没有内螺纹的尼龙圈。当外螺纹杆件拧入后，由于尼龙材料良好的弹性产生锁紧力，以达到锁紧目的。该类螺母由于尼龙的熔点限制，适用于工作温度低于 100℃ 的连接处
4	齿形垫圈	GB/T 862.1	规格 2~20mm
5	弹簧垫圈	GB/T 859 （GB/T 93） （GB/T 7244）	
6	双螺母	HB 6275~HB6284	
7	预涂黏附层	（GB/T 35478） （GB/T 35480）	聚酰胺锁紧层不能防止连接副松动，但能防止零件完全分离

注：括号内的标准号不是 HB 0—2—2002 规定的螺纹连接的防松方法。

2.14.3　液压缸上集成的液压控制阀的技术要求

带液压控制阀的液压缸，包括带缓冲阀的液压缸、带支承阀的液压缸和比例/伺服阀的液压缸等，推荐采用板式安装阀和/或插装阀。

液压控制阀（以下简称液压阀）的公称压力及其他性能指标应不低于液压缸的技术要求；设置于液压缸上的阀或油路块的安装面或插装阀的插装孔应符合相关标准的规定。

电控阀的防护等级、工作电压及电气连接应符合相关标准规定；一般要求电控阀本身还应带有手动越权控制装置。

1. 液压阀通用技术要求

（1）液压阀的选择

选择液压阀的类型应考虑正确的功能、密封性、维护和调整要求，以及抗御可预见的机械或环境影响的能力。在固定式工业机械中使用的系统宜首选板式安装阀和/或插装阀。当需要隔离阀时，应使用其制造商认可适用于此类安全应用的阀。

（2）液压阀的安装

当安装液压阀时，应考虑以下方面：

1）独立支撑，不依附相连接的配管或管接头。

2）便于拆卸、修理或调整。

3）重力、冲击和振动对阀的影响。

4）使用扳手、装拆螺栓和电气连接所需的足够空间。

5）避免错误的安装方法。

6）防止被机械操作装置损坏。

7）当使用时，其安装方位能防止空气聚积或允许空气排出。

（3）油路块

1）表面粗糙度和平面度。在油路块上，阀安装面的表面粗糙度和平面度应符合阀制造商推荐值的要求。

2）变形。在预定的工作压力和温度范围内工作时，油路块或油路块总成不应因变形而产生故障。

3）安装。应牢固地安装油路块。

4）内部流道。内部流道在交叉流动区域宜有足够大的横截面面积，以尽量减小额外的压降。铸造和机械加工的内部流道应无有害异物，如氧化皮、毛刺和切屑等。有害异物会阻碍流动或随液压油液移动而引起其他元件（包括密封件和密封填料）发生故障和/或损坏。

5）标识。油路块总成及其元件应按 ISO 16874（即 GB/T 36997—2018）规定附上标签，以作标记。当不可行时，应以其他方式提供标识。

（4）电控阀

1）电气连接。电气连接应符合相应的标准（如 GB/T 5226.1 或制造商的标准），并按适当保护等级设计（如 GB/T 4208）。

2）电磁铁。应选择适用的电磁铁（如切换频率、温度额定值和电压容差），以便其能在指定条件下操作阀。

3）手动或其他越权控制。当电力不可用时，如果必须操作电控阀，应提供越权控制方式。设计或选择越权控制方式时，应使误操作的风险降至最低；并且当越权控制解除后宜自动复位，除非另有规定。

（5）调整

当允许调整一个或多个阀参数时，宜酌情纳入下列规定：

1）安全调整的方法；

2）锁定调整的方法，如果不准许擅自改变；

3）防止调整超出安全范围的方法。

2. 压力控制阀技术要求

其功能是控制压力的阀称为压力控制阀。

标准规定的压力控制阀有比例压力先导阀、液压溢流阀、液压电磁溢流阀、液压卸荷溢流阀、液压电磁卸荷溢流阀、液压减压阀和单向减压阀、内控液压顺序阀和单向顺序阀、外控液压顺序阀和单向顺序阀、电调制（比例）溢流阀、电调制（比例）减压阀、数字溢流阀、液压压力继电器，其他还有双向溢流阀（组）（制动阀）、平衡阀等。

区别于液压控制阀的液压控制，它是通过改变控制管路中的液压压力来操纵的控制方法，而其本身不具有控制管路中液压压力的能力。

（1）液压溢流阀和电磁溢流阀的技术要求

1）一般要求。

① 溢流阀的公称压力应符合 GB/T 2346《液压传动系统及元件　公称压力系列》的规定。

② 板式连接的溢流阀的安装面应符合 GB/T 8101《液压溢流阀　安装面》的规定，叠加式溢流阀的连接安装面应符合 GB/T 2514《液压传动　四油口方向控制阀安装面》的规定。

③ 其他技术要求应符合 GB/T 7935《液压元件通用技术条件》的规定。

④ 制造商应在产品样本及相关资料中说明产品的适用条件和环境要求。

2）性能要求。

① 压力振摆应符合 JB/T 10374—2013《液压溢

流阀》中表 A.1 的规定。

② 压力偏移应符合 JB/T 10374—2013《液压溢流阀》中表 A.1 的规定。

③ 内泄漏量应符合 JB/T 10374—2013《液压溢流阀》中表 A.1 的规定。

④ 卸荷压力应符合 JB/T 10374—2013《液压溢流阀》中表 A.1 的规定。

⑤ 压力损失应符合 JB/T 10374—2013《液压溢流阀》中表 A.1 的规定。

⑥ 稳定压力-流量特性应符合 JB/T 10374—2013《液压溢流阀》中表 A.2 的规定。

⑦ 电磁溢流阀的动作可靠性应符合 JB/T 10374—2013《液压溢流阀》中的相关规定。

⑧ 调节力矩应符合 JB/T 10374—2013《液压溢流阀》中表 A.2 的规定。

⑨ 瞬态特性应符合 JB/T 10374—2013《液压溢流阀》中表 A.3 的规定。

⑩ 噪声应符合 JB/T 10374—2013《液压溢流阀》中表 A.2 的规定。

⑪ 密封性应符合 JB/T 10374—2013《液压溢流阀》中的相关规定。

⑫ 耐压性应符合 JB/T 10374—2013《液压溢流阀》中的相关规定。

⑬ 耐久性应符合 JB/T 10374—2013《液压溢流阀》中的相关规定。

3）装配和外观要求。

① 溢流阀的装配和外观应符合 GB/T 7935《液压元件 通用技术条件》的规定。

② 溢流阀装配及试验后的内部清洁度（要求）应符合 JB/T 7858《液压元件清洁度评定方法及液压元件清洁度指标》的规定。

4）说明。

① 当选择遵守 JB/T 10374—2013《液压溢流阀》时，在试验报告、产品目录和销售文件中应使用以下说明：本公司液压溢流阀（包括溢流阀、电磁溢流阀）产品符合 JB/T 10374—2013《液压溢流阀》的规定。

② 有专门（产品）标准规定的液压溢流阀除外。

③ 上述文件经常用作液压溢流阀供需双方交换的技术文件之一。

（2）液压卸荷溢流阀和电磁卸荷溢流阀的技术要求

1）一般要求。

① 卸荷溢流阀的公称压力应符合 GB/T 2346《液压传动系统及元件 公称压力系列》的规定。

② 板式连接的卸荷溢流阀的安装面应符合 GB/T 8101《液压溢流阀 安装面》的规定。

③ 其他技术要求应符合 GB/T 7935《液压元件通用技术条件》的规定。

④ 制造商应在产品样本及相关资料中说明产品的适用条件和环境要求。

2）性能要求。

① 压力变化率应符合 JB/T 10371—2013《液压卸荷溢流阀》中表 A.1 的规定。

② 卸荷压力应符合 JB/T 10371—2013《液压卸荷溢流阀》中表 A.1 的规定。

③ 重复精度误差应符合 JB/T 10371—2013《液压卸荷溢流阀》中表 A.1 的规定。

④ 单向阀压力损失应符合 JB/T 10371—2013《液压卸荷溢流阀》中表 A.1 的规定。

⑤ 内泄漏量应符合 JB/T 10371—2013《液压卸荷溢流阀》中表 A.1 的规定。

⑥ 保压性应符合 JB/T 10371—2013《液压卸荷溢流阀》中表 A.1 的规定。

⑦ 电磁卸荷溢流阀的动作可靠性应符合 JB/T 10371—2013《液压卸荷溢流阀》中的相关规定。

⑧ 调节力矩应符合 JB/T 10371—2013《液压卸荷溢流阀》中表 A.2 的规定。

⑨ 瞬态特性应符合 JB/T 10371—2013《液压卸荷溢流阀》中表 A.2 的规定。

⑩ 噪声应符合 JB/T 10371—2013《液压卸荷溢流阀》中表 A.2 的规定。

⑪ 密封性应符合 JB/T 10371—2013《液压卸荷溢流阀》中的相关规定。

⑫ 耐压性应符合 JB/T 10371—2013《液压卸荷溢流阀》中的相关规定。

⑬ 耐久性应符合 JB/T 10371—2013《液压卸荷溢流阀》中的相关规定。

3）装配和外观要求。

① 卸荷溢流阀的装配和外观应符合 GB/T 7935《液压元件 通用技术条件》的规定。

② 卸荷溢流阀装配及试验后的内部清洁度要求应符合 JB/T 10371—2013《液压卸荷溢流阀》中的相关规定。

4）说明。

① 当选择遵守 JB/T 10371—2013《液压卸荷溢流阀》时，在试验报告、产品目录和销售文件中应使用以下说明：本公司液压卸荷溢流阀（包括卸荷溢流阀、电磁卸荷溢流阀）产品符合 JB/T 10371—2013《液压卸荷溢流阀》的规定。

② 有专门（产品）标准规定的液压卸荷溢流阀除外。

③ 上述文件经常用作液压卸荷溢流阀供需双方交换的技术文件之一。

（3）液压减压阀和单向减压阀的技术要求

1）一般要求。

① 减压阀的公称压力应符合 GB/T 2346《液压传动系统及元件　公称压力系列》的规定。

② 板式连接的减压阀的安装面应符合 GB/T 8100—2006《液压传动　减压阀　顺序阀　卸荷阀节流阀和单向阀　安装面》的规定，叠加式减压阀的连接安装面应符合 GB/T 2514《液压传动　四油口方向控制阀安装面》的规定。

③ 其他技术要求应符合 GB/T 7935《液压元件通用技术条件》中 4.10 的规定。

④ 制造商应在产品样本及相关资料中说明产品的适用条件和环境要求。

2）性能要求。

① 压力振摆应符合 JB/T 10367—2014《液压减压阀》中表 A.1、A.2 的规定。

② 压力偏移应符合 JB/T 10367—2014《液压减压阀》中表 A.1、A.2 的规定。

③ 减压稳定性应符合 JB/T 10367—2014《液压减压阀》中表 A.1、A.2 的规定。

④ 外泄漏量应符合 JB/T 10367—2014《液压减压阀》中表 A.1、A.2 的规定。

⑤ 反向压力损失应符合 JB/T 10367—2014《液压减压阀》中表 A.3、A.4 的规定。

⑥ 调节力矩应符合 JB/T 10367—2014《液压减压阀》中表 A.3、A.4 的规定。

⑦ 瞬态特性应符合 JB/T 10367—2014《液压减压阀》中表 A.3、A.4 的规定。

⑧ 噪声应符合 JB/T 10367—2014《液压减压阀》中表 A.3、A.4 的规定。

⑨ 动作可靠性应符合 JB/T 10367—2014《液压减压阀》中的相关规定。

⑩ 密封性应符合 JB/T 10367—2014《液压减压阀》中的相关规定。

⑪ 耐压性应符合 JB/T 10367—2014《液压减压阀》中的相关规定。

⑫ 耐久性应符合 JB/T 10367—2014《液压减压阀》中的相关规定。

3）装配和外观要求。

① 减压阀的装配和外观应符合 GB/T 7935《液压元件　通用技术条件》中 4.4~4.9 的规定。

② 减压阀装配及试验后的内部清洁度应符合 JB/T 7858《液压元件清洁度评定方法及液压元件清洁度指标》的规定。

4）说明。

① 当选择遵守 JB/T 10367—2014《液压减压阀》时，在试验报告、产品目录和销售文件中应使用以下说明：本公司液压减压阀（包括减压阀、单向减压阀）产品符合 JB/T 10367—2014《液压减压阀》的规定。

② 有专门（产品）标准规定的液压减压阀除外。

③ 上述文件经常用作液压减压阀供需双方交换的技术文件之一。

（4）液压顺序阀和单向顺序阀的技术要求

1）一般要求。

① 顺序阀的公称压力应符合 GB/T 2346《液压传动系统及元件　公称压力系列》的规定。

② 板式连接的顺序阀的安装面应符合 GB/T 8100—2006《液压传动　减压阀　顺序阀　卸荷阀节流阀和单向阀　安装面》的规定，叠加式减压阀的连接安装面应符合 GB/T 2514《液压传动　四油口方向控制阀安装面》的规定。

③ 其他技术要求应符合 GB/T 7935《液压元件通用技术条件》的规定。

④ 制造商应在产品样本及相关资料中说明产品的适用条件和环境要求。

2）性能要求。

① 压力振摆应符合 JB/T 10370—2013《液压顺序阀》中表 A.1 的规定。

② 压力偏移应符合 JB/T 10370—2013《液压顺序阀》中表 A.1 的规定。

③ 内泄漏量应符合 JB/T 10370—2013《液压顺序阀》中表 A.1 的规定。

④ 外泄漏量应符合 JB/T 10370—2013《液压顺序阀》中表 A.1 的规定。

⑤ 卸荷压力应符合 JB/T 10370—2013《液压顺序阀》中表 A.1 的规定。

⑥ 正向压力损失应符合 JB/T 10370—2013《液压顺序阀》中表 A.1 的规定。

⑦ 反向压力损失应符合 JB/T 10370—2013《液压顺序阀》中表 A.1 的规定。

⑧ 稳态压力-流量特性应符合 JB/T 10370—2013《液压顺序阀》中表 A.2 的规定。

⑨ 动作可靠性应符合 JB/T 10370—2013《液压顺序阀》的相关规定。

⑩ 调节力矩应符合 JB/T 10370—2013《液压顺

序阀》中表 A.2 的规定。

⑪ 瞬态特性应符合 JB/T 10370—2013《液压顺序阀》中表 A.3 的规定。

⑫ 噪声应符合 JB/T 10370—2013《液压顺序阀》中表 A.2 的规定。

⑬ 密封性应符合 JB/T 10370—2013《液压顺序阀》的相关规定。

⑭ 耐压性应符合 JB/T 10370—2013《液压顺序阀》的相关规定。

⑮ 耐久性应符合 JB/T 10370—2013《液压顺序阀》的相关规定。

3）装配和外观要求。

① 顺序阀的装配和外观应符合 GB/T 7935《液压元件 通用技术条件》的规定。

② 顺序阀装配及试验后的内部清洁度应符合 JB/T 7858《液压元件清洁度评定方法及液压元件清洁度指标》的规定。

4）说明。

① 当选择遵守 JB/T 10370—2013《液压顺序阀》时，在试验报告、产品目录和销售文件中应使用以下说明：本公司液压顺序阀（包括内控顺序阀、外控顺序阀、内控单向顺序阀、外控单向顺序阀）产品符合 JB/T 10370—2013《液压顺序阀》的规定。

② 有专门（产品）标准规定的液压顺序阀除外。

③ 上述文件经常用作液压顺序阀供需双方交换的技术文件之一。

（5）液压压力继电器的技术要求

1）一般要求。

① 压力继电器的公称压力应符合 GB/T 2346《液压传动系统及元件 公称压力系列》的规定。

② 其他技术要求应符合 GB/T 7935《液压元件 通用技术条件》中 4.10 的规定。

③ 制造商应在产品样本及相关资料中说明产品的适用条件和环境要求。

2）性能要求。

① 调压范围应符合 JB/T 10372—2014《液压压力继电器》中表 A.1 的规定。

② 灵敏度应符合 JB/T 10372—2014《液压压力继电器》中表 A.1 的规定。

③ 重复精度应符合 JB/T 10372—2014《液压压力继电器》中表 A.1 的规定。

④ 有外泄口的压力继电器的外泄漏量应符合 JB/T 10372—2014《液压压力继电器》中表 A.1 的规定。

⑤ 动作可靠性应符合 JB/T 10372—2014《液压压力继电器》的相关规定。

⑥ 瞬态特性应符合 JB/T 10372—2014《液压压力继电器》中表 A.1 的规定。

⑦ 密封性应符合 JB/T 10372—2014《液压压力继电器》的相关规定。

⑧ 耐压性应符合 JB/T 10372—2014《液压压力继电器》的相关规定。

⑨ 耐久性应符合 JB/T 10372—2014《液压压力继电器》的相关规定。

3）装配和外观要求。

① 压力继电器的装配和外观应符合 GB/T 7935《液压元件 通用技术条件》中 4.5~4.9 的规定。

② 压力继电器装配及试验后的内部清洁度应符合 JB/T 7858《液压元件清洁度评定方法及液压元件清洁度指标》的规定。

4）说明。

① 当选择遵守 JB/T 10372—2014《液压压力继电器》时，在试验报告、产品目录和销售文件中应使用以下说明："本公司液压压力继电器产品符合 JB/T 10372—2014《液压压力继电器》的规定。

② 有专门（产品）标准规定的液压压力继电器除外。

③ 上述文件经常用作液压压力继电器供需双方交换的技术文件之一。

3. 流量控制阀技术要求

其主要功能是控制流量的阀称为流量控制阀。

标准规定的流量控制阀有液压调速阀和单向调速阀、液压溢流节流阀、液压节流阀和单向节流阀、液压行程节流阀和单向行程节流阀、液压节流截止阀和单向节流截止阀、电液比例流量方向复合阀、手动比例流量方向复合阀等。

（1）液压调速阀的技术要求

1）一般要求。

① 调速阀的公称压力应符合 GB/T 2346《液压传动系统及元件 公称压力系列》的规定。

② 板式连接的调速阀的安装面应符合 GB/T 8098—2003《液压传动 带补偿的流量控制阀 安装面》的规定，叠加式调速阀的连接安装面应符合 GB/T 2514《液压传动 四油口方向控制阀安装面》的规定。

③ 其他技术要求应符合 GB/T 7935《液压元件 通用技术条件》中 4.10 的规定。

④ 制造商应在产品样本及相关资料中说明产品的适用条件和环境要求。

2）性能要求。

① 工作压力范围应符合 JB/T 10366—2014《液

压调速阀》中表 A.1 的规定。

② 流量调节范围应符合 JB/T 10366—2014《液压调速阀》中表 A.1 的规定。

③ 内泄漏量应符合 JB/T 10366—2014《液压调速阀》中表 A.1 的规定。

④ 流量变化率应符合 JB/T 10366—2014《液压调速阀》中表 A.1 的规定。

⑤ 仅带单向阀结构的反向压力损失应符合 JB/T 10366—2014《液压调速阀》中表 A.1 的规定。

⑥ 调节力矩应符合 JB/T 10366—2014《液压调速阀》中表 A.1 的规定。

⑦ 瞬态特性应符合 JB/T 10366—2014《液压调速阀》中表 A.1 的规定。

⑧ 密封性应符合 JB/T 10366—2014《液压调速阀》的相关规定。

⑨ 耐压性应符合 JB/T 10366—2014《液压调速阀》的相关规定。

3）装配和外观要求。

① 调速阀的装配和外观应符合 GB/T 7935《液压元件　通用技术条件》中 4.4~4.9 的规定。

② 调速阀装配及试验后的内部清洁度应符合 JB/T 7858《液压元件清洁度评定方法及液压元件清洁度指标》的规定。

4）说明。

① 当选择遵守 JB/T 10366—2014《液压调速阀》时，在试验报告、产品目录和销售文件中应使用以下说明：本公司液压调速阀（包括调速阀和单向调速阀）产品符合 JB/T 10366—2014《液压调速阀》的规定。

② 有专门（产品）标准规定的液压调速阀除外。

③ 上述文件经常用作液压调速阀供需双方交换的技术文件之一。

（2）液压节流阀的技术要求

1）一般要求。

① 节流阀的公称压力应符合 GB/T 2346《液压传动系统及元件　公称压力系列》的规定。

② 板式连接的调速阀的安装面应符合 GB/T 8100《液压传动　减压阀　顺序阀　卸荷阀　节流阀和单向阀　安装面》的规定，叠加式节流阀的连接安装面应符合 GB/T 2514《液压传动　四油口方向控制阀安装面》的规定。

③ 其他技术要求应符合 GB/T 7935《液压元件　通用技术条件》中 4.10 的规定。

④ 制造商应在产品样本及相关资料中说明产品的适用条件和环境要求。

2）性能要求。

① 工作压力范围应符合 JB/T 10368—2014《液压节流阀》中表 A.1 的规定。

② 流量调节范围应符合 JB/T 10368—2014《液压节流阀》中表 A.1 的规定。

③ 内泄漏量应符合 JB/T 10368—2014《液压节流阀》中表 A.1 的规定。

④ 正向压力损失应符合 JB/T 10368—2014《液压节流阀》中表 A.1 的规定。

⑤ 仅带单向阀结构的反向压力损失应符合 JB/T 10368—2014《液压节流阀》中表 A.1 的规定。

⑥ 调节力矩应符合 JB/T 10368—2014《液压节流阀》中表 A.1 的规定。

⑦ 密封性应符合 JB/T 10368—2014《液压节流阀》的相关规定。

⑧ 耐压性应符合 JB/T 10368—2014《液压节流阀》的相关规定。

3）装配和外观要求。

① 流阀的装配和外观应符合 GB/T 7935《液压元件　通用技术条件》中 4.4~4.9 的规定。

② 节流阀装配及试验后的内部清洁度应符合 JB/T 7858《液压元件清洁度评定方法及液压元件清洁度指标》的规定。

4）说明。

① 当选择遵守 JB/T 10368—2014《液压节流阀》时，在试验报告、产品目录和销售文件中应使用以下说明：本公司液压节流阀（包括节流阀和单向节流阀、节流截止阀和单向节流截止阀）产品符合 JB/T 10368—2014《液压节流阀》的规定。

② 有专门（产品）标准规定的液压节流阀除外。

③ 上述文件经常用作液压节流阀供需双方交换的技术文件之一。

4. 方向控制阀技术要求

其主要功能是控制油液流动方向，连通或阻断一个或多个流道的阀称为方向控制阀。

标准规定的方向控制阀有液压普通（直通、直角）单向阀和液控单向阀、液压电磁换向阀、液压手动及滚轮换向阀、液压电液动换向阀和液动换向阀、液压电磁换向座阀、液压多路换向阀、电调制（比例）三（四通）方向流量控制阀、双速换向组合阀以及高压手动球阀、液压控制截止阀、截止止回阀、蝶阀、球阀等。

液压电液动换向阀和液动换向阀的最低控制压力以及液控单向阀反向开启最低控制压力与调速阀的最低控制压力定义不同。

（1）液压多路换向阀的技术要求

1）一般要求。

① 多路阀的公称压力应符合 GB/T 2346《液压传动系统及元件 公称压力系列》的规定。

② 多路阀的公称流量应符合 JB/T 8729—2013《液压多路换向阀》的相关规定。

③ 螺纹连接油口的型式和尺寸宜符合 GB/T 2878.1《液压传动连接 带米制螺纹和 O 形圈密封的油口和螺柱端 第 1 部分：油口》的规定。

④ 在产品样本中除标明技术参数外，可绘制压力损失特性曲线、内泄漏特性曲线、安全阀等压力特性曲线等参考曲线，以便于用户参照选用。

⑤ 其他技术要求应符合 GB/T 7935《液压元件 通用技术条件》中 4 的规定。

⑥ 制造商应在产品样本及相关资料中说明产品的适用条件和环境要求。

2）性能要求。

① 耐压性能应符合 JB/T 8729—2013《液压多路换向阀》的相关规定。

② 油路型式与滑阀机能应符合 JB/T 8729—2013《液压多路换向阀》的相关规定。

③ 换向性能应符合 JB/T 8729—2013《液压多路换向阀》的相关规定。

④ 内泄漏应符合 JB/T 8729—2013《液压多路换向阀》的相关规定。

⑤ 压力损失应符合 JB/T 8729—2013《液压多路换向阀》的相关规定。

⑥ 安全阀性能应符合 JB/T 8729—2013《液压多路换向阀》的相关规定。

⑦ 补油阀开启压力应符合 JB/T 8729—2013《液压多路换向阀》的相关规定。

⑧ 过载阀、补油阀泄漏量应符合 JB/T 8729—2013《液压多路换向阀》的相关规定。

⑨ 背压性能应符合 JB/T 8729—2013《液压多路换向阀》的相关规定。

⑩ 负载传感性能应符合 JB/T 8729—2013《液压多路换向阀》的相关规定。

⑪ 密封性能应符合 JB/T 8729—2013《液压多路换向阀》的相关规定。

⑫ 操纵力应符合 JB/T 8729—2013《液压多路换向阀》的相关规定。

⑬ 高温性能应符合 JB/T 8729—2013《液压多路换向阀》的相关规定。

⑭ 耐久性能应符合 JB/T 8729—2013《液压多路换向阀》的相关规定。

3）装配和外观要求。

① 多路阀的装配和外观应符合 GB/T 7935《液压元件 通用技术条件》中 4.4~4.10 的规定。

② 多路阀装配及试验后或出厂时的内部清洁度应符合 JB/T 8729—2013《液压多路换向阀》的相关规定。

4）说明。

① 当选择遵守 JB/T 8729—2013《液压多路换向阀》时，在试验报告、产品目录和销售文件中应使用以下说明：本公司液压多路换向阀产品符合 JB/T 8729—2013《液压多路换向阀》的规定。

② 有专门（产品）标准规定的液压多路换向阀除外。

③ 上述文件经常用作液压多路换向阀供需双方交换的技术文件之一。

（2）液压单向阀的技术要求

1）一般要求。

① 单向阀的公称压力应符合 GB/T 2346《液压传动系统及元件 公称压力系列》的规定。

② 板式连接的单向阀的安装面应符合 GB/T 8100《液压传动 减压阀 顺序阀 卸荷阀 节流阀和单向阀 安装面》的规定，叠加式单向阀的连接安装面应符合 GB/T 2514《液压传动 四油口方向控制阀安装面》的规定。

③ 其他技术要求应符合 GB/T 7935《液压元件 通用技术条件》中 4.10 的规定。

④ 制造商应在产品样本及相关资料中说明产品的适用条件和环境要求。

2）性能要求。

① 普通单向阀的压力损失应符合 JB/T 10364—2014《液压单向阀》中表 A.1 的规定。

② 普通单向阀的开启压力应符合 JB/T 10364—2014《液压单向阀》中表 A.1 的规定。

③ 普通单向阀的内泄漏量应符合 JB/T 10364—2014《液压单向阀》中表 A.1 的规定。

④ 液控单向阀的控制活塞泄漏量应符合 JB/T 10364—2014《液压单向阀》中表 A.2 的规定。

⑤ 液控单向阀的压力损失应符合 JB/T 10364—2014《液压单向阀》中表 A.2 的规定。

⑥ 液控单向阀的开启压力应符合 JB/T 10364—2014《液压单向阀》中表 A.2 的规定。

⑦ 液控单向阀的反向开启最低控制压力应符合 JB/T 10364—2014《液压单向阀》中表 A.2 的规定。

⑧ 液控单向阀的反向关闭最高压力应符合 JB/T 10364—2014《液压单向阀》中表 A.2 的规定。

⑨ 液控单向阀的内泄漏量应符合 JB/T 10364—2014《液压单向阀》中表 A.2 的规定。

⑩ 密封性应符合 JB/T 10364—2014《液压单向阀》的相关规定。

⑪ 耐压性应符合 JB/T 10364—2014《液压单向阀》的相关规定。

⑫ 耐久性应符合 JB/T 10364—2014《液压单向阀》的相关规定。

3）装配和外观要求。

① 单向阀的装配和外观应符合 GB/T 7935《液压元件　通用技术条件》中 4.4~4.9 的规定。

② 单向阀装配及试验后或出厂时的内部清洁度应符合 JB/T 7858《液压元件清洁度评定方法及液压元件清洁度指标》的规定。

4）说明。

① 当选择遵守 JB/T 10364—2014《液压单向阀》时，在试验报告、产品目录和销售文件中应使用以下说明：本公司液压单向阀（包括普通单向阀和液控单向阀）产品符合 JB/T 10364—2014《液压单向阀》的规定。

② 有专门（产品）标准规定的液压单向阀除外。

③ 上述文件经常用作液压单向阀供需双方交换的技术文件之一。

（3）液压电磁换向阀的技术要求

1）一般要求。

① 电磁换向阀的公称压力应符合 GB/T 2346《液压传动系统及元件　公称压力系列》的规定。

② 板式连接的电磁换向阀的连接安装面应符合 GB/T 2514《液压传动 四油口方向控制阀安装面》的规定。

③ 电磁换向阀的滑阀机能应符合图样要求并与铭牌标示一致。

④ 其他技术要求应符合 GB/T 7935《液压元件　通用技术条件》中 4.10 的规定。

⑤ 制造商应在产品样本及相关资料中说明产品的适用条件和环境要求。

2）性能要求。

① 换向性能应符合 JB/T 10365—2014《液压电磁换向阀》的相关规定。

② 压力损失应符合 JB/T 10365—2014《液压电磁换向阀》中表 A.1 的相关规定。

③ 内泄漏量应符合 JB/T 10365—2014《液压电磁换向阀》中表 A.1 的相关规定。

④ 响应时间应符合 JB/T 10365—2014《液压电磁换向阀》中表 A.1 的相关规定。

⑤ 密封性应符合 JB/T 10365—2014《液压电磁换向阀》的相关规定。

⑥ 耐压性应符合 JB/T 10365—2014《液压电磁换向阀》的相关规定。

⑦ 耐久性应符合 JB/T 10365—2014《液压电磁换向阀》的相关规定。

3）装配和外观要求。

① 电磁换向阀的装配和外观应符合 GB/T 7935《液压元件　通用技术条件》中 4.4~4.9 的规定。

② 电磁换向阀装配及试验后或出厂时的内部清洁度应符合 JB/T 7858《液压元件清洁度评定方法及液压元件清洁度指标》的规定。

4）说明。

① 当选择遵守 JB/T 10365—2014《液压电磁换向阀》时，在试验报告、产品目录和销售文件中应使用以下说明：本公司液压电磁换向阀产品符合 JB/T 10365—2014《液压电磁换向阀》的规定。

② 有专门（产品）标准规定的液压电磁换向阀除外。

③ 上述文件经常用作液压电磁换向阀供需双方交换的技术文件之一。

（4）液压手动及滚轮换向阀的技术要求

1）一般要求。

① 手动及滚轮换向阀的公称压力应符合 GB/T 2346《液压传动系统及元件　公称压力系列》的规定。

② 板式连接的手动及滚轮换向阀的连接安装面应符合 GB/T 2514《液压传动 四油口方向控制阀安装面》的规定。

③ 手动及滚轮换向阀的滑阀机能应符合图样要求并与铭牌标示一致。

④ 其他技术要求应符合 GB/T 7935《液压元件　通用技术条件》中 4.10 的规定。

⑤ 制造商应在产品样本及相关资料中说明产品的适用条件和环境要求。

2）性能要求。

① 换向性能应符合 JB/T 10369—2014《液压手动及滚轮换向阀》的相关规定。

② 压力损失应符合中表表 JB/T 10369—2014《液压手动及滚轮换向阀》中表 A.1~表 A.5 的相关规定。

③ 内泄漏量应符合 JB/T 10369—2014《液压手动及滚轮换向阀》中表 A.1~表 A.5 的相关规定。

④ 密封性符合 JB/T 10369—2014《液压手动及滚轮换向阀》的相关规定。

⑤ 耐压性应符合 JB/T 10369—2014《液压手动

及滚轮换向阀》的相关规定。

3）装配和外观要求。

① 手动及滚轮换向阀的装配和外观应符合 GB/T 7935《液压元件　通用技术条件》中 4.4～4.9 的规定。

② 手动及滚轮换向阀装配及试验后或出厂时的内部清洁度应符合 JB/T 7858《液压元件清洁度评定方法及液压元件清洁度指标》的规定。

4）说明。

① 当选择遵守 JB/T 10369—2014《液压手动及滚轮换向阀》时，在试验报告、产品目录和销售文件中应使用以下说明：本公司液压手动及滚轮换向阀产品符合 JB/T 10369—2014《液压手动及滚轮换向阀》的规定。

② 有专门（产品）标准规定的液压手动及滚轮换向阀除外。

③ 上述文件经常用作液压手动及滚轮换向阀供需双方交换的技术文件之一。

（5）液压电液动换向阀和液动换向阀的技术要求

1）一般要求。

① 电液动换向阀和液动换向阀的公称压力应符合 GB/T 2346《液压传动系统及元件　公称压力系列》的规定。

② 板式连接的电液动换向阀和液动换向阀的连接安装面应符合 GB/T 2514《液压传动 四油口方向控制阀安装面》的规定。

③ 电液动换向阀和液动换向阀的滑阀机能应符合图样要求并与铭牌标示一致。

④ 其他技术要求应符合 GB/T 7935《液压元件 通用技术条件》中 4.10 的规定。

⑤ 制造商应在产品样本及相关资料中说明产品的适用条件和环境要求。

2）性能要求。

① 换向性能应符合 JB/T 10373—2014《液压电液动换向阀和液动换向阀》的相关规定。

② 电液动换向阀的压力损失应符合 JB/T 10373—2014《液压电液动换向阀和液动换向阀》中表 A.1、表 A.3、表 A.5 和表 A.7 的相关规定。

液动换向阀的压力损失应符合 JB/T 10373—2014《液压电液动换向阀和液动换向阀》中表 A.9～表 A.12 的相关规定。

③ 电液动换向阀的内泄漏量应符合 JB/T 10373—2014《液压电液动换向阀和液动换向阀》中表 A.2、表 A.4、表 A.6 和表 A.8 的相关规定。

液动换向阀的内泄漏量应符合 JB/T 10373—2014《液压电液动换向阀和液动换向阀》中表 A.9～表 A.12 的相关规定。

④ 电液动换向阀的响应时间应符合 JB/T 10373—2014《液压电液动换向阀和液动换向阀》中表 A.2、表 A.4、表 A.6 和表 A.8 的相关规定。

液动换向阀的响应时间应符合 JB/T 10373—2014《液压电液动换向阀和液动换向阀》中表 A.9～表 A.12 的相关规定。

⑤ 电液动换向阀的最低控制压力应符合 JB/T 10373—2014《液压电液动换向阀和液动换向阀》中表 A.1、表 A.3、表 A.5 和表 A.7 的相关规定。

液动换向阀的最低控制压力应符合 JB/T 10373—2014《液压电液动换向阀和液动换向阀》中表 A.9～表 A.12 的相关规定。

⑥ 密封性应符合 JB/T 10373—2014《液压电液动换向阀和液动换向阀》的相关规定。

⑦ 耐压性应符合 JB/T 10373—2014《液压电液动换向阀和液动换向阀》的相关规定。

⑧ 耐久性应符合 JB/T 10373—2014《液压电液动换向阀和液动换向阀》的相关规定。

3）装配和外观要求。

① 电液动换向阀和液动换向阀的装配和外观应符合 GB/T 7935《液压元件　通用技术条件》中 4.4～4.9 的规定。

② 电液动换向阀和液动换向阀装配及试验后或出厂时的内部清洁度应符合 JB/T 7858《液压元件清洁度评定方法及液压元件清洁度指标》的规定。

4）说明。

① 当选择遵守 JB/T 10373—2014《液压电液动换向阀和液动换向阀》时，在试验报告、产品目录和销售文件中应使用以下说明：本公司液压电液动换向阀和液动换向阀产品符合 JB/T 10373—2014《液压电液动换向阀和液动换向阀》的规定。

② 有专门（产品）标准规定的液压电液动换向阀和液动换向阀除外。

③ 上述文件经常用作液压电液动换向阀和液动换向阀供需双方交换的技术文件之一。

（6）液压电磁换向座阀的技术要求

1）一般要求。

① 电磁换向座阀的公称压力应符合 GB/T 2346《液压传动系统及元件　公称压力系列》的规定。

② 板式连接的电磁换向座阀的连接安装面应符合 GB/T 2514《液压传动 四油口方向控制阀安装面》的规定。

③ 其他技术要求应符合 GB/T 7935《液压元件通用技术条件》的规定。

④ 制造商应在产品样本及相关资料中说明产品的适用条件和环境要求。

2）性能要求。

① 换向性能应符合 JB/T 10830—2008《液压电磁换向座阀》的相关规定。

② 压力损失应符合 JB/T 10830—2008《液压电磁换向座阀》的相关规定。

③ 内泄漏量应符合 JB/T 10830—2008《液压电磁换向座阀》的相关规定。

④ 响应时间应符合 JB/T 10830—2008《液压电磁换向座阀》的相关规定。

⑤ 密封性应符合 JB/T 10830—2008《液压电磁换向座阀》的相关规定。

⑥ 耐压性应符合 JB/T 10830—2008《液压电磁换向座阀》的相关规定。

⑦ 耐久性应符合 JB/T 10830—2008《液压电磁换向座阀》的相关规定。

3）装配和外观要求。

① 电磁换向座阀的装配和外观应符合 GB/T 7935《液压元件 通用技术条件》的规定。

② 电磁换向座阀装配及试验后或出厂时的内部清洁度应符合 JB/T 10830—2008《液压电磁换向座阀》的相关规定。

4）说明。

① 当选择遵守 JB/T 10830—2008《液压电磁换向座阀》时，在试验报告、产品目录和销售文件中应使用以下说明：本公司液压电磁换向座阀产品符合 JB/T 10830—2008《液压电磁换向座阀》的规定。

② 有专门（产品）标准规定的液压换向电磁座阀除外。

③ 上述文件经常用作液压换向电磁座阀供需双方交换的的技术文件之一。

5. 电液伺服阀的一般技术要求

电液伺服阀是输入为电信号，输出为液压能的伺服阀。其中流量控制电液伺服阀是以控制输出流量为主的电液伺服阀。

现行标准 GB/T 10844—2007 规定了船用电液伺服阀、GB/T 13854—2008 规定了射流管电液伺服阀、GJB 3370—1998 规定了飞机电液伺服阀、GJB 4069—2000 规定了舰船用电液伺服阀规范、QJ 504A—1996 规定了流量电液伺服阀等。

（1）电液伺服阀的型式、主要参数及接口

1）型式。电液伺服阀可按液压放大器级数分为单级、两（或二级、双级）级、三级或四级电液伺服阀。

2）主要参数。电液伺服阀的主要参数应包括电液伺服阀额定电流、额定压力和额定流量。

① 电液伺服阀额定电流 见表 2-231。

表 2-231 电液伺服阀额定电流

（单位：mA）

8	10	16	20	25	30	40	50	63	80

② 电液伺服阀额定压力见表 2-232。

表 2-232 电液伺服阀额定压力

（单位：MPa）

6.3	16	21	25	31.5

③ 电液伺服阀额定流量见表 2-233。

表 2-233 电液伺服阀额定流量

（单位：L/min）

1	2	4	8	10	15	20	30	40	60	80
100	120	140	180	200	220	250	300	350	400	450

注：大于 450L/min 的电液伺服阀额定流量可由用户与制造商协商确定。

3）接口。

① 液压接口。除另有规定外，电液伺服阀安装面尺寸应符合相关标准或制造商的规定。

② 电气接口。除另有规定外，线圈的连接方式、接线端标记、外引出线颜色及输入电流极性应符合本要求 3.（1）项的规定。

（2）电液伺服阀的机械设计要求

1）设计布局。根据控制对象的不同要求，电液伺服阀可设计成不同型式。推荐采用两级电液伺服阀，其一级液压放大器的前置级可采用一些无摩擦可变节流孔式放大器，如双喷嘴挡板式、射流管式或射流偏转板式等，其输出级液压放大器通常采用四通滑阀结构。由输出级液压放大器至电气−机械转换器（如力矩马达）可采用一些反馈结构，以提高阀的性能，如力反馈、电反馈等。

2）互换性要求。

① 安装要求。新研制的电液伺服阀的外廓尺寸应等于或小于同类型、同规格的正在服役的电液伺服阀。修改阀的零、部件设计时，不应任意更改安装的结构要素。

电连接器应与正在服役的电液伺服阀相同。推荐选用 GJB 599A 中规定的插头座。

② 安装面尺寸要求。

a. 符号要求。电液伺服阀安装面采用下列符号：

a）采用 A、B、P、T、X 和 Y（L）按 GB/T 17490 规定标识各油口。

b）采用 F_1、F_2、F_3 和 F_4 标识固定螺钉的螺纹孔。

c）采用 G 标识定位销孔。

d）采用 r_{max} 标注安装面边缘半径。

b. 安装面精度要求。电液伺服阀安装面精度应符合以下规定：

a）安装面表面平面度的公差允许值为 0.025mm。

b）安装面表面粗糙度值 Ra 应小于或等于 0.8μm。

c）安装面孔的位置度公差允许值为 0.2mm。

c. 安装面尺寸要求。电液伺服阀安装面尺寸应符合相关标准的规定。

d. 安装面固定要求。电液伺服阀如果安装在铁质安装座上，则推荐：

a）安装螺钉可旋入铁质安装座上固定螺纹孔的最小螺纹长度宜为 1.5D（D 为螺钉直径）。

b）铁质安装座上固定螺纹孔的深度宜为（2D+6）mm。

带有电液伺服阀安装面的铁质安装座（底板、油路块）的最高工作压力将由制造商规定。

e. 定位销尺寸要求。推荐的伸出安装面的定位销尺寸由表 2-234 中给出。

表 2-234　推荐的定位销尺寸

（单位：mm）

定位销孔 G	定位销
φ2.5×3min	φ1.5×2max
φ3.5×5min	φ2.5×4max
φ8×7min	φ6×6max

③ 材料。所有材料应符合 GJB 1482 中第 3.4 节的要求。

④ 锁紧。所有螺纹连接零件均应按 HB 0—2 的

规定用锁紧丝牢固地锁紧。不能用锁紧丝的地方（如弹簧管底座）可用弹簧垫圈锁紧。

⑤ 结构强度。产品的所有零件均应具有足够的强度、刚度，以承受由液压、温度、传动和运输所产生的各种载荷和载荷组合，并能承受在安装和在额定条件下工作期间所作用的扭矩载荷。

⑥ 标准件和通用件。凡适用的都应优先选用标准件和通用件。

⑦ 密封件。密封圈和密封垫的材料应选用 GJB 250A 规定的丁腈胶料或与所在系统的工作介质相容的其他材料。密封圈的尺寸和其安装沟槽的尺寸应符合 HB/Z 4 和 HB 4—56—57 的规定，螺纹连接件的密封结构应符合 HB 4—59 的规定。个别由于结构尺寸和重量有特殊要求的地方允许采用非标准件。

也可表述为：液压系统及其元件所采用的密封圈橡胶材料应通过验证，证明与所采用的液压油相容；除非对密封材料有特殊要求，密封装置尺寸应该符合 HB 4—56~57、HB 4—59 或 SAE AS 4716C 的要求。当液压系统额定工作压力超过 10.5MPa（1500Pai）时，应在 O 形圈处安装保护圈（挡圈），保护圈尺寸应满足 HB 4—58 的要求。

⑧ 外观质量。产品表面不应有锈蚀、压伤、毛刺、裂纹及其他缺陷。

⑨ 表面处理。内部金属零件不宜（应）使用任何镀层。其余零件的表面处理应符合 GJB/Z 594A 的规定。外部金属零件的表面处理应适用于产品所处的环境条件。

⑩ 质量。不包括油液（如灌注的液压油）、底面护板的电液伺服阀质量，以 kg 表示。其指标应符合行业详细规范的规定。

（3）电液伺服阀的电气设计要求

1）线圈连接与输入电流极性。除另有规定外，伺服阀力矩马达线圈一般分为双线圈与三线圈两种。

双线圈伺服阀力矩马达线圈的连接方式、接线端标记、外引出线颜色及输入电流极性按表 2-235 的规定。

表 2-235　双线圈伺服阀力矩马达线圈的连接方式

线圈连接方式接线端标号	单线圈			串联		并联		差动		
	2	14	3	2　(1，4)	3	2 (4)	1 (3)	2	1 (4)	3
外引出导线颜色	绿	红黄	蓝	绿	蓝	绿	红	绿	红	蓝
控制电流的正极性	2+　1-或4+　3- 供油腔通 A 腔 回油腔通 B 腔			2+　　3- 供油腔通 A 腔 回油腔通 B 腔		2+　　3- 供油腔通 A 腔 回油腔通 B 腔		当 1+时 1 到 2<1 到 3 当 1-时 2 到 1>3 到 1		

三线圈伺服阀力矩马达线圈的连接方式、接线端标　记、外引出线颜色及输入电流极性按表 2-236 的规定。

表 2-236　三线圈伺服阀力矩马达线圈的连接方式

线圈连接方式	单线圈			并联	
外引出导线颜色	红　白黄	绿橙	蓝	红（黄、橙）	白（绿、蓝）
控制电流的正极性	＋　－＋	－＋	－	＋	－
	供油腔通 A 腔，回油腔通 B 腔			供油腔通 A 腔，回油腔通 B 腔	

注：适用于 GB/T 13854—2008《射流管电液伺服阀》规定的射流管电液伺服阀。

2）额定电流。除另有规定外，一般额定电流应符合表 2-231 的规定。

3）零值电流。一般零值电流为 0.6～1 倍额定电流。

4）载电流。电液伺服阀应能承受 2 倍额定电流。

5）线圈电阻。应符合行业详细规范的规定。电液伺服阀电阻偏差值，在 20℃ 时应为名义电阻值的 ±10%。同一台电液伺服阀配对的两线圈电阻值差应不大于名义电阻值的 5%。

6）绝缘电阻。电液伺服阀各分离线圈之间和各线圈与壳体之间的绝缘电阻在正常试验条件（25℃±10℃，相对湿度 20%～80%）下，用 500V 兆欧表测量不小于 50MΩ。

在温度冲击、烟雾、霉菌试验后，湿热、高度、高温试验时不小于 5MΩ（其中高度试验时应用 250V 兆欧表测量）。

7）绝缘介电强度。电液伺服阀绝缘介电强度是指各分离线圈之间和各线圈与壳体之间经受频率为 50Hz，按表 2-237 规定的交流试验电压，历时 1min，不应击穿。

表 2-237　电液伺服阀介电强度试验电压

项目	60℃	相对湿度不小于 95%	10^7 次寿命试验后
电压/V	500	375	250

8）线圈阻抗和电感。应符合行业详细规范的规定。

9）励（颤）振。应符合行业详细规范的规定。一般励振或颤振频率为 400Hz，峰间值为 10% 的额定电流。

（4）电液伺服阀的液压设计要求

1）工作压力。额定供油压力和回油压力应符合表 2-232 的规定。并符合 GB/T 2346—2003 或 GJB 456—1988 规定的压力级别。

2）耐压。电液伺服阀的压力油口 P、工作油口 A、B 及（外部）先导供油口 X 应能承受 1.3 倍额定供油压力作用（回油口 T 开启）；回油口 T 应能承受 1.3 倍回油口 T 额定供油压力作用。在施加正、反向额定电流并各保持 2.5min 情况下，不允许阀有明显的外部泄漏（允许湿润，不允许滴下）和永久变形。试验中和/或试验后，阀额定流量、滞环、零偏应符合行业详细规范的要求。不可对阀的（外控）泄油口 Y 进行耐压试验。

注：关于外部泄漏或参考 GB/Z 18427—2001 的规定表述为不劣于 3 级（出现流体形成不滴落液滴）。

3）破坏压力。以 2.5 倍额定供油压力施加于压力油口 P、工作油口 A、B（回油口 T 开启）；以 1.5 倍额定供油压力施加于回油口 T，各保持 30s，电液伺服阀不应破坏，不要求阀恢复工作性能。经历了破坏压力试验的阀，不可再作产品使用。

4）压力脉冲。如果行业详细规范要求对电液伺服阀进行压力脉冲试验，则电液伺服阀在额定压力下应能承受正、负额定电流下 2.5×10⁵ 次循环脉冲。试验后其性能应符合行业详细规范的要求。

5）工作介质。应符合行业详细规范的规定。一般应使用符合 GB 11118.1 规定的石油（矿物）基液压油，或者符合 SH 0358、Q/SY 11507、GJB 1177A 规定的 10 号、12 号和 15 号航空液压油。

试验所用和防护包装灌注、充满的油液一般应与电液伺服阀实际工作的工作介质一致。

6）工作介质温度。工作介质温度型别应符合行业详细规范的规定。如符合 GJB 456 的要求 -55（54）～135℃。

注：1. GJB 456 中温度型别 Ⅲ 型与 GB/T 30206.3 中温度型别 Ⅲ 型不同。

2. GJB 1177A 规定的石油基航空液压油的使用温度范围为 -54～134℃。

3. 在 ISO 10770-1：2009 中输出流量或阀芯位置-油液

温度特性试验规定的油液温度应达到70℃。

7）抗污染度。电液伺服阀应在油液固体颗粒污染等级代号不劣（高）于 GB/T 14039 规定的—/17/14 的情况下正常工作。

在 GJB 3370—1998 中规定，对于喷嘴挡板型伺服阀，性能试验、验收试验和内部油封所用的工作液固体污染度验收水平不高于 GJB 420 6/A 级，控制水平不高于 7/A 级；其它试验所用的工作液固体污染度不高于 8/A 级。对于射流管和直接驱动伺服阀，允许相应降低要求，并应符合详细规范的规定。

8）过滤精度。电液伺服阀在常规使用时的进油口（压力油口）前应安装名义过滤精度不低于 10μm 的过滤器。

电液伺服阀在力求长寿命使用时，进油口（压力油口）前宜安装名义过滤精度不低于 5μm 的过滤器。

在电液伺服阀试验时，建议在尽量靠近电液伺服阀进油口（压力油口）的地方安装名义过滤精度为 3μm 的过滤器。

9）外部密封性。电液伺服阀在各种规定使用条件下和整个工作期间不得有明显的外部泄漏（允许湿润、不允许滴下油滴）。

（5）电液伺服阀的性能要求（见表 2-238）

表 2-238   电液伺服阀的主要性能指标

项　　目		性　能　指　标	备　　注
静态特性	额定流量 q_n/（L/min）	$q_n \pm 10\% q_n$	额定流量（容）允差一般为 ±10%
	压力增益/（MPa/mA）	≥30	$\Delta p/1\% I_n$
	零偏（%）	≤2	寿命期内不大于 5%
	滞环（%）	≤3.0	
	遮盖（%）	+2.5～−2.5	零遮盖阀的指标
	线性度（%）	≤7.5	
	对称度（%）	≤10	
	分辨率（%）	≤0.25	不加励振信号
	内漏/（L/min）	≤3%额定流量或 0.45	两者取大值
	供油压力零漂（%）	≤2	供油压力在（0.8～1.1）PN 范围
	回油压力零漂（%）	≤2	
	温度零漂（%）	≤2	$\Delta t = 56℃$
	极性	输入正极性控制电流时，液流从控制口"A"流出，从控制口"B"流入，规定为正极性	
频率特性	−3dB 幅频/Hz	≥120%计算值	或按行业详细规范的规定
	−90° 相频/Hz	≥120%计算值	

注：GB/T 13854—2008《射流管电液伺服阀》规定的滞环≤5.0%、分辨率≤0.5%。

（6）电液伺服阀的环境要求

1）低温起动。电液伺服阀在环境温度和工作介质温度均为−30℃时，应能以±50%的额定电流起动，其密封处不得有明显的外部泄漏（允许湿润、不允许滴下油滴）。

2）高低温。电液伺服阀在环境温度和工作介质温度均为−30～135（90）℃范围时，其额定流量偏差应不大于±25%，分辨率应不大于 2%或滞环应不大于 6%。高温时其绝缘电阻应不小于 5MΩ，其密封处不应有明显外泄漏（允许湿润、不允许滴下油滴）。

在 GB/T 13854 中规定的环境要求（高低温）为伺服阀在−30～60℃环境温度和工作液在−30～90℃。

在 JB/T 10205 中规定的高温试验的工作油液温度为 90℃。

3）温度冲击。电液伺服阀经受图 2-101 所示的温度冲击 3 次循环后，其绝缘电阻不小于 5MΩ，零偏应不大于 2%（射流管零偏应不大于 5%）。

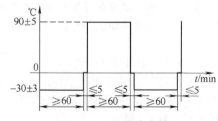

图 2-101   温度冲击图

4）湿热。电液伺服阀在 GBJ 4000—2000 中表 072-8 规定的湿度为 95%、温度为 35℃ 的湿热条件下，其绝缘电阻和介电强度应符合 3.（6）和 3.（7）项的要求。其外观质量应符合下列要求：

① 色泽无明显变暗。

② 镀层腐蚀面积不大于 3%。

③ 主体金属无腐蚀（在通常电镀条件下不易或不能镀到的表面，一般不作腐蚀面积计算）。

5）盐雾。电液伺服阀在 GBJ 4000—2000 中表 072-16 规定的盐雾条件下，其绝缘电阻应符合 3.（6）项的要求。其外观质量应符合下列要求：

① 色泽无明显变暗或镀层布有均匀连续的轻度膜状腐蚀。

② 镀层腐蚀面积小于 6%。

③ 主体金属无腐蚀（在通常电镀条件下不易或不能镀到的表面，一般不作腐蚀面积计算）。

6）霉菌。电液伺服阀在 GJB 4000—2000 表 072-14 的霉菌条件下，长霉等级应不劣于 2 级，绝缘电阻应符合 3.（6）项的要求。

7）振动。电液伺服阀在 GJB 4000—2000 中图 074-1 规定的第 3 类振动条件下，不应有影响工作性能的谐振，零部件不应松动和损伤，其零偏应不大于 2%（射流管电液伺服阀的零偏应不大于 5%）

8）颠震。电液伺服阀在 GJB 4000—2000 中表 072-23 规定的颠震等级 2 的条件下，零部件不应松动和损伤，其绝缘电阻应不小于 5MΩ，额定流量允差不大于 ±10%，滞环应不大于 5%，零偏应不大于 2%（射流管电液伺服阀的零偏应不大于 5%）。

9）加速度。电液伺服阀在各主轴方向所受的加速度值应按用户提出的要求或按行业详细技术要求的规定。

加速度值分为三级：

① Ⅰ 级，$10 \times 9.8 \text{m/s}^2$。

② Ⅱ 级，$20 \times 9.8 \text{m/s}^2$。

③ Ⅲ 级，$30 \times 9.8 \text{m/s}^2$。

加速度作用时间为 5min。

电液伺服阀在加速试验过程中，零漂应不大于 3%。试验后零部件不应松动和损伤，零位变化应不大于额定电流的 2%。

一般规定加速度每变化 $1g$，（加速度）零漂应不大于 0.3%。

10）冲击。电液伺服阀在 GJB 4000—2000 中 074.4 规定的 A 级条件下，零部件应无松动和损坏，绝缘电阻应不小于 5MΩ，额定流量允差不大于 ±10%，滞环应不大于 5%，零偏应不大于 2%。

（7）电液伺服阀的耐久性要求

在设计的额定工况下，电液伺服阀的使用寿命应不小于 10^7 次。在寿命期内，电液伺服阀的额定流量允差为 ±25%，滞环应不大于 6%，零偏应不大于 5%。

注：1.“额定工况”的定义可参见 GB/T 17446—2012。

2.“耐久性试验”和“寿命试验”是同义词，见 GB/T 2900.99—2016。

2.14.4　液压过滤器技术要求

为保持所要求的液压油液污染度，液压系统及回路应提供过滤。如果使用主过滤系统（如供油或回油管路过滤器）不能达到要求的液压油液污染度或有更高过滤要求时，可使用旁路过滤系统。过滤器应根据需要设置在压力管路、回油管路和/或辅助循环回路中，以达到系统要求的油液污染度。所有过滤器均应配备指示器，以使当过滤器需要维护时发出指示。指示器应易于让操作人员或维护人员观察。当不能满足此要求时，在操作人员手册中应说明定期更换过滤器。过滤器应安装在易于接近处，并应留出足够的空间以便更换滤芯。选择的过滤器应满足在预定流量和最高液压油液黏度时不超过过滤器制造商推荐的初始压差的要求。由于液压缸的面积比和减压的影响，通过回油管路过滤器的最大流量可能大于泵的最大流量。系统在过滤器两端产生的最大压差会导致滤芯损坏的情况下，应配备过滤器旁通阀。在压力回路内，污染物经过滤器由旁路流向下游不应造成危害。不推荐在泵的吸油管路安装过滤器，并且不宜将其作为主系统的过滤。可使用吸油口滤网或粗过滤器。

由污染引起的比例阀或伺服阀失灵会产生危险，因此在供油管路内接近比例阀或伺服阀处宜另安装无旁通的并带有易查看的堵塞指示器的全流量过滤器。该滤芯的压溃额定压力应超过系统的最高工作压力。流经无旁通过滤器的液流堵塞不应产生危险。

1. 基本技术参数要求

1）过滤器的过滤精度应符合产品技术文件的规定。

过滤精度（μm）宜在 3、5、10、15、20、25、40 中选取。当过滤精度大于 40μm 时，由制造商自行确定。

2）过滤器的额定流量（L/min）宜在下列等级中选择：16、25、40、63、100、160、250、400、630、800、1000。当额定流量大于 1000L/min 时，由制造商自行确定。

3）压力管路过滤器的公称压力应按 GB/T 2346

中的规定选择。

4）在产品的技术文件中应规定过滤器在额定流量下的纳垢容量。

5）装配有发讯器的过滤器，在产品技术文件中应表明发讯压降。

6）装配有旁路阀的过滤器，在产品技术文件中应标明开启压降。当旁通阀压降分别达到规定开启压降的 80% 和规定开启压降时，泄漏量应符合 GB/T 20079—2006 中表 1 的规定。旁通阀关闭压降应不小于规定开启压降的 65%。当通过旁通阀的流量达到过滤器的额定流量时，其压降应不大于开启压降的 1.7 倍。

7）当过滤器同时有安装发讯器和旁通阀时，应符合下式要求，即旁通阀开启压降的 65% ≤ 发讯压降 ≤ 旁路阀开启压降 80%

8）在产品技术文件中应规定过滤器在额定流量下的初始压降。

9）在产品技术文件中应提供在试验条件下的过滤器的流量压降特性曲线。

2. 材料要求

1）过滤器选用的材料应符合有关材料标准或技术协议的规定。

2）选用的材料应与工作介质相容。

3）金属材料应耐腐蚀或加以保护处理，使过滤器在正常贮存和使用中具有抗盐雾、湿热及其他恶劣条件的良好性能。

3. 性能要求

1）低压密封性：过滤器在 1.5kPa 压力下，外部不应有油液渗漏现象。

2）高压密封性：过滤器在 1.5 倍的公称压力下，外部不应有油液渗漏和永久性变形现象。

3）爆破压力：过滤器在 3 倍的公称压力下不应爆裂。

4）压降流量特性：在产品技术文件中应规定过滤器的压降流量特性。

4. 连接尺寸

当没有技术规定时，过滤器与管路的连接尺寸应根据连接方式优先从 GB/T 20079—2006 中的表 2 中选取。

5. 设计与制造

1）过滤器应按照产品图样和产品技术文件的规定制造，其技术要求应符合 GB/T 20079—2006 的规定。

2）过滤器宜设计成不需拆卸管接头或固定件就可拆换滤芯的结构型式。

3）过滤器应设计成能有效防止滤芯不正确安装的结构型式。

4）当过滤器安装有旁路阀时，设计结构应避免沉积的污染物直接通过旁路阀。

5）过滤器表面不应有压伤、裂纹、腐蚀、毛刺等缺陷。表面涂层在正常贮存、运输、使用过程中不允许开裂、起皮和剥落。

6）过滤器应规定出厂清洁度指标，出厂时所有油口都应安装防尘盖。

6. 说明

1）当选择遵守 GB/T 20079—2006《液压过滤器技术条件》时，建议制造商在试验报告、产品样本和销售文件中采用以下说明：液压过滤器符合 GB/T 20079—2006《液压过滤器技术条件》。

2）有专门（产品）标准规定的液压过滤器除外。

3）上述文件经常用作液压过滤器供需双方交换的技术文件之一。

2.14.5 液压隔离式蓄能器技术要求

在有充气式蓄能器的液压系统及回路中，当系统关闭时，液压系统应自动卸掉蓄能器的液体压力或彻底隔离蓄能器。在机器关闭后仍需要压力或液压蓄能器的潜在能量不会再产生任何危险（如夹紧装置）的特殊情况下，不必遵守卸（泄）压或隔离的要求。充气式蓄能器和任何配套的受压元件应在压力、温度和环境条件的额定极限内应用。在特殊情况下，可能需要保护措施防止气体侧超压。如果在充气式蓄能器系统内的元件和管接头损坏会引起危险，应对它们采取适当保护。应按蓄能器供应商的说明对充气式蓄能器和所有配套的受压元件做出支撑。未经授权不应加工、焊接或任何其他方式修改充气式蓄能器。充气式蓄能器的输出流量应与预定的工作需要相关，并且不应超过蓄能器制造商规定的额定值。

1. 适应范围

适用于公称压力不大于 63MPa、公称容积不大于 250L，工作温度为 -10~70℃，以氮气/石油基液压油或乳化液为工作介质的蓄能器。

2. 技术要求

（1）一般技术要求

1）蓄能器的公称压力、公称容积（系列）应符合 GB/T 2352 的规定。

2）蓄能器的型式应符合 JB/T 7035 或 JB/T 7034 的规定。

3）蓄能器胶囊型式与尺寸应符合 HG 2331 的规定。

4）试验完成后，蓄能器胶囊中应保持 0.15 ~ 0.30MPa 的剩余压力。

5）蓄能器应符合 GB/T 7935 的相关规定。

（2）技术要求及指标

1）气密性试验后，不应漏气。

2）蓄能器密封性能试验和耐压试验过程中，各密封处不应漏气、漏油。

3）蓄能器反复动作试验后，充气压力下降值不应大于预充压力值的 10%，各密封处不应漏油。

4）蓄能器经反复动作试验后，做漏气检查试验，不应漏气。

5）渗油检查：蓄能器经反复动作试验和漏气检查后，充气阀阀座部位渗油不应大于 JB/T 7036—2006《液压隔离式蓄能器　技术条件》中表 1 的规定值。

6）蓄能器解体检查：胶囊或隔膜不应有剥落、浸胀、龟裂老化现象，所有零件不应损坏，配合精度不应降低。

7）清洁度检查：蓄能器内部的污染物质量不应大于 JB/T 7036—2006《液压隔离式蓄能器　技术条件》中表 2 的规定值。

（3）蓄能器壳体技术要求

应按照 JB/T 7038 的规定。

（4）蓄能器胶囊的技术要求

应按照 HG 2331 的规定。

（5）安全要求

1）在使用蓄能器的液压系统中应装有安全阀，其排放能力必须大于或等于蓄能器排放量，开启压力不应超过蓄能器设计压力。

2）蓄能器内的隔离气体只能是氮气，且充气压力不应大于 0.8 倍的公称压力值。

3）蓄能器在设计、制造、检验等方面应执行《压力容器安全技术监察规程》的有关规定。

4）蓄能器应进行定期检验。检验周期按《压力容器安全技术监察规程》的规定，检验方法按《在用压力容器检验规程》的规定，检验结果应符合《压力容器安全技术监察规程》的有关规定。

5）蓄能器在贮存、运输和长期不用时，其内部的剩余应力应低于 0.3MPa。

（6）相关要求

装配工艺要求、装配质量要求、外观质量要求等按照 JB/T 7036—2006《液压隔离式蓄能器　技术条件》的相关规定。

3. 说明

1）有专门（产品）标准规定的液压蓄能器除外。

2）上述文件经常用作液压蓄能器供需双方交换的技术文件之一。

2.14.6　液压缸上集成的其他装置的技术要求

1. 行程调节装置的技术要求

可调行程缸及其他液压缸中的行程调节装置或机构，其控制位置的定位精度和重复定位精度应符合相关标准要求，其工作应灵敏可靠。

在 GB/T 24946—2010《船用数字液压缸》中规定，数字缸的（行程）重复定位精度应不超过 3 个脉冲当量，即应不超过 0.03mm。

在 JB/T 9834—2014《农用双作用油缸　技术条件》中规定，油缸的行程调节机构的工作应灵敏可靠。

2. 设置测试口的技术要求

在 JB/T 3018—2014《液压机　技术条件》中规定，当采用插装阀或叠加阀的液压元件时，在执行元件（如液压缸）与其相应的流量控制元件之间，一般应设置测压口。在出口节流系统中，有关执行元件（如液压缸）进口处一般应设置测试口。

对于内径大于 3mm，传递液压功率时，平均流速小于 25m/s、平均稳态压力小于 70MPa 的密闭回路平均稳态压力的测量，在 GB/T 28782.2—2012《液压传动测量技术　第 2 部分：密闭回路中平均稳态压力的测量》中规定了测压点的选择和设置。

2.15　液压缸安装和连接的选择与设计

2.15.1　液压缸安装尺寸和安装型式的标识代号

液压缸的安装尺寸和安装型式代号应符合 GB/T 9094—2006《液压缸气缸安装尺寸和安装型式代号》的规定。

该标准规定了液压缸和气缸（以下简称缸）的安装尺寸和安装型式的标注方法及代号，主要包括以下内容：

1）安装尺寸、外形尺寸、附件尺寸和连接（油）口尺寸的标识代号。

2）安装型式的标识代号。

3）附件型式的标识代号。

其中缸安装型式的标识代号见表 2-239。

表 2-239 缸安装型式的标识代号

标识代号	说明	标识代号	说明
MB1	缸体，螺栓通孔	MP5	带关节轴承，后端固定单耳环式
MDB1	缸体，双活塞杆螺栓通孔	MP6	带关节轴承，后端可拆单耳环式
MB2	圆形缸体，螺栓通孔	MP7	前端可拆双耳环式
MDB2	圆形缸体，双活塞杆螺栓通孔	MR3	前端螺纹式
ME5	矩形前盖式	MDR3	双活塞杆缸的前端螺纹式
MDE5	双活塞杆缸的矩形前盖式	MR4	后端螺纹式
ME6	矩形后盖式	MS1	端部脚架式
ME7	圆形前盖式	MDS1	双活塞杆缸的端部脚架式
MDE7	双活塞杆缸的圆形前盖式	MS2	侧面脚架式
ME8	圆形后盖式	MDS2	双活塞杆缸的侧面脚架式
ME9	方形前盖式	MS3	前端脚架式
MDE9	双活塞杆缸的方形前盖式	MT1	前端整体耳轴式
ME10	方形后盖式	MDT1	双活塞杆缸的前端整体耳轴式
ME11	方形前盖式	MT2	后端整体耳轴式
MDE11	双活塞杆缸的方形前盖式	MT4	中间固定或可调耳轴式
ME12	方形后盖式	MDT4	双活塞杆缸的中间固定或可调耳轴式
MF1	前端矩形法兰式	MT5	前端可拆耳轴式
MDF1	双活塞杆缸的前端矩形法兰式	MT6	后端可拆耳轴式
MF2	后端矩形法兰式	MX1	两端双头螺柱或加长连接杆式
MF3	前端圆法兰式	MDX1	双活塞杆缸的两端双头螺柱或加长连接杆式
MDF3	双活塞杆缸的前端圆法兰式	MX2	后端双头螺柱或加长连接杆式
MF4	后端圆法兰式	MDX2	双活塞杆缸的后端双头螺柱或加长连接杆式
MF5	前端方法兰式	MX3	前端双头螺柱或加长连接杆式
MDF5	双活塞杆缸的前端方法兰式	MX4	两端两个双头螺柱或加长连接杆式
MF6	后端方法兰式	MDX4	双活塞杆缸的两端两个双头螺柱或加长连接杆
MF7	带后部对中的前端圆法兰式	MX5	前端带螺孔式
MDF7	双活塞杆缸的带后部对中的前端圆法兰式	MDX5	双活塞杆缸的前端带螺孔式
MF8	前端带双孔的矩形法兰式	MX6	后端带螺孔式
MP1	后端固定双耳环式	MX7	前端带螺孔和后端双头螺柱或加长连接杆式
MP2	后端可拆双耳环式	MDX7	双活塞杆缸的前端带螺孔和后端双头螺柱或加长连接杆式
MP3	后端固定单耳环式	MX8	前端和后端带螺孔式
MP4	后端可拆单耳环式	MDX8	双活塞杆缸的前端和后端带螺孔式

注：1. B—缸体；D—双活塞杆；E—前端盖或后端盖；F—可拆式法兰；M—安装；P—耳环；R—螺纹端头；S—脚架；T—耳轴；X—双头螺栓或加长连接杆。

2. 表中的"双活塞杆缸"应为在 GB/T 17446—2012 中定义的"双杆缸"或"双出杆缸"。

缸的附件型式的标识代号见表 2-240。

表 2-240 缸的附件型式的标识代号

标识代号	说明	标识代号	说明
AA4	销轴，普通型	AB7	单耳环支架，斜型
AA6	销轴，关节轴承用	AF3	活塞杆用法兰，圆形
AA7	销轴，关节轴承用，带锁板	AL7	用于销轴的锁板
AB2	单耳环支架	AP2	活塞杆用双耳环，内螺纹
AB3	双耳环支架，斜型	AP4	活塞杆用单耳环，内螺纹
AB4	双耳环支架，对称型	AP6	活塞杆用带关节轴承的单耳环，内螺纹
AB5	关节轴承用双耳环支架，斜型	AT4	耳轴支架
AB6	关节轴承用双耳环支架，对称型		

注：A—附件；其他见表中说明，如 P2—活塞杆用双耳环内螺纹。

2.15.2　液压机用液压缸的安装和连接形式

液压机中液压缸有将缸体直接设置在横梁上的，如橡胶硫化液压机，但大多数还是将液压缸自身作为一个液压元（部）件，即为独立单元，且作为液压传动系统的一个功能件。

尽管液压缸作为一个独立单元的液压元件安装在液压机中可能减小了横梁的强度和刚度，但也有其优点：

a）液压缸可由专业工厂制造，主机厂可以外购。

b）降低了液压机机架加工制造难度。

c）液压缸设计、制造、试验、验收和维修更换等简单、方便。

d）更符合液压机的标准化、系列化和模块化设计要求。

液压缸在液压机中的安装型式多种多样，尽管在GB/T 9094—2006中规定了64种安装型式，但仍没有全部涵盖现有液压缸。

1. 缸体法兰、凸台式安装型式

液压机用液压缸安装用前或后法兰、凸台一般直接设置（计）在缸体上，而不是设置（计）在液压缸端盖上，尽管下文仍以前或后端法兰、凸台叙述，但与一般液压缸及在GB/T 9094—2006中规定的有所不同。

液压缸缸体法兰有前端法兰、后端法兰和中间法兰等三种安装型式；法兰也有圆法兰、方法兰和矩形法兰等三种型式；法兰连接孔一般为光孔，采用螺纹孔的较为少见。

（1）前端圆法兰式安装型式

前端法兰远基准点面与横梁内面紧密贴合，通过螺钉（栓）将液压缸紧固在横梁上。在工作时，由于通常此对固定接合面相互挤压，法兰需要传递力，因此法兰与缸体（筒）过渡处存在应力集中，易产生疲劳破坏。另外因法兰有连接孔，也会加剧这种破坏。

也有将前端法兰近基准点面与横梁外面紧密贴合的设计。在工作时，通常此对固定接合面趋向分离，连接螺钉（栓）受力剧增，抗偏载能力下降，且没有改善缸体（筒）受力情况。

（2）后端圆法兰式安装型式

后端法兰远基准点面与横梁内面紧密贴合，通过螺钉（栓）将液压缸紧固在横梁上。在工作时，尽管通常此对固定接合面相互挤压，法兰需要传递力，但与前端法兰安装型式受力方向不同，因此后端法兰

安装的法兰与缸体（筒）过渡处一般没有应力集中问题，改善了缸体（筒）受力情况。从缸体（筒）受力角度讲，是一种可选的安装型式，但也有缸筒内壁最大合成当量应力较大、液压缸的稳定性降低和机架高度增加等问题。

也有将后端法兰近基准点面与横梁外面紧密贴合的设计。在工作时，通常此对固定接合面趋向分离，连接螺钉（栓）受力剧增，后端液压缸缸底受力趋向恶劣。

（3）前端凸台式安装型式

前端凸台远基准点面与横梁内面紧密贴合，通过压环固定该凸台、基准点远端大螺母紧固缸筒、压环通过螺钉（栓）紧固缸底或其他型式，保证这种紧密贴合。

这种安装型式最为常见，而且在中小型液压机上普遍采用，但在GB/T 9094—2006中没有给出这种安装型式。

这种安装型式的受力情况与前端法兰安装型式相似，但因没有法兰连接孔，受力情况一般稍有改善，但凸台与缸体（筒）过渡处应力集中问题依然存在。

2. 活塞杆与滑块的连接形式

在GB 28241—2012和JB/T 4174—2014等中定义了滑块这一术语，即完成行程运动并安装上模的液压机的主要部件。活塞杆与滑块连接，将能量传递给滑块。

在GB 2350—1980中规定了活塞杆螺纹的三种型式（内螺纹一种、外螺纹两种）。在GB/T 9094—2006中给出了带外螺纹的活塞杆端、带扳手面（带内螺纹）的活塞杆端、带柱销孔的活塞杆端、带凸缘的活塞杆端以及带内螺纹的活塞杆端部尺寸，但其活塞杆端外螺纹长度与GB 2350—1980规定的活塞杆（外）螺纹长度标注不同。

还有的在活塞杆端部制有球面，通过活塞杆端部中心螺纹孔、两侧螺纹孔或压环等由螺钉紧固，将球面垫块夹在活塞杆端部与滑块间，形成活塞杆与滑块球铰连接。

（1）刚性连接

活塞杆与滑块刚性连接是最为常见的一种连接形式，一般活塞杆通过附件与滑块连接。

由于活塞杆端部型式不同和附件型式多种多样，液压机活塞杆与滑块连接也有多种型式，但必须保证安全、可靠、使用寿命长，任何与液压缸连接的元、部件都应牢固，以防由于冲击和振动引起松动，尤其滑块有意外下落危险的应进行风险评估。

活塞杆与滑块刚性连接形式如下：

a）通过带螺纹的法兰的连接。

b）由卡键和压环组成的连接。

c）螺钉直接紧固的连接。

d）定位套装连接。

在 GB/T 9094—2006 中，带螺纹的法兰又称活塞杆用法兰。

（2）摆转连接

当为销轴、耳环及关节轴承等活塞杆与滑块连接形式时，活塞杆与滑块间可以摆动或转动，这种连接形式也是较为常见的。但因一般液压机的精度要求较高且公称力较大，所以上述摆转连接实际用于金属冷加工用液压机并不多，而一种球铰支承连接却在液压机中普遍采用。

球铰支承连接的活塞杆端部球面一般是去除材料的凹球面，一般中心制有带螺纹的中心孔；活塞杆端部球面与球面垫块组成一副球铰，这副球铰在液压机工作行程中应处于挤压状态。球铰支承连接主要是期望滑块传给活塞杆的偏心（载）力最小，或者适应滑块在工作行程中相对少量的位置变化。

液压机用液压缸还有一种特殊结构的双球铰支承连接，其特征是活塞杆没有直接传力给滑块，而是采用了中间连接杆，即活塞杆通过一个球铰支承连接传力给中间连接杆，中间连接杆另一端通过球铰支承面将力再传给滑块，因此活塞杆与滑块间就有两个双球铰支承连接。这种连接比单个球铰支承连接有更好的消除偏心（载）力作用，液压缸因此使用寿命更长。

中间连接杆两端部一般仍是去除材料的凹球面，但这种液压缸结构比较复杂，在小型液压缸中难以实现，同时球面润滑也存在一定困难。

有参考资料介绍，这种双球铰支承连接的液压缸在大型液压机上应用效果良好。

在油泵直接传动双柱斜置式自由锻造液压机上，主（侧）缸一般为柱塞式，其与活动横梁或与整体机架的连接方式大多采用双球铰摆杆轴结构。

2.15.3　16MPa 系列中型单杆液压缸的米制安装尺寸

在 JB/T 12706.1—2016 中规定了 16MPa 系列中型单杆液压缸的米制安装尺寸，以满足常用液压缸的互换性要求，适用于缸径为 25~500mm 的圆头液压缸和缸径为 200~500mm 的方头液压缸。

JB/T 12706.1—2016 只提供了一个基本准则，为了不限制技术应用，允许液压设备制造商在 16MPa 液压缸设计中灵活应用。

作者注：1. 在 GB/T 17446—2012 中没有"圆头液压缸"和"方头液压缸"这样的术语。

2. 在 JB/T 12706《液压传动　16MPa 系列单杆缸的安装尺寸》系列标准中尚缺第 3 部分：缸径 250mm~500mm 紧凑型系列。

16MPa 系列中型单杆液压缸的安装尺寸应从图 2-102~图 2-107 以及对应的表 2-241~表 2-248 中选择。

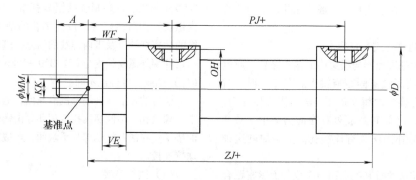

图 2-102　基本尺寸

表 2-241　基本尺寸　（单位：mm）

缸径	杆径 MM	ZJ[①]	KK 6g	A (max)	Y[①]	PJ[①]	D (max)	OH[②]	VE (max)	WF[①]
25	14	150	M12×1.25	16	58	77	56	25.5	15	28
	18		M12×1.25	16						
			M14×1.5	18						

（续）

缸径	杆径 MM	ZJ[1]	KK 6g	A （max）	Y[1]	PJ[1]	D （max）	OH[2]	VE （max）	WF[1]
32	18	170	M14×1.5	18	64	89	67	30	19	32
	22		M14×1.5	18						
			M16×1.5	22						
40	22	190	M16×1.5	22	71	97	78	35	19	32
	28		M16×1.5	22						
			M20×1.5	28						
50	28	205	M20×1.5	28	72	111	95	44	24	38
	36		M20×1.5	28						
			M27×2	36						
63	36	224	M27×2	36	82	117	116	54	29	45
	45		M27×2	36						
			M33×2	45						
80	45	250	M33×2	45	91	134	130	62	36	54
	56		M33×2	45						
			M42×2	56						
（90）	50	270	M36×2	50	100	145	140	65	36	54
	63		M42×2	56						
100	56	300	M42×2	56	108	162	158	75	37	57
	70		M42×2	56						
			M48×2	63						
（110）	63	315	M48×2	63	115	170	176	85	37	60
	80		M56×2	75						
125	70	325	M48×2	63	121	174	192	92	37	60
	90		M48×2	63						
			M64×3	85						
（140）	80	350	M56×2	75	130	185	212	102	41	66
	100		M64×3	85						
160	90	370	M64×3	85	143	191	238	115	41	66
	110		M64×3	85						
			M80×3	95						
（180）	100	405	M72×3	85	160	203	250	122	45	75
	125		M80×3	95						
200	110	450	M80×3	95	190	224	285	138	45	75
	140		M80×3	95						
			M100×3	112						
（220）	125	500	M90×3	106	—	—	315	—	64	96
	160		M100×3	112						
250	140	550	M100×3	112	—	—	365	—	64	96
	180		M100×3	112						
			M125×4	125						
（280）	160	600	M125×4	125	—	—	410	—	71	108
	200		M140×4	140						
320	180	660	M125×4	125	—	—	455	—	71	108
	220		M125×4	125						
			M160×4	160						
（360）	200	700	M160×4	160	—	—	500	—	90	130
	250		M180×4	180						

（续）

缸径 MM	杆径 MM	ZJ[1]	KK 6g	A (max)	Y[1]	PJ[1]	D (max)	OH[2]	VE (max)	WF[1]
400	220	740	M160×4	160	—	—	565	—	90	130
	280		M160×4	160						
			M200×4	200						
(450)	250	800	M200×4	200	—	—	600	—	110	163
	320		M250×6	250						
500	280	890	M200×4	200	—	—	645	—	110	163
	360		M200×4	200						
			M250×6	250						

注：1. 如果需要使用其他活塞杆直径或其他螺纹，参考 GB/T 2348 和 GB 2350。

2. 圆括号内的缸径为非优先选用者，后同。

① 尺寸 ZJ、WF、Y 和 PJ 的极限偏差与行程有关，见表 2-248。

② 尺寸 OH 是可选的并且仅适用于螺纹油口。

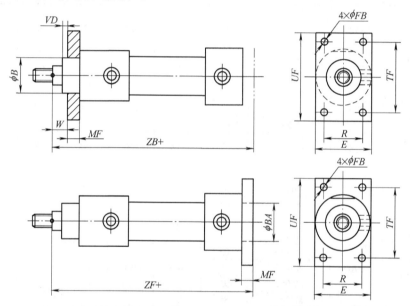

图 2-103　前端矩形法兰式（MF1）和后端矩形法兰式（MF2）

注：φBA 是可选择的。

表 2-242　矩形法兰式（MF1、MF2）安装尺寸　　　　（单位：mm）

缸径	FB H13	TF js13	R js13	VD (min)	W[1]	ZF[1]	ZB (max)	BA，B H8/f8	UF (max)	E (max)	MF js13
25	6.6	69.2	28.7	3	16	162	158	32	85	60	12
32	9	85	35.2	3	16	186	178	40	105	70	16
40	9	98	40.6	3	16	206	198	50	115	80	16
50	11	116.4	48.2	4	18	225	213	60	140	100	20
63	13.5	134	55.5	4	20	249	234	70	160	120	25
80	17.5	152.5	63.1	4	22	282	260	85	185	135	32
(90)	17.5	171.5	69.8	4	22	302	280	95	205	145	32
100	22	184.8	76.5	5	25	332	310	106	225	160	32
(110)	22	203.2	82.5	5	28	347	325	115	240	180	32
125	22	217.1	90.2	5	28	357	335	132	255	195	32

① 尺寸 W 和 ZF 的极限偏差与行程有关，见表 2-248。

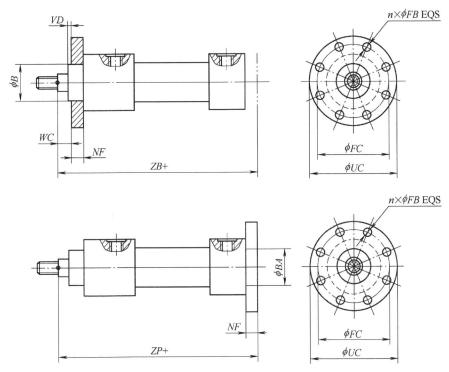

图 2-104　前端圆法兰式、（MF3）和后端圆法兰式 Z（MF4）

注：ϕBA 是可选择的。法兰螺钉孔数量 n 为 8 个或 12 个。

表 2-243　圆法兰式（MF3、MF4）安装尺寸　　　　　（单位：mm）

缸径	$n \times \phi FB$	FC js13	VD (min)	$WC^{①}$	$ZP^{①}$	ZB (max)	BA, B H8/f8	UC (max)	NF js13
25	8×ϕ6.6	75	3	16	162	158	32	90	12
32	8×ϕ9	92	3	16	186	178	40	110	16
40	8×ϕ9	106	3	16	206	198	50	125	16
50	8×ϕ11	126	4	18	225	213	60	150	20
63	8×ϕ13.5	145	4	20	249	234	70	170	25
80	8×ϕ17.5	165	4	22	282	260	85	195	32
(90)	8×ϕ17.5	180	4	22	302	280	95	210	32
100	8×ϕ22	200	5	25	332	310	106	240	32
(110)	8×ϕ22	220	5	28	347	325	115	260	32
125	8×ϕ22	235	5	28	357	335	132	275	32
(140)	8×ϕ22	260	5	30	386	360	140	300	36
160	8×ϕ22	280	5	30	406	380	160	320	36
(180)	8×ϕ26	310	5	35	445	435	180	355	40
200	8×ϕ26	340	5	35	490	480	200	385	40
(220)	8×ϕ33	390	8	40	556	530	220	460	56
250	8×ϕ33	420	8	40	606	580	250	490	56

（续）

缸径	n×φFB	FC js13	VD （min）	WC[1]	ZP[1]	ZB （max）	BA，B H8/f8	UC （max）	NF js13
（280）	8×φ39	490	8	45	663	640	280	570	63
320	8×φ39	520	8	45	723	710	320	600	63
（360）	8×φ45	600	10	50	780	750	360	690	80
400	8×φ45	640	10	50	820	790	400	730	80
（450）	8×φ45	690	10	63	900	850	450	780	100
500	8×φ45	720	10	63	990	940	500	810	100

[1] 尺寸 WC 和 ZP 的极限偏差与行程有关，见表 2-248。

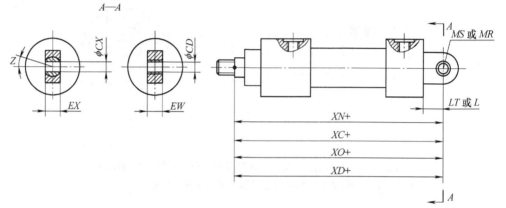

图 2-105　后端固定单耳环式（MP3）；后端可拆单耳环式（MP4）；带关节轴承，
后端固定单耳环式（MP5）；带关节轴承，后端可拆单耳环式（MP6）

注：各尺寸适用的安装类型见表 2-244 的脚注。

表 2-244　后端单耳环式（MP3、MP4、MP5 和 MP6）安装尺寸　　　（单位：mm）

缸径	CD[2] H9	CX[3] H7	EW[2] 或 EX[3] h12	L[2] 或 LT[3] （min）	MR[2] 或 MS[3] （max）	XC 或 XD 或 XO 或 XN[1],[4]
25	12	12	12	16	16	178
32	16	16	16	20	20	206
40	20	20	20	25	25	231
50	25	25	25	32	32	257
63	32	32	32	40	40	289
80	40	40	40	50	50	332
（90）	45	45	45	55	55	375
100	50	50	50	63	63	395
（110）	55	55	55	65	65	412
125	63	63	63	71	71	428
（140）	70	70	70	80	80	466
160	80	80	80	90	90	505
（180）	90	90	90	102	102	547

（续）

缸径	CD[2] H9	CX[3] H7	EW[2] 或 EX[3] h12	L[2] 或 LT[3] （min）	MR[2] 或 MS[3] （max）	XC 或 XD 或 XO 或 XN[1],[4]
200	100	100	100	112	112	615
(220)	110	110	110	130	130	686
250	125	125	125	160	160	773
(280)	140	140	140	170	170	833
320	160	160	160	200	200	930
(360)	180	180	180	210	210	990
400	200	200	200	250	250	990
(450)	225	225	225	285	285	1185
500	250	250	250	320	320	1210

注：摆动角度 Z 最小值为 4°。

① 尺寸 XC、XD、XO 和 XN 的极限偏差与行程有关，见表 2-248。

② 尺寸 CD、EW、L 和 MR 适用于安装类型 MP3 和 MP4。

③ 尺寸 CX、EX、LT 和 MS 适用于安装类型 MP5 和 MP6。

④ 尺寸 XC 适用于安装类型 MP3，尺寸 XD 适用于安装类型 MP4，尺寸 XO 和 XC 适用于安装类型 MP5，尺寸 XN 适用于安装类型 MP6。

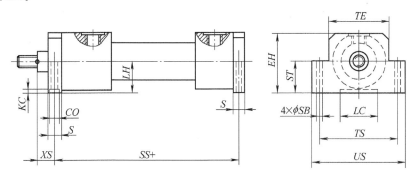

图 2-106　侧面脚架式（MS2）

表 2-245　侧面脚架式（MS2）安装尺寸　（单位：mm）

缸径	S js13	XS[1]	SS[1]	TE js13	TS js13	US （max）	SB H13	EH （max）	LH h10	ST （max）	KC[2] （min）	CO[2] N9	LC[2],[3] （min）
25	20	18	142	56	75	92	9	60	32	32	3.5	6	12
32	25	19.5	163	67	90	110	11	72	38	38	4	8	17
40	25	19.5	183	78	100	120	11	82	43	43	4	8	17
50	32	22	199	95	120	145	14	100	52	52	4.5	10	20
63	32	29	211	116	150	180	18	120	62	62	4.5	10	20
80	40	34	236	130	170	210	22	135	70	70	5	14	28
(90)	45	21.5	271	140	185	225	24	145	75	75	5	16	28
100	50	32	293	158	205	250	26	161	82	82	6	16	34
(110)	56	32	311	176	230	285	30	182	94	94	6	18	34

（续）

缸径	S js13	XS[1]	SS[1]	TE js13	TS js13	US (max)	SB H13	EH (max)	LH h10	ST (max)	KC[2] (min)	CO[2] N9	LC[2],[3] (min)
125	56	32	321	192	245	300	33	196	100	100	6	18	37
(140)	56	38	340	212	270	325	33	220	114	114	8	22	50
160	60	36	364	238	295	350	33	238	119	119	8	22	78
(180)	65	42.5	395	250	315	380	36	258	133	133	8	28	100
200	72	39	447	285	350	415	39	288	145	145	9	28	122

① 尺寸 XS 和 SS 的极限偏差与行程有关，见表 2-248。

② 键槽是可以选择的。

③ 键槽的最小有效长度尺寸。

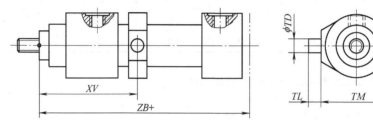

图 2-107　中间固定或可调耳轴式（凸台）（MT4）

表 2-246　中间固定或可调耳轴式（凸台）（MT4）安装尺寸　　　（单位：mm）

缸径	TD f8	TL js13	TM h12	XV[1]	ZB (max)
25	12	10	63		158
32	16	12	75		178
40	20	16	90		198
50	25	20	105		213
63	32	25	120		234
80	40	32	135		260
(90)	45	40	150		280
100	50	40	160		310
(110)	60	45	180		325
125	63	50	195		335
(140)	70	60	220	尺寸的最小值和最大值由用户和制造商协商	360
160	80	63	240		380
(180)	90	70	260		435
200	100	80	295		480
(220)	110	90	330		530
250	125	100	370		580
(280)	140	110	430		640
320	160	125	470		710
(360)	180	140	530		750
400	200	160	570		790
(450)	225	200	640		850
500	250	250	700		940

① 尺寸 XV 的极限偏差与行程有关，见表 2-248。

油口和法兰的尺寸应符合表 2-247 的规定。

表 2-247　油口和法兰尺寸　　　　　（单位：mm）

缸径	螺纹油口			
	管接头 ISO 1179-1		管接头 GB/T 2878.1	
	G		M	
	EE 6H	EC[①]	EE 6H	EC[①]
25	G 1/4	7.5	M14×1.5	7.5
32	G 3/8	9	M18×1.5	11
40 50	G 1/2	14	M22×1.5	14
63 80	G 3/4	18	M27×2	18
(90) 100 (110) 125	G 1	23	M33×2	23
(140) 160 (180) 200	G 1 1/4	30	M42×2	30
(220) 250 (280) 320	G 1 1/2	36	M48×2	36
(360) 400 (450) 500	—	—	M60×2	44

（续）

缸径	法兰油口								
	方法兰 ISO 6164				矩形法兰 ISO 6162-1				
	F				MM				
	法兰尺寸② DN	FF 0 -1.5	EA ±0.25	ED 6H	法兰尺寸② DN	FF 0 -1.5	EA ±0.25	EB ±0.25	ED 6H
63 80	13	15	29.7	M8	13	12.7	17.5	38.1	M8
(90) 100 (110) 125	19	20	35.4	M8	19	19.1	22.3	47.6	M10
(140) 160 (180) 200	25	25	43.8	M10	25	25.4	26.2	52.4	M10
(220) 250 (280) 320	32	32	51.6	M12	32	31.8	30.2	58.7	M10
(360) 400 (450) 500	38	38	60.1	M16	38	38.1	35.7	69.9	M12

警告：针对给定的缸径选择最大直径的活塞杆，液压缸会因拉和/或压的作用，有杆腔的压力可达到两倍甚至更高的液压系统额定压力。在这种条件下，法兰油口即使符合 ISO 6162-1 或 ISO 6164 的规定，在本表中可能也没有符合要求的耐压规定值。因此，当法兰油口有耐高压要求时，可按照 ISO 6162-2 或 ISO 6164 高压系列选择。

① 仅供参考，连接孔允许选用其他尺寸。

② 取决于液压缸的安装类型（如 MF4）且应检查法兰安装螺纹和油口凸台是否可能产生干涉。

由行程确定的安装尺寸极限偏差见表 2-248。

表 2-248　由行程确定的安装尺寸极限偏差　　　　　（单位：mm）

安装尺寸的识别标准	ZJ[①]	WF	WC	ZP 或 ZF[①]	XC 或 XD 或 XO 或 XN[①]	XV	ZB[①]	W	XS	SS[①]	Y	PJ[①]
行程							极限偏差					
大于 / 至												
— / 500	±1.0	±1.5	±1.5	±1.0	±1.0	±1.5		±1.5	±1.5	±1.0	±1.5	±1.0
500 / 1000	±1.5	±2.0	±2.0	±1.5	±1.5	±2.0		±2.0	±2.0	±1.5	±2.0	±1.5
1000 / 2000	±2.0	±2.5	±2.5	±2.0	±2.0	±2.5		±2.5	±2.5	±2.0	±2.5	±2.0
2000 / 4000	±3.0	±4.0	±4.0	±3.0	±3.0	±4.0	max	±4.0	±4.0	±3.0	±4.0	±3.0
4000 / 7000	±4.0	±6.0	±6.0	±4.0	±4.0	±6.0		±6.0	±6.0	±4.0	±6.0	±4.0
7000 / 10000	±5.0	±8.0	±8.0	±5.0	±5.0	±8.0		±8.0	±8.0	±5.0	±8.0	±5.0
10000 / —	±6.0	±10.0	±10.0	±6.0	±6.0	±10.0		±10.0	±10.0	±6.0	±10.0	±6.0

注：活塞极限偏差符合 JB/T 10205—2010 的规定。

①　长度尺寸包括行程。本表与在 JB/T 12706.1—2016 中表 9 的行程极限偏差不累加（重复计算）。

2.15.4　16MPa 系列紧凑型单杆液压缸的米制安装尺寸

在 JB/T 12706.2—2017 中规定了 16MPa 系列紧凑型单杆液压缸的米制安装尺寸，以满足常用液压缸的互换性要求，适用于缸径为 25~220mm 的方头液压缸（以下简称液压缸）。

JB/T 12706.2—2017 仅提供一个基本准则，不限制其技术应用，允许制造商在液压缸设计中灵活使用。

16MPa 系列紧凑型单杆液压缸的安装尺寸应从图 2-108~图 2-120 以及对应的表 2-249~表 2-261 中选择。

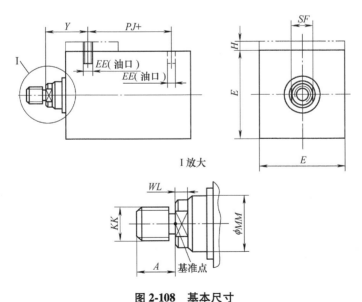

图 2-108　基本尺寸

注：1. 油口的选用见表 2-262。

　　2. 尺寸 SF 和 WZ 符合 GB 2350 的规定。

　　3. 在 GB 2350—1980 中没有关于在带有外螺纹或内螺纹端头的活塞杆上设置适合标准扳手平面的规定。关于尺寸 SF 和 WZ 可参照 JB/ZQ 4263—2006《对边和对角长度尺寸》等标准。

表 2-249 基本尺寸 （单位：mm）

缸径	杆径 MM[①]	KK[①] 6g	A max	H max	E	Y[②]	PJ[③] ±1.5
25	12	M10×1.25	14	5	40±1.5	50	53
	18	M10×1.25	14				
		M14×1.5	18				
32	14	M12×1.25	16	5	45±1.5	60	56
	22	M12×1.25	16				
		M16×1.5	22				
40	18	M14×1.5	18	—	63±1.5	62	73
	22	M14×1.5	18				
		M16×1.5	22				
	28	M14×1.5	18				
		M20×1.5	28				
50	22	M16×1.5	22	—	75±1.5	67	74
	28	M16×1.5	22				
		M20×1.5	28				
	36	M16×1.5	22				
		M27×2	36				
63	28	M20×1.5	28	—	90±1.5	71	80
	36	M20×1.5	28				
		M27×2	36				
	45	M20×1.5	28				
		M33×2	45				
80	36	M27×2	36	—	115±1.5	77	93
	45	M27×2	36				
		M33×2	45				
	56	M27×2	36				
		M42×2	56				
90	45	M33×2	45	—	120±1.5	80	97
	56	M33×2	45				
		M42×2	56				
	63	M33×2	45				
		M48×2	63				
100	45	M33×2	45	—	130±1.5	82	101
	56	M33×2	45				
		M42×2	56				
	70	M33×2	45				
		M48×2	63				
110	56	M42×2	56	—	145±1.5	86	115
	70	M42×2	56				
		M48×2	63				
	90	M42×2	56				
		M64×3	85				

（续）

缸径	杆径 MM①	KK① 6g	A max	H max	E	Y②	PJ③ ±1.5
125	56	M42×2	56	—	165±1.5	86	117
	70	M42×2	56				
		M48×2	63				
	90	M42×2	56				
		M64×3	85				
140	70	M48×2	63	—	185±1.5	86	123
	90	M48×2	63				
		M64×3	85				
	100	M48×2	63				
		M80×3	95				
160	70	M48×2	63	—	205±1.5	86	130
	90	M48×2	63				
		M64×3	85				
	110	M48×2	63				
		M80×3	95				
180	90	M64×3	85	—	235±1.5	98	155
	110	M64×3	85				
		M80×3	95				
	125	M64×3	85				
		M100×3	112				
200	90	M64×3	85	—	245±1.5	98	165
	110	M64×3	85				
		M80×3	95				
	140	M64×3	85				
		M100×3	112				
220	110	M80×3	95	—	285±1.5	108	185
	125	M80×3	95				
		M100×3	112				
	160	M80×3	95				
		M100×3	112				

① 如果需要选用其他活塞杆直径或活塞杆螺纹尺寸，见 GB/T 2348 和 GB 2350。

② 尺寸 Y 的极限偏差与行程有关，见表 2-263。

③ 尺寸 PJ 的极限偏差应加上行程公差。

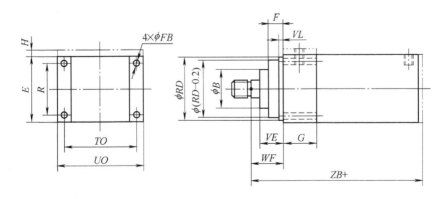

图 2-109　矩形前盖式（ME5）

表 2-250 矩形前盖式（ME5）按尺寸 （单位：mm）

缸径	杆径[1]	RD f8	E	TO js13	FB[1] H13	R js13	WF ±2	G 参考	F max	VE max	VL min	B max	UO max	ZB[2]	H max
25	12	38	40±1.5	51	5.5	27	25	25	10	16	3	24	65	121	5
	18	38										30			
32	14	42	45±1.5	58	6.6	33	35	25	10	22	3	26	70	137	5
	22	42										34			
40	18	62	63±1.5	87	11	41	35	38	10	22	3	30	110	166	—
	22	62										34			
	28	62										42			
50	22	74	75±1.5	105	14	52	41	38	16	25	4	34	130	176	—
	28	74										42			
	36	74										50			
63	28	75	90±1.5	117	14	65	48	38	16	29	4	42	145	185	—
	36	88										50			
	45	88										60			
80	36	82	115±1.5	149	18	83	51	45	20	29	4	50	180	212	—
	45	105										60			
	56	105										72			
90	45	92	120±1.5	154	18	88	51	45	20	29	5	60	185	219	—
	56	110										72			
	63	110										80			
100	45	92	130±2	162	18	97	57	45	22	32	5	60	200	235	—
	56	125										72			
	70	125										88			
110	56	105	145±2	188	22	106	57	50	22	32	5	72	230	250	—
	70	135										88			
	90	135										108			
125	56	105	165±2	208	22	126	57	58	22	32	5	72	250	260	—
	70	150										88			
	90	150										108			
140	70	125	185±2	233	26	135	57	58	25	32	5	88	280	270	—
	90	165										108			
	100	165										120			
160	70	125	205±2	235	26	155	57	58	25	32	5	88	300	279	—
	90	170										108			
	110	170										133			
180	90	150	235±2	290	33	175	57	76	25	32	5	108	345	326	—
	110	200										133			
	125	200										150			
200	90	150	245±2	300	33	190	57	76	25	32	5	108	360	336	—
	110	210										133			
	140	210										163			
220	110	200	285±2	348	36	223	60	76	25	35	8	133	415	375	—
	125	200										150			
	160	250										200			

① 如果需要选用其他螺钉孔径，其应符合 GB/T 5277 规定的中等装配系列。

② 尺寸 ZB 的极限偏差与行程有关，见表 2-263。

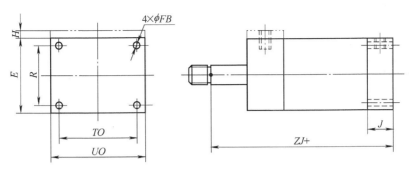

图 2-110　矩形后盖式（ME6）

表 2-251　矩形后盖式（ME6）安装尺寸　　　　　　（单位：mm）

缸径	E	TO js13	FB[1] H13	R js13	ZJ[2]	UO max	J 参考	H max
25	40±1.5	51	5.5	27	114	65	25	5
32	45±1.5	58	6.6	33	128	70	25	5
40	63±1.5	87	11	41	153	110	38	—
50	75±1.5	105	14	52	159	130	38	—
63	90±1.5	117	14	65	168	145	38	—
80	115±1.5	149	18	83	190	180	45	—
90	120±1.5	154	18	88	197	185	45	—
100	130±2	162	18	97	203	200	45	—
110	145±2	188	22	106	226	230	50	—
125	165±2	208	22	126	232	250	58	—
140	185±2	233	26	135	240	280	58	—
160	205±2	253	26	155	245	300	58	—
180	235±2	290	33	175	289	345	76	—
200	245±2	300	33	190	299	360	76	—
220	285±2	348	36	223	338	415	76	—

① 如果需要选用其他螺钉孔径，其应符合 GB/T 5277 规定的中等装配系列。

② 尺寸 ZB 的极限偏差与行程有关，见表 2-263。

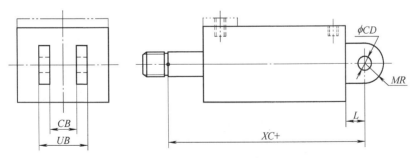

图 2-111　后端固定双耳环式（MP1）

表 2-252　后端固定双耳环式（MP1）安装尺寸　　　　　　（单位：mm）

缸径	CB A13	CD H9	MR max	L min	UB max	XC[1]
25	12	10	12	13	25	127
32	16	12	17	19	34	147

（续）

缸径	CB	CD	MR	L	UB	XC[1]
	A13	H9	max	min	max	
40	20	14	17	19	42	172
50	30	20	29	32	62	191
63	30	20	29	32	62	200
80	40	28	34	39	83	229
90	45	32	40	45	93	242
100	50	36	50	54	103	257
110	55	40	50	54	113	280
125	60	45	53	57	123	289
140	65	50	55	60	133	300
160	70	56	59	63	143	308
180	75	63	71	75	153	364
200	80	70	78	82	163	381
220	90	80	90	95	173	433

① 尺寸 XC 的极限偏差与行程有关，见表 2-263。

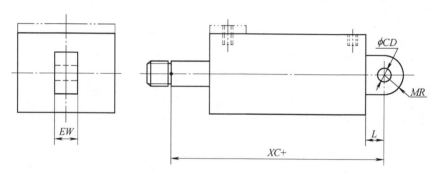

图 2-112　后端固定单耳环式（MP3）

表 2-253　后端固定单耳环式（MP3）安装尺寸　　　　（单位：mm）

缸径	EW	CD	MR	L	XC[1]
	h14	H9	max	min	
25	12	10	12	13	127
32	16	12	17	19	147
40	20	14	17	19	172
50	30	20	29	32	191
63	30	20	29	32	200
80	40	28	34	39	229
90	45	32	40	45	242
100	50	36	50	54	257
110	55	40	50	54	280
125	60	45	53	57	289
140	65	50	55	60	300
160	70	56	59	63	308
180	75	63	71	75	364
200	80	70	78	82	381
220	90	80	90	95	433

① 尺寸 XC 的极限偏差与行程有关，见表 2-263。

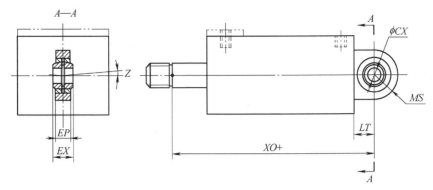

图 2-113　带关节轴承、后端固定单耳环式（MP5）

表 2-254　带关节轴承、后端固定单耳环式（MP5）安装尺寸　　　　（单位：mm）

缸径	EP	EX		CX		MS	LT	XO[1]
	max	公称尺寸	极限偏差	公称尺寸	极限偏差	max	min	
25	8	10	0 -0.12	12	0 -0.008	20	16	130
32	11	14	0 -0.12	16	0 -0.008	22.5	20	148
40	13	16	0 -0.12	20	0 -0.012	29	25	178
50	17	20	0 -0.12	25	0 -0.012	33	31	190
63	19	22	0 -0.12	30	0 -0.012	40	38	206
80	23	28	0 -0.12	40	0 -0.012	50	48	238
90	26	32	0 -0.12	45	0 -0.012	56	54	251
100	30	35	0 -0.12	50	0 -0.012	62	58	261
110	38	44	0 -0.15	60	0 -0.015	80	72	298
125	38	44	0 -0.15	60	0 -0.015	80	72	304
140	42	49	0 -0.15	70	0 -0.015	90	82	322
160	47	55	0 -0.15	80	0 -0.015	100	92	337
180	52	60	0 -0.15	90	0 -0.015	110	106	395
200	57	70	0 -0.20	100	0 -0.020	120	116	415
220	57	70	0 -0.20	110	0 -0.020	130	126	464

注：摆动角度 Z 最大值为 3°。

[1] 尺寸 XC 的极限偏差与行程有关，见表 2-263。

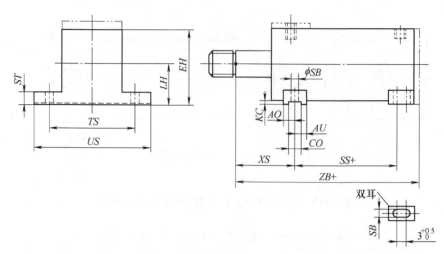

图 2-114 侧面脚架式（MS2）

表 2-255 侧面脚架式（MS2）安装尺寸 （单位：mm）

缸径	TS js13	SB[1] H13	LH h10	XS[2]	SS[2]	ZB max	ST js13	US max	CO[3] N9	KC[3] min	AO	AU	EH 公称尺寸	EH 极限偏差
25	54	6.6	19	33	72	121	8.5	7.2	—	—	18	28.5	39	±1.5
32	63	9	22	45	72	137	12.5	84	—	—	20	26.5	44.5	±1.5
40	83	11	31	45	97	166	12.5	103	12	4	20	32	62.5	±1.5
50	102	14	37	54	91	176	19	127	12	4.5	29	28.8	74.5	±1.5
63	124	18	44	65	85	185	26	161	16	4.5	33	22.8	89	±1.5
80	149	18	57	68	104	212	26	186	16	5	37	28	114.5	±1.5
90	157	22	59	72	101	219	26	195	16	5	44	23	119	±1.5
100	172	26	63	79	101	225	32	216	16	6	44	23	128	±2
110	190	26	72	79	130	250	32	235	20	6	44	29.5	144.5	±2
125	210	26	82	79	130	260	32	254	20	6	44	29.5	164.5	±2
140	235	30	92	86	130	270	38	288	30	8	44	29.5	184.5	±2
160	260	33	101	86	129	279	38	318	30	8	54	26.5	203.5	±2
180	290	36	117	92	132	326	44	345	40	8	60	41	234.5	±2
200	311	39	122	92	171	336	44	381	40	8	60	41	244.5	±2
220	356	24	142	100	171	375	44	324	40	8	60	41	284.5	±2

① 如果需要选用其他螺钉孔径，其应符合 GB/T 5277 规定的中等装配系列。

② 尺寸 XS 和 SS 的极限偏差与行程有关，见表 2-263。

③ 键槽为可选项。

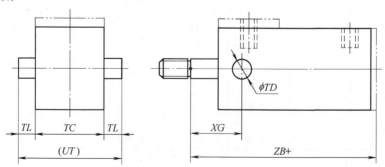

图 2-115 前端整体耳轴式（MT1）

表 2-256　前端整体耳轴式（MT1）安装尺寸　　　　　　　　　（单位：mm）

缸径	TC h14	UT 参考	TD f8	TL js13	XG[①]	ZB max
25	38	58	12	10	44	121
32	44	68	16	12	54	137
40	63	95	20	16	57	166
50	76	116	25	20	64	176
63	89	139	32	25	70	185
80	114	178	40	32	76	212
90	120	192	45	36	75	219
100	127	207	50	40	71	225
110	144	234	56	45	75	250
125	165	265	63	50	75	260
140	185	297	70	56	75	270
160	203	329	80	63	75	279
180	235	375	90	70	85	326
200	241	401	100	80	85	336
220	285	465	110	90	85	375

① 尺寸 XG 的极限偏差与行程有关，见表 2-263。

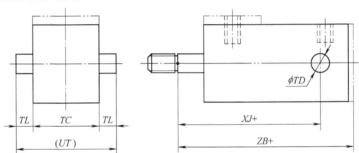

图 2-116　后端整体耳轴式（MT2）

表 2-257　后端整体耳轴式（MT2）安装尺寸　　　　　　　　　（单位：mm）

缸径	TC h14	UT 参考	TD f8	XJ[①]	TL js13	ZB max
25	38	58	12	101	10	121
32	44	68	16	115	12	137
40	63	95	20	134	16	166
50	76	116	25	140	20	176
63	89	139	32	149	25	185
80	114	178	40	168	32	212
90	120	192	45	172	36	219
100	127	207	50	187	40	225
110	144	234	56	196	45	250
125	165	265	63	209	50	260
140	185	297	70	217	56	270
160	203	329	80	230	63	279
180	235	375	90	259	70	326
200	241	401	100	276	80	336
220	285	465	110	290	90	375

① 尺寸 XJ 的极限偏差与行程有关，见表 2-263。

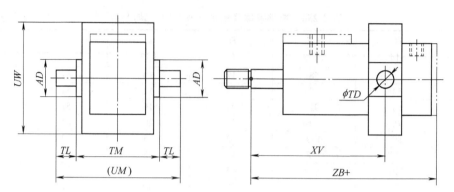

图 2-117   中间固定或可调耳轴式（MT4）

表 2-258   中间固定或可调耳轴式（MT4）安装尺寸   （单位：mm）

缸径	AD min	UW max	TM h14	UM 参考	TD f8	TL js13	XV[1],[2]		ZB max	行程[2] min
							min	max		
25	20	63	48	68	12	10	82	72+行程	121	10
32	25	75	55	79	16	12	96	82+行程	137	14
40	30	92	76	108	20	16	107	88+行程	166	19
50	40	112	89	129	25	20	117	90+行程	176	27
63	40	126	100	150	32	25	132	91+行程	185	41
80	50	160	127	191	40	32	147	99+行程	212	48
90	55	170	132	204	45	36	158	107+行程	219	51
100	60	180	140	220	50	40	158	107+行程	225	51
110	66	190	155	245	56	45	168	107+行程	250	61
125	73	215	178	278	63	50	180	109+行程	260	71
140	80	220	195	307	70	56	190	108+行程	270	82
160	90	260	215	341	80	63	198	104+行程	279	94
180	100	280	250	390	90	70	218	124+行程	326	94
200	110	355	279	439	100	80	226	130+行程	336	96
220	120	375	320	540	110	85	240	144+行程	375	96

① 尺寸 XV 的极限偏差与行程有关，见表 2-263。

② XV 的最大和最小有效值，应与液压缸的最小行程（见本表）有关。

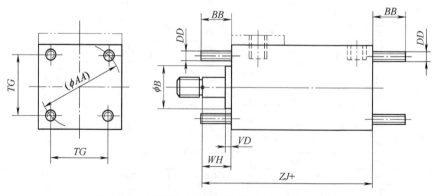

图 2-118   两端双头螺柱或加长连接杆式（MX1）

表 2-259　两端双头螺柱或加长连接杆式（MX1）安装尺寸　（单位：mm）

缸径	杆径	DD 6g	BB^{+3}_{0}	AA 参考	WH ±2	ZJ[①]	B f9	VD min	TG js13
25	12	M5×0.8	19	40	15	114	24	5	28.3
	18						30		
32	14	M6×1	24	47	25	128	26	5	33.2
	22						34		
40	18	M8×1	35	59	25	153	30	5	41.7
	22						34		
	28						42		
50	22	M12×1.25	46	74	25	159	34	5	52.3
	28						42		
	36						50		
63	28	M12×1.25	46	91	32	168	42	5	64.3
	36						50		
	45						60		
80	36	M16×1.5	59	117	31	190	50	5	82.7
	45						60		
	56						72		
90	45	M16×1.5	59	128	31	197	60	5	90.5
	56						72		
	63						88		
100	45	M16×1.5	59	137	35	203	60	5	96.9
	56						72		
	70						88		
110	56	M20×1.5	75	155	35	226	72	5	109.6
	70						88		
	90						108		
125	56	M22×1.5	81	178	35	232	72	5	125.9
	70						88		
	90						108		
140	70	M24×1.5	86	196	32	240	88	5	138.6
	90						108		
	100						120		
160	70	M27×2	92	219	32	245	88	5	154.9
	90						108		
	110						133		
180	90	M30×2	115	246	32	289	108	5	174.0
	110						133		
	125						150		
200	90	M30×2	115	269	32	299	108	5	190.2
	110						133		
	140						163		
220	110	M33×2	140	310	35	338	133	5	219.2
	125						150		
	160						200		

① 尺寸 ZJ 的极限偏差与行程有关，见表 2-263。

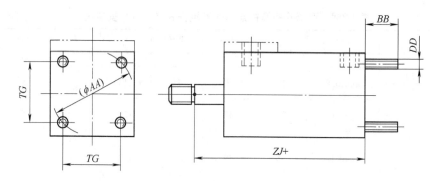

图 2-119　后端双头螺柱或加长连接杆式（MX2）

表 2-260　后端双头螺柱或加长连接杆（MX2）安装尺寸　　（单位：mm）

缸径	DD 6g	BB$_{0}^{+3}$	AA 参考	ZJ[①]	TG js13
25	M5×0.8	19	40	114	28.3
32	M6×1	24	47	128	33.2
40	M8×1	35	59	153	41.7
50	M12×1.25	46	74	159	52.3
63	M12×1.25	46	91	168	64.3
80	M16×1.5	59	117	190	82.7
90	M16×1.5	59	128	197	90.5
100	M16×1.5	59	137	203	96.9
110	M20×1.5	75	155	226	109.6
125	M22×1.5	81	178	232	125.9
140	M24×1.5	86	196	240	138.6
160	M27×2	92	219	245	154.9
180	M30×2	115	246	289	173.9
200	M30×2	115	269	299	190.2
220	M33×2	140	310	338	219.2

① 尺寸 ZJ 的极限偏差与行程有关，见表 2-263。

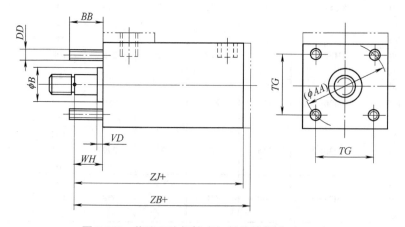

图 2-120　前端双头螺柱或加长连接杆式（MX3）

表 2-261　前端双头螺柱或加长连接杆式（MX3）安装尺寸　　　　（单位：mm）

缸径	杆径 MM	AA 参考	DD 6g	BB $_0^{+3}$	WH[①]	ZJ[①]	B f9	VD min	TG js13	ZB max
25	12	40	M5×0.8	19	15	114	24	5	28.3	121
	18						30			
32	14	47	M6×1	24	25	128	26	5	33.2	137
	22						34			
40	18	59	M8×1	35	25	153	30	5	41.7	166
	22						34			
	28						42			
50	22	74	M12×1.25	46	25	159	34	5	52.3	176
	28						42			
	36						50			
63	28	91	M12×1.25	46	32	168	42	5	64.3	185
	36						50			
	45						60			
80	36	117	M16×1.5	59	31	190	50	5	82.7	212
	45						60			
	56						72			
90	45	128	M16×1.5	59	31	197	60	5	90.5	219
	56						72			
	63						88			
100	45	137	M16×1.5	59	35	203	60	5	96.9	225
	56						72			
	70						88			
110	56	155	M20×1.5	75	35	226	72	5	109.6	250
	70						88			
	90						108			
125	56	178	M22×1.5	81	35	232	72	5	125.9	260
	70						88			
	90						108			
140	70	196	M24×1.5	86	32	240	88	5	138.6	270
	90						108			
	100						120			
160	70	219	M27×2	92	32	245	88	5	154.9	279
	90						108			
	110						133			
180	90	246	M30×2	115	32	289	108	5	174.0	326
	110						133			
	125						150			
200	90	269	M30×2	115	32	299	108	5	190.2	336
	110						133			
	140						163			
220	110	310	M33×2	140	35	338	133	5	219.2	375
	125						150			
	160						200			

① 尺寸 WH 和 ZJ 的极限偏差与行程有关，见表 2-263。

油口、法兰的型式和尺寸应符合表 2-262 的规定。

表 2-262 油口、法兰的型式和尺寸 （单位：mm）

ISO 1179-1 油口

GB/T 2878.1 油口

ISO 6162-1 矩形法兰，1型

缸径	G		M		MM					
					法兰公称通经					
	EE in	EC min	EE 6H	EC min	米制 DN	寸制 NPS in	FF 0 -1.5	EA ±0.25	EB ±0.25	ED
25 32	G¼	7.5	M14×1.5	7.5	—	—	—	—	—	—
40	G⅜	9	M18×1.5	11	—	—	—	—	—	—
50 63	G½	14	M22×1.5	14	—	—	—	—	—	—
80 90 100	G¾	18	M27×2	18	—	—	—	—	—	—
110 125 140 160	G 1	23	M33×2	23	25	1	25.6	26.2	52.4	M10
180 200	G 1¼	30	M42×2	30	32	1¼	32.0	30.2	58.7	M10
220	G 1½	36	M48×2	36	32	1¼	32.0	30.2	58.7	M10

安装尺寸极限偏差应符合表 2-263 的规定。

表 2-263 由行程确定的安装尺寸极限偏差 （单位：mm）

安装尺寸识别标志	SS[①]	WH	XC[①] 或 XO[①]	XG	XJ[①]	XS	XV	Y	ZB[①]	ZJ[①]
行程	极限偏差									
大于 至										
— 1250	±1.5	±2.0	±1.5	±2.0	±1.5	±2.0	±2.0	±2.0	max	±1.5
1250 3150	±3.0	±4.0	±3.0	±4.0	±3.0	±4.0	±4.0	±4.0		±3.0
3150 8000	±5.0	±8.0	±5.0	±8.0	±5.0	±8.0	±8.0	±8.0		±5.0

① 安装尺寸包括行程。本表中的安装尺寸极限偏差不包括在 JB/T 10205 中规定的行程长度公差。

作者注：活塞行程长度公差符合 JB/T 10205—2010 的规定。

2. 15. 5　25MPa 系列单杆缸的安装尺寸

在 JB/T 13291—2017《液压传动　25MPa 系列单杆缸的安装尺寸》中规定了 25MPa 液压缸的安装尺寸，以满足液压缸的互换性要求。该标准适用于公称压力为 25MPa、缸径为 50 ~ 320mm 的单杆液压缸（以下简称液压缸）。

JB/T 13291—2017 仅提供基本准则，不限制其技术应用，允许制造商在液压缸的设计中灵活使用。

液压缸的安装尺寸应从图 2-121 ~ 图 2-125 以及对应的表 2-264 ~ 表 2-268 中选择。

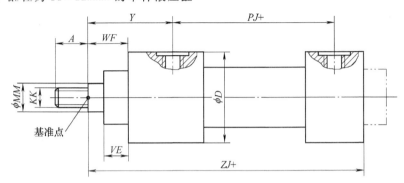

图 2-121　基本尺寸

表 2-264　基本尺寸　　　　　　（单位：mm）

缸径	杆径 MM①	ZJ②	KK①	A max	D	Y	PJ	VE max	WF②
50	32 / 36	240	M27×2	36	102	98	120	29	47
63	40 / 45	270	M33×2	45	120	112	133	32	53
80	50 / 56	300	M42×2	56	145	120	155	36	60
90	56 / 63	320	M48×2	63	156	127	163	39	64
100	63 / 70	335	M48×2	63	170	134	171	41	68
110	70 / 80	350	M52×2	75	180	143	181	43	72
125	80 / 90	390	M64×3	85	206	153	205	45	76
140	90 / 100	425	M72×3	90	226	166	219	45	76
160	100 / 110	460	M80×3	95	265	185	235	50	85
180	110 / 125	500	M90×3	106	292	194	264	55	95
200	125 / 140	540	M100×3	112	306	220	278	61	101
220	140 / 160	627	M125×4	125	355	244	326	71	113
250	160 / 180	640	M125×4	125	395	257	326	71	113
280	180 / 200	742	M160×4	160	445	290	375	88	136
320	200 / 220	750	M160×4	160	490	282	391	88	136

① 如果需要选用其他活塞杆直径或活塞杆螺纹尺寸，参见 GB/T 2348 和 GB 2350。

② 尺寸 ZJ 和 WF 的极限偏差与行程有关，见表 2-270。

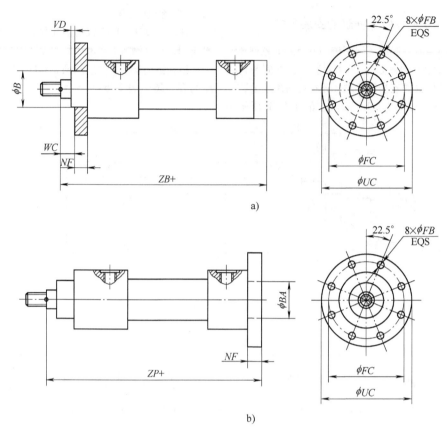

图 2-122 前端圆法兰式和后端圆法兰式

a) 前端圆法兰式 (MF3) b) 后端圆法兰式 (MF4)

注：ϕBA 是可选择的。

表 2-265 圆法兰式 (MF3 和 MF4) 安装尺寸　　　　　　　　　（单位：mm）

缸径	FB H13	FC js13	VD min	WC[1]	ZP[1]	ZB max	B 或 BA H8/f8	UC max	NF js13
50	13.5	132	4	22	265	244	63	160	25
63	13.5	150	4	25	298	274	75	180	28
80	17.5	180	4	28	332	305	90	215	32
90	22	200	5	30	354	325	100	240	34
100	22	212	5	32	371	340	110	260	36
110	22	220	5	34	388	355	120	280	38
125	22	250	5	36	430	396	132	300	40
140	26	285	5	36	465	430	145	340	40
160	26	315	5	40	505	467	160	370	45
180	33	355	5	45	550	505	185	425	50
200	33	385	5	45	596	550	200	455	56
220	39	435	8	50	690	637	235	500	63
250	39	475	8	50	703	652	250	545	63
280	45	555	8	56	822	752	295	630	80
320	45	600	8	56	830	764	320	680	80

[1] 尺寸 WC 和 ZP 的极限偏差与行程有关，见表 2-270。

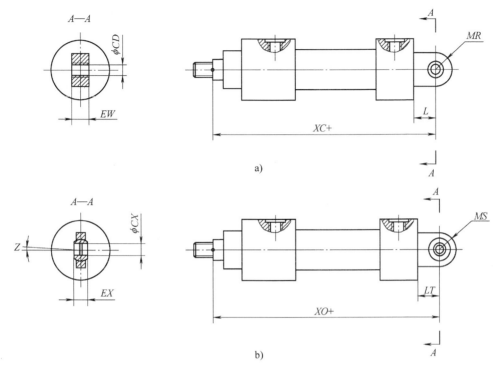

图 2-123　后端固定单耳环式

a）后端固定单耳环式（MP3）　b）带关节轴承，后端固定单耳环式（MP5）

注：摆动角度 Z 最大值为 4°。

表 2-266　后端固定单耳环式（MP3 和 MP5）安装尺寸　　　　（单位：mm）

缸径	CD H9	CX H7	EW 或 WX h12	L 或 LT min	MR 或 NS max	XC 或 XO[1]
50	32	32	32	40	40	305
63	40	40	40	50	50	348
80	50	50	50	63	63	395
90	55	55	55	65	65	419
100	63	63	63	71	71	442
110	70	70	70	80	80	468
125	80	80	80	90	90	520
140	90	90	90	100	100	580
160	100	100	100	112	112	617
180	110	110	110	135	135	690
200	125	125	125	160	160	756
220	160	160	160	200	200	890
250	160	160	160	200	200	903
280	200	200	200	250	250	1072
320	200	200	200	250	250	1080

[1] 尺寸 XC 或 XO 的极限偏差与行程有关，见表 2-270。

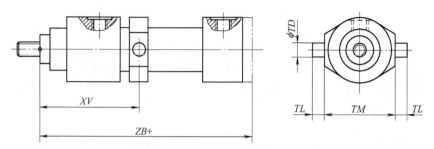

图 2-124 中间固定或可调耳轴式（MT4）

表 2-267 中间固定或可调耳轴式（MT4）安装尺寸 （单位：mm）

缸径	TD	TL	TM	XV[1]	ZB
	f8	js13	h12		max
50	32	25	112		244
63	40	32	125		274
80	50	40	150		305
90	60	45	165		325
100	63	50	180		340
110	70	60	200		355
125	80	63	224	尺寸的最小值和最大	396
140	90	70	265	值由用户与制造商协商	430
160	100	80	280	确定	467
180	110	90	320		505
200	125	100	335		550
220	160	125	385		637
250	160	125	425		652
280	200	160	480		752
320	200	160	530		764

[1] 尺寸 XV 的极限偏差与行程有关，见表 2-270。

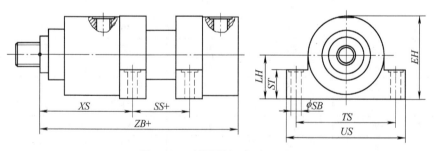

图 2-125 侧面脚架式（MS2）

表 2-268 侧面脚架式（MS2）安装尺寸 （单位：mm）

缸径	XS[1]	SS[1]	ZB	TS	US	SB	EH	LH	ST
			max	js13	max	H13	max	h10	max
50	135.5	45	244	130	161	11	110	55	37
63	154	49	274	150	183	13.5	129	65	42
80	171.5	52	305	180	220	17.5	149	75	47
90	180	56	317	195	240	19.5	165	82	52
100	189	61	340	210	260	22	181	90	57

（续）

缸径	XS[①]	SS[①]	ZB max	TS js13	US max	SB H13	EH max	LH h10	ST max
110	203	68	368	232	286	24	198	97	62
125	218	75	396	255	313	26	215	105	67
140	240.5	70	430	290	359	30	235	115	72
160	270	65	467	330	402	33	277	135	77
180	291.5	69	510	360	445	40	305	150	92
200	322.5	73	550	385	471	40	322	160	97
220	369.5	75	637	445	541	45	373	185	102
250	382.5	75	650	500	610	52	414	205	112
280	415.5	124	752	550	661	52	469	235	142
320	435	85	760	610	732	62	512	255	142

① 尺寸 XS 和 SS 的极限偏差与行程有关，见表 2-270。

油口和法兰的型式和尺寸应符合表 2-269 的规定。

表 2-269　油口、法兰的型式和尺寸　（单位：mm）

缸径	螺　纹　油　口				
	ISO 1179-1 油口			GB/T 2878.1 油口	
	G			M	
	EE /in	EC min		EE 6H	EC min
50	G 1/2	14		M22×1.5	14
63 80 90	G 3/4	18		M27×2	18
100 110 125	G 1	23		M33×2	23
140 160 180 200	G 1¼	30		M42×2	30
220 250 280 320	G 1½	36		M48×2	36

（续）

缸径	法兰油口									
	ISO 6164 方法兰					ISO 6162-1 矩形法兰				
	F					MM				
	法兰公称通经		FF 0 -1.5	EA ±0.25	ED	法兰公称通经		FF 0 -1.5	EA ±0.25	EB ±0.25	ED
	米制 DN	寸制 NPS /in				米制 DN	寸制 NPS /in				

缸径	米制 DN	寸制 NPS /in	FF 0 -1.5	EA ±0.25	ED	米制 DN	寸制 NPS /in	FF 0 -1.5	EA ±0.25	EB ±0.25	ED
63 80	13	1/2	15	29.7	M8	13	1/2	13	17.5	38.1	M8
(90) 100 (110) 125	19	3/4	20	35.4	M8	19	3/4	19.2	22.3	47.6	M10
(140) 160 (180) 200	25	1	25	43.8	M10	25	1	25.6	26.2	52.4	M10
(220) 250 (280) 320	32	1¼	32	51.6	M12	32	1¼	32	30.2	58.7	M10

由行程确定的安装尺寸极限偏差见表 2-270。

2.15.6　几种标准液压缸的安装型式和尺寸

1. 船用双作用液压缸基本参数与安装连接尺寸

CB/T 3318—2001《船用双作用液压缸基本参数与安装连接尺寸》中规定了缸的进出油口、安装型式和连接尺寸。

1）缸的进出油口采用螺纹和法兰两种连接型式，如图 2-126 所示，连接尺寸见表 2-271。

2）活塞杆端安装型式和连接尺寸见图 2-127 及表 2-272 和表 2-273。

表 2-270　由行程确定的安装尺寸极限偏差　（单位：mm）

安装尺寸识别标志	ZJ[①]	WF	WC	ZP[①]	XC 或 XO[①]	XV
行程	极限偏差					
大于　　　至						
—　　　1250	±1.5	±2.0	±2.0	±1.5	±1.5	±2.0
1250　　3150	±3.0	±4.0	±4.0	±3.0	±3.0	±4.0
3150　　8000	±5.0	±8.0	±8.0	±5.0	±5.0	±8.0

① 安装尺寸包括行程。本表的安装尺寸极限偏差不包括行程长度公差。行程长度公差应符合 JB/T 10205—2010 的规定。

表 2-271　缸的进出油口连接尺寸　　　　　　　　　　　（单位：mm）

缸径	油孔公称通径	油口连接尺寸 M	连接法兰（方形）		
			$B \times B$	$B_1 \times B_1$	$4 \times M_1$
40	8	M18×1.5	—	—	—
50	10	M22×1.5			
63	15	M27×2			
80	15	M27×2			
100	20	M33×2			
125	20	M33×2			
160	25	M42×2	（56±0.4）×（56±0.4）	75×75	M12
200	32	M50×2			
250	40	M60×2	（56±0.4）×（56±0.4）	100×100	M16
320	50	—	（73±0.4）×（73±0.4）	100×100	M16
400	60	—	（103±0.4）×（103±0.4）	140×140	M22

注：缸内径 40~125mm 只适用于内螺纹连接油口，缸内径 320~400mm 只适用于法兰连接油口。

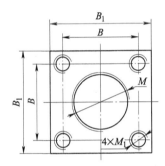

图 2-126　缸的进出油口连接型式

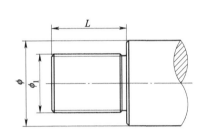

图 2-127　活塞杆端安装型式

表 2-272　16MPa 活塞杆端连接尺寸　　　　　　　（单位：mm）

缸径	活塞杆直径 ϕ	螺纹直径与螺距 ϕ_1	螺纹长度 L
40	22	M16×1.5	20（22、32）
50	28	M20×1.5	28（28、40）
63	36	M27×2	36（36、54）
80	45	M33×2	45（45、66）
100	56	M42×2	56（56、84）
125	70	M48×2	63（63、96）
160	90	M64×3	85（85、128）
200	110	M80×3	95（95、140）
250	140	M100×3	112
320	180	M125×4	125
400	220	M160×4	160

注：1. 括号内数值为 GB 2350—1980 规定的短型、长型螺纹长度，当需要锁紧螺母时，采用长型螺纹长度。

　　2. CB/T 3318—2001 与 GB 2350—1980 的螺纹（包括内、外螺纹）长度标注不同，以下情况相同。

表 2-273　25MPa 活塞杆端连接尺寸　　　　　　　（单位：mm）

缸径	活塞杆直径 ϕ	螺纹直径与螺距 ϕ_1	螺纹长度 L
50	36	M27×2	36（36、54）
63	45	M33×2	45（45、66）
80	56	M42×2	56（56、84）
100	70	M48×2	63（63、96）

（续）

缸径	活塞杆直径 ϕ	螺纹直径与螺距 ϕ_1	螺纹长度 L
125	90	M64×3	85（85、128）
160	110	M80×3	95（95、140）
200	140	M100×3	112
250	180	M125×3（M125×4）	125
320	220	M160×3（M160×4）	160
400	280	M200×4	200

注：括号内螺纹直径与螺距及螺纹长度为 GB 2350—1980 规定的螺纹直径与螺距及短型、长型螺纹长度，当需要锁紧螺母时，采用长型螺纹长度。

3）带衬套双耳环安装型式和连接尺寸见图 2-128 及表 2-274 和表 2-275。

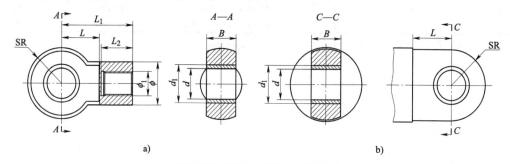

图 2-128　带衬套双耳环安装型式

a）活塞杆端衬套耳环　b）缸底端衬套耳环

注：1. 将 CB/T 3318—2001 中"b）缸头端衬套耳环"改为缸底（尾）端衬套耳环。

　　2. CB/T 3318—2001 中"双耳环"与 GB/T 9094 中"双耳环"含义不同。

表 2-274　16MPa 带衬套双耳环连接尺寸　　　　（单位：mm）

缸内径	d H7	d_1	SR	L	L_1	L_2	B h12	ϕ	ϕ_1
40	20	30	25	30	55	22	20	30	M16×1.5
50	25	35	32	40	72	29	25	35	M20×1.5
63	30	40	35	40	80	37	30	45	M27×2
80	40	50	45	50	100	46	40	55	M33×2
100	50	65	60	70	130	57	50	70	M42×2
125	60	75	70	80	148	64	60	85	M48×2
160	80	100	90	100	190	86	80	110	M64×3
200	100	130	110	120	220	96	100	135	M80×3
250	120	150	130	140	256	113	120	160	M100×3
320	160	190	170	180	310	126	160	205	M125×4
400	200	240	210	220	390	162	200	250	M160×4

表 2-275　25MPa 带衬套双耳环连接尺寸　　　　（单位：mm）

缸内径	d H7	d_1	SR	L	L_1	L_2	B h12	ϕ	ϕ_1
50	30	40	35	40	80	37	30	45	M27×2
63	40	50	45	50	100	46	40	55	M33×2
80	50	65	60	70	130	57	50	70	M42×2
100	60	75	70	80	148	64	60	85	M48×2
125	80	100	90	100	190	86	80	110	M64×3
160	100	130	110	120	220	96	100	135	M80×3
200	120	150	130	140	256	113	120	160	M100×3
250	160	190	170	180	310	126	160	205	M125×4
320	200	240	210	220	390	162	200	250	M160×4
400	240	290	250	260	530	205	240	300	M200×4

4）带关节轴承双耳环安装型式和连接尺寸见图 2-129 及表 2-276 和表 2-277。

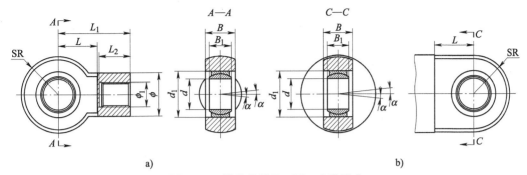

图 2-129 带关节轴承双耳环安装型式

a）活塞杆端关节轴承耳环　b）缸底端关节轴承耳环

注：1. 将 CB/T 3318—2001 中"b）缸头关节轴承耳环"改为缸底（尾）端关节轴承耳环。

2. CB/T 3318—2001 中"双耳环"与 GB/T 9094 中"双耳环"含义不同。

表 2-276　16MPa 双耳环连接尺寸　（单位：mm）

缸内径	d	d_1	SR	L	L_1	L_2	B h12	B_1	ϕ	ϕ_1	$\alpha(°)$
40	20	35	28	30	55	22	20	16	30	M16×1.5	9
50	25	42	35	40	72	29	25	20	35	M20×1.5	7
63	30	47	40	40	80	37	30	22	45	M27×2	6
80	40	62	50	50	100	46	40	28	55	M33×2	7
100	50	75	63	70	130	57	50	35	70	M42×2	6
125	60	90	75	80	148	64	60	44	85	M48×2	6
160	80	120	95	100	190	86	80	55	110	M64×3	6
200	100	150	115	120	220	96	100	70	135	M80×3	7
250	120	180	160	162	256	113	120	85	160	M100×3	6
320	160	230	200	202	310	126	160	105	205	M125×4	8
400	200	290	250	252	390	162	200	130	250	M160×4	7

表 2-277　25MPa 双耳环连接尺寸　（单位：mm）

缸内径	d	d_1	SR	L	L_1	L_2	B h12	B_1	ϕ	ϕ_1	$\alpha(°)$
50	30	47	40	40	80	37	30	22	45	M27×2	6
63	40	62	50	50	100	46	40	28	55	M33×2	7
80	50	75	63	70	130	57	50	35	70	M42×2	6
100	60	90	75	80	148	64	60	44	85	M48×2	6
125	80	120	95	100	190	86	80	55	110	M64×3	4
160	100	150	115	120	220	96	100	70	135	M80×3	7
200	120	180	160	162	256	113	120	85	160	M100×3	6
250	160	230	200	202	310	126	160	105	205	M125×4	8
320	200	290	250	252	390	162	200	130	250	M160×4	7
400	240	340	320	332	530	205	240	140	300	M200×4	8

带关节轴承耳环连接的关节轴承按 GB/T 9163—1990（2001）《关节轴承　向心关节轴承》规定的 E 系列选取。

5）圆形前法兰安装型式和连接尺寸见图 2-130 及表 2-278 和表 2-279。

6）中间铰轴安装型式和连接尺寸见图 2-131 及表 2-280 和表 2-281。

7）前盖铰轴安装型式和连接尺寸见图 2-132 和表 2-282。

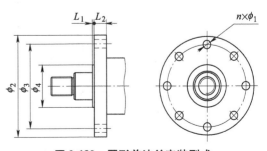

图 2-130 圆形前法兰安装型式

表 2-278　16MPa 圆形前法兰连接尺寸　　　　　　　　　　　（单位：mm）

缸内径	L_1	L_2	n	ϕ_1	ϕ_2	ϕ_3 js11	ϕ_4 h8
40	3	14		9	130	106	50
50		17		11	155	126	60
63	4	20		13.5	180	145	70
80		23		17.5	200	165	85
100		28			240	200	106
125	5	32	8	22	275	235	132
160		40			330	280	160
200		45		26	400	340	200
250	8	55		33	500	420	250
320		70		39	600	520	320
400	10	90		45	740	640	400

表 2-279　25MPa 圆形前法兰连接尺寸　　　　　　　　　　　（单位：mm）

缸内径	L_1	L_2	n	ϕ_1	ϕ_2	ϕ_3 js11	ϕ_4 h8
50		20			160	132	63
63	4	22		13.5	175	150	75
80		28		17.5	215	180	90
100		34			265	220	110
125	5	43	8	22	300	250	132
160		51		26	370	315	160
200		64		33	450	385	200
250	8	75		39	560	475	250
320		100		45	700	600	320
400	10	125	12	45	840	720	400

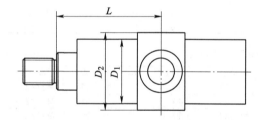 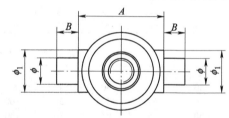

图 2-131　中间铰轴安装型式

表 2-280　16MPa 中间铰轴安装连接尺寸　　　　　　　　　　（单位：mm）

缸径 D	缸筒外径 D_1	套外径 D_2	铰轴直径 ϕ f8	台肩直径 $\phi_1 \leqslant$	铰轴长度 B	中间距离 A h12	铰轴位置 L
40	—	—	20	30	16	90	
50	—	—	25	35	20	105	
63	—	—	32	45	25	120	
80	—	—	40	55	32	135	
100	121	152（159）	50	68	40	160	
125	146	180（194）	63	80	50	195	与用户商定
160	194	219（245）	80	100	63	240	
200	245	273（299）	100	130	80	295	
250	299	356（377）	125	155	100	370	
320	—	—	160	190	125	470	
400	—	—	200	240	160	570	

注：缸筒外径 D_1 选取于 CB/T 3812—2013《船用舱口盖液压缸》；台肩直径 ϕ_1 仅供参考。

表 2-281　25MPa 中间铰轴安装连接尺寸　　　　　　（单位：mm）

缸径 D	缸筒外径 D_1	套外径 D_2	铰轴直径 ϕ f8	台肩直径 $\phi_1 \leqslant$	铰轴长度 B	中间距离 A h12	铰轴位置 L
50	—	—	32	45	25	112	
63	—	—	40	55	32	125	
80	—	—	50	68	40	150	
100	127	180（194）	63	80	50	180	
125	159	219（245）	80	100	63	224	与用户商定
160	203	273（299）	100	130	80	280	
200	273	325（340）	125	270	100	335	
250	325	406（426）	160	190	125	425	
320	—	—	200	240	160	530	
400	—	—	250	300	200	630	

注：缸筒外径 D_1 选取于 CB/T 3812—2013《船用舱口盖液压缸》；台肩直径 ϕ_1 仅供参考。

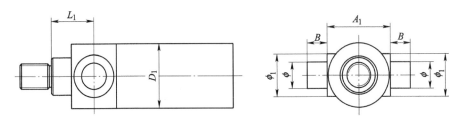

图 2-132　前盖铰轴安装型式

表 2-282　16MPa 前盖铰轴安装连接　　　　　　（单位：mm）

缸径 D	缸筒外径 D_1	铰轴直径 ϕ f8	台肩直径 $\phi_1 \leqslant$	铰轴长度 B	中间距离 A_1 h12	铰轴位置 L_1
40	—	20	30	16	55	
50	—	25	35	20	70	
63	—	32	45	25	80	
80	—	40	55	32	100	
100	121	50	68	40	125	
125	146	63	80	50	155	与用户商定
160	194	80	100	63	200	
200	245	100	130	80	250	
250	299	125	155	100	305	
320	—	160	190	125	380	
400	—	200	240	160	455	

注：缸筒外径 D_1 选取于 CB/T 3812—2013《船用舱口盖液压缸》；台肩直径 ϕ_1 仅供参考。

2. 冶金设备用液压缸

（1）冶金设备用液压缸（$PN \leqslant 16$MPa）型式与尺寸

JB/T 2162—2007《冶金设备用液压缸（$PN \leqslant$ 16MPa）》中规定了缸的进出油口、安装型式和连接尺寸。

1）脚架固定式（G 型）冶金设备用液压缸（$PN \leqslant 16$MPa）的型式与尺寸见图 2-133 和表 2-283。

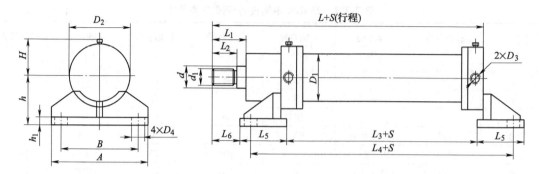

图 2-133　脚架固定式（G 型）冶金设备用液压缸（*PN*≤16MPa）的型式

注：1. d、d_1、D_1、D_2、D_3、L、L_1、L_2 的尺寸及公差见表 2-284。

　　2. S 为液压缸的（最大）行程，后同。

表 2-283　脚架固定式（G 型）冶金设备用液压缸（*PN*≤16MPa）的尺寸（单位：mm）

缸径	D_4	L_3	L_4	L_5	L_6	A	B	h	h_1	H
50	17.5	124	220	75	70	120	90	75	10	65
63	22	144	261	85	82.5	138	105	90	12	72
80	26	165	310	100	82.5	160	120	105	15	80
100	33	185	360	120	97.5	250	200	125	20	92
125	42	207	413	140	130	278	210	150	20	106
160	45	230	490	168	160	390	320	200	25	145
200	52	315	545	190	205	485	400	235	25	173
250	62	360	705	240	217.5	495	400	260	30	187

2）中间摆动式（B 型）冶金设备用液压缸（*PN*≤16MPa）的型式与尺寸见图 2-134 和表 2-284。

3）尾部悬挂式（S 型）冶金设备用液压缸（*PN*≤16MPa）的型式与尺寸见图 2-135 和表 2-285。

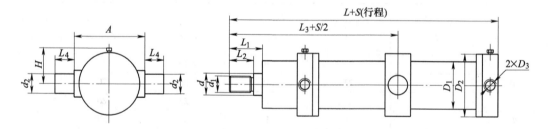

图 2-134　中间摆动式（B 型）冶金设备用液压缸（*PN*≤16MPa）的型式

表 2-284　中间摆动式（B 型）冶金设备用液压缸（*PN*≤16MPa）的尺寸（单位：mm）

缸径	d	d_1 6g	d_2 f9	D_1	D_2	D_3 6H	L	L_1	L_2	L_3	L_4	A	H
50	28	M22×1.5	30	63.5	106	M18×1.5	245	55	34.5	98	30	105	65
63	36	M27×2	35	76	120	M22×1.5	290	65	42	115	35	120	72
80	45	M33×2	40	102	136	M27×2	340	70	51	125	40	155	80
100	56	M42×2	50	121	160	M27×2	390	85	62	145	50	185	92
125	70	M56×2	50	152	188	M33×2	460	105	81	178	50	220	106
160	90	M72×3	60	194	266	M33×2	560	135	94	205	60	285	145
200	110	M90×3	80	245	322	M42×2	675	145	115	235	80	340	173
250	140	M100×3	100	299	370	M48×2	790	185	121	295	100	415	187

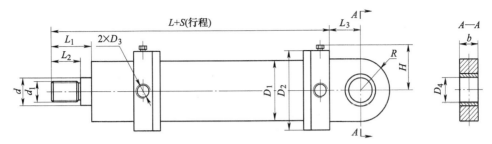

图 2-135　尾部悬挂式（S 型）冶金设备用液压缸（$PN \leqslant 16$MPa）的型式

表 2-285　尾部悬挂式（S 型）冶金设备用液压缸（$PN \leqslant 16$MPa）的尺寸（单位：mm）

缸径	d	d_1 6g	D_1	D_2	D_3 6H	D_4 H8	L	L_1	L_2	L_3	b	R	H
50	28	M22×1.5	63.5	106	M18×1.5	30	245	55	34.5	35	28	34	65
63	36	M27×2	76	120	M22×1.5	35	290	65	42	45	30	42	72
80	45	M33×2	102	136	M27×2	40	340	70	51	50	35	50	80
100	56	M42×2	121	160	M27×2	50	390	85	62	65*	40	63	92
125	70	M56×2	152	188	M33×2	60	460	105	81	70	50	70	106
160	90	M72×3	194	266	M33×2	80	560	135	94	92	60	88	145
200	110	M90×3	245	322	M42×2	100	675	145	115	125	70	115	173
250	140	M100×3	299	370	M48×2	120	790	185	121	150	90	150	187

注：65* 在 JB/T 2162—2007 表 7 中为 60mm。

4）头部法兰式（T 型）冶金设备用液压缸（$PN \leqslant 16$MPa）的型式与尺寸见图 2-136 和表 2-286。

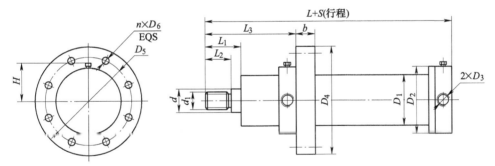

图 2-136　头部法兰式（T 型）冶金设备用液压缸（$PN \leqslant 16$MPa）的型式

注：d、d_1、D_1、D_2、D_3 等尺寸及公差见表 2-284 或 2-285。

表 2-286　头部法兰式（T 型）冶金设备用液压缸（$PN \leqslant 16$MPa）的尺寸（单位：mm）

缸径	D_4 h11	D_5	D_6	L	L_1	L_2	L_3	b h12	n	H
50	170	140	11	245	55	34.5	141	30	6	65
63	198	160	13.5	290	65	42	168	35	6	72
80	214	176	13.5	340	70	51	190	35	8	80
100	258	210	17.5	390	85	62	215	45	8	92
125	310	250	22	460	105	81	268	45	8	106
160	365	295	26	560	135	94	325	60	10	145
200	504	414	33	675	145	115	365	75	10	173
250	585	478	39	790	185	121	450	85	10	187

5）尾部法兰式（W型）冶金设备用液压缸（$PN \leqslant 16\text{MPa}$）的型式与尺寸见图2-137和表2-287。

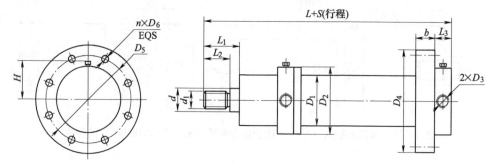

图2-137   尾部法兰式（W型）冶金设备用液压缸（$PN \leqslant 16\text{MPa}$）的型式

注：d、d_1、D_1、D_2、D_3等尺寸及公差见表2-284或2-285。

表2-287   尾部法兰式（W型）冶金设备用液压缸（$PN \leqslant 16\text{MPa}$）的尺寸（单位：mm）

缸径	D_4 h11	D_5	D_6	L	L_1	L_2	L_3	b h12	n	H
50	170	140	11	245	55	34.5	42	30	6	65
63	198	160	13.5	290	65	42	43	35	6	72
80	214	176	13.5	340	70	51	50	35	8	80
100	258	210	17.5	390	85	62	55	45	8	92
125	310	250	22	460	105	81	65	45	8	106
160	365	295	26	560	135	94	85	60	10	145
200	504	414	33	675	145	115	110	75	10	173
250	585	478	39	790	185	121	120	85	10	187

6）进出油口（孔）、固定螺栓、排气阀、压盖、支架的圆周分布位置标准图样设计见图2-138和表2-288。

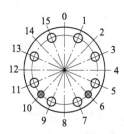

图2-138   冶金设备用液压缸（$PN \leqslant 16\text{MPa}$）标准图样

（2）冶金设备用液压缸（$PN \leqslant 25\text{MPa}$）的型式与尺寸

JB/T 6134—2006《冶金设备用液压缸（$PN \leqslant 25\text{MPa}$）》中规定了缸的进出油口、安装型式和连接尺寸。

1）装关节轴承的后端耳环式（S1型）冶金设备用液压缸（$PN \leqslant 25\text{MPa}$）的型式与尺寸见图2-139和表2-289。

2）装滑动轴承的后端耳环式（S2型）冶金设备用液压缸（$PN \leqslant 25\text{MPa}$）的型式与尺寸见图2-140和表2-289。

表2-288   冶金设备用液压缸（$PN \leqslant 16\text{MPa}$）标准图样缸零部件分布位置

液压缸部位	缸零部件		
	排气阀	进出油口（孔）	固定螺栓
	分布位置		
缸头	0	4	1, 3, 5, 7, 9, 11, 13, 15
缸底	0	4	
支架	—	—	6, 10

注：1. 液压缸部位的称谓如缸底，在此标准中又称尾部，即在GB/T 17446—2012中界定的缸无杆端（通常也称为缸尾）。

2. 建议对JB/T 6134—2006《冶金设备用液压缸（$PN \leqslant 25\text{MPa}$）》中规定的缸径为80～320mm的液压缸的固定螺栓位置也采用图2-138所示图样，即JB/T 6134—2006附录A中图A.2。

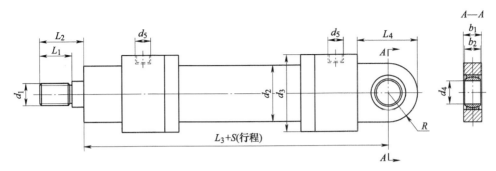

图 2-139　装关节轴承的后端耳环式（S1 型）冶金设备用液压缸（$PN \leqslant 25$MPa）的型式

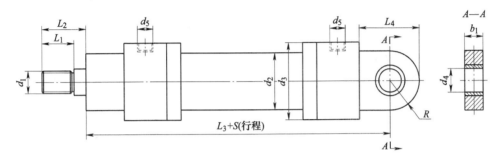

图 2-140　装滑动轴承的后端耳环式（S2 型）冶金设备用液压缸（$PN \leqslant 25$MPa）的型式

表 2-289　装轴承的后端耳环式（S1、S2 型）冶金设备用液压缸（$PN \leqslant 25$MPa）的尺寸（单位：mm）

缸径	d_1 6g	d_2	d_3	d_4 H7	d_5 6H	L_1	L_2	L_3	L_4	b_1	b_2	R
40	M16×1.5	57	85	25	M22×1.5	26	38	247	60	23	20	30
50	M22×1.5	63.5	105	30	M22×1.5	34	50	261	69	28	22	34
63	M27×2	76	120	35	M27×2	42	60	298	87	30	25	42
80	M36×2	102	135	40	M27×2	56	75	324	100	35	28	50
100	M48×2	121	165	50	M33×2	69	95	376	130*	40	35	63
125	M56×2	152	200	60	M42×2	81	110	444	140	50	44	70
140	M64×3	168	220	70	M42×2	94	120	481	157	55	49	77
160	M80×3	194	265	80	M48×2	104	135	541	180	60	55	88
200	M110×3	245	320	100	M48×2	121	152	636	240	70	70	115
220	M125×4	273	355	110	F40	137	170	738	270	80	70	132.5
250	M140×4	299	395	120	F40	152	185	777	300	90	85	150
320	M160×4	377	490	160	F50	172	215	968	375	110	105	190

注：130* 在 JB/T 6134—2006 表 4 中为 123mm。

3）前端固定耳轴式（B1 型）冶金设备用液压缸（$PN \leqslant 25$MPa）的型式与尺寸见图 2-141 和表 2-290。

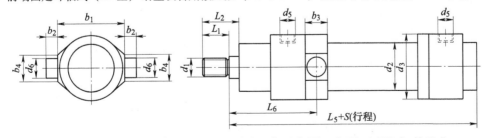

图 2-141　前端固定耳轴式（B1 型）冶金设备用液压缸（$PN \leqslant 25$MPa）的型式
注：对图 2-141 中右视图进行了简化处理。

表 2-290   前端固定耳轴式（B1 型）冶金设备用液压缸（$PN \leqslant 25\text{MPa}$）的尺寸

（单位：mm）

缸径	d_1 6g	d_2	d_3	d_5 6H	d_6 f9	L_1	L_2	L_5	L_6	b_1 h8	b_2	b_3	b_4
40	M16×1.5	57	85	M22×1.5	30	26	38	222	111	95	20	38	40
50	M22×1.5	63.5	105	M22×1.5		34	50	231	115	115			
63	M27×2	76	120	M27×2	35	42	60	258	129	130		42	50
80	M36×2	102	135	M27×2	40	56	75	279	138	145	25	48	55
100	M48×2	121	165	M33×2	50	69	95	321*	165	175	30	58	68
125	M56×2	152	200	M42×2	60	81	110	382	193	210	40	68	74
140	M64×3	168	220	M42×2	65	94	120	414	202	230	42.5	72	80
160	M80×3	194	265	M48×2	75	104	135	464	227	275	52.5	82	90
200	M110×3	245	320	M48×2	90	121	152	529	255	320	55	98	120
220	M125×4	273	355	F40	100	137	170	621	302	370	60	108	130
250	M140×4	299	395	F40	110	152	185	645	321	410	65	126	147
320	M160×4	377	490	F50	160	172	215	803	416	510	90	176	184

注：321* 在 JB/T 6134—2007 表 5、表 6、表 7 和表 9 中为 221mm。

4）中间固定耳轴式（B2 型）冶金设备用液压缸（$PN \leqslant 25\text{MPa}$）的型式与尺寸见图 2-142 和表 2-291。

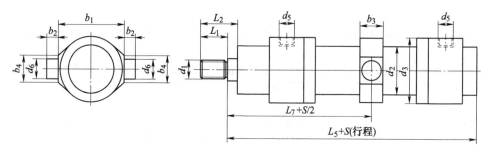

图 2-142   中间固定耳轴式（B2 型）冶金设备用液压缸（$PN \leqslant 25\text{MPa}$）的型式
注：对图 2-142 中右视图进行了简化处理。

表 2-291   中间固定耳轴式（B2 型）冶金设备用液压缸（$PN \leqslant 25\text{MPa}$）的尺寸

（单位：mm）

缸径	d_1 6g	d_2	d_3	d_5 6H	d_6 f9	L_1	L_2	L_5	L_7	b_1 h8	b_2	b_3	b_4
40	M16×1.5	57	85	M22×1.5	30	26	38	222	134	95	20	38	40
50	M22×1.5	63.5	105	M22×1.5		34	50	231	141	115			
63	M27×2	76	120	M27×2	35	42	60	258	153	130		42	50
80	M36×2	102	135	M27×2	40	56	75	279	170	145	25	48	55
100	M48×2	121	165	M33×2	50	69	95	321	198	175	30	58	68
125	M56×2	152	200	M42×2	60	81	110	382	234	210	40	68	74
140	M64×3	168	220	M42×2	65	94	120	414	251	230	42.5	72	80
160	M80×3	194	265	M48×2	75	104	135	464	261	275	52.5	82	90
200	M110×3	245	320	M48×2	90	121	152	529	293	320	55	98	120
220	M125×4	273	355	F40	100	137	170	621	370	370	60	108	130
250	M140×4	299	395	F40	110	152	185	645	395	410	65	126	147
320	M160×4	377	490	F50	160	172	215	803	488	510	90	176	184

5）后端固定耳轴式（B3 型）冶金设备用液压缸（$PN \leqslant 25\text{MPa}$）的型式与尺寸见图 2-143 和表 2-292。

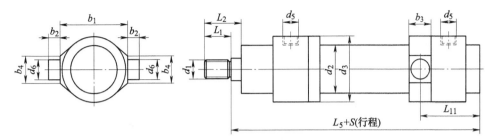

图 2-143　后端固定耳轴式（B3 型）冶金设备用液压缸（$PN \leqslant 25\text{MPa}$）的型式

注：对图 2-143 中右视图进行了简化处理。

表 2-292　后端固定耳轴式（B3 型）冶金设备用液压缸（$PN \leqslant 25\text{MPa}$）的尺寸

（单位：mm）

缸径	d_1 6g	d_2	d_3	d_5 6H	d_6	L_1	L_2	L_5	L_{11}	b_1 h8	b_2	b_3	b_4
40	M16×1.5	57	85	M22×1.5	30	26	38	222	64	95	20	38	40
50	M22×1.5	63.5	105	M22×1.5		34	50	231		115			
63	M27×2	76	120	M27×2	35	42	60	258	71	130		42	50
80	M36×2	102	135	M27×2	40	56	75	279	79	145	25	48	55
100	M48×2	121	165	M33×2	50	69	95	321	89	175	30	58	68
125	M56×2	152	200	M42×2	60	81	110	382	107	210	40	68	74
140	M64×3	168	220	M42×2	65	94	120	414	114	230	42.5	72	80
160	M80×3	194	265	M48×2	75	104	135	464	124	275	52.5	82	90
200	M110×3	245	320	M48×2	90	121	152	529	137	320	55	98	120
220	M125×4	273	355	F40	100	137	170	621	167	370	60	108	130
250	M140×4	299	395	F40	110	152	185	645	176	410	65	126	147
320	M160×4	377	490	F50	160	172	215	803	243	510	90	176	184

6）端部脚架式（G 型）冶金设备用液压缸（$PN \leqslant 25\text{MPa}$）的型式与尺寸见图 2-144 和表 2-293。

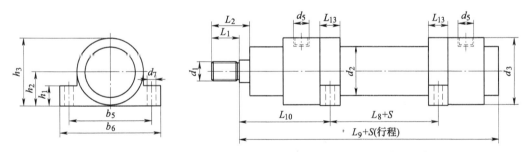

图 2-144　端部脚架式（G 型）冶金设备用液压缸（$PN \leqslant 25\text{MPa}$）的型式

注：对图 2-144 中右视图进行了简化处理。

表 2-293　端部脚架式（G 型）冶金设备用液压缸（$PN \leqslant 25\text{MPa}$）的尺寸（单位：mm）

缸径	d_2	d_3	d_7	L_1	L_2	L_8	L_9	L_{10}	L_{13}	h_1	h_2	h_3	b_5	b_6
40	57	85	11	26	38	60	260	104	25	25	45	87.5	110	135
50	63.5	105		34	50	65	281	108		30	55	107.5	130	155
63	76	120	14	42	60	70	318	123	30	35	65	125	150	180
80	102	135	18	56	75		354	134	40	40	70	137.5	170	210
100	121	165	22	69	95	75	416	161	50	50	85	167.5	205	250

（续）

缸径	d_2	d_3	d_7	L_1	L_2	L_8	L_9	L_{10}	L_{13}	h_1	h_2	h_3	b_5	b_6
125	152	200	26	81	110	90	492	189	60	60	105	205	255	305
140	168	220		94	120	105	534	198.5	65	65	115	225	280	340
160	194	265	33	104	135	120	599	223.5	75	70	135	267.5	330	400
200	245	320	39	121	152	145	681	251	90	85	160	315	385	465
220	273	355	45	137	170	166	791	295	94	95	185	362.5	445	530
250	299	395	52	152	185	174	830	308	100	110	205	402.5	500	600
320	377	490	62	172	215	200	1018	388	120	140	255	500	610	730

注：d_1、d_5 尺寸及公差见表 2-292。

7）前端法兰式（F1 型）冶金设备用液压缸（$PN \leqslant 25$MPa）的型式与尺寸见图 2-145 和表 2-294。

8）后端法兰式（F2 型）冶金设备用液压缸（$PN \leqslant 25$MPa）的型式与尺寸见图 2-146 和表 2-295。

9）缸的进出油口法兰连接形式和尺寸

当冶金设备用液压缸（$PN \leqslant 25$MPa）规定的液压缸的缸径大于等于 220mm 时，油口（孔）采用法兰连接。其连接形式如图 2-147 所示，尺寸见表 2-296 和表 2-297。

3. 大型液压油缸

在公称压力 25MPa 下，JB/T 11588—2013《大型液压油缸》中规定的大型液压油缸的进出油口、安装型式和连接尺寸见下列各图、表。

1）前端圆法兰式（MF3 型）大型液压油缸的安装型式与尺寸见图 2-148 及表 2-298 和表 2-299。

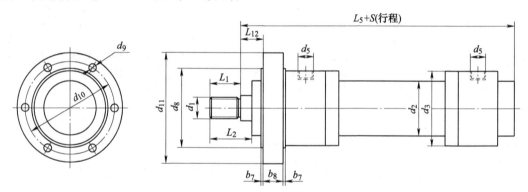

图 2-145　前端法兰式（F1 型）冶金设备用液压缸（$PN \leqslant 25$MPa）的型式

注：对图 2-145 中右视图进行了简化处理。

表 2-294　前端法兰式（F1 型）冶金设备用液压缸（$PN \leqslant 25$MPa）的尺寸（单位：mm）

缸径	d_1 6g	d_2	d_3	d_8 h11	d_9	d_{10}	d_{11}	L_1	L_2	L_3	L_{12}	b_7	b_8
40	M16×1.5	57	85	90	9	108	130	26	38	222	12		30
50	M22×1.5	63.5	105	110	11	130	160	34	50	231	16	5	30
63	M27×2	76	120	130	14	155	185	42	60	258	18		35
80	M36×2	102	135	145		170	200	56	75	279	19		35
100	M48×2	121	165	175	18	205	245	69	95	321	26		45
125	M56×2	152	200	210	22	245	295	81	110	382	29		45
140	M64×3	168	220	230		265	315	94	120	414	29		50
160	M80×3	194	265	275	26	325	385	104	135	464	31	10	60
200	M110×3	245	320	320	33	375	445	121	152	529	31		75
220	M125×4	273	355	370		430	490	137	170	621	48		85
250	M140×4	299	395	415	39	485	555	152	185	645	58		85
320	M160×4	377	490	510	45	600	680	172	215	803	78		95

注：d_5 尺寸及公差见上表 2-292。

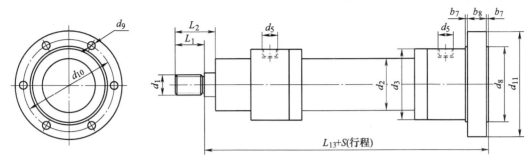

图 2-146　后端法兰式（F2 型）冶金设备用液压缸（$PN \leqslant 25MPa$）的型式

注：对图 2-146 中右视图进行了简化处理。

表 2-295　后端法兰式（F2 型）冶金设备用液压缸（$PN \leqslant 25MPa$）的尺寸（单位：mm）

缸径	d_1 6g	d_2	d_3	d_5 6H	d_8 h11	d_9	d_{10}	d_{11}	L_1	L_2	L_{13}	b_7	b_8
40	M16×1.5	57	85	M22×1.5	90	9	108	130	26	38	257		30
50	M22×1.5	63.5	105	M22×1.5	110	11	130	160	34	50	266		30
63	M27×2	76	120	M27×2	130	14	155	185	42	60	298	5	35
80	M36×2	102	135	M27×2	145	14	170	200	56	75	319	5	35
100	M48×2	121	165	M33×2	175	18	205	245	69	95	371		45
125	M56×2	152	200	M42×2	210	22	245	295	81	110	439		45
140	M64×3	168	220	M42×2	230	22	265	315	94	120	476		50
160	M80×3	194	265	M48×2	275	26	325	385	104	135	536		60
200	M110×3	245	320	M48×2	320	33	375	445	121	152	616	10	75
220	M125×4	273	355	F40	370	33	430	490	137	170	718		85
250	M140×4	299	395	F40	415	39	485	555	152	185	742		85
320	M160×4	377	490	F50	510	45	600	680	172	215	908		95

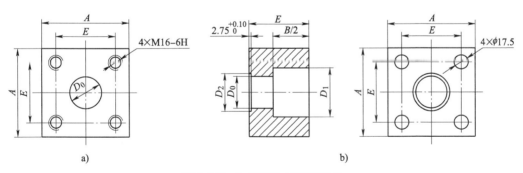

图 2-147　缸进出油口连接形式

a）进出油口连接法兰 A　　b）进出油口连接法兰 B

表 2-296　缸进出油口连接法兰 A 尺寸　　　　　　　　（单位：mm）

缸径	连接代号	油孔公称通经 D_0	连接法兰 A（方形）	
			$E×E$	$A×A$
220	F40	40	75×75	110×110
250	F40	40	75×75	110×110
320	F50	50	100×100	140×140

表 2-297　缸进出油口连接法兰 B 尺寸　　　　　　（单位：mm）

连接代号	油孔公称通经 D_0	D_1	D_2	A	B	E	管子尺寸 外径×壁厚	O 形密封圈 GB/T 3452.1
F40	40	61	47.1	110	90	75	60×10	40×3.55
F50	50	77	57.1	140	110	100	76×12	50×3.55

注：进出油口连接法兰 B 的 O 形密封圈沟槽不符合 GB/T 3452.3—2005《液压气动用 O 形橡胶密封圈　沟槽尺寸》的规定，且 O 形圈尺寸的选取也值得商榷。

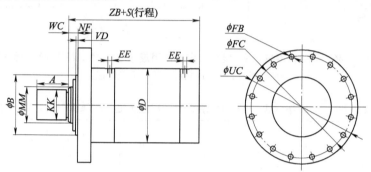

图 2-148　前端圆法兰式（MF3 型）大型液压油缸的安装型式

注：对图 2-148 中左视图进行了简化处理。

表 2-298　大型液压油缸基本参数、进出油口编号及连接尺寸　　　　　　（单位：mm）

缸内径 AL	活塞杆直径 MM	活塞杆螺纹 直径与螺距 KK	活塞杆螺纹 长度 A	缸筒外径 D	油口尺寸 EE	安装孔 数量与直径 $n×FB$
630	380 / 450	M320×6	320	780	FA40	16×ϕ60
710	440 / 500	M360×6	360	900	FA50	20×ϕ68
800	500 / 580	M400×6	400	1000	FA50	20×ϕ76
900	560 / 640	M450×6	450	11500	FA65	20×ϕ85
950	580 / 640	M500×6	500	1230	FA65	20×ϕ90
1000	620 / 710	M550×6	550	1330	FA65	20×ϕ95
1120	680 / 780	M600×6	600	1430	FA80	20×ϕ100
1250	760 / 880	M650×6	650	1650	FA80	20×ϕ105
1500	920 / 1060	M760×6	760	2000	FA100	28×ϕ115
2000	1220 / 1420	M800×8	800	2600	FA125	36×ϕ130

注：1. 缸内径代号 AL 见 GB/T 9094—2006《液压缸气缸安装尺寸和安装型式代号》。

　　2. 在 GB/T 9094—2006《液压缸气缸安装尺寸和安装型式代号》中规定 FF 为法兰油口尺寸（一般尺寸）代号。

　　3. 表中安装孔直径 FB 不符合 GB/T 5277—1985《紧固件　螺栓和螺钉通孔》的规定。

　　4. 表中活塞杆螺纹长度在图 2-148～图 2-151 中的标注不符合 GB 2350—1980《液压气动系统及元件　活塞杆螺纹型式和尺寸系列》的规定。

表 2-299　前端圆法兰式（MF3 型）大型液压油缸的安装尺寸　　　　　（单位：mm）

AL	VD(min)	WC	NF	FC	UC	B(f8)	ZB(max)
630	10	100	140	1080	1200	630	1160
710	15	110	160	1180	1310	710	1300
800	15	120	180	1300	1450	800	1440
900	15	130	200	1420	1600	900	1580
950	20	140	220	1540	1720	950	1740
1000	20	150	240	1660	1860	1000	1810
1120	20	150	270	1780	1980	1120	2010
1250	20	170	280	1930	2150	1125	2190
1500	30	180	300	2260	2480	1500	2520
2000	30	210	400	2860	3120	2000	3140

注：前端圆法兰安装孔数量与直径见表 2-298。

2）后端圆法兰式（MF4 型）大型液压油缸的安装型式与尺寸见图 2-149 和表 2-300。

3）后端固定单耳环式（MP3、MP5 型）大型液压油缸的安装型式与尺寸见图 2-150 和表 2-301。

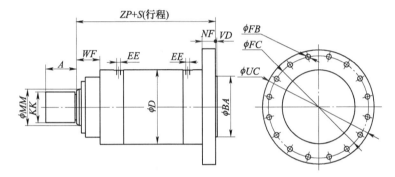

图 2-149　后端圆法兰式（MF4 型）大型液压油缸的安装型式

注：对图 1-149 中左视图进行了简化处理。

表 2-300　后端圆法兰式（MF4 型）大型液压油缸的安装尺寸　　　　　（单位：mm）

AL	VD(min)	WF	NF	FC	UC	BA(f8)	ZP(max)
630	10	240	140	1080	1200	630	1230
710	15	270	160	1180	1310	710	1380
800	15	300	180	1300	1450	800	1530
900	15	330	200	1420	1600	900	1680
950	20	360	220	1540	1720	950	1860
1000	20	390	240	1660	1860	1000	1940
1120	20	420	270	1780	1980	1120	2180
1250	20	450	280	1930	2150	1125	2350
1500	30	480	300	2260	2480	1500	2680
2000	30	610	400	2860	3120	2000	3340

注：活塞杆螺纹、油口和后端圆法兰安装孔数量与直径等见表 2-298。

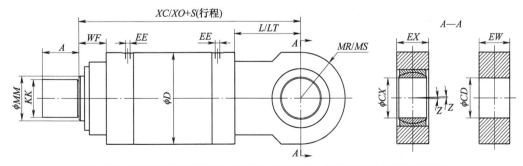

图 2-150　后端固定单耳环式（MP3、MP5 型）大型液压油缸的安装型式

表 2-301　后端固定单耳环式（MP3、MP5 型）大型液压油缸的安装尺寸 （单位：mm）

AL	WF	CD/CX	EW/EX	L/LT	MR/MS	Z	XC/XO
630	240	340	280	580	390		1740
710	270	360	300	620	410		1920
800	300	420	340	720	480		2160
900	330	460	380	780	520		2360
950	360	500	410	900	560		2635
1000	390	530	420	950	600	2°	2795
1120	420	560	450	950	620		2960
1250	450	630	520	1050	700		3230
1500	480	820	700	1100	900		3600
2000	610	960	820	1200	1050		4300

注：1. 活塞杆螺纹、油口等尺寸见表 2-298。

　　2. 后端固定单耳环式（MP3、MP5 型）的关节轴承按 GB/T 9163—1990（2001）《关节轴承　向心关节轴承》规定的 H 系列选取。

4）中间固定耳轴式（MT4 型）大型液压油缸的安装型式与尺寸见图 2-151 和表 2-302。

5）缸进出油口法兰安装图如图 2-152 所示，尺寸见表 2-303。

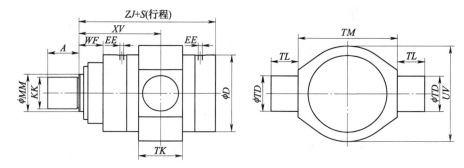

图 2-151　中间固定耳轴式（MT4 型）大型液压油缸的安装型式

注：对图 2-151 中左视图进行了简化处理。

表 2-302　中间固定耳轴式（MT4 型）大型液压油缸的安装尺寸　（单位：mm）

AL	WF	TD f8	TL js10	TM h10	TK	XV min	UV	ZJ
630	240	360	270	980	440	690	980	1160
710	270	420	290	1100	500	830	1100	1300
800	300	480	340	1200	580	960	1200	1440
900	330	530	370	1350	630	1065	1350	1580
950	360	580	400	1450	680	1185	1450	1735
1000	390	600	420	1550	700	1235	1550	1805
1120	420	680	450	1650	800	1370	1650	2010
1250	450	780	520	1880	900	1470	1880	2180
1500	480	950	660	2250	1100	1740	2250	2500
2000	610	1200	800	2950	1350	2315	2950	3140

注：活塞杆螺纹、油口等尺寸见表 2-298。

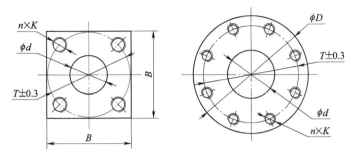

图 2-152　缸进出油口法兰安装图

表 2-303　大型液压油缸进出油口尺寸　　　　　　　　（单位：mm）

编号	油孔直径 d	外形 $B \times B$	外圆 D	螺孔位直径 $T \pm 0.3$	$n \times M$
FA40	40	100	—	98	4×M16
FA50	50	120	—	118	4×M20
FA65	65	150	—	145	4×M24
FA80	80	180	—	175	4×M30
FA100	100	—	245	200	8×M24
FA125	125	—	300	245	8×M30

注：符合 ISO 6164 方形法兰油口（PN250）

对于公称压力小于 25MPa 的大型液压油缸，可参照上面各图、表；对于公称压力大于或高于 25MPa 的大型液压油缸，可参考上述各图、表。

液压缸安装和找正（含安装布置、安装紧固件、找正等）的技术要求见第 2.3.4 节。

2.15.7　国内外几种安装型式的伺服液压缸的安装尺寸

国内外几种安装型式的伺服液压缸的安装尺寸见图 2-153~图 2-160 和表 2-304~表 2-311。

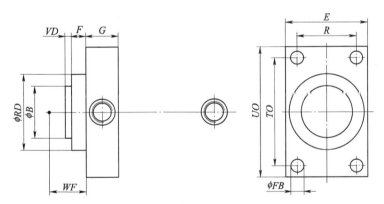

图 2-153　ME5：矩形前盖式

表 2-304　ME5 安装型式的伺服液压缸的安装尺寸　　　　　　（单位：mm）

缸内径	40	50	63	80	100	125	160	200
活塞杆直径	28	36	45	56	70	90	110	140
B	42	50	60	72	88	108	133	163
E	63	75	90	115	130	165	205	245
F	10	16	16	20	22	22	25	25
FB	11	14	14	18	18	22	26	33
G （J）	55（38）	61（38）	61（38）	70（45）	72（45）	80（58）	83（58）	101（76）

（续）

R	41	52	65	83	97	126	155	190
RD	62	74	88	105	125	150	170	210
TO	87	105	117	140	162	208	253	300
UO_{max}	110	130	145	180	200	250	300	360
VD	12	9	13	9	10	7	7	7
WF	35	41	48	51	57	57	57	57

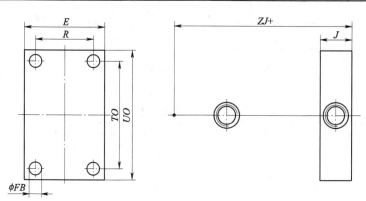

图 2-154　ME6：矩形后盖式

表 2-305　ME6 安装型式的伺服液压缸的安装尺寸　　　　（单位：mm）

缸内径	40	50	63	80	100	125	160	200
活塞杆直径	28	36	45	56	70	90	110	140
E	63	75	90	115	130	165	205	245
FB	11	14	14	18	18	22	26	33
J	38	38	38	45	45	58	58	76
R	41	52	65	83	97	126	155	190
TO	87	105	117	149	162	208	253	300
UO_{max}	110	130	145	180	200	250	300	360
ZJ	165	159	168	190	203	232	245	299

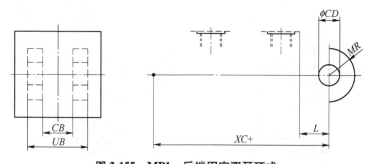

图 2-155　MP1：后端固定双耳环式

表 2-306　MP1 安装型式的伺服液压缸的安装尺寸　　　　（单位：mm）

缸内径	40	50	63	80	100	125	160	200
活塞杆直径	28	36	45	56	70	90	110	140
CB	20	30	30	40	50	60	70	80
CD H9	14	20	20	28	36	45	56	70
L	19	32	32	39	54	57	63	82
MR_{max}	17	29	29	34	50	53	59	78
UB	40	60	60	80	100	120	140	160
XC	184	191	200	229	257	289	308	381

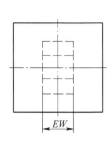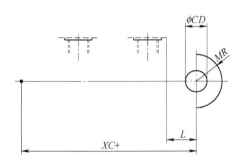

图 2-156　MP3：后端固定单耳环式

表 2-307　MP3 安装型式的伺服液压缸的安装尺寸　　　　　（单位：mm）

缸内径	40	50	63	80	100	125	160	200
活塞杆直径	28	36	45	56	70	90	110	140
CD H9	14	20	20	28	36	45	56	70
EW	20	30	30	40	50	60	70	80
L	19	32	32	39	54	57	63	82
MR_{max}	17	29	29	34	50	53	59	78
XC	184	191	200	229	257	289	308	381

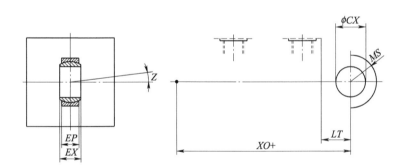

图 2-157　MP5：带关节轴承，后端固定单耳环式

表 2-308　MP5 安装型式的伺服液压缸的安装尺寸　　　　　（单位：mm）

缸内径	40	50	63	80	100	125	160	200
活塞杆直径	28	36	45	56	70	90	110	140
CX	20	25	30	40	50	60	80	100
EP	13	17	19	23	30	38	47	57
EX	16	20	22	28	35	44	55	70
LT_{min}	25	31	38	48	58	72	92	116
MS_{min}	29	33	40	50	62	80	100	120
XO	190	190	206	238	261	304	337	415
Z	3°	3°	3°	3°	3°	3°	3°	3°

注：表中 EP 尺寸与关节轴承尺寸不一致。

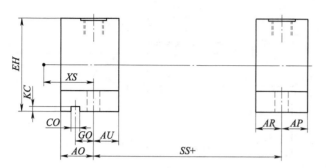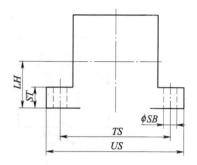

图 2-158　MS2：侧面脚架式

表 2-309　MS2 安装型式的伺服液压缸的安装尺寸　　　（单位：mm）

缸内径	40	50	63	80	100	125	160	200
活塞杆直径	28	36	45	56	70	90	110	140
LH	31	37	44	57	63	82	101	122
SB	11	14	18	18	26	26	33	39
ST	12.5	19	26	26	32	32	38	44
TS	83	102	124	149	172	210	260	311
US	103	127	161	186	216	254	318	381
XS	45	54	65	68	79	79	86	93
SS	110	92	86	105	102	131	130	172

注：*AR*、*AO*、*AP*、*AU*、*CO*、*EH*、*GO* 和 *KC* 等没有给出安装尺寸。

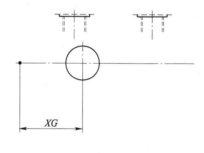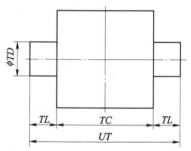

图 2-159　MT1：前端整体耳轴式

表 2-310　MT1 安装型式的伺服液压缸的安装尺寸　　　（单位：mm）

缸内径	40	50	63	80	100	125	160	200
活塞杆直径	28	36	45	56	70	90	110	140
TC	63	76	89	114	127	165	203	241
TD	20	25	32	40	50	63	80	100
UT	95	116	139	178	207	265	329	401
XG	57	64	70	76	71	75	75	85

注：*TL*=(*UT*-*TC*)/2。

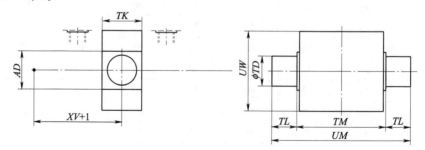

图 2-160　MT4：中间固定或可调耳轴式

表 2-311　MT4 安装型式的伺服液压缸的安装尺寸　　　　（单位：mm）

缸内径	40	50	63	80	100	125	160	200
活塞杆直径	28	36	45	56	70	90	110	140
TD	20	25	32	40	50	63	80	100
TM	76	89	100	127	140	178	215	279
TK	25	30	40	45	55	70	90	110
UM	108	129	150	191	220	278	341	439
UW	70	88	98	127	141	168	205	269
XV	107	117	132	147	158	180	198	226
XV_{max}	100+	90+	91+	99+	107+	109+	104+	130+

注：1. $TL=(UM-TM)/2$。

2. AD 没有给出安装尺寸。

3. XV 给出的是 XV_{min}，XV_{max} 为表中数字加行程。

国内外几种伺服液压缸的安装型式标识代号和尺寸字母代号的含义见表 2-312。

表 2-312　国内外几种伺服液压缸的安装型式标识代号和尺寸字母代号的含义

代号	代号表示的含义	备　注
B	前端导向台肩的直径（一般尺寸）	见 ME5
E	端部外形尺寸（一般尺寸）	见 ME5、ME6
F	定位台肩长度（一般尺寸）	见 ME5
G	前端盖厚度	见 ME5
J	后端盖厚度	见 EM6
L	绕柱销轴线转动所需的最小间距	见 MP1、MP3
R	安装孔间距	见 ME5、ME6
Z	摆动角度	见 MP5
AD	耳轴支架尺寸	见 MT4
AO	由安装孔轴线至缸安装面的距离	见 MS2
AP	从安装孔至缸安装面的距离	见 MS2
AR	由安装孔至缸安装面的距离	见 MS2
AU	由安装孔轴线至缸安装面的距离	见 MS2
CB	双耳环槽宽	见 MP1
CD	耳环销轴孔直径	见 MP1、MP3
CO	键槽宽度	见 MS2
CX	销轴孔的直径	见 MP5
EH	可拆式侧面脚架的高度	见 MS2
EP	耳环宽度	见 MP5
EW	耳环宽度	见 MP3
EX	关节轴承宽度	见 MP5
FB	安装孔直径	见 ME5、ME6
GO	U 形槽与安装孔轴线的间距	见 MS2
KC	键槽深度	见 MS2
LH	中心线高度	见 MS2
LT	绕销孔轴线转动所需的最小间距	见 MP5
MR	绕销轴线转动的最小半径	见 MP1、MP3
MS	绕销轴线转动所需的最小半径	见 MP5
RD	定位台肩直径	见 ME5
SB	安装孔直径	见 MS2
SS	安装孔的轴向距离	见 MS2
ST	脚架的厚度	见 MS2

(续)

代号	代号表示的含义	备 注
TC	耳轴间距	见 MT1
TD	耳轴直径	见 MT1、MT4
TK	可拆式耳轴座的厚度	见 MT4
TL	耳轴长度	见 MT1、MT4
TM	耳轴座的间距	见 MT4
TO	安装孔间距	见 ME5、ME6
TS	侧向一端安装孔的距离	见 MS2
UB	双耳环两外端面的距离	见 MP1
US	外形尺寸	见 MS2
UM	外形尺寸	见 MT4
UO	外形尺寸	见 ME5、ME6
UT	外形尺寸	见 MT1
UW	纵向的外形尺寸	见 MT4
VD	前端导向台肩长度（一般尺寸）	见 ME5
WF	TRP 至安装面底部的距离（一般尺寸）	见 ME5
ZJ	TRP 至后端部的距离	见 ME6
XC	TRP 至销轴孔线的距离	见 MP1、MP3
XG	TRP 至耳轴轴线的距离	见 MT1
XS	TRP 至前端安装孔的距离	见 MS2
XO	TRP 至销轴孔轴线的距离	见 MP5
XV	TRP 至耳轴线的距离	见 MT4

注：TRP——理论基准点代号。

以上国内外几种伺服液压缸参考了参考文献
[99] 和 [115] 中海德科液压公司伺服液压缸、力
士乐（REXROTH）伺服液压缸、MOOG 伺服液压缸
和阿托斯（Atos）伺服液压缸等。而本手册依据 GB/
T 9094—2006 标准整理列出的安装型式标识代号和尺
寸字母代号包括安装尺寸，主要是为了对电液伺服阀
控制液压缸标准化、系列化和模块化设计，以及有利
于采用成组技术对伺服液压缸进行更为深入的研究。

2.15.8　缸装配用双头螺柱及拧紧力矩

在 GB/T 17446—2012 中定义的缸拉杆安装是借
助于缸体外侧并与之平行的缸装配用拉杆的延长部
分，从缸的一端或两端安装缸的方式。但缸装配用的

不应是拉杆或钢拉杆，而应是双头螺柱。

对电液伺服阀控制液压缸而言，双头螺柱主要是
用于缸盖、缸体和缸底间夹紧，即液压缸本身的安装
和连接，这种拉杆型（式）液压缸应用还很普遍。

现有各标准规定的双头螺柱（B 级）长度一般
不超过 500mm，且缺少必要的技术条件。如果使用
弹簧垫圈、弹性垫圈，则螺母的拧紧力矩确定也存在
困难。

如图 2-161 所示，其为一种旋入缸盖或缸底端为
过渡配合螺纹、旋入螺母端螺纹为细牙普通螺纹的双
头螺柱，仅供设计时参考。

图 2-161 所示双头螺柱的尺寸见表 2-313，技术
条件见表 2-314。

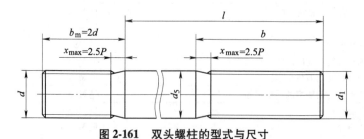

图 2-161　双头螺柱的型式与尺寸

注：末端按 GB/T 2—2016 的规定。

表 2-313　双头螺柱的尺寸

<table>
<tr><td rowspan="4">螺纹
尺寸</td><td>d</td><td>8</td><td>10</td><td>12</td><td>14</td><td>16</td><td>18</td><td>20</td><td>22</td><td>24</td></tr>
<tr><td>P</td><td>1.25</td><td>1.5</td><td>1.75</td><td>2</td><td>2</td><td>2.5</td><td>2.5</td><td>2.5</td><td>3</td></tr>
<tr><td>d_1</td><td>8</td><td>10</td><td>12</td><td>14</td><td>16</td><td>18</td><td>20</td><td>22</td><td>24</td></tr>
<tr><td>P</td><td>1</td><td>1</td><td>1.25</td><td>1.5</td><td>1.5</td><td>1.5</td><td>1.5</td><td>1.5</td><td>2</td></tr>
<tr><td></td><td></td><td>—</td><td>1.25</td><td>—</td><td>—</td><td>—</td><td>—</td><td>2</td><td>2</td><td>—</td></tr>
<tr><td rowspan="2">d_s</td><td>max</td><td>8</td><td>10</td><td>12</td><td>14</td><td>16</td><td>18</td><td>20</td><td>22</td><td>24</td></tr>
<tr><td>min</td><td>7.64</td><td>9.64</td><td>11.57</td><td>13.57</td><td>15.57</td><td>17.57</td><td>19.48</td><td>21.48</td><td>23.48</td></tr>
<tr><td rowspan="3">b_m</td><td>公称</td><td>16</td><td>20</td><td>24</td><td>28</td><td>32</td><td>36</td><td>40</td><td>44</td><td>48</td></tr>
<tr><td>min</td><td>15.1</td><td>18.95</td><td>22.95</td><td>26.95</td><td>30.75</td><td>34.75</td><td>38.75</td><td>42.75</td><td>46.75</td></tr>
<tr><td>max</td><td>16.9</td><td>21.05</td><td>25.05</td><td>29.05</td><td>33.25</td><td>37.25</td><td>41.25</td><td>45.25</td><td>49.25</td></tr>
</table>

注：1. l 和 b 尺寸可参考 QC/T 871—2011 中表 1 选取。

　　2. l 公称尺寸超出表 1 的，其 l 和 b 尺寸可自行选取，但应进行强度、刚度验算和必要的试验。

表 2-314　双头螺柱的技术条件

<table>
<tr><td colspan="2">材　　料</td><td colspan="2">钢</td></tr>
<tr><td rowspan="4">螺纹</td><td rowspan="2">d</td><td>公差</td><td colspan="2">3k[①]</td></tr>
<tr><td>标准</td><td colspan="2">GB/T 1167—1996</td></tr>
<tr><td rowspan="2">d_1</td><td>公差</td><td colspan="2">6g</td></tr>
<tr><td>标准</td><td colspan="2">GB/T 196—2003、GB/T 197—2003</td></tr>
<tr><td rowspan="2">机械性能</td><td>等级</td><td colspan="2">8.8、10.9、12.9</td></tr>
<tr><td>标准</td><td colspan="2">GB/T 3098.1—2010</td></tr>
<tr><td rowspan="2">公差</td><td>产品等级</td><td colspan="2">B</td></tr>
<tr><td>标准</td><td colspan="2">GB/T 3103.1—2002</td></tr>
<tr><td rowspan="2">表面处理</td><td>种类</td><td>氧化</td><td>镀锌钝化</td></tr>
<tr><td>标准</td><td>GB/T 15519—2002</td><td>GB 5267.1—2002</td></tr>
<tr><td colspan="2">表面缺陷</td><td colspan="2">GB/T 5779.1—2000</td></tr>
<tr><td colspan="2">验收及包装</td><td colspan="2">GB/T 90.1—2002、GB/T 90.2—2002</td></tr>
</table>

① 与其配合的内螺纹公差应为 4H。

为确保螺纹连接体的可靠性，实现其设计功能，预紧力应由实际使用条件和强度计算决定；在安装使用中，必须保证达到初始的预紧力。因此，选取适当的拧紧方法并能准确控制紧固力矩是必要的。

弹性区内紧固扭矩与预紧力的关系见式 (2-78) ~ 式 (2-81)，但其不适用于带弹簧垫圈、弹性垫圈的螺纹连接副。

$$T_t = T_s + T_w = KF_f d \qquad (2-78)$$

$$T_s = \frac{F_f}{2}\left(\frac{P}{\pi} + \mu_s d_2 \sec\alpha'\right) \qquad (2-79)$$

$$T_w = \frac{F_f}{2}\mu_w D_w \qquad (2-80)$$

接触的支承面是圆环时

$$D_w = \frac{2}{2} \times \frac{d_w^3 - d_h^3}{d_w^2 - d_h^2} \qquad (2-81)$$

式中　T_t——紧固扭矩；

T_s——螺纹扭矩；

T_w——支承面扭矩；

K——扭矩系数；

F_f——初始预紧力或预紧力；

d——螺纹公称直径；

P——螺距；

μ_s——螺纹摩擦因数；

d_2——螺纹中径；

α'——螺纹牙侧角；

μ_w——支承面摩擦因数；

D_w——支承面摩擦扭矩的等效直径；

d_w——接触的支承面外径；

d_h——接触的支承面内径。

为方便设计计算，下面给出了螺纹摩擦因数 (μ_s)、支承面摩擦因数 (μ_w) 与扭矩系数 (K) 的对照表 2-315。

表 2-315 螺纹摩擦因数 (μ_s)、支承面摩擦因数 (μ_w) 与扭矩系数 (K) 的对照表

μ_s	μ_w									
	0.08	0.10	0.12	0.15	0.20	0.25	0.30	0.35	0.40	0.45
	K									
0.08	0.110	0.123	0.155	0.136	0.187	0.219	0.252	0.284	0.316	0.348
0.10	0.121	0.134	0.147	0.166	0.198	0.230	0.263	0.295	0.327	0.359
0.12	0.132	0.145	0.157	0.177	0.209	0.241	0.273	0.306	0.338	0.370
0.15	0.148	0.161	0.174	0.193	0.225	0.257	0.290	0.322	0.354	0.386
0.20	0.175	0.188	0.201	0.220	0.252	0.284	0.317	0.349	0.381	0.413
0.25	0.202	0.215	0.228	0.247	0.279	0.312	0.344	0.376	0.408	0.440
0.30	0.229	0.242	0.255	0.274	0.306	0.399	0.371	0.403	0.435	0.468
0.35	0.256	0.269	0.282	0.301	0.344	0.366	0.398	0.430	0.462	0.495
0.40	0.283	0.296	0.309	0.328	0.361	0.393	0.425	0.457	0.490	0.522
0.45	0.310	0.323	0.336	0.356	0.388	0.420	0.452	0.484	0.517	0.549

注：1. K 值按 GB/T 16823.2—1997 中式（2）计算给出。

2. 适用于细牙螺纹、六角头螺栓、螺母。

3. 预涂黏附层可改变螺纹摩擦因数。

螺纹摩擦因数（μ_s）和支承面摩擦因数（μ_w）可参考机械设计手册、相关专著及论文（实验报告），或者通过观察螺纹部分和被连接件表面状态、润滑条件等自行估算其最小值和最大值，再根据实验数据确定。

表 2-316 给出了由碳素钢或合金钢制造的公称直径为 8～48mm 细牙螺栓或螺母的拧紧力矩参考值，但其不适宜于使用尼龙垫圈、密封垫圈、非金属垫圈及特殊指定用途的螺栓。

表 2-316 螺栓或螺母拧紧力矩参考值

公称直径 /mm	螺栓性能等级		
	8.8	10.9	12.9
	保证应力/MPa		
	600	830	970
	拧紧力矩/N·m		
M8×1	27～32	37～43	43～52
M10×1	55～66	76～90	90～106
M12×1.5	90～108	124～147	147～174
M14×1.5	149～179	206～243	243～289
M16×1.5	228～273	314～372	372～441
M18×1.5	331～397	457～541	541～641
M20×1.5	463～555	640～758	758～897
M22×1.5	624～747	863～1034	1009～1208
M24×2	785～940	1086～1300	1269～1520
M27×2	1141～1366	1578～1890	1845～2208
M30×2	1587～1900	2196～2629	2566～3072
M36×3	2653～3176	3670～4394	4289～5135
M42×3	4312～5162	5965～7141	6921～8345
M48×3	6556～7848	9069～10857	10598～12688

注：1. 此表摘自 JB/T 6040—2011《工程机械 螺栓拧紧力矩的检验方法》，其中还包括粗牙螺栓。

2. 根据其"不适宜于使用尼龙垫圈、密封垫圈、非金属垫圈及特殊指定用途的螺栓"，其或可适用于带弹簧垫圈、弹性垫圈的螺栓或螺母。

根据使用要求，双头螺柱可采用 30Cr、40Cr、30CrMoSi、35CrMoA、40MnA 及 40B 等材料制造，其性能按供需双方协商。

旋入缸盖或缸底端的过渡配合螺纹和/或旋入螺母端的细牙普通螺纹可采用 GB/T 35480—2017 规定的预涂粘合层防松及其锁固。

对于性能等级等于或低于 10.9 级的双头螺柱，可选用符合 GB/T 6171 规定的 10 级螺母；对于性能等级高于 12.9 级的双头螺柱，应选用符合 GB/T 6176 规定的 12 级螺母。

在螺纹连接副中增加弹簧垫圈或弹性垫圈时，可能会改变支撑表面的有效接触面积，改变支撑表面的摩擦因数，产生附加轴力，以致对施加相同扭矩所得的预紧力产生影响。

除非另有规定，就单个螺母紧固而言，对 M16 及以下的螺母，拧紧速度应为 10～40r/min，对大于 M16～M39 的螺母，拧紧速度应为 5～15r/min；其他按液压缸装配技术要求。

当采用"扭矩法"拧紧时，因只对紧固扭矩进行控制，尽管操作简便，但可能紧固力矩的 90% 左右被螺纹和支承面摩擦扭矩所消耗，初始预紧力的离散度随着摩擦消耗等因素的控制程度而变化，因此拧紧精度等级较低（扭矩离散度加大）。

不同等级拧紧精度对应的扭矩比见表 2-317。

表 2-317 不同等级拧紧精度对应的扭矩比

拧紧精度等级	扭矩离散度（%）	扭矩比
I	±5	0.905
II	±10	0.818
III	±20	0.666

注：表中的扭矩离散度包括了扭矩扳手等的读数误差。

2.15.9　伺服液压缸专用无间隙球铰系列

在电液伺服阀控制液压缸系统中，液压缸与所驱动的负载之间经常存在相对运动，将两者连接的铰链或球铰等可能存在间隙，此间隙会造成系统的动态性能变差、超调量增大，甚至诱发系统振荡等严重问题，因此，尽量消除或减小该间隙十分必要。

如图 2-162 和图 2-163 所示，其为一种带内置式位移传感器和拉压柱式测力传感器的伺服液压缸用杆端法兰式球铰和缸底端球铰外形图。

杆端法兰式球铰尺寸代号、代号含义及尺寸见表 2-318。

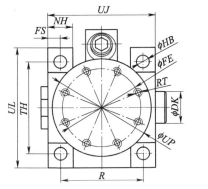
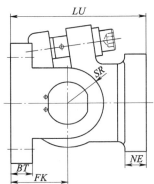

图 2-162　杆端法兰式球铰外形图

表 2-318　杆端法兰式球铰尺寸代号、代号含义及尺寸

尺寸代号	代　号　含　义	额定载荷/t	备　　注
		5 或 10	
		尺寸/mm	
R	安装孔间距	115	
BT	肋（底）板厚度	30	借用代号
DK	关节轴承用销轴	45	借用代号
FE	安装孔分布圆直径	110	
FK	安装面至销轴轴线的距离	80	
FS	安装孔的距离	17.5	
HB	支架安装孔直径	18	
LU	安装矩	190	自定义代号
NE	活塞杆（端）法兰厚度	30	借用代号
NH	耳环支架的厚度	35	
RT	螺纹安装孔的规格	8×M12	借用代号
SR	绕销轴轴线转动的最小半径	50	借用代号
TH	安装螺栓间距	130	
UJ	外形尺寸	150	
UL	外形尺寸	170	
UP	活塞杆（端）法兰外径	138	

杆端法兰式球铰（或称可调隙前耳环）主要由单耳环支架、带关节轴承可调隙的杆端单耳环、关节轴承用销轴、向心关节轴承，以及轴承的定位、调隙和销轴的锁板等结构组成。使用时，可根据现场情况通过轴承的调隙结构，对轴承的间隙，即杆端连接间隙进行适当的调整。

缸底端球铰尺寸代号、代号含义及尺寸见表 2-319。

缸底端球铰（或称可调隙后耳环）与杆端法兰式球铰（或称可调隙前耳环）结构原理基本相同，其主要由单耳环支架、带关节轴承可调隙的缸底端单耳环、关节轴承用销轴、向心关节轴承，以及轴承的定位、调隙和销轴的锁板等结构组成。使用时，也可根据现场情况通过轴承的调隙结构，对轴承的间隙，即缸底端连接间隙进行适当的调整。

现在，缸出力 30t 以下伺服液压缸用杆端法兰式球铰和缸底端球铰已经有系列化产品，读者如需采用，可联系制造商直接购买。

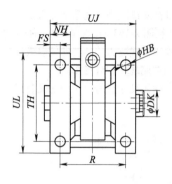 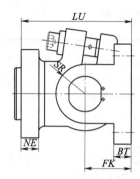 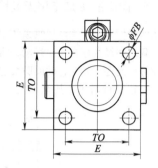

图 2-163　缸底端球铰外形图

表 2-319　缸底端球铰尺寸代号、代号含义及尺寸

尺寸代号	代号含义	额定载荷/t	备注
		5 或 10	
		尺寸/mm	
E	端（底）部外形尺寸	150	借用代号
R	安装孔间距	115	
BT	肋（底）板厚度	30	借用代号
DK	关节轴承用销轴	45	借用代号
FB	安装孔直径	22	借用代号
FK	安装面至销轴轴线的距离	80	借用代号
FS	安装孔的距离	17.5	
HB	支架安装孔直径	18	
LU	安装矩	190	自定义代号
NE	活塞杆（端）法兰厚度	30	借用代号
NH	耳环支架的厚度	35	
SR	绕销轴轴线转动的最小半径	50	借用代号
TH	安装螺栓间距	130	
TO	安装孔间距	110	
UJ	外形尺寸	150	
UL	外形尺寸	170	

2.15.10　螺纹油口

1. 标准油口

（1）带米制螺纹和 O 形圈密封的油口

在 GB/T 2878.1—2011 中规定的液压传动连接用米制螺纹油口，适用于与 GB/T 2878.2—2011 和 GB/T 2878.3—2017 中规定的螺柱端连接。

在 GB/T 2878.1—2011 中规定的油口最高工作压力为 63MPa（630bar）。许用工作压力应根据油口尺寸、材料、结构、工况、应用等因素确定。

在 GB/T 2878.1—2011 中规定，本部分（标准）的使用者宜确保油口周边的材料足以承受最高工作压力。

GB/T 2878.1—2011 规定的油口型式和油口尺寸见图 2-164 和表 2-320。

（2）液压管接头用螺纹油口（摘自 GB/T 19674.1—2005）

在 GB/T 19674.1—2005 中规定的液压管接头用螺纹油口，其尺寸适用于 GB/T 19674.2 和 GB/T 19674.3 中的柱端。

在 GB/T 19674.1—2005 中规定的油口适用的最高工作压力为 63MPa。许用工作压力应根据油口尺寸、材料、工艺、工况、用途等确定。

GB/T 19674.1—2005 规定的油口型式和油口尺寸见图 2-165 和表 2-321、表 2-322。

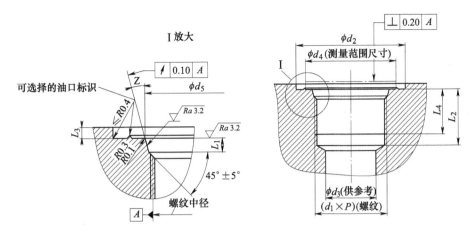

图 2-164　GB/T 2878. 1—2011 规定的油口型式

注：1. l_2 仅适用于丝锥不能贯通时。

　　2. Z 仅供参考。

表 2-320　油口尺寸　（单位：mm）

螺纹[1] ($d_1×P$)	d_2		d_3[2] 参考	d_4	d_5 +0.1 0	L_1 +0.4 0	L_2[3] min	L_3 max	L_4 min	Z (°) ±1°
	宽的[4] min	窄的[5] min								
M8×1	17	14	3	12.5	9.1	1.6	11.5	1	10	12
M10×1	20	16	4.5	14.5	11.1	1.6	11.5	1	10	12
M12×1.5	23	19	6	17.5	13.8	2.4	14	1.5	11.5	15
M14×1.5[6]	25	21	7.5	19.5	15.8	2.4	14	1.5	11.5	15
M16×1.5	28	24	9	22.5	17.8	2.4	15.5	1.5	13	15
M18×1.5	30	26	11	24.5	19.8	2.4	17	2	14.5	15
M20×1.5[7]	33	29	—	27.5	21.8	2.4	—	2	14.5	15
M22×1.5	33	29	14	27.5	23.8	2.4	18	2	15.5	15
M27×2	40	34	18	32.5	29.4	3.1	22	2	19	15
M30×2	44	38	21	36.5	32.4	3.1	22	2	19	15
M33×2	49	43	23	41.5	35.4	3.1	22	2.5	19	15
M42×2	58	52	30	50.5	44.4	3.1	22.5	2.5	19.5	15
M48×2	63	57	36	55.5	50.4	3.1	25	2.5	22	15
M60×2	74	67	44	65.5	62.4	3.1	27.5	2.5	24.5	15

[1] 符合 ISO 261，公差等级按照 ISO 965-1 的 6H。钻头按照 ISO 2306 的 6H 等级。

[2] 仅供参考。连接孔可以要求不同的尺寸。

[3] 此攻丝底孔深度需要使用平底丝锥才能加工出规定的全螺纹长度。在使用标准丝锥时，应相应增加攻丝底孔深度，采用其他方式加工螺纹时，应保证表中螺纹和沉孔深度。

[4] 带凸环标识的孔口平面直径。

[5] 没有凸环标识的孔口平面直径。

[6] 测试用油口首选。

[7] 仅适用于插装阀阀孔（参见 ISO 7789）。

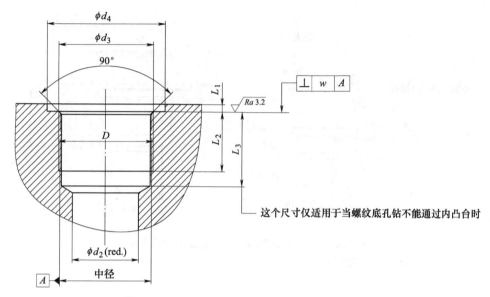

图 2-165 GB/T 19674.1—2005 规定的油口型式

表 2-321 A 型柱端用油口尺寸 （单位：mm）

螺纹规格 D		d_2	d_3			d_4	L_1	L_2	L_3	
M[1]	G[2]	参考	M[1]	G[2]	公差	min	max	min	min	w
M8×1	—	3	8	—		13	1	8	10	
M10×1	G1/8	4.5	10	9.8		15	1	8	10	
M12×1.5	G1/4	6	12	13.2	+0.2	18	1.5	12	15	
M14×1.5		7	14		0	20	1.5	12	15	
M16×1.5	G3/8	9	16	16.7		23	1.5	12	15	0.1
M18×1.5		11	18			25	2	12	15	
M20×1.5[3]	G1/2	10	20	21		27	2	14	17	
M22×1.5		14	22			28	2.5	14	17	
M26×1.5	G3/4	18	26	26.5		33	2.5	16	19	
M27×2[4]		16	27			33	2.5	16	20	
M33×2	G1	23	33	33.3	+0.3	41	2.5	18	22	0.2
M42×2	G11/4	30	42	42	0	51	2.5	20	24	
M48×2	G11/2	36	48	48		56	2.5	20	36	

① 米制螺纹，符合 GB/T 193、GB/T 196 及 GB/T 197 中 6H 级的规定。

② 圆柱管螺纹，符合 GB/T 7307 的规定。

③ 用于测量。

④ M27×2 仅用于 S 系列（重载）。

2. 油口标准引用及油口螺纹问题

在 GB/T 3766—2015 中的第 5.3.23 条标准件的使用"注"中指出：当在系统中使用一种以上标准类型的螺纹油口连接时，某些螺柱端系列与不同连接系列的油口之间可能不匹配，会引起泄漏和连接失效，使用时可依据油口和螺柱端的标记确认是否匹配。在参考文献［108］中也同样指出了上述问题。

在 JB/T 10205—2010《液压缸》中规定，液压缸的油口连接螺纹尺寸应符合 GB/T 2878—1993《液压元件螺纹连接 油口型式和尺寸》的规定。但此标准已被 GB/T 2878.1—2011《液压传动连接 带米制螺纹和 O 形圈密封的油口和螺柱端 第 1 部分：油口》代替，所以现在设计液压缸油口时应该按 GB/T 2878.1—2011 进行。

GB/T 2879.1—2011 所对应采用的接头标准为 JB/T 966—2005《用于流体传动和一般用途的金属管接头 O 形圈平面密封接头》，原 JB/T 984—1977《焊接式直通管接头体》（管接头标准为 JB 966—1977）

表 2-322　E 型柱端用油口尺寸　　　　　　　　（单位：mm）

螺纹规格[①]D	d_2 参考	d_3 公称	d_3 公差	d_4 min	L_1 max	L_2 min	L_3[②] min	w
M8×1	3	8		13	1	8	10	
M10×1	1.5	10		15	1	8	10	
M12×1.5	6	12		18	1.5	12	15	
M14×1.5	7	14		20	1.5	12	15	
M16×1.5	9	16	+0.2 / 0	23	1.5	12	15	0.1
M18×1.5	11	18		25	2	12	15	
M20×1.5[③]	10	20		27	2	14	17	
M22×1.5	14	22		28	2.5	14	17	
M26×1.5	18	26		33	2.5	16	19	
M27×2[④]	16	27		33	2.5	16	20	
M33×2	23	33	+0.3 / 0	41	2.5	18	22	0.2
M42×2	30	42		51	2.5	20	24	
M48×2	36	48		56	2.5	22	36	

① 符合 GB/T 193、GB/T 196 及 GB/T 197 中 6H 级的规定。

② 螺纹底孔钻的长度应满足使用盲孔丝锥获得规定的完整螺纹长度。当使用标准丝锥时，螺纹底孔钻的长度应增加。

③ 用于测量。

④ M27×2 仅用于 S 系列（重载）。

《焊接式端直管接头》已被 JB/T 966—2005 柱端直通接头 ZZJ（标准中图 17）代替。两者主要区别在于固定柱端侧是否有圆柱台阶，原 JB/T 984—1977 规定的接头体无圆柱台阶，而 JB/T 966—2005 规定的柱端直通接头 ZZJ 有圆柱台阶。

在采用 JB/T 984—1977 规定的接头体使用 JB/T 982—1977《组合密封垫圈》密封时，GB/T 2878.1—2011 规定的油口的孔口（锪）平面直径小，组合密封垫圈可能下不去或 JB/T 984—1977 规定的接头体与油口的孔口上平面干涉，油口连接处无法密封。采用 JB/T 966—2005 规定的柱端直通接头 ZZJ

时，尽管一般没有与油口的孔口上平面干涉问题，但一些规格的组合密封垫圈仍可能下不去，造成同样的问题，即油口连接处无法密封。

因此，如采用 JB/T 982—1977 规定的组合密封垫圈密封 GB/T 2878.1—2011 规定的油口，则应相应采用 JB/T 966—2005 规定的柱端直通接头 ZZJ，并将一些油口的孔口（锪）平面直径加大；如仍采用 JB/T 984—1977 规定的焊接式直通管接头体或 JB 966—1977 规定的焊接式端直管接头，则 GB/T 2878.1—2011 规定的油口的孔口（锪）平面直径必须加大，具体请见表 2-323。

表 2-323　采用组合密封垫圈的油口的孔口（锪）平面直径与深度　　（单位：mm）

油口螺纹 d_1×P	GB/T 2878.1—2011 d_2 窄的 min	GB/T 2878.1—2011 L_3 max	GB/T 19674.1—2005 d_4 min	GB/T 19674.1—2005 L_1 max	加大的锪平面直径 d_2 宽的 min	JB 982—1977 D
M8×1	14	1	13	1	17	14
M10×1	16	1	15	1	20 (19.6)	16
M12×1.5	19	1.5	18	1.5	23	18
M14×1.5	21	1.5	20	1.5	25 (21.9、25.4)	20
M16×1.5	24	1.5	23	1.5	28	22
M18×1.5	26	2	25	2	30 (27.7、31.2)	25
M20×1.5	29	2	27	2	33	28
M22×1.5	29	2	28	2.5	35 (34.6)	30
M26×1.5	—		33	2.5	—	—
M27×2	34	2	33	2.5	44 (41.6)	35
M30×2	38	2	—		44	38

（续）

油口螺纹 $d_1 \times P$	GB/T 2878.1—2011		GB/T 19674.1—2005		加大的锪平面直径	JB 982—1977
	d_2 窄的 min	L_3 max	d_4 min	L_1 max	d_2 宽的 min	D
M33×2	43	2.5	41	2.5	49（47.3、53.1）	42
M42×2	52	2.5	51	2.5	65（63.5）	53
M48×2	57	2.5	56	2.5	70（69.3）	60
M60×2	67	2.5	—	—	78（75）	75

注：1. 窄的（min）d_2 为没有凸环标识的孔口平面直径。

2. 表中给出加大的锪平面直径参考了 GB/T 2878.1 中带凸环标识的孔口平面直径。

3. 括号内给出加大的锪平面直径参考了 JB/T 984—1977 中接头体的外六角对角宽度。

现在经常使用的 GB/T 19674.1—2005《液压管接头用螺纹油口和柱端 螺纹油口》所规定的油口的孔口（锪）平面直径也存在同样问题，具体请见表 2-323。

实践中除采用细牙普通螺纹（M）的油口螺纹外，现在液压缸油口螺纹常见的还有 GB/T 7307—2001《55°非密封管螺纹》规定的 55°非密封管螺纹的油口螺纹。

在参考文献［99］中有如下表述："公称压力为 16~31.5MPa 的中、高压系统采用 55°非密封管螺纹，或细牙普通螺纹。"，而 GB/T 12716—2011 规定的 60°密封管螺纹（NPT）、GB/T 1415—2008 规定的米制密封螺纹（M_c 或 M_p/M_c）、GB/T 7306.1—2000 和 GB/T 7306.2—2000 规定的 55°密封管螺纹（R_p/R_1 和 R_c/R_2）等，在公称压力小于或等于 16MPa 下皆可采用。

2.16　液压缸用标牌的设计

各种机电设备、仪器仪表及各种元器件用产品铭牌、操作提示牌、说明牌、线路示意图牌、设计数据图表牌和安全标志牌等总称为标牌。

液压缸用标牌需要设计，并且可能因不同用户而不同，但应符合 GB/T 13306—2011《标牌》的规定。

2.16.1　液压缸各相关标准关于标牌的规定

液压缸各相关标准关于标牌的规定见表 2-324。

表 2-324　液压缸各相关标准关于标牌的规定

序号	标准	规定
1	GB/T 7935—2005	应在液压元件的明显部位设置产品铭牌，铭牌内容应包括 —名称、型号、出厂编号 —主要技术参数 —制造商名称 —出厂日期
2	GB/T 13342—2007	液压缸的铭牌宜采用黄铜或不锈钢等耐腐蚀材料制作，不应用铝制铭牌。铭牌应标有下列内容 a）产品名称 b）产品型号 c）主要技术参数 d）制造厂名称 e）出厂编号 f）制造年份
3	GB/T 24946—2010	数字缸的铭牌宜采用黄铜或不锈钢等耐腐蚀材料制作。铭牌应标有下列内容 a）产品名称 b）产品型号 c）主要技术参数 d）重量 e）制造厂名称 f）出厂编号 g）制造年月

（续）

序号	标　准	规　定
4	GB 25974.2—2010	每个液压缸应有持久的标志，标牌的型式和尺寸应符合 GB/T 13306 的规定，材质应符合 GB 3836.1—2000 的规定 产品标牌应包括下列内容 a）产品型号 b）额定工作压力 c）额定力（拉伸和压缩） d）制造厂名称及地址 e）制造日期 f）出厂编号 g）安全标志标识
5	CB 1374—2004	液压缸应设置铭牌。铭牌应采用黄铜或不锈钢等耐蚀材料制作，不能用铝制铭牌 铭牌内容如下 a）产品名称及规范编号 b）型号 c）主要技术参数 d）制造厂名称 e）出厂年份
6	CB/T 3812—2013	每台液压缸应有船检标志，并在明显位置设置防蚀铭牌。铭牌的固定应端正、牢固，其内容包括 a）制造厂名称 b）产品名称 c）产品型号或标记 d）制造日期、编号 e）产品的主要技术参数
7	JB/T 6134—2006	液压缸标牌设计要美观大方，字符清晰，并应符合 GB/T 13306 的规定 在液压缸外壳明显且适当位置固定标牌，标牌应表明 a）产品名称、型号 b）主要技术参数（压力、缸径、行程等） c）制造厂名称 d）出厂日期、编号
8	JB/T 9834—2014	每台液压缸出厂时，均应在醒目处显示永久性的制造厂标牌。标牌应表明 a）制造厂名称及地址 b）产品名称、型号 c）出厂编号、出厂日期 d）产品执行标准编号
9	JB/T 10205—2010	液压缸的标志或铭牌的内容应符合 GB/T 7935—2005 中 6.1 和 6.2 的规定。铭牌的型式、尺寸和要求应符合 GB/T 13306 的规定，图形符号应符合 GB/T 786.1 的规定
10	JB/T 11588—2013	每台液压缸应按图样上规定的固定位置固定产品标牌。标牌应表明下列内容 a）制造厂名称 b）产品名称型号 c）制造日期及出厂编号

(续)

序号	标　准	规　定
11	JB/T 13141—2017	每台液压缸出厂时，均应在醒目处显示永久性的制造厂标牌。标牌应表明 —制造厂名称及地址 —产品名称、型号 —出厂编号、出厂日期 —产品执行标准编号
12	MT/T 900—2000	产品标牌应美观、大方、线条清晰，并符合产品标牌的有关规定 标牌应端正、牢固地装于产品的明显部位 标牌应包括以下内容 a）产品名称、型号及图形符号 b）主要技术参数 c）制造厂名称和注册商标 d）出厂日期和编号
13	QC/T 460—2010	产品出厂必须有产品标牌，液压缸产品标牌应表明以下内容 a）产品名称、型号及图形符号 b）产品主要技术参数 c）制造厂名称 d）出厂日期
14	DB44/T 1169.1—2013	液压缸的永久标记或铭牌的内容应符合 GB/T 7935—2005 中 6.1 和 6.2 的规定。铭牌的型号、尺寸和要求应符合 GB/T 13306 的规定，图形符号应符合 GB/T 786.1 的规定

2.16.2 液压缸用标牌的技术要求

1. 型式与尺寸

（1）标牌的形状及其代号

1）矩形（含正方形），代号 J。

2）圆形，代号 Y。

3）椭圆形，代号 T。

4）扇形，代号 Sh。

5）三角形，代号 S。

（2）标牌上的文字、符号和线条的特征

1）凸型：文字、符号和线条凸于标牌表面（不包括打印的凹型字）。

2）凹型：文字、符号和线条凹入标牌表面。

3）平型：文字、符号和线条与标牌表面相平。

每种形状的标牌，其文字、符号和线条的特征可为以上 3 种型式的任何一种，也可以是两种或 3 种型式的组合。

（3）标牌的型式与尺寸

1）矩形标牌的型式与尺寸应符合 GB/T 13306—2011 中图 1 和表 1 的规定。两孔的矩型标牌，两端允许制成圆头，其型式见 GB/T 13306—2011 中图 1e）和图 1f）。

矩形标牌宽（B）长（L）比一般为 1:1、1:

1.25、1:1.6、1:2、1:2.5、1:3.2、1:4 和 1:5，其中 1:1、1:1.6、1:2.5 和 1:4 建议优先选用；当 $B \geq 32$mm 时，紧固孔数为 4。

2）其他型式的标牌型式与尺寸见 GB/T 13306—2011 中相关规定。

2. 标记

（1）标记方法

标牌由以下内容及方法标记：

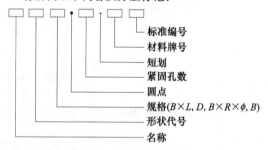

标记中允许省略"名称"和"紧固孔数"。

（2）标记示例

示例 1：$B \times L = 16 \times 25$mm，用工业纯铝 1060 制作的矩形标牌：

J16×25-1060　GB/T 13306

示例 2：$B \times L = 40 \times 100$mm，用工业纯铝 1060 制作的 2 个紧固孔的矩形标牌：

J40×100·2-1060　GB/T 13306

作者注：标准规定 $L \leqslant 200$mm 的标牌，允许制成 2 个紧固孔；$L \geqslant 400$ 的标牌，允许制成 4 个以上的紧固孔。但此项规定作者认为有问题，其以标牌长度 L 划分不尽合理。

示例 3：$D = 32$mm，用工业纯铝 1060 制作的圆形标牌：

Y32-1060　GB/T 13306

示例 4：$B = 16$mm，$R = 32$mm，$\phi = 75°$ 用工业纯铝 1050A 制作的扇形标牌：

Sh16×32×75°-1050A　GB/T 13306

3. 技术要求

（1）标牌的尺寸与公差

1）标牌可以采用粘贴、标牌铆钉（GB 827—1986）、自攻螺钉或螺钉等可行方法固定于产品上。当标牌与产品配钻装配时，标牌上的紧固孔直径按 GB/T 13306—2011 中相关规定；当标牌与产品的预钻孔进行装配时，紧固孔直径按表 2-325 的规定。

表 2-325　紧固孔直径

（单位：mm）

紧固用钉直径	1.6	2	2.5	3	4	5	6	8
紧固孔直径 d	2	2.6	3.1	3.6	4.8	5.8	7	9

2）紧固孔距（b、l）、孔心圆直径（d_1）、紧固孔直径（d）、轮廓尺寸（B、L、R）和角度（ϕ）以及矩形标牌四个角的极限偏差按表 2-326 的规定。

表 2-326　极限偏差

（单位：mm）

基本尺寸	b、l、d_1			B、L、R	D	d	ϕ 及直角
	$\leqslant 230$	$>230 \sim 400$	>400				
极限偏差	±0.2	±0.25	js12	js14	h14	H13	V（极粗级）

3）标牌不应有扭曲变形和明显的凹陷、凸起，其平面度公差在全平面内应符合表 2-327 的规定。有特殊要求时，由供需双方商定。

表 2-327　平面度公差

（单位：mm）

尺寸范围	平面度公差	尺寸范围	平面度公差
$\leqslant 50$	0.5	$>100 \sim 200$	2.0
$>50 \sim 100$	1.0	>200	2.5

（2）标牌上的内容、文字和符号

1）标牌上的内容和排列方式以及颜色应按有关规定或由标牌设计者确定。

2）标牌上的汉字一般采用国家正式颁布实施的简体字，特殊需求时允许使用繁体字。汉字推荐采用黑体、长仿宋体和仿宋体，产品名称和制造厂名称允许采用清晰美观、易辨认的其他字体。

3）标牌上需放置商标（厂标）和优质产品标志时，其要求应符合相关规定。

4）标牌中采用的量的名称、单位和单位符号应符合 GB 3100 的规定。

（3）材料

1）标牌推荐选用下列材料：

a）工业纯铝　1070A、1060、1050A 和 1050。

b）不锈钢　06Cr19Ni10、12Cr18Ni9 和 10Cr17。

c）铸钢、轧制薄钢板等。

d）热固性和热塑性塑料。

e）特殊需要时，可选用黄铜板 H62、H68 及其他材料。

2）粘贴标牌的粘贴材料应选用不采用活化（如使用溶剂或加热）的条件下，能将标牌牢固地粘贴在平整、光洁无油污的金属或非金属表面上。

3）标牌用铝板等金属材料厚度推荐选用下列尺寸：0.3mm，0.4mm，0.5mm，0.6mm，0.8mm，1.0mm，1.2mm，1.5mm，2.0mm，3.0mm，4.0mm。

（4）外观要求

1）有边框的标牌，在紧固孔周围的边框线允许制成弧形。

2）用胶黏剂的标牌不需要制出紧固孔。

3）标牌的周边不应有明显的毛刺和齿形及波形。正面应平整光洁。边框线应均匀、光滑、连续、不应断裂。

4）文字、符号的大小和线条粗细应整齐醒目，排列均匀，不应断缺和模糊不清。

5）表面不应有裂纹和明显的擦伤丝纹，以及影响其清晰的锈斑、斑点、暗影。涂镀层不应有气孔、气泡、雾状、污迹、皱纹、剥落或剥落迹象和明显的颗粒杂质。

6）粘贴标牌不应出现折痕、皱纹、自卷撕裂和粘贴剂渗出等现象。

7）标牌的颜色应清晰醒目、色泽均匀、不应有泛色。两种及两种以上颜色套印的标牌，色彩间边缘应整齐、清晰，两色相接处不应有间隙。

8）根据产品需要对表面可进行消光处理，制成无光或亚光。

（5）性能要求

1）涂层附着力不得低于 GB 1720 中规定的 4 级。

2）颜色的耐晒牢度应符合 GB/T 730 的规定：

室内用不得低于 4 级；室外用不得低于 6 级。

3）铝阳极氧化标牌，着深颜色的正面氧化膜厚度不得小于 10μm；着浅颜色不得小于 5μm。

4）铝阳极氧化标牌氧化膜封闭质量应符合 GB/T 8013.1—2007 中 4.4 "封孔质量" 的规定。

5）对铝阳极氧化标牌要求做耐磨试验时，耐磨性评价方法由供需双方商定。

6）耐盐雾性能，经 48h 试验后，应符合 JB/T 4159 的规定。

7）耐湿热性能，经 10d 试验后，应符合 JB/T 4159 规定的 2 级。

8）耐霉菌性能，经 28d 试验后，应符合 GB/T 2423.16 规定的 2 级。

2.17 液压缸装配技术要求

液压缸装配是根据液压缸设计的技术要求（条件）、精度要求等，将构成液压缸的零件结合成部件、分部件、组件，直至液压缸产品的过程。液压缸装配是液压缸制造中的后期工作，是形成液压缸产品的关键环节。

一台好的液压缸不但是设计出来的，也是装配出来的。

伺服液压缸的装配有必要参照如 QJ 1499A、QJ 2478 等相关标准，（伺服）液压缸组装现场的环境应符合清洁度的要求。

2.17.1 液压缸装配一般技术要求

1. GB/T 7935—2005《液压元件 通用技术条件》中对装配的技术要求

1）元件应使用经检验合格的零件和外购件按相关产品标准或技术文件的规定和要求进行装配。任何变形、损伤和锈蚀的零件及外购件不应用于装配。

2）零件在装配前应清洗干净，不应带有任何污物如铁屑、毛刺、纤维状杂质等。

3）元件装配时，不应使用棉纱、纸张等纤维易脱落物擦拭壳体内腔及零件配合表面和进、出流道。

4）元件装配时，不应使用有缺陷及超过有效使用期限的密封件。

5）应在元件的所有连接油口附近标注表示油口功能的符号。

6）元件的外露非加工表面涂层应均匀，色泽一致。喷涂前处理不应涂腻子。

7）元件出厂检验合格后，各油口应采取密封、防尘和防漏措施。

在此需要说明的是：

1）GB/T 7935—2005 中的 4.4 ~ 4.10 被 JB/T 10205—2010《液压缸》、JB/T 11588—2013《大型液压油缸》、DB44/T 1169.1—2013《伺服液压缸 第 1 部分：技术条件》等标准引用。

2）一般情况下，密封件不得清洗。

3）除特殊结构和特殊用途液压缸外，一般液压缸上不标注油口符号和往复运动箭头。

2. JB/T 1829—2014《锻压机械 通用技术条件》中对装配的技术要求

1）在部装或总装时，不允许安装技术文件上没有的垫片。

2）锻压机械装配清洁度应符合技术文件的规定。

3）装配过程中，加工零件不应有磕碰、划伤和锈蚀。

4）装配后的螺钉、螺栓头部和螺母的端面应与被紧固的零件平面均匀接触，不应倾斜和留有间隙。装配在同一部位的螺钉，其长度一般应一致。紧固的螺钉、螺栓和螺母不应有松动的现象，影响精度的螺钉紧固力应一致。

5）密封件不应有损伤现象，装配前密封件和密封面应涂上润滑脂。装配重叠的密封圈时，各圈要互相压紧。

3. JB/T 3818—2014《液压机 技术条件》中对装配的技术要求

1）液压机应按照装配工艺规程进行装配，不得因装配而损坏零件及其表面和密封的唇部等，装配上的零部件（包括外购件、外协件）均应符合要求。

2）重要的固定接合面应紧密贴合。预紧牢固后用 0.05mm 塞尺进行检验，允许塞尺塞入深度不应大于接触面的 1/4，接触面间可塞入部位累计长度不应大于周长的 1/10。

3）带支承环密封结构的液压缸，其支承环应松紧适度和锁紧可靠。以自重快速下滑的运动部件（包括活塞、活动横梁或滑块等）在快速下滑时不得有阻滞现象。

4）全部管路、管接头、法兰及其他固定与活动连接的密封处，均应连接可靠，密封良好，不应有油液的外渗漏现象。

4. JB/T 10205— 2010《液压缸》中对装配的技术要求

1）清洁度要求：液压缸缸体内部油液固体颗粒污染度等级不得高于 GB/T 14039—2002 规定的—/19/16。

2）液压缸的装配应符合 GB/T 7935—2005 中的 4.4 ~ 4.7 的规定。装配后应保证液压缸运动自如，所有对外连接螺纹、油口边缘等无损伤。

装配后，液压缸的活塞行程长度公差应符合 JB/T 10205 中表 9 的规定。

3) 外观要求　外观应符合 GB/T 7935—2005 中的 4.8~4.9 的规定。

缸的外观质量应满足下列要求：

a) 法兰结构的缸，两法兰结合面的径向错位量 ≤0.5mm。

b) 铸锻件表面应光洁，无缺陷。

c) 焊接应平整、均匀美观，不得有焊渣、飞溅物等。

d) 按图样规定的位置固定标牌。

e) 进出油口及外连接应采取适当的防尘及保护措施。

4) 涂层附着力　液压缸表面油漆涂层附着力控制在 GB/T 9286—1998 规定的 0~2 级之间。"

5. GB/T 37400. 10—2019《重型机械通用技术条件　第 10 部分：装配》中对装配的技术要求

（1）装配的一般要求

1) 进入装配的零件及部件（包括外协件、外购件）均应具有检验部门的合格证方能进行装配。

2) 零件在装配前应清理和清洗干净，不得有毛刺、飞边、氧化皮、腐蚀、切屑、油污、着色剂、防锈油和灰尘等。

3) 装配前应对零、部件的主要配合尺寸，特别是过盈配合尺寸及相关精度进行复查。经钳工修整的配合尺寸，应由检验部门复检。

4) 装配过程中的机械加工工序应符合 GB/T 37400.9 的有关规定；焊接工序应符合 GB/T 37400.3 的有关规定。

5) 除特殊要求外，装配前应将零件的尖角和锐边倒钝。

6) 装配过程中零件不准许磕碰、划伤和锈蚀。

7) 输送介质的孔要用照明法或通气法检查是否畅通。

8) 装配后无法再进入的部件要先涂底漆和面漆。油漆未干的零、部件不得进行装配。

9) 机座、机身等机器的基础件，装配时应校正水平（或垂直）。其校正精度，对结构简单、精度低的机器不低于 0.1mm/m，对结构复杂、精度高的机器不低于 0.05mm/m。

10) 具有相对运动的零、部件上各润滑点装配后应注入适量的润滑油（或脂）。

（2）装配部件的几何公差

在 GB/T 37400. 10—2019（JB/T 5000.10—2007）中给出了平面度、平行度、垂直度、倾斜度、水平度

和同轴度等装配部件的几何公差，与 GB/T 1184—1996 不一致，也没有查清其出处，以下几何公差暂按 GB/T 1184—1996 给出。

几何公差未注公差值见表 2-328~表 2-331。

表 2-328　直线度和平面度的未注公差值
（摘自 GB/T 1184—1996）

（单位：mm）

公差等级	基本长度范围					
	≤10	>10~30	>30~100	>100~300	>300~1000	>1000~3000
H	0.02	0.05	0.10	0.20	0.30	0.40
K	0.05	0.10	0.20	0.40	0.60	0.80
L	0.10	0.20	0.40	0.80	1.20	1.60

表 2-329　垂直度未注公差值
（摘自 GB/T 1184—1996）

（单位：mm）

公差等级	基本长度范围			
	≤100	>100~300	>300~1000	>1000~3000
H	0.20	0.30	0.40	0.5
K	0.40	0.60	0.80	1.00
L	0.60	1.00	1.50	2.00

表 2-330　对称度未注公差
（摘自 GB/T 1184—1996）

（单位：mm）

公差等级	基本长度范围			
	≤100	>100~300	>300~1000	>1000~3000
H	0.50			
K	0.60		0.80	1.00
L	0.60	1.00	1.50	2.00

表 2-331　圆跳动的未注公差
（摘自 GB/T 1184—1996）

（单位：mm）

公差等级	圆跳动公差值
H	0.10
K	0.20
L	0.50

说明：

① 圆度的未注公差等于标准的直径公差值，但不能大于径向圆跳动的未注公差值。

② 圆柱度的未注公差值不作规定。

③ 圆柱度误差由三部分组成：圆度、直线度和相对素线的平行度误差。

④ 由于圆度、直线度和相对素线的平行度同时受到尺寸公差的限制，因此它们综合形成的未注公差值应小于上述三种公差值的综合结果。

⑤ 为简单起见，可采用包容要求Ⓔ或注出圆柱度公差。

⑥ 同轴度的未注公差值未作规定。

⑦ 极限情况下，同轴度的未注公差值可以和圆跳动的未注公差值相等。

（3）装配连接方法——螺钉、螺栓连接

1）螺钉、螺栓和螺母紧固时不准许打击或使用不合适的拧紧工具。紧固后螺钉槽、螺母和螺钉、螺栓头部不应损坏。

2）图样或工艺文件中有规定拧紧力矩要求的紧固件，应采用力矩扳手并按规定的拧紧力矩紧固；未作规定拧紧力矩的紧固件，其拧紧力矩可参考表2-332。采用力矩扳手拧紧螺栓时可按下列步骤进行：

a）以 $T_A/3$ 值拧紧。

b）以 $T_A/2$ 值拧紧。

c）以 T_A 值拧紧。

d）以 T_A 值检查全部螺栓。

3）同一零件用多件螺钉（螺栓）紧固时，各螺钉（螺栓）需交叉、对称、逐步、均匀逐级拧紧。如有定位销，应从靠近该销的螺钉（螺栓）开始。

4）螺钉、螺栓和螺母紧固后，其支承面应与被紧固零件贴合。

5）双螺母紧固时，若两螺母厚度不相同时，薄螺母应置于厚螺母之内，薄螺母应按规定力矩要求拧紧，厚螺母则应施加较大的拧紧力矩。

6）螺母拧紧后，螺栓、螺钉末端应露出螺母端面2~3个螺距；采用拉伸预紧方式拧紧的螺栓，螺母拧紧后，螺栓末端应露出螺母端面的长度按照设计图样要求或不小于1个螺栓公称直径（d）。

7）沉头螺钉紧固后，沉头应低于表面1~2mm或按照设计图样要求。

8）严格按照图样及技术文件上规定性能等级的紧固件装配，不准许以低性能紧固件替代高性能的紧固件。

9）对于大直径重载预紧的螺母，在紧固时应在螺纹啮合部分涂防咬合剂。

表2-332　一般连接螺栓拧紧力矩

力学性能等级	螺纹规格 d/mm								
	M6	M8	M10	M12	M16	M20	M24	M30	M36
	拧紧力矩 T_A/N·m								
5.6	3.3	8.5	16.5	28.7	70	136.3	235	472	822
8.8	7	18	35	61	149	290	500	1004	1749
10.9	9.9	25.4	49.4	86	210	409	705	1416	2466
12.9	11.8	30.4	59.2	103	252	490	845	1697	2956

力学性能等级	螺纹规格 d/mm							
	M42	M48	M56	M64	M72×6	M80×6	M90×6	M100×6
	拧紧力矩 T_A/N·m							
5.6	1319	1991	3192	4769	6904	9573	13861	19327
8.8	2806	4236	6791	10147	14689	20368	29492	41122
10.9	3957	5973	9575	14307	20712	34422	41584	57982
12.9	4742	7159	11477	17148	24824	40494	49841	69496

注：根据QC/T 518—2013的规定，扭矩离散度±5%相当于拧紧精度等级Ⅰ级。但该标准不适用于采用弹簧垫圈或弹性垫圈的螺纹紧固件以及有效力矩型螺纹紧固。

（4）装配连接方法——键连接

1）平键装配时，不得配成阶梯形。

2）平键与轴上键槽两侧面应均匀接触，其配合面不得有间隙。钩头键、楔键装配后，其接触面积应不小于工作面积的70%，且不接触部分不得集中于一段。外露部分应为斜面的10%~15%。

3）花键装配时，同时接触的齿数不少于2/3，接触率在键齿的长度和高度方向上不得低于50%。

4）滑动配合的平键（或花键）装配后，相配件应移动自如，不得有松紧不匀现象。

（5）装配连接方法——黏合连接

1）黏合剂牌号应符合设计或工艺要求并采用在有效期限内的黏合剂。

2）被粘接的零件表面应做好预处理，彻底清除

油污、水膜、锈斑等杂质。

3）粘接时黏合剂应涂得均匀，固化的温度、压力、时间等应严格按工艺或黏合剂使用说明的规定执行。

4）粘接后清除流出的多余黏合剂。

注：1. 经比较，GB/T 37400.10—2019（本手册摘录部分）与 JB/T 5000.10—2007《重型机械通用技术条件　第10部分：装配》基本相同。

2. JB/T 5000.10—2007 被 JB/T 6134—2006、JB/T

11588—2013 等液压缸产品标准所引用。

6. QJ 2478—1993《电液伺服机构及其组件装配、试验规范》对装配技术的要求

（1）环境要求

产品计量、装配、试验场地的温度、相对湿度和洁净度应符合表 2-333 规定。

洁净室内洁净度级别应符合 QJ 2214 的规定。

表 2-333　液压件的装配环境要求

类别	温度/℃	相对湿度	洁净度级别/级	适 用 范 围
I	20±3	≤70%	100	精密偶件计量选配、滤芯加工、伺服阀装配
II	20±3	≤70%	10000	传感器和液压件装配；非全封闭产品调试、出厂检验
III	20^{+10}_{-5}	≤75%	100000	电机装配、调试、出厂检验、全封闭产品试验
IV	20±10	≤80%	—	型式试验、成品保管、保管期试验

注：非全封闭产品是指液压产品内腔向外敞开或外部设备与产品内部有工作液循环交换的产品。

（2）污染控制要求

1）计量、装配和试验场地的要求如下：

a. 现场的污染控制按表 2-333 洁净度级别要求。

b. 室内禁止干扫地面及进行产生切屑的加工，在I、II类环境内如需钎焊导线，应设立专门隔离间。

c. 进入室内的工作人员应穿戴长纤维织物工作服、帽和软底工作鞋，进入I、II类环境的工作人员还应事先清除身上的尘土，出室外不应穿工作服、帽和鞋。

d. 用卷边的绸布或其他长纤维织物作拭布，不得用棉纱擦拭零、组件及产品。

e. 装配及非全封闭产品调试用的量具、工具及夹具应有牢固的防锈层，以防止掉锈末、脱层、掉

渣等。

f. 定期取样分析污染物性质及来源，并采取针对性的措施。

2）所有投入装配的零、组件及外购成品件均应经过仔细的清洗，尤其是液压产品内腔、孔道和装于液压系统内腔的零、组件更应经过严格彻底的清洗。清洗效果由清洗方式和程序保证，最后目测检查零件及清洗液，不得有任何可见的切屑、灰尘、毛发及纤维等，其清洗程序、方法和要求如下：

a. 根据零件的特点，按表 2-334 规定的主要清洗程序进行清洗。

b. 清洗方式和要求按表 2-335 规定。

表 2-334　清洗程序

类别	清 洗 对 象	清 洗 程 序
I	凡图样上注明振动清洗的零件	启封→冲洗→振动清洗
II	凡图样上注明超声清洗的零件	启封→冲洗→超声清洗
III	具有较复杂内腔及深孔的较大零件	启封→冲洗→浸洗
IV	形状较复杂的零件	启封→冲洗→浸洗
V	一般零件	启封→浸洗
VI	封闭式轴承及带非金属材料的金属件	擦洗

表 2-335　清洗方式和要求

序号	清洗方式	清洗介质	介质相对过滤精度/μm	温度/℃	清洗时间/min	说　明
1	刷洗	煤油	—	稠油封：50~70 稀油封：室温	洗净为止	启封
2	冲洗		≤20	50~70	5	用工装将压力约为 1MPa 的煤油导入零件孔道内腔，冲洗机流量不小于30L/min

（续）

序号	清洗方式	清洗介质	介质相对过滤精度 /μm	温度 /℃	清洗时间 /min	说　明
3	振动清洗	汽油	≤7	室温	每次5	频率：45^{+5}_{0}Hz 幅值：0.7～1mm，一般不超过3次
4	超声清洗					设备功率与零件大小适应，调节至明显共振，至少洗2次
5	浸洗				洗净为止	至少分初（粗）洗和精洗两槽、各洗1次
6	擦洗	无水乙醇	≤10			适用于轴承、电气零件、橡胶塑料件清洗
		四氯化碳丙酮				适用于零件涂胶前除油及电器零、组件清洗

3）对零、组件及产品进行试验时所有液压、气动设备都应严格保持清洁。系统的名义过滤精度应优于10μm。油箱应设置防尘盖。小批量生产时，在每批投入试验前应清理设备，并取样检查工作介质的污染度。连续生产时，应定期（不超过3个月）取样检查工作介质污染度。工作介质固体颗粒污染度应符合GJB 420中5/A级要求，过滤器应符合4/A级要求，设备上过滤器滤芯累计工作时间不大于1000h。

4）加注到产品内部的工作介质应符合产品专有技术条件。加注设备应具有优于7μm的过滤能力（或用3个以上10μm的过滤器串联）。加注设备应定期（正常使用条件下不超过3个月）清理并检查污染度，其工作介质所含污染颗粒应符合5/A级的要求。

（3）防锈要求

1）计量、装配、调试及零、组件存放场地的要求。

① 按表2-333要求严格控制相对湿度。

② 场地不得存放酸、碱等化学物品，尽量远离一切可能析出腐蚀性气体的处所。

③ 需用净化压缩空气的地方应装油水分离器，并需定期放掉油和水；每个工作班前经白纸检查，无水和无油方可使用。一般油水分离器每半年至少更换一次毛毡和活性炭。

2）装配与调试的要求。

① 无镀层的钢铁精密零、组件在脱封状态下不得超过2h。

② 计量、清洗、装配、调试过程拿取零、组件时应戴绸布手套。若戴手套不便于操作，可以不戴，但在操作前必须洗手，并保持干燥、洁净。

③ 启封后，若零。组件存放超过3d，应予以短期油封或封存，其要求如下：

a. 零、组件应按2.17.1节中6.（2）2）的规定仔细清洗并充分干燥（用60～70℃的热压缩空气吹干或在50～60℃烘箱内烘30～40min），然后再油封或封存。

b. 小型精密零、组件的油封用浸泡法，即浸泡在盛有经脱水后的工作液的容器内，并加盖密封，油封期为3d。其他零、组件在55～60℃防锈油中浸5～10s，油封期为3d。

短期油封可在防锈油与煤油配比为1∶4的防锈油液中冷浸5～10s，油封期为3个月；

c. 不适宜油封的电气零、组件应置于干燥器内密闭封存。容器内同时放入经干燥处理过的防潮砂（1kg/m³）及防潮砂指示剂（或指示纸）。

④ 阳极化的铝合金件、不锈钢件、镀铬或镀镍的钢件，以及全部有涂层的金属件在3个月内可不油封。

⑤ 液压产品装配、调试过程中，其油腔处于无油状态的存放时间不允许超过24h。液压产品装配、调试完成后，应及时灌入新的工作液进行封存。其他产品需要油封的部位，应按第③条的规定予以短期油封或封存。

⑥ 经启封、清洗后的液压零、组件应在含3%～7%工作液的汽油（或含3%～7%的工作液的最后清洗介质）中浸洗5～10s，其他零、组件（轴承及不允许沾油的零、组件除外）在清洗后应在含3%～7%防锈油的汽油中浸洗5～10s，然后用干净的压缩空气吹干或自然晾干。

⑦ 生产中正在使用的清洗介质、防锈油（防锈

脂）以及试验设备中的工作液应定期取样送检，应无水分、杂质、酸碱反应（防锈油应无氯离子及硫酸根离子），其酸值应符合表 2-336 规定。

当连续生产时，送检周期定为 3 个月，若生产间断 2 个月以上，投入生产前应取样送检。

表 2-336 介质酸值

品种		粗洗汽油	精洗汽油	防锈油（防锈脂）	工作液
酸值	mgKOH/g	<3.6	<1.2	<1	<0.5

3）成品的要求。

① 产品外部无镀层、涂层和阳极化层的部位允许刷涂一层防锈油（或防锈脂）。

② 包装箱应采取防尘措施，并放入经干燥处理过的防潮砂（$1kg/m^3$）及防潮砂指示剂（或指示纸）。

（4）装配要求

1）装配前应按以下要求复检：

a. 零、组件的制造应符合 QJ 1499 的要求，并无碰伤、划伤及表面处理层破坏。

b. 零、组件经清洗后，目测检查应无任何可见污物。

c. 橡胶密封件及橡胶金属件无分层、脱粘、龟裂、起泡、杂质、划伤等缺陷。

d. 合格证应与实物相符。零、组件保管期及传感器校验期应在规定期限内。

2）装配前橡胶件应在工作液内浸泡 24h。装配时应采取措施防止密封件划伤和切伤。

尽管"装配前橡胶件应在工作液内浸泡 24h。"来源于 QJ 2478—1993 的规定，但作者认为其适用性有问题。建议在液压缸装配中不要应用这种工艺。

3）液压产品及其组件装配时，零件表面应事先沾工作液。

4）装配时，螺纹连接部分（与工作介质接触者除外）应在外螺纹表面涂符合 SY 1510 的特 12 号润滑脂。

5）装配试验时，允许因工装、夹具或螺纹拧合使装配件表面处理层局部产生轻微破坏，但不允许使基体金属受到损坏。

6）产品分解下来的弹簧卡圈、弹簧垫圈、鞍形弹性垫圈、波形弹性垫圈和密封件（包括氟塑料挡圈、密封垫片）等，在重新装配时不允许继续使用，必须更换新的零件。

7）产品配套应保证零。组件有互换性（图样中注明选配者除外），组装后不允许在产品上进行切削

加工。

8）电子产品的装配、试验以及导线的钎焊、安装应按 QJ 165 和专用技术条件的规定。

9）电连接器内部的导线束应用尼龙或麻线扎紧，导线束有防波金属网套时，该套与金属基体应可靠导通。

10）产品活动部分应运动平稳，无滞涩、无爬行等。

11）动平衡、过速试验应按专用技术要求的规定。

2.17.2 液压缸装配具体技术要求

1. 装配准备

1）根据生产指令，准备好图样、技术文件和作业指导文件。

2）应根据装配批量，按装配图明细栏或明细表所列一次性备齐所有零、部件。

3）复检零、部件的主要配合尺寸，当采用分组选配法装配的可就此对零部件进行分组；检查外协、外购件合格证，保证所有进入装配的零、部件为在有效使用期内的合格品。

4）可调行程缸的行程调节机构的工作应灵敏可靠，并达到精度要求。

5）主要零、部件的工作表面和配合面不允许有锈蚀、划伤、磕碰等缺陷。全部密封件（含防尘密封圈、挡圈、支承环等）不得有任何损伤。

6）各零件装配前应去除毛刺、图样未示出的锐角、锐边应圆滑倒钝。

7）认真、仔细清洗各零、部件，并达到清洁度要求，但一般不包括密封件。

8）清洗过的零、部件应干燥后才能进行装配，并应及时装配；不能及时装配的零、部件应采用塑料布（膜）包裹或覆盖。

9）对装配用工具、工艺装具、低值易耗品等做好清点、登记。

2. 装配

（1）密封件装配的一般技术要求

密封件的功能是阻止泄漏或使泄漏量符合设计要求，合理的装配工艺和方法，可以保障密封件的可靠性和耐久性（寿命）。

1）按图样检查各零部件，尤其各处倒角、导入倒角、倒圆（钝），不得有毛刺、飞边等，各配（偶）合件及密封件沟槽表面不得留有刀痕（如螺旋纹、横刀纹、颤刀纹等）、划伤、磕碰伤、锈蚀等。

2）装配前必须对各零部件进行认真、仔细地清

洗，并吹干或擦干，尤其各密封件沟槽内不得留有清洗液（油）和其他残留物。

3）清洗后各零部件应及时装配；如不能及时装配，应使用塑料布（膜）包裹或覆盖。

4）按图样抽查密封件规格、尺寸及表面质量，并按要求数量一次取够；表面污染（如有油污、杂质、灰尘或沙土等）的密封件不可直接用于装配。

5）装拆或使用过的密封件一般不得再次用于装配，尤其像O形圈、同轴密封件、防尘密封圈以及支承环（进行预装配除外）、挡圈等。

6）各配（偶）合表面在装配前应涂敷适量的润滑油（脂）。

7）装配时涂敷的润滑油（脂）不得含有固体颗粒或机械杂质，包括如石墨、二硫化钼润滑脂，最好使用密封件制造商指定的专用润滑油（脂）。

8）橡胶密封件最好在23℃±2℃～27℃±2℃温度下进行装配；低温贮存的密封件必须达到室温后才能进行装配；需要加热装配的密封件（或含沟槽零件）应采用不超过90℃液压油加热，且应在恢复到室温并冷却收缩定型后进行装配。

9）各种密封件在装配时都不得过度拉伸，也不可滚动套装，或者采取局部强拉、强压，扭曲（转）、折叠、强缩（挤）等装配密封件。

10）对零部件表面损伤的修复，不允许使用砂纸（布）打磨，可采用细油石研磨，并在修复后清理干净。

11）不得漏装、多装密封件，密封件安装方向、位置要正确，安装好的各零部件要及时进行总装。

12）总装时，如活塞或缸盖（导向套）等需通过油（流）道口、键槽、螺纹、退刀槽等，必须采取防护措施，保护密封（零）件免受损伤。

13）总装后应采用防尘堵（帽）封堵元件各油口，并要清点密封件、安装工具，包括专用工具及其他低值易耗品，如机布等。

（2）O形圈装配的技术要求

1）应保证配（偶）合件的轴和孔有较好的同轴度，使圆周上的间隙均匀一致。

2）装配过程中，应防止O形圈擦伤、划伤、刮伤，装入孔口或轴端时，应有足够长的导锥（导入倒角），锥面与圆柱面相交处倒圆并要光滑过渡。

3）O形圈装配如需要通过油孔、螺纹、退刀槽、弹性挡圈沟槽或其他密封沟槽等可能将其划伤、切伤、挤伤等部位时，应采用必要的防护措施，如塞堵、填平、遮挡、隔离等，以保证O形圈在装配过程中不受损伤。必要时应设计、制作、使用专门的装配工具。

4）应先在沟槽中涂敷适量润滑脂，再将O形圈装入。装配前，各配（偶）合面应涂敷适量的润滑油（脂）；装配后，配合件应能活动自如，并防止O形圈扭曲、翻滚。

5）拉伸或压缩状态下安装的O形圈，为使其预拉伸或预压缩后截面恢复成圆形，在O形圈装入沟槽后，应放置适当时间再将配（偶）合件装合。

6）O形圈装拆时，应使用装拆工具。装拆工具的材料和式样应选用适当，端部和刃口要修钝，禁止使用钢针类尖而硬的工具挑动O形圈，避免使其表面受伤。

7）装拆或使用过的O形圈和挡圈不得再次用于装配。

8）保证O形圈用挡圈与O形圈相对位置正确。

（3）唇形密封圈装配的技术要求

1）检查密封圈的规格、尺寸及表面质量，尤其各唇口（密封刃口）不得有损伤等缺陷；同时检查各零部件尺寸和公差、表面粗糙度、各处倒（导）角、圆角，不得有毛刺、飞边等。

特别强调，应清楚区分活塞和活塞杆密封圈，尤其孔用Yx形密封圈和轴用Yx形密封圈。

2）在装配唇形密封圈时，必须保证方向正确；使用挡圈的唇形密封圈应保证挡圈与密封圈相对位置正确。

3）安装前，配（偶）合件表面应涂敷适量润滑油（脂），密封件沟槽中涂敷适量润滑脂，同时唇形密封件唇口端凹槽内也应填装润滑脂，并排净空气。

4）安装唇形密封圈一般需采用特殊工具，拆装可按密封件制造商推荐型式制作。如唇形密封圈安装需通过油孔、螺纹、退刀槽或其他密封件沟槽时，必须采取专门措施保护密封圈免受损伤，通常的做法是通过处先套装上一个专门的套筒，或者在密封件沟槽内加装3（4）瓣卡快。

5）需要加热装配的唇形密封圈（或含沟槽零件）应采用不超过90℃液压油加热，且应在恢复到室温并冷却定型后与配（偶）合件进行装配；不能使用水加热唇形密封圈，尤其聚氨酯和聚酰胺材料的密封件。

6）V形密封圈的压环、V形圈（夹布或不夹布）、支撑环（弹性密封圈）一定要排列组合正确，且在初始调整时不可调整得太紧。

7）一般应在只安装支承环后进行一次预装配，检验配（偶）合件同轴度和支承环装配情况，并在有条件的情况下，检查活塞和活塞杆的运动情况，避

免出现刚性干涉情况。

8）装配后，活塞和活塞杆全行程往复运动时，应无卡滞和阻力大小不匀等现象。

（4）同轴密封件装配的技术要求

同轴密封件是塑料圈与橡胶圈组合在一起并全部由塑料圈作摩擦密封面的组合密封件，所以需要分步装配。

其中的橡胶圈需首先装配，具体请参照上文 O 形圈装配的技术要求。

1）用于活塞密封的同轴密封件塑料圈一般需要加热装配，宜采用不超过 90℃ 液压油加热塑料圈至有较大弹性和可延伸性时为止。有可能需要将活塞一同加热，这样有利于塑料环冷却收缩定型。

2）用于活塞密封的同轴密封件塑料圈装配一般需要专用安装工具和收缩定型工具，其可按密封件制造商推荐型式制作使用。

如需经过其他密封件沟槽、退刀槽等，最好在安装工具上一并考虑。

塑料圈定型工具与塑料圈接触表面的粗糙度要与配合件表面粗糙度相当。

3）加热后装配的同轴密封件必须与活塞一起冷却至室温后才能与缸体（筒）进行装配；如活塞杆用同轴密封采用了加热安装，也必须冷却至室温后才能与活塞杆进行装配。

4）用于活塞杆密封的同轴密封件塑料圈也可加热后装配，但装配前将塑料圈弯曲成凹形，装配后一般需采用锥芯轴定型工具定型。应注意经常出现的问题是，首先漏装橡胶圈，其次是塑料圈安装方向错误，如阶梯形同轴密封件就是单向密封圈，安装时有方向要求。

5）活塞装入缸体（筒）、活塞杆装入导向套或缸盖前，必须检查缸体（筒）和活塞杆端导入倒角的角度和长度，其锥面与圆柱面相交处必须倒圆并要光滑过渡，且达到图样要求的表面粗糙度。

6）一组密封件中一般首先安装同轴密封件。

7）注意润滑，严禁干装配。

（5）支承环装配的技术要求

现在经常使用的支承环是由抗磨的塑料材料制成的环，对液压缸的活塞或活塞杆起支承作用，避免相对运动的金属之间的接触、碰撞，起径向支承及（轴向）导向作用。

支承环在一定意义上可认为是非金属轴承。

1）按图样检查沟槽尺寸和公差，尤其是槽底和槽棱圆角；有条件的情况下应进行预装配，检验各零部件的同轴度及运动情况。

如液压缸端部设有缓冲装置，必须检查缓冲柱塞是否与缓冲孔发生干涉、碰撞。

2）切口类型支承环需按 GB/T 15242.2—2017 规范性附录 A 切口并取长，但支承环的切口宽度一般不能小于规定值。

3）批量产品应制作支承环预定型工具。

4）一组密封件中一般最后安装支承环，一组密封件中如有几个支承环，其切口位置应错开安装。

5）采用在沟槽内涂敷适量润滑脂办法粘接固定支承环，注意涂敷过量的润滑脂反而不利于粘接固定支承环。

6）活塞装入缸体（筒）前，必须检查缸体（筒）端导入倒角的角度和长度，其锥面与圆柱面相交处必须倒圆并要光滑过渡，且达到图样要求的表面粗糙度。否则，在安装活塞时最有可能的是支承环首先脱出沟槽。

7）应该按照安装轴承的精细程度安装支承环，且不可采用锤击、挤压或砂纸（布）磨削等方法减薄支承环厚度，或者采取在沟槽底面与支承环间夹持薄片（膜）减小配（偶）合间隙。

8）除用于进行预装配外，其他情况下使用过的支承环不可再次用于装配。

（6）其他装配技术要求

1）根据图样和技术文件，保证液压缸各零、部件位置正确。

2）所有连接螺纹应按设计要求的力矩拧紧；有规定的按规定执行，如缸头与缸筒螺纹连接时 CD250、CD350 系列重载液压缸螺钉紧固力矩（见表 2-337）；未作规定的可参考表 2-316（细牙螺栓或螺母）和表 2-332（粗牙螺栓、螺钉和螺母）。

3）重要的固定接合面应紧密贴合；任何安装或连接在液压缸上的元件都应牢固。

4）装配后应保证液压缸运动自如，尤其设计有端部缓冲柱塞的不能出现运动干涉、碰撞现象；所有对外连接螺纹、油口边缘等无损伤。

5）除特殊规定外，一般液压缸的活塞行程长度公差应符合 JB/T 10205 中表 9 的规定。

6）带有行程定位或限位装置的液压缸，其行程定位或限位偏差应符合技术（精度）要求或相关标准规定。

7）液压缸表面应整洁，圆角平滑自然，焊缝平整，不得有飞边、毛刺。

8）标牌应清晰、正确，安装应牢固、平整。

9）液压缸表面涂漆应符合 JB/T 5673 的规定，面漆颜色可根据用户要求决定。活塞杆、定位阀杆表

表 2-337　缸头与缸筒螺纹连接时 CD250、CD350 系列螺钉紧固力矩

系列	活塞直径/mm	40	50	63	80	100	125	140	160	180	200	220	250	280	300
CD 250	头部和底部/N·m	20	40	100	100	250	490	490	1260	1260	1710	1710	2310	2970	2970
	密封盖/N·m	—	—	—	—	—	30	30/60	60	60	60	250	250	250	250
CD 350	头部和底部/N·m	30	60	100	250	490	850	1260	1260	1710	2310	2310	3390	3850	4770
	密封盖/N·m	—	—	—	—	—	60	100	100	250	250	250	250	250	250

注：此表摘自参考文献［99］中表 21-6-55，但与《博世力士乐重工业液压产品样本》（第二册）第 737 页给出的 CDH2/CGH2 系列液压缸的头部和尾部以及密封盖紧固螺钉的拧紧扭矩不同。

面、进出油口外加工表面和标牌上不应涂漆。镀层应均匀光亮，不得有起层、起泡、剥落或生锈等现象。

10）一般液压缸缸体内部油液固体颗粒污染等级不得高于 GB/T 14039—2002 规定的—/19/16；伺服液压缸缸体内部油液固体颗粒污染等级不得高于 GB/T 14039—2002 规定的 13/12/10。

11）液压缸支承部分等其他外露加工面上应有防锈措施。

12）液压缸外露油口应盖以耐油防尘盖，活塞杆外露螺纹和其他连接部位加保护套。

13）保证密封性能（含最低压力起动性能）符合技术要求。

14）清点装配用工具、工艺装具、低值易耗品等，不允许有图样和技术文件中没有的垫片，以及其他物品安装在或装入液压缸的部装或总装中，保证没有漏装零件。

（7）几点说明

1）除"装配后应保证液压缸运动自如"这种表述外，进一步可参见第 2.18 节。

2）关于标牌（铭牌）的技术要求在其他标准中还有以下更为具体的规定：应在液压缸上适当且明显位置做出清晰和永久的标记或标牌或按图样规定的位置固定预制标牌，标牌应清晰、正确、平整。进一步可参见第 2.16 节。

3）螺纹连接的应采取适当的防松（防止螺纹副的相对转动）措施。如采用紧定螺钉防松的，其紧定螺钉自身也应采取防松措施，如涂胶黏剂防松（但应注意选用与液压缸工作温度范围相适应的胶黏剂）；螺杆上需要（配作）固定螺钉孔的，可参考 JB/T 4251—2006《轴上固定螺钉用孔》。

4）必要时，在装配后应对（新设计的）液压缸

进行在 GJB 150.18A—2009 中规定的程序Ⅵ—工作台操作试验，具体请见第 5.6.8 节。

5）关于液压缸及其密封件装配还可参考 GB/T 37400.10—2019 中第 6.7 条，但其中的一些要求不适用于液压缸。

3. 密封件装配工具

（1）O 形圈安装工具（见图 2-166）

（2）活塞密封用同轴密封件安装工具

三件套活塞密封用同轴密封件安装工具如图 2-167 所示。

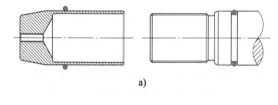

a)

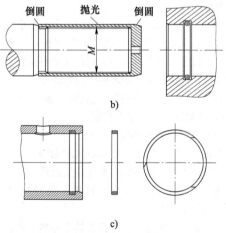

b)

c)

图 2-166　O 形圈安装工具

a) 过渡外螺纹护套Ⅰ　b) 过渡外螺纹护套Ⅱ　c) 过渡卡键槽填块

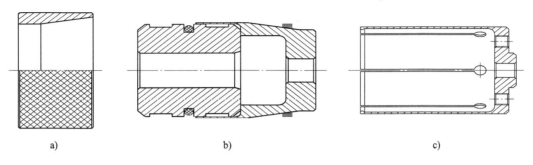

图 2-167　活塞密封用同轴密封件安装工具

a）定型套　b）胀芯套　c）推涨套

2.18　液压缸运行的技术要求

液压缸试运行和/或运行的技术要求在液压缸相关标准中表述各不相同，具体请见表 2-338。

液压机（械）关于空运转一般也都给出了技术要求，其中如 JB/T 12996.2—2017 中就有："压头和工作台在运行中不得有卡阻、爬行和跳动等现象"这样的表述。

综合考虑上述各项标准，出厂试验合格的液压缸的起动、运行状态（况）应按表 2-339 描述。在条件允许的情况下，还应按标准规定进行高温、高压及它们组合工况下的运行试验，试验结果应符合标准规定。

液压缸通常只是液压系统中的一个元件或液压机（械）中的一个部件，液压缸试运行和/或运行必须满足液压机（械）的技术条件，具体请见第 4 章。

表 2-338　液压缸试运行和/或运行的技术要求

序号	标　准	要　求
1	GB/T 13342—2007	工作介质温度为−15℃时，液压缸应无卡滞现象
2	GB 25974.2—2010	液压缸空载，全行程伸缩不应有涩滞、爬行和外泄漏
3	CB/T 3812—2013	在公称压力下，被试缸（最低稳定速度试验）以 8~10mm/s 的速度，全行程动作 2 次以上，不得有爬行等异常现象
4	JB/T 1829—2014	移动、转动部件装配后，运动应平稳、灵活、轻便，无阻滞现象
5	JB/T 3018—2014	液压驱动液压缸在规定的行程、速度范围内（运行），不应有振动、爬行和停滞现象，在换向和泄压时不应有影响正常工作的冲击现象。带支承环密封结构的液压缸，其支承环应松紧适度和锁紧可靠。以自重快速下滑的运动部件（包括活塞、活动横梁或滑块等）在快速下滑时不得有阻滞现象
6	JB/T 6134—2006	液压缸在空载和有载运行时，活塞的运动应平稳，不得有爬行等不正常现象
7	JB/T 9834—2014	在试运行中，活塞运动均匀，不得有爬行、外泄漏等不正常现象
8	JB/T 10205—2010	液压缸在低压试验过程中，液压缸应无振动或爬行
9	JB/T 11588—2013	液压缸动负荷试验在用户现场进行，观察动作是否平稳、灵活
10	JB/T 13141—2017	在额定试验条件下，活塞运行应均匀，无爬行、外泄漏等不正常现象
11	QC/T 460—2010	进行试运转试验时，液压缸的运动必须平稳，不得有外泄漏等不正常现象，且应符合该标准规定的起动压力
12	QJ 2478—1993	产品活动部分应运动平稳，无滞涩、无爬行等
13	DB44/T 1169.1—2013	活塞直径 500~1000mm 时，其偏摆值不得大于 0.05mm

注：关于描述液压缸运行状态（况）（或活动部分）使用的"卡滞""阻滞""停滞""涩滞"和"滞涩"等在 GB/T 17446—2012 中都没有被界定，但应属于同义词。

表 2-339　合格的液压缸起动、运行状态（况）描述

序号	状　态	条　件	描　述
1	起动	在（最低）起动压力下	平稳、均匀，偏摆不大于规定值
2	运行	在最低稳定速度下	平稳、均匀，无爬行，无振动，无卡滞，偏摆不大于规定值
3	运行	在低压下	平稳，无爬行，无振动，无卡滞，偏摆不大于规定值
4	运行	在低温下	平稳，无爬行，无振动，无卡滞，偏摆不大于规定值
5	运行	在有载工况下	平稳、灵活，无卡滞，偏摆不大于规定值
6	运行	在动负荷工况下	平稳、灵活，无卡滞，偏摆不大于规定值

注：液压缸对缓冲性能有要求的，还应有"当行程到达终点时应无金属撞击声"这样的描述。

第3章 液压缸的制造

3.1 液压缸加工制造常用机器设备

3.1.1 概述

本节主要介绍金属切削机床，金属切削机床可分为通用机床、专门化机床、专用机床和组合机床等。液压缸加工制造常用金属切削机床有车床、铣床、钻床、镗床、磨床、锯床、螺纹加工机床（管螺纹车床）以及加工中心等。现在数控机床已经普遍应用，数控机床是按根据加工要求预先编制的程序，由控制系统发出数字信息指令对工件进行加工的机床。主要有数控液压缸车床、数控刮削滚光机床、数控深孔珩磨机床、立式内圆珩磨机、外圆磨床的型式与参数、技术条件、精度检验等。机床的型式与参数决定了其主要用途，且一般限定了可加工的工件以及其大小和形状乃至表面质量，是选择工件制造方法、确定工件机械加工工艺的主要依据，同时也是使工件制造的可行性和经济性得以实现的重要保证；机床的技术条件不但是机床制造与验收的根据，也是当机床或产品出现问题时排查原因的依据；机床的几何精度、定位度和重复定位精度、工作精度的要求、检验方法及相应的公差是判断工件机械加工工艺是否合理的主要根据。工件加工时的精度一般不可能超过机床工作精度检验时试件可以达到的精度。

一些机床是液压驱动的机床，其技术条件中对液压系统及液压缸等或有明确的要求，因此可作为该机床用液压缸设计制造的依据。这些液压传动的手动或自动控制的线性轴线的定位精度和重复定位精度检验也可作为比例/伺服控制液压缸检验的参考。

3.1.2 数控液压缸车床

在 JB/T 13092.1—2017《数控油缸车床 第 1 部分：精度检验》中规定了数控液压缸车床的几何精度、定位精度和重复定位精度、工作精度的要求、检验方法及相应的公差；在 JB/T 13092.2—2017《数控油缸车床 第 2 部分：技术条件》中规定了数控液压缸车床的制造与验收的要求，适用于床身上最大回转直径至 1250mm、最大工件长度至 5000mm 的数控液压缸车床（以下简称机床）。

1. 主参数的尺寸范围

机床主参数分为三个尺寸范围，见表 3-1。

表 3-1 主参数的三个尺寸范围

（单位：mm）

主参数	范围 1	范围 2	范围 3
床身上最大回转直径 D	$D \leqslant 500$	$500 < D \leqslant 800$	$800 < D \leqslant 1250$

2. 结构型式

机床结构型式如 JB/T 13092.1—2017 中图 1 所示，其中包括：床身、拖板、刀架、副主轴、中心架、工件托架、主轴。

3. 技术要求

1）JB/T 13092.2—2017 是对 GB/T 9061—2006《金属切削机床 通用技术条件》、GB/T 25373—2010《金属切削机床 装配通用技术条件》、GB/T 25376—2010《金属切削机床 机械加工件通用技术条件》的具体化和补充。按 JB/T 13092.2—2017 验收机床时，应同时对上述标准中未经 JB/T 13092.2—2017 具体化的其余有关验收项目进行检验。

2）验收机床时，应按 GB/T 25372—2010《金属切削机床 精度分级》规定的 V 级精度机床的要求考核。

4. 附件和工具

1）为保证机床的基本性能，应随机供应表 3-2 所列的附件和工具。

表 3-2 随机供应的附件和工具

名称	单位	数量	用途
卡盘、卡爪、硬爪	套	1	夹紧工件用
镗刀、镗刀座、镗刀杆	套	1	加工工件用
地脚螺栓、螺母、调整垫铁	套	1	调整机床水平用

2）扩大机床使用性能的特殊附件，根据用户要求按技术协议供应。

5. 安全卫生

1）机床电气系统的安全应符合 GB 5226.1—2008（已被 GB/T 5226.1—2019 代替）的规定。

2）机床液压系统的安全应符合 GB/T 23572—2009 的规定。

3）机床润滑系统的安全应符合 GB/T 6576—2002 的规定。

4）机床气动系统应符合 GB/T 7932—2003（已被 GB/T 7932—2017 代替）的规定。

5）床鞍移动和横滑板移动应设有固定撞块或限位开关等限位保护装置，并应在允许的最高进给速度及快速移动时仍能可靠地限位。

6）机床在加工工件时有切屑和切削液飞溅的部位，为防止切屑的伤害和切削液的玷污，应设置防护装置。

7）紧急停止按钮在完成紧急停止动作后，不应自动恢复功能。

8）导轨等容易被尘屑磨损的部位应有安全防护装置。

9）在加工过程中遇突然停止供电、供油、供气以及液压、气动夹紧装置的压力下降时，液压、气动和电动夹紧装置应能可靠地夹持工件。

10）进给传动的过载离合器应在设定的过载扭矩时安全脱开，并要求动作灵活、可靠。

11）机床运转时不应有不正常的尖叫声和不规则的冲击声。按 GB/T 16769—2008（已废止）的规定检验机床的噪声，在不带工件的条件下按各级转速进行噪声测量，机床噪声声压级不应超过表 3-3 的规定。

表 3-3 噪声限值

机床质量/t	≤10	>10
噪声声压级/dB（A）	83	85

12）上述未规定的安全检验项目还应符合 GB 15760—2004《金属切削机床 安全防护通用技术条件》、GB 22997—2008《机床安全 小规格数控车床与车削中心》、GB 22998—2008《机床安全 大规格数控车床与车削中心》的规定。

6. 加工与装配质量

1）床身、床鞍、滑板、主轴箱等为重要铸件，在粗加工后应进行时效处理。

2）床身与主轴箱导轨副、床身与床鞍导轨副、床鞍与滑板导轨副、中心架体与副主轴导轨副为重要导轨副，应采用耐磨铸铁、镶钢导轨、注塑导轨、贴塑导轨或采用感应淬火等耐磨措施。

3）焊接件应符合 GB/T 23570—2009 的规定，重要的焊接构件要进行无损检测，不应有裂纹。

4）下列结合面按重要固定结合面的要求考核：

① 床身与底座的结合面。

② 床身与床身的结合面。

5）下列结合面按"特别重要固定结合面"的要求考核：

① 主轴箱与床身的结合面。

② 钢导轨与底座、副主轴导轨与底座、副主轴导轨与中心架座体的结合面。

③ 直线滚动导轨与其相配的固定结合面。

④ 刀架体与横滑板的结合面。

⑤ 刀盘与端齿盘、端齿盘与刀架体的结合面。

⑥ 滚珠丝杠托架与床身、滚珠丝杠托架与床鞍的结合面。

⑦ 副主轴与副主轴底板的结合面。

⑧ 中心架与中心架座体的结合面。

6）下列导轨副按"滑动导轨"的要求考核：

① 床身与床鞍导轨副。

② 床鞍与横滑板导轨副。

7）下列导轨按"移置导轨"的要求考核：

① 副主轴与床身导轨副。

② 中心架座体与床身导轨副。

8）滑动、移置导轨表面除应按 GB/T 25375—2010《金属切削机床 结合面涂色法检验及评定》中的 V 级精度做涂色法检验外，还应用 0.04mm 塞尺检验。塞尺在导轨、镶条、压板端部的滑动面间插入深度不应大于表 3-4 的规定。

表 3-4 塞尺插入深度

机床质量/t	≤10	>10
塞尺插入深度/mm	20	25

9）直线导轨的安装基面应符合设计文件的规定，直线导轨的装配质量应符合设计文件的要求。

10）滚珠丝杠的装配质量应符合设计文件和工艺文件的规定。滚珠丝杠的轴向窜动不应大于 0.005mm。

11）高速旋转的主轴组件，装配后应进行动平衡试验和校正，平衡品质等级为 G2.5。允许剩余不平衡量按公式（3-1）计算。

$$U = \frac{75 \times 10^3 m}{\pi n} \tag{3-1}$$

式中　U ——允许剩余不平衡量，单位为 g·mm；

　　　m ——主轴组件的质量，单位为 kg；

　　　n ——转动体最高转速，单位为 r/min。

12）端齿盘定位销、主轴定位销、滚珠丝杠托架定位销锥面的接触长度不少于锥销工作长度的 60%，并应均布在接缝的两侧。

13）按 GB/T 25374—2010 的规定检验机床的清

洁度。主轴箱及液压油箱内部清洁度按重量法进行检验，其单位体积中污物的质量，主轴箱不应超过 400mg/L；液压油箱不应超过 150mg/L。其他部位按目测、手感法检验，不应有明显污物。

7. 空运转试验

（1）温升试验

机床的主运动机构应从最低速起按各级转速依次运转（无级变速机构做低、中、高速运转），每级速度的运转时间应不少于 2min，在最高速度时运转时间不少于 1h，使主轴轴承达到稳定温度。检查主轴轴承的温度和温升，温度不应超过 70℃，温升不应超过 40℃。

（2）主运动和进给运动的检验

1）对各线性轴线上的运动部件，分别用低、中、高和快进给速度进行空运转试验，其运动应平稳、可靠，高速时无振动，低速时无明显爬行现象。

2）主轴转速和进给速度的实际偏差，不应超过指令值或标牌指示值的±5%。

（3）功能试验

1）用按键、开关或人工操纵对机床进行下列动作试验，试验其动作的灵活性和可靠性。

① 任选一种主轴转速，起动主轴进行正转、反转、停止（包括制动）的连续操纵试验，连续操纵不少于 10 次。

② 主轴做低、中、高转速的变换试验。

③ 任选一种进给速度（或进给量），将起动、进给和停止动作连续操纵，在 Z 轴、X 轴的全部行程上，做工作进给和快速进给试验。Z 轴和 X 轴快速进给试验可以在大于 1/2 全行程上进行。正、反向连续操纵不少于 7 次。

④ 在 Z 轴、X 轴全部行程上，做低、中、高进给速度（或进给量）的变换试验。

⑤ 用手摇脉冲发生器或以单步做溜板、滑板的进给试验。

⑥ 用手动或机动使尾座和尾座套筒在其全部行程上做移动试验。

⑦ 有锁紧机构的运动部件，在其全部行程的任意位置上做锁紧试验，倾斜和垂直导轨的滑板，切断动力后不应下落。

⑧ 排屑装置进行运转试验。

⑨ 进行数字控制装置的各种指示灯、控制按钮、DNC 通信传输设备和温度调节装置等功能试验。

⑩ 进行机床的安全、保险、防护装置功能试验。

⑪ 液压、润滑、冷却系统做密封、润滑、冷却性能试验，要求调整方便，动作灵活，润滑良好，冷却充分，各系统无渗漏现象。

2）用数控指令对机床做下列动作试验，试验其动作的灵活性和可靠性。

① 主轴进行正转、反转、停止及变换转速试验（有级变速机械做各级转速转换试验，无级变速机械做低、中、高转速变换试验）。

② 进给机构做低、中、高进给速度（进给量）及快速进给变换试验。

③ 回转刀架进行各种转位试验。

④ 试验进给坐标的超程保护、手动数据输入、坐标位置显示、回基准点、程序序号指示和检索、程序暂停、程序结束、程序消除、单独部件进给、直线插补、圆弧插补、直线切削循环、锥度切削循环、螺纹切削循环、圆弧切削循环、刀具位置补偿、螺距补偿、间隙补偿等功能的可靠性和动作的灵活性。

（4）空运转功率试验（抽查）

主传动系统空运转功率应符合设计文件的规定。

（5）空运转时间

用数控程序在全部功能下模拟工作状态做不切削连续空运转试验，机床在整个运转过程中不应发生故障。连续空运转时间为 36h，每个循环时间不超过 15min，每个循环之间休止时间不应超过 1min。

8. 负荷试验

（1）主传动系统最大扭矩试验和最大切削抗力试验

1）试验方法。用强力车削外圆的方式进行试验。用切削测力计进行测量时，扭矩按式（3-2）计算，用功率表（或电流表和电压表）、转速表测量时，扭矩按式（3-3）计算，切削抗力的主分力按式（3-4）计算。按主分力和刀具角度确定机床切削抗力。

$$T = Fr \tag{3-2}$$

$$T \approx \frac{9550(P - P_0)}{n} \tag{3-3}$$

$$F \approx \frac{9550(P - P_0)}{rn} \tag{3-4}$$

式中　T——扭矩，单位为 N·m；

F——切削抗力的主分力，式（3-2）中的 F 为用切削测力计测量的切削抗力，单位为 N；

r——工件的切削半径，单位为 m；

P——切削时电动机的输入功率（指电网输给电动机的功率），单位为 kW；

P_0——机床装有工件时空运转功率（指电网输给电动机的功率），单位为 kW；

n——主轴转速，单位为 r/min。

2）试验条件。刀具材料、型式、切削用量等按制造商的规定。

试件材料：45 钢。

试件尺寸：试件直径 $D \leqslant D_a/2$，试件长度 $L = D_a/4$（D_a 为最大车削直径）。

（2）主传动系统最大功率试验（抽查）

1）试验方法。在机床主轴恒功率转速范围内，采用车削外圆的方式进行试验，考核机床承受设计规定的最大功率的能力。

2）试验条件。刀具材料、型式、切削用量等按制造商的规定。

试件材料：45 钢。

试件尺寸：试件直径 $D = D_a/4 \sim D_a/2$，试件长度 $L = D_a/4$。

（3）抗振性切削试验（抽查）

1）试验方法。按图 3-1 的规定用极限切宽的方法进行抗振性切削试验。

图 3-1　抗振性切削试验

2）试验条件。

① 试验前机床中速运转至主轴轴承达到稳定温度。

② 切削试验前新刀应试切三次，每次切深约为 0.5mm。

3）刀具。刀具材料、型式按制造商的规定。

切削深度大于 7mm。

4）试件材料和尺寸。

试件材料：45 钢。

试件尺寸：卡盘加工时，试件直径 $D = D_a/5$，试件长度 $L = 1.5D_a$。

5）极限切削宽度 b_{lim}。

$D_a \leqslant 500mm$ 时，$b_{lim} = 0.02D_a$；$D_a > 500mm$ 时，$b_{lim} = 0.015D_a$（最小为 10mm）。

在切削时，若极限切宽未达到 $0.02D_a$，但切削功率已达到了设计规定的最大功率，机床没有发生颤振，则按此时实测的极限切宽考核。

机床在上述条件下试验时不应发生颤振。

9. 最小设定单位进给试验

（1）试验方法

先以快速使直线运动轴线上的运动部件向正（或负）向移动一定距离后停止，再向同一方向给出数个最小设定单位的指令，再停止，以此位置作为基准位置，然后仍向同一方向每次给出 1 个，共给出 20 个最小设定单位的指令，使运动部件连续移动、停止，并测量其在每个指令下的停止位置。然后从上述的最终位置，继续向同一方向给出数个最小设定单位的指令，使移动部件移动并停止。从此位置再向负（或正）向给出数个最小设定单位的指令，使运动部件大约返回到上述最终的测量位置，在这些正向和负向的数个最小设定单位指令下运动部件的停止位置均不进行测量。然后从上述的最终测量位置开始，仍向负（或正）向每次给出 1 个，共给出 20 个最小设定单位的指令，继续使运动部件连续移动、停止，大约返回到基准位置，测量其在每个指令下的停止位置，如图 3-2 所示。

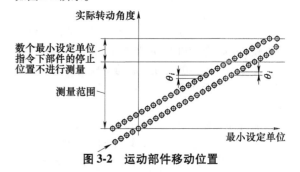

图 3-2　运动部件移动位置

至少在行程的中间及靠近两端的三个位置上分别进行测量。每个线性轴均应检验。误差以三个位置上的最大误差值计。

（2）误差计算

1）最小设定单位误差 S_a 按式（3-5）计算。

$$S_a = \left| L_i - m \right|_{max} \qquad (3-5)$$

式中　L_i——第 i 个最小设定单位指令的实际位移（实际位移的方向如与指令的方向相反，其位移为负值），单位为 mm；

　　　　m——一个最小设定单位指令的理论位移，单位为 mm。

2）最小设定单位相对误差 S_b 按式（3-6）计算。

$$S_b = \frac{\left| \sum_{i=1}^{20} L_i - 20m \right|_{max}}{20m} \times 100\% \qquad (3-6)$$

式中　$\sum_{i=1}^{20} L_i$——连续 20 个最小设定单位的实际位移的总和，单位为 mm。

3）公差。S_a 按制造商设计规定，S_b 不应大于 25%。

4）检查工具。激光干涉仪或读数显微镜和金属线纹尺。

10. 原点返回试验

1）一般要求。试验某一轴线时，其他运动部件原则上置于行程的中间位置。具有螺距误差补偿和间隙补偿装置的机床，应在使用这些装置的情况下进行试验。

2）试验方法。分别使各直线运动轴线上的运动部件，从行程上的任意点按相同的移动方向，以快速进行 5 次返回某一设定原点 P_o 的试验。测量运动部件每次实际位置 P_{io} 与原点理论位置 P_o 之差值，即为原点返回偏差 X_{io}（$i=1$、2、3、4、5），如图 3-3 所示。

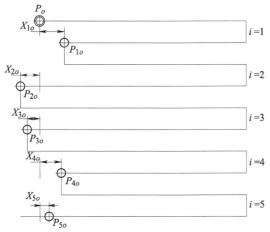

图 3-3　运动部件原点返回

至少在行程的中间及靠近两端的三个位置上分别进行试验，每个线性轴均应检验。

误差以三个位置上的最大误差值计。

3）误差计算。各直线运动轴线中，原点返回试

验时的 4 倍标准不确定度的最大值，即为原点返回偏差，按式（3-7）计算。

$$R_o = 4S_o \qquad (3\text{-}7)$$

式中　R_o ——原点返回误差，单位为 mm；

　　　S_o ——原点返回时的标准不确定度（S_o 根据 GB/T 17421.2　2016 中的公式进行计算），单位为 mm。

4）公差。根据机床的具体情况由制造商规定（推荐 R_o 不大于重复定位精度的 1/2）。

5）检验工具。激光干涉仪或读数显微镜和金属线纹尺。

11. 精度检验

1）机床的精度检验按 JB/T 13092.1—2017 的规定进行。其中 G3、G4、G5、G8、G9、G10、G14、G15、G16 和工作精度 M1、M2、M4 项应在机床以中速运转达到稳定温度时检验。

2）机床工作精度检验按设计文件规定的切削规范进行，工作精度检验时，试件表面粗糙度 Ra 应不大于 1.6μm。

12. 随机技术文件

1）应随机提供技术文件一套（包括使用说明书、合格证明书、装箱单等）。

2）机床合格证明书应附上机床几何精度、定位精度、重复定位精度和工作精度的检验数据，当用户需要时附上相关图表。

13. 定位精度和重复定位精度检验

数控线性轴线的定位精度和重复定位精度检验见表 3-5。

14. 工作精度检验

工作精度检验见表 3-6~表 3-9。

表 3-5　定位精度和重复定位精度检验（P1）　　　　　　（单位：mm）

检验项目（P1）	数控线性轴线的定位精度和重复定位精度检验				
公差	项目	测量行程			
		≤500	>500~800	>800~1250	>1250~2000
		公差			
		轴线行程至 2000			
	双向定位精度 A	0.022	0.025	0.032	0.042
	单向重复定位精度 $R\uparrow$、$R\downarrow$	0.006	0.008	0.010	0.013
	反向差值 B	0.010	0.010	0.012	0.012
	单向定位系统偏差 $E\uparrow$、$E\downarrow$	0.010	0.012	0.015	0.018
	轴线行程超过 2000				
	反向差值 B	0.012，测量长度每增加 1000，公差增加 0.003			
	单向定位系统偏差 $E\uparrow$、$E\downarrow$	0.018，测量长度每增加 1000，公差增加 0.004			
检验工具	激光干涉仪或其他具有等精度的测量仪器				
检验方法	按 GB/T 17421.1—1998 和 GB/T 17421.2—2016 的规定				
	当使用激光干涉仪时，应按照 GB/T 17421.1—1998 中 A13 的规定采取适当措施				
	检验应按照 GB/T 17421.2—2016 中 4.3.2 规定的步骤进行				

表 3-6　工作精度检验（M1）

检验项目（M1）	车削圆柱试件： 1）圆度 2）加工直径的一致性 注：可用厚壁管代替实体棒料作为检验试料			
简图	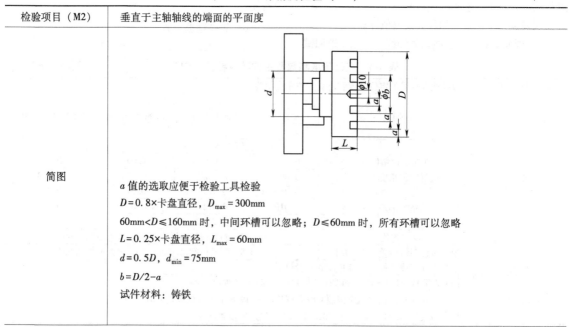 l 值的选取应便于检验工具检验。卡盘端面到第一个台阶的距离应小于 l $L = 0.8d$（d 为卡盘直径）或 0.66×最大车削长度（Z 轴行程）中的较小值，$D_{min} = 0.3L$ 试件材料：45 钢			

公差/mm	床身上最大回转直径范围	范围 1	范围 2	范围 3
	a)	0.003	0.003	0.005
	b)	0.020	0.030	0.040

检验工具	1）圆度仪 2）千分尺
检验方法	按 GB/T 17421.1—1998 中 4.1、6.6、6.8 的规定 1）检验时，只在靠近卡盘端的第一个环带上检验 2）检验时，只在一个平面内测取每个环带的读数，相邻环带的读数差不应超过公差的 75%

表 3-7　工作精度检验（M2）

检验项目（M2）	垂直于主轴轴线的端面的平面度
简图	a 值的选取应便于检验工具检验 $D = 0.8 ×$ 卡盘直径，$D_{max} = 300mm$ 60mm $< D ⩽$ 160mm 时，中间环槽可以忽略；$D ⩽$ 60mm 时，所有环槽可以忽略 $L = 0.25 ×$ 卡盘直径，$L_{max} = 60mm$ $d = 0.5D$，$d_{min} = 75mm$ $b = D/2 - a$ 试件材料：铸铁

（续）

公差	床身上最大回转直径范围	范围 1	范围 2	范围 3
	公差/mm	0.015	0.020	0.025
检验工具	指示器、平盘或坐标测量机			
检验方法	按 GB/T 17421.1—1998 中 4.1、5.3.2.1.1 的规定 检验至少在两个直径上进行并记录 除非有协议规定，否则产生的平面只许凹			

表 3-8　工作精度检验（M3）

检验项目（M3）	精车螺纹的螺距误差（60°普通螺纹）
简图	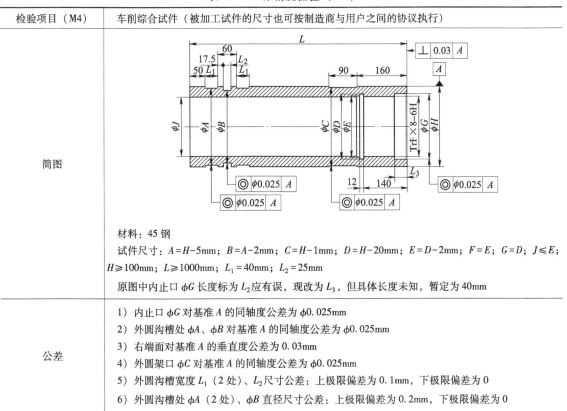 $L_{min}=75$mm；D 近似于滚珠丝杠直径；螺距不应超过滚珠丝杠螺距之半
公差	在任意 50mm 测量长度上为 0.015mm
检验工具	螺纹测量仪
检验方法	按 GB/T 17421.1—1998 中 4.1、4.2 的规定 精车后在任意 50mm 长度上进行检验，螺纹表面应清洁，无凹陷与波纹

表 3-9　工作精度检验（M4）

检验项目（M4）	车削综合试件（被加工试件的尺寸也可按制造商与用户之间的协议执行）
简图	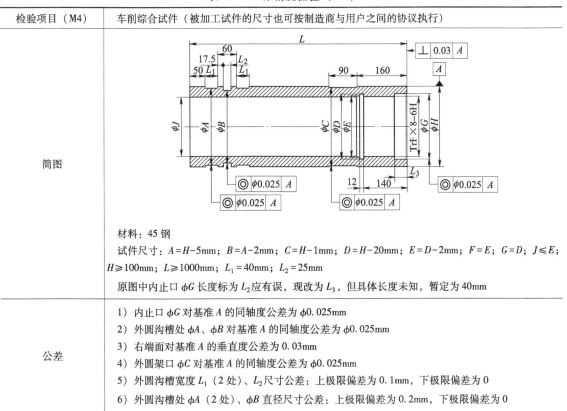 材料：45 钢 试件尺寸：$A=H-5$mm；$B=A-2$mm；$C=H-1$mm；$D=H-20$mm；$E=D-2$mm；$F=E$；$G=D$；$J\leqslant E$；$H\geqslant 100$mm；$L\geqslant 1000$mm；$L_1=40$mm；$L_2=25$mm 原图中内止口 ϕG 长度标为 L_2 应有误，现改为 L_3，但具体长度未知，暂定为 40mm
公差	1）内止口 ϕG 对基准 A 的同轴度公差为 $\phi 0.025$mm 2）外圆沟槽处 ϕA、ϕB 对基准 A 的同轴度公差为 $\phi 0.025$mm 3）右端面对基准 A 的垂直度公差为 0.03mm 4）外圆架口 ϕC 对基准 A 的同轴度公差为 $\phi 0.025$mm 5）外圆沟槽宽度 L_1（2 处）、L_2 尺寸公差：上极限偏差为 0.1mm，下极限偏差为 0 6）外圆沟槽处 ϕA（2 处）、ϕB 直径尺寸公差：上极限偏差为 0.2mm，下极限偏差为 0

（续）

检验工具	千分尺、沟槽卡尺、杠杆千分表、V 形架
检验方法	按 GB/T 17421.1—1998 中 4.1、4.2 的规定 工件放在 V 形架上，旋转工件，杠杆千分表分别在内孔、外圆沟槽若干个截面上测量，其最大与最小读数之差值即为内止口、外圆沟槽、外圆架口对外圆轴线的同轴度 工件放在 V 形架上，工件不动，杠杆千分表分别在端面若干个位置上测量，其最大与最小读数之差值即为端面对外圆轴线的垂直度

3.1.3 数控刮削滚光机床

在 JB/T 13405—2018《数控刮削滚光机床》中规定了数控刮削滚光机床的分类与命名、要求、试验方法、检验规则、标志、包装、运输和贮存，适用于冶金、航空航天、工程机械、石油、煤炭等行业加工各类硬度为 170~310HBW 的金属冷拔（轧）管和热轧管内孔的、加工直径为 50~630mm、加工长度为 500~1500mm 的数控刮削滚光机床（以下简称刮滚机）。

1. 分类与命名

（1）产品的结构组成

刮滚机由主机械系统、数控电气系统、切削液过滤系统、专用复合刀具四大部分组成。

（2）型号与标记

1）型号表示方法。

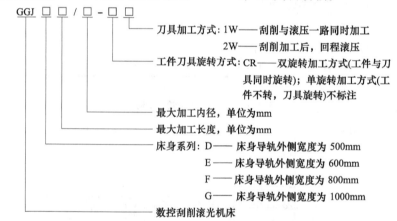

```
GGJ □□/□-□□
```
刀具加工方式：1W——刮削与滚压一路同时加工
　　　　　　　2W——刮削加工后，回程滚压
工件刀具旋转方式：CR——双旋转加工方式(工件与刀具同时旋转)；单旋转加工方式(工件不转，刀具旋转)不标注
最大加工内径，单位为mm
最大加工长度，单位为mm
床身系列：D——床身导轨外侧宽度为 500mm
　　　　　E——床身导轨外侧宽度为 600mm
　　　　　F——床身导轨外侧宽度为 800mm
　　　　　G——床身导轨外侧宽度为 1000mm
数控刮削滚光机床

2）标记示例。

床身导轨外侧宽度为 600mm，工件最大加工内径为 300mm，最大加工长度为 3000mm，双旋转加工方式，刮削与滚压一路同时加工的 GGJ 数控刮削滚光机床，标记为：

GGJE3000/300-CR1W

（3）基本参数

刮削机基本参数应符合 JB/T 13405—2018 中表 1 的规定。其中加工后产品精度分别可为：

1）尺寸精度为 IT7~IT8 级。

2）表面粗糙度值 Ra 为 0.03~0.20μm。

3）圆度 ≤0.03mm。

根据作者的经验，由刮削机加工的管件内孔表面粗糙度值如想达到 Ra0.03μm 是很困难的，具体使用时应向机床制造商咨询。

2. 要求

（1）一般要求

产品焊接件应符合 JB/T 5000.3 的规定；锻件应符合 JB/T 5000.8 的规定；装配应符合 JB/T 5000.10 的规定；配管应符合 JB/T 5000.11 的规定；涂装应符合 JB/T 5000.12 的规定。

包括 16 部分的 GB/T 37400.1—2019《重型机械通用技术条件》系列标准已于 2020.3.1 实施，其中相应部分可与上述行标一一对应。

（2）性能要求

产品负荷试车应满足下列要求：

1）各部件运转正常，动作灵活，无异常噪声。

2）整机噪声不大于 85dB（A）。

3）加工过程中应有过载停机保护功能。

4）切削液液位过高、过低报警功能。

5）切削液压力过高、过低保护。

6）气压过低保护。

7）润滑油油压过低报警保护。

8）滤芯堵塞报警保护。

9）机床动力头主轴轴向、径向跳动小于 0.02mm。

10）对加工长度大于 5000mm 的设备，要加装虎钳夹持。

11）可控定时自动润滑系统。

12）可编程序控制冷却系统。

（3）主要部件技术要求

1）液压系统部件要求如下：

① 液压系统设计应符合 GB/T 3766 的规定。

② 所有使用的液压元件应符合 GB/T 7935 的规定。

③ 液压缸技术要求应符合 JB/T 10205 的规定。安装液压缸时，如结构允许，进出油口位置宜在上面或其他易安装面。

2）液压站的技术要求如下：

① 泵和电动机主轴转动灵活，无卡滞现象。

② 液压站与电气装置配套试验，各液压元件动作应正确无误，无卡滞现象。按 1.5 倍工作压力进行耐压试验，各液压元件的密封状况良好。

③ 液压站运行应平稳，不得有异响、噪声、抖动。

3）机械结构部件要求如下：

① 机械结构部件选用的优质碳素结构钢和碳素结构钢材料，应分别符合 GB/T 699 和 GB/T 700 的规定；选用的低合金高强度钢应符合 GB/T 1591 的规定；选用的铸造碳钢件符合 GB/T 11352 的规定；选用的合金工具钢应符合 GB/T 1299 的规定。

② 床身铸件材料成分含量及气孔、夹砂应符合 GB/T 9439 的规定；导轨面高频感应淬火后硬度应达到 50~55HRC，有效硬度深度为 1.5~2.5mm。铸件需经退火处理，并应符合 JB/T 7711 的规定。

③ 床身导轨面高度方向和前后方向（以人操作侧为前面）的直线度误差应不大于 0.01/1000。

④ 主轴箱拖板应贴塑并研刮。

⑤ 工件头、压力头、主轴箱安装后，中心相对于床身导轨面的位置度误差应小于 0.02mm，同时三者的中心同轴度误差应小于 φ0.01mm。

⑥ 滚珠丝杠及梯形螺杆安装后，中心相对于床身导轨面的位置度误差应小于 0.02mm。

⑦ 油箱不应有渗漏。

⑧ 润滑系统管路不应堵塞，接头不应有漏油。

4）电气控制部件要求如下：

① 操作机构及其附件应操作灵活，各种辅助开关触头分合可靠；使用前进行模拟操作试验，各电气元件（包括电磁铁）动作正确可靠。

② 电气控制部件的保护接地电路的连续性应符合 GB 5226.1—2008（2019）中 18.2.2 的规定；绝缘电阻应符合 GB/T 5226.1—2008（2019）中 18.3 的规定；耐电压应符合 GB/T 5226.1——2008（2019）中 18.4 的规定。

（4）安装基础要求

地面基础要求平整，平整度误差小于 2cm/10m，基础水泥厚度大于 200mm。

（5）安全防护

1）联轴器及外露旋转件应设防护罩。

2）电缆、电线应设保护导管。

3）机械设备应设置故障状态紧急自动停机开关；电气设备应设置紧急状态自动报警信号和自动断电停机程序。

4）程序中应设置过载保护和联锁保护。

5）运动部件应贴示警告标志。

（6）外观要求

1）涂层应平整光洁、色泽均匀，无流挂、起皮、漏涂、划伤等缺陷。

2）液压元件、电气元件应有清晰、持久的标志。

3）焊缝表面应平整光洁，无虚焊、漏焊、夹渣等缺陷，重要部件应进行无损检测。

3.1.4　数控深孔珩磨机床

在 JB/T 12403.1—2015《数控深孔珩磨机床　第 1 部分：精度检验》中规定了数控深孔珩磨机床的几何精度、定位精度和工作精度的要求及检验方法；在 JB/T 12403.2—2015《数控深孔珩磨机床　第 2 部分：技术条件》中规定了数控深孔珩磨机床的制造和验收的要求，适用于珩孔直径为 20~500mm、最大珩孔深度至 16000mm 的数控深孔珩磨机床（以下简称机床）。

1. 结构型式

机床结构型式分为工件固定型和工件旋转型。

1）工件固定型，其主要部件如 JB/T 12403.1—2015 中图 1 所示，其中包括：磨杆箱、磨杆支架、磨杆导向架、磨头托架、排屑斗、工件支架、床身、拖板。

2）工件旋转型，其主要部件如 JB/T 12403.1—2015 中图 2 所示，其中包括：磨杆箱、磨杆支架、磨杆导向架、磨头托架、排屑斗、工件支架、主轴箱、床身、拖板。

2. 一般要求

按 JB/T 12403.2—2015 验收机床时，应同时对

GB/T 9061—2006《金属切削机床 通用技术条件》、GB/T 25373—2010《金属切削机床 装配通用技术条件》、GB/T 25376—2010《金属切削机床 机械加工件通用技术条件》等中未经 JB/T 12403.2—2015 具体化的其余有关验收项目进行检验。

3. 附件和工具

1) 为保证机床的基本性能，应随机供应的附件和工具，见表 3-10。

表 3-10 随机供应的附件和工具

名称	单位	数量	用途
磨杆支架	件	1	支承珩磨杆用
磨杆导向架	件	1	进给导向用
工件支架	件	1	支承工件用
专用工具	套	1	操纵及维修机床用
地脚螺钉、螺母、调整垫铁	套	1	调整机床水平用

2) 扩大机床使用性能的特殊附件，根据用户要求按技术协议供应。

4. 安全卫生

1) 电气系统的安全应符合 GB 5226.1—2008（已被 GB/T 5226.1—2019 代替）的规定。

2) 液压系统的安全应符合 GB/T 23572—2009 的规定。

3) 机床的安全防护除应符合 GB 15760—2004 的规定外，还应符合下列要求：

① 机床磨杆箱拖板应有极限位置的保险装置，机床的传动系统应有过载保护装置。

② 机床运转过程中停机（或停电）时，独立进给运动的停止应不迟于主运动。

③ 紧急停止或动力系统发生故障时，夹紧系统不应失去功能。

4) 应按 GB/T 16769—2008（已废止）的规定检验整机噪声。机床在空运转条件下，整机噪声声压级不应超过 85dB(A)。

5. 加工和装配质量

1) 床身、主轴箱、磨杆箱为重要铸件，应在粗加工后进行时效处理。

2) 齿轮、齿条、蜗轮、蜗杆、旋转定位销等易磨损的主要零件，应采取与寿命相适应的耐磨措施。

3) 磨杆箱拖板与床身之间的导轨副为滚动导轨副，应采取与寿命相适应的耐磨措施。

4) 重要固定结合面应紧密贴合，紧固后用 0.04mm 塞尺检验时不应插入。

下列结合面应按重要固定结合面的要求考核：

① 磨杆箱与拖板结合面。

② 主轴箱与床身结合面。

③ 磨杆导向架与床身结合面。

5) 采用机械加工方法加工的两配合件的结合面用涂色法检验时，接触应均匀，接触指标不应低于表 3-11 的规定。

表 3-11 结合面接触指标

滑动导轨		特别重要固定结合面	
接触指标（%）			
全长上	全宽上	全长上	全宽上
75	60	65	40

6) 焊接件的质量应符合 GB/T 23570—2009 的规定，重要焊接构件应进行无损检测，不应有裂纹。

7) 应按 GB/T 25374—2010 的规定检验机床总装后的清洁度。一般采用目测、手感法检验。各部位不应有明显杂质污物。必要时采用重量法抽查检验，其杂质污物限制：主轴箱不应超过 400mg/L；液压系统不应超过 150mg/L。

6. 机床的空运转试验

（1）温升试验及主运动和进给运动检验

1) 机床的主运动（包括磨杆箱）机构应从最低速起，依次运转，无级变速的机床应做包括低、中、高速在内的不少于 10 种速度的运转，有级变速的机床应从最低到最高逐级进行空运转试验，各级转速的运转时间不应少于 2min，最高转速时运转时间不少于 1h，使主轴轴承达到稳定温度，并在靠近主轴定心轴承处测量温度和温升，其温度不应超过 60℃，温升不应超过 30℃。在各种速度运转时，运转应平稳，工作机构应正常、可靠。

2) 各线性轴线上的运动部件分别以低、中、高进给速度及快速进行空运转试验，其运动应平稳、可靠，高速无振动，低速无明显爬行现象。

3) 在空运转条件下，有级变速传动的各级主轴转速和进给速度的实际偏差，不应超过设定值的 -2%~6%；无级变速传动的主轴转速和进给速度的实际偏差，不应超过设定值的 ±10%。

4) 机床主传动系统的空运转功率（不包括主电动机空载功率）不应超过设计文件的规定。

（2）机床功能试验

1) 手动功能试验（用手动或数控手动方式操作机床各部件进行试验）。

① 用中速连续对主轴进行各 10 次正、反转的起动、停止（包括制动）和定向的操作试验，动作应

灵活、可靠。

② 无级变速的主轴至少应在低、中、高的转速范围内，有级变速的主轴应在各级转速下进行变速操作试验，动作应灵活、可靠。

③ 对各线性轴线上的运动部件，用中等进给速度连续进行各 10 次的正向、负向的起动、停止的操作试验，并选择适当的增量进给进行正向、负向的操作试验，动作应灵活、可靠、准确。

④ 对进给系统在低、中、高进给速度和快速范围内，进行不少于 10 种的变速操作试验，动作应灵活、可靠。

⑤ 对机床数字控制的各种指示灯、控制按钮、DNC 通信传输设备和温度调节装置等进行空运转试验，动作应灵活、可靠。

⑥ 对机床的安全、保险、防护装置以及电气系统的控制、联锁、保护功能进行必要的试验，功能应可靠、动作应灵活、准确。

⑦ 对机床的液压、润滑、冷却和气动系统进行运转试验，机床应密封可靠，冷却充分，润滑良好，动作灵活、可靠；各种系统不应渗漏。

⑧ 对机床的各附属装置进行试验，工作应灵活、可靠。

2）数控功能试验（用数控程序操作机床各部件进行试验）。

① 用中速连续对主轴进行各 10 次正、反转的起动、停止（包括制动）和定向的操作试验，动作应灵活、可靠。

② 无级变速的主轴至少应在低、中、高的转速范围内，有级变速的主轴应在各级转速下进行变速操作试验，动作应灵活、可靠。

③ 对各线性轴线上的运动部件，用中等进给速度连续进行正向、负向的起动、停止和增量进给方式的操作试验，动作应灵活、可靠、准确。

④ 对进给系统至少进行低、中、高进给速度和快速的变速操作试验，动作应灵活、可靠。

⑤ 对机床所具备的程序暂停、急停等各种指令，有关部件、刀具的夹紧、松开以及液压、冷却、气动、润滑系统的起动、停止等数控功能逐一进行试验，其功能应可靠，动作应灵活、准确。

（3）机床的连续空运转试验

1）连续空运转试验应在完成手动功能试验和数控功能试验之后，精度检验之前进行。

2）连续空运转试验应用包括机床各种主要功能在内的数控程序，操作机床各部件进行连续空运转。整机连续空运转时间不少于 48h。

3）连续空运转的整个过程中，机床运转应正常、平稳、可靠，不应发生故障，否则应重新进行运转。

4）连续空运转程序中应包括下列内容：

① 主轴速度应包括低、中、高在内的 5 种以上正转、反转、停止和定位。其中高速运转时间一般不少于每个循环程序所用时间的 10%。

② 进给速度应把各轴线上的运动部件包括低、中、高速和快速的正向、负向组合在一起，在接近全行程范围内运行，并可选任意点进行定位。运行中不允许使用倍率开关，高进给速度和快速移动的时间应不少于每个循环程序所用时间的 10%。

③ 各联动轴线的联动运行。

④ 特殊附件的联机运转。

⑤ 各循环程序的暂停时间不应超过 0.5min。

7. 机床的负荷试验

（1）主传动系统最大扭矩的试验

1）在机床主轴恒扭矩转速范围内，选择一种适当的主轴转速，采用磨削方式进行试验。改变进给速度或磨削深度，使机床主传动系统达到设计规定的最大扭矩。

2）切削试件材料为 45 钢，切削刀具为珩磨头。

3）试验时，机床传动系统和变速机构应工作正常、可靠，运转平稳、准确。对于成批生产的机床，允许在 2/3 的最大切削扭矩下进行试验，但应定期进行最大扭矩的抽查试验。

（2）主传动系统达到最大功率试验（抽查）

1）在机床恒功率转速范围内，选择一种适当的主轴转速，采用磨削方式进行试验。改变进给速度或磨削深度，使机床主电机达到额定功率或设计规定的最大功率。

2）切削试件材料为 45 钢，切削刀具为珩磨头。

3）试验时，机床传动系统和变速机构应工作正常、可靠，运转平稳，无明显的颤振现象。

8. 最小设定单位试验

（1）试验方法

先以快速使线性轴线上的运动部件向正（或负）向移动一定距离，停止后，向同方向给出数个最小设定单位的指令，再停止。以此位置作为基准位置，每次给出一个，共给出 20 个最小设定单位的指令，向同方向移动，测量各个指令的停止位置。从上述的最终位置，继续向同方向给出数个最小设定单位的指令，停止后，向负（或正）向给出数个最小设定单位的指令，使运动部件约返回到上述的最终测量位置，这些正向和负向的数个最小设定单位指令的停止位置不做测量。然后从上述的最终位置开始，每次给

出一个，共给出 20 个最小设定单位的指令，使其继续向负（或正）向移动，测量各指令的停止位置，如 JB/T 12403.2—2015 中图 1 所示（或可参见图3-2，其中仅以 L_i 代替 θ_i）。

各线性轴线均应至少在行程的中间及靠近两端的 3 个位置分别进行试验。按式（3-8）、式（3-9）进行计算，以 3 个位置上的最大误差值作为该项的误差。

（2）误差计算

1）最小设定单位误差 S_a 按式（3-8）计算。

$$S_a = |L_i - m|_{max} \qquad (3-8)$$

式中　S_a——最小设定单位误差，单位为 mm；

L_i——一个最小设定单位指令的实际位移（实际位移的方向若与给出的方向相反，其位移 L_i 为负值），单位为 mm；

m——一个最小设定单位指令的理论位移，单位为 mm。

2）最小设定单位相对误差 S_b 按式（3-9）计算。

$$S_b = \frac{\left|\sum_{i=1}^{20} L_i - 20m\right|_{max}}{20m} \times 100\% \qquad (3-9)$$

式中　S_b——最小设定单位相对误差（%）；

$\sum_{i=1}^{20} L_i$——连续 20 个最小设定单位指令的实际位移之和，单位为 mm。

3）公差。S_a 按制造厂设计规定，S_b 不应大于 25%。

4）检查工具。激光干涉仪或读数显微镜和金属线纹尺。

9. 原点返回试验

1）试验方法。各线性轴线上的运动部件，从行程上的任意点，按相同的移动方向，以快速进行 5 次返回原点 P_o 的试验。测量每次实际位置 P_{io} 与理论位置 P_o 的偏差 X_{io}（$i = 1、2、3、4、5$），如 JB/T 12403.2—2015 中图 2 所示（或可参见图3-3）。

各线性轴线至少在行程的中间及靠近两端的任意

3 个位置进行试验，误差以 3 个位置上误差的最大值计。

2）误差计算。原点返回误差，以在各线性轴线上至少 3 个位置试验中通过计算得到的原点返回偏差的最大标准不确定度的估算值的 4 倍计，见式（3-10）。

$$R_o = 4S_o \qquad (3-10)$$

式中　R_o——原点返回误差，单位为 mm；

S_o——原点返回偏差的标准不确定度的估算值（S_o 根据 GB/T 17421.2 的有关公式进行计算），单位为 mm。

3）公差。按制造厂设计规定。

4）检验工具。激光干涉仪或读数显微镜和金属线纹尺。

10. 机床的精度检验

1）机床的精度检验按 JB/T 12403.1—2015 的规定进行。

2）机床精度检验中 G9、G14、G19、G20 和工作精度 M1 的检验应在机床达到中速稳定温度时进行。

3）机床工作精度检验时，精加工试件表面粗糙度 Ra 最大允许值为 6.3μm。

11. 包装和随机文件

1）机床在包装前，应进行防锈处理。

2）机床的包装应符合包装设计图样及技术文件的规定。

3）分箱包装的机床应符合装箱单的规定。

4）随机出厂的技术文件应包括使用说明书、合格证明书、装箱单等，宜提供两套随机文件。

12. 数控轴线的定位精度和重复定位精度检验

数控轴线的定位精度和重复定位精度检验见表 3-12。

13. 工作精度检验

工作精度检验见表 3-13。

表 3-12　数控轴线的定位精度和重复定位精度检验（P1）

检验项目（P1）		磨杆箱纵向移动的定位精度和重复定位精度		
项目		测量长度/mm		
		≤800	800~1250	1250~2000
轴线至 2000mm				
公差/mm	双向定位精度 A	0.120	0.150	0.170
	单向重复定位精度 R↑、R↓	0.050	0.060	0.070
	轴线单向定位系统偏差 E↑、E↓	0.050	0.055	0.060
	轴线反向差值 B	0.050	0.060	0.070

（续）

	轴线超过 2000mm	
公差 /mm	轴线单向定位系统偏差 $E\uparrow$、$E\downarrow$	0.060+（测量长度每增加 1000，公差增加 0.010）
	反向差值 B	0.070+（测量长度每增加 1000，公差增加 0.010）
检验工具		线性标尺和读数装置或激光测量装置
检验方法		应按 GB/T 17421.2—2000（已被 GB/T 17421.2—2016 代替）中 4.3.2 和 4.3.3 的规定 线性标尺或激光测量装置的光束轴线应调整到与移动轴线平行 检验时，记录起始点

表 3-13　工作精度检验（M1）

检验项目（M1）	加工内孔的精度 1）圆度 2）加工直径的一致性 3）表面粗糙度 加工直径的一致性是指在试件的单个轴向平面内，侧取的最大和最小直径差值，不应超过公差值
简图	 试件材料：45 钢 试件尺寸：$L\geqslant 1/3$ 最大加工深度；$d=1/2$ 最大加工直径；$d/D\leqslant 2/3$ 试验刀具：珩磨头
公差	$d\leqslant 250$mm　　$d\leqslant 350$mm　　$d>350$mm 1）　0.020mm　　　0.020mm　　　0.030mm 2）　0.030mm　　　0.030mm　　　0.040mm 3）　$Ra\leqslant 0.4\mu m$
检验工具	内径千分尺或专用检具
检验方法	应按 GB/T 17421.1—1998 中 6.6、6.8 和 4.1 的规定

3.1.5　立式内圆珩磨机及珩磨头

在 JB/T 7422.1—2013《立式内圆珩磨机　第 1 部分：型式与参数》中规定了立式内圆珩磨机的型式与参数，适用于新设计的普通型、半自动型及数控型立式内圆珩磨机。在 JB/T 7422.2—2014《立式内圆珩磨机　第 2 部分：精度检验》中规定了立式内圆珩磨机的几何精度和工作精度检验的要求和检验方法，适用于珩孔直径 $\phi 25\sim\phi 1000$mm 的一般用途的立式内圆珩磨机。在 JB/T 7422.3—2006《立式内圆珩磨机　第 3 部分：技术条件》中规定了立式内圆珩磨机的设计、制造、检验与验收的技术要求，适用于

最大珩孔直径 $\phi 25\sim\phi 1000$mm 的立式内圆珩磨机。在 JB/T 7422.4—2013《立式内圆珩磨机　第 4 部分：珩磨头参数》中规定了立式内圆珩磨机用的珩磨头的参数，适用于新设计的普通型、半自动型及数控型立式内圆珩磨机用的珩磨头。

1. 型式与参数

（1）型式、性能、用途

立式内圆珩磨机的型式、性能、用途、精度见表 3-14。

（2）结构特征

1）立式内圆珩磨机的结构特征应符合表 3-15 的规定。

表 3-14 型式、性能、用途、精度

型式	简图	性能	用途	精度
普通型		主轴可进行往复和旋转运动，珩磨头进给扩孔采用手动控制。工作台有固定式、移动式，工作台移动手动控制	适用于发动机缸体孔、缸套孔、液压缸孔等零件的维修及小批量产生	
半自动型		主轴或主轴箱可进行往复和旋转运动，珩磨头进给扩孔采用自动控制。工作台有固定式、移动式和回转式，移动式和回转式工作台为自动控制	适用于发动机缸体孔、缸套孔、液压缸孔、气缸孔等零件的精密加工	机床精度应符合 GB/T 25372—2010 规定的 V 级精度
数控型		运动型式与半自动型珩磨机相同。具有自动控制功能，并按预先编制的加工程序工作，主轴往复运动采用数字控制		

表 3-15 结构特征

结构特征				普通型	半自动型	数控型
主轴往复运动	液压缸驱动（机械操纵换向）			○	○	—
	液压伺服或机械伺服驱动（数字设定行程及速度）			—	—	○
	曲柄机械驱动			○	○	—
主轴旋转运动	齿轮有级变速			○	○	○
	变频无级变速			○	○	○
	液压马达无级变速			○	○	○
	伺服无级变速			—	○	○
磨削进给机构	手动机械			○	—	—
	液压缸			—	○	○
	步进电动机			—	○	○
	伺服			—	○	○
	复合			—	○	○
工作台型式	固定			○	○	○
	移动	升降	手动	○	—	—
			自动	—	○	○
		纵向	手动	○	—	—
			自动	—	○	○
		横向	手动	○	—	—
			自动	—	○	○
	十字		手动	○	—	—
			自动	—	○	○
	回转		自动	—	○	○

注："○"表示有此结构，"—"表示无此结构。

2）立式内圆珩磨机工作台型式宜符合表 3-16 的规定。

（3）品种

立式内圆珩磨机的品种应符合表 3-17 的规定。

（4）基本参数

立式内圆珩磨机的参数应符合表 3-18 的规定。

表 3-16　工作台型式

工作台型式		适用范围
固定		适用于小批量生产
升降	手动	适用于单件或小批量生产。加工中、小孔径零件
	自动	适用于大批量生产。加工小孔径零件
纵向	手动	适用于单件或小批量生产。加工中、小孔径零件，一个工作循环可加工多孔
	自动	适用于大批量生产。加工中、小孔径零件，一个工作循环可加工多孔
横向	自动	适用于大批量生产。加工较大孔径零件
十字	手动	适用于单件或小批量生产。加工中、小孔径零件，一个工作循环可加工多孔
	自动	适用于大批量生产。加工中、小孔径零件，一个工作循环可加工多孔
回转	自动	适用于大批量生产。加工中、小孔径零件

表 3-17　品种

最大珩磨孔直径 D/mm	最大珩磨孔深度 H/mm	普通型	半自动型	数控型
25	50	—	○	○
	100	—	○	○
50	100	—	○	○
	200	—	○	○
	320	—	○	○
100	100	—	○	○
	200	—	○	○
	320	○	○	○
	630	—	○	○
	1000	—	○	○
160	320	○	○	○
	400	○	○	○
	630	—	○	○
	1000	—	○	○
200	630	○	○	○
	1000	—	○	○
	1600	—	○	○
	2500	—	○	○
250	630	—	○	○
	1000	—	○	○
	1600	—	○	○
	2500	—	○	○
400	630	—	○	○
	1000	—	○	○
	1600	—	○	○

（续）

最大珩磨孔直径 D/mm	最大珩磨孔深度 H/mm	普通型	半自动型	数控型
（500）	（1600）	—	○	○
630	1600	—	○	○
630	2000	—	○	○
1000	1600	—	○	○
1000	2000	—	○	○
1000	3000	—	○	○

注：1. "○"表示有此规格，"—"表示无此规格。

　　2. 括号表示补充的过渡品种。

表 3-18　立式内圆珩磨机的参数

最大珩磨孔直径 D/mm	最大珩磨孔深度 H/mm	主轴跨距 L/mm	主轴最高转速 /(r/min)	主轴最大往复速度		主轴锥孔
				机械往复次数/（次/min）	液压往复速度/（m/min）	
25	50	≥200	≥2000	≥600	—	莫氏 3 号
25	100	≥200	≥2000	≥350	—	莫氏 3 号
50	100	≥200	≥1000	≥350		莫氏 3 号
50	200	≥200	≥1000	≥350		莫氏 3 号
50	320	≥200	≥1000	≥350		莫氏 3 号
100	100	≥250	≥500	≥350		莫氏 4 号 锥度 1:5
100	200	≥250	≥500	≥350		莫氏 4 号 锥度 1:5
100	320	≥250	≥500	≥350		莫氏 4 号 锥度 1:5
100	630	≥250	≥500	≥350		莫氏 4 号 锥度 1:5
100	1000	≥250	≥500	≥350		莫氏 4 号 锥度 1:5
160	320	≥350	≥280	—	18~25	莫氏 4 号 锥度 1:5
160	400	≥350	≥280	—	18~25	
160	630	≥350	≥280	—	18~25	
160	1000	≥350	≥280	—	18~25	
200	630	≥350	≥280	—	18~25	莫氏 5 号 锥度 1:5
200	1000	≥350	≥280	—	18~25	莫氏 5 号 锥度 1:5
200	1600	≥350	≥280	—	18~25	莫氏 5 号 锥度 1:5
200	2500	≥350	≥280	—	18~25	莫氏 5 号 锥度 1:5
250	630	≥350 ≥450	≥250	—	18~25	莫氏 5 号 锥度 1:5
250	1000	≥350 ≥450	≥250	—	18~25	莫氏 5 号 锥度 1:5
250	1600	≥350 ≥450	≥250	—	18~25	莫氏 5 号 锥度 1:5
250	2500	≥350 ≥450	≥250	—	18~25	莫氏 5 号 锥度 1:5
400	630	≥450	≥180	—	18~25	莫式 6 号 锥度 1:5
400	1000	≥450	≥180	—	18~25	莫式 6 号 锥度 1:5
400	1600	≥450	≥180	—	18~25	莫式 6 号 锥度 1:5
（500）	（1600）			—		莫式 6 号 锥度 1:5
630	1600	≥600	≥120	—	≥16	莫式 6 号 锥度 1:5
630	2000	≥600	≥120	—	≥16	莫式 6 号 锥度 1:5
1000	1600	—	≥80	—	≥16	米制 100
1000	2000	—	≥80	—	≥16	米制 100
1000	3000	—	≥80	—	≥16	米制 100

2. 技术要求

（1）一般要求

JB/T 7422.3—2006 是对 GB/T 9061—2006《金属切削机床　通用技术条件》、JB/T 9872—1999《金属切削机床　机械加工件通用技术条件》、JB/T 9874—1999《金属切削机床　装配通用技术条件》等标准的具体化和补充。按 JB/T 7422.3—2006 验收机床时，应同时对上述标准中未经 JB/T 7422.3—2006 具体化的其余有关项目进行检验。

（2）附件和工具

1）应随机供应安装调整的附件和拆、装专用工具一套。

2）用户有特殊要求的应按协议供应。

（3）安全卫生

1）按 JB/T 7422.3—2006 验收机床时，应同时对 GB 15760、GB 5226.1 和 JB/T 10051 中未经 JB/T 7422.3—2006 具体化的其余有关验收项目进行检验。

2）其他安全卫生要求见 JB/T 7422.3—2006。

（4）加工与装配质量

1）立柱、主轴箱、变速箱、工作台、滑座为重要铸件，应在粗加工后进行热时效、振动时效等时效处理。

2）按 JB/T 9877—1999《金属切削机床　清洁度的测定》规定的方法检验清洁度。其中主轴箱（采用润滑油润滑的），变速箱内部及液压系统的油液清洁度按重量法检验，其杂质、污物不应超过表 3-19 的规定（抽查）。

表 3-19　清洁度限值

检验部位	最大珩孔直径/mm						
	≤50	>50~100	>100~160	>160~200	>200~250	>250~630	>630~1000
主轴箱清洁度限值/mg	2000	2500	3000		3500	4000	4500
变速箱清洁度限值/mg	3000	3500	4000	4500	5000	5500	6000
液压管路清洁度限值/(mg/mL)	50/100						

3）其他加工与装配质量要求见 JB/T 7422.3—2006。

（5）检验与验收

1）概述。

① 每台机床应在制造厂经检验合格后出厂，用户有特殊要求的应根据协议或经过用户同意也可在机床使用处进行检验。

② 机床的检验与验收包括以下内容：

a）外观检验。

b）附件和工具的检验。

c）参数检验。

d）完全卫生的检验。

e）机床的空运转试验。

f）机床的负荷试验。

g）机床的精度检验。

2）机床空运转试验。

① 机床的液压、气动、冷却和润滑系统及其他部位所有接头或外露结合处不应漏（渗）油、漏（渗）水、漏（渗）气。冷却液不应混入液压系统和润滑系统。

② 机床的主运动机构应从最低速度起依次运转，每级速度的运转时间不应少于 2min。无级变速的机床，可作低、中、高速运转。在最高速度时应运转足够的时间（不应少于 1h），使主轴轴承达到稳定温度。在靠近主轴轴承处测量轴承的温度和温升，其值不应超过表 3-20 的规定。

表 3-20　主轴轴承温度和温升　（单位：℃）

轴承型式	温度	温升
滑动轴承	60	30
滚动轴承	70	40

③ 任选一种适当的主运动速度进行连续起动、停止、制动 10 次，试验动作的灵活性和可靠性。

④ 主轴（主轴箱）的往复运动应平稳，换向时不应有明显的冲击和停滞现象，超程量不应大于设计规定。

⑤ 液压驱动的机床在任意位置停止后，主轴或主轴箱在 3min 内的下沉量不应超过表 3-21 的规定。

表 3-21　下沉量　（单位：mm）

最大珩孔直径	下沉量
<250	4
≥250	6

⑥ 机械传动（不包括往复运动）的主传动系统的空载功率（不包括主电动机的空载功率）不应大于主电动机的额定功率的 25%（抽查）。

⑦ 半自动和数控型珩磨机进行整机连续空运转试验，连续空运转无故障时间应符合表 3-22 的规定。

表 3-22 连续空运转无故障时间 （单位：h）

机床控制型式	机械控制	电液控制	数字控制
时间	4	8	24

⑧ 液压系统的温升试验：机床空运转试验时，在最高转速和最大往复速度下使系统连续运行至油液达到热平衡后，检验油液的温升，其温度和温升不应大于表 3-23 的规定。

表 3-23 液压系统的温度与温升 （单位：℃）

机床精度等级（按 JB/T 9871）	温度	温升
Ⅳ、Ⅴ	60	30
Ⅲ级以上（含Ⅲ级）	55	25

注：油液达到热平衡温度是指温升幅度每小时不大于 2℃时的温度。

3）机床负荷检验。主传动系统设计计算的最大功率试验应符合设计规定的切削参数、磨头规格及磨削试件。

4）机床精度检验。

① 精度检验按 JB/T 7422.2 的规定进行检验。

② 用户有特殊要求的应按双方签订的技术协议有关条款进行检验。

包装、制造厂的保证：

包装、制造厂的保证以及其他技术要求见 JB/T 7422.3—2006。

3. 工作精度检验（JB/T 7422.2—2014）

1）工作精度检验应在精珩后进行。

2）工作精度检验见表 3-24。

表 3-24 工作精度检验（M1）

检验项目 （M1）	1）圆度 2）直径的一致性 3）表面粗糙度
切削性质	珩磨内孔
简图	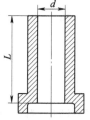 试件材料：铸铁 HT200 或钢、淬火钢 表格见下 注：试件珩磨前按工艺进行机械加工，形状误差不大于珩磨后公差的 4 倍
公差	表格见下 注：对铸铁试件，被加工孔表面粗糙度允差是表中数值的 2 倍。
检验工具	内径表或圆度仪、表面粗糙度比较样块或轮廓仪

珩孔直径/mm	25	50	100	160/200	250	400	630	1000
d/mm	15	35	65	100	170	260	420	620
L/mm	45	100	200	300	350	400	500	750

珩孔直径/mm	公差值		
	圆度/mm	直径的一致性/mm	表面粗糙度 Ra/μm
≤50	0.0015	0.005	0.2
>50~160	0.0025	0.008	0.2
>160~250	0.0035	0.012	0.4
>250~630	0.0050	0.016	0.4
>630~1000	0.0060	0.020	0.4

3）几何精度检验及一般要求的其他内容等见 JB/T 7422.2—2014。

4. 珩磨头参数

立式内圆珩磨机用的珩磨头的参数应符合表 3-25的规定。特殊使用的珩磨头，其直径范围可以扩大。

表 3-25　珩磨头的参数　　　　　　　（单位：mm）

珩孔直径	珩磨油石长度	珩孔直径	珩磨油石长度	珩孔直径	珩磨油石长度	珩孔直径	珩磨油石长度
5~6	25	14~15	32	50~63	100	350~400	300
6~7	25	15~16	32	63~80	100	400~450	300
7~8	25	16~18	40	80~100	125	450~510	300
8~9	25	18~21	40	100~125	125	510~570	400
9~10	25	21~25	40	125~160	150	570~630	400
10~11	32	25~30	63	160~200	150	630~700	500
11~12	32	30~35	63	200~250	200	700~800	500
12~13	32	35~41	80	250~300	200	800~900	600
13~14	32	41~50	80	300~350	200	900~1000	600

3.1.6　外圆磨床

在 JB/T 7418.1—2019《外圆磨床　第 1 部分：型式与参数》中规定了一般用途的外圆磨床的型式与参数，适用于新设计的工作台移动式和砂轮架移动式外圆磨床。在 JB/T 7418.2—2015《外圆磨床　第 2 部分：技术条件》中规定了一般用途外圆磨床的制造和验收的要求，适用于普通精度级工作台移动式外圆磨床、万能外圆磨床，最大磨削直径为 50~800mm、最大磨削长度为 150~5000mm；精密级、高精度级工作台移动式外圆磨床、万能外圆磨床，最大磨削直径为 50~800mm、最大磨削长度为 150~5000mm；普通精度级工作台移动式端面外圆磨床，最大磨削直径为 50~500mm、最大磨削长度为 150~3000mm；普通精度级的砂轮架移动式外圆磨床，最大磨削直径为 500~2000mm、最大磨削长度为 5000~15000mm。在 JB/T 7418.3—2014《外圆磨床　第 3 部分：高精度机床 精度检验》中规定了一般用途高精度工作台移动式外圆磨床、万能外圆磨床以及端面外圆磨床的几何精度、工作精度和线轴的定位精度、重复定位精度的检验方法及相应公差，适用于最大磨削直径为 50~800mm、最大磨削长度为 150~4000mm 的高精度外圆磨床、高精度万能外圆磨床以及最大磨削直径为 50~500mm、最大磨削长度为 150~3000mm 的高精度的端面外圆磨床。

1. 型式与参数

1）外圆磨床按总体布局方式可以分为工作台移动式和砂轮架移动式两种型式。

2）外圆磨床按性能特点一般可以分为：

① 外圆磨床（普通型）。

② 万能外圆磨床（万能型）。

③ 端面外圆磨床。

④ 多砂轮架外圆磨床。

⑤ 多片砂轮外圆磨床。

3）工作台移动式外圆磨床的型式如 JB/T 7418.1—2019 中图 1 所示，机床的参数一般宜符合表 3-26 的规定。

表 3-26　工作台移动式外圆磨床参数

最大磨削直径 D/mm	50	125	200	320	400	500	630	800
最大磨削长度 L/mm	150	150						
	250	250	250					
	350	350	350					
		500	500	500				
		630	630	630				
			750	750				
			1000	1000	1000			
				1500	1500	1500		
				2000	2000	2000	2000	
				2500	2500	2500	2500	
				3000	3000	3000	3000	3000
						4000	4000	4000
						5000	5000	5000

（续）

最大磨削直径 D/mm		50	125	200	320	400	500	630	800
中心高/mm		100		125	180	220	270	335，370	500
最小磨削直径/mm		2	5	8	15		30		50
主轴锥孔莫氏圆锥号（按 GB/T 1443—2016）	头架	2，3	3，4	3，4，5		4，5		5，6	—
	尾架		2，3						
主轴锥孔米制圆锥号（按 GB/T 1443—2016）	头架			—				80	80，100
	尾架								
最大砂轮直径/mm	万能	200~300	250~350	300~400	400~500		500~750		按设计规定
	普通				600~750		750~900		
磨削孔径范围/mm	万能型	—	10~40	13~80	16~125		25~200		—
最大磨削孔深/mm			60	125	200		320		—
最大工件质量/kg		2	10	50	150		1000~3000		3000~5000

砂轮架移动式外圆磨床的型式、参数见 JB/T 7418.1—2019。

2. 技术条件

（1）一般要求

1）JB/T 7418.2—2015 是对 GB/T 9061—2006《金属切削机床 通用技术条件》、GB/T 25376—2010《金属切削机床 机械加工件通用技术条件》、GB/T 25373—2010《金属切削机床 装配通用技术条件》等标准的具体化和补充。按 JB/T 7418.2—2015 验收机床时，应同时对上述标准中未经 JB/T 7418.2—2015 具体化的其余有关验收项目进行检验。

2）外圆磨床（以下简称机床）应按 GB/T 25372—2010《金属切削机床 精度分级》的规定，普通级为Ⅳ级精度机床、精密级为Ⅲ级精度机床、高精度级为Ⅱ级精度机床。

（2）附件和工具

1）机床应配备能保证基本性能的附件和工具，根据机床的结构特点由设计进行规定。

2）根据用户要求，按协议（或合同）的规定提供特殊附件。

（3）安全卫生

1）工作台或托板和砂轮架等有惯性冲击的往复运动部件应设置防止碰撞的限位保险装置，砂轮架快速引进应采取防止碰撞的安全措施（如设置缓冲装置等）。

2）对工件回转、尾架脚踏液压缸或机动尾架套筒移动、砂轮架快速移动等应设置安全联锁装置，以控制动作顺序。

3）床身导轨、砂轮架垫板导轨应设置安全防护装置，以防止磨屑和切削液飞溅进入导轨面。

4）机床运转时不应有非正常的尖叫声和冲击声。在空运转条件下，应按 GB/T 16769—2008（已废止）的规定检验机床的噪声，机床的噪声声压级不应大于表 3-27 的规定。

表 3-27　机床的噪声

机床质量/t	≤10	>10~30	>30
普通级（含数控机床）/dB（A）	83	85	90
精密级（含数控机床）/dB（A）	80	83	88
高精度级（含数控机床）/dB（A）	75	80	85

5）手轮、手柄操纵力在行程范围内应均匀，其操纵力不宜大于表 3-28 和下列规定：

① 横进给手轮在低速档时以及无变速档的横进给手轮操纵力按"经常用"手轮的要求考核。

② 其他手轮、手柄操纵力按"不经常用"手轮、手柄的要求考核。

③ 尾架手轮、手柄操纵力按设计规定。

④ 电子手轮不考核。

表 3-28　手轮、手柄操纵力

机床质量/t		≤2	>2~5	>5~10	>10
操纵力/N	经常用	40	60	80	120
	不经常用	60	80	100	160

6）砂轮等危险部件应设置专用安全防护罩（内圆磨具除外），砂轮防护罩还应符合 JB 4029—2000

的规定。

7）按 JB/T 7418.2—2015 验收机床时，应同时对 GB/T 15760—2004、GB/T 24384—2009、GB 5226.1—2008（已被 GB/T 5226.1—2019 代替）、GB/T 23572—2009 中未经 JB/T 7418.2—2015 具体化的其余有关验收项目进行检验。

（4）加工和装配质量

1）机床的重要铸件（床身、垫板和上、下工作台或拖把等）应在粗加工后进行时效处理。精密级、高精度级机床的重要铸件还应在半精加工后进行二次时效处理。

2）头架主轴、砂轮架主轴、尾架套筒、丝杠、齿轮等易磨损零件，一般应采取与寿命相适应的耐磨措施。

3）床身导轨副和砂轮架导轨副为重要导轨副，宜采用耐磨铸铁、滚动导轨、镶钢导轨、贴塑导轨等与寿命相适应的耐磨措施。

4）下列结合面应按 GB/T 25373—2010 中"特别重要固定结合面"的要求考核：

① 组合床身结合面。

② 砂轮架垫板与床身或拖把的结合面。

③ 盖板与砂轮架体壳的结合面（仅适用于内圆磨具支架装在砂轮架盖板上的机床）。

④ 内圆磨具支架与其配合件的结合面。

⑤ 头架体壳与其配合的回转底座的结合面。

⑥ 砂轮架体壳与其配合的回转底座的结合面。

⑦ 上工作台与下工作台的结合面。

⑧ 上工作台压板与上工作台和下工作台的结合面（特殊结构除外）。

5）工作台或托板导轨、砂轮架导轨以及与其相配部件的导轨应按 GB/T 25373—2010 中"静压、滑动导轨"的要求考核。

6）工作台导向面或工件床身导轨面以及与其配合的头、尾架导轨面按 GB/T 25373—2010 中"移置导轨"的要求考核。

7）带刻度装置的手轮、手柄反向空程量不宜超过表 3-29 的规定（电子手轮不考核）。

表 3-29 反向空程量

机床型式	最大磨削直径/mm	空程量/r
工作台移动式	≤125	1/20
	>125~320	1/15
	>320~500	1/10
	>500~630	1/5
	>630	1/3
砂轮架移动式	≥500	按设计规定

8）头架、砂轮架、内圆磨具和油泵的传动电动机应连同带轮或联轴器进行动平衡，并校正，其剩余不平衡量引起的振动的双振幅值应不大于表 3-30 的规定。砂轮架移动式机床的头架电动机采用单独基座时，头架电动机的振动不做考核；单独油箱的油泵电动机的双振幅值可按设计规定；对于砂轮线速度大于 45m/s 的高速机床的砂轮架电动机的双振幅值可按设计规定。

表 3-30 振动的双振幅值

电动机安装部位	振动的双振幅值/μm								
	普通级			精密级			高精度级		
	机床质量/t								
	≤10	>10~30	>30	≤10	>10~30	>30	≤10	>10~30	>30
头架、油泵	8	12	16	6	9	12	4	6	8
砂轮架、内圆磨具	4	6	8	3	5	6	2	3	4

9）应按 GB/T 25374—2010 的规定检验清洁度。其中砂轮架部件内部清洁度按质量法检验（抽检），其杂质、污物不应超过表 3-31 的规定。

表 3-31 清洁度限值

机床精度等级	杂质、污物质量/mg
普通级	200
精密级	180
高精度级	150

10）头架主轴（装弹簧头的锥孔除外）、尾架套筒、砂轮架主轴（装砂轮卡盘锥体）及其相配的零件锥体，应按 GB/T 23575—2009 规定的要求进行检验。其锥体接触应靠近大端，实际接触长度与工作长度的比值应不小于表 3-32 的规定。

表 3-32 实际接触长度与工作长度的比值

机床精度等级	实际接触长度与工作长度的比值（%）
普通级	80
精密级、高精度级	85

（5）机床空运转试验

1）机床温度和温升试验。

① 砂轮架主轴（带砂轮）应在无负荷状态下进行空运转试验，从最低速度起依次运转至最高速度或设计规定的最高速度。在最高速度时运转不少于 1h，使砂轮架主轴轴承达到稳定温度。对于普通级精度机床在砂轮架油池中检验主轴滑动轴承的温度和温升，其温度不应超过 55℃，温升不应超过 25℃。在靠近砂轮架主轴滚动轴承的外壳处检验轴承的温度和温升，其温度不应超过 65℃，温升不应超过 35℃。精密级及高精度级机床的温度及温升由设计规定。

② 液压系统的温升试验中，在床身油池（或单独油箱油池）中测量油液温度和温升的方法应符合 GB/T 23572—2009。

2）主运动和进给运动的试验。

① 砂轮主轴在空载条件下的转速偏差，不应超过设计规定值的-5%~0%。

② 头架等部件主轴在空载条件下的转速偏差：有级变速传动为设计规定值（转速标牌）的 ±5%（抽检）；无级变速传动为设计规定值（转速表有数字位置点）的 ±10%。

③ 头架等部件主轴在空载条件下的运转状况：高速运转无冲击和异常振动；低速运转无爬行和振荡。

④ 对机床直线运动部件分别以低、中、高进给速度进行空载运转试验，运动部件移动时应平稳、灵活、可靠，无明显爬行和振动现象。

⑤ 非数控砂轮架横进给相对误差一般应不大于表 3-33 的规定。

表 3-33　进给相对误差

机床精度等级	每次进给相对误差（%）	10 次进给相对误差（%）
普通级	100	20
精密级	60	10
高精度级	40	6

试验条件：

a. 在工作台或工件床身上的测量桥板上固定指示器，其测头轴线与砂轮架主轴轴线大致在同一水平面内。

b. 以最小标称进给量进给，连续 10 次。

c. 计算公式见式（3-11）、式（3-12）。

$$\delta_{每次} = \frac{\left| a_n - b \right|}{b} \times 100\% \qquad (3\text{-}11)$$

$$\delta_{10次} = \frac{\left| \sum\limits_{n=1}^{10} a_n - 10b \right|}{10b} \times 100\% \qquad (3\text{-}12)$$

式中　$\delta_{每次}$——每次进给相对误差；

　　　a_n——每次实际进给量，单位为 μm；

　　　b——最小标称进给量，单位为 μm；

　　　$\delta_{10次}$——10 次进给相对误差。

3）砂轮架空运转功率试验。砂轮架（带砂轮）空运转功率不应大于砂轮架电动机空运转功率指标的 115%。在砂轮架电动机尚未确定空运转功率指标时，砂轮架电动机空运转功率可按不大于额定功率的 25% 考核，也可由设计规定。

可选择装配质量较好的砂轮架 10 套，测量其空运转功率（测量级检验时均应扣除电动机空载功率），取其平均值作为砂轮架电动机空载运转功率指标。

4）机床功能的试验。

① 手动功能试验（用手动或数控手动方式操作机床各部位进行的试验）。

a. 头架或砂轮架主轴以中速或设计规定的转速反复进行 10 次起动、停止的手动操作试验，动作应灵活、可靠；对无级变速的主轴应按设计规定的低、中、高的转速，对有级变速的主轴在各级转速，进行变速操作试验，动作应灵活、可靠。

b. 用中等速度对工作台或拖板等各直线运动部件进行正、负向的连续起动、停止 10 次。试验动作的灵活性和可靠性。

c. 对与机床数控系统的手动功能相对应的控制按钮逐一进行试验，动作应灵活、可靠，并且指示灯显示正确、可靠。

② 自动功能试验（用自动程序操作机床各部位进行的试验）。

a. 头架或砂轮架主轴以中速或设计规定的转速反复进行 10 次起动、停止的自动操作试验，动作应灵活、可靠。对无级变速的主轴应按设计规定的低、中、高的转速进行变速自动操作试验，动作应灵活、可靠。

b. 对各直线运动部件，以中等进给或设计规定的速度连续进行正、负向的起动、停止和增量进给方式的自动操作试验；对进给系统进行低、中、高进给速度和快速的变速自动操作试验，动作应灵活、可靠、正确。

c. 对机床的联动、定位以及数控系统的直线补偿、磨削循环等功能逐一进行试验，其动作应可靠、灵活、正确。

③ 机床功能的其他试验。

a. 对机床的液压、冷却系统及润滑装置进行试验，运转应正常、可靠。

b. 机床安全联锁动作应准确、可靠，符合设计的规定。

c. 机床所有功能应满足设计规定或出厂说明书的规定。

5）机床的连续空运转试验。手动机床应做空运转试验，空运转无故障时间不少于 4h；自动、半自动和数控机床应模拟工作状态按主要加工功能做不切削连续空运转试验，其连续运转时间应大于表 3-34 的规定。

表 3-34　连续运转时间　　（单位：h）

机床控制形式		连续运转时间
机械控制		4
电、液控制		8
数控控制	联动轴<3 轴	36
	联动轴≥3 轴	48

机床连续空运转可模拟试件磨削状态进行。连续空运转的整个过程中，机床运转应正常、平稳、可靠，不发生故障，若发生故障，应在调整或排除后，重新开始试验。试验时，自动循环应包括所有功能和全部工作范围，各次自动循环之间的休止时间不应大于 1min。

6）其他。

① 工作台（拖板）应进行往复相对速度误差（仅适用液压驱动的机床）。

液压驱动工作台（拖板）应进行往复速度差的试验，其速度差应不大于表 3-35 的规定。

表 3-35　往复速度相对误差的允差

机床精度等级	允差（%）
普通级	10
精密级	8
高精度级	6

试验条件：

a. 工作台速度：普通级 ≈ 0.1m/min；精密级、高精度级 ≈ 0.05m/min。

b. 在最大磨削长度内检验。

c. 计算公式见式（3-13）。

$$\delta = \frac{2|t_1 - t_2|}{t_1 + t_2} \times 100\% \qquad (3\text{-}13)$$

式中　δ——往复速度相对误差；

t_1、t_2——分别为工作台往复单程时间，单位

为 min。

② 工作台（拖板）换向精度（仅适用液压驱动的机床）。液压驱动工作台（拖板）应进行换向精度的试验，其精度应符合表 3-36 的规定。

表 3-36　换向精度　　（单位：mm）

最大磨削直径	同速	异速
≤320	0.04	0.20
>320		0.30

试验条件：

a. 工作台（拖板）速度。

普通级：低速 0.5m/min，中速 2.0m/min。

精密级：低速 0.3m/min，中速 1.5m/min。

高精度级：低速 0.1m/min，中速 0.5m/min。

b. 试验行程为 100～200mm。

c. 试验往复次数各 5 次。

d. 试验时工作台（拖板）在两端停留时间少于或等于 1.5s。

③ 工作台或拖板移动的平稳性。普通级工作台或拖板在移动速度为 0.1m/min，精密级工作台或拖板在移动速度为 0.04m/min，高精度级工作台或拖板在移动速度为 0.02m/min 时，不应有爬行，高速换向不应有冲击。

④ 砂轮架快速引进时间（仅适用液压驱动的机床）。砂轮架快速引进时间不宜超过表 3-37 的规定。

表 3-37　砂轮架快速引进时间

最大磨削直径/mm	快速引进时间/s	
	普通级	精密级、高精度级
≤200	3	4
>200～320	4	5
>320	5	6

（6）机床负荷试验及磨除率试验（抽查）

1）负荷试验。JB/T 7418.2—2015 规定的机床应做下列负荷试验：

① 机床承载最大工件重量的运转试验。

② 砂轮架电动机达到最大功率（或设计规定的最大功率）的试验。

试验的条件和切削用量由制造厂规定。

注：1. 砂轮架移动式机床的承载最大工件质量的运转试验允许在用户单位进行。

2. 精密级、高精度级机床允许采用最大磨削直径试件的磨削试验代替砂轮架电动机达到最大功率的试验。磨削规范按设计文件的规定。

2）磨除率试验（精密级、高精度级不考核）。

试验条件（试验规范）：

① 试件长度应按 GB/T 4685—2007《外圆磨床精度检验》中 M1 项或 JB/T 7418.4—2014《外圆磨床　第 4 部分：砂轮架移动式机床　精度检验》中 M1 项规定长度的 1/4~1/2。

② 采用随机提供的粗砂轮。

③ 头架转速为中速。

④ 工作台或拖板速度≈1.0m/min。

⑤ 横向进给磨光至无火花后，按下列规定的进给量单向连续进给 5 次：

当最大磨削直径小于或等于 125mm 时，进给量为 0.005mm；大于 125mm 时为 0.01mm。磨除率（磨除量与实际进给量之比）不宜小于 90%。

（7）机床精度检验

1）工作台移动式普通级机床的精度检验应按 GB/T 4685—2007《外圆磨床　精度检验》的规定进行，精密级机床按有关标准的规定进行；高精度机床应按 JB/T 7418.3—2014 的规定进行；砂轮架移动式普通级机床的精度检验应按 JB/T 7418.4—2014《外圆磨床　第 4 部分：砂轮架移动式机床　精度检验》的规定进行。

2）GB/T 4685—2007 和 JB/T 7418.3—2014 的 G10、G 11，JB/T 7418.4—2014 的 G10、G11 为热检项目应在机床达到稳定温度时检验。

3）工作精度检验的磨削规范为：普通级机床，以最小进给量单向进给两次，无进给磨削五个双行程（头架速度、工作台或拖板速度和砂轮修正速度等按设计文件的规定）。精密级、高精度级机床，按设计文件的规定。

4）工作精度检验结果中，试件表面粗糙度 Ra 最大允许值应符合下列规定：

① 普通级机床。

　M1、M2 项：0.32μm。

　M3、M5 项：0.63μm。

　M4 项：外圆为 0.63μm，端面为 1.25μm。

② 精密级机床。

　M1 项：0.04μm。

　M2 项：0.08μm。

　M3 项：0.16μm。

③ 高精度级机床。

　M1 项：长试件 0.04μm，短试件 0.01μm。

　M2 项：0.02μm。

　M3 项：0.04μm。

5）工作精度检验结果中，试件表面波纹度，平均波幅值 W_z 最大允许值应不大于表 3-38 的规定。磨削时，工件长度允许值按 GB/T 4685—2007 中 M1 项规定工件长度的 1/4~1/2。

表 3-38　平均波幅值 W_z 最大允许值

机床精度等级	最大磨削直径/mm			
	≤320		>320	
	M1	M2	M1	M2
普通级/μm	1	1.6	1.6	2.5
精密级/μm	0.63	1.0	1.0	1.6
高精度级/μm	0.25	0.63	—	—

注：关于平均波幅值 W_z 请见 JB/T 9924—2014《磨削表面波纹度》。

3. 高精度外圆磨床工作精度检验

1）工作精度检验应仅在精加工时进行，因为粗加工易产生较大切削力。

2）高精度外圆磨床工作精度检验见表 3-39~表 3-43。

表 3-39　工作精度检验（M1）

检验项目（M1）	磨削安装在两顶尖间的圆柱形试件的精度 1）圆度 2）直径的一致性（在试件两端和中间测直径的变化量）
简图和试件尺寸	 表格如下：

$DC^{①}$/mm	l/mm		d_{min}/mm
	短试件	长试件	
DC≤315	100	150	16
315<DC≤630	100	315	32
630<DC≤1500	150	630	63
1500<DC≤3000	200	1000	100
DC≤3000	300	1500	150

① DC 为两顶尖间距离

（续）

切削条件	在试件全长上磨削（不用中心架）		
公差	长试件： 1）$l \leqslant 630mm$　　　　0.001mm 　　$l > 630mm$　　　　0.002mm 2）$l = 150mm$　　　　0.002mm 　　$l = 315mm$　　　　0.002mm 　　$l = 630mm$　　　　0.003mm 　　$l = 1000mm$　　　0.004mm 　　$l = 1500mm$　　　0.005mm	短试件： $l \leqslant 200mm$　　　0.0005mm $l > 200mm$　　　0.001mm	
检验工具	1）圆度仪 2）千分尺或坐标测量机		
备注	按 GB/T 17421.1—1998 中 4.1 和 4.2 的规定 应在试件的几个位置上进行圆度测量，以测得的最大误差计 直径的一致性应在同一轴向平面内检验		

注：任何锥体都应大端直径靠近头架。

表 3-40　工作精度检验（M2）

检验项目（M2）	磨削安装在卡盘上圆柱形试件的圆度
简图和试件尺寸	 <table><tr><td>$DC^{①} \leqslant 1500mm$</td><td>$DC^{①} > 1500mm$</td></tr><tr><td>$l = 0.5d$</td><td>$l = (0.25 \sim 0.5)d$</td></tr><tr><td>$d_{min} = 40mm$</td><td>$d_{min} = 100mm$</td></tr><tr><td>$d_{max} = 100mm$</td><td>$d_{max} = 400mm$</td></tr></table>① DC 为两顶尖间距离。
公差	$DC \leqslant 1500mm$：0.0015mm $DC > 1500mm$：0.0025mm
检验工具	圆度仪
备注	按 GB/T 17421.1—1998 中 4.1 和 4.2 的规定 应在试件的几个位置上进行圆度测量，以测得的最大误差计

表 3-41　工作精度检验（M3）

检验项目（M3）	卡盘上磨削短试件孔的精度 1）圆度 2）纵截面内直径的一致性

（续）

简图和试件尺寸	

最大磨削孔径/mm	D/mm	L/mm
≤40	15	25
>40~80	30	50
>80~150	60	100
>150	100	150

材料：钢，不淬硬

公差

1）0.0025mm

2）见下表

试件长度 L/mm	25	50	100	150
公差/mm	0.0015	0.002	0.004	0.005

检验工具	精密测量仪（千分尺）
备注	按 GB/T 17421.1—1998 中 4.1 和 4.2 的规定

表 3-42　工作精度检验（M4）

检验项目（M4）	切入磨顶尖间试件的精度（仅适用于端面外圆磨床） 1）圆度 2）纵截面内的直径一致性 3）垂直度 4）直径一致性

简图和试件尺寸	

最大磨削直径/mm	d_1/mm	d_2/mm	L
≤200	15	25	略小于砂轮宽度
>200~320	30	50	
>320	60	100	

材料：钢，不硬淬

切削条件	切入式

公差	1)		2)		3)			4)
	最大磨削直径/mm							带自动测量为 0.006mm 定程磨削为 0.001mm
	≤320	>320	≤320	>320	≤200	>200~320	>320	
	0.001	0.0015	0.002	0.003	0.003	0.005	0.006	

检验工具	精密测量仪（或千分尺）
备注	按 GB/T 17421.1—1998 中 4.1 和 4.2 的规定。 关于垂直度检验，将被测零件支承在 V 形块上并固定，V 形块应与平板垂直，旋转 V 形块在被测零件连续回转过程中，指示器沿其径向做直线运动，误差以指示器读数最大差值计 关于直径一致性检验，试件余量在直径上为 0.20mm，误差以 20 个试件中的最大值和最小值的差值计

表 3-43　工作精度检验（M5）

检验项目（M5）	切入式磨削一批零件的直径一致性（不适用于斜切入端面外圆磨床）		
简图和试件尺寸			
	最大磨削直径/mm	d/mm	L
	≤200	25	略小于砂轮宽度
	>200~320	40	
	>320~800	60	
	注：材料：GCr15，热处理 C61；或 38CrMoAlA，热处理 T-D0.3-900；或其他合金钢并淬硬。		
切削条件	连续精磨		
公差	d/mm	25	40	60
	带自动测量	0.004mm	0.005mm	
	定程磨削	0.01mm	0.012mm	
检验工具	精密测量仪（或千分尺）		
备注	按 GB/T 17421.1—1998 中 4.1 和 4.2 的规定 具有切入磨削的机床应加试本项 试件余量在直径上为 0.20mm，误差以 20 个试件中的最大值和最小值的差值计		

对于液压缸制造而言，在 JB/T 7418.3—2014 中规定的高精度外圆磨床（数控轴线）定位精度和重复定位精度检验并不具有重要参考价值，因此，限于本手册篇幅此处就不进行摘录了。如果需要，具体请见 JB/T 7418.3—2014。

3.2　液压缸机械加工工艺规程的制订

3.2.1　机械制造工艺文件完整性

在 GB/T 24738—2009《机械制造工艺文件完整性》中按生产类型和产品的复杂程度，对常用的工艺文件规定了完整性要求，适用于机械制造企业的工艺管理。

1. 一般要求

1）工艺文件是指导工人操作和用于生产、工艺管理的主要依据，要做到正确、完整、统一、清晰。

2）工艺文件的种类和内容应根据产品的生产性质、生产类型和产品的复杂程度有所区别。

3）产品的生产性质包括样机试制、小批量试制和正式批量生产。样机试制主要是验证产品设计结构，对工艺文件不要求完整，各企业可根据具体情况而定；小批量试制主要是验证工艺，所以小批量试制的工艺文件基本上应与正式批量生产的工艺文件相同，不同的是后者通过小批量试制过程验证后的修改补充更加完善。

4）生产类型是企业（或车间、工段、班组、工作地）生产专业程度的分类。生产类型的划分方法见表 3-44 和表 3-45。

表 3-44　生产类型划分（按工作地专业化程度划分）

生产类型	工作地专业化程度	
	工作地所担负的工序数 m	工序大量系数 K_B
单件生产	40 以上	0.025 以下
小批生产	20~40	0.025~0.05
中批生产	10~20	0.05~0.1
大批生产	2~10	0.1~0.5
大量生产	1~2	0.5 以上

注：表中 $K_B = 1/m$。

表 3-45　生产类型划分（按生产产品的年产量划分）

生产类型	年产量/个		
	重型机械	中型机械	轻型机械
单件生产	≤5	≤20	≤100

（续）

生产类型	年产量/个		
	重型机械	中型机械	轻型机械
小批生产	>5~100	>20~200	>100~500
中批生产	>100~300	>200~500	>500~5000
大批生产	>300~1000	>500~5000	>5000~50000
大量生产	>1000	>5000	>50000

注：表中生产类型的年产量应根据各企业产品具体情况而定。

5) 产品的复杂程度由产品结构、精度和结构工艺性而定。一般可分为简单产品和复杂产品。复杂程度由各企业自定。

6) 按生产类型和产品复杂程度不同，对常用的工艺文件完整性做了规定（见表3-46）。使用时，各企业可根据各自工艺条件和产品需要，允许有所增减。

2. 常用工艺文件

常用工艺文件见表3-46。

表3-46 常用工艺文件

序号	产品生产类型 工艺文件名称	单件和小批生产		中批生产		大批和大量生产	
		工艺文件适用范围					
		简单产品	复杂产品	简单产品	复杂产品	简单产品	复杂产品
1	产品结构工艺性审查记录*	△	△	△	△	△	△
2	工艺方案*	—	△	△	△	△	△
3	工艺流程图*	—	△	+	△	+	△
4	工艺路线表*	+	△	△	△	△	△
5	木模工艺卡	+	+	+	+	+	+
6	砂型铸造工艺卡	+	+	+	△	△	△
7	熔模铸造工艺卡	—	+	+	△	△	△
8	压力铸造工艺卡		—	+	△	△	△
9	铸造工艺卡	+	△	△	△	△	△
10	冲压工艺卡	+	+	+	△	△	△
11	焊接工艺卡	+	+	+	△	△	△
12	机械加工工艺过程卡	△	△	△	△	△	△
13	典型工艺过程卡*	+	+	+	+	+	+
14	标准工艺过程卡*	△	△	△	△	△	△
15	成组工艺过程卡*	+	+	+	+	+	+
16	机械加工工序卡	—	+	+	△	△	△
17	调整卡*	—	—	△	△	△	△
18	数控加工程序卡*	+	+	△	△	△	△
19	热处理工艺卡	△	△	△	△	△	△
20	表面处理工艺卡*	+	+	+	+	△	△
21	电镀工艺卡	+	+	△	△	△	△
22	粉末冶金零件工艺卡	—	—	△	△	△	△
23	特种加工工艺卡*	+	△	△	△	△	△
24	装配工艺过程卡	+	△	△	△	△	△
25	装配工序卡	—	—	—	△	△	△
26	电气装配工艺卡*	+	△	△	△	△	△
27	涂装工艺卡	+	△	△	△	△	△
28	工艺评审报告*	+	+	+	△	△	△
29	作业指导书*	+	+	△	△	△	△
30	检验卡*	+	+	+	+	△	△

（续）

序号	产品生产类型 工艺文件名称	单件和小批生产		中批生产		大批和大量生产	
		工艺文件适用范围					
		简单产品	复杂产品	简单产品	复杂产品	简单产品	复杂产品
31	工艺守则*	○	○	○	○	○	○
32	工艺关键件明细表*	+	△	+	△	+	△
33	工序质量分析表*	+	+	+	+	+	+
34	工序质量控制图*	+	+	+	+	+	+
35	产品质量控制点明细表*	+	+	+	+	+	+
36	零（部）件质量控制点明细表*	+	+	+	+	+	+
37	外协件明细表*	△	△	△	△	△	△
38	外购件明细表*	△	△	△	△	△	△
39	（ ）零件明细表*	+	+	+	+	+	+
40	外购工具明细表*	△	△	△	△	△	△
41	组合夹具明细表*	△	△	+	+	+	+
42	企业标准工具明细表*	+	+	△	△	△	△
43	专用工艺装备明细表*	△	△	△	△	△	△
44	工位器具明细表*	+	+	+	+	△	△
45	专用工装图样级设计文件*	△	△	△	△	△	△
46	材料消耗工艺定额明细表*	△	△	△	△	△	△
47	材料消耗工艺定额汇总表*	+	△	△	△	△	△
48	标准化审查记录*	+	+	+	+	+	+
49	工艺验证书*	+	+	△	△	△	△
50	工艺总结*	—	△	△	△	△	△
51	产品工艺文件目录*	△	△	△	△	△	△

注：1. ——不需要；△—必须具备；+—酌情自定，○—可代替或补充的工艺卡（与生产类型无关）。

　2. "（ ）零件明细表"的（ ）内可以为锻件、铸件、特种件、热处理件、表面处理件等。

　3. 标注 "＊" 的在 GB/T 24738—2009 中有定义。

3.2.2 工艺规程设计

在 JB/T 9169.5—1998《工艺管理导则 工艺规程设计》中规定了工艺规程的类型、文件形式，设计工艺规程的基本要求、依据和程序，适用于一般机电产品工艺规定的设计。

1. 工艺规程的类型

工艺规程的类型见表 3-47。

2. 工艺规程的文件形式及其使用范围

工艺规程的文件形式及其使用范围见表 3-48。

表 3-47　工艺规程的类型

序号	工艺规程的类型		定　　义
1	专用工艺规程		针对每一个产品和零件所设计的工艺规程
2	通用工艺规程	典型工艺规程	为一组结构相似的零部件所设计的通用工艺规程
		成组工艺规程	按成组技术原理将零件分类成组，针对每一组零件所设计的通用工艺规程
3	标准工艺规程		已纳入标准的工艺规程

表 3-48　工艺规程的文件形式及其使用范围

序号	文件形式	使 用 范 围
1	工艺过程卡片	主要用于单件、小批生产的产品
2	工艺卡片	用于各种批量生产的产品
3	工序卡片	主要用于大批量生产的产品和单件、小批生产中的关键工序
4	操作指导卡片（作业指导书）	用于建立工序质量控制点的工序
5	工艺守则	某一专业应共同遵守的通用操作要求
6	检验卡片	用于关键工序检查
7	调整卡片	用于自动或半自动机床和弧齿锥齿机床加工
8	毛坯图	用于铸件、锻件等毛坯的制造
9	工艺附图	根据需要与工艺或工序卡配合使用
10	装配系统图	用于复杂产品的装配，与装配工艺过程卡片或装配工序卡片配合使用

注：表中的使用范围与在 GB/T 24738—2009 中给出的常用工艺文件定义不完全相符。

3. 设计工艺规程的基本要求

1) 工艺规程是直接指导现场生产操作的重要技术文件，应做到正确、完整、统一、清晰。

2) 在充分利用本企业现有生产条件的基础上，尽可能采用国内外先进工艺技术和经验。

3) 在保证产品质量的前提下，能尽量提高生产率和降低消耗。

4) 设计工艺规程必须考虑安全和工业卫生措施。

5) 结构特征和工艺特征相近的零件应尽量设计典型工艺规程。

6) 各专业工艺规程在设计过程中应协调一致，不得相互矛盾。

7) 工艺规程的幅面、格式与填写方法按 JB/T 9165.2—1998《工艺规程格式》的规定。

8) 工艺规程中所用的术语、符号、代号要符合相应标准的规定。

9) 工艺规程中的计量单位应全部使用法定单位。

10) 工艺规程的编号应按 JB/T 9166—1998《工艺文件编号方法》的规定。

4. 设计工艺文件的主要依据

1) 产品图样及技术条件。

2) 产品工艺方案。

3) 产品零件工艺路线或车间分工明细表。

4) 产品生产大纲。

5) 本企业的生产条件。

6) 有关工艺标准。

7) 有关设备和工艺装备资料。

8) 国内外同类产品的有关工艺资料。

5. 工艺规程的设计程序

（1）专用工艺规程设计

1) 熟悉设计工艺规程所需的资料。

2) 选择毛坯形式及其制造方法。

① 选择毛坯的类型。

a. 铸件。

b. 锻件。

c. 压制件。

d. 冲压件。

e. 焊接件。

f. 型材、板材等。

② 确定毛坯的制造方法。

3) 设计工艺过程。

4) 设计程序

① 确定工序中各工步的加工内容和顺序。

② 选择与技术有关的工艺参数。

③ 选择设备或工艺装备。

5) 提出外购工具明细表、专用工艺装备明细表、企业标准（通用）工具明细表、工位器具明细表和专用工艺装备设计任务书等。

6) 编制工艺定额，见 JB/T 9169.6—1998《工艺管理导则　工艺定额编制》。

（2）典型工艺规程设计

1) 熟悉设计工艺规程所需的资料。

2) 将产品零件分组。

3) 确定每组零部件中的代表件。

4) 分析每组零部件的生产批量。

5) 根据每组零部件的生产批量，设计其代表件的工艺规程。

（3）成组工艺规程设计

1）熟悉设计成组工艺规程的资料。

2）将产品零件按成组技术零件分类编码标准进行分类、编组，并给以代码。

3）确定具有同一代码零件组的复合件。

4）分析每一代码零件组的生产批量。

5）设计各代码组复合件的工艺过程。

6）设计各复合件的成组工序。

6. 工艺程序的审批程序

（1）审核

1）工艺规程的审核一般由产品主管工艺师或工艺组长进行，关键工艺规程可由工艺科（处）长审核。

2）主要审核内容。

① 工序安排和工艺要求是否合理。

② 选用设备和工艺装备是否合理。

（2）标准化审查

标准化审查见 JB/T 9169.7—1998《工艺管理导则　工艺文件标准化审查》。

（3）会签

1）工艺规程经审核和标准化审查后，应送交有关生产车间会签。

2）主要会签内容。

① 根据本车间的生产能力，审查工艺规程中安排的加工或装配内容在本车间能否实现。

② 工艺规程中选用的设备和工艺装备是否合理。

（4）批准

经会签后的成套工艺规程，一般由工艺科（处）长批准，成批生产产品和单件生产关键产品的工艺规程，应由总工艺师或总工程师批准。

3.3　液压缸机械加工精度的确定

3.3.1　可调行程液压缸图样及其设计说明

1. 可调行程液压缸图样

（1）WC67Y-100T 液压缸装配图

为与 WC67Y-100/（2500、3200、4000）扭力轴同步液压上动式板料折弯机配套而设计的 WC67Y-100T 液压缸装配图样（右）见图 3-4。

因下文专门讨论此液压缸及其各主要零件的设计精度，在装配图样中省略或简化了液压缸的技术参数、主要装配尺寸和配合代号、连接尺寸及部分技术要求等。

尽管以下图样没有按 GB/T 131—2006《产品几何技术规范（GPS）技术产品文件中表面结构的表示法》绘制，但应按该标准规定理解。在实际图样设计中，应用 GB/T 131—2006 规定的表示方法确实存在一定困难。

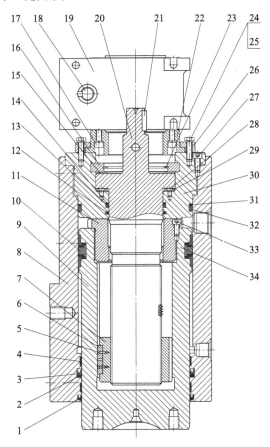

图 3-4　WC67Y-100T 液压缸（右）

1—防尘密封圈　2—挡圈 I　3—ISI 型活塞杆密封专用密封件
4—支承环　5—开槽圆柱头螺钉　6—导向 A 形平键
7—撞块（梯形螺母）　8—缸体　9—活塞杆（与活塞为
一体结构）　10—双向密封橡胶密封圈　11—活塞端盖
12—特康旋转格来圈　13—星形密封圈　14—挡圈 II
15—调隙垫片　16—卡键　17—内六角圆柱头螺钉 I
18—减速机输入轴　19—NRV 蜗轮蜗杆减速机
20—梯形螺纹轴　21—普通 A 形平键　22—减速机安装法兰
23—孔用弹性挡圈　24—六角头螺栓　25—弹性垫圈
26—减速箱安装法兰压套　27—内六角圆柱头螺钉 II
28—十字槽沉头螺钉　29—防吸附止推垫片　30—缸体端盖
31—挡圈 III　32—O 形橡胶密封圈　33—内六角圆柱头螺钉 III
34—活塞

液压缸装配图技术要求如下：

1）按 JB/T 10205—2010《液压缸》、JB/T 2257.2—1999《板料折弯机　型式与基本参数》和企标及其他相关标准设计。

2）为了螺钉防松，各螺钉紧固时可以使用可拆卸螺纹紧固胶。

3）液压缸应在 25×1.5MPa 压力下进行耐压试验，出厂试验保压 10s。

4）无杆腔耐压试验应在撞块作为缸行程限位器情况下进行。

5）按企标的试验方法和检验规则进行行程定位精度和行程重复定位精度检验。

6）液压缸表面可按用户要求涂装，但至少应有 6 个月以上的防锈能力。

7）液压缸试验后各油口应加装防尘堵，行程调节装置输入轴加装防护套，活塞杆端连接用球面及螺纹孔加装保护盖，液压缸活塞杆应处于完全缩回状态，必要时，可使用附加装置将活塞杆与缸体间固定。

8）包装箱上的标志应与标牌相符，允许液压缸按规定水平放置。

（2）WC67Y-100T 液压缸缸体零件图

1）缸体零件图。WC67Y-100T 液压缸缸体由 45 钢锻件制造，右缸体零件图见图 3-5。

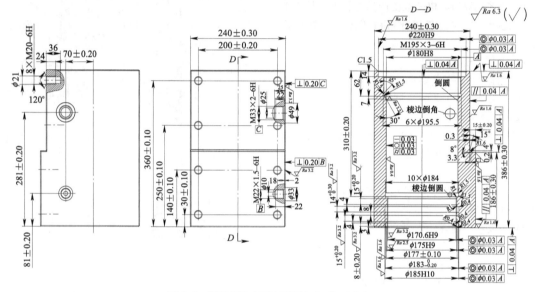

图 3-5　WC67Y-100T 液压缸缸体（右）

缸体零件图技术要求如下：

① 锻件锻造后应进行热处理，以减小或消除锻造应力，并使其具有良好的机械加工性能，减小或消除应力后的硬度为 170~210HBW。

② 调质处理的锻件力学性能 $R_m \geq 590MPa$，$R_{eL} \geq 345MPa$，硬度为 28~32HRC。

③ 锻件不得有可视的裂纹、折叠和其他影响使用的外观缺陷，不得有白点、内部裂纹和残余缩孔，对超过加工余量和锻造尺寸偏差的缺陷，必须经甲方同意后方可清除并焊接。

④ 未注线性尺寸的公差等级按 m 级，未注倒圆半径和倒角高度尺寸的公差等级按 m 级，未注角度的公差等级按 m 级，未注几何公差等级按 K 级。

⑤ 未注倒角按 2×45°，各密封沟槽未注沟槽底圆角和沟槽棱圆角半径 $R \leq 0.2mm$。

⑥ 8×M20-6H 螺纹孔对安装面的垂直度公差为 0.10mm。

⑦ 两油口允许按 GB/T 19674.1—2005 加工，并使用 JB 982 规定的组合密封圈密封。

⑧ 缸体磨削后必须退磁。

⑨ 各面尤其安装面不得留有卡痕，不得有磕碰、划伤，注意工序间防锈。

⑩ 根据用户要求进行表面涂装或前处理。

⑪ 缸体应在 25×1.5MPa 压力下进行耐压试验，出厂试验保压 10s。

⑫ 成品未涂装表面涂防锈油后垂直封存，注意保护好各端面。

2）缸体端盖零件图。WC67Y-100T 液压缸缸体端盖由 42CrMo 合金钢锻件制造，零件图见图 3-6。

缸体端盖零件图技术要求如下：

① 锻件锻造后应进行热处理，以减小或消除锻造应力，并使其具有良好的机械加工性能，减小或消除应力后的硬度为 190~210HBW。

② 调质处理的锻件力学性能 $R_m \geq 750MPa$，$R_{eL} \geq 500MPa$，硬度为 28~32HRC。

③ 锻件不得有可视的裂纹、折叠和其他影响使

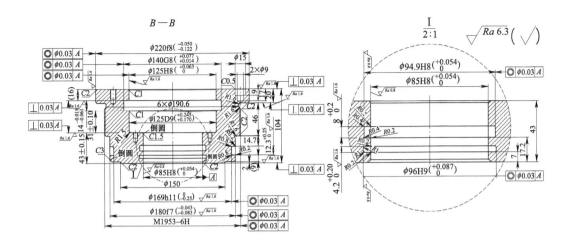

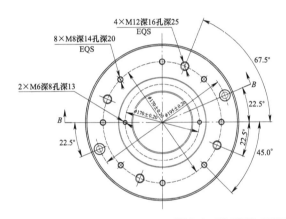

图 3-6　WC67Y-100T 液压缸缸体端盖

用的外观缺陷，不得有白点、内部裂纹和残余缩孔，对超过加工余量和锻造尺寸偏差的缺陷，必须经甲方同意后方可清除并焊接。

④ 未注线性尺寸的公差等级按 m 级，未注倒圆半径和倒角高度尺寸的公差等级按 m 级，未注角度的公差等级按 m 级，未注几何公差等级按 K 级。

⑤ 各棱角倒钝、去毛刺，各螺纹孔口处最大倒角 $1.05D×120°$。

⑥ 各面不得留有卡痕，不得有磕碰、划伤，注意工序间防锈。

⑦ 根据用户要求可选择不同方法对表面进行处理，如电镀锌、电镀镍和发黑等。

⑧ 同缸体一起在 $25×1.5MPa$ 压力下进行耐压试验，出厂试验保压 10s。

⑨ 成品未进行镀层覆盖的表面涂防锈油后垂直封存，注意保护好各端面及边角。

3) 活塞杆零件图。WC67Y-100T 液压缸活塞杆与活塞为一体结构，由 42CrMo 合金钢锻件制造，活塞杆见图 3-7。

活塞杆零件图技术要求如下：

① 锻件锻造后应进行热处理，以减小或消除锻造应力，并使其具有良好的机械加工性能，减小或消除应力后的硬度为 190~210HBW。

② 调质处理的锻件力学性能 $R_m ≥ 750MPa$，$R_{eL} ≥ 500MPa$，硬度为 28~32HRC。

③ 锻件不得有可视的裂纹、折叠和其他影响使用的外观缺陷，不得有白点、内部裂纹和残余缩孔，对超过加工余量和锻造尺寸偏差的缺陷，必须经甲方同意后方可清除并焊接。

④ 未注线性尺寸的公差等级按 m 级，未注倒圆半径和倒角高度尺寸的公差等级按 m 级，未注角度的公差等级按 m 级，未注几何公差等级按 K 级。

⑤ 在精车、磨外圆前应研中心孔，各工序注意保护好中心孔。

⑥ 各棱角倒钝，各密封沟槽未注沟槽底圆角和沟槽棱圆角半径 $R0.2mm$。

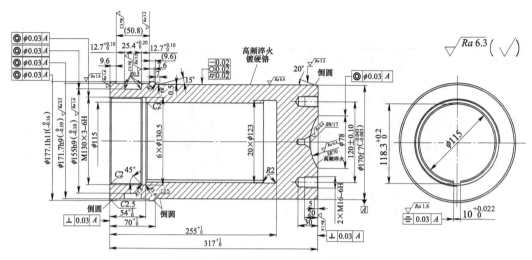

图 3-7　WC67Y-100T 液压缸活塞杆

⑦ 导向 A 形平键键槽槽底圆角半径 R 不得大于 0.3mm，带槽孔退刀槽表面粗糙度值 $Ra \leqslant 3.2\mu m$。

⑧ $2 \times M16\text{-}6H$ 螺纹孔对端面的垂直度公差为 0.10mm。

⑨ $\phi170f7$ 表面和 $SR70mm$ 球面高频感应淬火并回火，硬度 $\geqslant 54HRC$，硬化层深度不应小于 2mm，注意不得对砂轮越程槽及活塞部分进行高频感应淬火。

⑩ $\phi170f7$ 表面镀硬铬，磨外圆或抛光外圆达到表面粗糙度值 $Ra \leqslant 0.4\mu m$ 后，单边镀层厚为 $0.03 \sim 0.05mm$，硬度为 $800 \sim 1000HV$。

⑪ 缸活塞杆磨削后必须退磁。

⑫ 各面尤其活塞表面不得留有卡痕，不得有磕碰、划伤，注意工序间防锈。

⑬ 成品未进行铬层覆盖的表面涂防锈油后垂直封存，注意保护好各端面及中心孔。

4）活塞端盖零件图。WC67Y-100T 液压缸活塞端盖由 42CrMo 合金钢锻件制造，零件图见图 3-8。

活塞端盖零件图技术要求如下：

① 锻件锻造后应进行热处理，以减小或消除锻造应力，并使其具有良好的机械加工性能，减小或消除应力后的硬度为 190～210HBW。

② 调质处理的锻件力学性能 $R_m \geqslant 800MPa$，$R_{eL} \geqslant 550MPa$，硬度为 28～32HRC。

③ 锻件不得有可视的裂纹、折叠和其他影响使用的外观缺陷，不得有白点、内部裂纹和残余缩孔，对超过加工余量和锻造尺寸偏差的缺陷，必须经甲方同意后方可清除并焊接。

④ 未注线性尺寸的公差等级按 m 级，未注倒圆半径和倒角高度尺寸的公差等级按 m 级，未注角度

的公差等级按 m 级，未注几何公差等级按 K 级。

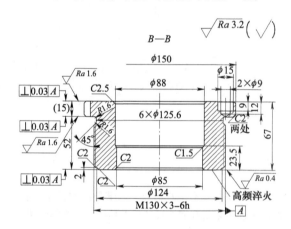

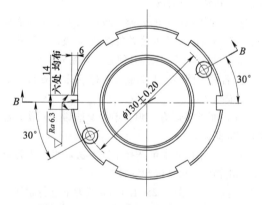

图 3-8　WC67Y-100T 液压缸活塞端盖

⑤ 各棱角倒钝、去毛刺，6 处 14mm 宽钩扳手槽各边角倒角 0.5×45°，各面不得留有卡痕，不得有磕碰、划伤，注意工序间防锈。

⑥ 6 处 14mm 宽钩扳手槽表面高频感应淬火，硬度 ≥54HRC，硬化层深度不应小于 2mm。

⑦ 沉孔表面粗糙度值 $Ra ≤ 12.5\mu m$。

⑧ 活塞端盖磨削后必须退磁。

⑨ 成品表面涂防锈油后淬火面向上垂直封存，如叠层，叠层间需加软质垫板，注意保护好端面和螺纹。

5）梯形螺纹轴零件图。WC67Y-100T 液压缸梯形螺纹轴由 42CrMo 合金钢锻件制造，零件图见图 3-9。

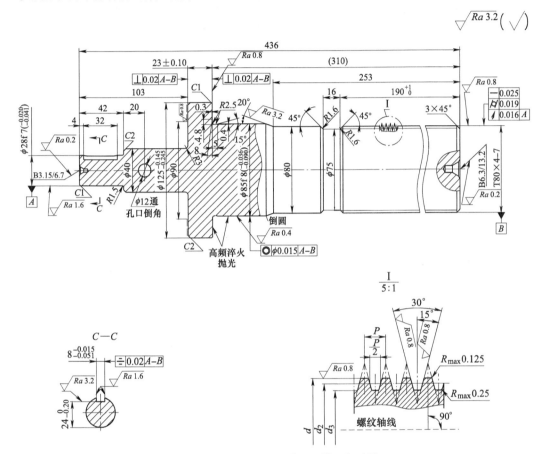

图 3-9 WC67Y-100T 液压缸梯形螺纹轴

梯形螺纹轴上的梯形螺纹尺寸和公差见表 3-49。

梯形螺纹轴零件图技术要求如下：

① 锻件锻造后应进行热处理，以减小或消除锻造应力，并使其具有良好的机械加工性能，减小或消除应力后的硬度为 190～210HBW。

② 调质处理的锻件力学性能 $R_m ≥ 800MPa$，$R_{eL} ≥ 550MPa$，硬度为 28～32HRC。

③ 锻件不得有可视的裂纹、折叠和其他影响使用的外观缺陷，不得有白点、内部裂纹和残余缩孔，对超过加工余量和锻造尺寸偏差的缺陷，必须经甲方同意后方可清除并焊接。

④ 未注线性尺寸的公差等级按 m 级，未注倒圆半径和倒角高度尺寸的公差等级按 m 级，未注角度的

表 3-49 梯形螺纹尺寸和公差

名称与代号	尺寸	公差
P/mm	4	$\delta_p = 0.006$
d/mm	80	$\begin{smallmatrix}0\\-0.200\end{smallmatrix}$
d_2/mm	78	$\begin{smallmatrix}-0.045\\-0.462\end{smallmatrix}$
d_3/mm	75.5	$\begin{smallmatrix}0\\-0.565\end{smallmatrix}$
螺距积累公差/mm	—	$\delta_{p60} = 0.010$
在有效长度上中径尺寸一致性公差/mm		0.012
半角极限偏差/（′）	—	±20

螺纹标志：T80×4-7（JB/T 2886—2008）

公差等级按 m 级，未注几何公差等级按 K 级。

⑤ 两端中心孔必须在一条直线上，在精车、磨外圆前应研中心孔，各工序注意保护好中心孔。

⑥ 梯形螺纹按工艺加工，使用梯形螺纹量规检查。

⑦ 各棱角倒钝、去毛刺，各过渡圆角、退刀槽或砂轮越程槽处抛光，键槽底圆角半径 R 不得大于 0.25mm，各面不得留有卡痕，不得有磕碰、划伤，注意工序间防锈。

⑧ 两处表面高频感应淬火硬度 ≥54HRC，且须尽量避开对砂轮越程槽的淬火。

⑨ 梯形螺纹轴磨削后必须退磁。

⑩ 成品表面涂防锈油后使用工位器具垂直封存，注意保护好各表面和螺纹及中心孔。

适配 NRV07540（E）蜗轮蜗杆减速机。

6）撞块零件图。WC67Y-100T 液压缸撞块（梯形螺母）由 42CrMo 合金钢锻件制造，零件图见图 3-10。

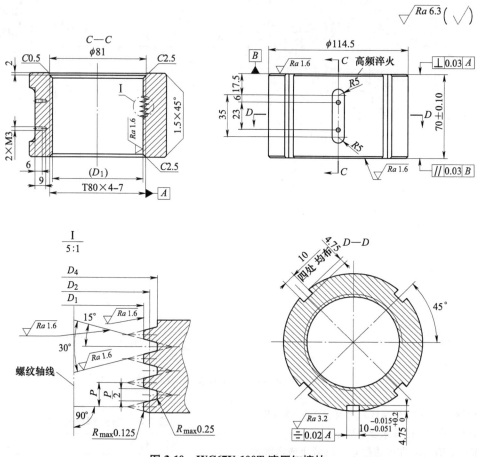

图 3-10　WC67Y-100T 液压缸撞块

撞块上的梯形螺纹尺寸和公差见表 3-50。

表 3-50　梯形螺纹尺寸和公差

名称与代号	尺寸	公差
P/mm	4	待定
D_4/mm	80.5	+0.520, 0
D_2/mm	78	+0.065, 0
D_1/mm	76	+0.200, 0
螺距积累公差/mm	—	待定
在有效长度上中径尺寸一致性公差/mm	—	待定
半角极限偏差/（′）	—	待定

螺纹标志：T80×4—7（JB/T 2886—2008）

撞块零件图技术要求如下：

① 锻件锻造后应进行热处理，以减小或消除锻造应力，并使其具有良好的机械加工性能，减小或消除应力后的硬度为 190~210HBW。

② 调质处理的锻件力学性能 $R_m \geqslant 800MPa$，$R_{eL} \geqslant 550MPa$，硬度为 28~32HRC。

③ 锻件不得有可视的裂纹、折叠和其他影响使用的外观缺陷，不得有白点、内部裂纹和残余缩孔，对超过加工余量和锻造尺寸偏差的缺陷，必须经甲方

同意后方可清除并焊接。

④ 未注线性尺寸的公差等级按 m 级，未注倒圆半径和倒角高度尺寸的公差等级按 m 级，未注角度的公差等级按 m 级，未注几何公差等级按 K 级。

⑤ 各棱角倒钝、去毛刺，四处 10mm 宽槽边棱倒角 0.3×45°，各面不得留有卡痕，不得有磕碰、划伤，注意工序间防锈。

⑥ 高频感应淬火硬度 ≥54HRC，硬化层深度不应小于 2mm。

⑦ 在 ϕ114.5mm 圆柱表面合适位置电刻梯形螺纹标志及其他标志。

⑧ 撞块磨削后必须退磁。

⑨ 成品表面涂防锈油后淬火面向上垂直封存，如叠层，叠层间须加软质垫板，注意保护好端面和梯形螺纹等。

2. 可调行程液压缸设计说明

WC67Y-100T 液压缸是为与 WC67Y-100/（2500、3200、4000）扭力轴同步液压上动式板料折弯机配套而设计的，按 JB/T 2184—2007《液压元件　型号编制方法》的规定，该液压缸的型号应为：SG1-G180×120Q-160C120-※※2WS100/（2500、3200、4000），其中※※为制造商代号。

（1）主要设计依据

该液压缸设计主要依据如下标准：

GB/T 7935—2005《液压元件　通用技术条件》

GB/T 14349—2011《板料折弯机　精度》

GB/T 15622—2005《液压缸试验方法》

GB 28243—2012《液压板料折弯机　安全技术要求》

JB/T 2257.1—1992（2014）《板料折弯机　技术条件》

JB/T 2257.2—1999《板料折弯机　型式与基本参数》

JB/T 10205—2010《液压缸》

企标及其他相关标准。

（2）参数计算与确定

WC67Y-100T 液压上动式板料折弯机为双缸液压机，公称力为 1000kN，液压缸带动的滑块等可动件质量约为 3000kg；根据 JB/T 10205—2010 的规定，液压缸的负载效率应不低于 90%；根据 JB/T 2257.1、JB/T 2257.2，超负荷试验一般应不大于公称力的 110%。

1）根据 GB/T 2346 及液压系统参数，设定液压缸公称压力为 25MPa。

2）缸内径（活塞直径）D 计算：

$$D=\sqrt{\frac{1000\times10^3\times110\%}{2\times\frac{\pi}{4}\times25}}\,mm=167.4mm$$

3）根据 GB/T 2348 并考虑液压缸负载效率，确定缸内径为 180mm。

4）最高工作压力计算：

$$P_{g\max}=\frac{1000\times10^3\times110\%}{2\times\frac{\pi}{4}\times0.18^2}MPa=21.625MPa$$

5）额定压力计算：$p_n=\dfrac{1000\times10^3}{2\times\frac{\pi}{4}\times0.18^2}MPa=19.66MPa$

6）根据 JB/T 2257.2—1999，活塞杆直径确定为 170mm。

7）缸回程力计算：缸拉力 $=\dfrac{\pi}{4}\times(0.18^2-0.17^2)$
$\times19.7kN=54kN$

在额定压力下，缸回程力（缸拉力）54kN > 30kN（缸回程负载）。

8）根据 JB/T 2257.2 确定行程为 120mm，行程调节量为 100mm。

（3）工况条件

该液压缸应符合各项相关标准规定的各项性能要求，并以此为工况条件进行设计。

液压试验台试验要求：

1）耐压试验。

2）满负荷试验。

3）或超负荷试验。

4）或在额定工况下进行部分性能的耐久性检验。

5）其他性能检验。

6）几何精度检验。

7）工作精度检验。

现场装机试验要求：

1）几何精度检验。

2）满负荷试验。

3）或在额定工况下进行部分性能的耐久性检验。

4）工作精度检验。

5）其他性能检验。

（4）设计说明

1）可调行程液压缸的行程调节装置输入量为行程装置输入角，由伺服电动机或其他输入装置通过减速机输入轴输入。

2）行程调节装置的减速机选用 NRV07540（E）蜗轮蜗杆减速机。

3）减速机通过减速机安装法兰和减速机安装法兰压套与缸体连接并向梯形螺纹轴输出扭矩和转速。要求减速机输入轴方向可调，减速机输出孔与梯形螺纹轴对中，且保证安装、拆卸方便及输出轴不受径向力。

4）缸体设计。

① 必须保证强度、刚度足够，冗余合理。

② 热处理是必不可少的，铸、锻、焊接件都须进行热处理包括人工时效。需要找出结构设计的最薄弱环节进行强度验算。螺纹连接、键连接、法兰连接等也须验算。

③ 密封设计合理，保证无内、外泄漏或符合相关标准要求。

④ 左、右缸体不同，保证与外部连接、安装正确、可靠、方便。

⑤ 内部机件安装、拆卸方便。

⑥ 保证内部机件尺寸、形状、位置准确安装，即要求缸体尺寸、形状、位置公差正确、合理。

⑦ 工艺性好。

⑧ 经济性好。

⑨ 使用寿命长。

5）活塞杆（一体活塞）设计。

① 必须保证强度、刚度足够，冗余合理；必要时要进行弯曲稳定性验算。

② 活塞与缸体，活塞杆与缸体（导向套）间密封系统设计合理。泄漏要符合相关标准规定，不能爬行，适应快进速度，适用使用环境温度和系统温度及规定的使用寿命。性价比合理，选择适中。结构及尺寸、几何公差合理，尤其表面粗糙度、各处倒角、倒圆设计合理。

③ 要进行热处理、表面处理（含电镀及镀后光整加工）等。

④ 内部机件安装、拆卸方便。

⑤ 保证内部机件（行程调节装置）尺寸、形状、位置准确安装，即保证活塞杆尺寸、形状、位置公差正确、合理。

⑥ 与外部连接、安装正确、合理、可靠。

⑦ 工艺性好。

⑧ 经济性好。

⑨ 使用寿命长。

6）缸体端盖设计。

① 必须保证强度、刚度足够，冗余合理。

② 材料选择合理。

③ 热处理技术要求正确，工艺合理。

④ 对其尺寸及公差、几何公差要求正确、合理。

⑤ 螺纹连接强度足够，要有螺纹防松设计，要进行强度验算。

⑥ 旋转密封设计合理、寿命长。

⑦ 确定调隙垫片厚度的测量方法正确，测量准确。

⑧ 卡键轴向定位梯形螺纹轴轴向定位凸台准确。

⑨ 卡键槽侧面挤压强度足够，弹性变形小。

⑩ 两撞击面强度足够，不能有塑性变形，且弹性变形要小。

⑪ 螺纹拧紧力矩及剩余预紧力设计合理。

⑫ 螺纹锁紧结构设计合理。

⑬ 加工工艺合理。

⑭ 装配工艺合理。

7）活塞端盖设计。

① 要求保证强度、刚度足够。

② 螺纹锁紧结构设计合理，要有螺纹防松设计。

③ 对螺纹拧紧力矩和剩余预紧力提出要求。

④ 尤其对撞击平面抗挤压强度、刚度（弹性变形甚至被压溃）要验算。

⑤ 对其尺寸、形状公差要求正确、合理，此关系到定位、重复定位精度。

⑥ 整体和局部热处理技术要求正确、工艺合理。

⑦ 随活塞杆运动时油液通过顺畅且不能产生异响。

⑧ 在液压试验台上试验和装机试验（使用）时，其上下端面皆不可产生塑性变形，冲击时也不可产生异响。

⑨ 使用寿命长。

8）梯形螺纹轴设计。

① 必须保证强度、刚度足够，冗余合理。

② 材料选择合理。

③ 热处理技术要求正确，工艺合理。

④ 组成的梯形螺纹传动副要传动精度高，选用T80×3-7（JB/T 2886）。

⑤ 对其几何公差有要求。定位凸台必须垂直梯形螺纹（螺纹中径）中心线，同轴度要求尤为重要。

⑥ 要求梯形螺纹强度、刚度、寿命足够。

⑦ 旋转密封设计合理、寿命长。

⑧ 梯形螺纹轴轴向定位凸台的轴向定位要准确。双向轴向窜动要尽量小。

⑨ 活塞杆运动时定位凸台不能产生异响。

⑩ 温度变化对定位精度的影响要小。

⑪ 加工工艺正确。

⑫ 装配工艺合理。

⑬ 使用寿命长。

⑭ 采用润滑脂润滑。

9）撞块（梯形螺母）设计。

在缸进程中，活塞端盖下平面接近、撞击撞块上平面使缸进程被限定，即有缸进程死点。撞块通过梯形螺纹轴输入扭矩、转速而从动，其上平面相对梯形螺纹轴定位凸台的轴向位置及变动量关系液压缸精度，因此要求其必须定位、重复定位准确、寿命长。

① 梯形螺纹传动副要传动精度高，有轴向定位要求，选用 T80×3-7（JB/T 2886）。

② 对其几何公差有要求，撞击端面必须垂直梯形螺纹孔（螺纹中径）中心线。

③ 梯形螺纹强度、刚度、寿命足够。

④ 撞击平面抗挤压强度、寿命足够。

⑤ 导向键导向精度高，要求间隙小且与梯形螺纹轴中心线平行。

⑥ 传动中不能带动活塞杆一起转动，即不可随动。

⑦ 活塞杆运动时撞块上下油液可以顺畅通过，且不能造成异响。

⑧ 撞块被撞击和分离时不能产生异响。

10）调隙垫片设计。

① 材料选择合理。

② 热处理后要求硬度高，且要防止贮存、使用时变形。

③ 平面挤压强度验算。

④ 尺寸确定及给出，但主要是要测量准确。

⑤ 加工工艺合理。

⑥ 安装工艺合理。

⑦ 使用寿命长。

11）卡键设计。

① 抗压、抗剪强度足够，其抗剪、抗压强度要满足结构性能要求。

② 轴向窜动要尽量小，此关系到梯形螺纹轴轴向定位精度。

③ 热处理及工艺要合理。

④ 安装、拆卸方便。

⑤ 减速机安装法兰和压套设计。

⑥ 定位设计合理，安装、拆卸方便。

⑦ 保证同轴度、垂直度要求。

⑧ 减速机输入轴方向可以调整，以便一根通轴驱动两台减速机。

⑨ 旋转密封泄漏有出口，润滑有注油孔。

（5）强度验算

1）冲击面（挤压面）强度验算。

① 撞块与活塞端盖材料选择及冲击面强度验算。

技术条件：冲击速度 ≤ 10mm/s（标准要求 8.8mm/s），运动件质量 1500kg（估算）。撞块可接触面积为 4417mm^2，活塞端盖可接触面积为 5086mm^2，交集面积为 3349mm^2。公称压力为 25MPa，耐压试验压力为 1.5 倍的公称压力，即 37.5MPa。

许用应力：许用应力的选取参考了表 3-51 和表 3-52 以及各相应材料的力学性能表。

表 3-51　键连接的许用挤压应力、许用压强和许用剪切力　　　　（单位：MPa）

许用应力及许用压强	连接方式	被连接零件材料	不同载荷性质的许用值		
			静载	轻微冲击	冲击
σ_{pp}	静连接	钢	125 ~ 150	100 ~ 120	60 ~ 90
		铸铁	70 ~ 80	50 ~ 60	30 ~ 45
p_{pp}	动连接	钢	50	40	30
τ_p	—	—	120	90	60

注：参考了参考文献［32］第 2 卷第 5-227 页表 5-3-17。

表 3-52　钢的许用接触应力

材料	热处理	截面尺寸/mm	许用面压力/MPa	许用接触应力/MPa
45	正火回火	≤100	140	430
		>100 ~ 300	136	415
		>300 ~ 500	134	400
		>500 ~ 700	130	380
	调质	≤200	158	470

(续)

材料	热处理	截面尺寸/mm	许用面压应力/MPa	许用接触应力/MPa
40Cr	调质	≤100	179	550
		>100~300	175	540
		>300~500	169	525
		>500~800	155	475
42MnMoV	调质	100~300	182	565
		>300~500	179	555
		>500~800	175	540

注：1. 参考了参考文献［32］第1卷第1-150页表1-1-101。

2. 表中的许用应力值仅适用于表面粗糙度值为 $Ra0.8~6.3\mu m$ 的轴，对于 $Ra12.5\mu m$ 以下的轴，许用应力应下降 10%；对于 $Ra0.4\mu m$ 以上的轴，许用应力可提高 10%。

材料筛选计算：

基于以上各表中给出的许用应力值及力学性能值，45钢调质材料选取 $\sigma_{pp}=150MPa$。

在1.5倍的公称压力下进行耐压试验，45钢调质材料的接触面应力为

$$\frac{\frac{\pi}{4}\times0.18^2\times1.5\times25}{3349\times10^{-6}}=285MPa>\sigma_{pp}=150MPa$$

如果按此压力进行耐压试验，此对接触面一定会被压溃。

如果选取耐压试验压力为1.25倍公称压力，则接触面应力为

$$\frac{\frac{\pi}{4}\times0.18^2\times1.25\times25}{3349\times10^{-6}}=237.5MPa>\sigma_{pp}=150MPa$$

如果按此压力进行耐压试验，此对接触面也会被压溃。

如果选取超负荷压力进行耐压试验，即按1.1倍公称压力下进行耐压试验，则接触面应力为

$$\frac{\frac{\pi}{4}\times0.18^2\times1.1\times25}{3349\times10^{-6}}=209MPa>\sigma_{pp}=150MPa$$

即使接触面表面粗糙度值为 $Ra0.4\mu m$，可以提高10%的许用接触应力，则

$$209MPa>150MPa\times110\%=165MPa$$

在以上两个条件满足的情况下，且按静载荷计算，此对接触面也无法避免被压溃。

在最高工作压力22（21.625）MPa下，接触面表面粗糙度值为 $Ra1.6\mu m$，如按轻微冲击载荷计算，则接触面应力：

$$\frac{\frac{\pi}{4}\times0.18^2\times22}{3349\times10^{-6}}MPa=167MPa>\sigma_{pp}=120MPa$$

如提高接触面表面粗糙度值到 $Ra0.4\mu m$ 时，仍为

$$167MPa>120MPa\times110\%=132MPa$$

所以，如果选用45钢调质材料，在上述各个工况条件下，撞块冲击（挤压）面都将被压溃。只有改变材料选用，如选用42CrMo或42MnMoV等。

产品设计选择：

选择材料42CrMo调质，其许用应力值即可达到 $\sigma_{pp}=190MPa$ 或更高；再对冲击面进行表面淬火，硬度>54HRC，表面粗糙度值为 $Ra0.4$，其许用应力即可达到 $\sigma_{pp}=250MPa$ 以上。则在耐压试验压力1.25倍公称压力，在静载荷条件下接触应力为

$$\frac{\frac{\pi}{4}\times0.18^2\times1.25\times25}{3349\times10^{-6}}MPa=237.5MPa<\sigma_{pp}$$
$$=250MPa$$

此对接触面在静载荷条件下才能符合设计要求，保证接触应力小于许用接触应力；同时要求撞块和活塞端盖冲击面必须具有相同的质量；但是否一定能满足1.5倍公称压力的耐压试验存在某种不确定性。

注：42CrMo调质后表面淬火的接触应力值在各种文献中介绍各不相同，包括采用的表面淬火（感应加热）方法的不同，包括有中频感应淬火和高频感应淬火甚至还有工频感应淬火。

在最高工作压力22（21.625）MPa下，接触面表面粗糙度值为 $Ra0.4\mu m$，如按轻微冲击载荷计算（许用应力选取为190MPa），则接触面应力

$$\frac{\frac{\pi}{4}\times0.18^2\times22}{3349\times10^{-6}}MPa=167MPa<\sigma_{pp}=190MPa$$

即可满足强度条件。

② 活塞端盖与缸体端盖冲击面验算。

技术条件：冲击速度>100mm/s（计算值为

110mm/s），运动质量 1500kg（估算）。缸体端盖可接触面积 10977mm²，活塞端盖可接触面积 10184mm²，交集面积 10184mm²。公称压力为 25MPa，耐压试验压力为 1.5 倍的公称压力，即 37.5MPa。

在 1.5 倍的公称压力下进行耐压试验，45 钢调质材料的接触面应力为

$$\frac{\frac{\pi}{4} \times (0.18^2 - 0.17^2) \times 1.5 \times 25}{10184 \times 10^{-6}} \text{MPa}$$

$$= 10.1\text{MPa} < \sigma_{pp} = 150\text{MPa}$$

如耐压试验压力为 1.25 倍公称压力，按轻微冲击载荷计算，则接触面应力：

$$\frac{\frac{\pi}{4} \times (0.18^2 - 0.17^2) \times 1.25 \times 25}{10184 \times 10^{-6}} \text{MPa}$$

$$= 8.42\text{MPa} < \sigma_{pp} = 120\text{MPa}$$

在最高工作压力 22(21.625)MPa 下，接触面表面粗糙度值为 $Ra1.6\mu m$，按冲击载荷计算，则接触面应力：

$$\frac{\frac{\pi}{4} \times (0.18^2 - 0.17^2) \times 22}{10184 \times 10^{-6}} \text{MPa}$$

$$= 5.94\text{MPa} < \sigma_{pp} = 60\text{MPa}$$

经上述验（计）算，此对接触面不管在何种工况下，皆可满足强度条件。

③ 梯形螺纹轴定位凸台下面与缸体端盖定位面冲击接触面应力验算。

技术条件：冲击速度为 0，缸体端盖定位面可接触面积 5605mm²，梯形螺纹轴轴向定位凸台下面可接触面积 4969mm²，可交集面积 4777mm²。公称压力为 25MPa，耐压试验压力为 1.5 倍的公称压力，即 37.5MPa。

材料筛选计算：

基于以上各表中给出的许用应力值及力学性能值，选取 45 钢调质材料，$\sigma_{pp} = 150\text{MPa}$。

在 1.5 倍的公称压力下进行耐压试验，45 钢调质材料的接触面应力为

$$\frac{\frac{\pi}{4} \times 0.18^2 \times 1.5 \times 25}{4777 \times 10^{-6}} \text{MPa} = 200\text{MPa} > \sigma_{pp}$$

$$= 150\text{MPa}$$

如果按此压力进行耐压试验，此对接触面一定会被压溃。

如果选取耐压试验压力为 1.25 倍公称压力，则接触面应力为

$$\frac{\frac{\pi}{4} \times 0.18^2 \times 1.25 \times 25}{4777 \times 10^{-6}} \text{MPa} = 167\text{MPa} > \sigma_{pp}$$

$$= 150\text{MPa}$$

如果按此压力进行耐压试验，此对接触面也会被压溃。

如果选取超负荷压力进行耐压试验，即 1.1 倍公称压力，则接触面应力为

$$\frac{\frac{\pi}{4} \times 0.18^2 \times 1.1 \times 25}{4777 \times 10^{-6}} \text{MPa} = 147\text{MPa} < \sigma_{pp}$$

$$= 150\text{MPa}$$

在静载荷条件下，满足强度条件，可以做超负荷试验。

在此条件下，如按轻微冲击载荷计算，则

$$147\text{MPa} > \sigma_{pp} = 120\text{MPa}$$

经以上计算，此对冲击面难以满足在 1.1 倍公称压力下的各种工况试验。为了能够符合耐压试验要求，必须选用 42CrMo 材料才能满足设计要求。

产品设计选择：

选择材料 42CrMo 调质，其许用应力值即可达到 $\sigma_{pp} = 190\text{MPa}$ 或更高；再对冲击面进行表面淬火，硬度 >54HRC，表面粗糙度值为 $Ra0.4\mu m$，其许用应力即可达到 $\sigma_{pp} = 250\text{MPa}$ 以上。则在耐压试验压力 1.5 倍公称压力，在静载荷条件下接触应力为

$$\frac{\frac{\pi}{4} \times 0.18^2 \times 1.5 \times 25}{4777 \times 10^{-6}} \text{MPa} = 200\text{MPa} < \sigma_{pp}$$

$$= 250\text{MPa}$$

即可满足强度条件。

在最高工作压力 22(21.625)MPa 下，接触面表面粗糙度值为 $Ra0.4\mu m$，如按轻微冲击载荷计算（许用应力选取为 190MPa），则接触面应力为

$$\frac{\frac{\pi}{4} \times 0.18^2 \times 22}{4777 \times 10^{-6}} \text{MPa} = 117\text{MPa} < \sigma_{pp} = 190\text{MPa}$$

即可满足强度条件。

为此，必须对接触面进行表面淬火和降低表面粗糙度值，考虑到缸体端盖此处淬火困难，加之降低此处表面粗糙度值也很困难，决定在此处设计加装防吸附止推垫片，但其材料也必须采用钢质淬火（钢质止推垫片最高承载力可达 250MPa）。

④ 梯形螺纹轴定位凸台上面与调隙垫片冲击接触面应力验算。

技术条件：冲击速度为 0，梯形螺纹轴定位凸台

上面可接触面积为 $5135mm^2$，调隙垫片可接触面积为 $5280mm^2$，此对面交集部分为 $4703mm^2$。公称压力为 $25MPa$，耐压试验压力为 1.5 倍的公称压力，即 $37.5MPa$。

此对面受力情况：

在试验台试验时，缸进程达到死点前，轻微受力；缸进程达到死点后，不受力。在缸回程时不受力。

在装机试验时，折弯机工进且开始折弯没有达到下死点时，受力逐渐增大直至最大，理论上可以达到

$$\frac{\pi}{4} \times 0.085^2 \times 110\% \times 25 \times 10^6 N = 156kN$$

（超载情况下）

注：以上工况必须在试验台外部加载条件下才能试验出来，表现在梯形螺纹轴向上窜动后被撞下，即所谓上下窜动。

在此情况下的接触面应力：

$$\frac{156 \times 10^3}{4703 \times 10^{-6}} Pa = 33.2MPa < \sigma_{pp} = 60MPa$$

如果在加载试验台上做耐压试验，且主要对缸体进行试验，则有可能缸进程未到达缸进程死点，而采用死垫铁方式试验，则此时受力达到极限值，即为

$$\frac{\pi}{4} \times 0.085^2 \times 1.5 \times 25 \times 10^6 N = 213kN$$

在此情况下的接触面应力：

$$\frac{213 \times 10^3}{4703 \times 10^{-6}} Pa = 45.3MPa < \sigma_{pp} = 60MPa$$

经上述计算，在各种工况下包括极端工况下仍符合强度条件。

⑤ 卡键或键槽验算。

a. 卡键或键槽工作面挤压验算。

卡键与键槽可接触面积为 $2684mm^2$，按向上轴向推力 $156kN$ 计算，则挤压应力：

$$\frac{156 \times 10^3}{2684 \times 10^{-6}} Pa = 58MPa < \tau_p = 60MPa$$

按向上轴向推力 $216kN$ 计算，则挤压应力：

$$\frac{216 \times 10^3}{2684 \times 10^{-6}} Pa = 80.5MPa > \tau_p = 60MPa$$

但 $80.5MPa < \tau_p = 90MPa$。

b. 卡键剪切应力计算。

卡键剪切应力作用面积为 $5498mm^2$，按轴向推力 $156kN$ 计算，则剪切应力：

$$\frac{156 \times 10^3}{5498 \times 10^{-6}} Pa = 28.4MPa < \tau_p = 60MPa$$

注：增厚是因为孔用弹性挡圈沟槽尺寸的缘故。

经以上计算，键与键槽符合强度条件。

2）梯形螺纹轴（梯形螺母）应力及变形计算。

① 最大静变形计算。

在缸进程死点处梯形螺纹轴通过梯形螺母受冲击载荷作用产生变形（拉长），作用在梯形螺母上平面的冲击应力也很大，但其应力与变形的计算相当复杂，现按机械能守恒定律进行简化计算。

依据最大静变形 $\qquad \delta_s = \dfrac{Ql}{EA}$

静载荷

$$Q = \frac{\pi}{4} \times 0.18^2 \times 1.25 \times 25 \times 10^6 N = 795kN$$

杆长 $l = 0.235m$

杆截面积 $A = \dfrac{\pi}{4} \times 0.075^2 m^2 = 4.42 \times 10^{-3} m^2$

弹性模量 $E = 206GPa$

注：合金钢 $E = 206GPa$，碳钢 $E = 196 \sim 206GPa$。

则最大静变形

$$\delta_s = \frac{Ql}{EA} = \frac{795 \times 10^3 \times 0.235}{206 \times 10^9 \times 4.42 \times 10^{-3}} m = 0.2052 \times 10^{-3} m$$

如按 $31.5MPa$，碳钢 $E = 196GPa$，则 $\delta_s = 0.2173 \times 10^{-3} m$。

② 最大冲击应力计算。

依据最大冲击应力 $\qquad \sigma_k = \dfrac{Q}{A} K_k$

其中：动荷系数 $K_k = 1 + \sqrt{1 + \dfrac{v^2}{g\delta_s}}$，冲击速度 $v = 10mm/s$

则动荷系数 $K_k = 1 + \sqrt{1 + \dfrac{v^2}{g\delta_s}} = 2.025$

最大冲击应力 $\sigma_k = \dfrac{Q}{A} K_k = 364MPa$

③ 最大冲击变形计算。

依据最大冲击变形 $\qquad \delta_k = \delta_s K_k$

则最大冲击变形 $\delta_k = \delta_s K_k = 0.4155 \times 10^{-3} m$

④ 梯形螺杆抗拉强度验算。

材料 42CrMn（调质）的 $R_m = 900MPa$，许用应力 $\sigma_p = R_m/n$，安全系数 n 通常取 $n = 5$，最好按表3-53进行选取。

表 3-53　液压缸的安全系数

材料名称	静载荷	交变载荷		冲击载荷
		不对称	对称	
钢、锻铁	3	5	8	12

再次列出液压缸（梯形螺纹轴）可能承受的压

力（拉力）。

a. 标准规定的耐压试验压力下的拉力：

$$\frac{\pi}{4} \times 0.18^2 \times 1.5 \times 25 \times 10^6 \, \text{N} = 954 \text{kN}$$

注：根据 GB/T 15622—2005 和 JB/T 10205—2010 的规定，使被试液压缸活塞分别停在行程的两端，分别向工作腔施加 1.5 倍的公称压力，型式试验要求保压 2min，出厂试验保压 10s。

b. 另一标准规定的耐压试验压力下的拉力：

$$\frac{\pi}{4} \times 0.18^2 \times 1.25 \times 25 \times 10^6 \, \text{N} = 795 \text{kN}$$

注：根据 JB/T 3818 的规定，当额定压力大于或等于 20MPa 时，耐压试验压力应为其 1.5 倍。

c. 根据主机标准计算出来的最高工作压力下的拉力：

$$\frac{\pi}{4} \times 0.18^2 \times 22 \times 10^6 \, \text{N} = 560 \text{kN}$$

d. 根据主机满载工况计算出来的满载压力下的拉力：

$$\frac{\pi}{4} \times 0.18^2 \times 20 \times 10^6 \, \text{N} = 509 \text{kN}$$

e. 根据企标规定计算出的试验压力下的拉力：

$$\frac{\pi}{4} \times 0.18^2 \times 25 \times 90\% \times 10^6 \, \text{N} = 572 \text{kN}$$

分别计算出其静载荷应力：

$\sigma_① = 216 \text{MPa}$，$\sigma_② = 180 \text{MPa}$，$\sigma_③ = 127 \text{MPa}$，$\sigma_④ = 115 \text{MPa}$，$\sigma = 130 \text{MPa}$。

如果安全系数选取 $n = 5$，则许用应力为 $\sigma_p = \dfrac{R_m}{n} = \dfrac{900}{5} \text{MPa} = 180 \text{MPa}$。

比较上述各式（值），除 a 规定下拉力超出许用应力外，其他全部符合强度条件。

但如果按冲击载荷〔在很短时间内（作用时间小于受力构件的基波自由振动周期的一半）以很大的速度作用在构件上的载荷〕计算，其许用应力 $\sigma_p = \dfrac{R_m}{n} = \dfrac{900}{12} \text{MPa} = 75 \text{MPa}$，则全部不符合强度条件。

如果选用材料为 45 钢调质，则其许用应力 $\sigma_p = \dfrac{R_m}{n} = \dfrac{630}{5} \text{MPa} = 126 \text{MPa}$，比较上述各式，只有一种工况 d 即根据主机满载工况计算出来的满载压力（20MPa）下的拉力可以符合设计要求，而其他要求都无法满足。浅白地讲可以用，不可以试，包括不可以超载。此也是梯形螺纹轴材料选择的一个主要依据。

⑤ 梯形螺纹的强度验算（省略）

注：限于本手册篇幅问题，将备选材料 40Cr 的筛选计算过程删除，但在一些情况下，40Cr 仍是一种可选材料。

3.3.2　可调行程液压缸设计精度与加工精度分析

液压上动式板料折弯机用可调行程液压缸除具有双作用单活塞杆液压缸的一般结构外，还具有"可调行程缸"的其行程停止位置可以改变，以允许行程长度变化的特殊结构。

可调行程缸的行程定位精度和行程重复定位精度在一定程度上标志了国内液压缸设计水平和制造水平。以 WC67Y-100T 液压缸为例，现在国内可调行程缸的行程定位精度和行程重复定位精度在液压试验台上的检测值可达到 $\leqslant \pm 0.080 \text{mm}$ 和 $\leqslant 0.080 \text{mm}$，而一项可调行程缸专利设计其行程定位精度和行程重复定位精度在液压缸试验台上的检测值可到 $\leqslant \pm 0.015 \text{mm}$ 和 $\leqslant 0.010 \text{mm}$。

因该可调行程液压缸的行程定位精度和行程重复定位精度是区别于其他液压缸的主要性能参数，所以下面重点在设计精度和制造精度方面对其进行分析。

1. 设计精度分析

因液压缸是一种特殊的压力容器，要求设计的结构本身在耐压试验（或额定）压力下具有稳定性，即总成及零部件必须具有足够的强度、刚度和冲击韧性。设计精度是在稳态工况下给定的，设计精度分析是以设计结构稳定为前提条件的。

设计精度是设计时预先给定的几何参数（尺寸、形状、位置和表面结构等）与理想几何参数的符合程度。

设计精度分析主要是对图样上给定的几何参数精度等级的必要性，即是否满足产品的功能和性能要求进行分析，包括对一些设计规范、原则、准则的遵守，如是否符合现行的产品几何技术规范、公差原则、几何公差与表面粗糙度参数及其数值的选取原则、公差要求的结构设计准则等。

一般可按以下几个方面进行设计精度分析：

1）尺寸精度设计分析，包括对基准、配合制、标准公差（尺寸要素精度）等级、公差和配合等选取的分析，其中尺寸要素是指由一定大小的线性尺寸或角度尺寸确定的几何形状。

2）几何精度设计分析，包括对基准、几何（形状、方向、位置和跳动）公差和公差原则等选取的分析。

3）表面结构精度分析，包括对表面粗糙度参数（轮廓算数平均偏差 Ra、轮廓最大高度 Rz、轮廓单元

的平均宽度 Rsm 和轮廓的支承长度率 Rmr 的数值等）及其数值、表面波纹度参数及参数值的选取的分析。

下面对 WC67Y-100T 液压缸的主要缸零件进行设计精度分析，下文中除表面粗糙度之外的所有长度尺寸的单位皆为 mm。

（1）缸体设计精度分析

图 3-5 所示 WC67Y-100T 液压缸缸体（右），缸体是液压缸的本体，是液压缸的主要零件之一，缸其他零件及与主机借此安装，与管路连接的油口也设置在缸体上。

缸径圆柱面是活塞及活塞杆（因活塞杆与活塞同轴并联为一体）的导轨，设计时，以缸体（筒）内孔轴线为设计基准较为合适，具体请见基准 A。

如图 3-4 所示，因液压缸是特殊的压力容器，通过活塞和活塞杆及密封装置或系统将缸体分为无杆腔和有杆腔，且活塞及活塞杆在其中往复运动，所有缸孔应保证一定的尺寸和公差及几何精度。在图 3-5 中，缸径设计为 $\phi180H8$，并给出直线度、圆度和圆柱度公差，其可以保证运动和密封；为保证最大缸行程，给出相关尺寸 310 ± 0.20；为了活塞密封装置或系统的安装，给出了安装导入倒角，并要求导入倒角与缸径圆柱面相交处倒圆；为了保证密封装置或系统的密封性能和耐久性，缸孔表面的表面粗糙度值选取了 $Ra0.4\mu m$，但没有进一步给出 Rz 和 Rmr；将有杆腔流道设置在缸径退刀槽处，既有利于输入有杆腔的油液均匀作用在活塞有杆端有效面积上，又可省略了像无杆腔流道一样的棱边倒角。

活塞杆密封沟槽包括支承环沟槽也全部设置在缸体上。为了保证所有沟槽槽底面与缸内孔轴线的同轴度，其全部以缸内孔轴线为设计基准，并给出同轴度公差，包括与活塞杆一般不接触的孔（或称偶合件孔）$\phi170.6H9$；沟槽的各处圆角在图样上和技术要求中全部给出圆角半径，沟槽槽底面、侧面全部给出了表面粗糙度要求。

液压缸的安装面设置在缸体上。与主机安装时必须保证活塞及活塞杆的往复运动轴线与主机安装面平行及与主机工作台垂直，并承受缸输出力的反作用力。图 3-5 中，两台阶接触面及台阶卡紧面皆给出了几何公差，特别是台阶接触面与台阶卡紧面相交处容易产生疲劳破坏，为此参考了外圆磨削砂轮越程槽（见图 1-21、表 1-85）按交变载荷给出了平面磨削砂轮越程槽。安装面上 8×M20-6H 螺纹孔用于与主机安装，对其给出了位置度公差。

各油口按相关标准设计，但 WC67Y-100T 液压缸油口密封采用组合密封垫圈，因此对油口端 O 形圈

角密封没有进一步给出要求，只给出密封面垂直度公差。

其他如与缸体端盖连接螺纹及定位止口、密封圈安装导入倒角、缸体外形等，全部根据相关标准及技术要求，给出尺寸和公差、几何公差及表面粗糙度要求，缸体各边未注倒角 2×45°，技术要求中给出了缸体表面可根据用户要求进行表面涂装或前处理。

各处具体几何精度等级及表面粗糙度见图 3-5。

未注线性尺寸的公差等级按 m 级，未注倒圆半径和倒角高度尺寸的公差等级按 m 级，未注角度的公差等级按 m 级，未注几何公差等级按 K 级。

WC67Y-100T 液压缸缸体（左）油口位置与 WC67Y-100T 液压缸缸体（右）不同。

（2）缸体端盖设计精度分析

图 3-4 中，因缸体端盖与缸体及其他缸零件组成液压缸无杆腔，所以要保证其密封性能，其中尤其是与梯形螺纹轴的 $\phi85f8$ 圆柱面组成的旋转轴密封。

图 3-6 WC67Y-100T 液压缸缸体端盖的设计基准为 $\phi85H8$ 孔轴线，具体见基准 A，其应在装配时与缸体内孔轴线（缸体设计基准 A）在一条直线上。

为了保证所有密封沟槽底面在装配时与缸体内孔轴线在一条直线上，各密封沟槽底面对缸体缸盖设计基准全部给出几何公差。

同样，缸体端盖上与缸体的连接螺纹、定位凸台、卡键槽槽面、减速机安装法兰止口及 O 形圈静密封所在与缸体配合圆柱面等，皆给出了尺寸和公差、几何公差等。

为了保证安装在缸体端盖上的梯形螺纹轴的轴线能够与缸体内孔轴线在一条直线上，除要保证缸体端盖与梯形螺纹轴 $\phi85H8/f8$ 的配合精度外，还要保证梯形螺纹轴的轴向定位凸台上下面与该轴线垂直且与其他缸零件装配合间隙小，所以缸体端盖的相关面及卡键槽等皆给出了尺寸和公差及几何精度要求。

缸体端盖下端面因涉及缸回程终点的偏摆问题及上端面关系到减速机安装法兰同轴度问题，在图样中皆给出了垂直度公差。

各处倒角尤其是各密封沟槽圆角，都给出了倒角尺寸和圆角半径，各螺纹孔口处最大倒角 1.05D×120°。

缸体端盖与缸体间的拧紧和防松很重要，首先应保证 M195×3-6h 螺纹精度。

各处具体几何精度等级及表面粗糙度见图 3-6。

未注线性尺寸的公差等级按 m 级，未注倒圆半径和倒角高度尺寸的公差等级按 m 级，未注角度的公差等级按 m 级，未注几何公差等级按 K 级。

（3）活塞杆设计精度分析

图 3-4 中，活塞和活塞杆及密封装置或系统将缸体分为无杆腔和有杆腔，且活塞及活塞杆在其中往复运动。

图 3-7 所示，WC67Y-100T 液压缸活塞杆与活塞为一体结构，且为空心活塞杆，因结构所限其空心开口朝向了缸底侧，增大了无杆腔（内腔）湿容积。

为了保证活塞和活塞杆密封及往复运动精度，将活塞杆外圆柱面 $\phi170f7$ 轴心线确定为活塞杆的设计基准，具体见基准 A，其应在装配时与缸体内孔轴线（缸体设计基准 A）在一条直线上。

活塞端盖（或称活塞杆端盖）拧紧在活塞杆端，是与撞块直接抵靠的缸行程限位缸零件，缸行程（单向）定位精度和缸行程（单向）重复定位精度又是液压上动式板料折弯机用可调行程液压缸最重要的精度，因此，活塞杆（活塞端）端面及螺纹的精度就很重要。另外，活塞杆空心中还设置了导向键键槽，防止撞块轴向移动时转动，导向键槽也给出了尺寸和公差、几何精度要求及表面粗糙度。

为了保证活塞和活塞杆密封，给出了活塞杆外圆柱面直线度、圆度和圆柱度等几何精度要求，给出了活塞密封沟槽槽底面及其他相关圆柱面对设计基准的同轴度公差，并给出了各圆柱面的表面粗糙度。

用于活塞杆连接的 SR70mm 球面及 $2\times M6\text{-}6H$ 螺纹孔精度也很重要，为了保证所带动的滑块的反作用力能作用在缸体内孔轴心线上，给出了球面与活塞杆端面相交圆的同心度公差。

活塞杆受交变载荷作用，各退刀槽或砂轮越程槽处易于产生疲劳破坏，图样上皆给出倒角尺寸和圆角半径。各密封沟槽未注沟槽底圆角和沟槽棱圆角半径 R 为 $0.2mm$。

各处具体几何精度等级及表面粗糙度见图 3-7。

未注线性尺寸的公差等级按 m 级，未注倒圆半径和倒角高度尺寸的公差等级按 m 级，未注角度的公差等级按 m 级，未注几何公差等级按 K 级。

（4）活塞端盖设计精度分析

图 3-4 中，活塞端盖与活塞杆（活塞端）旋合、拧紧，同活塞杆一起做往复运动，且在缸进程死点与撞块抵靠，作为可调行程液压缸的缸行程限位缸零件。

图 3-8 所示 WC67Y-100T 液压缸活塞端盖，为了保证各端面（三处）的垂直度，将与活塞杆端（活塞端）螺纹中径的轴线确定为设计基准，具体见基准 A。

与活塞杆端旋合、拧紧的螺纹设计为 $M130\times3\text{-}6H/6h$，其为中等精度优先选用的公差与配合。为了保证装配时螺纹中径轴线能与活塞杆设计基准在一条

直线上，给出活塞端盖与活塞杆端旋合、拧紧后抵靠面的垂直公差；为了避免在缸回程极限死点处液压缸偏摆，给出活塞端盖上面的垂直度公差；为了保证缸行程单向定位精度和缸行程单向重复定位精度，给出活塞端盖下面的垂直度公差。

活塞端盖受交变载荷作用，退刀槽处易产生疲劳破坏，图样上给出了倒角尺寸和圆角半径。

各处具体几何精度等级及表面粗糙度见图 3-8。

未注线性尺寸的公差等级按 m 级，未注倒圆半径和倒角高度尺寸的公差等级按 m 级，未注角度的公差等级按 m 级，未注几何公差等级按 K 级。

（5）梯形螺纹轴设计精度分析

图 3-4 所示，梯形螺纹轴是可调行程液压缸的行程调节装置中一个重要缸零件，其设计精度和加工精度及装配精度直接关系到可调行程液压缸的行程单向定位精度和缸行程单向重复定位精度。梯形螺纹轴与缸体端盖间需旋转轴密封，与缸体等缸零件一起组成广义的缸体。

图 3-9 所示 WC67Y-100T 液压缸梯形螺纹轴，为了保证连接、密封、定位精度和传动精度等，将 $\phi28f7$ 和 $T80\times4\text{-}7$ 梯形螺纹（大径）轴线确定为组合基准要素，具体见基准 A、基准 B。其左端（见图 3-9）的带键槽的轴 $\phi28f7$ 与减速机相连接，$\phi125\times23$ 为梯形螺纹轴自身定位凸台，一段 $\phi85f8$ 轴（或称圆柱）与缸体端盖上孔 $\phi85H8$ 配合，组成旋转轴密封（密封沟槽设置在缸体端盖上），为保证在装配时梯形螺纹轴设计基准与缸体设计基准在一条直线上及其他技术要求，图样因此给出了旋转轴尺寸与配合 $\phi85H8/f8$ 及其他尺寸和公差、几何精度和表面粗糙度要求。

梯形螺纹精度关系到可调行程液压缸的各个目标位置及目标参考点的设定，因此在图样上较为详细地给出梯形螺纹 $T80\times4\text{-}7$（JB/T 2886—2008）各部细节，具体还可见表 3-49。

梯形螺纹轴在试验和使用中，承受变载荷作用，尤其在一些特殊情况下，还可能受到较大的冲击载荷作用，其上的车或磨削的退刀槽或砂轮越程槽处易产生疲劳破坏，因此图样上的各处退刀槽或砂轮越程槽皆给出了倒角尺寸和圆角半径。其他处倒角在图样上也详细地给出，尤其安装导入倒角及与 $\phi85f8$ 轴相交处倒圆。

梯形螺纹轴因需要拨顶磨外圆、精车梯形螺纹等，对其两端中心孔要求较高，因此图样给出了需要研磨的中心孔，其表面粗糙度为 $Ra0.2\mu m$，并要求在各道工序包括装配时保护好两中心孔，此两个中心

孔还是检查基准。

各处具体几何精度等级及表面粗糙度见图 3-9。

未注线性尺寸的公差等级按 m 级，未注倒圆半径和倒角高度尺寸的公差等级按 m 级，未注角度的公差等级按 m 级，未注几何公差等级按 K 级。

（6）撞块设计精度分析

图 3-4 中，撞块（或称梯形螺母）与梯形螺纹轴连接，直接用于可调行程液压缸的各个目标位置及目标参考点的设定，是可调行程液压缸的行程调节装置中一个重要缸零件，其设计精度和加工精度及装配精度直接关系到可调行程液压缸的行程单向定位精度和缸行程单向重复定位精度。

图 3-10WC67Y-100T 液压缸撞块，为了保证连接、定位精度和传动精度等，将 T80×4-7 梯形螺纹（小径）轴线确定为设计基准，具体见基准 A。

撞块的上面（见图 3-10）直接与活塞端盖下面抵靠，因此该面必须垂直于设计基准，其加工时可能需要磨平面，为此确定了该面为另一基准，用于撞块下面测量、磨平面及上下面互为基准磨平面。

梯形螺纹的精度很重要，图样上较为详细地给出梯形螺纹 T80×4-7（JB/T 2886—2008）各部细节，具体可见表 3-50。

撞块在目标设定过程中不能转动，为此设计了导向平键安装在撞块上，其键槽给出了尺寸和公差及几何精度要求。

各处具体几何精度等级及表面粗糙度见图 3-10。

未注线性尺寸的公差等级按 m 级，未注倒圆半径和倒角高度尺寸的公差等级按 m 级，未注角度的公差等级按 m 级，未注几何公差等级按 K 级。

上文中的一些术语，见 3.6 节液压上动式板料折弯机用可调行程液压缸精度检验中的若干问题。

2. 加工精度分析

在产品技术设计阶段，工艺设计人员就应对产品的结构工艺性进行分析和评价，在满足产品的功能和性能要求情况下，尽量将加工精度限定在加工经济精度内，以获得最佳经济效益。

加工精度是零件加工后的实际几何参数（尺寸、形状和位置）与理想几何参数的符合程度。但在一般情况下，加工精度可根据实践经验积累和工艺试验总结进行预见和预判，因此工艺设计和工艺性审查是产品技术设计必不可少的过程。

必要时，可通过工艺验证，进一步检验工艺设计的合理性，WC67Y-100T 液压缸就进行过工艺验证。

加工精度分析是在现有条件下，对实现设计精度的可行性和经济性的分析，包括加工误差、工序能力和加工经济精度的分析等。

下面对 WC67Y-100T 液压缸的主要缸零件进行加工精度分析，下文中除表面粗糙度之外所有长度尺寸的单位皆为 mm。

（1）缸体加工精度分析

缸体加工精度主要在于缸内孔和活塞杆密封沟槽及螺纹连接，下文主要对图 3-5 所示的 WC67Y-100T 液压缸缸体（右）的缸内孔及活塞杆密封沟槽进行加工精度分析。

1）缸孔加工精度分析。以单动卡盘装夹、找正缸体，车削加工缸体内孔及其他各部，光整滚压内孔，根据现在的工艺水平和实践经验，完全可以达到图 3-5 所示的尺寸和公差、几何精度和表面粗糙度。

现在缸筒内孔加工存在的主要问题是，粗加工与精加工同时（一次装夹下）加工，光整滚压前即使表面粗糙度值能够达到 $Ra1.6\mu m$ 及以下，但几何精度可能超差，其中主要是圆柱度超差，即平行度超差。

使用的普通车床，其几何精度和工作精度必须保证，否则加工时，缸体内孔一定超差。

在普通车床精度保证的前提下，精车应注意以下问题：

① 精车前，工件必须冷却到室温或指定温度。

② 精车余量不可留得太小，至少应有精车两刀的余量。

③ 精车前应测量，精车第一刀一段时，应再次测量。

④ 精车第一刀时，一般不应直接车削到退刀槽处。

⑤ 精车最后一刀时必须一次加工完毕。

⑥ 车削钢件时，车刀应能断屑（开有断屑槽），并及时排出铁屑。

根据滚压工艺特点及实践经验，建议滚压钢制缸体内孔时使用干净的乳化或合成切削液冷却、润滑、防锈和冲洗。

2）活塞杆密封沟槽加工精度分析。在图 3-5 所示的 WC67Y-100T 液压缸缸体（右）上，活塞杆各密封沟槽可在加工缸孔时同时（一次装夹下）加工，但其加工难度大，质量不稳定，在线检查、测量困难。

现在一般都是在加工成活塞杆耦合件孔（$\phi170.6H9$）后，掉头再加工各密封沟槽包括支承环沟槽，其存在的主要问题是找正。

以单动卡盘装夹缸体加工成的一端（见图 3-5 上端），以加工成的孔 $\phi170.6H9$ 找正，其误差值一般

不低于 0.02，尽管其低于尺寸公差的 1/3，但要保证沟槽底面的同轴度公差 $\phi0.03$ 还是非常困难的，因为普通车床的直线度、圆度及平行度的综合结果已经超过了 0.02。

只有当找正误差 $\leqslant0.01$ 时，在普通车床上才有可能加工出合格产品，但前提是普通车床的几何精度和工作精度没有下降或丧失。

批量产生应采用工艺装配装夹缸体，如 120° 锥端螺纹接盘。

（2）活塞杆加工精度分析

一般活塞杆加工精度主要在于镀硬铬前和镀硬铬后，但图 3-7 所示的 WC67Y-100T 液压缸活塞杆与一般活塞杆不同，其为开口朝向缸底的空心活塞杆。

该活塞杆加工精度保证困难的原因：①在精车、镀硬铬前和镀硬铬后磨外圆包括抛光外圆时，不能直接以拨顶装夹方法加工；②加工时必须掉头；③内孔（不通孔）有键槽。

为了实现以拨顶装夹方法加工，应首先将活塞杆内孔除键槽以外各部加工完毕，然后采用 90° 锥端中心堵。

掉头后自定心卡盘装夹活塞端，加工中心孔及 SR70 等各部，存在的主要问题可能是机床和卡盘自身的精度，如两中心孔（活塞端中心孔在 90° 中心堵上）不在一条直线上，现加工的中心孔可以研磨修正，但 SR70 中心点却很难修正。

如果采用一次性 90° 锥端中心堵，则只能在镀硬铬抛光后取下，键槽加工将变成最后一道工序。

（3）梯形螺纹轴和撞块加工精度分析

梯形螺纹轴的加工精度主要在于梯形螺纹车加工，撞块也是如此。

梯形螺纹轴精车前应研中心孔，且表面粗糙度为 $Ra0.2\mu m$，采用拨顶装夹方法精车梯形螺纹。在普通车床上加工 T80×4-7（JB/T 2886—2008）梯形螺纹存在一定困难，首先是普通车床的螺距积累误差能否在 $\delta_{P60}\leqslant0.010$，其次是梯形螺纹中径尺寸的一致性，再则是梯形螺纹的表面粗糙度。

车加工梯形螺纹时，现在一般采用机夹硬质合金螺纹成形车刀加工。

两中心孔精度关系到梯形螺纹精度，研磨后的中心孔必须保证和标准顶尖研配时接触面不小于 85%。螺纹的大径外圆磨削时必须保证圆柱度公差。

梯形螺纹精度加工工艺十分重要，选择正确的加工工艺及工艺参数，在加工机床几何精度和工作精度合格的情况下，可以车加工出 7 级精度的梯形螺纹。

3.3.3　主要缸零件表面质量经济精度

加工经济精度是在正常加工条件下（采用符合质量标准的设备、工艺装备和标准技术等级的工人，不延长加工时间）所能保证的加工精度。

以车削加工为例，根据实际操作经验，表面粗糙度值为 $Ra0.8\mu m$ 并不十分容易达到。在满足缸零件适应性和耐久性等要求下，考虑表面质量的经济性，对于表 3-54 和表 3-55 中表面粗糙度值为 $Ra0.8\mu m$ 的表面，如果可能还是以优先选用表面粗糙度值 $Ra1.6\mu m$ 为宜。

轴、孔公差等级与表面粗糙度的对应关系见表 3-54；车削细长轴常用的切削用量和能达到的加工质量见表 3-55。

表 3-54　轴、孔公差等级与表面粗糙度的对应关系

公差等级	轴		孔	
	基本尺寸/mm	表面粗糙度值 $Ra/\mu m$	基本尺寸/mm	表面粗糙度值 $Ra/\mu m$
IT6	$\leqslant10$	0.20	$\leqslant50$	0.40
	>10~80	0.40		
	>80~250	0.80	>50~250	0.80
	>250~500	1.60	>250~500	1.60
IT7	$\leqslant6$	0.40	$\leqslant6$	0.40
	>6~120	0.80	>6~80	0.80
	>120~500	1.60	>80~500	1.60
IT8	$\leqslant3$	0.40	$\leqslant3$	0.40
	>3~50	0.80	>3~30	0.80
			>30~250	1.60
	>50~500	1.60	>250~500	3.20

（续）

公差等级	轴		孔	
	基本尺寸/mm	表面粗糙度值 Ra/μm	基本尺寸/mm	表面粗糙度值 Ra/μm
IT9	≤6	0.8	≤6	0.80
	>6~120	1.60	>6~120	1.60
	>120~400	3.20	>120~400	3.20
	>400~500	6.30	>400~500	6.30
IT10	≤10	1.60	≤10	1.60
	>10~120	3.20	>10~120	3.20
	>120~500	6.30	>120~500	6.30

表 3-55　车削细长轴常用的切削用量和能达到的加工质量

零件规格 （D/mm）×（L/mm）	材料 及热处理	工序	背吃刀量 a_p/mm	进给量 f/（mm/r）	切削速度 v/（mm/min）	精度	表面粗糙度值 Ra/μm
φ12×1300	45 钢及 普通合金钢 230~320HBW	粗车	0.5~1.0	0.4~0.5	18	IT7~IT8	0.8~1.6
		精车	0.04~0.06	0.15~0.20	9.5		
φ20×1500		粗车	1.5~2.5	0.3~0.5	30~50		
		半精车	1.0~1.5	0.2~0.4	40~60		
		精车	0.2~0.4	0.15~0.25	50~75		
φ35×4100		粗车	1.5~3.0	0.3~0.5	40~65		
		精车	0.02~0.05	10~20	1.0~2.9		
φ32×1000		粗车	1.0~3.0	0.3~0.5	60~80		
		半精车	0.5~1.0	0.16~0.30	80~120		
		精车	0.2~0.3	0.12~0.16	60~100		
φ38×2450		粗车	0.5~2.5	1.15~1.65	100~140		
		精车	0.5~2.5	1.15~1.65	100~140		

3.4　液压缸尺寸链计算

3.4.1　尺寸链计算方法

在 GB/T 5847—2004《尺寸链　计算方法》中规定了尺寸链的形式、计算参数和计算公式，适用于机械产品中存在尺寸链关系的长度尺寸与角度尺寸及其公差计算。

尺寸链的计算，主要计算封闭环与组成环的基本尺寸、公差及极限偏差之间的关系。尺寸链计算的基本公式见表 3-56。

表 3-56　尺寸链计算的基本公式

序号	计算内容		计算公式	说明
1	封闭环基本尺寸		$L_0 = \sum_{i=1}^{m} \zeta_i L_i$	下角标"0"表示封闭环，"i"表示组成环及其序号。下同 ζ_i——第 i 组成环的传递函数
2	封闭环中间偏差		$\Delta_0 = \sum_{i=1}^{m} \zeta_i \left(\Delta_i + e_i \dfrac{T_i}{2} \right)$	当 $e_i = 0$ 时，$\Delta_0 = \sum_{i=1}^{m} \zeta_i \Delta_i$
3	封闭环公差	极值公差	$T_{0L} = \sum_{i=1}^{m} \lvert \zeta_i \rvert T_i$	在给定各组成环公差的情况下，按此计算封闭环公差 T_{0L}，其公差值最大
		统计公差	$T_{0S} = \dfrac{1}{k_0} \sqrt{\sum_{i=1}^{m} \zeta_i^2 k_i^2 T_i^2}$	当 $k_0 = k_i = 1$ 时，得平方公差 $T_{0Q} = \sqrt{\sum_{i=1}^{m} \zeta_i^2 T_i^2}$，在给定各组成环公差的情况下，按此计算的封闭环平方公差 T_{0Q}，其公差值最小 使 $k_0 = 1$，$k_i = k$ 时，得当量公差 $T_{0E} = k \sqrt{\sum_{i=1}^{m} \zeta_i^2 T_i^2}$，它是统计公差 T_{0S} 的近似值 其中 $T_{0L} > T_{0S} > T_{0Q}$

（续）

序号	计算内容		计算公式	说明
4	封闭环极限偏差		$\mathrm{ES}_0 = \Delta_0 + \dfrac{1}{2}T_0$ $\mathrm{EI}_0 = \Delta_0 - \dfrac{1}{2}T_0$	
5	封闭环极限尺寸		$l_{0\max} = L_0 + \mathrm{ES}_0$ $L_{0\min} = L_0 + \mathrm{EI}_0$	
6	组成环平均公差	极值公差	$T_{\mathrm{av.L}} = \dfrac{T_0}{\displaystyle\sum_{i=1}^{m}|\zeta_i|}$	对于直线尺寸链 $|\zeta_i|=1$，则 $T_{\mathrm{av.L}} = \dfrac{T_0}{m}$。在给定封闭环公差情况下，按此计算的组成环平均公差 $T_{\mathrm{av.L}}$，其公差值最小
		统计公差	$T_{\mathrm{av.S}} = \dfrac{k_0 T_0}{\sqrt{\displaystyle\sum_{i=1}^{m}\zeta_i^2 k_i^2}}$	当 $k_0 = k_i = 1$ 时，得组成环平方公差 $T_{\mathrm{av.Q}} = \dfrac{T_0}{\sqrt{\displaystyle\sum_{i=1}^{m}\zeta_i^2}}$ 直线尺寸链 $|\zeta_i|=1$，则 $T_{\mathrm{av.Q}} = \dfrac{T_0}{\sqrt{m_0}}$，在给定封闭环公差的情况下，按此计算组成环平均平方公差 $T_{\mathrm{av.Q}}$，其公差值最大 使 $k_0 = 1$，$k_i = k$ 时，得组成环平均当量公差 $T_{\mathrm{av.E}} = \dfrac{T_0}{k\sqrt{\displaystyle\sum_{i=1}^{m}\zeta_i^2}}$； 直线尺寸链 $|\zeta_i|=1$，则 $T_{\mathrm{av.E}} = \dfrac{T_0}{k\sqrt{m_1}}$，它是统计公差 $T_{\mathrm{av.S}}$ 的近似值 其中 $T_{\mathrm{av.L}} > T_{\mathrm{av.S}} > T_{\mathrm{av.Q}}$
7	组成环极限偏差		$\mathrm{ES}_i = \Delta_i + \dfrac{1}{2}T_i$ $\mathrm{EI}_i = \Delta_i - \dfrac{1}{2}T_i$	
8	组成环极限尺寸		$L_{i\max} = L_i + \mathrm{ES}_i$ $L_{i\min} = L_i + \mathrm{EI}_i$	

3.4.2 达到装配尺寸链封闭环公差要求的方法

按产品设计要求、结构特征、公差大小与生产条件，可以采用不同的达到封闭环公差要求的方法，通常有互换法、分组法、修配法与调整法。

1. 互换法

按互换程度的不同，分为完全互换法和大数互换法。

（1）完全互换法

在全部产品中，装配时各组成环不需要挑选或改变其大小或位置，装入后即能达到封闭环的公差要求。该方法采用极值公式计算。

（2）大数互换法

在绝大多数产品中，装配时各组成环不需要挑选或改变其大小或位置，装入后即能达到封闭环的公差要求。该方法采用统计公差公式计算。

大数互换法以一定置信水平为依据，通常，封闭环趋近正态分布，取置信水平 $P = 99.73\%$，这时相对分布系数 $k_0 = 1$，在某些生产条件下，要求适当放大组成环公差时，可取较低的 P 值。置信水平与相对分布系数的关系见表 3-57。

表 3-57　置信水平与相对分布系数的关系

置信水平 $P(\%)$	99.73	99.5	99	98	95	90
相对分布系数 k_0	1	1.06	1.16	1.29	1.52	1.82

采用大数互换法时，应有适当的工艺措施，排除个别产品超出公差范围或极限偏差。

2. 分组法

将各组成环按其实际尺寸大小分为若干组，各对应组进行装配，同组零件具有互换性。该方法通常采用极值公差公式计算。

3. 修配法

装配时去除补偿环的部分材料以改变其实际尺寸，使封闭环达到其公差与极限偏差要求。该方法通常采用极值公差公式计算。

4. 调整法

装配时用调整的方法改变补偿环的实际尺寸或位置，使用封闭环达到其公差与极限偏差要求。一般以螺栓、斜面、挡环、垫片或孔轴联结中的间隙作为补偿环。该方法通常采用极值公差公式计算。

在可调行程液压缸（见图 3-4）装配工艺中，"采用修配法试装配调隙垫片 15" 即包括了尺寸链计算，限于本手册篇幅在此省略了这一举例计算过程。

3.5　液压缸工艺装备设计与使用

3.5.1　缸筒加工采用工艺装备的意义

专业缸筒制造商生产的内孔珩磨、滚压、冷拔无缝钢管或符合 JB/T 11718—2013《液压缸　缸筒技术条件》规定的缸筒，经常被液压缸制造商用于液压缸缸体制造，对于单件、小批量液压缸的制造有其简便、快捷、低成本的优点，所以近些年来被广泛应用。

在数控刮削滚光机床上采用组合刀具加工（粗镗、刮削和滚光）的缸筒可归类为滚压缸筒。

在缸体制造中，由于外购的无缝钢管除内孔已精加工外，外圆、两端面一般都没有加工或精加工，况且缸筒与缸底、缸盖等连接（包括焊接坡口）也没有加工，所以必须二次加工，才能达到液压缸缸体的各项设计、工艺要求。

上述这种内孔珩磨、滚压、冷拔（或热轧）无缝钢管或缸筒，对于液压缸缸体而言就是半成品，以下统称为缸筒。

为了在二次加工时能保证各加工面对缸筒内孔轴线的同轴度、垂直度等几何公差要求，现在一般采取在缸筒外圆上车加工一段与缸筒内孔同轴的外圆柱面，然后使用中心架支承该段外圆再进行其他加工。加工这段外圆纯粹是工艺要求的工艺基准，而非产品设计基准，但如果不加工此段缸筒外圆，以后各工序就几乎无法完成。加工这段缸筒外圆，不但影响产品外观质量，而且减弱了缸筒强度，因此有的用户就明确要求缸筒外圆不允许加工这段外圆。加工这段外圆也同样存在装夹、找正困难，如自定心卡盘胀卡一端内孔，找正另一端内孔，这种装夹、找正办法尽管普遍采用，但实践中实现起来却非常困难，费工、费时、质量无保证；如采用单动卡盘装夹外圆，找正另

一端内孔，也存在同样问题，况且由于需要同时确定两端内孔中心与机床中心线重合，因此找正更加困难；上述两种装夹、找正方法都存在着一个共同问题，即卡盘爪与工件必须是线接触，否则，另一端将无法找正。暂且不说此装夹会对内孔损伤如何，就加工而言，线接触的装夹其抗切削力及其他外力的能力也很低。为了提高抗切削力及其他外力的能力，经常需先加工缸筒端面，然后用尾座顶尖顶紧缸筒后再加工这段缸筒外圆，但加工时也存在同样问题，即加工端面时抗力低。加工这段缸筒外圆最可靠的方法是采用圆柱芯轴加工，尤其采用定心夹紧心轴加工在理论上最为合理，但实践中却有如下问题：

1）尽管无缝钢管内孔直径相同，但长度不同，因此就需要有不同长度的定心夹紧心轴。

2）因为要将定心夹紧心轴通长穿过无缝钢管内孔，保证其不对内孔表面造成损伤则非常困难。

3）因其结构的原因，大直径的定心夹紧心轴过于笨重。

现在还有一种简易定心夹紧心轴，问题是夹紧后对内孔表面几乎都有损伤，有时夹紧后还无法取出，再有就是也必须有不同长度的简易定心夹紧心轴。

作者设计的定心胀芯就是为解决上述问题，为缸筒加工提供一种车削加工定心夹具类的工艺装备。

此定心胀芯能在自定心卡盘胀卡缸筒一端内孔，尾座加长顶尖顶紧定心胀芯的情况下，按液压缸设计要求加工缸筒另一端，不需要再加工出一个工艺基准，即不用缸筒外圆表面加工出一段与缸筒内孔同轴的外圆，并使用中心架支承、定位该段外圆再进行其他加工，而是直接加工就能达到液压缸设计要求，且相同内孔直径的缸筒可以使用一个（种）定心胀芯，且可重复使用。

缸筒加工采用定心胀芯这种工艺装备，不仅仅是因为采用工艺装备可以保证产品质量、提高生产率、降低成本、加速生产周期和增加经济效益，而是在一些情况下是必需的。如某公司生产的 RAS 系列闸式液压剪板机用液压缸，在主机厂不允许在缸筒外圆上加工工艺基准情况下，靠找正内孔保证缸筒加工部分与缸筒轴向的同轴度或垂直度几乎是不可能的，同时，没有中心架的支承和定位，对缸筒端部的车削加工也是非常困难的。再如缸体外形不是圆形（如方形或矩形缸体等）且有一定长度的情况下，即使床头端缸体采用中心堵定位、螺纹拧紧，而另一端因悬伸长度过长也很难进行车削加工，尤其长缸筒甚至是不可能的。因此，此时在缸筒加工时应用定心胀芯这种工艺装备是必需的。

3.5.2　定心胀芯的设计与使用

1. 定心胀芯的结构设计

缸筒车加工用定心胀芯如图 3-11 所示，定心胀芯的定位芯座 5 芯管部外表面为圆柱面，与双锥芯套 3、动夹板 10 内孔配合，定位芯座 5 内孔右端即座部端（以图 3-11 标定上下、左右）设有符合标准规定的 60°C 型中心孔 22，中部为内螺纹孔，左端为光孔；双锥芯套 3 两端面上各设有 O 形橡胶密封圈沟槽，安装有 O 形橡胶密封圈 2、15（先装 15），双锥芯套 3 由定位芯座 5 芯管部左端装入套在芯管上直至 O 形橡胶密封圈 15 轴向接触到定位芯座 5 座部左端面，采用内六角圆柱头螺钉 23（螺杆端涂覆螺纹紧固胶）将定位芯座 5 和双锥芯套 3 连接，但必须保证定位芯座 5 座部左端面与双锥芯套 3 右端面间设计间隙。

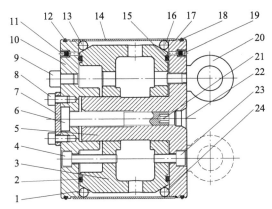

图 3-11　缸筒车加工用定心胀芯（缩回状态）

1、13、16、24—钢球　2、12、15、18—O 形橡胶密封圈　3—双锥芯套　4、8、9、23—内六角圆柱头螺钉　5—定位芯座　6—螺纹端内六角调节杆　7—压板　10—动夹板　11、19—油杯　14—薄壁套筒　17—挡圈　20—吊环螺钉　21—内六角扳手孔　22—60℃型中心孔

定位芯座 5 芯管部外圆柱面与座部台肩外圆柱面及沟槽同轴，将挡圈 17 套装在定位芯座 5 外圆柱面沟槽内，将一组钢球 16、24 等均布相接装在双锥芯套 3 右端圆锥面和定位芯座 5 左端面间（采用润滑脂临时固定），并与之接触；再将薄壁套筒 14 由左端装入，套装在定位芯座 5 座部外柱面上，并将另一组钢球 1、13 等均匀相接装在双锥芯套 3 左端圆锥面和薄壁套筒 14 间（仍采用润滑脂临时固定），O 形橡胶密封圈 2 装入双锥芯套 3 左端面密封沟槽内，最后将动夹板 10 由左端装入且与定位芯座 5 芯管部外圆柱面、薄壁套筒 14 内孔配合，并采用内六角圆柱头螺钉 4

（螺杆端涂覆螺纹紧固胶）将动夹板 10 和双锥芯套 3 连接，但必须保证动夹板 10 右端面与双锥芯套 3 左端面间设计间隙。

将螺纹端内六角调节杆 6 由左端装入并与定位芯座 5 芯管中部内螺纹孔旋合到螺纹端内六角调节杆 6 凸台右端面与动夹板 10 台阶孔左端面抵靠；再将压板 7 用内六角圆柱头螺钉 8 连接紧固，最后将内六角圆柱头螺钉 9（安装前通过此螺纹孔注油）拧紧在动夹板 10 上，O 形橡胶密封圈 12、18 分别套装在动夹板 10 和定位芯座 5 座部外圆所设密封沟槽内，油杯 11、19 分别安装在动夹板 10 和定位芯座 5 座部右端面上。两件吊环螺钉 20 拧紧在定位芯座 5 座部右端面上，用于定心胀芯吊装；定心胀芯工作时拆下，用内六角圆柱头螺钉 23 拧紧。

2. 定心胀芯的工作原理

在使用加长六角扳手通过内六角扳手孔 21 拧紧螺纹端内六角调节杆 6 过程中，动夹板 10 与一组钢球 1、13 等抵靠面推动各钢球沿双锥芯套 3 左圆锥面向右运动，产生径向位移，进而将薄壁套筒 14 左端直径胀大；同时，定位芯座 5 与另一组钢球 16、24 等抵靠面推动各钢球沿双锥芯套 3 右圆锥面向左运动，产生径向位移，进而将薄壁套筒 14 右端直径胀大，因薄壁套筒 14 左、右端直径都被胀大，定心胀芯自动定心并胀紧（紧定）在缸筒内孔内。

当使用加长六角扳手通过内六角扳手孔 21 拧松螺纹端内六角调节杆 6 时，靠薄壁套筒 14 自身弹性缩径将各钢球挤缩回初始位置，定心胀芯完成解除对缸筒内孔的胀紧（紧定）。

3. 定心胀芯的使用

将待加工的缸筒内孔清理干净后，采用两件吊环螺钉 20 将定心胀芯吊装入缸筒内孔内，并留出加工所需的足够长度（深度），使用加长六角扳手通过内六角扳手孔 21 拧紧螺纹端内六角调节杆 6，定心胀芯即自动定心并胀紧（紧定）在缸筒内孔内；解除吊具、拆下吊环螺钉后，将缸筒连同定心胀芯一起吊装到车床上装夹，未装入定心胀芯端缸筒采用自定心卡盘胀卡内孔，当采用加长顶尖顶ớ 60℃ 型中心孔 22 时，再用自定心卡盘将缸筒卡紧，即完成车加工序缸筒管夹。

注意应预先在机床导轨上铺设垫板或枕木，防止缸筒意外脱落对人员及机床产生伤害；并在缸筒夹紧前，不得撤下垫板或枕木，不得解除吊具；夹紧后加工前，必须撤下、解除垫板或枕木、吊具。

本工序加工完成后，按上述过程逆行完成定心胀芯的拆下。但应注意，在缸筒垂直放置并有上口拆下

定心胀芯时，必须首先安装吊具并使定心胀芯处于被吊状态后，才能拧松螺纹端内六角调节杆 6。否则，定心胀芯可能滑脱下落，对缸筒和定心胀芯造成损坏。

4. 定心胀芯的特点

定心胀芯在缸筒加工中有如下特点：

1）无须再按逐个产品加工、制造定心夹紧心轴或简易定心夹紧心轴，降低了缸体加工难度，节约了制造成本，缩短了制造周期。

2）无须先在缸筒外表面再加工一段外圆作工艺基准，既减少了一道工序，又避免了将工艺基准误差带入下面加工工序，同时也提高了缸筒外观质量和强度、刚度。

3）相同缸内径的缸筒可以使用一个定心胀芯进行加工，且对缸筒长度无要求，通用性好。

4）可同时使用两个定心胀芯卡一根缸筒，对其进行双顶加工，不但可以进一步减少工时，提高效率，而且扩展了定心胀芯的应用范围。

5）使用定心胀芯可最大限度地排除人为因素对产品质量的影响，保证缸筒的几何精度的一致性。

6）根据相关标准，定心胀芯可以标准化、系列化设计制造。

总之，定心胀芯在缸筒加工中的应用可以使单件、小批量缸筒加工变得容易，提高了缸筒的结构工艺性，进一步还可能由专用工艺装备变成通用工艺装备，甚至标准工艺装备。

3.6 缸筒滚压和珩磨的几个工艺问题

3.6.1 滚压孔工艺质量问题

滚压孔一般作为液压缸缸筒内径精加工都安排在最后一道工序，但缸筒内径滚压后发现表面质量不好，这时才想起追究滚压前内孔的质量问题，这样的事经常发生。

滚压是用滚压工具对金属坯料或工件施加压力，使其产生塑性变形，从而将坯料成形或滚光工件表面的加工方法。滚压孔是一种无屑光整加工方法，它利用材料的塑性，用滚压头对加工表面进行滚压，使其表面产生塑性变形而形成硬化层，并产生残余压应力。

滚压塑性变形遵循三个原则，即：屈服原则、流动原则、强化原则。

注：在 GB/T 4863—2008 中术语"滚压孔"的定义为："用滚压方法加工工件的孔。"

（1）滚压孔的作用

滚压孔一般有以下作用：

1）降低表面粗糙度值。滚压可以提高表面质量，即表面完整性。一般其表面粗糙度值会至少下降 2 个级别，如：碳钢（45 钢）滚压前 $Ra3.2\mu m$→滚压后 $Ra0.2\mu m$ 左右，铸铁（HT150～HT330）滚压前 $Ra3.2\mu m$→滚压后 $Ra0.8\mu m$ 左右。

2）修正圆度。如工艺参数选择正确，滚压后孔的圆度有所提高。

3）提高表面硬度。一般可提高表面硬度 15%～30%，如：碳钢（45 钢）滚压前 197HBW→滚压后 240HBW，铸铁（HT150～HT330）滚压前 180HBW→滚压后 198HBW。

4）提高了耐磨性。一般滚压后表面耐磨性可提高 15% 左右。

5）提高了疲劳强度。一般滚压后表面疲劳强度可提高 30% 左右，缺口疲劳强度（45 钢试样）提高 78%～121%。

（2）滚压孔前对缸筒内孔的要求

有参考文献介绍了以下孔滚压试验：

在以下滚压参数下：过盈量 0.05～0.08mm，进给量 0.06～0.16mm/r，滚压速度 30～60m/min，滚压前后孔表面粗糙度变化情况见表 3-58。

表 3-58　滚压前后孔表面粗糙度变化情况

（单位：μm）

材料	试验组	滚压前表面粗糙度 Ra	滚压后表面粗糙度 Ra
15	1	3.2～6.3	1.1～0.35
	2	1.6～3.2	0.25～0.35
	3	0.8～1.6	0.15～0.25
45	1	3.2～6.3	0.2～0.26
	2	1.6～3.2	0.1～0.2
	3	0.8～1.6	0.05～0.1

滚压前对孔的圆度、圆柱度、直线度和粗糙度应有如下要求：

圆度和圆柱度公差不应大于尺寸公差值的 70%，直线度为尺寸公差一半，表面粗糙度值应在 Ra 1.6μm 以下。

另外，液压缸缸筒的滚压主要目的是光整而非强化内孔表面，在图样或技术要求中应注明"光整滚压"。一般光整加工的滚压次数为 1～2 次，滚压过盈量过大和滚压次数太多，都可能造成滚压孔脱皮。

3.6.2 缸筒珩磨纹理问题

立式内圆珩磨机主要用于珩磨气缸，如果用于液

压缸缸筒珩磨，究竟如何选择工艺参数及珩磨效果，就连一些珩磨机制造商也说不清楚，主要是珩磨的纹理问题。此问题还是一些液压缸制造商常常用于考察工程技术人员是否精通液压缸设计与制造的一道考试题。

珩磨是利用珩磨工具对工件表面施加一定压力，珩磨工具同时作相对旋转和直线往复运动，切除工件上极小余量的精加工方法。珩磨属于磨削加工的一种特殊形式，属于光整加工。珩磨原理是在一定压力下，砂条与工件加工表面之间产生复杂的相对运动，砂条磨粒起切削、刮擦和挤压作用，从加工表面切下极薄的金属层。

珩磨头在珩磨时，砂条做径向胀缩，并以一定压力与孔表面接触；砂条有三种运动：旋转运动、往复运动和在加压下的径向运动；旋转运动和往复运动，砂条的磨粒在孔表面上的切削轨迹形成交叉而不相重复的网纹，这种交叉而不相重复的网纹有利于贮存润滑油，减少零件表面的磨损。为了使砂条磨粒的运动轨迹不重复，珩磨头的每分钟转速与珩磨头每分钟的往复行程数应互成质数。

珩磨可分三个阶段：第一个阶段是脱落切削阶段；第二个阶段是破碎切削阶段；第三个阶段是堵塞切削阶段（相当于抛光）。珩磨分有定压珩磨和定量珩磨。

珩磨可以改善孔的尺寸精度、圆度、直线度、圆柱度和表面粗糙度。中小口径的液压缸缸筒以冷拔—浮镗—滚压—珩磨最为经济、高效、合理。

珩磨有如下特点：

1）砂条磨粒负荷小，砂条使用时间长。

2）速度低，一般在 100mm/min 以下。

3）珩磨时要注入大量切削液，可以将脱落的磨粒冲走，加工表面充分冷却，工件发热小，变形层极薄，从而可以获得较好的表面质量。

4）珩磨一般可以获得 IT6 ~ IT7 精度的孔，$Ra0.025 ~ Ra0.2\mu m$，形状误差一般小于 0.005mm。

珩磨加工的工艺要素主要有珩磨次数、网纹交叉角 α、工作压力、磨条超出孔外的长度、磨条磨料种类和粒度、珩磨液等。

缸筒珩磨可按以下选择工艺要素：

1）珩磨分粗珩磨、精珩磨、超精珩磨。镗孔后的珩磨余量为 0.05 ~ 0.08mm，铰孔后的珩磨余量为 0.02 ~ 0.04mm，磨孔后的珩磨余量为 0.01 ~ 0.02mm，余量大的或要求精度高的，可分为粗珩磨、精珩磨、超精珩磨三次珩磨。

2）旋转速度一般为 $v_t = 14 ~ 48m/min$，往复进给

速度 $v_a = 5 ~ 15m/min$。网纹交叉角 $\alpha = 2arctan (v_a/v_t)$，交叉角一般为 30°~60°，以 45°为好。

3）珩磨的工作压力选择按粗珩磨时为 0.5 ~ 2.0MPa，精珩磨时为 0.2 ~ 0.8MPa，超精珩磨时为 0.05 ~ 0.1MPa，一般可取 0.2 ~ 0.5MPa。

4）珩磨时磨条一定要超出孔的两端，即通常称之为"切出"长度。有资料认为切出长度为磨条 1/3 最为合适。

5）适合磨削碳钢和球墨铸铁的磨料品种为棕刚玉 A（GZ）和微晶刚玉 MA（GW）等。珩磨磨条应采用陶瓷结合剂（V），珩磨磨条硬度应选 K~P，磨条粒度应选 F80 以上。

现在气缸孔平台珩磨工艺已很成熟，且有相关标准，其工艺对满足液压缸缸筒的技术要求有可参考的地方。

气缸孔平台珩磨一般分三道工序：

1）第一道工序是机械涨刀定量珩磨，目的是消除镗缸所产生的几何误差，是缸的圆度、圆柱度符合要求，且为下序提供合适的表面粗糙度和加工余量。

2）第二道工序也是机械涨刀定量珩磨，但进给速度和进给量比第一道工序小，目的是在缸孔表面形成清晰可见的、对称的、均匀网纹，即拉沟槽工序。

3）第三道工序是精珩磨工序，采用定压珩磨，分两级加压，目的是形成平台，即去掉波峰，保留波谷，形成一定宽度和数量的平台，并保留一定深度的沟槽。

气缸孔曾使用过三个标准：ZBJ 92011—1989 为镜面珩磨标准；JB/T 9768—1999 为普通珩磨标准；DIN 4776—1990 为平台珩磨标准。现行标准为 JB/T 5082.7—2011《内燃机 气缸套 第 7 部分：平台珩磨网纹 技术规范及检测方法》。

比较缸筒内孔珩磨与气缸孔珩磨工艺，即可得出其主要不同之处：缸筒内孔珩磨没有拉沟槽工序，也不需要（不允许）缸筒内孔表面形成"清晰可见的、对称的、均匀网纹"。

3.6.3 滚压孔和珩孔工艺选择问题

缸筒内孔滚压与缸筒内孔珩磨（要求）究竟应有什么不同，对于液压缸缸筒来说，究竟在什么情况（或条件）下选择滚压孔还是珩孔工艺，是经常要面对的问题。

滚压孔或珩孔都是对内孔表面进行光整加工的一种方法，在暂不考虑其他因素（要求或问题）的情况下，仅从保证密封件使用寿命，即耐久性角度权衡上述两种缸筒内孔光整加工方法的利弊。

注：主要涉及缸筒内孔表面微观结构（或称织构）与密封件包括支承环之间的摩擦学性能关系问题。

在 JB/T 11718—2013《液压缸　缸筒技术条件》中对缸筒内孔的加工方法未做规定，仅规定了缸径尺寸公差等级、内孔圆度、内孔轴线直线度和内孔表面粗糙度等，其中 JB/T 11718—2013 规定的内孔表面粗糙度见表 3-59。

表 3-59　缸筒内孔表面粗糙度

（单位：μm）

等级	A	B	C	D
Ra	0.1	0.2	0.4	0.8

注：1. 或参考 YB/T 4673—2018。

2. 有参考资料介绍，由数控刮削滚光机床加工的缸筒内孔表面粗糙度即在上表所示范围内。

在常用活塞密封装置用密封件中，各标准对与密封件（包括支承环）接触的元件（缸零件，如缸筒）的加工方法也未作规定，甚至对缸筒内孔的表面粗糙度也未做具体规定，如在 GB/T 2879—2005《液压缸活塞和活塞杆动密封沟槽尺寸和公差》中规定："与密封件接触的元件表面粗糙度取决于应用场合和对密封件寿命的要求，宜由制造商与用户协商决定。"

根据对液压密封技术的掌握，缸筒内孔表面结构参数仅以评定轮廓的算数平均偏差 Ra 和轮廓的最大高度 Rz 表示（要求）是不够的，还应包括相对支承比率 Rmr，对密封而言，与密封件接触的缸零件表面 Rmr 应在 50%~70%。

为此，一些活塞或活塞杆密封沟槽槽底面光整加工也可考虑采用滚压工艺。

综合密封、摩擦和润滑等方面要求，从密封材料适用性考虑，缸筒内孔光整加工方法应这样选择：

1）珩磨或珩磨加抛光可依次适用于丁腈橡胶或氟橡胶、聚氨酯橡胶、聚四氟乙烯（填充）塑料和聚酰胺（填充）塑料等。

2）滚压可依次适用于聚四氟乙烯（填充）塑料和聚酰胺（填充）塑料、聚氨酯橡胶、氟橡胶或丁腈橡胶等。

3）单从保证相对支承比率 Rmr 一点考虑，滚压优于珩磨，因为滚压 Rmr 可达到 70%。

珩磨后抛光可能对提高相对支承比率 Rmr 作用不大，但对减小密封件磨损包括微动磨损作用明显，因此宜在珩孔后进行抛光，滚压孔后也可进行抛光。

对一些刮削滚光机床制造商宣称的刮削滚光面与珩磨面具有相同的储油性能存疑。

对于以金属材料如铸铁、铜合金等为导向套或支承环的，其与活塞杆直接接触的起导向和支承作用的内孔，可采用滚压孔作为其光整加工方法之一。

3.7　常见活塞杆表面处理工艺

3.7.1　活塞杆镀前、镀后抛光及检验问题

活塞杆镀后发现表面有螺旋纹，最后确定是电镀厂镀前采用砂带抛光所致；镀后工件发现圆度、圆柱度、直线度都有问题，也认为是镀前和/或镀后砂带抛光所致。由于抛光不当，进一步还可能造成活塞杆表面波纹度加大。

抛光是一种利用机械、化学或电化学的作用，使工件表面获得光亮、平整表面的加工方法。其特征在于是用自由游离的磨料和软质的抛光工具降低被抛光表面的表面粗糙度值，以获得或提高表面质量，活塞杆镀前抛光主要是为了提高镀后表面的光亮度。

由此判断，"砂带抛光"称谓有问题，应称为"砂带磨削"。

镀前活塞杆表面不能采用砂带磨削或抛光，尤其是在没有制订严格的砂带磨削工艺并采用旧车床改造的砂带磨削设备上进行的砂带磨削，因为其极可能破坏原在外圆磨上已形成的表面的几何精度和表面质量。

为了保证镀后的表面质量或光亮度，活塞杆表面必须在外圆磨后表面粗糙度值不得高于 $Ra0.8μm$，宜在 $Ra0.4μm$ 或以下。

镀后必须抛光或研磨，但也不能留抛光余量太大；一般单边在 0.01~0.02mm。镀后抛光后应进行直线度、圆度、圆柱度及表面质量检验。

镀后的抛光或研磨，还应注意提高表面结构的相对支承比率 Rmr，因为其对活塞杆密封性能有影响。

由于铬覆盖层可能不均匀，现在还有采用镀层厚度≥0.10mm 磨外圆后抛光或研磨工艺的，但镀层太厚，既增加了成本，同时镀层还有产生起皮（层）、脱（剥）落等缺陷的危险，因此不赞成采用镀层厚度超过 0.10mm 的工艺。

应按电镀厂相关规定，协商确定硬铬覆盖层最小（大）厚度、硬铬覆盖层硬度及测量方法和检验规则，必要时还可包括硬铬覆盖层附着强度、尺寸精度、几何公差等。

活塞杆外表面镀硬铬，硬铬覆盖层硬度应大于或等于 800HV0.2，硬铬覆盖层厚度宜在 0.04~0.10mm 之间。

特别提醒，硬铬层对冲击很敏感，即易于被局部锤击、撞击或磕碰等破坏。受到冲击的硬铬层即使没

有立即被破坏，但也可能很快出现大块镀层开裂或剥落，剩余的硬铬层进一步对密封装置或系统以及接触的金属件造成破坏，所以在进行镀后抛光或研磨时一定要保护好活塞杆表面。

采用锤子（小钣金加工锤）敲击修复活塞杆镀硬铬层破损处的工艺方法不推荐使用，因为这种方法不但一定会造成此处（局部）活塞杆外圆失圆，而且可能由此引起镀硬铬层大块开裂或剥落，进而造成活塞杆密封损坏及活塞杆密封处外泄漏。

3.7.2 活塞杆表面铬覆盖层厚度、硬度技术要求问题

有一台 630T 液压机液压缸活塞杆拉伤，导致活塞杆密封处出现外泄漏。去现场查看后，除发现所使用的液压油清洁度有问题外，还认为活塞杆表面镀硬铬层（铬覆盖层）的厚度、硬度有问题，即镀层薄、硬度低。

因一些液压缸制造商不具备检查活塞杆表面镀层厚度和硬度的专业仪器设备，甚至有的电镀厂在活塞杆表面电镀后又对电镀表面进行了抛光，外协电镀后的活塞杆已为成品，所以液压缸制造商只对活塞杆表面电镀质量（如不均匀、发暗、粗糙、起层、剥落或起泡等缺陷）进行检查，而忽视了最基本的镀层厚度和硬度的检验。

现在电镀厂有一种快速镀硬铬的方法，采用此种方法电镀活塞杆表面有问题。

根据本手册提出的活塞杆的技术要求及参考 GB 25974.2—2010 和 JB/T 5082.5—2018《内燃机 气缸套 第 5 部分：钢质镀铬气缸套技术条件》的规定，活塞杆外表面镀硬铬，铬覆盖层硬度应大于或等于 800HV0.2；抛光或研磨前铬覆盖层厚度宜在 0.04～0.10mm 之间，抛光或研磨后铬覆盖层一般应在 0.03～0.05mm 范围内。

对一些伺服液压缸（如高频、短行程往复运动的伺服液压缸等）或一些有特殊要求（如使用环境有特殊要求等）的液压缸，抛光或研磨后的铬覆盖层应该加厚。

铬覆盖层硬度可按 GB/T 9790—1988《金属覆盖层及其他有关覆盖层维氏和努氏显微硬度试验》的规定检验。

注：在 YB/T 017—2017 中规定：镀层硬度检测按照 GB/T 4340.1 执行。

铬覆盖最小（大）层厚度可采用读取镀前后尺寸差的方法获得，或按 GB/T 6462—2005《金属和氧化物覆盖层 厚度测量 显微镜法》、GB/T 4955—2005《金属覆盖层 覆盖层厚度测量 阳极溶解库仑法》、GB/T 31563—2015《金属覆盖层 厚度测量 扫描电镜法》等方法进行测量。

3.8 典型液压缸机械加工工艺和装配工艺

机械加工工艺是根据图样及技术要求等，将各种原材料、半成品通过利用机械力对其进行加工，使其成为符合图样及技术要求的产品的加工方法和过程。

装配工艺是根据图样及技术要求等，将零件或部件进行配合和连接，使之成为符合图样及技术要求的半成品或成品的装配方法和过程。

机械加工工艺和装配工艺一般都需要具体化即文件化、制度化，其常用工艺文件之一——工艺过程卡片，是以工序为单位简要说明产品或零部件的加工（或装配）过程的一种工艺文件，以下机械加工工艺和装配工艺以工艺过程卡片型式给出，但还包括了材料及其热处理，一些表面工程技术，如滚压孔、表面淬火和表面防锈（涂装）等。

为了使机械加工工艺和装配工艺制度化，可制订典型工艺，即根据产品或零件的结构和工艺特性进行分类或分组，对同类或同组的产品或零件制订统一的加工（装配）方法和过程，对液压缸这种产品而言，制订典型工艺非常必要。

注：在 GB/T 4863—2008《机械制造工艺基本术语》中没有"机械加工工艺""装配工艺"这些术语，只有"机械制造工艺"这一术语，即：各种机械的制造方法和过程的总称。

3.8.1 可调行程液压缸机械加工工艺和装配工艺

1. 可调行程液压缸缸零件机械加工工艺

一种液压上动式板料折弯机用可调行程液压缸（见图 3-4），因缸体端盖、活塞端盖、梯形螺纹轴、撞块等机械加工工艺过程在其他液压缸中不具有典型意义，又因涉及梯形螺纹设计与加工精度，所以下面只给出缸体（见图 3-5）、活塞杆（见图 3-7）机械加工工艺过程及梯形螺纹加工工艺，同时省略工艺附图。

在机械加工工艺过程卡片中，因各液压缸制造商的设备可能各种各样，所以只给出了设备名称而没有进一步给出设备型号；同样，因使用的工艺设备也可能是各种各样，所以只给出了专用的、特殊的或必需

的工艺装配而没有进一步给出一般的、通用的或常用的工艺装备。

加工件入库及保管、贮存及运输等工艺要求，不在本卡片范围内。

（1）缸体加工工艺

缸体机械加工工艺过程卡片见表3-60。

（2）活塞杆设计加工工艺

活塞杆机械加工工艺过程卡片见表3-61。

表3-60　缸体机械加工工艺过程卡片

机械加工工艺过程卡片		产品型号	WC67Y-100T		零件图号			
		产品名称	液压缸		零件名称	缸体（右）	共 1 页	第 1 页
材料牌号	45	毛坯种类	锻件	毛坯外形尺寸/mm	256×271×401	每个毛坯可制件数	1	每台件数	1

工序号	工序名称	工序内容	设备	工艺装备
1	锻	按缸体毛坯锻造图锻造，并进行退火或正火处理170~210HBW，且符合锻件图技术要求和相关标准要求		
2	检	按锻件图检查，合格入库		
3	钳	按粗加工图钳工画线，保证外部六面加工余量均匀，且孔在中部		
4	粗铣	粗铣六面达到（244±1）mm×（259±1）mm×（392±1）mm，且标记三个工序基准面	铣床	
5	粗车	车床单动卡盘装夹工件下端，找正。粗车内孔至φ165×390mm	车床	
6	热处理	调质处理28~32HRC，符合技术要求和相关标准要求		
7	检	按粗加工图检查工件硬度及表面质量，硬度应均匀，不得有裂纹、局部缺陷等；注意留存热处理检验单；合格入库		
8	精铣	除长度390mm两端面各留余量1.5mm、两个安装面及卡紧面各留磨平面余量0.5mm外，其余三个面及平面磨削砂轮越程槽精铣到图样尺寸，注意首先选用标记工序基准面定位 注意未注（外形）倒角2×45° 注意安装面及卡紧面的垂直度和平行度要求，其他各面间的垂直度和平行度未注几何公差按K级 如采用数控铣床加工，可使用中心钻对图样上各螺纹口中心钻中心孔，并省略工序16	数控铣床	砂轮越程槽专用铣刀
9	磨平面	平磨两个安装面及卡紧面到图样尺寸，尤其应保证卡紧面宽度尺寸和公差（15±0.02）mm	平面磨床	
10	钳	划上下两端（粗）找正看线		
11	精车	车床单动卡盘（加垫）装夹工件下端，找正。注意按两安装面找正对机床轴线的平行度误差应≤0.04mm，孔中心位置度误差应≤0.10mm 精车除活塞杆密封沟槽之外的内孔各部达到图样要求。其中 M195×3-6Hmm 可采用螺纹量规检查；精车内孔到φ180JS7（±0.020）mm，表面粗糙度值 Ra≤1.6μm，且加工表面不得有任何质量缺陷	车床	工作螺纹量规
12	滚压孔	滚压孔前，工件必须冷却至室温或规定温度才再次进行测量 试滚压头（首件），滚压长度不得超过50mm，滚压后孔尺寸为 φ180H8，表面粗糙度值 Ra≤0.4μm 滚压孔达到 φ180H8，表面粗糙度值 Ra≤0.4μm。可分两次滚压。注意切削液清洁度及冲洗流量 要求滚压后内孔表面有镜面效果或可进一步采用抛光，以适应丁腈橡胶密封圈综合性能要求	车床	多滚柱刚性可调式滚压头

（续）

机械加工工艺过程卡片			产品 型号	WC67Y-100T	零件 图号			
			产品 名称	液压缸	零件 名称	缸体（右）	共 1 页	第 1 页
材料 牌号	45	毛坯 种类	锻件	毛坯外 形尺寸 /mm	256×271×401	每个毛坯 可制件数	1	每台 件数	1

工序 号	工序名称	工序内容	设备	工艺 装备
13	检	检查各部尺寸和公差、几何精度及表面粗糙度等，注意已加工表面尤其是滚压表面的工序间防锈		
14	精车	工件掉头采用车床单动卡盘（加垫和/或加堵）装夹工件上端，找正。也可采用 120°锥端螺纹接盘 注意防止在工件表面留有卡痕和工件被装夹变形 注意只有当 $\phi170.6H9$ 找正误差≤0.01mm，并保证两安装面对机床轴线的平行度误差≤0.02mm 时，方可进行加工 精车下端面及各密封沟槽包括支承环沟槽达到图样要求。注意保证缸体长度（386±0.30）mm 及各处倒圆，尤其沟槽棱圆角半径 $R0.2$mm；沟槽 $\phi185H10\times14^{+0.30}_{0}$，槽底面宜采用油石研磨 未注线性尺寸的公差等级按 m 级，未注倒圆半径的公差等级按 m 级	车床	（数显、带表）内沟槽卡尺或（数显、带表）内卡规
15	检	检查各部尺寸和公差、几何精度及表面粗糙度等，尤其注意检查各处倒角、圆角和倒圆，合格后做短期防锈处理		
16	钳	以基准在平板上划各螺纹孔包括两油口中心线、打样冲眼，并划加工线和看线		0 级铸铁平板
17	钳	在摇臂钻床上按图样钻孔、扩孔、锪孔、倒角、攻螺纹等并达到图样及技术要求，注意锪孔底面表面粗糙度和垂直度要求，去毛刺、清理干净孔内铁屑、杂质 注意各孔加工后不宜再留有划线痕迹，注意不得磕碰、划伤工件表面	摇臂钻床	
18	检	按图样及技术要求检查各部尺寸和公差、几何精度及表面粗糙度等，合格后经防锈处理后入库 必要时除检测内孔表面的 Ra 值外，还可检测 Rz 和 Rmr 或 Pt 值，以便于更为科学地评价活塞密封性能		

标记	处数	更改文件号	签字	日期	设计	审核	标准化	会签	日期

注：1. 上表根据 JB/T 9165.2—1998《工艺规程格式》中格式 9 进行了简化，下同。

　　2. 缸筒加工设备可能是普通数控卧式车床、斜床身液压缸加工专用数控车床或管螺纹车床等；单就缸筒内孔加工而言，如以无缝钢管为毛坯，现在适用于冶金、航空航天、工程机械、石油、煤炭等行业加工内孔的数控刮削滚光机床也普遍采用。

表 3-61　活塞杆机械加工工艺过程卡片

机械加工工艺过程卡片			产品型号	WC67Y-100T		零件图号			
			产品名称	液压缸		零件名称	活塞杆	共 1 页	第 1 页
材料牌号	42GrMo	毛坯种类	锻件	毛坯外形尺寸	$\phi200×337mm$	每个毛坯可制件数	1	每台件数	1
工序号	工序名称	工序内容						设备	工艺装备
1	锻	按活塞杆毛坯锻造图锻造，并进行退火或正火处理 170~210HBW，且符合锻件图技术要求和相关标准要求							
2	检	按锻件图检查，合格入库							
3	粗车	按粗加工图，车床自定心卡盘（卡爪与工件间垫钢丝）装卡 $\phi200mm$ 外圆毛坯右端，按毛坯左端外圆找正；粗车毛坯外圆及端面，粗车密封沟槽，粗车内孔各部，各部留半精车、精车余量为：外圆留余量 3.0mm，端面留余量 1.5mm，沟槽槽底面余量 2.0mm，沟槽侧面留余量 1.5mm，内孔留余量 3.0mm，内孔深度 255mm。 掉头车床自定心卡盘装卡 $\phi180.1$ 外圆（左端），粗车外圆直径及长度达到 $\phi173×300mm$，并平端面及车倒角，保证总长度 320mm 可在粗车 $\phi200mm$ 外圆达到 $\phi180.1mm$ 后使用中心架，并可对活塞密封沟槽不进行粗加工（以下工艺按沟槽不进行粗加工）						车床	中心架
4	热处理	调质处理 28~32HRC，符合技术要求和相关标准要求							
5	检	按粗加工图检查工件硬度及表面质量，硬度应均匀，不得有裂纹、局部缺陷等；注意留存热处理检验单；合格入库							
6	精车	车床自定心卡盘装卡外圆直径 $\phi173mm$ 端，精车外圆直径 $\phi173mm$ 一段为 $\phi172mm$，安装中心架支承该段外圆 半精车活塞外圆到 $\phi177.6mm$。精车活塞杆左端面及内孔各部达到图样尺寸和公差。注意两处 C2 倒角加工，及 M130×3-6Hmm 可采用螺纹量规检查 安装一次性 90° 锥端中心堵，并钻中心堵上中心孔 掉头车床自定心卡盘装卡外圆直径 $\phi177.6mm$ 活塞端，检查 $\phi172mm$ 一段的圆跳动误差 ≤0.01mm，并安装中心架支承该段外圆，平端面，取总长 317^{+1}_{0} mm，钻活塞杆右端面上中心孔，精车 SR70mm 达到图样尺寸 以拨顶方法装夹活塞杆，半精车活塞密封沟槽及活塞杆其他各部，各部留精车、磨外圆余量为：外圆留余量 0.8mm，端面留余量 0.6mm，沟槽槽底面余量 0.8mm，沟槽侧面留余量 0.6mm，注意轴向长度 20mm 角度 20° 的密封件安装导入倒角的加工						车床	中心架一次性 90° 锥端中心堵或可拆卸 90° 锥端中心堵
7	钳	钳工划 2×M16-6H 两螺纹孔中心线、打样冲眼、划加工线及看线							铸铁平板
8	钳	在摇臂钻床上按图样钻孔、倒角、攻螺纹等并达到图样及技术要求，注意去毛刺、清理干净孔内铁屑、杂质 注意各孔加工后不宜再留有划线痕迹，注意不得磕碰、划伤工件表面							摇臂钻床
9	热处理	带一次性 90° 锥端中心堵的活塞杆的 $\phi170.8mm$ 表面和 SR70mm 球面高频感应淬火并回火，硬度 ≥54HRC，硬化层深度不应小于 2mm，注意不得对砂轮磨削越程槽及活塞部分进行高频感应淬火。 热处理时注意保护好两中心孔							

（续）

机械加工工艺过程卡片		产品型号	WC67Y-100T	零件图号			
		产品名称	液压缸	零件名称	活塞杆	共 1 页	第 1 页
材料牌号	42GrMo	毛坯种类	锻件	毛坯外形尺寸	ϕ200×337mm	每个毛坯可制件数	1	每台件数	1

工序号	工序名称	工序内容	设备	工艺装备
10	研中心孔	研磨两中心孔达到图样要求	车床	金刚石研磨顶尖
11	精车	以拨顶方法装夹活塞杆，按图样及技术要求精车活塞密封沟槽、活塞外径、砂轮越程槽（退刀槽）、倒角等各部达到图样及技术要求，注意密封沟槽棱圆角半径和各倒圆处	车床	
12	磨外圆	以拨顶方法装夹活塞杆，将图样上标注的 ϕ170f7（$^{-0.043}_{-0.083}$）mm 磨外圆至 ϕ170d7（$^{-0.145}_{-0.185}$）mm，且尽量磨外圆至下差，表面粗糙度值 Ra 不得高于 $0.8\mu m$，Ra 宜在 $0.4\mu m$ 或以下	外圆磨床	
13	镀硬铬	按图样及技术要求镀硬铬，硬铬覆盖层硬度应大于或等于 800HV0.2，硬铬覆盖层厚度宜在 $0.04\sim0.10$mm 一般硬铬覆盖层留抛光余量在 $0.01\sim0.02$mm		
14	抛光	以拨顶方法装夹活塞杆，抛光活塞杆外圆表面至 ϕ170f-0.043 -0.083，表面粗糙度值 $Ra\leqslant0.4\mu m$；抛光 SR70mm 达到表面粗糙度值 $Ra\leqslant0.4\mu m$；抛光砂轮越程槽（退刀槽）和倒圆处	车床或其他	抛光轮抛光剂
15	检	按图样及技术要求检查除内孔以外的各部尺寸和公差、几何精度及表面粗糙度等 如有问题，必须在未拆下一次性 90°锥端中心堵前返修完毕 注意对抛光后的表面进行几何精度检验		
16	插槽	拆下一次性 90°锥端中心堵，在插床上按图样及技术要求插销导向平键槽，注意装夹及找正，保证键槽的尺寸和公差、几何精度和表面粗糙度 注意去毛刺和棱角倒钝、避免加工件表面的磕碰、划伤	插床	
17	检	按图样及技术要求检查各部尺寸和公差、几何精度及表面粗糙度等，合格后经防锈处理后入库 必要时除检测活塞杆表面的 Ra 值外，还可检测 Rz 和 Rmr 或 Pt 值，以便于更为科学地评价活塞杆密封性能		

标记	处数	更改文件号	签字	日期	设计	审核	标准化	会签	日期

注：1. 一般非空心活塞杆（活塞与活塞杆为一体结构）的毛坯可采用铸件、圆（条）钢，自由锻、楔横轧和锻压镦粗锻件，焊接件其中包括环缝焊、摩擦焊接件等。

2. 加工一般活塞杆的两中心孔的设备可选用双面（铣）钻中心孔专机；抛光活塞杆镀硬铬后外圆设备可选用活塞杆精整抛光（研磨）专机。

（3）梯形螺纹加工工艺

1）梯形螺纹车削方法。

① 螺纹车削进刀方式一般有径向进刀、斜向进刀、轴向进刀、改进斜向进刀、双刃交替进刀等，后

两者主要用于数控加工；采用何种进刀方式，主要考虑材料、螺距、螺纹精度、机床性能等。

② 对于螺距 $P \leqslant 8$ 的梯形螺纹，要采用粗、精车车削，粗车可以采用径向进刀车削，粗车刀比牙形角小 2°，且车至底径；精车可以采用与牙形角相同的成形车刀径向进刀车削，精车也可采用与牙形角相同，但比成形车刀瘦的车刀轴向进刀车削。

③ 车刀牙形角是关键，车刀安装也非常重要；径向进刀车削牙形精度较高，但螺纹表面粗糙度值一般较大；径向进刀可能影响牙形，但可以得到较小表面粗糙度值的螺纹。

④ 在数控车床上双刃交替进刀，两侧刀刃磨损均匀，也可取得较好的牙形和较低的表面粗糙度值，但编程复杂。

2）螺纹车刀。

① 粗车可以采用高速钢单齿平体螺纹车刀，也可采用硬质合金螺纹车刀。

② 精车一般采用硬质合金螺纹成形车刀（机夹螺纹车刀）。

3）车刀安装方式。

① 粗车车刀一般可法向安装，但车削时牙角会产生误差。

② 精车必须采用专用夹具夹持螺纹车刀。

③ 硬质合金车刀要高于 1% 的螺纹外径，高速钢车刀可稍低于工件轴线。

④ 螺纹车刀伸出刀座长度不得超过刀杆截面高度的 1.5 倍。

4）工艺参数选择。梯形螺纹工艺参数可参考表 3-62~表 3-64。

表 3-62　硬质合金车刀车削单线梯形外螺纹径向进刀走刀次数

螺距/ mm	碳素、合金结构钢 6 级螺纹		碳素、合金结构钢 7 级螺纹	
	粗车	精车	粗车	精车
3	5	4~5	5	3
4	6	4~5	6	3
5	7	5~6	7	4
6	8	5~6	8	4
8	10	6~7	10	5

表 3-63　高速钢车刀车削单线梯形外螺纹径向进刀走刀次数

螺距/ mm	碳素结构钢 7 级螺纹		合金结构钢 7 级螺纹	
	粗车	精车	粗车	精车
3	9	6	11	7
4	10	7	12	8
5	11	8	13	9
6	12	9	14	10
8	14	9	17	10

表 3-64　高速钢及硬质合金车刀车削螺纹的切削量

加工材料	硬度 HBW	螺纹直径/ mm	每刀横向进给量/ mm		切削速度/ （m/min）	
			第 1 次走刀	最后 1 次走刀	高速钢车刀	硬质合金车刀
碳素结构钢、合金结构钢、高强度钢、马氏体时效等	100~225	≤25	0.50	0.013	12~15	18~60
		>25	0.50	0.013	12~15	60~90
	225~375	≤25	0.40	0.025	9~12	15~46
		>25	0.40	0.025	12~15	30~60
	375~535	≤25	0.25	0.05	1.5~4.5	12~30
		>25	0.25	0.05	4.5~7.5	24~40

注：高速钢车刀使用 W12Cr4V5Co5（T15）或 W2Mo9Cr4VCo8（M42）等高钒含钴或超硬高速钢。

高速钢车刀车削螺纹时常用切削液可按如下选择：

① 粗车切削液选用 3%~5% 乳化液或 2.5%~10% 极压乳化液。

② 精车切削液选用 10%~20% 乳化液或 10%~15% 极压乳化液或硫化切削油等。

5）丝杠切削。丝杠切削工艺要求如下：

① 被切削的丝杠的毛坯半成品应充分消除内应力，保证内部组织稳定。毛坯可球化退火，硬度为 180~210HBW。

② 被车削的丝杠两端中心孔必须在一条直线上，中心孔在精车前必须研磨，表面粗糙度值 Ra 0.2μm，并和标准顶尖研配时接触面不小于 85%；精车前要精磨外圆，保证外圆圆柱度误差 ≤0.01mm；外圆与跟刀架间隙 ≤0.01mm。

③ 粗车时必须大量浇注乳化液，精车时采用精

车切削液。可以使用 30% 豆油+20% 煤油+50% 高速全损耗系统用油（高速锭子油）。

④ 精车可以选用高钒含钴或超硬高速钢车刀，应该选用细晶粒硬质合金（如 YG6X）成形车刀，且刃磨质量要高，不允许烧伤、刃口有缺口、毛刺，刀刃钝角半径 R 不得大于 0.005mm，刀刃表面粗糙度值 $Ra \leqslant 0.1\mu m$。

⑤ 加工环境整洁、室温恒定。一般加工 7 级精度 1000mm 长的丝杠，温度变化 $\leqslant \pm 1℃$。

⑥ 切削速度。

粗车：高速钢车刀，10m/min；硬质合金车刀 30~50m/min。

半精车：8~10m/min。

精车：切削速度 $\leqslant 1$m/min。

⑦ 切削量。

粗车每次走刀切削量为 0.4mm 左右，精车每次走刀切削量为 0.2mm 左右（与材料及硬度有关），但应逐次减小切削量。

⑧ 刀具几何参数。

精车车刀前角为 0°，侧刃后角为 10°~12°，刀具刃形角取丝杠牙形角公差的 1/4~1/3。

2. 可调行程液压缸装配工艺

（1）准备

1）根据生产任务调度单，领取并进一步熟悉装配图样和相关工艺文件。

2）根据调度单及装配图中的零件明细表领取零件，且领取数量与实际装配所需数量相符。

3）检查各零件质量状况，尤其注意检查密封件型式、规格和尺寸及外观质量，发现问题及时报告。

4）按清洗工艺认真清洗各零件；注意除特殊情况外，密封件不可清洗。

5）检查各零件清洁度并符合标准要求，此为产品质量控制点之一。

6）准备好干净的润滑油和润滑脂，保证不进行干装配。

7）登记装配现场的工艺装备包括工具、低值易耗品明细表，备查。

8）零件干燥后及时装配。

登记时可使用标准格式卡片。

（2）部件装配

1）缸体端盖部件组装。

① 将图 3-4 中防吸附止推垫片 29 通过两个十字槽沉头螺钉 28 拧紧在缸体端盖 30 上，且螺钉沉头面要低于防吸附止推垫片上面 0.5mm 以上，与梯形螺纹轴 20 进行试装；在用涂色法检验时，其接触面积

在长度上不少于 70%，在宽度上不少于 50%。

如达不到上述要求，则需采用修配法装配。

② 采用修配法试装配调隙垫片 15，在安装了卡键 16 和孔用弹性挡圈 23 等后，保证梯形螺纹轴 20 在规定的静载荷作用下，轴向窜动量 $\leqslant 0.04$mm。

③ 通过梯形螺纹轴 20 上扳杠孔采用扳杠手动旋转梯形螺纹轴 20，运动应平稳、灵活、无卡滞和阻力不均现象。

④ 包括密封件在内的缸体端盖部件组装。

该组装应注意以下几点：

a. 为了十字槽沉头螺钉 28 防松，可以使用可拆卸螺纹紧固胶，但应严格按照胶粘剂工艺要求和使用方法使用，并保证足够的固化时间。

b. 采用修配法装配调隙垫片 15 和防吸附止推垫片 29 时，如需磨平面，则每次都必须退磁。

c. 密封件保证挡圈和支承环等应严格按照密封件技术要求进行装配。

d. 组装时注意保护各零件不得磕碰、划伤，注意保证清洁度。

2）活塞杆部件组装。

① 将导向 A 型平键 6 通过两个开槽圆柱头螺钉 5 拧紧在撞块（梯形螺母）7 上，并将其键与键槽相配预置在活塞杆 9 带键槽内孔中。注意撞块上标志，保证淬火面朝上。

② 将活塞杆 9 通过两 M16 螺钉固定在安装平台上。将活塞端盖 11 与活塞杆（与活塞为一体结构）9 旋合、拧紧，拧紧力矩由工艺试验取得，保证在静载试验时两件接触面间不能出现间隙，亦即应有剩余预紧力，具体可使用 0.05mm 塞尺进行检查，允许塞尺塞入深度不大于接触面宽度的 1/4，接触面间可塞入塞尺的部位累计长度不大于周长的 1/10。如采用 45 钢制造活塞杆，则此处连接只能是松连接，且用于防松（防转）内六角圆柱头螺钉Ⅲ可能断裂。

③ 配作防松螺钉孔，拧紧内六角圆柱头螺钉Ⅲ，且可使用可拆卸螺纹紧固胶，要求同上。

④ 装配活塞密封件，要求同上。

3）减速机部件组装。按装配图 3-4 所示，将减速箱安装法兰压套 26 套装在减速机安装法兰 22 上后，采用八个 M8 内六角圆柱头螺钉Ⅰ17 及弹性垫圈将减速机安装法兰 22 和 NRV 蜗轮蜗杆减速机 19 连接，注意应使用扭力扳手，保证扭矩为 25.4 N·m，且均匀一致。

（3）总装

1）在缸体 8 上安装活塞杆密封件，要求同时吊装缸体 8，利用其侧面 8×M20 螺钉孔将其安装、紧固

在安装平台上。注意其下面应有≥170mm 的空间。

2）使用缸体端盖上 4×M12 螺钉孔安装吊环螺钉将缸体端盖部装吊装起来，将梯形螺纹轴 20 下端准确插入活塞缸盖 11 孔内，在缓慢下放过程中，不断通过梯形螺纹轴 20 上扳杠孔采用扳杠正旋（顺时针旋转），直至梯形螺纹轴 20 与撞块（梯形螺母）7 接触、旋合 10 扣以上为止。

在吊装状态下，将活塞杆部件与安装平台拆开，并轻轻放置，解除吊具。

3）通过梯形螺纹轴 20 上扳杠孔吊装缸体端盖部装和活塞杆部装，将活塞杆准确、慢放入缸体 8 内孔，并不断正旋缸体端盖 30 直至与缸体 8 旋合。

解除吊具，通过梯形螺纹轴 20 上扳杠孔采用扳杠手动旋转梯形螺纹轴 20，运动应平稳、灵活、无卡滞和阻力不均现象。

采用四个吊环螺钉，通过双扳杠将缸体端盖 30 与缸体 8 拧紧，拧紧力矩通过工艺试验取得，保证在静载试验时两件接触面间不能出现间隙，亦即应有剩余预紧力，具体检查方法同上。

缸体端盖 30 与缸体 8 拧紧后，重复上述运动检验。

4）拆下四个吊环螺钉，梯形螺纹轴 20 上安装普通 A 型平键 21，将减速机部件安装在缸体 30 上，调整减速机方向（在主机上安装时可能需二次调整），采用八个 M8 六角头螺栓 24 连接紧固，注意应使用扭力扳手，要求同上。

5）使用扭力扳手正反向旋转减速机输入轴 18，其力矩应≤(15 ± 0.5)N·m，且运动应平稳、灵活、无卡滞和阻力不均现象。

6）所有油口盖以耐油防尘盖，保护好安装面和连接面及螺钉孔。

7）清点装配用工具、工艺装备、低值易耗品等，不允许有图样和技术文件中没有的垫片及其他物品安装在或装入液压缸的部装或总装中，保证没有漏装零件。

8）根据生产实际情况，液压缸外表涂装及标牌安装可在液压试验后进行。

3.8.2 电液伺服控制液压缸机械加工工艺和装配工艺

1. 电液伺服控制液压缸主要缸零件的加工工艺

两种电液伺服控制液压缸（见图 4-60 和图 4-61），因缸体、活塞杆机械加工工艺过程在电液伺服液压缸中有典型意义，所以下面只给出缸体、活塞杆机械加工工艺过程，同时省略了工艺附图。

在机械加工工艺过程卡片中，因各电液伺服液压缸制造商的设备可能各种各样，所以只给出了设备名称而没有进一步给出设备型号；同样，因使用的工艺设备也可能是各种各样，所以只给出了专用的、特殊的或必需的工艺装备，而没有进一步给出一般的、通用的或常用的工艺装备。

加工件入库及保管、贮存及运输等工艺要求，不在本卡片范围内。

（1）缸体加工工艺

1）缸体的结构型式和技术要求。图 3-12 所示为一种常见的双出杆（等速）伺服液压缸中活塞杆采用动静压支承结构的缸体结构型式。

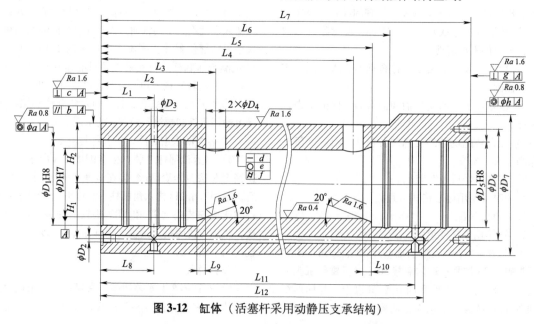

图 3-12 缸体（活塞杆采用动静压支承结构）

注：一些尺寸在图样中并未全部注出。

缸体一般技术要求如下：

① 粗加工后进行调质，要求硬度达到 28~32HRC。

② 除沟槽外，其他棱角倒钝，去净毛刺。

③ 各面不得留有卡痕，不得有磕碰、划伤，注意工序间防锈。

④ 根据用户要求进行表面涂装或前处理。

⑤ 缸体应在 21MPa 压力下进行（静压）耐压试验，出厂试验保压 10s。

⑥ 成品未涂装表面涂防锈油后垂直封存，注意保护好各面。

⑦ 线性和角度尺寸未注公差按 GB/T 1804-m。

⑧ 几何公差未注公差按 GB/T 1184-K。

⑨ 留存材质单、热处理检验单、镀层检验单。

2）缸体机械加工工艺。缸体机械加工工艺过程卡片见表 3-65。

表 3-65　缸体机械加工工艺过程卡片

机械加工工艺过程卡片			产品型号		零件图号				
			产品名称	伺服液压缸	零件名称	缸体	共 1 页	第 1 页	
材料牌号	45	毛坯种类	锻件	毛坯外形尺寸		每个毛坯可制件数	1	每台件数	1
工序号	工序名称	工序内容						设备	工艺装备
1	锻	按缸体毛坯锻造图锻造，并进行退火或正火处理 170~210HBW，且符合锻件图技术要求和相关标准要求							
2	检	按锻件图检查，合格入库							
3	粗车	车床单动卡盘装夹工件一端，找正；按粗加工图粗车外圆、内孔及一端面；掉头取总长，留够余量						车床	
4	热处理	调质处理 28~32HRC，符合技术要求和相关标准要求							
5	检	按粗加工图检查工件硬度及表面质量，硬度应均匀，不得有裂纹、局部缺陷等；注意留存热处理检验单；合格入库							
6	精车	车床自定心卡盘装卡毛坯左端内孔，车毛坯右端内孔一段，用于安装中心堵安装中心堵后，半精车、精车外圆及右端面达到图样要求 车床自定心卡盘装卡已精加工右端外圆，使用中心架，半精车、精车 ϕD_1、ϕD 内孔各部及端面，ϕD_1、ϕD 留够精加工余量 掉头车床自定心卡盘装卡已精加工左端外圆，使用中心架，半精车、精车 ϕD_5 内孔各部，ϕD_5 留够精加工余量 待缸体冷却至室温后，精车 ϕD 内孔，留珩磨量						车床	中心架
7	珩磨	珩磨 ϕD 内孔达到图样要求，注意防止磕碰、划伤						珩磨机	
8	检	检查 $\phi DH7$ 内孔尺寸和公差、几何精度及表面粗糙度等，注意已加工表面尤其是珩磨表面的工序间防锈							
9	精车	采用定心夹紧芯轴装夹缸体，精车 ϕD_1、ϕD_5 内孔达到图样要求						车床	定心夹紧芯轴
10	检	检查各部尺寸和公差、几何精度及表面粗糙度等，尤其注意检查各处倒角、圆角和倒圆，合格后做短期防锈处理							
11	精铣	按图样铣缸体上平面，保证 H_2 尺寸并达到几何精度、表面粗糙度要求						（数控）铣床	

(续)

机械加工工艺过程卡片				产品型号		零件图号			
				产品名称	伺服液压缸	零件名称	缸体	共1页	第1页
材料牌号	45	毛坯种类	锻件	毛坯外形尺寸		每个毛坯可制件数	1	每台件数	1
工序号	工序名称	工序内容						设备	工艺装备
12	钳	根据图样在平板上划各孔中心线、打样冲眼,并划加工线和看线							0级铸铁平板
13	钳	在摇臂钻床上按图样钻孔、扩孔、锪孔、倒角、攻螺纹等并达到图样及技术要求,注意锪孔底面表面粗糙度和垂直度要求,去毛刺、清理干净孔内铁屑、杂质 注意各孔加工后不宜再留有划线痕迹,注意不得磕碰、划伤工件表面						摇臂钻床	
14	检	按图样及技术要求检查各部尺寸和公差、几何精度及表面粗糙度等,合格后经防锈处理后入库							
标记	处数	更改文件号	签字	日期		设计	审核	标准化	会签	日期

注:1. 上表根据 JB/T 9165.2—1998《工艺规程格式》中格式9进行了简化,下同。

2. 缸体内孔珩磨后宜进行抛光,尤其对采用 PTEF(或加填充料)同轴密封件的;也可采用滚压孔(滚光)加抛光工艺加工。

3. 缸筒加工设备可能是普通数控卧式车床、斜床身液压缸加工专用数控车床或管螺纹车床等。

(2)活塞杆设计加工工艺

1)双杆活塞杆的结构型式和技术要求。图 3-13

所示为一种常见的双出杆(等速)伺服液压缸中双杆活塞杆(与活塞一体结构)的结构型式。

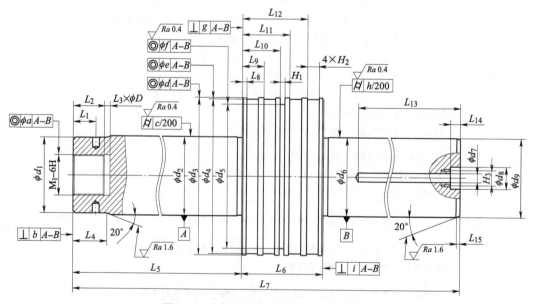

图 3-13 双杆活塞杆(与活塞一体结构)

注：一些尺寸在图样中并未全部注出。

与活塞一体结构的双杆活塞杆的一般技术要求如下：

① 粗加工后进行调质，要求硬度达到 28~32HRC。

② 除沟槽外，其他棱角倒钝，去净毛刺。

③ 各密封沟槽包括支承环槽边棱、槽底圆角按所选密封件制造商要求。

④ ϕd_2 和 ϕd_6 表面高频感应淬火，硬化层深度 2.0~2.5mm，硬度（回火后）52~57HRC。

⑤ ϕd_2 和 ϕd_6 表面镀硬铬，镀层厚0.03~0.05mm。

⑥ 各面不得留有卡痕，不得有磕碰、划伤，注意工序间防锈。

⑦ 成品未进行铬层覆盖的表面涂防锈油后垂直封存，注意保护好各面。

⑧ 线性和角度尺寸未注公差按 GB/T 1804-m。

⑨ 几何公差未注公差按 GB/T 1184-K。

⑩ 留存材质单、热处理检验单、镀层检验单。

2）双杆活塞杆机械加工工艺。双杆活塞杆机械加工工艺过程卡片见表3-66。

表 3-66　双杆活塞杆机械加工工艺过程卡片

机械加工工艺过程卡片			产品型号		零件图号			
			产品名称	伺服液压缸	零件名称	活塞杆	共 1 页	第 1 页
材料牌号	42GrMo	毛坯种类	锻件	毛坯外形尺寸	每个毛坯可制件数	1	每台件数	1
工序号	工序名称	工序内容					设备	工艺装备
1	锻	按活塞杆毛坯锻造图锻造，并进行退火或正火处理 170~210HBW，且符合锻件图技术要求和相关标准要求						
2	检	按锻件图检查，合格入库						
3	粗车	按粗加工图，车床自定心卡盘（卡爪与工件间垫钢丝）装卡毛坯右端外圆，按毛坯左端外圆找正；粗车活塞毛坯外圆、左活塞杆毛坯外圆及端面、粗车密封沟槽，粗车内孔，各部留半精车、精车余量 掉头车床自定心卡盘装卡左端已粗车外圆，粗车右活塞杆外圆直径及取长度，各部留半精车、精车余量 可在粗车活塞外圆后使用中心架，并可对活塞密封沟槽不进行粗加工（以下工艺按沟槽不进行粗加工）					车床	中心架
4	热处理	调质处理 28~32HRC，符合技术要求和相关标准要求						
5	检	按粗加工图检查工件硬度及表面质量，硬度应均匀，不得有裂纹、局部缺陷等；注意留存热处理检验单；合格入库						
6	精车	车床自定心卡盘装卡右端外圆直径，从左端开始精车一段左活塞杆外圆直径，安装中心架支承该段活塞杆外圆 精车左活塞杆端内螺纹 M_1-6H 及端面等达到图样要求 安装一次性带螺纹中心堵，并钻带螺纹中心堵上中心孔 撤掉中心架，以夹顶方法装夹活塞杆，将左活塞杆端 ϕd_1 及 20°角等按图样加工完毕 掉头车床自定心卡盘装卡左端已精车外圆，精车一段右活塞杆外圆直径，安装中心架支承该段活塞杆外圆 精车右活塞杆端内孔各部达到图样要求 注意取总长及螺纹应采用螺纹量规检查					车床	中心架 一次性带螺纹中心堵 螺纹量规

（续）

机械加工工艺过程卡片				产品型号		零件图号			
				产品名称	伺服液压缸	零件名称	活塞杆	共1页	第1页
材料牌号	42GrMo	毛坯种类	锻件	毛坯外形尺寸		每个毛坯可制件数	1	每台件数	1
工序号	工序名称	工序内容						设备	工艺装备
7	钳	钳工划右活塞杆端四个螺纹孔中心线、打样冲眼、划加工线及看线 钳工划左活塞杆端外圆上四孔中心线、打样冲眼、划加工线及看线							分度头
8	钳	在摇臂钻床上按图样钻孔、倒角、攻螺纹等并达到图样及技术要求，注意去毛刺、清理干净孔内铁屑、杂质 注意各孔加工后不宜再留有划线痕迹，注意不得磕碰、划伤工件表面							摇臂钻床
9	半精车	车床自定心卡盘装卡左端已精车外圆 安装一次性法兰中心堵，并钻法兰中心堵上中心孔 以拨顶方法装夹活塞杆，半精车左活塞杆、活塞、右活塞杆外圆及活塞端面，留精车、磨外圆余量						车床	一次性法兰中心堵
10	热处理	带一次性中心堵的活塞杆的 ϕd_2 和 ϕd_6 表面高频感应淬火，硬化层深度 2.0～2.5mm，硬度（回火后）52～57HRC 注意不得对砂轮磨削越程槽及活塞部分进行高频感应淬火 热处理时注意保护好两中心孔							
11	研中心孔	研磨两中心孔达到图样要求						车床	金刚石研磨顶尖
12	精车	以拨顶方法装夹活塞杆，按图样及技术要求精车活塞密封沟槽、活塞外径、砂轮越程槽（退刀槽）、倒角等各部达到图样及技术要求，注意密封沟槽棱圆角半径和各倒圆处							车床
13	磨外圆	以拨顶方法装夹活塞杆，按图样上左、右活塞杆尺寸磨削活塞杆外圆，且单边留（多磨下）0.03～0.05mm 电镀层厚度（尽量磨下 0.05mm），表面粗糙度值 Ra 不得高于 0.32μm，Ra 宜在 0.2μm 或以下							外圆磨床
14	镀硬铬	按图样及技术要求镀硬铬，硬铬覆盖层硬度应大于或等于 800HV0.2，硬铬覆盖层厚度宜在 0.05～0.10mm 一般硬铬覆盖层留抛光余量在 0.01～0.03mm							
15	抛光	以拨顶方法装夹活塞杆，抛光活塞杆外圆表面至图样要求尺寸，表面粗糙度值 $Ra \leqslant 0.4$μm；及抛光砂轮越程槽（退刀槽）和倒圆处						车床或其他	抛光轮抛光剂
16	检	按图样及技术要求检查除内孔以外的各部尺寸和公差、几何精度及表面粗糙度等 如有问题，必须在未拆下一次性中心堵前返修完毕 注意对抛光后的表面进行几何精度检验							
17	检	按图样及技术要求检查各部尺寸和公差、几何精度及表面粗糙度等，合格后经防锈处理后入库 必要时除检测活塞杆表面的 Ra 值外，还可检测 Rz 和 Rmr 或 Pt 值，以便于更为科学地评价活塞杆密封性能							
标记	处数	更改文件号	签字	日期	设计	审核	标准化	会签	日期

注：1. 一般非空心活塞杆（活塞与活塞杆为一体结构）的毛坯可采用圆（条）钢，自由锻、楔横轧和锻压镦粗锻件等。
    2. 加工一般活塞杆的两中心孔的设备可选用双面（铣）钻中心孔专机；抛光活塞杆镀硬铬外圆设备可选用活塞杆精整抛光（研磨）专机。

2. 电液伺服控制液压缸的装配工艺

在 QJ 2478—1993《电液伺服机构及其组件装配、试验规范》中的环境要求、污染控制要求、防锈要求等一般都适用于电液伺服液压缸。

以图 4-59 所示带外置式位移传感器的等速伺服液压缸Ⅰ（外部供油活塞杆静压支承结构）为例，伺服液压缸装配工艺过程卡片见表 3-67。

表 3-67　伺服液压缸装配工艺过程卡片

机械加工工艺过程卡片		产品型号		零件图号			
		产品名称	伺服液压缸	零件名称		共 1 页	第 1 页
工序号	工序名称	工序内容				设备及工艺装备	辅助材料
1	准备	1）根据生产任务调度单，领取并进一步熟悉装配图样和相关工艺文件 2）根据调度单及装配图中的零件明细表领取零件，且领取数量与实际装配所需数量相符 3）检查各零件质量状况，尤其注意检查密封件型式、规格和尺寸及外观质量，发现问题及时报告 4）按清洗工艺认真清洗各零件；注意除特殊情况外，密封件不可清洗 5）检查各零件清洁度并符合标准要求，此为产品质量控制点之一 6）准备好干净的润滑油和润滑脂，保证不进行干装配 7）登记装配现场的工艺装备包括工具、低值易耗品明细表，备查 8）零件干燥后及时装配					
2	部件装配	在未安装密封件前提下，将以下零部件进行部件装配，以检查它们之间的配合是否符合图样及技术要求 1）直线位移传感器及组件 1 与左活塞杆 11 端部 2）左静压支承结构件 7 与缸体 9 左端部 3）左静压支承结构件 7 与左活塞杆 11 4）缸体 9 与活塞 13 5）缸体 9 右端部与右静压支承结构件 17 6）右静压支承结构件 17 与右活塞杆 21 7）前法兰 3 和保护罩（与后端盖一体结构）22 安装后的轴向游隙情况					
3	总装	1）将固定小孔阻尼器 6、16 与左、右静压支承结构件 7、17 组装 2）根据密封件安装工艺安装各密封圈包括支承环，并涂覆适量润滑油（脂） 3）在缸体 9 内孔涂覆适量润滑油（脂）后，将活塞（与活塞杆一体结构）13 与缸体 9 进行装配，手动推拉进行检查 4）将左静压支承结构件 7 和右静压支承结构件 17 与缸体 9 和活塞 13 装配 5）根据装配技术要求和规定的螺钉拧紧力矩，将前法兰 3 和保护罩（与后端盖一体结构）22 与缸体 9 连接 6）先将油路块（伺服阀安装座）10、硬管 12 和硬管直角接头 15 以及它们之间的密封件安装好，然后一起安装在缸体 9 上，注意装配技术要求和规定的螺钉拧紧力矩 7）将直线位移传感器及组件 1 和外置直线位移传感器安装好 8）将其他件安装好，如消音器 23、吊环螺钉、液压蓄能器、油堵、接头、油路块密封封尘板、各油口密封防尘堵等					
4	检查	1）除标牌外，该液压缸所有零部件应安装完毕 2）检查工具、低值易耗品等，不得缺少；检查零部件是否存在多余情况 3）产品表面是否有磕碰、划伤，以及锈蚀等问题 4）按技术要求检查液压蓄能器充气压力 5）经编号后，准备进行出厂试验					
标记	处数	更改文件号	签字	日期	设计	审核	标准化
						会签	日期

注：上表根据 JB/T 9165.2—1998《工艺规程格式》中格式 23 进行了简化。

3.9 液压缸设计与制造禁忌

液压缸设计与制造禁忌是指在液压缸的广义制造中，使用不应（或不得、不准许）、不宜（或不推荐、不建议）、不必（或无须、不需要）、不能（或不能够）、不可能（或没有可能）等所表述的禁止、危险、不赞成、不允许、不能够或没有可能的形式、行为、方法、步骤、能力、性能或效果。禁忌的行为或事物实质是对液压缸各项相关标准中所包含的相关要素要求、验证方法、规则、规程或指南中的规定、推荐或建议的违背。

在 GB/T 3766—2015 附录 A 中列出的重大危险，只要适合的且可能造成的，皆为液压缸设计、制造、安装和维护禁忌。

3.9.1 液压缸设计选型禁忌

因为液压缸是提供线性运动的液压执行元件，所以机器的往复直线运动直接采用液压缸来实现是最为简单、方便的。

液压缸类型的选定是液压缸设计计算的前提条件之一。首先应确定是选用双作用活塞缸，还是单作用活塞缸、柱塞缸、单或双作用伸缩式套筒液压缸或是其他类型液压缸。

液压缸的设计选型需要考虑的因素很多，如需往复运动速度相同，则选用双（出）杆缸较为容易实现；如需缸回程速度大于缸进程速度，则选用单活塞杆活塞缸较为合适；如只需要单向驱动外部负载，且可靠外力回程，则可选用柱塞；如需驱动负载旋转，还可选摆动式液压缸（组合式液压缸）等。

以柱塞缸设计选型为例，因为柱塞缸通常只有一个油口，故只能驱动阻力载荷，不能靠液压力回程。即柱塞缸只能在回程有外力（如重力、超越负载或有回程缸）的场合使用，否则不能回程。此外，柱塞缸不宜水平放置，由于只能承受压力，从刚度角度考虑，活塞杆直径都较大，同时其径向支承点也与活塞缸有所不同，导致柱塞缸一般体积、质量都比较大。若水平安装，活塞杆易压在某一边，造成导向套和密封圈单向磨损。若确有必要水平安装，则需设置柱塞托架，以防止柱塞下垂，引起弯曲和增大初始挠曲而产生卡死。

液压缸选型应首先在标准液压缸中选择。现在有标准的液压缸分别为冶金设备用液压缸、自卸（低速）汽车液压缸、船用（往复式）液压缸、船用舱口盖液压缸、船用数字液压缸、伺服液压缸（地方标准规定的）、农用双作用液压缸、拖拉机转向液压缸、大型液压缸、采掘机械用液压缸、煤矿用液压支架立柱和千斤顶等。

在产品标准范围内的，禁忌设计、选用非标液压缸；没有产品标准的，也要禁忌不按 JB/T 10205—2010 设计与选用。

有的文献推荐双活塞杆缸用于要求往复运动速度相同的场合是不妥当的。另外，若以对称电液伺服阀选择控制非对称伺服液压缸（差动缸），则伺服液压缸只能承受压力，而不能承受拉力，且可能产生压力失控、气蚀和压力冲击等现象。

液压缸标准系列产品概览见表 3-68。

液压缸标准系列见表 3-69。

液压缸的标准系列与产品见表 3-70。

表 3-68　液压缸标准系列产品概览

标准系列	轻型拉杆缸	工程	车辆用	冶金机械用	重载	说明
额定压力/MPa	3.5～21	16	14～16	10～25	25～35	各系列液压缸产品的具体型号、技术规格及其外形安装尺寸等可以从产品样本或手册中查到
缸筒内径/mm	32～250	40～320	40～320	40～400	40～320	

注：该表摘录于张利平编著的《液压传动系统设计与使用》。

表 3-69　液压缸标准系列

类别	参　数				
	缸径/mm	活塞杆直径/mm	压力/MPa	行程/mm	安装和连接
HSG 型工程液压缸	40～250	20～180	工作压力 16	最大行程 500～4000	1）活塞杆端为外螺纹 2）活塞杆端为外螺杆头耳环连接 3）活塞杆端为内螺纹 4）活塞杆端为内螺纹，杆头耳环连接 5）L—缸盖连接形式为外螺纹连接 6）K—缸盖连接形式为内卡键连接 7）F—缸盖连接形式为法兰连接

（续）

类别	参　数				
	缸径/mm	活塞杆直径/mm	压力/MPa	行程/mm	安装和连接
YHG1 型冶金设备标准液压缸	40~320	22~220	16、25	未给出	1) J—基本型 2) F_1—头部长方法兰（用于缸径 $D \leqslant$ 125mm） 3) F_2—尾部长方法兰（用于缸径 $D \leqslant$ 125mm） 4) F_3—头部圆法兰 5) F_4—尾部圆法兰 6) F_5—头部方法兰（用于缸径 $D \leqslant$ 125mm） 7) F_6—尾部方法兰（用于缸径 $D \leqslant$ 125mm） 8) E—尾部单耳环 9) Z_1—头部销轴（用于缸径 $D \leqslant$ 100mm） 10) Z_2—中间销轴 11) Z_3—尾部销轴 12) J_1—轴向脚架
ZQ 型重型冶金设备液压缸	40~320	22~220	以推力、拉力形式给出	许用最大行程 S_1、S_2 型 　　40~2215 B_1 型 　　200~4000 B_2 型 　　135~3270 B_3 型 　　80~3270 G、F_1 型 　　450~7635 F_2 　　120~3445	1) S_1：装关节轴承的尾部悬挂式 2) S_2：装滑动轴承的尾部悬挂式 3) B_1：头部摆动式 4) B_2：中间摆动式 5) B_3：尾部摆动式 6) G：脚架固定式 7) F_1：头部法兰固定式 8) F_2：尾部法兰固定式
JB 系列冶金设备液压缸	50~250	28~140	6.3、10、16	G 　　1000~4750 B 　　630~3200 S 　　400~2500 T 　　1000~4700 W 　　450~2800	1) G：脚架固定式 2) B：中间摆动式 3) S：尾部悬挂式 4) T：头部法兰式 5) W：尾部法兰式
YG 型液压缸	40~320	22~220	16、25、32	未给出	1) R_{CD}—耳环（带关节轴承）连接式 2) R_G—耳环（带衬套）连接式 3) Z—中间铰轴式 4) D—地脚连接式 5) Q—前法兰连接式 6) H—后法兰连接式 7) S—双出杆式

（续）

类别	参　数				
	缸径/mm	活塞杆直径/mm	压力/MPa	行程/mm	安装和连接
UY 型液压缸	40~400	28~280	10、12.5、16、21、25	未给出	1）WE—尾部耳环式 2）ZB—中部摆动式 3）TB—头部摆动式 4）TF—头部法兰式 5）WF—尾部法兰式 6）JG—脚架式 7）ZBD—中部摆动式等速缸 8）TFD—头部法兰式等速缸 9）JGD—脚架等速缸 10）活塞杆连接方式为 10—外螺纹；11—外螺纹带Ⅰ型杆端耳环；20—内螺纹；22—内螺纹带Ⅱ型杆端耳环
DG 型车辆液压缸	40~320	22~180	16	最大行程 1500~8000	1）中间法兰安装型 2）头部法兰安装型 3）底部法兰安装型 4）中间铰轴安装型 5）带关节轴承耳环安装连接型 6）带液压锁耳环安装连接型
G※型液压缸	GG※1型 80~200 GHF1型 80~320	GG※1型 45~140 GHF1型 50~180	25、31.5	未给出	1）L—缸盖连接方式为螺纹式 2）K—缸盖连接方式为卡键式 3）F—缸盖连接方式为法兰式
重载液压缸〔CD（差动缸）型单活塞杆双作用缸〕〔CG（等速缸）型双活塞杆双作用缸〕	40~320	20~220	25、35	未给出	1）A—缸底滑动轴承 2）B—缸底球铰轴承 3）C—缸头法兰 4）D—缸底法兰 5）E—中间耳轴安装 6）F—底座安装
轻型拉杆式液压缸	32~250	18~140	未给出	未给出	1）LA—切向底座 2）LB—轴向底座 3）FA、FY—杆侧长方法兰 4）FB、FZ—底侧长方法兰 5）FC—杆侧方法兰 6）FD—底侧方法兰 7）CA—后端单耳环 8）CB—后端双耳环 9）TA—前端耳轴 10）TC—中部耳轴 11）SD—基本型 注：FA、FB 仅限于 7MPa 用；FY、FZ 仅限于 14MPa 用
带接近开关的拉杆式液压缸	32~100	未给出	额定压力 7~14	未给出	安装型式同拉杆式液压缸

（续）

类别	参　数				
	缸径/mm	活塞杆直径/mm	压力/MPa	行程/mm	安装和连接
伸缩式套筒液压缸	QTG 型最大套筒（第一节）外径 140~220 TGI 型 60~110	—	额定压力 16 最高压力 20	总行程 QTG 型 4×140~4×320 或 5×160~4×250 TGI 型 2×250~3×340	安装和连接型式为活塞杆端球头、缸体耳轴
传感器内置式液压缸	40~320	未给出	最低启动压力 0.2 额定压力 25 最高工作压力 37.5	A、B 型许用行程 A 种活塞杆 40~1710 B 种活塞杆 225~2215 C 型许用行程 A 种活塞杆 445~6205 B 种活塞杆 965~7635 D 型许用行程 A 种活塞杆 120~2730 B 种活塞杆 380~3445 E 型许用行程 A 种活塞杆 445~6205 B 种活塞杆 965~7635 F 型许用行程 A 种活塞杆 135~2600 B 种活塞杆 380~3270	1）A 型—后端耳环 2）B 型—后端球铰耳环 3）C 型—前端法兰 4）D 型—后端法兰 5）E 型—中间耳轴 6）F 型—脚架

注：该表摘自参考文献 [54]。

表 3-70　液压缸的标准系列与产品

类别	参　数				
	缸径 /mm	活塞杆直径 /mm	压力 /MPa	行程 /mm	安装和连接
HSG 型工程用液压缸	40~250	20~180	额定工作压力 16	最大行程 320~3000	1）1—缸盖耳环带衬套 2）2—缸盖耳环带关节轴承 3）3—耳轴（用于 $D > \phi 80mm$） 4）4—端部法兰（用于 $D > \phi 80mm$） 5）5—中部法兰（用于 $D > \phi 80mm$） 6）缸盖连接方式为 L—外螺纹连接、K—内卡键、F—法兰连接 7）活塞杆连接方式有 9 种（省略）

（续）

类别	参数				
	缸径 /mm	活塞杆直径 /mm	压力 /MPa	行程 /mm	安装和连接
DG 型车辆用液压缸	40~200	22~110	工作压力 8~16	最大行程 1200~2000	1) E1、E2—单、双耳环安装方式 2) H1、H2—前后、左右脚架安装方式 3) F1、F2—前、后圆法兰安装方式 4) F3、F4—前、后方法兰安装方式 5) Z1、Z2、Z3—前、中、后耳轴 6) 活塞杆连接方式为 L—螺纹；E—耳环；Q—球铰
UY 型液压缸（JB/ZQ 4181—2006）	40~400	28~280	10、12.5、16、21、25	ZB 型允许行程和最大可行程见参考文献 [99] 中表 21-6-48 WE 型允许行程和最大可行程见参考文献 [99] 中表 21-6-49 TF 型允许行程和最大可行程见参考文献 [99] 中表 21-6-50 WF 型允许行程和最大可行程见参考文献 [99] 中表 21-6-51 JG 型允许行程和最大可行程见参考文献 [99] 中表 21-6-52	1) WE—尾部耳环式 2) ZB—中部摆动式 3) TB—头部摆动式 4) TF—头部法兰式 5) WF—尾部法兰式 6) JG—脚架固定式 7) ZBD—中部摆动式等速缸 8) TFD—头部法兰式等速缸 9) JGD—脚架固定式等速缸 10) 活塞杆连接方式为 10—外螺纹；11—外螺纹带 I 型杆端耳环；20—内螺纹；22—内螺纹带 II 型杆端耳环
重载液压缸（CD 型单活塞杆双作用差动缸）（CG 型双活塞杆双作用等速缸）	40~320	20~220	25、35	可达到的最大行程 液压内径为 40 时 2000 液压内径为 50 时 3000 液压内径为 63 时 4000 液压内径为 80 时 6000 液压内径为 90~125 时 8000 液压内径为 140~320 时 10000	1) A—缸底衬套耳环 2) B—缸底球铰耳环 3) C—缸头法兰 4) D—缸底法兰 5) E—中间耳轴 6) F—切向底座

（续）

类别	参　数				
	缸径 /mm	活塞杆直径 /mm	压力 /MPa	行程 /mm	安装和连接
带位移传感器的 CD/CG250 系列 液压缸	40~320	按 CD/ CG250 系列 重载液压缸	最低启动 压力 0.2 额定压力 25 最高工作 压力 37.5	A、B 型的许用行程 A 种活塞杆 40~1710 B 种活塞杆 225~2215 C 型的许用行程 A 种活塞杆 445~6205 B 种活塞杆 965~7635 D 型的许用行程 A 种活塞杆 120~2730 B 种活塞杆 380~3445 E 型的许用行程 A 种活塞杆 445~6205 B 种活塞杆 965~7635 F 型的许用行程 A 种活塞杆 135~2600 B 种活塞杆 380~3270	1）A—缸底衬套耳环 2）B—缸底球铰耳环 3）C—缸头法兰 4）D—缸底法兰 5）E—中间耳轴 6）F—切向底座
C25、D25 系列 高压重型液压缸	40~400	22~280	最大工作 压力 25	C25WE 型的最大允 许行程见参考文献 [99] 中表 21-6-85 C25TF 型的最大允 许行程见参考文献 [99] 中表 21-6-86 C25WF 型的最大允 许行程见参考文献 [99] 中表 21-6-87 C25ZB 型的最大允 许行程见参考文献 [99] 中表 21-6-88 C25JG 型的最大允 许行程见参考文献 [99] 中表 21-6-89	1）WE—尾部耳环式 2）TF—头部法兰式 3）WF—尾部法兰式 4）ZB—中部摆轴式 5）JG—脚架固定式

（续）

类别	参数				
	缸径 /mm	活塞杆直径 /mm	压力 /MPa	行程 /mm	安装和连接
CDH2/CGH2 系列液压缸	50～500	32～360	公称压力 25 静压检验压力 37.5	行程可至 6000	CDH2 安装方式 1）缸底平吊环 2）缸底铰吊环 3）缸底圆法兰 CDH2/CGH2 安装方式 1）缸头圆法兰 2）中间耳轴 3）底座
轻型拉杆式 液压缸	32～250	强力型 （B） 18～140 标准型 （C） 18～112	额定工作压力 7、14 最高允许压力 10.5、21 耐压力 10.5、21 最低启动压力 ≤0.3	未给出	1）LA—切向地脚 2）LB—轴向地脚 3）FA、FY—杆侧长方法兰 4）FB、FZ—底侧长方法兰 5）FC—杆侧方法兰 6）FD—底侧方法兰 7）CA—底侧单耳环 8）CB—底侧双耳环 9）TA—杆侧铰轴 10）TC—中部铰轴 11）SD—基本型 注：FA、FB 仅限于 7MPa 用；FY、FZ 仅限于 14MPa 用
UDZ 型多级 液压缸	柱塞直径 25～150	—	额定压力 16 每级行程小 于或等于 500mm 时 21	未给出	1）UDZR—缸底关节轴承耳环式 2）UDZZ—缸体铰轴式 3）UDZF—缸体法兰式 4）X—其他

注：该表摘自参考文献 [99]。

不但在各版（现代）机械手册中的工程机械液压缸联合设计组设计的 HSG 型工程液压缸没有现行产品标准，而且 HSG 型工程液压缸一般也不是一些工程机械上使用的液压缸。

由于工程机械的工作条件与固定机械不同，因而对液压缸的使用要求也不同。普通液压缸一般都不能满足工程机械用液压缸要求的质量小、安装空间受限、冲击力一般较大、安全可靠性高的条件，因此不宜采用。

3.9.2 液压缸参数设计禁忌

各液压缸标准中液压缸基本参数不尽相同。在 JB/T 10205—2010 中规定："液压缸的基本参数应包括缸内径、活塞杆直（外）径、公称压力、行程、

安装尺寸。"

除在上述标准中规定的液压缸基本参数外，在其他液压缸及其相关标准中还有将公称压力下的推力和拉力、活塞速度、额定压力、较小活塞杆直（外）径、柱塞式液压缸的柱塞直径、极限或最大行程、两腔面积比、螺纹油口及油口公称通径、活塞杆螺纹型式和尺寸、质量、安装型式和连接尺寸等列入液压缸的基本参数。

在 JB/T 2184—2007 中规定液压缸主参数为：缸内径×行程，单位为：mm。

因液压缸的公称压力或额定压力一般取决于所在主机液压系统，所以禁忌液压缸的公称压力或额定压力高于所在主机液压系统及液压泵的公称压力或额定压力；如需采用所在主机液压系统对液压缸进行耐压

试验，则液压缸的公称压力或额定压力应低于所在主机液压系统及液压泵的公称压力或额定压力的 2/3。

液压缸的（基本）参数和缸零件结构型式、尺寸和公差应符合相关标准，如公称压力应符合 GB/T 2346 的规定，缸内径、活塞杆直径应符合 GB/T 2348 的规定，油口连接螺纹尺寸应符合 GB/T 2878.1 的规定，密封沟槽应符合 GB/T 2879、GB/T 3452.1、GB 6577、GB/T 6578、15242.3 等标准的规定等，禁忌采用非标结构型式或尺寸。

如果液压缸不按相关标准设计，既可能与液压泵匹配出现问题，也可能给液压缸密封件、缸的附件选择带来困难。

根据负载和公称（额定）压力计算得到的缸径、活塞杆直径等尺寸，必须圆整到标准规定的数值上，否则可能选不到合适的密封件。在确定缸筒壁厚时，禁忌忽略缸筒上由于螺纹加工、沟槽和油口设置等结构要素及工艺性要求所应附加的尺寸，以免由此造成实际尺寸减小或应力集中等，致使液压缸承压能力和强度、刚度的下降。

禁忌液压缸的安全系数过小。为了保证液压缸足够的承载能力并考虑材料的均一性及应力集中等因素的影响，液压缸必须有足够的安全系数，通常应在 5 以上。同时，在满足驱动负载的力和行程的条件下，禁忌液压缸外形轮廓尺寸过大。

3.9.3　液压缸金属材料选择、结构设计禁忌

1. 缸零件金属材料选择禁忌

在参考文献［99］中指出："工作中有剧烈冲击时，液压缸的缸筒、端盖不能用脆性的材料，如铸铁。"但同时也应注意在参考文献［115］中指出的："低、中碳的碳素钢和合金钢经淬火和低、中温回火后，具有较高的多次冲击强度。具有最佳综合力学性能的淬火+高温回火（即调质），虽然能承受一次冲击的强度很高，但对小能量多次冲击的强度却很低"。

当缸筒与缸底、缸头、管接头（接管）或耳环等件需要焊接时，则应采用焊接性较好的 35 钢，粗加工后调质。

对于液压缸工作的环境温度低于 -50℃ 的缸体（筒）材料必须选用经调质处理的 35 钢、45 钢或低温用钢。在腐蚀条件下工作的活塞杆则应多采用不锈钢制造。

2. 禁忌液压缸在长行程、大缸径、高压力下采用拉杆结构

从螺纹连接的强度和刚度方面考虑，为了减少螺栓所受的拉力和应力幅值，可考虑通过降低螺栓的刚度或增大被连接件的刚度来实现。在参考文献［54］中给出了一例减低螺栓刚度的措施，如图 3-14 所示。

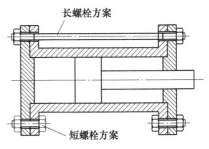

长螺栓方案

短螺栓方案

图 3-14　减低螺栓刚度的措施（长螺栓改为短螺栓）

在参考文献［110］中指出："虽然拉杆式液压缸有工艺性和维护性能较好的特点，但是液压缸的长度为 1500~2000mm 时，由于液压力的作用，容易使拉杆拉长变形，从而导致泄漏。故障排除方法：长液压缸避免使用拉杆结构而选用法兰连接。"

3. 禁忌活塞杆稳定性差

在参考文献［110］中列举了一个液压缸设计不当导致活塞杆稳定性差的案例，故障原因：活塞杆导向套长度过小导致其导向能力差。故障排除方法：导向套的长度 L 一般因液压缸大小、活塞杆密封的种类和用途而异，但一般应在活塞杆直径的 3/5 以上，以确保活塞杆有足够的稳定性。

在参考文献［99］中指出："采用长行程液压缸，需综合考虑选用足够刚度的活塞杆和安装中隔圈。"

本手册要求在一般情况下，禁忌导向套导向长度或支承长度 $B<0.7d$（d 为活塞杆直径）。

4. 液压缸设计结构方面的其他禁忌

1）参考文献［110］指出："液压缸端盖不宜过薄。液压缸端盖承受的液压力较大，若端盖过薄，易出现间隙，导致泄漏；若螺栓间距过大，且螺栓预紧力矩不同，则在液压力的作用下也容易产生局部间隙，从而导致泄漏。"

2）如液压缸上设置了排（放）气阀，禁忌在安装时其不是处于最高位置和不易接近。

3）如果可以预见活塞杆可能被压伤、划伤和腐蚀等，禁忌不设置防护罩。

4）禁忌有充气腔的液压缸不设计或配置排（放）气口；禁忌液压缸利用该排（放）气口排气可能造成危险。

5）禁忌设置于液压缸内部或外部的可调节行程终端挡块没有防松设计；禁忌安装在液压缸上或液压

缸连接的任何元件和附件，其安装或连接没有防松措施。

3.9.4 液压缸密封装置设计禁忌

1. 密封沟槽设计禁忌

不应选择已声明遵守的液压缸产品标准或 JB/T 10205—2010《液压缸》标准规定之外的密封沟槽进行液压缸产品设计。

一般而言，不应选择表 3-71 所列标准之外的密封沟槽进行液压缸产品设计。

表 3-71 液压缸标准规定的密封沟槽目录

序号	标 准
1	GB/T 2879—2005《液压缸活塞和活塞杆动密封沟槽尺寸和公差》
2	GB/T 2880—1981《液压缸活塞和活塞杆窄断面动密封沟槽尺寸系列和公差》
3	GB/T 6577—1986《液压缸活塞用带支承环密封沟槽型式、尺寸和公差》
4	GB/T 6578—2008《液压缸活塞杆用防尘圈沟槽型式、尺寸和公差》

注：1. 该表摘自 JB/T 10205—2010《液压缸》。

2. 一般液压缸设计中还应有静密封沟槽，如液压气动用 O 形橡胶密封圈沟槽，但在 JB/T 10205—2010 中缺失。

但是以现行标准而论，因 JB/T 10205—2010 中给出的密封沟槽无法满足大部分液压缸密封及其设计的需要，如采用这些产品标准之外的密封沟槽，则该液压缸将无法声明遵守某一产品标准，包括 JB/T 10205—2010《液压缸》标准，进而所设计的液压缸产品将是无标产品。

综上所述，为了避免无标产品设计、制造，参考在 GB/T 13342—2007《船用往复式液压缸通用技术条件》中关于密封圈及沟槽选择的规定，密封沟槽设计禁忌应进一步这样表述：宜优先选用国家标准规定的密封圈及沟槽进行液压缸产品设计；不宜选用非标即无现行的国际、中国、外国标准的密封圈及沟槽进行液压缸产品设计。

设计为非标密封沟槽的液压缸最可能选择不到适配的密封圈。选择应用非标准规定的密封圈，则其密封性能无保证；自行设计、制造密封圈，在不计成本的情况下，其密封性能包括可靠性和耐久性也可能有问题；自制密封圈因不能超长时间贮存，一旦急需维修更换密封圈，也可能面临无密封圈可换的情况。

各种型式的标准沟槽是由各种几何要素组成的，如尺寸与公差要素、几何公差要素和表面结构要素等，符合这些沟槽组成要素且在沟槽适用范围内的沟槽即为标准沟槽。对各要素的超高要求也可能导致非标沟槽设计，如将尺寸公差不切实际地减小到原公差 1/5 或 1/10 等。

非标密封沟槽非指因调整密封圈压缩率、适应密封材料溶涨值和加装较厚的挡圈等所对密封沟槽的修改。

2. 密封材料选择禁忌

不应选择与工作介质不相容的液压缸密封件或装置。

一般液压缸可选工作介质见表 3-72。

表 3-72 液压缸工作介质

名称	常用品种牌号与黏度等级	标 准
矿物油	品种代号 L-HL 抗氧防锈液压油 L-HM 抗磨液压油（高压、普通） L-HV 低温液压油 黏度等级：32、46、68	GB/T 7631.2—2003《润滑剂、工业用油和相关产品（L类）的分类 第 2 部分：H 组（液压系统）》和 GB 11118.1—2011《液压油（L-HL、L-HM、L-HV、L-HS、L-HG）》
磷酸酯抗燃油 磷酸酯液压液（油）	VG32、VG46	参考 DL/T 571—2014《电厂用磷酸酯抗燃油运行与维护导则》
水-乙二醇型难燃液压液	黏度等级：22、32、46、68	GB/T 21449—2008《水-乙二醇型难燃液压液》
高含水液压液（含乳化液）	乳化型（HFAE）、溶液型高水基液压液	MT/T 76—2011《液压支架用乳化油、浓缩油及其高含水液压液》

注：1. JB/T 11588—2013《大型液压油缸》中规定：矿物油、抗燃油、水乙二醇、磷酸酯工作介质可根据需要选取。

2. JB/T 10205—2010《液压缸》中规定试验用油液黏度："油温在 40℃ 时的运动黏度应为 29~74mm²/s。"

3. JB/T 9834—2014《农用双作用油缸 技术条件》中规定试验用油品种："试验时推荐用 N100D 拖拉机传动、液压两用油或黏度相当的矿物油。"

特别指出，以磷酸酯抗燃油、磷酸酯液压液（油）为工作介质的液压缸不应使用氯丁橡胶、丁腈橡胶等密封材料制作的密封圈。在 DL/T 571—2014《电厂用磷酸酯抗燃油运行与维护导则》中推荐使用硅橡胶、（三元）乙丙橡胶、氟橡胶等密封材料制作的密封圈。

另外，禁忌在易生霉菌环境中选择聚氨酯材料的防尘密封圈。因为某些聚氨酯类（如聚酯和某些聚醚）是非抗霉材料。

3. 密封件（圈）结构型式选择禁忌

现在的液压缸密封系统中绝大多数都含有聚氨酯的 Y 形圈或 U 形圈。但是，随着液压缸密封技术的进步和客户对产品质量要求的提高，其局限性（或缺陷）也日益凸显。

从材料特性考虑，与 NBR 比较其具有如下局限性：

1）压缩永久性变形大。在高温下，聚氨酯 Y 形圈或 U 形圈的压缩永久性变形是 NBR 橡胶密封圈的 1~2 倍。

2）高温下水解严重。液压油液在使用过程中受到水（如湿气、潮气侵入）污染一般是不可避免的，水分的增加、油温的升高，对一般聚氨酯 Y 形圈或 U 形圈的水解作用将更为严重，且这种水解是不可逆也是致命的损伤。而耐水解的聚氨酯材料因为回弹性差，又很少用于制作 Y 形圈或 U 形圈。

3）低压或高速工况下泄漏量大。

现在，在选择聚氨酯材料制作 Y 形圈或 U 形圈时，各密封件制造商普遍存在：

1）耐高温的聚氨酯材料往往不耐低温。

2）材料硬度选择高了，密封圈回弹性差；材料硬度选择低了，密封圈挤出严重。

3）回弹性高的聚氨酯材料耐高温差。

4）耐水解的聚氨酯材料回弹和耐低温又成了问题。

因此，各密封件制造商常常处于顾此失彼，进退两难的境地。

从结构型式考虑，其具有如下缺陷：

1）与 NBR 橡胶相比，其贴合性和低温追随性差。

2）接触面大导致摩擦力大。

3）易产生爬行和异响问题。

4）唇口端凹槽内容易困气，从而导致烧伤密封唇口。

5）材料硬度不够导致密封圈根部挤出。

6）两个唇形密封圈背向安装，产生的背压可能

导致密封圈唇口损伤。

7）大截面密封圈摩擦力大，安装困难，且成本较高。

8）小截面的密封圈易翻转，且耐压性能差。

由于聚氨酯的 Y 形圈或 U 形圈的上述局限性（缺陷），导致现在液压缸密封系统出现的问题大都集中地反映在了它们身上，为此试提出如下禁忌（不宜）：

1）液压缸密封系统禁忌优先选择聚氨酯 Y 形圈或 U 形圈。

2）不宜在高温或湿热环境下选择聚氨酯 Y 形圈或 U 形圈。

3）不宜在低压或高速工况下选择聚氨酯 Y 形圈或 U 形圈。

4）有低摩擦（或动态特性）要求的液压缸不宜选择聚氨酯 Y 形圈或 U 形圈。

5）当两个唇形密封圈背向安装时，禁忌选择不带有泄压槽的聚氨酯 Y 形圈或 U 形圈。

上述主要观点得到了苏州美福瑞新材料科技有限公司所做的大量的液压缸密封性能台架对比试验的证明。

4. 密封工况确定禁忌

不应选择、设计不符合标准规定的环境温度、工作介质温度、往复运动速度、密封间隙、工作压力范围、工作温度范围的液压缸密封装置或系统。

一般而言，往复运动速度、密封间隙、工作压力范围、工作温度范围是液压缸密封件（圈）、装置或系统的性能参数，都应含有高（大）或低（小），或最高（大）或最低（小）（值）所表述的一个范围。

最低环境温度或环境温度的最低值与最低工作介质温度或工作介质温度最低值应相等。

在各现行标准中，对所属液压系统或输入液压缸的液压油液温度最高值规定各不相同，现在表 3-73 中进行部分摘录，以避免触犯液压缸密封装置（系统）设计禁忌。

表 3-73　各标准规定的工作介质温度最高值

序号	工作介质温度最高值（高温性能试验时）/℃	标　准
1	65（70）	GB/T 24946—2010《船用数字液压缸》
2	60	JB/T 1829—2014《锻压机械通用技术条件》
3	60	JB/T 3818—2014《液压机技术条件》

（续）

序号	工作介质温度最高值（高温性能试验时）/℃	标　准
4	（90）	JB/T 6134—2006《冶金设备液压缸（PN≤25MPa）》
5	80（90）	JB/T 10205—2010《液压缸》
6	（70）	GB/T 13342—2007《船用往复式液压缸通用技术条件》

注：在 HG/T 2810—2008《往复运动橡胶密封圈材料》标准中规定："A 类为丁腈橡胶材料，分为三个硬度级，五种胶料，工作温度范围为−30~100℃；B 类为浇注型聚氨酯橡胶材料，分为四个硬度等级，四种胶料，工作温度范围为−40~80℃。"

特别指出，一般密封圈使用条件中都应包括所适用的密封间隙大小及变化情况；某一特定的密封系统中所选择的各密封件（装置）其使用条件包括密封间隙应一致。

5. 基于密封性能的液压缸密封设计禁忌

1）不应选择、设计致使液压缸在静止时可能产生外泄漏的液压缸密封装置或系统。

一般没有标准规定及未经证实的往复运动用密封件（密封装置）不能用于液压缸静密封。实践中作者不但见过在 JB/T 10205—2010《液压缸》中规定的适配密封件（圈）用于静密封，而且还见过旋转（轴）密封件用于静密封的。

特别指出，在 JB/T 6612—2008《静密封、填料密封　术语》中规定的唇形填料（型式多样，如 V 形、U 形、L 形、Y 形等）大多不适用于液压缸静密封，这不仅是该标准适用范围中没有明确包括液压缸密封，更是其中规定的密封圈型式与密封机理及适用范围（举例为 L 形填料环气缸活塞密封）更接近往复运动密封，而不是静密封。

2）不应选择、设计致使液压缸的内泄漏量不符合标准规定的液压缸密封装置或系统。

在 JB/T 10205—2010《液压缸》中规定的"（活塞式）双作用液压缸（的）内泄漏量"与"活塞式单作用液压缸的内泄漏量"相差 1 倍左右，如果"活塞式单作用液压缸的内泄漏量"是准确的，则活塞式双作用液压缸的活塞密封装置或系统应是"冗余设计"。

3）不应选择、设计致使液压缸活塞杆在标准规定的累计行程或换向次数下，外泄漏量不符合标准规定的液压缸密封装置或系统。

液压缸密封的耐久性在一定程度上决定了液压缸的耐久性。在条件允许的情况下，应选用、设计使用寿命（预期使用寿命）长的密封件、密封装置或系统，即应遵守液压缸密封系统设计准则，避免密封件（装置）的错误排列、组合，致使降低密封系统使用寿命。

4）不应选择、设计致使液压缸活塞及活塞杆不能支承和导向的液压缸密封装置或系统。

活塞或活塞杆运动应有支承和导向。不能期望没有支承和导向的液压缸也能有好的、稳定的、长久的密封性能。

不能将一般活塞间隙密封的单作用液压缸理解为无支承和导向的液压缸，单就活塞而言，其在运行中大多数情况是活塞外圆表面与缸筒内孔表面间有局部接触。

更不能在设计中将唇形密封圈定为具有导向和支承作用。

5）不应选择、设计致使污染物可能侵入液压缸内部的液压缸密封装置或系统。

不应设计没有防尘密封圈的液压缸，也不应选择、设计防尘密封圈不适用于规定工况的液压缸，同样也不应设计各油口没有盖以防尘堵（帽）的液压缸，进一步不应设计活塞杆应加装防护罩（套）而不加装的液压缸。

液压缸没有设计带有防尘密封圈，这种液压缸设计是本质不安全设计。

缸回程到极限位置时，活塞杆端的密封件安装导入倒角（圆锥面）缩入防尘密封圈内，也是防尘密封设计的禁忌之一。

6）不应选择、设计致使液压缸在低压（温）下、耐压性和耐久性试验（时）后、缓冲试验时、高温性能试验后（外）泄漏（或泄漏量超标）等不符合标准规定的液压缸密封装置或系统。

液压缸出厂试验项目分必检和抽检项目。以上试验项目中，低温、耐久性、缓冲、高温等试验一般为抽检项目，一般进行过上述抽检项目的液压缸即使没有外泄漏或泄漏量超标，也应对其进行拆检并更换新的密封件（圈），至少每批次首台进行过上述抽检项目的液压缸应进行拆检并更换新的密封件（圈）。

液压缸外泄漏检验包括在所有试验中，其密封装置（系统）设计禁忌也包括在这些密封性能要求中。

注：在 JB/T 10205—2010《液压缸》中规定"缓冲试验"为必检项目。

6. 基于带载动摩擦力的液压缸密封设计禁忌

液压缸在带载往复运动过程中，由于支承环和各

处动密封装置与配（耦）合件的摩擦，其至包括活塞杆与导向套（缸盖）、活塞与缸筒间金属摩擦所造成摩擦阻力，致使缸输出力效率的降低、液压油液的温度升高以及缸零件的磨损等。除以金属（如锡青铜等）作导向环或支承环外，其他缸零件间在液压缸往复运动中应尽力避免金属摩擦。

1）不应选择、设计致使液压缸的（最低）起动压力不符合标准规定的液压缸密封装置或系统。

应选择、设计合适的密封装置或系统，尤其是有动态特性要求的液压缸，如数字液压缸和伺服液压缸等。尽管有标准规定在举重用途的液压缸上使用 V 形密封圈，但在选择、设计含有 V 形密封圈的密封装置或系统时，应预估其（最低）起动压力是否超标。不得过度地进行密封系统"冗余设计"，包括过度地支承和导向。

2）不应选择、设计致使液压缸活塞及活塞杆导向与支承不足的液压缸密封装置或系统。

在活塞杆伸出尤其长行程液压缸活塞杆接近极限伸出时驱动负载，液压缸活塞杆可能出现弯曲或失稳。如果液压缸活塞及活塞杆的支承长度或导向长度不足，则活塞杆发生弯曲或失稳的可能性更大。

液压缸驱动的负载可能存在侧向分力。此种情况下，如果液压缸活塞及活塞杆的支承长度或导向长度不足，则可能发生严重的缸零件磨损。

如果液压缸活塞及活塞杆的支承长度或导向长度不足，还可能致使液压缸偏摆量增大，造成缸零件的局部磨损。

以上这些情况，都可能不同程度地增大液压缸带载动摩擦力。

3）不应选择、设计致使液压缸的缸输出力效率（负载效率）不符合标准规定的液压缸密封装置或系统。

带载动摩擦力直接降低了缸输出力效率。根据缸输出力效率的定义及计算公式，如果被试液压缸在不同压力下保持匀速运动状态检测缸输出力效率，则式 $pA = W + F_2 + F_3$ 一定成立，其中 pA 为缸理论输出力，W 为缸的实际输出力，F_2 为摩擦产生的摩擦阻力，F_3 为背压产生的阻力。

根据 JB/T 10205—2010《液压缸》的规定，缸输出力效率应 $\eta = \dfrac{W}{pA} \times 100\% \geqslant 90\%$，如果限定或忽略背压，则摩擦产生的摩擦阻力都将被限定。

7. 基于液压缸运行性能的液压缸密封设计禁忌

1）不应选择、设计致使液压缸出现振动、卡滞或爬行的液压缸密封装置或系统。

致使液压缸出现振动、卡滞或爬行的因素很多，即使出厂试验检验合格的液压缸在使用中也可能出现上述情况。但密封系统"冗余设计"和过紧配合的密封圈、支承环或挡圈设计可能产生上述情况的概率很高。

2）在往复运动密封系统中，不应选择、设计动静摩擦因数相差过大的密封装置或系统。

液压缸中的密封装置或系统的动静摩擦因数相差太大，可能导致液压缸（最低）起动压力超标、爬行或液压缸起动时突窜（瞬间跳动）。产生这种情况的可能原因有：

① 选用了不适当的密封材料包括支承环和导向环材料。

② 密封材料使用中出现问题，如聚酰胺遇水变形等。

③ 液压缸工作的环境温度超出了密封件允许使用温度。

④ 密封系统设计或安装不合理，出现干摩擦。

⑤ 密封件包括支承环选择不合理或本身质量有问题。

⑥ 密封沟槽设计不合理。

⑦ 配偶件表面粗糙度选择不合适或没有退磁。

⑧ 配偶件表面粗糙度或表面硬度不一致。

⑨ 其他如液压缸结构设计不合理、缓冲装置设计或调整不合理、活塞杆弯曲或失稳、工作介质含气、活塞密封泄漏等。

3）不应选择、设计致使液压缸的动特性不符合标准规定的液压缸密封装置或系统。

在 JB/T 10205—2010《液压缸》标准中装配质量的技术要求之一为"装配后应保证液压缸运动自如"，而数字液压缸和伺服液压缸对动特性（动态指标）有进一步要求，如伺服液压缸动态指标包括阶跃响应、频率响应等。仅以 DB44/T 1169.1《伺服液压缸　第 1 部分：技术条件》而论，其所要求的"最低起动压力"规定值之小，不可能是仅靠提高装配质量水平就能达到的，而首先应该是所选择、设计的液压缸密封装置或系统具有符合相关标准规定的性能。

3.9.5　液压缸缓冲装置设计禁忌

带有缓冲装置的缸的缓冲是运动件在趋近其运动终点时借以减速的手段，主要有固定式或可调节式两种。

固定式液压缓冲装置设计有若干禁忌：

1）禁忌缓冲长度过长。缓冲装置应能以较短的缸的缓冲长度（也称缓冲行程）吸收最大的动能，

就是要把运动件（含各连接件或相关件）的动能全部转化为热能。

2）缓冲过程中禁忌出现过高的压力脉冲及过高的缓冲腔压力峰值，应使压力的变化为渐变过程。

3）禁忌缓冲腔内（缸盖端）缓冲压力峰值大于液压缸的 1.5 倍公称压力。

4）在有杆端设置缓冲（装置）的，禁忌其（过高）缓冲压力作用在活塞杆动密封（系统）上。

5）禁忌油温过高。动能转变为热能使液压油温度上升，油温的最高温度不应超过密封件允许的最高使用温度。

6）禁忌设置多余的缓冲装置。在 JB/T 10205—2010《液压缸》中规定："液压缸对缓冲性能有要求的，由用户和制造商协商确定。"，对没有必要设置缓冲装置的液压缸，不要画蛇添足地设计缓冲装置；对于仅靠液压缸缓冲装置不可能转换全部动能的，应采取其他减速、制动措施，如在液压系统中设计制动回路。

7）禁忌设计的缓冲装置影响液压缸的起动性能。应兼顾液压缸起动性能，不可使液压缸（最低）起动压力超过相关标准的规定；应避免活塞在起动或离开缓冲区时出现迟动或窜动（异动）、异响等异常情况。

8）禁忌缓冲阀缓冲装置中单向阀公称流量小。如果设计的单向阀公称流量过小，可能在液压缸起动时出现突然停止或后退等现象。

在参考文献［110］中列举一例：液压缸运动速度较快时，在行程终点突然停止时易产生很大的冲击及噪声，引起液压缸损坏，甚至引起各类阀、配管及相关机械部件的损坏。故障原因：如图 3-15a 所示，由于负载、液压缸活塞及活塞杆本身的质量较大，所以运动的动量很大，在行程终点突然停止时易产生很大的冲击及噪声，造成液压系统的损坏。故障排除：为消除这种冲击，可在液压回路中设置相应的元件对液压缸速度进行控制，快速动作液压缸应设置缓冲装置，如固定式或可调式液压缸缓冲装置等，如图 3-15b所示。

现在的问题是，如果可以把液压缸全程运动速度降下来，则可以从根本上解决液压缸达到其运动终点时产生的冲击和噪声问题，液压缸本身也可能不需要设置缓冲装置，但参考文献［110］的举例既不是液压缸本身的缓冲装置设计，也不是液压缸所在液压系统的缓冲设计。

图 3-16 所示为作者在《液压回路分析与设计》一书中给出的一例节流阀缓冲回路，供读者参考。

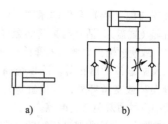

图 3-15　液压缸行程终点突然停止时产生很大的冲击及噪声（按原图绘制，但有修改）

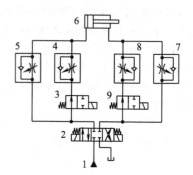

图 3-16　节流阀缓冲回路

1—液压源　2—三位四通电磁换向阀
3、9—二位二通电磁换向阀
4、5、7、8—单向节流阀　6—液压缸

在图 3-16 中，当三位四通电磁换向阀 2 处于左位时，液压源 1 供给的液压油液通过三位四通电磁换向阀 2、二位二通电磁换向阀 3、单向节流阀 4 中的单向阀以及单向节流阀 5 中的单向阀输入液压缸 6 无杆腔，液压缸 6 有杆腔液压油液通过单向节流阀 8 中的节流阀、二位二通电磁换向阀 9 以及单向节流阀 7 中的节流阀、三位四通电磁换向阀 2 回油箱，液压缸进行高速缸进程；当缸进程到达某一位置时，触发行程开关（图中未示出）发讯，二位二通电磁换向阀 9 电磁铁得电换向，将单向节流阀 8 所在油路断开，此时只有单向节流阀 7 中的节流阀工作，液压缸回油量减小，即实现液压缸二级减速，液压缸进行低速缸进程。

同样，缸回程也可实现减速。由于节流调（减）速设置在液压回油路上，不存在进油路吸空（气蚀）等问题，因此，单向节流阀 5 和 7 选择的规格可以较小，即可以使液压缸速度减到很低。实现了缓冲的目的。

在参考文献［99］中给出的缓冲机构选用原则为：一般认为，普通液压缸在工作压力大于 10MPa、活塞速度大于 0.1m/s 时，应采用缓冲装置或其他缓冲办法。这只是一个参考条件，主要取决于具体情况

和液压缸用途等。例如，要求速度变换缓慢的液压缸，当活塞速度为 0.05～0.12m/s 时，也应采用缓冲装置。

对缸外制动机构，当 $v_m \geqslant 1$m/s 时，缸内缓冲机构不可能吸收全部动能，须在缸外加制动机构，如下所述：

1）在外部加装行程开关。当开始进入缓冲阶段时，开关即切断供油，使液压能等于零，但仍可形成压力脉冲。

2）在活塞杆与负载之间加装减振器。

3）在液压缸出口加装液控节流阀。

此外，可按工作过程对活塞线速度变化的要求，确定缓冲机构的型式，如下所述：

1）减速过渡过程要求十分柔和，如砂型操作、易碎物品托盘操作、精密磨床进给等，宜选用近似恒减速型缓冲机构，如多孔缸筒型或多孔柱塞型以及自动节流型。

2）减速机构允许微量脉冲，如普通机床、粗轧机等，可采用铣槽型、阶梯型缓冲机构。

3）减速机构允许承受一定的脉冲，可采用圆锥型或双圆锥型，甚至圆柱型柱塞的缓冲机构。

3.9.6　液压缸上集成的配管选用与油路块设计禁忌

1. 配管选用禁忌

1）禁忌选用 M、G、R 和 NPT 以外的连接螺纹，且应首选普通细牙（M）螺纹。

2）禁忌选用的管接头型式达不到液压系统的工作压力或公称压力，或没有相应的规格、产品。

3）禁忌管接头及被连接管的最大工作压力或公称压力超过规定的压力、温度要求。管接头只有在规定的压力、温度（范围）下使用才是安全的。连接管壁厚应足够，特殊场合使用的如舰船上的液压系统（站）连接管（碳钢无缝钢管）应考虑留有腐蚀余量。

4）禁忌管接头及被连接管的通流能力低于液压系统的要求。

5）禁忌管子弯曲半径及偏差、管子弯曲处圆度公差及波纹深度等超出 JB/T 5000.3 的规定，管子冷弯曲壁厚减薄率不得大于 15%。

6）禁忌配管的清洁度超标。除镀锌钢管外，所有碳钢钢管（包括预制成型管路）都要进行酸洗、中和、清洗吹干及防锈处理。

7）禁忌泄漏。预制完成的管子焊接部位要进行耐压试验，试验压力为工作压力的 1.5 倍，保压

10min，应无泄漏及其他异常现象发生；对装配完成的管路，按液压系统（管子）技术要求进行耐压试验。

8）禁忌在较大通径或一些特殊场合应用管接头连接的硬管总成。一般在公称通径 $\geqslant 40$mm 时应采用法兰连接的硬管总成；一些特殊场合应用的配管，如振动、摇摆及冲击严重的场合，可在公称通径 $\geqslant 25$mm 时即采用法兰连接的硬管总成。

9）禁忌软管总成在一些特殊情况下的应用。有技术要求或安全技术要求标准规定的一些特殊场合或设备，软管总成不能应用。

2. 油路块设计禁忌

油路块是可用于安装插装阀、叠加阀和板式阀并按液压回路图通过油道使阀孔口连通的立方体基板，归属于配管。在各标准及参考文献中，还有将油路块称为集成块、油路板、安装板、底座、底板、底板块、基础板或阀块的。

油路块设计应遵循一些原则。根据相关标准及实践经验的总结，列出以下若干油路块设计禁忌，供读者参考。

（1）油路块材料选择禁忌

选用铸铁制造中、高压和较大尺寸的油路块时一定得慎重。首先，较大尺寸的立方体铸件不是任何一家铸造厂都可以铸造合格的；其次，一旦加工时出现问题修复困难。

通常可选用 Q235、Q345、20、35 或 45 碳钢钢板或锻件制造油路块。使用钢板制造油路块应注意其各向力学性能的不同及可能存在的质量缺陷。

船用二通插装阀油路块推荐采用中碳钢锻件，且毛坯应消除内应力并进行无损检测。

用于管接头试验的油路块规定不得有镀层，硬度值应为 GB/T 230.1 规定的 35～45HRC。

禁忌用铸铁制造中、高压或中、大型以及在振动场合使用的油路块。

（2）油路块型式确定禁忌

油路块外形可设计成正方形或长方形六面体，一般应禁忌设计四边带地脚凸缘的油路块。油路块外形尺寸不宜过大，否则加工制造困难；一般确定的三个基准面应相互垂直，且应使设计基准、工艺基准和测量基准重合，三个基准面应留 0.3mm 左右的精磨量。

禁忌液压阀安装面超出油路块。

在液压系统较为复杂、液压阀较多的情况下，可采用多个油路块叠加的形式。相互叠加的油路块上下面一般应有公共的 P 油路、公用的 T 油路和 L 油路以及至少四个用于连接的螺钉（通）孔（最下层的为

螺纹孔，最上层的一般为圆柱头螺钉用沉孔）。

叠加（装）油路块的外形尺寸偏差一般不得大于 GB/T 1804 中 js 级的规定。

油路块外接油口宜统一设置在一个面上；质量大于 15kg 的油路块应有起吊设施。

油路块在配管耐压试验压力（或额定压力）下及规定时间内，通过 90℃液压油液 1h，禁忌产生引起液压阀故障的变形（或表述为不应因变形产生故障）。

注意六面体各棱边应倒角 2×45° 或 1.5×45°，表面可采用发蓝或化学镀镍等。

有参考资料介绍，油路块最大边长不宜超过 600mm，否则即为过大。

一般平面的精磨量在 0.2mm 左右即可，但因油路块表面可能在加工时被划伤，因此应加大精磨量以策安全。

（3）油路块尺寸标注禁忌

油路块上某个面尺寸的标注可按由同一基准出发的尺寸标注形式标注，也可用坐标的形式列表标注，这一个同一基准一般选定为油路块主视图左下角作为坐标原点。

液压阀安装面的尺寸可按其标注方式、方法作为参考尺寸同时注出。

禁忌不利于复核、检查的油路块尺寸标注。

（4）油路块流道截面积和最小间距设计禁忌

有参考文献介绍，对于中低压液压系统，油路块中的流道（油路）间的最小间距不得小于 5mm，高压液压系统应更大些。还有参考文献介绍按流道孔径确定油路块中的流道（油路）间的最小间距，即当孔径小于或等于 ϕ25mm 时，油路块中的流道（油路）间的最小间距不得小于 5mm；当孔径大于 ϕ25mm 时，油路块中的流道（油路）间的最小间距一般不得小于 10mm。

对于没有产品标准规定的钢质的油路块，其流道（油路）间（实际）的最小间距可参考对应公称压力下的硬管（钢管）壁厚，但设计时一般不得小于 5mm。

油路块流道的截面积宜至少等于相关元件的通流面积，其压力油路公称通径对应的推荐管路通过流量可参考配管内油液流速限值设计，如参考表 4-151 系统金属管路的油液流速推荐值设计。

一个流道孔由两端加工（对钻）的，在接合点的最大偏差不应超过 0.4mm。

禁忌油路块中油路的截面积、油路的间距设计过小。

（5）油路块堵孔禁忌

一般油路块上都可能会有工艺孔，堵孔就是按工艺要求堵住这些工艺孔。一般在钢质油路块上堵孔所采用的方法有三种，分别为焊接、球涨和螺塞。

采用焊接方法堵孔时，一般应在孔内预加圆柱塞，其材料应为低碳钢，长度在 5mm 左右，且与孔紧配；留 5mm 以上焊接（缝）厚度，参照塞焊焊接工艺进行密封焊接，但应有一定焊缝凸度（余高）。

作者不同意有的参考文献中提出的 ϕ5mm 直径及以下的工艺孔可以不预加圆柱塞即可直接焊接堵孔；也不同意采用钢球作为预加堵而进行焊接。

采用液压气动用球涨式堵头堵孔，只要严格按照 JB/T 9157—2011《液压气动用球涨式堵头 尺寸和公差》规定的安装孔尺寸和公差加工及装配，一般可在最高工作压力为 40MPa 下使用，且油路块材料可为灰铸铁、球墨铸铁、碳素钢或合金钢等。

注：如果没有技术精熟的操作人员和严格的工艺保证，尽量不要采用液压气动用球涨堵头堵孔，尤其是在军工产品上。

采用螺塞堵孔时，压力油路仅可选用 GB/T 2878.4—2011 规定的（外、内）六角螺塞。

测试用（常堵）油口首选 M14×1.5 六角螺塞堵孔。

船用二通插装阀油路块上工艺孔应尽可能采用螺塞、法兰等可拆卸方式封堵。

对于油路块压力上（有）压力流道及工艺孔，现在禁忌采用锥形螺塞堵孔。

（6）油路块表面平面度与表面粗糙度禁忌

除要求保证按元件（液压阀）所规定的各孔包括螺纹孔的尺寸与公差、位置公差等设计、制造油路块上对应孔外，保证螺纹（钉）孔的垂直度公差也特别重要。

现在元件（液压阀）与油路块抵靠面（安装面）的平面度公差一般要求为 0.01mm/100mm，表面粗糙度值 Ra 应≤0.8μm，但应符合所选用的液压阀制造商的要求。

禁忌元件安装面上存在有磕碰划伤、划线余痕、卡痕压痕、锈迹锈斑、镀层起皮等表面质量缺陷。

（7）油路块孔和螺纹油口设计禁忌

尽量避免设计细长孔、斜孔、斜交孔、半交孔。一般当孔深超过孔径 25 倍及以上时，加工即存在困难；当两个等直径孔偏心比超过 30% 时，其通流面积及局部阻力都会有问题。

用于外部连接的螺纹油口应保证其垂直度，一般要求 M22×1.5mm 及以下螺纹油口垂直度公差为 ϕ0.10mm，M22×1.5mm 以上螺纹油口垂直度公差为 ϕ0.20mm；螺纹油口的攻螺纹长度应足够；螺纹精度应符合 GB/T

193、GB/T 196 及 GB/T 197 中 6H 级的规定。

考虑到管接头的装拆，相邻的螺纹油口间及与其他元件间应留够扳手空间。

考虑到油口的强度、刚度，相邻的螺纹油口的中心距离最小应为油口直径的 1.5 倍。

禁忌在油路块上设计难加工、难通流的流道；禁忌配管无法装拆。

（8）油路块标识禁忌

一般用于安装板式阀和叠加阀的油路块上的阀安装面标识可按液压系统的相关规定。但在 GB/T 14043—2005《液压传动阀安装面和插装阀阀孔的标识代号》中规定了符合国家标准和国际标准的液压阀安装面和插装阀阀孔的标识代号。

进一步还可参考 GB/T 17490—1998 或 ISO 16874（即 GB/T 36997—2018）的规定。

各外接油口旁应在距孔口边缘不小于 6mm 且应不影响密封的位置处做出油口标识。

禁忌油路块外接油口缺失标识。

利用计算机三维软件对油路块进行三维建模，可显示油路块上各孔在其内部空间中所处相对位置及各孔的连接情况，可立体直观地检查设计结果，但上述禁忌对油路块计算机三维软件的设计具有重要意义。

3.9.7　液压缸安装与连接禁忌

液压缸的安装姿态不管是水平、垂直或是倾斜，都不能忽视活塞杆及其连接件重力和外部施加的侧向力对其导向和支承及运动的影响，尤其水平安装的液压缸。

水平安装的大型液压缸和长行程实心活塞杆液压缸，其活塞杆及所驱动的运动件重力可导致活塞及活塞杆与缸筒和导向套间偏心量增大，造成局部磨损，增大了液压缸内、外泄漏量及缩短了液压缸的使用寿命。

必要时应增设对活塞杆或运动件的导向和支承。

垂直安装的液压缸如为上置式，则活塞和活塞杆及所驱动的运动件重力在缸进程中为超越载荷，对液压缸的减速、制动、停止及锁紧有影响；如下置式安装，则对液回程运动和停止有影响。

重负载、空心活塞杆、长行程、后端耳环安装活塞杆端柱销孔或耳环连接的液压缸及柱塞缸等，应特别注意其压杆稳定性（失稳）问题。

有倾斜、摇摆要求的液压缸应在一定的倾斜、摇摆条件下能正常工作。

禁忌液压缸不稳定、不可靠的安装和连接。

1）禁忌不考虑主机结构布局、安装条件、动作形式及要求确定缸的安装连接方式。液压缸的安装连接方式是否得当，对缸的使用寿命和效率有很大影响，严重时会导致不能正常运动。

2）禁忌忽略液压缸缸筒、耳环和销轴的几何公差。为了降低液压缸的启动压力并保证在运动中不出现"别劲"现象，应对缸筒几何公差给予足够的重视。一般情况下，缸筒内径的圆度及圆柱度误差应不大于缸筒直径尺寸公差之半；缸筒轴线的直线度误差每 500mm 长度上不大于 0.03mm；缸筒端面对缸筒轴向圆跳动误差每 100mm 不大于 0.04mm。耳环式液压缸的耳环孔对缸筒轴线的位置度误差不大于 0.03mm；轴销式液压缸销的轴线位置度误差不大于 0.1mm，垂直度误差在 100mm 长度上不大于 0.1mm。

3）尽量避免液压缸的活塞杆在受压状态下承受最大负载，以免活塞杆失稳。

安装方式与负载导向会直接影响活塞杆的弯曲稳定性，参考文献［99］给出的具体要求如下：

1）耳环安装：作用力处在一平面内，如耳环带有球铰，则可在 ±4° 圆锥角内变向。

2）耳轴安装：作用力处在一平面内，通常采用较多的是前端耳轴和中间耳轴，后端耳轴只用于小型短行程液压缸，因其支承长度较大，影响活塞弯曲稳定性。

3）法兰安装：作用力与支承中心处在同一轴线上，法兰与支承座的连接应使法兰面承受作用力，而不应使固定螺钉承受作用力。例如前端法兰安装，如作用力是推力，应采用图 3-17a 所示型式，避免采用图 3-17b 所示型式，如作用力是拉力，则反之；后端法兰安装，如作用力是推力，应采用图 3-18a 所示型式，避免采用图 3-18b 所示型式，如作用力是拉力，则反之。

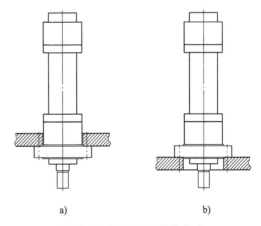

a)　　　　　　　　　b)

图 3-17　前端法兰安装方式

a）缸输出力为推力　b）缸输出力为拉力

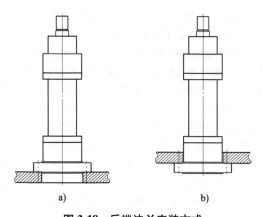

图 3-18 后端法兰安装方式

a) 缸输出力为推力 b) 缸输出力为拉力

4）脚架安装：如图 3-19 所示，前端底座许用定位螺钉或定位销，后端底座则用较松螺孔，以允许液压缸受热时，缸筒能伸长；当液压缸轴线较高，离开支承面的距离 H（见图 3-19b）较大时，底座螺钉及底座刚性应能承受倾覆力矩 FH 的作用。

注：在 JB/T 12706.1—2016、JB/T 12706.2—2017 和 JB/T 13291—2017 中皆没有如图 3-19a 所示的安装尺寸（型式）。

5）负载导向：液压缸活塞（及活塞杆）不应承受侧向负载力，否则，必须使活塞杆直径过大，导向套长度过长。因此通常对负载加装导向装置，按不同的负载类型，推荐表 3-74 所示的安装方式和导向要求。

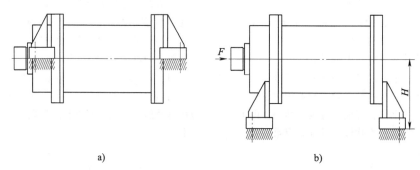

a)   b)

图 3-19 底座安装受力情况

表 3-74 负载与安装方式的对应关系

负载类型	推荐安装方式	作用力承受情况	负载导向要求	负载类型	推荐安装方式	作用力承受情况	负载导向要求
重型	法兰安装	作用力与支承中心在同一轴线上	导向	中型	法兰安装	作用力与支承中心在同一轴线上	导向
	耳轴安装				耳轴安装		
	脚架安装	作用力与支承中心不在同一轴线上			耳环安装		
	后球铰	作用力与支承中心在同一轴线上	不要求导向	轻型	耳环安装		可不导向

第4章　液压机（械）用液压缸设计与选型

液压机（械）液压系统中的液压缸应符合相应的标准规定或符合经有关部门审查、批准、生效的产品（设计）图样和技术文件（如技术条件、技术要求）规定。本章的主要内容是为液压机（械）用液压缸设计与选型提供依据。

4.1　工程机械用液压缸设计与选型依据

在 JB 6030—2001《工程机械　通用安全技术要求》中规定的工程机械产品包括推土机、装载机、挖掘机、挖掘装载机、铲运车和平地机，其现在全部归类于土方机械。其他工程机械产品还可能包括起重机和起重机械、道路施工与养护机械设备、建筑施工机械与设备等。

土方机械是使用轮胎、履带或步履的自行式或拖式机械，具有工作装置或附属装置（作业器具），或两者都有，主要用于土壤、岩石或其他物料的挖掘、装载、运输、钻孔、摊铺、压实或挖沟作业。其中液压工作装置和附属装置中一般都含有液压缸，整机的技术条件即为这些液压缸设计与选型的依据。

根据"不注日期的引用文件，其最新版本适用于本文件"。以下各节所引用文件已更新为现行标准。对于废止的标准已经注明，其新采用的一些标准应为2018版工程机械系列标准等。

注：土方机械包括如下机器族：推土机、装载机、挖掘机、挖沟机、自卸车、铲运车、平地机、回填压实机、压路机、吊管机、水平定向钻机等。

4.1.1　履带式推土机

本节所涉及的履带式推土机是自行的履带式机械，其工作装置可安装推土装置，通过机器的前进运动进行铲土、推移和平整物料，也可安装用来产生推力或牵引力的附属装置。在 GB/T 35213—2017《土方机械　履带式推土机　技术条件》中规定了履带式推土机的术语和定义、分类、要求、试验方法、检验规则以及标志、包装、运输和贮存，适用于发动机净功率 60~400kW 的机械传动式、液力机械传动式和静液压传动式的履带式推土机（以下简称推土机），推土机的衍生产品（如推耙机）、变型产品，以及净

功率大于 400kW 的推土机也可参照使用。

1. 分类

（1）型式和型号

1）型式。推土机的型式，按传动方式可分为三类：机械传动式推土机、液力机械传动式推土机和静液压传动式推土机。

2）型号。推土机的型号宜符合 JB/T 9725—2014《土方机械　产品型号编制方法》的规定。

（2）参数

1）主参数。推土机以发动机净功率作为主参数。

2）基本参数。推土机的基本参数参见 GB/T 35213—2017 附录 A 的表 A.1，基本参数的尺寸及符号应符合 GB/T 18577.1—2008《土方机械　尺寸与符号的定义　第1部分：主机》和 GB/T 18577.2—2008《土方机械　尺寸与符号的定义　第2部分：工作装置和附属装置》的规定。

2. 要求

（1）一般要求

1）推土机的发动机净功率应符合 GB/T 16936—2015《土方机械　发动机净功率试验规范》的规定。

2）推土机的装配质量应符合 JB/T 5945—2018《工程机械　装配通用技术条件》的规定。

3）推土机的涂装外观质量应符合 JB/T 5946—2018《工程机械　涂装通用技术条件》的规定。

4）推土机在结构设计上应能确保使用、维修、保养过程中安全和方便。

（2）性能和质量要求

1）推土机在环境温度为 -15~40℃，海拔不大于 2000m 的条件下应能正常起动和作业，起动应平稳。如有特殊需要时，可在供需双方合同中做出规定。

2）推土机的比功率不应小于 5.6kW/t。

注：在 GB/T 35213—2017 中定义了术语"比功率"，即："推土机发动机净功率与整机工作质量的比值。"

3）推土机的斜行量不应大于 0.5%。

4）推土机的最大牵引力不应小于自身工作质量的 78%（地面附着系数应大于 0.81）。

5）机械传动式推土机的最大牵引效率不应低于 75%，液力机械传动式和静液压传动式推土机的最大

牵引效率不应低于 65%。

6）推土机完成 1000h 可靠性试验后，可靠性评价指标应符合以下规定：

① 平均失效间隔时间（MTBF）不少于 300h。

② 可用度不低于 90%。

7）推土机工作装置液压系统的固体颗粒污染等级应符合以下规定：

① 柱塞泵系统污染等级不高于—/18/15。

② 齿轮泵系统污染等级不高于—/20/17。

8）推土机应能顺利爬上 30°的纵向坡道。

9）推土机的密封性能测定应在推土作业 3h 停机后立即进行，15min 内各密封结合面处不应出现油或水的渗漏现象。

10）推土机在 30°纵向坡道上，上坡制动时应能可靠停车；下坡车速从零开始自行溜坡 1m 后制动时，应能在履带接地长度内可靠停车（空档制动的静液压推土机除外）。

11）推土机以低速转向时，制动的一侧驱动轮不应出现转动现象（有原地转向功能的推土机除外）。

12）推土作业时达到的热平衡性能应满足以下要求：

① 变矩器出口温度不应大于 120℃。

② 终传动油温不应大于 100℃。

③ 工作装置（液压系统）油温不应大于 90℃。

13）燃油箱的有效容量应保证整机能连续工作 10h 以上。

14）推土机铲刀提升速度应不低于 0.3m/s，推土机铲刀 15min 内自然沉降量应不大于 120mm。

15）推土机的电气系统应符合 GB/T 35213—2017 的规定。

16）液压系统应安全可靠、工作平稳，无冲击、停滞、爬行、抖动等现象，各种管路布置排列应整齐。

（3）安全和环保要求

推土机的安全和环保要求见 GB/T 35213—2017。

3. 试验方法、检验规则、标志、包装、运输和贮存

推土机的试验方法、检验规则、标志、包装、运输和贮存等见 GB/T 35213—2017。

4.1.2 液压挖掘机

本节所涉及的是液压挖掘机，除非明确标注机械挖掘机，挖掘机通常指液压挖掘机。挖掘机是自行的履带式、轮胎式或步履式机械，具有可带着工作装置做 360°回转的上部结构，主要用铲斗进行挖掘作业，在其工作循环中底盘不移动。挖掘机的工作循环通常包括物料的挖掘、提升、回转和卸载，挖掘机也可用于物品或物料的搬运（运输）。在 GB/T 9139—2018《土方机械 液压挖掘机 技术条件》中规定了液压挖掘机的术语和定义、分类、要求、试验方法、检验规则、标志、包装、运输和贮存，适用于 GB/T 8498—2017《土方机械 基本类型 识别、术语和定义》规定的工作质量不大于 200000kg 的轮胎式和履带式液压挖掘机（以下简称挖掘机）。

1. 分类

（1）型式

按行走方式分为：

① 履带式挖掘机。

② 轮胎式挖掘机。

③ 步履式挖掘机。

（2）型号

挖掘机的产品型号应符合 JB/T 9725—2014《土方机械 产品型号编制方法》的规定，或由制造商自行确定。

（3）主参数

挖掘机以工作质量作为主参数。

（4）主要参数

挖掘机主要参数见表 4-1。

表 4-1 挖掘机主要参数

参 数		单位
基本参数	铲斗容量	m³
	工作质量	kg
	额定功率/额定转速	kW/(r/min)
液压系统参数	工作压力	MPa
作业参数	最大挖掘半径	mm
	最大挖掘深度	mm
	最大垂直挖掘深度	mm
	最大挖掘高度	mm
	最大卸载高度	mm
整机性能参数	最大挖掘力（斗杆/铲斗）	kN
	回转速度	r/min
	行走速度	km/h
	爬坡能力	%
	接地比压	kPa
尺寸参数	运输时全长	mm
	运输时全宽	mm
	运输时全高	mm
	司机室高度	mm
	履带总长	mm
	履带轨距	mm
	轮距	mm
	轴距	mm
	履带板宽度	mm
	最小回转半径	mm

2. 要求

（1）一般要求

1）挖掘机司机手册参照 GB/T 25622—2010《土方机械　司机手册　内容和格式》编制。

2）挖掘机应能在环境温度为−15~40℃、海拔不大于 2000m 的环境条件下正常作业。

3）挖掘机的涂装外观质量应符合 JB/T 5946—2018《工程机械　涂装通用技术条件》的规定。

4）挖掘机操纵装置应符合 GB/T 8595—2008《土方机械　司机的操纵装置》的规定。

5）工作质量 6000kg 以上的挖掘机燃油箱容量应保证整机连续正常工作不少于 10h。

（2）性能要求

1）挖掘机的液压系统油液固体颗粒污染等级不应超过 GB/T 14039—2002 规定的—/18/15。

2）挖掘机在按 GB/T 7586—2008《液压挖掘机试验方法》（已被 GB/T 7586—2018 代替）规定的试验条件下，动臂液压缸活塞杆因系统内泄漏引起的位移量不应大于 25mm/10min。

3）新机出厂时，不能出现渗漏。

4）轮胎式挖掘机的爬坡能力不小于 35%，履带式挖掘机的爬坡能力不小于 50%。

5）履带式挖掘机直线行驶的跑偏量不应大于测量距离的 5%。

6）在 GB/T 36693—2018《土方机械　液压挖掘机　可靠性试验方法、失效分类及评定》规定的条件下，挖掘机的可靠性应达到如下要求：

① 工作质量 6000kg 及以下的挖掘机平均失效间隔不应少于 300h，工作质量 6000kg 以上的挖掘机平均失效间隔不应少于 600h。

② 工作可用度不应少于 90%。

（3）安全要求

1）挖掘机应粘贴安全标签，安全标签应符合 GB 20178—2014《土方机械　机器安全标签　通则》的规定。

2）司机的视野应符合 GB/T 16937—2010《土方机械　司机视野　试验方法和性能准则》的规定。挖掘机可配备相应的辅助设备，例如，后视镜、监视装置等用于补充直接视野的不足，后视镜和监视装置的视野应符合 GB/T 25685.2—2010《土方机械　监视镜和后视镜的视野　第 2 部分：性能准则》的规定。

3）司机室前窗应配置刮水器和清洗器。

4）电气控制系统中应有确保安全的过载保护装置。

5）挖掘机应符合 GB 25684.5—2010《土方机械安全　第 5 部分：液压挖掘机的要求》中适用的强制性条款的规定。

6）挖掘机宜符合 GB 25684.5—2010 中适用的推荐性条款的规定。

（4）环保及舒适性要求

1）如配备全密封司机室，司机室环境应符合 GB/T 19933.2—2014《土方机械　司机室环境　第 2 部分：空气滤清器试验方法》、GB/T 19933.4—2014《土方机械　司机室环境　第 4 部分：采暖、换气和空调（HVAC）的试验方法和性能》和 GB/T 19933.5—2014《土方机械　司机室环境　第 5 部分：风窗玻璃除霜系统的试验方法》的规定。

2）挖掘机用柴油机的排气污染物应符合 GB 20891—2014《非道路移动机械用柴油机排气污染物排放限值及测量方法（中国第三、四阶段）》的规定。

3）挖掘机用柴油机的燃油消耗率应符合 GB 28239—2012《非道路用柴油机燃料消耗率和机油消耗率限值及试验方法》的规定。

4）挖掘机若装有空调，空调的制冷剂应符合 GB/T 18826—2016《工业用 1，1，1，2-四氟乙烷（HFC-134a）》的规定。

5）挖掘机的机外发射噪声声功率级和司机位置发射噪声声压级应符合 GB 16710—2010《土方机械　噪声限值》的规定。

6）除小型挖掘机外，挖掘机用司机座椅的减振能力应符合 GB/T 8419—2007《土方机械　司机座椅振动的试验室评价》中 EM6 输入谱类的要求。

3. 试验方法

试验方法按 GB/T 7586—2008《液压挖掘机　试验方法》（已被 GB/T 7586——2018 代替）的规定进行。

4. 检验规则

（1）出厂检验

1）每台挖掘机应经制造商的质量检验部门检验合格后方可出厂。

2）挖掘机出厂检验项目按照表 4-2 的规定。

3）出厂检验项目的指标应全部达到要求方为合格。

（2）型式检验

型式检验项目中，表 4-2 中规定的关键项目应全部达到要求，且重要项目不合格项不多于 2 项方为合格。

5. 标志、包装、运输和贮存

挖掘机的标志、包装、运输和贮存等见 GB/T 9139—2018。

表 4-2 挖掘机检验规则（摘自 GB/T 9139—2018）

检验项目		项目分级	试验方法	出厂检验	型式检验
整机出厂完整性		C	按随机文件	√	√
作业尺寸参数（定置试验）	作业参数	B	GB/T 7586	—	√
	挖掘力	B	GB/T 13332	—	√
液压系统	动臂液压缸活塞杆因系统泄漏引起的位移量	B	GB/T 7586	—	√
	液压油温升	C	GB/T 7586	—	√
	液压系统压力	B	GB/T 7586	—	√
	液压系统油液固体颗粒污染等级	B	GB/T 20082	—	√
	密封性	B	目测	√	√
安全	起重量	A	GB/T 13331	—	√
	稳定性	A	GB 25684.5	√	√
	其他强制性的安全要求	A	GB 25684.5	—	√
空运转试验		B	GB/T 7586	√	√
可靠性试验		A	GB/T 36693	—	√

注：A 为关键项目，B 为重要项目，C 为一般项目；"√"表示应检验的项目，"—"表示不检项目。

说明：

1）将 GB/T 9139—2018 与 GB/T 9139—2008 两项标准进行比较，标准 GB/T 9139—2018 将如下内容删除（仅与液压缸相关的）：

① 挖掘机反铲进行起重作业时，应采用符合 GB/T 21938—2008《土方机械 液压挖掘机和挖掘装载机动臂下降控制装置 要求和试验》要求的动臂下降控制装置。

② 为了防止机器由于液压系统失效而失稳，支腿液压回路应安装带液压锁的支腿液压缸。

③ 液压管路及燃料管路应固定牢靠，避免因振动和冲击而发生损坏和漏油现象；活动的管路应装有防止磨损的防护装置。

2）在 GB/T 9139—2018 中未见引用其规范性引用文件 GB/T 3766。

3）在 GB/T 9139—2018 中缺少对挖掘机的电气设备或系统的基本要求，在其规范性引用文件中也没有引用如 GB 5226.1—2008《机械电气安全 机械电气设备 第 1 部分：通用技术条件》和 GB 19517—2009《国家电气设备安全技术规范》等标准。

4.1.3 矿用液压挖掘机

本节所涉及的矿用液压挖掘机是适用于露天矿采掘物料或土方工程使用的，主要动作由液压系统驱动的，具有挖掘物料、回转、卸料和行走功能的，工作质量大于 200t 的超大型液压挖掘机。在 JB/T 13011—2017《矿用液压挖掘机》中规定

了矿用液压挖掘机（以下简称挖掘机）的术语和定义、型式与主要参数、技术要求、试验方法及检验规则、标志、包装、运输和贮存，适用于工作质量大于 200t 的，用于露天矿山开采或土方工程的液压挖掘机。

1. 型式与主要参数

（1）型式

挖掘机按原动机的类型，可分为电动机驱动和柴油发动机驱动两种型式。

挖掘机按工作装置的类型，可分为正铲式矿用液压挖掘机（见 JB/T 13011—2017 中图 1）和反铲式矿用液压挖掘机（见 JB/T 13011—2017 中图 2）两种型式。

（2）型号

挖掘机产品型号以工作质量为主特征。型号表示方法见 JB/T 13011—2017。

（3）主要参数

挖掘机主要参数应符合表 4-3 的规定。

2. 技术要求（仅与液压缸相关的）

（1）一般技术要求

1）挖掘机应符合 JB/T 13011—2017 标准的规定，并按经规定程序批准的图样及技术文件制造。

2）挖掘机的制造和检验应符合 JB/T 5000 的规定。

3）液压系统的设计应符合 GB/T 3766 的规定。

4）液压系统油液固体颗粒污染等级代号应符合 GB/T 14039 的规定。

表 4-3　挖掘机主要参数

型　号			WY（D）260	WY（D）390	WY（D）600	WY（D）800
基本参数	标准斗容/m³	正铲	11~17	18~24	27~34	38~45
		反铲	13~17	18~24	29~34	38~42
	工作质量/t	正铲	240~290	350~400	500~680	700~1000
		反铲	235~290	340~400	500~670	700~900
	额定功率/kW	电动机	860~1050	1200~1500	1800~2200	2900~3400
		发动机	940~1120	1250~1520	1880~2240	2800~3300
整机性能参数	最大斗杆挖掘力/kN	正铲	900~1370	1200~1810	2570①~2340	2320~3300
		反铲	760~880	950~1050	1240~1500	1760~1800
	最大铲斗挖掘力/kN	正铲	840~1000	1130~1270	1570~1975	2230~2450
		反铲	830~870	1000~1155	1240~1670	1920~2000
	回转速度/（r/min）		3~4.8	3~4.8	2.8~4.5	2.7~4.5
	行走速度/（km/h）		2.2~2.8	2.1~2.7	2.0~2.6	1.8~2.5
	爬坡能力（%）		≥40	≥40	≥40	≥36
	接地比压/kPa	正铲	170~240	170~250	180~290	210~280
		反铲	170~240	170~250	180~290	210~280
主要作业范围	最大挖掘半径/m	正铲	13~14.5	14~16	16~18	17~19
		反铲	15~17.5	17~19	18~21	21~22
	最大挖掘高度/m	正铲	13~17	14~17.5	15~21	19~21
		反铲	14~16.5	15~18	15~21	16~17
	最大卸载高度/m	正铲	10~11.5	10~12	11~14.5	13~15
		反铲	8.5~10.5	9.5~11.5	10~13	10~12
	最大挖掘深度/m	正铲	2.5~4	2.6~4	2.7~4.6	2.3~4.6
		反铲	6~9	7~10	8~9	8~9
液压参数	系统压力/MPa		28~37	28~37	28~37	28~37

① 该数据可能有误。

5）液压系统工作介质的使用应符合 JB/T 10607 的规定。

6）挖掘机的使用说明书应符合 GB/T 25622 的规定。

7）挖掘机应能在环境温度-15~40℃的条件下正常作业。挖掘机运输和贮存的环境温度最低应不低于-40℃。

8）挖掘机使用的海拔不大于 2000m。

9）特殊环境下使用的挖掘机，可由制造商和用户协商，按技术协议制造和检验。

（2）安全和环保要求

1）挖掘机上应设置安全标志，安全标志和危险图示应符合 GB/T 25517 的规定。

2）挖掘机上人员可及范围内的旋转和传动部件应设置防护装置，并符合 GB/T 8196 的规定。

3）操作和维修空间处的棱角倒钝应符合 GB/T 17301 的规定。

4）挖掘机液压管路和燃油管路应固定牢固，避免因振动和冲击而发生损坏和漏油现象；活动的油管应装有防止磨损的保护装置。

（3）司机室要求

挖掘机的司机室要求见 JB/T 13011—2017。

（4）随机文件

产品交付时，应向用户提供下列文件：

1）产品合格证。

2）使用说明书。

3）产品安装图样。

4）装箱单。

5）随机工具、易损件、备件和主要外购件目录。

3. 试验方法及检验规则（仅与液压缸相关的）

（1）总装空载试验

1）挖掘机在总装空载试验前应制定详细的试验规程。

2）挖掘机的总装空载试验应包括以下两个步骤：

① 总装后的检查、调整。

② 总装空载性能试验。

3）挖掘机总装后检查、调整应包括以下内容：液压系统在试车前，应先进行液压管路泄漏的检查。对液压泵和液压阀调整到位，分步升压，空载试运转，确定主要测试点的压力正常。

4）总装空载试验应包括以下内容：

① 分别试验工作装置各个动作。分别操纵动臂

液压缸、斗杆液压缸、铲斗液压缸和开斗液压缸，试验动臂、斗杆、铲斗和开斗各个动作，每个动作的全行程试验不少于 3 次，应无异常现象。

② 模拟不同的挖掘过程，试验工作装置的复合动作。每种组合动作不少于 3 次，应无异常现象。

③ 测试机器的最大作业尺寸，应包括最大挖掘半径、最大挖掘高度和最大卸载高度。最大挖掘半径和最大挖掘高度的测试点为中间斗齿齿尖的最远点，最大卸载高度的测试点为斗后的最低点。最大作业尺寸应符合机器的性能要求。

（2）出厂检验

1）每台挖掘机需由制造厂检验部门检验合格后方可出厂，并附有证明产品合格的文件。

2）挖掘机的出厂检验项目包括部件检验、成套性检验和总装空载试验等。对于定型产品，每批至少应抽检一台进行总装空载试验，总装空载试验应符合总装空载试验的要求。

（3）型式检验

挖掘机的型式检验见 JB/T 13011—2017。

4. 标志、包装、运输和贮存

挖掘机的标志、包装、运输和贮存见 JB/T 13011—2017。

4.1.4 轮胎式装载机

装载机是自行的履带式或轮胎式机械，前端装有主要用于装载作业（用铲斗）的工作装置，通过机器向前运动进行装载或挖掘。

注：装载机的工作循环通常包括物料的装载、提升、运输和卸载。

本节所涉及的是轮胎式装载机。在 GB/T 35199—2017《土方机械　轮胎式装载机　技术条件》中规定了轮胎式装载机的术语和定义、型号、要求、试验方法、检验规则、标志、包装、运输和贮存，适用于 GB/T 8498—2017《土方机械　基本类型　识别、术语和定义》规定的轮胎式装载机（以下简称装载机），其他类型的装载机也可参照使用。

1. 型号

装载机的产品型号应符合 JB/T 9725—2014《土方机械　产品型号编制方法》的规定，或由制造商自行确定。

2. 要求

（1）一般要求

1）装载机应能在环境温度为 −15～40℃，海拔不大于 2000m 的环境条件下正常作业。

2）装载机的结构宜考虑更换多种工作装置和附属装置的可能性。

3）装载机的装配质量应符合 JB/T 5945—2018《工程机械　装配通用技术条件》的规定。

4）装载机的涂装外观质量应符合 JB/T 5946—2018《工程机械　涂装通用技术条件》的规定。

5）装载机的司机手册应符合 GB/T 25622—2010《土方机械　司机手册　内容和格式》的规定。

6）装载机用燃油箱的容量应保证其在正常作业条件下连续作业时间不少于 10h。

7）装载机铲斗容量的标定应符合 GB/T 21942—2008《土方机械　装载机和正铲挖掘机的铲斗　容量标定》的规定。

8）装载机的基本参数一览表参见 GB/T 35199—2017 附录 A。

9）装载机如有特殊要求，可由供需双方协商确定。

（2）性能要求

1）装载机液压系统应符合 GB/T 3766 的规定，液压油最大温升和最高温度应处于装载机正常工作允许范围内。

2）装载机液压系统的液压油的固体颗粒污染等级应不大于表 4-4 规定的等级。

**表 4-4　装载机液压系统的液压油
固体颗粒污染等级**

齿轮泵系统	柱塞泵系统	叶片泵系统
—/19/16	—/18/15	—/17/14

3）装载机变矩器、变速器系统的油液固体颗粒污染等级代号应不大于 GB/T 14039—2002 规定的—/20/17。

4）装载机在整个出厂检验或型式检验（不含可靠性试验）过程中，其整机应无油和水渗漏。

5）装载机的液压缸沉降量应符合表 4-5 的规定。

表 4-5　液压缸沉降量

（单位：mm/h）

静态测试 3h 的平均值	铲斗液压缸	提升液压缸
	≤20	≤50

6）装载机的可靠性应达到如下要求：

① 平均失效间隔时间应不少于 430h。

② 工作可用度不少于 90%。

（3）安全要求

装载机的安全要求见 GB/T 35199—2017。

（4）环保及舒适性要求

装载机的环保及舒适性要求见 GB/T 35199—2017。

3. 试验方法、检验规则、标志、包装、运输和贮存

装载机的试验方法、检验规则、标志、包装、运输和贮存等见 GB/T 35199—2017。

4.1.5 平地机

本节所涉及的平地机是自行的轮式机械，在其前后桥之间装有一个可调节的铲刀。该机械可配置一个装在前面的铲刀（推土板）或松土耙，松土耙也可装在前后桥之间。在 GB/T 14782—2010《平地机技术条件》中规定了自行式平地机的术语和定义、分类、要求、试验方法、检验规则、标志、包装、运输和贮存，适用于整体或铰接机架的自行式平地机。

注：平地机主要是通过向前运动进行物料的平整、刮坡、挖沟和翻松。

1. 分类

1）平地机按机架形式分为整体式或铰接式；按传动形式分为机械传动、液力传动和液压传动；按驱动形式分为后桥驱动和全轮驱动。

2）平地机型号编制方法按 JB/T 9725—2014《土方机械　产品型号编制方法》的规定。

2. 要求（仅与液压缸相关的）

（1）一般要求

1）平地机应符合 GB/T 14782—2010 标准的要求，并按经规定的程序批准的图样和技术文件制造。

2）原材料、外购件、外协件均应有供货单位的标记及合格证，制造商应抽样测试，确认合格后方可使用。

3）焊接件应符合 JB/T 5943—2018《工程机械　焊接件通用技术条件》的规定。

4）外观涂装应符合 JB/T 5946—2018《工程机械　涂装通用技术条件》的规定。

（2）性能要求

1）平地机主要性能要求应符合表 4-6 的规定。

表 4-6　平地机主要性能要求

序号	项　　目		性能要求	备　　注
1	铲刀升降速度 /（mm/s）	升	≥100	
		降	≥120	
2	铲刀侧移速度 /（mm/s）	升	≥90	
		降	≥100	
3	铲刀液压缸沉降量/（mm/30min）		≤8	
4	液压系统固体颗粒污染等级	采用柱塞泵系统	≤—/18/15	1）行驶试验及 2h 作业后检查
		采用齿轮泵系统	≤—/19/16	2）污染等级符合 GB/T 14039 的规定
5	整机密封性（10min）		无渗漏	
6	整机可靠性	工作可用度（有效度）	≥85%	
		平均失效间隔时间（平均故障间隔时间）/h	≥200	
		平均首次失效前时间（首次故障前平均工作时间）/h	≥200	

注：在 GB/T 7920.9—2003 中列出的部件有铲刀角位调节液压缸、铲刀提升液压缸、回转圈侧移液压缸、车轮倾斜液压缸、铲刀侧移液压缸、后轮转向液压缸以及松土耙（松土器）液压缸等。

2）液压系统应符合 GB/T 3766 的规定，液压元件应符合 GB/T 7935 的规定，液压油的最高温度和最大温升应处于平地机正常工作允许的范围内。

3）平地机应传动平稳，无异常声响。

4）平地机应能在 −25～40℃的气温下正常启动和全功率运转。

5）平地机可靠性要求的有效度、平均故障间隔时间和首次故障前平均工作时间见表 4-6 的规定。

（3）安全、环境保护和舒适性要求

平地机的安全、环境保护和舒适性要求见 GB/T 14782—2010。

3. 试验方法、检验规则、标志、包装、运输和贮存

平地机的试验方法、检验规则、标志、包装、运输和贮存等见 GB/T 14782—2010。

4.1.6 汽车起重机

汽车起重机是起重作业部分安装在通用或专用的汽车底盘上,具有载重汽车行驶性能的流动性起重机。在 JB/T 9738—2015《汽车起重机》中规定了汽车起重机的术语和定义、技术要求、检验规则、标志、包装、运输和贮存,适用于以内燃机为动力的液压式起重机(以下简称起重机),其他形式的起重机也可参照执行。

1. 技术要求

(1)工作条件

1)停机地面应坚实,作业过程中不得下陷,必要时应采取措施满足承载要求。行驶时地(路)面的承载能力不得小于起重机的接地比压和轴荷。

2)试验时,应支承起支腿,使所有轮胎离地,整机保持水平状态,回转支承安装平面的倾斜度不大于1%。

3)起重机轮胎的工作压力应符合其产品说明书的规定,其误差为±5%。

4)环境温度为-20~40℃,若低于-20℃应在订货合同中说明。

5)工作场地风速不大于 14.1m/s。当风速大于15.5m/s 时,应将副臂收回;当风速超过 20.0m/s时,应将整个臂架收回至行驶状态。

6)当臂长超过 50m 且用户规定了风速时,工作风速按合同执行。

7)海拔一般不超过 2000m。

(2)整机(仅与液压缸相关的)

1)起重机的设计计算应符合 GB/T 3811—2008《起重机设计规范》的规定。

2)起重机应符合国家机动车辆强制性认证和强制性检验等市场准入的要求。

3)起重机的最大起重量应符合 GB/T 783—2013《起重机械 基本型的最大起重量系列》的规定。

4)起重机整机稳定性应符合 GB/T 19924—2005《流动式起重机 稳定性的确定》的规定。

5)额定起重量表和工作范围应符合 GB/T 21458—2008《流动式起重机 额定起重量图表》的规定。

6)起重机安全装置的设置和调试应符合 JB8716—1998《汽车起重机和轮胎起重机 安全规程》(已废止)的要求。

7)最大额定总起重量大于或等于 8t 起重机宜配置可选装的固定副臂。

8)起重机的作业可靠性和行驶可靠性指标应符合产品技术文件的规定。作业可靠性试验应符合

JB/T 4030.1—2013《汽车起重机和轮胎起重机试验规范 第1部分:作业可靠性试验》的规定,行驶可靠性试验应符合 JB/T 4030.2—2013《汽车起重机和轮胎起重机试验规范 第2部分:行驶可靠性试验》的规定。

9)气、液管路及电气线路应安装牢固、排列整齐,行驶和起重作业过程中不得脱落、松动和相互摩擦;在可能有机械损伤的地方,应敷设于槽、管中,出口处应设置防止磨损的保护装置。

10)各操纵件应操作方便、灵活、可靠,并应有指示标牌或标志。标牌或标志应符合 GB 4094—2016《汽车操纵件、指示器及信号装置的标志》、GB 15052—2010《起重机 安全标志和危险图形符号总则》和 GB/T 25195.2—2010《起重机 图形符号 第2部分:流动式起重机》的规定。

11)在正常使用过程中可以触及到的零部件,边缘应倒圆(最小半径为2mm)或倒角(最小2mm×2mm)。

12)油漆应光洁、均匀,不应有漏漆、起皮、脱落和色泽不一致等缺陷,主要外露表面无流痕、气泡等缺陷。漆膜附着力应符合 GB/T 9286—1998《色漆和清漆 漆膜的划格试验》中一级质量的要求。

13)外露销轴、阀块等金属表面应做防腐、防锈处理。

14)起重机液压泵的最高工作转速应按设计要求限定,其值不得超过液压泵的额定转速。

15)起重机的作业参数应满足制造商提供的设计值。

16)起重机的主要尺寸和重量不应大于其限值,质量参数的偏差值不应大于3%。

17)制造厂应在使用说明书中明确规定起重机是否具有带载伸缩能力。

18)对有特殊要求的起重机,可按合同执行。

(3)机构及零部件(仅与液压缸相关的)

1)变幅机构。

① 变幅机构应能可靠地支承臂架,并能在操作者控制下使臂架在任何位置平稳地停止;在操作人员未进行操作时,应能支承住臂架以及额定载荷。

② 采用液压变幅机构时,同步动作的两个液压缸之间连接装置的设计应能避免其中一个液压缸可能出现过载。

2)伸缩机构。

① 伸缩机构应能可靠地支承各伸出臂段,能在操作者控制下使起重臂平稳地伸缩到预定的臂长,并能对额定载荷进行有效地控制。

② 应在伸缩液压缸上安装一套保持装置(如平

衡阀），以防止液压系统意外失效（如管路破裂）时起重臂不受控制地回缩。

③ 单缸插销伸缩机构每节臂的臂长选择不应少于 2 个臂位。单缸插销伸缩机构应能根据伸缩缸的载荷状态控制液压缸的工作压力，缸销、臂销液压缸应有机械互锁装置。

（4）液压系统

1）液压系统的设计、制造、安装和配管应符合 GB/T 3766 的规定。

2）液压元件应能保证在最大工作压力（包括超载试验时的压力）和最大运行速度时，正常工作而不失效。液压元件应符合 GB/T 7935 的规定。

3）液压泵和液压马达应足以承受工作中各种载荷的变化。液压系统宜有极限负荷调节功能。变量马达的工作起始点应处于大排量处，其由小排量切换到大排量能够自动进行。

4）液压回路平稳性试验时，应动作平稳，无抖动现象。每个液压回路应配有一个显示压力的装置或检测口，压力表的精度不低于 1.6 级。

5）液压泵在额定转速（流量）时，液压系统压力应符合设计要求。液压泵稳定运行在设计转速（流量）下，各液压回路实际工作压力值不得大于液压泵的额定工作压力。安全溢流阀的调定压力不得大于系统额定工作压力的 110%。

6）起重机应选用抗磨性、黏温性好的液压油，并在产品说明书中有明确规定。液压油固体颗粒污染等级、测量方法、选用与更换应符合 JB/T 9737—2013《流动式起重机　液压油　固体颗粒污染等级、测量和选用》的规定。

7）液压系统工作时，液压油箱内的最高油温不得超过 80℃。温升试验结束时油箱内液压油的相对温升不应大于 45℃。

8）在起重机正常工作时（包括性能试验过程），液压系统不应有渗漏油现象。密封性能试验时，15min 后，变幅液压缸和垂直支腿液压缸的回缩量不应大于 2mm，重物下沉量不大于 15mm；起重机固定结合面不应渗油，相对运动部位不应滴油。手摸无油膜或目测无油渍为不渗油；渗出的油渍面积不超过 100cm² 或无油滴出现为不滴油。

9）液压钢管及接头的安全系数不应小于 2.5。

10）液压软管应符合 JB/T 8727 的规定，安全系数不应小于 4。当液压软管的工作压力大于 5MPa 或温度高于 50℃，且与操作者距离小于 1m 又没有其他遮挡时，应采取保护措施以免软管破裂对操作者造成伤害。

11）齿轮泵吸油口真空度不应大于 0.03MPa，柱塞泵吸油口真空度不应大于 0.02MPa。

12）液压缸应装有一个在液压管路意外破裂发生时能停止其动作的装置（如液压锁、平衡阀等），该装置应尽量靠近液压缸并采用刚性连接。如液压缸和液压阀之间装有焊接式或卡套式接头，整个结构的安全系数不应小于 2.5。

13）在蓄能器上或靠近蓄能器的明显位置应标有安全警示标志。

14）过滤器应有阻塞检测或报警装置。

15）液压油箱应有液位显示器，并应做出系统允许的"最高"和"最低"标记。

2. 试验方法与检验规则

起重机的试验方法与检验规则按照 GB/T 6068—2008《汽车起重机和轮胎起重机试验规范》的规定执行。

3. 标志、包装、运输和贮存

起重机的标志、包装、运输和贮存等见 JB/T 9738—2015。

4.1.7　冲击压路机

本节所涉及的冲击压路机是有一个或多个，外廓表面由若干曲线为母线构成的柱面，转动时产生冲击力的金属压轮，用于压实碎石、混凝土、土壤或沙砾材料的自行式或拖式机械。在 GB/T 25626—2018《冲击压路机》中规定了冲击压路机的术语和定义、分类、要求、试验方法、检验规则、标志、包装、运输和贮存，适用于拖式冲击压路机（以下简称压路机），其他类型冲击压路机可参照使用。

JB/T 13786.1—2020《土方机械　振荡压路机　第 1 部分：技术条件》将于 2021-01-01 实施，可供参考。

1. 分类

（1）型号

压路机的型号编制宜符合 JB/T 9725—2014《土方机械　产品型号编制方法》的规定，或者由制造商自行确定。

（2）基本参数

压路机基本参数应符合表 4-7 的规定。

表 4-7　压路机基本参数

项　目	基本参数	
冲击势能/kJ	≥20	
工作质量/kg	≥10000	
工作速度/(km/h)	压实作业：10~15	破碎作业：8~10
冲击轮宽/mm	≥800	
离地间隙/mm	≥260	
蓄能器充气压力/MPa	3.5~4	
缓冲液压缸充油压力/MPa	4~6	

2. 要求

（1）一般要求

1）压路机的结构布置应使使用、维修、保养及调整方便和安全。

2）所有需要润滑的零部件均应装有作用可靠、易于维护的润滑装置。

3）压路机的缓冲、减振应良好；转场运行时，冲击轮应能顶起且有可靠锁紧装置。

4）压路机的装配质量应符合 JB/T 5945—1991（2018）《工程机械　装配通用技术条件》的规定。

5）压路机的涂装质量应符合 JB/T 5946—1991（2018）《工程机械　涂装通用技术条件》的规定。

（2）性能要求

1）压路机的工作质量应符合表 4-7 的要求，允许偏差为设计值的±3%。

2）压路机的冲击势能应符合表 4-7 的要求，允许偏差为设计值的±5%。

3）压路机的工作速度应符合表 4-7 的要求。

4）压路机不应有渗漏油的现象。

5）压路机应具有良好的压实效果，在满足有效压实度时，压实度应达到 95%以上。

（3）安全要求

1）压路机应符合 GB 25684.1—2010《土方机械　安全　第1部分：通用要求》和 GB 25684.13—2010《土方机械　安全　第13部分：压路机的要求》中适用的强制性条款，推荐性条款宜参照执行。

2）压路机粘帖的安全标签应符合 GB 20178—2014《土方机械　机器安全标签　通则》的规定。

（4）可靠性要求

1）压路机在 300h 可靠性试验中，平均首次失效工作时间应不小于 120h；平均失效间隔时间应不小于 150h；工作可用度应不小于 95%。

2）压路机的可靠性试验，也可用 300h 工业性试验代替，其指标应符合 2.(4)1)的规定。

3. 试验方法

（1）渗漏检测

1）试验样机可能出现渗漏的部位在试验前应擦拭干净。

2）试验样机连续工作 1.5h 后，停止并立即按下列方法检测：

① 在可能出现渗漏部位的下方垫上白纸，以便于观察。

② 在停机后 10min 内检查渗漏油情况。

③ 检验结果记入渗漏检测记录表（见 GB/T 25626—2018 中表 B.6）。

（2）失效判定规则

按以下规则判定失效：

1）只对样机自身潜在的因素和固有的缺陷所导致的失效计入失效次数；由外界因素或违反操作规程而导致的失效不计入失效次数，由此造成可靠性试验中断时，允许重新抽样和试验。

2）若同时发生两个以上失效，且失效之间存在直接联系，则按影响最严重的失效类别计算，不叠加计算；若失效之间无直接联系，则分别计算。

3）一次失效应判定一个失效次数。且只能判定为失效类别中的一类。

4）按产品说明书规定的时间更换随机备件，不作为失效，但应记录，并在试验报告中加以说明。

（3）可靠性指标计算

1）首次失效前时间（MTTFF）见式（4-1）。

$$MTTFF = t \tag{4-1}$$

式中　t——首次失效前时间的数值，单位为 h。

2）平均失效间隔时间（MTBF）按式（4-2）计算。

$$MTBF = \frac{t_0}{r_b} \tag{4-2}$$

式中　t_0——产品累计工作时间的数值，单位为 h；

r_b——产品出现的当量失效数，按式（4-3）计算，当 $r_b < 1$ 时，令 $r_b = 1$。

$$r_b = \sum_{i=1}^{3} k_i \varepsilon_i \tag{4-3}$$

式中　k_i——产品出现第 i 类失效的次数；

ε_i——第 i 类失效的危害度系数（见 GB/T 25626—2018 中表 D.1）。

3）工作可用度 A_0 按式（4-4）计算。

$$A_0 = \frac{t_0}{t_0 + \sum_{i=1}^{4} t_{ri} + \sum_{i=1}^{n} t_{mi}} \times 100\% \tag{4-4}$$

式中　A_0——工作可用度；

t_{ri}——第 i 级失效所需的修理时间总和，单位为 h；

t_{mi}——第 i 次保养所需时间，单位为 h。

4. 检验规则、标志、包装、运输和贮存

压路机的检验规则、标志、包装、运输和贮存等见 GB/T 25626—2018。

4.1.8　沥青混凝土摊铺机

本节所涉及的沥青混凝土摊铺机是采用浮动熨平板/自动调平熨平板方式，对沥青混合料进行布料和

预压实，形成设定路面形状的移动式机械。在 GB/T 16277—2008《沥青混凝土摊铺机》中规定了沥青混凝土摊铺机的分类、技术要求、试验方法、检验规则、标志、包装、运输和贮存，适用于自行式沥青混凝土摊铺机（以下简称摊铺机）。

1. 分类

（1）型式

摊铺机按行走型式划分为：

1）履带式摊铺机。

2）轮胎式摊铺机。

（2）基本参数

摊铺机的产品基本参数见 GB/T 16277—2008 中的表 1。

（3）型号

摊铺机的产品型号可由组代号、型代号、主参数代号和更新、变型代号组成，也可由企业信息和产品编码组成，具体请见 GB/T 16277—2008。

2. 技术要求（仅与液压缸相关的）

（1）基本要求

1）摊铺机应按经规定程序批准的图样及技术文件制造。

2）用于摊铺机的材料及配套件（外购件）均应有必要的合格证明。

3）摊铺机应具有受料系统、输送装置、分料装置、熨平及加热装置、行走系统和操纵控制系统等。结构布局应便于保养、维修，经常检修、润滑、调整及紧固的部位，应具有足够的作业空间，其最小入口尺寸应符合 GB/T 17299—1998《土方机械　最小入口尺寸》的规定。

4）摊铺机的正常工作条件应符合以下规定：

① 摊铺机的作业环境温度一般应在 4~35℃ 的范围内；海拔在 500m 以下。

② 摊铺机作业的沥青路面基层、沥青混合料等应符合 GB 50092—1996《沥青路面施工及验收规范》的规定。

5）摊铺机应能在与产品规定的配套设备对接受料状态下，以各种作业组合状态铺筑沥青混合料路面面层。

6）摊铺机应设置起吊、运输固定专用装置、工具箱，并备有专用工具和常用备件及附件。

7）转运状态的外形边界尺寸应符合有关交通、运输等方面的规定。

8）摊铺机的焊接件、铸件质量应分别符合 JG/T 5082.1—1996《建筑机械与设备　焊接件通用技术条件》、JG/T 5011.1—1992《建筑机械与设备

铸钢件通用技术条件》（已废止）、JG/T 5011.5—1992《建筑机械与设备　球墨铸铁件通用技术条件》（已废止）；钣金件、结构件的表面、边缘应光滑平整。

9）摊铺机的涂装质量和装配应分别符合 JG/T 5011.12—1992《建筑机械与设备　涂漆通用技术条件》（已废止）和 JG/T 5011.11—1992《建筑机械与设备　装配通用技术条件》（已废止）的规定。

10）摊铺机的可靠性要求：摊铺机整机作业可靠性试验时间为 300h；首次故障前工作时间不少于 100h；平均无故障工作时间不少于 100h；可靠度不小于 85%。

（2）自动调平系统

1）自动调平系统应采用机械接触式或非接触式传感器，电液控制系统的响应特性应满足摊铺路面平整度的要求。

2）两侧自动调平液压缸应有明显的活塞杆工作位置指示装置。

3）自动调平控制器的工作环境温度应为 -10~70℃。

注：摊铺成形质量指标"平整度"见 GB/T 16277—2008 中的表 6。

（3）液压系统

1）液压系统应符合 GB/T 3766 的有关规定。

2）液压系统油温不大于 85℃。

3）开式液压系统液压油的固体颗粒污染清洁度等级不应大于 JG/T 5035—1993《建筑机械与设备用油液固体污染清洁度分级》（已废止）中规定的 18/15，闭式系统不应大于 17/14。

4）液压系统应具有良好的密封性能，不应有渗漏和空气吸入。

（4）电子管理系统

1）电子管理系统应能在摊铺过程中实时监测、显示各工作装置的主要工作参数。

2）电子管理系统应能实时地对故障进行监控、报警，同时显示出故障部位、可能原因及解决方法，并可根据故障的严重程度进行停机保护。

3）电子管理系统应能设定、储存工作过程的相关数据，并输出统计数据。

4）电子管理系统应具有无线数据传输和遥控的选装功能。

5）电子管理系统可根据需要提供摊铺机的使用、维护、保养说明及帮助。

（5）其他要求

其他要求如作业系统其他要求，机械传动、电气、气动要求，操作、控制、指标要求，行驶性能要求，作业性能要求，安全、环保要求等见 GB/T 16277—2008。

3. 试验方法、检验规则、标志、包装、运输和贮存

摊铺机的试验方法、检验规则、标志、包装、运输和贮存等见 GB/T 16277—2008。

4.1.9 液压打桩锤

液压打桩锤是通过发动机（电动机）驱动液压泵将稳定的高压油输送到液压缸，锤芯由液压缸提升或举升到设定的高度后下落产生冲击力打击桩体的设备。在 JB/T 13566—2018《建筑施工机械与设备　液压打桩机》中规定了液压打桩锤的术语和定义、基本参数、分类、型号和规格、技术要求、试验方法、检验规则、使用说明书、标志、包装、运输和贮存，适用于液压打桩锤。

1. 基本参数、分类、型号和规格

（1）分类

液压打桩锤（参见 JB/T 13566—2018 中图 1）根据锤芯的工作方式分为：

① 单作用式液压打桩锤。

② 双作用式液压打桩锤。

（2）型号

1）产品型号。产品型号主要由产品代号和主参数组成，主参数为液压打桩锤的锤芯质量和最大打击能量。

其表示方法如下：

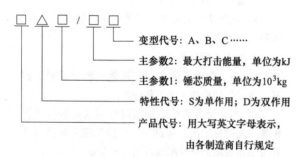

□△□□/□□
- 变型代号：A、B、C……
- 主参数2：最大打击能量，单位为 kJ
- 主参数1：锤芯质量，单位为 10^3kg
- 特性代号：S 为单作用；D 为双作用
- 产品代号：用大写英文字母表示，由各制造商自行规定

2）标注示例。锤芯质量为 10×10^3kg，最大打击能量为 150kJ，产品代号为 YC，第二次变型改进设计的单作用式液压打桩锤，标注为：

YCS10/150B

（3）规格

液压打桩锤锤芯规格系列见表 4-8。

表 4-8　液压打桩锤锤芯规格系列

（单位：10^3 千克）

锤芯质量																
3	4	5	8	10	12	14	16	18	20	25	30	35	40	50	60	80	100

注：液压打桩锤规格扩展可以在以上系列中延伸和插值。

（4）基本参数

1）液压打桩锤基本性能参数及几何尺寸应包括以下内容：

① 锤芯质量：单位为 10^3kg。

② 锤芯最大行程，单位为 mm。

③ 最大打击能量，单位为 kJ。

④ 打击频率，单位为 Hz。

⑤ 桩锤总质量，单位为 kg。

⑥ 桩锤外形尺寸（$L \times B \times H$），单位为 mm。

⑦ 截面尺寸（$B \times H$），单位为 mm。

⑧ 桩锤中心至导轨中心或前部外缘的距离，单位为 mm。

⑨ 工作方式：单作用或双作用。

注：当产品不具备某项参数所对应的功能时，可以略去。

2）配套液压动力站的基本性能参数及几何尺寸应包括以下内容：

① 发动机（电动机）功率，单位为 kW。

② 额定流量，单位为 L/min。

③ 额定压力，单位为 MPa。

④ 液压动力站质量，单位为 kg。

⑤ 液压动力站外形尺寸（$L_1 \times B_1 \times H_1$），单位为 mm。

2. 技术要求

（1）一般要求

1）液压打桩锤产品应符合 JB/T 13566—2018 标准的要求，并按照经规定程序批准的图样及技术文件制造。

2）所有原材料的力学性能和化学成分应符合有关标准的规定，材料应有标识及质量保证书。

3）液压打桩锤所采用的外协件和外购件应有检验合格证，验收合格后方可投入安装。

4）液压打桩锤所有的管路和电缆应排列整齐，固定可靠，不应有磨损和干涉现象。

5）液压打桩锤应能在环境温度为 -15~45℃ 的条件下正常工作。

6）焊接件应符合 JB/T 5934 的规定。

7）需要润滑的零件均应装有作用可靠、易于维修的润滑装置。

8）操纵机构应动作灵活、定位准确可靠。

9）锤芯的质心、形状及导向应使其工作平稳。

10）锤芯行程位置检测传感器应灵敏可靠。

11）最终贯入度小于 25mm 时，液压打桩锤应停止施打，避免超负荷工作。

12）液压打桩锤运转时液压泵、阀组、油箱及接头不应有渗漏现象，各部件结合处不应松动。

13）有特殊要求的液压打桩锤，可按照用户和制造商的技术协议制造和检验。

（2）整机性能要求

1）液压打桩锤锤芯质量的误差不应超过设计值的 ±1%。

2）液压打桩锤锤芯的工作行程不应低于设计值的 98%。

3）液压打桩锤的密封性能应符合下列要求：

① 液压系统和润滑系统不应有渗漏现象。

② 冷却系统的管接头不应有渗漏现象。

注：10min 内渗漏超过 1 滴的为漏油，不足 1 滴的为渗油。

4）液压打桩锤最大工作行程时的打击频率不应低于设计值的 92%。

5）液压打桩锤实际打击能量不应低于设计值的 85%。

6）液压打桩锤在正常工作状态下，辐射噪声应符合表 4-9 的规定。

表 4-9　辐射噪声值

液压动力站发动机功率 P/kW	≤130	>130~500	>500~800	>800~1100	⥸1100
最大辐射噪声/dB（A）	100	105	110	115	120

（3）主要零部件技术要求

1）锤体。锤体上各结构件强度应满足设计要求，焊接件应符合 JB/T 5943 的规定。

2）液压缸。

① 焊接件应符合 JB/T 5943 的规定。

② 液压缸活塞和活塞杆动密封沟槽尺寸和公差应符合 GB/T 2879 的规定。

③ 液压缸试验方法应符合 GB/T 15622 的规定。

④ 液压缸内表面镀硬铬，表面光滑，硬度不应低于 60HRC，厚度不应低于 0.08mm。

3）锤芯和桩帽。锤芯和桩帽的技术要求见 JB/T 13566—2018。

（4）液压系统

1）液压系统的设计、制造、安装和配管应符合 GB/T 3766 的规定。

2）各液压控制元件应符合 GB/T 7935 的规定。

3）液压系统应具备防止过载的保护功能。

4）在空载条件下，液压泵以额定转速（流量）运转时，各液压回路的压力损失值不应大于 3.0MPa。

5）液压油工作温度不应超过 80℃。

6）液压系统油液固体颗粒污染等级不应超过 GB/T 14039—2002 规定的 —/18/15。

（5）外观要求

1）外观涂装应附着牢固、均匀平整、光亮、颜色一致，不应有流痕、皱皮、漏涂和气泡等缺陷，漆膜附着力不应低于 GB/T 9286—1998 中 2 级的要求。

2）铸钢件表面应光滑平整，无明显砂眼、气孔和夹渣等缺陷，并应符合 JB/T 5939 的规定。

3）所有外露金属表面应防锈处理。

4）标牌应固定端正，字迹明显、清晰，不应被涂装覆盖。

（6）可靠性

液压打桩锤可靠性试验时间不应少于 200h，其可靠度不应小于 85%，平均无故障工作时间不应少于 80h，首次故障前时间不应少于 100h。

4.2　液压机用液压缸设计与选型依据

液压机是用液压传动的压力机的总称，或表述为液压机是用液压传动来驱动滑块或工作部件的压力机的总称，按介质不同分为油压机和水压机，通常液压机是指油压驱动的压力机。对于一些标准规定的液压机见表 4-10，尽管有这样或那样的不同，但液压系统及液压缸是标准规定的液压机组成部分。

数控液压机是以数字量为主进行信息传递和控制的、具有人机界面、主要参数（至少含压力、位移参数）采用数字化控制的液压机，但其型式应符合 GB/T 28761—2012《锻压机械　型号编制方法》。

在各项液压机标准中，一般都给出了液压机的型式与基本参数、（技术）要求等，其是设计与选择液压机用液压缸的根据，其中的一些详细（或具体）技术要求，更是为该种液压机专门设计的液压缸所必须满足的。

为了能对液压机用液压缸进行规范的设计与选型，以下对现行各液压机标准进行了摘录，并对其中一些液压缸的要求（包括型式与参数）进行了必要的注释和说明。

表 4-10　液压机产品标准目录

序号	标　　准
1	GB/T 3159—2008《液压式万能试验机》
2	GB/T 9166—2009《四柱液压机　精度》
3	GB/T 9653—2006《棉花打包机系列参数》
4	GB/T 16826—2008《电液伺服万能试验机》
5	GB/T 19820—2005《液压棉花打包机》
6	GB/T 25718—2010《电液锤　型式与基本参数》
7	GB/T 25719—2010《电液锤　技术条件》
8	GB/T 25732—2010《粮油机械　液压榨油机》
9	GB/T 33639—2017《数控液压冲钻复合机》
10	GB/T 36486—2018《数控液压机》
11	JB/T 1808—2005《电极挤压液压机》
12	JB/T 1881—2010《切边液压机　型式与基本参数》
13	JB/T 2098—2010《单臂冲压液压机　型式与基本参数》
14	JB/T 3819—2014《粉末制品液压机　精度》
15	JB/T 3820—2015《塑料制品液压机　精度》
16	JB/T 3821—2014《双动薄板拉伸液压机　精度》
17	JB/T 3844.1—2015《金属挤压液压机　第1部分：基本参数》
18	JB/T 3844.2—2015《金属挤压液压机　第2部分：精度》
19	JB/T 3863—1999《磨料制品液压机　型式与基本参数》
20	JB/T 3864—1985《磨料制品液压机　精度》
21	JB/T 6584—1993《磁性材料液压机　技术条件》
22	JB/T 6998—2010《25MN 金刚石液压机》
23	JB/T 7343—2010《单双动薄板冲压液压机》
24	JB/T 7678—2007《双动厚板冲压液压机》
25	JB/T 8492—1996《单动薄板冲压液压机　基本参数》
26	JB/T 8493—1996《双动薄板拉伸液压机　基本参数》
27	JB/8494.2—2012《金属打包液压机　第2部分：技术条件》
28	JB/T 8612—2015《电液伺服动静万能试验机》
29	JB/T 8763—2013《电液伺服水泥试验机　技术条件》
30	JB/T 8779—2014《超硬材料六面顶液压机　技术条件》
31	JB/T 9957.1—1999《四柱液压机　性能试验方法》
32	JB/T 9957.2—1999《四柱液压机　型式与基本参数》
33	JB/T 9958.1—1999《单柱液压机　型式与基本参数》
34	JB/T 11394—2013《重型液压废金属打包机　技术条件》
35	JB/T 12092.1—2014《模具研配液压机　第1部分：型式与基本参数》
36	JB/T 12092.2—2014《模具研配液压机　第2部分：精度》
37	JB/T 12096—2014《卧式全自动液压打包机》
38	JB/T 12098—2014《板材充液成形液压机》
39	JB/T 12099—2014《管材充液成形液压机》
40	JB/T 12100—2014《精密伺服校直液压机》
41	JB/T 12229—2015《油泵直接传动双柱斜置式自由锻造液压机》
42	JB/T 12297.1—2015《液压快速压力机　第1部分：基本参数》
43	JB/T 12297.2—2015《液压快速压力机　第2部分：技术条件》
44	JB/T 12297.3—2015《液压快速压力机　第3部分：精度》
45	JB/T 12381.1—2015《数控内高压成形液压机　第1部分：基本参数》
46	JB/T 12381.2—2015《数控内高压成形液压机　第2部分：技术条件》
47	JB/T 12381.3—2015《数控内高压成形液压机　第3部分：精度》
48	JB/T 12510—2015《中厚钢板压力校平液压机》
49	JB/T 12517.1—2015《等温锻造液压机　第1部分：型式与基本参数》
50	JB/T 12517.2—2015《等温锻造液压机　第2部分：精度》

（续）

序号	标　　准
51	JB/T 12519.1—2015《粉末冶金液压机　第1部分：型式与基本参数》
52	JB/T 12769—2015《快速数控薄板冲压液压机》
53	JB/T 12774—2015《数控液压机　通用技术条件》
54	JB/T 12994.1—2017《快速薄板冲压及拉伸液压机　第1部分：型式与基本参数》
55	JB/T 12994.2—2017《快速薄板冲压及拉伸液压机　第2部分：技术条件》
56	JB/T 12994.3—2017《快速薄板冲压及拉伸液压机　第3部分：精度》
57	JB/T 12995.1—2017《封头液压机　第1部分：型式与基本参数》
58	JB/T 12995.2—2017《封头液压机　第2部分：技术条件》
59	JB/T 12995.3—2017《封头液压机　第3部分：精度》
60	JB/T 12996.1—2017《移动回转压头框式液压机　第1部分：型式与基本参数》
61	JB/T 12996.2—2017《移动回转压头框式液压机　第2部分：技术条件》
62	JB/T 12996.3—2017《移动回转压头框式液压机　第3部分：精度》
63	JC/T 910—2013《陶瓷砖自动液压机》
64	JC/T 2034—2010《蒸压砖自动液压机》
65	JC/T 2178—2013《耐火砖自动液压机》

在 JB/T 3818—2014《液压机　技术条件》中对液压机用液压缸有一些具体要求，如：

1）重要的导轨副及立柱、活（柱）塞应采取耐磨措施。

注：这里缺少对活塞杆的要求，且柱塞缸中没有活塞，也没有柱塞，只有活塞杆。

2）自制液压缸应进行耐压试验，其保压时间不应少于 10min，并不得有渗漏、永久变形即损坏现象。耐压试验压力应符合下列要求：

① 当额定压力小于 20MPa 时，耐压试验压力应为其 1.5 倍。

② 当额定压力大于或等于 20MPa 时，耐压试验压力应为其 1.25 倍。

3）液压驱动元件［如活（柱）塞、滑块、移动工作台等］在规定行程、速度范围内，不应有振动、爬行和停滞现象，在换向和卸压时不应有影响正常工作的冲击现象。

4）用于液压机的灰口铸铁件应符合 JB/T 5775 的规定，铸钢件、有色金属铸件应符合技术文件的规定。重要铸件应进行热处理或其他降低应力的方法消除内应力。

5）重要的锻件应进行无损检测，并进行热处理。

6）焊接结构件和管道焊接应符合 JB/T 8609 的规定。主要焊接结构件材质应符合 GB/T 700、GB/T 1591 的规定。重要的焊接金属件应采用热处理或其他降低应力的方法消除内应力。

7）用于液压机的大型锻件应符合 JB/T 6397 的规定。

8）加工零件应符合设计图样、工艺技术文件的规定。无要求的锐棱尖角应修钝或倒棱。

9）加工表面不应有锈蚀、毛刺、划伤和其他缺陷。

10）图样上未注明公差要求的切削加工尺寸，应符合 GB/T 1804 中的 m 级。未注明精度等级的普通螺纹，应按 GB/T 197 中外螺纹 8h 级精度和内螺纹 7H 级精度的规定进行制造（均包括粗牙、细牙螺纹）。

注：上述规定不符合 GB/T 197—2018 相关规定，且可能外螺纹公差等级和内螺纹公差等级颠倒。

11）重要的固定结合面应紧密贴合。预紧牢固后用 0.05mm 塞尺进行检验，允许塞尺塞入深度不应大于接触面宽的 1/4，接触面间可塞入塞尺部位累计长度不应大于周长的 1/10。重要的固定结合面有：

① 液压缸锁紧螺母与上横梁或机身梁的固定结合面。

② 活（柱）塞肩台与滑块的固定结合面等。

注：因活塞一般不可能与滑块直接固定，所以应为：活（柱）塞杆肩台或端面与滑块的固定结合面等。

12）带支承环密封结构的液压缸，其支承环应松紧适度和锁紧可靠。以自重快速下滑的运动部件（包括活塞、活动横梁或滑块等）在快速下滑时不得有阻滞现象。

13）全部管路、管接头、法兰及其他固定与活动连接的密封处，均应连接可靠，密封良好，不应有油液的外渗漏现象。

14）零部件结合面的边缘应整齐均匀，不应有明显的错位。

15）外露的焊缝应修整平直、均匀。

16）沉头螺钉头部不应突出于零件外表面，且与沉孔之间不应有明显的偏心。固定销应略突出于零件外表面。螺栓尾部应突出于螺母之外，但突出部分不应过长和参差不齐。

17）涂装要求应符合 JB/1829 的规定。

18）各种标牌的固定位置应正确、牢固、平直、整齐，并应清晰、耐久。

在 GB/T 36486—2018《数控液压机》中规定了数控液压机的技术要求等，其中对液压缸有一些具体要求，如"带支承环密封结构的液压缸，其支承环应松紧适度和锁紧可靠。以自重快速下滑的运动部件（包括活塞、活动横梁或运动部件等）在快速下滑时不得有阻滞现象。"作者认为支承环似乎没有锁紧功能。

说明：

① JB/T 3818—2014 和/或 GB/T 36486—2018 是各种型式液压机所应普遍遵照的标准，具有一般性和通用性。

② 液压机是一种压力机，公称力、滑块最大行程和行程速度等一般是其主参数和基本参数，也是液压机用液压缸设计与选型中确定液压缸基本参数如缸内径、活塞杆直径、公称压力、行程等的根据。

③ 液压机的型式是确定液压机用液压缸的安装尺寸和安装型式的根据。

④ 液压机的主参数、基本参数应符合标准或技术文件的规定，其参数偏差一般应符合 JB/T 3818—2014 中附录 A 的规定，具体见表 4-11。

表 4-11　液压机基本参数与尺寸检验

序号	检验项目	偏差要求
1	公称压力	符合标准或设计规定值
2	滑块最大行程长度	大于或等于标准或设计规定值
3	滑块工作面至台面的最大距离	
4	工作台尺寸	
5	行程速度	
6	行程次数	
7	其他液压缸压力与行程	

注：1. 应该在电压正常的情况下进行检验。

2. 序号 5、6 两项根据需要，只能选择并规定检验其中的一项。

3. 序号 5 对工作行程速度的检验，应在负荷运转试验中进行，条件不具备时，也可按液压机有关参数的计算值进行核算。

4. 序号 4 中属于一般加工尺寸偏差，应以其两个切削加工面间的尺寸进行检验，结果应符合 GB/T 1804 中 m 级公差的规定，但对于两个非切削加工面或只有一个切削加工面的尺寸，则不做检验。

在液压机用液压缸设计与选型中确定液压缸基本参数如缸内径、活塞杆直径、公称压力、行程等的偏差时，应以此为根据。

⑤ 详细解读液压机标准，对于确立液压机用液压缸详细技术要求很重要，如："以自重快速下滑的运动部件（包括活塞、活动横梁或滑块等）在快速下滑时不得有阻滞现象。"即包含了对液压缸的"起动压力""带载动摩擦力""运行"等技术要求。

⑥ 如果上述两项标准其中存在问题，其产生的影响较其他液压机产品标准将更为严重，在其他液压缸产品标准中就多次出现。

根据参考文献［36］及其他参考资料介绍，液压机用液压缸与现行标准规定的液压缸在设计与制造方面有一些不同，具体见参考文献［108］等。

4.2.1　四柱液压机

一些液压机的型式都是四柱式的，这些液压机的精度也应符合 GB/T 9166—2009 的要求。

四柱液压机是用上横梁、工作台和四柱构成受力框架机身的工艺通用性较大的液压机。在 JB/T 9957.2—1999 中规定了一般用途四柱液压机的型式及基本参数；在 GB/T 9166—2009 中规定了四柱液压机的精度检验项目、检验工具、精度公差值和精度检验方法。上述两项标准适用于（新设计的）一般用途四柱液压机。

注：在 GB/T 36484—2018 中术语"四柱液压机"的定义为："用上横梁、工作台和四个立柱构成受力框架机身的、工艺通用性较大的液压机。"

1. 四柱液压机型式

一般用途四柱液压机根据其适应不同工艺要求可分为无顶出装置与有顶出装置两种型式，见 JB/T 9957.2—1999 中图 1 和图 2（图示上置式液压缸的安装型式皆为 MF7 带后部对中的前圆法兰式）。

2. 四柱液压机主参数和基本参数

1）四柱液压机主参数为公称力。

2）四柱液压机的基本参数应符合表 4-12 的规定。

3）四柱液压机工作台和滑块下平面上紧固模具用槽、孔的分布形式与尺寸应符合 JB/T 9957.2—1999 附录 A 的规定。

3. 四柱液压机精度

（1）一般要求

1）工作台是液压机精度检验的基准面。

第 4 章 液压机（械）用液压缸设计与选型 **529**

表 4-12 四柱液压机基本参数

公称力 P/kN		400		630		1000		1600		2000		2500	
滑块行程 S/mm		400		450		500		560		710		710	
开口高度 H/mm		600		710		800		900		1120		1120	
滑块速度 /(mm/s) ≥	速度分级	1	2	1	2	1	2	1	2	1	2	1	2
	空程下行	40	150	40	150	40	150	40	150	100	120	100	120
	工作 <30%P	25	25	25	25	15	25	15	25	15	25	20	25
	工作 =100%P	10	10	10	10	5	10	5	10	5	10	5	10
	回程	60	120	60	120	60	120	60	120	80	120	80	120
工作台面有效尺寸 左右×前后 (B×T)/mm	基型	400×400		500×500		630×630		800×800		900×900		1000×1000	
	变形	500×500		630×630		800×800		1000×1000		630×630		800×800	
		—		—		—		—		1120×1120		1250×1250	
有顶出装置型	顶出力 P_1/kN	63		100		250		250		400		400	
	顶出行程 S_1/mm	140		160		200		200		250		250	
公称力 P/kN		3150		4000		5000		6300		8000		10000	
滑块行程 S/mm		800		800		900		900		1000		1000	
开口高度 H/mm		1250		1250		1500		1500		1800		1800	
滑块速度 /(mm/s) ≥	速度分级	1	2	1	2	1	2	1	2	1	2	1	2
	空程下行	100	150	120	150	120	200	120	200	120	250	120	250
	工作 <30%P	12	25	15	25	15	25	12	25	15	25	12	25
	工作 =100%P	5	10	5	10	5	10	5	10	5	10	5	10
	回程	60	120	80	120	80	120	60	120	80	150	60	150
工作台面有效尺寸 左右×前后 (B×T)/mm	基型	1120×1120		1250×1250		1400×1400		1600×1600		2200×1600		2500×1800	
	变形	900×900		1000×1000		1120×1120		1250×1250		1600×1600		2000×1400	
		1400×1400		1600×1600		2000×1400		2500×1600		3150×2000		3150×2000	
有顶出装置型	顶出力 P_1/kN	630		630		1000		1000		1250		1250	
	顶出行程 S_1/mm	300		300		300		300		350		350	

注：1. 1 型速度推荐用于校正、压装、压制类的工艺要求，2 型速度推荐用于钣金加工、浅成型、冷挤压等工艺要求。

2. 工作速度仅考核满负荷下的速度。

2）精度检验前，液压机应调整水平，其工作台面纵横向水平偏差不得超过 0.20/1000。

3）装有移动工作台的，须使其处在液压机的工作位置并锁紧牢固。

4）液压机的精度检验应在空运转和满负荷运转试验后分别进行，以满负荷运转试验后的精度实测值作为合格与否的判定依据。

5）精度检验应符合 GB/T 10923—2009《锻压机械 精度检验通则》的规定，也可采用其他等效的检验方法。

6）在检验平面时，当被检测平面的最大长度 $L \leqslant 1000$mm 时，不检测长度 l 为 0.1L；当 $L \geqslant 1000$mm 时，不检测长度 l 为 100mm。

7）检测垂直度的实际长度应大于液压机最大行程的 1/4，但不小于 100mm；液压机最大行程小于 100mm 时按最大行程测量，滑块在起动、停止和反向运行时出现的瞬间跳动误差不计。

（2）精度检验

1）工作台平面及滑块下平面的平面度检验方法、公差、检验工具见 GB/T 9166—2009 相关内容。

2）滑块下平面对工作台上平面的平行度检验方法、公差、检验工具见 GB/T 9166—2009 相关内容。

3）滑块运动轨迹对工作台面的垂直度。

① 检测方法。在工作台面上中央处放一平尺，直角尺放在平尺上，将指示表紧固在滑块下平面上，并使指示表触头触在直角尺上，当滑块上下运动时，在通过中心的左右和前后方向上分别进行测量，指示表读数的最大差值即为测量值。

② 公差。滑块运动轨迹对工作台面的垂直度的公差在左右及前后方向均不应超过表 4-13 的规定。

③ 检验工具。直角尺、平尺、指示表。直角尺精度不低于 GB/T 6092—2004《直角尺》的 0 级精度。铸铁平尺的精度不低于 GB/T 24760—2009《铸铁平尺》的 1 级精度。

4）由偏载引起的滑块下平面对工作台面的倾斜度。

表 4-13　垂直度的公差值

(单位：mm)

工作台面的有效长度 L	公差
≤1000	$0.02+\dfrac{0.025}{100}L_3$
>1000~2000	$0.03+\dfrac{0.025}{100}L_3$
>2000	$0.04+\dfrac{0.025}{100}L_3$

注：L_3 为滑块行程实际测量长度。

① 检测方法。在工作台面上，用带有铰接的支承棒按 GB/T 9166—2009 中图 5 所示位置点（左右按离中心距离为 L_4，前后按离中心距离 L_5）分别支撑在滑块下平面上，用指示表在支承点旁及对称点处测量，指示表读数的差值即为测量值。在 GB/T 9166—2009 中图 5 所示各点分别测量，按最大测量值计。

测量高度在滑块最大行程下限位置及下限位置前 1/3 行程处之间进行。

注：L_4 为 $1/3L$，L_5 为 $1/3L_6$。

② 公差。偏载引起的滑块下平面对工作台面的倾斜度公差为 $\dfrac{1}{1000}L_4$，单位为 mm。

③ 检验工具。支承棒、指示表。

4.2.2　单柱液压机

在 GB/T 36484—2018 中定义了"单柱液压机"，即："机身是 C 形单柱式结构的液压机。"在 JB/T 9958.1—1999 中规定了单柱液压机的型式和基本参数，适用于校正压装、拉伸以及一般用途的中、小型单柱液压机。

1. 型式

1）单柱液压机按其滑块速度分为：

① Ⅰ型——低速型，具有可卸的校正工作台和精密校正装置，一般适用于手动控制。

② Ⅱ型——中速型，具有调节滑块空程和工作行程速度及调节滑块和下顶料装置的工作力和行程的结构，一般适用于半自动控制。

③ Ⅲ型——高速型，除具有中速型要求的结构外，还应能实现自动化生产线的可能性，一般适用于自动控制。

2）单柱液压机的外形见 JB/T 9958.1—1999 中图 1（此图不决定液压机结构）。

2. 参数

1）单柱液压机的主参数为公称力。

2）单柱液压机的基本参数应符合表 4-14 的规定。

表 4-14　单柱液压机的基本参数

项 目	参 数 值														
	I	II	I	II	I	II	I	II	I	II	I	II	I	II	III
公称力/kN	16		25		40		63		100		160		250		
滑块行程 S/mm	125	160	125	160	200				400	250	400	320	500	360	
开口高度 H/mm	200	300	200	300	250	360	320	360	630	450	630	520	710	560	
喉深 G/mm≥	110				125	160	180		250	200	250	200	320	250	
工作台面尺寸/mm≥　左右 B	300				320		360		400		500		560		
工作台面尺寸/mm≥　前后 A	200				220		250		320		380		480		
校正工作台面尺寸/mm　左右 B_1	—								1000	—	1000	—	1250	—	
校正工作台面尺寸/mm　高 H_1	—								180	—	180	—	200	—	
滑块(活塞杆)速度/(mm/s)≥　空程下行	60	150	60	150	60	150	60	150	63	230	50	125	40	250	
滑块(活塞杆)速度/(mm/s)≥　工作	20	40	20	40	15	40	15	40	12.5	25	12.5	20	10	20	25
滑块(活塞杆)速度/(mm/s)≥　回程	150	350	150	350	150	350	100	350	150	350	150	300	150	350	400
顶出(液压垫)公称力/kN	—								20 (40)	—	32 (63)	—	50 (100)		
顶出(液压垫)行程 S_1/mm	—								100	—	100	—	140		

（续）

项　目		参　数　值														
		I	II	III	I	II	III	I	II	III	I	II	III	I	II	III
公称力/kN		400			630			1000			1600			2500		
滑块行程 S/mm		500	400		500	400		500	450		500					
开口高度 H/mm		710	600		800	650		800	710		1000	750		1000	800	
喉深 G/mm≥		320	280		320						360					
工作台面尺寸 /mm≥	左右 B	630						710			800			850		
	前后 A	520						600			630					
校正工作台面尺寸/mm	左右 B₁	1250	—	—	1600	—	—	2000	—	—	2000	—	—	2000	—	—
	高 H₁	200	—	—	250	—	—	300	—	—	350	—	—	350	—	—
滑块（活塞杆）速度/(mm/s)≥	空程下行	40	250		32	220	250	20	180	250	20	180	200	20	125	200
	工作	10	16	20	8	10	12.5	5	8	10	5	6.3	8	4	4	6.3
	回程	150	350	400	125	300	350	100	240	300	80	180	250	70	110	150
顶出（液压垫）公称力/kN		—	80(160)		—	125(250)		—	200(400)		—	320(630)		—	500(1000)	
顶出（液压垫）行程 S₁/mm		—	140		—	160		—	160		—	200		—	200	

3. 紧固模具用槽、孔及工作台落料孔尺寸

单柱液压机的紧固模具用槽、孔及工作台上的落料孔应符合 JB/T 9958.1—1999 附录 A 的规定。

4. 单位能量消耗

单柱液压机的单位能量消耗见 JB/T 9958.1—1999 附录 B。

4.2.3　单臂冲压液压机

在 GB/T 8541—2012、GB/T 36484—2018、JB/T 2098—2010 和 JB/T 4174—2014 中都没有"单臂冲压液压机"这一术语和定义。在 JB/T 2098—2010 中规定了单臂冲压液压机的型式与基本参数。该标准适用于完成中、厚板的冷弯、热弯、成形、折边及板材、结构件矫正等工序的单臂冲压液压机。

注：在 GB/T 8541—2012 中有"单臂式压力机"这一术语和定义。

1. 单臂冲压液压机的型式

单臂冲压液压机为油泵直接传动的单臂式油压机。

2. 单臂冲压液压机的基本参数

单臂冲压液压机的基本参数应符合 JB/T 2098—2010 中的图 1 和表 4-15 的规定。

表 4-15　单臂冲压液压机的基本参数

项　目	参　数　值				
垂直缸公称压力/MN	1.6	3.15	5	8	12.5
回程缸公称压力/MN	0.2	0.4	0.63	1	1.3
垂直缸工作行程 S/mm	600	800	1000	1200	1400
压头下平面至工作台面的最大距离 H/mm	1100	1500	1900	2300	2600
压头中心至机臂的距离（喉深）L/mm	1000	1300	1600	1800	2000
压头尺寸（a×b)/mm	850×600	1200×1000	1500×1200	1600×1800	2000×2000
工作台面尺寸（A×B)/mm	1200×1200	1800×1800	2300×2500	2600×3000	3200×3800
最大工作速度/(mm/s)	8	10	10	10	10
空程下降速度/(mm/s)	100	100	100	100	100
回程速度/(mm/s)	65	80	80	80	80
系统工作压力/MPa	20	20	21	25	25

3. 水平缸基本参数

根据使用需要，单臂冲压液压机可配置水平缸，其基本参数应符合表4-16的规定。

表4-16 水平缸基本参数

项 目	参数值				
垂直缸公称压力/MN	1.6	3.15	5	8	12.5
水平缸工作压力/MN	—	0.63	1	1.6	2.5
水平缸工作行程/mm	—	700	800	900	1000

4.2.4 电极挤压液压机

电极挤压液压机是主要用于碳素工业将热状态下混捏后的原料糊经凉料后按所需规格挤压成型的设备。在 JB/T 1808—2005 规定了电极挤压机的型式与基本参数、技术要求、试验方法、检验规则及标志、包装、运输和贮存，适用于电极挤压液压机（以下简称为挤压机）。

注：在 GB/T 36484—2018 和 JB/T 4174—2014 中有"碳极压制液压机"这一术语和定义。

1. 型式与基本参数

（1）型式

挤压机型式为带高位油箱油泵直接传动的碳素电极成型挤压液压机，料室分为固定料室和旋转料室两种。

固定料室和旋转料室挤压机的结构分别如 JB/T 1808—2005 中图1和图2所示。

（2）基本参数

挤压机基本参数应符合表4-17的规定。

表4-17 挤压机基本参数

挤压机型号		YJD-6.3	YJD-12.5	YJD-16.3	YJD-25	YJD-35
公称力	挤压/MN	6.3	12.5	16.3	25	35
	预压/MN	—	—	15	—	25
	封口/MN	—	—	5	—	10
料室型式		固定	固定	旋转	固定	旋转
料室直径/mm		600	850	1000	1200	1420
料室长度/mm		1500	2000	2500	2000	3200
工作行程	挤压/mm	2000	2700	2800	2900	3500
	预压/mm	—	—	2100	—	2550
	封口/mm	—	—	200	—	200
液体工作压力/MPa		22	22	28	31.5	25
料室面压	挤压/MPa	22	22	21	22	22
	预压/MPa	—	—	16	—	17
嘴型规格	圆形直径/mm	$\phi110\sim\phi300$	$\phi150\sim\phi350$	$\phi200\sim\phi500$	$\phi300\sim\phi500$	$\phi320\sim\phi720$
	长方形（长×宽）/mm	（40×185）~（50×250）		（50×250）~（400×400）		（400×400）~（525×625）
挤压速度/(mm/s)		0~4			0~8	
真空度/kPa		—	—	≤7	≤7	≤7
加热温度/℃	料室	90~130				
	嘴型	110~165				
	嘴型口	180~230				
	预压、挤压头	—	—	90~150		
剪切型式		固定剪与立剪	自动剪与立剪	自动剪	自动剪	自动剪
电动机功率/kW		2×30	2×55	2×45、1×132	2×45、2×132	2×55、2×132
产量/(t/h)		1~1.5	2~4	3~4	4~5	6~8
质量/t		87	200	300	320	610

2. 技术要求

挤压机的设计、制造应符合 JB/T 1808—2005 标准的规定，并按经规定程序批准的设计图样和技术文件（或用户和制造厂签订的合同、协议）制造。

（1）一般要求

1）挤压机的切削加工件、焊接件、铸件、锻件、配管及涂装除满足设计图样及技术文件的要求外，还应符合 JB/T 5000 中的有关规定。

2）电力传动和控制系统除满足图样及技术文件的要求外，还应符合 GB 5226.1 的有关规定。

（2）结构要求

1）旋转料室能按规定回转 90°，并能保证料室在水平或垂直位置的定位要求。

2）各种规格的嘴型及嘴套应能互换。

3）嘴套及嘴型的加热装置能达到要求的工作温度。

4）真空罩与料室结合严密，密封结构应在抽真空时达到规定的真空度要求。

5）挤出的电极按所需的长度剪切，并能根据电极的不同规格选取相应的冷却时间。

6）剪切电极端部的平面度小于 6mm。

7）PLC 可编程序控制器所编制的操作程序应能满足设备正常安全运行，对于误操作的信号不予理会（除紧急停车按钮）。

8）电极规格变化对生产能力的影响，可通过改变挤压参数来弥补。

（3）安全要求

1）挤压机应设置机械安全装置，保证工作人员的人身安全。

2）电气控制和液压系统均有过载及联锁安全保护装置。

3）嘴型、料室与挤压头的加热元件安全可靠，用导热油加热的管道和接头不得渗漏，用电加热的元件必须绝缘可靠，用 500V 兆欧表测量时，绝缘电阻值不小于 0.5MΩ。

4）挤压机工作时的噪声值不得大于 85dB（A）。

（4）装配精度要求

1）挤压机本体的机座装配后，其上平面的平面度为 0.1/1000。

2）主缸台肩、张力柱的螺母与前后横梁端面应紧密贴合，用 0.08mm 塞尺检查，插入深度不得超过 10mm，累计插入长度不得大于周长的 10%。

3）挤压头在料室全长内移动时，不允许有擦边现象。允许上下间隙在料室外口调整为上紧下松，在料室底部调整为上松下紧，但最小单侧间隙应大于 0.2mm。

（5）成套性

1）挤压机应包括本体、液压站、剪切装置、电气控制系统、抽真空装置等。圆筒凉料机、嘴型更换机、冷却辊道可以选配，供货范围按定货合同的规定。

2）配套件（包括电动机、液压泵、真空装置、液压和电气元件以及密封件等）应符合现行有关标准，并取得其合格证书。

3）按合同规定随机备件。

（6）可靠性与寿命

1）挤压机在规定的使用条件下使用寿命不少于 3000h。

2）挤压机从开始使用到第一次大修累计工作时间不少于 15000h。

说明：

1）液压机用液压缸的设计与选型前必须清楚、准确了解液压缸的使用工况，其中液压缸及其所带动的滑块调整范围很重要。

2）液压缸的耐久性规定可能与液压机的可靠性与寿命规定不同，但通常液压机用液压缸的寿命应与液压机的寿命相当。

3）液压机规定了成套性，其中配套件中液压缸密封件很重要。

4.2.5　粉末冶金液压机

在 GB/T 8541—2012、GB/T 36484—2018、JB/T 4174—2014 和 JB/T 12519.1—2015 中都没有"粉末冶金液压机"这一术语和定义。在 JB/T 12519.1—2015 中规定了 1000~25000kN 粉末冶金液压机的型式与基本参数，适用于一般用途的粉末冶金液压机（以下简称液压机）。

1. 型式

液压机根据机身的结构型式可分为两种基本型式：

1）四柱式（见 JB/T 12519.1—2015 中图 1）。

2）框架式（见 JB/T 12519.1—2015 中图 2）。

注：在 JB/T 12519.1—2015 中图 1 和图 2 所示的两种基本型式的液压缸安装型式，皆为 MF7 带后部对中的前端圆法兰，但应注意该图 1 和图 2 不确定液压机的结构。

2. 基本参数

1）液压机的主参数为公称力。

2）液压机的型式应符合 JB/T 12519.1—2015 中的图 1 和图 2 的规定。

3）液压机的基本参数应符合表 4-18 的规定。

4.2.6　粉末制品液压机

粉末制品液压机是压制粉末制品的液压机。在 JB/T 3819—2014 中规定了粉末制品液压机精度检验项目、公差及检验方法，适用于框架式和四柱式结构型式的粉末制品液压机（以下简称液压机），但不适用于侧压式粉末制品液压机。

表 4-18　基本参数

项　目		参数值											
公称力/kN		1000	1600	2000	2500	3150	5000	6300	8000	10000	16000	20000	25000
滑块行程 S/mm		300	300	300	300	350	350	350	350	350	400	400	400
下主缸拉下力/kN		400	650	800	1000	1250	2000	2500	3200	4000	6000	8000	10000
下主缸行程 S_1/mm		200	200	200	200	250	250	250	250	250	300	300	300
台面有效尺寸 ($B×A$)/mm	左右	720	800	1000	1000	1000	1200	1300	1400	1600	1800	2000	2200
	前后	580	650	940	940	960	1140	1200	1200	1320	1500	1500	1500
最大加料高度 H/mm		200	200	200	200	250	250	250	250	250	300	300	300
芯杆缸顶出力/kN		60	100	120	150	200	300	400	500	600	1000	1200	1500
芯杆缸退回力/kN		35	60	70	90	100	180	200	300	360	600	700	900
芯杆缸行程 S_2/mm		130	130	130	130	150	150	150	150	150	180	180	180

注：在 GB/T 36484—2018 中有"侧压式粉末制品液压机"这一术语和定义。

1. 精度检验说明

1）工作台面是总装精度检验的基准面。

2）精度检验前，液压机应调整水平，其工作台面纵、横向水平偏差不得超过 0.20/1000。

3）装有移动工作台的，须使其处在液压机的工作位置并锁紧牢固。

4）精度检验应在空运转和负荷运转后分别进行，以负荷运转后的精度检验值为准。

5）精度检验应符合 GB/T 10923 的规定。

6）在检验平面时，当被检测平面的最大长度 $L≤1000$mm 时，不检测长度 l 为 $0.1L$；$L>1000$mm 时，不检测长度 l 为 100mm。

7）工作台上平面及滑块下平面的平面度允许在装配前检验。

2. 精度检验

（1）滑块运动轨迹对工作台面的垂直度

1）检验方法：

在工作台面上中央处放一直角尺（下面可放一平尺），将指示表紧固在滑块下平面上，并使指示表触头触在直角尺上，当滑块上下运动时，在通过中心的左右和前后方向上分别进行测量，指示表读数的最大差值即为测量值。

测量位置在下极限前 1/2 范围内。

2）公差：

滑块运动轨迹对工作台面的垂直度公差应符合表 4-19 的规定。

3）检验工具。直角尺、平尺、指示表。直角尺精度不低于 GB/T 6092—2004 中 0 级精度；铸铁平尺的精度不低于 GB/T 24760—2009 中 1 级精度。

（2）由偏心引起的滑块下平面对工作台面的倾斜度

表 4-19　垂直度的公差值

（单位：mm）

工作台面的有效长度 L	垂直度公差	
	框架式	四柱式
≤1000	$0.01+\dfrac{0.015}{100}L_3$	$0.03+\dfrac{0.025}{100}L_3$
>1000~2000	$0.02+\dfrac{0.015}{100}L_3$	$0.04+\dfrac{0.025}{100}L_3$
>2000	$0.03+\dfrac{0.015}{100}L_3$	$0.05+\dfrac{0.025}{100}L_3$

注：L_3 为滑块行程，最小值为 20mm。

1）检测方法。在工作台面上，用带有铰接的支承棒（支承棒仅承受运动部分自重，长度任意选取）依次分别支承在滑块下平面的左右和前后支承点上，用指示表在各支承点旁及其对称点分别按左右（$2L_4$）和前后（$2L_5$）方向测量工作台上平面和滑块下平面间的距离，指示表读数的最大差值即为测定值。但对角不进行测量。

测量高度在滑块最大行程下限位置及下限位置前 1/3 行程处之间进行。

滑块中心起至支承点的距离 L_4 为 1/3L（L 取工作台左右前后较长的尺寸），滑块中心起至支承点的距离 L_5 为 $1/3L_6$（L_6 为工作台窄面尺寸）。

2）公差。由偏心引起的滑块下平面对工作台面的倾斜度公差应符合表 4-20 的规定。

表 4-20　倾斜度公差

（单位：mm）

结构型式	倾斜度公差
框架式	$\dfrac{1}{3000}L_4$
四柱式	$\dfrac{1}{2000}L_4$

3）检验工具。支承棒、指示表。

4.2.7　塑料制品液压机

　　塑料制品液压机是压制塑料制品的液压机。在 JB/T 3820—2015 中规定了塑料制品液压机的精度检验，适用于塑料制品液压机（以下简称液压机），但不适用于注塑机。

1. 检验说明

　　1）工作台面是液压机总装精度检验的基准面。

　　2）精度检验前，液压机应调整水平，其工作台面纵、横向水平偏差不得超过 0.20mm/1000mm。

　　3）装有移动工作台的，须使工作台处在液压机的工作位置并锁紧牢固。

　　4）精度检验应在空运转和负荷运转后分别进行，以负荷运转后的精度检验值为准。

　　5）精度检验应符合 GB/T 10923—2009 的规定，也可采用其他等效的检验方法。

　　6）L 为被检测面的最大长度，l 为不检测长度。当 $L \leqslant 1000$mm 时，l 为 $L/10$；当 $L > 1000$mm 时，$l = 100$mm。

　　7）工作台上平面及滑块下平面的平面度允许在装配前检验。

　　8）在总装精度检验前，滑块与导轨间隙的调整原则：应在保证总装精度的前提下，导轨不发热，不拉毛，并能形成油膜。表 4-21 推荐的导轨总间隙值仅作为参考值。

表 4-21　导轨总间隙值

（单位：mm）

导轨间距	总间隙推荐值
≤1000	≤0.10
>1000～1600	≤0.16
>1600～2500	≤0.22
>2500	≤0.30

　　注：1. 导轨总间隙值是指垂直于机器正面或平行于机器正面的两个导轨内间隙之和，应将最大实测总间隙值记入产品合格说明书中作为参考。

　　　　2. 在液压机滑块运动的极限位置用塞尺测量导轨的上下部位的总间隙，也可将滑块推向固定导轨一侧，在单边测量其总间隙。

　　9）液压机的精度按其用途分为Ⅰ级、Ⅱ级，用户可根据其产品的用途选择精度级别。精度级别见表 4-22。

表 4-22　精度级别

等级	用途	型式
Ⅰ 级	精密塑料制品压制	框架式
Ⅱ 级	一般塑料制品压制	框架式、柱式

2. 精度检验

　　（1）滑块运动轨迹对工作台面的垂直度

　　1）检验方法。在工作台面的中心位置放一直角尺（下面可放一平尺），将指示表紧固在滑块下平面上，并使指示表触头触在直角尺上。当滑块上下运动时，在通过中心的左右和前后方向上分别进行测量，指示表读数的最大差值即为测量值。

　　测量位置在下极限前 1/2 范围内。

　　2）公差。滑块运动轨迹对工作台面的垂直度的公差应符合表 4-23 的规定。

表 4-23　垂直度的公差值

（单位：mm）

工作台面的有效长度 L	公差	
	Ⅰ级	Ⅱ级
≤1000	$0.01 + \dfrac{0.015}{100}L_3$	$0.03 + \dfrac{0.025}{100}L_3$
>1000～2000	$0.02 + \dfrac{0.015}{100}L_3$	$0.04 + \dfrac{0.025}{100}L_3$
>2000	$0.03 + \dfrac{0.015}{100}L_3$	$0.05 + \dfrac{0.025}{100}L_3$

　　注：L_3 为最大实际检测的滑块行程，L_3 的最小值为 50mm。

　　3）检验工具。直角尺、平尺、指示表。

　　（2）由偏心引起的滑块下平面对工作台面的倾斜度

　　1）检测方法。在工作台面上，用仅承受滑块自重的支承棒，依次分别支承在滑块下平面的左右和前后支承点上，支承棒长度任意选取。用指示表在各支承点旁及其对称点分别按左右（$2L_4$）和前后（$2L_5$）方向测量工作台上平面和滑块下平面间的距离，指示表读数的最大差值即为测定值，对角线方向不进行测量。

　　测量位置为行程的下限和行程下限前的 1/3 处。

　　L_4、L_5 为从滑块中心至支承点的距离，$L_4 = \dfrac{1}{3}L$（L 为工作台面长边的尺寸），$L_5 = \dfrac{1}{3}L_6$（L_6 为工作台面短边的尺寸）。

　　2）公差。由偏心引起的滑块下平面对工作台面的倾斜度公差值应符合表 4-24 的规定。

表 4-24　倾斜度公差值

等级	公差
Ⅰ 级	$\dfrac{1}{3000}L_4$
Ⅱ 级	$\dfrac{1}{2000}L_4$

3）检验工具：支承棒、指示表。

说明：

① 液压机用液压缸在运行中同样涉及"导轨不发热，不拉毛，并能形成油膜"问题。

② 对"支承棒"缺少更为具体的要求。

③ 如按"亦可将滑块推向导轨一侧，在单边测量其总间隙"方法检验，则可能造成液压机用液压缸损伤，尤其当间隙超差时。

④ JB/T 3820—2015 与 GB/T 9166—2009 不同，其检验的是"由偏心引起的滑块下平面对工作台面的倾斜度"，而非检验的是"由偏载引起的滑块下平面对工作台面的倾斜度"。

4.2.8　双动薄板拉伸液压机

双动薄板拉伸液压机是有两个分别传动滑块的薄板拉伸液压机。在 JB/T 8493—1996 中规定了双动薄板拉伸液压机的基本参数和尺寸，适用于 Y28 系列双动薄板拉伸液压机；在 JB/T 3821—2014 中规定了双动薄板拉伸液压机的精度检验，适用于双动薄板拉伸液压机（以下简称液压机）。

1. 液压机的基本参数和尺寸

（1）参数示意图

1）液压机的参数示意图见 JB/T 8493—1996 中图 1。

2）液压机的参数示意图仅表达基本参数和尺寸，不限制用户的选型和生产厂家的设计。

3）液压机的参数示意图中代号的含义见 JB/T 8493—1996。

（2）基本参数和尺寸

基本参数和尺寸见表 4-25。

表 4-25　基本参数和尺寸

总力 P/kN			1600				2500				3150				4000			
拉伸力 P_L/kN			1000				1600				2000				2500			
压边力 P_Y/kN			630				1000				1250				1600			
液压垫力 P_D/kN		250	400	500	630	400	630	800	1000	500	800	1000	1250	630	1000	1250	1600
拉伸滑块开口高 H/mm					800	1000	1100	1300	1600								
拉伸滑块行程 S/mm							400	500	600	700	850						
液压垫行程 S_D/mm							160	200	250	300	350						
拉伸滑块尺寸 /mm	左右 B_L		700	850	1000						1200	1300	1500				
	前后 T_L		450	600	700						750	850	1000				
液压垫之顶杆孔分布尺寸/mm	左右 B_D		600	750	900						1050	1200	1350				
	前后 T_D		300	450	600						600	7500	900				
压边滑块及工作台尺寸/mm	左右 B_Y		1200	1300	1500						1600	1800	2000				
	前后 T_Y		850	1000	1200						1200	1300	1500				
拉伸滑块速度 /(mm/s)	空程下行 V_K			100	150	200	250	300	350	400	450	500					
	工作 V_G					5	10	15	20								

总力 P/kN			5000				6500				8000							
拉伸力 P_L/kN			3150				4000				5000							
压边力 P_Y/kN			2000				2500				3150							
液压垫力 P_D/kN		800	1250	1600	2000	1000	1600	2000	2500	1250	2000	2500	3150				
拉伸滑块开口高 H/mm					1400	1600	1800	2000									
拉伸滑块行程 S/mm						800	900	1000	1100								
液压垫行程 S_D/mm						300	350	400	450								
拉伸滑块尺寸 /mm	左右 B_L		1600	1800	2000						2000	2400	2500	2800			
	前后 T_L		1000	1200	1300						1300	1500	1600	1800			
液压垫之顶杆孔分布尺寸/mm	左右 B_D		1500	1650	1800						1800	2500	2400	2700			
	前后 T_D		900	1050	1200						1200	1350	1500	1650			
压边滑块及工作台尺寸/mm	左右 B_Y		2000	2200	2500						2800	3000	3200	3600			
	前后 T_Y		1500	1600	1800						2000	2200	2400	2600			
拉伸滑块速度 /(mm/s)	空程下行 V_K			100	150	200	250	300	350	400	450	500					
	工作 V_G					5	10	15	20								

（续）

参数	方向/符号												
总力 P/kN		10300				13000				16000			
拉伸力 P_L/kN		6300				8000				10000			
压边力 P_Y/kN		4000				5000				6300			
液压垫力 P_D/kN		1600	2500	3150	4000	2000	3150	4000	5000	2500	4000	5000	6300
拉伸滑块开口高度 H/mm					1800	2000	2200	2500					
拉伸滑块行程 S/mm					1200	1300	1500	1700					
液压垫行程 S_D/mm					350	400	450	500					
拉伸滑块尺寸/mm	左右 B_L	2000	2400	2500	2800			2500	2800	3000	3200		
	前后 T_L	1300	1500	1600	1800			1500	1600	1800	2000		
液压垫之顶杆孔分布尺寸/mm	左右 B_D	1800	2250	2400	2700			2400	2700	2850	3000		
	前后 T_D	1200	1350	1500	1650			1350	1500	1650	1800		
压边滑块及工作台尺寸/mm	左右 B_Y	2800	3000	3200	3600			3200	3400	3600	4000		
	前后 T_Y	2000	2200	2400	2600			2200	2400	2500	2800		
拉伸滑块速度/(mm/s)	空程下行 V_K		100	150	200	250	300	350	400	450	500		
	工作 V_G				5	10	15	20					

（3）液压机有关参数、尺寸的选用原则

1）一个公称力（规格）只选用一个液压垫力参数。

2）拉伸滑块的开口高度、滑块行程和液压垫行程可按表 4-25 所列的参数对应采用，也可交叉选用。

3）压边滑块的开口高度、行程与拉伸滑块的开口高度、行程原则上保持一致，特殊情况下压边滑块的开口高度、行程可稍小于拉伸滑块的开口高度和行程（但其尾数应取百位整数）。

4）拉伸滑块尺寸、液压垫之顶杆孔分布尺寸、压边滑块及工作台尺寸，可以按表 4-25 所列的尺寸对应采用，也可交叉选用。

5）速度。

① 拉伸滑块速度。

a. 一个公称力（规格）的产品，只选用一个空程下行速度和一个工作速度参数。

b. 回程速度应大于或等于空程下行速度参数的 2/3。

② 压边滑块速度。压边滑块的空程下行速度和回程速度应大于或等于拉伸滑块对应参数的 2/3。

6）如遇特殊情况，JB/T 8493—1996 标准规定的工作台尺寸、滑块尺寸及液压垫之顶杆孔分布尺寸不敷使用时，可参照采用 JB/T 8493—1996 中附录 A 推荐的尺寸。

2. 液压机的精度

（1）检验说明

1）工作台面是液压机总装精度检验的基准面。

2）精度检验前，液压机应调整水平，其工作台面纵横向水平偏差不得超过 0.20/1000。液压机主操作者所在位置为前，其右为右。

3）装有移动工作台的液压机，须使工作台处在液压机的工作位置并锁紧牢固。

4）精度检验应在空运转试验和负荷运转试验后分别进行，以负荷运转试验后的精度检验值为准。

5）精度检验应符合 GB/T 10923—2009 的规定，也可采用其他等效的检验方法。

6）L 为被检测面的最大长度，l 为不检测长度。当 $L \leqslant 1000$mm 时，l 为 $\frac{1}{10}L$；当 $L > 1000$mm 时，$l = 100$mm。

7）工作台上平面及滑块下平面的平面度允许在装配前检验。

8）在总装精度检验前，滑块与导轨间隙的调整原则，应在保证总装精度的前提下，导轨不发热，不拉毛，并能形成油膜。表 4-26 推荐的导轨总间隙值仅作为参考值。

表 4-26　导轨总间隙值

（单位：mm）

导轨间距	≤1000	>1000~1600	>1600~2500	>2500
总间隙值	≤0.10	≤0.16	≤0.22	≤0.30

注：1. 在液压机滑块运动的极限位置用塞尺测量导轨的上下部位的总间隙，也可将滑块推向固定导轨一侧，在单边测量其总间隙。

2. 总间隙是指垂直于机器正面或平行于机器正面的两个导轨内间隙之和，并应将最大实测总间隙值记入产品合格说明书内作为参考。

9）液压机的精度按其用途分为 Ⅰ 级、Ⅱ 级，用户可根据其产品的用途选择精度级别。精度级别见表 4-27。

表 4-27 精度级别

等级	用途	型式
I 级	精密拉伸冲压件	框架式
II 级	较精密拉伸冲压件	框架式、柱式

（2）精度检验

1）滑块运动轨迹对工作台面的垂直度。

① 检验方法。在工作台面的中心位置放一直角尺（下面可放一平尺），将指示表紧固在滑块下平面上，并使指示表触头触在直角尺上。当滑块上下运动时，指示表读数的最大差值即为测量值。

测量位置在下极限前 1/2 范围内。

拉伸滑块和压边滑块须分别进行测量。拉伸滑块按 JB/T 3821—2014 图 5 所示在通过中心的两个相互垂直的方向 A—A' 和 B—B' 进行测量。压边滑块按 JB/T 3821—2014 图 5 所示在两个相互垂直的 $B/2$ 和 $b/2$ 中线上的两点处进行测量。

注：B 和 b 分别为压边滑块边宽。

② 公差。滑块运动轨迹对工作台面的垂直度的公差值应符合表 4-28 的规定。

表 4-28 垂直度的公差值

（单位：mm）

工作台面的有效长度	公差	
	I 级	II 级
$L \leqslant 1000$	$0.01 + \dfrac{0.015}{100}L_3$	$0.03 + \dfrac{0.025}{100}L_3$
$L > 1000 \sim 2000$	$0.02 + \dfrac{0.015}{100}L_3$	$0.04 + \dfrac{0.025}{100}L_3$
$L > 2000$	$0.03 + \dfrac{0.015}{100}L_3$	$0.05 + \dfrac{0.025}{100}L_3$

注：L_3 为最大实际检测的滑块行程，L_3 的最小值为 50mm。

③ 检验工具。直角尺、平尺、指示表。

2）滑块下平面对工作台面的倾斜度（左右方向、前后方向）。

① 检测方法。在工作台面上，用仅承受滑块自重的支承棒，依次分别支承在滑块下平面的左右和前后支承点上，拉伸滑块用一根，压边滑块用两根，支承棒长度任意选取。用指示表在各支承点旁及对称点分别按左右（$2L_4$）和前后（$2L_5$）方向测量工作台上平面和滑块下平面间的距离，指示表读数的最大差值即为测定值，对角不进行测量。

测量位置为行程的下限和行程下限前的 1/3 处。

拉伸滑块和压边滑块须分别进行测量，测量位置见 JB/T 3821—2014。L_4、L_5 为滑块中心起至支承点的距离，$L_4 = \dfrac{1}{3}L$（L 取工作台左右尺寸和前后尺寸较长者），$L_5 = \dfrac{1}{3}L_6$（L_6 为工作台窄面尺寸）。

② 公差。滑块下平面对工作台面的倾斜度的公差值应符合表 4-29 的规定。

表 4-29 倾斜度公差值

等 级	公 差
I 级	$\dfrac{1}{3000}L_4$
II 级	$\dfrac{1}{2000}L_4$

③ 检验工具。支承棒、指示表。

4.2.9 金属挤压液压机

金属挤压液压机是用于黑色金属及有色金属挤压成形（包括正挤压、反挤压和复合挤压等工艺），也可用于模具型腔的挤压、粉末制品的压制和板料拉深成形等工作的液压机。在 JB/T 3844.1—2015 中规定了金属挤压液压机的基本参数；在 JB/T 3844.2—2015 中规定了金属挤压液压机的精度，其适用于（立式）金属挤压液压机（以下简称液压机）。

注：在 GB/T 36484—2018、JB/T 4174—2014 等标准中将金属挤压液压机定义为"金属坯料挤压成形用的液压机。"

1. 基本参数

1）液压机的主参数为公称力。

2）液压机的基本参数按 JB/T 3844.1—2015 中图 1 和本书表 4-30 的规定。

表 4-30 基本参数

项 目	参 数 值						
公称力/kN	1600	2500	4000	6300	10000	16000	25000
滑块行程 S/mm	400	500	600	800	1000	1200	1400
开口高度 H/mm	750	850	1000	1300	1800	2200	2600
工作台左右尺寸 B/mm	500	630	800	1000	1200	1400	1600

（续）

项　目	参　数　值						
工作台前后尺寸 L/mm	500	630	800	1000	1200	1400	1600
预出力/kN	250	400	630	1000	1600	2500	4000
顶出行程/mm	200	250	300	350	400	500	600
滑块空程下行速度/(mm/s)	≥200					≥100	
滑块工作速度/(mm/s)	10~30		10~25			10~20	
滑块回程速度/(mm/s)	≥150					≥75	

2. 精度

（1）检验说明

除在检验级别中用途不同外，其他检验说明与上节 JB/T 3820—2015 中规定的塑料制品液压机的检验说明相同。

液压机的精度按其用途分为 I 级、II 级，用户可根据其产品的用途选择精度级别。精度级别见表 4-31。

表 4-31　精度级别

等　级	用　途	型　式
I 级	精密金属挤压	框架式
II 级	一般金属挤压	框架式、柱式

（2）精度检验

其与上节 JB/T 3820—2015 中规定的塑料制品液压机的精度检验相同。

4.2.10　磨料制品液压机

磨料制品液压机是压制砂轮、油石用的液压机。在 JB/T 3863—1999 中规定了磨料制品液压机的型式与基本参数，适用于直线往复和环形回转多工位全自动磨料制品液压机；在 JB 3864—1985 规定了磨料制品液压机的精度，适用于磨料制品液压机。

1. 型式与基本参数

1）磨料制品液压机的主参数为公称力。

2）磨料制品液压机典型结构型式以四柱直线往复式为例，对于四（三）柱环形回转式、多工位直线往复式的磨料制品液压机型式均可参照设计。

3）磨料制品液压机型式及基本参数应符合 JB/T 3863—1999 中图 1 和本书表 4-32 的规定。

表 4-32　基本参数

公称力/kN		16	63	250	630	1000	1600	2500	4000	6300	10000	16000	31500	50000
典型结构型式		立式四（三）柱式												
成型砂轮最大直径/mm		35	70	150	200	250	350	450	500	750	900	1100	1600	2200
滑块下平面至工作台面最大距离 H/mm		320		400		630		800			1000		1250	
滑块行程 S/mm		200		250		320		400			500		630	
工作台尺寸/mm	左右 B	200	240	360	400	450	560	600	750	950	1120	1320	1900	2500
	前后 T	200	240	360	400	450	560	600	750	950	1120	1320	1900	2500
工作台面距离地面高度 h/mm		(710)								(800)				
滑块下行速度/(mm/s)	空程	—						(50)						
	低压	(40)				(20)	(15)	(10)		(8)		(5)		(3)
	高压	>8				5~3				4~2		3~1	2~1	1.5~0.5
滑块回程速度/(mm/s)≥		(80)									(60)			
模套浮动压力/kN		—				(25)	(40)	(63)	(100)	(160)	(250)	(400)	(630)	
模态浮动行程/mm						(25)			(35)			(40)		
卸模顶出压力/kN		—		25	40	63	100	160	250		400		630	
转盘直径 D/mm		—		340	400	500	560	630	900		1060	1250	1800	2400
转盘转速/(r/min)	最大	—		70	65	60	55	50	40		35	30	25	20
	最小	—		50	45	40	35	30	25		20	15	10	5

注：括号内的数值为参考数值。

2. 精度

（1）基本要求

1）精度检验基准。工作台面是液压机精度的检测基准面。

2）精度检测的条件。

① 精度检测前，液压机应调整安装水平，其工作台面的水平度不得超过 0.20/1000。

② 液压机的精度检测，应在空运转和满负荷运转试验后分别进行，并以满负荷运转试验后的实测值记入合格证书内。

③ 在液压机精度检测过程中，不许对影响精度的机构和零件进行调整。

3）对检测方法的要求。制造厂或用户可采用其他等效的方法进行精度检测，但仲裁时应严格按 JB 3864—1985 标准规定执行。

4）对量检具的要求，具体见 JB 3864—1985。

5）对压试块进行精度检测的规定。对无法按 JB 3864—1985 标准规定的方法进行精度检测的其他类型磨料制品液压机可用压试块方法进行检测。精度检测的公差和方法应符合 JB 3864—1985 附录 A 规定。

6）公差计算方法和尾数圆整。各检测项目的精度公差值，须按规定的公式计算，计算结构，其微米数字小于 5 以 5 计，大于 5 以 10 计。

7）标准中的代号，具体见 JB 3864—1985。

（2）公差值的给定及其检测方法

具体见 JB 3864—1985。但此标准过于陈旧，是否采用由制造商与用户商定。

4.2.11　磁性材料液压机

在 GB/T 8541—2012、GB/T 36484—2018、JB/T 4174—2014 和 JB/T 6584—1993 中都没有"磁性材料液压机"这一术语和定义。在 JB/T 6584—1993 中规定了磁性材料制品液压机的技术要求与试验方法、检验规则、包装、标志和运输，适用于永磁材料压制成型的磁性材料液压机（以下简称磁材压机）。

1. 技术要求

（1）图样及技术文件要求

磁材压机应按规定程序批准的图样和技术文件制造。

（2）型式与基本参数

磁材压机的型式与基本参数应符合相应的标准。

（3）成套要求

1）磁材压机一般配有相应的辅助装置。

① 湿式成型的辅助装置。包括浆料自动输送装置，充磁、退磁装置，真空吸水装置，通用模架等配套辅助装置。

② 干式成型的辅助装置。包括送粉装置，充磁、退磁装置，通用模架等配套辅助装置。

2）磁材压机应备有必需的工具、附件和易损件，并保证其使用性能和互换性，特殊附件的供应由供需双方商定。

（4）外购配套件要求

磁材压机外购配套件的质量，应符合相应标准的规定，出厂时应与整机同时进行运行试验。

（5）安全与防护

1）磁材压机应具有对操作者可靠的安全与防护装置，保护装置应符合 JB 3915（已废止）的要求。

2）磁材压机应具有可靠的超载、超程等保护装置。

3）磁材压机应设有紧急停止和意外电压恢复时防止电力驱动的装置。

（6）压机的性能

1）磁材压机应具有浮动压制、双向压制等工艺动作。

2）磁材压机的压力及行程可根据工艺要求分别进行调整。

3）磁材压机的压制速度应可调，其调整范围按设计文件的规定。

4）磁材压机的滑动摩擦副应采取耐磨措施，并有合理的硬度差。

5）磁材压机的运行必须灵敏、可靠、平稳，液压驱动件（如活塞、柱塞等）在规定的行程速度的范围内不应有振动、爬行和阻滞现象，换向不应有影响正常工作的冲击现象。

6）磁材压机应具有持续加压性能，持续加压时间应可调。

7）压机与其配套的辅助装置连接动作应协调、可靠。

8）磁材压机的刚度应符合有关标准或设计要求。

9）磁材压机的噪声限值应符合 ZB J62 006.1（已作废）的规定，其测量方法按 JB 3623（已废止）的规定。

10）磁材压机的精度应不低于 GB/T 9166—2009 的规定。

（7）配套装置的性能

1）浆料自动输送装置。

2）自动送粉装置。

3）真空吸水装置。

4）充磁、退磁装置。

5）通用模架要求。

具体的配套装置的性能要求见 JB/T 6584—1993。

（8）铸件、锻件、焊接件及其质量

1）磁材压机上所有的铸件、锻件、焊接件应符合标准的规定及图样、工艺文件的技术要求，对不影响使用和外观的铸件缺陷，在保证质量的条件下，允许按有关标准的规定进行修补。

2）重要铸件的工作表面不应有气孔、缩孔、砂眼、夹渣和偏析等缺陷。

3）重要的铸件、锻件和焊接件，应进行消除内应力处理。

4）加工后同一导轨表面的硬度应均匀，其硬度差应符合 JB/T 3818—2014 的规定。

5）零件加工后应符合设计图样、工艺和有关标准的要求；已加工表面不应有毛刺、斑痕和其他机械损伤；除特殊规定外，不应有锐棱和尖角。

6）零件刻度部分的刻线、数字和标记应准确、均匀、清晰。

（9）装配质量

1）磁材压机应按装配工艺规程进行装配，不应装配损坏零件及其表面和密封件唇口等，装配后各机构动作应灵活、准确、可靠。

2）重要固定结合面应紧密贴合，预紧牢固后以 0.05mm 塞尺进行检验，只允许局部插入，其插入部分累计不大于可检长度的 10%。

重要固定结合面有：

① 立柱台肩与工作台面的固定结合面。

② 立柱调节螺母、锁紧螺母与上横梁和工作台的固定结合面。

③ 液压缸锁紧螺母与上横梁的固定结合面。

④ 活塞台肩与滑块的固定结合面。

3）液压、冷却系统的管路通道和油箱的内表面，在装配前应进行彻底的防锈去污处理。

4）全部管路、管接头、法兰及其他固定连接与活动连接的密封处，应连接可靠、密封良好，不得有渗漏现象。

（10）液压、气动、电气装置质量

1）液压装置质量。

① 液压装置应符合 JB/T 3818—2014 的规定。

② 设计液压系统时，应使发热降低到最小程度，并使油液能有效地散热，油箱内的油温（或者液压泵入口的油温）不应超过 60℃。

③ 磁材压机液压系统中应设有磁性滤油器。

④ 磁材压机的液压系统清洁度应符合 ZB J62 001（已作废）的规定。

2）气动装置应符合 JB/T 1829—2014 中第 5.3 条的规定。

3）电气设备应符合 GB/T 5226.1—2008（2019）的规定。

4）外观质量。

① 磁材压机的外观质量应符合 JB/T 3818—2014 的规定。

② 磁材压机的涂装应符合 ZB J50 011（已作废）的规定。

2. 试验方法

（1）磁材压机的试验条件

1）试验前应将压机调平，其工作台纵、横向的水平度不大于 0.20/1000。

2）配套辅助装置应与压机一起试验。

3）试验应在电压、液压、气压、润滑正常条件下进行。

（2）性能试验

1）起动、停止试验。连续进行，不少于 3 次，动作应灵敏、可靠。

2）滑动运行试验。连续进行，不少于 3 次，动作应平稳、可靠。

3）滑块行程的调整试验。按最大行程长度进行调整，动作应准确、可靠。

4）滑块行程限位器试验。一般可结合滑块行程调整试验进行，动作应准确、可靠。

5）滑块行程速度试验。按最大空行程速度进行试验，动作应准确、可靠。行程速度应符合有关标准或技术文件规定。

6）压力调整试验。压力从低压到高压分级进行调试，每级压力均应平稳、可靠。

7）配套辅助装置试验。浆料自动输送装置，真空吸水装置，充磁、退磁装置，通用模架以及其他配套辅助装置的动作试验，均应协调、准确、可靠。

8）持续加压试验。按系统额定压力进行持续加压 10s，压力应稳定，压力偏移不大于±0.8MPa。

9）安全装置试验。结合机器性能试验进行，其动作应安全、可靠。

10）安全阀试验。结合负载试验进行，动作试验不少于 3 次，应灵敏、可靠。

说明：

① 在 JB/T 6584—1993 中提出的重要固定结合面包括"液压缸锁紧螺母与上横梁的固定结合面"对液压机用液压缸设计具有意义。

② 在持续加压试验中提出的"按系统额定压力进行持续加压 10s"对液压机用液压缸制造具有意义。

③ 在性能试验中的各种描述，如"灵敏、可靠"

"平稳、可靠""准确、可靠"和"协调、准确、可靠"等具有参考价值。

4.2.12 超硬材料六面顶液压机

在 GB/T 8541—2012、GB/T 36484—2018、JB/T 4174—2014 和 JB/T 8779—2014 中都没有"超硬材料六面顶液压机"这一术语和定义。在 JB/T 8779—2014 中规定了超硬材料六面顶液压机的型号与基本参数、精度、技术要求、试验方法、检验规则、包装、运输和贮存等,适用于以矿物油类为传动介质、用泵单独传动(或带增压器)的超硬材料六面顶液压机(以下简称压机)。

1. 型号与基本参数

1) 压机的型号名称应符合 GB/T 28761 的规定。

2) 压机的参数与尺寸应采用经规定程序批准的参数与尺寸。

2. 精度

1) 压机的精度检验应符合 GB/T 10923 的规定。

2) 精度检验前,应调整压机的安装水平,在压机下液压缸法兰面上,沿相互垂直的方向放置水平仪,水平仪的读数不要大于 0.20/1000。

3) 专用检验工具及精度检验见 JB/T 8779—2014。

3. 技术要求

(1)一般要求

1) 压机应符合 JB/T 1829 的规定,并应按经规定程序批准的图样和技术文件制造。

2) 造型和布局要考虑工艺美学的要求,外形要美观,要便于使用、维修、装配、拆卸和运输。

3) 备件、附件应能互换,并应符合有关标准及技术文件的规定。

4) 随机技术文件包括产品检验合格证、装箱单和产品使用说明书。产品使用说明书应符合 GB/T 9969 的规定,其内容应包括性能与结构简介、安装、运输、贮存、使用和安全等。

5) 分装的零部件及液压元件,应有相关的识别标记,其中管路和液压元件的通道口应有防尘措施。

(2)刚度

压机应具有足够的刚度,并应符合技术文件的规定。

(3)耐磨措施

重要的摩擦副(如缸、套、活塞)应采取必要的耐磨措施,并符合技术文件的规定。

(4)安全防护

1) 压机的安全防护应符合 GB 28241 的规定,不论是结构、元件、液压系统的设计及选择、应用、配置、调节和控制等,均应考虑在各种使用和维修情况下能保证人身的安全。

2) 在主机及其磨具(顶锤)的超高压工作区附件,需方应设置人身安全保护装置,如防护板(墙),若需要供方提供时,应注明在合同或协议中。

3) 需方应制定压机超高压零部件的定期检修、更换和压机报废制度,以确保压机的工作安全。

4) 在主机及增压器上应设置超程保护装置,以防止发生意外事故。

5) 主机外露窗口应有护板,外露的联轴器应有防护罩。

6) 可能自动脱落的零件如销杆等,应有防脱落装置。

7) 单向旋转的电动机应在明显部位标出旋转方向的箭头。

8) 所有液压元件的选用均不应大于该元件规定的技术规范。

9) 液压系统中影响安全的有关组成部分,应设有超负荷、超程等安全防护装置〔如安全阀、工作超程蜂鸣器、警告指示灯以及电气系统自行切断装置等〕。

10) 液压回路、电气回路应在执行元件的起动、停止、空运转、调整和液压故障等工况下,防止产生失控运动与不正常的动作顺序。

11) 在压机关闭时,应能使其液压自动释放,或使其可靠地与液压系统截断,属气体蓄能器者,则充以氮气或者其他惰性气体,并应远离热源且垂直安装。

12) 噪声不应超过 GB 26484 的规定。

(5)铸锻件

1) 压机的铸钢件应符合技术文件的规定。对不影响安全使用、寿命和外观的缺陷,在保证质量的前提下,可按有关规定进行修补。

2) 重要的铸锻件(如铰链梁、工作缸、增压缸、超高压缸和工作活塞)应进行消除内应力处理。

(6)加工

1) 加工零件的质量应符合设计图样和技术文件的规定,不应有降低压机的安全使用和影响外观的缺陷。

2) 加工表面不应有锈蚀、毛刺、磕碰和划伤等缺陷。

3) 铸钢件铰链耳边上非平面型缺陷质量等级为 GB 7233.2—2010 规定的 1 级,其余部分及其他铸钢件的非平面型缺陷质量等级皆为 GB 7233.2—2010 规

定的 3 级。

4）超高压工作缸应进行无损检测，其结果应符合技术文件的规定。

（7）装配

1）在部装和总装时，不应安装图样上没有的垫片等零件。

2）压机的重要固定结合面应紧密贴紧，用 0.05mm 塞尺检验，塞尺塞入的深度不应大于接触面宽度的 1/4，塞尺塞入的累计长度不应大于周长的 1/10。

3）压机应按装配工艺进行装配。六个活塞与其缸体的配合间隙在加工范围内选择装配，保证装配间隙差值小于 0.05mm。不应因装配而损坏零件及其表面和密封件，装配的零部件（包括外购、外协件）均应符合质量要求。

4）液压系统、冷却系统的管路和油箱的内表面，在装配前均应进行彻底的除锈去污处理。

5）全部管路、管接头、法兰及其他固定与活动连接处，均应连接可靠、密封良好、不应有渗漏现象。

（8）电气设备

压机及加热系统的电气设备应符合 GB 5226.1 的规定。

（9）液压系统

1）承受液压的超高压阀体等应符合技术文件的规定，并应在装配前做耐压试验。自制的液压缸类压力容器的耐压试验应按下列进行，其保压时间应大于等于 10min，并不应有永久变形及其他损坏：

①当额定压力小于或等于 20MPa 时，耐压试验压力应为额定压力的 1.5 倍。

②当额定压力大于 20MPa，且小于或等于 70MPa 时，耐压试验压力应为额定压力的 1.25 倍。

③当额定压力大于 70MPa 时，耐压试验压力应为额定压力的 1.1 倍。

2）自制液压件壳体的耐压试验压力和保压时间及要求：高压液压件应符合 GB/T 7935 的规定，超高压液压件应符合表 4-33 的规定。

表 4-33　自制的液压件壳体的耐压试验压力和保压时间及要求

额定压力/MPa	耐压试验压力为额定压力的倍数	保压时间/min	要　求
>70~100	≥1.3	10	不应有渗漏、永久变形及其他损坏现象
>100	≥1.2	10	

3）液压驱动件（活塞、柱塞）在规定行程速度的范围内，不应有振动、爬行现象，在换向和卸压时，不应有影响正常工作的冲击现象。

4）液压系统的安全技术要求应符合安全防护的规定。

5）根据需要设置必要的排气装置，并能方便排气。

6）压力表的量程一般为额定压力的 1.5~2 倍。

7）设计液压系统时，应采取必要措施保证油箱内的油温（或液压泵入口的温度）为 15~60℃。

使用热交换器的地方应采用自动热交换器，并应分别设置工作油液和冷却介质的测温点。在使用加热器时，其表面散热功率不应大于 0.7W/cm²。

8）压机的保压性能（保压精度）应符合表 4-34 的规定。

表 4-34　保压性能（保压精度）

额定压力/MPa	单缸公称力/kN	保压 5min 时的压力降/MPa
≤100	≤6000	≤4.5
	>6000~10000	≤4
	>10000	
>100	>1000~6000	≤5
	>6000~10000	≤4.5
	>10000	

9）油箱应符合技术文件的规定。

10）液压元件的技术要求和连接尺寸应符合 GB/T 7935 及有关规定。当采用插装或叠加的液压元件时，在执行液压元件与其相应的流量控制元件之间，一般应设置方便的检测口。对于安全阀，其开启压力一般不大于额定压力的 1.1 倍，工作应灵敏可靠，为防止因随便调压而引起事故，必须设有锁紧机构。调压阀的技术要求应符合 GB/T 7935 的规定，并满足压机调压范围的要求，与压力继电器配合调压者，其调压重复精度应符合技术文件的规定。

11）低压控制系统的控制压力应稳定可靠。

（10）外观

1）外露表面不应有图样未规定的凸起、凹陷和粗糙不平等缺陷。

2）沉头螺钉的头部不应突出于零件外表面，且与沉头（孔）之间不应有明显的偏心，固定销应略突出于零件外表面，螺钉尾端应略突出于螺母之外。

3）零部件结合面的边缘应整齐匀称，不应有明显的错位。门、盖与结合面不应有明显的缝隙。

4）外露的焊缝应修整平直、均匀。

5) 电气、液压等管路外露部分应布置紧凑，排列整齐，并不应与相对运动的零部件接触，必要时采用管夹固定。

（11）标牌

标牌应符合 GB/T 13306 的规定。各种标牌应清晰、耐久，标牌应固定在明显位置，标牌的固定位置应正确、平整、牢固、不歪斜。每台压机的外部应在明显位置固定标牌。标牌上至少包括下列内容：

1) 制造企业的名称和地址。

2) 压机的型号与基本参数。

3) 出厂年份和编号。

4. 试验方法

（1）一般要求

1) 在检验前应安装、调整好压机，其安装水平应符合精度的规定。

2) 在检验过程中，不应调整对压机性能、精度有影响的结构和零件，否则应重做试验。

3) 检验应在装配完毕的整机上进行，除标准、技术文件中规定在检验时需拆卸的零部件外，不应拆卸其他零部件。

4) 检验时电源供应应正常。

5) 检验时应接通压机的所有执行机构。

（2）基本性能检验

应在空运转试验和负荷试验过程中结合进行。一般性能检验方法如下：

1) 起动、停止检验。连续进行，应大于或等于三次，动作应灵敏、可靠。

2) 主机、增压机活塞的运转试验。连续进行大于或等于三次的试验，动作应灵活、可靠。

3) 主机活塞行程的限位调整试验。在活塞行程范围内进行调整，动作应准确、可靠。

4) 主机活塞行程速度调整试验。按规定的最大空行程速度进行调整，动作应准确、可靠，并符合有关标准或技术文件的规定。

5) 压力调整试验。按技术文件的规定从低压到高压分级测量，每个压力级的压力试验结果均应平稳、可靠。

6) 安全装置试验。紧急停止和紧急卸压、意外电压恢复时防止电力驱动装置的自行接通等的动作试验，结果均应安全、可靠。

7) 安全阀试验。结合超负荷试验进行，动作试验次数应大于或等于三次，结果应灵活、可靠。

（3）空运转试验

1) 压机的活塞做全程往复运动的空运转试验，连续空运转时间应不少于 4h。型式检验时，每次连续空运转时间不少于 8h，累计连续空运转时间不少于 68h。

2) 空运转试验后，测量油箱内油温（或液压泵入口的温度），达到稳定值时记录其温度。温度不应高于 60℃。

3) 空运转试验过程中检查各机构的工作情况；

① 检查执行机构运动的正确性、平稳性。

② 检查全部高压、低压液压系统、冷却系统等的管路、接头、法兰及其他连接接缝处，均应密封良好，不应有油、水外渗及相互混杂等情况。

③ 检验各显示装置是否准确、可靠。

（4）负荷试验

1) 每台压机在空运转试验合格后，应做满负试验。

2) 调压试验：按分定的压力等级逐级升压，运转应平稳、可靠。检查升温、渗漏应符合规定。

3) 在额定压力下，连续运转试验应不少于 15h，检查系统的温升、渗漏、公称力和主电机的电流，应符合规定。

4) 在额定压力下进行保压试验，其压力降应符合表 4-34 的规定。

5) 负荷试验时各机构的工作应正常。

（5）超负荷试验

超负荷试验应使安全阀调到 1.1 倍的额定压力下进行，其次数不少于 3 次，压机的零部件不应有任何损坏和永久变形，液压系统不应有渗漏及其他不正常现象。

说明：

1) 尽管在 JB/T 8779—2014 中的液压缸耐压试验压力与自制液压件壳体的耐压试验压力相互矛盾，但对于公称（或额定）压力大于 31.5MPa 的液压机用液压缸而言，其具有重要的参考价值。

2) 在 JB/T 8779—2014 中："设计液压系统时，应采取必要措施保证油箱内的油温（或液压泵入口的温度）为 15~60℃。"较其他标准表述的更为明确。

3) 在 JB/T 8779—2014 中的压机的保压性能（保压精度）也具有一定的参考价值。

4.2.13　25MN 金刚石液压机

金刚石液压机是合成金刚石用的液压机。在 JB/T 6998—2010 中规定了 25MN 金刚石液压机的型式与基本参数，技术要求，试验方法与检验规则，标志、包装、运输和贮存，适用于 25MN 金刚石液压机。

1. 型式与基本参数

25MN 金刚石液压机由单主机单辅机组成。主机机架采用预应力高强度钢丝缠绕框架结构。结构示意

图如 JB/T 6998—2010 中图 1 所示，基本参数应符合表 4-35 的规定。

表 4-35　基本参数

项　　目		参数值
主机	公称力/MN	25
	工作介质单位压力 /MPa　超高压	100
	高压	25
	低压	14/6.3
	回程力/MN	0.2
	活动横梁空程速度/(mm/s)	5.5
	活动横梁负载速度/(mm/s)	0.21
	活动横梁回程速度/(mm/s)	6
	开档/mm	800
	活动横梁行程/mm	300
	工作台尺寸/mm	850×850
	力值精度　一次	±1%FS
	循环	±0.5%FS
辅机	模具提升速度/(mm/s)	86
	顶料速度/(mm/s)	<18
	设备外形尺寸/mm	≈5530×5090×3165
	设备总质量/kg	≈42000
	合成人造金刚石模具腔体直径/mm	φ40, φ50
其他	加热 5000~6000A，4V，15kVA	0.05~5Hz
	电动机总容量/kW	130
	缠绕机架的预紧力/kN	(1.25~1.3)×25

2. 技术要求

（1）基本要求

1）产品应符合 JB/T 6998—2010 标准的要求，并按经规定程序批准的图样和技术文件制造。

2）产品应符合 JB/T 3818 的规定。

3）产品的工作环境为 5~45℃。

4）电气设备应符合 GB 5226.1 的规定。

5）液压系统应符合 GB/T 3766 的规定。

（2）使用性能

1）产品操纵应灵敏、准确、平衡、可靠。

2）产品的各项速度偏差不大于±10%。

（3）安全卫生

1）安全应符合 JB 3915（已废止）的规定。

2）机架、主柱塞、回程柱塞应设置防护罩、防尘罩。

3）设备负荷工作时噪声声压级按 GB 23281 的规定测量，应不大于 80dB(A)。

（4）成套性

1）产品按订货合同规定的全套机械成套供应。

2）产品的外购配套件（如电动机、液压元件、电气元件、密封件等）应符合有关现行标准，并取得其合格证。

3）随机技术文件应包括：

① 产品合格证明书。

② 产品使用说明书。

③ 产品安装图。

④ 装箱单。

（5）可靠性与寿命

1）在用户遵守产品使用、维护、保养规则的条件下，整机不发生故障的时间为 1500h。

2）在用户遵守产品使用、维护、保养规则的条件下，产品从开始使用到第一次大修时间应不少于 2800h。

（6）外观质量

1）产品应造型美观、边缘整齐匀称，不应有明显的凸凹不平等缺陷。

2）产品涂装应符合 JB/T 5000.12 的规定。

（7）重要零部件质量要求

1）一般要求：

① 机械加工件应符合 JB/T 5000.9 的规定。

② 焊接件应符合 JB/T 5000.3 的规定。

③ 铸件应符合 JB/T 5000.6 的规定。

④ 锻件应符合 JB/T 5000.8 的规定，立柱、主缸和主柱塞按 V 组规定验收。

⑤ 装配应符合 JB/T 5000.10 的规定。

2）主要零件的材质要求见表 4-36。

3）主要零件的加工质量见表 4-37。

表 4-36　主要零件的材质

名称	钢牌号	力学性能≥					
		R_{eL}/MPa	R_m/MPa	A(%)	Z(%)	硬度 HBW	标准号
上、下半圆梁	ZG35CrMo	400	600	12	20	—	JB/T 6402
主缸	34CrNi3Mo	785	900	14	40	269~341	JB/T 6396
主柱塞	34CrNi1Mo	500	650	14	32	290~320	—
立柱	34CrNi1Mo	500	650	14	32	290~320	—
活动梁	45	345	640	17	35	240~280	—
钢带	65Mn	1500~1700	1500~1700	—	—	—	—

表 4-37　主要零件的加工质量

序号	零件名称	项　目	指标	示意图
1	主缸	孔径 D 尺寸公差带	H8	
		孔径 D 尺寸圆柱度公差/mm	0.03	
		B 面对基准 A 的垂直度公差/mm	0.06	
		D 内圆柱面粗糙度 $Ra/\mu m$	0.4	
		缸底面粗糙度 $Ra/\mu m$	3.2	
		缸底 B 面粗糙度 $Ra/\mu m$	6.3	
2	主柱塞	轴径 d_1 尺寸公差带	f9	
		轴径 d_2 尺寸公差带	f9	
		轴径 d_3 尺寸公差带	d11	
		轴径 d_1 尺寸圆柱度公差/mm	0.024	
		轴径 d_2 轴线对基准 A 的同轴度公差/mm	0.05	
		B 面对基准 A 全跳动公差/mm	0.06	
		C 面对基准 A 全跳动公差/mm	0.05	
		表面粗糙度 $Ra/\mu m$	按图示	

　　装配精度应符合 JB/T 6998—2010 中表 4 的规定。

　　液压传动装置在工作速度范围内不应发生爬行、振动、停滞和冲击现象。

3. 试验方法及检验规则

　　1）每台产品须经检验部门检验合格后方能出厂，并附有产品合格证明书。

　　2）产品在制造厂装配完毕后应进行主机空运转，运动部件以全行程往返试运转应不少于 5 次，且运动灵活无卡死现象。

　　3）主要零部件的加工和装配精度应符合 JB/T 6998—2010 中的表 3 和表 4 的规定。

　　4）每台产品必须在制造厂进行总装和空运转试车。在用户有特殊要求的情况下可经双方协商拟定"试车协议书"。

　　5）空负荷试车要求如下：

　　① 空负荷试车主要对本体、辅机、操纵（液压、电控）等部分进行联合试车及调整。

　　② 空负荷试车可按"试车大纲"和"产品使用说明书"中规定的项目进行。

　　③ 空负荷试车时，各机构在全行程往返运行不少于 10 次，机械、液压、电控设备应工作正常可靠。

　　6）负荷试车要求如下：

　　① 空负荷试车合格后方可进行负荷试车。

　　② 试车项目应符合"试车大纲"和"产品使用说明书"中的规定。

　　③ 试车时，所有密封处不得有泄漏现象。

　　④ 试车后复检主机精度且要达到 JB/T 6998—2010 标准的各项技术要求，并做出全面记录。

　　⑤ 试车时液控单向阀在反向压力达 90MPa 以上，保压 5min 不泄漏，性能好（在用户提供成熟条件后方可实施）。

4.2.14　单动薄板冲压液压机

　　单动薄板冲压液压机是有一个滑块的薄板冲压液压机。在 JB/T 8492—1996 中规定了单动薄板冲压液压机的基本参数和尺寸，适用于 Y27 系列单动薄板冲压液压机。

1. 参数示意图

　　1）单动薄板冲压液压机的参数示意图见 JB/T 8492—1996 中图 1。

　　2）单动薄板冲压液压机的参数示意图仅表达基本参数和尺寸，不限制用户的选型和生产厂家的设计。

　　3）单动薄板冲压液压机的参数示意图中代号的含义见 JB/T 8492—1996。

2. 基本参数和尺寸

　　单动薄板冲压液压机的基本参数和尺寸见表 4-38。

3. 单动薄板冲压液压机有关参数、尺寸的选用原则

　　1）一个公称力（规格）只选用一个液压垫参数。

表 4-38　基本参数和尺寸

公称力 P/kN	400				630				800				1000			
液压垫力 P_D/kN	100	125	160	200	160	200	250	315	200	250	315	400	250	315	400	500
开口高度 H/mm	600　700　800								800　900　1000　1100							
滑块行程 S/mm	400　450　500								450　500　600　700							
液压垫行程 S_D/mm	160　180　200								180　200　250　300							
滑块及工作台尺寸/mm　左右 B	550　700　850　1000															
滑块及工作台尺寸/mm　前后 T	450　550　600　750															
液压垫之顶杆孔分布尺寸/mm　左右 B_D	300　450　600　750															
液压垫之顶杆孔分布尺寸/mm　前后 T_D	酌定　300　450　600															
滑块速度/(mm/s)　空程下行 v_K	100　150　200　250　300　350　400　450　500															
滑块速度/(mm/s)　工作 v_G	5　10　15　20															

公称力 P/kN	1600				2000				2500			
液压垫力 P_D/kN	400	500	630	800	500	630	800	1000	630	800	1000	1250
开口高度 H/mm	800　900　1000　1100				1000　1100　1200　1400							
滑块行程 S/mm	450　500　600　700				500　600　700　800							
液压垫行程 S_D/mm	180　200　250　300				200　250　300　350							
滑块及工作台尺寸/mm　左右 B	850　1000　1300　1600											
滑块及工作台尺寸/mm　前后 T	600　850　1000　1300											
液压垫之顶杆孔分布尺寸/mm　左右 B_D	600　750　900　1200											
液压垫之顶杆孔分布尺寸/mm　前后 T_D	450　600　750　900											
滑块速度/(mm/s)　空程下行 v_K	100　150　200　250　300　350　400　450　500											
滑块速度/(mm/s)　工作 v_G	5　10　15　20											

公称力 P/kN	3150				4000				5000			
液压垫力 P_D/kN	800	1000	1250	1600	1000	1250	1600	2000	1250	1600	2000	2500
开口高度 H/mm	1000　1100　1200　1400				1200　1400　1500　1600							
滑块行程 S/mm	500　600　700　800				700　800　900　1000							
液压垫行程 S_D/mm	200　250　300　350				250　300　350　400							
滑块及工作台尺寸/mm　左右 B	1300　1600　1900　2200											
滑块及工作台尺寸/mm　前后 T	1000　1300　1500　1800											
液压垫之顶杆孔分布尺寸/mm　左右 B_D	900　1200　1500　1650											
液压垫之顶杆孔分布尺寸/mm　前后 T_D	600　900　1200　1350											
滑块速度/(mm/s)　空程下行 v_K	100　150　200　250　300　350　400　450　500											
滑块速度/(mm/s)　工作 v_G	5　10　15　20											

公称力 P/kN	6300				8000				10000			
液压垫力 P_D/kN	1600	2000	2500	3150	2000	2500	3150	4000	2500	3150	4000	5000
开口高度 H/mm	1200　1400　1500　1600				1400　1600　1800　2000　2200　2500							
滑块行程 S/mm	700　800　900　1000				900　1000　1200　1400　1500　1800							
液压垫行程 S_D/mm	250　300　350　400				300　350　400　450　500　550							
滑块及工作台尺寸/mm　左右 B	2500　2800　3000　3200　3600　4000											
滑块及工作台尺寸/mm　前后 T	1800　2000　2200　2500　2800　30000											
液压垫之顶杆孔分布尺寸/mm　左右 B_D	1650　1800　2100　2400　2700　3000											
液压垫之顶杆孔分布尺寸/mm　前后 T_D	1200　1500　1800　2100　2400　2550											
滑块速度/(mm/s)　空程下行 v_K	100　150　200　250　300　350　400　450　500											
滑块速度/(mm/s)　工作 v_G	5　10　15　20											

公称力 P/kN	12500				16000				20000			
液压垫力 P_D/kN	3150	4000	5000	6300	4000	5000	6300	8000	5000	6300	8000	10000
开口高度 H/mm	1400　1600　1800　2000　2200　2500											
滑块行程 S/mm	900　1000　1200　1400　1500　1800											
液压垫行程 S_D/mm	300　350　400　450　500　550											

（续）

滑块及工作台尺寸/mm	左右 R	2500 2800 3000 3200 3600 4000	3000 3600 4000 4500 4800
	前后 T	1800 2000 2200 2500 2800 3000	2000 2200 2500 2800 3000
液压垫之顶杆孔分布尺寸/mm	左右 B_D	1650 1800 2100 2400 2700 3000	1800 2100 2400 2700 3000
	前后 T_D	1200 1500 1800 2100 2400 2550	1500 1800 2100 2400 2550
滑块速度/(mm/s)	空程下行 v_K	100 150 200 250 300 350 400 450 500	
	工作 v_G	5 10 15 20	

2）开口高度、滑块行程和液压垫行程、工作台（左右、前后）尺寸、液压垫之顶杆孔分布（左右、前后）尺寸，可以按表 4-36 所列的参数和尺寸对应采用，也可交叉选用。

3）速度。

① 一个公称力（规格）的产品只分别选用一个空程下行速度参数和一个工作速度参数。

② 一般情况下，滑块回程速度应大于或等于滑块空程下行速度的 2/3。

③ 如遇特殊情况，JB/T 8492—1996 标准规定的滑块及工作台尺寸和液压垫之顶杆孔分布尺寸不敷使用时，可参照采用 JB/T 8492—1996 中附录 A 推荐的尺寸。

4.2.15 单双动薄板冲压液压机

单动薄板冲压液压机即是有一个滑块的薄板冲压液压机，而双动薄板冲压液压机就应是有两个滑块的薄板冲压液压机。在 JB/T 7343—2010 中规定了框架式和立柱式的单双动薄板冲压液压机的产品型式、基本参数与技术条件，主要适用于单双动薄板冲压液压机（以下简称液压机或单动液压机和双动液压机）。

1. 型式与基本参数

（1）型式

框架式单动液压机的型式见 JB/T 7343—2010 中图 1。

框架式双动液压机的型式见 JB/T 7343—2010 中图 2。

立柱式单动液压机的型式见 JB/T 7343—2010 中图 3。

立柱式双动液压机的型式见 JB/T 7343—2010 中图 4。

（2）基本参数

1）基本参数应符合 JB/T 7343—2010 中的表 1~表 15 的规定，它们之间没有必然的对应关系。

2）单动薄板冲压液压机的参考系列参数见表 4-39，双动薄板冲压液压机的参考系列参数见表 4-40。

表 4-39 单动薄板冲压液压机的参考系列参数

项目		YCBD 3.15	YCBD 4	YCBD 5	YCBD 6.3	YCBD 8	YCBD 10	YCBD 12.5	YCBD 16	YCBD 20	YCBD 25	YCBD 31.5	YCBD 42
公称力 P/MN		3.15	4	5	6.3	8	10	12.5	16	20	25	31.5	42
拉伸垫力 P_d/MN		1.25	1.6	2	2.5	3.15	4	5	6.3	8	10	12.5	15
假设拉伸深度 h/mm		400	400	400	500	500	500	500	600	600	600	600	600
滑块行程 S/mm		900	900	900	1100	1100	1200	1200	1400	1400	1600	1600	1600
开口高度 H/mm		1400	1400	1400	1600	1600	1800	1800	2200	2200	2400	2400	2700
拉伸垫行程 S_d/mm		450	450	450	550	550	550	550	650	650	650	650	650
滑块及工作台面尺寸/mm	前后	1600	1600	1600	1800	1800	2000	2000	2200	2200	2500	2500	2800
	左右	3000	3000	3000	3500	3500	4000	4000	4500	4500	4500	5000	7000
拉伸垫台面尺寸/mm	前后	1000	1000	1000	1200	1200	1400	1400	1600	1600	1800	1800	2100
	左右	2400	2400	2400	3000	3000	3600	3600	4000	4000	4000	4500	6000

表 4-40 双动薄板冲压液压机的参考系列参数

项　目		YCBS 2.5/1.6	YCBS 4/2.5	YCBS 5/3.15	YCBS 6.3/4	YCBS 8/5	YCBS 10/6.3	YCBS 12.5/8	YCBS 16/10	YCBS 25/17
公称力 P/MN		4	6.3	8	10	12.5	16	20	25	42
拉伸滑块公称力 P_L/MN		2.5	4	5	6.3	8	10	12.5	16	25
压边滑块公称力 P_Y/MN		1.6	2.5	3.15	4	5	6.3	8	10	17
拉伸垫力 P_d/MN		1	1.6	2	2.5	3.15	4	5	6.3	8
假设拉伸深度 h/mm		400	500	500	600	600	600	600	600	1200
拉伸滑块行程 S_L/mm		950	1150	1150	1350	1350	1450	1450	1450	2300
压边滑块行程 S_Y/mm		500	600	600	700	700	800	800	800	2300
拉伸垫行程 S_d/mm		350	350	450	450	550	550	650	650	1250
拉伸滑块开口高度 H_L/mm		1450	1750	1750	2050	2050	2250	2250	2350	3500
压边滑块开口高度 H_Y/mm		1000	1200	1200	1400	1400	1600	1600	1700	3500
压边滑块及工作台面尺寸/mm	前后	1800	1800	2000	2000	2200	2200	2500	2500	4000
	左右	3000	3500	3500	4000	4000	4500	4500	4500	4000
拉伸滑块或拉伸垫台面尺寸/mm	前后	1200	1200	1400	1400	1600	1600	1800	1800	2700
	左右	2600	3000	3000	3600	3600	4000	4000	4000	

2. 技术要求

（1）一般技术要求

1）液压机应符合 JB/T 7343—2010 标准规定，并应按照经规定程序批准的图样及技术文件制造。

2）液压机成套范围包括：主机（本体），液压传动与控制装置，电气传动与控制装置，润滑系统及装置，必需的专用工具等，随机应带的易损件。备件、特殊附件不包括在内，用户可与制造厂协商，备件可随机供应，或单独供货，供货内容按订货合同执行。

3）液压机的外购配套件应符合现行标准。

4）出厂产品应带出厂技术文件，随机提供技术文件应装入包装箱内，文件包括：

① 产品合格证书。

② 产品使用说明书。

③ 产品安装、维护用图样，易损件图样。

④ 装箱单。

5）液压机在正确地使用和正常的维护保养条件下，从开始使用到第一次大修的工作时间不少于 28000h。

6）液压机的性能良好，使用应可靠，操纵应灵敏。

7）液压机的工作环境温度为 5~40℃，相对湿度≤70%，海拔为 1000m 以下。如果环境条件不符合上述要求，用户在订货时应说明。

8）用户在遵守液压机的正常运输、保管、安装、调整使用和维护保养条件下，在表 4-41 规定的时间内，液压机因制造不良发生损坏或不能正常工作时，制造厂负责免费为用户修理或更换零件（易损件除外），时间以先到期计算。

表 4-41 免费修理期限

类　型	从制造厂发货之日算起	从用户开始使用之日算起
单动液压机免费修理期限/月	12	6
双动液压机免费修理期限/月	12	6

（2）安全环保

1）安全防护应符合 JB 3915（已废止）的规定。

2）液压系统必须设有安全保护装置。液压垫与移动工作台必须设有安全连锁装置。

3）电气传动与控制方面的安全要求应符合 GB 5226.1 的规定。

4）液压机应设有紧急停车按钮。

5）液压机的噪声功率级与声压级应按 GB 23281 的规定。

（3）铸件、锻件、焊接件质量

1）铸钢件的一般技术要求应符合 JB/T 5000.6 的规定。

2）铸钢件缺陷补焊的质量应符合 JB/T 5000.7 的规定。

3）锻件的一般要求应符合 JB/T 5000.8 的规定。

4）焊接件的一般要求应符合 JB/T 5000.3 的规定。

5）管道的焊接应符合 JB/T 5000.11 的规定。

6）上横梁、滑块、底座、工作台，采用铸钢件，应不低于 GB/T 11352—2009 中 ZG270—500 的要求。

7）上横梁、滑块、底座等主要件采用焊接结构，要求如下：

① 材质应符合 GB/T 700、GB/T 1591 规定，不低于 Q235。

② 钢材需经预处理，喷丸、除锈、校平。

③ 焊后需进炉退火消除应力。

8）立柱（梁柱式液压机中的立柱）、拉柱（预应力机架压机中的拉柱）：

① 立柱和拉柱，其材质不应低于 JB/T 6397—2006 中的 45 钢要求，并且锻件应符合 JB/T 5000.8—2007 中 V 组的要求。

② 梁柱式压机立柱工作面（导轨面）硬度不低于 280HBW。

9）工作缸，要求如下：

① 铸、锻、焊制作的工作缸，均需逐件检验切向力学性能 R_{eL}、R_m、A、Z、KU_2（缺口深 2mm）。

② 铸、锻焊工作缸要求中间试压，按 1.5 倍的工作液体压力，做耐压试验，试验时间为 10min。按最高工作液体压力做外部渗漏试验。对焊接工作缸，若制造厂有相应的锻件（分锻件）和焊缝的相应的无损检测规范等工艺保证，可不做耐压试验。

③ 整体锻造工作缸以力学性能及无损检测为准，可不做中间试验。

10）柱塞及活塞杆工作面硬度不低于 40HRC，硬化层不小于 3mm，大中型件硬化层推荐堆焊。

（4）加工件质量

1）零件加工的一般要求应符合 JB/T 5000.9 的规定。

2）主要件加工要求。

①上横梁、滑块、底座、机架、工作台加工要求如下：

a. 主要工作面，表面粗糙度值 Ra 为 6.3μm。

b. 主要几何公差不低于 7 级。

c. 梁柱式压机的立柱孔中心距极限偏差为 ±0.15mm。

② 柱塞、活塞杆加工要求如下：

a. 工作表面粗糙度值 Ra 为 1.6μm。

b. 主要几何公差不低于 7 级。

③ 工作缸加工要求如下：

a. 活塞缸内孔表面粗糙度值 Ra 为 1.6μm。

b. 缸底 R 及法兰台肩处 R 表面粗糙度值 Ra 为 3.2μm。

c. 主要几何公差不低于 7 级。

④ 立柱（梁柱式压机中的立柱）：

a. 螺纹受力面及 R 处表面粗糙度值 Ra 为 3.2μm。

b. 导轨面表面粗糙度值 Ra 为 1.6μm。

（5）装配质量

1）装配的一般技术要求应符合 JB/T 5000.10 的规定。

2）重要的结合面，紧固后应紧密贴合，其间隙不大于表 4-42 的规定。超差部分累计长度不大于检验长度的 10%，且塞入深度不大于 10mm，重要的结合面为：

① 大螺母与横梁（上梁、底座）结合面。

② 上梁、底座与机架（指框架式中的立柱）结合面。

③ 液压缸法兰台肩与横梁结合面。

④ 活塞杆、柱塞端面与滑块结合面。

⑤ 工作台与底座结合面。

表 4-42　间隙公差

液压机公称力/MN	接触间隙/mm
≤6	≤0.04
>6~20	≤0.06
>20	≤0.1

3）每台液压机在制造厂均应进行总装配，大型液压机因制造厂条件限制不能进行总装配时，由制造厂与用户协商，制造厂在用户处总装并按双方协议或合同执行。

（6）液压机精度

1）液压机的精度按其用途分为特级及Ⅰ、Ⅱ三个等级，用户可根据用途选择精度级别，制造厂可按用户要求设计、制造、定价。精度级别见表 4-43。

表 4-43　精度级别

等级	用　途	型　式
特	要求特别高的精密冲压件	框架式
Ⅰ	精密冲压机	框架式
Ⅱ	一般冲压件	柱式、框架式

2）总装配精度的检验项目。

① 工作台（或底座）上平面及滑块下平面的平面度。

② 滑块下平面对工作台（或底座）上平面的平行度。

③ 滑块上下运动对工作台（或底座）面的垂直度。

④ 由偏心引起的滑块倾斜。

3）检验前，应将液压机安置在适当的基础上，并按该液压机的具体规定调整水平。调整水平时，不应采取局部加压的方法使其强制变形。

4）检查用量检具、平面度和垂直度及倾斜度公

差值、检测方法等见 JB/T 7343—2010。

（7）涂装质量

涂装质量应符合 JB/T 5000.12 的规定。

（8）液压润滑气动装置的质量

1）外购和自制液压元件的技术要求和连接尺寸应符合 GB/T 7935 的规定。

2）液压缸总装试压，试验压力为工作压力的 1.25 倍。保压时间不少于 10min，不得渗漏，不得有影响强度的任何迹象。

3）液压阀集成块应进行耐压试验，试验压力为工作压力的 1.25 倍。保压时间不少于 10min，不得渗漏，同时应进行启闭性能及调压性能试验。

4）液控单向阀、充液阀、闸门等阀门密封处均需做煤油渗漏试验及启闭性能试验。

5）铸造液压缸、锻焊液压缸原则上规定粗加工后应做耐压试验，试验压力为工作压力的 1.25 倍，保压时间不少于 10min，不得渗漏，无永久变形。整体锻造缸，锻焊结构液压缸如有焊接无损检测等工艺保证，可不做中间试压。

6）润滑元件、气动元件的技术要求及连接尺寸应符合现行有关标准。

7）油箱必须做煤油渗漏试验，不得渗漏；开式油箱设空气滤清器。

8）液压系统的一般技术要求应符合 JB/T 6996 的规定。

（9）配管质量

1）液压、气动、润滑系统选用的管子内壁应光滑，无锈蚀，无压扁等缺陷，系统压力小于或等于 31.5MPa 时选用 GB/T 8163—2008（2018）中材质为 20 钢，或性能相当的其他材料。

2）管路应进行二次安装，一次安装后拆下管子清理管子内部并酸洗，酸洗后应及时采取防锈措施。

（10）电气设备质量

1）电气设备的一般要求应符合 GB 5226.1 的规定。

2）当采用可编程序控制器或计算机控制时，应符合现行有关标准。

（11）外观质量

1）液压机的外表面不应有图样上未规定的凸起、凹陷、粗糙不平和其他影响外表美观的缺陷。

2）零件的结合面边缘应整齐均匀，不应有明显的错位。门、盖等结合面不应有明显的缝隙。

3）外露的焊缝应平滑匀称，如有缺陷应修磨平整。

4）液压机的铸造梁应涂腻子。

5）标牌应固定在液压机的明显位置，标牌应清晰、美观耐久。

3. 试验方法及检验规则

（1）型式与基本参数检查

1）型式与基本参数检查在空运转试验时进行，其中工作压力和工作速度可放在负荷运转试验时进行。

2）型式与基本参数检查的项目按设计规定，基本参数允许偏差见表 4-44。

表 4-44　基本参数允许偏差

检查项目	允许偏差
公称力（滑块、液压垫）	±3%
行程	+10% 0
开口高度	+10% 0
辅助机构行程	+5% 0
滑块各运行速度	±3%

（2）负荷运转试验

1）负荷运转试验必须在空运转试验合格后进行。

2）负荷试验的时间及检查内容同空运转试验。

3）负荷试验用的模具及冲压件材料由用户提供，如无模具，只进行满负荷试压。

说明：

① 在设计单动薄板冲压液压机时，应确认标准。

② 因在"液压缸总装试压，试验压力为工作压力的 1.25 倍。保压时间不少于 10min，不得渗漏，不得有影响强度的任何迹象"中"工作压力"无法确定，所以这样的规定有问题。

③ "柱塞及活塞杆工作面硬度不低于 40HRC，硬化层不小于 3mm，大中型件硬化层推荐堆焊"是设计该种液压机用液压缸的依据。

④ "系统压力小于或等于 31.5MPa 时选用 GB/T 8163—2018 中材质为 20 钢，或性能相当的其他材料（无缝钢管）"对液压机用液压缸设计有参考价值。

⑤ "基本参数允许误差"是设计该种液压机用液压缸的依据。

⑥ "负荷运转试验"中也未规定"工作压力"，但在其他一些标准如 JB/T 12510—2015 中则有关于"工作压力"的规定。

4.2.16　双动厚板冲压液压机

在 GB/T 8541—2012、GB/T 36484—2018、JB/T 4174—2014 和 JB/T 7678—2007 中都没有"双动厚板

冲压液压机"这一术语和定义。在 JB/T 7678—2007 中规定了立柱式和框架式双动厚板冲压液压机的型式、基本参数与技术条件,适用于双动厚板冲压液压机(以下简称液压机)。

注:在 GB/T 36484—2018 中有"双动液压机"这一术语和定义。在 JB/T 7678—2007 中还规定了"精度检验""试验方法与检验规则""标志、包装、运输和贮存"。

1. 结构型式与基本参数

(1)结构型式

1)立柱式见 JB/T 7678—2007 中图 1。

2)框架式见 JB/T 7678—2007 中图 2。

注:在 JB/T 7678—2007 中的图 1 和图 2 的液压缸安装型式皆为 MF7 带后部对中的前部圆法兰;活塞杆连接型式为(带外螺纹的活塞杆端或带凸缘的活塞杆端)法兰。

(2)基本参数

基本参数应符合表 4-45 的规定。

表 4-45 基本参数

项 目	型 号					
	2YCH0305	2YCH0507	2YCH0812	2YCH1622	2YCH3140	2YCH4052
公称力/MN	5.15	7.5	12	22.3	41.5	52.5
拉伸滑块公称力/MN	3.15	5	8	16	31.5	40
压边滑块公称力/MN	2	2.5	4	6.3	10	12.5
顶出器公称力/MN	1.4	2	2.7	3.4	5	6
滑块行程[①]/mm	500/600	1100/1200	1700/1800	2300/2400	2800/2900	3400/3500
	700/800	1300/1400	1900/2000	2500/2600	3000/3100	3600/3700
	900/1000	1500/1600	2100/2200	2700/2800	3200/3300	3800/3900
开启高度[①]/mm	1000/1100	2000/2100	2900/3000	3600/3700	4100/4200	4600/4700
	1200/1300	2200/2300	3100/3200	3800/3900	4300/4400	4800/4900
	1400/1500	2400/2500	3300/3400	4000/4100	4500/4600	5000/5100
	1600/1700	2600/2700	3500/3600	4200/4300	4700/4800	5200/5300
	1800/1900	2800/2900	3700/3800	4400	4900	5400/5500
工作台面尺寸[①]/mm	ϕ800	ϕ1700	ϕ2900	ϕ3800	ϕ4400	ϕ5300
	ϕ1100	ϕ2000	ϕ3200	ϕ4100	ϕ4700	ϕ5600
	ϕ1400	ϕ2300	ϕ3500	ϕ4400	ϕ5000	ϕ5900
	ϕ1700	ϕ2600	ϕ3800	ϕ4700	ϕ5300	ϕ6200

注:在 JB/T 7678—2007 的附录 A 中还有"双动厚板冲压液压机的参数系列参数"可以参考。

① 此参数无法与另几项基本参数一一对应,因此需在订货时协商确定。

2. 技术要求

(1)基本技术要求

1)液压机的设计、制造应符合 JB/T 7678—2007 标准的规定,并按照经规定程序批准的图样及技术文件制造。

2)液压机成套范围包括主机(本体)、液压传动及控制系统、电气传动及控制系统、润滑系统,供货范围按订货合同。

3)备件可根据用户需要按合同供货。

4)制造厂应保证液压机的配套外购件符合现行标准,并有合格证。

5)液压机在正常包装、运输、保管、安装、调整、使用和保养的条件,在表 4-44 规定的时间内,如因制造不良而发生损坏或不能正常工作时,制造厂应负责免费为用户修理或更换零部件(易损件除外)。

6)液压机从开始使用到首次大修的工作时间(寿命)应符合表 4-46 的规定。

表 4-46 免费修理期限与首次大修时间

拉伸滑块公称力/MN	<16	≥16
免费修理期限(从制造厂发货之日算起)/月	12	12
首次大修时间/h	25000	28000

7)液压机的工作环境温度为 5~40℃。如超过上述要求,用户在订货时应说明。

(2)安全卫生

1)安全防护应符合 JB 3915(已废止)的规定。

2)拉伸滑块与压力(边)滑块的锁紧和松开应有信号灯显示。

3)移动工作台与顶出器应有连锁装置。

4)电力传动与控制方面的要求应符合 GB 5226.1 的有关规定。

5)液压机的噪声功率级、声压级应按 JB/T 3623 的规定,其值不超过 85dB(A)。

6）外购成品件（如电动机、泵等）的噪声值应符合与其有关的标准规定。

（3）加工、装配质量

1）焊接件应符合 JB/T 5000.3 的规定。

2）铸钢件应符合 JB/T 5000.6 的规定。

3）铸钢件缺陷补焊的质量应符合 JB/T 5000.7 的规定。

4）锻件应符合 JB/T 5000.8 的规定。

5）管道的焊接应符合 JB/T 5000.11 的规定。

6）切削加工件应符合 JB/T 5000.9 的规定。

7）装配应符合 JB/T 5000.10 的规定。

8）工作台与滑板接触应均匀，其接触面积不得少于应接触面积的 70%~80%。

9）重要的固定结合面应紧密贴合，用塞尺［塞尺应符合 JB/T 8788（已废止）的规定］进行检验，塞尺塞入度不应大于 100mm（或为 10mm，100mm 似乎有误），其可插入部分累计不大于检验长度的 10%，其间隙应符合表 4-47 的规定，重要的固定结合面为：

① 立柱或拉杆螺母与横梁（上横梁、底座）的结合面。

② 液压缸法兰台肩与横梁的结合面。

③ 上横梁、底座与机架的结合面。

表 4-47　间隙公差

液压机公称力/MN	接触面间隙/mm
≤22	≤0.06
>22	0.1

（4）液压、润滑、气动装置的质量

1）外购和自制液压元件的技术要求和连接尺寸应符合 GB/T 7935 的规定。

2）液压系统应符合 GB/T 3766 的规定。

3）液压机制造厂自制的各种液压缸、液压阀应做耐压试验。试验压力为工作压力的 1.25 倍，保压时间应大于 5min（停机保压），不得有渗漏、损坏等不正常现象，管路和管路附件的公称压力和试验压力按 GB/T 1048—2005《管道元件　PN（公称压力）的定义和选用》（已被 GB/T 1048—2019 代替）的规定执行。

4）润滑、气动元件的技术要求和连接尺寸应符合 JB/T 7943.2 的规定。

5）液压系统的清洁度应符合 JB/T 9954 的规定。

6）压力容器的设计与制造，应由取证单位进行，并符合 GB 150 的规定。压力容器出厂时按劳动部颁发的《压力容器安全技术监督规程》（1999 年

版）的规定提供技术文件。

7）液压、润滑。气动、冷却系统不得有渗漏现象。

8）液压、润滑、气动系统的管子内壁应光滑、无锈蚀、无任何污物，并进行二次安装。管路应排列整齐、美观。

（5）电气设备质量

1）液压机的电气设备应符合 GB 5226.1 的规定。

2）在意外电压恢复时，应防止电力驱动装置自动接通。

（6）外观质量

1）液压机的外表面不应有图样上未规定的凸起和凹陷、粗糙不平等影响外表面美观的缺陷。

2）零件的结合面边缘应整齐均匀，不应有明显的错位和缝隙。

3）外露的焊缝应平滑匀称，如有缺陷应修磨平整。

4）所有的管路应敷设平直，整齐美观，不得与运动的零部件相摩擦。

5）液压机的涂装应符合 JB/T 5000.12 的规定。不同颜色的涂料应界限分明，不得相互污染。

3. 精度检验

（1）精度检验规定

1）精度检验的基准为工作台的上平面。

2）精度的公差按实际可检验长度折算，计算结果小于 0.005mm 时以 0.005mm 计，大于 0.005mm 不足 0.01mm，以 0.01mm 计。

3）检验时液压机应处于室温，并在空负荷状态下运行。

（2）精度检验项目

液压机精度检验项目见 JB/T 7678—2007 中的表 4。

4. 试验方法与检验规则

（1）检验规则

每台液压机（主机）均应在制造厂进行总装及空负荷试车检验，有特殊情况经用户同意，也可在用户现场进行总装及试车验收。

（2）液压机项目试验和检验

试验和检验的项目如下：

① 型式与基本参数检查。

② 空运转试验。

③ 负荷运转试验。

④ 精度检验。

（3）型式与基本参数检查

1）型式与基本参数检查应在空运转试验时进行，其中公称力等参数可放到负荷运转试验时进行。

2）检查项目按设计规定，允许偏差见表 4-48。

表 4-48　允许偏差

检查项目	允许偏差
公称力	±10%
行程	±2%
最大开启高度	±5%
滑块运行速度	±10%

说明：

1）在"液压机制造厂自制的各种液压缸、液压阀应做耐压试验。试验压力为工作压力的 1.25 倍，保压时间应大于 5min（停机保压），……"中明确了"停机保压"具有参考价值。

2）如将液压机用液压缸的行程允许偏差规定为"±2%"，是否合适，值得商榷。

4.2.17　打包液压机

金属打包液压机和非金属打包液压机在 GB/T 36484—2018 和 JB/T 4174—2014 中都有术语和定义。金属打包液压机是将废金属薄板料、线材等压缩成包块用的液压机，而将金属屑压缩成团块用的液压机称为金属屑压块液压机；非金属打包液压机是将非金属制品、材料或废料等压缩成包用的液压机。

1. 液压棉花打包机

在 GB/T 19820—2005 中规定了 MDY 型液压棉花打包机的结构型式、产品分类及基本参数、技术要求、试验方法、检验规则及标志、包装与贮存要求，适用于液压棉花打包机（以下简称打包机）的设计制造及质量检测。

（1）产品分类

1）产品型号及主要参数见表 4-49。

表 4-49　产品型号及主要参数

型号	公称力/kN	包型	包尺寸（长×宽×高）/mm	压缩系数	包质量/kg	产生能力/(kg/h)
400	4000	I	1400×530×700	≥1.4	227±10	≥4000
500	5000	I				
200	2000	II	800×400×600	≥1.4	85±5	≥1700

注：1. 在 GB/T 9653—2006《棉花打包机系列参数》中的表1打包机系列参数与上表相同，但多了一条注，即"压缩系数应在回潮率为6%时满足要求。"

2. 在 GB/T 9653—2006 中给出了术语"压缩系数"的定义，即："棉花成包后的自然高度与其在打包压缩终止后上、下板之间的距离之比。"

2）产品型式。

① 下压式（A）。由上向下压缩棉纤维的打包机。

② 上顶式（S）。由下向上压缩棉纤维的打包机。

③ 卧式（W）。水平方向压缩棉纤维的打包机。

3）产品型号见 GB/T 19820—2005。

（2）技术要求

1）一般要求。

① 打包机应符合 GB/T 19820—2005 标准的要求，并按照经规定程序批准的符合有关现行标准规定的图样及技术文件制造。

② 打包机应符合 GB 18399—2001《棉花加工机械安全要求》的要求。

③ 原材料应有入厂验收记录和质量合格证。

④ 不得使用不标准和无合格证的外购件、机电配套件。

⑤ 液压系统的设计与调整应符合 GB/T 3766 的规定。

⑥ 液压系统中油液的清洁度不低于 GB/T 14039—2002 中的 20/17 级。

⑦ 液压系统工作的油液温度范围应满足元件及油液的使用要求，应在油温不高于 60℃ 范围内正常工作。

⑧ 油箱、管道安装前均需要进行酸洗、中和水冲洗及防锈处理。

2）整机性能及质量。

① 打包机的公称力应符合表 4-49 的规定，成包后的尺寸及棉包质量应符合 GB/T 6975—2013《棉花包装》的规定。

② 生产能力在规定的生产条件下应符合表 4-49 的规定。

③ 公称力不低于 4000kN 的打包机应有取样装置。所取棉样应满足公检要求，棉样质量为 125g。

④ 在公称力下成包时，其包箱侧壁位移量不大于 5mm。

⑤ 打包机应有足够的刚度和强度。在 1.25 倍公称力下成包时，其机架受压梁挠度不大于 1/800。

⑥ 空载噪声不大于 85dB（A）。

⑦ 在规定的生产试验条件下，吨皮棉耗电量不大于 18kW·h。

⑧ 液压系统无外泄漏。

⑨ 各运动部件操作要灵活可靠，液压、电气有过载保护、接地保护及必要的联锁装置。

3）主要零部件质量。

① 包箱内壁应光滑平整。

② 主要结构件若有焊接工序应进行消除应力处理。主液压缸缸体受力焊缝需进行无损检测，其结果应满足 JB 4730（已作废）中 II 级要求。

③ 主液压缸孔及导向套的加工尺寸公差值不低于 10 级精度，圆度公差值不低于 10 级精度，表面粗糙度值不大于 $Ra1.6\mu m$。

④ 主液压缸活塞杆或活塞的材料力学性能：抗拉强度不低于 200MPa。金属切削加工公差不低于 9 级精度，圆柱度公差不低于 9 级精度，表面粗糙度值不大于 $Ra0.8\mu m$。

⑤ 主液压缸活塞杆或柱塞表面应采取耐磨处理。

⑥ 主液压缸应符合 JB/T 10205 的规定，其他液压元件也应符合 GB/T 7935 的规定，液压元件的清洁度要求符合 JB/T 7858 的规定。

4）装配质量。

① 进入装配的零部件（包括外购件、外协件）应经检验合格后方可进行装配。

② 零件在装配前应清洁和清洗干净，不得有毛刺、飞边、切屑、焊渣，装配过程中零件不得磕碰、划伤。

③ 包箱横截面的对角线公差小于等于 5mm。

④ 主液压缸活塞杆或柱塞在全行程内，包箱内壁平面对其轴线的对称度小于等于 6mm。

⑤ 主液压缸活塞杆或柱塞在全行程内，其轴线对受压梁的垂直度小于等于 1.5/1000。

⑥ 液压元件及管路的安装要防止密封件被擦伤，保证无外泄漏，外露管路要排列整齐、牢固。

⑦ 电气要有可靠的接地装置，元件的绝缘电阻不小于 $1M\Omega$。

⑧ 电气线路敷设应整齐、美观、可靠。

5）外观质量。

① 整机的外表面应平整，不得有毛刺、飞边和焊渣。

② 零件的外露加工表面均应防锈处理。

6）涂装质量。

① 所有需要进行涂装的钢铁制件表面在涂装前，应将铁锈、氧化皮、焊渣及污物去除。

② 涂层应光洁、均匀，无皱皮、气泡、露底、明显流痕等缺陷。

③ 面漆颜色，同色处色泽一致。

（3）试验方法

1）空运转试验。打包机按使用说明书安装调整后，进行空运转试验。运转时间不少于 20min，达到正常工作要求后，检查表 4-50 中的各项规定。

2）负载试验。

① 负载试验应在空运转试验合格后进行不少于 24h 试生产，达到正常工作状态后，进行负载试验。

② 调整好棉包成包密度，使打包机工作压力达到公称力后再进行试验，试验次数不少于 10 次。记下各

次主液压缸工作压力，用式（4-5）计算各次打包机实际工作压力，取其平均值为打包机公称力的实测值。

$$F=Sp\times10^3(kN) \qquad (4-5)$$

式中　F——打包机实际工作压力，单位为 kN；
　　　S——主液压缸有效工作面积，单位为 m^2；
　　　p——主液压缸工作压力，单位为 MPa。

表 4-50　空运转试验规定

序号	试验项目	技术要求
1	工作机构、操纵机构	相互协调
2	安全阀和主油泵工作压力	达到设计压力
3	主液压缸回程	无爬行、无冲击
4	控制系统工作压力	达到控制压力
5	柱（活）塞的各种规范操作	平稳、可靠
6	提箱、转箱	无卡阻、定位准确、到位平稳无冲击
7	包箱运动	安全、可靠
8	电气系统	控制灵敏、可靠
9	液压系统	管道连接牢固、密封无泄漏
10	控制电路电压	控制电路电压波动范围不超出±10%

3）液压系统检验。

① 主液压系统按公称压力 1.25 倍做耐压试验，无异常情况。

② 用温度计在油箱内测量开机前和打包机正常工作 8h 后的油温。

4）超负载试验与受压梁挠度检验。超负载试验与受压梁挠度检验同步进行。受压梁挠度检验在公称压力的 1.25 倍下进行，方法按 GB/T 19820—2005 中 A.3.2 规定执行。试验次数不少于 2 次。

说明：

① 在 GB/T 19820—2005 的表 8 中给出了主要零件加工质量（如主压缸缸孔或缸导套孔、主压缸柱塞或活塞）的技术要求，但像"主压缸缸孔或缸导套孔的加工尺寸公差值不低于 10 级精度，圆度公差值不低于 10 级精度，表面粗糙度值 Ra 不大于 $1.6\mu m$。"等这样的要求，是现在可见的标准中关于液压缸及其零部件要求最低的，其是否合适有待商榷。

② 将"主液压系统按公称压力 1.25 倍做耐压试验"和"受压梁挠度检验（超负载试验）在公称压力的 1.25 倍下进行"确定为一个压力值，值得商榷，但对于液压机用液压缸设计制造可以参考。

2. 金属打包液压机

在 JB/T 8494.2—2012 中规定了金属打包液压机

的技术要求、检验或试验方法、检验规则、标志、包装、运输和贮存，适用于将各种轻薄型生产和生活废钢、各种塑性较强的有色金属（如铝合金、铜材）打包的金属打包液压机（以下简称打包机）。

（1）技术要求

1）一般要求。

① 打包机应符合 JB/T 1829—1997（2014）和 JB/T 8494.2—2012 标准的规定，并按经规定程序批准的图样及技术文件制造。

② 打包机应有足够的刚度，在超负荷试验后不得出现任何损伤和永久变形，机架受压梁挠度应不大于 1/600。

③ 打包机打成的包块密度应符合 GB/T 4223—2017《废钢铁》的规定，打成的以钢铁材质为准的包块密度为 1200～2500kg/m³。如用户有特殊要求可与制造厂家商定。

④ 打包机的参数应符合技术文件的规定，用户对打包公称力有特殊要求时可与制造厂家协商定制。

⑤ 打包机的随机技术文件应包括该产品的合格证明书、装箱单和使用说明书。使用说明书的内容应符合 GB/T 9969 的规定。

2）配套。

① 打包机出厂时应保证其完整性，并备有技术文件中规定的专用附件及备件易损件。特殊附件由用户和制造厂共同商定，或随机供应或单独订货。

② 制造厂应保证打包机外购件（如液压、电气元件）符合标准，并应附有生产商的合格证方可使用，且须安装在主机上同时进行运转试验。

3）安全。

① 打包机应具有可靠的安全保护装置，并符合 JB 3915（已废止）的规定。

② 打包机的操纵机构应安全可靠，当打包机做单次循环动作时，不得发生下一循环的连续动作。

③ 打包机的机盖应有防止自动下落的措施。

④ 打包机急停后，机盖的惯性下降值以推动缸活塞杆的惯性伸出量计算，在 3min 内不得超过 20mm。

⑤ 打包机液压系统的操纵力应符合 GB/T 3766 的规定。

⑥ 打包机电气设备的安全与防护应符合 GB 5226.1 的规定。

4）铸件、锻件、焊接件。

① 铸铁件、铸钢件、锻件、焊接件和有色金属件均应符合技术文件的规定，灰铸铁应符合 JB/T 5775 的规定，焊接件应符合 JB/T 8609 的规定，对铸件、锻件、焊接件的缺陷，在保证使用要求和外观质量的条件下，允许按技术文件的规定进行修补。

② 打包机重要的铸件、锻件、焊接件，应进行消除内应力处理。

③ 高压室护板与压头护板应采取耐磨措施。

5）加工。

① 打包机零件的加工质量，应符合设计图样、工艺规程的要求；已加工的表面不应有毛刺、斑痕和其他机械损伤，除特殊规定外，均应将锐角倒钝。

② 图样上未注明尺寸公差要求的切削加工尺寸，其极限偏差应符合技术文件的规定。

③ 打包机主要零件液压缸缸体内径的加工精度应达到 H9 以上；活塞杆外圆加工精度应达到 f8 以上。

6）装配。

① 打包机应按装配工艺规程进行装配，不允许装入图样上未规定的垫片、套类等零件。

② 供货配用的零部件（包括外购、外协件）均应符合技术文件的规定。

③ 机身拉杆螺母贴合面、液压缸固定结合面应贴合良好，用 0.05mm 塞尺进行检验，只允许局部插入，其插入深度一般不应超过径向贴合宽度的 20%，其可插入部分的累计长度一般不超过可检周长的 10%。

④ 打包机各级压头两侧护板与压缩室护板的间隙之和应符合 JB/T 8494.2—2012 中表 1 的规定。

⑤ 液压系统、冷却系统的管路通道及油箱表面，在装配前均应进行防锈去污处理。

⑥ 全部管路、管接头、法兰及其他固定连接、密封处均应连接可靠、密封良好，不应有渗漏现象。

7）液压系统和润滑系统。

① 打包机的液压系统应符合 GB/T 3766 和 JB/T 3818 的规定。

② 液压系统工作压力一般应不大于 20MPa。

③ 液压传动部件在各种范围内，不允许产生爬行、振动、停滞和显著的冲击现象。

④ 液压系统中应设置过滤器。

⑤ 液压系统的清洁度应符合 JB/T 9954 的规定。

⑥ 打包机应有润滑装置，保证各运转部位的润滑，润滑管路及润滑点应与产品说明书相符。

8）电气系统。打包机的电气系统应符合 GB 5226.1 的规定。

9）外观。

① 打包机的外表面，不应有图样上未规定的凸起、凹陷、粗糙不平和其他损伤。

② 底架、侧架、前架、后架、门梁、支承梁各结合处应平整，应有明显的缝隙和错位。

③ 外露的焊缝应修整平直、均匀，并符合有关标准的规定。

④ 液压、润滑管路和电气线路沿打包机外廓安装时，应排列整齐、美观，并不得与相对运动的零部件接触。

⑤ 沉头螺钉不应突出零件外表面；螺栓尾端应突出于螺母之外，但突出部分不应过长和参差不齐。

⑥ 打包机上的各种铭牌、标牌，固定位置应明显、平整牢固、不歪斜。

10）涂装与防锈

① 打包机的涂装质量应符合 JB/T 5000.12 的规定。

② 打包机的防锈应符合 GB/T 4879 的规定。

11）噪声。打包机的噪声应符合 JB 9967（已废止）的规定。

（2）检验或试验方法

1）基本参数的检验。按 JB/T 8494.2—2012 标准要求或产品设计文件的规定检验打包机的基本参数，打包机基本参数的允差应符合表 4-51 的规定。

表 4-51　基本参数的允差

检验项目	允差
公称力/kN	符合标准或设计规定值
压头最大行程/mm	符合 JS9 公差要求，只许为负公差
空运转单次循环时间/s	±10%

2）超负荷试验。

① 打包机进行超负荷试验，应不少于 3 次工作循环，试验方法可采用金属打包或其他加载措施。

② 超负荷试验应与安全阀的调定检验结合进行，超负荷试验压力一般应符合表 4-52 的规定。

③ 打包机在超负荷试验中和试验后，零部件不得有任何损坏和永久变形，液压系统不得有渗漏及其他不正常现象。

表 4-52　超负荷试验压力

液体最大工作压力 p/MPa	≤25	>25
超负荷试验压力	1.2p	1.1p

说明：

在打包机用液压缸设计制造中，以下内容可供参考：

① 打包机急停后，机盖的惯性下降值以推动缸活塞杆的惯性伸出量计算，在 3min 内不得超过 20mm。

② 液压缸缸体内径的加工精度应达到 H9 以上；活塞杆外圆加工精度应达到 f8 以上。

③ 液压系统工作压力一般应不大于 20MPa。

④ 压头最大行程符合 JS9 公差要求，只许为负公差。

3. 重型液压废金属打包机技术条件

在 JB/T 11394—2013 中规定了重型液压废金属打包机的结构型式及主要技术参数、技术要求、试验方法、检验与检验规则、涂装、包装、储运和标志，适用于主（或称末级）挤压力为 8000~20000kN 级别的重型液压废金属打包机（以下简称打包机）。

（1）结构型式及主要技术参数

1）结构型式。由机身、各级液压缸及压头、液压系统、管路系统、自动润滑系统、液压油加热与冷却系统、电气控制系统等部分组成的自动完成废金属挤压打包成块（正方体或长方体）的生产设备。

采用三向挤压方式，生产的废钢包块密度为 2.5~3.5t/m³，应符合 GB 4223—2004（已被 GB/T 4223—2017《废钢铁》代替）中 I 类废钢打包块的规定。

2）机器型号。打包机型号按照国家锻压机械产品分类型谱执行。

3）主要技术参数见表 4-53。

表 4-53　主要技术参数

项目	型号				
	Y81Ⅲ-800	Y81Ⅲ-1000	Y81Ⅲ-1250	Y81Ⅲ-1600	Y81Ⅲ-2000
一级挤压力/kN	3200	4000	5000	6000	8000
二级挤压力/kN	8000	10000	12500	16000	20000
三级挤压力/kN	8000	10000	12500	16000	20000
最大工作压力/MPa	26.5	28	26.5	28	26.5
包块尺寸 (L×W×H)/mm	(600~900)×600×600	(600~1000)×700×700	(800~1200)×800×800	(1000~1400)×1000×1000	(1200~1600)×1200×1200
包块密度/(t/m³)	2.2~3.0	2.5~3.2	2.5~3.5	2.2~3.2	2.2~3.2
料箱尺寸 (L×W×H)/mm	5500×2000×1250	6500×2000×1450	6500×2000×1450	7000×2000×1450	7500×2000×1550
单次工作循环时间/s	≤90	≤90	≤90	≤95	≤95
主电动机功率/kW	75×4	75×5	75×6	75×7	75×8

（2）技术要求

1）锻件应符合 JB/T 5000.8 的规定。

2）铸铁件应符合 JB/T 5000.4 的规定，铸钢件应符合 JB/T 5000.6 的规定，有色金属铸件应符合 JB/T 5000.5 的规定。

3）焊接件应符合 JB/T 5000.3 的规定。

4）切削加工件应符合 JB/T 5000.9 的规定。

5）各液压缸活塞杆表面应经淬硬处理或表面镀硬铬。

6）液压缸活塞杆密封应采用可外部压缩调整结构。

7）构成打包机料箱压缩室的六表面护板应经硬化处理或采用耐磨钢板制造。其表面硬度应达到 380~450HBW。压缩室两侧和底板护板应设置有刮屑槽。

8）打包机应设置自动上料斗装置。

9）打包机应设置将高出料箱的废金属料压进料箱的机盖或剪断的剪切机构。

10）出包口采用无约束宽敞门洞结构。

11）门导轨和从上向下运动的二级压头导轨处应设置递进式自动润滑装置。

12）打包机制造质量应符合如下要求：

① 打包机所有机加工零部件应符合设计图样要求。

② 焊接件、铸钢件、铸铁件的未注尺寸公差符合 GB/T 1800.1—2009 中 IT16 的规定。

③ 机械加工零部件未注尺寸公差应符合 GB/T 1800.1—2009 中 IT14 的规定。

13）打包机装配质量应符合如下要求：

① 打包机装配不允许装入图样上未规定的垫片、调整套类等零件。

② 打包机机身和料箱、拉杆螺母的贴合面应贴合良好，用 0.05mm 的塞尺进行检验，允许局部插入，其插入深度不应超过贴合面宽度的 20%。

③ 打包机一、二、三级压头两侧护板与料箱和压缩室护板之间的间隙之和应符合 JB/T 11394—2013 中表 2 的规定。

④ 液压装配质量应符合 GB/T 3766 的规定。

⑤ 全部管路、管接头、法兰及其他固定连接、密封处应连接可靠、密封良好，不应有液体渗漏现象，应符合 JB/T 5000.11 的规定。

⑥ 打包机液压、冷却与加热系统的管路通道及油箱内表面，在装配前均应进行除锈去污处理，应符合 GB/T 3766 的规定。

⑦ 打包机的电气控制系统所有元器件与装配均

应符合 GB 5226.1 的规定。

⑧ 液压系统的操作装配应符合 GB/T 3766 的规定。

⑨ 液压系统所用液压泵、压力阀、方向阀、顺序阀等所配套装机的液压元件应附有产品合格证，并应符合 GB/T 7935 的规定。

14）打包机应具有如下可靠的安全保护装置，并应符合 GB 17120 的规定：

① 打包机应设置每次工作循环开始的灯光与声响警示装置。

② 打包机从上向下运行的二级压头应有防止自行落下的措施。

③ 打包机从上向下运行的机盖应有防止自行下落的措施。

④ 液压缸驱动的二级压头、门、机盖、料斗分别运行到任一位置停止后，其惯性下滑值应 ≤20mm/3min。

⑤ 当打包机单次循环动作停止时，不得自行发生下一次循环的动作。

⑥ 电气控制系统的安全与防护应符合 GB 5226.1 的规定。

15）外观质量应符合如下要求：

① 打包机的外表面不应有图样上未规定的凸起、凹陷、粗糙不平和其他损伤。

② 打包机各零部件安装结合处应平整，不应有明显的缝隙和错位。

③ 外露焊缝应修整平直、均匀，并应符合 JB/T 5000.3 的规定。

④ 液压、润滑管路及电气线路沿打包机外轮廓安装时，应排列整齐、美观，不得与有相对运动的零部件接触。

⑤ 沉头螺钉不应突出零件表面。

⑥ 打包机的各种铭牌、标牌，其固定位置应明显、清晰、平整、牢固，应符合 GB/T 13306 的规定。

16）涂装应符合如下要求：

① 涂装质量应符合 JB/T 5000.12 的规定。

② 料斗、机盖、门等可见运动件应在明显处涂上油漆安全色，并应符合 GB 2893 的规定。

（3）检验要求

1）基本参数的检验。基本参数的偏差应符合表 4-54 的规定。

2）超负荷运行试验。超负荷运行试验在负荷运行试验后进行，且不少于 2 次工作循环。采用废金属材料打包或其他加载荷方式进行。

超负荷试验压力值应符合表 4-55 的规定。

表 4-54　打包机基本参数的允许偏差及检验工具

检验项目	允许偏差	检验工具
公称力 （共三级挤压）/kN	符合表 4-53 的规定值	测压接头（带表）
压头最大行程/mm	±0.5%	游标卡尺、钢卷尺
空运行单次 循环时间/s	±5%	秒表
包块密度 /（t/m³）	符合表 4-53 的规定值	磅秤、钢直尺

表 4-55　超负荷试验压力值

液体最大工作压力 p/MPa	≤26.5	>26.5
超负荷试验压力 p_c	$1.2p$	$1.1p$

打包机在超负荷试验后，所有零部件不得有任何损坏和永久变形。

说明：

在重型液压废金属打包机用液压缸设计制造中，以下内容可供参考：

① 机械加工零部件未注尺寸公差应符合 GB/T 1800.1—2009 中 IT14 的规定。

② 液压缸驱动的二级压头、门、机盖、料斗分别运行到任一位置停止后，其惯性下滑值应≤20mm/3min。

③ 压头最大行程允许偏差为±0.5%。

④ 超负荷试验压力值。

但是，以下要求不尽合理，仅供参考：

① 各液压缸活塞杆表面应经淬硬处理或表面镀硬铬。

② 液压缸活塞杆密封应采用可外部压缩调整结构。

4. 卧式全自动液压打包机

在 JB/T 12096—2014 中规定了卧式全自动液压打包机的型号与基本参数、技术要求、检验或试验方法、检验规则、标志、包装、运输和贮存，适用于将废纸、废塑料、秸秆等非金属物料压制成包块，以便运输和贮存的卧式全自动液压打包机（以下简称打包机）。

（1）型号与基本参数

1）型号的编制方法。打包机型号编制应符合 GB/T 28761 的规定。

2）基本参数。基本参数应符合表 4-56 的规定。

表 4-56　基本参数

项　目	参　数　值					
打包公称推力/kN	500、630、800、1000、1250、1600、1800、2000、2500					
包块尺寸/mm	720×720、1100×720、1100×900、1100×1100、1100×1250					
包块密度/（kg/m³）	≥400（废黄版纸）；≥250（废塑料）；≥180（稻、麦秸秆）					
主压头行程/mm	1240	2050	2400	2600	2800	3000
加料口尺寸/mm	900×720	1450×1100	1800×1100	2000×1100	2200×1100	2400×1100

注：打包公称推力为优先选用规格，特殊规格可根据客户要求确定。

（2）技术要求

1）一般要求。

① 打包机应符合 JB/T 12096—2014 标准的规定，并按经规定程序批准的图样及技术文件制造。

② 打包机所有外购电气元件、液压元件、零配件和紧固件应符合技术文件的规定，并应附有生产商的合格证方可使用，且须安装在主机上同时进行运转试验。外协件也应有生产厂的质量合格凭证。

③ 打包机出厂时应保证其完整性，并备有技术文件中规定的备用易损件及专用附件；特殊附件由用户与制造厂共同商定，随机供应或单独订货。附件、备件和工具应能互换，并应符合技术文件的规定。

④ 产品使用说明书应符合 GB/T 9969 的规定。

2）结构和功能。

① 打包机的机体必须有足够的强度和刚度，并应符合技术文件的规定。

② 主液压缸和压料头应采用浮动连接。

③ 压料头在载荷偏离中心 1/4 高度尺寸的情况下，应仍能在导轨上顺利滑行。

④ V 形剪切刀的刀片应足够锋利，能将余料切断。

⑤ 将废纸、废塑料、秸秆等非金属物料压制成包块。

⑥ 打包机应有自动穿丝、剪丝和打结功能的自动捆扎机构。

3）机械加工。

① 打包机的切削加工件应符合设计图样、工艺规程规定的要求；已加工的表面不应有毛刺、斑痕和其他机械损伤；除特殊要求外，均应将锐角倒钝。

② 图样上未注明公差要求的切削加工尺寸，其

极限偏差应符合技术文件的规定。

③ 重要的铸件、锻件、焊接件均应有合格证，除符合图样上注明的技术要求外，还应符合 JB/T 1829 的规定，焊接件应符合 JB/T 8609 的规定。

④ 对于铸件、锻件、焊接件的缺陷，在保证使用要求和外观质量的条件下，允许按技术文件的规定进行修补。

⑤ 剪丝刀的硬度应达到 53~55HRC。

4）装配。

① 打包机应按装配工艺规程进行装配，不允许装入图样上未规定的垫片、套类等零件以及不合格的零部件。

② 轴承装配时应保持其位置正确、受力均匀、无损伤现象。

③ 紧固件的连接要符合标准的预紧力，有可能松脱的零部件应有防松措施。装配后的螺栓、螺钉头部和螺母的端面应与被紧固零件的平面均匀接触，不应倾斜和留有间隙。装配在同一部位的螺钉，其长度应一致。紧固的螺钉、螺栓和螺母不应有松动现象，影响精度的螺钉紧固力应一致。

④ 密封件不应有损伤现象，装配前密封件和密封面应涂上润滑脂，装配重叠的密封圈时，要相互压紧，开口应朝向压力大的一侧。

⑤ 机体上压料头导轨的直线度误差不大于 1mm/1000mm，全长不超过 5mm。两侧面导轨的平行度误差在不大于 2mm/1000mm，全长不超过 6mm。

⑥ 液压系统的管路通道和油箱内表面在装配前均应进行防锈去污处理，不允许有任何污物存在，液压系统的清洁度应符合 JB/T 9954 的规定。

⑦ 全部管路、管接头、法兰及其他固定连接处、密封处均应连接可靠、密封良好，不应有渗漏现象。

5）液压系统。

① 打包机的液压系统应符合 GB/T 3766 的规定。

② 液压缸必须进行耐压试验，其保压时间不应少于 10min，并不得有渗漏、永久变形及损坏。耐压试验压力应为额定工作压力的 1.2 倍。

③ 液压系统的各种阀门应动作灵敏、工作可靠。

④ 冷却系统应满足液压油的温度、温升要求。保证在正常工作时，油箱内的进油口的油温不应超过 60℃。

⑤ 液压系统和冷却系统不应有渗漏现象。

⑥ 液压系统清洁度应符合 JB/T 9954 的规定。

6）噪声。打包机空运转时，其噪声限值应符合 GB 26484 的规定。

7）电气系统。

① 打包机的电气系统应符合 GB 5226.1 的规定。

② 打包机的保护接地电路的连续性应符合 GB 5226.1 的规定。

③ 打包机的电路接地保护、绝缘电阻应符合 GB 5226.1 的规定。

④ 打包机的电气系统耐电压性能应符合 GB 5226.1 的规定。

8）安全与防护。

① 打包机的设计与制造应符合 GB 17120 的规定。

② 打包机的液压泵起动后，在不按动工作按钮的情况下，必须保证工作部件不动作。

③ 液压系统应装备有防止液压超载功能的安全装置。

④ 液压系统的压力表应安装在操作人员容易观察到的地方，对突然失压或中断情况应有保护措施和必要的信号显示。

⑤ 打包机电气系统的安全与防护应符合 GB 5226.1 的规定。

9）外观与涂装。

① 打包机的外表面不应有图样上未规定的凸起、凹陷、粗糙不平和其他损伤，各结合面应平整，不应有明显的缝隙和错位。

② 外露加工表面不应有磕碰、划伤和锈蚀等缺陷。各类紧固件端部不应有扭伤、锤伤等缺陷。

③ 外露焊缝应平滑、匀称。

④ 液压管路与电气线路应排列整齐、固定牢固，不得与有相对运动的零部件相触碰。

⑤ 铭牌和各种标牌应平整、端正。

⑥ 打包机的涂层表面应平整、色泽均匀，不应有流挂、露底等缺陷。不同颜色的油漆应界限分明，不得相互污染。

⑦ 打包机其他非涂装面（与加工物质直接接触的表面除外）应采用涂防锈油的方法进行防锈处理，并应符合 GB/T 4879 的规定。

⑧ 需经常拧动的调节螺栓和螺母不应涂装。

（3）检验或试验方法

1）基本参数检验。

① 基本参数的检验应在空运转试验和负载运转试验中进行。而其工作压力和工作速度的检验可在负荷运转试验时进行。

② 按 JB/T 12096—2014 标准与技术文件的规定检验打包机的基本参数，基本参数的要求应符合表 4-57 的规定。

表 4-57　基本参数的要求

检验项目	要　　求
打包公称推力的偏差/kN	-3%~10%的打包公称推力
包块密度/(kg/m³)	≥400（废黄版纸）；≥250（废塑料）；≥180（稻、麦秸秆）
压料头最大行程的偏差/mm	0~10%的压料头最大行程

2）空运转试验。

① 应在无载荷状态下进行空运转试验，空运转试验时间不少于 4h。其中，每次循环之间不间断的空运转试验应不少于 2h，其余时间可作单次循环或单个液压缸的动作试验。

② 试验时从低压向高压逐级加压，每级压力运转时间不应少于 5min，然后在最高压力下进行空运转试验。

③ 打包机空运转试验时，检验各工作部件运转平稳、灵活、可靠、无异常现象与异常声响。

④ 检验液压缸活塞在规定行程速度的范围内运行时，不应有明显振动、爬行和停滞现象，在换向和卸压时不应有影响正常工作的冲击现象。

⑤ 检验液压系统的各种阀门动作灵敏性与工作的可靠性。

⑥ 检验全部管路、管接头、法兰及其他固定连接处、密封处连接的可靠性、密封性。

⑦ 检验打包机的运转声音应正常、均匀，不应有尖叫及不规则的冲击声现象。

⑧ 检验打包机操作灵活性、动作灵敏性与可靠性；点动时不产生误动作，自动时按规定顺序动作。

⑨ 检验打包机的操纵机构安全可靠性，当打包机做单次循环动作时，不得发生下次循环动作。

⑩ 打包机在空运转试验中测量噪声，测量方法应符合 GB/T 23281 的规定。

3）超负荷运转试验。

① 试验时应将试验压力调到公称压力的 1.1 倍，进行实际加料打包操作，打出的包块应不少于 3 包。

② 打包机在超负荷试验后，零部件不应有任何损坏和永久变形，液压系统不应有渗漏及其他不正常现象。

说明：

在卧式全自动液压打包机用液压缸设计制造中，以下内容可供参考：

① 打包机的机体必须有足够的强度和刚度。

② 主液压缸和压料头应采用浮动连接。

③ 打包机应按装配工艺规程进行装配，不允许装入图样上未规定的垫片、套类等零件以及不合格的零部件。

④ 液压缸必须进行耐压试验，其保压时间不应少于 10min，并不得有渗漏、永久变形及损坏。耐压试验压力应为额定工作压力的 1.2 倍。

⑤ 压料头最大行程的偏差：0~10%的压料头最大行程。

⑥ 超负荷运转试验：试验时应将试验压力调到公称压力的 1.1 倍，进行实际加料打包操作，打出的包块应不少于 3 包。

4.2.18　模具研配液压机

模具研配液压机是研配大型磨具用的液压机。在 JB/T 12092.1—2014 中规定了模具研配液压机的型式与基本参数，在 JB/T 12092.2—2014 中规定了模具研配液压机的精度检验，适用于模具研配液压机（以下简称液压机）。

1. 型式与基本参数

（1）型式

1）液压机的型号表示方法应符合 GB/T 28761 的规定。

2）液压机分为以下两种基本型式：

① 带翻转板的液压机（见 JB/T 12092.1—2014 中图 1）。

② 无翻转板的液压机（见 JB/T 12092.1—2014 中图 2）。

（2）基本参数

1）液压机的主参数为公称力。

2）带翻转板的液压机的基本参数按表 4-58 的规定。

3）无翻转板的液压机的基本参数按表 4-59 的规定。

表 4-58　带翻转板的液压机的基本参数

项　　目	参　数　值					
公称力/kN	1000	1600	2000	3150	4000	5000
开口高度 H/mm	2800	2800	2800	2800	2800	2800
滑块快降速度/(mm/s)	100	100	100	100	100	100
滑块慢降速度/(mm/s)	3~15	3~15	3~15	3~15	3~15	3~15
滑块研磨速度/(mm/s)	0.5~5	0.5~5	0.5~5	0.5~3	0.5~3	0.5~2
滑块慢回速度/(mm/s)	10	10	10	10	10	10

(续)

项　目	参　数　值					
滑块快回速度/(mm/s)	100	100	100	100	100	100
翻转板翻转角度/(°)	180	180	180	180	180	180
翻转板最大载重/t	10	10	15	20	30	30
工作台面尺寸系列 （左右×前后）/mm	4000×2500	4000×2500	4000×2500	4000×2500	4000×2500	4000×2500
	4600×2500	4600×2500	4600×2500	4600×2500	4600×2500	4600×2500
	5000×2600	5000×2600	5000×2600	5000×2600	5000×2600	5000×2600

注：1. 快降速度指滑块无负载时的下降速度。

　　2. 快回速度指不安装上模具时滑块的回程速度。

表 4-59　无翻转板的液压机的基本参数

项　目	参　数　值					
公称力/kN	1000	1600	2000	3150	4000	5000
开口高度 H/mm	2500	2500	2500	2500	2500	2500
滑块行程 S/mm	1900	1900	1900	1900	1900	1900
滑块快降速度/(mm/s)	100	100	100	100	100	100
滑块慢降速度/(mm/s)	3~15	3~15	3~15	3~15	3~15	3~15
滑块研磨速度/(mm/s)	0.5~5	0.5~5	0.5~5	0.5~3	0.5~3	0.5~2
滑块慢回速度/(mm/s)	10	10	10	10	10	10
滑块快回速度/(mm/s)	100	100	100	100	100	100
翻转板翻转角度/(°)	180	180	180	180	180	180
翻转板最大载重/t	10	10	15	20	30	30
工作台面尺寸系列 （左右×前后）/mm	4000×2500	4000×2500	4000×2500	4000×2500	4000×2500	4000×2500
	4600×2500	4600×2500	4600×2500	4600×2500	4600×2500	4600×2500
	5000×2600	5000×2600	5000×2600	5000×2600	5000×2600	5000×2600

2. 精度

（1）检验说明

1）工作台面是液压机总装精度检验的基准面。

2）精度检验前，液压机应调整水平，其工作台面纵横向水平误差不得超过 0.20/1000。液压机主操作者所在位置为前，其右为右。

3）对装有移动工作台的液压机，须使移动工作台处在液压机的工作位置并锁紧牢固。

4）精度检验应在空运转试验和负荷运转试验后分别进行，以负荷运转试验后的精度检验值为准。

5）精度检验应符合 GB/T 10923—2009 的规定，也可采用其他等效的检验方法。

6）L 为被检测面的最大长度，l 为不检测长度。当 $L \leqslant 1000$mm 时，l 为 $\frac{1}{10}L$；当 $L > 1000$mm 时，$l = 100$mm。

7）工作台上平面及滑块下平面的平面度允许在装配前检验。

8）在总装精度检验前，滑块与导轨间隙的调整原则：应在保证总装精度的前提下，导轨不发热，不拉毛，并能形成油膜。表 4-60 推荐的导轨总间隙值

仅作为参考值。

表 4-60　导轨总间隙值

（单位：mm）

导轨间距	≤1000	>1000~1600	>1600~2500	>2500
总间隙值	≤0.10	≤0.16	≤0.22	≤0.30

注：1. 在液压机滑块运动的极限位置用塞尺测量导轨的上下部位的总间隙，也可将滑块推向固定导轨一侧，在单边测量其总间隙。

　　2. 总间隙是指垂直于机器正面或平行于机器正面的两个导轨内间隙之和，应将最大实测总间隙记入产品合格证明书内作为参考。

（2）精度检验

1）滑块运动轨迹对工作台面的垂直度。

① 检验方法。在工作台面的中心位置放一直角尺（下面可放一平尺），将指示表紧固在滑块下平面上，并使指示表测头触在直角尺上。当滑块上下运动时，在通过中心的左右和前后方向上分别进行测量，指示表读数的最大差值即为测量值。

测量位置在行程下极限前 1/2 范围内。

② 公差。滑块运动轨迹对工作台面的垂直度的

公差应符合表 4-61 的规定。

表 4-61　垂直度的公差值

（单位：mm）

工作台面的有效长度 L	公差
≤1000	$0.01+\dfrac{0.015}{100}L_3$
>1000~2000	$0.02+\dfrac{0.015}{100}L_3$
>2000	$0.03+\dfrac{0.015}{100}L_3$

注：L_3 为最大实际检测的滑块行程，L_3 的最小值为 50mm。

③ 检验工具。直角尺、平尺、指示表。

2）滑块下平面对工作台面的倾斜度。

① 检测方法。在工作台面上，用仅承受滑块自重的支承棒，依次分别支承在滑块下平面的左右支承点和前后支承点上，支承棒长度任意选取。用指示表在各支承点旁及其对称点分别按左右（长度为 $2L_4$）方向和前后（长度为 $2L_5$）方向测量工作台上平面和滑块下平面间的距离，指示表读数的最大差值即为测定值，对角线方向不进行测量。

测量位置为行程的下极限和行程下极限前 1/3 处。

L_4、L_5 为滑块中心起至支承点的距离，$L_4 = \dfrac{1}{3}L$（L 为工作台台面的长边的尺寸），$L_5 = \dfrac{1}{3}L_6$（L_6 为工作台台面的短边的尺寸）。

② 公差。滑块下平面对工作台面的倾斜度的公差值应为 $\dfrac{1}{3000}L_4$，单位为 mm。

③ 检验工具。支承棒、指示表。

4.2.19　充液成形液压机

尽管 JB/T 12098—2014 和 JB/T 12099—2014 两项标准有很多相同之处，且每项标准中也有重复表述的内容，如在一般要求中关于标牌与使用说明书、在结构与性能和液压系统中关于设置介质回收和过滤装置等，但是对于适用于该液压机的液压缸（包括增压器）都规定了要求，其是板材充液成形液压机用液压缸、管材充液成形液压机用液压缸选型设计应该满足的。

1. 板材充液成形液压机

在 GB/T 8541—2012、GB/T 36484—2018、JB/T 4174—2014 和 JB/T 12098—2014 中都没有"板材充液成形液压机"这一术语和定义。在 JB/T 12098—2014 中规定了板材充液成形液压机的型号与基本参数、要求、试验方法、检验规则、包装、运输和贮存，适用于板材充液成形液压机（以下简称液压机）。

注：在 GB/T 8541—2012 和 GB/T 36484—2018 中有术语"板材液压成形"和定义。

（1）型号与基本参数

1）型号。液压机的型号编制应符合 GB/T 28761 的规定。

2）基本参数。液压机基本参数包括公称力、压边力、液压成形最大压力等。

（2）要求

1）一般要求。

① 液压机应明示其基本参数，并按经规定程序批准的图样及技术文件的要求进行制造。

② 液压成形工艺应符合 GB/T 28273—2012《管、板液压成形工艺分类》的规定。

③ 每台产品应在适当的明显位置固定产品标牌，标牌应符合 GB/T 13306 规定的要求。产品的标牌应至少有产品名称、型号、基本参数、制造日期和出厂编号、制造厂名称及地址等内容。

④ 产品使用说明书的编写应符合 GB/T 9969 规定的要求，其内容应包括产品名称、型号、产品主要性能［主液压缸及压边缸的公称力和最大行程，液压系统的（最高或最大）工作压力、增压缸最大工作压力、容积、活动横梁到工作台距离、活动横梁升降速度；工作台有效尺寸、电动机功率等］、产品执行标准编号、制造厂名称及地址、使用方法、保养、维修要求等。

2）外观。

① 液压机的外表面，不应有图样上未规定的凸起、凹陷、粗糙不平和其他损伤。

② 零部件结合面的边缘应整齐匀称，不应有明显的错位。门、盖与结合面不应有明显的缝隙。

③ 外露的焊缝应修整平直、均匀。

④ 液压管路、润滑管路和电气线路等沿液压机外廓安装时，应排列整齐，并不得与相对运动的零部件接触。

⑤ 沉头螺钉不应突出于零件表面，其头部与沉孔之间不应有明显的偏心。固定销应略突出于零件表面，螺栓尾端应突出于螺母，但突出部分不应过长和参差不齐。

⑥ 液压机的涂装应符合技术文件的规定。需经常拧动的调节螺栓和螺母不应涂装。液压机的非机械加工的金属外表面应涂装，或采用规定的其他方法进行防护。不同颜色的涂料分界线应清晰，可拆卸的装配结合面的接缝处，在涂装后应切开，切开时不应扯破边缘。

⑦ 标牌、商标等应固定在液压机的明显位置上。各种标牌的固定位置应正确、牢固、平直、整齐，并应清晰、耐久。

3）装配。

① 液压机装配应符合装配工艺规程，不应因装配而损坏零件及其表面和密封圈的唇部等，所装配的零部件（包括外购件、外协件）均应符合质量要求。

② 重要的固定结合面应紧密贴合，预紧固后用0.05mm塞尺进行检验，允许塞尺塞入深度不应大于接触面宽度的1/4，接触面间可塞入塞尺部位累计长度不应大于周长的1/10。重要的固定结合面有：

a. 立柱肩台与工作面的固定结合面。

b. 立柱调节螺母、锁紧螺母与上横梁和工作台的固定结合面。

c. 液压缸锁紧螺母与上横梁或机身梁的固定结合面。

d. 活（柱）塞肩台与滑块的固定结合面。

e. 机身与导轨的固定接合面和滑块与镶条的固定结合面等。

f. 组合式框架机身的横梁与立柱的固定结合面。

g. 工作台板与工作台的固定结合面等。

③ 带支承环密封结构的液压缸，其支承环应松紧适度和锁紧可靠。以自重快速下滑的运动部件（包括活塞、活动横梁或滑块等）在快速下滑时不应有阻滞现象。

④ 液压系统、润滑系统、冷却系统的管路通道以及充液装置和油箱的内表面，在装配前均应进行除锈、去污处理，液压系统的清洁度应符合 JB/T 9954 的规定。

⑤ 全部管道、管接头、法兰及其他固定或活动连接的密封处，均应连接可靠，密封良好，不应有油液渗漏现象。

4）精度。液压机的精度应符合 GB/T 9166 的要求。

5）结构与性能。

① 液压机由机架、主液压缸、压边缸、超高压发生装置、超高压液室、液压控制系统、电气系统、超高压安全防护系统等部分构成。

② 液压机运动部件动作应正确、平稳、可靠。

③ 在规定的行程速度范围内，不应有振动、爬行和停滞现象。

④ 在换向和卸压时，不得有影响正常工作的冲击现象。

⑤ 液压机应具有可控制制品成形液体压力（增压缸压力）、主液压缸、压边缸压力及行程的功能。

⑥ 液压机应配置有增压缸，当超过设定工作压力时，设备应能自动卸荷并报警。

⑦ 系统工作压力的显示精度，最小设定量均应不大于 0.2MPa。

⑧ 在空运转、负荷运转和超负荷运转中，各液压元件、管路等各密封处不应有渗漏现象，油箱的油温不应超过 60℃。

⑨ 安全阀（包括安全阀用的溢流阀）开启压力一般应不大于额定压力的 1.1 倍。为防止随意调压，应设有防护措施。

⑩ 液室成形介质采用液压油或乳化液；应设置有介质回收和过滤装置。

6）耐压性能。

① 主液压缸在试验压力为 1.25 倍的最大工作压力下保压 10min，不应有渗漏、永久变形及损坏现象。

② 压边缸在试验压力为 1.25 倍的最大工作压力下保压 10min，不应有渗漏、永久变形及损坏现象。

③ 增压缸应进行超声检测，并在增压缸试验压力为 1.1 倍的最大工作压力下保压 3min，不应有渗漏现象，且缸筒变形量在外径中段的测量值应小于 H8 的规定值。

④ 超高压液室和超高压金属硬管应经超声波检测合格，并在超高压液室和超高压金属硬管试验压力为 1.1 倍的最大工作压力下保压 3min，不应有渗漏、永久变形及损坏，管道不破裂。

7）液压系统。

① 液压系统应无漏油现象。

② 油箱内的油温和液压泵入口温度不应超过 60℃。

③ 液室成形介质采用液压油或乳化液，在液室周围及工作台上应设置介质回收和过滤装置。

8）噪声。液压机噪声限值应符合 GB 26484 的规定。

9）安全。

① 应符合 GB 17120 和 GB 28241 的规定。

② 液压机应在工作区间、模具四周安装安全防护门和防护罩。

③ 增压缸应安装安全防护装置。

④ 超高压管道应安装保护套。

⑤ 卸压装置应工作可靠。

⑥ 在充液拉伸过程中加工工件一旦拉裂，充液系统立即卸压，液压机应自动停止动作并报警。

⑦ 活动防护装置应与电气系统联锁控制，确保防护门关闭后，液压机方可进行合模、成形动作。

⑧ 液压机电气安全应符合 GB 5226.1 的规定。

2. 管材充液成形液压机

在 GB/T 8541—2012、GB/T 36484—2018、JB/T 4174—2014 和 JB/T 12099—2014 中都没有"管材充液成形液压机"这一术语和定义。在 JB/T 12099—2014 中规定了管材充液成形液压机的型号与基本参数、要求、试验方法、检验规则、包装、运输和贮存，适用于管材充液成形液压机（以下简称液压机）。

注：在 GB/T 8541—2012 和 GB/T 36484—2018 中有术语"管液压成形（内高压成形）"和定义。

（1）型号与基本参数

1）型号。液压机的型号编制应符合 GB/T 28761 的规定。

2）基本参数。液压机基本参数包括锁模公称力、轴向进给公称力、液压成形最大压力等。

（2）要求

1）一般要求。

① 液压机应明示其基本参数，并按经规定程序批准的图样及技术文件的要求进行制造。

② 液压成形工艺应符合 GB/T 28273—2012《管、板液压成形工艺分类》的规定。

③ 每台产品应在适当的明显位置固定产品标牌，标牌应符合 GB/T 13306 规定的要求。产品标牌应至少有产品名称、型号、主要技术参数、制造日期和出厂编号、制造厂名称及地址等内容。

④ 产品使用说明书的编写应符合 GB/T 9969 规定的要求，其内容应包括产品名称、型号、产品主要性能（锁模缸及轴向进给缸的公称力和最大行程、液压系统的最大工作压力、增压缸最大工作压力、容积、活动横梁到工作台距离、活动横梁升降速度、工作台有效尺寸、电动机功率等）、产品执行标准编号、制造厂名称及地址、使用方法、保养、维修要求等。

2）外观。

① 液压机的外表面，不应有图样上未规定的凸起、凹陷、粗糙不平和其他损伤。

② 零部件结合面的边缘应整齐匀称，不应有明显的错位。门、盖与结合面不应有明显的缝隙。

③ 外露的焊缝应平直、均匀。

④ 液压管路、润滑管路和电气线路等应排列整齐，并不得与相对运动的零部件接触。

⑤ 沉头螺钉不应突出于零件表面，其头部与沉孔之间不应有明显的偏心。固定销应略突出于零件表面，螺栓尾端应突出于螺母，但突出部分不应过长和参差不齐。

⑥ 液压机的涂装应符合技术文件的规定。需经常拧动的调节螺栓和螺母不应涂装。液压机的非机械加工的金属外表面应涂装，或采用规定的其他方法进行防护。不同颜色的涂料分界线应清晰，可拆卸的装配结合面的接缝处，在涂装后应切开，切开时不应扯破边缘。

⑦ 标牌、商标等应固定在液压机的明显位置上。各种标牌的固定位置应正确、牢固、平直、整齐，并应清晰、耐久。

3）装配。

① 液压机装配应符合装配工艺规程，不应因装配而损坏零件及其表面和密封圈的唇部等，所装配的零部件（包括外购件、外协件）均应符合质量要求。

② 重要的固定结合面应紧密贴合，预紧牢固后用 0.05mm 塞尺进行检验，允许塞尺塞入深度不应大于接触面宽的 1/4，接触面间可塞入塞尺部位累计长度不应大于周长的 1/10。重要的固定结合面有：

a. 立柱肩台与工作面的固定结合面。

b. 立柱调节螺母、锁紧螺母与上横梁和工作台的固定结合面。

c. 液压缸锁紧螺母与上横梁或机身梁的固定结合面。

d. 活（柱）塞肩台与滑块的固定结合面。

e. 机身与导轨的固定结合面和滑块与镶条的固定结合面等。

f. 组合式框架机身的横梁与立柱的固定结合面。

g. 工作台板与工作台的固定结合面等。

③ 带支承环密封结构的液压缸，其支承环应松紧适度和锁紧可靠。以自重快速下滑的运动部件（包括活塞、活动横梁或滑块等）在快速下滑时不应有阻滞现象。

④ 液压系统、润滑系统、冷却系统的管路通道以及充液装置和油箱的内表面，在装配前均应进行除锈、去污处理，液压系统的清洁度应符合 JB/T 9954 的规定。

⑤ 全部管道、管接头、法兰及其他固定或活动

连接的密封处，均应连接可靠，密封良好，不应有油液的外渗漏现象。

4）精度。液压机的精度应符合 GB/T 9166 的要求。

5）结构与性能。

① 液压机由机架、锁模缸、轴向进给缸、超高压发生装置、液压控制系统、电气系统、超高压安全防护系统等部分构成。

② 液压机运动部件动作应正确、平稳、可靠。

③ 在规定的行程速度范围内，不应有振动、爬行和停滞现象。

④ 在换向和卸压时，不得有影响正常工作的冲击现象。

⑤ 液压机应具有可控制制品成形液体压力（增压缸压力）、锁模缸工作压力、轴向进给缸工作压力、轴向进给缸活塞位移的功能。

⑥ 液压机应配置有增压缸，当超过设定工作压力时，设备应能自动卸荷并报警。

⑦ 系统工作压力的显示精度，最小设定量均不大于 0.2MPa。

⑧ 在空运转、负荷运转和超负荷运转中，各液压元件、管路等各密封处不应有渗漏现象，油箱的油温不应超过 60℃。

⑨ 安全阀（包括安全阀用的溢流阀）开启压力一般应不大于额定压力的 1.1 倍。为防止随意调压，应设有防护措施。

⑩ 充液成形介质采用液压油或乳化液；应设置有介质回收和过滤装置。

6）耐压性能。

① 锁模缸在试验压力为 1.25 倍的最大工作压力下保压 10min，不应有渗漏、永久变形及损坏现象。

② 轴向进给缸在试验压力为 1.25 倍的最大工作压力下保压 10min，不应有渗漏、永久变形及损坏现象。

③ 增压缸应进行超声检测，并在增压缸试验压力为 1.1 倍的最大工作压力下保压 3min，不应有渗漏现象，且缸筒变形量在外径中段的测量值应小于 H8 的规定值。

④ 超高压金属硬管应经超声波检测合格，并在超高压金属硬管试验压力为 1.1 倍的最大工作压力下保压 3min，不应有渗漏、永久变形及损坏，管道不破裂。

7）液压系统。

① 液压系统应无漏油现象。

② 油箱内的油温和液压泵入口温度不应超过 60℃。

③ 液室成形介质采用液压油或乳化液，设置介质回收和过滤装置，且工作可靠。

8）噪声。液压机噪声限值应符合 GB 26484 的规定。

9）安全。

① 应符合 GB 17120 和 GB 28241 的规定。

② 液压机应在工作区间、模具四周安装安全防护门和防护罩，且工作可靠。

③ 增压缸应安装安全防护装置。

④ 超高压管道应有保护套。

⑤ 卸压装置应工作可靠。

⑥ 在充液成形过程中加工工件一旦破裂，充液系统立即卸压，液压机应自动停止动作并报警。

⑦ 活动防护装置应与电气系统联锁控制，确保防护门关闭后，液压机方可进行合模、成形动作。

⑧ 电气安全应符合 GB 5226.1 的规定。

4.2.20　精密伺服校直液压机

精密伺服校直液压机是采用液压伺服驱动技术，校直工件时压头重复定位精度不大于 0.1mm 的液压机，主要用于对轴、管、棒类工件进行校直。在 JB/T 12100—2014 中规定了精密伺服校直液压机的型式与基本参数、技术要求、试验方法及验收规则、标志、包装、运输和贮存及制造厂和用户的保证，适用于精密伺服校直液压机（以下简称液压机）。

1. 型式与基本参数

（1）型式

1）液压机的型号表示方法应符合 GB/T 28761 的规定。

2）液压机分为以下两种基本型式：

① 单柱式液压机（见 JB/T 12100—2014 中图 1）。

② 框架式液压机（见 JB/T 12100—2014 中图 2）。

（2）基本参数

1）液压机的主参数为公称力。

2）单柱式液压机的基本参数见表 4-62。

3）框架式液压机的基本参数见表 4-63。

2. 技术要求

（1）一般要求

1）液压机的图样及技术文件应符合 JB/T 12100—2014 标准规定的要求，并应按规定程序经批准后方能投入生产使用。

表 4-62　单柱式液压机的基本参数

项　　目	参数值					
公称力/kN	160	200	250	400	630	1000
开口高度 H/mm	800	800	950	950	1100	1100
压头行程 S/mm	150	150	200	200	250	250
喉深 C/mm	200	200	250	250	300	300
快降速度/(mm/s)	≥40	≥40	≥50	≥50	≥60	≥60
校直时工作速度 /(mm/s)	≤5	≤5	≤10	≤10	≤15	≤15
回程速度/(mm/s)	≥30	≥30	≥40	≥40	≥50	≥50

表 4-63　框架式液压机的基本参数

项　　目	参数值					
公称力/kN	800	1000	1600	2000	4000	6300
开口高度 H/mm	900	900	1000	1000	1100	1100
压头行程 S/mm	200	200	250	250	300	300
工作开档 K/mm	1100	1100	1500	1500	2000	2000
工作台宽度 B/mm	400	400	500	500	600	600
快降速度/(mm/s)	≥50	≥50	≥50	≥40	≥40	≥40
校直时工作速度 /(mm/s)	≤5	≤5	≤5	≤10	≤10	≤10
回程速度/(mm/s)	≥40	≥40	≥40	≥30	≥30	≥30

2）液压机的产品造型和布局要考虑工艺美学和人机工程学的要求，各部件及装置应布局合理、高度适中，便于操作者观察加工区域。手轮、手柄和按钮应布置合理、操作方便，并符合设计文件的规定。

3）液压机的配置应能满足生产工艺的要求，其工作能力应与液压机相匹配。

4）液压机应便于使用、维修、装配、拆卸和运输。

5）液压机安装应符合 GB/T 50272—2009《锻压设备安装工程及验收规范》和设计文件的规定。

6）液压机在下列环境条件下应能正常工作：

① 环境温度为 5~40℃。对于非常热的环境（如热带气候、钢厂）或寒冷的环境，必须提出额外的要求。

② 相对湿度。当最高温度为 40℃时，相对湿度不超过 50%，液压机就应能正常工作。温度低则允许较高的相对湿度，如最高温度为 20℃时相对湿度允许为 90%。

③ 海拔。液压机应能在海拔 1000m 以下正常工作。

7）液压机在正确的使用和正常的维护保养条件下，从开始使用到第一次大修的工作时间应符合 JB/T 1829 的规定。

（2）性能、结构与功能

1）液压机应具有足够的刚度。在最大载荷工况条件下试验，液压机应能正常工作。

2）压头的速度应符合技术文件的要求，实现快速下降、精密伺服控制校直、回程等功能。

3）液压机控制系统采用伺服控制技术，应具有位置保持功能，且保压时间可调。

4）液压机具有对轴、管、棒类工件进行校直的功能。

5）液压机数控系统可控制压头压力、压头行程等，并可通过多轴的伺服运动的控制来实现精密校直功能。

6）压头行程可根据工艺要求分别进行调整。

7）液压机的滑动摩擦副应采取耐磨措施，并有合理的硬度差。

8）液压机的运行应平稳、可靠，液压执行元件在规定的行程和速度范围内不应有振动、爬行和阻滞现象，换向不应有影响正常工作的冲击现象。

9）液压系统具有针对压力超载、油温超限、油位低等情况的自动报警功能和保护措施。

10）液压机可根据需求配置上下料装置的机械、液压、气动、电气等接口。

11）液压机与其配套的辅助装置连接动作应协调、可靠。

（3）安全

1）液压机在按规定制造、安装、运输和使用时，不得对人员造成危险，并应符合 GB 17120 的规定。

2）液压机电气传动与控制方面的安全要求应符合 GB 5226.1 的规定。

（4）噪声

液压机噪声应符合 GB 26484 的规定。

（5）随机附件、工具和技术文件

1）液压机出厂时应保证成套性，并备有设备正常使用的附件，以及所需的专用工具，特殊附件的供应由供需双方商定。

2）制造厂应保证用于液压机的外购件（包括液压元件、电气元件、气动元件、冷却元件）质量，并应符合相应标准的规定。出厂时外购件应与液压机同时进行空运转试验。

3）随机技术文件应包括产品使用说明书、产品检验合格书、装箱单、产品安装与维护用附图、易损件图样。产品使用说明书应符合 GB/T 9969 的规定，其内容应包括安装、运输、贮存、使用、维修和安全卫生等要求。

4）随机提供的液压机备件或易损件应具有互换性。备件、特殊附件不包括在随机必备附件内，用户可与制造厂协商，备件可随机供应，或单独供货，供

货内容按订货合同执行。

（6）标牌与标志

1）液压机应有铭牌、润滑和安全等各种标牌或标志。标牌的型式与尺寸、材料、技术要求应符合 GB/T 13306 的规定。

2）标牌应端正地固定在液压机的明显部位，并保证清晰。

3）液压机铭牌上至少应包括以下内容：

① 制造厂名称和地址。

② 产品的型号和基本参数。

③ 出厂年份和编号。

（7）铸件、锻件、焊接件

1）铸件、锻件、焊接件的一般要求应符合 JB/T 1829 和 JB/T 3818 的规定。

2）用于制造液压机的重要零件的铸件、锻件应有合格证，并应符合技术文件的规定。

3）液压机的灰口铸铁件应符合 JB/T 5775 的规定，铸钢件、有色金属铸件应符合技术文件的规定。重要铸件应采用热处理或其他降低应力的方法消除内应力。

4）重要锻件应进行无损检测，并应采用热处理或其他降低应力的方法消除内应力。

5）焊接结构件和管道焊接应符合 JB/T 8609 的规定。主要焊接结构材质应符合 GB/T 700、GB/T 1591 的规定。重要的焊接金属构件应采用热处理或其他降低应力的方法消除内应力。

（8）机械加工

1）零件加工的一般要求应符合 JB/T 1829 和 JB/T 3818 的规定。

2）液压机上各种加工零件材料的牌号和力学性能应满足液压机功能需求，并符合技术文件的规定。

3）主要件的加工要求应符合技术文件的规定。

4）已加工表面不应有毛刺、斑痕和其他机械损伤，不应有降低液压机使用质量和恶化外观的缺陷。除特殊规定外，均应将锐边倒钝。

5）移动副表面加工精度和表面粗糙度应保证达到液压机的精度要求和技术要求。

（9）装配

1）装配的一般要求应符合 JB/T 3818 的规定。

2）液压机应按技术文件及图样进行装配，不应因装配损坏零件及其表面和密封件的唇口等，装配后各机构动作应灵活、准确、可靠。

3）装配后的螺栓、螺钉头部和螺母的端面应与被紧固的零件平面均匀接触，不应倾斜和留有间隙。装配在同一部位的螺钉，其长度一般应一致。紧固的螺钉、螺栓和螺母不应有松动现象，影响精度的螺钉

紧固力应一致。

4）密封件不应有损伤现象，装配前密封件和密封面应涂上润滑脂。其装配方向应保证介质工作压力将其唇部压紧。装配重叠的密封圈时，各圈要相互压紧，开口位置于压力大的一侧。

5）移动部件、转动部件装配后，运转应平稳、灵活、轻便、无阻滞现象。

6）每台液压机在制造厂均应进行总装配，具体按双方协议或合同执行。

（10）电气设备

液压机的电气系统应符合 GB 5226.1 的规定。

（11）液压系统、气动系统、冷却系统和润滑系统

1）液压系统的一般要求应符合 GB/T 3766 的要求。

2）外购和自制的液压元件的技术要求和连接尺寸应符合 GB/T 7935 的规定。

3）液压机在工作时液压系统油箱内进油口的油温一般不应超过 50℃。

4）液压系统中应设置精密滤油装置。

5）液压系统、冷却系统的管路通道和油箱内表面，在装配前应进行彻底的防锈去污处理。

6）液压系统的清洁度应符合 JB/T 9954 的规定。

7）气动系统应符合 GB/T 7932 的规定，排除冷凝水一侧的管道的安装斜度不应小于 1∶500。

8）冷却系统应满足液压机的温度、温升要求。

9）润滑系统、冷却系统应按需要连续性或周期性地将润滑或冷却剂输送到规定的部位。

10）液压系统、气动系统、润滑系统和冷却系统不应漏油、漏水、漏气。冷却液不应混入液压系统和润滑系统。

（12）配管

1）液压系统、气动系统、润滑系统选用的管子内壁应光滑，无锈蚀、压扁等缺陷。

2）内外表面经防腐处理的钢管可直接安装使用。未做防腐处理的钢管应进行酸洗，酸洗后应及时采取防锈措施。

3）钢管在安装或焊接前需去除管口毛刺，焊接管路需清除焊渣。

（13）外观

1）液压机的外观应符合 JB/T 1829 和 JB/T 3818 的规定。

2）液压机零部件、电气柜、机器面板的外表面不得有明显的凹痕、划伤、裂缝、变形，表面涂镀层不得有气泡、龟裂、脱落或锈蚀等缺陷。

3）涂装质量应符合技术文件的规定。

4）非机加工表面应整齐美观。

5）文字说明、标志、图案等应清晰。

6）防护罩、安全门应平整、匀称，不应翘曲、凹陷。

3. 精度

（1）精度检验说明

1）工作台是液压机总装精度检验的基准面。

2）精度检验前，液压机应调整水平，其工作台面纵横向水平误差不得超过 0.20/1000。液压机主操作者所在位置为前，其右为右。

3）如装有移动工作台或移动校直辅具，须使其处在液压机的工作位置并锁紧牢固。

4）精度检验应在空运转试验和负荷运转试验后分别进行，以负荷运转试验后的精度检验值为准。

5）精度检验方法应符合 GB/T 10923—2009 的规定，也可采用其他等效的检验方法。

6）L 为被检测面的最大长度，l 为不检测长度。

当 $L \leqslant 1000\mathrm{mm}$ 时，l 为 $\dfrac{1}{10}L$；当 $L > 1000\mathrm{mm}$ 时，$l = 100\mathrm{mm}$。

7）工作台平面度在装配后检验。如有移动工作台，将移动工作台运动到压头正下方并固定后，用同样方法检验移动工作台平面度。

（2）精度检验

1）压头运动轨迹对工作台面的垂直度。

① 检验方法。在工作台面的中心位放一直角尺（下面可放一平尺），将指示表紧固在滑块下平面上，并使指示表测头触在直角尺上，当压头上下运动时，在通过中心的左右和前后方向上分别进行测量，指示表读数的最大差值即为测量值。

测量位置在行程下极限前 1/2 的范围内。

② 公差。压头运动轨迹对工作台面的垂直度的公差应为 0.05mm，若有移动工作台，则压头运动轨迹对移动工作台的垂直度应符合表 4-64 的规定。

表 4-64　垂直度的公差值

（单位：mm）

移动工作台面的有效长度	公差
≤1000	$0.01 + \dfrac{0.015}{100}L_2$
>1000~2000	$0.02 + \dfrac{0.015}{100}L_2$
>2000	$0.03 + \dfrac{0.015}{100}L_2$

注：L_2 为最大实际检测的滑块行程，L_2 的最小值为 50mm。

③ 检验工具。直角尺、平尺、指示表。

2）压头重复定位精度。

① 检验方法。在压头运动至正下方时，将指示表固定在工作台面上。由控制系统设定压头移动目标值，当移动压头的距离到达目标值时，使压头下底面接触指示表测头。压头移动到目标位 5 次，分别读取指示表读数，5 次指示表读数最大值为该目标位压头重复定位精度。在压头行程范围内（0~S）内取 3 点目标位（分别为 10mm、S/2、S）分别进行检测，3 点目标位压头重复定位精度最大值即为测定值。

如有移动工作台，应将移动工作台固定在压头正下方，方能检测压头重复定位精度。

② 公差。压头重复定位精度的公差值应符合表 4-65 的规定。

表 4-65　压头重复定位精度的公差值

（单位：mm）

公称力/kN	公差
≤250	0.05
400~1600	0.08
≥2000	0.10

③ 检验工具。指示表。

说明：

① 既然有成套性要求，但不清楚液压机的具体组成。

② 对液压系统油箱内（泵）进油口的油温提出了更高要求，限制其不应超过 50℃。

③ 要求在液压系统中应设置精密滤油装置，说明对液压系统的清洁度有更高要求。

④ 缺少对润滑系统的要求，如液压机的润滑系统应符合 GB/T 6576 的规定。

⑤ 在压头重复定位精度中存在诸多问题，具体见参考文献［108］中"行程定位精度和行程重复定位精度检验问题"。

4.2.21　中厚钢板压力校平液压机

中厚钢板压力校平液压机是采用高压液体传动，用于校平钢板的液压机。在 JB/T 12510—2015 中规定了中厚钢板压力校平液压机的术语和定义、型式、基本参数、技术要求、试验方法、检验及验收规则、标志、包装、运输和贮存，适用于采用矿物油型液压油为工作介质的中厚钢板压力校平液压机（以下简称压平机）。

1. 型式与基本参数

（1）型式

压平机本体结构基本型式如 JB/T 12510—2015 中图 1 所示。

（2）基本参数

压平机的基本参数见表 4-66。

表 4-66　压平机的基本参数

公称力/MN	20	25	42	50	60	80
主柱塞直径/mm	$\phi1000$	$\phi1100$	$\phi1380$	$\phi1500$	$\phi1650$	$\phi1900$
工作介质压力/MPa	25.5	26.5	28.5	28.3	28.3	28.3
回程力/MN	0.5	0.6	1.2	1.6	2	3.5
压头压下行程/mm	600	600	750	750	900	1000
压头横向位移/mm	±1050	±1350	±1400	±1450	±1700	±1900
压头尺寸/mm	1500×1500	1600×1600	1800×1800	1900×1900	2000×2000	2300×2300
工作台尺寸(长×宽)/mm	3600×1760	4300×2000	4600×2300	4800×2300	5400×2600	6100×2600
行程控制精度/mm	±1	±1	±1	±1	±1	±1
压头快降速度/(mm/s)	20~120	20~120	20~120	20~120	20~120	20~120
工作速度/(mm/s)	0.5~5	0.5~5	0.5~5	0.5~5	0.5~5	0.5~5
压头回程速度/(mm/s)	10~150	10~150	10~150	10~150	10~150	10~150
上梁变形量/mm	≤1/5000	≤1/5000	≤1/5000	≤1/5000	≤1/5000	≤1/5000
下梁变形量/mm	≤1/5000	≤1/5000	≤1/5000	≤1/5000	≤1/5000	≤1/5000

注：压平机能够校平钢板的规格，与钢板的材料屈服强度、厚度、宽度和钢板弯曲大小都有关。

2. 技术要求

（1）一般技术要求

1）压平机装配的通用技术要求应符合 JB/T 5000.10 的规定。

2）压平机设备范围包括：压平机本体，液压传动与控制系统（包含泵站、操纵阀及管道等），电气传动与控制系统（包含控制柜、操作台及管线等），机械化设备及附属装置。

3）压平机的机械化设备及附属装置由平台、辊轮升降机构、大托辊、链条移送装置、润滑系统、专用工具、气路、行程及位置检测、平台梯子栏杆、备品备件等组成。

4）压平机的主要备品备件应在合同或协议中规定。

5）压平机（含泵站）的工作环境温度为 0~40℃，最大（相对）湿度为 60%。如有特殊工作环境要求，应在技术协议中明确。

6）压平机从负荷试车验收之日算起 12 个月内，在正确使用和正常维护及保养条件下，因设计和制造原因发生损坏时，制造厂应免费进行相应的修理或零件更换（易损件除外）。

7）压平机投入使用后，在正确使用和正常维护及保养条件下，第一次综合检修的时间安排在负荷工作 28500h 之后或投入使用 4~6 年之间为宜。

8）压平机的产品说明书应全面提供产品知识，以及与预期功能相适应的使用方法。其中应包含有关压平机安全和经济实用的重要信息，以及随机提供的图样和技术文件。

（2）安全环保

1）压平机的安全卫生设计应符合 GB 5083 的规定。

2）压平机的安全防护应符合 GB 17120 和 JB 3915（已废止）的规定。

3）压平机的液压传动与控制系统应设有过载安全保护装置。

4）压平机的电气传动与控制系统的安全要求应符合 GB 5226.1 的规定。

5）压平机及其机械化设备及附属装置，应设有安全联锁控制和行程极限保护装置。

6）压平机应在控制室的操作台上、控制系统、泵站等多处设置紧急停车按钮。

7）压平机的噪声限制值应符合 GB 26484 的规定。

8）压平机的噪声声压级和声功率级测量方法应符合 GB/T 23281 和 GB/T 23282 的规定。

9）压平机报废的或泄漏的工作介质，应委托有资质的专业公司回收处理，或按照当地环保部门的要求进行处理，禁止自行焚烧或随意倾倒、遗弃和排放。

10）压平机采用矿物油型液压油为工作介质，是一台由液压泵直接传动可以产生力的设备，且带有液压力和气压力装置。因此，压平机的设计和使用的防火要求应与公认的防火安全标准相一致。

（3）机架的强度和刚度条件

1）应采用计算机三维有限元（FEM）对压平机机架的应力和变形进行计算和分析，尤其应注重对高

应力集中处（如过渡圆角、截面剧烈变化处）的优化设计。

2）机架的计算等效应力和刚度的取值可采用表4-67 规定的数值。其中，上、下横梁的刚度以其在最大公称力的工况下，立柱宽面中心距之间每 5m 跨度上的挠度表示；立柱刚度以其在最大公称力的工况下，立柱在每米长度上水平方向的挠度表示。

表 4-67　机架的计算等效应力和刚度的取值

梁压应力一侧局部等效应力/MPa	梁拉应力一侧局部等效应力/MPa	立柱间每 5m 跨度上挠度/mm		立柱每 1m 长度上水平方向的挠度/mm
		上横梁	下横梁	
≤150	≤140	≤1	≤1	≤0.1

（4）主要零部件技术要求

1）组合机架中上横梁、下横梁和立柱，一般采用 JB/T 700 规定的碳素结构钢钢板焊接结构，焊件符合 JB/T 5000.3 的规定，焊后并应进行消除应力热处理，粗加工后还应进行二次热处理。按计算应力选择适宜的材料和 R_{eL} 值，安全系数宜为 2~2.5（小型液压机取上限，大型液压机取下限）。材料的化学成分和力学性能应符合所选材料（标准）的规定。

2）组合机架中的拉杆一般采用 JB/T 699 规定的碳素结构钢锻件制造，并应进行调质热处理。按计算应力选择适宜的材料和 R_{eL} 值，安全系数宜为 2.5~3。材料的化学成分和力学性能应符合所选材料标准的规定，检验项目和取样数量应符合 JB/T 5000.8—2007 中锻件验收分组第 V 组级别的规定。

3）主缸和回程缸一般采用 JB/T 6397 规定的碳素结构钢整体锻件制造，也可采用分体锻件焊接的方法制造。锻件应进行调质处理，按计算应力选择适宜的材料和 R_{eL} 值，安全系数宜大于或等于 3。材料的化学成分和力学性能应符合所选材料标准的规定，检验项目和取样数量应符合 JB/T 5000.8—2007 中锻件验收分组第 V 组级别的规定，并应逐件检验切向力学性能 R_{eL}、R_m、A、Z、A_k。

4）工作缸柱塞一般采用 JB/T 6397 规定的碳素结构钢整体锻件制造，也可采用分体锻件焊接的方法制造，并应进行相应的热处理。材料的化学成分和力学性能应符合所选材料标准的规定。柱塞表面应进行硬化处理，其工作面的硬度不应低于 48HRC，硬化层厚度宜大于 3mm。

5）固定在上横梁上工作缸的水平及侧面导板表面硬度不应低于 269HBW。

6）固定在上横梁上支承横移小车辊轮的上导板表面硬度不应低于 269HBW。

（5）锻件、铸件、焊接件

1）产品有色金属铸件的通用技术条件应符合 JB/T 5000.5 的规定。

2）产品锻件的通用技术条件应符合 JB/T 5000.8 的规定。

3）产品焊接件的通用技术条件应符合 JB/T 5000.3 的规定。

4）产品制造过程中火焰切割件的通用技术条件应符合 JB/T 5000.2 的规定。

5）产品焊接件中熔透焊缝质量评定等级为 BK、BS 级，按 GB/T 11345 的规定做超声检测。

6）上横梁、下横梁和立柱在粗加工后进行超声检测的部位和等级应在图样中明确标记出。

7）各个梁的上、下加工平面与立柱的上、下端加工面，其无损检测深度小于或等于 400mm 时，超声检测等级按 3 级。

8）工作缸锻件超声检测等级按 JB/T 5000.15—2007 规定的 III 级，缸体焊缝超声检测按 GB/T 11345 的规定。

9）工作缸柱塞距外表面 350mm 内的超声检测等级按 JB/T 5000.15—2007 规定的 III 级，大于 350mm 的按 IV 级；柱塞为焊接结构时，锻件和焊缝超声检测等级与工作缸相同。

10）拉杆距外圆表面 100mm 内的超声检测等级按 JB/T 5000.15—2007 规定的 II 级，其余按 III 级。

（6）切削加工件

1）产品切削加工件通用技术条件符合 JB/T 5000.9 的规定。

2）上横梁、下横梁和立柱，工作台应符合下列要求：

① 主要工作面表面粗糙度 Ra 最大允许值为 3.2μm。

② 主要几何公差不低于 7 级。

3）工作缸应符合下列要求：

① 缸底过渡圆弧 R、法兰台肩过渡圆弧 R_1 处的表面粗糙度 Ra 最大允许值为 1.6μm。

② 缸内孔表面、法兰台肩、与梁的配合面的表面粗糙度 Ra 最大允许值为 3.2μm。

③ 主要几何公差不低于 7 级。

4）工作缸柱塞应符合下列要求：

① 外圆表面粗糙度 Ra 允许值为 0.8~1.6μm。

② 主要几何公差不低于 7 级。

5）拉杆应符合下列要求：

① 螺纹受力面及螺纹的根部圆弧半径 R 处的表面粗糙度 Ra 最大允许值为 0.8μm。

② 螺纹外径、螺纹尾部过渡圆弧及直径所对应的外圆表面粗糙度 Ra 最大允许值为 1.6μm。

③ 拉杆直径所对应的外圆表面粗糙度 Ra 的最大允许值为 3.2μm。

（7）装配

1）产品装配通用技术条件应符合 JB/T 5000.10 的规定。

2）产品出厂前应进行总装。对于特大型产品或成套的设备等，因受制造厂条件所限而不能总装的，应进行试装。试装时必须保证所有连接或配合部位均应符合设计要求。

3）产品应在验收合格的基础上进行压平机本体安装，并应按该压平机的装配工艺规定进行过程调整和精度检验。无论进行何种精度调整，不应采用使构件产生局部强制变形的方法。

4）本体重要的固定结合面应紧密贴合，以保证其最大接触面积。装配紧固后，应采用 0.05mm 塞尺检查，结合面间的局部允许塞入的深度不应大于深度方向的接触长度的 20%，塞尺塞入部分的累计可移动长度不应大于可检验长度的 10%。（重要的固定结合面）包括：

① 拉杆螺母与紧固面之间的结合面。

② 上、下横梁分别与立柱之间的结合面。

③ 工作缸法兰台肩与安装面之间的结合面。

④ 工作缸柱塞、工作缸的球面垫与支承座之间的结合面。

⑤ 固定在上横梁上工作缸的水平、侧面导板以及支承横移下车辊轮的上导板分别与其固定面之间的结合面。

5）工作缸柱塞、工作缸的球面垫与支承座之间以及双球面垫之间的接触应均匀、良好，其装配前的接触面积应大于 70%，局部间隙不应大于 0.05mm。

6）本体装配精度检验项目应符合表 4-68 的规定。

表 4-68　本体装配精度检验项目

（单位：mm）

序号	检验项目	允许值
1	工作台垫板的水平度偏差（纵向、横向）	0.1/1000，0.38/全长范围内
2	工作台板上平面平面度	0.38/全长范围内
3	压头下平面平面度	0.1/1000
4	压头下平面与工作台上平面平行度	0.1/全长范围内
5	横移小车导板的水平度	0.1/1000
6	上横梁下平面支承板水平度	0.1/1000
7	上横梁侧导板平行度	0.1/1000
8	上横梁侧导板与台板垂直度	0.1/1000

7）检验用水平仪的测量长度为 200mm，精度为 0.02mm/格。

8）工作台垫板的平面度、水平度、压头下平面的平面度以及压头下平面与工作台上平面平行度的检验方法和规则，横移小车导板的水平度的检验方法和规则，上横梁下平面支承板水平度的检验方法和规则，上横梁导板与台板垂直度的检验方法和规则，上横梁侧导板与台板平行度的检验方法和规则等见 JB/T 12510—2015。

9）压平机（机架）的预紧力及预紧方式如下：

① 组合机架预紧时，预紧系数可在 1.3~1.5 之间选择。

② 预紧方式宜采用超高压液压螺母拉伸预紧。

③ 预紧后，各拉杆之间的应力误差不应大于 3%。

（8）涂装

产品涂装通用技术条件应符合 JB/T 5000.12 的规定。

（9）液压、润滑和气动系统

1）液压系统通用技术条件应符合 JB/T 6996 和 JB/T 3818 的规定。

2）外购和自制的液压元件的技术要求和连接尺寸应符合 GB/T 7935 的规定。

3）外购的液压缸应在供方进行耐压试压，试验压力为工作压力的 1.25 倍，保压时间不少于 10min，不得有任何渗漏和影响强度的现象。

4）外购的液压阀集成阀块系统应在供方进行耐压试验，试验压力为工作压力的 1.25 倍，保压时间不少于 10min，不得有任何渗漏现象；同时，应进行阀的启闭性能及调压性能试验。

5）自制的液控单向阀、充液阀、闸门等的阀门密封处均应做煤油渗漏试验和启闭性能试验。

6）液压系统主要管道的流速一般采用：高压为 6~8m/s，低压为 2~4m/s。

7）采用整体锻件制造或采用分体锻件焊接方法制造的液压缸，应对锻件和焊缝分别进行无损检验，并提供合格的无损检验报告。

8）液压泵站应隔离安装，设置在靠近压平机的一个封闭的区域内，并应符合以下要求：

① 泵站的设计应优先考虑安全和环保要求。

② 泵站的布置应充分考虑足够的安装和维护空间。

③ 泵房的工程设计应采取必要的通风散热措施和用于维护的起重设施。

9）油箱必须做煤油渗漏试验，不得有任何渗漏现象。

10）液压传动系统工作介质一般采用 HM 抗磨液压油（优等品），其介质特性和质量应符合相应介质的规定。

11）液压泵站与操纵系统总装完毕后，应按有关工艺规范对整个系统进行循环冲洗，其清洁度应符合设计要求的规定。

（10）配管

1）管路系统配管通用技术条件应符合 JB/T 5000.11 和 JB/T 5000.3 的规定。

2）液压、气动系统管路用无缝管应符合 GB/T 8163 的规定，管子内壁应光滑，应无锈蚀、无压扁等缺陷。

3）润滑系统管路宜采用不锈钢或铜管，管子内壁应光滑，应无锈蚀、无压扁等缺陷。

4）液压和润滑管路焊接时，应采用钨极氩弧焊或以钨极氩弧焊打底，高压连接法兰宜采用高颈法兰。

5）当液体最大工作压力大于 31.5MPa 时，应对焊缝进行无损检验，并提供合格的无损检验报告。

6）液压管路应进行预装。预装后，应拆下管子进行管子内部清理和酸洗；彻底清洗干净后，应及时采取防锈措施；然后，进行管路二次装配敷设。

（11）电气系统

1）电气设备的通用技术条件应符合 GB 5226.1 的规定。

2）液压泵站对于总装机功率较小的中小型液压机，一般可采用 380V 电动机。

3）基础自动化和过程控制的可编程序控制器（PLC）和工业计算机（IPC）应实现对液压机工作过程的控制和管理，以及设备的实时运行信息显示、报警和故障诊断。

4）压平机应具有手动、半自动两种工作制度。

5）操作台应靠近设备本体，高低地位应方便观察和操作。

（12）外观

1）压平机的外表面不应有非图样表示的凸起、凹陷、粗糙不平和其他影响外表美观的缺陷。

2）零件的结合面边缘应整齐均匀。

3）焊缝应平滑匀称，如有缺陷应修磨平整。

（13）安装施工及验收

压平机的安装工程施工及验收通用规范见 GB 50231 和 GB 50272 的规定。

说明：

1）压平机缺少如"通用技术条件应符合 JB/T 1829 与 JB/T 3818 的规定。"

2）缺少铸铁件、铸钢件的通用技术条件。

3）工作缸柱塞"外圆表面粗糙度 Ra 允许值为 $0.8 \sim 1.6 \mu m$"应该偏低。

4）外购的液压缸"试验压力为工作压力的 1.25 倍，保压时间不少于 10min，不应有任何渗漏和影响强度的现象"，外购的液压阀集成阀块系统"试验压力为工作压力的 1.25 倍，保压时间不少于 10min，不应有任何渗漏现象"，这样的技术要求有问题。

5）在负荷运转（非工艺性）检验中，负荷运转密封耐压试验的液体工作压力按设计文件规定。如设计文件无规定，应符合下列要求：

① 液体最大工作压力小于或等于 31.5MPa 时，其试验压力为液体最大工作压力的 1～1.25 倍。

② 液体最大工作压力大于 31.5MPa 且小于或等于 35MPa 时，其试验压力为液体最大工作压力的 1～1.1 倍。

③ 液体最大工作压力大于 35MPa 且小于或等于 42MPa 时，其试验压力为液体最大工作压力的 1～1.05 倍。

④ 耐压试验的保压时间应大于或等于 5min，不应有渗漏现象。对液压机用液压缸设计、制造具有重要意义。

4.2.22　数控内高压成形液压机

在 GB/T 8541—2012、GB/T 36484—2018、JB/T 4174—2014、JB/T 12381.1—2015 和 JB/T 12381.2—2015 中都没有"数控内高压成形液压机"这一术语和定义。在 JB/T 12381.1—2015 中规定了 6300～63000kN 数控内高压成形液压机的基本参数；在 JB/T 12381.2—2015 中规定了成形液体压力不大于 500MPa 的数控内高压成形液压机的技术要求、试验方法、检验规则、包装、运输和贮存；在 JB/T 12381.3—2015 中规定了成形液体压力不大于 500MPa 的数控内高压成形液压机的检验要求、精度检验。上述三项标准适用于数控内高压成形液压机（以下简称液压机）。

注：在 GB/T 8541—2012 和 GB/T 36484—2018 中有术语"管液压成形"和定义。

1. 型式与基本参数

液压机型式分为四柱式（见 JB/T 12381.1—2015 中图 1）和框架式（见 JB/T 12381.1—2015 图 2）。其型号编制应符合 GB/T 28761 的规定。

注：在 JB/T 12381.1—2015 图 1 和图 2 的液压缸安装型式皆为 MF7 带后部对中的前部圆法兰；活塞杆连接型式为（带外螺纹的活塞杆端或带凸缘的活塞杆端）法兰。

液压机的主参数为公称力。其基本参数应符合表 4-69 的规定。

表 4-69 基本参数

项 目	参 数 值					
公称力/kN	6300	10000	20000	31500	40000	63000
液压系统最大工作压力/MPa	25	25	25	25	25	25
内高压最大工作压力/MPa	500	500	500	500	500	500
开口高度 H/mm	1200	1200	1300	1400	1600	1800
滑块行程 S_1/mm	600	600	700	700	800	900
水平缸最大推力/kN	1000	1600	2500	3150	4000	6300
水平缸行程 S_2/mm	150	150	200	200	250	250
工作台有效尺寸（$B×T$）/mm	1200×1100	1400×1200	1800×1600	2500×1800	3000×2000	4000×2500
滑块空载下行速度/(mm/s)	≥180	≥180	≥200	≥200	≥250	≥250
滑块慢速下行速度/(mm/s)	10	10	10	10	10	10
滑块回程速度/(mm/s)	≥150	≥150	≥180	≥180	≥200	≥200
水平缸挤压速度/(mm/s)	0.2~10	0.2~10	0.2~10	0.2~10	0.2~10	0.2~10

2. 技术要求（与液压缸相关的）

（1）一般要求

1）液压机的图样及技术文件应符合 GB/T 12381.2—2015 标准的要求，应按规定程序经批准后方能投入生产。

2）液压机的产品造型和布局要考虑工艺美学和人机工程学的要求，且便于使用、维修、装配和运输。

3）液压机应符合 JB/T 3818 的规定。

4）液压机在下列环境条件下能正常工作：

① 环境空气温度符合 GB 5226.1—2008（已被 GB/T 5226.1—2019 代替）中 4.4.3 的规定。

② 湿度符合 GB 5226.1—2008（已被 GB/T 5226.1—2019 代替）中 4.4.4 的规定。

③ 海拔 1000m 以下。

（2）基本参数

液压机的基本参数应符合 JB/T 12381.1（见表 4-69）的规定或满足合同约定。

（3）结构、性能与功能

1）液压机应具有足够的强度和刚度。

2）液压机具有按照预定的指令连续工作的能力。

3）液压机应具有可控制制品成形液体压力、水平缸工作压力、水平缸活塞位移的功能。

4）液压机应配置管内排气系统，排气时间可控制。

5）液压机能够输出制品成形液体压力曲线，水平缸压力输入、输出工作曲线。

6）配置增压缸的液压机，当超过设定（最大）工作压力时，应能自动卸荷并报警。

7）（液压）系统工作压力和水平缸工作压力的显示精度、最小设定量均应 ≤0.2MPa。

8）各水平缸活塞位移的显示精度、最小设定量均应 ≤0.02mm。

（4）安全与防护

1）液压机的安全防护应符合 GB 17120、GB 28241 的规定。

2）工作台左、右侧面宜安装固定防护门。前、后侧应采用活动防护门，并由电气系统联锁控制，确保防护门关闭后，液压机可进入合模、成形动作。

3）换模或修模时应采用滑块锁紧装置。

4）油箱配有液位报警装置。

5）液压系统应有超载保护功能，设有液压安全阀，确保液压机不会超载工作。

（5）噪声

液压机运行时的声音应正常，其噪声限值应符合 GB 26484 的规定。

（6）精度

液压机的精度应符合 JB/T 12381.3 的规定。

（7）标志

1）液压机应有铭牌和润滑、安全等各种标牌或标志。标牌的型式与尺寸、材料、技术要求应符合 GB/T 13306 的规定。标牌上的形象化符号应符合 JB/T 3240 的规定。

2）标牌应端正地固定在液压机的明显部位，并保证清晰。

3）液压机铭牌上至少应包括以下内容：

① 制造企业的名称和地址。

② 产品的型号和基本参数。

③ 出厂年份和编号。

（8）随机附件、工具和技术文件

1）液压机出厂时应保证成套性，并备有设备正常使用的附件，以及所需的专用工具，特殊附件的供应由供需双方商定。

2）制造厂应保证用于液压机的外购件（包括电气、气动、液压件）质量，并符合相应标准的规定。

3）随机技术文件应包括使用说明书、合格证明书和装箱单。

4）随机提供的液压机备件或易损件应具有互换性。

（9）加工及装配

1）零件加工质量应符合设计图样、工艺和有关现行标准的规定。

2）零件加工表面不应有锈蚀、毛刺、磕碰、划伤和其他缺陷。

3）液压机装配应符合装配工艺规程，装配到液压机上的零部件（包括外购、外协件）均应符合质量要求，不允许安装产品图样上没有的垫片、套等零件。

4）重要的固定结合面应紧密贴合，紧固后用0.05mm 塞尺进行检验，允许塞尺塞入深度不应大于接触面宽的 1/4，接触面间可塞入塞尺部位累计长度不应大于周长的 1/10。重要的固定结合面有：

① 立柱调节螺母、锁紧螺母与上横梁和工作台的固定结合面。

② 液压缸锁紧螺母与上横梁或机身梁的固定结合面。

③ 活（柱）塞端面与滑块的固定结合面。

④ 组合式框架机身的横梁与立柱的固定结合面。

⑤ 滑块的底板与垫板、工作台垫板与工作台的固定结合面等。

5）液压、润滑、冷却系统的管路通道以及充液装置和油箱的内表面，在装配前均应进行彻底的除锈去污处理，液压系统的清洁度应符合 JB/T 9954 的规定。

6）全部管道、管接头、法兰及其他固定或活动连接的密封处，均应连接可靠，密封良好，不应有油液渗漏现象。

（10）电气系统

液压机的电气系统应符合 GB 5226.1 的规定。

（11）液压系统

液压机的液压系统应符合 GB/T 3766 规定。液压系统中所用的液压元件应符合 GB/T 7935 的规定。

（12）数控系统

1）数控系统的环境适应性、安全性、电源适应能力、电磁兼容性和制造质量应符合 JB/T 8832（已作废）的规定。

2）数控系统应满足液压机的功能要求，应具有点动、手动、半自动操作，以及程序编辑、自诊断、报警显示功能。

（13）外观

外观应符合 JB/T 3818 的规定。

3. 试验方法

（1）负荷运转试验

1）负荷运转试验应在空运转试验合格后进行，并对其公称力、所需电力、温度变化、噪声等项目进行检测。

2）调整液体工作压力，按 12MPa、18MPa、25MPa 逐级调高上缸、水平缸、增压缸输入压力，在各级压力下持续 3s 并重复 3 次，上缸压力重复精度为 ±1.5MPa，水平缸压力重复精度为 ±0.8MPa，动作应准确、可靠。

3）在系统压力为 25MPa 负荷情况下进行工作循环，检查发讯元件是否可靠，液压和电气系统是否灵敏可靠。

4）在负荷运转中，各液压元件、管路等密封处不得有渗漏现象，油箱的油温不应超过 60℃。

5）在负荷运转中，电动机电流应符合规定要求。

6）液压机的噪声应符合 GB 26484 的规定。

7）以上检测合格后，再以半自动方式进行 4h 连续负荷运转检测。

（2）超负荷试验

超负荷试验应与安全阀的许可调定值试验结合进行。增压缸超负荷试验仅试验初级压力。超负荷试验压力为 27.5MPa，试验不少于 3 次，每次持续 3s，液压机的零部件不得有任何损坏和永久变形，液压系统不得有渗漏及其他不正常形象。

4. 精度

液压机的检验要求、精度检验见 JB/T 12381.3—2015。

其中"水平缸活塞运动轨迹垂直方向对工作台（垫板）上平面的平行度"和"水平缸活塞运动轨迹水平方向相对平行度"检验，对液压缸的偏摆检测具有参考价值。

4.2.23　快速数控薄板冲压液压机

快速数控薄板冲压液压机是滑块快降及回程速度不小于 300mm/s、压制速度为 15~40mm/s（15mm/s 指 100% 公称力时的压制速度，40mm/s 指不小于30%公称力时的压制速度），可对压力、行程、保压

时间、闭合高度实现自动控制的框架薄板冲压及拉伸液压机。其用于对各种金属薄板件进行弯曲、冲孔、落料、拉伸、整形、成形等工艺。在 JB/T 12769—2015 中规定了快速数控薄板冲压液压机的术语和定义、技术要求、试验方法、检验规则、包装、运输、贮存和保证,适用于快速数控薄板冲压液压机(以下简称液压机)。

1. 型式与基本参数

(1) 型式

1) 液压机型号表示方法应符合 GB/T 28761 的规定。

2) 液压机分为以下三种基本型式:

① 工作台前移式 (见 JB/T 12769—2015 中图1)。

② 工作台侧移式 (见 JB/T 12769—2015 中图2)。

③ 固定工作台式。

(2) 基本参数

1) 液压机的主参数为公称力。

2) 液压机的基本参数见表4-70。

表 4-70 基本参数

项 目	参 数 值					
公称力/kN	5000	6300	8000	10000	16000	20000
开口 H/mm	1500	1500	1800	1800	2000	2000
行程 S/mm	1000	1000	1200	1200	1400	1400
快降速度/(mm/s)	≥300	≥300	≥300	≥300	≥300	≥300
100%公称力时滑块的压制速度/(mm/s)	15	15	15	15	15	15
30%公称力时滑块的压制速度/(mm/s)	40	40	40	40	40	40
回程速度/(mm/s)	≥300	≥300	≥300	≥300	≥300	≥300
液压垫力/kN	1500	2000	2500	3150	5000	6300
液压垫行程 S_d/mm	300	300	400	400	400	400
工作台面尺寸系列 (左右×前后)/mm	2500×1600	2500×1600	3200×2000	3200×2000	4000×2200	4000×2200
	2800×1800	2800×1800	3500×2000	3500×2000	4500×2500	4500×2500
	3200×2000	3200×2000	4000×2200	4000×2200	—	—
	3500×2000	3500×2000	4500×2500	4500×2500	—	—
液压垫尺寸系列 (左右×前后)/mm	1700×1100	1700×1100	2300×1400	2300×1400	3200×1700	3200×1700
	2000×1400	2000×1400	2600×1400	2600×1400	3800×1700	3800×1700
	2300×1400	2300×1400	3200×1700	3200×1700	—	—
	2600×1400	2600×1400	3800×1700	3800×1700	—	—

注: 1. 快降速度指滑块无负载时的下降速度。

2. 回程速度指不安装上模具时滑块的回程速度。

2. 技术要求

(1) 一般要求

1) 液压机的图样及技术文件应符合 JB/T 12769—2015 标准的要求,并应按规定程序经批准后方能投入生产。

2) 液压机的产品造型和布局要考虑工艺美学和人机工程学的要求,各部件及装置应布局合理、高度适中,便于操作者观察加工区域。

3) 液压机应便于使用、维修、装配、拆卸和运输。

4) 液压机在下列环境条件下应能正常工作:

① 环境温度。5~40℃。

② 相对湿度。当最高温度为 40℃ 时,相对湿度不超过 50%,温度低则允许高的相对湿度。

③ 海拔。液压机应能在海拔 1000m 以下正常工作。

(2) 性能、结构与功能

1) 液压机应具有足够的刚度。在最大载荷工况条件下试验,液压机应能正常工作。

2) 滑块的速度应符合表4-70的规定和技术文件的要求,实现快速下降、压制、回程的功能。

3) 液压机应具有保压功能,保压时间应可调。

4) 液压机具有冲压、拉伸、落料、整形、成形等功能。

5) 液压机数控系统可控制滑块压力、液压垫力、滑块行程、液压垫行程等,并可实现同步或单独

动作。

6）滑块和液压垫的压力及行程可根据工艺要求分别进行调整。

7）液压机的滑动摩擦副应采取耐磨措施，并有合理的硬度差。

8）液压机的运行应平稳、可靠，液压执行元件在规定的行程和速度范围内不应有振动、爬行和阻滞现象，换向不应有影响正常工作的冲击现象。

9）当系统压力超载、油温超限、油位低于下限时，液压机应自动停机并报警，控制系统具有检测过滤器阻塞报警功能。

10）液压机可配备缓冲装置，缓冲装置应有效地吸收冲裁过程中产生的能量，冲裁缓冲过程应平稳、低噪声，其缓冲作用点可在规定范围内调节。

11）液压机可根据需求配置上下料装置的机械、液压、电气等接口。

12）液压机与其配套的辅助装置连接动作应协调、可靠。

（3）安全与防护

1）液压机在按规定制造、安装、运输和使用时，不应对人员造成危险，并应符合 GB 28241 和 GB 17120 的规定。

2）液压机电气的安全要求应符合 GB 5226.1 的规定。

（4）噪声

液压机的噪声声压级测量方法应按 GB/T 23281 的规定，声功率级测量方法应按 GB/T 23282 的规定。液压机噪声值应符合 GB 26484 的规定。

（5）随机附件、工具和技术文件

1）液压机出厂时应保证成套性，并备有设备正常使用的附件，以及所需的专用工具，特殊附件的供应由供需双方商定。

2）制造厂应保证用于液压机的外购件（包括液压件、电气件、气动件、冷却件）质量，并应符合相应标准的规定。出厂时外购件应与液压机同时进行空运转试验。

3）随机技术文件应包括产品使用说明书，产品合格证明书，装箱单，产品安装、维护用附图，易损件图样。使用说明书应符合 GB/T 9969 的规定，其内容应包括安装、运输、贮存、使用、维修和安全卫生等要求。

4）随机提供的液压机备件或易损件应具有互换性。备件、特殊附件不包括在内，用户可与制造厂协商，备件可随机供应，或单独供货，供货内容按订货合同执行。

（6）标牌与标志

1）液压机应有铭牌以及指示润滑和安全等要求的各种标牌或标志。标牌的型式与尺寸、材料、技术要求应符合 GB/T 13306 的规定。

2）标牌应端正地固定在液压机的明显部位，并保证清晰。

3）液压机铭牌上至少应包括以下内容：

① 制造企业的名称和地址。

② 产品的型号和基本参数。

③ 出厂年份和编号。

（7）铸件、锻件、焊接件

1）用于制造液压机的重要零件的铸件、锻件应有合格证。

2）液压机的灰口铸铁件应符合 JB/T 5775 的规定，铸钢件、有色金属铸件符合技术文件的规定。重要铸件应采用热处理或其他降低应力的方法消除内应力。

3）重要锻件应进行无损检测，并进行热处理。

4）焊接结构件和管道焊接应符合 JB/T 8609 的规定。主要焊接结构件材质应符合 GB/T 700、GB/T 1591 的规定，性能不低于 Q235 钢。重要的焊接金属构件，应采用热处理或其他降低应力的方法消除内应力。

5）拉杆的要求应符合技术文件的规定。

6）柱塞及活塞杆的要求应符合技术文件的规定。

（8）机械加工

1）液压机上各种加工零件材料的牌号和力学性能应满足液压机功能的要求和符合相应标准的规定。

2）主要件的加工要求应符合技术文件的规定。

3）已加工表面，不应有毛刺、斑痕和其他机械损伤，不应有降低液压机的使用质量和恶化外观的缺陷。除特殊规定外，均应将锐边倒钝。

4）导轨面加工精度和表面粗糙度应保证达到液压机的精度要求和技术要求。

5）导轨工作面接触应均匀，其接触面积累计值，在导轨的全长上不应小于 80%，在导轨宽度方向上不应小于 70%。

（9）装配

1）液压机应按技术文件及图样的规定进行装配，不得因装配而损坏零件及其表面和密封圈的唇口等，装配后各机构动作应灵敏、准确、可靠。

2）装配后的螺栓、螺钉头部和螺母的端面应与被紧固的零件平面均匀接触，不应倾斜和留有间隙。装配在同一部位的螺钉，其长度一般应一致。紧固的螺钉、螺栓和螺母不应有松动现象，影响精度的螺钉

的拧紧力矩应一致。

3) 密封件不应有损伤现象,装配前密封件和密封面应涂上润滑脂。其装配方向的选择应保证使介质工作压力将其唇部紧压。装配重叠的密封圈时,各圈要相互压紧,开口方向应置于压力大的一侧。

4) 移动、转动部件装配后,运动应平稳、灵活、轻便、无阻滞现象。滚动导轨面与所有滚动体应均匀接触,运动应轻便、灵活、无阻滞现象。

5) 重要的结合面、紧固后应紧密贴合,其间隙不大于表 4-71 的规定。允许塞尺塞入深度不得超过接触面宽的 1/4,接触面间可塞入塞尺部位累计长度不应超过周长的 1/10。重要的结合面为:

① 大螺母和横梁(上横梁、下横梁)的结合面。

② 上横梁、下横梁与机架(指框架式中的立柱)的结合面。

③ 液压缸法兰台肩与横梁的结合面。

④ 活塞杆、柱塞端面与滑块的结合面。

⑤ 工作台与下横梁的结合面。

表 4-71　结合面接触间隙

液压机公称力/kN	接触间隙/mm
≤6000	≤0.04
>6000~20000	≤0.06
>20000	≤0.1

6) 每台液压机在制造厂均应进行总装配,大型液压机因制造厂条件限制不能进行总装时,由制造厂与用户协商,在用户处总装并按双方协议或合同执行。

(10) 电气设备

1) 液压机的电气设备应符合 GB 5226.1 的规定。

2) 数控系统应符合 JB/T 8832(已作废)的规定。

(11) 液压、气动、润滑、冷却系统

1) 液压机的液压系统应符合 GB/T 3766 的要求。

2) 外购和自制的液压元件的技术要求和连接尺寸应符合 GB/T 7935 的规定。

3) 液压机铸造液压缸、锻焊液压缸原则上规定粗加工后应做耐压试验,试验压力为工作压力的 1.25 倍,保压时间不少于 10min,不得渗漏、无永久变形。整体锻造缸、锻焊结构液压缸如有焊接无损检测等工艺保证,可不做中间试压。

4) 液压机在工作时液压系统油箱内进油口的油温一般不应超过 60℃。

5) 液压系统中应设置滤油装置。

6) 油箱必须做煤油渗漏试验;开式油箱设空气过滤器。

7) 液压、冷却系统的管路通道和油箱内表面,在装配前应进行彻底的防锈去污处理。

8) 液压系统的清洁度应符合 JB/T 9954 的规定。

9) 液压机的气动系统应符合 GB/T 7932 的规定,排除冷凝水一侧的管道的安装斜度不应小于 1:500。

10) 液压机的润滑系统应符合 GB/T 6576 的规定。

11) 液压机的重要摩擦部位的润滑一般应采用集中润滑系统,只有当不能采用集中润滑系统时才可以采用分散润滑装置。

12) 冷却系统应满足液压机的温度、温升要求。

13) 润滑、冷却系统应按需要连续或周期性地将润滑、冷却剂输送到规定的部位。

14) 液压、气动、润滑和冷却系统不应漏油、漏水、漏气。冷却液不应混入液压系统和润滑系统。

(12) 配管

1) 液压、气动、润滑系统选用的管子内壁应光滑,无锈蚀、压扁等缺陷。

2) 内外表面经防腐处理的钢管可直接安装使用。未做防腐处理的钢管应进行酸洗,酸洗后应及时采取防锈措施。

(13) 外观

1) 液压机的外观应符合 JB/T 1829 的规定。

2) 液压机零部件、电柜、机器面板的外表面不得有明显的凹痕、划伤、裂缝、变形,表面涂镀层不得有气泡、龟裂、脱落或锈蚀等缺陷。

3) 涂装质量应符合技术文件的规定。

4) 非机加工表面应整齐美观。

5) 文字说明、标记、图案等应清晰。

6) 防护罩、安全门应平整、匀称,不应翘曲、凹陷。

3. 试验方法

(1) 一般要求

1) 试验时应注意防止环境温度变化、气流、光线和强磁场的干扰、影响。

2) 在试验前应安装调整好液压机,一般应自然调平,其安装水平度误差在纵横向不应超过 0.20/1000。

3) 在试验过程中,不应调整影响液压机性能、精度的机构和零件,如调整应复检有关项目。

4) 试验应在液压机装配完毕后进行,除标准、技术文件中规定在试验时需要拆卸的零部件外,不得拆卸其他零部件。

5）试验时电、气的供应应正常。

6）液压机因结构限制而影响检验或不具备标准所规定的测试工具时，可用与标准规定等效的其他方法和测试工具进行检验。

（2）超负荷试验

超负荷试验应与安全阀的调定检验结合进行，超负荷试验一般应不大于额定压力的 1.1 倍，试验不少于 3 次，液压机的零部件不得有任何损伤和永久变形，液压系统不得渗漏及其他不正常现象。

（3）其他

其他检验或试验，如外观检验，附件和工具检验，型式与基本参数检验（其中给出了允差表）、性能、结构与功能检验，机械加工检验，安全检验，装配和配管检验，空负荷运转试验，噪声检验，电气设备、数控系统检验，液压、气动、冷却和润滑系统检验，负荷运转试验，精度检验，清洁度检验等见 JB/T 12769—2015；另外还包括，按产品的技术文件或供需双方合同中所列的其他内容检验。

4. 精度

（1）液压机的精度等级

液压机的精度按其用途分为特级和 I 级，用户可根据用途选择精度级别，制造厂可按用户要求设计、制造、定价。精度级别见表 4-72。

表 4-72　精度级别

等级	用途	型式
特级	要求特别高的精密冲压件	框架式
I 级	精密冲压件	框架式

（2）液压机的精度检验的条件

1）精度检验前，液压机应调整水平，其工作台面纵横向水平误差不得超过 0.20/1000。

2）装有移动工作台的，须使其处在液压机的工作位置并锁紧牢固。

3）液压机的精度检验应在空运转和满负荷运转试验后分别进行，以满负荷运转试验后的精度检测值记入出厂合格证明书内，并有精度实测记录存档备查。

4）精度检验方法、检验工具和装置应符合 GB/T 10923 的规定，也可采用其他等效的检验方法。

5）在总装精度检验前，属框架结构者，其滑块与导轨间隙的调整原则：应在保证总装精度前提下，导轨不发热、不拉毛，并能形成油膜。

6）在检验平面时，当被检测平面的最大长度 $L \leqslant 1000$mm 时，不检测长度 $l = 0.1L$；当 $L > 1000$mm 时，不检测长度 $l = 100$mm。

（3）总装配精度的检验项目

1）滑块运动轨迹对工作台面的垂直度。

① 检验方法。在工作台面上中央处放一直角尺（下面可放一平尺），将指示器紧固在滑块下平面上，并使指示器测头触在直角尺上，当滑块上下运动时，在通过中心的左右和前后方向分别进行测量，指示器读数的最大差值即为测定值。

测量位置在下极限前 1/2 范围内。

② 公差。滑块运动轨迹对工作台面的垂直度的公差应符合表 4-73 的规定。

表 4-73　垂直度的公差

（单位：mm）

工作台面的有效长度 L	公差	
	特级	I 级
≤1000	$0.008 + \dfrac{0.008}{100}L_3$	$0.01 + \dfrac{0.015}{100}L_3$
>1000~2000	$0.015 + \dfrac{0.008}{100}L_3$	$0.02 + \dfrac{0.015}{100}L_3$
>2000	$0.025 + \dfrac{0.008}{100}L_3$	$0.03 + \dfrac{0.015}{100}L_3$

注：L_3 为最大实际检测的滑块行程，L_3 的最小值为 50mm。

③ 检验工具。直角尺、平尺、指示器。

2）由偏心引起的滑块下平面对工作台面的倾斜度。

① 检测方法。在工作台面上，用带有铰接的支承棒（支承棒仅承受滑块自重）依次分别支承在滑块下平面的左右和前后支承点上，支承棒仅承受运动部分自重，用指示器在各支承点旁及其对称点分别按左右（$2L_4$）和前后（$2L_5$）方向测量工作台上平面和滑块下平面间的距离，指示器读数的最大差值即为测定值。但对角线方向不进行测量。

测量位置为行程的下限和行程下限前 1/3 处。

注：L_4、L_5 为滑块中心起至支承点的距离，$L_4 = \dfrac{1}{3}L$（L 为工作台台面长边尺寸），$L_5 = \dfrac{1}{3}L_6$（L_6 为工作台台面短边尺寸）。

② 公差。由偏心引起的滑块下平面对工作台面的倾斜度公差应符合表 4-74 的规定。

表 4-74　倾斜度公差

等级	公差
特级、I 级	$\dfrac{1}{3000}L_4$

③ 检验工具。支承棒、指示器。

说明：

① "用户可根据用途选择精度级别，制造厂可按用户要求设计、制造、定价。"此项要求对液压机用液压缸的设计、制造也很有意义。

② 作为数控液压机，如采用比例/伺服控制液压缸，则液压系统中应设置精密滤油装置。

③ "超负荷试验 超负荷试验应与安全阀的调定检验结合进行，超负荷试验压力一般应不大于额定压力的 1.1 倍，试验不少于 3 次，液压机的零部件不得有任何损坏和永久变形，液压系统不得有渗漏及其他不正常现象。"此项要求对液压机用液压缸设计、制造很重要。

4.2.24 快速薄板冲压及拉伸液压机

快速薄板冲压及拉伸液压机是滑块快降及回程速度不小于 300m/s、压制速度不小于 15 ~ 45mm/s（15mm/s 指 100%公称力时的压制速度，40mm/s 指不小于 30%公称力时的压制速度）的框架薄板冲压及拉伸液压机。在 JB/T 12994.1—2017 中规定了快速薄板冲压及拉伸液压机的型式与基本参数；在 JB/

T 12994.2—2017 中规定了快速薄板冲压及拉伸液压机的技术要求、试验方法、检验规则、包装、运输、贮存和保证；JB/T 12994.3—2017 中规定了快速薄板冲压及拉伸液压机的精度检验，适用于快速薄板冲压及拉伸液压机。

快速薄板冲压及拉伸液压机主要用于对各种金属薄板件进行弯曲、冲孔、落料、拉伸、整形、成形等工艺。

1. 型式与基本参数

（1）型式

1）液压机分为以下三种基本型式：

① 工作台前移式（见 JB/T 12994.1—2017 中图 1）。

② 工作台侧移式（见 JB/T 12994.1—2017 中图 2）。

③ 固定工作台式。

2）液压机型号表示方法应符合 GB/T 28761 的规定。

（2）基本参数

1）液压机的主参数为公称力。

2）液压机的基本参数见表 4-75。

表 4-75 基本参数

项　目	参　数　值					
公称力/kN	5000	6300	8000	10000	16000	20000
开口 H/mm	1500	1500	1800	1800	2000	2000
行程 S/mm	1000	1000	1200	1200	1400	1400
快降速度/(mm/s)	≥300	≥300	≥300	≥300	≥300	≥300
100%公称力时滑块的工作速度/(mm/s)	15	15	15	15	15	15
30%公称力时滑块的工作速度/(mm/s)	40	40	40	40	40	40
回程速度/(mm/s)	≥300	≥300	≥300	≥300	≥300	≥300
液压垫力/kN	1500	2000	2500	3150	5000	6300
液压垫行程 S_d/mm	300	300	400	400	400	400
工作台面尺寸系列（左右×前后）/mm	2500×1600	2500×1600	3200×2000	3200×2000	4000×2200	4000×2200
	2800×1800	2800×1800	3500×2000	3500×2000	4500×2500	4500×2500
	3200×2000	3200×2000	4000×2200	4000×2200	—	—
	3500×2000	3500×2000	4500×2500	4500×2500	—	—
液压垫尺寸系列（左右×前后）/mm	1700×1100	1700×1100	2300×1400	2300×1400	3200×1700	3200×1700
	2000×1400	2000×1400	2600×1400	2600×1400	3800×1700	3800×1700
	2300×1400	2300×1400	3200×1700	3200×1700	—	—
	2600×1400	2600×1400	3800×1700	3800×1700	—	—

注：1. 快降速度指滑块无负载时的下降速度。

　　2. 回程速度指不安装上模具时滑块的回程速度。

2. 技术要求

（1）一般要求

1）液压机的图样及技术文件应符合 JB/T

12994.2—2017 标准的要求，并应按规定程序经批准后可投入生产。

2）液压机的产品造型和布局要考虑工艺美学和

人机工程学的要求，各部件及装置应布局合理、高度适中，便于操作者观察加工区域。

3）液压机应便于使用、维修、装配、拆卸和运输。

4）液压机在下列环境条件下应能正常工作：

① 环境温度为 5~40℃，对于非常热的环境（如热带气候、钢厂）及寒冷环境，须提出额外要求。

② 当最高温度为 40℃ 时，相对湿度不超过 50%；温度低则允许较高的相对湿度，如 20℃ 时相对湿度为 90%。

③ 海拔 1000m 以下。

5）液压机在正确的使用和正常的维护保养条件下，从开始使用到第一次大修的工作时间应符合 JB/T 1829 的规定。

（2）型式与基本参数

液压机的型式与基本参数应符合 JB/T 12994.1—2017 的规定。

（3）性能、结构与功能

1）液压机应具有足够的刚度。在最大载荷工况条件下试验，液压机应能工作正常。

2）滑块的速度应符合 JB/T 12994.1—2017 的规定和技术文件的要求，实现快速下降、压制、回程的功能。

3）液压机应具有保压功能，保压时间应可调。

4）液压机具有冲压、拉伸、落料、整形、成形等功能。

5）液压机数控系统应可控制滑块压力、液压垫力、滑块行程、液压垫行程等，并可实现同步或单独动作。

6）滑块和液压垫的压力及行程可根据工艺要求分别进行调整。

7）液压机的滑动摩擦副应采取耐磨措施，并有合理的硬度差。

8）液压机运行应平稳、可靠，液压执行元件在规定的行程和速度范围内不应有振动、爬行和阻滞现象，换向时不应有影响正常工作的冲击现象。

9）当出现系统压力超载、油温超限、油位低于下限时，液压机应自动停机并报警。

10）液压机可配备缓冲装置，缓冲装置应有效地吸收冲裁过程中产生的能量，冲裁缓冲过程应平稳、低噪声，其缓冲作用点可在规定范围内调节。

11）液压机可根据需求配置上下料装置的机械、液压、电气等接口。

12）液压机与其配套的辅助装置连接动作应协调、可靠。

（4）安全与防护

1）液压机在按规定制造、安装、运输和使用时，不应对人员造成危险，并应符合 GB 28241 和 GB 17120 的规定。

2）液压机电气传动与控制方面的安全要求应符合 GB 5226.1 的规定。

（5）噪声

液压机噪声值应符合 GB 26484 的规定。

（6）精度

液压机的几何精度、工作精度应符合 JB/T 12994.3—2017 的规定。

（7）随机附件、工具和技术文件

1）液压机出厂时应保证成套性，并备有设备正常使用的附件，以及所需的专用工具，特殊附件的供应由供需双方商定。

2）制造厂应保证用于液压机的外购件（包括液压、电气、气动、冷却件）的质量，并应符合相应标准的规定。出厂时外购件应与液压机同时进行空运转试验。

3）随机技术文件应包括产品使用说明书，产品合格证明书，装箱单，产品安装、维护用附图，易损件图样。产品使用说明书应符合 GB/T 9969 的规定，其内容应包括安装、运输、贮存、使用、维修和安全卫生等要求。

4）随机提供的液压机备件或易损件应具有互换性。备件、特殊附件不包括在内，用户可与制造厂协商，备件可随机供应，或单独供货，供货内容按订货合同执行。

（8）标牌与标志

1）液压机应有铭牌和润滑、安全等各种标牌或标志。标牌的型式与尺寸、材料、技术要求应符合 GB/T 13306 的规定。

2）标牌应端正地固定在液压机的明显部位，并保证清晰。

3）液压机铭牌上至少应包括以下内容：

① 制造企业的名称和地址。

② 产品的型号和基本参数。

③ 出厂年份和编号。

（9）铸件、锻件、焊接件

1）用于制造液压机的重要零件的铸件、锻件应有合格证。

2）液压机的灰口铸铁件应符合 JB/T 5775 的规定，铸钢件、有色金属铸件应符合技术文件的规定。重要铸件应采用热处理或其他降低应力的方法消除内应力。

3）重要锻件应进行无损检测，并进行热处理。

4）焊接结构件和管道焊接应符合 JB/T 8609 的规定。主要焊接结构件材质应符合 GB/T 700、GB/T 1591 的规定，不低于 Q235。重要的焊接金属构件，应采用热处理或其他降低应力的方法消除内应力。

5）拉杆的要求应符合技术文件的规定。

6）柱塞及活塞杆的要求应符合技术文件的规定。

（10）机械加工

1）液压机上各种加工零件材料的牌号和力学性能应满足液压机功能和符合技术文件的规定。

2）主要件的加工应符合技术文件的规定。

3）已加工表面，不应有毛刺、斑痕和其他机械损伤，不应有降低液压机使用质量和恶化外观的缺陷。除特殊规定外，均应将锐边倒钝。

4）导轨面加工精度和表面粗糙度应保证达到液压机的精度要求和技术要求。

5）导轨工作面接触应均匀，其接触面积累计值，在导轨的全长上不应小于80%，在导轨宽度上不应小于70%。

（11）装配

1）液压机应按技术文件及图样进行装配，不应因装配损坏零件及其表面和密封件的唇口等，装配后各机构动作应灵敏、准确、可靠。

2）装配后的螺栓、螺钉头部和螺母的端面应与被紧固的零件平面均匀接触，不应倾斜和留有间隙。装配在同一部位的螺钉，其长度一般应一致。紧固的螺钉、螺栓和螺母不应有松动现象，影响精度的螺钉紧固力应一致。

3）密封件不应有损伤现象，装配前密封件和密封面应涂上润滑脂。其装配方向应使介质工作压力将其唇部紧压。装配重叠的密封圈时，各圈要相互压紧，开口方向应置于压力大的一侧。

4）移动、转动部件装配后，运动应平稳、灵活、轻便、无阻滞现象。滚动导轨面与所有滚动体应均匀接触，运动应轻便、灵活、无阻滞现象。

5）重要的结合面，紧固后应紧密贴合，其接触间隙应符合表 4-76 的规定。允许塞尺塞入深度不应超过接触面宽的 1/4，接触面间可塞入塞尺部位累计长度不应超过周长的 1/10。重要的结合面为：

① 大螺母和横梁（上横梁、下横梁）之间的结合面。

② 上横梁、下横梁与机架（指机架式中的立柱）之间的结合面。

③ 液压缸法兰台肩与横梁之间的结合面。

④ 活塞杆、柱塞端面与滑块之间的结合面。

⑤ 工作台与下横梁之间的结合面。

表 4-76　结合面接触间隙

液压机公称力/kN	接触间隙/mm
≤6000	≤0.04
>6000~20000	≤0.06
>20000	≤0.1

6）每台液压机在制造厂均应进行总装配，大型液压机因制造厂条件限制不能进行总装配时，通过制造厂与用户协商，由制造厂在用户处总装并按双方协议或合同执行。

（12）电气设备

1）液压机的电气设备应符合 GB 5226.1 的规定。

2）当采用可编程序控制器或计算机控制时，应符合现行有关标准的规定。

（13）液压、气动、润滑、冷却系统

1）液压机的液压系统应符合 GB/T 3766 的要求。

2）外购和自制的液压元件的技术要求和连接尺寸应符合 GB/T 7935 的规定。

3）液压机铸造液压缸、锻造液压缸原则上规定粗加工后应做耐压试验，试验压力为工作压力的1.25 倍，保压时间不少于 10min，试验后液压缸应不渗漏、无永久变形。整体锻造缸、锻造结构液压缸如有焊接无损检测等工艺保证，可不做中间试压。

4）液压机工作时液压系统油箱内进油口的油温一般不应超过 60℃。

5）液压系统中应设置滤油装置。

6）油箱必须做煤油渗漏试验；开式油箱设空气过滤器。

7）液压、冷却系统的管路通道和油箱内表面，在装配前应进行彻底的防锈去污处理。

8）液压系统的清洁度应符合 JB/T 9954 的规定。

9）液压机的气动系统应符合 GB/T 7932 的规定，排除冷凝水一侧的管道的安装斜度不应小于 1∶500。

10）液压机的润滑系统应符合 GB/T 6576 的规定。

11）液压机的重要摩擦部位的润滑一般应采用集中润滑系统，只有当不能采用集中润滑系统时才可以采用分散润滑装置。

12）冷却系统应满足液压机的温度、温升要求。

13）润滑、冷却系统应按需要连续或周期性地将润滑、冷却剂输送到规定的部位。

14）液压、气动、润滑和冷却系统不应漏油、漏水、漏气。冷却液不应混入液压系统和润滑系统。

（14）配管

1）液压、气动、润滑系统选用的管子内壁应光滑，无锈蚀、压扁等缺陷。

2）内外表面经防腐处理的钢管可直接安装使用。未做防腐处理的钢管应进行酸洗，酸洗后应及时采取防锈措施。

（15）外观

1）液压机外观应符合 JB/T 1829 的规定。

2）液压机零部件、电柜、机器面板的外表面不应有明显的凹痕、划伤、裂缝、变形，表面涂镀层不应有气泡、龟裂、脱落或锈蚀等缺陷。

3）涂装应符合技术文件的规定。

4）非机加工表面应整齐美观。

5）文字说明、标记、图案等应清晰。

6）防护罩、安全门应平整、匀称，不应翘曲、凹陷。

3. 试验方法

液压机的试验方法见 JB/T 12994.2—2017。

4. 精度

（1）检验说明

1）工作台是液压机总装精度检验的基准面。

2）精度检验前，液压机应调整水平，其工作台面纵横向水平偏差不得超过 0.20/1000。

3）装有移动工作台的，须使移动工作台处在液压机的工作位置并锁紧牢固。

4）精度检验应在空运转和满负荷运转试验后分别进行，以满负荷运转试验后的精度检验值为准。

5）精度检验应符合 GB/T 10923 的规定。

6）在检验平面时，当被检测平面的最大长度 $L \leq 1000$mm 时，不检测长度 l 为 0.1L，当 $L > 1000$mm 时，不检测长度 l 为 100mm。

7）工作台上平面及滑块下平面的平面度允许在装配前检验。

8）在总装精度检验前，滑块与导轨间隙的调整原则：应在保证总装精度的前提下，导轨不发热，不拉毛，并能形成油膜。表 4-77 推荐的导轨总间隙值仅作为参考值。

（2）精度检验

1）滑块运动轨迹对工作台面的垂直度。

① 检验方法。在工作台面上中央处放一直角尺（下面可放一平尺），将指示表紧固在滑块下平面上，并使指示表测头触在直角尺上，当滑块上下运动时，在通过中心的左右和前后方向上分别进行测量，指示表读数的最大差值即为测定值。

测量位置在行程下限前 1/2 范围内。

表 4-77 导轨总间隙值

（单位：mm）

导轨间距	总间隙推荐值
≤ 1000	≤ 0.10
$>1000 \sim 1600$	≤ 0.16
$>1600 \sim 2500$	≤ 0.22
>2500	≤ 0.30

注：1. 导轨总间隙值是指垂直于机器正面或平行于机器正面的两个导轨内间隙之和，应将最大实测总间隙值记入产品合格说明书内作为参考。

2. 在液压机滑块运动的极限位置用塞尺测量导轨的上下部位的总间隙，也可将滑块推向导轨一侧，在单边测量其总间隙。

② 公差。滑块运动轨迹对工作台面的垂直度的公差应符合表 4-78 的规定。

表 4-78 垂直度的公差

（单位：mm）

工作台面的有效长度 L	公差
≤ 1000	$0.01 + \dfrac{0.015}{100}L_3$
$>1000 \sim 2000$	$0.02 + \dfrac{0.015}{100}L_3$
>2000	$0.03 + \dfrac{0.015}{100}L_3$

注：L_3 为实际检测行程，最小值为 20mm，导轨要保持充分润滑状态。

③ 检验工具。直角尺、平尺、指示表。

2）由偏心引起的滑块下平面对工作台面的倾斜度。

① 检测方法。在工作台面上，用带有铰接的支承棒（支承棒仅承受滑块自重）依次分别支承在滑块下平面的左右和前后支承点上，用指示表在各支承点旁及其对称点分别按左右（$2L_4$）和前后（$2L_5$）方向测量工作台上平面和滑块下平面间的距离，指示表读数的最大差值即为测定值。但对角线方向不进行测量。

测量位置为行程下限和行程下限前 1/3 处。

注：支承棒长度按需要选取，支承棒仅承受运动部分自重。L_4、L_5 为滑块中心至支承点的距离，$L_4 = \dfrac{1}{3}L$（L 取工作台面的长边尺寸），$L_5 = \dfrac{1}{3}L_6$（L_6 为工作台面的短边的尺寸）。

② 公差。由偏心引起的滑块下平面对工作台面的倾斜度公差应为 $\dfrac{1}{3000}L_4$。

③ 检验工具。支承棒、指示表。

说明：

① 精度检验说明与精度检验的内容与 JB/T 3820—2015 基本相同。

② 技术要求、精度的内容与 JB/T 12769—2015 基本相同。

③ 技术要求中的"整体锻造缸、锻造结构液压缸如有焊接无损检测等工艺保证，可不做中间试压。"应有问题。

4.2.25 数控液压冲钻复合机

在 GB/T 8541—2012、GB/T 36484—2018、JB/T 4174—2014 和 JB/T 33639—2017 中都没有"数控液压冲钻复合机"这一术语和定义。在 JB/T 33639—2017 中规定了数控液压冲钻复合机的制造和验收的技术要求、精度、试验方法、检验规则及标志、包装、储运，适用于对各种平板类件进行冲孔、钻孔、打字的数控液压冲钻复合机，也适用于单独冲孔、打字的数控液压冲钻复合机（以下简称复合机）。

1. 技术要求

（1）一般要求

1）复合机应符合 JB/T 33639—2017 标准的规定，并按经规定程序批准的图样和技术文件制造。

2）制造复合机所用材料应符合设计规定，材料的牌号和力学性能应符合相应标准的规定。

3）应保证复合机的成套性，包括电气设备、液压和气动元件、专用工具和地脚螺栓等。

（2）安全防护

1）应保证复合机的安全性，通过设计尽量避免和减小发生危险的可能。

2）复合机上有可能危及人身安全或造成设备损坏的部位应配置安全装置或采取安全措施。其安全防护应符合 GB 17120 的有关规定。

3）复合机各种机构动作应可靠联锁。在输入参数正确的条件下，若操作或编程错误时不应产生动作干涉或机件损坏。

4）含有蓄能器的液压回路，在系统关机时，蓄能器的压力应能自动卸荷，或能安全地使回路与蓄能器隔离。同时应在醒目位置设置警示标牌，注明"注意——在维修工作开始前装置必须卸压！"。

5）蓄能器上应设置有如下内容的警示标牌，并应在说明书中说明：

① 小心——压力容器。

② 只允许充氮气。

③ 气压为 3～3.2MPa。

6）蓄能器应由经国家指定的安全监察机构批准的设计和生产单位设计、制造，并应有合格证明。

7）蓄能器的充气和安装应符合制造厂的规定。蓄能器的安装位置应使维修易于接近。蓄能器和所属的受压元件应固定牢固，安全可靠。

（3）铸件、锻件、焊接件

1）复合机各焊接件的焊接质量应符合 JB/T 8609 的规定。

2）锻件不应有夹层、折叠、裂纹、锻伤、结痕、夹渣等缺陷。

3）铸造件不应有砂眼、气孔、缩松、冷隔、夹渣、裂纹等影响工作性能和外观的铸造缺陷。

4）对不影响安全使用、寿命和外观的缺陷，在保证质量的条件下，允许按有关规定进行补修。

5）重要的焊接金属构件和铸件、锻件，如机身、工作台、底座、液压缸缸体、钻削动力头箱体等，应进行消除内应力处理。人工时效处理的零件应保证时效效果。

6）重要的铸件、锻件、焊接件应进行探伤检查，其结果应符合有关标准和技术文件的规定。

（4）零件加工

1）零件的加工面不应有毛刺以及降低复合机使用质量和恶化外观的缺陷，如磕碰、划伤和锈蚀等。

2）机械加工零件上的尖锐边缘和尖角，在图样中未注明要求的，均应倒钝。

3）零件的刮研面不应有先前加工的痕迹，整个刮研面内的刮研点应均匀。

（5）电气系统

复合机电气系统应符合 GB 5226.1 的规定。

（6）数控系统

1）复合机数控系统的环境适应性、安全性、电源适应能力、电磁兼容性和制造质量应符合 JB/T 8832（已作废）的有关规定。

2）数控系统应满足复合机的使用要求，应具有自动、手动操作功能，程序编辑功能，自诊断功能和报警显示功能。

3）数控轴线的定位精度和重复定位精度的确定应符合 GB/T 17421.2 的规定。

（7）液压、气动、冷却和润滑系统

1）复合机的液压系统应符合 GB/T 3766 的规定。

2）液压系统的油箱、液压缸、阀体、管路等均应严格清洗，内部不得有铁屑和污物，毛刺应清除干净。所有进入复合机油箱和液压系统的工作介质应保证清洁，工作油液的牌号应符合技术文件的规定。

3）液压系统清洁度应符合 JB/T 9954 的规定。

4）液压系统在稳定连续工作时，油箱内吸油口的油温不应超过 60℃。

5）高压胶管总成及管接头应符合技术文件的要求。

6）复合机钻削部分的冷却系统应循环畅通，无渗漏，冷却液不得混入液压系统和润滑系统。

7）复合机的气动系统应符合 GB/T 7932 的规定。

8）复合机的各润滑点应有明显标志，并便于润滑。

9）各种管子不应有凹痕、皱折、压扁、破裂等缺陷，管路弯曲应圆滑。软管不应有扭转现象，不应与运动部件产生摩擦、碰撞或被挤压。管路的排列应便于使用、调整和维修。

（8）装配

1）在部装和总装时，不应装入图样上没有规定的垫片、套等零件。

2）复合机的重要固定结合面应紧密贴合，用 0.04mm 塞尺只许局部插入，插入深度不大于 20mm，其可插入部分累计不大于可检长度的 10%。重要固定结合面为：导轨及滑块与其相配件的结合面、丝杠支座及螺母座与其相配件的结合面、冲头导向座与床身结合面、凹模座与床身结合面、冲头液压缸与床身结合面、主轴箱安装面与其相配件的结合面。

3）工作台上的万向球顶部高度应一致，包络万向球顶部的假想平面与凹模上平面应在一个平面内，其最大高度差不大于 0.60mm，且只允许凹模上平面低。

4）两付夹钳钳口定位应在一个平面内，其最大高度差不大于 0.10mm。

5）两付夹钳下爪的上平面应低于包络万向球顶部的假想平面，高度差为 0.30～0.50mm。

6）冲头处于下位时，应保证冲头进入凹模部分的深度不小于 4mm。

7）冲头进入凹模后四周间隙应均匀，应保证最大间隙与最小间隙之差不大于 0.20mm。

8）钻头处于下位进入垫模圆孔后的四周间隙应均匀，应保证最大间隙和最小间隙之差不大于 1.0mm。

9）各运动轴线安装的滚珠丝杠副，装配后应进行多次运转，其反向间隙不应大于 0.05mm。

10）拖链应固定端正，拖链中软管和电缆排列整齐，无缠绕、交叉现象。运动部件移动时拖链不应偏移和变形。

11）紧固螺栓和螺钉应拧紧，防松垫圈防松有效。同一部位的同规格螺栓、螺母，其形状及表面处理应一致。装入沉孔的螺钉不应突出零件表面。

12）各行程开关安装牢固、位置正确、感应距离合适。

（9）噪声

复合机在运转时不应有异常振动、不规则的冲击声和尖叫声。其空运转噪声等效连续声压级不应大于 85dB（A）。测量方法应符合 GB/T 23281 的规定。

（10）外观

1）复合机的外观表面不应有图样未规定的凸起、凹陷、粗糙不平和其他损伤。外露的加工表面不应有磕碰、划伤和锈蚀。

2）外露的焊缝应呈光滑的或均匀的鳞片状波纹，表面溅沫应清理干净，并应打磨平整。

3）非加工表面要打腻子磨平，漆面颜色应均匀，不得有脱皮、气泡、流痕及漏喷等缺陷。不同颜色的漆面分界线应清晰。

4）螺栓、螺母、油杯、非金属管路以及其他不需要喷漆的表面，均不应挂有油漆。

5）各种管线线路的外露部分，应布置紧凑、排列整齐、固定牢靠。

6）复合机上的各种标牌应符合 GB/T 13306 的规定，其运动指向应正确，文字说明应明确易懂，安装位置应醒目恰当，固定应端正、美观。钢印打字应清晰可辨。

7）复合机上的电镀、发蓝、发黑等零件的保护层应完整，不应有褪色、龟裂、脱落和锈蚀等缺陷。

8）复合机的防护罩表面应平整，不应翘曲或凹陷。

注：在 JB/T 8609—2014 中未见有"溅沫"这样的表述。

（11）随机技术文件和附件

1）随机附件、工具和备件应齐全，复合机的易损件应便于更换。

2）复合机随机技术文件应包括产品使用说明书、产品合格证明和装箱单。随机技术文件的编制应符合 GB/T 23571 的有关规定。使用说明书应符合 GB/T 9969 的规定。

2. 其他

复合机的运转试验、精度、检验规则和标志、包装、储运等见 GB/T 33639—2017。

4.2.26　切边液压机

在 GB/T 8541—2012、GB/T 36484—2018、JB/T

4174—2014 和 JB/T 1881—2010 中都没有"切边液压机"这一术语和定义。在 JB/T 1881—2010 中规定了切边液压机的型式与基本参数，适用于切除热态模锻件飞边与冲孔工艺的切边液压机（以下简称液压机）。

注：在 GB/T 8541—2012 中有术语"切边"的定义。

1. 型式与基本参数

1) 液压机的型式为油泵直接传动的三梁四柱式液压机，见 JB/T 1881—2010 中图 1。

2) 液压机的主参数应符合 JB/T 611（已废止）的规定，见表 4-79。

注：在 JB/T 1881—2010 中图 1 的液压缸安装型式为 MF7 带后部对中的前部圆法兰；活塞杆连接型式为（带外螺纹的活塞杆端或带凸缘的活塞杆端）法兰。

2. 基本参数

液压机的基本参数应符合表 4-79 的规定。

表 4-79 基本参数

公称力/MN	10	20	31.5	50	80
活动横梁最大行程 S/mm	800	900	1000	1250	1600
最大净空距 H/mm	1600	1800	2200	2700	3000
工作台尺寸/mm B	1400	1600	2000	2500	3000
工作台尺寸/mm L	1800	2500	3000	4000	5000
回程缸公称压力/MN	1	2	3.2	5	8
空行程速度 v_k/(mm/s)	200	150	150	150	150
工作行程速度 v_g/(mm/s)	≥15	≥10	≥10	≥10	≥10
回程速度 v_h/(mm/s)	150	100	100	100	100

注：1. 80MN 液压机的基本参数为推荐值。

2. 在特殊情况下，允许采用水压传动，但基本参数仍应符合规定。

根据 GB/T 36484—2018 中给出的术语，应采用"公称力"而不是"公称压力"，表 4-15 等同。

4.2.27 液压快速压力机

在 GB/T 8541—2012、GB/T 36484—2018、JB/T 4174—2014、JB/T 12297.1—2015、JB/T 12297.2—2015 和 JB/T 12297.3—2015 中都没有"液压快速压力机"这一术语和定义。在 JB/T 12297.1—2015 中规定了液压快速压力机的基本参数；在 JB/T 12297.2—2015 中规定了液压快速压力机的技术要求、试验方法、检验规则、包装、运输和贮存；在 JB/T 12297.3—2015 中规定了液压快速压力机的几何精度、公差及检验方法，适用于一般用途（新设计的）液压快速压力机（以下简称快压机）。

1. 基本参数

1) 快压机的主参数为公称力。

2) 快压机的结构型式如 JB/T 12297.1—2015 中图 1 所示。

3) 快压机的基本参数应按表 4-80 的规定优先选用，如用户有特殊需求，可由用户与制造商共同商定。

4) 快压机工作台孔的形状与尺寸见 JB/T 12297.1—2015 中的图 2 和本书的表 4-80。

5) 快压机的紧固模具用槽、孔的分布形式与尺寸，应符合 JB/T 3847 的要求。

2. 技术要求

（1）一般要求

1) 快压机的产品图样、技术要求及技术文件应符合规定，并应按规定程序经批准后方可投入生产。

表 4-80 基本参数

项 目		参 数 值								
公称力 P_g/kN		250	500	630	800	1000	1250	1600	2000	2500
滑块行程 S/mm		130	130	150	180	180	220	220	220	220
滑块最大行程次数 n_{max}/(次/min)		50	50	40	40	40	30	30	30	30
滑块最小行程次数 n_{min}/(次/min)		10	10	10	10	10	10	10	10	10
开口高度 H/mm		315	320	445	470	470	520	520	520	520
立柱间距离 A/mm		300	300	350	400	400	500	570	570	570
滑块中心至机身距离（喉深 C）/mm		210	235	260	310	310	350	350	350	350
工作台板尺寸	左右 L/mm	600	630	710	850	850	1000	1000	1000	1000
工作台板尺寸	前后 B/mm	400	450	500	600	600	650	650	650	650
工作台孔尺寸	左右 L_1/mm	250	310	350	390	425	460	500	560	625
工作台孔尺寸	前后 B_1/mm	170	220	250	275	300	325	350	380	425
工作台孔尺寸	直径 D/mm	φ100	φ150	φ150	φ180	φ180	φ200	φ200	φ240	φ200[①]
滑块底面尺寸	左右 E/mm	250	320	440	500	500	600	680	680	680
滑块底面尺寸	前后 F/mm	220	270	320	400	400	500	540	540	540
滑块模柄孔直径 d/mm		φ40	φ50	φ50	φ60	φ60	φ60	φ65	φ65	φ70

① 对表中的该数据存疑。

2）快压机应符合 JB/T 1829 的规定。

3）使用说明书应符合 GB/T 9969 的规定。

（2）基本参数

快压机的基本参数应按 JB/T 12297.1 的规定优先选用，其紧固模具用槽、孔的分布形式与尺寸应符合 JB/T 3847 的规定。

（3）配套件与配套性

1）快压机出厂时应配有必需的附件及备用易损件。若用户有特殊要求，附件及备用易损件可由用户与制造商共同商定，随机供应或单独订货。

2）快压机的外购配套件（包括液压元件、电气元件、气动元件和密封件等）及外协加工件，应符合技术文件的规定，并取得合格证，且须安装在快压机上进行运行试验。凡需安全认证的配套件，生产厂商必须取得安全认证资质。

3）快压机应具备安装自动送料装置的条件。

（4）安全与防护

1）快压机的安全应符合 GB 17120 的规定。

2）快压机的操作应使用双手操作按钮。

3）快压机的操作应安全可靠，在单次行程规范时不允许发生连续行程的现象。

4）快压机操作应轻便、灵活，对于经常使用的手柄、手轮及脚踏开关的操作力均不应大于 50N。

5）快压机在工作时容易发生松动的零部件，应装有可靠的防松装置。

6）液压系统中应装有防止液压过载的安全装置。

7）快压机上应有安全保护装置，其型式可由用户按照 GB 5091—2011《压力机用安全防护装置技术要求》的规定选定。

（5）铸件、锻件、焊接件

1）快压机的铸件、焊接件的质量，应分别符合 JB/T 5775 和 JB/T 8609 的规定。锻件质量符合技术文件的规定。

2）机架、工作台、滑块及导轨等重要铸件、锻件、焊接件应进行消除内应力处理。

3）对不影响使用和外观的缺陷，在保证质量的条件下，允许按规定的技术要求进行修补。

（6）加工

加工的技术要求见 JB/T 12297.2—2015。

（7）装配

1）零部件的外露结合面边缘和缝隙要整齐、匀称，不应有明显的错位，其错位和不匀称量不应超过表 4-81 的规定。

表 4-81　错位和不匀称量

（单位：mm）

结合面边缘及门、盖边缘尺寸	错位量	错位不匀称量	贴合缝隙值	缝隙不匀称量
≤500	1	1	1	1
>500~1250	1	1	1.5	1.5
>1250~3150	1.5	1.5	2	2

2）电气、润滑、液压、冷却等系统的管路，应布置紧凑、排列整齐，且用管卡固定。管子不应扭曲折叠，弯曲处应圆滑，不应压扁或打皱。

3）其他技术要求见 JB/T 12297.2—2015。

（8）润滑

润滑技术要求见 JB/T 12297.2—2015。

（9）标牌

标牌技术要求见 JB/T 12297.2—2015。

（10）液压系统

1）快压机的液压系统应符合 GB/T 3766 的要求。

2）快压机在工作时（空运转试验时），液压泵进油口的油温一般不超过 60℃。

（11）数控系统

快压机的数控系统应符合 JB/T 8832（已作废）的要求。

（12）电气控制系统及设备

快压机的电气控制系统及设备应符合 GB 5226.1 的要求。

（13）噪声

1）压力机工作机构应运行平稳，液压等部件工作时应声音均匀，不得有不规则的冲击声和周期性的尖叫声。

2）连续空运转时的噪声 A 计权声压级 L_{pA} 应符合 GB 26484 的规定。

（14）外观

外观技术要求见 JB/T 12297.2—2015。

（15）刚度

1）快压机应具有足够的刚度。

2）机身的角刚度应不低于其许用角刚度。许用角刚度按式（4-6）计算。

$$[C_a] = 0.001P_g \qquad (4-6)$$

式中　$[C_a]$——机身的许用角刚度，单位为 kN/μrad；

　　　P_g——快压机公称压力，单位为 kN。

在 GB/T 36484—2018 中给出了术语"整机刚度"的定义，即：在压力机工作台面和滑块底面之间规定的范围内，施加相当于公称力的均布载荷时，

公称力除以工作台面与滑块底面之间给定位置的平均相对变形量。

（16）精度

精度应符合 JB/T 12297.3 的要求。

3. 试验方法

试验方法见 JB/T 12297.2—2015。

4. 精度

（1）检验要求

1）快压机精度检验前的要求应符合 GB/T 10923 的规定。

2）检验项目的精度公差值，应按实际检验长度进行折算，折算的结果按四舍五入法精确至 0.01mm。

3）在 JB/T 12297.3—2015 中的精度检验项目的次序，并不表示实际检验次序，为了装拆检验工具和检验方便，可按任意次序进行检验。

4）在精度检验过程中，不允许对影响精度的零件和机构进行调整或修配。

5）用户有特殊要求时，可不按 JB/T 12297.3—2015 的规定进行全部项目的检验。

6）G1、G2 平面度的检验可采用 GB/T 11337—2004《平面度误差检测》规定的方法。

7）检验应符合 GB/T 23280—2009《开式压力机　精度》的附录 A 中 A.1、A.2、A.3 的要求。

（2）几何精度、公差及检验方法

1）检验项目。序号为 G5 的检验项目为滑块行程对工作台板上平面的垂直度，其中 a）左右垂直度、b）前后垂直度。

2）公差。当公称力 $P_g \leqslant 630$kN 时，左右和前后垂直度公差为 0.03/100；当 $P_g > 630 \sim 2500$kN 时，左右和前后垂直度公差为 0.04/100。

3）检验方法。参照 GB/T 10923—2009 中 5.5.2.2.1 的规定。

在工作台板上放一平尺，平尺上放一直角尺，将指示器紧固在滑块上，使其侧头触在直角尺检验面上，当滑块自上死点向下运行时，按左右、前后方向分别进出测量。在最大和最小装模高度分别进行检测。误差以指示器在可测量范围内最大和最小值之差计。在前后方向，指示器在行程上位的读数应不小于在行程下位的读数。若快压机无工作台板，则在工作台上做同样检验。

说明：

① 缺少成套性要求，即不清楚快压机的组成。

②"快压机的外购配套件（包括液压元件、电气元件、气动元件和密封件等）及外协加工件，……，须安装在快压机上进行运行试验。"这样的技术要求不尽合理，因为密封件一般不允许二次装用。

③ 液压缸的往复运动速度，是此种液压机用液压缸设计与选型中需要的，现根据表 4-80 中参数，初步计算见表 4-82。

④ 快压机的许用刚度计算和在前后向垂直度测量值要求（即指示器在行程上位的读数应不小于在行程下位的读数），对快压机用液压缸设计与选型有参考价值。

表 4-82　液压缸的往复运动速度

项　目	参　数　值								
公称力 P_g/kN	250	500	630	800	1000	1250	1600	2000	2500
滑块行程 S/mm	130	130	150	180	180	220	220	220	220
滑块最大行程次数 n_{max}/(次/min)	50	50	40	40	40	30	30	30	30
面积比 $\phi = 2$									
滑块空载下行速度 I/(mm/s)	162.5	162.5	150	180	180	165	165	165	165
滑块回程速度 I/(mm/s)	325	325	300	360	360	330	330	330	330
面积比 $\phi = 2.5$									
滑块空载下行速度 II/(mm/s)	151.7	151.7	140	168	168	154	154	154	154
滑块回程速度 II/(mm/s)	379.2	379.2	350	420	420	385	385	385	385
面积比 $\phi = 5$									
滑块空载下行速度 III/(mm/s)	130	130	120	144	144	132	132	132	132
滑块回程速度 III/(mm/s)	650	650	600	720	720	660	660	660	660

注：1. 设定快压机用液压缸为双作用单杆缸，由液压泵直接供油，在三种规格的液压缸面积比 ϕ 分别为 2、2.5、5 时计算其往复运动速度。

2. 未考虑工作行程速度的变化及行程两端的停止。

3. 单就滑块空载下行速度而言，在 JB/T 12297.1—2015 中规定的基本参数不尽合理。

4.2.28　封头液压机

在 GB/T 8541—2012、GB/T 36484—2018、JB/T 4174—2014、JB/T 12995.1—2017、JB/T 12995.2—2017 和 JB/T 12995.3—2017 中都没有"封头液压机"这一术语和定义。在 JB/T 12995.1—2017 中规定了封头液压机的型式与基本参数；在 JB/T 12995.2—2017 中规定了封头液压机的技术要求、试验方法、检验规则、包装、运输、贮存和保证；在 JB/T 12995.3—2017 规定了封头液压机的精度检验，适用于封头液压机，但 JB/T 12995.3—2017 不适用于在用户现场加工制造的超大型封头液压机。

1. 型式与基本参数

（1）型式

1）封头液压机分为以下四种基本型式：

① 框架式热压封头（见 JB/T 12995.1—2017 中图 1）。

② 四柱式热压封头（见 JB/T 12995.1—2017 中图 2）。

③ 框架式冷压封头（见 JB/T 12995.1—2017 中图 3）。

④ 四柱式冷压封头（见 JB/T 12995.1—2017 中图 4）。

注：在 JB/T 12995.1—2017 中，图 1~图 4 的液压缸安装型式为 MF7 带后部对中的前部圆法兰；活塞杆连接型式为（带外螺纹的活塞杆端或带凸缘的活塞杆端）法兰。

2）封头液压机的型号表示方法应符合 GB/T 28761 的规定。

（2）基本参数

1）封头液压机的主参数为公称总力。

2）封头液压机移动工作台左右及前后尺寸如 JB/T 12995.1—2017 中的图 5 所示；热压封头液压机拉伸滑块尺寸、压边滑块左右及前后尺寸如 JB/T 12995.1—2017 中的图 6 所示；冷压封头液压机拉伸滑块尺寸和压边滑块内开孔尺寸如 JB/T 12995.1—2017 中的图 7 所示。

3）热压封头液压机的基本参数见表 4-83。

表 4-83　热压封头液压机的基本参数

项　　目	参　数　值								
公称总力/kN	8800	14000	22300	28000	35000	44000	70000	111500	160000
拉伸滑块公称力/kN	6300	10000	16000	20000	25000	31500	50000	80000	120000
压边滑块公称力/kN	2500	4000	6300	8000	10000	12500	20000	31500	40000
拉伸滑块行程 S_L/mm	1200	1400	1800	2300	2800	3000	3200	3500	4000
压边滑块行程 S_Y/mm	400	600	700	800	900	1100	1200	1300	1500
拉伸和压边滑块开口高度 H/mm	2200	2800	3300	4400	5000	5500	6000	6600	7700
工作台面和压边滑块左右尺寸 X_0/mm	2000	2500	3000	4000	4500	5000	5500	6000	7000
工作台面和压边滑块前后尺寸 Y_0/mm	2000	2500	3000	4000	4500	5000	5500	6000	7000
拉伸滑块尺寸 ϕD/mm	1200	1300	1600	2100	2500	2700	3000	3300	3800

注：公称总力为拉伸滑块公称力与压边滑块公称力之和。

4）冷压封头液压机的基本参数见表 4-84。

2. 技术条件

（1）一般要求

1）封头液压机的图样及技术文件应符合 JB/T 12995.2—2017 的要求，并应按规定程序经批准后方能投入生产。

2）封头液压机的产品造型和布局要考虑工艺美学和人机工程学的要求，各部件及装置应布局合理、高度适中，便于操作者观察加工区域。

3）封头液压机应便于使用、维修、装配、拆卸和运输。

4）封头液压机在下列环境条件下应能正常工作：

① 环境温度为 5~40℃，对于非常热的环境（如热带气候、钢厂）及寒冷环境，必须提出额外要求。

② 当最高温度为 40℃时，相对湿度不超过 50%；温度低则允许较高的相对湿度，如 20℃时相对湿度为 90%。

③ 海拔 1000m 以下。

5）封头液压机在正确的使用和正常的维护保养条件下，从开始使用到第一次大修的工作时间应符合 JB/T 1829 的规定。

（2）型式与基本参数

封头液压机的型式与基本参数应符合 JB/T 12995.1—2017 的规定，合同另有约定的，应符合合同要求。

（3）结构与性能

1）封头液压机应具有足够的刚度。在最大载荷工况条件下试验，封头液压机应工作正常。

表 4-84 冷压封头液压机的基本参数

项 目	参数值					
公称总力/kN	6300	16000	20000	40000	60000	90000
拉伸滑块 公称力/kN	6300	16000	20000	40000	60000	90000
压边滑块 公称力/kN	3150	8000	10000	20000	30000	45000
拉伸滑块行 程 S_L/mm	1500	1900	2200	2500	3000	3800
压边滑块行 程 S_Y/mm	600	750	900	1000	1200	1500
压边滑块开口 高度 H_Y/mm	2100	2600	3000	3500	4200	5500
工作台面左右 尺寸 X_0/mm	2000	2500	3000	3600	4000	5000
工作台面前后 尺寸 Y_0/mm	2000	2500	3000	3600	4000	5000
拉伸滑块尺寸 ϕD_1/mm	1600	2000	2400	2900	3200	4000
压边滑块内开孔 尺寸 ϕD_2/mm	2000	2500	3000	3600	4000	5000

注：表中没有"公称总力为拉伸滑块公称力与压边滑块
公称力之和"这种关系。由此"公称总力"能否
成为冷压封头液压机的主参数，其定义是否适用于
冷压封头液压机，值得商榷。

2）封头液压机应具有封头拉伸、压边、顶出、落下、模具移进和移出等功能。

3）封头液压机数控系统应可控制封头拉伸力、压边力、拉伸行程、压边行程及顶出、退回动作。

4）拉伸滑块和压边滑块的压力及行程可根据工艺要求分别进行调整。

5）封头液压机的滑动摩擦副应采取耐磨措施，并有合理的硬度差。

6）封头液压机根据需求可配置封头承压及模具更换装置、压边圈更换装置、封头自动上料及下料装置、封头坯料自动定位机构等功能部件。

7）封头液压机运行应平稳、可靠，液压执行元件在规定的行程和速度范围内不应有振动、爬行和阻滞现象，换向时不应有影响正常工作的冲击现象。

8）当出现系统压力超载、油温超限、油位低于下限时，封头液压机应自动停机并报警。

9）封头液压机与其配套的辅助装置连接动作应协调、可靠。

（4）安全与防护

1）封头液压机在按规定制造、安装、运输和使用时，不得对人员造成危险，并应符合 GB 28241 和 GB 17120 的规定。

2）封头液压机电气传动与控制的安全要求应符合 GB 5226.1 的规定。

（5）噪声

封头液压机噪声值应符合 GB 26484 的规定。

（6）精度

封头液压机的精度应符合 JB/T 12995.3—2017 的规定。

（7）随机附件、工具和技术文件

1）封头液压机出厂时应保证成套性，并备有设备正常使用的附件，以及所需的专用工具，特殊附件的供应由供需双方商定。

2）制造厂应保证用于封头液压机的外购件（包括液压、电气、气动、冷却件）质量，并应符合技术文件的规定。出厂时外购件应与封头液压机同时进行空运转试验。

3）随机技术文件应包括产品使用说明书，产品合格证明书，装箱单，产品安装、维护用附图，易损件图样。产品使用说明书应符合 GB/T 9969 的规定，其内容应包括安装、运输、贮存、使用、维修和安全卫生等要求。

4）随机提供的封头液压机备件或易损件应具有互换性。备件、特殊附件不包括在内，用户可与制造厂协商，备件可随机供应，或单独供货，供货内容按订货合同执行。

（8）标牌与标志

1）封头液压机应有铭牌和润滑、安全等各种标牌或标志。标牌的型式与尺寸、材料、技术要求应符合 GB/T 13306 的规定。

2）标牌应端正地固定在封头液压机的明显部位，并保证清晰。

3）封头液压机铭牌上至少应包括以下内容：

① 制造企业的名称和地址。

② 产品的型号和基本参数。

③ 出厂年份和编号。

（9）铸件、锻件、焊接件

1）用于制造封头液压机的重要零件的铸件、锻件应有合格证。

2）液封头压机的灰口铸铁件应符合 JB/T 5775 的规定，铸钢件、有色金属铸件应符合技术文件的规定。重要铸件应采用热处理或其他降低应力的方法消除内应力。

3）重要锻件应进行无损检测，并进行热处理。

4）焊接结构件和管道焊接应符合 JB/T 8609 的规定。主要焊接结构件材质应符合 GB/T 700、GB/T 1591 的规定，性能不低于 Q235。重要的焊接金属

件，应采用热处理或其他降低应力的方法消除内应力。

5）拉杆的要求应符合技术文件的规定。

6）柱塞及活塞杆的要求应符合技术文件的规定。

（10）机械加工

1）封头液压机上各种加工零件材料的牌号和力学性能应满足封头液压机功能和符合技术文件的规定。

2）主要件的加工要求应符合技术文件的规定。

3）已加工表面，不应有毛刺、斑痕和其他机械损伤，不应有降低封头液压机使用质量和恶化外观的缺陷。除特殊规定外，均应为锐边倒钝。

4）导轨面加工精度和表面粗糙度应保证达到封头液压机的精度要求和技术要求。

5）导轨工作面接触应均匀，其接触面积累计值，在导轨的全长上不应小于80%，在导轨宽度上不应小于70%。

（11）装配

1）封头液压机应按技术文件及图样进行装配，不得因装配损坏零件及其表面和密封圈的唇口等，装配后各机构动作应灵敏、准确、可靠。

2）装配后的螺栓、螺钉头部和螺母的端面应与被紧固的零件平面均匀接触，不应倾斜和留有间隙。装配在同一部位的螺钉，其长度一般应一致。紧固的螺钉、螺栓和螺母不应有松动现象，影响精度的螺钉紧固力应一致。

3）密封件不应有损伤现象，装配前密封件和密封面应涂上润滑脂。其装配方向应使介质工作压力将其唇部紧压。装配重叠的密封圈时，各圈要相互压紧，开口方向应置于压力大的一侧。

4）移动、转动部件装配后，运动应平稳、灵活、轻便、无阻滞现象。滚动导轨面与所有滚动体应均匀接触，运动应轻便、灵活、无阻滞现象。

5）重要的结合面、紧固后应紧密贴合，其间隙应符合表 4-85 的规定。允许塞尺塞入深度不得超过接触面宽的1/4，接触面间可塞入塞尺部位的累计长度不应超过周长的1/10。重要的结合面为：

① 大螺母和横梁（上横梁、下横梁）之间的结合面。

② 上横梁、下横梁与机架（指框架式中的立柱）之间的结合面。

③ 液压缸法兰台肩与横梁之间的结合面。

④ 活塞杆、柱塞端面与滑块之间的结合面。

⑤ 工作台与下横梁之间的结合面。

表 4-85　结合面间隙

液压机公称力/kN	接触间隙/mm
≤6000	≤0.04
>6000~20000	≤0.06
>20000	≤0.1

6）每台封头液压机在制造厂均应进行总装配，大型封头液压机因制造厂条件限制不能进行总装配时，通过制造厂与用户协商，由制造厂在用户处总装并按双方协议或合同执行。

（12）电气设备

1）封头液压机的电气设备应符合 GB 5226.1 的规定。

2）当采用可编程序控制器或计算机控制时，应符合现行有关标准的规定。

（13）液压、气动、润滑、冷却系统

1）封头液压机的液压系统应符合 GB/T 3766 的要求。

2）外购和自制的液压元件应符合 GB/T 7935 的规定。

3）封头液压机铸造液压缸、锻造液压缸粗加工后一般应做耐压试验，试验压力为工作压力的 1.25 倍，保压时间不少于 10min，试验后液压缸不得渗漏、无永久变形。整体锻造缸、锻造结构液压缸如果有无损检测等工艺保证，可不做中间试压。

4）封头液压机工作时液压系统油箱内进油口的油温一般不应超过 60℃。

5）液压系统中应设置滤油装置。

6）油箱必须做煤油渗漏试验；开式油箱设空气过滤器。

7）液压、冷却系统的管路通道和油箱内表面，在装配前应进行彻底的防锈去污处理。

8）液压系统的清洁度应符合 JB/T 9954 的规定。

9）封头液压机的气动系统应符合 GB/T 7932 的规定，排除冷凝水一侧的管道的安装斜度不应小于1:500。

10）封头液压机的润滑系统应符合 GB/T 6576 的规定。

11）封头液压机的重要摩擦部位的润滑一般应采用集中润滑系统，只有当不能采用集中润滑系统时才可以采用分散润滑装置。

12）冷却系统应满足封头液压机的温度、温升要求。

13）润滑、冷却系统应按需要连续或周期性地将润滑、冷却剂输送到规定的部位。

14）液压、气动、润滑和冷却系统不应漏油、漏水、漏气。冷却液不应混入液压系统和润滑系统。

（14）配管

1）液压、气动、润滑系统选用的管子内壁应光滑，无锈蚀、压扁等缺陷。

2）内外表面经防腐处理的钢管可直接安装使用。未做防腐处理的钢管应进行酸洗，酸洗后应及时采取防锈措施。

3）钢管在安装或焊接前需去除管口毛刺，焊接管路需清除焊渣。

（15）外观

1）封头液压机的外观应符合 JB/T 1829 的规定。

2）液压机零部件、电柜、机器面板的外表面不得有明显的凹痕、划伤、裂缝、变形，表面涂镀层不得有气泡、龟裂、脱落或锈蚀等缺陷。

3）涂装应符合技术文件的规定。

4）非机加工表面应整齐美观。

5）文字说明、标记、图案等应清晰。

6）防护罩、安全门应平整、匀称，不应翘曲、凹陷。

3. 试验方法

封头液压机的试验方法见 JB/T 12995. 2—2017。

4. 精度

（1）检验说明

1）工作台面是封头液压机总装精度检验的基准面。

2）精度检验前，封头液压机应调整水平，其工作台面纵横向水平偏差不得超过 0.20/1000。

3）装有移动工作台的，须使移动工作台处于液压机的工作位置并锁紧牢固。

4）精度检验应在空运转和满负荷运转试验后分别进行，以满负荷运转试验后的精度检验值为准。

5）精度检验应符合 GB/T 10923 的规定，也可采用其他等效的检验方法。

6）在检验平面时，当被检测平面的最大长度 $L \leq 1000$mm 时，不检测长度 l 为 0.1L，当 $L > 1000$mm 时，不检测长度 l 为 100mm。

7）实际检验行程 L_3 应不小于滑块行程的 30%。

8）工作台上平面、拉伸滑块、压边滑块下平面的平面度允许在装配前检验。

9）封头液压机的精度按用途分为Ⅰ级、Ⅱ级、Ⅲ级、Ⅳ级，用户可根据其产品的用途选择精度等级，精度等级见表 4-86。

（2）滑块运动轨迹对工作台面的垂直度精度检验

表 4-86　精度等级

等级	适用型式	用途
Ⅰ级	框架式	冷压封头
Ⅱ级	框架式	热压封头
Ⅲ级	柱式	冷压封头
Ⅳ级	柱式	热压封头

1）检验方法。在工作台面中央处放一直角尺（下面可放一平尺），将指示表紧固在滑块下平面上，并使指示表测头触在直角尺上，当滑块上下运动时，在通过中心的左右和前后方向上分别进行测量，指示表读数的最大差值即为测定值。

测量位置在行程下限前 1/2 范围内。

拉伸滑块和压边滑块，须分别进行测量。

2）公差。拉伸滑块运动轨迹对工作台面的垂直度的公差应符合表 4-87 的规定。

表 4-87　垂直度的公差

（单位：mm）

等　级	公　差	
	$L \leq 3000$	$L > 3000$
Ⅰ级	$0.04 + \dfrac{0.025}{100}L_3$	$0.05 + \dfrac{0.025}{100}L_3$
Ⅱ级	$0.08 + \dfrac{0.03}{100}L_3$	$0.10 + \dfrac{0.03}{100}L_3$
Ⅲ级	$0.12 + \dfrac{0.04}{100}L_3$	$0.15 + \dfrac{0.04}{100}L_3$
Ⅳ级	$0.16 + \dfrac{0.05}{100}L_3$	$0.20 + \dfrac{0.05}{100}L_3$

注：L_3 为实际检测行程。

压边滑块运动轨迹对工作台面的垂直度公差应符合表 4-88 的规定。

表 4-88　垂直度的公差

（单位：mm）

等级	公　差	
	$L \leq 3000$	$L > 3000$
Ⅰ级	$0.08 + \dfrac{0.035}{100}L_3$	$0.012 + \dfrac{0.035}{100}L_3$
Ⅱ级	$0.16 + \dfrac{0.045}{100}L_3$	$0.20 + \dfrac{0.045}{100}L_3$
Ⅲ级	$0.24 + \dfrac{0.055}{100}L_3$	$0.28 + \dfrac{0.055}{100}L_3$
Ⅳ级	$0.32 + \dfrac{0.065}{100}L_3$	$0.36 + \dfrac{0.065}{100}L_3$

注：L_3 为实际检测行程。

3）检验工具。直角尺、平尺、指示表。

4.2.29　移动回转压头框式液压机

移动回转压头框式液压机是压头与移动工作台可以同时或单独左右移动，压头与回转工作台可以同时或单独 360° 回转的框式液压机。在 JB/T 12996.1—2017 中规定了 6000~20000kN 移动回转压头框式液压机的型式与基本参数；在 JB/T 12996.2—2017 中规定了移动回转压头框式液压机的技术要求、检验规则、试验方法、精度检验、标志、包装与随机文件；在 JB/T 12996.3—2017 规定了移动回转压头框式液压机的精度检验项目、公差及检验方法，适用于组装后压头精度不可调整、压头与移动工作台可以移动、压头与回转工作台可以回转的移动回转压头框式液压机（以下简称液压机）。

1. 型式与基本参数

（1）型式

液压机的基本型式为组合框架式结构（见 JB/T 12996.1—2017 中图 1）。

注：在 JB/T 12996.1—2017 中，图 1 的液压缸安装型式为 MF7 带后部对中的前部圆法兰；活塞杆连接型式为（带外螺纹的活塞杆端或带凸缘的活塞杆端）法兰。

（2）基本参数

1）液压机的主参数为公称力。

2）液压机的基本参数应符合 JB/T 12996.1—2017 中的图 1 和本书的表 4-89 的规定。

表 4-89　基本参数

项　目	参　数　值				
公称力/kN	6000	10000	12500	15000	20000
液压系统最大工作压力/MPa	25	25	25	25	25
压头下平面至工作台上平面最大距离 H/mm	1600	1800	1800	1800	2000
上横梁下平面至工作台上平面最大距离 L/mm	2500	3000	3000	3200	3400
压头直径 D_1/mm	$\phi1100$	$\phi1100$	$\phi1100$	$\phi1200$	$\phi1500$
压头工作行程 S/mm	600	1000	1000	1000	1000
压头和移动工作台允许移动距离 B/mm	±1500	±1800	±1800	±2000	±2000
压头和回转工作台允许回转范围/(°)	±360	±360	±360	±360	±360
工作台有效尺寸 ($w_1 \times b_1$)/mm	5000×2500	6000×2700	6000×2700	6500×3000	6800×3100
移动工作台有效尺寸 ($w_{移} \times h_{移}$)/mm	1700×1000	2700×1200	2700×1200	2700×1500	2700×1500
回转工作台直径 D_2/mm	$\phi800$	$\phi1000$	$\phi1000$	$\phi1200$	$\phi1200$
压头空载下行速度/(mm/s)	60~100	60~100	60~100	60~100	60~100
压头工作下行速度/(mm/s)	2.5~5	2.5~5	2.5~5	2.5~5	2.5~5
压头回转速度/(mm/s)	60~100	60~100	60~100	60~100	60~100
压头和移动工作台移动速度/(mm/s)	20	20	20	20	20
压头和回转工作台回转速度/(r/min)	0.5	0.5	0.5	0.5	0.5

2. 技术要求

（1）一般要求

1）液压机的图样及技术文件应符合 JB/T 12996.2—2017 标准的要求，并应按规定程序经批准后才能投入生产。

2）液压机的产品造型和布局要考虑工艺美学和人机工程学的要求，并便于使用、维修、装配和运输。

3）液压机在下列环境条件下应能正常工作：

① 环境温度：-10~40℃。

② 相对湿度：30%~90%。

（2）型式与基本参数

液压机的型式与基本参数应符合 JB/T 12996.2—2017 的规定。

（3）加工

1）零件加工质量应符合设计图样、工艺和有关现行标准的规定。

2）零件加工表面不应有锈蚀、毛刺、磕碰、划

伤、不必要的锐棱尖角等缺陷。

(4) 装配

1) 液压机应按装配工艺规程进行装配，不得因装配而损坏零件及其表面，特别是密封圈的唇部等，装配上的零部件（包括外购、外协件）均应符合质量要求。

2) 重要的固定贴合面应紧密贴合。预紧牢固后用 0.05mm 塞尺进行检验，允许塞尺塞入深度不应大于接触面宽约 1/4，允许塞尺塞入部位累计长度不应大于周长的 1/10。重要的固定贴合面有：

① 紧固螺母与支柱、上横梁和下横梁的贴合面。

② 在液压缸夹紧状态下，液压缸台肩与上横梁下方导轨面的贴合面。

③ 活（柱）塞端面与移动回转压头过渡盘的固定贴合面。

④ 在压头夹紧状态下，移动回转压头过渡盘与移动回转压头的固定贴合面。

⑤ 移动工作台下平面与下横梁承压台肩平面的固定贴合面等。

3) 压头与移动工作台移动位置误差应符合设计要求，压头与回转工作台回转角度误差应符合设计要求。

4) 全部管路、管接头、法兰及其他固定与活动连接的密封处，均应连接可靠、密封良好，不应有油液渗漏现象。

5) 空运转时间应符合 JB/T 3818—2014 中 5.14.2 的规定，在空运转时间内测量油箱内油温（或液压泵入口的油温）不应超过 60℃。

6) 液压机的噪声应符合 GB 26484 的规定。

(5) 电气设备

电气设备应符合 GB 5226.1 的规定。

(6) 液压装置

液压装置质量应符合 JB/T 3818—2014 中 4.5 的规定。

(7) 外观

外观应符合 JB/T 3818—2014 中 4.14 的规定。

(8) 液压、润滑、冷却系统

管路通道以及充液装置和油箱内表面，在装配前均应进行彻底的除锈去污处理，液压系统的清洁度应符合 JB/T 9954—1999 中 3.2.2 的规定，取样方法按 JB/T 9954—1999 中附录 A 的规定。

3. 检验规则

(1) 检验条件

产品在装配完整（除油漆涂封外）和试验后，才能进行性能验收检查。

(2) 检验方法

检验方法应符合 JB/T 3818—2014 中第 5 章的规定。

4. 试验方法

(1) 一般规定

试验方法应符合 JB/T 3818—2014 中 5.1 的规定。

(2) 性能试验

性能试验应符合 JB/T 3818—2014 中 5.13 的规定。

(3) 空运转试验

空运转试验应符合 JB/T 3818—2014 中 5.14.3 的规定及以下规定：

1) 接通电源，起动电动机，使油泵做空负荷运转，检查电动机和油泵的起动性能及有无不正常的振动和噪声。

2) 操纵各按钮，使机器做出相应的动作，观察各种动作是否正常。

3) 空运转时间不得少于 4h，其中移动回转压头做全行程上、下运行累计时间不得少于 2h。

4) 空运转中，检查电气和液压系统工作是否正常，各密封处不得漏油。

5) 压头和工作台在运行中不得有卡阻、爬行和跳动等现象。

6) 检查移动回转压头与移动工作台移动位置误差符合设计要求，检查移动回转压头与回转工作台回转角度误差应符合设计要求。

(4) 负荷运转试验

负荷运转试验时，压头应在左右极限位置和中心位置分别进行负荷运转试验。负荷运转试验应符合 JB/T 3818—2014 中 5.5 的规定及以下规定：

1) 用溢流阀调整液体工作压力，按 8MPa、15MPa、20MPa、25MPa 逐级升压，在各级压力下持续 3s 并重复 3 次，压力重复精度不应超出 ±1MPa。

2) 在 25MPa 负荷情况下进行工作循环，检查发讯元件是否可靠，液压和电气系统是否灵敏可靠。

3) 在负荷运转中，各液压元件、管路等密封处不得有渗漏现象，油箱油温不得超过 60℃。

4) 在负荷运转中，运动部位不得有卡阻、爬行和跳动等现象。

5) 在负荷运转后，检查移动回转压头和移动工作台的移动误差应符合设计要求，检查移动回转压头和回转工作台的回转角度误差应符合设计要求。

6) 在负荷运转中，电动机电流应符合规定要求。

7) 液压机的噪声应符合 GB 26484 的规定。

以上检测合格后，再以半自动方式进行 3.5h 连续负荷运转检测。

（5）超负荷试验

超负荷试验应与安全阀的许可调定值结合进行。超负荷试验压力为 27MPa。试验不少于 3 次，每次持续时间为 3s。液压机的零部件不得有任何损坏和永久变形，液压系统不得有渗漏及其他不正常现象。超负荷试验时，压头和移动工作台应在左右极限位置和中心位置分别进行超负荷试验。

（6）精度检验

液压机的精度检验应在符合试验后进行，检验方法应符合 JB/T 12996.3—2017 的规定。

5. 精度

（1）精度检验说明

1）工作台面是总装精度检验的基准面。

2）精度检验前，液压机应调整水平，其工作台面纵横向水平偏差不得超过 0.20/1000。

3）精度检验应在空运转和负荷运转试验后分别进行，以负荷运转试验后的精度检验值为准。

4）精度检验方法应符合 GB/T 10923 的规定，也可采用其他等效的检验方法。

（2）精度检验

1）压头下平面对移动工作台面的平行度。压头下平面对移动工作台面的平行度的检验方法、公差和检验工具见 JB/T 12996.3—2017。

2）压头运动轨迹对移动工作台面的垂直度：

① 检验方法。在移动工作台上平面左极限位置、中心位置及右极限位置分别进行测量。测量时在移动工作台面上测量处放一平尺，直角尺放在平尺上，将指示表紧固在压头下平面上，并使指示表测头触及直角尺的测量面，当压头在行程下限前 1/3 范围内往复运动时，在通过中心的左右和前后方向上分别进行测量，指示表读数的最大差值即为测定值（压头在起动、停止和反向运动时出现的瞬时跳动误差不计）。取 3 处测量位置测定值的最大值作为压头运动轨迹对工作台面的垂直度的误差值。

测量位置在行程下限前 1/3 范围内。

② 公差。压头运动轨迹对工作台面的垂直度公差（mm）应为 $0.50 + \dfrac{0.10}{100}L_2$。

注：L_2 为压头运动轨迹的被测量范围，L_2 大于压头行程的 1/4 长度。

③ 检验工具。直角尺、平尺、指示表。

说明：

以下内容可供液压机用液压缸设计制造时参考：

① 压头和工作台在运行中不得有卡阻、爬行和跳动等现象。

② 按 8MPa、15MPa、20MPa、25MPa 逐级升压，在各级压力下持续 3s 并重复 3 次，压力重复精度不应超过 ±1MPa。

③ 超负荷试验压力为 27MPa。

4.2.30　蒸压砖自动液压机

在 GB/T 36484—2018、JB/T 4174—2014 和 JC/T 2034—2010 中都没有"蒸压砖自动液压机"这一术语和定义。在 JC/T 2034—2010 中规定了蒸压砖自动液压机的术语和定义、分类、技术要求、试验方法、检验规则及标志、包装、运输和贮存等，适用于以煤灰沙石等为主要原料压力成型的自动液压机（以下称液压机）。

1. 分类、型号、基本参数

（1）型式

1）按机架结构分类。

液压机按机架结构特点分为梁柱式液压机和整体焊接式液压机。

① 梁柱式液压机。梁柱式液压机的机架由上横梁、下横梁、立柱通过螺纹连接组成。

② 整体焊接式液压机。整体焊接式液压机的机架由整体焊接而成。

2）按压制特性分类。

液压机按其压制特性分为上压式液压机、下压式液压机和双向加压式液压机。

① 上压式液压机。主液压缸装在上横梁，带动上模芯做向下运动实现压制动作。

② 下压式液压机。主液压缸装在下横梁，带动下模芯做向上运动实现压制动作。

③ 双向加压式液压机。

a. 上下液压缸双向加压式液压机。上下横梁分别装主液压缸，带动上、下模芯做相向运动，实现双向压制。

b. 下活动横梁浮动双向加压式液压机。利用主液压缸与框架浮动液压缸运行速度差实行双向压制。

（2）型号

型号表示方法及型号编写方法见 JC/T 2034—2010。

（3）基本参数

液压机的基本参数见表 4-90。

2. 技术要求

（1）基本要求

1）液压机应符合 JC/T 2034—2010 标准的要求，并按经规定程序批准的图样及技术文件制造。

表 4-90　基本参数

公称压制力 F/kN	空循环次数 /（次/min）	脱模力 /kN	立柱净间距 /mm
≤3000	≥8	≥450	≥600
>3000~6000	≥8	≥1100	≥1000
>6000~11000	≥8	≥1500	≥1400
>11000~20000	≥8	≥2200	≥1700

注：特殊要求按供需双方协商决定。

2）液压机的基本参数应符合表 4-88 的规定，公称压制力不小于型号表示的标定值。

（2）整机要求

1）液压机工作时应运转平稳，性能可靠，在各种设定工作规范下的运行应协调。

2）各可调部位的调整应灵活，各种工作规范间转换应灵敏、准确。

3）搅拌式布料机构应按工艺要求，自动强制布料，不应有明显的漏料现象。

4）夹坯机构应运行平稳可靠，不应有掉坯、破损现象。

5）液压机工作时，滚动轴承的温升不应超过 30℃，最高温度不应超过 70℃；滑动导轨的温升不应超过 15℃，最高温度不应超过 50℃。

6）液压驱动件（如活塞、柱塞、活动横梁等）工作时不应有爬行和停滞现象。

7）机架正常使用期限不低于 50000h。

8）精度。液压机的几何精度应符合表 4-91 的规定。

表 4-91　几何精度

序号	项　　目	立柱净间距 L/mm	公差值/mm
1	工作台面的平面度	600≤L<1000	0.05
2	上活动横梁工作平面的平面度	1000≤L<1400	0.07
		1400≤L<1700	0.13
	下活动横梁工作平面的平面度	L≥1700	0.15
3	上活动横梁工作平面对工作台面的平行度	600≤L<1000	0.15
		1000≤L<1400	0.20
	下活动横梁工作平面对工作台面的平行度	1400≤L<1700	0.30
		L≥1700	0.40
4	活动横梁运动轨迹对工作台面的垂直度	每 100mm 测量长度为 0.06mm	

9）刚度。

① 液压机上活动横梁的允许挠度不大于 0.10mm/m。

② 液压机下横梁的允许挠度不大于 0.15mm/m。

（3）安全防护

1）液压机应设置急停按钮，保证操作安全、可靠。

2）人体易接触的外露运动部件应设置防护装置。

3）液压机应设置停机状态下防止活动横梁自行下落的连锁防护装置。

4）液压机应设置超载、超行程、料槽缺料和模具缺料等保护装置。

5）液压机的噪声应符合表 4-92 的规定。

表 4-92　噪声声压级

公称压制力 F/kN	≤3000	>3000~6000	>6000~20000
声压级/dB(A)	≤85	≤90	≤93

（4）铸件、锻件、焊接件质量

1）液压机所有铸件、锻件、焊接件均应符合图样及技术文件的要求。

2）所有铸件表面喷砂处理。

3）重要的铸件、锻件和焊接件应进行消除内应力处理。

4）对不影响使用和外观的铸造缺陷，在保证使用质量的条件下，允许按有关标准的规定进行修补。

5）机架和主液压缸等重要承载件应有材料性质的证明。

6）关键件进行内部探伤检验，应符合 GB/T 6402 的要求。

（5）零件和装配质量

1）机械加工件质量应符合 JB/T 8828 的规定。

2）装配质量应符合 JB/T 5994 的规定。

3）重要的固定结合面应紧密贴合，紧固后用 0.05mm 塞尺检验，只允许局部塞入，其塞入深度不应超过结合面宽度的 20%，其可塞入部分累计不应大于结合面长度的 10%。

重要的固定结合面应包括：

① 梁柱式液压机的立柱台肩、锁紧螺母与上横

梁及下横梁的固定结合面。

② 主液压缸或主活塞（柱塞）端部与活动横梁的固定结合面。

（6）液压、气动系统和电气设备

1）液压机的液系统应符合 GB/T 3766 的规定。液压系统中所有的液压元件应符合 GB/T 7935 的规定。

2）液压系统工作时油箱内油液温度不应超过 55℃。

3）液压系统的清洁度等级应符合 JB/T 9954—1999 中表 2 的规定。

4）液压机的气动系统应符合 GB/T 7932 的规定。

5）液压机电气设备的动力电路导线和保护接地电路之间施加 500V 直流电时，其绝缘电阻应不小于 10MΩ。

6）电气设备所有电路导线和保护接地之间应经受 1min 时间电压 1000V 的耐压试验，不得发生击穿。

（7）外观质量

1）液压机的表面不应有图样上未规定的凹凸、粗糙不平等缺陷。

2）零件结合面的边缘应整齐匀称，错位量不大于 1mm，门、盖等结合面处不应有明显的缝隙。

3）外露的液压、气动、电气等管道应排列整齐、安装牢固，并不得与相对运动的零件部件接触。

4）液压机的油漆应符合 JB/T 5000.12—2007 中 5.7 的规定。

3. 试验方法

（1）性能试验

1）试验条件。

① 空运转试验及负荷运转试验，分别在活动横梁和工作台面安装高度与实际使用模具相应的垫块。

② 负荷运转试验应设在自动循环工作状态，在额定公称压制力下连续运转时间不小于 2h。

③ 负压坯试验前，应装上模具。

2）空运转试验。

① 油泵启动、停止试验。试验在空载状态下进行，启动、停止油泵不少于 3 次，检查动作的可靠性。

② 液压系统工作压力调整试验。从低压到高压分级调整系统工作压力，最后调至额定压力值，检查压力调整的平稳性和可靠性。

③ 手动操作试验。在手动工作规范下，试验活动横梁、搅拌式布料机构、夹坯机构等动作，检验动作的准确性和运动平稳性。

④ 行程和速度调整试验。在规定的范围从小到大分别对上活动横梁、下活动横梁、搅拌布料机构的行程和速度进行调整，检验调整的准确性和可靠性。

⑤ 自动空循环试验。自动空循环试验时活动横梁的运动方式一般按 JC/T 2034—2010 中的图 1 或图 2 或图 3 或图 4 进行（上活动横梁的动作为快速下落、减速制动下落、快速上升），不施加压制力，搅拌式布料机构、夹坯机构等应同步运行，检验液压机空载运转的协调性及稳定性。

⑥ 空循环次数。在上述自动循环试验中用秒表测量，其中上活动横梁及搅拌式布料机构的行程应符合表 4-93 的规定。

表 4-93　行程

公称压制力 F/kN	≤3000	>3000～6000	>6000～20000
上活动横梁行程/mm	≥300	≥300	≥320
搅拌式布料机构的行程/mm	700	700	700

3）负荷运转试验

① 自动循环试验。自动循环试验时活动横梁的运动方式一般按 JC/T 2034—2010 中图 5 或图 6 或图 7 或图 8 进行（上活动横梁的动作为快速下落、减速制动下落、第一次加压、排气、第二次加压、排气、第三次加压、卸压、回程上升、顶出），搅拌式布料机构、夹坯机构等应同步运行，检验液压机负荷运转的协调性及稳定性。

② 压制力调整试验。从小到大分级调整各压制力，第一次加压的压制力在规定范围内调整，第二次加压的压制力逐级调至公称值。检验调整的可靠性和各循环之间压制力的稳定性。

③ 超载保护性能试验。按表 4-94 的超载系数设定第二次加压的压制力，检验超载保护系统的性能，本试验不少于 3 次。

表 4-94　超载系数

公称压制力 F/kN	≤3000	>3000～6000	>6000～20000
超载系数	≤1.1	≤1.06	≤1.04

④ 公称压制力和脱模力。负荷运转试验时分别测取主液压缸和顶出器或脱模机构中液压缸的油压，并按式（4-7）计算出压制力和脱模力

$$F = Ap \times 10^3 (\text{kN}) \qquad (4\text{-}7)$$

式中　F——公称压制力或脱模力的数值，单位为 kN；

A——活塞（柱塞）有效作用面积的数值，单位为 m^2；

p——液压缸油压的数值，单位为 MPa。

（2）其他检验

精度、挠度、液压与气动系统、电气设备、外观质量等检验见 JC/T 2034—2010。

4.2.31　耐火砖自动液压机

在 GB/T 36484—2018、JB/T 4174—2014 和 JC/T 2178—2013 中没有"耐火砖自动液压机"这一术语和定义。在 JC/T 2178—2013 中规定了耐火砖自动液压机的术语和定义、型式、型号与基本参数、技术要求、试验方法、检验规则以及标志、包装、运输和贮存等，适用于耐火砖自动液压机（以下简称液压机）。

注：在 GB/T 36484—2018 和 JB/T 4174—2014 中给出了术语"耐火砖液压机"的定义，即压制耐火砖用的液压机。

1. 型式、型号与基本参数

（1）型式

液压机按其压制方式分为上下液压缸双向加压式液压机和主液压缸与模框浮动双向加压式液压机。

1）上下液压缸双向加压式液压机。上下横梁分别装主液压缸，驱动上、下模芯作相向运动，实现双向压制，用 S 表示。

2）主液压缸与模框浮动双向加压式液压机。利用上主液压缸或下主液压缸与模框驱动液压缸以不同运行速度实现双向压制，用 C 表示。

（2）型号

液压机型号表示方法和标记见 JC/T 2178—2013。

（3）基本参数

基本参数见表 4-95。

表 4-95　基本参数

公称压制力 F/kN	空循环次数 /（次/min）	脱模力	填料深度/mm
<10000	≥5		≥300
10000~25000	≥4	≥0.1F	≥350
>25000	≥3		≥500

注：特殊要求按供需双方协商决定。

2. 技术要求

（1）基本要求

1）液压机应符合 JC/T 2178—2013 标准的要求，并按经规定程序批准的图样及技术文件制造。

2）图样上未注公差的线性尺寸、倒圆半径和倒角高度、角度尺寸极限偏差值，切削加工部位应符合 GB/T 1804—2000 表 1~表 3 中 m 级的规定；非切削加工部位应符合 GB/T 1804—2000 表 1~表 3 中 v 级的规定。

3）图样上形状和位置公差的未注公差应不适于 GB/T 1184—1996 表 1~表 4 中 K 级的规定。

4）机械加工件应符合 JB/T 5000.9 的规定。

5）铸钢件、锻件和焊接件应分别符合 JB/T 5000.6、JB/T 5000.8 和 JB/T 5000.3 的规定。

6）装配质量应符合 JB/T 5000.10 的规定。

7）液压机的液压系统应符合 GB/T 3766 的规定。液压系统中所用的液压元件应符合 GB/T 7935 的规定。

8）液压机的气动系统应符合 GB/T 7932 的规定。

（2）整机要求

1）液压机的基本参数应符合表 4-95 的规定。

2）液压机工作时应运转平稳，性能可靠，在各种设定规范下的运行应协调。

3）各可调部位的调整应灵活，各种工作规范间转换应灵敏、准确。

4）搅拌布料机构应按工艺要求，自动强制布料，不应有明显的漏料现象。

5）夹坯机构应运行平稳，动作准确，不应有掉坯、破损现象。

6）液压机工作时，滚动轴承的温升不应超过 30K，最高温度应不超过 70℃；滑动导轨的温升不应超过 15K，最高温度应不超过 50℃。

7）液压驱动件（如活塞、柱塞、活动横梁等）工作时不应有爬行和停滞现象。

8）应具有砖厚自动检测、自动调整装置及尺寸超差自动报警装置。

9）精度应符合表 4-96 的规定。

表 4-96　精度

序号	项　目	公称压制力/kN	公差/mm
1	上活动横梁下平面对工作台的平行度	<10000	0.20
	下活动横梁的模具安装面对工作台面的平行度	10000~25000	0.25
		>25000	0.30
2	上下活动横梁运动轨迹对工作台面的垂直度	每 100mm 测量长度为 0.06mm	

10）挠度应满足以下要求：

① 液压机上活动横梁每 1m 长的挠度不大于 0.10mm；上下液压缸双向加压式的下活动横梁每 1m 长的挠度应不大于 0.10mm。

② 液压机下横梁每 1m 长的挠度不大于 0.15mm。

（3）安全防护

1）液压机应设置急停按钮，并应符合 GB 16754—2008 中 4.4.4 和 4.4.5 的规定。

2）液压机应设有保护人身安全的光电保护装置。

3）人体易接触的外露运动部件应设置防护装置和警示标志，警示标志应符合 GB 2894 的规定。

4）液压机应设置停机状态下防止活动横梁自行下落的连锁防护装置。

5）液压机应设置超载、超行程、料仓缺料、搅拌框缺料和模具缺料等保护装置。

6）液压机的噪声应符合表 4-97 的规定，当噪声声压级超过 85dB（A）时，应采取防护措施。

表 4-97　噪声声压级

公称压制力 F/kN	<21000	21000~25000	>25000
声压级/dB（A）	≤85	≤90	≤93

（4）零部件和装配质量

1）立柱、主液压缸等重要锻件应进行无损检测，并符合 JB/T 5000.15—2007 表 1 中 Ⅱ 级的要求。

2）上横梁、下横梁等重要铸钢件应进行无损检测，并符合 JB/T 5000.14—2007 表 3 中 3 级的要求。

3）重要的铸钢件和焊接件应进行消除内应力处理。

4）外购件应符合相关的标准，重要的外购件应有质量保证书。

5）重要的固定结合面应紧密贴合，重要的固定结合面应包括：

① 梁柱式液压机的立柱台肩、锁紧螺母与上横梁及下横梁的固定结合面。

② 主液压缸或主活塞（柱塞）端部与活动横梁的固定结合面。

6）主活塞（柱塞）、导轨等重要运动副应采取耐磨措施。

（5）液压、气动系统和电气设备

1）油箱内表面应作耐油防腐处理。

2）液压系统的清洁度等级应符合 JB/T 9954—1999 中表 2 或表 3 的规定。

3）液压系统工作时油箱内油液温度，应不超过 55℃。

4）电气设备的动力电路导线和保护接地电路之间施加 500V 直流电时，其绝缘电阻应不小于 2MΩ。

5）电气设备所有电路导线和保护接地电路之间应经受 3s 时间电压 1000V 的耐压试验，不得发生击穿。

6）电柜及暴露电气元器件的防护等级不低于 IP54。

7）电气设备的其他要求应符合 GB 5226.1 的规定。

（6）外观质量

1）液压机的表面不应有图样上未规定的凹凸、粗糙不平等缺陷。

2）零件结合面的边缘应整齐匀称，错位量应不大于 1mm，门、盖等结合面处不应有明显的缝隙。

3）外露的液压、气动、电气等管道应排列整齐、安装牢固，并不得与相对运动的零件部件接触。

4）液压机的涂装应符合 JB/T 5000.12—2007 中 5.7 的规定。

3. 试验方法

（1）性能试验

1）空循环次数。空循环次数在自动空循环试验中用秒表测量，其中各活动横梁及搅拌布料机构的行程应符合表 4-98 的规定。

表 4-98　行程

公称压制力/kN	<10000	10000~25000	>25000
上活动横梁的行程/mm	≥400	≥400	≥450
下活动横梁的行程/mm	150	150	200
模框活动横梁的行程/mm	150	150	200
搅拌布料机构的行程/mm	700	700	700

2）超载保护性能试验。按表 4-99 规定的超载系数设定第二次加压的压制力，检验超载保护系统的性能，本试验不少于 3 次。

表 4-99　超载系数

公称压制力 F/kN	<10000	10000~25000	>25000
超载系数	≤1.1	≤1.06	≤1.04

3）公称压制力和脱模力。负荷运转试验时分别测取主液压缸或脱模机构中液压缸的油压，并按式（4-8）计算出压制力和脱模力

$$F = Ap \times 10^3 \,(kN) \tag{4-8}$$

式中　F——公称压制力或脱模力，单位为 kN；

　　　A——活塞（柱塞）有效作用面积，单位为 m^2；

　　　p——液压缸油压，单位为 MPa。

（2）其他检验

精度检验、挠度检验、质量装配检验、液压和气动系统检验、电气设备检验、外观质量检验等见 JC/T 2178—2013。

4.2.32 陶瓷砖自动液压机

陶瓷砖自动液压机是在全自动控制下，通过液压压力将坯料制成砖坯的成形机械。在 JC/T 910—2013 中规定了陶瓷砖自动液压机的术语和定义、分类、型号与基本参数、技术要求、试验方法、检验规则以及标志、包装、运输和贮存等，适用于陶瓷砖自动液压机（以下简称压砖机）。

1. 分类、型号与基本参数

（1）分类

压砖机按机架结构特点分为以下四种型式：

1）梁柱式压砖机。压砖机的机架由上横梁、下横梁、立柱通过螺纹连接组成。

2）板框式压砖机。压砖机的机架由上横梁、下横梁和框板组成。

3）整体铸造式压砖机。压砖机的机架由整体铸造而成。

4）钢丝缠绕式压砖机。压砖机的机架由上横梁、下横梁、立柱通过钢丝缠绕而成。

（2）型号

压砖机的型号表示方法见 JC/T 910—2013。

（3）基本参数

压砖机的基本参数见表4-100。

表 4-100　基本参数

公称压制力/kN	空循环次数/(次/min)	顶出器顶出力/kN	活动横梁行程/mm	立柱净间距/mm
≤10000	≥26	≥90	≥125	≥800
>10000~25000	≥22	≥150	≥140	≥1400
>25000~50000	≥18			≥1600
>50000~80000	≥14	≥180	≥160	≥1750
>80000	≥10	≥220	≥180	≥1900

2. 技术要求

（1）基本要求

1）压砖机应符合 JC/T 910—2013 标准的要求，并按经规定程序批准的图样及技术文件制造。

2）图样上未注公差的线性尺寸、倒圆半径和倒角高度、角度尺寸极限偏差值，切削加工部位应符合 GB/T 1804—2000 表1~表3中 m 级的规定；非切削加工部位应符合 GB/T 1804—2000 表1~表3中 V 级的规定。

3）图样上形状和位置公差的未注公差不应低于 GB/T 1184—1996 表1~表4中 K 级的规定。

4）机械加工件应符合 JB/T 5000.9 的规定。

5）压砖机的液压系统应符合 GB/T 3766 的规定。液压系统中所用的液压元件应符合 GB/T 7935 的规定。

6）压砖机的气动系统应符合 GB/T 7932 的规定。

7）压砖机的电气系统应符合 GB 5226.1—2008（已被 GB/T 5226.1—2019 代替）的规定。

8）装配质量应符合 JB/T 5000.10 的规定。

9）铸钢件、锻件和焊接件应分别符合 JB/T 5000.6、JB/T 5000.8 和 JB/T 5000.3 的规定。

10）重要的铸钢件（如上横梁、下横梁等）、重要的焊接件（如框板）应进行消除内应力处理。

11）油箱内表面应作耐油防腐处理。

12）外购主要配套件及外协件应符合有关标准并取得合格证明书。

（2）整机性能要求

1）压砖机的基本参数应符合表 4-98 的规定。

2）压砖机工作时应运转平稳，性能可靠，运行协调。

3）各可调部位的调整应灵活，各种工作规范转换应灵敏、准确。

4）压砖机工作时，滚动轴承的温升不应超过 30K，最高温度应不超过 70℃；滑动导轨的温升应不超过 15K，最高温度应不超过 50℃。

5）液压执行机构（如主液压缸、顶出器等）工作时不应有爬行和停滞现象。

6）压砖机应满足粉料压制成形的工艺要求。

7）布料系统应按压制成形工艺要求自动布送粉料，不应有明显的漏粉料现象。

（3）安全防护

1）人体易接触的外露运动部件应设置防护装置和警示标志，警示标志应符合 GB 2894 的规定。

2）压砖机应设有停机状态下的防止活动横梁自行下落的连锁防护装置。

3）压砖机的噪声值应符合表 4-101 的规定。

表 4-101　噪声声压级

公称压制力 F/kN	≤10000	>10000~25000	>25000
声压级/dB(A)	≤87	≤90	≤93

4）压砖机应设置急停按钮，并应符合 GB 16754—2008 中 4.4.4 和 4.4.5 的规定。

5）压砖机应设置超载、超行程、料槽缺料和模具缺料等保护装置。

6）保护接地电路的设置应按 GB 5226.1—2008（已被 GB/T 5226.1—2019 代替）中 5.2 和 8.2 的规定。

7）动力电路与保护联结电路之间的绝缘电阻不应小于 1MΩ。

8）动力电路与保护联结电路之间应能承受工频电压 1000V，历时 1s 的耐压试验，而不发生击穿现象。

（4）零部件和装配质量

1）主油缸、主活塞和导轨等重要运动副应采取耐磨措施。

2）重要的固定结合面应紧密贴合，塞尺塞入深度不超过可检深度的 20%，可塞入部分累计应不大于可检长度的 10%。重要的固定结合面包括：

① 梁柱式液压砖机的立柱台肩、锁紧螺母与上横梁及下横梁的固定结合面。

② 主液压缸或主活塞（柱塞）端部与活动横梁的固定结合面。

3）立柱、主液压缸等重要锻件应进行无损检测，并符合 JB/T 5000.15—2007 表 1 中 Ⅱ 级的要求。

4）上横梁和下横梁等重要铸钢件应进行无损检测，并符合 JB/T 5000.14—2007 表 3 中 3 级的要求。

（5）精度和挠度

1）压砖机的几何精度应符合表 4-102 的规定。

表 4-102　几何精度

序号	项目	立柱净间距/mm	公差/mm
1	工作台面的平面度	≤1100	0.07
2	活动横梁下平面的平面度	>1100～1400	0.10
		>1400～1700	0.13
		>1700	0.15
3	上活动横梁下平面对工作台的平行度	≤1100	0.16
		>1100～1400	0.19
		>1400～1700	0.23
		>1700	0.28
4	活动横梁运动轨迹对工作台面的垂直度	每 100mm 测量长度误差不超过 0.06mm	

2）压砖机活动横梁的允许挠度应不大于 0.10mm/m。

3）压砖机下横梁的允许挠度不大于 0.12mm/m。

（6）液压和电气设备

1）液压系统工作时油箱内的油液温度应不超过 55℃。

2）液压系统的清洁度等级应符合 JB/T 9954—1999 中表 2 或表 3 的规定。

3）电气控制系统应控制准确、安全可靠。

（7）外观质量

1）压砖机的表面不应有图样上未规定的凹凸、粗糙不平等缺陷。

2）零部件结合面的边缘应整齐匀称，不应有明显的错位，门、盖等结合面处不应有明显的缝隙。

3）液压、气动、电器（气）等管道应排列整齐、安装牢固，并不得与相对运动的零部件接触。

4）压砖机的涂装防锈应符合 JC/T 402—2006 中 4.7 和 4.8 的规定。

3. 试验方法

（1）压砖机整机试验

按照 JC/T 910—2013 附录 A 给出的方法进行空运转试验、负荷运转试验和压砖试验。

其中的超载保护性能试验，按表 4-103 规定的超载系数设定第二次加压的压制力，本试验应不少于 3 次。

表 4-103　超载系数

公称压制力/kN	≤10000	>10000～25000	>25000～50000	>50000～80000	>80000
超载系数	≤1.08	≤1.08	≤1.04	≤1.02	

（2）整机性能要求检验

1）基本参数按下列方法进行检验：

① 公称压制力和顶出力在负荷运转试验时分别测取主液压缸和顶出器中液压缸的油压，按式（4-9）计算压制力和顶出力

$$F = Ap \times 10^3 (\text{kN}) \quad (4\text{-}9)$$

式中　F——公称压制力或顶出力的数值，单位为 kN；

A——活塞（柱塞）有效作用面积的数值，单位为 m^2；

p——液压缸油压的数值，单位为 MPa。

② 空循环次数在 JC/T 910—2013 附录 A 中 A.2.5 自动空循环试验中用秒表测量，其中活动横梁和送料小车的行程按表 4-104 的规定。

表 4-104 行程

公称压制力/kN	≤10000	>10000~25000	>25000~50000	>50000~80000	>80000
活动横梁行程/mm	≥90	≥100	≥100	≥110	≥120
送料小车行程/mm	≥350	≥450	≥500	≥600	

2）其他测量与检验见 JC/T 910—2013。

说明：

① 标准 JC/T 910—2013 和 JC/T 2178—2013 与标准 JC/T 2034—2010 比较，内容更为准确、丰富，在一定程度上体现了科技进步；标准 JC/T 910—2013 与标准 JC/T 2178—2013 比较，仅在内容编排上有一些不同，两者内容差别不大。

② 对液压机用液压缸设计、制造而言，以下内容可供进一步参考应用：

a. 横梁的允许挠度限值。

b. 超载系数。

c. 公称压制力和顶出力（脱模力）计算。

d. 行程。

3）三项标准都没有型式示图，也都没有成套性要求；只有 JC/T 2034—2010 规定了机架正常使用期限等。

4.2.33 液压榨油机

液压榨油机是利用帕斯卡定律，使油料在饼圈内受到挤压而将油脂取出的压榨设备。在 GB/T 25732—2010 中规定了液压榨油机的相关术语和定义、工作原理、分类、型号及基本参数、技术要求、试验方法、检验规则、标志、包装、运输和储存要求，适用于总压力不大于 200kN 的间歇式液压榨油机。

1. 工作原理

液压榨油机利用帕斯卡的力学原理，以液体作为压力传递的介质产生工作压力，使油料在饼圈内受到挤压而将油脂榨出，是由液压系统和榨油机本体两大部分组成的一个封闭回路系统。

2. 分类

1）按活塞板运动方式的不同分为：

① 立式液压榨油机。其活塞板垂直运动。

② 卧式液压榨油机。其活塞板水平运动。

2）按动力源的不同分为：

① 手动加压式液压榨油机。

② 电动加压式液压榨油机。

3. 型号及基本参数

（1）型号编制方法

液压榨油机的型号编制方法按 GB/T 25732—2010 附录 A 执行。

（2）基本参数项目

液压榨油机的基本参数项目包括型号规格、生产能力、电动机功率、外形尺寸、整机质量、工作压力、总压力、关键零部件（如活塞板及饼圈）的使用寿命和首次故障前工作时间等。在使用说明书等技术文件中应明确标明。

4. 技术要求

（1）一般要求

1）液压榨油机应符合 GB/T 25732—2010 标准的规定，并按照经规定程序批准的图样和技术文件制造。

2）原材料、外购件、外协件等应附有合格证，经验收合格后才能使用。

3）板件板型钢构件应符合 GB/T 24857 的规定。

4）铸件应符合 GB/T 24856 的规定。

5）焊接件应符合 LS/T 3051.6 的规定。

6）主要零件的质量应符合 LS/T 3501.2 的规定。

7）装配应符合 GB/T 24855 的规定。

8）产品涂装应符合 GB/T 25218 的规定。

9）液压系统选用材料及机械加工质量应符合 GB/T 3766 的规定。

（2）机械性能

1）运转应正常、平稳，无异常振动、声响。

2）各调节、操纵、显示等装置必须齐全、灵敏、准确、可靠。

3）正常运行时，空载噪声应不大于 85dB（A）。

4）主液压缸活塞杆或柱塞在全行程内，其轴线对受压梁的垂直度应小于等于 1.5/1000。

5）液压元件及管路的安装要防止密封件被擦伤，保证无外泄漏。外露管路要排列整齐、牢固。

6）榨油机对饼面单位压力不低于 9MPa。

7）在耐压试验中，液压系统应无外泄漏；稳定 15min 压力下降小于工作压力的 4%。

（3）安全要求

1）安全警示标志应符合 GBZ 158—2003《工作场所职业病危害警示标识》的规定。

2）设备电气安全应符合 GB 5226.1 的规定，其过载保护、接地保护应有联锁装置。

3）液压系统应有过载保护装置。

5. 试验方法

（1）试验条件及要求

1）试验的场地和样机应能满足测定项目的要求，并按榨油工艺的要求安装必要的辅助设备。

2）在同一次试验过程中，样机的操作、测定、检验和油品的化验均应配备固定的熟练人员。

3）试验用的液压油应符合使用说明书中规定的液压油要求。

4）试验场地的室温应不低于20℃。

5）试验用仪器、仪表应经校验合格，在有效期内。

6）试验操作允许采用电动加压或手动加压。用电动时，试验电源电压应为380V，偏差不大于±5%的范围内。试验时电动机负荷不应超过标定功率的10%。

（2）主要性能测定

1）耐压试验。对榨油机连续进行 5 次加压至安全阀跳阀，观察每次跳阀时压力表的读数并记录。安全阀试验完毕，进行整机耐压试验。对榨油机加压，活塞伸出最大行程，压力表读数为工作压力 1.25 倍时停止加压，稳定 15min，记录压力表上的读数，并观察液压系统是否有漏油情况；卸压后，观察、测定各零部件变形情况。

2）垂直度检验。用试验工具检验主液压缸活塞杆或柱塞在全行程内其轴线对受压梁的垂直度是否符合要求。

3）噪声的测定、其他参数的检验等见 GB/T 25732—2010。

说明：

① 不同标准起草单位起草的标准各具特点，本节只是为液压机用液压缸设计与选型提供依据。

② 以下内容在参考应用时需要注意，其与其他液压机相关标准规定有所不同或不符合相关标准规定：

a. 液压系统选用材料及机械加工质量应符合 GB/T 3766 的规定。

b. 液压元件及管路的安装要防止密封件被擦伤，保证无外泄漏。

c. 榨油机对饼面单位压力不低于 9MPa。

d. 在耐压试验中，液压系统应无外泄漏；稳定 15min 压力下降小于工作压力的 4%。

e. 对榨油机连续进行五次加压至安全阀跳阀，观察每次跳阀时压力表的读数并记录。

f. 对榨油机加压，活塞伸出最大行程，压力表读数为工作压力 1.25 倍时停止加压……。

③ 在 GB/T 25732—2010 中没有规定基本参数、型式示图，也没有成套性要求，给液压榨油机以及所配套的液压缸设计与制造带来困难。

4.2.34　等温锻造液压机

等温锻造液压机是一种适用于等温锻造工艺的精密锻造液压机。在 JB/T 12517.1—2015 中规定了 3150~100000kN 等温锻造液压机的术语和定义、型式与基本参数；在 JB/T 12517.2—2015 中规定了等温锻造液压机的精度检验，适用于等温锻造液压机（以下简称液压机）。

1. 型式与基本参数

（1）型式

液压机的基本型式有两种：

1）组合框架式结构（见 JB/T 12517.1—2015 中图1）。

2）三梁四柱式结构（见 JB/T 12517.1—2015 中图2），此种结构仅限于公称力为 30000kN 以下的液压机。

注：在 JB/T 12517.1—2015 中，图1和图2中的液压缸安装型式为 MF7 带后部凹中的前部圆法兰；活塞杆连接型式为（带外螺纹的活塞杆端或带凸缘的活塞杆端）法兰。

（2）基本参数

1）液压机的主参数为公称力。

2）液压机基本参数应符合表 4-105 的规定。

表 4-105　基本参数

项　目	参　数　值										
公称力/kN	3150	5000	6300	10000	20000	30000	40000	50000	63000	80000	100000
液压系统最大工作压力/MPa	25	25	25	25	25	25	28	28	28	28	28
最大开口高度 H/mm	1500	1800	2000	2200	2400	2600	2800	3000	3200	3500	4000
最大工作行程 L/mm	800	900	1000	1100	1200	1300	1500	1600	1700	1900	2200

（续）

项　目	参　数　值										
上顶出缸顶出力/kN	150	150	200	200	500	500	800	800	1000	1000	1000
上顶出缸顶出行程 S/mm	50~100	50~100	50~100	50~100	50~100	50~100	50~100	50~100	50~100	50~100	50~100
下顶出缸顶出力/kN	500	750	800	1000	1250	1500	2000	3150	4000	5000	6300
下顶出缸顶出行程 F/mm	100~350	100~350	100~350	100~400	150~400	150~400	200~500	200~500	200~600	300~800	300~800
工作台有效尺寸（长×宽）/mm	1300×1300	1500×1500	1500×1500	1600×1600	1800×1800	2000×2000	2500×2500	2700×2700	2900×2900	3200×3200	3500×3500
滑块空行程速度/(mm/s)	100~120	100~120	100~120	100~120	100~120	100~120	100~120	100~120	100~120	100~120	100~120
滑块一般工作速度/(mm/s)	0.5~10	0.5~10	0.5~10	0.5~10	0.5~10	0.5~10	0.5~10	0.5~10	0.5~10	0.5~10	0.5~10
滑块微速工作速度/(mm/s)	0.002~0.5	0.002~0.5	0.002~0.5	0.002~0.5	0.002~0.5	0.002~0.5	0.005~0.5	0.005~0.5	0.005~0.5	0.005~0.5	0.005~0.5
滑块慢速回程速度/(mm/s)	0.1~2	0.1~2	0.1~2	0.1~2	0.1~2	0.1~2	0.1~2	0.1~2	0.1~2	0.1~2	0.1~2
滑块快速回程速度/(mm/s)	100~120	100~120	100~120	100~120	100~120	100~120	100~120	100~120	100~120	100~120	100~120

（3）型号

液压机型号应符合 GB/T 28761 的规定。

2. 精度

（1）检验说明

1）工作台面是液压机总装精度检验的基准面。

2）精度检验前，液压机应调整水平，其工作台面纵横向水平误差不应超过 0.20/1000。

3）装有移动工作台的，须使其处在液压机的工作位置并锁紧牢固。

4）精度检验应在空运转和满负荷运转试验后分别进行，以满负荷运转试验后的精度检验值为准。

5）精度检验应符合 GB/T 10923 的规定，也可采用其他等效的检验方法。

6）精度检验工具应符合 GB/T 10923 的规定。

7）在检验平面时，当被检测平面的最大长度 $L \leqslant 1000$mm 时，不检测长度 l 为 $0.1L$，当 $L > 1000$mm 时，不检测长度 $l = 100$mm。

8）工作台上平面及滑块下平面的平面度允许在装配前检验。

9）在总装精度检验前，滑块与导轨间隙的调整原则：应在保证总装精度的前提下，导轨不发热，不拉毛，并能形成油膜。表 4-106 推荐的导轨总间隙值仅作为参考值。

表 4-106　导轨总间隙值

（单位：mm）

导轨间距	≤1000	>1000~1600	>1600~2500	>2500
总间隙值	≤0.10	≤0.16	≤0.22	≤0.30

注：1. 在液压机滑块运动的极限位置用塞尺测量导轨的上下部位的总间隙，也可将滑块推向固定导轨一侧，在单边测量其总间隙。

2. 最大实测总间隙值记入产品合格证明书以作为参考。

10）液压机的精度按其用途分为Ⅰ级、Ⅱ级，可根据其产品用途选择精度级别，精度级别见表 4-107。

表 4-107　精度级别

等级	用　途	型　式
Ⅰ级	精密制件	框架式
Ⅱ级	普通制件	四柱式、框架式

11）上述规定的检验程序并不表示实际检验程序，为了拆装检验工具和检测方便，允许按任意次序进行检测。

12）在精度检测过程中，不允许对影响精度的机构和零件进行调整。

13）各检验项目的公差，必须按 JB/T 12517.2—2015 中第 4 章规定的公式计算。计算结果保留两位小数。

（2）精度检验

1）滑块运动轨迹对工作台面的垂直度。

① 检验方法。在工作台面上中央处放一直角尺（下面可放一平尺），将指示表紧固在滑块下平面上，并使指示表测头触在直角尺上，当滑块上下运动时，在通过中心的左右和前后方向分别进行测量，指示表读数的最大差值即为测定值。

测量位置在下极限前 1/2 范围内。

② 公差。滑块运动轨迹对工作台面的垂直度公差应符合表 4-108 的规定。

表 4-108　垂直度的公差值

（单位：mm）

等级	工作台面的有效长度 L		
	$L \leqslant 1000$	$L > 1000 \sim 2000$	$L > 2000$
	公差		
Ⅰ级	$0.01\mathrm{mm} + \dfrac{0.015}{100}L_3$	$0.02\mathrm{mm} + \dfrac{0.015}{100}L_3$	$0.03\mathrm{mm} + \dfrac{0.015}{100}L_3$
Ⅱ级	$0.03\mathrm{mm} + \dfrac{0.025}{100}L_3$	$0.04\mathrm{mm} + \dfrac{0.025}{100}L_3$	$0.05\mathrm{mm} + \dfrac{0.025}{100}L_3$

注：L_3 为（最大实际检测的）滑块行程，（L_3 的）最小值为 20mm。

③ 检验工具。直角尺、平尺、指示表。

2）由偏心引起的滑块下平面对工作台面的倾斜度。

① 检测方法。在工作台面上，用带有铰接的支承棒（支承棒仅承受滑块自重，支承棒长度任意选取）依次分别支承在滑块下平面的左右和前后支承点上，用指示表在各支承点旁及其对称点分别按左右（$2L_4$）和前后（$2L_5$）方向测量工作台上平面和滑块平面间的距离，指示表读数的最大差值即为测定值。但对角线方向不进行测量。

测量位置为行程的下限和行程下限前 1/3 处。

注：L_4、L_5 为自滑块中心起至支承点的距离，$L_4 = \dfrac{1}{3}L$（L 为工作台台面长边尺寸），$L_5 = \dfrac{1}{3}L_6$（L_6 为工作台台面短边尺寸）。

② 公差。由偏心引起的滑块下平面对工作台面的倾斜度公差应符合表 4-109 的规定。

③ 检验工具。支承棒、指示表。

表 4-109　倾斜度公差

Ⅰ级	$L_4/3000$
Ⅱ级	$L_4/2000$

4.2.35　油泵直接传动双柱斜置式自由锻造液压机

自由锻造液压机是采用高压液体传动，用于自由锻造加工的液压机。在我国自由锻造液压机的第 1 项产品标准 JB/T 12229—2015 中规定了油泵直接传动双柱斜置式自由锻造液压机的型式与技术参数、技术条件、试验方法、检验及验收规则、标志、包装、运输及贮存，适用于采用矿物油型液压油为工作介质的油泵直接传动双柱斜置式自由锻造液压机（以下简称双柱式锻造液压机）。

1. 型式与技术参数

（1）型式

双柱式锻造液压机机架有两种基本型式，即双柱斜置式预应力组合机架和双柱斜置式整体机架。主（侧）缸的传动型式分别为上传动式和下传动式，适用时，也可采用下传动型式的双柱斜置式预应力组合机架，以及"缸动"型式的双柱斜置式机架。

主（侧）缸一般为柱塞式，其与活动横梁或与整体机架的连接方式宜采用双球铰摆杆轴结构；活动横梁或整体机架的导向方式采用可调间隙的平面导向结构。

注：在 JB/T 12229—2015 中定义了"双柱式组合机架"和"双柱式整体机架"。

1）双柱斜置式预应力组合机架上传动锻造液压机（型式见 JB/T 12229—2015 中图 1a）。

2）双柱斜置式整体机架下传动锻造液压机（型式见 JB/T 12229—2015 中图 1b）。

（2）技术参数

1）主参数（公称力）系列。双柱式锻造液压机的主参数（公称力）系列按 GB/T 321 规定的优先数系 R10 的圆整值作为公比，近似于等比数列排列，见表 4-110。

表 4-110　主参数（公称力）系列

（单位：MN）

公称力系列								
5	6.3	8	10	12.5	16	20	25	31.5、30[①]
40、35[①]	50、45[①]	63、60[①]	80	100	125、120[①]	160、165[①]	200、185[①]	

① 适用时，该数值作为相应公称力的可选参数。

双柱式锻造液压机的主参数系列的回程力参数见表 4-111。

表 4-111 回程力参数

(单位：MN)

公称力	5	6.3	8	10	12.5	16	20	25	31.5
回程力	0.5	0.8	1	1.2	1.5	2	2.5	3	4
公称力	40	50	63	80	100	125	160	200	
回程力	4.5	6	8	10	12.5	16	20	25	

注：适用于带有压力充液罐和具有快速精整锻造特性的双柱上传动锻造液压机；带有上油箱自吸式充液系统时，回程力可适当减小；双柱式整体机架下传动锻造液压机由于机架自身质量的增加，回程力应相应加大。

2) 液体最大工作压力和锻造力分级。双柱式锻造液压机的液体最大工作压力系列以及不同锻造工况时的锻造力分级见表 4-112。

公称力大于或等于 63MN 时，宜设置三个等直径缸；三个不等直径缸设置时，主缸应为大直径缸，侧缸应为小直径缸；公称力小于 25MN 时，一般为单缸设置。

注：对于回程缸的设置请见 JB/T 12229—2015 的附录 A。

表 4-112 液体最大工作压力系列和锻造力分级

锻造工况	常锻			镦粗
液体最大工作压力系列/MPa	25、31.5、35、42[①]			
锻造力(MN)分级	一级	二级	三级	公称力[②]
三个等直径缸	主缸	侧缸	三缸	三缸
三个不等直径缸	侧缸	主缸	三缸	三缸

① 当采用 42MPa 的流体最大工作压力时，应对产品的适宜性进行综合评价。

② 可采用较低的液体工作压力与较大的主（侧）缸柱塞面积来达到规定的公称力。

一般情况下，常锻工况使用的三级锻造力小于公称力；镦粗时，液体工作压力可根据变形需要调整到最大工作压力，即达到液压机的公称力。

单缸设置时，可通过液压系统工作压力的设置进行力的分级。

3) 基本参数。双柱式锻造机的基本参数见表 4-113。

表 4-113 基本参数

公称力/MN	5	6.3	8	10	12.5	16	20	25	31.5
开口高度 H/mm	1800	2000	2200	2350	2600	2900	3200	3900	4000
最大行程 S/mm	800	850	1000	1100	1200	1400	1600	1800	2000
横向内侧净空距 L/mm	1300	1500	1700	1800	1900	2000	2200	2500	2800
移动工作台台面尺寸（长×宽）/mm	2800× 900	3000× 1000	3200× 1200	3350× 1300	3500× 1400	4000× 1500	4500× 1800	5000× 2000	5200× 2100
移动工作台行程/mm 向操作机侧	1100	1200	1500	1500	1750	2000	2000	2500	2500
离操作机侧	400	400	500	500	750	1000	1000	1500	1500
双向相等时	750	800	1000	1000	1300	1500	1500	2000	2000
横向偏心矩 e/mm	100	100	120	130	140	160	180	200	250
空程速度/(mm/s)	≥250	≥250	≥250	≥250	≥250	≥250	≥250	≥250	≥250
回程速度/(mm/s)	≥250	≥250	≥250	≥250	≥250	≥250	≥250	≥250	≥250
工作速度/(mm/s)	≥100	≥95	≥95	≥90	≥90	≥90	≥90	≥90	≥90
行程控制精度/mm	±1	±1	±1	±1	±1	±1	±1	±1	±1
常锻频次/(次/min) ≈	50	45	45	45	45	45	45	45	25
精整频次/(次/min) ≈	85	85	85	85	82	82	82	80	80

公称力/MN	40	50	63	80	100	125	160	200
开口高度 H/mm	4400	4800	5500	6000	6500	7500	8000	8500
最大行程 S/mm	2200	2400	2600	3000	3200	3500	4000	4500
横向内侧净空距 L/mm	3000	3400	3800	4200	5200	6000	7500	8000
移动工作台台面尺寸（长×宽）/mm	5500× 2400	5700× 2800	6000× 3200	7000× 3400	8000× 3700	10000× 4000	12000× 5000	13000× 5500
移动工作台行程/mm 向操作机侧	2800	3000	4000	4000	4500	5000	6500	7500
离操作机侧	1700	2000	2000	2000	2000	2500	2500	2500
双向相等时	2250	2500	3000	3000	3250	3500	4500	5000
横向偏心矩 e/mm	250	250	300	300	300	350	350	400
空程速度/(mm/s)	≥250	≥250	≥250	≥200	≥200	≥200	≥200	≥200
回程速度/(mm/s)	≥250	≥250	≥250	≥200	≥200	≥200	≥200	≥200
工作速度/(mm/s)	≥85	≥85	≥85	≥85	≥85	≥85	≥80	≥65
行程控制精度/mm	±1	±1	±1	±1	±1.5	±1.5	±2	±2
常锻频次/(次/min) ≈	12	10	9	8	7	6	5	4
精整频次/(次/min) ≈	80	70	60	50	40	30	25	20

注：常锻频次指三缸同时工作的锻造频次，精整频次指两侧小缸同时工作或单缸工作时的小压下量的锻造频次。

双柱式锻造液压机宜靠近厂房立柱轴线一侧布置。将移动工作台的移动方向确定为液压机的纵向，与移动工作台成正交的砧子横向移动的方向确定为液压机的横向，双立柱的中心连线与砧子横向移动中心线之间的夹角为机架的斜置角度 α。

适宜的斜置角度 α 应符合表 4-113 规定的立柱的横向净空距的要求；应兼顾立柱的纵向净空距，使横向和纵向的允许偏心距最大化，并宜将砧子横向移动装置设置于立柱之间；应方便操作人员从控制室中观察液压机上砧、操作机夹持锻件的状态，并考虑起重机主钩的可接近性。

移动工作台的长度尺寸至少应满足布置下镦粗台和一副砧子的需要，砧具之间应留有适当的间隔距离。移动工作台的行程应满足将砧具移动出液压机，方便起重机更换砧具、放入和取出锻件，以及其他辅助操作的需要，可选择双向相等的移动行程，也可选择向操作机侧和离操作机侧各不相同的移动行程。

根据产品锻造工艺需要，允许对移动工作台台面尺寸和行程进行调整；工作台的厚度尺寸取值参见 JB/T 12229—2015 的附录 A。活动横梁或整体机架上梁的下平面与上砧之间应设置上砧垫板，其厚度尺寸取值参见 JB/T 12229—2015 附录 A。

在常锻工况下，液压机的工作速度应符合表 4-113 的规定。镦粗工况的工作速度数值应在合同或协议中另行规定。

常锻频次和精整频次均为液压机每分钟工作循环次数的计算值，与压下量、回程量及其相应的工作速度等参数有关。其中，压下量的选择范围较大，与液压机的公称力大小、锻件材料、变形工艺、操作方式等因素密切相关。在热态常锻时，一般可按锻造工艺通常采用的压下量计算；在热态精整时，最小压下量一般可在 3~30mm 内选择。

双柱式锻造液压机的锻造能力及其与锻造操作机主参数的匹配参见 JB/T 12229—2015 的附录 B。

2. 技术要求

（1）一般技术要求

1）双柱式锻造液压机的通用技术条件应符合 JB/T 1829 与 JB/T 3818 的规定。

2）双柱式锻造液压机设备范围包括：液压机本体（包含上砧旋转与快换装置），液压传动与控制系统（包含泵站、操作阀及管道等），电气传动与控制系统（包含控制柜、操作台及管线等），润滑系统，专用工具，一副上、下平砧及砧座，随机附带必要的易损件。

3）双柱式锻造液压机的机械化设备及附属装置

（如砧子横向移动装置、砧库、钢锭旋转升降台或钢锭运送小车、锻件温度测量装置等）和其他锻造工具（如各种异形砧具、旋转锻造台以及备品备件等），可根据实际生产需要选择。

4）双柱式锻造液压机（含泵站）的工作环境温度可为 5~40℃，相对湿度小于或等于 85%，海拔小于 2500m。如果有特殊工作环境要求，应在技术协议中明确。

5）双柱式锻造液压机从负荷试车验收之日算起 12 个月内，在正确使用和正常维护及保养条件下，因设计和制造原因发生损坏时，制造厂应免费进行相应的修理或零件更换（易损件除外）。

6）双柱式锻造液压机投入使用后，在正确使用和正常维护及保养条件下，第一次综合检修安排在负荷工作 28500h 之后或投入使用 4~6 年之间进行为宜。

7）双柱式锻造液压机的产品说明书应全面提供产品知识，以及与预期功能相适应的使用方法，其中应包含有关液压机安全和经济实用的重要信息，以及随机提供的图样和技术文件。这些信息应有助于预防危险，降低维修成本和减少停产时间，以及提高液压机的可靠性和使用寿命。

（2）安全环保

1）双柱式锻造液压机的安全卫生设计应符合 GB 5083 的规定。

2）双柱式锻造液压机的安全防护应符合 GB 17120 和 JB/T 3915（已废止）的规定。

3）双柱式锻造液压机的液压传动与控制系统应设有过载安全保护装置。

4）双柱式锻造液压机的电气传动与控制系统的安全要求应符合 GB 5226.1 的规定。

5）双柱式锻造液压机及其机械化设备及附属装置应设有安全联锁控制和行程极限保护装置。

6）双柱式锻造液压机应在控制室的操作台上、控制系统、泵站等多处设置紧急停车按钮。

7）双柱式锻造液压机的噪声限值应符合 GB 26484 的规定。

8）双柱式锻造液压机的噪声声压级和声压功率级测量方法应符合 GB/T 23281 和 GB/T 23282 的规定。

9）双柱式锻造液压机报废的或泄漏的工作介质应委托有资质的专业公司回收处理，或按照当地环保部门的要求进行处理，禁止自行焚烧或随意倾倒、遗弃和排放。

10）双柱式锻造液压机以矿物油型液压油为工

作介质，是一台由液压泵直接传动产生力的设备，且带有油压力和气压力装置。因此，液压机的设计和使用的防火要求应与公认的防火安全标准一致。除此之外，还应遵循以下要求：

① 带压力的充液罐应充入氮气或其他惰性气体，并宜设置在泵站内或地面以下。

② 充液罐的充液出口管路上应设置应急快速隔离闸阀，或在充液罐的气体侧设置应急快速放气阀，并应与操作台上的紧急停止按钮联锁控制。

③ 设置于液压机顶部的所有液压装置应强调可靠性设计、正确的安装和维护。

④ 液压管路、法兰、紧固件的设计等级应与其可能承受到的压力相适应。

⑤ 液压机顶部的油箱、法兰、接头、阀块处应设计防喷油设施。

⑥ 各工作缸、泵站、阀块、管路等应设置可靠的漏油收集装置。

⑦ 产品说明书中应明确列出灭火安全指南，提出设置火灾报警、防止火灾扩大和蔓延的工程设计要求。

11）鼓励各方研究采用适宜的氧化皮清理与收集的措施和装置。

（3）机架的强度和刚度条件

1）双柱式锻造液压机应采用计算机三维有限元（FEM）对其机架的应力和变形进行计算和分析，尤其应注意对高应力集中处（如出砂孔、过渡圆角、截面剧烈变化处）的优化设计。

2）机架的计算等效应力和刚度的取值可采用表4-114规定的数值。其中，上、下横梁的刚度以其在立柱宽面中心距之间每米跨度上的挠度表示，立柱刚度为在拔长工况且在允许的锻造偏心距时立柱水平方向的挠度。

3）组合机架每根立柱中的拉杆宜采用高强度多拉杆设计，对于小型（公称力小于或等于25MN）或其他特殊结构设计的双柱式锻造液压机也可采用单根拉杆。

4）下横梁在工作台移动方向的最短长度应能承受芯轴扩孔时的压下力，其长度取值参见 JB/T 12229—2015 的附录 A。

表 4-114 机架等效应力和刚度的取值

公称力 /MN	梁压应力一侧局部等效应力/MPa	梁拉应力一侧局部等效应力/MPa	立柱间每1m跨度上挠度/mm		立柱每1m长度上水平挠度/mm
			上横梁	下横梁	
≥16~80	≤160	≤140	≤0.30	≤0.25	≤0.28
>80			≤0.25	≤0.20	

（4）关键件的制造和性能

1）组合机架中上横梁、活动横梁、下横梁、立柱及整体机架中的机架和固定梁一般采用 JB/T 6402 规定的低合金钢铸件制造，并应进行消除应力热处理，粗加工后还应进行二次热处理。按计算应力选择适宜的材料和 R_{eL} 值，安全系数宜为 2~2.5（小型液压机取上限，大型液压机取下限）。材料的化学成分和力学性能应符合所采用（选材料）标准的规定。

2）组合机架中的拉杆一般采用 JB/T 6396 规定的合金结构钢锻件制造，并应进行调质热处理，按计算应力选择适宜的材料和 R_{eL} 值，安全系数宜为2.5~3。材料的化学成分和力学性能应符合所选材料标准的规定，检验项目和取样数量应符合 JB/T 5000.8—2007 中锻件验收分组第 V 组级别的规定。

3）主（侧）缸和回程缸一般采用 GB/T 1591、NB/T 47008 和 JB/T 6396 规定的合金结构钢或 JB/T 6397 规定的碳素结构钢整体锻件制造，也可采用分体锻件焊接的方法制造。锻件应进行调质热处理，按

计算应力选择适宜的材料和 R_{eL} 值，安全系数宜大于或等于 3。材料的化学成分和力学性能应符合所采用（选材料）标准的规定，检验项目和取样数量应符合 JB/T 5000.8—2007 中锻件验收分组第 V 组级别的规定，并应逐件检验切向力学性能 R_{eL}、R_m、Z、A、A_k。

4）缸主缸柱塞一般采用 JB/T 6369 规定的合金结构钢或 JB/T 6397 规定的碳素结构钢锻件制造，并应进行相应的热处理。材料的化学成分和力学性能应符合所选材料标准的规定。柱塞表面应进行硬化处理，其工作面的硬度不应低于 45HRC，硬化层厚度宜大于 3mm。

5）立柱导向板表面硬度不应低于 400HBW。

6）下横梁上滑板材料的抗拉强度应与移动工作台下滑板良好匹配。

（5）铸件、锻件、焊接件

1）产品铸钢件的通用技术条件应符合 JB/T 5000.6 的规定。

2）产品有色金属铸件的通用技术条件应符合 JB/T 5000.5 的规定。

3）产品铸铁件的通用技术条件应符合 JB/T 5000.4 的规定。

4）产品锻件的通用技术条件应符合 JB/T 5000.8 的规定。

5）产品焊接件的通用技术条件应符合 JB/T 5000.3 的规定。

6）产品制造过程中火焰切割件的通用技术条件应符合 JB/T 5000.2 的规定。

7）产品铸钢件的补焊通用技术条件应符合 JB/T 5000.7 的规定，对补焊处应按 JB/T 5000.14 的规定进行超声检测及磁粉检测。

8）产品铸钢件的无损检测通用技术条件应符合 JB/T 5000.14 的规定，除此之外还应符合以下要求：

① 上横梁、活动横梁、下横梁、立柱或整体机架和固定梁在粗加工后进行超声检测或磁粉检测的部位和等级应在图样中明确标记出。

② 当各个梁的上、下加工平面与立柱的上、下端加工面的无损检测深度小于或等于 400mm 时，超声检测等级按 3 级。

③ 对各个梁重要的过渡圆弧面与立柱上、下端加工面，磁粉检测等级按 2 级。

9）产品锻钢件的无损检测通用技术条件应符合 JB/T 5000.15 的规定，除此之外还应符合以下要求：

① 工作缸锻件超声检测等级按 JB/T 5000.15—2007 规定的Ⅲ级，缸体焊缝超声检测等级按 GB/T 11345—2013 规定的 BⅡ级，当缸体厚度大于 300mm 时，应增加串列式扫查；缸底圆弧处磁粉检测等级按 JB/T 5000.15—2007 规定的Ⅱ级，适用时也可按 JB/T 4730.3（已作废）的规定执行。

② 工作缸柱塞距外表面 350mm 内的超声检测等级按 JB/T 5000.15—2007 规定的Ⅲ级，大于 350mm 按Ⅳ级；柱塞为焊接结构时，锻件和焊缝超声检测等级与工作缸相同。柱塞外表面应进行磁粉检测，不允许存在任何裂纹等缺陷；适用时也可按 JB/T 4730.4 或 JB/T 4730.5 的规定执行（JB/T 4730—2005 系列标准已于 2015 年 9 月 1 日作废）。

③ 拉杆距外表面 100mm 内的超声检测等级按 JB/T 5000.15—2007 规定的Ⅱ级，其余按Ⅲ级；拉杆表面应进行磁粉检测，不允许存在任何裂纹等缺陷。

（6）切削加工件

1）产品切削加工件的通用技术条件应符合 JB/T 5000.9 的规定。

2）关键件主要工作面的表面粗糙度和几何公差应符合下列要求：

① 上横梁、活动横梁、下横梁、立柱或整体机架和固定梁、移动工作台应符合下列要求：

a. 主要工作面表面粗糙度 Ra 上限为 3.2μm。

b. 主要几何公差不低于 7 级。

c. 外部出砂孔应加工和倒圆角，其表面粗糙度 Ra 上限为 6.3μm。

② 工作缸应符合下列要求：

a. 缸底过渡圆弧 R、法兰台肩过渡 R 处的表面粗糙度 Ra 上限为 1.6μm。

b. 缸内孔表面、法兰台肩、与梁的配合面表面粗糙度 Ra 上限为 3.2μm。

c. 主要几何公差不低于 7 级。

③ 工作缸柱塞应符合下列要求：

a. 外圆表面粗糙度 Ra 为 0.4~0.6μm。

b. 主要几何公差不低于 7 级。

④ 拉杆应符合下列要求：

a. 螺纹受力面及螺纹的根部圆弧半径 R 处的表面粗糙度 Ra 上限为 0.8μm。

b. 螺纹大径与螺纹尾部过渡圆弧及直径的外圆表面粗糙度 Ra 上限为 1.6μm。

c. 拉杆直径外圆表面粗糙度 Ra 上限为 3.2μm。

（7）装配

1）产品装配通用技术条件应符合 JB/T 5000.10 的规定。

2）产品出厂前应进行总装。对于特大型产品或成套的设备等，因受制造厂条件所限而不能总装的应进行试装。总装和试装时应保证所有连接或配合部位均应符合设计要求，并经检验合格。

3）产品总装和用户现场安装时应按该液压机的装配工艺的规定进行精度调整和检验。

4）本体装配精度检验项目应在设计图样和文件中给出，并应在装配调整后进行检验。

本体重要的固定结合面应紧密贴合，以保证其最大接触面积。装配紧固后，应采用 0.05mm 塞尺检查，结合面间的局部允许塞入的深度不应大于深度方向的接触长度的 20%，塞尺塞入部分的累计可移动长度不应大于可检验长度的 10%。

重要的固定结合面为：

① 拉杆螺母与紧固面之间的结合面。

② 上、下梁分别与立柱之间的结合面。

③ 工作缸法兰台肩与安装面之间的结合面。

④ 工作缸柱塞或工作缸的双球铰式摇杆轴的球面与支承座之间的结合面。

⑤ 移动工作台滑板、下横梁或固定梁滑板、立柱导向板、上砧垫板分别与其固定面之间的结合面。

工作缸柱塞或工作缸的双球铰式摇杆轴的球面与支承座的接触应均匀、良好，其装配前的接触面积应大于70%，局部间隙不应大于0.05mm。

本体装配精度检验项目应符合表4-115的规定。

表4-115　本体装配精度检验项目 （单位：mm）

序号	检验项目	允许值
1	下横梁或固定梁上平面的水平度偏差（纵向/横向）	≤0.1/1000，≤0.2/全长范围内
2	移动工作台上平面的水平度偏差（纵向/横向）	≤0.15/1000，≤0.2/工作范围内
3	立柱导向板面相对下横梁或固定梁上平面的垂直度偏差（四面）	≤0.1/1000，≤0.2/工作范围内
4	上横梁下平面的水平度偏差（纵向/横向）	≤0.1/1000
5	立柱外侧导向板与活动横梁或整体机架导滑板之间的间隙	0.2~0.3
6	立柱内侧导向板与活动横梁或整体机架导滑板之间的间隙	1.5~2.5

检验用平尺的精度应符合GB 24761中一级精度的要求，水平仪的测量长度为200mm，精度为0.02mm/格。

5）双柱式预应力组合机架的预紧力及预紧方式如下：

① 组合机架预紧时，预紧系数可在1.3~1.5之间选择，即预紧力等于公称力的1.3~1.5倍。

② 预紧方式宜采用超高压液压螺母拉伸预紧，适用时可采用加热预紧和机械预紧方式。

③ 预紧后各拉杆之间的应力误差不应大于3%。

6）组合式活动横梁的预紧、辅座与下横梁的预紧，以及有预紧要求的构件，其预紧螺杆的预紧力应符合设计文件的规定；当设计文件无规定时，预紧螺杆的最大拉应力宜为螺杆材料的屈服强度值的0.5~0.7倍。

（8）涂装

产品涂装通用技术条件应符合JB/T 5000.12的规定。

（9）液压、润滑和气动系统

1）液压系统通用技术条件应符合JB/T 6996和JB/T 3818的规定。

2）外购和自制的液压元件的技术要求和连接尺寸应符合GB/T 7935的规定。

3）外购的液压缸应在供方进行耐压试压，试验压力为工作压力的1.25倍，保压时间不少于10min，不得有任何渗漏和影响强度的现象。

4）外购的液压阀集成阀块系统应在供方进行耐压试验，试验压力为工作压力的1.25倍，保压时间不少于10min，不得有任何渗漏现象；同时，应进行阀的启闭性能及调压性能试验。

5）自制的液控单向阀、充液阀、闸门等的阀门密封处均应做煤油渗漏试验和启闭性能试验。

6）液压系统主要管道的流速一般采用：高压为6~8m/s，低压为2~4m/s，带压力充液管道为3.5~4.5m/s。

7）采用整体锻件制造或采用分体锻件焊接方法制造的液压缸，应对锻件和焊缝分别进行无损检测，并提供合格的无损检测报告。

8）液压机活动横梁与立柱间的导向板、移动工作台与下横梁间的导向板和各工作缸柱塞的球铰处的润滑应采用自动集中干油润滑系统，其他装置的轴承和传动副的润滑可采用人工定时加油方式润滑。应保证各润滑点有适量的润滑油。

9）气动系统通用技术条件应符合GB/T 7932的规定。

10）液压泵站应隔离安装，设置在靠近锻造液压机的一个封闭的厂房内，并应符合以下要求：

① 泵站的设计应优先考虑安全和环保要求。

② 泵站的布置应充分考虑足够的安装和维护空间。

③ 泵房的工程设计应采取必要的通风散热措施和用于维护的起重设施。

11）油箱必须做煤油渗漏试验，不得有任何渗漏现象。

12）液压传动系统工作介质一般采用HM抗磨液压油（优等品），其介质特性和质量应符合相应介质的规定。

13）液压泵站与操纵系统总装完毕后应按有关工艺规范对整个系统进行循环冲洗，其清洁度应符合设计要求的规定。

（10）配管

1）管路系统配管通用技术条件应符合JB/T 5000.11和JB/T 5000.3的规定。

2）液压、气动系统管路用无缝管应符合GB/T 8163的规定，管子内壁应光滑，无锈蚀，无压扁等缺陷。

3）润滑系统管路宜采用不锈钢或铜管，管子内壁应光滑，无锈蚀，无压扁等缺陷。

4）液压和润滑管路焊接时必须采用钨极氩弧焊或以钨极氩弧焊打底，高压连接法兰宜采用高颈法兰。

5）当液体最大工作压力大于 31.5MPa 时，应对焊缝进行无损检测，并提供合格的无损检测报告。

6）液压管路应进行预装。预装后应拆下管子进行管子内部清理和酸洗，完全彻底清洗干净后应及时采取防锈措施，然后进行管路二次装配敷设。

（11）电气系统

1）电气设备的通用技术条件应符合 GB 5226.1 的规定。

2）液压泵站主电动机的单台功率大于 200kW 时应优先选用 10kV 或 6kV 高压电动机，对于总装机功率较小的中小型液压机，一般可采用 380 V 电动机。

3）基础自动化和过程控制的可编程序控制器（PLC）和工业控制计算机（IPC）的配置应符合现行有关标准的规定；应实现对液压机工作过程的控制和管理，以及设备的实时运行信息显示、报警和故障诊断。

4）液压机应具有手动、半自动、自动和与操作机联机自动控制四种工作制度。

5）操作台应具备一个人操作锻造液压机和锻造操作机的条件，但不包括属于操作机的所有软硬件配置，对操作员左、右手二者的操作分工按合同或协议的规定执行。

（12）外观

1）液压机的外表面不应有非图样表示的凸起、凹陷、粗糙不平和其他影响外表美观的缺陷。

2）零件结合面边缘应整齐均匀，不应有明显的错位；台、柜、盒的门和盖等结合面不应有超过规定的缝隙。

3）焊缝应平滑匀称，如果有缺陷应修磨平整。

4）铸件表面应修磨平整。

5）标牌应固定在液压机的明显位置，标牌应清晰、美观、耐久。

（13）安装施工及验收

1）双柱式锻造液压机的安装工程施工及验收通用规范见 GB 50231 的规定。

2）双柱式锻造液压机的安装工程施工及验收规范见 GB 50272—2009 中第 1 章、第 3 章、5.1、5.2、第 11 章的规定。

说明：

① JB/T 12229—2015《油泵直接传动双柱斜置式自由锻造液压机》标准给出的"机架的强度和刚度条件"非常重要，是液压机这种产品设计制造的正确理念。同时，它关系到主缸是否有发生早期破坏的可能。

② 尽管在 JB/T 12229—2015 的附录 D 中给出了"其他工作介质与传动方式的应用"，但以矿物油型液压油为工作介质的双柱式锻造液压机，在热态锻造时存在火灾隐患，应是一种本质不安全设计。

③ 外购的液压缸"试验压力为工作压力的 1.25 倍，保压时间不少于 10min，不得有任何渗漏和影响强度的现象"，外购的液压阀集成阀块系统"试验压力为工作压力的 1.25 倍，保压时间不少于 10min，不得有任何渗漏现象"，这样的技术要求有问题。

④ 在负荷运转（非工艺性）检验中，"负荷运转密封耐压试验的液体工作压力按设计文件规定，当设计文件无规定时，应符合下列要求：

a. 液体最大工作压力小于或等于 31.5MPa 时，试验压力为液体最大工作压力的 1~1.25 倍。

b. 液体最大工作压力大于 31.5MPa 且小于或等于 35MPa 时，其试验压力为液体最大工作压力的 1~1.1 倍。

c. 液体最大工作压力大于 35MPa 且小于等于 42MPa 时，其试验压力为液体最大工作压力的 1~1.05 倍。

d. "耐压试验的保压时间应大于或等于 5min，不应有渗漏现象"对液压机用液压缸设计、制造具有重要意义。

4.2.36　电液锤

在 GB/T 8541—2012、GB/T 36484—2018、JB/T 4174—2014、GB/T 25718—2010 和 GB/T 25719—2010 中都没有"电液锤"这一术语和定义。在 GB/T 25718—2010 中规定了电液锤的型式与基本参数，适用于有砧座式，气液驱动和液压驱动的电液锤；在 GB/T 25719—2010 中规定了电液锤的技术要求、试验方法、检验规则及标志、包装、运输和贮存，适用于电液锤（包括有砧座式自由锻电液锤、模锻电液锤、数控模锻电液锤），也适用于改造蒸-空锻锤的电液动力头。

注：在 GB/T 25718—2010 中定义了"双臂式自由锻电液锤、单臂式自由锻电液锤、桥式自由锻电液锤、模锻电液锤、数控模锻电液锤"等术语。

1. 电液锤的型式与基本参数

（1）电液锤的型式

电液锤可分为以下型式：

1）双臂式自由锻电液锤（见 GB/T 25718—2010 中图 1）。

2）桥式自由锻电液锤（见 GB/T 25718—2010 中图 2）。

3）单臂式自由锻电液锤（见 GB/T 25718—2010 中图 3）。

4）模锻电液锤（见 GB/T 25718—2010 中图 4）。

5）数控模锻电液锤（见 GB/T 25718—2010 中图 5）。

（2）电液锤的基本参数

1）双臂式自由锻电液锤的基本参数应符合表 4-116 的规定。

表 4-116　双臂式自由锻电液锤的基本参数

公称打击能量 /kJ	打击频次 /min^{-1}	最大行程 H/mm	工作区间宽度 S/mm	工作区间高度 H_1/mm	下砧块上平面至地面高度 h/mm	砧座质量 /kg
35	60	1000	1800	1250	750	15000
70	60	1250	2300	1380	750	30000
105	55	1450	2700	1470	760	45000
140	50	1500	2700	1470	760	60000
175	50	1700	3700	2000	880	75000
210	50	1850	3700	2150	880	90000
245	45	2000	4000	2200	900	105000
280	45	2200	4200	2250	900	120000
350	45	2400	4400	2250	900	150000

2）桥式自由锻电液锤的基本参数应符合表 4-117 的规定。

表 4-117　桥式自由锻电液锤的基本参数

公称打击能量 /kJ	打击频次 /min^{-1}	最大行程 H/mm	工作区间宽度 S/mm	工作区间高度 H_1/mm	下砧块上平面至地面高度 h/mm	砧座质量 /kg
175	50	1700	3700	2000	880	75000
210	50	1850	3700	2150	880	90000
245	45	2000	4000	2300	900	105000
280	45	2200	4200	2460	900	120000
350	45	2400	4400	2650	900	150000

3）单臂式自由锻电液锤的基本参数应符合表 4-118 的规定。

4）模锻电液锤的基本参数应符合表 4-119 的规定。

5）数控模锻电液锤的基本参数应符合表 4-120 的规定。

表 4-118　单臂式自由锻电液锤的基本参数

公称打击能量 /kJ	打击频次 /min^{-1}	最大行程 H/mm	锤杆中心线至锤身距离 L/mm	工作区间高度 H_1/mm	下砧块上平面至地面高度 h/mm	砧座质量 /kg
35	60	1000	730	1750	750	13000
70	60	1250	840	2150	750	26000
105	55	1450	960	2340	750	32000
140	50	1500	960	2400	750	45000
175	50	1700	1250	2200	760	60000
210	50	1850	1300	2300	760	70000
280	45	2200	1400	2300	780	96000

表 4-119　模锻电液锤的基本参数

公称打击能量 /kJ	连打次数及时间/(次/s)	平均打击频次 /min^{-1}	最大行程 H/mm	模具最小闭合高度（不计燕尾）/mm	导轨间距 b/mm	下砧块上平面至地面高度 h/mm	砧座质量 /kg
25	8/7	45	1000	220	540	840	20000
50	7/7	45	1200	260	600	850	40000
75	7/7	45	1250	350	700	930	60000
125	7/7	40	1300	400	740	850	100000
200	6/6	40	1350	430	900	865	160000
250	5/7	30	1400	450	1000	875	200000
400	3/5	30	1500	500	1200	900	320000

表 4-120　数控模锻电液锤的基本参数

公称打击能量 /kJ	最大打击频率 /min^{-1}	最小打击频率 /min^{-1}	最大行程 H/mm	模具最小闭合高度（不计燕尾）/mm	模具最大闭合高度（不计燕尾）/mm	导轨间距 b/mm
6.3	110	70	555	100	275	380
8	110	70	570	100	275	410
10	100	60	570	140	280	440
12.5	100	60	580	150	300	480
16	90	50	640	160	320	520
20	90	50	660	180	360	570
25	90	50	685	180	370	608
31.5	85	45	700	200	400	664
40	85	45	710	220	430	700
50	85	45	740	220	450	766
63	80	40	760	220	460	800
80	75	35	810	280	530	850
100	75	35	850	300	550	850
125	75	35	1000	500	730	1000
160	70	30	1050	600	830	1040

2. 技术要求

（1）基本要求

1）电液锤应符合 JB/T 1829 和 GB/T 25719—2010 标准的规定，并按经规定程序批准的图样及技术文件制造。

2）铸铁件应符合 JB/T 5775 的规定，焊接件应符合 JB/T 8609 的规定。

3）使用说明书应符合 GB/T 9969 的规定。

4）重要锻件应进行超声检测（如锤杆、锤头、砧块等），超声检测应符合 JB/T 8467 的规定，并做好有关记录。

5）电液锤的随机备件、附件应能互换，并符合有关技术文件的规定。

6）电液动力头和机身所用的所有紧固件应采取防松措施，动力头与机身应有减振垫。

（2）型式与基本参数

电液锤的型式与基本参数应符合 GB/T 25718 的规定，用户有特殊要求的除外。

（3）性能

1）电液锤操作系统应安全可靠、灵活自如。

2）自由锻电液锤、模锻电液锤应能实现锤头提升、悬置、重击、轻击、慢降、压紧和急停收锤等工作规范；改变锤头的提升高度，即可改变电液锤的打击能量；数控模锻电液锤能实现提升、重击、轻击和慢降等工作规范，通过调整打击阀闭合时间的长短，可精确控制电液锤的打击能量，以满足锻造工艺要求的使用功能。数控模锻电液锤打击能量控制精度为 ±3%。

3）电液锤的运动部件，如锤头系统（焊锤头和锤杆）应在有效行程内灵活自如，无卡阻现象出现。

4）自由锻电液锤、模锻电液锤在正常的使用中，提锤应能使锤头从闭合位置上升至行程高度的任意位置；如不立即进行打击，允许悬置锤头有微量滑动，但 5s 内的滑动距离不应大于 10mm。

5）自由锻电液锤、模锻电液锤在实施打击的瞬间，如发现误操作应能立即实施急停收锤，此防误操作工作规范只在应急时使用。

6）数控模锻电液锤在慢降过程中应为点动动作，停止状态下 5s 内滑动距离不应大于 5mm。

7）应设置回程限止装置，以保证锤头系统在最大回程速度下无刚性冲撞。

8）用户有要求时，模锻电液锤、数控模锻电液锤应带上顶料装置，顶料力应不小于锤头重力的 10 倍。

9）数控模锻电液锤打击能量的调整应方便，更换不同模具后，将模具闭合高度参数重新输入，打击能量应能自动调整。

（4）外观

1）电液锤的外观质量应符合 JB/T 1829 的规定。

2）铸件外部表面清除型砂、粘砂、结疤、多肉以后，用 500mm 的直尺检查不加工表面的平面度，偏差不应大于 2.5mm。

3）外部不加工表面清除铁锈、型砂与油污后，根据表面情况打底、抹腻子、涂装。砧座及埋入件只涂防锈漆。铆焊件可不抹腻子。腻子厚度不应大于 1.5mm，局部加厚处不应大于 3mm。

4）机器表面不应有图样未规定的凸起、凹陷和粗糙不平，用板料加工的盖不应出现边缘不整齐的现象，其结合缝隙不应超过表 4-121 的规定。

表 4-121　允许错偏量

（单位：mm）

零部件结合面的边沿尺寸	允许错偏量
≤500	1
>500~1000	2
>1000	3

注：边沿尺寸指直径或相应边长。

5）电气、润滑、液压、冷却管道外露部分应布置紧凑，排列整齐，且用管夹固定，管子不应扭曲折叠，在弯曲处应圆滑，不应压扁或打折。

（5）装配

1）装配质量应符合 JB/T 1829 的规定。

2）电气、液压、气动管路应固定牢固，不应与运动部件发生摩擦。

3）装配前应清洗管道、油管及充液装置。

4）全部液压、气动管路、管接头、法兰以及其他固定和活动连接均应连接可靠、密封良好，不应有油、气渗漏现象。

5）电液动力头重要固定结合面应紧密贴合，预紧后用 0.05mm 塞尺检查，只允许局部塞入，其塞入部分长度累计不应大于可检长度的 10%。

（6）液压系统

1）液压系统应符合 GB/T 3766 的规定。

2）液压系统油箱应有合理容积，油箱不应有渗漏现象；所配备的油液冷却器应保证油温不高于 60℃。

3）液压系统清洁度应符合 JB/T 9954 的规定。

4）液压系统中应设置滤油器。

（7）润滑系统

1）润滑系统应符合 GB/T 6576 的规定。

2）重要的摩擦部位的润滑应采用集中润滑系统，只有当不能采用集中润滑系统时才采用分散润滑

装置。

（8）气动系统

1）气动系统的结构与安全要求应符合 GB/T 7932 的规定。

2）气缸、储气罐和蓄能器的充装介质应使用氮气。

（9）电气

电气设备应符合 GB 5226.1 的规定。

（10）噪声

空运转的声音应正常，其 A 计权噪声声压级不应大于 90dB（A）。测量方法应符合 GB/T 23281 的规定。

（11）安装精度

1）安装精度的检验应符合 GB/T 10923 的规定。

2）自由锻电液锤、模锻电液锤、数控模锻电液锤的整体安装精度要求见 GB/T 25719—2010。

（12）安全与防护

1）安全与防护应符合 GB 17120 的规定。

2）电液锤应有防止锤杆意外断裂而引起高压油喷泄的防护装置。

3）数控模锻电液锤应有防止锤头意外下落的安全销装置，安全销开关应与打击操作开关互锁。

4）电液锤上有可能对人身和设备造成损伤的部分，应采取相应的安全防护措施和警示。

说明：

① "应设置回程限止装置，以保证锤头系统在最大回程速度下无刚性冲撞" 这样的技术要求，对于液压机用液压缸设计很重要。

② 在液压机用液压缸设计中，应充分考虑安全与防护中的要求，如意外断裂、意外下落。

③ 根据 GB/T 7935—2005 的规定，液压元件（液压缸）表面不应涂腻子。

④ 实际打击能量按式（4-10）计算。

$$E = \frac{1}{2}mv^2 \qquad (4\text{-}10)$$

式中　E——打击能量，单位为 J；

　　　m——落下部分实际质量，单位为 kg；

　　　v——上下砧块或上下模块闭合时的速度，单位为 m/s。

4.2.37　液压式万能试验机

液压式万能试验机是采用液压系统加力和测力进行试验的万能试验机。在 GB/T 2611—2007《试验机通用技术条件》中规定了试验机的基本要求，并规定了装配及机械安全、机械加工件、铸件和焊接件、电气设备、液压设备、外观质量、随机技术文件等要求，适用于金属材料试验机、非金属材料试验机、平衡机、振动台、冲击台与碰撞试验台、力与变形检测仪器、工艺试验机、包装试验机及无损检测仪器（以下统称试验机）。

注：万能试验机是能进行拉伸、压缩、弯曲试验及三种以上试验的材料试验机。万能试验机有机械式、液压式、电子式及电液伺服等型式；能测定材料的弯曲强度、挠度等力学性能；也能进行材料弯曲变形的延性试验称为 "冷弯（或热弯）试验"，这类试验属于工艺性能试验。

其中关于液压设备（即 GB/T 2611—2007 第 8章）有如下要求：

1）液压系统的活塞、液压缸、阀门等零件的工作表面不得有裂纹和划伤。

2）液压传动部分在工作速度范围内不应发生超过规定范围的振动、冲击和停滞现象。

3）液压系统应有排气装置和可靠的密封，且不应有漏油现象。

4）油箱结构和形状应满足下列要求：

① 在正常工作情况下，应能容纳从系统中流来的全部液压油。

② 防止溢出和漏出的污染液压油直接回到油箱中去。

③ 油箱底部的形状应能将液压油排放干净。

④ 油箱应便于清洗，并设有加油和放油口。

⑤ 油箱应有油面指示器。

5）液压系统应采取防水防尘措施。为消除液压油中的有害杂质，应装有滤油装置，使液压油达到规定的清洁度。含有伺服阀、比例阀的系统应在压力油口处设置无旁通的滤油器。

6）滤油装置的安装处应留有足够的空间，以便更换。

7）所有回油管和泄油管的出口应深入油面以下，以免产生泡沫和进入空气。

8）当液压系统回路中工作压力或流量超出规定而可能引起危险或事故时，则应有保护装置。

9）液压传动部分必要时应设有工作行程限位开关。

10）当液压系统中有一个以上相互联系的自动或人工控制装置时，如任何一个出故障会引起人身安全和设备损坏时，应装有联锁保护装置。

11）当液压系统处于停车位置，液压油从阀、管路和执行元件泄回油箱会引起设备损坏或造成危险时，应有防止液压油泄回油箱的措施。

12）液压系统应有紧急制动或紧急返回控制的人工控制装置，且应符合下列要求：

① 容易识别。

② 设置在操作人员工作位置处，并便于操作。

③ 立即动作。

④ 只能用一个控制装置去完成全部紧急操纵。

13）必要时，液压系统应装有温度控制装置。

在 GB/T 3159—2008 中规定了液压式万能试验机和液压式压力试验机的主参数系列、技术要求、检验方法、检验规则、标志与包装等内容，适用于金属材料力学性能试验用的液压式万能试验机和液压式压力试验机，也适用于非金属材料力学性能试验用的液压式万能试验机和液压式压力试验机（以下简称试验机）。卧式液压拉力试验机也可参照使用。

在 GB/T 3159—2008《液压式万能试验机》规范性引用文件中包括了 GB/T 2611—2007《试验机　通用技术要求》和 GB/T 16825.1—2008《静力单轴试验机的检验　第 1 部分：拉力和（或）压力试验机测力系统的检验与校准》等标准。

在 GB/T 3159—2008 术语和定义中规定："《试验机词汇　第 1 部分：材料试验机》确立的术语和定义适用于本标准。"而现行标准为：GB/T 36416.1—2018《试验机词汇　第 1 部分：材料试验机》。

1. 试验机主参数系列

试验机的主参数为试验机的最大试验力并按主参数划分试验机的规格。试验机的主参数也表征试验机的最大容量，每种规格试验机的主参数应从表 4-122 的优先数系中选取，试验机的主参数系列和各规格试验机划分的每个力的示值范围应符合表 4-122 的规定。

表 4-122　试验机主参数系列

试验机	最大容量/kN	各档力的示值范围/kN
主参数系列	50	1~10、0~20[0~25]、0~50
	100	0~20、0~50、0~100
	200	0~50[0~40]、0~100、0~200
	(300)	0~60、0~150、0~300
	500	0~100、0~200[0~250]、0~500
	(600)	0~120、0~300、0~600
	1000	0~200、0~500、0~1000
	2000	0~500[0~400]、0~1000、0~2000
	3000	0~600、0~1500、0~3000
	5000①	0~1000、0~2000、0~5000
	10000①	0~2000、0~5000、0~10000

注：1. 圆括号"（）"内的参数为不优先推荐的参数。

　　2. 方括号"［　］"内的示值范围适用于数字式指示装置的试验机。

① 主参数适用于液压式压力试验机。

2. 技术要求

（1）环境与工作条件

在下列环境与工作条件下试验机应能正常工作：

① 室温 10~35℃ 的范围内。

② 相对湿度不大于 80%。

③ 周围无振动、无腐蚀性介质的环境中。

④ 电源电压的波动范围在额定电压的 ±10% 以内；

⑤ 在稳固的基础上水平安装，水平度为 0.2/1000。

（2）试验机测力系统的各项技术指标和分级

1）试验机应按表 4-123 和表 4-124 规定的各项技术指标划分级别。

表 4-123　试验机测力系统的各项技术指标和分级

试验机级别	最大允许值（%）				
	示值相对误差 q	示值重复性相对误差 b	示值进回程相对误差 v	零点相对误差 f_0	相对分辨力 a
0.5	±0.5	0.5	±0.75	±0.05	0.25
1	±1.0	1.0	±1.5	±0.10	0.50
2	±2.0	2.0	±3.0	±0.20	1.00

表 4-124　同轴度

试验机级别	同轴度最大允许值（%）	
	自动调心夹头	非自动调心夹头
0.5	10	15
1	12	20
2	15	25

2）分级后的每一力的测量范围至少应为力的标称范围的 20%~100% 方为合格。

如果试验机具有多个力的测量范围，每个范围又分成不同的级别，则应以这些级别中最低的级别为试验机定级。

（3）加力系统

1）一般要求。

① 试验机机架应具有足够的刚性（度）和试验空间，应便于进行各种试验，并易于装卸试样、试样夹具、附具以及试验机附件和标准测力仪。

② 试验机在施加和卸除力的过程中应平稳、无冲击和振动现象。

③ 试验力保持时间不应少于 30s，在此期间，力的示值变动范围不应超过试验机最大力的 0.2%。

④ 试验机应有加力速度的指示装置。

2）液压系统和装置。试验机的液压系统和装置

应符合 GB/T 2611—2007 中第 8 章的有关规定。

3）拉伸试验夹持装置。试验机的拉伸试验夹持装置技术要求见 GB/T 3159—2008。

4）压缩试验装置。试验机的压缩试验装置技术要求见 GB/T 3159—2008。

5）弯曲试验装置。试验机的弯曲试验装置技术要求见 GB/T 3159—2008。

（4）测力系统

1）模拟式指示装置。试验机的模拟式指示装置技术要求见 GB/T 3159—2008。

2）数字式指示装置。试验机的数字式指示装置技术要求见 GB/T 3159—2008。

3）试验机力指示装置的示值和分辨力 r 应以力的单位表示。力指示装置的相对分辨力 a 的最大允许值见表 4-123。

4）力的指示装置在施加力的过程中应能随时、准确地指示出加在试样上的试验力值。利用从动针或其他方法应能准确地指示出加在试样上的最大试验力。

5）力的指示装置应有调零机构，标度盘各标尺（或各档示值范围）的零点应重合。试样断裂或卸除力以后，主动针（或示值）应回零位。

6）试验机测力系统力的示值相对误差 q、示值重复性相对误差 b、示值进回程相对误差 v（根据需要规定）和零点相对误差 f_0 应符合表 4-123 的规定。

7）记录装置。试验机的记录装置技术要求见 GB/T 3159—2008。

（5）安全保护装置

1）试验机的安全装置应灵活、可靠，当施加的力超过试验机最大容量的 2%～5%时，安全装置应立即动作，使试验机停止加力。

2）当试验机的移动夹头运动到其工作范围的极限位置时，限位装置应立即动作，使其停止移动。

（6）缓冲器

在试验力急剧下降时，缓冲器应起到缓冲作用。

（7）噪声

试验机工作时声音应正常，噪声声级应符合表4-125的规定。

表 4-125　噪声声级

试验机最大容量/kN	噪声声级/dB(A)
≤1000	≤75
>1000	≤80

（8）耐运输颠簸性能

试验机及其附件在包装条件下，应能承受运输颠簸试验而无损坏。试验后，试验机不经调修（不包括操作程序准许的正常调整）仍应能满足 GB/T 3159—2008 的全部要求。

（9）电器设备

试验机的电器设备应符合 GB/T 2611—2007 中第 7 章的有关规定。

（10）其他要求

试验机的基本要求、装配质量、机械安全防护和外观质量等要求应分别符合 GB/T 2611—2007 中的第 3 章、第 4 章和第 10 章的有关规定。

说明：

① 根据试验机主参数应能确定液压系统、液压缸等的（基本）参数。

② 液压式万能试验机的"环境与工作条件"技术要求，也是试验机用液压缸的技术要求。

③ "试验机测力系统的各项技术指标和分级"等，是试验机的液压系统、控制系统、测量系统等（精度）设计依据。

④ 根据"当施加的力超过试验机最大容量的 2%～5%时，安全装置应立即动作，使试验机停止加力。"可确定试验机用液压缸最高工作压力。

4.2.38　电液伺服试验机

1. 电液伺服万能试验机

电液伺服万能试验机是采用液压系统加力，采用电子测量和液压伺服控制技术进行试验的万能试验机。在 GB/T 16826—2008 中规定了以液压为力源，采用电子测量和伺服控制技术测量力学性能参数的电液伺服万能试验机的主参数系列、技术要求、检验方法、检验规则、标志与包装等内容，适用于金属、非金属材料的拉伸、压缩、弯曲和剪切等力学性能试验用的最大试验力不大于 3000kN 的电液伺服万能试验机（以下简称试验机）。也适用于电液伺服压力试验机。最大试验力大于 3000kN 的试验机也可参照使用。

在 GB/T 16826—2008 规范性引用文件中包括了 GB/T 2611—2007《试验机　通用技术要求》、GB/T 16825.1—2008《静力单轴试验机的检验　第 1 部分：拉力和（或）压力试验机测力系统的检验与校准》、GB/T 22066—2008《静力单轴试验机计算机数据采集系统的评定》和 JB/T 6146—2007《引伸计　技术条件》等标准。

在 GB/T 16826—2008 术语和定义中规定："《试验机词汇　第 1 部分：材料试验机》确立的术语和定义适用于本标准。"而现行标准为：GB/T 36416.1—

2018《试验机词汇　第 1 部分：材料试验机》。

（1）试验机主参数系列

试验机的主参数为试验机的最大试验力并按主参数划分试验机的规格。试验机的主参数也表征试验机的最大容量，每种规格试验机的主参数应从表 4-126 的优先数系中选取，试验机的主参数系列应符合表 4-126 的规定。

表 4-126　试验机主参数系列

项　目	主参数系列
最大容量/kN	50、100、200（300）、500（600）、1000、2000、3000

注：圆括号"（　）"内的参数为不优先推荐的参数。

（2）技术要求

1）环境与工作条件。在下列环境与工作条件下试验机应能正常工作：

① 室温 10~35℃ 的范围内。

② 相对湿度不大于 80%。

③ 周围无振动、无腐蚀性介质和无较强电磁场干扰的环境中。

④ 电源电压的波动范围在额定电压的 ±10% 以内。

⑤ 在稳固的基础上水平安装，水平度为 0.2/1000。

2）试验机的分级。试验机按其测量力的量值和变形量值与其他参数所具有的准确度，以及试验机性能能够达到的各项技术指标划分为 0.5 级和 1 级两个级别。

试验机分级的各项技术指标见表 4-127 ~ 表 4-131。

表 4-127　试验机测力系统的各项技术指标

试验机级别	最大允许值(%)				
	示值相对误差 q	示值重复性相对误差 b	示值进回程相对误差 v	零点相对误差 f_0	相对分辨力 a
0.5	±0.5	0.5	±0.75	±0.25	0.25
1	±1.0	1.0	±1.5	±0.5	0.5

3）加力系统

① 一般要求。

a. 试验机机架应具有足够的刚度和试验空间，便于进行各种试验，并易于装卸试样、试样夹具、辅具以及试验机附件和标准测力仪。

b. 试验机在施加和卸除力的过程中应平稳、无冲击和振动现象。

② 液压系统。试验机液压系统和装置应符合 GB/T 2611—2007 中第 8 章的有关规定。

③ 拉伸试验夹持装置。在加力过程中，拉伸试验夹持装置在任意位置上，其上下夹头和试样钳口的中心线应与试验机加力轴线同轴。对应试验机的级别，其同轴度应分别符合表 4-128 的规定。

表 4-128　同轴度

试验机级别	同轴度最大允许值（%）
0.5	12
1	15

④ 压缩试验装置。试验机的压缩试验装置见 GB/T 16826—2008。

⑤ 弯曲试验装置。试验机的弯曲试验装置见 GB/T 16826—2008。

4）测力系统

① 一般要求。

a. 在施加和卸除力的过程中，随着力的增加和减少，力的示值应连续稳定变化，无停滞和跳动现象。

b. 试验力保持时间不少于 30s，在此期间内，力的示值变化范围不应超过试验机最大试验力的 0.2%。

c. 测力系统通过计算机的显示器或数字式指示装置（或记录装置）应能实时、连续、准确地指示施加到试样上的试验力值。

d. 试验机应能记录和存储试验过程中的试验数据或最大力值。

e. 试验机测力系统应具有调零和（或）清零的功能，当卸除力并在所指示的最大试验力消失后，力的示值应回零位，其零点相对误差 f_0 应符合表 4-127 的规定。

f. 若力的测量范围需要分档的话，则力的测量放大器衰减倍数应从 1、2、5、10、20 数系中选取，不得少于四档。

g. 试验机使用前，预热时间不应超过 30min，在 15min 内的零点漂移应符合表 4-129 的规定。

表 4-129　零点漂移允许值

试验机级别	零点漂移允许值 z（%）
0.5	±0.5
1	±1

h. 试验机应有加力速度的指示装置。

i. 试验机宜采用力传感器进行测力。

注：若使用液压式压强传感器，则应考虑温度对示值的影响。

② 力指示装置。

a. 测力系统的计算机显示器或数字式指示装置应以力的单位直接显示力值。显示的数据和（或）图形应清晰、完整、易于读取，并应能显示各示值范围的零点和最大值以及力的方向（如"+"或"-"）。

b. 力的指示装置的分辨力定义为：当试验机的电动机、驱动机构和控制系统均启动，在零试验力的情况下，若数字示值的变动不大于一个增量，则分辨力 r 为数字示值的一个增量；若数字示值变动大于一个增量，则分辨力 r 为变动范围的一半加上一个增量。

c. 力指示装置的分辨力应以力的单位（如 N、kN）表示。

③ 测量系统的鉴别力阈。试验机测量系统的鉴别力阈不应大于 $0.25\%F_L$。

④ 测力系统的各项允许误差和指示装置的相对分辨力。试验机测力系统力的示值相对误差 q、示值重复性相对误差 b、示值进回程相对误差 v（根据需要规定）和指示装置的相对分辨力 a 等技术指标，按照试验机的级别应分别符合表 4-127 的规定。

5）变形测量系统。变形测量系统由变形传感器和试验机的变形信号测量显示单元组成，该系统以下统称为引伸计。

术语"引伸计"是指变形测量装置并包括指示或记录该变形的系统。

① 一般要求。

a. 引伸计的一般要求应符合 JB/T 6146—2007 中5.2 的规定。

b. 引伸计应有调零和（或）清零的功能，变形测量过程中应能连续准确地指示出试样的变形量。

c. 如果变形放大器需要分档的话，其衰减倍数应从1、2、5、10 数系中选取，不得少于四档。

② 引伸计允许误差。各级别引伸计的标距相对误差 q_{Le}、变形示值相对误差 q_e、变形示值绝对误差 q'_e、示值进回程相对误差 u、相对分辨力 a_e 和绝对分辨力 r_e 的最大允许值应符合表 4-130 的规定。

6）控制系统

① 一般要求。控制系统应具有应力（力）控制和应变（变形）控制两种闭环控制方式，在不同控制方式转换过程中，试验机运行应平顺、无影响试验结果的振动和过冲。

② 应力（力）速率和应变（变形）速率的控制。试验机对应力（力）速率和应变（变形）速率的控制能力应符合表 4-131 的规定。

③ 制造者应在产品使用说明书或技术文件中给

出试验机能够控制的应力（力）速率范围和应变（变形）速率范围。

表 4-130　各级别引伸计的技术指标

引伸计级别	引伸计的最大允许值					
	标距相对误差 q_{Le}(%)	分辨力①		示值误差①		示值进回程相对误差 u(%)
		相对 a_e(%)	绝对 r_e/μm	相对误差 q_e(%)	绝对误差 q'_e/μm	
0.2	±0.2	0.10	0.2	±0.2	±0.6	±0.30
0.5	±0.5	0.25	0.5	±0.5	±1.5	±0.75
1	±1.0	0.50	1.0	±1.0	±3.0	±1.50

注：1. 宜根据试验方法与变形测量的准确度要求来配备和选用合适级别的引伸计。

2. 配备引伸计时，引伸计的级别宜与试验机的级别一致。

① 取其中较大者。

表 4-131　应力（力）速率和应变（变形）速率的控制的各项技术指标

试验机级别	最大允许值（%）			
	应力（力）速率控制相对误差	应力（力）保持相对误差	应变（变形）速率控制相对误差	应变（变形）保持相对误差
0.5	±1	±1	±1	±1
1	±2	±2	±2	±2

④ 试验机的控制软件除能实现试验机的全部功能以外，还应具有供检验（或校准）使用的软件。

7）计算机数据采集系统。在试验机型式评价时、硬件更新设计和软件升级后均应按 GB/T 22066—2008 对计算机数据采集系统进行评定并出具评定报告。

8）安全保护装置。

① 试验机的安全装置应灵活、可靠，当施加的力超过试验机最大容量2%～5%时，安全保护装置应立即动作，自动停机。

② 当试样断裂后，试验机应能自动停机。

③ 移动夹头到达极限位置时，限位装置应立即动作，使其停止移动。

9）噪声。试验机工作时声音应正常，噪声声级应符合表 4-132 的规定。

表 4-132　噪声声级

试验机最大容量/kN	噪声声级/dB(A)
≤1000	≤75
>1000	≤80

10）耐运输颠簸性能。试验机在包装条件下，应

能承受运输颠簸试验而无损坏。试验后试验机不经调修（不包括操作程序准许的正常调整）仍应能满足 GB/T 16826—2008 的全部要求。

11）电器设备。试验机的电器设备应符合 GB/T 2611—2007 中第 7 章的有关规定。

12）其他要求。试验机的基本要求、装配质量、机械安全防护和外观质量等要求应符合 GB/T 2611—2007 中的第 3 章、第 4 章和第 10 章的有关规定。

说明：

① 术语"引伸计"和定义，对一些液压缸试验有参考价值。

② 因为"控制系统应具有应力（力）控制和应变（变形）控制两种闭环控制方式"，所以试验机采用的一定是比例/伺服控制液压缸。

2. 电液伺服动静万能试验机

电液伺服动静万能试验机是采用电液伺服控制系统既可施加静态力，也可施加动态力，兼有电子万能试验机和疲劳试验机功能的试验机。在 JB/T 8612—2015 中规定了电液伺服动静万能试验机的符号与说明、试验机主参数系列、技术要求、检验方法、检验规则、标志与包装，适用于金属材料和非金属材料进行静态、动态力学性能试验用的电液伺服动静万能试验机（以下简称试验机）。

在 JB/T 8612—2015 规范性引用文件中包括了 GB/T 2611—2007《试验机　通用技术要求》、GB/T 16825.1—2008《静力单轴试验机的检验　第 1 部分：拉力和（或）压力试验机测力系统的检验与校准》、GB/T 25917—2010《轴向加力疲劳试验机动态力校准》和 JB/T 6146—2007《引伸计　技术条件》等标准。

在 JB/T 8612—2015 中删除了试验机的分级。

（1）试验机主参数系列

试验机的主参数为最大静态试验力，并按主参数划分试验机规格，同时也表征试验机力的最大容量。

试验机主参数宜按表 4-133 的规定选取。

表 4-133　试验机主参数系列

（单位：kN）

试验机	主参数系列						
最大静态试验力	10	20	50	100	200	500	1000

（2）技术要求

1）环境与工作条件。试验机应能在下列条件下正常工作：

① 室温 10~35℃ 的范围内。

② 相对湿度不大于 80%。

③ 周围无腐蚀性介质的环境中。

④ 电源电压的波动范围在额定电压的 ±10% 以内。

⑤ 在稳固的基础上正确安装，水平度为 0.2/1000。

2）加力系统

① 一般要求。

a. 试验机机架应具有足够的刚度和试验空间，应能方便地进行各种试验，并便于试样、试样夹持装置和试验机附件的装卸以及标准测力仪的安装与使用。

b. 试验机应在其给定的幅频特性内正常工作。

c. 试验机在施加和卸除力的过程中应平稳、无冲击和振动现象。

② 液压系统。液压系统的液压缸、活塞、阀、管路及接头等应符合 GB/T 2611—2007 中第 8 章的规定。

③ 拉伸试验试样夹持装置。试验机的拉伸试验试样夹持装置技术要求见 JB/T 8612—2015。

④ 压缩试验装置。试验机的压缩试验装置技术要求见 JB/T 8612—2015。

⑤ 弯曲试验装置。试验机的弯曲试验装置技术要求见 JB/T 8612—2015。

3）测力系统

① 一般要求。

a. 测力系统通过计算机显示器或数字式指示装置应能实时、连续地指示力值。指示装置显示的数字应清晰，易于读取，并有加力方向的指示（如"+"或"-"）。无论何种类型的指示装置均应以力的单位直接显示力值。

b. 试验机应能准确地存储、指示和记录试验过程中循环力峰值和谷值。

c. 测力系统应具有调零和（或）清零的功能。

d. 试验机预热时间不应超过 30min。预热后，在 15min 内的零点漂移的最大允许值为力测量范围下限的 ±1%。

② 静态力。

a. 静态力示值相对误差的最大允许值为 ±1%。

b. 静态力示值重复性应不大于 1%。

c. 示值进回程（可逆性）差的最大允许值为 ±1.5%。

d. 零点相对误差的最大允许值为 ±0.5%。

e. 试验机测力系统的最低相对分辨力为 0.5%，测力系统的鉴别阈应不大于测量范围下限值的 0.25%。

③ 循环力。

a. 循环力示值相对误差的最大允许值为±2%。

b. 循环力示值重复性应不大于2%。

④ 引伸计系统。引伸计系统由引伸计和试验机变形信号测量显示单元组成。

⑤ 位移测量系统。

a. 位移横梁位移指示装置的最低分辨力为0.001mm。

b. 在测量范围内,位移横梁位移示值相对误差的最大允许值为±1%。

⑥ 控制系统。试验机的控制系统技术要求见JB/T 8612—2015。

⑦ 安全保护。

a. 试验机应有力的过载保护装置,当施加的力超过试验机力最大容量的2%～10%时,过载保护装置应保证试验机自动停机。

b. 试验机应有油温、液位达到极限值和过滤器堵塞的报警或自动停机保护功能。

c. 试验过程中当试样破断后,试验机应自动停机。

⑧ 噪声。试验机(不含液压源)工作时的噪声声级,不应超过75dB(A)。

⑨ 耐运输颠簸性能:试验机在包装条件下,应能承受运输颠簸试验而无损坏。试验后,试验机不经调修(不包括操作程序准许的正常调整)仍应能满足GB/T 8612—2015的全部要求。

⑩ 其他要求。试验机的装配质量、机械安全要求和外观质量等,应符合GB/T 2611—2007中的第4章和第10章的规定。

说明:

① 在合同或协议中应明确所遵照的标准,如是GB/T 16826—2008还是JB/T 8612—2015,以便确定是为何种试验机设计、制造液压缸。

② 在液压缸试验中,应充分考虑标准中的相关要求(如测力系统),以使液压缸可以满足试验机的要求。

③ 在控制系统中的函数发生器发出正弦波、方波、三角波等波形信号时,试验机(液压缸)输出的工作波形不应有明显畸变。

3. 电液伺服水泥压力试验机

电液伺服水泥压力试验机是采用液压系统加力,采用电子测量和液压伺服控制技术对水泥等建筑材料及其制品进行压缩试验的压力试验机。在JB/T 8763—2013中规定了电液式水泥压力试验机的技术要求、检验方法、检验规则、标志与包装、随行文件等内容,适用于最大试验压力不大于300kN的电液式水泥压力试验机(以下简称试验机)。

技术要求:

1)环境与工作条件。

在下列环境与工作条件下试验机应能正常工作:

a. 室温10～35℃范围内。

b. 相对湿度不大于80%。

c. 周围无振动、无腐蚀性介质和无较强电磁场干扰的环境中。

d. 电源电压的波动范围应在额定电压的±10%以内。

e. 在稳固的基础上水平安装,水平度为0.2/1000。

2)加力系统。

① 试验机机架应具有足够的刚性(度)和试验空间,以便于装卸试样、试样夹具、标准测力仪及其他辅助装置。

② 试验机在施加和卸除力的过程中,应平稳、无冲击和振动的现象。

③ 试验机上、下压板的中心线应与加力轴线重合。

④ 下压板的工作面上,应清晰地刻有定位用的不同直径的同心圆刻线或互成90°角的刻线,刻线的最小深度和宽度以易于观察,并不影响试验结果为准。

⑤ 压板的工作表面应光滑、平整,表面粗糙度Ra的上限值为0.8μm;压板的洛氏硬度不应低于55HRC。

⑥ 试验机应能以恒定加力速率自动进行压缩试验。在整个试验过程中应按GB/T 17671—1999中9.3的规定以2400N/s±200N/s的速率均匀地对试样加力。

3)测力系统。

① 试验机测力系统的特性值见表4-134。

② 力指标装置应能实时、准确地指示施加到试样上的力值。

③ 试验机测力系统应能记录和存储试验过程中等试验数据,试样破碎时或卸除试验力之前的最大力值。

④ 试验机测力系统应具有标定值修正、调零的功能;在卸除力后所指示的最大试验力消失后,力的示值应回零位,其零点相对误差应符合表4-134的规定。

⑤ 力的保持时间应不少于30s,在此期间内力的示值变动范围不应超过试验机最大力的0.2%。

表 4-134　试验机测力系统的特性值

试验机级别	最大允许值（%）				
	示值相对误差 q	示值重复性 b	零点相对误差 f_0	相对分辨力 a	零点漂移值 z
0.5	±0.5	0.5	±0.25	0.25	±0.5
1	±1.0	1.0	±0.5	0.5	±1.0

⑥ 当试样破碎时，试验机应能自动停止加力，并返回到初始设置的试验位置。

⑦ 试验机使用前，预热时间不应超过 30min，在 15min 内的零点漂移应符合表 4-134 的规定。

⑧ 试验机测力系统宜具有力的信号输出接口和与打印设备相连的接口。

4）安全保护装置。

① 试验机的安全保护装置应灵敏可靠，当施加的力超过试验机最大容量的 2%～5% 时，安全装置应立即动作，停止加力。

② 试验机应有限位保护装置，当移动部件运行到其工作范围的极限位置时，限位装置应立即动作，使其停止移动。

5）噪声。试验机工作时声音应正常，噪声声级不应大于 75dB（A）。

6）耐运输颠簸性能。试验机在包装条件下，应能承受运输颠簸试验而无损坏。试验后试验机不经调修（不包括操作程序准许的正常调整）仍应满足 JB/T 8763—2013 标准规定的全部技术要求。

7）装配质量、电气设备、液压设备和外观质量要求。试验机装配质量、电气设备、液压设备和外观质量要求等其他要求应符合 GB/T 2611—2007 中的 4.1、第 7 章、第 8 章和第 10 章的规定。

8）功能要求。

试验机应具有下列功能：

① 恒定加力速率下试样破型循环试验。

② 储存全部试验结果，并能查阅及读取试验结果。

③ 对试验数据进行自动处理和运算。

4.3　剪板机和板料折弯机用液压缸设计与选型依据

4.3.1　剪板机

根据 JB/T 1826.1—1999《剪板机　名词术语》标准规定，剪板机是一个刀片相对另一刀片作往复直线运动剪切板材的机器；摆式剪板机是上刀架绕支点摆动的剪板机；而液压剪板机则是用液压驱动的剪板机；液压摆式剪板机是用液压驱动的摆式剪板机。在 JB/T 1826—1991《剪板机　型式与基本参数》中规定了剪板机的型式和基本参数；在 JB/T 5197.2—2015《剪板机　第 2 部分：技术条件》中规定了剪板机的技术要求、试验方法、检验规则、包装、运输、贮存、制造厂的保证；在 GB/T 14404—2011《剪板机　精度》中规定了剪板机的精度检验、检验精度允许值及检验方法，适用于（新设计的）一般用途的剪板机。

1. 剪板机的型式

剪板机可分为以下两种型式：

1）闸式剪板机（剪板机），见 JB/T 1826—1991 中图 1（图 1 不决定剪板机的结构）。

2）摆式剪板机，见 JB/T 1826—1991 图 2（图 2 不决定剪板机的结构）。

2. 剪板机的基本参数

1）剪板机主参数为可剪板厚 t 和可剪板宽 b。

2）剪板机基本参数应符合如下规定：

① 喉口深度 L 一般应选用 0mm、100mm、300mm、500mm。

② 剪板机的基本参数应符合表 4-135 的规定。

表 4-135　剪板机的基本参数

可剪板厚 t/mm	可剪板宽 b/mm	额定剪切角 α/(°)	行程次数/(次/min)	
			空运转	满负载
1	1000	1°	100	40
	1250			
2.5	1250	1°	65	30
	1600			
	2000			
	2500			
	3200			

（续）

可剪板厚 t/mm	可剪板宽 b/mm	额定剪切角 α/(°)	行程次数/(次/min) 空运转	行程次数/(次/min) 满负载
4	2000	1°30′	60	22
	2500			
	3200		55	20
	4000			
6	2000	1°30′	50	18
	2500			
	3200			14
	4000			
	5000		—	12
	6300			
8	2000	1°30′	50	14
	2500			
	3200		45	12
	4000			
	5000		—	10
	6300			
10	2000	2°	45	12
	2500			
	3200		40	10
	4000			
	5000		—	8
	6300			
12	2000	2°	40	10
	2500			
	3200		35	8
	4000			
	5000		—	
	6300			
16	2000	2°30′	30	8
	2500			
	3200			
	4000			
	5000		—	6
	6300			
20	2000	2°30′	20	6
	2500			
	3200			
	4000			
	5000		—	5
	6300			
25	2000	3°	20	5
	2500			
	3200			
	4000			
	5000		—	4
	6300			

（续）

可剪板厚 t/mm	可剪板宽 b/mm	额定剪切角 α/(°)	行程次数/（次/min）	
			空运转	满负载
32	2500	3°30′	15	4
	3200			
	4000			
	5000		—	3
	6300			
40	2500	3°30′	15	3
	3200			
	4000			

注：1. 板材选用 $R_m \leqslant 450$MPa。
　　2. 对液压传动剪板机，只规定满负荷行程次数。

3. 剪板机的技术要求

（1）一般要求

1）剪板机应符合 JB/T 1829 的规定。

2）剪板机的图样及技术文件应符合技术文件的规定，并应按照规定程序经过批准后，方能投入生产。

3）剪板机的刚度应符合技术文件的规定。

4）使用说明书应符合 GB/T 9969 的规定。

（2）型式与基本参数

剪板机的型式与基本参数应符合 JB/T 1826 的规定。剪板机用刀片应符合 JB/T 1828.1、JB/T 1828.2 的规定。

（3）配套件与配套性

1）剪板机出厂时应保证其完整性，并备有正常使用和维修所需的专用附件及备用易损件。特殊附件由用户与制造厂共同商定，随机供应或单独订货。

2）制造厂应保证剪板机配套的外购件（包括电气、液压、气动元件等）取得合格证，并须与主机同时进行运转试验。

（4）安全与防护

剪板机的安全与防护应符合 GB 28240 的规定。

（5）结构与性能

1）剪板机的刚度应符合技术文件的规定。

2）结构与性能的其他要求见 JB/T 5197.2—2015。

（6）标牌

1）剪板机应有铭牌和指示润滑、操纵、安全等要求的各种标牌和标志，标牌的要求应符合 GB/T 13306 的规定。标牌上的形象化符号应符合 JB/T 3240 的规定。

2）标牌应端正牢靠地固定在明显合适的位置。

（7）铸件、锻件、焊接件

1）灰铸铁应符合 JB/T 5775 的规定。球墨铸铁应符合 GB/T 1348 的规定。铸造碳钢件应符合 GB/T 11352 的规定。焊接件应符合 JB/T 8609 的规定。锻件和有色金属铸件应符合技术文件的规定。对不影响使用和外观的缺陷，在保证质量的条件下，允许按技术文件的规定进行修补。使用的复合件应符合技术文件的规定，钢体铜衬复合件应符合 JB/T 11196 的规定。

2）机架（左立柱、右立柱）、上刀架、工作台（下刀架）、连杆、大齿轮、飞轮、偏心轮、缸体、活塞、主（曲）轴、调节螺杆、活塞杆、刀片、减速箱体等重要的铸件、锻件及焊接件应进行消除内应力的处理。

（8）机械加工

1）零件加工应符合设计、工艺技术文件的要求，已加工表面不应有毛刺、斑痕和其他机械损伤，除特殊要求外，均应将锐边倒钝。

2）机架、上刀架、主（曲）轴、活塞杆、缸体、转键、滑销、月牙叉（闸刀）等主要摩擦副应采取耐磨措施。

3）机械加工的其他要求见 JB/T 5197.2—2015。

（9）电气设备

剪板机的电气设备应符合 GB 5226.1 的规定。

（10）液压、润滑、气动系统

1）剪板机的液压系统应符合 GB/T 3766 的规定。液压元件应符合 GB/T 7935 的规定。气动系统应符合 GB/T 7932 的规定。工作部件在规定的范围内不应有爬行、停滞及振动，在换向和卸压时不应有明显的冲击现象。

2）压力容器的设计、制造、检验应符合技术文件的规定。

3）剪板机应有可靠的润滑装置，润滑管路和润滑点应有对应的标志，保证各运转部位得到正常

润滑。

4）液压、润滑、气动系统的油、气不应有渗漏现象。

5）转动部位的油不得甩出，对非循环稀油润滑部位应有集油回收装置。

（11）装配

1）剪板机应按装配工艺规程进行装配。装配在剪板机上的零部件均应符合质量要求，不允许装入图样上未规定的垫片、套等零件。

2）同一运动副内，可卸换导轨的硬度应低于不可卸换导轨的硬度；小件导轨的硬度应低于大件导轨的硬度。

3）剪板机的液压系统清洁度应符合 JB/T 9954 的规定。

4）装配的其他要求见 JB/T 5197.2—2015。

（12）噪声

剪板机的齿轮传动机构、电气、液压、气动部件等工作时声音应均匀，不得有不规则的冲击声和周期性的尖叫声。剪板机的噪声应符合 GB 24389 的规定。

（13）外观

1）剪板机的外表面不应有图样未规定的凸起、凹陷或粗糙不平，零部件结合面的边缘应整齐、匀称，其错偏量误差应符合有关标准的规定。

2）沉头螺钉不应凸出零件外表面，定位销一般应略凸出零件外表面，凸出值为其倒角值；螺栓尾端应凸出螺母之外，凸出值不大于其直径的 1/5；外露轴端应凸出其包容件端面，凸出值约为倒角值。

3）剪板机的主要零部件外露加工表面不应有磕碰、划伤、锈蚀等痕迹。

4）各种管、线路系统安装应整齐、美观，不应与其他零部件发生摩擦或碰撞，管子弯曲处应圆滑。

5）剪板机的涂装应符合技术文件的规定。

4. 剪板机的试验方法

（1）基本参数检验

1）剪板机的基本参数检验应在无负荷情况下进行，剪板机的基本参数应符合设计的要求。

2）成批生产的定型剪板机允许抽检，每批抽检数不少于 10%，且不少于一台。

3）剪板机参数偏差应符合表 4-136 的规定。

表 4-136　剪板机参数的允许偏差

检　验　项　目			允许偏差
行程量	上刀架行程量/mm	曲柄传动	行程量的±1%
		杠杆传动	行程量的-2%~3%
		其他传动	行程量的±2%
	辅助机构行程量/mm		行程量的-2%~3%
调节量	上刀架和辅助机构的调节量/mm		调节量的0~12%
	上刀架和辅助机构的角度调节量/(°)		角度调节量的0~12%
	上刀架每分钟行程次数/（次/min）		次数的0~10%

注：1. 在电源正常情况下进行检验，具体见剪板机精度检验一般要求。

2. 偏差折算结果（长度、角度、次数）按 GB/T 8170—2008《数值修约规则与极限数值的表示和判定》的规定修约到小数点后一位。

3. 上刀架每分钟行程次数小于或等于 5 次/min 时，偏差折算结果按 GB/T 8170—2008 的规定修约到个数位的 0.5 单位。

4）基本参数中未注公差尺寸的极限偏差，对于两个切削加工面间的尺寸按 GB/T 1804 中 m 级的规定计算；对于两个非切削加工面或其中只有一个切削加工面的尺寸，按 GB/T 1804 中 c 级的规定计算（涂装腻子膜及漆膜厚度不计算在内）。

（2）负荷试验

1）每台剪板机应进行满负荷试验，试验次数不应少于 2 次。满负荷试验时，应剪切厚度和长度分别为可剪板厚和可剪板宽，采用 R_m 为 450MPa 的金属板材。成批生产的剪板机可按 4.（1）2）的规定抽检。

2）对新产品或更新产品，试制鉴定时应进行超负荷试验，机械传动的剪板机应按其剪切力的 120%、液压传动的剪板机应按不大于额定压力的 110% 进行，试验次数不少于 3 次。超负荷试验时，用剪切金属板材或用加载器加载方法进行试验。

3）剪板机的所有机构、工作系统在负荷试验时动作应协调可靠，带有超负荷保护装置的应灵敏可靠。

（3）精度检验

1）剪板机应在满负荷试验后，进行精度检验。

2）剪板机的精度检验应符合 GB/T 14404 的规定。

剪板机的其他试验与检验及包装、运输和贮存等技术要求见 JB/T 5197.2—2015。制造厂的保证应符合 JB/T 1829 的规定。

5. 剪板机精度检验要求

（1）一般要求

1）应满足电源电压偏差在 ±10% 范围内和环境温度在 5~40℃ 范围内的检验条件。

2）剪板机精度检验前，应调整其安装水平，在工作台中间及左、右位置，沿剪板机纵向和横向放置水平仪，水平仪的读数均不得超过 0.20/1000。

3）在检验过程中不应对影响精度的机构和零件进行调整。

4）精度检验和检验用量检具应符合 GB/T 10923 的有关规定。

5）当实际测量长度小于公差规定的长度时，应按实际测量长度折算，其折算结果按 GB/T 8170 修约至微米位数。

6）上刀架作倾斜往复运动的剪板机，不检验"与下刀片贴合的垂直支承面对上刀架行程的平行度"。

7）摆式剪板机，不检验"与下刀片贴合的垂直支承面对上刀架行程的平行度""与上刀片贴合的垂直支承面对上刀架行程的平行度"。

（2）工作精度的检验条件

1）试件长度应符合表 4-137 的规定。

表 4-137　试件长度

（单位：mm）

剪板机可剪板宽 B	试件长度 L
≤4000	B
>4000	4000

2）试件宽度为试件厚度的 20 倍，但不小于 80mm。

3）试件厚度为剪板机可剪板厚的一半。

4）试件材料为 Q235A 钢板，其抗拉强度 $R_m \leq 450$MPa。

5）试件件数不少于 3 件。

6）当试件长度小于被检剪板机可剪板宽时，工作精度检验用试件应分别在被检剪板机可剪范围左、中、右三个位置获取。

7）在距试件端部 10 倍试件厚度、长度范围内不作检验。

8）工作精度应在满负荷试验后进行检验。

6. 剪板机精度检验（GB/T 14404—2011）

（1）几何精度

1）与下刀片贴合的垂直支承面对上刀架行程的平行度。

① 公差。与下刀片贴合的垂直支承面对上刀架行程的平行度应符合表 4-138 的规定。

表 4-138　与下刀片贴合的垂直支承面对上刀架行程的平行度

（单位：mm）

可剪板厚	公差
≤10	在 100 行程长度上为 0.20
>10	在 100 行程长度上为 0.24

注：上刀架向下运动时，与上刀片和下刀片贴合的两垂直支承面的距离，只许增大。

② 检验方法。按照 GB/T 10923—2009 的 5.4.2.2.1，将指示器（表）依次紧固在上刀架 A、B 及 C 点上，使指示表测头顶在与下刀片贴合的垂直支承面上，当上刀架向下运行时进行测量，误差以指示表的最大读数差值计。检验时允许不拆刀片而检验下刀片贴合的垂直支承面对上刀架行程的平行度。

2）与上刀片贴合的垂直支承面对上刀架行程的平行度。与上刀片贴合的垂直支承面对上刀架行程的平行度的公差及检验方法见 GB/T 14404—2011。

（2）工作精度

试件的直线度、试件的平行度公差及检验方法见 GB/T 14404—2011。

4.3.2　数控剪板机

数控剪板机是刀架和/或挡料装置采用数控系统控制的剪板机。在 GB/T 28762—2012《数控剪板机》中规定了数控剪板机的术语和定义、技术要求、精度、试验方法、检验规则、标志、标牌、包装、运输和贮存，适用于数控剪板机，具有数控送料装置的剪板机也可参照使用。

1. 技术要求

（1）一般要求

1）数控剪板机的图样及技术文件应符合 GB/T 28762—2012 标准和技术文件的规定，并应按照规定程序经过批准后，方能投入生产。

2）数控剪板机出厂时应保证其完整性，并备有正常使用和维修所需的配套件和工具；特殊附件由用户和制造厂共同商定，随机供应或单独订货。外购件（包括电气、液压、气动元件等）应符合技术文件的规定，并须与主机同时进行运转试验。

3）数控剪板机的工作机构和操作、调整机构动作应准确、协调；当一个操作循环完成时，刀架应可靠地停在上死点。

4）操作用手柄、脚踏装置等动作应安全、灵活、可靠。

5）数控剪板机设计时应满足两班制工作且在遵守使用规则的条件下，其至第1次计划大修前的使用时间应不低于5年。

6）使用说明书应符合GB/T 9969的规定，使用说明书的内容应包括安装、运输、贮存、使用维护和安全方面的要求及说明。

（2）参数

数控剪板机的参数应符合JB/T 1826或产品技术文件的规定。

（3）刚度

数控剪板机的刚度应符合技术文件的规定。

（4）安全与防护

数控剪板机的安全与防护应符合GB 17120和JB 8781（已废止）的要求。

（5）铸件、锻件、焊接件

1）灰铸铁件应符合JB/T 5775的规定；球墨铸铁件应符合GB/T 1348的规定；焊接件应符合JB/T 8609的规定；锻件和有色金属铸件应符合JB/T 1829和技术文件的规定，对不影响使用和外观的缺陷，在保证质量的条件下，允许按技术文件的规定进行修补。

2）机架、刀架、工作台、缸体、活塞、调节螺杆、活塞杆、刀片等重要的铸件、锻件和焊接件应进行消除内应力的处理。

（6）零件加工

1）零部件的加工应符合设计、工艺技术文件的要求，已加工表面不应有毛刺、斑痕和其他机械损伤，除特殊要求外，均应将锐边倒钝。

2）数控剪板机的主要导轨、刀架、缸体、活塞杆等主要摩擦副应采取耐磨措施。

3）零件加工等其他技术要求见GB/T 28762—2012。

（7）装配

1）数控剪板机应按装配工艺规程进行装配，装配到数控剪板机上的零部件均应符合质量要求，不允许装入图样上未规定的垫片、套等零件。

2）装配等其他技术要求见GB/T 28762—2012。

（8）电气设备和数控系统

1）数控剪板机的电气设备应符合GB 5226.1的规定。

2）数控系统应符合JB/T 8832（已作废）的规定，数控系统的平均无故障工作时间不小于5000h，并应具有以下基本功能：

① 单向定位功能。

② 限制数控轴线可以运行的范围。

③ 具有接受补偿数据、修正误差的功能。

④ 具有自动退让的控制功能。

⑤ 为挡料装置的最小和最大行程位置保留安全区设置，挡料在安全区内应以低速运行。

⑥ 具备记录加工次数的功能，计数方向应可以选择。

⑦ 计数完成后的处理可以采取下述方法之一。

a. 计数到达设定值后停机（增数计）。

b. 计数到达0后停机（减数计）。

⑧ 具有自动寻参考点的功能，寻参考点速度应采用低速。

⑨ 提供示教功能代替寻参考点操作。

⑩ 至少应具备手动、自动操作模式。

⑪ 断电后，数控系统应能保存加工相关数据。

⑫ 提供监控数字量 I/O 端口状态的方法。

⑬ 至少应为下述系统部件提供诊断的方法：

a. 输入端口。

b. 输出端口。

c. 按键。

d. 显示部件（LED、LCD）。

e. 数据存储器。

（9）液压和气动系统

1）数控剪板机的液压系统应符合GB/T 3766的规定，液压元件应符合GB/T 7935的规定，气动系统应符合GB/T 7932的规定。

2）工作部件在规定的范围内不应有爬行、停滞、振动，在换向和卸压时不应有明显的冲击现象。

3）对于有比例或伺服阀的液压系统，液压泵的出油口应设置高压滤油器。

4）液压、气动系统的油、气不应有渗漏现象。

5）数控剪板机的液压系统的清洁度应符合JB/T 9954的规定。

6）液压泵进口的油液温度不应超过60℃。

（10）润滑系统

1）数控剪板机应有可靠的润滑装置，润滑管路的润滑点应有对应的编号标志，保证各运转部位得到正常润滑，润滑系统应符合GB/T 6576的规定。

2）重要摩擦部位的润滑一般应采用集中润滑系统，只有当不能采用集中润滑系统时才可以采用分散润滑装置，分散润滑应单独设置润滑标牌，标牌上应注明润滑部位。

3）润滑系统的油不应有渗漏现象。

4）转动部位的油不得甩出，对非循环稀油润滑部位应有集油回收装置。

（11）噪声

数控剪板机的齿轮传动机构、电气、液压部件等工作时声音应均匀，不得有不规则的冲击声和周期性等尖叫声，其噪声应符合 GB 24389 的规定。

（12）外观

1）数控剪板机的外表面，不应有图样未规定的凸起、凹陷或粗糙不平。零部件结合面的边缘应整齐、匀称，其错偏量和门盖缝隙公差应符合 GB/T 28762—2012 标准的规定。

2）数控剪板机的防护罩应平整、匀称，不应有翘曲、凹陷。

3）埋头螺钉不应突出于零件外表面，固定销一般应略突出零件外表面，突出值约为倒角值，螺栓尾端应突出螺母之外，突出值应不大于其直径的 1/5；外露轴端应突出其包容件端面，突出值为轴端倒角值。

4）需经常拧动的调节螺栓和螺母及非金属管道不应涂装。

5）非机械加工的金属外表面应涂装，或采用其他方法进行防护。涂装应符合技术文件的规定，漆膜应平整，色泽应一致、清洁、无明显突出颗粒和粘附物，不允许有明显的凹陷不平、砂纸道痕、流挂、起泡、发白及失光。部件装配结合面的漆层，必须牢固、界限分明，边角线条清楚、整齐。不同颜色的油漆分界线应清晰，可拆卸的装配结合面的接缝处，在涂装后应切开，切开时不应扯破边缘。对于已经过表面防锈处理（如发蓝、镀铬、镀镍、镀锌、喷塑等）的零部件表面，不允许再涂装。

6）外露的焊缝要平直、均匀。

7）各种系统的管、线路安装应整齐、美观，并用管夹固定，不应与其他零部件发生摩擦或碰撞。管子弯曲处应圆滑，并应符合其最小弯曲半径的要求。

8）数控剪板机的主要零部件外露加工表面不应有磕碰、划伤、锈蚀痕迹。

2. 精度

（1）几何精度及检验方法

1）与下刀片贴合的垂直支承面对上刀架行程的平行度。

① 公差。与下刀片贴合的垂直支承面对上刀架行程的平行度公差应符合表 4-139 的规定。

② 检验方法。按照 GB/T 10923—2009 的 5.4.2.2.1，将指示器（表）依次紧固在上刀架 A、B 及 C 点上，使指示表测头顶在与下刀片贴合的垂直支承面上，当上刀架向下运行时进行测量，误差以指示表的最大读数差值计。检验时允许不拆刀片而检验

下刀片贴合的垂直支承面对上刀架行程的平行度。

表 4-139　与下刀片贴合的垂直支承面对上刀架行程的平行度公差

（单位：mm）

可剪板厚	公　差
≤10	在 100 行程长度上为 0.18
>10	在 100 行程长度上为 0.22

注：上刀架向下运动时，与上刀片和下刀片贴合的两垂直支承面的距离，只许增大。

2）与上刀片贴合的垂直支承面对上刀架行程的平行度。与上刀片贴合的垂直支承面对上刀架行程的平行度公差及检验方法见 GB/T 28762—2012。

（2）工作精度及检验方法

试件的直线度、试件的平行度公差及检验方法见 GB/T 28762—2012。

3. 试验方法

（1）一般要求

数控剪板机试验时的一般要求见 GB/T 28762—2012。

（2）参数检验

1）采用剪切钢板的方法检验主参数，应符合 1.（2）或产品设计文件的规定。

2）用通用量具测量基本参数，应符合 1.（2）或产品设计文件的规定。

3）成批生产的数控剪板机允许抽样检验，每批检验数量不低于 3 台。

4）数控剪板机的参数偏差不应超过表 4-140 的规定。

表 4-140　数控剪板机的参数偏差

检验项目			偏差
行程量	刀架行程量/mm	曲柄传动	±1%
		杠杆传动	+3% −2%
		其他传动	±2%
	辅助机构行程量/mm		+3% −1%
调节量	刀架和辅助机构的调节量/mm		+10% 0
	刀架和辅助机构的角度调节量/(°)		+3% 0
行程次数/(次/min)			+10% 0

注：1. 在电源正常情况下进行检验。

2. 偏差折算结果（长度、次数）小于1，仍以1计算。

5）基本参数中未注公差尺寸的极限偏差，对于两个切削加工面间的尺寸按 GB/T 1804—2000 的中等 m 级计算；对于两个非切削加工面或其中只有一个切削加工面的尺寸，按 GB/T 1804—2000 的粗糙 c 级计算（涂装腻子及油漆厚度不计）；基本参数中未注几何公差值，对于两个切削加工面间的尺寸按 GB/T 1184—1996 中的 K 级计算，对于两个非切削加工面或一个切削加工面的尺寸，按 GB/T 1184—1996 中的 L 级计算（涂装腻子及油漆厚度不计）。

（3）满负荷试验

每台数控剪板机应进行满负荷试验，试验次数不应少于 2 次。满负荷试验时所加载荷应为公称力的 100%。满负荷试验时各机构及辅助装置应工作正常。

（4）超负荷试验

型式试验时应进行超负荷试验，机械传动的剪板机一般应按其公称力的 120%，液压传动的剪板机一般应不大于公称力的 110%，进行超负荷试验，试验次数不少于 3 次。各机构、工作系统动作应协调、可靠，带有超负荷保护装置、联锁装置的，应灵敏可靠。

4.3.3 板料折弯机

板料折弯机是以模具的相对运动折弯板材的机器；而液压板料折弯机是用液压驱动滑块的板料折弯机。在 JB/T 2257.2—1999《板料折弯机 型式与基本参数》中规定了板料折弯机的型式与基本参数；在 JB/T 2257.1—2014《板料折弯机 第 1 部分：技术条件》中规定了板料折弯机的技术要求、试验方法、检验规则、包装、运输和贮存；在 GB/T 14349—2011《板料折弯机 精度》中规定板料折弯机的精度检验、检验精度允许值及检验方法，适用于板料折弯机或一般用途的板料折弯机。

1. 型式

板料折弯机分为下列三种传动型式：

1）型式Ⅰ：机械上传动（适用于公称力小于或等于 1600kN），见 JB/T 2257.2—1999 中图 1。

2）型式Ⅱ：液压上动式（适用于公称力小于或等于 10000kN），见 JB/T 2257.2—1999 中图 2。

3）型式Ⅲ：液压下传式（适用于公称力小于或等于 4000kN），见 JB/T 2257.2—1999 中图 3。

2. 主参数与基本参数

1）板料折弯机的主参数为公称力和可折最大宽度，见表 4-141。

2）板料折弯机的基本参数应符合表 4-141 的规定。

3. 技术要求

（1）一般要求

1）应符合 JB/T 1829 的规定。

表 4-141 板料折弯机的基本参数

公称力 p/kN	可折最大宽度 L/mm	喉口深度 C/mm	滑块行程 S/mm	最大开启高度 H/mm	滑块行程 S/mm	最大开启高度 H/mm	滑块行程调节量 ΔH/mm	行程次数 $n(\geqslant)$/min^{-1}	工作速度 $v(\geqslant)$/(mm/s)
			活塞与滑块间相对位置不可改变的		活塞与滑块间相对位置可改变的			液压传动（空载）	液压传动
250	1600	200	100	300	100	300	80	11	8
400	2000 2500	200	100	300	100	300	80	11	8
630	2000 2500 3200	250	100	320	100	320	100	10	8
1000	2500 3200 4000	320	100	320	100	320	100	10	7
1600	3200 4000 5000	320	200	450	150	450	125	6	7
2500	3200 4000 5000 6300	400	250	560	200	560	160	3	6

（续）

公称力 p/kN	可折最大宽度 L/mm	喉口深度 C /mm	滑块行程 S/mm	最大开启高度 H/mm	滑块行程 S/mm	最大开启高度 H/mm	滑块行程调节量 ΔH/mm	行程次数 n(≥) /min⁻¹	工作速度 v(≥) /(mm/s)
			活塞与滑块间相对位置不可改变的		活塞与滑块间相对位置可改变的			液压传动（空载）	液压传动
4000	4000 5000 6300	400	320	630	280	630	160	2.5	6
6300	5000 6300 8000	400	320	630	280	630	160	2.5	6
8000	5000 6300 8000	500	360	710	320	800	200	2	5
10000	6300 8000 10000	500	450	800	400	1000	250	1.5	5

注：立柱间的距离，公称力<6300kN，推荐取（0.7~0.85)L；公称力≥6300kN，推荐取（0.6~0.65)L。

2）板料折弯机的图样及技术文件应符合技术文件的规定，并应按照规定程序经过批准后，方能投入生产使用。

3）板料折弯机的刚度应符合技术文件的规定。

4）使用说明书应符合 GB/T 9969 的规定。

（2）型式与基本参数

板料折弯机的型式与基本参数应符合 JB/T 2257.2 的规定。

（3）配套件与配套性

1）板料折弯机出厂时应保证其完整性，并备有正常使用和维修所需的专用附件及备用易损件。特殊附件由用户与制造厂共同商定，随机供应或单独订货。

2）制造厂应保证板料折弯机配套的外购件（包括电气元件、液压元件、气动元件等）符合技术文件的规定和取得合格证，并应与主机同时进行运转试验。

3）板料折弯机用上折弯模应符合 JB/T 1164 的规定。

4）板料折弯机用下折弯模应符合 JB/T 1165 的规定。

（4）安全

1）板料折弯机必须具有可靠的安全防护装置，并应符合 GB 17120 的规定。

2）板料折弯机应符合 GB 28243 的规定。

3）用电动机调节滑块封闭高度的调节机构，其上下调节限位开关应动作灵敏、可靠。

4）在气动或液压系统中，当气压或液压突然失压或供气、供液中断时，应有保护措施和必要的显示。

5）安全的其他技术要求见 JB/T 2257.1—2014。

（5）噪声

板料折弯机的传动机构、电气部件、液压部件、气动部件等工作时的声音应均匀，不得有不规则的冲击声和周期性的尖叫声。板料折弯机的噪声应符合 GB 24388 的规定。

（6）标牌

1）板料折弯机应有铭牌和指示润滑、操纵、安全等要求的各种标牌和标志，标牌的要求应符合 GB/T 13306 的规定。标牌上的形象化符号应符合 JB/T 3240 的规定。

2）标牌应端正牢靠地固定在明显合适的位置。

（7）铸件、锻件、焊接件

1）灰铸铁件应符合 GB/T 9439 的规定。球墨铸铁件应符合 GB/T 1348 的规定。铸造碳钢件应符合 GB/T 11352 的规定。焊接件应符合 JB/T 8609 的规定。锻件和有色金属铸件应符合有关标准的规定，如无相关标准，则应符合图样及技术文件的要求。对不影响使用和外观的缺陷，在保证质量的条件下，允许按技术文件的规定进行修补。

2）机架（左立柱、右立柱）、滑块（上动式）、上横梁（下动式）、工作台、连杆、大齿轮、飞轮、偏心轮、缸体、活塞、主（曲）轴、调节螺杆、活塞杆、模具等重要的铸件、锻件及焊接件应进行消除

内应力的处理。

(8) 加工

1) 零件加工应符合设计、工艺和有关标准规定的要求,已加工表面不应有毛刺、斑痕和其他机械损伤,除特殊要求外,均应将锐边倒钝。

2) 机架、滑块、主(曲)轴、活塞杆、缸体、转键、滑销、月牙叉(闸刀)等主要摩擦副应采取耐磨措施。

3) 加工的其他技术要求见 JB/T 2257.1—2014。

(9) 电气设备

板料折弯机的电气设备应符合 GB 5226.1 的规定。

(10) 液压、润滑、气动系统

1) 板料折弯机的液压系统应符合 GB/T 3766 的规定。液压元件应符合 GB/T 7935 的规定。

2) 气动系统应符合 GB/T 7932 的规定。

3) 工作部件在规定的范围内不应有爬行、停滞及振动现象,在换向和卸压时不应有明显的冲击现象。

4) 液压系统的保压性能应符合技术文件的规定。

5) 液压系统的清洁度应符合 JB/T 9954 的规定。

6) 板料折弯机应有可靠的润滑装置,润滑管路和润滑点应有对应的标志,保证各运转部位得到正常润滑。

7) 转动部位的油不得甩出,对非循环稀油润滑部位应有集油回收装置。

8) 液压系统、气动系统、润滑系统的油、气不应有渗漏现象。

(11) 装配

1) 板料折弯机应按装配工艺规程进行装配。装配在板料折弯机上的零部件均应符合质量要求,不允许装入图样上未规定的垫片、套等零件。

2) 同一运动副内,可卸换导轨的硬度应低于不可卸换导轨的硬度;小件导轨的硬度应低于大件导轨的硬度。

3) 装配的其他技术要求见 JB/T 2257.1—2014。

(12) 外观

1) 板料折弯机的外表面不应有图样未规定的凸起、凹陷或粗糙不平等缺陷,零部件结合面的边缘应整齐、匀称,其错偏量公差应符合有关标准的规定。

2) 沉头螺钉头部不应突出于零件外表面,定位销一般应略突出零件外表面,突出值为其倒角值;螺栓尾端应突出于螺母之外,突出值应不大于其直径的1/5;外露轴端应突出其包容件的端面,突出值约为其倒角值。

3) 板料折弯机的主要零部件外露加工表面不应有磕碰、划伤、锈蚀等痕迹。

4) 各种管路系统、线路系统安装应整齐、美观,不应与其他零部件发生摩擦或碰撞,管子弯曲处应圆滑。

5) 板料折弯机涂装的技术要求应符合技术文件的规定。

4. 试验方法

(1) 基本参数检验

1) 板料折弯机的基本参数检验应在无负荷情况下进行。

2) 成批生产的板料折弯机允许抽检,每批抽检数不少于 10%,且不少于一台。

3) 板料折弯机参数的允许偏差应符合表 4-142 的规定。

表 4-142   板料折弯机参数的允许偏差

检 验 项 目		允 许 偏 差
行程量	滑块行程量/mm 曲柄传动	不超过行程量的 ±1%
	杠杆传动	不超过行程量的 -2% ~ 3%
	其他传动	不超过行程量的 ±2%
	辅助机构行程量/mm	不超过行程量的 -1% ~ 3%
调节量	滑块和辅助机构的调节量/mm	调节量的 0~10%
	滑块和辅助机构的角度调节量/(°)	角度调节量的 0~3%
	滑块每分钟行程次数/(次/min)	次数的 0~10%

注:1. 在电源正常情况下进行检验。

2. 偏差(长度、角度、次数)折算结果按 GB/T 8170 的规定修约到个数位的 0.5 单位。

4) 基本参数中未注公差尺寸的极限偏差,对于两个切削加工面间的尺寸按 GB/T 1804—2000 中 m 级计算;对于两个非切削加工面或其中只有一个切削加工面的尺寸,按 GB/T 1804—2000 中 c 级计算(涂装腻子及油漆厚度不计算在内)。

(2) 负荷试验

每台板料折弯机应进行满负荷试验,试验次数不应少于 2 次。满负荷试验时,应采用 R_m 为 450MPa 的

钢板或其他方式进行试验。成批生产的板料折弯机可按 4.（1）2）的规定进行抽检。

（3）超负荷试验

1）机械传动的板料折弯机应按其额定压力的 120%，液压传动的板料折弯机应不大于额定压力的 110% 进行超负荷试验，试验次数不少于 3 次，超负荷试验时，应采用 R_m 为 450MPa 的钢板或其他方式进行试验。

2）板料折弯机的所有机构、工作系统在（超）负荷试验时动作应协调可靠。带有超负荷保护装置的，其装置应灵敏可靠。

（4）精度检验

1）板料折弯机应在满负荷试验后，进行精度检验。

2）板料折弯机的精度检验应符合 GB/T 14349 的规定。

板料折弯机的其他试验与检验，包装、运输和贮存等技术要求见 JB/T 2257.1—2014。

5. 精度检验说明

（1）一般要求

1）在精度检验前应调整板料折弯机的安装水平，机床调平后，在纵、横方向均不应超过 0.20/1000。

2）几何精度的检验应在无负载的条件下进行。

3）工作精度应在满负荷试验后进行检验。

4）在精度检验过程中，不应对影响精度的机构和零件进行调整。

5）精度检验和检验用量检具应符合 GB/T 10923 的有关规定。

6）当实际测量长度小于公差规定的长度时，应按实际测量长度折算，其折算结果按 GB/T 8170 修约至微米位数。

7）试件长度、宽度极限偏差为 ±2mm，试件厚度极限偏差为 ±0.3mm。

（2）工作精度检验条件

1）试件长度应符合表 4-143 的要求。

表 4-143　试件长度

（单位：mm）

工作台长度 L	试件长度 l
≤2000	L
>2000~3200	2000
>3200~5000	3000
>5000	4000

2）试件宽度不应小于 100mm。

3）试件厚度应符合表 4-144 的要求。

表 4-144　试件厚度

公称力/kN	试件厚度/mm
≤1000	2
>1000~2500	3
>2500~6300	4
>6300	6

4）试件材料为 Q235A 钢板，其抗拉强度 R_m ≤450MPa。

5）试件件数不少于 3 件。

6）试验用下模开口尺寸为试件厚度的 8~10 倍。

7）试件应放置在工作台中间位置。

8）试件折弯角度为 90°。

9）从距试件端部 100mm 处开始测量。

10）热切割的试件，需经机械加工去除热应力影响区。

6. 精度检验（GB/T 14349—2011）

（1）几何精度

1）工作台面的平行度、与上模贴合面的水平支承面对工作台面的平行度的公差、检验方法见 GB/T 14349—2011。

2）滑块行程对工作台面的垂直度（下动式为滑块行程对上横梁与上模贴合的水平支承面的垂直度）：

① 滑块行程对工作台面的垂直度的公差应符合表 4-145 的要求。

表 4-145　垂直度公差

（单位：mm）

滑块行程	公差
≤100	0.20
>100~250	0.25
>250~500	0.40

注：滑块向下运行时，只许滑块向内偏向机架一侧。

② 检验方法。按照 GB 10923—2009 的 5.5.2.2.1，在工作台的 A 处放一把角尺，指示表紧固在滑块上或上横梁上，使指示表测头触及角尺检验面，当滑块向下最大行程时读出示值差。在 B 处重复上述检验。误差以 A、B 两处中较大者计（下动式见 GB/T 14349—2011）。

（2）工作精度

试件折弯角度、试件折弯直线度公差及检验方法见 GB/T 14349—2011。如试件材料应力差异较大，允许用两次折弯的折弯试件对机床工作精度进行检验。

4.3.4 数控板料折弯机

根据在 GB/T 34376—2017 中的术语和定义，数控液压板料折弯机是滑块和/或挡料装置采用数控系统控制的液压板料折弯机；电液同步数控液压板料折弯机是以电液比例或伺服阀驱动液压缸运动，并通过位移从传感器检测和反馈，来控制折弯机液压缸同步运动的数控液压板料折弯机；扭力轴同步数控液压板料折弯机是以机械（或液压）方式保持折弯机液压缸同步运动的数控液压板料折弯机。在 GB/T 34376—2017 中规定了数控板料折弯机的术语和定义、要求、精度、试验方法、检验规则、标志、包装、运输和贮存；在 GB/T 33644—2017 中规定了数控板料折弯机精度的检验要求、允许值及检验方法，适用于数控（液压）板料折弯机（以下简称数控折弯机）。

1. 要求

（1）图样及技术文件

数控折弯机的图样及技术文件应符合规定，并应按照规定程序经批准后，方能投入生产。

（2）型式和参数

数控折弯机的基本型式和参数宜符合 JB/T 2257.2 的规定。

（3）备配件与配套性

1）数控折弯机出厂时应保证其完整性，并备有正常使用和维修所需的专用附件及备用易损件，特殊附件由用户和制造厂共同商定，随机供应或单独订货。

2）制造厂应保证数控折弯机配套的外购件（包括电气、液压、气动元件等）符合现行标准和取得其合格证，并须与主机同时进行运转试验。

（4）安全与防护

数控折弯机的安全与防护应符合 GB 28243 的要求。

（5）刚度

数控折弯机的刚度应符合技术文件的规定。

（6）滑块停止位置

数控折弯机的工作机构和操作机构动作应协调，当一个操作循环完成时，滑块应可靠地停在上死点。

（7）标牌

数控折弯机应有铭牌和指示润滑、操纵和安全等要求的各种标牌和标志，标牌的要求应符合 GB/T 13306 的规定。标牌上的形象化符号应符合 JB/T 3240 的规定，标牌应端正牢固地固定在明显、合适的位置。

（8）铸件、锻件、焊接件

1）灰铸铁件应符合 JB/T 5775 的规定，球墨铸铁件应符合 GB/T 1348 的规定，焊接件、锻件和有色金属铸件应符合技术文件的规定，如无标准，则应符合图样及工艺文件的技术要求，对不影响使用和外观的缺陷，在保证质量的条件下，允许按技术文件的规定进行修补。

2）机架、滑块、连接横梁、工作台、缸体、活塞、活塞杆、调节螺杆、模具等重要的铸件、锻件及焊接件应进行消除内应力处理。

（9）零件加工

1）零部件加工应符合设计、工艺和有关标准的要求，已加工表面不应有毛刺、斑痕和其他机械损伤，除特殊规定外，均应将锐边倒钝。

2）数控折弯机的主要导轨、导轴、滑块、缸体、活塞杆等主要摩擦副应采取耐磨措施。

3）零件加工的其他要求见 GB/T 34376—2017。

（10）电气设备和数控系统

1）数控折弯机的电气设备应符合 GB 5226.1 的规定。

2）数控系统应符合 JB/T 8832（已作废）和 JB/T 11216 的规定，数控系统的平均无故障工作时间不小于 5000h，并应具有以下基本功能：

① 数控系统应具备单向定位功能。

② 数控系统应限制数控轴可以运行的范围。

③ 数控系统应具有接受补偿数据、修正误差的功能。

④ 数控系统应具有自动退让的控制功能。

⑤ 数控系统应为挡料装置的最小和最大行程位置保留安全区设置，挡料在安全区内应以低速运行。

⑥ 数控系统应具有自动寻参考点的功能，寻参考点速度应采用低速。

⑦ 数控系统应提供示教功能代替寻参考点操作。

⑧ 数控系统应具备计数控制功能。

⑨ 数控系统至少应具备手动、自动操作模式。

⑩ 断电后，数控系统应能保存加工相关数据。

⑪ 数控系统应提供监控数字量 I/O 端口状态的方法。

⑫ 数控系统至少应为下述系统部件提供诊断的方法：

a. 输入端口。

b. 输出端口。

c. 按键。

d. 显示部件（LED、LCD）。

e. 数据存储器。

（11）液压、气动和润滑系统

1）数控折弯机的液压系统应符合 GB/T 3766 的规定，液压元件应符合 GB/T 7935 的规定。

2）工作部件在规定的范围内不应有爬行、停滞、振动，在换向和卸压时不应有明显的冲击现象。

3）以单向阀为主实现保压功能的液压系统，其保压性能应符合表 4-146 的规定。

表 4-146　保压性能

额定压力/MPa	数控折弯机公称力/kN	保压 10min 时的压力降/MPa
≤20	≤1000	≤3.43
	>1000~2500	≤2.45
	>2500	≤1.96
>20	≤1000	≤3.92
	>1000~2500	≤2.94
	>2500	≤2.45

4）对于有比例或伺服阀的液压系统，液压泵的出油口应设置高压滤油器。

5）气动系统应符合 GB/T 7932 的规定。

6）数控折弯机应有可靠的润滑装置，润滑管路的润滑点应有对应的编号标志，保证各运转部位得到正常的润滑，润滑系统应符合 GB/T 6576 的规定。

7）重要摩擦部位的润滑一般应采用集中润滑系统，只有当不能采用集中润滑系统时才可以采用分散润滑装置，分散润滑应单独设置润滑标牌，标牌上应注明润滑部位。

8）转动部位的油不得甩出，对非循环稀油润滑部位应有集油回收装置。

9）液压、润滑和气动系统的油、气不应有渗漏现象。

（12）装配

1）数控折弯机应按装配工艺规程进行装配，装配到数控折弯机上的零部件均应符合质量要求，不准许装入图样上未规定的垫片、套等零件。

2）数控折弯机的液压系统的清洁度应符合 JB/T 9954 的规定。

3）装配的其他要求见 GB/T 34376—2017。

（13）噪声

数控折弯机的齿轮传动机构、电气、液压部件等工作时的声音应均匀，不得有不规则的冲击声和周期性的尖叫声，其噪声应符合 GB 24388 的规定。

（14）温升

数控折弯机主要部件的温升应符合下列规定：

1）滑动轴承的温升不应超过 35℃，最高温度不应超过 70℃。

2）滚动轴承的温升不应超过 40℃，最高温度不应超过 70℃。

3）滑动导轨的温升不应超过 15℃，最高温度不应超过 50℃。

4）液压泵吸油口的油液温度不应超过 60℃。

（15）精度

精度应符合 GB/T 33644 的要求。

（16）寿命

数控折弯机在两班制工作且在遵守使用规则的条件下，其至第 1 次大修的时间应为 4~5 年。

（17）外观

1）数控折弯机的外表面，不应有图样未规定的凸起、凹陷或粗糙不平。零部件结合面的边缘应整齐、匀称，其错偏量公差应符合 GB/T 34376—2017 中表 5 的规定。

2）数控折弯机的防护罩应平整、匀称，不应有翘曲、凹陷。

3）埋头螺钉不应突出于零件外表面，固定销一般应略突出零件外表面，突出值约为倒角值；螺栓尾端应突出于螺母之外，突出值不应大于其直径的 1/5；外露轴端应突出其包容件端面，突出值约为轴端倒角值。

4）需经常拧动的调节螺栓和螺母及非金属管道不应涂装。

5）非机械加工的金属外表面应涂装，或采用其他方法进行防护。漆膜应平整，色泽应一致、清洁，无明显突出颗粒和粘附物，不允许有明显的凹陷不平、砂纸道痕、流挂、起泡、发白及失光。部件装配结合面之漆层，应牢固、界限分明，边角线条清楚、整齐。不同颜色的涂料分界线应清晰，可拆卸的装配结合面的接缝处，在涂装后应切开，切开时不应扯破边缘。对于已经过表面防锈处理（如发蓝、镀铬、镀镍、镀锌、喷塑等）的零部件表面，不准许再涂装。数控折弯机的涂装技术要求应符合有关标准的规定。

6）外露的焊缝要平直、均匀。

7）各种系统的管、线路安装应整齐、美观，并用管夹固定，不应与其他零部件发生摩擦或碰撞。管子弯曲处应圆滑，并应符合其最小弯曲半径的要求。

8）数控折弯机的主要零部件外露加工表面不应有磕碰、划伤、锈蚀痕迹。

2. 试验方法

（1）一般要求

数控折弯机试验时的一般要求见 GB/T 34376—2017。

（2）参数

1）数控折弯机的参数偏差应符合表 4-147 的规定。

表 4-147　数控折弯机的参数偏差

检验项目		偏差
行程量	滑块行程量（液压传动）/mm	+3% -2%
	辅助机构行程量/mm	+3% -1%
调节量	滑块和辅助机构的调节量/mm	+10% 0
工作台面与滑块（上横梁）间最大封闭高度/mm		+5% 0
工作速度/(mm/s)		+10% 0

注：1. 在电源正常情况下进行检验。

2. 偏差折算结果（长度、次数）小于 1，仍以 1 计算。

2）基本参数中未注公差尺寸的极限偏差，对于两个切削加工面间的尺寸按 GB/T 1804 的中等 m 级计算，对于两个非切削加工面或其中只有一个切削加工面的尺寸，按 GB/T 1804 的粗糙 c 级计算（涂装腻子及油漆厚度不计）；基本参数中未注几何公差值，对于两个切削加工面间的尺寸按 GB/T 1184 中的 K 级计算，对于两个非切削加工面或一个切削加工面的尺寸，按 GB/T 1184 中的 L 级计算（涂装腻子及涂料厚度不计）。

3）其他参数的试验方法见 GB/T 34376—2017。

（3）负荷试验

1）加载方法。采用下列加载方法之一，对数控折弯机加载进行负荷试验：

① 用折弯板料的方法。

② 安装执行机构挡块。

③ 其他模拟加载方法。

2）满负荷试验。

① 每台数控折弯机应进行满负荷试验，试验次数不应少于 2 次。满负荷试验时，可采用 2.（3）1）所规定的加载方法之一。

② 满负荷试验时所加载荷应为公称力的 100%。

③ 满负荷试验时各机构及辅助装置应工作正常。

3）超负荷试验。对于新产品或改进设计产品试制鉴定时，数控折弯机一般应以不大于公称力的 110%，进行超负荷试验，试验次数不少于 3 次。超负荷试验时，可采用 2.（3）1）所规定的加载方法之一。

4）性能检验。数控折弯机的所有机构、工作系统在负荷试验下动作应协调、可靠，带有超负荷保护装置、联锁装置的应灵敏可靠。

（4）精度检验

1）在满负荷试验后进行精度检验。

2）数控折弯机精度的检验按 1.（15）的规定进行。

3. 精度检验（GB/T 33644—2017）

（1）几何精度

1）工作台面的平行度、与上模贴合面的水平支承面对工作台面的平行度的公差、检验方法见 GB/T 33644—2017。

2）滑块行程对工作台面的垂直度（下动式为滑块行程对上横梁与上模贴合的水平支承面的垂直度）。

① 公差。滑块行程对工作台面的垂直度的公差应符合表 4-148 的要求。

表 4-148　垂直度公差

（单位：mm）

滑块行程	公差
≤100	0.20
>100~250	0.25
>250~500	0.40
>500	0.50

注：滑块向下运行时，只许滑块向内偏向机架一侧。

② 检验方法。按照 GB 10923—2009 的 5.5.2.2.1，在工作台的 A 处放一把角尺，指示表紧固在滑块上或上横梁上，使指示表测头触及角尺检验面，当滑块向下最大行程时读出示值差。在 B 处重复上述检验。误差按 A、B 两处中较大者计（下动式见 GB/T 33644—2017）。

3）滑块定位精度。

① 公差。滑块定位精度公差应符合表 4-149 的规定。

表 4-149　滑块定位精度公差

公称力/kN	公差/mm	
	伺服同步	扭力同步
<6300	±0.02	±0.04
≥6300	±0.03	±0.06

② 检验方法。以滑块下 2/3 行程作为测量范围。至少选出 5 个目标位置 P_i，对于每个选定的目标位置，滑块分 5 次从上死点开始以工作速度趋近，用数字式位移测量装置、深度尺、大量程百分表在工作台中间位置测量并记录每次测量到的实际位置数值。

计算每次实际位置与目标位置之差，并保留差值的正负号。定位精度误差以所有差值中的最大正差值和最小负差值计。

4）滑块重复定位精度。

① 公差。滑块重复定位精度公差应符合表 4-150 的规定。

表 4-150　滑块重复定位精度公差

公称力/kN	公差/mm	
	伺服同步	扭力同步
<6300	0.02	0.04
≥6300	0.03	0.06

② 检验方法。以滑块下 2/3 行程作为测量范围。至少选定 5 个目标位置作为下死点目标位置 P_i，对于每个选定的目标位置，滑块分 5 次从上死点开始以工作速度趋近，用数字式位移测量装置、深度尺、大量程百分表在工作台中间位置测量并记录每次测量到的实际位置数值。

计算每个目标位置测量到的最大实际位置减去最小实际位置之差值，以所有差值中最大值作为滑块的重复定位精度。

（2）工作精度

试件折弯角度、试件折弯直线度允差及检验方法见 GB/T 33644—2017。如试件材料应力差异较大，允许用两次折弯的折弯试件对工作精度进行检验。

说明：

1）除名称不同外，GB/T 34376—2017《数控板料折弯机　技术条件》与 GB/T 28762—2012《数控剪板机》中的要求差异不大。

2）滑块的定位精度公差、检验方法、重复定位精度公差、检验方法等对板料折弯机用液压缸（可调行程缸）设计选型具有重要参考价值。

4.4　重型机械用液压缸设计与选型依据

4.4.1　重型机械液压系统

在 GB/T 37400.16—2019《重型机械通用技术条件　第 16 部分：液压系统》中规定了重型机械（以下简称"机械设备"）液压系统的系统设计，液压油，系统设备总成，铸件、锻件、焊接件和管件的质量，焊接，电器配线，控制，冲洗，试验，涂装，包装，运输和贮存的要求；适用于机械设备公称压力不大于 40MPa，液压介质为矿物油型液压油的液压系统。

注：1. 重型机械主要包括冶金、轧制及重型锻压等机械设备。

2. 在 GB/T 37400.1—2019《重型机械通用技术条件　第 1 部分：产品检验》中规定的重型产品主要包括：冶金、轧制、重型锻压、连铸、矿上机械等和与其配套的机械。

1. 系统设计

（1）基本要求

基本要求的内容应包括：

1）人员安全。

2）设备安全。

3）作业安全可靠。

4）运转正常。

5）节能、效率高。

6）原理可靠、完善。

7）维修方便。

8）噪声低。

9）无外漏。

10）系统寿命长。

11）成本经济。

（2）设计条件

技术协议和设计任务书应包括以下内容：

1）机械设备的主要用途。

2）机械设备的工艺流程、动作及周期。

3）系统使用地区的气候情况，系统周围的环境温度、湿度、盐度及其变化范围。

4）液压执行元件、液压泵站、液压阀组及其他液压装置的安装位置（如室内或室外安装；固定机械设备或行走机械设备上安装；地下室、地平面或高架的安装等）。必要时应提供机械设备布置图。

5）冷却系统使用介质的各种参数。

6）对于高粉尘、高温度、强辐射、易腐蚀、易燃环境；外界扰动（如冲击、振动等）；高海拔（1000m 以上）；严寒地带以及高精度、高可靠性等特殊情况下的系统设计、制造及使用要求。

7）液压执行机构的能力、运动参数；安装方式和有关的特殊要求（如保压、泄压、同步精度及动态特性等）。

8）系统操作运行的自动化程度和联锁要求。

9）系统使用的工作油的种类。

10）明确用户电网参数。

（3）安全要求

1）系统元件的选择、应用、配置和调节等，应考虑各种可能发生的事故，以人员的安全和事故发生时设备损坏最小为原则。

2）系统中应有过压保护。

3）系统的设计与调整应考虑冲击力，冲击力不应影响设备的正常工作和引起危险。

4）系统的设计应考虑失压、失控（如意外断电等），防止液压执行机构产生失控运动和引起危险。

5）元件的使用应符合相应的使用特性、技术参数和性能。

6）元件的安装位置应安全，并方便调整与操作。

7）元件的操作和调整必须符合制造商的规定。

8）系统设计应符合 GB 5083—1999《生产设备安全卫生设计总则》中关于安全技术和工业卫生的规定。

9）若产生内泄漏或外泄漏，均不应引起危险。

10）系统设计应设计有维修用泄压回路。

（4）节能要求

设计系统时，应考虑提高系统效率（如使用节能元件、节能回路等），使系统的发热减至最小程度。

（5）工作温度

1）系统的工作油温度范围应满足元件及油液的使用要求。

2）为保证正常的工作油温度，应根据使用条件设置热交换装置（冷却器）或提高油箱自身的热交换能力，将其温度控制在规定要求的范围内。

（6）管路流速

系统金属管路的油液流速推荐值见表 4-151。

（7）噪声

设计液压系统时，应考虑预计的噪声，系统噪声应符合 GB 5083—1999 的规定。

表 4-151 系统金属管路的油液流速推荐值

管路类型	管路代号	压力 p/MPa	允许流速 v/(m/s)
吸油管路	S	—	$v \leq 1$
压油管路	P	$0 \leq p < 2.5$	$2.5 \leq v < 3$
		$2.5 \leq p < 6.3$	$3 \leq v < 4$
		$6.3 \leq p < 16$	$4 \leq v < 5$
		$16 \leq p < 40$	$5 \leq v < 8$
回油管路	T	—	$1.5 \leq v < 3$
泄油管路	L	—	$v \leq 1$

（8）清洁度要求

1）元件、辅助元件等的清洁度应符合制造商的推荐，系统组装过程中应保持其清洁度。

2）钢板、钢管应除锈，且应符合 4.(3)2) 的规定。

3）系统在装配前，接头、管路、通道（包括铸造型芯孔、钻孔等）及油箱等件应按有关工艺规范清洗干净。不准许有目测可见的污染物（如铁屑、纤维状杂质、焊渣等）存在，且应维护它们的清洁度。

4）装配后的系统应进行冲洗。冲洗要求应符合 8.(2) 的规定。

5）为防止污染系统，开式油箱应设置空气滤清器；系统回路按需要设置滤油器；伺服阀、比例阀的压力口处应设置滤油器。

6）注入系统的新液压油应经过过滤，过滤精度不应低于设计要求。

7）清洁度等级应符合 GB/T 14039 的规定。

8）重型机械液压系统总成出厂清洁度要求见表 4-152。

表 4-152 重型机械液压系统总成出厂清洁度要求

类 型	等 级									
	14/12/09	15/13/10	16/14/11	17/15/12	18/16/13	19/17/14	20/18/15	21/19/16	22/20/17	23/21/18
精密电液伺服系统	+	+	+	−	−	−	−	−	−	−
伺服系统	−	−	+	+	+	−	−	−	−	−
电液比例系统	−	−	−	+	+	+	−	−	−	−
高压系统	−	−	+	+	+	+	−	−	−	−
中压系统	−	−	−	−	+	+	+	−	−	−
低压系统	−	−	−	−	−	+	+	+	−	+
一般机械液压系统	−	−	−	−	−	+	+	+	+	+
行走机械液压系统	−	−	−	+	+	+	+	+	−	−
冶金轧制设备液压系统	−	−	−	+	+	+	+	+	−	−
重型锻压设备液压系统	−	−	−	+	+	+	+	+	−	−

注："+"表示适用；"−"表示不适用。

（9）维护基本要求

1）元件应位于易拆装之处，留有足够的空间，使维护方便。

2）当系统中的元件拆卸时，油箱不应排油，并

且应减少邻近元件和部件的拆卸。

3）在使用和安装条件许可下，系统应设置接油盘。

4）在满足维护条件下，应减少系统管路的可拆卸处。管路敷设位置应便于装拆，且不应妨碍生产人员的行走及机电设备的维护和检修。

5）大型液压装置应设置蹬架或扶梯等设施。

6）系统中应设置压力测量点、排气点、工作液压油采样点、加油口及排油口。

7）若液压装置有电器接线，应设置接线盒。

（10）起重措施

对重量超过 15kg 的元件、零部件，应设置起吊装置。

（11）安装、使用和维护资料

1）设计单位应向用户提供系统的土建任务书。

2）设计单位应向用户提供下列图样资料：

① 系统原理图，包括元件的型号、名称、规格、数量和制造商的明细表。

② 系统的电气和机械控制元件操作时间程序表。

③ 系统设备安装图或按协议规定的其他图样以及图样目录。

④ 备件清单。

3）设计单位应向用户提供系统使用说明书，其内容主要包括：

① 机械设备的主要用途。

② 系统的主要作用、组成及主要技术参数。

③ 系统的工作原理与使用说明。

④ 系统正常工作的条件、要求（如正常工作油温范围、油液清洁度要求、油箱注油高度、油液品种代号及工作黏度范围、注油要求等）。

⑤ 系统的操作要求及注意事项。

⑥ 定期测试、维护保养的测试点、加油口、排油口、采样口、滤油器等的设置位置。

⑦ 系统常见故障及排除方法，特殊元件、部件的维修方法。

⑧ 随机附带的工具。

⑨ 易损密封件（不包括外购件）明细表。

（12）标志

1）原理图标志。

① 元件的图形符号应符合 GB/T 786.1 或元件专业制造商的规定。

② 计量单位应符合 GB/T 3102（所有部分）规定。

③ 液压执行机构应以示意性简图表示并标注名称。对应的液压缸或液压马达应标注规格参数及油口

尺寸。

④ 主管路（如压力管路、回油管路、泄油管路等）和连接液压执行元件的管路应标注管路外径和壁厚。

⑤ 压力控制元件应标注压力调定值。

⑥ 压力充气元件或部件应标注介质类型及充气压力。

⑦ 温度控制元件应标注温度调定值。

⑧ 电机和电气触点、电磁线圈应标注代号。

⑨ 每个元件应编上数字件号，相同型号的元件同时应标注其排列顺序号。

⑩ 构成独立液压装置的液压回路应采用双点画线划分区域和标注代号。

⑪ 系统内部各组装部件之间的接口应标注代号。

2）设备标志

① 系统设备上对元件或其他进行标志时，标志应与图样标志一致。

② 压油管路、回油管路和泄油管路的主管路应分别标示"P""T""L"字样标志。连接液压执行元件的管路应标示管路代号。

③ 系统中元件接口应按元件制造商的规定标示代号（加油口代号）。

④ 液压操作装置每一项功能或系统执行功能的状态信息的标识牌、压力表等件应标示作用功能标志。

⑤ 着色应符合设计要求规定。非液压装置上的主管路外表面涂装着色与色环着色对应、相同。

⑥ 液压装置上的接线盒接线应标示线号。

⑦ 液压装置应标示产品铭牌，外购元件应附带铭牌。

⑧ 液压泵应标示泵轴旋转方向标志。

3）标志设置要求。液压装置上的标志必须醒目、清楚、持久、规整。标志的打印、喷涂、粘贴及装订位置应能保证不因更换元件后而失去标志。

（13）操作力

设计时，应使作业于手动、脚踏控制机构上的操作力不超过下列数值。

1）手指：10N。

2）手腕：40N。

3）单手臂：150N。

4）双手臂：250N。

5）脚踏：200N。

（14）拧紧力矩

接头、螺塞、元件紧固件的拧紧力矩应符合 GB/T 37400.10—2019《重型机械通用技术条件　第 10

部分：装配》的规定或采纳制造商的推荐。

2. 液压油

1）设计系统时应说明系统中规定使用的液压油的品种、特性。

2）设计系统时应考虑所选用的液压油与下列物质的相适应性：

① 系统中与液压油相接触的金属材料、密封件等非金属材料。

② 保护性涂层材料以及其他会与系统发生关系的液体。

③ 与溢出或泄漏的液压油相接触的材料。

3）使用液压液作为传动介质时，系统中所采用的通用元件应考虑降额使用。

4）系统中液压油的使用应符合 GB/T 7631.2 的规定或采纳液压油品制造商的推荐，并考虑其温度、压力使用范围及其特殊性。

5）液压油在使用过程中应注意以下事项：

① 在系统规定的工作油液的温度范围内，所选择的油液的黏度范围应符合元件的使用条件。

② 不同类型的液压油不应相互调和，不同制造商生产的相同牌号液压油，一般也不应混合使用；若要混合使用时，应进行小样混合试验，检查有否物理变化和化学反应，并与油品制造商协商认定。

③ 在使用过程中，应对液压油理化指标和颗粒污染度进行定期检验，确定液压油能否再使用；一般三个月检查一次，最长不超过六个月。

④ 应定期检查系统中油液的黏度、酸值、清洁度等品质进行液压油的维护；液压油不符合质量要求时，应全部更换。

⑤ 液压油制造商应提供使用液压油时的人员劳动卫生要求、失火时产生的毒气和窒息的危险应急处理措施及废液处理办法等相关资料。

3. 系统设备总成

（1）制造依据

系统制造应符合供需双方协议，符合有关单位审查、批准、生效的设计图样、技术文件以及相应的标准、工艺规范的规定。

（2）选件要求

1）系统中所有元件、辅助元件、密封件及紧固件等应符合制造商的推荐或有关部门批准生产的产品图样和技术文件的规定。

2）外购件的质量应符合产品图样和技术文件的规定，且应具有相应质量等级的合格证。

3）对重要的外购件应按性能要求验收。

4）在保管、运输及系统装配过程中造成锈蚀、摔伤变形等问题，以致产品质量受到影响的外购件不应投入使用。

5）对密封失效和污染的外购件，应更换密封件和清洗后方能使用。

（3）动力元件

1）液压泵与原动机之间的联轴器的型式及安装要求应符合制造商的规定。

2）外露的旋转轴、联轴器应安装防护罩。

3）液压泵与原动机的安装底座应有足够的刚性，以保证运转时始终同轴。

4）液压泵的进油管路应短而直，以避免拐弯增多，断面突变。在规定的油液黏度范围内，应使泵的进油压力和其他条件符合泵制造商的规定值。

5）液压泵的进油管路密封应可靠，不应吸入空气。

6）高压、大流量的液压泵装置应采用：

① 泵进油口设置橡胶弹性补偿接管。

② 泵出油口连接高压软管。

③ 泵装置底座设置弹性减振垫。

（4）控制元件

1）阀。

① 阀的选择。选择阀的类型应考虑正确的功能、密封性、维护和调整的要求，以及抗衡可预见的机械或环境影响的能力。在固定式重型机械中使用的系统应首选板式安装阀或插装阀。当需要隔离阀时，应使用其制造商认可的适用于此类安全应用的阀。

② 液压阀的安装。液压阀的安装应符合以下规定：

a. 阀的安装方式应符合制造商的规定。

b. 板式阀或插装阀应有正确定向措施。

c. 为了保证安全，阀安装应考虑重力、冲击、振动对阀内主要零件的影响。

d. 阀用连接螺钉的性能等级应符合制造商的要求，不应随意代换。

e. 应注意进油口与回油口的方位，避免装反造成事故。

f. 为了避免空气渗入阀内，连接处应保证密封良好。用法兰安装的阀件，螺钉不能拧得太紧，以避免过紧反而会造成密封不良。

g. 方向控制阀的安装，一般应使轴线安装在水平位置上。

h. 通常压力控制阀，应在顺时针方向旋转时增加压力，逆时针方向旋转时减小压力；通常流量控制阀，应在顺时针方向旋转时减小流量，逆时针方向旋转时增加流量。

2）油路块（阀块）。

① 油路块宜选用 35 钢或 45 钢，并进行调质处理，必要时应做无损检测。

② 油路块上安装元件的加工面质量应符合元件制造商的规定。

③ 油路块上安装元件的螺孔之间的尺寸公差应保证阀的互换性。

④ 油路块内的油路通道应保证在整个工作温度和系统通流能力范围内，使流体流经通道产生的压降不会对系统的效率和响应产生不利影响。

（5）执行元件

1）液压缸。

① 设计或选用液压缸时，应考虑行程、负载和装配条件，以防止活塞杆在外伸工况时产生不正常的弯曲。

② 液压缸的安装应符合设计图样和制造商的规定。

③ 若结构允许，安装液压缸时进出油口的位置应在最上面，应使其能自动放气或装有方便的放气阀或人工放气的排气阀。

④ 液压缸的安装应牢固可靠；在行程大和工作条件热的场合，缸的一端应保持浮动，以避免热膨胀的影响。

⑤ 配管连接不应松弛。

⑥ 液压缸的安装面和活塞杆的滑动面的平行度和垂直度应符合设计图样和制造商的规定。

⑦ 密封圈的安装应符合制造商的规定。

2）液压马达。

① 液压马达与被驱动装置之间的联轴器型式及安装要求应符合制造商的规定。

② 外露的旋转轴和联轴器应有防护罩。

③ 在应用液压马达时，应考虑它的启动力矩、失速力矩、负载变化、负载动能以及低速性等因素的影响。

3）安装底座。液压执行元件的安装底座应具有足够的刚度，以保证执行机构正常工作。

（6）其他辅助装置及元件

1）油箱装置。

① 油箱。

a. 油箱设计应符合下述基本要求：

a）在系统正常工作条件下，特别在系统中没有安装冷却器时，应能充分散发液压油中的热量。

b）具有较慢的循环速度，以便析出混入油液中的空气和沉淀油液中较重的杂质。

c）油箱的回油口与泵的进油口应远离，可用挡流板或其他措施进行隔离，但不能妨碍油箱的清洗。

d）在正常工况下，应容纳全部从系统流来的液压油。

b. 一般油箱应采用碳素钢板制作，重要油箱和特殊油箱应采用不锈钢板制作。

c. 油箱结构应符合下列基本要求：

a）油箱应有足够的强度、刚度，以免装上各类组件和灌油后发生较大变形。

b）油箱底部应高于 150mm 以上，以便搬运、放油和散热。

c）应有足够的支承面积，以便在装配和安装时用垫片和楔块等进行调整。

d）油箱内表面应保持平整，少装结构件，以便清理内部污垢。

e）为了清洗油箱应配置一个或一个以上的手孔或人孔。

f）油箱底部的形状应能将液压油放净，并在底部设置放油口。

g）油箱箱盖、侧壁上的手孔、人孔以及安装其他组件的孔口或基板位置均应焊装凸台法兰（如不通孔法兰、通孔法兰等）。

h）可拆卸的盖板，其结构应能阻止杂质进入油箱。

i）穿过油箱壁板的管子均应有效密封。

② 油箱辅件设置要求。油箱辅件设置应符合以下要求：

a）重要油箱应设置油液扩散器或消泡装置。

b）开式油箱顶部应设置空气滤清器以及注油器。空气滤清器的过滤精度应与系统清洁度要求相符合。空气滤清器的最大压力损失应不影响液压系统的正常工作。

c）油箱应设置液位计，其位置应安放在液压泵吸入口附近，用以显示油箱液面位置。重要油箱应加设液位开关，用以油箱高、低限液位的监测与发讯。

d）油箱应设置油液温度计以及油温检测元件。用以目测油液温度及油液温度设定值的发讯。

e）压力式隔离型油箱应安装低压报警器，压力式充气型油箱应设置气动安全阀和压力表及压力报警器。

2）平台栏杆。平台栏杆的设计及制造应符合 GB 4053.1—2009《固定式钢梯及平台安全要求　第 1 部分：钢直梯》、GB 4053.2—2009《固定式钢梯及平台安全要求　第 2 部分：钢斜梯》、GB 4053.3—2009《固定式钢梯及平台安全要求　第 3 部分：工业防护栏杆及钢平台》的规定。

3) 热交换器（冷却器）。系统应根据使用要求设置加热器或冷却器，且应符合下列基本要求：

① 加热器的表面耗散功率不应超过 $0.7W/cm^2$。

② 安装在油箱上的加热器的位置应低于油箱低极限液面位置。

③ 使用热交换器时，应有液压油和冷却（或加热）介质的测温点。

④ 使用热交换器时，可采用自动温控装置，以保持液压油的温度在正常的工作范围内。

⑤ 用户应使用制造商规定的冷却介质。

示例：如使用特种冷却介质或水且水源很脏、水质有腐蚀性或水量不足，应向制造商提出。

⑥ 采用空气冷却器时，应防止进排气通道被遮蔽或堵塞，并考虑周围空气温度因素。

4) 滤油器。

① 系统中应装有滤油器消除液压油中的污染物，滤油器的过滤精度应符合元件及系统的使用要求。

② 应装有污染指示器或设有测试装置，以便根据指示器或测试结果及时清洗滤油器或更换其滤芯。

③ 若用户特别提出系统不停车而能更换滤芯时，应满足用户要求。

④ 若使用磁性滤油器，在维护和使用中应防止吸附着的杂质掉落在油液中。

⑤ 使用滤油器时，其公称流量不应小于实际的过滤油液的流量并留有一定的余量。

⑥ 对于连续工作的大型液压泵站，推荐采用单独的冷却循环过滤系统。

5) 蓄能器。

① 蓄能器的回路中应设置安全截止阀块，以供充气、检修或长时间停机使用。

② 为防止泵停止工作时蓄能器中压力油倒流，使泵产生反向运转，液压油源的蓄能器与液压泵之间应装设单向阀。

③ 在机械设备停车时，系统仍要利用蓄能器中有压液体来工作的情况下，应在靠近蓄能器的明显处示出安全使用说明，其中应包括"注意，压力容器"的字样。

④ 蓄能器的排放速率应与系统使用要求相符，并不应超过制造商的规定。

⑤ 蓄能器（包括气体加载式蓄能器）充气气体种类和安装应符合制造商的规定。

⑥ 蓄能器的安装应远离热源。

⑦ 蓄能器在卸压前不准许拆卸，不准许在蓄能器上进行焊接、铆接或机加工。

6) 压力检测及显示元件。

① 压力传感器的量程一般应为额定压力的 1.2~1.5 倍。

② 压力表的量程一般应为额定压力的 1.5~2 倍。

③ 使用压力表应设置压力开关及压力阻尼装置，以便维护、精确检测及延长寿命。

7) 密封件。

① 密封件的材料应与相接触的介质相容。

② 密封件的使用压力、温度以及密封件的安装应符合制造商的推荐。

③ 随机附带的密封件，应在制造商规定的贮存条件及贮存有效期内使用。

（7）管路

1) 管件材料。

① 系统管路可采用钢管、铜管、胶管、尼龙管。

② 管路采用钢管时，应使用 10 钢、15 钢、20 钢、Q345 等无缝钢管，特殊和重要系统应采用不锈钢无缝钢管。

2) 管件精度要求。管子的精度等级应与所采用的管路辅件相适应。管件的最低精度应符合 GB/T 8163—2018《输送流体用无缝钢管》的规定。

3) 管路安装要求。管路安装应符合下列要求：

① 管路敷设、安装应按有关工艺规程进行。

② 管路敷设、安装应防止元件、液压装置受到污染。

③ 管路应在自由状态下进行敷设，焊接后的管路固定和连接不应施加过大的径向力强行固定和连接。

④ 管路的排列和走向应整齐一致，层次分明，宜采用水平或垂直布管。

⑤ 相邻管路的管件轮廓边缘的距离不应小于 10mm。

⑥ 管路避免无故使用短管件进行拼接。

4) 管沟敷设。管路在管路沟槽中的敷设和沟槽要求应符合设计图样和 GB/T 37400.11 的规定。

5) 管子弯曲。

① 现场制作的管子弯曲应采用弯管机冷弯。

② 管子的弯曲半径应符合 GB/T 37400.11 的规定。

③ 管子弯曲处应圆滑，不应有明显的凹痕、波纹及压扁现象（短长轴比不应小于 0.75）。

6) 软管。

① 软管的通径选择应采纳制造商的推荐。

② 软管敷设应符合图样或采纳制造商的推荐，要求如下：

a）避免机械设备在运行中发生软管严重弯曲变

形，长度尽可能短。

　　b）在安装或使用时扭转变形最小。

　　c）软管不应位于易磨损处，否则应予以保护。

　　d）软管应有充分的支托或使管端下垂布置。

　　③ 若软管的故障会引起危险，应限制使用软管或予以屏蔽。

　　④ 靠近热源或热辐射安装的软管应采用隔热套保护。

　　7）管路固定。

　　① 管夹和管路支架应符合 GB/T 37400.11 的规定。

　　② 管子弯曲两直边应用管夹固定。

　　③ 管子在其端部与沿其长度上应采用管夹加以牢固支承，表 4-153 所列数值适用于静载荷，与相应的管子外径配合的管夹间距为推荐值。

表 4-153　管夹间距推荐值

（单位：mm）

管子外径 d	管夹间距 l
$0<d\leqslant10$	$0<l\leqslant1000$
$10<d\leqslant25$	$1000<l\leqslant1500$
$25<d\leqslant50$	$1500<l\leqslant2000$
$50<d\leqslant80$	$2000<l\leqslant3000$
$80<d\leqslant120$	$3000<l\leqslant4000$
$120<d\leqslant170$	$4000<l\leqslant5000$
$170<d$	$l=5000$

　　④ 管子不应直接焊在支架上或管夹上。

　　⑤ 管路不应用来支承设备和油路板或作为人行过桥。

　　8）管路采样点。管路上应设置采样点，采样点应符合 GB/T 17489—1998《液压颗粒污染分析　从工作系统管路中提取液样》的规定。

4. 铸件、锻件、焊接件和管件的质量

　　（1）基本要求

　　1）金属材料牌号应符合设计要求。

　　2）金属材料的化学成分、力学性能应符合 GB/T 37400.3、GB/T 37400.4、GB/T 37400.5、GB/T 37400.6 和 GB/T 37400.8 或采纳制造商的推荐。

　　3）铸件、锻件、焊接件和管件的质量应符合 GB/T 37400.3、GB/T 37400.4、GB/T 37400.5、GB/T 37400.6、GB/T 37400.8 和 GB/T 37400.11 或采纳制造商的推荐。

　　（2）加工质量

　　1）应对无保留要求的锐棱、尖角应倒棱和修钝。

　　2）加工表面不应有锈蚀、毛刺、磕碰、划伤和其他缺陷。

　　3）应清除油路块、接头、金属管端口上的金属毛刺及油路块内部孔道交叉部位的金属毛刺。

　　4）图样中未注明公差要求的切削加工件，其尺寸偏差、形位公差以及螺纹精度均应符合制造商所规定的标准等级。

　　（3）焊件坯料、管件要求

　　1）焊接坯料的金属表面锈蚀程度不应低于 B 级；液压用管件的金属表面锈蚀程度不得低于 GB/T 37400.12—2019 中附录 B 中规定的 A 级。

　　2）焊接坯料及管件必须除锈，除锈质量应符合 GB/T 37400.12 的规定，除锈后按相应标准和规范进行防锈。

　　3）焊接坯料的成型形位公差应符合 GB/T 37400.3 的规定。

　　4）焊接坯料下料的断面表面粗糙度 Ra 值为 $25\mu m$。

　　5）管件下料端面不应有挤起形状，端面应平齐，与管子轴线的垂直度公差为管子外径的 1%。

　　6）焊接坯料及管件的焊接坡口应机加工，且符合 GB/T 37400.3、GB/T 37400.11 的规定。

　　7）焊接件的焊接接头形式应符合 GB/T 37400.3 的规定。

　　（4）铸件、锻件缺陷处理

　　在保证使用质量的条件下，对不影响使用和外观的铸件、锻件缺陷可按 GB/T 37400.7 的规定进行补焊。

5. 焊接要求

　　（1）基本要求

　　1）管路焊接的接口应做到内壁平齐：工作压力低于 6.3MPa 的管道，内壁错边量不大于 2mm；工作压力等于或高于 6.3MPa 的管道，内壁错边量不大于 1mm。

　　2）焊接件、管路的焊接应分别符合 GB/T 37400.3、GB/T 27400.11 及相关工艺规范的规定。

　　3）管路的焊缝质量应符合 GB/T 37400.3—2019 中 BS 和 BK 级的要求。

　　4）管路压力试验应符合 GB/T 37400.11 的规定。

　　（2）焊接件

　　1）油箱焊接。

　　① 开式矩形油箱内壁应采用满焊连续焊缝；开式圆筒形油箱内壁焊缝应高出内壁，高度应符合 GB/T 37400.3 的规定。压力式油箱的焊接应符合 GB 150.4—2011《压力容器　第 4 部分：制造、检验和验收》的规定。

　　② 对涂装完毕的油箱再次装焊时，应避免油箱

内壁涂层脱落。

2）其他焊接件。其他焊接件应符合 GB/T 37400.3 的规定。

（3）管路焊接

1）钢管管路应采用氩弧焊焊接或氩弧焊封底电弧焊充填焊。

2）管路对焊时内壁的焊缝应高出内壁，其高度应符合 GB/T 37400.11 的规定。

3）管路焊缝返修应制订工艺措施，同一部位的焊缝返修次数不应超过 2 次。

4）管路焊接时，应将焊接热区内的密封圈拆除以免过热老化。

6. 电器配线

1）设备上的电器配线应符合下列基本要求：

① 配线种类应符合电气设计要求。

② 接线盒、线槽、线管应符合制造商的推荐。

2）线路敷设应符合制造商的推荐或按照设计图样及技术文件的规定。

7. 控制

（1）回路保护装置

1）若回路中工作压力或流量超过规定而可能引起危险或事故时，应有保护装置。

2）调整压力和流量的控制元件，应制造和装配成能防止调整值超出铭牌上标明的工作范围。在重新调整之前，应一直保持调整装置的调整值。

3）当系统处于停车位置，液压油从阀、管路和执行元件泄回油箱会引起机械设备损坏或造成危险时，应有防止液压油泄回油箱的措施。

4）系统回路应设计成能在液压执行元件起动、停车、空转、调整和液压故障等工况下，防止失控运动与不正常的动作顺序（特别是做垂直和倾斜运动时）。需保持自身位置的执行元件，应设置具有失效保护作用的阀来控制。

5）在压力控制与流量控制回路中，元件的选用和设置应考虑工作压力、温度与负载的变化对元件与回路的响应、重复性和稳定性的影响。

6）采用中央液压泵站和多个独立阀台组成的系统，每个阀台上应设置自动或手动的切断主油路油流的阀件，以保证当某一阀台的控制区域有故障时，能及时切断该阀台的供油，且不影响其余阀台控制区的工作。

7）当整个机械设备上有一个以上相互联系的人工控制或自动控制动作时，在任何一个动作故障会引起人身危险和设备损坏或应按一定规程进行动作，否则机械设备将发生干涉时，应设联锁保护（包括操作联锁保护）。

（2）人工控制装置

1）为安全起见，设备应有紧急制动或紧急返回控制。

2）紧急制动和紧急返回控制应符合以下要求：

① 应容易识别。

② 应设置在每个操作人员工作位置处并在所有工作条件下操作方便，必要时可增加附加控制装置。

③ 应立即动作。

④ 应与其他控制装置的调节或节流装置在功能上不相互干扰。

⑤ 不应要求任何一个执行元件输入能量。

⑥ 只能用一个人工控制装置去完成全部紧急操纵。

⑦ 在从伺服阀来的执行元件管路上，可设置足够的紧急制动阀。

3）紧急制动后，循环的再起动不得引起设备损坏或造成危险。若需执行元件重新回到起动位置，应具有安全的手动控制装置。

4）手控杆的运动设置不应引起操作混淆。

5）对于多个执行元件的顺序控制回路或自动控制回路，应设有单独的人工调整装置以调整每个执行元件的行程。

（3）阀的控制

1）设计或安装机械操纵阀时，应能保证过载或超程不引起事故。

2）脚踏操作阀应设有防护罩或采取其他保护措施，以防止意外触动。

3）手动操作阀操作杆的工作位置应有清晰的标牌或形象化的符号表示。

4）除另行说明外，电磁阀应配置有用手动操作按钮，并避免配置按钮引起该设施的误动作。

5）阀的电控电源、气控气源及液控液源的参数应符合阀的动作要求。

（4）控制装置的安装要求

1）所有控制装置的布置位置，应防止下列不利因素：

① 失灵和预兆事故。

② 高温。

③ 腐蚀性气体。

④ 油污染电控装置。

⑤ 振动和高粉尘。

⑥ 燃烧、爆炸。

2）各种控制装置应位于调节和维修方便之处。

3）人控装置应符合下列基本要求：

① 置于操作者的正常工作位置附近并能摸得到。

② 不应要求操作者把手伸过或越过转动或运动的机械设备、零部件去操作控制装置。

③ 不妨碍设备操作者的正常工作活动。

4）应采用位置顺序控制。当单独用压力顺序控制或时间控制将会因顺序失灵而可能损坏设备时，应采用位置顺序控制。

5）回路相互关系。系统某一部分的工况不应对其他部分造成不利影响。

6）伺服控制回路。伺服阀安装位置应靠近相关的执行元件。阀的安装与布置及方向应符合阀制造厂的要求。应设置独立泵源或在伺服阀前安装过滤器，过滤精度符合制造厂的要求。

7）液压泵站控制要求。重要的液压泵站的自动控制应具有下列基本功能：

① 油箱液次低液位自动报警，最低限液位的自动报警和自动切断液压泵驱动装置。

② 滤油器污染报警。

③ 油液最高油温报警。

④ 热交换装置根据油液温度信号自动工作。

⑤ 主压力油的失压报警。

⑥ 液压泵的工作信号指示。

8. 冲洗

（1）管路冲洗

管路安装完成后应对管道进行冲洗处理，并应按 GB/T 25133—2010《液压系统总成　管路冲洗方法》的规定执行。

（2）系统冲洗

系统冲洗应符合下列要求：

① 滤油精度应高于系统设计要求。

② 冲洗液应与系统工作油液和接触到的液压装置的材质相适应。

③ 应采用低黏度冲洗液，使流动呈紊流状态。

④ 冲洗液的温度：液压油温不超过 GB/T 25133—2010 或制造商的推荐。

⑤ 伺服阀和比例阀应拆掉，换上冲洗板。

冲洗完毕后其清洁度应符合 GB/T 27400.16—2019 中附录 A 或符合设计要求规定。

9. 试验

1）系统应按试验大纲和制造商试验规范进行性能试验。

2）应对试验进行记录，记录的参数值应与实测参数值相一致。

10. 涂装

涂装应符合以下基本要求：

1）涂料应适应于工作油液及环境。

2）涂装材料的质量应符合 GB/T 37400.12 或采纳制造商的推荐。

3）涂装方法和步骤应符合涂装工艺规范的规定或采纳制造商的推荐。

4）涂装的涂层厚度、附着力应符合 GB/T 37400.12 的规定。

11. 包装、运输和贮存

1）液压设备的包装、防锈措施、日期及包装储运标志应符合双方协议、GB/T 191—2008《包装储运图示标志》、GB/T 4879—2016《防锈包装》、GB/T 13384—2008《机电产品包装通用技术条件》、GB/T 37400.13 及设计要求的规定。

2）包装、运输及贮存的基本要求：

① 液压设备分段运输时，对已拆下的管路与它们的端孔或接头均应标上识别标志。

② 应排掉液压设备中的工作油和冷却器中的水。

③ 应按要求对液压设备进行防锈保护（包括设备内部容腔）。

④ 重要仪表、零散件应单独包装，再装入包装箱。

⑤ 液压设备的外露孔口应用密封帽或用塑料薄膜捆扎封闭。

⑥ 液压设备外露的螺纹、玻璃仪表应加以保护。

⑦ 液压设备的零散件、部件等应有标签，标签应清楚、正确、持久、耐用，应与图样相对应。

⑧ 包装运输前，充气式蓄能器应卸除高压，保持 0.15~0.3MPa 剩余压力。

3）液压设备包装应考虑运输、装卸时的振动、冲击对设备的影响，并在搬运期间设备不应窜动。

4）液压设备包装应完好，以防止其损坏、变形及面漆擦伤。

5）防锈剂应符合以下要求：

① 防锈剂质量应符合 GB/T 4879 的规定或采纳制造商的推荐。

② 液压设备内腔防锈时采用的防锈剂种类、化学性质应与所要求使用的液压油和所接触到的材料相适应。

说明：

1）通过 GB/T 37400.16—2019《重型机械通用技术条件　第 16 部分：液压系统》与 JB/T 6996—2007《重型机械液压系统　通用技术条件》"范围"的比较，其都是规定了冶金、轧制及重型锻压等机械设备的要求，因此它们的"范围"基本一致。它们的主要不同之处在于，GB/T 37400.16—2019 适用于

公称压力不大于 40MPa，液压介质为矿物油型液压油的机械设备液压系统；而 JB/T 6996—2007 适用于公称压力不大于 31.5MPa 的机械设备液压系统，且对液压传动介质没有作出规定。

2）缺少以液压油为传动介质的一些重型机械存在火灾危险的警告。

3）在 GB/T 37400.16—2019 中没有明确规定重型机械液压系统的技术参数或主要技术参数。

4）在 GB/T 37400.16—2019 中的 5.4.1.2 条规定："f）为了避免空气渗入阀内，连接处应保证密封良好。用法兰安装的阀件，螺钉不能拧得太紧，以避免过紧反而会造成密封不良。"需要进一步实机验证，且其不符合 GB/T 37400.10—2019《重型机械通用技术条件 第 10 部分：装配》的相关规定。

4.4.2 液压泥炮

泥炮（堵铁口机）是封堵出铁口的专用设备，其按工作机构驱动方式分为电动泥炮和液压泥炮。在 YB/T 017—2017《液压泥炮技术条件》中规定了液压泥炮的术语和定义、型号、型式及参数，技术要求、试验方法、检验规则、标志、包装、运输和贮存，适用于 400～5800m³ 高炉法炼铁炉和产能相当的 COREX 还原法炼铁炉、以液压油或性能相当于液压油的其他矿物质为液压动力介质、采用耐火泥料堵塞炼铁炉出铁口的液压泥炮；其他类似泥炮也可参照使用。

1. 型号、基本型式及参数

（1）产品型号、规格及其意义

产品型号、规格及其意义见 YB/T 017—2017。

（2）液压泥炮型式

1）YPE 型液压泥炮。YPE 型液压泥炮采用侧斜圆底座，封闭或半封闭箱形转臂，使用回转支承，内置回转机构，两端耳环式或缸底耳轴杆端耳环式回转液压缸，缸体推动铜环泥塞式打泥机构，机身矮、重量适中。泥炮与开铁口机同侧布置时，YPE 型液压泥炮在开铁口机下方运转，如 YB/T 017—2017 中图 1a 所示。

2）YPF 型液压泥炮。YPF 型液压泥炮采用正斜方底座，矩形截面的梁式转臂，外置回转机构，中间耳轴杆端螺纹式回转液压缸，缸体推动铜环泥塞式打泥机构，机身高度、重量适中。泥炮与开铁口机同侧布置时，YPF 型液压泥炮在开铁口机上方运转，如 YB/T 017—2017 中图 1b 所示。

3）YPK 型液压泥炮。YPK 型液压泥炮采用侧斜方底座，矩形截面梁式转臂，外置回转机构，中间耳轴杆端螺纹式回转液压缸，缸体推动整体泥塞式打泥机构，具有结构紧凑、重量轻的特点。泥炮与开铁口机同侧布置时，YPK 型液压泥炮在开铁口机上方运转，如 YB/T 0172017 中图 1c 所示。

（3）液压泥炮基本参数

1）YPE 型液压泥炮的性能参数见表 4-154。

2）YPF 型液压泥炮的性能参数见表 4-155。

3）YPK 型液压泥炮的性能参数见表 4-156。

4）液压泥炮适用的高炉容积范围见表 4-157。

2. 技术要求

（1）基本要求

1）产品应按规定程序批准的图样和技术文件制造，并符合标准的规定。

2）新制造的液压泥炮应保证是完整、成套和全新的，并至少配带有必须的调试备件和专用工具。随机备件和易损件应在合同附件中明确范围和数量。

3）火焰切割件、焊接件、铸铁件、有色金属件、铸钢件、铸钢件补焊、锻件、切削加工件通用技术要求应符合 JB/T 5000.2～JB/T 5000.9 的规定。

表 4-154　YPE 型液压泥炮的性能参数

| 型号 | 打泥机构 | | | 回转机构 | | 工作压强 /MPa | 泥塞压强 /MPa | 打泥角度 /(°) | 参考质量 /t |
	泥塞推力 /kN	有效容积 /m³	炮口内径 /mm	转臂长度 /mm	回转角度 /(°)				
YP3080E	3080	0.21	150	3000	135	25	16.3	10	22.8
YP3500E	3500	0.23	150	4150	140	25	16.3	10	23.2
YP4000E	4000	0.26	150	4150	140	25	16.3	10	26.3
YP4500E	4365	0.28	150	4150	140	28	19.6	10	27
YP5000E	5010	0.31	150	4000	138	28	20.5	10	30.5
YP6000E	6177	0.32	170	3600	143	32	25	10	36
YP7000E	7060	0.37	170	4000	147	32	27	10	38.5

表 4-155　YPF 型液压泥炮的性能参数

型号	打泥机构			回转机构		工作压强 /MPa	泥塞压强 /MPa	打泥角度 /(°)	参考质量 /t
	泥塞推力 /kN	有效容积 /m³	炮口内径 /mm	转臂长度 /mm	回转角度 /(°)				
YP3000F	3140	0.21	150	2400	145	25	11.9	10	26
YP3080F	3140	0.21	150	3000	145	25	16.3	10	26.3
YP3500F	3500	0.23	150	3000	145	25	16.3	10	27.8
YP4000F	3976	0.26	150	3100	145	25	16.3	10	28.5
YP4500F	4365	0.28	150	3100	155	28	19.6	10	29.4
YP5000F	4450	0.31	150	3100	155	28	20.5	10	30.8
YP6000F	6177	0.32	170	3600	155	32	22	10	39
YP7000F	7060	0.37	170	4000	155	32	25	10	41.5

表 4-156　YPK 型液压泥炮的性能参数

型号	打泥机构			回转机构		工作压强 /MPa	泥塞压强 /MPa	打泥角度 /(°)	参考质量 /t
	泥塞推力 /kN	有效容积 /m³	炮口内径 /mm	转臂长度 /mm	回转角度 /(°)				
YP1000K	1130	0.17	130	2162	160	16	7.1	13	11
YP1600K	1655	0.23	145	2270	160	21	8.6	13	14.7
YP2000K	2020	0.23	145	2270	160	21	10.3	13	15.2
YP2400K	2430	0.23	145	2270	160	25	12.2	13	15.8
YP3200K	3465	0.25	150	2400	160	25	14.1	10	23.1
YP4000K	3980	0.27	150	2400	160	25	15.6	10	24.6
YP5000K	4978	0.27	150	3000	160	32	17.4	10	25.8
YP6000K	6200	0.30	170	3500	160	35	19.6	10	26.9
YP7000K	6872	0.32	170	3745	160	35	20.5	10	29.3

表 4-157　泥塞推力与高炉容积

泥塞推力/kN	1000	1600	2000	2400	3200	3500
高炉容积/m³	400~550	500~750	600~850	700~1000	1000~1500	1300~2000
泥塞推力/kN	4000	4500	5000	6000	7000	
高炉容积/m³	1800~3000	2500~3200	3000~3600	3200~5000	>4800	

4）底座、转臂、焊接缸体等重要焊接件长度尺寸公差按 JB/T 5000.3—2007 表 6 中 A 级执行、角度公差按表 7 中 A 级执行、几何公差按表 8 中 F 级执行。

5）焊接件表面探伤按 NB/T 47013.4—2015 中 Ⅰ级执行，承压对接焊缝应符合 NB/T 47013.3—2015 中的 Ⅱ级规定。

6）铸钢件的无损检测应达到 JB/T 5000.14—2007 表 3 中 Ⅱ级要求。锻钢件的无损检测应达到 JB/T 5000.15—2007 表 1 中 Ⅲ级要求。

7）焊缝外观质量应达到 JB/T 5000.3—2007 表 10 中 Ⅱ级要求。

8）试制件或有特殊要求的零部件要出具材质证明、力学性能试验报告、探伤报告、金相报告、硬度报告、热处理曲线等特殊检验和过程的记录。

9）产品出厂前必须进行总装。对于特别大型的产品或成套的设备，因受供方条件所限而不能总装的，应进行分段试装。试装时必须保证所有连接或配合部位均符合设计要求。

（2）材料

1）制造液压泥炮设备所用钢材的化学成分及其力学性能应符合现行标准的规定。

2）铜泥塞环、铜刮泥环、铜活塞环、滑动轴承铜套的材料成分及性能应符合 GB/T 1176 的规定。

3）密封圈应选用耐高温材质、适用温度为 -35~200℃，并可耐 1.5 倍液压系统工作压力。

（3）配套件

1）外购配套件应具有质量证明书、合格证。

2）回转支承应符合 YB/T 087—2009《冶金设备用回转支承》的要求。

3）液压缸应符合 JB/T 6134 的规定。

4）液压缸应进行性能试验，应符合 JB/T 10205 的有关规定。

5）调整回转液压缸无杆腔端的缓冲阀，使液压缸在缩回到行程末端时，有明显缓冲，能够无冲击地平稳停止。

（4）液压、润滑和电气设备

1）液压泥炮液压系统应符合 JB/T 6996 的规定。

2）液压泥炮润滑系统及元件的基本参数按 JB/T 7943.1 的规定执行。

3）液压泥炮电气系统应符合 GB 5226.1、GB 50058 的规定。

4）随机的液压机润滑管路应保证畅通清洁。液压管路应先单独按 JB/T 5000.11 的规定进行循环清洗和防锈处理。保证清洁度达到图样要求，图样没有明确要求时应达到 NAS8 级。

5）液压管路中所采用的管道需经酸洗、冲洗和吹扫。

6）液压管路中的高压软管需铠装或加耐热套管保护。

7）液压管路中铰接部位推荐采用高精度和高可靠性的回转接头。

8）除自润滑轴承外，每个轴承都必须有润滑装置。采用单机集中润滑方案，个别点采用单点润滑。集中润滑的操作可采用手动、电动或自动方式。单点润滑应设置润滑点标牌。回转支承的润滑应为集中润滑。

9）回转液压缸的液压控制回路采用非手动操作时推荐采用差动回路，以降低对主泵排量的要求。在满足正常工作流量要求的情况下，系统应配备一台同规格的备用泵。

10）液压系统应具有对回转液压缸进行保压和补压的功能。同时，应对打泥液压缸回路采用保压回路，防止打泥活塞堵口状态下后退。

11）回转液压缸应设压力平衡控制回路，可采用平衡阀或液控单向阀回路，防止泥炮在斜底座上允许时，在下坡过程中发生俯冲现象，同时防止泥炮在回转过程中急停时发生剧烈晃动。

12）液压泥炮运行时间为前进 12 ~ 15s，后退 30 ~ 40s。

13）试车前液压机润滑管路应按额定工作压力的 1.25 倍（系统工作压力为 16 ~ 31.5MPa 时）或 1.15 倍（系统工作压力大于 31.5MPa 时）进行试压，各处不得有渗漏。

（5）重要零部件

1）打泥液压缸及泥缸的迎火面应使用隔热填料护板或水冷护板保护。

2）活塞杆采用深孔结构，利用集中配管、减小强度削弱。外露活塞杆需加防护罩保护。

3）泥缸的材质为 ZG35CrMo 时，其内壁应精加工后进行离子氮化，渗氮层深度为 0.40 ~ 0.45mm，表面硬度不低于 560HV，不均匀性小于 30HV。

4）泥缸为 35 号钢焊接成型时，应采用 CO_2 气体保护焊，焊缝进行超声检测达到 NB/T 47013.3—2015 中的 Ⅱ 级要求，其内壁应镀硬铬处理，镀层厚 0.10 ~ 0.15mm，表面硬度不低于 900HV。

5）液压缸内壁及活塞杆外表面应镀硬铬处理，镀层厚 0.03 ~ 0.05mm。

（6）装配

1）液压泥炮的装配按照 JB/T 5000.10 的规定执行。

2）回转支承要严格按照使用要求安装软带方向、涂平面防松胶和螺栓紧固胶，按次序和力矩要求把合螺栓。

3）液压缸装配时应将活塞杆深孔内的加工铁屑清理干净，密封圈沟槽的棱角修磨圆滑，特殊密封圈要用专用工装安装。

4）检查和调整打泥液压缸与泥缸装配的同轴度误差，应不大于 0.25mm。

5）工装压力 PN≤25MPa 的液压缸的装配应符合 JB/T 6134 的要求。液压缸组装外形尺寸允许偏差值为：基本长度 ±1.5mm，行程 ±1.5mm，伸出长度 ±1.5mm。

6）液压缸或回转接头安装完毕后应进行强度试验。

（7）涂装

1）涂装前的表面处理按照 JB/T 5000.12—2007 中 4.1 的规定执行。

2）设备涂装需耐温 200 ~ 400℃。涂装表面必须经过除锈处理达到相应要求，内表面涂防锈漆两遍，外表面涂耐热油漆两遍，需方未作要求时，漆膜总厚度为 40 ~ 70μm。外露表面应进行防锈处理。

3）漆膜划格试验结果分级应符合 JB/T 5000.12—2007 表 C.1 中规定的 2 级质量要求。

（8）安装

1）安装按 GB 50231—2009《机械设备安装工程施工及验收通用规范》、GB 50372—2006《炼铁机械设备工程安装验收规范》和 GB/T 50387—2006（2017）《冶金机械液压、润滑和气动设备工程安装

验收规范》的相关规定执行。

2）安装中严格禁止通过液压缸、轴承进行焊接接地。

3）泥炮基础安装尺寸允许偏差应符合：平行铁钩方向坐标偏差为±10mm、垂直铁钩方向坐标偏差为±5mm、标高偏差为±5mm。

4）回转机构的回转半径，应为理论尺寸±10mm，回转角度为理论值±1°。

5）炮嘴中心的位置和打泥机构的角度，其按照允许偏差为：水平±10mm、高度±5mm、打泥角度±0.5°、打泥机构中心线投影与铁钩中心线的夹角±0.5°。

6）当炮嘴位置偏离理论铁口位置时，各机构间不得干涉。偏离值按 YB/T 017—2017 中表 5 的规定，各方向偏离值可不同时达到。

（9）修复产品

1）液压泥炮是重要的大型设备，正常磨耗或局部损坏后，具有可更换和可修复性。修复应本着"修旧如新"的原则进行，但不应追求不必要的过度修复和成本过高的修复。

2）修复时，新制造部分按标准执行。连接与紧固件、轴承、铜套、密封件、液压与润滑管路原则上应更新，可直接利用的部分应清理干净，并作必要的涂装和防护。

3）修复中允许对非关键的或对使用性能影响较小的尺寸和结构进行改动，但应能保证其安全性不降低，并满足生产需求。

4）修复产品组装后按新产品试验程序试车。

3. 试验方法

（1）氮化处理

渗氮层深度的测定方法按照 GB/T 11354—2005《钢铁零件渗氮层深度测定和金相组织检验》相关规定执行，氮化层硬度检测按照 GB/T 4340.1—2009《金属材料　维氏硬度试验　第 1 部分：试验方法》执行。

（2）镀层检测

1）镀层厚度可采用读取镀前后尺寸差的方法获得，或按 GB/T 4955—2005《金属覆盖层　覆盖层厚度测量　阳极溶解库仑法》、GB/T 4956—2003《磁性基体上非磁性覆盖层　覆盖层厚度测量　磁性法》的方法进行测量。

2）镀层硬度检测按照 GB/T 4340.1 执行。

（3）无损检测

1）超声检测按 NB/T 47013.3 执行。

2）磁粉检测按 NB/T 47013.4 执行。

3）铸钢件无损检测按 JB/T 5000.14 执行。

4）锻钢件无损检测按 JB/T 5000.15 执行。

（4）强度试验

1）液压机润滑管路：液压机润滑管路试验按照 GB 50387—2006（2017）中的第 7 章规定执行。

2）液压缸及回转接头：在液压缸或回转接头安装完毕后进行强度试验，试验压力按其工作压力的 1.25 倍执行，保压 20min，压降不大于工作压力的 2.5%即为合格。

3）水冷系统：当泥缸和驱动腔体采用水冷却形式保护时，应对水冷却保护板进行保压试验，试验压力按工作压力的 1.5 倍执行，保压 10min，应无泄漏。

（5）整机试车

1）液压泥炮应在供方工厂与配套的液压设备、电气设备、同侧开铁口机进行联合空转试车，检验这些设备间的配套性。因受供方工作条件限制而不能联合试车的，则应在运往现场后进行试车。

2）将泥炮运行到工作位置，调整控制连杆及缓冲器，使炮嘴处于理论打泥位置。测量炮嘴的中心位置和打泥机构的角度。

3）将炮嘴位置调整至极限偏离理论铁口位置进行试运转，各机构间不得干涉。

4）液压泥炮总装后进行空载试车，各机构往复动作 10 次，动作应准确灵活、无卡滞现象。运行速度符合要求。

（6）涂装

1）涂装质量及漆膜厚度检验按照 JB/T 5000.12—2007 第 5 章的规定执行。

2）涂层脱离底材的抗性（漆膜的附着力）评定按 JB/T 5000.12 第 6 章的规定执行。

液压泥炮的检验规则、标志、包装、运输和贮存等见 YB/T 017—2017。

说明：

以下内容对液压缸设计、制造、使用、修复（再制造）有重要的参考价值：

1）焊接件表面探伤按 NB/T 47013.4—2015 中 I 级执行，承压对接焊缝应符合 NB/T 47013.3—2015 中的 II 级规定。

2）试制件或有特殊要求的零部件要出具材质证明、力学性能试验报告、探伤报告、金相报告、硬度报告、热处理曲线等特殊检验和过程的记录。

3）液压缸装配时应将活塞杆深孔内的加工铁屑清理干净，密封圈沟槽的棱角修磨圆滑，特殊密封圈要用专用工装安装。

4）安装中严格禁止通过液压缸、轴承进行焊接

接地。

5）液压泥炮是重要的大型设备，正常磨耗或局部损坏后，具有可更换和可修复性。修复应本着"修旧如新"的原则进行，但不应追求不必要的过度修复和成本过高的修复。修复时，新制造部分按标准执行。连接与紧固件、轴承、铜套、密封件、液压与润滑管路原则上应更新，可直接利用的部分应清理干净，并作必要的涂装和防护。修复中允许对非关键的或对使用性能影响较小的尺寸和结构进行改动，但应能保证其安全性不降低，并满足生产需求。修复产品组装后按新产品试验程序试车。

6）试验方法中的氮化处理、镀层检测、无损检测、强度试验等。

4.4.3 六辊带材冷轧机

六辊轧机是具有六个在同一窗口内呈上下布置的水平轧辊，上下工作辊各有左右布置的两个支承辊，

主要用于有色金属板轧制和冷轧带钢的轧机。在 JB/T 11593—2013《六辊带材冷轧机》中规定了六辊带材冷轧机的结构型式、基本参数、技术条件、试验方法、检验与包装，适用于带有厚度自动控制、中间辊横移、液压弯辊的六辊带材冷轧机（以下简称六辊轧机）。

1. 结构型式与基本参数

（1）结构型式

六辊轧机为全液压轧机，机架为闭式框架结构机架，中间辊通过液压缸驱动可以横向移动，工作辊具有正、负弯辊和中间辊具有正弯辊装置，轧线标高调整采用蜗轮副电动压下或液压缸（或液压马达）驱动的斜楔调整机构；具有液压压下厚度自动控制（AGC）系统、张力闭环和速度闭环等控制的六辊轧机（见 JB/T 11593—2013 中图 1）。

（2）基本参数

六辊轧机基本参数应符合表 4-158 的规定。

表 4-158　六辊轧机基本参数　　　　　（单位：mm）

轧机型号	工作辊身长度	轧辊直径			轧制压力 /kN	坯料最大厚度	成品最薄厚度	最薄成品厚度偏差
		工作辊	中间辊	支承辊				
700 BDL-6G	700	165	190	630	5000	3	0.15	±0.005
1000 BDL-6G	1000	310	370	890	11000	3	0.2	±0.005
1200 BDL-6G	1200	400	470	1150	18000	3	0.2	±0.005
1450 BDL-6G	1450	420	490	1300	20000	3	0.2	±0.005
1700 BDL-6G	1700	440	500	1400	25000	5	0.2~0.5	±0.005
双机架 1700 BDL-6G	1700	1：430，2：525	490	1400	25000	6.5	0.3	±0.005
双机架 2130 BDL-6G	2130	1：545，2：425	640	1525	32000	6	0.3	±0.005

（3）标记示例

标记示例见 JB/T 11593—2013。

2. 技术要求

（1）六辊轧机的功能、结构要求

1）应具有测压、测张、测速、测厚与测辊缝等检测装置。

2）应具有液压压下、厚度 AGC、压力 AGC、张力 AGC 和速度 AGC 系统，压机 PL 控制。

3）系统应具有过载保护、断带保护、事故报警，有自动减速、自动停车、紧急停车。

4）中间辊轴线与支承辊轴线在水平方向有偏移（5~10mm）。

5）中间辊应具有液压弯辊、横移机构。

6）工作辊应具有液压正、负弯辊装置。

7）应具有工艺润滑冷却系统，配有分段冷却

装置。

8）应具有快速更换工作辊、中间辊装置，换支承辊装置上面的地平面装有活动盖板。

9）应具有轧线标高自动调整机构。

10）各轧辊轴承、除油辊轴承、转向轴承等采用油气或油舞润滑。

11）应具有万向联轴器轴头抱紧及结轴支承装置。

12）轧机支承辊轴承应采用四列短圆柱与推力轴承组合。轴承精度不低于 P5 级。

13）轧机支承辊轴承采用四列短圆柱与推力轴承组合；中间辊、工作辊轴承采用四列短圆柱与推力轴承组合或四列圆锥轴承，轴承精度不低于 P5~P6。

14）轧机支承辊辊身长度比中间辊、工作辊短70~150mm。

15）应具有轧制工艺参数预设定、动态张力、速度、轧制力、电流及产品精度的显示、存储和打印。

（2）一般要求

1）锻件应符合 JB/T 5000.8 的规定。

2）铸钢件应符合 JB/T 5000.6 的规定。

3）铸钢件的补焊件应符合 JB/T 5000.7 的规定。

4）焊接件应符合 JB/T 5000.3 的规定。

5）切削加工件应符合 JB/T 5000.9 的规定。

6）机械设备、液压机润滑设备的安全与卫生应符合 GB 5083 的规定。

7）各摩擦面应保证有充分的润滑。

8）应有安全防护装置。

9）机器不加工的外表面应打腻子，涂装质量应符合 JB/T 5000.12 的规定。

（3）主要零件的要求

1）中间辊弯辊缸块各主要加工面的尺寸公差、几何公差和表面粗糙度符合图 4-1、表 4-159 的规定。

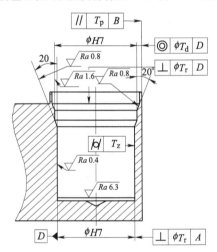

图 4-1　中间辊弯辊缸块（局部）

表 4-159　几何公差

几何公差	平面度 T_c	平行度 T_p	同轴度 T_d	垂直度 T_r	圆柱度 T_z
公差等级	≤4~5	≤5~6	≤5~6	≤5~6	≤4~5

2）对主要零件的材料、机架、工作辊、中间辊、支承辊规定和要求见 JB/T 11593—2013。

（4）装配要求

1）装配应符合 JB/T 5000.10 的规定。

2）其他要求见 JB/T 11593—2013。

检验方法与检验规则、标志、包装和贮存见 JB/T 11593—2013。

4.4.4　冶金设备用液压缸

因在 JB/T 6134—2007 规范性引用文件中引用了 JB/T 5000（所有部分）《重型机械通用技术条件》，且在 JB/T 2162—2007 规范性引用文件中仅引用了 JB/T 6134，所以冶金设备用液压缸应满足重型机械通用技术条件。

1. 冶金设备用液压缸（$PN \leqslant 16MPa$）

JB/T 2162—2007《冶金设备用液压缸（$PN \leqslant 16MPa$）》标准规定的范围和规范性引用文件见表 1-31。

基本参数与型式、尺寸见 JB/T 2162—2007，或液压缸的安装型式和尺寸见 2.15.6。

标记示例见表 2-6。

液压缸的技术条件按 JB/T 6134—2006。

2. 冶金设备用 UY 型液压缸

JB/ZQ 4181—2006《冶金设备用 UY 型液压缸》适用于公称压力 PN≤25MPa 的冶金设备用 UY 型液压缸及 USY 型伺服液压缸。

液压缸的质量计算见 JB/ZQ 4181—2006 附录 A，具体见表 4-160。

表 4-160　液压缸质量计算

缸径/mm	杆径/mm	质量/kg
40	28	9kg+0.01（kg/mm）×s/mm
50	36	14kg+0.016（kg/mm）×s/mm
63	45	32kg+0.029（kg/mm）×s/mm
80	56	41kg+0.051（kg/mm）×s/mm
100	70	63kg+0.076（kg/mm）×s/mm
125	90	122kg+0.116（kg/mm）×s/mm
140	100	190kg+0.163（kg/mm）×s/mm
160	110	252kg+0.213（kg/mm）×s/mm
180	125	360kg+0.264（kg/mm）×s/mm
200	140	420kg+0.317（kg/mm）×s/mm
220	160	552kg+0.418（kg/mm）×s/mm
250	180	699kg+0.541（kg/mm）×s/mm
280	200	959kg+0.584（kg/mm）×s/mm
320	220	1309kg+0.685（kg/mm）×s/mm
360	250	1990kg+0.794（kg/mm）×s/mm
400	280	2630kg+0.910（kg/mm）×s/mm

注：s 为最大缸行程。

3. 冶金设备用液压缸（$PN \leqslant 25MPa$）

JB/T 6134—2006《冶金设备用液压缸（$PN \leqslant 25MPa$）》标准规定的范围和规范性引用文件见表 1-31。

基本参数与型式、尺寸见 JB/T 6134—2006，或

液压缸的安装型式和尺寸见 2.15.6。

标记示例见表 2-6。

（1）技术要求

1）液压缸应符合标准要求，并按照经规定程序批准的图样和技术文件制造

2）性能。

① 空载运行。在进行空载运行试验时，活塞及活塞杆的运动应平稳，（最低）启（起）动压力应不大于相关规定。

② 有载运动。在进行有载运行试验时，活塞及活塞杆的运动应平稳，不得有爬行等不正常现象。

③ 内泄漏。在进行内泄漏试验时，液压缸的内泄漏量应不大于 JB/T 6134—2006 中（见表 4-161）的规定值。

表 4-161　内泄漏量

液压缸内径/mm	内泄漏量/(mL/min)	液压缸内径/mm	内泄漏量/(mL/min)	液压缸内径/mm	内泄漏量/(mL/min)
40	0.03	100	0.20	200	0.70
50	0.05	125	0.23	220	0.10 *
63	0.08	140	0.30	250	0.11 *
80	0.13	160	0.50	320	0.13 *

注：1. 该表摘自 JB/T 6134—2006 中表 12，其中标 * 的泄漏量应该有误。

2. 液压缸的内泄漏量规定值见表 2-159。

④ 外泄漏。在进行外泄漏试验时，活塞杆移动距离为 100m 时，活塞杆防尘圈处（外泄漏）漏油总量应不大于 0.002d（mL）（d 为活塞杆直径，单位为 mm）。而其他部分不得漏油。

⑤ 负载效率。在进行负载效率试验时，液压缸的负载效率不小于 90%。

⑥ 耐压性。在进行耐压性试验时，不得产生松动、永久变形、零件损坏等异常现象。

⑦ 耐高温性。在进行耐高温试验时，液压缸应能正常工作。

⑧ 耐久性。在进行耐久性试验时，不得产生松动、永久变形、异常磨损等现象。

液压缸试验项目和试验方法见表 5-10。

3）结构。同一制造厂生产的同一种缸径的各种零件，必须具有互换性，不得因为更换零件使性能出现明显的变化。

4）尺寸和精度。

① 缸筒内径和活塞杆直径尺寸应符合 GB/T 2348 的规定，其精加工尺寸公差，圆柱度应符合 JB/T

6134—2006（见表 4-162）的规定，并分别按 GB/T 1801、GB/T 1184 选取。

表 4-162　精加工尺寸公差和圆柱度

项　目	精加工尺寸公差	圆柱度
缸筒内径	H8	8 级
活塞杆直径	f8	8 级

② 缸筒内表面、活塞杆、导向套滑动面的表面粗糙度应符合 JB/T 6134—2006（见表 4-163）的规定。

表 4-163　缸零件表面粗糙度

（单位 μm）

项　目	表面粗糙度 Ra
缸筒内表面	0.4
活塞杆滑动面	0.2
活塞滑动面	0.8
导向套滑动面	0.8

③ 活塞行程应符合 GB 2349 的规定，其偏差符合 JB/T 6134—2006（见表 4-164）的规定。

表 4-164　行程及其偏差

（单位：μm）

行程	偏差	行程	偏差
≤100	+1.6 0	>630~1000	+5.0 0
>100~250	+2.5 0	>1000~1600	+6.3 0
>250~630	+4.0 0	>1600	+8.0 0

④ 缸筒端面和缸盖安装面对轴线的垂直度按 GB/T 1184—1996 中规定的 7 级。

⑤ 活塞端面对轴线的垂直度按 GB/T 1184—1996 中规定的 7 级；活塞滑动面对轴线同轴度按 GB/T 1184—1996 中规定的 7 级。

⑥ 缸筒内表面和活塞滑动面的配合为 H8/f8。

⑦ 导向套（或相当导向套的部分）和活塞杆滑动面的配合为 H8/f8。

⑧ 活塞杆前端连接螺纹的型式与尺寸应符合 GB 2350 的规定。

⑨ 油口连接螺纹应符合 GB/T 2878（现行标准为 GB/T 2878.1—2011）的规定。

5）装配质量。

① 液压缸的装配质量应符合 JB/T 5000 的有关规定。

② 各零件装配前应清除毛刺，并应仔细清洗，各防尘密封圈不允许有划伤、扭曲、卷边或脱出等异常现象。

液压缸内部清洁度必须小于 JB/T 6134—2006（见表 4-165）的规定。

表 4-165　清洁度

缸筒内径/mm	40~63	80~100	125~160	200~250	>250
异物质量/mg	175	250	300	400	500

注：行程按 1m 计，每增加 1m，异物质量允许增加 10%。

4.5　金属切削机床用液压缸设计与选型依据

4.5.1　金属切削机床液压系统

在 GB/T 23572—2009《金属切削机床　液压系统通用技术条件》中规定了金属机床液压系统的技术要求、装配要求、安全要求、试验方法、检验规则及其他要求，适用于以液压油为工作介质的金属切削机床液压传动及控制系统。

1. 技术要求

（1）基本要求

液压系统设计、制造和使用应符合 GB/T 3766 的规定，应保证设备使用寿命长，维修方便。

（2）液压元件及部件

液压系统所用液压元件应符合 GB/T 7935 的规定，其他部件应符合相应标准的要求。

（3）液压油

1）液压系统所用液压油应符合 GB/T 3766 及 GB 7632—1987《机床用润滑剂的选用》的规定。液压系统应在便于更换维修的位置设置油液过滤装置。油液在注入液压系统油箱前应充分过滤。

2）液压系统用油与导轨或其他机械部件用油宜相互分隔。

（4）管路、接头及通道

1）液压系统管接头材料一般为金属。管道材料一般为金属、耐油橡胶编织软管、树脂高压软管及其他与工作介质相容的材质，其管壁在承受系统最大工作压力的 1.5 倍时应能正常工作。

2）液压系统所有接头处和外露结合处不应渗漏。在接头及其他结合处可使用密封填料或密封胶，但不可使用麻、丝等杂物代替。

3）油管弯曲处应圆滑，不应有明显的凹痕及压偏（扁）现象，短长轴比应不小于 0.75。

4）液压系统在装配前，接头、管道、通道（包括

铸造型芯孔、机加工孔等）及油箱，均应清洗干净。

5）液压系统的油液通道应有足够的通流面积。

6）管道设置应安全合理，排列应整齐，便于元件调整、修理、更换。为避免管道的振动、撞击，管道间应有一定的间隙。在长管道间或管道产生振动、撞击发出声响时应采用管夹加以固定，各管夹间距离可参考表 4-166 的数值。

表 4-166　管夹间距离

（单位：mm）

管子外径 D	管夹间距离 L
≤10	1000
>10~25	1500
>25~50	2000
>50	3000

7）管夹不应焊在管子上，也不应损坏管路。

8）管路一般不应被用来支承元件或支承油路板。

9）软管一般用于可动件之间且便于替换件的更换、抑制机械振动或噪声的传递，其长度应尽可能短，避免设备在运行中软管发生严重弯曲与变形，必要时应设软管保护装置。

10）管道需架空跨越时，其高度应便于维修及保证人员的安全，支承应牢靠。

11）管路应做标记，压力管路、控制管路、回油及泄漏管路应用不同的标志。

12）管路连接两端应有标志，便于拆卸后恢复。

（5）液压系统油箱

1）液压系统油箱的公称容积应符合 JB/T 7938—2010《液压泵站　油箱　公称容积系列》（已废止）。

2）在整个工作周期内，油箱液位应保持安全工作高度。油箱应有足够的空间以便油液热膨胀和分离空气。在正常情况下，油箱应能容纳全部从系统中流回的油液。应防止溢出或漏出的被污染油液直接流回到油箱中。

3）在条件允许的情况下，液压站的底部可提高到离安装面 150mm 以上，以便于搬运、放油和散热。

4）可拆卸的盖板在其结构上应能防止杂质进入油箱。

5）用挡流板或其他措施将回油与液压泵的进口分开，采用的措施应不妨碍油箱清洗。

6）油箱的底部的形状应能将液压油排空。油箱应设置放油孔、取样孔、注油口和清洗口。放油孔应设置在油箱底部最低的位置。取样孔也可设置于工作管路中。油箱应配备一个或一个以上的清洗口，以便清洗油箱整个内部。

7) 穿过油箱顶盖的管子均应有密封, 回油管路终端应在油箱最低液位之下。

8) 注油口旁应设有液位计, 在通气油箱的上部应有空气滤清器。

9) 油箱材料应与油液相容。对普通钢板制作的油箱, 其内表面的处理可采用酸洗后磷化、喷丸或喷砂后喷镀等化学稳定性和物理稳定性优异的方法, 也可涂以与油液相容的不脱落的防锈涂层。

（6）压力表

1) 液压系统设置的压力表应安装在便于观察的明显部位。

2) 压力表量程应为被检测压力的 1.5~2 倍。

3) 压力表一般应带有卸压装置, 或采用耐震压力表, 外加阻尼器等。

4) 测量多个压力时, 可采用具有一个压力表和一个选择阀组成的多点测量装置。

2. 装配要求

1) 液压系统的管道与主机分离部件的接口处均应进行编号和标志, 并使管道编号、标志与有关技术文件一致。

2) 安装液压泵时应保证泵轴与驱动电动机传动轴的同轴度。刚性联结时, 其同轴度公差为 $\phi 0.05$mm; 柔性联结时, 其同轴度允差为 $\phi 0.1$mm。

3) 装配与试运行的其他要求应符合 GB/T 3766 的规定。

3. 安全要求

1) 液压系统设计、制造和使用的安全要求应符合 GB/T 3766 的规定。

2) 运动部件间的动作顺序应有联锁安全装置。采用静压装置时, 为确保在建立静压后才能驱动液压系统或其他机械运动, 一般也应有联锁安全装置。

3) 当机床的液压系统失去正常压力可能产生不安全因素时, 应在系统中设置必要的报警装置、指示信号及防护措施。

4) 液压泵与驱动电动机联结处外露时应设置安全防护装置。

5) 当机床停车时, 装有蓄能器的液压回路应能自动释放蓄能器中的压力, 或能使回路与蓄能器可靠隔离。

6) 当机床停车时, 若液压回路仍要利用蓄能器中有压油液来工作的情况下, 应在蓄能器上或靠近蓄能器的明显地方标示出安全使用说明, 其中包括"注意, 压力容器"的字样。

7) 所有质量超过 15kg 的部件或设备, 应能方便地起吊或设有起吊装置。

4. 试验方法

（1）试验前准备工作

试验前应对液压系统进行循环过滤。循环过滤时液压系统上的伺服阀、比例阀、蓄能器等应予以短路。

（2）性能试验

考虑到可操作性, 液压系统性能试验在液压泵站范围内进行。试验项目、试验方法及技术要求见表 4-167~表 4-170。

表 4-167 液压系统性能试验项目、试验方法及技术要求

序号	试验项目	试 验 方 法	技 术 要 求
1	空载试验	1) 液压泵站在卸荷状态下运转, 调整压力 0.1~0.2MPa, 无异常声音后进行空载试验 2) 空载试验: 与电气配合, 适当调整压力, 检查各液压元件及其顺序动作的正确性	1) 液压泵站中元件、辅件的安装、连接应符合设计要求 2) 工作循环和顺序动作应符合设计要求
2	载荷试验	1) 逐步升高压力, 达到额定负载, 试验时间不少于 0.5h 2) 检查额定压力、额定流量及压力振摆值	1) 额定压力、额定流量应符合设计要求（公差值小于 5%） 2) 压力振摆在 ±0.2MPa 内
3	耐压试验	对液压泵站施加耐压试验压力（设计中对限定试验压力的元器件除外）; 耐压试验压力为液压泵站额定压力的 1.5 倍（额定压力>16MPa 时, 取 1.25 倍）; 压力均匀递增, 达到耐压试验压力后, 保压 5min	不得出现外渗漏及其他异常现象
4	噪声试验	在进行额定负载运转时, 用声级计分别置于距液压泵站半径 1m 的球面上 4 个点（不同方向）上测定, 测量方法按 GB/T 16769—2008（已废止）的规定	噪声值应符合表 4-169 的规定

（续）

序号	试验项目	试 验 方 法	技 术 要 求
5	油液污染度试验	液压泵站送检油样取样按 GB/T 17489 的规定	液压油的固体污染物等级应符合表 4-168 的规定
6	连续运行试验	调整液压系统在额定压力下连续运行	连续运行 60h，运行中应无故障出现
7	温升试验	液压系统在额定工作压力下连续运行，用测温计不断检测油箱油液温度的变化，直到油液达到热平衡温度为止（油液达到热平衡温度是指温升幅度每小时不大于 2℃的温度）	热平衡后油液温度和温升应符合表 4-170 的规定

表 4-168　油液污染度试验技术要求

试验系统	油液污染度等级
电液比例系统	不得高于—/18/15
电液伺服系统	不得高于—/16/13
其他液压系统	不得高于—/19/16

注：液压油的固体污染物等级按 GB/T 14039 的规定。

表 4-169　噪声试验技术要求

压力/MPa	流量/(L/min)	噪声/dB(A)
≤6.3	≤15	≤70
	>15~36	≤71
	>36~65	≤72
	>65~90	≤73
>6.3~16	≤15	≤71
	>15~36	≤72
	>36~65	≤73
	>65~90	≤74
>16	≤15	≤72
	>15~36	≤73
	>36~65	≤74
	>65~90	≤75

表 4-170　温升试验技术要求

温度/℃	温升/℃
≤55	≤25

5. 检验规则

液压系统检验在液压泵站范围内实施，分出厂检验和型式检验两种。

检验规则的其他要求见 GB/T 23572—2009。

6. 其他

液压系统说明应编入机床使用说明书，其内容一般应包括：

1）液压系统原理与使用说明，包括：

① 液压系统原理图，管道示意图。

② 液压元件型号与规格的明细表，包括对专用液压元件代号和制造厂的说明。

③ 每个液压控制阀的压力调定值。

④ 要求注入系统最高液位的油量。

⑤ 规定的油液品种与黏度范围。

⑥ 有关的电气及机械控制元件操作时间顺序表。

⑦ 管路两端的识别标志。

⑧ 安全注意事项。

⑨ 其他说明。

2）液压系统使用注意事项。

3）液压系统维修、故障及其分析和排除说明。

4）要求定期测试与维护保养的测试点、加油口、排油口、取样口、滤油器等的设置位置。

5）液压系统所用图形符号应符合 GB/T 786.1 的规定。

6）包装。

① 液压系统的外露口应用密封帽封闭，外螺纹应加以保护。

② 包装的其他要求应符合 JB/T 8356.1—1996（已作废）的规定。

4.5.2　组合机床液压滑台

在 JB/T 9885—2013《组合机床　液压滑台　技术条件》中规定了组合机床液压滑台的制造和验收要求，适用于名义尺寸为 100~800mm 的组合机床液压滑台（含长台面型，以下简称液压滑台或滑台）。

1. 一般要求

按 JB/T 9885—2013 标准验收滑台时，应同时对 GB/T 9061—2006《金属切削机床　通用技术条件》、GB/T 25373—2010《金属切削机床　装配通用技术条件》、GB/T 25376—2010《金属切削机床　机械加工件通用技术条件》、JB/T 1534—2006《组合机床　通用技术条件》等标准中未经 JB/T 9885—2013 标准具体化的其余验收项目进行检验。

2. 随机附件

1）制造厂应提供易损的密封件，其附件数量是该滑台使用数的 2 倍。

2）成品的部件，应带有安装时用的紧固螺钉和定位销。

注：密封件和标准件一般要标有相应的标记或规格。

3. 制造质量

（1）一般要求

1）液压滑台的联系尺寸应符合 GB/T 3668.4—1983《组合机床通用部件　滑台尺寸》，长台面型液压滑台的联系尺寸应符合 JB/T 2462.8—2017《组合机床通用部件　第8部分：滑台（长台面型）参数和尺寸》（JB/T 2462.8—1999 已作废）及相应技术文件的规定。

注：GB/T 3668.4—1983 规定了组合机床滑台的有关互换性尺寸。

2）灰铸铁件的技术条件应符合 JB/T 3997—2011 的规定。

3）经过试验合格后的部件，所有外露油口应用耐油塞子封口（禁用纸张、棉纱、木塞等杂物）。

（2）滑鞍导轨

滑鞍导轨的涂层材料或塑料导轨板的性能应符合 JB/T 3578—2007《滑动导轨环氧涂层材料　技术通则》的规定。涂层导轨的性能及要求应符合 JB/T 3579—2007《环氧涂层滑动导轨　通用技术条件》的规定。

（3）滑座体导轨

滑座体导轨上平面沿长度方向在垂直面内的直线度不许凹。

（4）进给液压缸

1）液压缸的试验要求。液压缸须在相应的试验台上单独进行试验，并应符合相应的试验条件。

2）液压缸的试验条件。

①试验设备用油（液）应满足下列要求：

a. 油温：试验时，进入被试的进给液压缸油液的温度应保持在 50℃±5℃ 的范围内。

b. 黏度：油液的运动黏度为 17~23mm²/s；

c. 过滤精度：不应低于 50μm。

d. 油液应具有防锈能力。

②试验用压力计应满足下列要求：

a. 精度：试验时误差应小于±1.5%。

b. 量程：试验用压力计为直读压力表，其量程为试验压力的 140%~200%。

c. 安装位置：测量压力振摆时，压力计连接管内径为 4mm，长度小于 300mm，在距被试元件进口约 10d（d 为工作管道内径）、出油口约 30d 处与工作管道相连接（不应装在拐弯处），测量压力振摆时，压力计不应带阻尼器。

3）液压缸的试验项目。

①试运转及行程测量。将被试验的液压缸安装在相应的试验台上，在空载情况下全行程往复动作 7 次，这时不应有外渗漏和冲击等不正常现象。同时，将液压缸的活塞分别停留在行程的两端，测量全行程的长度，其长度应符合设计要求。

②活塞及活塞杆移动的阻力检测。在活塞杆没有承受载荷的条件下向液压缸前进腔通入压力油，使活塞杆以一定的进给速度移动，测量所需的压力不应超过表 4-171 所列数据。

表 4-171　液压缸起动压力

缸体直径/mm	25	32	40	50	63	80	100	125	160	200
压力/MPa	0.4	0.35		0.3			0.25		0.2	0.18

注：1. 表内数值只适用于活塞所采用的密封圈为 O、U、X、Y 形式。

2. 表中所指压力均为压力表的表示压力。

③内泄漏量检验。向液压缸前进腔通入压力油，将后退腔的管接头扭开，并使外泄口向上，调节进入油液的压力，使其逐步达到 6.3MPa（长台面型滑台液压缸的前进腔压力应达到 4MPa），保压 30s，然后测量外泄口的油液流量，作为每分钟的泄漏量。活塞停在液压缸的（以下）两个位置上进行。

第一个位置：活塞位于液压缸的中部。

第二个位置：活塞位于距后退腔端盖 60mm 处（长台面型滑台不做此位置试验）。

液压缸内泄漏量不应超过表 4-172 所列数值。

表 4-172　液压缸内泄漏量

缸体直径/mm	25	32	40	50	63	80	100	125	160	200
内泄漏量 /(mL/min)		0.1		0.2	0.3	0.5	0.8	1.1	2	3.1

④外泄漏量检验。使活塞以一定的速度移动，在全行程往复动作 30 次以上，这时液压缸的管接头、液压缸盖的密封处均不许渗漏油液，活塞杆与油缸盖密封处的外渗漏量不能成滴。

检验要在液压缸后退腔为 0.5MPa 和 6.3MPa 的压力下分别进行；长台面滑台的液压缸则在前进腔为 0.5MPa 及 4MPa 的压力下分别进行。

⑤活塞杆移动平稳性检验。在活塞杆不受载荷的条件下，向液压缸前进腔通入压力油，使活塞杆以该部件所规定的最小进给速度移动，这时活塞杆的移动应平稳，用百分表触在活塞杆端部，检查活塞杆的

移动，表针应平稳转动，跳动不应超过 0.01mm。

（5）装配

装配要求见 JB/T 9885—2013。

4. 空运转试验

1）与滑台配套的液压系统，应符合 GB/T 23572—2009 的规定。

2）将滑台安置在相应试验台上进行不少于 2h 的空运转试验，这时必须实现规定的工作循环，动作要灵敏、可靠，各种动作转换时要准确、平稳、无明显冲击现象。

3）滑台的最大行程长度、快速移进速度、快速退回速度及工作进给速度范围，均应符合滑台设计的规定。在工作进给速度范围内，滑鞍移动应平稳，无爬行现象。

5. 负荷试验

1）按规定的最大进给力进行负荷试验，检查进给力的稳定性。在滑鞍前端的中心线上距工作面 $B/2$（B 为滑鞍宽）用负荷液压缸和测力计进行测量。

2）调整滑鞍的进给速度为最小工作进给速度，检验其在最大进给力和空载时的进给速度变化，其变化率〔见式（4-11）〕不应超过 ±15%，在 10 个循环中连续测量 30 次，这时滑鞍进给应平稳，用百分表触在滑鞍前端面上检查滑鞍的移动，表针应平稳转动，跳动不应超过 0.01mm。

$$\delta = \frac{S_0 - S}{S_0} \times 100\% \qquad (4\text{-}11)$$

式中　δ——进给速度变化率；

　　　S_0——未加负荷时的平均进给速度，单位为 mm/min；

　　　S——在规定负荷下的极限进给速度，单位为 mm/min。

可采用不低于百分表的检测效果的其他仪器进行测量。

3）在液压系统压力为 7MPa（长台面滑台为 4MPa）及一定进给速度下，滑鞍停靠在固定挡铁上 5min，这时不允许液压管接头、各种阀的连接处、液压缸的密封处有渗漏油，液压系统里不许有压力下降现象。

液压滑台的精度应按 JB/T 9889—2013《组合机床　滑台　精度检验》进行检验，并把检验结果记入产品合格证明书中。

4.5.3　机床（高速）回转液压缸

在参考文献〔15〕的液压缸典型结构中，分别列出了通用液压缸典型结构、专用液压缸典型结构和活塞式旋转液压缸典型结构（包括齿轮齿杆旋转液压缸、平行活塞齿杆液压缸、滚轮旋转液压缸、滚珠丝杠旋转液压缸和单丝杠旋转液压缸五种结构），并指出："活塞式旋转液压缸是液压缸与旋转机构的组合，旋转机构通常是齿轮齿条副或螺杆螺母副。这是一种介于液压缸和液压马达而具备摆动马达功能的元件，因它的输出是扭矩，旋转角度是有限的 ±$\theta°$ 摆角。"

根据缸或液压缸定义，参考文献〔15〕所列的活塞式旋转液压缸典型结构中的一些液压缸有的不属于液压缸，但有的属于组合液压缸，如齿轮齿杆旋转液压缸、平行活塞齿杆液压缸。

本节所列机床回转液压缸与参考文献〔15〕所列的活塞式旋转液压缸典型结构原理不同，其液压缸缸体与活塞之间所做的旋转运动是由外部驱动的，而非由液压缸产生的。

1. 机床回转液压缸

在 JB/T 11772—2014《机床　回转油缸》中规定了回转液压缸的型式和参数、技术要求、试验方法、检验、标志、包装和随行文件，适用于动力卡盘用回转液压缸（以下简称液压缸）。

（1）型式和参数

1）型式。液压缸按结构型式分为两种：

① 中实液压缸，如图 4-2 所示。

② 中空液压缸，如图 4-3 所示。

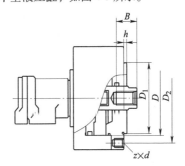

图 4-2　中实液压缸的型式

2）参数。

① 中实液压缸的参数见图 4-2 和表 4-173。

表 4-173　中实液压缸的参数

（单位：mm）

液压缸缸体内径 D	D_1(h7)	D_2	h	$z×d$
80	65	90	6	6×M8
100	80	100	6	6×M10
125	110	130	6	6×M12
160	110	130	6	6×M12
200	125	160	6	6×M16
250	160	200	6	6×M20

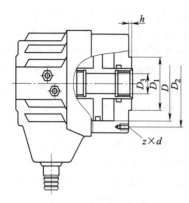

图 4-3 中空液压缸的型式

② 中空液压缸的参数见图 4-3 和表 4-174。

表 4-174 中空液压缸的参数

（单位：mm）

液压缸缸体内径 D	D_1(h7)	D_2	D_3	h	$z×d$
100	70	115	26	5	6×M8
125	100	125	35	5	6×M10
160	125	160	52	5	12×M10
200	160	200	65	6	12×M12

（2）技术要求

1）一般要求。

① 液压缸外表面应光滑、美观，不应有锐边、毛刺和气孔等缺陷，未加工表面应进行涂装保护。

② 各密封部位应无渗漏现象。

③ 液压缸包装前，进出油口及回油口应加密封盖，防止杂质进入液压缸内部。

④ 各运动部件安装后应运动轻便灵活，无阻滞现象。

2）最大使用压力 p_{max}。液压缸的最大使用压力应不低于 3.5MPa。

3）起动压力。液压缸的起动压力应不大于 0.3MPa。

4）温升。液压缸的温升不应超过 30℃，其外表温度不应超过 65℃。

5）泄油量。液压缸的泄油量可根据结构特点由制造者自行确定。

6）最高转速 n_{max}。液压缸的最高转速见表 4-175。

表 4-175 液压缸的最高转速

液压缸缸体内径/mm	80	100	125	160	200	250
中实液压缸/(r/min)	5500	5000	5000	4500	4000	3000
中空液压缸/(r/min)	—	5000	4000	3500	3000	

7）最大推力 F_{Tmax} 和最大拉力 F_{Lmax}。制造者应给出在最大使用压力时的最大推力和最大拉力。

8）平衡。液压缸的平衡品质级别应不大于 G6.3。

9）运转。运转时配油阀体应转动灵活，不应有卡滞现象，所有密封部位不应有渗漏现象，液压缸不应出现抱轴等异常现象。

10）精度检验。

① 一般说明。

a. 使用 JB/T 11772—2014 时，精度检验方法和检验工具精度应按 GB/T 17421.1—1998 的规定。

b. 精度检验前应对检验轴端部的径向圆跳动和轴向圆跳动按 G0 项预先检验（见表 4-176）。

c. G1 项和 G2 项精度检验顺序，可根据检验方便的原则，按任意顺序进行。

d. 精度检验中的线性尺寸和公差的单位为 mm。

表 4-176 检验轴端部的径向圆跳动和轴向圆跳动

检验项目（G0）	检验轴端部的径向圆跳动和轴向圆跳动
简图	
公差 x	0.005
检验工具	指示器
检验方法	按 GB/T 17421.1—1998 中 5.6.1.2.3 和 5.6.3.2 的规定 指示器测头应垂直于被测表面

② 精度检验。液压缸缸体的径向跳动检验见表 4-177。

液压缸阀体或回油罩的径向跳动检验见表 4-178。

表 4-177　液压缸缸体的径向跳动检验

检验项目（G1）	液压缸缸体的径向跳动
简图	

	液压缸缸体内径	公差 x（指示器最大变动量）
公差 x	80	0.01
	100	0.01
	125	0.01
	160	0.01
	200	0.02
	250	0.02
检验工具	指示器	
检验方法	按 GB/T 17421.1—1998 中 5.6.1.2.2 的规定 以止口凸台及端面为基准，转动缸体，检验缸体外圆径向跳动 指示器测头应垂直于被测表面	

表 4-178　液压缸阀体或回油罩的径向跳动检验

检验项目（G2）	液压缸阀体或回油罩的径向跳动
简图	

	液压缸缸体内径	公差 x（指示器最大变动量）
公差 x	80	0.03
	100	0.03
	125	0.03
	160	0.03
	200	0.04
	250	0.04
检验工具	指示器	
检验方法	按 GB/T 17421.1—1998 中 5.6.1.2.2 的规定 以止口凸台及端面为基准，转动缸体，检验阀体或回油罩的径向圆跳动 指示器测头应垂直于被测表面	

（3）试验方法

1）试验条件。

① 液压缸可以安装在机床上，也可以在试验台上进行。

② 试验时油温初始温度应在 5~40℃范围内。

③ 液压油宜使用 GB/T 3141—1994 中 ISO 黏度等级为 32 或 46 的液压油。

④ 液压油应具有抗磨、抗起泡和防锈能力。

⑤ 液压系统中应装有过滤精度 20μm 的过滤器。

⑥ 压力表量程不小于最大使用压力的 1.5 倍。

⑦ 平衡检验用的连接装置，其最大剩余不平衡量不得大于被检测液压缸所允许最大剩余不平衡量的 20%。

2) 起动压力。当油温不低于 25℃时，测试液压缸活塞开始移动时的压力，应符合 (2)3) 的规定，活塞往复数次后，在全行程中应运动平稳、无爬行现象。

3) 温升。液压缸连续运转，当达到热平衡（热平衡是指液压缸温升在 10min 内变化不大于 1℃时的状态）时，测量液压缸配油阀体外表面温度，应符合 (2)4) 的规定。

4) 泄油量。在压力为最大使用压力的 75%，油温为 50℃时，用量杯从回油孔处测得的每分钟泄油量，应符合 (2)5) 的规定。

5) 最大推力和最大拉力。在静态、最大使用压力下，用测力计测量液压缸的最大推力和最大拉力，应符合 (2)7) 的规定；也可按照下列给出的计算方法计算得出。

液压缸最大推力按式 (4-12) 计算。

$$F_{Tmax} = (p_{max} - 0.25)S_T \quad (4-12)$$

式中　　F_{Tmax}——最大推力，单位为 N；

　　　　p_{max}——最大使用压力，单位为 MPa；

　　　　S_T——活塞推侧有效面积，单位为 mm²。

液压缸最大拉力按式 (4-13) 计算

$$F_{Lmax} = (p_{max} - 0.25)S_L \quad (4-13)$$

式中　　F_{Lmax}——最大拉力，单位为 N；

　　　　p_{max}——最大使用压力，单位为 MPa；

　　　　S_L——活塞拉侧有效面积，单位为 mm²。

6) 平衡。在进行液压缸的动平衡检验前，应预先检验连接装置的安装液压缸定位面的定位精度，使其径向圆跳动和轴向圆跳动不大于 0.01mm。

液压缸进行动平衡检验时，应卸下液压缸后端的配油阀等不回转部分零件，通过连接装置将液压缸安装在试验机主轴上。

液压缸动平衡试验所测得的剩余不平衡量按 GB/T 9239.1—2006 的要求计算出动平衡品质级别，应符合 (2)8) 的规定。

7) 运转试验。

① 液压缸在最大使用压力下以低、中、高速连续运转，运转时选取不少于 10 级转速，每级转速下不少于 2min。

② 在最大使用压力下，以极限转速连续运转 1h，应符合 (2)9) 的规定。

活塞杆连接测力计，观察液压缸推拉力的变化情况，推拉力应保持不变。

(4) 检验

1) 产品应经检验部门检验合格后方可出厂。

2) 出厂检验项目包括平衡、运转、精度检验和标志的内容。

(5) 标志、包装和随行文件

1) 标志。产品上应有永久性的标志，字迹清晰、端正，内容如下：

① 制造者的名称或商标。

② 型号或出厂编号。

③ 最大使用压力。

④ 最高转速。

2) 包装。产品包装应符合 JB/T 3207—2005 的规定。

3) 随行文件

① 产品出厂时应提供随行文件，随行文件包括产品使用说明书、合格证明书和装箱单。

② 随行文件应符合 JB/T 9935—2011 的规定。

2. 机床高速回转液压缸

在 JB/T 13101—2017《机床　高速回转油缸》中规定了高速回转液压缸的型式和参数、技术要求、试验方法、检验、标志、包装和随行文件，适用于卡盘外圆线速度不低于 45m/s 的高速动力卡盘配套用，具有安全装置的高速回转液压缸（以下称液压缸）。

(1) 型式和参数

1) 型式。液压缸按结构型式分为两种：

① 中实液压缸，如图 4-4 所示。

② 中空液压缸，如图 4-5 所示。

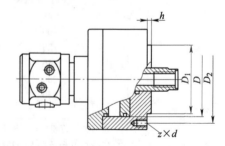

图 4-4　中实液压缸的型式

2) 参数。

① 中实液压缸的参数见图 4-4 和表 4-179。

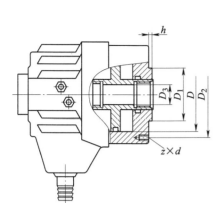

图 4-5　中空液压缸的型式

表 4-179　中实液压缸的参数

（单位：mm）

液压缸缸体内径 D	D_1(h7)	D_2	h	z×d
105	80	100	5	6×M10
125	110	130	5	6×M12
160	110	130	5	12×M12
200	120	145	5	12×M16

② 中空液压缸的参数见图 4-5 和表 4-180。

表 4-180　中空液压缸的参数

（单位：mm）

液压缸缸体内径 D	D_1(h7)	D_2	D_3	h	z×d
105	100	115	36	5	6×M10
125	100	130	46	5	12×M10
155	130	170	52	5	12×M10
180	160	190	75	5	12×M10
205	180	215	91	5	12×M12

（2）技术要求

1）一般要求。

① 液压缸外表面应光滑、美观，不应有锐边、毛刺和气孔等缺陷，未加工表面应进行涂装保护。

② 各密封部位应无渗漏现象。

③ 液压缸包装前，进出油口及回油口应加密封盖，以防止杂质进入液压缸内部。

④ 各运动部件安装后应运动轻便灵活，无阻滞现象。

2）最大使用压力 p_{max}。液压缸的最大使用压力应不低于 4.0MPa。

3）起动压力。液压缸的起动压力应不大于 0.2MPa。

4）温升。液压缸的温升不应超过 30℃，其外表温度不应超过 65℃。

5）泄油量。液压缸的泄油量可根据结构特点由制造者自行确定。

6）最高转速 n_{max}。液压缸的最高转速见表 4-181。

表 4-181　液压缸的最高转速

液压缸缸体内径/mm	105	125	155	160	180	200	205
中实液压缸/(r/min)	6000	6000	—	5500	—	5500	—
中空液压缸/(r/min)	8000	7000	6200	—	4700	—	3800

7）最大推力 F_{Tmax} 和最大拉力 F_{Lmax}。制造者应给出在最大使用压力时的最大推力和最大拉力。

8）平衡。液压缸的平衡品质级别应不大于 G2.5。

9）运转。运转时配油阀体应转动灵活，不应有卡滞现象，所有密封部位不应有渗漏现象，液压缸不应出现抱轴等异常现象。

10）精度检验。

① 一般说明。

a. 使用 JB/T 13101—2017 时，精度检验方法和检验工具精度应按 GB/T 17421.1—1998 的规定。

b. 精度检验前应对检验轴端部的径向圆跳动和轴向圆跳动按 G01 项预先检验（见表 4-182）。

c. G1 项和 G2 项精度检验，可根据检验方便的原则，按任意顺序进行。

d. 精度检验中的线性尺寸和公差的单位为 mm。

② 精度检验。液压缸缸体的径向圆跳动检验见表 4-183。

液压缸阀体或回油罩的径向跳动检验见表 4-184。

11）保压性能。当液压系统出现异常状态，供油压力突然中断，且中断 1min 时液压缸内的压力仍能保持原压力的 85% 以上。

12）卸压性能。当液压系统出现异常状态，供油压力达到最大使用压力的 1.05 倍时，安全阀应开启卸压。

（3）试验方法

1）试验条件。

① 液压缸可以安装在机床上，也可以在试验台上进行试验。

② 试验时油温初始温度应在 5~40℃ 范围内。

③ 液压油宜使用 GB/T 3141—1994 中 ISO 黏度等级为 32 或 46 的液压油。

表 4-182 检验轴端部的径向圆跳动和轴向圆跳动

检验项目(G01)	检验轴端部的径向圆跳动和轴向圆跳动
简图	
公差 x	0.005
检验工具	指示器
检验方法	按 GB/T 17421.1—1998 中 5.6.1.2.3 和 5.6.3.2 的规定 指示器测头应垂直于被测表面

表 4-183 液压缸缸体的径向圆跳动检验

检验项目(G1)	液压缸缸体的径向圆跳动	
简图		
	液压缸缸体内径	公差 x(指示器最大变动量)
公差 x	105	0.01
	125	0.01
	155	0.02
	160	0.02
	180	0.02
	200	0.02
	205	0.02
检验工具	指示器	
检验方法	按 GB/T 17421.1—1998 中 5.6.1.2.2 的规定 以止口凸台及端面为基准，转动缸体，检验缸体外圆径向圆跳动 指示器测头应垂直于被测表面	

表 4-184 液压缸阀体或回油罩的径向跳动检验

检验项目(G2)	液压缸阀体或回油罩的径向跳动
简图	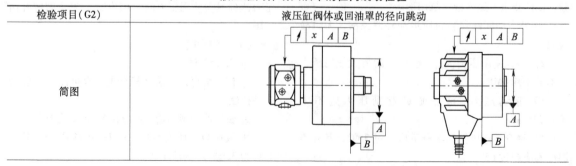

（续）

	液压缸缸体内径	公差 x（指示器最大变动量）
公差 x	105	0.02
	125	0.02
	155	0.03
	160	0.03
	180	0.03
	200	0.03
	205	0.03
检验工具	指示器	
检验方法	按 GB/T 17421.1—1998 中 5.6.1.2.2 的规定 以止口凸台及端面为基准，转动缸体，检验阀体或回油罩的径向圆跳动 指示器测头应垂直于被测表面	

④ 液压油应具有抗磨、抗起泡和防锈能力。

⑤ 液压系统中应装有过滤精度 $20\mu m$ 的过滤器。

⑥ 压力表量程不小于最大使用压力的 1.5 倍。

⑦ 平衡检验用的连接装置，其最大剩余不平衡量不应大于被检测液压缸所允许最大剩余不平衡量的 20%。

2）起动压力。当油温不低于 25℃ 时，测试液压缸活塞开始移动时的压力，活塞往复数次后，在全行程中应运动平稳、无爬行现象。

3）温升。液压缸连续运转，当达到热平衡（热平衡是指液压缸在 10min 内的温升不大于 1℃ 时的状态）时，测量液压缸配油阀体外表面温度，应符合规定。

4）泄油量。在压力为最大使用压力的 75% 下，液压缸以最高转速的 75% 连续运转至油温为 50℃ 时，用量杯和计时器从回油孔处测量每分钟泄油量，应符合规定。

5）最大推力和最大拉力。在静态、最大使用压力下，用测力计测量液压缸的最大推力和最大拉力，应符合规定。最大推力和最大拉力的近似计算方法如下：

液压缸最大推力按式（4-14）计算。

$$F_{Tmax} = (p_{max} - 0.25)S_T \qquad (4\text{-}14)$$

式中　F_{Tmax}——最大推力，单位为 N；

　　　p_{max}——最大使用压力，单位为 MPa；

　　　S_T——活塞推侧有效面积，单位为 mm^2。

液压缸最大拉力按式（4-15）计算

$$F_{Lmax} = (p_{max} - 0.25)S_L \qquad (4\text{-}15)$$

式中　F_{Lmax}——最大拉力，单位为 N；

　　　p_{max}——最大使用压力，单位为 MPa；

　　　S_L——活塞拉侧有效面积，单位为 mm^2。

6）平衡

① 在进行液压缸的动平衡检验前，应预先检验连接装置的安装液压缸定位面的定位精度，使其径向圆跳动和轴向圆跳动不大于 0.01mm。

② 液压缸进行动平衡检验时，应卸下液压缸后端的配油阀等不回转部分零件，通过连接装置将液压缸安装在试验机主轴上。

③ 根据液压缸动平衡试验所测得的剩余不平衡量按 GB/T 9239.1—2006 的要求计算动平衡品质级别，应符合规定。

7）运转试验。液压缸在最大使用压力下以低、中、高速连续运转 1h，最高转速运转不少于 30min，应符合规定。

8）保压性能。可采取下列任意一种方法进行试验，结果应符合规定。

① 将系统压力调到最大使用压力，液压缸以最高转速正常运转，然后切断油路，1min 时，观察卡盘夹紧力的变化情况，卡盘夹紧力应不低于原夹紧力的 85%。

② 液压缸活塞杆连接测力计，将系统压力调到最大使用压力，液压缸以最高转速正常运转，然后切断油路，1min 时，观测测力计的变化，输出推拉力不低于原推拉力的 85%。

9）卸压性能。可采用下列任意一种方法进行试验，结果应符合规定。

① 当系统油压力达到最大使用压力的 1.05 倍时，观察卡盘夹紧力的变化情况，卡盘夹紧力应保持不变。

② 液压缸活塞杆连接测力计，观察液压缸推拉力的变化情况，推拉力应保持不变。

（4）检验

1）产品应经检验部门检验合格后方可出厂。

2）出厂检验项目包括平衡、运转、精度检验和

标志的内容。

(5) 标志、包装和随行文件

1) 标志。产品上应有永久性的标志，字迹清晰、端正，内容如下：

① 制造者的名称或商标。

② 型号或出厂编号。

③ 最大使用压力。

④ 最高转速。

2) 包装。产品包装应符合 JB/T 3207—2005 的规定。

3) 随行文件。

① 产品出厂时应提供随行文件，随行文件包括产品使用说明书、合格证明书和装箱单。

② 随行文件应符合 JB/T 9935—2011 的规定。

4.6 采掘机械用液压缸设计与选型依据

4.6.1 煤矿机械用液压件

在 MT/T 459—2007《煤矿机械用液压件通用技术条件》中规定了煤矿机械液压元件的技术要求、安全要求、试验要求、标志和包装，适用于以液压油（液）为工作介质的煤矿机械用各类液压元件（以下简称元件），也适用于煤矿机械用液压辅件。

1. 技术要求

1) 元件的基本参数、图形符号和安装连接尺寸，一般应符合相应的国家标准规定。但当煤矿机械主机有特殊要求时，基本参数和安装连接尺寸也可以根据主机的要求而定。

2) 所有零件均应按规定的图样和技术文件制造，其材料应符合图样的规定。材料的性能应符合相应标准的规定。

在不降低产品质量的条件下，材料允许代用。

3) 元件的壳体应经相应处理，消除内应力。壳体应无影响元件使用的工艺缺陷，并达到元件要求的强度。壳体表面应平整、光滑，不应有影响外观质量的工艺缺陷。铸件应进行清砂处理，内部通道和容腔内不应有任何残留物。

对复杂铸件宜进行探伤检查。

4) 元件应按相关产品标准或技术文件的规定进行装配。所有零件及外购件均应是经质量检验部门检验合格的产品。

5) 零件在装配前应清洗干净，不应带有任何污染物（如铁屑、毛刺、纤维状杂质、煤屑、煤灰等）。

6) 元件装配时，不应使用棉纱、纸张等纤维易脱落物擦拭壳体内腔及零件配合表面和进、出流道。

7) 元件装配时，不应使用有缺陷及超过有效使用期限的密封件。

8) 应在元件的所有连接油口附近清晰标注表示该油口功能的符号。除特殊规定外，油口的符号如下：

① P——压力油口。

② T——回油口。

③ A、B——工作油口。

④ L——泄油口。

⑤ X、Y——控制油口。

9) 元件的外露非加工表面的涂层应均匀，色泽一致。喷涂前处理不应涂腻子。

10) 元件出厂检验合格后，各油口应采取密封、防尘和防漏措施。

2. 安全要求

1) 各种轻质金属、轻质合金材料及非金属材料应符合 GB 3836.1—2000（2010）《爆炸性环境　第1部分：设备　通用要求》的有关规定。

2) 隔爆型元件应符合 GB 3836.2—2000（2010）《爆炸性环境　第2部分：由隔爆外壳"d"保护的设备的有关要求》的有关要求。

3) 本质安全型元件应符合 GB 3836.4—2000（2010）《爆炸性环境　第4部分：由本质安全型"i"保护的设备》中的有关要求。

4) 有防爆要求的元件应具有"产品合格证"、国家指定的防爆检验站出具的"防爆合格证"及国家安全生产监督部门授权机构颁发的"煤矿矿用产品标志证书"。

GB 3836—2000 系列标准已经作废，上述标准名称为现行（2010版）标准名称，且一些标准已经更新为 2017 版。

3. 试验要求

1) 元件试验时，对测量准确度等级、测量系统误差、测量、试验油液及特殊液压元件的试验等方面的要求应符合 GB/T 7935—2005 中第5章的规定。

2) 元件试验时，应按各自相关标准的规定进行试验，并出具试验报告。测量准确度要求为A级、B级的试验应由国家（或省级）液压件产品质量监督中心承担，测量准确度要求为C级的试验由元件生产厂试验部门承担。

4. 标志和包装

1) 应在元件的明显部位设置产品铭牌，铭牌内容应包括：

① 产品名称、型号、出厂编号。

② 主要技术参数。

③ 制造商名称。

④ 出厂日期。

2）对有方向要求的元件（如液压泵的旋向等），应在元件的明显部位用箭头或相应记号标明。

3）元件出厂装箱时应附带下列文件：

① 合格证。

② 使用说明书（包括元件名称、型号、外形图、安装连接尺寸、结构简图、主要技术参数、使用条件和维修方法以及备件明细表等）。

③ 装箱单。

4）元件包装时，应将规定的附件随元件一起包装，并固定在箱内。

5）对有调节机构的元件，包装时应使调节弹簧处于放松状态，外露的螺纹、键槽等部位应采取保护措施。

6）包装应结实可靠，并有防振、防潮等措施。

7）在包装箱外壁的醒目位置，宜用文字清晰地标明下列内容：

① 产品名称、型号。

② 件数和毛重。

③ 包装箱外形尺寸（长、宽、高）。

④ 制造商名称。

⑤ 装箱日期。

⑥ 用户名称、地址及到站站名。

⑦ 运输注意事项或作业标志。

4.6.2　采掘机械用液压缸

MT/T 900—2000《采掘机械用液压缸技术条件》标准规定了范围和规范性引用文件。

1. 技术要求

（1）一般要求

1）液压缸内径及活塞杆直径应符合 GB/T 2348 的规定。

2）液压缸的行程应符合 GB 2349 的规定。

3）活塞杆螺纹型式及尺寸符合 GB 2350 的规定。

4）活塞及活塞杆密封沟槽尺寸和公差应符合 GB/T 2879、GB 2880 及 GB/T 15242.3 的规定。

5）活塞用支承环尺寸和公差应符合 GB 6577 及 GB/T 15242.4 的规定。

6）活塞杆用防尘圈沟槽型式和尺寸公差应符合 GB/T 6578 的规定。

7）液压缸安装型式尺寸应符合 GB/T 9094 的规定。

8）液压缸活塞杆端耳环尺寸安装尺寸应符合 GB/T 14036 及 GB/T 14042 的规定。

（2）最低启动压力

液压缸的（最低）启（起）动压力应符合表 2-67 的规定。

（3）内泄漏

在额定压力下，液压缸的内泄漏量应符合 MT/T 900—2000 中表 1 的规定，具体见表 2-159。

（4）负载效率

在额定压力下，液压缸的负载效率应不小于 90%（合格品≥90%，一等品≥92%）。

（5）耐压性能

在耐压性能试验过程中不得有异常现象。

（6）行程

液压缸的行程应符合图样的要求。

（7）外泄漏

液压缸的外泄漏量应符合 MT/T 900—2000 中表 1 的规定，具体见表 2-67。

（8）高温性能

在高温性能试验过程中不得有异常现象。

（9）耐久性

在额定压力下，液压缸的耐久性应符合 MT/T 900—2000 中表 1 的规定，具体见表 2-67。

（10）加工质量

按 JB/T 5058—2006《机械工业产品质量特性重要度分级导则》的规定，划分加工的质量特性的重要度等级。

（11）装配质量

合格品的液压缸装配质量应符合：

1）活塞杆、缸筒、活塞、导向套等零件的主要部位不允许磕碰和有明显的划痕。

2）密封圈不允许有划痕、扭曲、卷边和脱出等现象。

3）主要零件关键部位不得有锈蚀。

4）活塞杆表面镀铬层应均匀、密实，并不得有裂纹、起皮、脱落等缺陷；在设计最大载荷下，镀铬层不得有裂纹。

一等品的液压缸装配质量应符合：

1）活塞杆、缸筒、活塞、导向套等零件不得磕碰和有明显的划痕。

2）密封圈不允许有划痕、扭曲、卷边和脱出等现象。

3）缸内所有零件不得有锈蚀。

4）活塞杆表面镀铬层应均匀、密实，并不得有裂纹、起皮、脱落等缺陷；在设计最大载荷下，镀铬

层不得有裂纹。

（12）内部清洁度

内部清洁度指标应符合 MT/T 900—2000 中表 1 的规定，具体见表 5-15。

2. 试验方法

液压缸试验方法见 MT/T 900—2000。

3. 检验规则

液压缸检验规则见 MT/T 900—2000。

4. 标志、包装、贮存

（1）标志

液压缸标志见 MT/T 900—2000，其中产品铭牌见表 2-324。

（2）包装

液压缸包装见 MT/T 900—2000。

（3）贮存

液压缸贮存见 MT/T 900—2000。

4.7 船用液压缸设计与选型依据

4.7.1 船用液压系统

在 CB/T 1102—2008《船用液压系统通用技术条件》中规定了船用液压系统的要求、元件与辅件的应用、配管和清洗等，适用于船舶机械设备的液压传动和控制系统，包括全船的和配套设备的液压系统的设计和制造。

1. 设计

（1）设计原则

1）液压系统的设计应考虑人员安全和可能发生的事故，并采取下列安全措施：

① 限压、限位、限速。

② 过载保护。

③ 降低系统的冲击压力，冲击压力不应引起危险。

④ 提供系统背压。

⑤ 保证液压泵的吸入条件。

⑥ 油液的过滤精度应符合系统中各种元件的要求。

⑦ 具有报警信号，如油位低、油温高或低、过滤器阻塞、失压、过载等。

⑧ 明确规定推荐使用的工作油液的品质和性能。

⑨ 在系统液压能源或管路突然失效时的安全保护。如设置液压锁阀、防管路破裂阀、液压制动器或锁紧机构等。

⑩ 制定确保安全的操作规程，并设置操作规程铭牌。

2）系统工作温度应与元件的允许使用温度相

匹配。

3）系统设计应考虑到避免发热。

4）当系统中油温过高时，应使用系统中已设置的油冷却器（风冷或水冷）。

5）当系统中油温过低时，应使用系统中已设置的油加热器（电加热或蒸汽加热）。

6）在环境温度过低的情况下启动时，应采取油液循环节流溢流等暖机方法。暖机到一定温度后，才能投入运行。

7）元件和管路的安装应考虑减小噪声的产生和传递。

8）应采取消声措施，如弹性通舱管件、蓄能器、软管等。

9）对容易漏油的环节应设置集油设施，做好污油的收集工作，预防污油对环境的污染。

10）设备布置应考虑下列拆卸和安装措施：

① 当需要拆卸系统中个别元件或管路时，不应大量拆卸邻近元件或部件。

② 当进行维修工作时，不应引起大量的工作油液损失。

③ 除非系统需要更换工作油液，维修油箱一般应不必排油。

11）需要调试、更换和定期清洗的元件应布置在便于操作的部位。

12）在系统适当的部位设置放气点或放泄点，注意不造成空气集结。

13）重量超过 15kg 的元件、部件或设备应便于起重，或设起吊装置。

（2）元件与辅件

1）液压缸。

① 液压缸的负载、行程和安装应不使其承受异常的侧向力。

② 液压缸的排气口应向上布置。

2）工作油液。

① 使用的工作油液的品种和特性应适应系统中所有元件和辅件。工作油液的固体颗粒污染等级代号应符合 GB/T 14039 的要求。

② 在工作系统管路中提取液样进行液压颗粒污染分析时，应按 GB/T 17489 的规定。

③ 工作油液充入系统时应经过过滤，且过滤精度应不低于系统的要求。

3）密封和密封件。

① 元件和辅件的密封，应采用压力密封式密封。

② 机械密封应符合 GB/T 6556 的要求。

③ O 形橡胶密封圈应符合 GB/T 3452.1 的要求。

4）油路块。在规定的工作压力和温度下，油路块不应产生变形。

（3）配管

1）管路流速。一般管路流速，吸入管路为 1m/s；压力管路为 3~6m/s；回油管路为 1.5~2.5m/s。

2）管系强度。管系强度应能承受管系内可能产生的最高峰值压力。

3）管系及其配件。

① 不应采用镀锌管或接头，也不应采用黄铜管子。

② 管子与接头、法兰等的焊缝，应进行无损检测。

4）管系布置。

① 管系的走向与布置应减少弯头和接头的数量。

② 遥控或刹车用的小直径管子较薄弱处，应设置挡板或防护罩等保护措施。

③ 管系布置应不妨碍元件或设备的调节、修理、拆装。

④ 管件应能方便拆装，既不影响其他管件或元件，又不需要特殊工具。

⑤ 由于油温和气温的变化引起管系变形的部位，应设置较大的弯头或膨胀接头。

⑥ 管系不同区域的最高位置应设置排气点。同时，在最低位置应设置放泄点。

⑦ 甲板管系应沿舱口围壁敷设，应防止日光照射，或设置罩壳遮阳。

⑧ 舱室管系应远离热源和改善通风。

⑨ 泄漏油、先导控制的回油和主油路回油管路，应分设回油箱。

⑩ 管件不应用来支承设备或油路块。

⑪ 管系不应通过淡水舱，如果不可避免，则应在油密的隧道或套管中通过。通过燃油舱时，管壁应加厚，且不应有可拆接头。

⑫ 管系穿过水密或气密结构时，应采用贯通配件或座板。

5）测压接口。

① 如果压力控制元件上没有测压接口，则应在相应的管路上设置测压接口。

② 在执行元件和相应的控制元件之间应设置供油压力的测压接口。

③ 当采用多点压力表开关和一个压力表组成的测压装置时，各测压点应有标记。

2. 工艺

（1）弯管

1）弯管半径一般应大于管子外径的 3 倍。同时，应从距管子一端大于 0.5 倍管子外径处开始弯曲。

2）管子的弯曲不应出现折痕。弯曲管子出现压扁处的椭圆截面的短长径之比不应小于 0.75。

3）不应采用灌砂热弯管工艺。

4）在靠近弯头和支管处应设置法兰或管接头。

5）弯管后应进行热处理与无损检测。

6）配置软管应注意下列事项：

① 软管的布置应避免扭转。

② 应将软管定位或加以保护。

③ 如果软管自重可能引起张紧，则应设置支承和配置托架或拖链。

④ 如果软管破裂将危及安全，则液压系统中应加罩保护。

（2）管系的支承

1）在管系两端和沿程应设置支承。

2）管子的支承应接近弯头。

3）管系支承的间距若无特殊要求，应小于表 4-185 推荐值。

表 4-185　管系支承的间距

管子外径/mm	≤10	>10~25	>25~50	>50
支承的间距/m	1	1.5	2	3

4）支架、吊攀、管夹等支承件不应焊于管子上，也不应损伤管子。

5）在管夹与管子之间应设置减振衬垫。

（3）管子的切割和钻孔

1）管子的切割和钻孔，应该采用机加工方法，避免采用气割。

2）管子切割和钻孔后应去除毛刺和切屑。

（4）焊接

1）管路不应采取对焊方法接长。焊接仅适用于管子和法兰、管接头、支管等连接。

2）焊接后施焊区域的管子内部应去除焊渣、溅沫和氧化皮。

3）焊缝离管子的敞口处的距离应不超过管子内径的 5 倍。

4）任何焊接结点不应存在死角。

5）焊接施工不采用电焊，宜采用氩弧焊。

3. 要求

（1）船用环境条件

1）大气环境。液压系统应符合下列大气环境条件应能正常工作：

① 无限航区的船舶环境温度范围为 -25~55℃。

② 空气相对湿度为 95%，有凝露。

③ 有盐雾、油雾和霉菌。

2）倾斜和摇摆。液压系统在经受表 4-186 规定的倾斜、摇摆后应能正常工作。

表 4-186　倾斜、摇摆值

横倾 /(°)	纵倾 /(°)	横摇		纵摇	
		角度/(°)	周期/s	角度/(°)	周期/s
±15	±5	±22.5	5~10	±7.5	3~7

3）振动。液压系统在经受表 4-187 规定的振动后应能正常工作。

表 4-187　振动值

频率/Hz	位移幅值/mm	加速度幅值/g	试验时间/min
2~10	1±0.01	—	20
>10~100	—	0.7±0.01	20

4）冲击。液压系统在受表 4-188 规定的冲击后应能正常工作。

表 4-188　冲击值

安装姿态	垂向	背向	侧向
落锤高度/m		0.3	
摆角/(°)		37	
冲击次数/次		3	

（2）产品标志

1）液压系统简化原理图采用的图形符号应符合 GB/T 786.1 的要求。

2）每个元件应有代号，如数字或字母，且应标记在设备上各元件的邻近部位。

3）各元件的油口，如工作油液进出口、先导控制口、测试口、放泄口等均应具有标志。

4）控制阀上应具有其操纵形式和功能标志。

5）集成或组装的元件，如插装阀、组合阀等，可作为一个整体标记。

6）电动执行装置的标记应与电气和液压系统图上的标记相一致。

7）管路的识别符号和颜色应符合 GB 3033—1982（已作废）的要求。

4. 试验

（1）试验压力

管件装船前和装船后均应进行液压试验，系统耐压试验压力应不低于设计压力的 1.5 倍，密封试验压力应为 1.25 倍设计压力，但不必超过设计压力加 7MPa。

（2）试验要求

1）管路压力试验应符合 CB/T 3616—1994（2017）《管路压力试验要求》的要求。

2）管路的安装及密封性试验应符合 CB/T 3619—1994《船舶系统和动力管路安装及密性试验质量要求》的要求。

3）试验时，压力应按 25% 的公称压力逐级上升至试验压力，保压时间不少于 5min。

4）船舶机械设备的液压系统应随相应设备进行试验。

5）全船液压系统应随被传动或控制的各机械设备进行试验。

6）液压试验应注意下列事项：

① 试验压力超过有效量程的压力表、自动化元件以及已经调定的压力阀应隔离或拆除。

② 加压前应充分排除系统中贮存的空气。

③ 试验中应按 25% 的公称压力加压至试验压力，每升一级保压时间一般为 10min。

（3）试验内容

液压系统试验的主要内容如下：

① 传动或控制的功能。

② 性能参数，如工作油压、执行机构的速度等。

③ 安全保护措施的效用。

④ 超载能力等。

5. 清洗

（1）一般要求

1）系统中全部液压元件和辅件的各油口均设置盲板、堵塞等封口。如果发现问题应及时拆检保养。

2）油箱（柜）上船安装时通常未注入液压油。在注油前应重新检查其内部的清洁情况。

3）全部管件（包括清洗用跨接管件）应进行化学清洗。

4）经过化学清洗的管件如果不及时投油清洗，则应用灌油方法使管子内表面形成完整的油膜，并用管塞封口，所采用的油种应与工作用油相容。

5）船上安装液压系统时，不应在附近使用压缩空气清扫、打磨或喷漆等可能污染系统的操作。

6）成套组装上船的设备（含集成块）及管系应预先做好清洁工作，并对各敞开油口进行封口。

7）管系上船安装后应进行投油清洗。

8）清洗用液压泵、过滤器和油箱等应采用专门的设备。

9）应设置临时性的跨接管将管系短接成回路，而不使清洗用油流经液压泵、控制元件和执行元件等。

10）设置跨接管时，可根据需要和方便将管系短路成一个或数个回路。

11）对不构成回路的管件，如膨胀油管、泄油管

等，应接成回路进行清洗。否则安装过程中应采取防污措施。

（2）管系投油清洗

1）清洗用液压泵组流量。清洗液压泵组的流量应与液压系统工作流量相同或略大，但是推荐清洗液压泵组的流量应保证管件中的雷诺数不低于 4000。

2）清洗用过滤器。

① 过滤器的精度可根据实际情况确定，开始清洗时通常取 150~200 目粗滤器，然后逐步提高。最终其精度应与液压系统要求一致或略高。

② 清洗用过滤器应是全流量的。

③ 清洗用过滤器的设置应便于拆检或更换滤芯。

3）清洗用油。

① 清洗用油应与工作用油具有相同的油基。

② 清洗用油通常是低黏度的。

③ 如果用工作用油来清洗，清洗后的油液一般不宜再作为工作用油使用。

④ 不应使用可溶性化学清洁剂。

4）清洗油温。

① 推荐采用热油清洗。当油温受到清洗设备和用油的限制，最高油温不应超过规定值，推荐油温为 50℃。

② 可以采用油加热器或节流的方法提高油温。

③ 不应直接加热油管。

5）操作要求。

① 投油清洗应连续进行，并多次沿管线用木锤轻击管子（或其他有效方法），特别是焊接部位或管子接头处。

② 管件投油清洗后，拆检过滤器的时间间隔不宜过长，推荐 10min 后即进行第一次拆检。

③ 拆检清洗过滤器的时间间隔可根据实际情况逐渐延长，推荐最长间隔为 1h。

④ 总的清洗时间应根据管系回路的长度和复杂程度确定，通常每一回路需要 10~24h。

⑤ 清洗符合质量要求后，可以用清净和干燥的压缩空气或氮气吹扫管系，排出管系内的清洗用油。

（3）系统投油清洗

1）液压系统和机械设备全部安装完成后进行系统投油清洗，系统投油清洗通常采用工作用油。

2）充油排气应按下列要求操作：

① 充油过程中应避免搅动液压油。

② 充油过程应该连续，并避免同时充入空气。

③ 新油注入系统时应过滤。

3）有步骤地逐个操作各控制元件和执行元件，推荐每一元件的操作次数不少于 6 次，延续时间不少于 15min。

4）系统投油清洗过程中，各执行元件通常处于空载工况。如果加载清洗，则应按照设备试运转操作要求进行。

5）清洗过程应按下列要求操作：

① 清洗过程中油温应低于 60℃。

② 清洗过程中不应有泄漏现象。

③ 系统开始投油清洗后，拆检清洗过滤器的时间间隔不宜过长，推荐 30min 后进行第一次拆检。

④ 拆检清洗过滤器的时间间隔可根据实际情况逐渐延长。

⑤ 应经常检查油箱液位，达到最低允许液位时应及时对油箱补油。

（4）清洗质量检查

1）管系投油清洗和系统投油清洗后均应进行清洗质量检查。

2）根据机械设备的重要性和组成，系统各元件应符合下列油液固体颗粒污染等级要求：

① 对一般中、低压液压系统的固体颗粒污染等级代号应不高于 GB/T 14039—2002 中的—/20/16、高压液压系统的固体颗粒污染等级代号应高于 GB/T 14039—2002 中的—/18/15。

② 对一般中、低压比例液压系统的固体颗粒污染等级代号应不高于 GB/T 14039—2002 中的—/17/14、高压比例液压系统的固体颗粒污染等级代号应高于 GB/T 14039—2002 中的—/16/12。

③ 对伺服液压系统的固体颗粒污染等级代号应不高于 GB/T 14039—2002 中的—/15/12。

3）推荐下列检查方法：

① 拆检过滤器。

② 检验油质。

③ 油液污染度的测定分析。

4）油液检验的油样按下列规定取样：

① 用于检验油质时，应在停止清洗工作 6h 后，从油箱或系统的泄放点取样。

② 用于测定油液污染度时，应在清洗过程中随机连续三次取样，时间间隔为 10s。

5）其他。

① 液压系统正式提交使用时其过滤器应换上新的或清洁滤芯。

② 在完成上述各项工作后，凡需防锈蚀的管件外表面应涂耐油涂料。

液压系统的使用说明、包装和运输等见 CB/T 1102—2008。

4.7.2 船用往复液压缸

GB/T 13342—2007《船用往复式液压缸通用技术条件》标准规定的范围和规范性引用文件见表 1-30。

1. 分类

（1）型式

常用的船用液压缸有下列两种型式：

1）柱塞式液压缸：柱塞仅作单向外伸运动，其反向内缩运动由外力完成。

2）双作用活塞式液压缸：活塞作双向运动，外伸和内缩行程均由流体压力实现。

（2）基本参数

液压缸的基本参数见 GB/T 13342—2007 或见表 2-14。

（3）图形符号

液压缸的图形符号按照 GB/T 786.1 的规定。

2. 要求

（1）外观

1）液压缸不应有毛刺、碰伤、锈蚀等缺陷，镀层应无起皮、空泡。

2）液压缸外表面不应有折叠及明显波浪、裂纹等缺陷。

3）外露元件应经防锈处理，也可采用镀层或钝化层、漆层等进行防腐。涂装时应先涂防锈底漆，再涂面漆。

4）液压缸外表面在涂装前应无氧化皮、锈坑。漆层不应有疤瘤等缺陷。

（2）材料

1）液压缸主要零件所选用材料见表 4-189，也可选用性能高于表 4-189 规定的材料。

表 4-189　主要零件材料

名称	材料	标准号
缸筒	20、35	GB/T 8162—1999（2018）、GB/T 8163—1999（2018）
活塞或活塞杆	45	GB/T 699—1999（2015）

2）缸筒经 100% 的无损检测后，应达到 JB/T 4730.3—2005（已作废）中规定的 I 级。

（3）结构

1）液压缸一般应设缓冲装置，当行程达到终点时应无金属撞击声。

2）液压缸所采用的连接螺钉、螺栓应不低于 GB/T 3098.1—2000 中规定的 8.8 级。

3）液压缸一般应设排气装置。

4）液压缸、活塞杆或柱塞应有防腐措施。

5）焊缝强度应不低于母材的强度指标，焊缝质量应达到 GB/T 3323—2005 中规定的 II 级。

6）密封（件）性能、各密封圈及沟槽的设计制造见 GB/T 13342—2007 或见表 2-67。

（4）温度

液压缸的温度要求见 GB/T 13342—2007 或见表 2-67。

（5）工作介质

液压缸腔体内工作介质的固体颗粒污染度等级代号应不高于 GB/T 14039—2002 中规定的 —/19/16。

（6）耐压强度

液压缸的耐压强度要求见 GB/T 13342—2007。或见表 2-67。

（7）密封性

液压缸在承受 1.25 倍公称压力下，缸筒与活塞之间内泄漏量，应符合 GB/T 13342—2007 中表 2 或表 2-159 的规定值，其余结合面处应无外泄漏。

（8）内泄漏量

双作用活塞式液压缸内泄漏量应不大于 GB/T 13342—2007 中表 2 或表 2-159 的规定值。

（9）外泄漏

液压缸的外泄漏要求见 GB/T 13342—2007 或见表 2-67。

（10）最低启动压力

1）柱塞式液压缸的最低启动压力应不大于 GB/T 13342—2007 中表 3 或表 2-67 的规定值。

2）双作用活塞式液压缸的最低启动压力应不大于 GB/T 13342—2007 中表 4 或表 2-158 的规定值。

（11）最低稳定速度

液压缸最低稳定速度要求见 GB/T 13342—2007 或见表 2-67。

（12）负载效率

液压缸的负载效率应不低于 90%。

（13）耐压性

液压缸的耐压性要求见 GB/T 13342—2007 或见表 2-67。

（14）内部清洁度

液压缸的内部污染物质量（行程 1m 时）应低于 GB/T 13342—2007 中表 5 的限值，具体见表 5-15。

3. 试验方法

液压缸的试验方法见 GB/T 13342—2007。

4. 检验规则

液压缸的检验规则见 GB/T 13342—2007。

5. 标志、包装、运输和贮存

（1）标志

液压缸标志要求见 GB/T 13342—2007，其中产品铭牌见表 2-324。

（2）包装

液压缸包装要求见 GB/T 13342—2007。

（3）运输与贮存

液压缸运输与贮存要求见 GB/T 13342—2007。

4.7.3　船用数字液压缸

GB/T 24946—2010《船用数字液压缸》标准规定的范围和规范性引用文件见表 1-31。

1. 产品分类

（1）数字缸结构

数字缸的典型结构示意图见 GB/T 13342—2007 中图 1。

（2）基本参数

数字缸的基本参数见 GB/T 24946—2010。

（3）标记

数字缸的标记见 GB/T 24946—2010。

（4）结构

1）数字缸中与缸体连接部分所采用的连接螺钉、螺栓应不低于 GB/T 3098.1—2000 中规定的 8.8 级。

2）液压缸可根据需要设置排气装置。

3）液压缸应有防腐措施。

4）焊缝强度应不低于母材的强度。

5）数字缸中的密封件性能、各密封圈及沟槽的设计制造见 GB/T 24946—2010。

2. 要求

（1）外观

1）数字缸不应有毛刺、碰伤、划痕、锈蚀等缺陷，镀层应无起皮、空泡。

2）外露元件应经防锈处理，也可采用镀层或钝化层、漆层等进行防腐。

3）数字缸外表面在油漆前应除锈或去氧化皮，不应有锈坑。漆层应光滑和顺，不应有疤瘤等缺陷。

（2）材料

1）数字缸主要零件材料见表 4-190，也可选用性能高于表 4-190 规定的材料。

表 4-190　主要零件材料

名称	材料	标准号
缸筒	20 无缝钢管	GB/T 8163—1999（2018）
活塞或活塞杆	45	GB/T 699—1999（2015）

注：因 20 钢力学性能偏低，所以数字缸缸筒选用 20 无缝钢管不一定合适。

2）缸筒进行 100% 的超声波无损检测，应达到 JB/T 4730.3—2005（已作废）中规定的 Ⅰ 级。

（3）环境条件

数字缸环境条件见 GB/T 24946—2010。

（4）工作介质污染度

数字缸腔体内工作介质的固体颗粒污染度等级代号应不高于 GB/T 14039—2002 中规定的 —/19/16。

在 GB/T 24946—2010 中规定的数字缸工作介质污染度要求偏低。

（5）耐压强度

数字缸在承受 1.5 倍公称压力下，所有零件不应有破坏或永久性变形现象，焊缝处不应渗漏。

（6）密封性

数字缸密封性要求见 GB/T 24946—2010。

（7）最低启动压力

数字缸最低启动压力要求见 GB/T 24946—2010。

（8）脉冲当量

数字缸的脉冲当量的实际值与标定值误差应小于 5%。

（9）最低稳定速度

数字缸的最低稳定速度应不大于每秒 20 个脉冲当量，最低稳定速度的单位是 mm/s。

（10）最高速度

数字缸平稳运行的最高速度应不小于每秒 2000 个脉冲当量，最高速度的单位是 mm/s。

（11）重复定位精度

数字缸的重复定位精度应不超过 3 个脉冲当量。

（12）分辨率

数字缸的分辨率应不大于 30 个脉冲当量。

（13）死区

数字缸的死区应不超过 30 个脉冲当量。

（14）脉冲频率

数字缸在最低脉冲频率为 10Hz，最高脉冲频率为 3000Hz 的范围内应能正常工作。

（15）耐久性

数字缸在额定工况下使用寿命：往复运动累计行程不低于 10^5m。

（16）内部清洁度

数字缸的内部污染物重量（行程 1m 时）应低于 GB/T 24946—2010 的限值。

3. 试验方法

数字缸试验方法见 GB/T 24946—2010。

4. 检验规则

数字缸检验规则见 GB/T 24946—2010。

5. 标志、包装、运输与贮存

（1）标志

数字缸标志见 GB/T 24946—2010，其中产品铭牌见表 2-324。

（2）包装

数字缸包装见 GB/T 24946—2010。

（3）运输与贮存

数字缸运输与贮存见 GB/T 24946—2010。

4.7.4　船用舱口盖液压缸

CB/T 3812—2013《船用舱口盖液压缸》标准规定的范围和规范性引用文件见表 1-31。

1. 产品分类

1）液压缸公称压力 PN 应符合表 4-191 的要求。

表 4-191　液压缸公称压力

（单位：MPa）

公称压力	16	20	25	(28)

注：括号内公称压力值为非优先选用，大于 28MPa 按 GB/T 2346 选用。

2）液压缸内径应符合表 4-192 的要求。

表 4-192　液压缸内径

（单位：mm）

缸内径	100	(120)	125	(140)	(150)	160	(180)	200
	(220)	(225)	250	(260)	280	300	(320)	

注：括号内公称值为非优先选用，超出表 4-192 范围按 GB/T 2348 选用。

3）活塞杆直径尺寸应符合表 4-193 的要求。

表 4-193　液压缸活塞杆直径

（单位：mm）

活塞杆直径	36	45	56	(65)	70	(75)	(80)	90	100
	(105)	110	125	130	140	(145)	160	180	(200)

注：括号内公称值为非优先选用，超出表 4-193 范围按 GB/T 2348 选用。

4）液压缸面积比值应符合表 4-194 的要求。

5）液压缸的结构型式有如下形式：

① a 型——缸头缸盖端均采用内螺纹，见 CB/T 31812—2013 中图 1。

② b 型——缸头端焊接、缸盖端采用内卡键，见 GB/T 31812—2013 中图 2。

此处的缸头与大多数标准所指不同，即为通常所说的缸底。本手册缸头特指缸有杆端端盖，亦即 GB/T 19934.1—2005 中液压缸（单杆缸）这种承压壳体的前端盖。

6）液压缸外形及安装尺寸见 CB/T 31812—2013。

7）液压缸的产品标识见 CB/T 3812—2013 或见表 2-60。

2. 技术要求

（1）设计与结构

表 4-194　液压缸面积比值

（单位：mm）

缸径	面积比				
	2	1.6	1.4	1.25	1.12
	活塞杆直径				
100	70	—	56	45	36
(120)	—	75	65	56	45
125	90	80	70	56	45
(140)	100	90	80	—	—
(150)	105	—	90	80	56
160	110	—	90	70	56
(180)	125	110	—	80	—
200	140	125	110	90	70
(220)	160	130	125	—	80
(225)	160	140	125	—	90
250	180	160	140	110	90
(260)	—	160	—	—	—
280	—	180	145	—	—
300	—	180	—	—	—
(320)	—	200	—	—	—

注：进一步可参考 JB/T 7939—2010《单活塞杆液压缸两腔面积比》。

1）液压缸结构安装长度应可调节，其调节量不大于 20mm。

2）液压缸活塞杆可按用户要求加伸缩防护罩，伸缩防护罩应具有防水、防尘性能。

3）活塞杆表面应镀硬铬，镀层厚度在 0.03～0.05mm 范围内。

4）液压缸外露非运动部位应涂以防锈漆，运动部位应涂以防锈润滑脂。

5）缸头与缸筒焊接的焊缝，按 GB/T 5777 规定的对焊缝进行 100%的探伤，质量应符合 JB/T 4730.3（已作废）中规定的 I 级要求。

6）活塞杆连接形式采用内螺纹和外螺纹两种，并应符合 GB 2350 的规定。

7）缸头和耳环两端均采用关节轴承，关节轴承有关尺寸通常采用 GB/T 9163 的规定，也可用滑动轴承，但须订货时提出。

（2）材料

液压缸主要零件材料见表 4-195。

（3）性能

1）试运转。在无负荷工况下，液压缸应全行程往复运行 5 次以上，排除空气后，确保液压缸试运行平稳，无异常现象。

2）最低启动压力。液压缸最低启动压力要求见 CB/T 3812—2013 或见表 2-67。

表 4-195　液压缸主要零件材料

零件名称	材　料			备　注
	名　称	牌　号	标　准　号	
缸筒	无缝钢管	35	GB/T 5312	加工前进行调质
缸头	锻钢（铸钢）或优质碳素钢	ZG260-520、35	CB/T 772（作废）、CB773、GB/T 699	加工前进行调质
耳环	锻钢（铸钢）或优质碳素钢	ZG260-520、35、45	CB/T 772（作废）、CB773、GB/T 699	加工前进行调质
活塞杆	优质碳素钢	45	GB/T 699	调质、表面镀硬铬
活塞	优质碳素钢	45	GB/T 699	调质
支承环	—	PTEF+铜粉 聚四氟乙烯 PTEF 尼龙 PA	—	—
密封件	密封件	应具有耐油，耐高、低温，耐腐蚀等海洋性环境的要求；各密封圈及沟槽设计应满足相关标准		

注：CB/T 772—1998 已作废，现行标准为 CB/T 4299—2013《船用碳钢和锰钢钢铸件》。

3）最低稳定速度。液压缸最低稳定速度要求见 CB/T 3812—2013 或见表 2-67。

4）内泄漏量。液压缸内泄漏量要求见 CB/T 3812—2013 或见表 2-67。

5）负载效率。液压缸负载效率不低于 90%。

6）耐压试验。液压缸耐压试验要求见 CB/T 3812—2013 或见表 2-67。

7）外泄漏量。液压缸外泄漏量要求见 CB/T 3812—2013 或见表 2-67。

8）缓冲效果。缓冲效果是活塞在进入缓冲区时，应平稳缓慢。

9）耐久性。液压缸耐久性要求见 CB/T 3812—2013 或表 2-67。

10）拆检。试验宗毕，液压缸外形尺寸及缸筒内径、活塞外径、导向塞外径、活塞杆直径、密封件等无异常损伤，其尺寸在公差允许范围内。

（4）清洁度要求

液压缸清洁度要求见 CB/T 3812—2013 或 5.2 节。

（5）环境适应性

液压缸环境适应性要求见 CB/T 3812—2013 或 5.2 节。

3. 试验方法

液压缸试验方法见 CB/T 3812—2013 或 5.2 节。

4. 检验规则

液压缸检验规则见 CB/T 3812—2013。

5. 标志和包装

（1）标志

液压缸标志见 CB/T 3812—2013，其中产品铭牌见表 2-324。

（2）包装

1）液压缸应用包装箱进行密闭保存，缸内腔灌注合格的防锈工作液，并应在使用说明书上注明有效保存期，期满后仍未使用的产品应由使用或安装部门进行拆检，重新保养。

2）进出油口须套上保护盖子。

3）液压缸出厂时，应具有下列随机文件：

① 产品合格证。

② 使用说明书。

③ 装箱清单。

④ 随机备件、附件清单。

⑤ 船检证书。

4.8　其他液压缸设计与选型依据

4.8.1　自卸（低速）汽车液压缸

4.8.1.1　自卸汽车液压缸

QC/T 460—2010《自卸汽车液压缸技术条件》规定的范围和规范性引用文件见表 1-30。

1. 液压缸产品型号的构成及主要参数选择

液压缸产品型号由级数代号、液压缸类别代号、压力等级代号、主参数代号、连接和安装代号、产品序号组成，具体如 QC/T 460—2010 图 1 所示。

（1）级数代号

表示液压缸的伸出级数，用一位阿拉伯数字 1、2、3……表示，1 级可省略不写。

（2）液压缸类别代号

液压缸类别代号用两位汉语拼音字母表示。液压缸类别代号见表 4-196。

（3）压力等级代号

压力等级代号用一位大写汉语拼音字母组成。压

力等级代号见表 4-197。

表 4-196　液压缸类别代号

代号	类　别
ZG	单作用柱塞式液压缸
HG	单作用活塞式液压缸
TG	单作用伸缩式套筒液压缸
SG	双作用单活塞式液压缸
MG	末级双作用伸缩式套筒液压缸

注：在 JB/T 2184—2007 中 "SG" 为双作用单活塞杆液压缸，"MG" 为电液步进液压缸。况且，柱塞缸只能是单作用缸；双作用缸也没有双活塞式的。

表 4-197　压力等级代号

（单位：MPa）

代号	D	E	F	G
压力等级	10	16	20	25

（4）主参数代号

主参数代号用缸径乘以行程表示，单位为 mm，活塞缸缸径指缸的内径，柱塞缸缸径指柱塞直径，套筒缸缸径指伸出第一级套筒直径，行程指总行程。

（5）连接和安装方式代号

连接和安装方式代号用一位或两位大写汉语拼音字母组成。当上下安装方式一致时，可用一个字母表示，当上下安装方式不一致时，第一个字母表示上部安装方式，第二个字母表示下部安装方式，具体代号见表 4-198。

表 4-198　连接和安装方式代号

代号	E	L	Q	R	Z
连接和安装方式	耳环式	螺纹式	球铰式	插入式	铰轴式

注：在 GB/T 9094—2006 中没有包括上表中一些连接和安装方式，如球铰式和插入式。

（6）产品序号

产品序号用阿拉伯数字表示产品的设计顺序号，产品序号由 1、2、3、4……依次使用。

（7）型号示例

液压缸型号示例见 QC/T 460—2010 或见表 2-6。

2. 一般要求

1）液压缸应符合 QC/T 460—2010 标准的规定，并按经规定程序批准的图样及技术文件制造。

2）所有零件须经质量检验部门检查合格后方能进行装配使用。

3）所有零件在装配前应清除毛刺并进行清洗。

4）液压缸外露非加工表面应按 QC/T 484 中 TQ 6 规定涂装。

5）液压缸所有外露油口应用堵塞封口。

6）液压缸内液压油固体污染物限值应符合 QC/T 29104 中的规定。

7）液压缸使用环境温度为 −20~40℃。

8）液压缸焊接质量应符合 JB/T 5943 的规定。

9）液压缸表面镀层应符合 QC/T 625 的规定。

注：在 GB/T 37400—2019 中 6.7.10 条规定："各种密封毡圈、毡垫、皮碗等密封件装配前应浸透油"可供参考。

3. 性能要求

（1）试运转要求

进行试运转试验时，液压缸的运动必须平稳，不得有外渗漏等不正常现象，且应符合表 4-195 中规定的启动压力。

（2）启动压力

启动压力应符合表 4-199 的规定。

表 4-199　启动压力

（单位：MPa）

活塞密封形式	活塞杆（柱塞、套筒）密封形式			
	额定压力小于 16		额定压力大于或等于 16	
	V 形之外	V 形	V 形之外	V 形
V 形	≤0.5	≤0.75	≤额定压力 ×6%	≤额定压力 ×9%
V 形之外	≤0.3	≤0.45	≤额定压力 ×4%	≤额定压力 ×6%

（3）耐压性能

液压缸在进行耐压试验时，不得产生松动、永久变形、零件损坏和外渗漏等异常现象；液压缸在耐压性能试验后，应不得出现脱节、失效现象。

（4）漏油

液压缸外渗漏和内泄漏要求见 QC/T 460—2010 或见表 2-67。

（5）全行程检验

进行全行程检验时，其行程长度应符合表 4-200 的规定。

表 4-200　行程长度

（单位：mm）

行程长度	偏差值
160~500	±2.0
>500~800	±2.5
>800~1100	±3.0
>1100~1600	±3.5

注：表中尺寸偏差为单级液压缸行程长度的尺寸偏差值，多级伸缩式套筒液压缸行程的尺寸偏差值为表中数值乘以级数。

（6）缓冲效果

带有缓冲装置的液压缸，在进行缓冲效果试验

时，当液压缸自动停止时应听不到撞击声。

（7）限位效果

带有限位装置的液压缸，在进行限位效果试验时，当液压缸自动停止时，其行程长度应符合表 4-196 的规定。

（8）负载效率

在额定压力下，液压缸的负载效率 η 应大于或等于 90%。

（9）可靠性

液压缸可靠性要求见 QC/T 460—2010 或见表 2-67。

在进行可靠性试验时，液压缸各部位不得产生松动、永久变形、异常磨损等现象。

4. 试验方法

液压缸试验方法见 QC/T 460—2010。

5. 检验规则

液压缸检验规则见 QC/T 460—2010。

6. 产品标牌、使用说明书

（1）产品标牌

液压缸产品标牌要求见 QC/T 460—2010 或见表 2-324。

（2）使用说明书

使用说明书的编制应符合 GB 9969.1 的规定。

7. 附件、包装、运输、储存

液压缸附件、包装、运输、储存要求见 QC/T 460—2010。

4.8.1.2　自卸低速汽车液压缸

在 JB/T 13514—2018《自卸低速汽车液压缸　技术条件》中规定了自卸低速汽车用液压缸型号组成、技术要求、试验、检验规则、产品标牌、使用说明书、包装、运输和贮存，适用于以液压油为工作介质的自卸低速汽车举升系统用液压缸（以下简称液压缸）。

1. 型号组成

（1）基本构成

液压缸产品型号由类别代号、级数代号、压力等级代号、主参数代号、连接和安装方式代号、产品序号组成，具体如下所示：

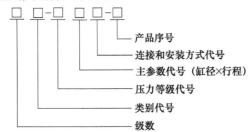

产品序号
连接和安装方式代号
主参数代号（缸径×行程）
压力等级代号
类别代号
级数

（2）类别代号

液压缸的类别代号用两位大写汉语拼音字母表示：

ZG——单作用柱塞式液压缸。

HG——单作用活塞式液压缸。

TG——单作用伸缩式套筒液压缸。

SG——双作用单活塞式液压缸。

根据 JB/T 2184—2007 标准的规定，SG 应为双作用单活塞杆液压缸的代号。

（3）级数代号

表示液压缸的输出级数，用一位阿拉伯数字 1、2、3、…表示，1 级可以省略不写。

（4）压力等级代号

用一位大写汉语拼音字母表示不同压力等级，其中：

D——10MPa。

E——16MPa。

F——20MPa。

（5）主参数代号

主参数代号用缸径乘以行程表示，单位为 mm，活塞缸缸径指缸的内径，柱塞缸缸径指柱塞直径，套筒缸缸径指伸出第一级套筒直径，行程指总行程。

（6）连接和安装方式代号

连接和安装方式代号由一位或两位大写汉语拼音字母组成。当上下安装方式一致时可用一个字母表示；当上下安装方式不一致时，第一个表示上部安装方式，第二个字母表示下部安装方式：

E——耳环式。

L——螺纹式。

Q——球铰式。

R——插入式。

Z——铰轴式。

（7）产品序号

产品序号依次用阿拉伯数字 1、2、3、4、…表示产品的设计顺序号。

2. 技术要求

（1）一般要求

1）所有零件在装配前应清除毛刺并进行清洗。

2）液压缸所有外露油口应用堵塞封口。

3）液压缸的焊接表面应平整，无锈蚀，焊缝应均匀，无烧伤、残留焊渣及飞溅物。

4）液压缸的涂装质量应符合 JB/T 5673—2015《农林拖拉机及机具涂漆　通用技术条件》中 TQ-2-3 的规定。

5）液压缸的表面镀层质量应符合 JB/T 11223—2011《三轮汽车和低速货车　外观质量要求》的规定。

6）液压缸内液压油固体污染物限制应符合 QC/T

29104—2013《专用汽车液压系统液压油固体颗粒污染度的限值》的规定。

（2）性能要求

1）进行试运转试验时，液压缸应运动平稳，不应有外渗漏等不正常现象，且应符合 2.（2）2）规定的启动压力。

2）启动压力。启动压力应满足表 4-201 的规定。

表 4-201　启动压力

活塞密封形式	活塞杆(柱塞、套筒)密封形式			
	V 形之外	V 形	V 形之外	V 形
	启动压力/MPa			
	额定压力<16		额定压力≥16	
V 形	≤0.5	≤0.75	≤额定压力×6%	≤额定压力×9%
V 形之外	≤0.3	≤0.45	≤额定压力×4%	≤额定压力×6%

3）耐压性能。液压缸在进行耐压试验时，不应产生松动、永久变形、零件损坏和外渗漏等异常现象；液压缸在耐压试验后，应不出现脱节、失效现象。

4）渗漏。

① 外渗漏。外渗漏应符合下列要求：

在进行外渗漏试验时，结合面处不应有外渗漏现象。

在进行内渗漏试验及耐压试验时，液压缸不应有外渗漏现象。

② 内泄漏。在额定压力下，活塞式液压缸的内泄漏量不应超过表 4-202 或表 4-203 的规定。

表 4-202　密封圈密封内泄漏量允许值

液压缸内径 /mm	使用橡胶密封圈时的内泄漏量允许值/(mL/min)	
	带限位阀	不带限位阀
63	≤0.9	≤0.3
80	≤1.5	≤0.5
100	≤2.4	≤0.8
125	≤3.5	≤1.1
160	≤6.0	≤2.0

5）全行程。进行全行程试验时，其行程长度应符合表 4-204 的规定。

6）缓冲效果。带缓冲装置的液压缸，当进行缓冲效果试验时，在液压缸自动停止时刻应听不到撞击声。

表 4-203　活塞环密封内泄漏量允许值

液压缸内径 /mm	额定压力/MPa			
	6.3	10	16	20
	内泄漏量允许值/(mL/min)			
63	≤50	≤65	≤80	≤90
80	≤65	≤80	≤100	≤115
100	≤80	≤100	≤125	≤145
125	≤100	≤125	≤160	≤180
160	≤130	≤160	≤200	≤230

7）限位效果。带有限位装置的液压缸，当进行限位效果试验时，在液压缸自动停止时刻其行程长度应符合表 4-204 的规定。

表 4-204　全行程长度

（单位：mm）

行程长度	极限偏差
160~500	±2.0
>500~800	±2.5
>800~1100	±3.0

注：表中极限偏差值为单级液压缸行程长度的极限偏差值，多级伸缩式套筒液压缸行程长度的极限偏差值为表中数值乘以级数。

8）负载效率。在额定压力下，液压缸的负载效率 η 应不小于 90%。

9）可靠性。在额定压力下，液压缸能全行程往复运动 3 万次或全行程往复移动 30km。液压缸全行程往复运动 5000 次或全行程往复移动 5km 之前不应有外渗漏。此后每往复运动 50 次或全行程移动 50m，对于活塞杆、柱塞及套筒直径小于 50mm 的液压缸，外渗漏量应小于或等于 0.2mL；对于活塞杆、柱塞及套筒直径大于 50mm 的液压缸，外渗漏量应小于或等于 $0.004d$mL。进行试验时，液压缸各部位不应产生松动、永久变形、异常磨损等现象。

4.8.2　拖拉机转向液压缸

JB/T 13141—2017《拖拉机　转向液压缸》标准规定的范围和规范性引用文件见表 1-31。

1. 分类和基本参数

（1）分类

液压缸按工作方式划分为单作用液压缸和双作用液压缸两大类，具体见表 4-205。

（2）基本参数

液压缸的基本参数应该包括液压缸内径、活塞杆直径、公称压力、行程。一般情况下，这些参数在设计转向系统时确定，详细设计由液压缸制造厂家完成。

表 4-205 液压缸分类

分类	名 称	符 号	说 明
单作用液压缸	柱塞式单作用液压缸		柱塞仅单向运动，返回行程是利用自重或负荷将柱塞推回的
	单活塞杆单作用液压缸		活塞仅单向运动，返回行程是利用自重或负荷将柱塞推回的
双作用液压缸	单活塞杆双作用液压缸		单边有杆，双向液压驱动，两边推力和速度不等
	双活塞杆双作用液压缸		双边有杆，双向液压驱动，可实现等速往复运动

液压缸内径系列推荐（单位为 mm）：25、32、40、50、63、80、90、100、110、125、140、160、180。

活塞杆直径系列推荐（单位为 mm）：16、18、20、22、25、28、32、36、40、45、50、56、63、70、80、90、100、110、125、140。

公称压力应符合 GB/T 2346 的规定。

2. 技术要求

（1）一般要求

液压缸应按经规定程序批准的产品图样和技术文件制造。

（2）装配要求

1）液压缸应使用经检验合格的零件按照相关技术文件的规定和要求进行装配。

2）焊接件的焊缝每年应至少进行一次特殊工艺验证。

3）锻件、铸件均应进行周期性无损检测，检测频次由制造方（厂家）根据实际情况自定。

4）零件在装配前应清洗干净。

5）装配时应不使用易脱落纤维的材料擦拭内腔、油道、结合面等。

6）所有零部件从制造到安装过程的清洁度控制应符合 GB/Z 19848 的要求；清洁度限值应符合表 4-206 的规定。

7）液压缸装配后应保证活塞、活塞杆运动自如，所有对外连接螺纹、油口边缘等处无损伤。

8）液压缸出厂检验合格后应将油放出，对油口进行密封，以防尘、防漏。外露加工表面、螺纹等应采取保护措施。

表 4-206 液压缸清洁度指标限值

液压缸内径 D/mm	行程 L/mm	清洁度指标限值/mg	备注
$D \leqslant 50$	$L \leqslant 300$	$\leqslant 15$	行程大于 300mm 的液压缸，每增加 100mm 的行程，其清洁度限值可以上浮 10%
$50 < D \leqslant 80$		$\leqslant 25$	
$80 < D \leqslant 120$		$\leqslant 35$	
$D > 120$		$\leqslant 45$	

（3）外观要求

1）液压缸表面应整洁，圆角平滑自然，焊缝平整，不应有飞边、毛刺。

2）标牌应清晰、正确，安装应牢固、平整。

3）液压缸表面涂装应符合 JB/T 5673—2015 中 TQ-2-2 的规定，漆面颜色及特殊要求可由制造厂与用户协商确定。活塞杆表面、进出油口外加工表面和标牌上不应涂装。

4）镀层应均匀光亮，不应有剥落或生锈现象。

（4）性能要求

液压缸的性能要求应符合表 4-207 的规定。

3. 试验方法

液压缸试验方法见 JB/T 13141—2017 或见表 5-10。

4. 检验规则

液压缸检验规则见 JB/T 13141—2017。

5. 标志、包装、运输和贮存

（1）标志

液压缸标志见 JB/T 13141—2017 或见表 2-324。

表 4-207　液压缸的性能要求

序号	试验项目	性　能　要　求	
1	试运转	在额定试验条件下，活塞运动应均匀，无爬行、外泄漏等不正常现象	
2	行程准确性	在额定条件下，行程误差应符合以下要求： $L \leq 500$mm 时，行程误差控制在 $0 \sim 2$mm 范围内 500mm$< L \leq 1000$mm 时，行程误差控制在 $0 \sim 3$mm 范围内 1000mm$< L \leq 2000$mm 时，行程误差控制在 $0 \sim 4$mm 范围内	
3	启动压力	液压缸内径 $D < 75$mm	≤ 0.3MPa
		液压缸内径 $D \geq 75$mm	≤ 0.6MPa
4	耐压性	1.5 倍公称压力下，液压缸应无外泄漏及零件损坏现象	
5	内泄漏	在被试液压缸一腔输入油液，加压至公称压力，测定经活塞泄漏至未加压腔的油液泄漏量（或采用其他位移或压力等间接测量方法），10min 内泄漏量应不大于较小腔容积的 1/500	
6	外泄漏	活塞往复运动 100m，活塞杆处漏油量不大于 0.008dmL（d 为活塞杆直径毫米数）。其他部分不允许漏油	
7	负载效率	$\geq 90\%$	
8	耐久性	耐久性试验后，内外漏油量应不大于本表中第 5 项和第 6 项规定值的 2.5 倍，零件应无损坏现象	
9	高温性能	$90 \sim 95$℃温度范围内能正常运行，活塞杆处漏油量不大于本表中第 5 项规定值的 2 倍，其他部位无外漏现象	
10	低温性能	$-25 \sim -20$℃温度范围内能正常运行	
11	耐泥水性	耐泥水性试验后，内外漏油量应不大于本表中第 5 项和第 6 项规定值的 5 倍，零件应无损坏现象	
12	耐腐蚀性	按照 GB/T 10125 的规定对活塞杆外表面进行 96h 中性盐雾试验，无红锈现象	
13	耐冲击性	在液压缸 1/2 行程处固定住活塞杆，在公称压力下进行往复冲击试验 20 万次循环。试验完毕后检测内外漏油量，其值应不大于本表中第 5 项和第 6 项规定值的 3 倍	

（2）包装和运输

1）液压缸出厂检验合格后应将油放出，各油口用耐油塞子封口，以确保密封、防尘和防漏。外露加工表面、螺纹等应采取保护措施。

2）包装应结实可靠，并有防振、防潮等措施，确保在正常运输情况下不致因碰撞而受损。

3）每台液压缸出厂装箱时应附带产品合格证、使用说明书和装箱单。

4）在包装箱外壁的醒目位置至少应标明：

① 产品名称、型号。

② 产品执行标准编号。

③ 件数和毛重。

④ 包装箱外形尺寸（长、宽、高）。

⑤ 制造商名称和地址。

⑥ 装箱日期。

⑦ 收货单位和地址。

⑧ 运输注意事项或作业标志。

5）每台液压缸包装时应将规定的附件随液压缸一起包装，并固定于箱内。

（3）贮存

液压缸应存放在通风、干燥、无酸碱气体的环境内，不允许露天存放。

4.8.3　农用双作用液压缸

JB/T 9834—2014《农用双作用油缸　技术条件》标准规定的范围和规范性引用文件见表 1-30。

1. 型号标记

液压缸型号标记见 JB/T 9834—2014。

2. 技术要求

（1）一般要求

液压缸产品应按经规定程序批准的产品图样和技术条件制造。

（2）性能要求

液压缸的性能应符合表 4-208 的要求。

（3）装配要求

1）液压缸的零件（包括外协件）应为经检验合格的零件（包括外协件）。任何变形、损伤、锈蚀等有缺陷的零件及外协件和超过有效使用期限的密封件不应用于装配。

表 4-208 液压缸的性能要求

序号	项 目	性 能 要 求
1	试运转	活塞运动均匀，不得有爬行、外渗漏等不正常现象
2	最低起动压力	起动压力应不大于 0.3MPa
3	耐压性	1.5 倍工作压力下，不得有外渗漏、机械零件损坏或永久变形等现象
4	内泄漏	10min 内由内泄漏引起的活塞移动量不大于 1mm
5	外渗漏	活塞移动 100m，活塞杆处泄漏量不大于 0.008dmL [d 为活塞杆直径，单位为 mm]。其他部分不得漏油
6	定位性能	定位阀工作应灵敏可靠，无卡滞现象
7	负载效率	≥90%
8	高温性能	油温在 90~95℃时，能正常运行，活塞杆处漏油量不大于表中第 5 项规定值的 2 倍，其他部位无外泄漏现象
9	低温性能	环境温度在 -25~-20℃时，能正常运行
10	耐久性	耐久试验后，内外漏油量不得大于表中第 4 项和第 5 项规定值的 2.5 倍。零件不得有损坏现象

2）活塞杆调质硬度为 241~286HBW，其滑动表面镀铬厚度为 0.03~0.05mm，镀铬硬度为 800~1000HV。镀层应光滑细致、无起皮、脱落或起泡等缺陷。滑动表面淬火硬度可根据用户要求。

3）液压缸应具有活塞杆除（防）尘装置。

4）缸筒、活塞、活塞杆和导向套等主要零件的工作表面和配合面不允许有锈蚀、划伤、磕碰等缺陷，全部密封件、除尘件不得有任何损伤。

5）各零件装配前应消除毛刺、锐边，清洗干净。装配时不使用棉纱、纸张等纤维易脱落物擦拭壳体内腔及零件配合面和进、出油道，在缸筒、活塞、活塞杆和导向套的工作面和密封件上涂清洁机油。

6）液压缸的行程调节机构（若有）的工作应灵敏可靠。

7）所有连接螺纹应按设计要求的力矩拧紧。

8）液压缸内部清洁度指标：行程不大于 300mm 的液压缸清洁度应不大于表 4-209 的规定值；行程大于 300mm 的液压缸，行程每增加 100mm，清洁度限值允许增加表 4-209 规定值的 10%。其评定方法应符合 JB/T 7858 的规定。

表 4-209 清洁度指标

缸径/mm	≤55	63~80	90~125
清洁度指标限值/mg	15	25	35

（4）外观要求

1）液压缸表面应整洁，圆角平滑自然，焊缝平整，不得有飞边、毛刺。

2）标牌应清晰、正确，安装应牢固、平整。

3）液压缸表面涂装应符合 JB/T 5673 的规定，面漆颜色可根据用户要求决定。活塞杆、定位阀杆表面、进出油口外加工表面和标牌上不应涂装。镀层应均匀光亮，不得有剥落或生锈现象。

4）液压缸支承部分等其他外露加工面上应有防锈措施。

5）液压缸外露油口应盖以耐油防尘盖，活塞杆外露螺纹和其他连接部位加保护套。

3. 试验方法

液压缸的试验方法见 JB/T 9834—2014 或见表 5-10。

4. 检验规则

液压缸的检验规则见 JB/T 9834—2014。

5. 标志、包装、运输和贮存

（1）标志

液压缸标志见 JB/T 9834—2014 或见表 2-324。

（2）包装和运输

液压缸包装和运输见 JB/T 9834—2014。

（3）贮存

液压缸的贮存见 JB/T 9834—2014。

在 JB/T 9834—2014 与 JB/T 13141—2017 中的标志、包装、运输和贮存要求一致。

4.8.4 大型液压缸

JB/T 11588—2013《大型液压油缸》标准规定的范围和规范性引用文件见表 1-31。

1. 结构型式与基本参数

（1）产品结构型式

大型液压缸由缸筒、活塞杆、活塞、缸底、端盖等部分组成，结构型式见 JB/T 11588—2013 中图 1。

（2）型号命名

大型液压缸的型号表示方法见 JB/T 11588—2013，标注示例见表 2-6。

（3）基本参数

大型液压缸的基本参数见 JB/T 11588—2013 或见表 2-14。

2. 技术要求

（1）一般要求

产品焊接件应符合 JB/T 5000.3 的规定，锻件应符合 JB/T 5000.8 的规定，装配应符合 JB/T 5000.10 的规定，涂装应符合 JB/T 5000.12 的规定。液压元件应符合 GB/T 7935 的规定。

（2）密封

密封应符合工作介质和工况的要求。

（3）主要件技术要求

1）缸体应满足以下要求：

① 缸体材料的力学性能屈服强度应不低于 280MPa 的规定。

② 缸体内径的尺寸公差应不低于 GB/T 1801—2009 或 GB/T 1800.2—2009 中的 H8。

③ 缸体内孔的圆度公差应不低于 GB/T 1184—1996 中的 8 级，缸体内表面素线任意 100mm 的直线度公差应不低于 GB/T 1184—1996 中的 7 级。

④ 缸体法兰端面与缸体轴线的垂直度公差应不低于 GB/T 1184—1996 中的 7 级，缸体法兰端面圆跳动公差应不低于 GB/T 1184—1996 中的 8 级。

⑤ 缸体内表面的表面粗糙度值不低于 $Ra0.4\mu m$。

根据 GB/T 699—2015 的规定，力学性能为下屈服强度 R_{eL}（MPa），以下同；当要求 $R_{eL}>280MPa$ 时，即排除了 20、25 这些牌号钢，因为 20 钢的 R_{eL} 为 245MPa，25 钢的 R_{eL} 为 275MPa。

2）缸盖应满足以下要求：

① 缸盖材料的屈服强度应不低于 280MPa 的规定。

② 缸盖与缸体配合的端面与缸盖轴线的垂直度公差应不低于 GB/T 1184—1996 中的 7 级。

③ 缸盖与缸体配合处的圆柱度公差应不低于 GB/T 1184—1996 中的 8 级，同轴度公差应不低于 GB/T 1184—1996 中的 7 级。

3）活塞应满足以下要求：

① 活塞材料的屈服强度应不低于 280MPa 的规定。

② 活塞外径对内孔的同轴度公差应不低于 GB/T 1184—1996 中的 8 级。

③ 活塞端面对轴线的垂直度公差应不低于 GB/T 1184—1996 中的 7 级。

4）活塞杆应满足以下要求：

① 活塞杆材料的屈服强度应不低于 280MPa 的规定。

② 活塞杆导向面的外径尺寸公差应不低于 GB/T 1801—2009 中的 f8。

③ 活塞杆导向面的圆度公差应不低于 GB/T 1184—1996 中的 9 级，导向面素线的直线度公差应不低于 GB/T 1184—1996 中的 8 级。

④ 活塞杆导向面与配合面的同轴度公差应不低于 GB/T 1184—1996 中的 8 级。

5）缸底应满足以下要求：

① 缸底材料的屈服强度应不低于 280MPa 的规定。

② 缸底与缸体配合处的圆柱度公差应不低于 GB/T 1184—1996 中的 8 级，同轴度公差应不低于 GB/T 1184—1996 中的 7 级。

（4）外观要求

1）零部件的外观应符合 GB/T 7935—2005 中 4.8、4.9 的规定。

液压缸的外观质量应满足下列要求：

① 按图样规定的位置固定标牌，标牌应清晰、正确、平整。

② 油口表面、阀锁连接表面、活塞杆、缸底等处外露螺纹，耳环端面，衬套及关节轴承内孔应涂抹油脂。

③ 进出油口及阀锁连接表面应（采取）安装合适的防护堵或防护盖板等保护措施。

④ 外露油管应排列整齐、牢固。

2）液压缸的涂层应均匀，色泽一致，无明显的流挂、起皮、漏涂等缺陷。

（5）装配质量

1）装配质量应符合 GB/T 7935—2005 中 4.4～4.7 以及 JB/T 5000.10 中装配的规定。

2）内部清洁度应不得高于 GB/T 14039—2002 规定的 19/15 或—/19/15。

（6）使用性能

1）液压缸的最低起动压力见 JB/T 11588—2013 或见表 2-67。

2）液压缸的内泄漏量见 JB/T 11588—2013 或见表 2-67。

3）液压缸在活塞杆（活塞）停止在两端时，不得有外部渗漏。

4）液压缸在进行耐压试验时，不得有外渗漏、永久变形或零件损坏等现象。

5）液压缸在进行动负荷运行时，动作应平稳、灵活、各系统无异常现象。

3. 试验方法

液压缸的试验方法见 JB/T 11588—2013 或见表 5-10。

4. 检验规则

液压缸的检验规则见 JB/T 11588—2013。

5. 标志、包装、运输与贮存

（1）标志

1）液压缸的标牌要求见 JB/T 11588—2013 或见表 2-234。

2）随机文件有：

① 成套发货表及装箱清单。

② 产品使用说明书。

③ 产品合格证。

④ 机械部分总图、基础图、安装图、备件图（不含标准件）、易损件图（不含标准件）。

（2）包装

1）产品以部件形式发给用户，外露表面应进行防锈包扎或进行油封。

2）备件、易损件和专用工具应装箱。

3）随机文件用塑料袋封好后装箱，并在箱外标明"文件在此箱内"字样。

4）产品包装应符合 GB/T 13384 的规定。

（3）运输

产品运输应符合铁路、水路和公路的运输要求。

（4）贮存

主要部件水平放置，部件底面与地面距离 10～20mm，要求支承可靠，有效支承在长度方向上不少于 3 个，不可堆放。露天存放时要有防雨、防锈、防晒和防积水措施。贮存期超过 6 个月时应定期维护。

4.8.5　煤矿用支架立柱和千斤顶

GB 25974.2—2010《煤矿用液压支架　第 2 部分：立柱和千斤顶技术条件》标准规定的范围和规范性引用文件见表 1-3。

1. 要求

（1）一般要求

1）未注公差。金属切削加工零件图样未注公差应满足以下要求：

① 金属切削加工零件图样未注公差尺寸的极限偏差应符合 GB/T 1804—2000m 级的规定，无装配关系的应符合 GB/T 1804—2000 c 级的规定。

② 金属切削加工零件图样未注角度公差的极限偏差应符合 GB/T 1804—2000 c 级的规定。

③ 金属切削加工零件图样未注几何公差的极限偏差应符合 GB/T 1184—2000 K 级的规定。

2）承压焊缝。承受液体压力的焊缝应能承受液压缸 200% 的额定工作压力，试验 5min 不应渗漏。

3）铸锻件。铸钢件应符合 GB/T 11352 的规定。

锻件应符合 GB/T 12361 的规定。

4）其他元件。液压件圆柱螺旋弹簧应符合 JB/T 3338.1 的规定。

普通螺纹应符合 GB/T 197—2003 中 6、7 级（外螺纹为 6 级，内螺纹为 7 级）的规定。

活塞杆镀层质量在无特殊要求时应符合 GB 25974.2—2010 附录 A 的规定。

O 形密封圈和沟槽尺寸应符合 GB/T 3452.1、GB/T 3452.3 的规定。

5）起吊点。液压缸宜设有起吊点，所设的起吊点应能承受 4 倍起吊重量的力而不损坏。

6）阀和安全装置。立柱和支承千斤顶应装有防止压力超过允许值的安全装置，固定装入的阀和安全装置应不发生意外动作。

7）工作液。液压缸工作液应符合 MT 76 的规定。

8）焊接。焊接作业及质量要求应符合 GB 12467（所有部分）的规定。

9）许用应力和静力计算。零件的许用应力和静力计算参见 GB 25974.2—2010 附录 B 或见 1.7.3 节。

（2）装配质量要求

1）装配及外观。装配及外观质量应满足以下要求：

① 装配前，各零部件所有表面的毛刺、切屑、油污应清除干净。

② 装配时，零件配合表面不应损伤，所有螺纹应涂螺纹防锈脂；应仔细检查液压缸密封件有无老化、咬边、压痕等缺陷，并严格注意密封圈在液压缸沟槽内有无挤出和撕裂等现象，如有上述现象，应立即更换。

③ 液压缸装配完毕，应将其缩至最短状态，并应将所有进、回液口用塑料堵封严。

④ 装配后，液压缸外表面（活塞杆外表面除外）应按图样要求喷或涂防锈底漆和面漆。漆层应均匀、结合牢固，不应有起皮脱落现象。

2）清洁度。试验合格后的液压缸应拆卸清洗，清洗后杂质含量应不大于表 4-210～表 4-212 所列值。

表 4-210　单伸缩（包括机械加长段）立柱杂质含量

缸径/mm	立柱长度/mm	杂质含量/mg
<200	最大长度<2000	40
	2000≤最大长度<4000	45
	最大长度≥4000	50
≥200	最大长度<2000	45
	2000≤最大长度<4000	50
	最大长度≥4000	55

表 4-211　双伸缩立柱杂质含量

缸径/mm	立柱长度/mm	杂质含量/mg
<200	最大长度<2000	60
	2000≤最大长度<4000	65
	最大长度≥4000	70
≥200	最大长度<2000	65
	2000≤最大长度<4000	70
	最大长度≥4000	75

表 4-212　千斤顶和支承千斤顶杂质含量

缸径/mm	千斤顶长度/mm	杂质含量/mg
≤100	最大长度≤1000	25
	1000<最大长度≤4000	30
>100	最大长度≤1000	30
	1000<最大长度≤4000	40

（3）主要零部件要求

1）缸筒。

① 缸筒内壁密封配合面的尺寸基本偏差为 H，公差等级应不低于 IT9。

② 缸筒内壁密封配合面的表面粗糙度 $Ra \leq 0.4\mu m$。

2）活塞杆。

① 活塞杆密封配合面的尺寸基本偏差为 f，公差等级应不低于 IT8。

② 活塞杆密封配合面的表面粗糙度 $Ra \leq 0.4\mu m$。

3）底阀（仅对立柱）。

① 阀芯、阀体应采用不锈钢材质制造。

② 密封配合面的表面粗糙度 $Ra \leq 0.4\mu m$。

③ 底阀开启时，立柱不应出现哨声、振动或爬行现象。

（4）电镀要求

1）电镀零件。

下列零件应进行电镀：

① 活塞杆外表面。

② 与工作液接触易生锈而影响液压缸性能的零件。如半环、压盘、导向套、挡套、活塞、卡键等。

2）电镀层。无特殊要求的电镀层质量应符合 GB 25974.2—2010 附录 A 的规定或见 1.7.6 节。

所有镀锌件镀后应钝化处理。

（5）性能要求

1）密封性能。液压缸加载密封试验时，闭锁压力腔，压力腔压力在最初 1min 内下降不应超过 10% 或液压缸长度变化小于 1%，之后的 5min 内压力或长度不变，接下来的 5min 内压力下降不应超过 0.5% 或长度变化不超过 0.05%。

2）空载运行。液压缸空载，全行程伸缩不应有涩滞、爬行和外渗漏。

3）最低启动压力。立柱在空载不背压工况下，活塞腔启动压力应小于 3.5MPa。活塞杆腔启动压力应小于 7.5MPa。

千斤顶在空载无背压工况下，活塞腔和活塞杆腔的启动压力应小于 3.5MPa。

4）活塞杆腔密封性能。液压缸活塞杆腔在 2MPa 和 1.1 倍供液压力下，不应外泄漏。

5）让压性能。立柱和支承千斤顶应在运动的同时具有支承能力，具有让压特性：

① 中心让压测得的力应小于 1.1 倍的额定力，且不低于额定力。

② 偏心让压测得的力应不大于中心让压测得力中最大值的 110%，且不低于额定力。

注：在 GB 25974.2—2010 中定义了"让压"这一术语，即："外力引起的超过安全阀开启压力，液压缸长度变化的过程。"

6）中心过载性能。中心过载性能包括：

① 立柱（包括加长段）和支承千斤顶应在承受 1.5 倍的额定力的静载荷和由机械冲击动载荷达到 1.5 倍的额定工作压力时，不出现功能失效，缸筒扩径残余变形量小于缸径 0.02%。

② 未经受机械冲击动载荷作用的立柱和支承千斤顶应能承受 2 倍额定力的静载压力。加载试验之后，不再考虑立柱和支承千斤顶的功能，但基体材料不应产生裂纹，也不应产生焊缝裂纹。

③ 未经受机械冲击动载荷作用的支承千斤顶应能承受 2 倍的额定力的静载拉力。

④ 完全缩回状态的立柱和支承千斤顶应能够承受 2 倍的额定力，试验后应无塑性变形。

⑤ 千斤顶用 1.5 倍的额定拉力或额定工作压力加载时不应出现功能失效。

7）偏心加载性能。立柱（包括加长段）和支承千斤顶在偏心力和侧向力作用后，不应出现功能失效，级间过渡处的挠度值应小于试验长度的 0.1%。

8）耐久性。立柱（包括加长段）和支承千斤顶在 21000 次加载循环之后，不应出现功能失效。

千斤顶在 10000 次加载循环之后，不应出现功能失效。

9）外伸限位。立柱和支承千斤顶以额定工作压力向内部挡块伸出 1 次，停留至少 3min，内部挡块不应损坏。

立柱和支承千斤顶用至少 0.8 倍额定工作压力向

内部挡块伸出 100 次，内部挡块不应损坏。若液压系统出现比 0.8 倍额定工作压力更高的压力，立柱和支承千斤顶应在较高压力下伸出 100 次，内部挡块不应损坏。

工况受拉的支承千斤顶以 1.5 倍的额定拉力对着内部挡块拉出时，支承千斤顶不应损坏。

千斤顶的活塞向外伸出与内部挡块接触，千斤顶能够承受 1.25 倍额定工作压力，试验后不应出现功能失效。

注：内部挡块是指导向套等的限位部分。

10）功能。立柱和支承千斤顶在做完以上性能试验后，从全伸出开始外加载使其全行程缩回，测得力应不小于额定力且不大于 1.(5)5) 中心让压测得力的 1.1 倍；能用 0.8 倍额定工作压力完全缩回，并通过（满足）1.(5)1) 的密封性能要求。

11）液压缸连接点。液压缸（包括加长段）与传力部件的连接应能承受 1.5 倍的额定力，不应出现功能失效。

12）缸体爆破性能。

① 凡属下列情况之一，应进行缸体爆破试验：

a. 缸体采用新材料。

b. 首次采用的缸径系列。

爆破试件的材质、缸筒壁厚、内外径公称尺寸应与被试液压缸缸筒的要求相同，其长度允许缩短，但不应低于表 4-213 要求。

表 4-213　缸筒试件长度

（单位：mm）

试验液压缸的缸筒长度	>1000	≤1000
试件最短长度	1000	500

② 缸体爆破后，不应出现脆性破坏。

（6）材料性能

1）钢材。

① 一般性能。当计算应力达到许用应力的 90% 时，液压缸所用钢材的抗拉强度应不小于 1.08 倍的材料屈服极限或 0.2% 残余变形极限。

所用钢材的断裂延伸率 δ_5 应不小于 10%。

注：根据 GB/T 699—2015 的规定，力学性能为断后伸长率 A（%）；当要求 A>10% 时，即排除了 65、70 这些牌号钢，因为 60 钢的 A 为 10%，70 钢的 A 为 9%。

② 焊接零件用钢材。钢材按 GB/T 6394—2002（2017）《金属平均晶粒度测定方法》测定的晶粒度等级应不低于 6 级；在-20℃时其缺口冲击吸收能量

应不小于 27J。

③ 非焊接零件用钢材。非焊接的液压缸缸筒用钢材应满足 1.(6)1) ①和 1.(6)1) ②的规定。

其他非焊接零件用钢材在 20℃缺口冲击吸收能量不小于 25J。

2）轻金属。在有瓦斯危险的矿井里使用的液压缸的外表面，不应使用 GB 3836.1—2000（2010）《爆炸性环境　第 1 部分：设备　通用要求》第 8 章所述的轻金属或轻金属合金——包括涂层和镀层。

3）其他材料。制造液压缸零件的其他材料应满足 1.(6)1) ①的要求；非金属材料应符合 GB 3836.1—2000（2010）第 7 章的要求。

2. 试验方法、检验规则、标志、包装、运输和贮存

液压缸试验方法、检验规则、标志、包装、运输和贮存要求等见 GB 25974.2—2010。

4.8.6　伺服液压缸

DB44/T 1169.1—2013《伺服液压缸　第 1 部分：技术条件》标准规定的范围和规范性引用文件见表 1-30。

1. 技术要求

（1）一般要求

1）公称压力系列应符合 GB/T 2346 的规定。

2）缸内径、活塞杆（柱塞杆）外径系列应符合 GB/T 2348 的规定。

3）油口连接螺纹尺寸应符合 GB/T 2878.1 的规定。活塞杆螺纹型式和尺寸系列应符合 GB 2350 的规定。

4）密封沟槽应符合 GB/T 2879、GB 2880、GB 6577、GB/T 6578 的规定。

5）伺服液压缸通用技术条件应符合 GB/T 7936—2005 中 4.2~4.6 的规定。

6）有特殊要求的产品，由用户和制造厂商定。

（2）性能要求

1）最低起动压力。伺服液压缸的最低起动压力见 DB44/T 1169.1—2013 或见表 2-67。

2）内泄漏。伺服液压缸的内泄漏量见 DB44/T 1169.1—2013 或见表 2-67、表 2-159、表 2-160。

3）负载效率。伺服液压缸的负载效率不得低于 90%。

4）外泄漏。伺服液压缸的外泄漏量见 DB44/T 1169.1—2013，但间隙密封伺服液压缸除外。

5）耐久性。

① 双作用伺服液压缸，当活塞行程 $L \leq 500m$ 时，累计行程 ≥100km；当活塞行程 $L > 500m$ 时，累计换

向次数 $N \geqslant 20$ 万次。

② 单作用伺服液压缸应满足如下要求：

a. 活塞式单作用伺服液压缸，当活塞行程 $L \leqslant 500m$ 时，累计行程 $\geqslant 100km$；当活塞行程 $L > 500m$ 时，累计换向次数 $N \geqslant 20$ 万次。

b. 柱塞式单作用伺服液压缸，当柱塞行程 $L \leqslant 500m$ 时，累计行程 $\geqslant 70km$；当柱塞行程 $L > 500m$ 时，累计换向次数 $N \geqslant 15$ 万次。

③ 耐久性试验后，内泄漏增加值不得大于规定值的 2 倍，零件不应有异常磨损和其他形式的损坏。

6）伺服液压缸的耐压性要求见 DB44/T 1169.1—2013 或见表 2-67。

7）频率响应。在振幅 0.1mm 时，频率响应应大于 5Hz 或满足设计要求。

8）阶跃响应。在振幅 0.1mm 时，阶跃响应应小于 50ms 或满足设计要求。

9）带载动摩擦力。在加载条件下，模拟实际工况，其最大动摩擦力应小于负载 2%。

10）偏摆值。活塞直径 500~1000mm 时，活塞杆每运行 1mm，其偏摆值不得大于 0.05mm；活塞直径大于 1000mm 时，偏摆值由制造商与用户协商确定。

11）低压下的泄漏。伺服液压缸在 3MPa 压力以下试验过程中，液压缸应无外泄漏；试验结束后时，活塞杆伸出处不允许有油滴或油环。

（3）装配质量

1）清洁度。所有零部件从制造到安装过程的清洁度控制应参照 GB/Z 19848 的要求，采用"称重法"检测时，液压缸清洁度指标值应符合表 4-214（即 JB/T 7858—2006 的表 2）的规定。也可采用"颗粒计数法"，伺服液压缸缸体内部油液固体颗粒污染等级不得高于 GB/T 14039 规定的 13/12/10。

表 4-214　清洁度指标

产品名称	产品规格/mm		行程为 1m 时的清洁度指标值/mg	说　明
双作用液压缸	缸筒内径	≤63	≤35	实际指标值按下式计算： $$G \leqslant 0.5(1+x)G_0$$ 式中　G——实际指标值，单位为 mg； 　　　x——缸实际行程，单位为 m； 　　　G_0——表中给出的指标值，单位为 mg。
		80~110	≤60	
		125~160	≤90	
		180~250	≤135	
		320~500	≤260	
活塞式、柱塞式单作用液压缸	缸筒内径、柱塞直径	<40	≤30	
		40~63	≤35	
		80~110	≤60	
		125~160	≤90	
		180~250	≤135	

注：表中未包括的产品规格，其清洁度指标可参照同类型产品相近规格的指标。

2）其他装配质量。伺服液压缸的零部件应符合 GB/T 7935—2005 中 4.4~4.7 的规定。伺服液压缸的装配质量应满足下列要求：

① 所有外购件应有合格证，并按工厂有关规定检验合格后方可装配。

② 组装现场的环境应符合元件清洁度的要求。

③ 所有零部件应在清洁后尽快组装，不得锈蚀。

④ 活塞杆、缸筒、活塞、导向套等零件不得碰伤和有明显划痕。

⑤ 密封圈不允许有划痕、扭曲、卷边、脱出等现象。

⑥ 各处连接用螺纹无磕碰，牙扣应完整。

⑦ 油管弯曲过渡应光滑，不得碰扁，无明显弯曲变形。

⑧ 产品组装后相对运动零件的动作应灵活。

（4）外观要求

1）外观应符合 GB/T 7935—2005 中 4.8、4.9 的规定。

2）缸的外观质量应满足下列要求：

① 法兰结构的缸，两法兰结合面径向错位量 ≤0.1mm。

② 铸件表面应光洁，无缺陷。

③ 焊缝应平整、均匀美观，不得有焊渣、飞溅物等。

④ 按图样规定的位置固定标牌，标牌应清晰、正确、平整。

⑤ 进出油口及外连接表面应采取适当的防尘及保护措施。

（5）涂层附着力

伺服液压缸表面油漆涂层附着力控制在 GB/T 9286 规定的 0~2 级之间。

2. 标志、使用说明书、包装、运输和贮存

（1）标志

伺服液压缸的标志要求见 DB44/T 1169.1—2013 或见表 2-324。

（2）使用说明书

（伺服）液压缸的使用说明书应符合 GB/T 9969 的有关规定。

（3）包装

（伺服）液压缸包装时应符合 GB/T 7935—2005 中 6.3~6.7 的规定，同时对外露螺纹应予保护，油口采用合适的防护堵或防护盖板等保护措施，并根据要求装入合适的包装架或包装箱，包装应有防锈等措施。

（4）运输

（伺服）液压缸应固定牢固后，方可运输，并有防磕碰、防雨淋、防曝晒、防尘等措施。

（5）贮存

（伺服）液压缸贮存时应防止相互磕碰，并有防冻、防雨淋、防暴晒、防潮、防锈等措施。

其他如试验用油液要求、检验规则等见 DB44/T 1169.1—2013。

4.9 液压缸设计与选型参考图样

本节所涉及液压缸图样，全部是作者近十多年来设计、审核、批准、（再）制造、使用、试验、验收和维修过的液压缸。原图样全部为液压缸产品图样，现在只是根据相关要求包括专利技术的保护进行了必要的删减。

因时间跨度较大，加之作者对液压缸设计与制造技术的认知、理解的变化，标准的更新，技术的进步、设计与制造水平的提高以及经验的积累和总结，以现在的眼光审视这些图样，并非都尽善尽美。但作者设计、制造过的液压缸的实际使用寿命都已经过实机验证（或实证性试验）了。

本节只选取了一些常见的、有代表性的液压缸图样，对一些只由专业制造商生产的产品没有选取，如作者制造过的汽车全液压转向器、煤矿用液压支架等。

本手册不涉及活塞及活塞杆进行螺旋运动的所谓液压缸或液压装置。

本节重点在于描述液压缸结构设计特点，所有图样中的密封件都进行了简化处理，同时删除了各液压缸的铭牌、标志等。

4.9.1 液压机用液压缸图样

1. 8000kN 塑料制品液压机主缸

8000kN 塑料制品液压机主缸如图 4-6 所示。

（1）基本参数与使用工况

此液压缸为作者设计、制造的 8000kN 塑料制品液压机上主缸。

该液压缸为双作用液压缸，公称压力为 25MPa，缸径为 400mm，活塞杆直径为 340mm，行程为 1200mm。

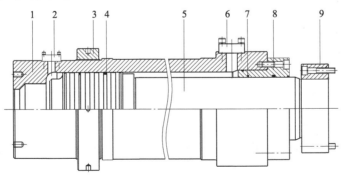

图 4-6 8000kN 塑料制品液压机主缸
1—缸体 2—无杆腔油口法兰 3—安装圆螺母 4—活塞密封系统
5—活塞杆（与活塞一体结构） 6—有杆腔油口法兰 7—活塞杆密封系统
8—缸盖 9—连接法兰

该液压缸上（顶）置式安装，缸头凸台止口与机身安装孔配合定位，由安装圆螺母锁紧在上横梁上；活塞杆端连接法兰与滑块连接。液压缸有快下（缸进程）和保压要求，但液压系统设有专门补压系

统。该液压机室内安装、使用，但环境有一定的粉尘污染；一般为24h连续作业，液压系统设有油温自动控制装置。

（2）结构设计特点

如图4-6所示，该液压缸缸体1和活塞杆5皆为45钢锻件，经粗加工后调质处理。活塞与活塞杆为一体结构，活塞杆5为实心杆。缸底上直接安装充液阀，用于滑块快下时充液控制。活塞密封系统4为支承环Ⅰ（PTEF）+支承环Ⅱ+支承环Ⅱ+同轴密封件+支承环Ⅱ+唇形密封圈+支承环Ⅱ+支承环Ⅰ（PTEF），最大可能地保证了支承和导向，并防污染、耐冲击和减小沉降。

缸盖8（与导向套一体结构）材料原设计为灰口铸铁，后改为球墨铸铁。缸盖8与缸体1法兰连接，螺钉紧固。活塞杆密封系统7为同轴密封件+唇形密封圈+防尘密封圈，缸盖内孔与活塞杆直径配合支承、导向；缸盖8与缸体1间O形圈+挡圈密封。

活塞杆5端连接法兰9与活塞杆5螺纹连接，与滑块螺钉连接、紧固，但只有活塞杆5端面与滑块安装面紧密接合。液压缸的两油口皆为法兰（2和6）连接，其中两油口流道孔直径设计尤为合理。

该液压缸强度、刚度足够，安装、连接可靠，活塞和活塞杆的导向、支承能力强，可抗一定的偏载。

该液压缸设计要求不能在活塞与缸盖接触情况下即缸进程极限死点或最大缸行程处做耐压试验，即不能在行程>1200mm情况下试验和使用，也不能用缸盖做实际限位器使用。

因两腔面积比较大（$\phi=3.6$），液压系统在液压缸有杆腔设置了安全阀，防止由于活塞面积差引起的增压超过额定压力极限。

图样的设计行程为1230mm。

2. 8000kN塑料制品液压机侧缸

8000kN塑料制品液压机侧缸如图4-7所示。

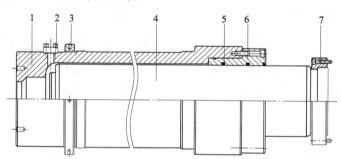

图4-7　8000kN塑料制品液压机侧缸
1—缸体　2—油口法兰　3—安装圆螺母　4—活塞杆
5—活塞杆密封系统　6—缸盖　7—连接法兰

（1）基本参数与使用工况

此液压缸为作者设计、制造的8000kN塑料制品液压机上侧缸。

该液压缸为单作用柱塞缸，公称压力为25MPa，活塞杆直径为360mm，行程为1200mm。

该液压缸上（顶）置式安装，缸头端缸体凸台止口与机身安装孔配合定位，由安装圆螺母锁紧在上横梁上；活塞杆端带凸缘，通过对开法兰由螺钉与滑块连接、紧固。

该液压机上配置了两台侧缸，分别安装在主缸两侧。

（2）结构设计特点

如图4-7所示，该液压缸缸体1和活塞杆4皆为45钢锻件，经粗加工后调质处理；活塞杆4为实心杆。缸底上直接安装充液阀，由于滑块快下时充液控制。

缸盖6材料为灰口铸铁。缸盖6与缸体1法兰连接，螺钉紧固。活塞杆密封系统5为同轴密封件+唇形密封圈+防尘密封圈，缸盖6内孔与活塞杆4外径配合支承、导向；缸盖6与缸体1间O形圈+挡圈密封。

活塞杆4端连接法兰7与活塞杆4螺纹连接，与滑块由螺钉连接、紧固，但只有活塞杆4端面与滑块安装面紧密接合。

该液压缸强度、刚度足够，安装、连接可靠。

该液压缸不能超程使用，也不能在没有加载缸或加载装置对其缸行程限位的情况下做耐压试验等，以避免活塞杆射出以及可能造成的危险。

图样的设计行程为1300mm。

"主缸"和"侧缸"两术语见于JB/T 4174—

2014《液压机　名词术语》。

3. 一种液压机用液压缸

一种液压机用液压缸如图 4-8 所示。

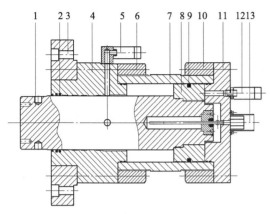

图 4-8　一种液压机用液压缸
1—活塞杆　2—活塞杆密封系统　3—缸头法兰　4—缸头
5—有杆腔接头　6—缸头螺纹法兰　7—缸筒　8—活塞
9—活塞密封系统　10—缸底螺纹法兰　11—缸底
12—无杆腔接头　13—磁致伸缩位移传感器

（1）基本参数与使用工况

该液压缸为一种专用液压机用液压缸，该液压缸为双作用液压缸，公称压力为 25MPa，缸径为 320mm，活塞杆直径为 220mm，行程为 200mm。

该液压缸为上（顶）置式安装，缸头法兰凸台止口与机身安装孔配合定位、螺钉紧固在上横梁上；活塞杆端外圆与滑块安装孔配合定位，端部螺钉紧固。

（2）结构设计特点

如图 4-8 所示，该液压缸的自制金属机械加工件皆为 45 钢制造。缸筒 7 可采用标准规定的成品缸筒，缸头 4 和缸底 11 皆采用（螺纹）法兰连接，缸筒 7 变形小、加工简单、容易，且强度和刚度有一定的保障。活塞密封系统 9 为支承环+支承环+同轴密封件+支承环+支承环，且支承环全部选用填充 PTFE；活塞杆密封系统 2 为支承环+支承环+支承环+支承环+同轴密封件Ⅰ+同轴密封Ⅱ+防尘密封圈，上述设计尽量加大了对活塞 8 及活塞杆 1 的导向和支承，同时，活塞杆密封系统 2 也有可能达到"零泄漏"；这种密封系统设计还有另一优点，就是此液压缸的动态特性较好。

所有静密封皆采用了 O 形圈+挡圈密封，且是"冗余设计"。

该液压缸安装了磁致伸缩位移传感器 13，可以精确测量和显示缸行程位置和速度，进一步可以控制缸行程、速度以及方向。

两油口皆采用法兰连接再转接头，安全可靠。所以重要连接处皆有防松设计，以及两腔皆有排（放）气装置设计等。

如果该液压缸安装在比例或伺服液压系统中，可作为比例/伺服控制液压缸。

4. 2000kN 成型液压机用液压缸

2000kN 成型液压机用液压缸如图 4-9 所示。

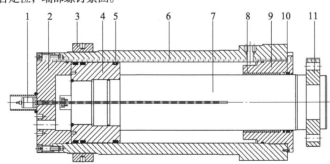

图 4-9　2000kN 成型液压机用液压缸
1—磁致伸缩位移传感器　2—缸底　3—安装圆螺母　4—活塞　5—活塞密封系统　6—缸筒
7—活塞杆　8—金属支承环　9—缸盖　10—活塞杆密封系统　11—连接法兰（剖分式）

（1）基本参数与使用工况

该液压缸为一种成型液压机用液压缸，该液压缸为双作用液压缸，公称压力为 21MPa，缸径为 350mm，活塞杆直径为 240mm，行程为 550mm。

该液压缸为上（顶）置式安装，缸头法兰凸台

止口与机身安装孔配合定位，由安装圆螺母锁紧在上横梁上；活塞杆端外圆与滑块安装孔配合定位，剖分式连接法兰由螺钉与滑块连接、紧固。

（2）结构设计特点

如图 4-9 所示，该液压缸的缸筒 6、缸底 2、缸

盖 9、活塞 4 和活塞杆 7 等皆为 45 钢制造，其中缸盖 9 嵌装了金属支承环 8。缸筒 6 与缸底 2 法兰连接，与缸盖 9 螺纹连接；活塞 4 与活塞杆 7 螺纹连接，且都有防松设计。活塞密封系统 5 为唇形密封圈+挡圈+唇形密封圈+挡圈+支承环+支承环+支承环+支承环+挡圈+唇形密封件，活塞杆密封系统 10 为金属支承环+同轴密封件+唇形密封圈+挡圈+防尘密封圈，所有静密封为 O 形圈+挡圈。

缸盖 9 内孔嵌装的金属支承环 8 其支承和导向作用更强，活塞密封系统 5 的"冗余设计"可能提高使用寿命，尤其所有的密封圈皆加装了挡圈，进一步可提高液压缸的耐压能力。

安装了磁致伸缩位移传感器 1 后，可以精确检测和显示液压缸行程位置和速度，进一步可以控制缸行程、速度以及方向。

活塞杆端外圆与滑块安装孔配合定位，由剖分式法兰 11 通过螺钉与滑块连接、紧固。

两油口皆为法兰连接、安全可靠。

5. 6000kN 公称拉力的液压缸

6000kN 公称拉力的液压缸如图 4-10 所示。

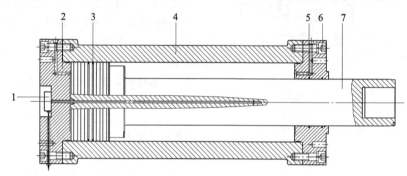

图 4-10　6000kN 公称拉力的液压缸
1—磁致伸缩位移传感器　2—缸底　3—活塞密封系统　4—缸筒
5—活塞杆密封系统　6—缸盖　7—活塞杆（与活塞焊接一体）

（1）基本参数与使用工况

该液压缸是一种公称拉力为 6000kN 的重型液压缸。公称压力为 28MPa，缸径为 600mm，活塞杆直径为 280mm，行程为 800mm。

圆形前盖式安装，活塞杆内螺纹连接。

（2）结构设计特点

如图 4-10 所示，该液压缸的缸筒 4 和缸盖 6 为 45 钢制造，活塞杆 7 和缸底 2 为 30GrMnSiA 制造。采用 30GrMnSiA 制造活塞与活塞杆焊接一体结构部件，可以兼顾其焊接性、力学性能。

活塞密封系统 3 为支承环+支承环+同轴密封件+同轴密封件+支承环+支承环；活塞杆密封系统 5 为支承环+支承环+同轴密封件+支承环+支承环+同轴密封件+防尘密封圈，所有静密封皆为 O 形圈+挡圈。在上述密封系统中，全部采用"冗余设计"，即双道同轴密封件密封，包括静密封也采用了双道 O 形圈+挡圈。

安装了磁致伸缩位移传感器 1 后，可以精确检测和显示液压缸行程位置和速度，进一步可以控制缸行程、速度以及方向。

两油口为螺纹油口，采用组合密封垫圈密封。

液压缸还设有吊装环。

6. 1.0MN 平板硫化机修复用液压缸

1.0MN 平板硫化机修复用液压缸如图 4-11 所示。

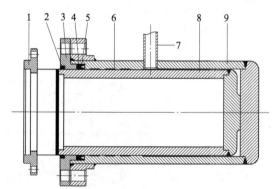

图 4-11　1.0MN 平板硫化机修复用液压缸
1—连接法兰（剖分式）　2—防尘密封圈
3—缸盖　4—挡圈　5—Y 形圈　6—支承环
7—直通锥端接头　8—活塞杆　9—缸筒

（1）基本参数与使用工况

原 1.0MN 平板硫化（液压）机的液压缸缸体与下横梁为一体铸造结构，因缸体泄漏，在橡胶密封件制造商自行采取了各种堵漏措施失败后，由作者提出了套装液压缸的修复方案并被采纳，为此设计、制造

了一套柱塞式液压缸。

液压缸的公称压力为 16MPa，活塞杆直径为 250mm，行程为 280mm。

液压缸垂直安装，缸回程靠自重压回，即为重力作用单作用缸；液压缸需保压，但液压系统有自动补压设计；工作时间为两班工作制；加热板与滑块（液压缸）间有隔热板，室内安装且环境温度较高。

（2）结构设计特点

如图 4-11 所示，该液压缸为重力作用单作用缸，缸筒 9 和活塞杆 8 皆为焊接式，且活塞杆（外）连接端预留有焊接通气孔（图中未示出）。缸盖 3 连接螺钉穿过缸盖 3 和缸筒 9 法兰孔，与下横梁螺纹拧紧，组成缸体。活塞杆 8 自身无限位，因此要求限定液压缸行程，否则，活塞杆有射出危险。

因缸筒 9 和活塞杆 8 皆为钢制造，尤法按原导向结构，现改为支承环 6 导向、支承；密封型式未变，只是规格变小，仍采用 Y 形圈和单唇防尘密封圈。

活塞杆端带凸缘，活塞杆连接法兰 1 仍采用原剖分式（对开）法兰型式，即整体加工后剖分为两半，通过对开法兰由螺钉与滑块连接、紧固。

油口采用 60°锥螺纹，主要是液压缸需安装在原液压缸径内，无法再采用其他油口型式连接。

与原结构比较，修复后的平板硫化机公称力减小了 0.2MN，滑块行程减小了 70mm，但可用于正常两班制生产作业，至今这台机器还在使用。

4.9.2　剪板机和板料折弯机用液压缸图样

1. 液压闸式剪板机用液压缸

液压闸式剪板机用液压缸如图 4-12 所示。

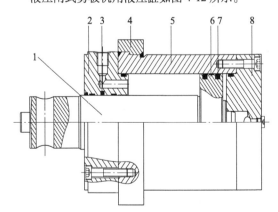

图 4-12　液压闸式剪板机主缸

1—活塞杆　2—缸盖　3—活塞杆密封系统
4—方法兰　5—缸体　6—活塞（与活塞杆为
一体结构）　7—活塞密封（系统）　8—缸底

（1）基本参数与使用工况

该液压闸式剪板机主缸为双作用液压缸，公称压力为 25MPa，缸径为 180mm，活塞杆直径为 100mm，行程为 200mm。其副缸同为双作用液压缸，公称压力为 25MPa，缸径为 150mm（非标），活塞杆直径为 100mm，行程为 200mm。

该液压缸前端方法兰安装（安装孔图中未示出），活塞杆端部安装推力关节轴承，活塞杆端特殊柱销连接。

该液压缸适配于可剪板厚 12mm、可剪板宽 4000mm 的液压闸式剪板机。

因需主、副缸串联组成同步回路，保证由主、副缸所带动的（上）刀架及刀片在运行时剪切角不变或尽量少变化，所以要求主缸有杆腔有效面积与副缸无杆腔有效面积相等或相近，否则剪切角在（上）刀架及刀片运行中始终处于变化状态。

图样的设计行程为 205mm。

（2）结构设计特点

如图 4-12 所示，该液压缸的自制金属机械加工件皆为 45 钢制造，缸回程端设有缓冲装置。因固定缓冲装置无法调节，在工况发生较大变化时，该液压缸的缓冲效果（性能）可能不佳。

活塞杆密封系统 3 为支承环+唇形密封圈+支承环+防尘密封圈；活塞密封（系统）6 为唇形密封圈+支承环+唇形密封圈；所有静密封为 O 形圈+挡圈。活塞密封中的两唇形密封圈为背靠背安装。

两油口为螺纹油口，采用组合密封垫圈密封。

2. 液压摆式剪板机用液压缸

液压摆式剪板机用液压缸如图 4-13 所示。

（1）基本参数与使用工况

该液压摆式剪板机用左缸为双作用液压缸，公称压力为 25MPa，缸径为 250mm，活塞杆直径为 120mm（非标），行程为 270mm。其右缸为活塞式单作用液压缸，公称压力为 25MPa，缸径为 220mm，活塞杆直径为 120mm（非标），行程为 270mm；回程缸为柱塞式气缸。

该液压缸侧面底板安装，活塞杆端部安装推力关节轴承，通过球头座顶在刀架上。

因需左、右缸串联组成同步回路，保证由左、右缸所带动的（上）刀架及刀片在运行时剪切角不变或尽量少变化，所以要求左缸有杆腔有效面积与右缸无杆腔有效面积相等或相近，否则剪切角在（上）刀架及刀片运行中始终处于变化状态。

图样的设计行程为 275mm。

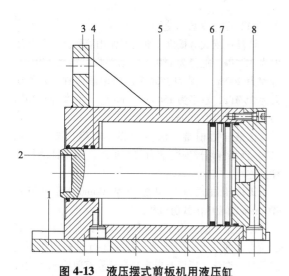

图 4-13　液压摆式剪板机用液压缸

1—底板　2—活塞杆　3—支架　4—活塞杆密封系统
5—缸体　6—活塞密封（系统）　7—活塞
（与活塞杆为一体焊接结构）　8—缸底

（2）结构设计特点

如图 4-13 所示，该液压缸除底板 1 和支架 3 外，其他自制金属机械加工件皆为 45 钢制造。根据液压缸设计与制造的相关技术要求，缸体 5 宜采用 35 缸制造，焊接结构的一体活塞 6 在活塞与活塞杆焊接、粗加工后应进行调质处理，缸体 5 与底板 1 和支架 3 焊接后应采用热处理或其他降低应力的方法消除内应力，但实际产品一般都没有达到上述技术要求。

该液压缸在缸回程端设有缓冲装置，因固定缓冲装置无法调节，在工况发生较大变化时，该液压缸的缓冲效果（性能）可能不佳。

活塞杆密封系统 4 为唇形密封圈+唇形密封圈+支承环+防尘密封圈；缸体 5 为唇形密封圈+支承环+唇形密封圈；静密封为 O 形圈+挡圈。活塞密封中的两件唇形密封圈为背靠背安装。

两油口为螺纹油口，采用组合密封垫圈密封。

3. 液压上动式板料折弯机用液压缸

液压上动式板料折弯机用液压缸如图 4-14 所示。

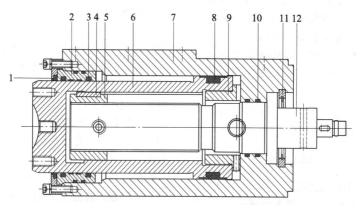

图 4-14　液压上动式板料折弯机用液压缸

1—缸盖　2—导向套　3—活塞杆密封系统　4—导向平键　5—撞块　6—活塞杆（同活塞为一体结构）
7—缸体　8—活塞密封（系统）　9—活塞端盖　10—旋转轴密封　11—定位卡块　12—梯形螺纹轴

（1）基本参数与使用工况

该液压上动式板料折弯机用液压缸为双作用液压缸，公称压力为 25MPa，缸径为 180mm，活塞杆直径为 160mm，行程为 180mm。

该液压缸通过具有螺纹孔的缸体台阶侧面与机架定位并由螺钉紧固安装，活塞杆端垫球面垫螺钉连接或特殊销轴双螺钉连接。

该液压缸适配于公称力为 1000kN 的扭力轴同步液压上动式板料折弯机，且由除安装型式和尺寸（主要是油口和行程调节装置方向和位置）不同，其他基本参数相同的左、右缸组成一组安装。

图样的设计行程为 183mm。

（2）结构设计特点

如图 4-14 所示，该液压缸的自制金属机械加工件皆为 45 钢制造。缸体 7 横截面为方（矩）形，其侧面一般设有定位台阶或键槽，使负载的反作用力作用在主机机体的安装板上，保证安装螺钉免受剪切力。内置撞块（或挡块）5 由梯形螺纹轴（或轴）12 调节，在缸进程中与活塞端盖 9 抵靠，因此活塞及活塞杆被定位（限位）。

尽管左、右缸的行程调节装置由一根行程调节装置输入轴控制，但主机的几何精度和工作精度很大程度上取决于单台液压缸的行程定位精度和行程重复定位精度。

活塞杆密封系统 3 为唇形密封圈+支承环（2道）+唇形密封圈+防尘密封圈，其中防尘圈沟槽设置在缸盖（压盖）1 上，其他密封圈沟槽设置在导向套 2 上；上活塞密封（系统）8 为双向密封橡胶密封圈；静密封皆为 O 形圈+挡圈。

活塞杆密封系统 3、静密封及旋转轴密封 10 皆采用了"冗余设计"。

两油口一般为螺纹油口，采用组合密封垫圈密封。

该液压缸一般不能在活塞与导向套接触情况下即缸进程极限死点或最大缸行程处做耐压试验，亦即不能在行程>180mm 情况下试验和使用，也不能用导向套做实际限位器使用。

因两腔面积比较大（$\phi \approx 4.765$），液压系统在液压缸有杆腔应设置安全阀，防止由于活塞面积差引起的增压超过额定压力极限，但现有的液压上动式板料折弯机却没有在液压缸有杆腔设置安全阀。

注："压盖"见于 JB/T 2162—2007《冶金设备用液压缸（$PN \leqslant 16MPa$）》，但无定义。

4. 数控同步液压板料折弯机用液压缸

数控同步液压板料折弯机用液压缸如图 4-15 所示。

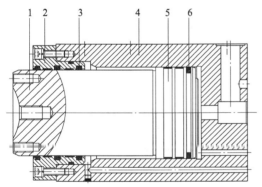

图 4-15 数控同步液压板料折弯机用液压缸
1—活塞杆 2—缸盖 3—活塞杆密封系统 4—缸体
5—活塞（与活塞杆为一体结构） 6—活塞密封（系统）

（1）基本参数与使用工况

该数控同步液压板料折弯机用液压缸为双作用液压缸，公称压力为 28MPa（非标），缸径为 160mm，活塞杆直径为 150mm（非标），行程为 120mm。

该液压缸通过具有螺纹孔的缸体侧面与机架由螺钉紧固安装，活塞杆端球面垫螺钉连接或特殊销轴双螺钉连接。

该液压缸适配于公称力 1000kN 数控同步液压上动式板料折弯机。

数控同步液压板料折弯机原在 DB34/T 2036—2014（已废止）中规定的一种折弯机，现应称为数控板料折弯机。

图样的设计行程为 125mm。

（2）结构设计特点

如图 4-15 所示，该液压缸的自制金属机械加工件皆为 45 钢制造。其活塞杆密封系统 3 为唇形密封圈+支承环+唇形密封圈+支承环+防尘密封圈；活塞密封（系统）6 为同轴密封件+支承环（2道）；静密封为 O 形圈+挡圈。活塞杆密封系统采用了"冗余设计"。

该液压缸有如下特点：

1）活塞杆密封系统 3 选用了唇形密封圈，而非一般数控液压缸所经常选用的同轴密封件。

2）在缸体 4 内设置了插装阀（充液阀）阀孔，在缸体 4 上设计了油路块（盖板）安装面。

3）接油箱油口采用了法兰连接，但不可取。

4）两腔面积比超大（$\phi = 8.258$），缸回程速度可以更快。

因两腔面积比超大，该液压缸不能在活塞与缸盖接触情况下即缸进程极限死点或最大缸行程处做耐压试验，亦即不能在行程>120mm 情况下试验和使用，也不能用缸盖做实际限位器使用。

注 1. 28MPa 非为 GB/T 2346—2003《流体传动系统及元件 公称压力系列》中规定的压力值，但在其他液压缸产品标准中规定了此压力值。

2. JB/T 2257.2—1999《板料折弯机 型式与基本参数》规定的公称力为 1000kN 液压传动板料折弯机的滑块行程为 100mm。

3. 图 4-15 中各配油孔（流道）位置为示意，非为产品实际图样。

4.9.3 机床和其他设备用液压缸图样

1. 机床用拉杆式液压缸

机床用拉杆式液压缸如图 4-16 所示。

（1）基本参数与使用工况

该液压缸是机床上使用的一种拉杆式双作用液压缸。其公称压力为 8MPa，缸内径为 80mm，活塞杆直径为 45mm，行程为 120mm。

此液压缸尽管是拉杆式液压缸，但其安装不是缸拉杆安装，而是前矩形法兰安装。在其前缸盖（缸头）前端有凸台止口，与机床上孔配合定位，由螺钉紧固在机床上。

该液压缸活塞杆外螺纹连接。

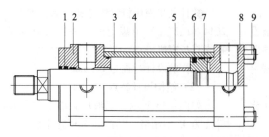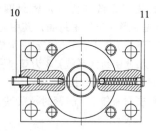

图 4-16　机床用拉杆式液压缸

1—活塞杆密封　2—前缸盖（缸头）　3—缸筒　4—活塞杆　5—缓冲套　6—活塞密封
7—活塞　8—后缸盖（缸底）　9—拉杆组件　10—节流阀　11—单向阀

（2）结构设计特点

如图 4-16 所示，该液压缸为轻型拉杆式液压缸。该液压缸缸筒 3 为 20 钢制造，其他自制金属机械加工件为 45 钢制造；缸行程两端皆有缓冲装置，且是固定式缓冲装置和缓冲阀缓冲装置的组合，其缓冲性能可通过节流阀 10 调节，单向阀 11 用于防止缸起动时不动、迟动、突然窜动及可能产生的异响等，此为缓冲阀缓冲装置的常见设计。

该缓冲装置只有在缓冲套 5 或缓冲柱塞（与活塞杆为一体）进入缓冲腔时，缓冲才能起作用，且在进入过程中其本身就具有一定的缓冲作用。

活塞密封（系统）6 为支承环+同轴密封件；活塞杆密封（系统）1 为支承环+唇形密封圈+防尘密封圈，所有静密封为 O 形圈密封。

活塞 7 与活塞杆 4 螺纹连接，且采用孔用弹性挡圈防松。拉杆组件也应采用适当的防松措施（图中未示出）。

两油口为螺纹油口，采用组合密封垫圈密封，也有其他非细牙普通螺纹（M）油口。

需要说明的是，在活塞与活塞杆连接结构中，尽管很多参考文献介绍或推荐采用孔用弹性挡圈，但根据作者实践经验，（孔用）弹性挡圈用于对螺纹连接进行防松或缸零件止动（定位）既不一定合理，也不一定可靠，应尽量少采用，因为作者多次见过、处理过因采用这种结构的弹性挡圈脱出、破碎而造成液压缸损坏甚至报废。

2. 一种往复运动用液压缸

一种往复运动用液压缸如图 4-17 所示。

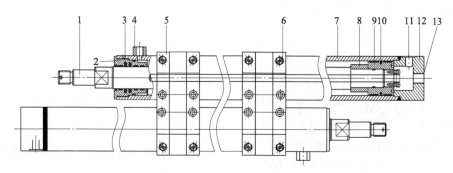

图 4-17　一种往复运动用液压缸

1—活塞杆　2—缸盖　3—活塞杆密封系统　4—油口　5—左安装支架　6—右安装支架　7—缸筒
8—中隔套　9—活塞密封系统　10—活塞　11—无杆腔油口　12—缸底　13—位移传感器安装孔

（1）基本参数与使用工况

该液压缸是一种机床上往复运动用液压缸。其公称压力为 16MPa，缸径为 63mm，活塞杆直径为 40mm，行程为 1100mm。

用于驱动滑台往复运动的这种装置为两台液压缸组合，其基本符合作者给出的术语"组合式液压缸"的定义，即两台液压缸集合在一起作为一个总成液

压缸。

通过左、右安装支架组合的这种组合式液压缸，其左、右安装支架用于安装滑台，左、右活塞杆螺纹连接，且活塞杆螺纹为带肩外螺纹，其肩为配合台肩。

（2）结构设计特点

如图 4-17 所示，该液压缸除缸筒 7 和缸底 12

外，其他自制金属机械加工件皆为 45 钢制造。其活塞杆密封系统 3 为支承环+支承环+同轴密封件+同轴密封件+支承环+防尘密封圈；活塞密封系统 9 为支承环+同轴密封件+支承环，所有静密封为 O 形圈+挡圈（包括两个挡圈）。

该液压缸及组合有如下特点：

1）有中隔套 8 设计，增大了支承长度，使液压缸更加抗弯曲、抗偏载和提高了导向能力。

2）活塞密封圈和活塞杆密封圈皆采用滑环式组合密封，提高了动态性能，使其动态响应速度更快。

3）内置安装磁致伸缩位移传感器（由用户自行安装）后，可以精确检测和显示液压缸行程位置或速度，进一步可以控制缸行程、速度以及方向。

4）两台液压缸组合后，可以获得往复速度一致，且推力较大的一台滑台驱动装置。

两油口 4 和 11 皆为螺纹油口，但油口 4 如图所示，不能直接在缸筒 7 上加工出来，而必须有一段接管，即有油口凸起高度，此种结构也是液压缸油口比较典型型式。

另外，磁致伸缩位移传感器的外露部分应采取适当的防护措施，如加装防护罩等，防止水、乳化液和其他污染物侵入。

注："油口凸起高度尺寸"见于 GB/T 9094—2006《液压缸气缸安装尺寸和安装型式代号》。

3. 90°回转头用制动缸

90°回转头用制动缸如图 4-18 所示。

（1）基本参数与使用工况

该液压缸是一种工艺装备上使用的液压缸，用于 90°回转头制动。其公称压力为 16MPa，缸径为 100mm，活塞杆直径为 60mm（非标），行程为 25mm，属于一种较短行程的液压缸。

液压缸缸体为长方体，螺钉通过预制在缸体上的螺栓通孔与安装板螺纹孔紧固安装，活塞杆端带柱销孔，通过销轴连接被驱动件。

使用液压油或性能相当的矿物油作为工作介质，工作介质温度为 -10~80℃。

（2）结构设计特点

如图 4-18 所示，除活塞 4 为球墨铸铁制造外，其他自制金属机械加工件为 45 钢制造。活塞密封 3 采用同轴密封件；活塞杆密封系统 8 为支承环+同轴密封件+防尘密封圈，之所以活塞和活塞杆皆采用滑环式组合密封，也是为了提高其动态性能，使其动态响应速度更快。

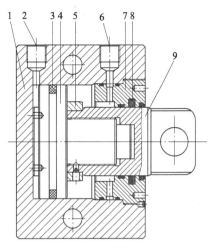

图 4-18　90°回转头用制动缸

1—缸体　2—无杆腔油口　3—活塞密封
4—活塞　5—缓冲套　6—有杆腔油口
7—缸盖　8—活塞杆密封系统　9—活塞杆

该液压缸在缸进程端有固定式缓冲设计，以期望在缓冲套 5 进入缓冲腔后，缸进程速度能减速，活塞 4 与缸盖 7 接触时不致于产生异响和超出用户要求的碰撞。

此液压缸作为制动缸使用，其缓冲减速非常有意义。

两油口 2、6 皆为螺纹油口，使用组合密封垫圈密封。

4. 组合机床动力滑台液压缸

组合机床动力滑台液压缸如图 4-19 所示。

（1）基本参数与使用（试验）工况

该液压缸是组合机床动力滑台上使用的液压缸，用于驱动滑台（包括长台面型滑台）的往复运动。其公称压力为 6.3MPa（长台面型滑台为 4MPa），缸径为 100mm，活塞杆直径为 70mm，行程为 400mm。

该液压缸为后端圆法兰安装，带螺纹的活塞杆端还带平键键槽。

使用液压油或性能相当的矿物油作为工作介质。试验时，要求进入被试液压缸的油液温度保持在 50℃±5℃的范围内，油液的运动黏度为 17~23mm²/s。

（2）结构设计特点

如图 4-19 所示，活塞杆 1 和缸筒 13 由 45 钢制造，前缸盖 7 由 35 钢制造，活塞 17 和后缸盖 25 由灰口铸铁制造，其中活塞杆为空心杆。前缸盖 7 和后缸盖 25 与缸筒 13 通过半圆卡键 11、螺母 12 有内六角圆柱头螺钉紧固，即所谓"外半环连接"。活塞密封采用两件唇形密封圈背靠背安装组成双向密封；活

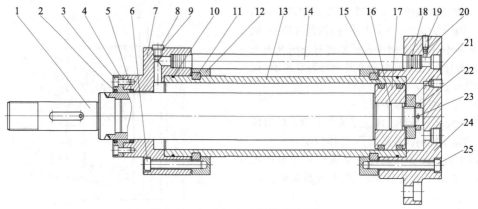

图 4-19 组合机床动力滑台液压缸

1—活塞杆 2—防尘密封圈 3、6、24—内六角圆柱头螺钉 4—压盖 5—活塞杆密封圈 7—前缸盖
8—内六角螺塞 9—组合垫圈 10—O 形圈（2 件） 11—半圆卡键（2 套） 12—螺母（2 件）
13—缸筒 14—硬管 15—活塞密封圈（2 件） 16—O 形圈 17—活塞 18—O 形圈（6 件）
19—内六角圆柱端紧定螺钉（2 件） 20—钢球（2 件） 21—锁紧螺母 22—防松套 23—销 25—后缸盖

塞杆密封采用唇形密封圈+防尘密封圈。其中活塞杆密封沟槽为开式；对活塞杆起支承和导向的前缸盖 7 以及压盖 4 内孔粘接了 0.5mm 厚的低摩擦因数的环氧涂层。液压缸的两腔都设置排（放）气阀；两油口都设置在后缸盖上。

标准 JB/T 9885—2013 规定该液压缸有活塞杆移动平稳性要求，因此活塞密封和活塞杆密封应是低摩擦的。

在 1974 年出版的由大连工学院机械制造教研室编的《金属切削机床液压传动》一书中有如下描述："图 4-8 是组合机床液压动力滑台油缸"，"在图 4-8 中活塞 1 的密封是采用两个 Y 形密封圈，它用尼龙三元共聚体加丁腈橡胶制成。这种密封圈耐油、耐磨、密封性较好、使用寿命较长。"其有助于对该种液压缸及其密封技术进步的了解。

5. 小型电动液压执行器上的液压缸

小型电动液压执行器上的液压缸如图 4-20 所示。

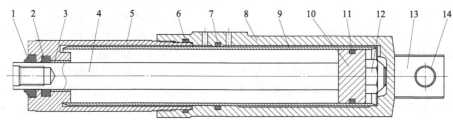

图 4-20 小型电动液压执行器上的液压缸

1—防尘密封圈 2—活塞杆密封圈 3—导向套 4—活塞杆 5—前端外缸体 6、7、11—O 形圈
8—后端外缸体 9—缸筒 10—活塞 12—锁紧螺母 13—后端固定单耳环 14—衬套

（1）基本参数与使用工况

该液压缸是一种小型电动液压执行器上的液压缸。其公称压力为 7.1MPa，缸内径为 40mm，活塞杆直径为 20mm，行程为 200mm。

该液压缸后端固定单耳环（带衬套）安装，活塞杆端带环节轴承单耳环（图中未示出）连接。

该液压缸以液压油为工作介质。

（2）结构特点

如图 4-20 所示，前端外缸体 5 和后端外缸体 8 为铸铁材料制造，后端外缸体 8 和后端固定单耳环 13 为一体结构；活塞 10 不是前端外缸体 5 和后端外缸体 8 内往复运动，而是在缸筒 9 内往复运动。其活塞密封为 O 形圈；活塞杆密封系统为导向套+唇形密封圈+防尘密封圈；静密封全部为 O 形圈。

活塞 10 与活塞杆 4 的连接由锁紧螺母 12 紧固，并进行了冲点防松。后端外缸体 8 上设有安装面，用于集成化了的直流电动机、液压泵、液压阀及附件的安装。

在参考文献［15］中介绍了一种"组合液压缸"：这种组合液压缸是一种"由液压缸、电动机、液压泵、油箱、滤油器、蓄能器、控制液压阀组合的总成。电动机、液压泵、液压阀和液压缸装在同一轴线上，中间有油箱和安装座。"而上述小型电动液压执行器的各元器件布置与之不同。

注：需要说明的是在参考文献［15］给出的图 7.2-18 组合液压缸中，并没有示出蓄能器；在参考文献［15］的液压缸分类中，组合液压缸也不包括以上这种型式。

6. 一种设备倾斜用液压缸

一种设备倾斜用液压缸如图 4-21 所示。

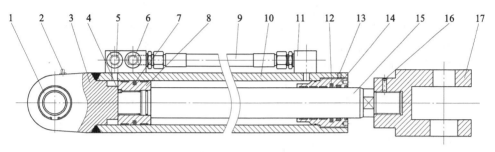

图 4-21　一种设备倾斜用液压缸

1—向心关节轴承　2—油杯　3—带单耳环缸底　4—紧定螺钉Ⅰ　5—无杆腔油口　6—有杆腔油口
7—活塞密封（系统）　8—活塞　9—软管总成　10—缸筒　11—有杆腔油口法兰接头　12—活塞杆
密封系统　13—紧定螺钉Ⅱ　14—缸盖　15—活塞杆　16—紧定螺钉Ⅲ　17—活塞杆用双耳环

（1）基本参数与使用工况

该液压缸是一种驱动设备上部件倾斜用的液压缸，一些工程机械上的倾斜液压缸与之类似。其公称压力为 16MPa，缸径为 80mm，活塞杆直径为 55mm（非标），行程为 550mm。

该液压缸缸底和活塞杆端分别设计了单耳环和双耳环，通过销轴安装和连接在设备上，但现在的图示不是实际安装和连接状态。

工作介质及工作温度等按 JB/T 10205—2010《液压缸》中的相关规定。

（2）结构设计特点

如图 4-21 所示，除缸筒 10 和带单耳环缸底外，其他自制金属机械加工件皆为 45 钢制造。其活塞密封（系统）7 为支承环+同轴密封件+支承环；活塞杆密封系统 12 为支承环+支承环+支承环+同轴密封件+唇形密封圈+防尘密封件；所有静密封皆为 O 形圈密封。

该液压缸有如下特点：

1）因两油口通过外部（包括软管总成 9、有杆腔油口法兰接头 11 等）转接，可以使管路在缸底一端连接，且可任选一侧。

2）所有螺纹连接处皆有防松措施，如采用紧定螺钉Ⅰ、Ⅱ、Ⅲ等紧定。

3）设有向心关节轴承润滑装置，如油杯 2。

4）此种安装和连接更容易保证液压缸免受偏载作用。

7. 一种穿梭液压缸

一种穿梭液压缸如图 4-22 所示。

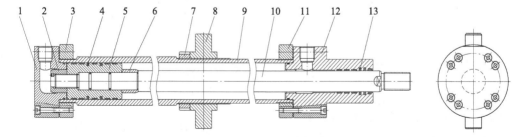

图 4-22　一种穿梭液压缸

1—缸底　2—带螺纹的缓冲柱塞（套）　3—带螺纹法兰Ⅰ　4—活塞密封系统
5—活塞　6—缓冲柱塞（套）　7—圆螺母　8—中间可调节耳轴　9—缸筒
10—活塞杆　11—带螺纹法兰Ⅱ　12—缸头　13—活塞杆密封系统

（1）基本参数与使用工况

该液压缸是一种设备上的穿梭液压缸。其公称压力为 21MPa，缸径为 63mm，活塞杆直径为 36mm，行程为 1450mm。

中部可调节中耳轴安装，活塞杆外螺纹连接。

（2）结构设计特点

如图 4-22 所示，所有自制金属机械加工件皆为 45 钢制造。带螺纹法兰 I 3、II 11 分别与缸筒 9 螺纹连接，缸底 1 和缸头 12 分别与其通过螺钉紧固。行程两端皆有固定式缓冲装置设计，当带螺纹缓冲柱塞（套）2 或缓冲柱塞（套）6 进入各自缓冲腔时，缸回程或缸进程开始缓冲。中间可调节中耳轴 8 与缸体螺

纹安装，位置可调，调整后采用圆螺母 7 锁紧。

活塞密封系统 4 为支承环+支承环+同轴密封件+支承环+同轴密封件+支承环+支承环；活塞杆密封系统 13 为支承环+支承环+支承环+同轴密封件+同轴密封件+防尘密封圈；所有静密封为 O 形圈密封，且活塞与活塞杆间静密封还采用了两道 O 形圈这种"冗余设计"。

因行程相对较长，所以活塞厚度、支承长度等也设计的较厚和较长。

两油口为螺纹油口。

8. 二辊粉碎机用串联液压缸

二辊粉碎机用串联液压缸如图 4-23 所示。

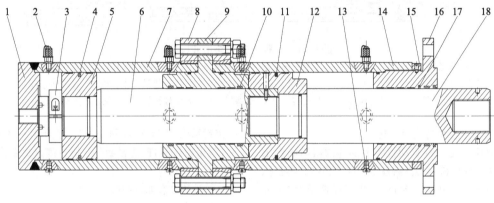

图 4-23　二辊粉碎机用串联液压缸

1—缸底　2—测压接头（共 4 件）　3—两瓣式卡键　4—活塞 I 密封（系统）　5—活塞 I
6—活塞杆 I　7—缸体　8—螺纹法兰（共 2 件）　9—法兰缸套　10—活塞杆 I 密封系统
11—活塞 II 密封系统　12—活塞 II　13—内六角螺塞（共 4 件）　14—缸筒
15—圆螺母　16—缸盖　17—活塞杆 II 密封系统　　18—活塞杆 II

（1）基本参数与使用工况

该液压缸是二辊粉碎机上使用的串联液压缸。其公称压力为 10MPa，缸径为 200mm，活塞杆直径为 125mm，行程为 180mm。

该液压缸采用前端圆法兰安装，活塞杆内螺纹连接。

（2）结构设计特点

如图 4-23 所示，除缸底 1、缸体 7 和缸筒 14 外，其他自制金属机械加工件全部为 45 钢。缸体 7、缸筒 14 分别与螺纹法兰 8 连接，夹装法兰缸套后螺栓紧固，组成串联缸缸体；活塞杆 I 活塞杆 II 夹装活塞 II 后螺纹连接，组成串联缸活塞杆；活塞 I 通过两瓣式卡键 3 定位在活塞 I 另一端。

活塞 I、II 密封系统皆为支承环+同轴密封件+支承环（活塞 I 为 2 道），但如果只作为串联缸使用，其密封系统可以不同。活塞杆 I 密封系统 10 是双向往复密封，其

密封系统为唇形密封圈+支承环+支承环+支承环+唇形密封件；活塞杆 II 密封系统为支承环+支承环+支承环+支承环+同轴密封件+唇形密封圈+防尘密封圈；静密封为 O 形圈或+挡圈密封。

该液压缸还有如下特点：

1）两活塞的两腔各有测压接头 2（共 4 件），可以检测各腔压力。

2）两活塞的两腔各有内六角螺塞（共 4 件），可用于各腔排（放）气。

3）所有螺纹连接都有防松措施（未在图中全部示出）。

4）串联缸除可以使公称出力增大外，还可快进。

5）此液压缸两有杆腔可用于同步控制。

图样设计的设计行程为 185mm。

9. 双出杆射头升降用液压缸

双出杆射头升降用液压缸如图 4-24 所示。

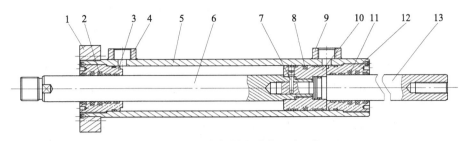

图 4-24　双出杆射头升降用液压缸

1—前端矩形法兰　2—活塞杆Ⅰ密封系统　3—前缸盖　4—前油口　5—缸筒　6—活塞杆Ⅰ
7—圆柱销　8—活塞密封（系统）　9—后油口　10—活塞　11—活塞杆Ⅱ密封系统
12—后缸盖　13—活塞杆Ⅱ

（1）基本参数与使用工况

该液压缸是铸造机械上射头升降用双出杆液压缸。其公称压力为 16MPa，缸径为 63mm，活塞杆Ⅰ、Ⅱ外径皆为 36mm，行程为 150mm。

前端矩形法兰安装，活塞杆Ⅰ外螺纹连接，活塞杆Ⅱ内螺纹连接。

因为环境无火灾危险，所以工作介质选用液压油。

（2）结构设计特点

如图 4-24 所示，除活塞杆Ⅰ 6、Ⅱ 13 采用了 40Gr 钢制造外，其他材料选用与一般液压缸相同。其活塞密封（系统）8 为支承环+同轴密封件+支承环；活塞杆Ⅰ、Ⅱ密封系统 2、11 皆为支承环+支承环+同轴密封件+同轴密封件+防尘密封圈，以现在作者对液压缸密封技术及其设计的认知水平看，用于活塞杆密封系统的两个同轴密封件的滑环应是不同型式，才有可能保证活塞杆"零"外泄漏；所用静密封采用 O 形圈密封。

活塞杆Ⅰ与活塞 10 螺纹连接，活塞杆Ⅰ与活塞杆Ⅱ也为螺纹连接，并将活塞 10 夹装在它们中间；活塞杆Ⅰ、Ⅱ间采用圆柱销 7 止动防松；其他螺纹（包括圆柱销）采用紧定螺钉防松。

双出杆液压缸可以达到往复运动速度一致。

两油口 4 和 9 皆为螺纹油口。

10. 一种增压器

一种增压器如图 4-25 所示。

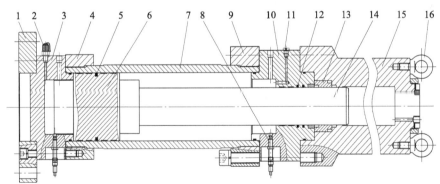

图 4-25　一种增压器

1—后端圆法兰　2—测压接头　3—低压缸底　4—螺纹法兰Ⅰ　5—活塞密封（系统）　6—活塞
7—缸筒　8—接近开关　9—螺纹法兰Ⅱ　10—法兰缸套　11—内六角螺塞　12—活塞杆密封系统
13—金属支承环　14—活塞杆（活塞与活塞杆一体结构）　15—高压缸缸体　16—吊环螺钉

（1）基本参数与使用工况

这是一种增压器，即是一种能将流体进口压力转换成较高的次级流体出口压力的液压元件，实质上是一种组合式液压缸。

该增压器进口公称压力为 21MPa，低压缸缸径为 200mm，高压缸（次级）缸径为 110mm，增压比为 1:3.3，缸行程为 420mm。

因该增压器密封件材料选用聚四氟乙烯和氟橡胶等，所以可以使用液压油及其他与密封件材料相容的工作介质，而且可以使用两种不同流体。

后端圆法兰安装。

（2）结构设计特点

如图 4-25 所示，除金属支承环 13 采用锡青铜（如 ZQSn5-5-5）等外，其他自制金属机械加工件皆为 45 钢制造。螺纹法兰Ⅰ4 与缸筒 7 一端螺纹连接，低压缸底 3 被夹装在后端圆法兰 1 和螺纹法兰Ⅰ4 中间，通过螺钉将三者紧固在一起；螺纹法兰Ⅱ9 与缸筒 7 另一端螺纹连接，法兰缸套 10 被夹装在螺纹法兰Ⅱ9 和高压缸缸体 15 中间，通过螺钉紧固在一起；活塞 6 和活塞杆 14 为一体结构；缸行程两端皆有固定式缓冲装置设计；增压器设有起吊用吊环螺钉 16。

其活塞密封（系统）5 为支承环+支承环+同轴密封件+支承环+支承环；活塞杆密封系统 12 为支承环+支承环+同轴密封件+同轴密封件+金属支承环；静密封皆为 O 形圈密封。

该增压器在结构上还有如下特点：

1）设计、安装两件金属支承环有利于减小同轴密封件在增压过程中所承受的密封压力。

2）行程两端设有的固定式缓冲装置，可以满足低压液压缸频繁换向，以减小或避免撞击其他件。

3）行程两端设计、安装接近开关，能监测或控制增压缸工作或运行情况。

4）设计、安装测压接头 2、内六角螺塞 11，可以分别用于检测压力、排（放）气等。

5）次级流体可以是非液压油的其他流体，但其必须是与密封材料相容且不能使碳钢锈蚀的流体。

还有一些其他特点，如高压接头防崩出设计等。

但易燃、易爆等有危险的流体，不能使用该增压器增压。

11. 一种设备上带防爆阀的翻转液压缸

一种设备上带防爆阀的翻转液压缸如图 4-26 所示。

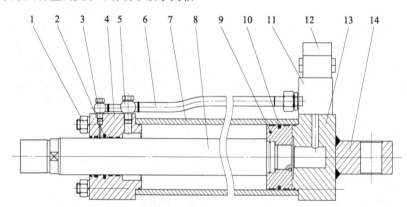

图 4-26 一种设备上带防爆阀的翻转液压缸

1—拉杆组件 2—活塞杆密封系统 3—泄漏油口管接头 4—前端盖 5—有杆腔油口接头 6—无缝钢管 7—缸筒
8—活塞杆 9—活塞 10—活塞密封（系统） 11—油路块 12—防爆阀 13—后端盖 14—单耳环

（1）基本参数与使用工况

该液压缸是一种设备上带防爆阀的翻转液压缸，工作介质为水-乙二醇型难燃液压液，且两台液压缸一起使用。

该液压缸的公称压力为 14MPa，缸径为 125mm，活塞杆直径为 70mm，缸行程为 550mm。

后端固定单耳环安装，活塞杆外螺纹连接。

（2）结构设计特点

如图 4-26 所示，除缸筒 7 采用 20 钢制造外，其他自制金属机械加工件皆为 45 钢制造。活塞密封（系统）10 为支承环+同轴密封件+支承环；活塞杆密封系统 2 为支承环+支承环+同轴密封件+唇形密封件+防尘密封圈；静密封皆为 O 形圈密封。因工作介质为水-乙二醇型难燃液压液，所以密封材料为氟橡胶。

该液压缸活塞杆密封系统 2 在同轴密封件与唇形密封圈间开有泄漏通道，经过同轴密封件泄漏的工作介质可经过泄漏油口（见泄漏油口管接头 3 处）、无缝钢管、油路块 11 等回油箱，可以保证在活塞杆密封处的外泄漏为"零"。

该液压缸还设计、安装了防爆阀（组）12，进一步保证在特殊情况下的安全。

外置管路（无缝钢管 6）连接于通道体，液压缸的两油口集中在后端盖 13 端。

该液压缸不是缸拉杆安装。

注：图样设计的设计行程为 556mm。

12. 汽车地毯发泡模架用摆动液压缸

汽车地毯发泡模架用摆动液压缸如图4-27所示。

（1）基本参数与使用工况

此液压缸为作者设计、制造的汽车地毯发泡模架用双齿条摆动液压缸。该液压缸的公称压力为16MPa，缸径为140mm，活塞杆直径为70mm，缸行程为550mm，摆动角度为180°。

箱体法兰安装，齿轮轴花键连接（输出）。

（2）结构设计特点

如图4-27所示，该双齿条摆动液压缸是由4组活塞式单作用液压缸组成总成，其左右缸底、左右活塞Ⅰ、Ⅱ和齿条Ⅰ、Ⅱ为45钢制造，左右缸筒Ⅰ、Ⅱ为35钢制造，金属导向套6为锡青铜制造。

其活塞密封系统5、15皆为支承环+唇形密封圈+同轴密封件+支承环；齿条12Ⅰ、Ⅱ由金属导向套6、侧支承轮（锡青铜制造）支承、导向，且导向套开有6道通气槽，侧支承轮可通过侧支承调节装置8进行检查和调整；所有静密封皆为O形圈密封（缸底处后另加装了挡圈）。在4组活塞式单作用液压缸缸底处皆设有缓冲装置，在箱体7设有溢流油口，用于限定箱体液面高度及箱体通气；齿轮、齿条和各轴承等润滑油与液压缸工作介质选用了相同牌号、黏度的抗磨液压油。

各液压缸油口设在缸底上，组合密封垫圈密封。

Q235焊接箱体在粗加工后，经过了人工时效处理，且由数控加工中心进行了精加工。

图样的设计摆动角度为240°。

4.9.4　工程用液压缸图样

现在使用的各版手册中一般还有工程用液压缸（简称工程液压缸）系列与产品，其公称压力为16MPa，但此系列液压缸现在没有产品标准。

现在使用的工程用液压缸或工程机械用液压缸的公称压力已更高。

1. 单耳环安装的工程液压缸

单耳环安装的工程液压缸如图4-28所示。

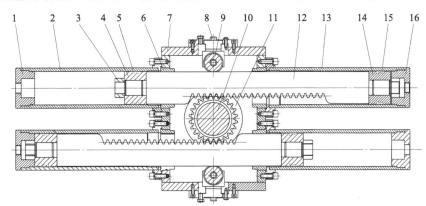

图 4-27　汽车地毯发泡模架用摆动液压缸

1—左缸底Ⅰ、Ⅱ　2—左缸筒Ⅰ、Ⅱ　3—缓冲柱塞螺纹套（4件）　4—左活塞Ⅰ、Ⅱ　5—左活塞密封系统
6—金属导向套（4件）　7—箱体　8—侧支承调节装置（2套）　9—侧支承轮　10—齿轮轴　11—轴承
12—齿条Ⅰ、Ⅱ　13—右缸筒Ⅰ、Ⅱ　14—右活塞Ⅰ、Ⅱ　15—右活塞密封系统　16—右缸底Ⅰ、Ⅱ

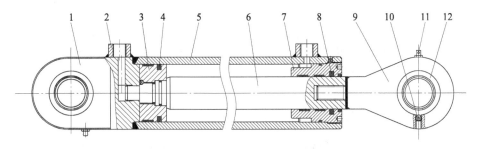

图 4-28　单耳环安装的工程液压缸

1—带单耳环缸底　2—无杆腔油口　3—活塞　4—活塞密封（系统）　5—缸筒　6—活塞杆　7—缸盖
8—活塞杆密封系统　9—单耳环　10—紧定螺钉　11—油杯（2件）　12—向心关节轴承（2件）

（1）基本参数与使用工况

该液压缸是一种工程机械上使用的液压缸。其公称压力为 16MPa，缸径为 80mm，活塞杆直径为 45mm，行程为 580mm。

该液压缸为单耳环安装和连接。

（2）结构设计特点

如图 4-28 所示，因缸筒 5 和带单耳环缸底 1、活塞杆 6 和单耳环 9 为焊接一体结构，所以一般不应使用 45 钢，而应使用 35 或 20 钢；其他自制金属机械加工件为 45 钢制造。

活塞密封（系统）4 为支承环+同轴密封件；活塞杆密封系统 8 为支承环+支承环+同轴密封件+防尘密封圈；静密封为 O 形圈密封。

其中缸盖 7 与缸筒 5 间静密封（活塞密封型式）的配合偶合件表面不是缸内径，而是与缸筒 5 端部连接螺纹一道工序加工的一个比缸内径稍大的孔的圆柱表面。这种设计尽管有利有弊，但一般弊大于利。

此台液压缸的密封系统设计，以现在作者对液压缸密封技术及其设计的认知水平看有一定问题，但一般使用还是没有太大问题的。

此液压缸缸回程端有固定式缓冲设计；单耳环组装了向心关节轴承 12（2 件），且各有通过油杯 11（2 件）润滑；各（螺纹）连接处有紧定螺钉止动，尤其是向心关节轴承 12 采用紧定螺钉 10 止动。

无杆腔油口 2（接管）在典型产品中一般没有，有杆腔油口可直接在缸底上制成。

注：图样设计的设计行程为 585mm。

2. 中耳轴安装的工程液压缸

中耳轴安装的工程液压缸如图 4-29 所示。

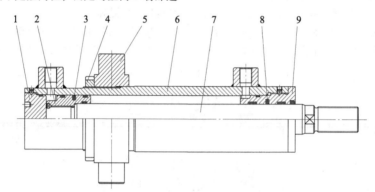

图 4-29 中耳轴安装的工程液压缸
1—缸底 2—活塞 3—活塞密封（系统） 4—圆螺母 5—中耳轴
6—缸筒 7—活塞杆 8—活塞杆密封系统 9—缸盖

（1）基本参数与使用工况

该液压缸是一种工程机械上使用的液压缸。其公称压力为 25MPa，缸径为 50mm，活塞杆直径为 32mm，行程为 170mm。

该液压缸中耳轴安装，活塞杆外螺纹连接。

（2）结构设计特点

如图 4-29 所示，除缸筒 6 外，其他自制金属机械加工件皆为 45 钢制造。缸底 1 和缸盖 9 与缸筒皆为螺纹连接，活塞 2 与活塞杆 7 也是螺纹连接，中耳轴 5 与缸筒 6 还是螺纹连接。

其活塞密封（系统）3 为支承环+同轴密封件+支承环；活塞杆密封系统 8 为支承环+同轴密封件+支承环+防尘密封圈；静密封为 O 形圈+挡圈（其中活塞杆与活塞连接处静密封为挡圈+O 形圈+挡圈）密封。

该液压缸密封及其设计比图 4-28 所示液压缸合理。

中耳轴 5 与缸筒 6 螺纹连接处有定位止口，可以保证安装精度。

所有螺纹连接处皆有防松措施，包括采用圆螺母 4 锁紧中耳轴 5。

两油口为螺纹油口。

3. 一种前法兰安装的工程液压缸

一种前法兰安装的工程液压缸如图 4-30 所示。

（1）基本参数与使用工况

该液压缸是一种工程用液压缸。其公称压力为 25MPa，缸径为 100mm，活塞杆直径为 70mm，行程为 400mm。

该液压缸为前圆法兰安装，活塞杆外螺纹连接。

（2）结构设计特点

如图 4-30 所示，所有自制金属机械加工件包括缸筒 5 皆为 45 钢制造。缸筒 5 两端分别与螺纹法兰

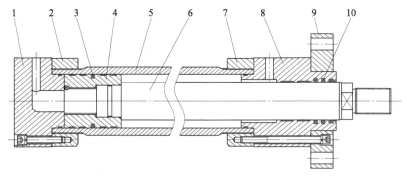

图 4-30 一种前法兰安装的工程液压缸

1—缸底 2—螺纹法兰Ⅰ 3—活塞密封（系统） 4—活塞 5—缸筒 6—活塞杆
7—螺纹法兰Ⅱ 8—缸盖 9—前圆法兰 10—活塞杆密封系统

Ⅰ和螺纹法兰Ⅱ螺纹连接，缸底 1 与螺纹法兰Ⅰ通过螺钉紧固，前圆法兰 9、缸盖 8 与螺纹法兰Ⅱ等通过螺钉紧固在一起，由此组成了此液压缸缸体。这种缸体可以采用标准缸筒（材料）制造，且避免了在缸筒上进行焊接等。

其活塞密封（系统）3 为支承环+支承环+同轴密封件+支承环+支承环；活塞杆密封系统 10 为支承环+支承环+同轴密封件+同轴密封件+防尘密封圈；所有静密封为 O 形圈+挡圈密封，包括活塞 4 与活塞杆 6 连接处的静密封为挡圈+O 形圈+挡圈密封。

两油口为法兰连接（图中未示出各螺纹孔）。

4. 另一种前法兰安装的工程液压缸

另一种前法兰安装的工程液压缸如图 4-31 所示。

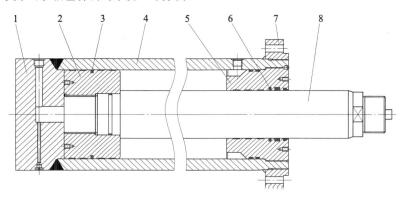

图 4-31 另一种前法兰安装的工程液压缸

1—缸底 2—活塞 3—活塞密封（系统） 4—缸筒
5—缸盖 6—活塞杆密封系统 7—前圆法兰 8—活塞杆

（1）基本参数与使用工况

该液压缸是一种结构较为典型的工程用液压缸。其公称压力为 25MPa，缸径为 280mm，活塞杆直径为 150mm（非标），行程为 700mm。

该液压缸前法兰安装，活塞杆外螺纹连接。

工作介质为液压油或性能相当的其他矿物油。

（2）结构设计特点

如图 4-31 所示，除缸底 1、缸筒 4 和前圆法兰 7 外，其他自制金属机械加工件皆为 45 钢制造。缸底 1 和前圆法兰 7 与缸筒 4 两端焊接，其中前圆法兰 7 与缸筒 4 是在螺纹连接后焊接的。

其活塞密封（系统）3 为支承环+支承环+同轴密封件+支承环+支承环；活塞杆密封系统 6 为支承环+支承环+支承环+同轴密封件+唇形密封圈+防尘密封圈；静密封为 O 形圈+挡圈密封。

因缸筒 4 壁厚足够，所以有杆腔油口没有再焊接接管，而是直接在缸筒 4 上制成。

前圆法兰 7 在活塞杆 8 伸出侧有导向台肩（定位止口）；无杆腔设有排（放）气装置。

5. 后法兰安装的工程液压缸

后法兰安装的工程液压缸如图 4-32 所示。

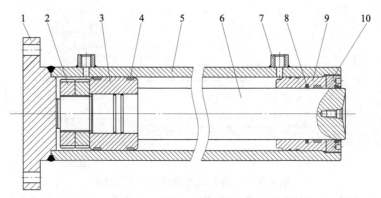

图 4-32 后法兰安装的工程液压缸

1—缸底 2—圆螺母（2件） 3—活塞 4—活塞密封（2件） 5—缸筒
6—活塞杆 7—油口 8—活塞杆密封系统 9—导向套 10—螺纹端盖

（1）基本参数与使用工况

该液压缸是一种缸底带后端圆法兰的工程用液压缸。其公称压力为16MPa，缸径为150mm（非标），活塞杆直径为105mm（非标），行程为600mm。

该液压缸后端圆法兰安装，活塞杆端球铰连接。

（2）结构设计特点

如图4-32所示，除活塞3和导向套9为球墨铸铁制造外，其他自制金属机械加工件为45钢制造。

该液压缸活塞密封4为2件唇形密封圈背靠背安装，支承和导向由活塞3外径与缸筒5内径直接接触完成；活塞杆密封系统8为同轴密封件+唇形密封圈+防尘密封圈，支承和导向由活塞杆6外径与导向套9内孔直接接触完成，但防尘密封圈沟槽却开设在螺纹端盖10上；所有静密封皆为O形圈密封，且采用"冗余设计"，即双道密封。

导向套9与螺纹端盖10分体，在一定程度上可以降低缸筒5的加工难度。

双圆螺母锁紧活塞3，一般比较可靠，但可能加大了液压缸尺寸。

活塞杆端球铰连接，可以尽量减小侧向（外）载荷作用，并可对被驱动件有效输出力。

两油口为螺纹油口。

6. 带支承阀的工程液压缸

带支承阀的工程液压缸如图4-33所示。

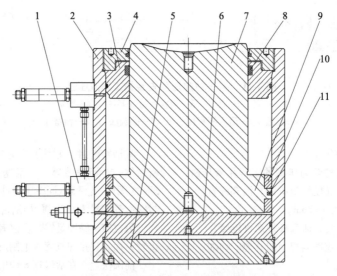

图 4-33 带支承阀的工程液压缸

1—支承阀组 2—缸筒 3—导向套 4—螺纹端盖 5—螺纹底盖 6—缸底
7—活塞杆 8—活塞杆密封系统 9—活塞（与活塞杆为一体结构）
10—金属支承环（2件） 11—活塞密封

（1）基本参数与使用工况

该液压缸就是工程中经常使用的千斤顶。其公称压力为 31.5MPa，缸径为 450mm，活塞杆直径为 320mm，行程为 200mm。

该液压缸活塞杆端球铰连接（输出）。

该千斤顶使用时需配备液压站，但该千斤顶自带了支承阀组。

（2）结构设计特点

如图 4-33 所示，除导向套 3 和金属支承环 10 外，其他自制金属机械加工件为 45 钢制造。

其活塞密封 11 为金属支承环+同轴密封件+金属支承环；活塞杆密封系统 8 为唇形密封圈+防尘密封圈，但防尘密封圈沟槽不是设置在导向套 3 上，而是设置在螺纹端盖 4 上；静密封为 O 形圈密封，其中缸底 6 处 O 形圈密封加装了挡圈。

该液压缸有如下特点：

1）因缸筒 2 上无焊接件，所以可以使用标准缸筒（材料）制造。

2）活塞使用 2 件金属支承环 10，其导向和支承能力更强。

3）活塞杆端球铰连接，可以尽量减小侧向（外）载荷作用，并可对被驱动件有效输出力。

4）缸本身配置了支承阀组，简化了液压控制系统（液压站）。

5）无杆腔预留了压力检测口（图中未示出），可以检测缸实际输出力。

6）设计安装有吊环（图中未示出），可方便移动使用。

4.9.5　阀门、启闭机、升降机用液压缸图样

1. 阀门开关用液压缸

阀门开关用液压缸如图 4-34 所示。

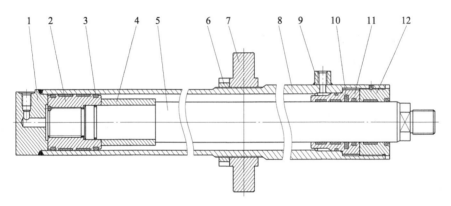

图 4-34　阀门开关用液压缸

1—缸底　2—活塞　3—活塞密封（系统）　4—中隔圈　5—活塞杆　6—圆螺母
7—中耳轴　8—缸筒　9—油口　10—活塞杆密封系统　11—导向套　12—螺纹端盖

（1）基本参数与使用工况

该液压缸是一种阀门开关用双作用液压缸。其公称压力为 10MPa，缸径为 63mm，活塞杆直径为 45mm，行程为 1100mm。

该液压缸中耳轴安装，活塞杆外螺纹连接。

（2）结构设计特点

如图 4-34 所示，除缸筒 8 和缸底 1 外，其他自制金属机械加工件为 45 钢制造。

其活塞密封（系统）3 为唇形密封+支承环+支承环+唇形密封圈；活塞杆密封系统 10 为支承环+支承环+同轴密封件+唇形密封圈+支承环+防尘密封圈，其中 1 道支承和防尘密封圈沟槽开设在螺纹端盖 12 上；静密封皆为 O 形圈密封。

该液压缸有如下特点：

1）密封件皆采用氟橡胶和聚四氟乙烯，液压缸可耐高温。

2）导向套 11 和螺纹端盖 12 分开为 2 件，有利于导向套 11 与缸筒 8 间密封。

3）中耳轴 7 与油口 9 相对位置可调。

4）有中隔圈 4 设计，因此增加了支承长度，并增强了抗偏载能力。

图样设计的设计行程为 1120mm。

唇形密封圈背靠背安装或只有一件密封圈一般不能称其为密封系统，但考虑到一般还有支承环等，暂且称之，其他亦同。

2. 启闭机用液压缸

启闭机用液压缸如图 4-35 所示。

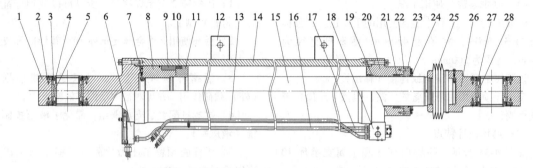

图4-35　一种启闭机用液压缸

1—带单耳环缸底　2—轴承端盖　3—压盖　4—隔套　5—向心关节轴承Ⅱ　6—缸盖端通道体
7—内螺纹圆柱销　8—活塞Ⅰ　9—活塞金属支承环　10—活塞填料密封件　11—活塞Ⅱ
12—侧耳环（2件）　13—无缝钢管Ⅰ　14—缸筒　15—活塞杆　16—无缝钢管Ⅱ
17—无缝钢管Ⅲ　18—有杆端通道体　19—活塞杆金属支承环　20—缸头　21—活塞杆填
料密封件　22—调整垫片　23—缸头压盖　24—刮环　25—防尘罩　26—活塞杆单耳环
27—旋转轴唇形密封圈　28—向心关节轴承Ⅱ（含密封装置等）

（1）基本参数与使用工况

该液压缸是一种液压启闭机用单作用液压缸。其有杆腔公称压力为20MPa，缸径为340mm，活塞杆直径为200mm，行程为8300mm。

缸底单耳环安装，活塞杆单耳环连接。

缸回程时启门，闭门由门自重完成，即为另一种型式的重力作用单作用缸。

（2）结构设计特点

如图4-35所示，除缸筒14采用16Mn钢、活塞杆15采用40Gr钢、轴承端盖2和隔套4采用Q235、两金属支承环9、19采用铝青铜等外，其他自制金属机械加工件采用45钢。

其活塞密封系统为支承环+支承环+支承环+同轴密封件+活塞金属支承环9+活塞填料密封件10+支承环；活塞杆密封系统为活塞杆金属支承环19+支承环+支承环+支承环+活塞杆填料密封件21+支承环+防尘密封圈+刮环24；静密封皆采用O形圈密封。

该液压缸的结构有如下特点：

1）两套向心关节轴承5、28采用了密封结构，包括对销轴和活塞杆端止动内螺纹圆柱销的密封。

2）活塞杆单耳环26与活塞杆15连接处采用O形圈密封。

3）采用刮环24及防尘罩25保护活塞杆15及其密封。

4）活塞和活塞杆采用填料密封件，活塞开式密封沟槽由活塞Ⅰ和活塞Ⅱ组成。

5）活塞杆填料密封件21可通过调整垫片22的调整，增减轴向压缩以获得有效径向密封。

6）缸自身带支承阀，且通过通道体Ⅰ、Ⅱ无缝钢管Ⅰ、Ⅱ、Ⅲ等，管路可通过液压缸一端安装。

7）活塞密封系统包括活塞与活塞杆连接处的密封都采用了"冗余设计"。

8）液压缸两腔皆有测压、排（放）装置。

9）此液压缸注意了防水、防污和防锈设计，包括液压缸表面三层涂装等。

3. 液压剪式升降机用液压缸

液压剪式升降机用液压缸如图4-36所示。

（1）基本参数与使用工况

该液压缸是一种液压剪式升降机用液压缸。其公称压力为2.5MPa　缸径为80mm，活塞杆直径为55mm，行程为1300mm。

该液压缸前法兰安装，活塞杆螺纹（非标）连接。

（2）结构设计特点

如图4-36所示，除缸筒5和缸底1为20钢制造外，其他自制金属机械加工件为45钢制造。

其活塞密封（系统）3为支承环+同轴密封件+支承环；活塞杆密封系统为支承环+支承环+唇形密封圈+支承环+防尘密封圈，其中1道支承环和防尘密封圈沟槽开设在前安装法兰8上；静密封皆为O形圈密封。

该液压缸活塞杆螺纹为适应其连接的特殊要求设计为非标，前法兰导向台肩直径也设计得较小。

4. 四导轨升降机用液压缸

四导轨升降机用液压缸如图4-37所示。

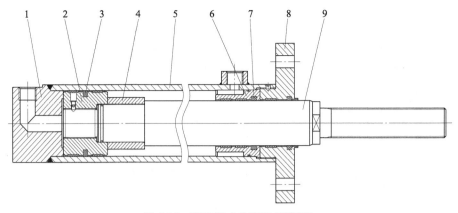

图 4-36　液压剪式升降机用液压缸
1—缸底　2—活塞　3—活塞密封 (系统)　4—中隔圈　5—缸筒
6—导向套　7—活塞杆密封系统　8—前安装法兰　9—活塞杆

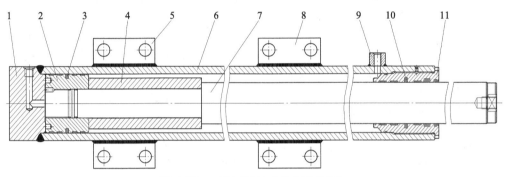

图 4-37　一种四导轨升降机用液压缸
1—缸底　2—活塞　3—活塞密封 (系统)　4—中隔圈　5—侧安装脚架 I　6—缸筒
7—活塞杆　8—侧安装脚架 II　9—油口　10—活塞杆密封系统　11—缸盖

（1）基本参数与使用工况

该液压缸是一种四导轨升降机用液压缸。其公称压力为 16MPa，缸径为 100mm，活塞杆直径为 70mm，行程为 1200mm。

该液压缸中部两侧安装脚架安装，活塞杆端内螺钉连接。

（2）结构设计特点

如图 4-37 所示，自制金属机械加工件全部为 45 钢制造。

其活塞密封（系统）3 为支承环+支承环+同轴密封件+支承环+支承环；活塞杆密封系统 10 为支承环+支承环+同轴密封件+支承环+唇形密封圈+防尘密封圈；静密封皆为 O 形圈+挡圈密封。以现在作者对液压缸密封及其设计的认知水平认为，此液压缸的活塞和活塞杆密封系统最外侧的支承环如果采用的是聚四氟乙烯材料支承环，则此液压缸的各密封系统的综合性能将更好。

其中部两处两侧安装脚架 5 和 8 与缸筒 6 为焊接结构，缸底 1 和油口与缸筒也为焊接结构。

两油口螺纹连接。

4.9.6　钢铁、煤矿、石油机械用液压缸图样

1. 一种使用磷酸酯抗燃油的冶金设备用液压缸

一种使用磷酸酯抗燃油的冶金设备用液压缸如图 4-38 所示。

（1）基本参数与使用工况

该液压缸是一种采用磷酸酯抗燃油为工作介质的冶金设备上使用的液压缸。其公称压力为 6.3MPa，缸径为 63mm，活塞杆直径为 45mm，行程为 2100mm。

该液压缸为中耳轴安装，活塞杆单耳环连接。

该液压缸使用的工作介质为磷酸酯难燃液压油（或磷酸酯抗燃油）。

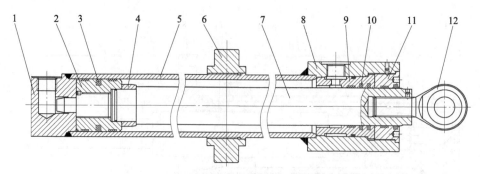

图 4-38　使用磷酸酯抗燃油的冶金设备用液压缸

1—缸底　2—活塞　3—活塞密封（系统）　4—缓冲套　5—缸筒　6—中耳轴　7—活塞杆
8—缸头　9—导向套　10—活塞杆密封系统　11—螺纹端盖　12—杆用单耳环

（2）结构设计特点

如图 4-38 所示，除活塞 2 为球墨铸铁制造外，其他自制金属机械加工件为 45 钢制造。

其活塞密封（系统）3 为支承环+同轴密封件+支承环；活塞杆密封系统 10 为支承环+同轴密封件+同轴密封件+支承环+防尘密封圈，其中两同轴密封件后的支承环+防尘密封是在螺纹端盖 11 上设置的；静密封皆为 O 形圈密封。

采用磷酸酯抗燃油的液压缸密封件应选取如硅橡胶、（三元）乙丙橡胶、氟橡胶及聚四氟乙烯等密封材料制作的密封圈及滑环、挡圈和支承环等。该液压缸选用的密封材料是氟橡胶和聚四氟乙烯。

其缸底 1 和缸头 8 与缸筒 5 为焊接结构，中耳轴与缸筒为螺纹连接且有止口定位。

缸行程两端皆有固定式缓冲设计，其中缸底端为缓冲柱塞、缸头端为缓冲套分别与设置在缸底 1 上和导向套 9 上的缓冲腔配合组成缓冲装置。

注：1. 图 4-38 中所指缸头与其他不同。
　　2. 图样设计的设计行程为 2130mm。

2. 采用铜合金支承环的冶金设备用液压缸

采用铜合金支承环的冶金设备用液压缸如图 4-39 所示。

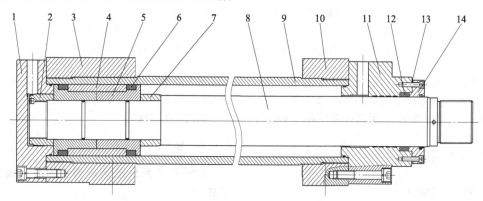

图 4-39　采用铜合金支承环的冶金设备用液压缸

1—缸底　2—缓冲套 I　3—螺纹法兰 I　4—金属支承环　5—开式活塞（2 件）
6—活塞填充密封件（2 件）　7—缓冲套 II　8—活塞杆　9—缸筒　10—螺纹法兰 II
11—缸头　12—活塞杆填充密封件　13—调整垫片　14—缸盖

（1）基本参数与使用工况

该液压缸为冶金设备上使用的一种超高压液压缸。其公称压力为 35MPa，缸径为 200mm，活塞杆直径为 140mm，行程为 4600mm。

该液压缸两端部脚架式安装，活塞杆外螺纹安装，但需采用勾扳手紧固。

超高压液压机是工作介质压力不低于 32MPa 的液压机，具体请见 GB/T 8541—2012《锻压术语》。公称压力≥32MPa 的液压缸相应亦可称为超高压液压缸。

（2）结构设计特点

如图 4-39 所示，除缸头 11 和缸盖 14 采用球墨铸铁、金属支承环 4 采用铜合金制造外，其他自制金属机械加工件采用 45 钢制造。

其活塞密封（系统）为活塞填充密封件 6+金属支承环 4+活塞填充密封件 6（另 1 件）；活塞杆密封（系统）为支承环+支承环+支承环+活塞杆填充密封件 12+防尘密封圈；静密封为 O 形圈+挡圈密封。

在活塞密封系统中采用开式活塞 5（2 件），既能满足安装活塞填充密封件 6（2 件）所需开式沟槽，又能满足安装整体式金属支承环 4；采用整体长金属支承环 4，对活塞及活塞杆的支承和导向作用更大。

螺纹法兰Ⅰ和Ⅱ与缸筒 9 螺纹连接，且有止口定位。缸底 1 与螺纹法兰Ⅰ、缸头 11 与螺纹法兰Ⅱ通过螺钉连接紧固，且各自导向台肩以缸筒 9 缸径定位，此种缸体组成型式如采用标准缸筒，则其变形最小，同轴度公差最容易保证。

缸行程两端皆有固定缓冲设计，缓冲套Ⅰ与缸筒 9、缓冲套Ⅱ与缸头 11 的缓冲腔配合组成缓冲装置，同时为防止缸进程、缸回程开始时，可能出现的活塞及活塞杆不动、缓（迟、滞）动、起动压力大或出现异响等问题，还设有进油单向阀（油口进油时通，回油时止），但在图 4-39 中未示出。

3. 辊盘式磨煤机用液压缸

辊盘式磨煤机用液压缸如图 4-40 所示。

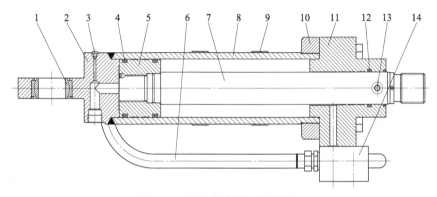

图 4-40　辊盘式磨煤机用液压缸

1—向心关节轴承　2—带单耳环缸底　3—螺塞　4—活塞密封（系统）　5—活塞　6—无缝钢管
7—活塞杆　8—缸筒　9—蓄能器固定装置　10—螺纹法兰　11—缸头　12—活塞杆密封系统
13—泄漏油口　14—油路块（含阀）

（1）基本参数与使用工况

该液压缸为一种辊盘式磨煤机上使用的液压缸。其公称压力为 16MPa，缸径为 200mm，活塞杆直径为 110mm，行程为 550mm。

该液压缸单耳环安装，活塞杆螺纹连接。

（2）结构设计特点

如图 4-40 所示，除带单耳环缸底 2 和缸筒 8 外，其他自制金属机械加工件皆为 45 钢制造。

其活塞密封（系统）4 采用唇形密封圈背靠背安装，即为活塞唇形密封圈+支承环+活塞唇形密封圈；活塞杆密封系统 12 为支承环+支承环+支承环+组合唇形密封圈+防尘密封圈；静密封皆为 O 形圈+挡圈密封。

活塞杆密封系统 12 中这种组合唇形密封圈是一种在 U 形凹槽内嵌装或组合了 O 形圈的唇形密封圈，其在低压条件下密封性能比普通唇形密封圈更好。尽管组合唇形密封圈在磨损后有一定的补偿能力，但活塞杆密封系统 12 迟早也会或多或少地出现外泄漏。为防止出现外泄漏，该活塞密封系统 12 在组合唇形密封圈与防尘密封圈间开有泄漏通道，即通过泄漏油口 13 将通过组合唇形密封圈泄漏的工作介质（液压油液）直接接回开式油箱或开式容器。

该液压缸上还组装了蓄能器（图中未示出）、油路块 14 等，向心关节轴承润滑也有润滑设置（图中未示出）等。

4. 双向式液压缸

双向式液压缸如图 4-41 所示。

（1）基本参数与使用工况

该液压缸是一种双向式柱塞缸。其公称压力为 25MPa，活塞杆直径为 125mm，行程为 70mm。

该液压缸两端部脚架安装。

（2）结构设计特点

如图 4-41 所示，该液压缸由两台柱塞缸组成，两台柱塞缸的缸筒集成在一个缸体 6 上，且两缸筒尺

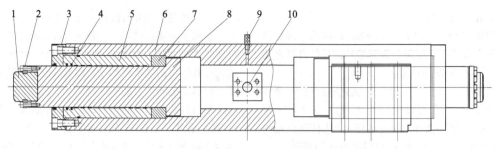

图 4-41 双向式液压缸

1—顶头 2—对开卡板 3—法兰缸盖 4—活塞杆密封系统 5—套
6—缸体 7—限位套 8—活塞杆 9—测压接头 10—油口

寸、形状相同，缸径轴线同轴，只是相对油口 10 对称布置，因此，此种液压缸又可称为对中液压缸或双顶液压缸，且符合作者试给出的"组合式液压缸"的定义，也是一种组合式液压缸。

当通过油口 10 向左右两缸联通容腔输入液压油液后，两活塞杆相对油口 10 各自左、右伸出，其缸进程终点位置相对油口左右对称。缸回程靠外力作用压回。

该液压缸除顶头 1 外，其他自制金属机械加工件皆为 45 钢制造。

该液压缸的活塞杆密封系统 4 为 6 道支承环+2 道同轴密封件+防尘密封圈；静密封为 O 形圈+挡圈密封。

为了提供密封性能，2 道同轴密封件应选择不同型式。

该液压缸还具有如下特点：

1) 两顶头左右对称度可通过限位套调整和控制。

2) 液压缸对安装机体作用力小。

3) 活塞杆导向、支承能力强。

4) 顶头为合金钢制成，且经热处理（含表面处理）有较高的（表面）硬度。

5) 进油腔设有测压接头，可以检测压力和排（放）气。

6) 设有 4 个吊环螺钉螺纹孔。

5. 石油机械用液压缸

石油机械用液压缸如图 4-42 所示。

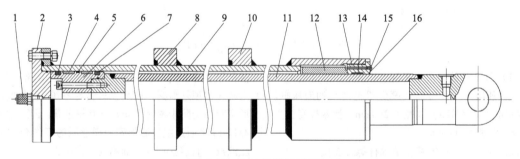

图 4-42 石油机械用液压缸

1—测压接头 2—法兰缸底 3—唇形密封圈 I 4—活塞对开金属支承环（两瓣一组，共 2 组）
5—O 形圈 6—活塞 7—唇形密封圈 II 8—安装台 I 9—缸体 10—安装台 II 11—活塞杆
12—活塞杆金属支承环 13—缸盖 14—支承环 15—消声器 16—防尘密封圈

（1）基本参数与使用工况

该液压缸是一种石油机械上使用的液压缸。其公称压力为 16MPa，缸径为 110mm，活塞杆直径为 100mm，行程为 8200mm。

该液压缸为活塞式单作用（使用）液压缸，且要求限定缸进程行程，不允许活塞与导向套接触。缸回程靠外力作用回程。

该液压缸活塞杆端单耳环安装，且杆端配油，安装台连接。

（2）结构、工艺特点

如图 4-42 所示，缸体 9 为焊接结构。活塞 6 和活塞杆金属支承环 12 为球墨铸铁，活塞对开金属支承环 4 为锡青铜。

其活塞密封（系统）为唇形密封圈 I 3+挡圈+活

塞对开金属支承环 4 (一组) +挡圈+O 形圈 5+挡圈+活塞金属支承环 4 (另一组) +挡圈+唇形密封圈Ⅱ7；活塞杆密封 (系统) 为活塞杆金属支承环 12+支承环 14+防尘密封圈 16；静密封为 O 形圈密封。

该液压缸的活塞密封及其设计较为特殊，一般活塞式单作用液压缸不采用唇形密封圈背靠背安装进行双向密封，也不采用 O 形圈用于往复运动密封。其活塞杆密封 (系统) 只有防尘、导向和支承作用，而没有密封有杆腔工作介质的作用。

该液压缸的另一特点是活塞杆端配油。活塞杆为内空心焊接结构，油口开设在活塞杆端单耳环上，液压油液通过中孔作用在活塞及中孔端面，使活塞杆做缸进程运动。

缸进程时，有杆腔空气通过消声器 15 排出；缸回程时，有杆腔空气通过消声器 15 吸入。

可考虑选用冷拔高频焊管作为缸体 9 毛坯一部，因为现在冷拔高频焊管用作中高压以下缸筒技术已经很成熟，尤其是用作超长缸筒更有优势，优点之一就是可以降低成本。球墨铸铁材料的活塞杆金属支承环 12 内孔可采用滚压孔作为光整加工工艺；锡青铜材料的活塞对开金属支承环 4 也可采用滚压外圆作为光整加工工艺，整体滚压后再剖分为两半。

4.9.7　带位 (置) 移传感器的液压缸图样

1. 带接近开关的拉杆式液压缸

带接近开关的拉杆式液压缸如图 4-43 所示。

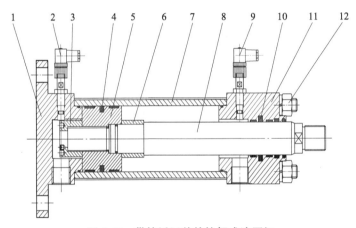

图 4-43　带接近开关的拉杆式液压缸

1—缸底　2—接近开关Ⅰ　3—螺纹缓冲套　4—活塞密封 (系统)　5—活塞　6—缓冲套
7—缸筒　8—活塞杆　9—接近开关Ⅱ　10—活塞杆密封系统　11—缸头　12—拉杆组件

(1) 基本参数与使用工况

该液压缸是一种带接近开关的拉杆式液压缸。其公称压力为 6.3MPa，缸径为 80mm，活塞杆直径为 40mm，行程为 150mm。

该液压缸后端矩形法兰安装，活塞杆外螺纹连接。

(2) 结构特点

如图 4-43 所示，除缸筒 7 为 20 钢制造外，其他自制金属机械加工零件皆为 45 钢制造。

其活塞密封 (系统) 4 为支承环+同轴密封件+支承环；活塞杆密封系统 10 为支承环+同轴密封件+支承环+唇形密封圈+防尘密封圈；静密封皆为 O 形圈密封。

缸行程两端皆设置了固定式缓冲装置。当缸进程到达缓冲套 6 进入缸头 11 缓冲腔时，或当缸回程到达螺纹缓冲套 3 进入缸底 1 缓冲腔时，活塞和活塞杆及其连接的被驱动件开始减速，期望当活塞 5 与缸头 11 或缸底 1 接触时其速度已降为 "零"，但这种不可调节的缓冲装置一般达不到，只能尽量避免零部件间过度碰撞或可达到当行程到达终点时无金属撞击声。

该液压缸在两缓冲腔还各设置了接近开关Ⅰ和Ⅱ，当活塞 5 接近或接触缸底 1 或缸头 11 时，接近开关可以发讯，用于检 (监) 测或控制活塞和活塞杆的行程位置，但一般位置检测及控制精度不高。

2. 带位移传感器的重型液压缸

带位移传感器的重型液压缸如图 4-44 所示。

(1) 基本参数与使用工况

该液压缸是一种设备上的重型液压缸。其公称压力为 25MPa，缸径为 420mm，活塞杆直径为 330mm，行程为 900mm。

该液压缸中部圆法兰安装，活塞杆单耳环连接。

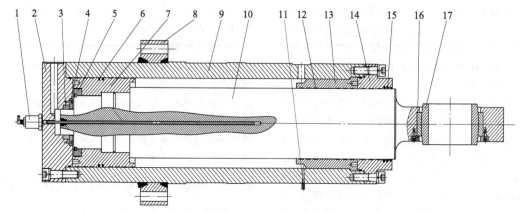

图 4-44　带位移传感器的重型液压缸

1—磁致伸缩位移传感器　2—缸底　3—缓冲腔套　4—固定挡圈　5—圆螺母　6—活塞密封系统
7—活塞　8—中部圆法兰　9—缸筒　10—活塞杆　11—测压接头（2 件）　12—活塞杆支承环（6 件）
13—导向套　14—缸盖　15—活塞杆密封系统　16—轴承挡圈　17—自润滑关节轴承

（2）结构特点

如图 4-44 所示，所有自制金属机械加工零件皆为 45 钢制造。其缸底 2 和缸盖 14 与缸筒 9 螺钉连接、紧固；尽管缸盖 14 上设置的活塞杆密封系统 15 包括了一般液压缸所需的功能（件），但为了加强对活塞 7 和活塞杆 10 的支承和导向，又增加了导向套 13。所以严格地讲，此液压缸的活塞杆密封系统应包括导向套 13 上活塞杆支承环（6 件）+缸盖 14 上支承环（2 件）+同轴密封件（2 件）+防尘密封圈。

该液压缸活塞 7 与活塞杆 10 螺纹连接，圆螺母 5 锁紧，紧固螺钉紧固防松，且圆螺母 5 沉入活塞 7 端面内，可避免圆螺母 5 碰撞缸底 2 上。

该液压缸的活塞密封系统 6 为支承环（3 件）+同轴密封件（2 件）+支承环（3 件）。

此液压缸的活塞和活塞杆密封系统都采用"冗余设计"。

该液压缸的固定式缓冲装置设计有一定特点，如一般液压缸采用缓冲柱塞或缓冲套进入缓冲腔，而此液压缸在缸进程缓冲装置中采用了相反结构；一般液压缸此种固定式缓冲装置一旦制造完毕，其缓冲性能就再很难调整和改变，但此液压缸在缓冲腔处设计了缓冲腔套 3，并通过固定挡圈 4 固定，由于缓冲腔套 3 结构简单，加工、测量相对方便、准确，所以试验或使用时可根据实际情况修改或更换，因此，此液压缸缸回程的缓冲性能就可以在一定范围内适当调整；另外，在缸回程缓冲装置中还设置了单向阀（图中未示出），其作用前文已有说明。

该液压缸结构还有其他一些特点，如该液压缸设计、安装了磁致伸缩位移传感器；在单耳环内安装了自润滑关节轴承 17，并采用轴承挡圈 16 固定，可以在不便于添加润滑剂或要避免润滑污物污染环境的场合使用；油口皆为法兰油口，且无杆腔为双油口（图中未示出）；两腔皆有测压接头等。

图样设计的设计行程为 930mm。

3. 带位移传感器的双出杆缸

带位移传感器的双出杆缸如图 4-45 所示。

（1）基本参数与使用工况

该液压缸是一种带位移传感器的双出杆拉杆式液压缸。其公称压力为 16MPa，缸径为 140mm，活塞杆直径为 80mm，行程为 160mm。

该液压缸后端耳轴安装，活塞杆单耳环连接。

（2）结构特点

如图 4-45 所示，除导向套 3、缸筒 13 和传感器安装组件 2 外，其他自制金属机械加工零件皆为 45 钢制造。其活塞 11 采用双向密封橡胶密封圈 10，因此密封圈组合中有支承环，所以一般不需要再在活塞上再另外加装支承环；因为是双出杆缸，其活塞杆从缸体两端（侧）伸出，所以有左出活塞杆密封系统 5 和右出活塞杆密封系统 16，两活塞杆密封系统 5 和 16 皆为同轴密封件+唇形密封圈+防尘密封圈；静密封为 O 形圈+挡圈密封，活塞杆 12 上还设计、安装了防尘罩 17。

该液压缸还有如下特点：

1）活塞杆直径相同的双出杆液压缸可以获得一致的缸进程、缸回程速度。

2）缸左出杆用于安装和内置了磁致伸缩位移传感器 1 的磁环和测杆（波导管）。

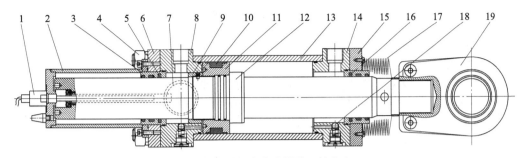

图 4-45　带位移传感器的双出杆缸

1—磁致伸缩位移传感器　2—传感器安装组件（含消声器）　3—导向套（左右各 1 件）　4—拉杆组件
5—左出活塞杆密封系统　6—左端盖　7—后端耳轴　8—左缸盖　9—螺纹缓冲套　10—双向密封橡胶密封圈
11—活塞　12—活塞杆　13—缸筒　14—右缸盖　15—右端盖　16—右出活塞杆密封系统
17—防尘罩　18—单向阀（2 件）　19—单耳环（内螺纹带关节轴承）

3）缸行程两端皆设置有带单向阀 18（2 件）的固定式缓冲装置。

4）传感器安装组件 2 包括消声器等用于安装磁致伸缩位移传感器 1 既能防污染，又安全、可靠，且不受工作压力变化影响。

5）采用拉杆组件 4 和单耳环（内螺纹带关节轴承）19 等设计，此液压缸拆、装容易。

图样设计的设计行程为 170mm。

4. 带位移传感器的串联缸

带位移传感器的串联缸如图 4-46 所示。

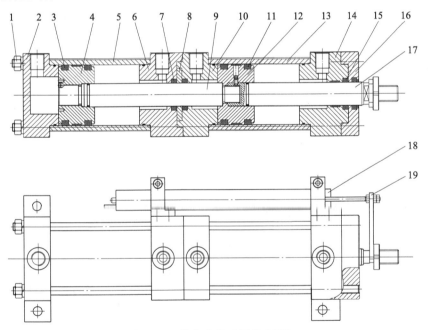

图 4-46　带位移传感器的串联缸

1—拉杆组件　2—后端盖　3—活塞 I 密封（系统）　4—活塞 I　5—缸筒 I　6—中隔盖 I　7—活塞杆 I 密封
（系统）　8—边墙板　9—活塞杆 I　10—中隔盖 II　11—活塞 II 密封（系统）　12—活塞 II
13—缸筒 II　14—前端盖　15—活塞杆 II 密封系统　16—前压盖　17—活塞杆 II
18—直流变压器式位移传感器　19—传感器安装组件

（1）基本参数与使用工况

该液压缸是一种带传感器的拉杆式液压缸。其公称压力为 16MPa，缸径为 60mm（非标），活塞杆直径为 25mm，行程为 45mm。

该液压缸为前、后端部侧脚架安装，活塞杆外螺纹连接。

该液压缸使用航空煤油作为工作介质。

（2）结构特点

如图 4-46 所示，串联缸是一种在同一活塞杆上有两个活塞在同一个缸的分隔腔室内运动的缸，其同一活塞杆由活塞杆Ⅰ9 和活塞杆Ⅱ17 螺纹连接组成，其分隔腔室由中隔盖Ⅰ6、活塞杆Ⅰ密封（系统）7、边墙板 8、活塞杆Ⅰ9 和中隔盖Ⅱ10 等分隔，活塞Ⅰ4 在缸筒Ⅰ5、活塞Ⅱ12 在缸筒Ⅱ13 内这两个分隔腔室内运动。

此液压缸的后端盖 2、活塞杆Ⅰ密封（系统）7、活塞Ⅰ4、缸筒Ⅰ5、中隔盖Ⅰ6、活塞杆Ⅰ密封（系统）7、边墙板 8 和活塞杆Ⅰ9 等组成差动缸；活塞杆Ⅰ密封（系统）7、边墙板 8、活塞杆Ⅰ9、中隔盖Ⅱ10、活塞Ⅱ密封（系统）11、活塞Ⅱ12、缸筒Ⅱ13、前端盖 14、活塞杆Ⅱ密封系统 15 和活塞杆Ⅱ17 等组成双出杆缸。差动缸和双出杆缸可以分别控制也可组合控制，此串联缸可有等速或差速往、复运动，甚至还可有倍增以上的输出力。

其活塞Ⅰ4 和活塞Ⅱ12 密封皆为唇形密封圈，活塞Ⅰ密封（系统）3 和活塞Ⅱ密封（系统）11 中唇形密封圈皆为背靠背安装，且各夹装 1 件支承环；活塞杆Ⅰ9 密封为唇形密封圈，活塞杆Ⅰ密封（系统）7 中唇形密封圈为背靠背安装；活塞杆Ⅱ密封系统 15 为支承环+唇形密封圈+防尘密封圈；所有静密封为 O 形圈密封。

所有密封件所用密封材料应能与航空煤油相容；除活塞Ⅰ和Ⅱ为碳钢制造外，其他自制金属机械加工零件皆为不锈钢制造，包括传感器安装组件 19 中的自制金属件。

该液压缸外置安装了直流变压器式位移传感器 18，用于安装此位移传感器的传感器安装组件 19 中的标准件皆进行了表面涂覆。

该液压缸还设置了测压油口，可用于测压和排（放）气，但图中未示出。

该液压缸四个油口皆为螺纹油口，其所采用的管接头也为不锈钢材料制成。

4.9.8 带缓冲装置的液压缸图样

1. 两端带缓冲装置的拉杆式液压缸

两端带缓冲装置的拉杆式液压缸如图 4-47 所示。

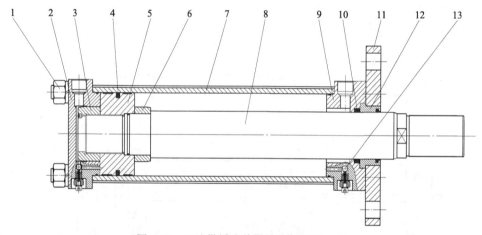

图 4-47　两端带缓冲装置的拉杆式液压缸

1—拉杆组件　2—后缸盖　3—螺纹缓冲套　4—活塞密封（系统）　5—活塞　6—缓冲套　7—缸筒　8—活塞杆
9—前端盖　10—活塞杆密封（系统）　11—安装法兰　12—金属导向套　13—单向阀（2 套）

（1）基本参数与使用工况

该液压缸是缸行程两端带缓冲装置的拉杆式液压缸。其公称压力为 14MPa，缸径为 160mm，活塞杆直径为 90mm，行程为 400mm。

该液压缸矩形前盖式安装，活塞杆外螺纹连接。

（2）结构特点

如图 4-47 所示，除缸筒 7 和金属导向套 12 外，其他自制金属机械加工件为 45 钢制造。其活塞密封（系统）4 为支承环+同轴密封件+支承环；活塞杆密封（系统）10 为唇形密封圈+金属导向套 12+防尘密封圈；静密封为 O 形圈密封。

该液压缸有如下特点：

1）金属导向套 12 采用球墨铸铁，直接用于活塞杆的导向和支承。

2）缸行程两端设有固定式缓冲装置，其组成中各含有外置（外部可拆卸）单向阀 13，可避免缸起

动时可能产生的诸多问题。

3）螺纹缓冲套 3 孔与活塞杆 8 间有止口与导向台肩配合，可保证螺纹缓冲套外圆与缓冲腔孔同轴度公差。

尽管缓冲是运动件（如活塞）趋近其运动终点时借以减速的手段，但还应兼顾液压缸起动性能，不可使液压缸（最低）起动压力超过相关标准的规定，且应避免活塞在起动或离开缓冲区时出现迟动或窜动（异动）、异响等异常情况，其中以设计、安装进油单向阀（油口进油时，回油时止）为常见手段之一。

2. 两端带缓冲装置的液压缸

两端带缓冲装置的液压缸如图 4-48 所示。

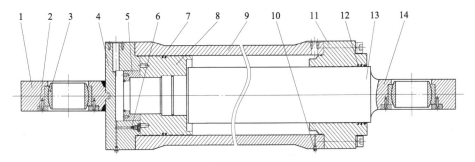

图 4-48　两端带缓冲装置的液压缸

1—后端单耳环　2—轴承压盖（2 件）　3—关节轴承（2 套）　4—缸底　5—螺纹缓冲套
6—单向阀　7—活塞密封系统　8—活塞　9—缸筒　10—螺塞　11—缸头　12—活塞杆密封系统
13—活塞杆　14—活塞杆单耳环（与活塞杆为一体结构）

（1）基本参数与使用工况

该液压缸是一种缸行程两端带缓冲装置的液压缸。其公称压力为 25MPa，缸径为 400mm，活塞杆直径为 280mm，行程为 1 560mm。

该液压缸单耳环安装，活塞杆单耳环连接。

（2）结构特点

如图 4-48 所示，该液压缸所有自制金属机械加工件包括缸筒 9 皆为 45 钢制造。缸底 4 和缸头 11 与缸筒 9 螺钉连接（缸底 4 与缸筒 9 螺钉连接在图中未示出）；活塞 8 与活塞杆 13 螺纹连接，螺纹缓冲套 5 紧固；后端单耳环 1 与缸底 4 采用焊接结构。其活塞密封系统 7 为支承环（3 道）+同轴密封件+同轴密封件+支承环（3 道）；活塞杆密封系统 12 为支承环（7 道）+同轴密封件+同轴密封件+防尘密封圈；静密封皆为 O 形圈+挡圈密封。

该液压缸有如下特点：

1）活塞密封系统 7 和活塞杆密封系统 12 皆采用了"冗余设计"。

2）缸行程两端设有固定式缓冲装置，其缸回程缓冲装置组成中含有内置（内部可拆卸）单向阀 6，可避免缸由缸底端起动时可能产生的诸多问题。

3）缸进程缓冲腔设置在活塞上，结构更为简单。

4）螺纹缓冲套 5 孔与活塞杆 13 间有止口和导向台肩配合，可保证螺纹缓冲套外圆与缓冲腔孔同轴度公差。

5）两腔皆设置了排（放）气螺塞。

6）两油口皆为法兰连接，安全、可靠。

4.9.9　高压开关操动机构用液压缸图样

高压开关操动机构用液压缸如图 4-49 所示。

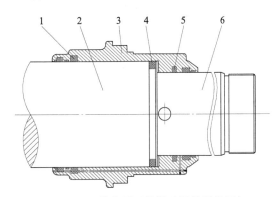

图 4-49　一种高压开关操动机构用液压缸

1—活塞杆Ⅰ（活塞）密封系统　2—活塞杆Ⅰ
（活塞）　3—缸体　4—活塞密封
5—活塞杆Ⅱ密封系统　6—活塞杆Ⅱ
（与活塞为一体结构）

（1）基本参数与使用工况

该液压缸是一种高压开关操动机构碟形弹簧储能用液压缸，工作介质一般为航空液压油，其公称压力为 40MPa，活塞杆Ⅰ（活塞）直径为 140mm，活塞

杆Ⅱ直径为110mm，行程为85mm。

液压缸带定位凸台，通过对开式卡键定位、安装，活塞杆Ⅱ螺纹连接。

（2）结构、工艺特点

如图4-49所示，该液压缸缸体3和活塞杆Ⅰ、Ⅱ皆为合金钢制造，其活塞杆Ⅰ、活塞杆Ⅱ及活塞（图示中未给出单独序号）为一体结构，且活塞直径与活塞杆Ⅰ外径相等。

其活塞杆Ⅰ密封系统为唇形密封圈+支承环+防尘密封圈；活塞杆Ⅱ密封系统为同轴密封件+唇形密封圈+支承环；活塞密封为同轴密封件。为避免液压缸的外泄漏及能为唇形密封圈提供可靠的润滑油膜，在活塞密封与活塞杆Ⅰ密封系统间及活塞杆Ⅱ同轴密封件与唇形密封件间开有泄漏通道并相互贯通。

液压缸由活塞杆配油，且处于常加压状态。

该液压缸缸体毛坯为锻件，其材料利用率偏低，宜采用模锻，但一次性投入较大，因批量较大，有进一步研究的必要。

另外，介绍一下该液压缸缸体的一个特殊加工工艺：因该液压缸批量较大，为了能达到同一制造厂生产的型号相同的液压缸的缸体（筒），必须具有互换性的要求，尽管缸体与活塞杆没有直接接触，但缸体与活塞杆外圆偶合的内孔仍采用了滚压孔为其光整加工工艺。

4.9.10　汽车及其他车辆用液压缸图样

1. 汽车钳盘式液压制动器上的液压缸

汽车钳盘式液压制动器上的液压缸如图4-50所示。

（1）基本参数与使用工况

汽车钳盘式制动器上的分泵是一种柱塞式液压缸，其公称压力为16MPa（最高工作压力≤8MPa），缸内径（活塞直径）为66mm，行程为20mm。

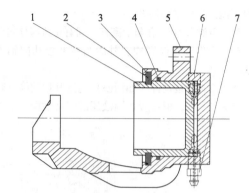

图4-50　一种汽车钳盘式液压制动器上的液压缸
1—活塞　2—活塞套　3—开口环
4—活塞密封件　5—制动分泵体
6—油口螺纹孔　7—放气塞

汽车钳盘式制动器以机动车辆制动液为工作介质。

（2）结构特点

如图4-50所示，该液压缸的制动分泵体5为球墨铸铁、活塞1为锻钢或铸钢制造。其活塞密封件4为矩形圈。

该液压缸动作频繁，有时行程很短，且是汽车上的保安件，要求安全、可靠，因此具有如下一些特点：

1）活塞套2（防护罩）安装结构特殊，能有效保护活塞1。

2）使用矩形圈密封活塞，兼顾了动、静密封要求，而且安全、可靠。

3）制动管路密封型式特殊，其油口螺纹孔6内预装配了扩口式管接头密封垫。

4）其放气塞7不同于一般液压缸的排气阀。

2. 汽车用支承液压缸

汽车用支承液压缸如图4-51所示。

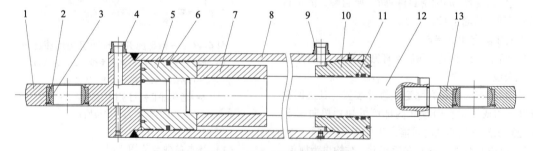

图4-51　一种汽车用支承液压缸
1—带单耳环缸底　2—向心关节轴承　3—孔用弹性挡圈　4—无杆腔油口
5—活塞　6—活塞密封（系统）　7—中隔圈　8—缸筒　9—有杆腔油口
10—缸盖　11—活塞杆密封系统　12—活塞杆　13—单耳环

（1）基本参数与使用工况

该液压缸是一种汽车用支承液压缸。其公称压力为 16MPa，缸径为 160mm，活塞杆直径为 90mm，行程为 900mm。

该液压缸缸底单耳环安装，活塞杆端单耳环连接。

该液压缸以抗磨液压油为工作介质，最高工作温度为 120℃。

（2）结构特点

如图 4-51 所示，除带单耳环缸底 1 和缸筒 8 外，其他自制金属机械加工件为 45 钢制造。其活塞密封（系统）6 为支承环+支承环+同轴密封件+支承环+支承环；活塞杆密封系统 11 为支承环（3 道）+同轴密封件+唇形密封圈+防尘密封圈；所有静密封为 O 形圈+挡圈密封。

因该液压缸用于支承，所以活塞密封（系统）6

和活塞杆密封系统 11 尽量加大（长）了导向和支承长度，同时还设计了中隔圈 7，进一步增加了支承长度。

因该液压缸最高温度可到 120℃，所以密封材料选用氟橡胶和聚四氟乙烯。

该液压缸两腔油口 4 和 9 为焊接式锥密封管接头，此种接头可在公称压力 31.5MPa 下使用，且能自动对准中心，密封更可靠、抗振能力更强。

采用孔用弹性挡圈 3 固定向心关节轴承 2 是一种常见的轴承固定方法。

因一般往复运动橡胶密封圈材料（浇注型聚氨酯橡胶材料）的工作温度范围为 -40~80℃，所以在超过其工作温度范围的装配、试验（如高温试验）、使用时必须十分小心。

3. 汽车用转向液压缸

汽车用转向液压缸如图 4-52 所示。

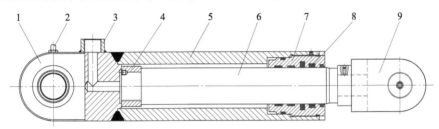

图 4-52　一种汽车用转向液压缸

1—带单耳环缸底　2—油杯（2 件）　3—油口　4—限位螺纹套　5—缸筒
6—活塞杆　7—缸盖　8—活塞杆密封系统　9—双耳环

（1）基本参数与使用工况

该液压缸是一种汽车上使用的单作用转向液压缸。其公称压力为 20MPa，活塞杆直径为 55mm（非标），行程为 160mm。

该液压缸缸底单耳环安装，活塞杆端双耳环连接。

（2）结构特点

如图 4-52 所示，该液压缸所有金属机械加工件皆为 45 刚制造。其活塞杆密封系统 8 为支承环+支承环+同轴密封件+唇形密封圈+防尘密封圈；静密封为 O 形圈+挡圈密封。

该液压缸是一种单作用液压缸，但通过设有的限位螺纹套 4 限定了活塞杆的行程，此限位螺纹套 4 是缸行程的实际限位器，可避免活塞杆射出。

因汽车用液压缸动作频繁，所以在安装、连接处都设置了润滑装置，可通过油杯 2（2 件）润滑各轴销，其中双耳环端油杯安装在轴销端部。

各螺纹连接处皆有紧固螺钉防松设计。

设置在活塞杆上的柱塞缸行程限位器，不管是分体式，还是一体式都不具有密封功能。在 JB/T 4174—2014《液压机　名词术语》中"活塞头"这种说法，本手册作者不同意该标准中使用"活塞头"定义活塞，但作者认为以"活塞头"命名上述活塞杆头结构较为贴切。本手册中的"活塞头"的一般含义即为上述所述。

4. 带液压锁的支腿液压缸

带液压锁的支腿液压缸如图 4-53 所示。

（1）基本参数与使用工况

该液压缸是一种车辆上使用的带液压缸锁（液控单向阀）的支腿液压缸。其公称压力为 20MPa，缸内径为 40mm，活塞杆直径为 28mm，行程为 80mm。

该液压缸支架安装，活塞杆端球头连接。

该液压缸以航空液压油为工作介质。

（2）结构特点

如图 4-53 所示，除活塞杆 4 为合金钢制造外，

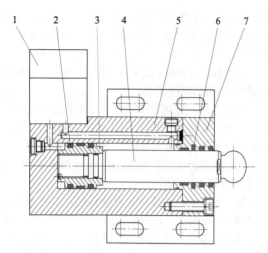

图 4-53 一种车辆用带液压锁的支腿液压缸
1—油路块（含叠加阀） 2—活塞密封（系统）
3—活塞 4—活塞杆 5—缸体
6—活塞杆密封系统 7—缸盖

其他机械加工零件为 45 钢制造。其活塞密封（系统）2 为唇形密封圈+支承环+唇形密封圈；活塞杆密封系统 6 为支承环+同轴密封件+唇形密封圈+防尘密封圈；静密封为 O 形圈+挡圈密封。

该液压缸安装了油路块 1，油路块 1 上叠加了液压锁，用于外部连接的两油口也设置在油路块上。缸体 5 上设置有两个测压油口，用于两腔压力检测及排（放）气。

制在活塞杆 4 端的球头用于连接地脚板。

10 号航空液压油（SH 0358—1995）经常用作可能在低温下工作的液压系统及液压缸〔如除雪车（机）上液压缸等〕的工作介质，但其在低温下的运动黏度也很大。

该标准规定的 10 号航空液压油在-50℃下的运动黏度不大于 1250mm²/s。

4.9.11 伸缩液压缸图样

1. 带支承阀的二级伸缩缸

带支承阀的二级伸缩缸如图 4-54 所示。

该液压缸为一种带支承（撑）阀的二级伸缩缸。其公称压力为 25MPa，一级缸内径为 320mm，一级活塞杆直径为 290mm，一级缸行程为 900mm；二级缸内径为 230mm，二级活塞杆直径为 180mm，二级缸行程为 3000mm。

该伸缩缸缸底单耳环安装，二级活塞杆单耳环连接。

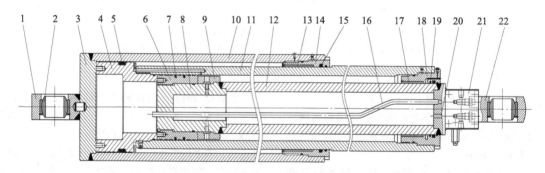

图 4-54 一种带支承阀的二级伸缩缸
1—缸底单耳环 2—向心关节轴承 3—缸底 4——级活塞 5——级活塞密封（系统） 6—二级活塞
7—二级活塞密封 8—二级活塞杆端堵 9—二级缸中隔圈 10—缸筒 11——级活塞杆
12—二级活塞杆 13——级活塞杆金属支承环 14——级缸盖 15——级活塞杆密封（系统）
16—无缝钢管 17—二级活塞杆金属支承环 18—二级缸盖 19—二级活塞杆密封（系统）
20—有杆腔油道 21—油路块 22—二级活塞杆单耳环

2. 结构特点

伸缩缸是靠空心活塞杆一个在另一个内部滑动来实现两级或多级外伸（或内缩）的缸。

如图 4-54 所示，除一、二级活塞杆金属支承环 13、17 和无缝钢管 16 外，其他自制金属机械加工件皆为 45 钢制造。

其一级活塞密封（系统）5 为支承环（3 道）+

双向密封橡胶密封圈+支承环，一级活塞杆密封（系统）15 为一级活塞杆金属支承环 13+唇形密封圈+防尘圈；其二级活塞密封 7 为支承环（3 道）+同轴密封件+支承环+同轴密封件+支承环（2 道），二级活塞杆密封（系统）19 为二级活塞杆金属支承环 17+同轴密封件+唇形密封圈+防尘密封圈；所有静密封为 O 形圈+挡圈密封。

该液压缸有如下特点：

1）其二级活塞杆 12 为空心，并通过它为有杆腔配油。

2）活塞杆端配油，并通过油路块 21 与外部管路连接。

3）油路块上插装了（带）支承阀（组）。

4）两腔都设有测压油口（有杆腔测压油口图中未示出）。

5）两活塞密封不同，一级活塞密封采用了双向密封橡胶密封圈。

6）两活塞杆分别采用了金属支承环 13 和 17，其支承和导向作用更强。

7）通过加装二级缸中隔圈 9，增加了液压缸的支承长度。

8）还有一些结构细节，如缸底单耳环 1 与缸底间采用圆柱销定位等值得参考、借鉴。

在 7.2.1 节多级液压缸的选用方法中将活塞杆直径最小的称为首级（或称为一级），其与上述各级排序正好相反。

3. 一种四级伸缩缸

一种四级伸缩缸如图 4-55 所示。

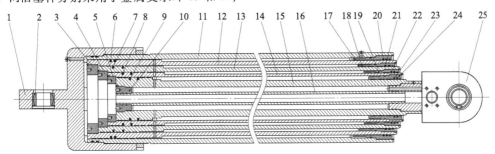

图 4-55 一种四级伸缩缸

1—带单耳环缸底 2—向心关节轴承 3—一级活塞杆挡圈 4—二级活塞杆挡圈 5—三级活塞杆挡圈 6—一级活塞密封系统 7—二级活塞密封系统 8—三级活塞密封系统 9—四级活塞密封系统 10—四级活塞杆端堵 11—缸筒 12—一级活塞杆（与一级活塞为一体结构） 13—二级活塞杆（与二级活塞为一体结构） 14—三级活塞杆（与三级活塞为一体结构） 15—四级活塞杆（与四级活塞为一体结构） 16—无缝钢管 17—一级缸缸盖 18—二级缸缸盖 19—三级缸缸盖 20—一级缸活塞杆密封系统 21—二级缸活塞杆密封系统 22—三级缸活塞杆密封系统 23—四级缸活塞杆密封系统 24—四级缸缸盖 25—活塞杆单耳环

（1）基本参数与使用工况

该液压缸是一种四级伸缩缸。其公称压力为 20MPa，一级缸内径为 310mm，一级活塞杆直径为 290mm，一级缸行程为 1770mm；二级缸内径为 270mm，二级活塞杆直径为 240mm，二级缸行程为 1788mm；三级缸内径为 210mm，三级活塞杆直径为 190，三级缸行程为 1804mm；四级缸内径为 170mm，四级活塞杆直径为 140mm，四级缸行程为 1838mm。

缸底单耳环安装，四级活塞杆单耳环连接。

（2）结构特点

如图 4-55 所示，缸筒 11 和各级活塞杆 12、13、14、15 及各级缸缸盖 17、18、19 等为合金钢制造，其他自制机械加工件如带单耳环缸底 1、各级活塞杆挡圈 3、4、5 和四级活塞杆端堵 10 等为 45 钢制造。

该液压缸缸筒 11 与带单耳环缸底 1 和一级缸缸盖 17 螺纹连接，其中与带单耳环缸底 1 内螺纹连接的缸筒 11 此端为外螺纹，且由圆螺母锁紧、防松；各级活塞杆与挡圈、端堵和缸盖及活塞杆单耳环 25 等也为螺纹连接，紧定螺钉防松。

该液压缸各级活塞密封系统 6、7、8、9 皆为多道支承环+2 道同轴密封件；各级活塞杆密封系统 20、21、22、23 皆为多道支承环+2 道同轴密封件+滑环式防尘圈；静密封皆为 U 形圈+挡圈密封。

两法兰油口设置在活塞杆单耳环 25 上，无杆腔通过无缝钢管 16 与其一法兰油口连接，无缝钢管 16 两端与四级活塞杆端堵 10、活塞杆单耳环 25 由 O 形圈+挡圈密封。

无杆腔和一级缸有杆腔皆设有测压油口，可用于检（监）测压力和排（放）气。

图示为非实际安装型式。

4.9.12 伺服液压缸图样

1. 一种 1000kN 公称拉力的伺服液压缸

一种 1000kN 公称拉力的伺服液压缸如图 4-56 所示。

（1）基本参数与使用工况

该液压缸是一种带柱式测力传感器的公称拉力为 1000kN 的伺服液压缸。其公称压力为 28MPa，缸径为 280mm，活塞杆直径为 160mm，行程为 300mm。

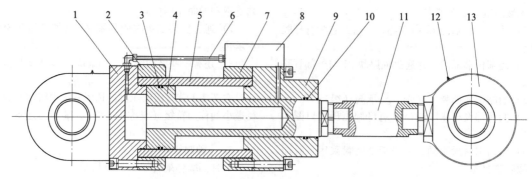

图 4-56   一种 1000kN 公称拉力的伺服液压缸

1—带单耳环缸底   2—螺纹法兰Ⅰ   3—活塞密封系统   4—活塞杆（与活塞一体结构）   5—缸筒
6—无缝钢管   7—螺纹法兰Ⅱ   8—油路块   9—缸头   10—活塞杆密封系统   11—柱式
测力传感器   12—油杯（2 件）   13—活塞杆单耳环

该液压缸缸底单耳环安装，活塞杆单耳环连接。

该液压缸主要使用其拉力。

（2）结构特点

如图 4-56 所示，该液压缸的主要零件采用合金结构钢制造，如缸筒 5 采用 42CrMo、活塞杆 4 采用 30CrMoSiA 等。

其活塞密封系统 3 为支承环+支承环+同轴密封件+同轴密封件+支承环+支承环；活塞杆密封系统 10 为支承环（3 道）+同轴密封件+同轴密封件+防尘密封圈；静密封皆采用 O 形圈+挡圈密封，且所有密封（系统）皆采用"冗余设计"。

该液压缸有如下特点：

1）活塞密封系统 3 和活塞杆密封系统 10 的密封圈皆采用了同轴密封件，（最小）起动压力小，动态特性好。

2）空心活塞杆 4 有利于提高缸回程的动态特性。

3）油路块 8 上可安装阀（包括伺服阀），并可使液压管路在一端安装。

4）活塞杆上安装了柱式测力传感器 11，可用于检（监）测、计量以及控制输出力等。

5）进一步可安装外置式位移传感器。

注：内空心活塞杆增加了湿容腔体积，一般液压缸不宜采用。

2. 一种 2000kN 缸输出力的双出杆伺服液压缸

一种 2000kN 缸输出力的双出杆伺服液压缸如图 4-57 所示。

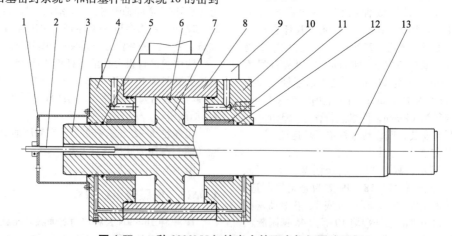

图 4-57   一种 2000kN 缸输出力的双出杆伺服液压缸

1—传感器安装组件   2—位移传感器   3—左活塞杆   4—左缸盖
5—左活塞杆密封（系统）   6—活塞密封（系统）   7—活塞   8—缸筒
9—油路块   10—右端盖   11—金属支承环（2 件）   12—右活塞杆密封（系统）
13—右活塞杆（左、右活塞杆及活塞为一体结构）

（1）基本参数与使用工况

该液压缸是一种带位移传感器的公称（出或拉）力为 2000kN 的伺服液压缸。其公称压力为 20MPa，缸径为 420mm，活塞杆直径为 200mm，行程为 160mm。

该液压缸为前圆法兰（右活塞杆端）安装，活塞杆外螺纹连接。

（2）结构特点

如图 4-57 所示，除传感器安装组件 1 和金属支承环 11 外，其他自制金属机械加工件皆为 45 钢制造。其活塞 7 和左、右活塞杆密封（包括防尘密封圈）皆为同轴密封件，活塞杆支承环采用了金属支承环 11（2 件）；静密封为 O 形圈密封。

该液压缸有如下特点：

1）活塞密封（系统）6 和左、右活塞杆密封（系统）5、12 的密封圈皆采用了同轴密封件，（最

小）起动压力小，动态特性好。

2）往复运动速度、推拉力可一致或相同。

3）采用比塑料支承环厚且长的锡青铜金属支承环 11，其导向、支承作用更强。

4）左、右活塞杆密封（系统）都开设了泄油通道。

5）油路块 9 上可安装阀（可包括伺服），并可使液压管路集中安装。

6）液压缸上安装了位移传感器 2，可用于检（监）测、计量以及控制等。

3. 带内置式位移传感器和拉压轮辐式测力传感器的等速伺服液压缸

一种带内置式位移传感器和拉压轮辐式测力传感器的等速伺服液压缸（内部供油活塞杆静压支承结构）如图 4-58 所示。

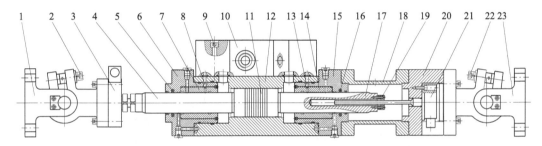

图 4-58　一种带内置式位移传感器和拉压轮辐式测力传感器的等速伺服液压缸
（内部供油活塞杆静压支承结构）

1—可调隙前耳环　2、22—调隙螺钉　3—拉压力传感器　4—左活塞杆　5—左活塞杆密封系统
6—左端盖组件　7—左静压支承结构件　8、13—固定小孔节流器　9—油路块安装螺钉　10—油路块
（伺服阀安装座）　11—活塞（与活塞杆一体结构）　12—缸筒　14—右静压支承结构件
15—右端盖组件　16—右活塞杆密封系统　17—右活塞杆　18—连接筒　19—定位磁块组件
20—传感器安装座　21—紧凑杆型位移传感器　23—可调隙后耳环
注：在图 4-58 中有一些零部件，包括集成于其上的电液伺服阀、液压蓄能器等没有示出。

（1）基本参数与使用工况

图 4-58 所示为该系列伺服液压缸中的一种，其缸径为 63mm，活塞杆直径为 45mm，最大缸行程为 75mm；额定压力为 21MPa，耐压试验压力为 28MPa；使用 46 抗磨液压油（NAS6 级）；两端耳环安装；集成在液压缸上的两台液压蓄能器（图中未示出）充气压力 P 口的为 9~10MPa，T 口的为 0.2MPa。

（2）结构特点

该系列等速伺服液压缸结构具有如下特点：

1）在 P、T 油口处各安装了液压蓄能器。

2）带有内置式位移传感器和拉压轮辐式测力传感器。

3）活塞采用间隙密封。

4）活塞杆采用静压支承结构。

5）带有可调隙前、后耳环，连接间隙可调。

6）具有低起动压力、高使用寿命，以及良好的动态特性。

图 4-58 所示系列伺服液压缸基本参数见表 4-215。

4. 带外置式位移传感器的等速伺服液压缸

一种带外置式位移传感器的等速伺服液压缸Ⅰ（外部供油活塞杆静压支承结构）如图 4-59 所示。

一种带外置式位移传感器的等速伺服液压缸Ⅱ（内部供油活塞杆动静压支承结构）如图 4-60 所示。

表 4-215　图 4-58 所示系列伺服液压缸基本参数

序号	额定压力 /MPa	缸内径 /mm	活塞杆直径 /mm	最大缸行程 /mm	缸结构型式	缸安装型式	其　　他
1	21	50	40	75	双杆缸	MP6	可调隙前后耳环
2	21	63	45	75 或 150	双杆缸	MP6	可调隙前后耳环
3	21	80	50	75 或 150	双杆缸	MP6	可调隙前后耳环
4	21	90	56	75 或 150	双杆缸	MP6	可调隙前后耳环
5	21	100	63	75 或 150	双杆缸	MP6	可调隙前后耳环

注：该系列伺服液压缸并未全部在表中列出。

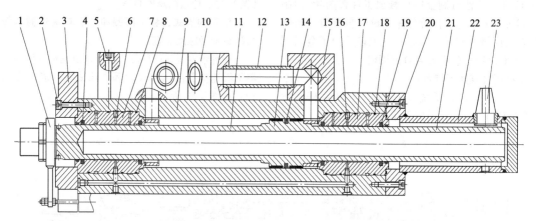

图 4-59　一种带外置式位移传感器的等速伺服液压缸 I（外部供油活塞杆静压支承结构）

1—直线位移传感器及组件　2—前法兰连接螺钉　3—前法兰　4—左活塞杆密封系统　5—油路块安装螺钉
6、16—固定小孔阻尼器　7—左静压支承结构件　8、18—静密封　9—缸体　10—油路块（伺服阀安装座）
11—左活塞杆　12—硬管　13—活塞（与活塞杆一体结构）　14—活塞密封　15—硬管直角接头
17—右静压支承结构件　19—右活塞杆密封系统　20—后端盖连接螺钉　21—右活塞杆
22—保护罩（与后端盖一体结构）　23—消声器

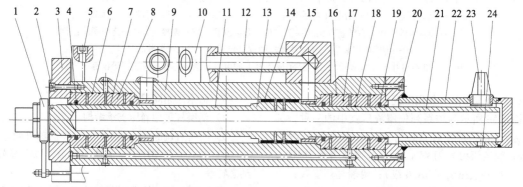

图 4-60　一种带外置式位移传感器的等速伺服液压缸 II（内部供油活塞杆动静压支承结构）

1—直线位移传感器及组件　2—前法兰连接螺钉　3—前法兰　4—左活塞杆密封系统　5—油路块安装螺钉
6、16—静密封　7—左锥形油腔　8—左动静压支承结构件　9—缸体　10—油路块（伺服阀安装座）
11—左活塞杆　12—硬管　13—活塞（与活塞杆一体结构）　14—动压支承及间隙密封　15—硬管直角接头
17—右动静压支承结构件　18—右锥形油腔　19—右活塞杆密封系统　20—后端盖连接螺钉　21—右活塞杆
22—保护罩（与后端盖一体结构）　23—消声器　24—泄漏油口

注：在图 4-59 和图 4-60 中未示出的有吊环螺钉、油口密封防尘堵、电液伺服阀、
油路块密封防尘盖板、连接螺纹防护套、液压回路油道、液压蓄能器等。

（1）基本参数与使用工况

图 4-59 和图 4-60 所示为该系列伺服液压缸中的各一种，其缸径都为 80mm，活塞杆直径为 56mm，最大缸行程为 200mm，额定压力为 16MPa，耐压试验压力为 21MPa；双活塞杆缸的前端圆法兰安装。

（2）结构特点

图 4-59 所示的等速伺服液压缸I为外部供油和外部回油的静压支承结构，其最高供油压力为 12MPa；

图 4-59 和图 4-60 所示伺服液压缸都具有两端带缓冲、外置直线位移传感器、P 油口和 T 油口带有液压蓄能器等结构特点。

图 4-59 和图 4-60 所示系列伺服液压缸基本参数见表 4-216。

5. 带内置式位移传感器和拉压轮辐式测力传感器的拉杆式等速伺服液压缸

一种带内置式位移传感器和拉压轮辐式测力传感器的拉杆式等速伺服液压缸如图 4-61 所示。

表 4-216 图 4-59 和图 4-60 所示系列伺服液压缸基本参数

序号	额定压力/MPa	缸内径/mm	活塞杆直径/mm	最大缸行程/mm	缸结构型式	缸安装型式	其 他
1	16	60	40	240	双杆缸	MDF3	静压支承
2	16	80	56	200	双杆缸	MDF3	静压支承
3	16	60	40	240	双杆缸	MDF3	圆锥静压支承
4	16	80	56	200	双杆缸	MDF3	圆锥静压支承

注：该系列伺服液压缸并未全部在表中列出。

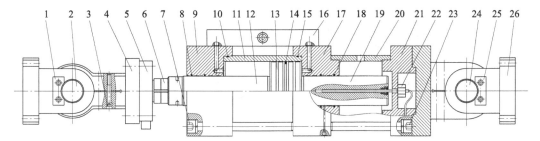

图 4-61 一种带内置式位移传感器和拉压轮辐式测力传感器的拉杆式等速伺服液压缸

1、25—锁板 2、24—销轴 3—调隙螺钉 4—可调隙前耳环 5—拉压力传感器 6—连接锁紧组件
7—拉杆螺钉Ⅰ 8—左活塞杆密封系统 9—前端盖 10、15—静密封 11—缸筒 12—左活塞杆
13—活塞（与活塞杆一体结构） 14—活塞密封 16—油路块（伺服阀安装座） 17—油端盖
18—右活塞杆密封系统 19—右活塞杆 20—连接筒 21—传感器安装座 22—直线位移传感器
23—拉杆螺钉Ⅱ 26—可调隙后耳环

注：在图 4-61 中有集成其上的电液伺服阀等未示出。

（1）基本参数与使用工况

图 4-61 所示为该系列伺服液压缸中的一种，其缸径为 250mm，活塞杆直径为 125mm，最大缸行程为 200mm；额定压力为 21MPa，耐压试验压力为 27MPa；两端耳环安装。

（2）结构特点

该系列拉杆式等速伺服液压缸具有如下特点：

1）拉杆式结构。

2）带有内置式位移传感器和轮辐式测力传感器。

3）活塞采用密封圈密封。

4）活塞杆采用密封圈密封或静压支承结构。

5）带有可调隙前、后耳环，连接间隙可调。

6）具有低起动压力、高使用寿命，以及良好的动态特性。

图 4-61 所示系列伺服液压缸基本参数见表 4-217。

6. 带外置式位移传感器和拉压柱式测力传感器的拉杆式等速伺服液压缸

一种带外置式位移传感器和拉压柱式测力传感器的拉杆式等速伺服液压缸如图 4-62 所示。

表 4-217　图 4-61 所示系列伺服液压缸基本参数

序号	额定压力 /MPa	缸内径 /mm	活塞杆直径 /mm	最大缸行程 /mm	缸结构型式	缸安装型式	其　他
1	21	95	63	100	双杆缸	MP6	可调隙前后耳环
2	21	125	75	200	双杆缸	MP6	可调隙前后耳环
3	21	180	90	200	双杆缸	MP6	可调隙前后耳环
4	21	250	126	200	双杆缸	MP6	可调隙前后耳环

注：该系列伺服液压缸并未全部在表中列出。

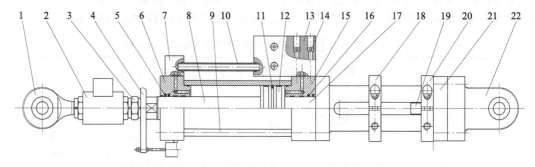

图 4-62　一种带外置式位移传感器和拉压柱式测力传感器的拉杆式等速伺服液压缸

1—杆用单耳环　2—柱式测力传感器　3—连接接头　4—位移传感器及组件　5—左活塞杆密封系统
6—前端盖　7—硬管直角接头　8—左活塞杆　9—拉杆　10—硬管　11—活塞密封　12—活塞
（与活塞杆一体结构）　13—油路块（伺服阀安装座）　14—油路块安装螺钉
15—后端盖　16—右活塞杆密封系统　17—右活塞杆　18—左限位螺母（缸进程）　19—限位块
20—右限位螺母（缸回程）　21—行程限位及防转用螺纹筒　22—后端固定单耳环
注：在图 4-62 中未（完全）示出的有电液伺服阀、吊环螺钉、油口密封防尘堵、
油路块密封防尘盖板、排放气阀、液压回路油道、过滤器以及静密封等。

（1）基本参数与使用工况

图 4-62 所示为该系列伺服液压缸中的一种，其缸径为 125mm，活塞杆直径为 63mm，最大缸行程为 200mm；额定压力为 18MPa，耐压试验压力为 27MPa；使用 46 抗磨液压油；两端耳环安装。

（2）结构特点

该系列拉杆式等速伺服液压缸具有如下特点：

1）将 P 油路过滤器、电液伺服阀等集成于伺服液压缸上。

2）带有外置式位移传感器和拉压柱式测力传感器等。

3）带有机械保护装置。

4）具有低起动压力、高使用寿命，以及良好的动态特性。

图 4-62 所示系列伺服液压缸基本参数见表 4-218。

表 4-218　图 4-62 所示系列伺服液压缸基本参数

序号	额定压力 /MPa	缸内径 /mm	活塞杆直径 /mm	最大缸行程 /mm	缸结构型式	缸安装型式	其　他
1	18	32	22	200	双杆缸	MP6	带机械保护装置
2	18	50	36	200	双杆缸	MP6	带机械保护装置
3	18	63	40	200	双杆缸	MP6	带机械保护装置
4	18	80	50	200	双杆缸	MP6	带机械保护装置
5	18	90	50	200	双杆缸	MP6	带机械保护装置
6	18	110	70	200	双杆缸	MP6	带机械保护装置
7	18	125	63	200	双杆缸	MP6	带机械保护装置
8	18	150	63	200	双杆缸	MP6	带机械保护装置
9	18	150	70	200	双杆缸	MP6	带机械保护装置
10	18	190	70	200	双杆缸	MP6	带机械保护装置
11	18	200	70	200	双杆缸	MP6	带机械保护装置

注：该系列伺服液压缸并未全部在表中列出。

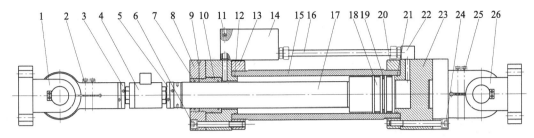

图 4-63　一种带拉压柱式测力传感器的差动伺服液压缸

1—可调隙前耳环　2、25—调隙螺钉　3、5—螺旋垫圈　4—拉压柱式测力传感器

6、24—缸体组件紧固螺钉　7—活塞杆密封系统　8—压盖　9—活塞杆密封泄漏油口

10—导向套　11—油路块安装螺钉　12、21—静密封　13、20—缸筒法兰　14—油路块

（伺服阀安装座）　15—缸筒　16—硬管　17—活塞杆　18—活塞（与活塞杆一体结构）

19—活塞密封　22—硬管直角接头　23—缸底　26—可调间后耳环

注：在图 4-63 中未（完全）示出的有电液伺服阀、液压保护模块上各种液压阀等

（油路块上安装的）、吊环螺钉、外接油口及密封防尘堵、油路块密封

防尘盖板、排放气阀、液压回路油道、过滤器以及静密封等。

7. 带拉压柱式测力传感器的差动伺服液压缸

一种带拉压柱式测力传感器的差动伺服液压缸如图 4-63 所示。

（1）基本参数与使用工况

图 4-63 所示为该系列伺服液压缸中的一种，其缸径为 160mm，活塞杆直径为 110mm，最大缸行程为 500mm；额定压力为 21MPa，耐压试验压力为 27MPa；使用 46 抗磨液压油；两端耳环安装。

（2）结构特点

该系列差动伺服液压缸具有如下特点：

1）将电液伺服阀及液压保护模块（含 P 油路过滤器）等集成在伺服液压缸上。

2）带拉压柱式测力传感器。

3）采用了可调隙耳环。

4）活塞杆密封设有外部泄油通道。

5）具有低起动压力、高使用寿命，以及良好的动态特性。

图 4-63 所示系列伺服液压缸基本参数见表 4-219。

表 4-219　图 4-63 所示系列伺服液压缸基本参数

序号	额定压力 /MPa	缸内径 /mm	活塞杆直径 /mm	最大缸行程 /mm	缸结构型式	缸安装型式	其 他
1	21	50	40	700	差动缸	MP6	可调隙前后耳环
2	21	70	55	1000（500）	差动缸	MP6	可调隙前后耳环
3	21	95	70	1000（500）	差动缸	MP6	可调隙前后耳环
4	21	115	80	1000（500）	差动缸	MP6	可调隙前后耳环
5	21	150	110	1000（500）	差动缸	MP6	可调隙前后耳环
6	21	160	110	1000（500）	差动缸	MP6	可调隙前后耳环
7	21	180	110	1000（500）	差动缸	MP6	可调隙前后耳环

注：该系列伺服液压缸并未全部在表中列出。

第5章 液压缸的试验方法

5.1 液压缸的试验方法

5.1.1 GB/T 15622—2005《液压缸试验方法》摘要及其应用

1. 摘要

GB/T 15622—2005《液压缸试验方法》于 2005 年 7 月 11 日发布、2006 年 1 月 1 日起实施，它代替了 GB/T 15622—1995《液压试验方法》。该标准不但被 JB/T 10205—2010《液压缸》规范性引用，而且被其他一些液压缸产品标准规范性引用。为了应用好该标准，下面对该标准中的部分内容摘要如下。

　　1 范围

　　本标准规定了液压缸试验方法。

　　本标准适用于以液压油（液）为工作介质的液压缸（包括双作用液压缸和单作用液压缸）的型式试验和出厂试验。

　　本标准不适用于组合式液压缸。

　　2 规范性引用文件

　　下列文件中的条款通过本标准的引用而成为本标准的条款。凡是注明日期的引用文件，其随后所有的修改单（不包括勘误的内容）或修订版均不适用于本标准，然而，鼓励根据本标准达成协议的各方研究是否使用这些文件的最新版本。凡是不注明日期的引用文件，其最新版本适用于本标准。

　　GB/T 14039—2002 液压传动 油液 固体颗粒污染等级代号

　　GB/T 17446 流体传动系统及元件 术语（GB/T 17446—1998）

　　3 术语和定义

　　在 GB/T 17446 中给出的以及下列术语和定义适用于本标准。

　　3.1 最低起动压力

　　液压缸起动的最低压力。

　　3.4 负载效率

　　液压缸的实际输出力与理论输出力的比值。

　　该标准使用的符号及其单位见表 5-1。

　　6.7 负载效率试验

　　将测力计安装在被试液压缸的活塞杆上，使被试液压缸保持匀速运动，按下式计算出在不同压力下的负载效率，……。

$$\eta = \frac{W}{pA} \times 100\%$$

表 5-1 符号和单位（摘要）

名　称	符　号	单　位	单位名称
活塞杆有效面积	A	m^2	平方米

2. 应用

GB/T 15622—2005 作为 JB/T 10205—2010《液压缸》的规范性引用文件，其大部分内容（包括上面摘要的内容）在 JB/T 10205—2010 中都被引用；但在应用该标准时，需要注意以下几点。

　　（1）组合式液压缸

　　研究"组合式液压缸"这一术语及定义，是为了能够确定该标准的适用范围。

　　在该标准的规范性引用文件中引用了 GB/T 17446—1998《流体传动系统及元件 术语》，但没有注明日期，说明 GB/T 17446—2012《流体传动系统及元件 词汇》适用于该标准。

　　在 GB/T 17446—1998 和 GB/T 17446—2012 中都没有"组合式液压缸"这一术语和定义，在其他液压缸相关标准中也未见这一术语和定义，而且该标准也没有定义此术语。

　　进一步查阅了与液压缸分类相关的五部手册，情况如下：

　　1）参考文献［21］第 1383 页有表 23.1-1 液压缸的分类，该表摘要见表 5-2。

　　2）参考文献［22］第 5 卷第 43-172 页有表 43.6-32 液压缸的分类，该表摘要见表 5-3。

　　3）参考文献［32］第 21-274 页有表 21-6-1 液压缸的分类，该表摘要见表 5-4。

　　4）参考文献［49］第 22-230 页有表 22.6-46 液压缸的分类，该表摘要见表 5-5。

　　5）参考文献［54］第 20-190 页有表 20-6-1 液压缸的分类、特点及图形符号，该表摘要见表 5-6。

　　在上述参考文献，即五部手册中都没有"组合（式）（液压）缸"这一术语及定义。以表 5-6 中"弹簧复位（液压）缸"为例，在各手册中的分类也不尽相同。

表 5-2　液压缸的分类（参考文献 ［21］ 摘要）

类别	名　　称	图形符号	说　　明
组合液压缸	串联式液压缸		由两个以上的活塞串联在同一轴线上的组合缸 在活塞直径受限制、长度不受限制时，用于获得较大的推、拉力
	多工位式液压缸		同一缸筒内有多个分隔，分别进排油 每个活塞有单独的活塞杆，能多工位移动
	双向式液压缸		活塞同时向相反方向运动，其运动速度和力相等

注：1. 组合液压缸的图形符号在 GB/T 786.1—1993（2009）中未作规定。

　　2. 做旋转运动的液压缸的分类见该手册的第 25 章摆动液压缸。

　　3. 以上列出的是常见液压缸分类，未包括一些结构或用途特殊的液压缸。

表 5-3　液压缸的分类（参考文献 ［22］ 摘要）

名　　称	示意图	符　　号	说　　明
串联式	（省略）		当液压缸直径受到限制而长度不受限制时，用以获得大的推力
增压式	（省略）		
多位式	（省略）		活塞 A 可有三个位置
齿条传动活塞液压缸	（省略）		经齿轮齿条传动，将液压缸的直线运动转换成齿轮的回转运动
齿条传动柱塞液压缸	（省略）		

（组合式液压缸）

表 5-4　液压缸的分类（参考文献 ［32］ 摘要）

名　　称	简图	符　　号	说　　明
弹簧复位液压缸	（省略）		活塞单向运动，由弹簧使活塞复位
串联液压缸	（省略）		当液压缸直径受限制，而长度不受限制时，用以获得大的推力
增压液压缸（增压器）	（省略）		由两个不同的压力室 A 和 B 组成，以提高 B 室中液体的压力
多位液压缸	（省略）		活塞 A 有三个位置

（组合液压缸）

（续）

名　称		简图	符　号	说　明
组合液压缸	齿条传动活塞液压缸	（省略）		活塞经齿条带动小齿轮产生回转运动
	齿条传动柱塞液压缸	（省略）		柱塞经齿条带动小齿轮产生回转运动

注：1. "弹簧复位单作用缸" 这一术语仅见于 GB/T 17446—1998《液压传动系统及元件　术语》。

2. 参考文献 [32] 经与参考文献 [99] 比较，只在增压液压缸（增压器）等符号上略有不同。

表 5-5　液压缸的分类（参考文献 [49] 摘要）

名　称		简图	符　号	说　明
组合式液压缸	串联式	（省略）		当液压缸直径受限制而长度不受限制时，用以获得大的推力
	增压式	（省略）		
	多位式	（省略）		活塞 A 可有三个位置
	齿条传动活塞液压缸	（省略）		经齿轮齿条传动，将液压缸的直线运动转换成齿轮的回转运动
	齿条传动柱塞液压缸	（省略）		

注：参考文献 [49] 经与参考文献 [115] 比较，无任何差别。

表 5-6　液压缸的分类、特点及图形符号（摘要）

分类	名　称	图形符号	特　点
组合缸	弹簧复位缸		单向液压驱动，由弹簧复位
	增压缸		由 A 腔进油驱动，使 B（腔）输出高压油源
	串联缸		用于缸的直径受限制，长度不受限制处，能获得较大的推力
	齿条传动缸		活塞的往复运动转换成齿轮的往复回转运动
	气-液转换缸		气压力转换成大体相等的液压力

为了能确定 GB/T 15622—2005 标准所规定的适用范围，必须给出"组合（式）液压缸"这一术语的定义。在此试给出术语"组合式液压缸"的定义：两种（台）或多种（台）液压缸集合在一起作为一个总成的液压缸。

据此定义判断，弹簧复位单作用缸不是组合（式）液压缸；而摆动液压缸是组合（式）液压缸，但不包括齿轮等将液压缸的往复直线运动转换成齿轮的往复回转运动的装置或部分。

还有将组合（式）液压缸称为复合液压缸的。

在有的文献中提出了复合液压缸的定义，即复合液压缸是将不同的液压缸或其他液压元件组装成一体的液压缸。如果按此定义，同样一台伺服液压缸，如果将伺服阀安装在其缸体上，由此组装成一体液压缸的即可称为复合液压缸；而将伺服阀通过管路与其连接，则此种液压缸就不能称为复合液压缸，这显然存在问题。

关于液压缸的类型及分类，还可参见本书第 2.1.1 节。

（2）最低起动压力和负载效率

研究"最低起动压力"和"负载效率"这两个术语，是为了能使未参加标准编制的专业人员清晰理解、正确应用和引用国标 GB/T 15622—2005。

在 GB/T 15622—2005 和 JB/T 10205—2010 中都定义了"最低起动压力"和"负载效率"这两个术语。

在 GB/T 15622 规范性引用文件 GB/T 17446—2012（1998）中有"起动压力"和"缸输出力效率"两个术语，分别定义为开始运动（动作）所需的最低压力和缸的实际（有效）输出力和理论输出力之间的比值。

比较"最低起动压力"与"起动压力"和"负载效率"与"缸输出力效率"在 GB/T 15622 和 GB/T 17446 中的定义，可以发现：

a）用"最低"定义"最低"，概念与术语相同，等于没定义。

b）术语不同，定义相同，不符合术语的单名性。

c）违背了"在 GB/T 17446 中给出的以及下列术语和定义适用于本标准。"的声明。

在 GB/T 15622—2005 中，术语"最低起动压力"及定义，没有按照"表达更具体的概念的术语，通常可由表达更一般的概念的术语组合而成。"的选择术语和编写定义的方法；"负载效率"不但不符合术语应具有的单名性的要求，也没有遵守不应重复定义

在其他权威词汇中定义过的术语这一原则。

因此，在 GB/T 15622—2005 中没有必要再重新选择和定义"最低起动压力"和"负载效率"这两个术语。

GB/T 1.1—2009《标准化导则　第 1 部分：标准的结构和编写》中规定，对于已定义的概念应避免使用同义词。进一步还可参见 GB/T 20000.1—2002《标准化工作指南　第 1 部分：标准化和相关活动的通用词汇》、GB/T 10112—2019《术语工作　原则与方法》和 GB/T 15237.1—2000《术语工作　词汇第 1 部分：理论与应用》及其他相关标准。

（3）活塞杆有效面积

研究"活塞杆有效面积"的名称和符号，主要是为了解决负载效率或缸输出力效率的计算问题。

在 GB/T 15622—2005 的规范性引用文件 GB/T 17446 中没有"活塞杆有效面积"这一术语和定义，而有"活塞杆面积"这一术语和定义。

在 GB/T 17446—1998 和 GB/T 17446—2012 中，术语"活塞杆面积"分别定义为"活塞杆的横截面面积"和"活塞杆横截面面积"。

而 GB/T 15622—2005 作为 JB/T 10205—2010 的规范性引用文件在其引用时，尽管 JB/T 10205—2010 在"量、符号和单位"中与引用文件一致，但随后在"负载效率试验"中却将"活塞杆有效面积"变成了"活塞有效面积数值"，符号仍是"A"。

"活塞有效面积"只在 GB/T 17446—1998 中有这一术语和定义，其定义为：在流体力作用下产生机械力的面积。

由此看来，按 GB/T 15622—2005 和 JB/T 10205—2010 都不能计算出标准范围规定的单、双作用液压缸的负载效率或缸输出力效率。

（4）负载效率计算与试验

前文提出的"活塞杆有效面积"名称和符号问题如不解决，GB/T 15622—2005 所规定的双作用液压缸和单作用液压缸的负载效率或缸输出力效率计算则无法进行。

1）按 GB/T 15622—2005 中的"符号和单位"及"负载效率试验"，只能计算出柱塞缸的负载效率或缸输出力效率，而双作用活塞缸和单作用活塞缸的负载效率或缸输出力效率无法计算。

2）按 JB/T 10205—2010 中"量、符号和单位"及"负载效率试验"，因其前后不一致，则负载效率或缸输出力效率无法计算。

3）按 JB/T 10205—2010 中"负载效率试验"，只能计算出活塞缸负载效率或缸输出力效率，而柱塞

缸的负载效率或缸输出力效率则无法计算。

根据以上分析，在 GB/T 15622—2005 或 JB/T 10205—2010 中的"符号和单位"或"量、符号和单位"内可再添加"活塞（有效）面积"，或者删除"活塞杆有效面积"，添加"缸有效面积"。否则，无法计算标准范围规定的单、双作用活塞缸的负载效率。

要特别注意的是，如果采用 GB/T 15622—2005 中图 4 给出的液压缸型式试验液压系统进行负载效率试验，则一些小规格的液压缸可能因试验时的最高速度超过设计的最高速度和/或背压过高而无法进行；一般液压缸也会因背压无法限定，其通过负载效率试验而检验液压缸带载动摩擦力的目的将无法实现。

另外，在 GB/T 15622—2005 中还有试运行与试运转、公称压力与额定压力、双出杆缸（双杆缸）与双活塞杆（液压）缸、泄漏与渗漏、行程与最大行程等混用、错用问题，以及一些其他问题，很值得进一步探讨。

5.1.2 JB/T 10205—2010《液压缸》摘要及其应用

JB/T 10205—2010《液压缸》于 2010-02-11 发布、2010-07-01 实施，至今已 10 年多了。与其他液压缸产品标准比较，其所规定的适用范围更广，因此被没有产品标准的其他液压缸在设计、制造时所普遍遵守。

研究 JB/T 10205—2010《液压缸》标准是为了更好地遵守该标准，并应用或引用该标准设计、制造出更好的液压缸。

1. 范围

（1）摘要

1 范围

本标准规定了单、双作用液压缸的分类和基本参数、技术要求、试验方法、检验规则、包装、运输等要求。

本标准适用于公称压力为 31.5MPa 以下，以液压油或性能相当的其他矿物油为工作介质的单、双作用液压缸。对公称压力高于 31.5MPa 的液压缸可参照本标准执行。除本标准规定外的特殊要求，应由液压缸制造商和用户协商。

（2）应用

根据该标准中的行文特点，标准中缺少公称压力为 31.5MPa 的液压缸。

按 GB/T 8170—2008 的规定，正确的表述应为：本标准适用于公称压力小（低）于或等于 31.5MPa，以液压油或性能相当的其他矿物油为工作介质的单、

双作用液压缸。

也可表述为：本标准适用于不大（高）于 31.5MPa，以液压油或性能相当的其他矿物油为工作介质的单、双作用液压缸。

根据 GB/T 1.1—2009《标准化工作导则 第 1 部分：标准的结构和编写》给出的规则，上述摘要中的标准行文不符合"统一性"要求，即类似的条款应使用类似的措辞来表述，相同的条款应使用相同的措辞来表述；同时，其标准中的"范围"所规定的界限不完整。

2. 规范性引用文件

（1）摘要（部分）

2 规范性引用文件

下列文件中的条款通过本标准的引用而成为本标准的条款。凡是注明日期的引用文件，其随后所有的修改单（不包括勘误的内容）或修订版均不适用于本标准，然而，鼓励根据本标准达成协议的各方研究是否使用这些文件的最新版本。凡是不注明日期的引用文件，其最新版本适用于本标准。

GB/T 786.1 流体传动系统及元件图形符号和回路图 第 1 部分：用于常规用途和数据处理的图形符号》

GB/T 2346 液压传动系统及元件 公称压力系列

GB/T 2348 液压气动系统及元件 缸内径及活塞杆直径

GB/T 2350 液压气动系统及元件 活塞杆螺纹型式和尺寸系列

GB/T 2828.1—2003 计数抽样检验程序 第 1 部分：按接受质量限（AQL）检索的逐批检验抽样计划

GB/T 2878 液压元件螺纹连接 油口型式和尺寸

GB/T 2879 液压缸活塞和活塞杆动密封沟槽尺寸和公差

GB/T 2880 液压缸活塞和活塞杆窄断面动密封沟槽尺寸系列和公差

GB/T 6577 液压缸活塞用带支承环密封沟槽型式、尺寸和公差

GB/T 6578 液压缸活塞杆用防尘圈沟槽型式、尺寸和公差

GB/T 7935—2005 液压元件 通用技术条件

GB/T 9286—1998 色漆和清漆 漆膜的划格试验

GB/T 9969 工业产品使用说明书 总则

GB/T 13306　标牌

GB/T 14039—2002　《液压传动　油液　固体颗粒污染等级代号》

GB/T15622—2005　液压缸试验方法

GB/T 17446　流体传动系统及元件　术语

JB/T 7858—2006　液压元件清洁度评定方法及液压元件清洁度指标

（2）应用

根据"凡是不注明日期的引用文件，其最新版本适用于该标准。"的规定，在引用 JB/T 10205—2010 时，规范性引用文件现在应为下列情况。其中注有底色的 7 项标准与上文不同，具体情况见下文。

GB/T 786.1—2009　流体传动系统及元件图形符号和回路图　第 1 部分：用于常规用途和数据处理的图形符号

GB/T 2346—2003　液压传动系统及元件　公称压力系列

GB/T 2348—2018　流体传动系统及元件　缸径及活塞杆直径

GB 2350—1980　液压气动系统及元件　活塞杆螺纹型式和尺寸系列

GB/T 2828.1—2003　计数抽样检验程序　第 1 部分：按按受质量限（AQL）检索的逐批检验抽样计划

GB/T 2878.1—2011　液压传动连接　带米制螺纹和 O 形圈密封的油口和螺柱端　第 1 部分：油口

GB/T 2879—2005　液压缸活塞和活塞杆动密封沟槽尺寸和公差

GB 2880—1981　液压缸活塞和活塞杆窄断面动密封沟槽尺寸系列和公差

GB 6577—1986　液压缸活塞用带支承环密封沟槽型式、尺寸和公差

GB/T 6578—2008　液压缸活塞杆用防尘圈沟槽型式、尺寸和公差

GB/T 7935—2005　液压元件　通用技术条件

GB/T 9286—1998　色漆和清漆　漆膜的划格试验

GB/T 9969—2008　工业产品使用说明书　总则

GB/T 13306—2011　标牌

GB/T 14039—2002　液压传动　油液　固体颗粒污染等级代号

GB/T15622—2005　液压缸试验方法

GB/T 17446—2012　流体传动系统及元件　词汇

JB/T 7858—2006　液压元件清洁度评定方法及液压元件清洁度指标

3. 各标准在 JB/T 10205—2005 规范性引用部分的摘要及其应用

（1）GB/T 786.1—2009

1）引用。GB/T 786.1—2009《流体传动系统及元件图形符号和回路图　第 1 部分：用于常规用途和数据处理的图形符号》在 JB/T 10205—2010《液压缸》中的引用为：

11.1　……，图形符号应符合 GB/T 786.1 的规定。

2）被引用标准摘要。请见本手册第 1.4.1 节中表 1-33 缸的图形符号（摘自 GB/T 786.1—2009）。

3）应用。一般液压缸铭牌上未见有液压缸的图形符号，因此规范性引用该文件似有多余。如在 GB/T 7935—2005 中关于名牌的规定即不包括应具有元件（缸）的图形符号内容的要求，具体可见下文第（11）项。

（2）GB/T 2346—2003

1）引用。GB/T 2346—2003《液压传动系统及元件　公称压力系列》在 JB/T 10205—2010《液压缸》中的引用为：

6.1.1　液压缸的公称压力系列应符合 GB/T 2346 的规定。

2）被引用标准摘要。请见本手册第 1.2.1 节中表 1-9 公称压力系列及压力参数代号（摘自 GB/T 2346 和 JB/T 2184）以及该标准的进一步摘录：

6　标注说明（引用本标准）

当选择遵守本标准时，建议在试验报告、产品样本和销售文件中采用以下说明：'所选择的公称压力符合 GB/T 2346—2003《流体传动系统及元件　公称压力系列》。

3）应用。一台液压缸只能具有（或指派给）一个公称压力，而不能是一组（公称）压力。也就是说，针对某一台液压缸，只能在 GB/T 2346—2003 规定的公称压力系列（一组）中选定某一个（公称）压力。

正确表述应为：6.1.1　液压缸所选择的公称压力应符合 GB/T 2346 的规定。

（3）GB/T 2348—2018

1）引用。GB/T 2348—1993《液压气动系统及元件　缸内径及活塞杆外径》在 JB/T 10205—2010《液压缸》中的引用为：

6.1.2　液压缸的内径、活塞杆（柱塞杆）直径系列应符合 GB/T 2348 的规定。

2）被引用标准摘要。请见本手册第 1.2.1 节表 1-10 液压缸、气缸的缸内径（摘自 GB/T 2348）和表 1-11 液压缸、气缸的活塞杆直径（摘自 GB/T 2348）。

3）应用。关于"系列"的问题与上面第（2）项第 3）款中指出的相同。在 GB/T 17446—2012 中没有"柱塞杆"这一术语，柱塞缸中也没有柱塞杆。因为在 GB/T 17446—2012 中，术语"柱塞缸"的定义为：缸筒内没有活塞，压力直接作用于活塞杆的单作用缸。

正确的表述应为：6.1.2 液压缸的缸（内）径、活塞杆直径应符合 GB/T 2348 的规定。

（4）GB/T 2350—1980

1）引用。GB/T 2350—1980《液压气动系统及元件 活塞杆螺纹型式和尺寸系列》在 JB/T 10205—2010《液压缸》中的引用为：

6.1.3 ……，活塞杆螺纹型式和尺寸系列应符合 GB/T 2350 的规定。

2）被引用标准摘要。请见本手册第 1.2.1 节图 1-1 内螺纹、图 1-2 外螺纹（无肩）、图 1-3 外螺纹（带肩）、表 1-15 活塞杆螺纹（摘自 GB 2350）以及下面该标准的进一步摘录：

3 当液压缸气缸活塞杆螺纹符合该标准时，可在技术文件中注明："活塞杆螺纹符合国家标准 GB 2350—80 和国际标准……。"

3）应用。① 关于"系列"的问题与上面第（2）项第 3）款中指出的相同，而且 GB 2350—80 中已经明确给出了注明方式。关于"文件"请见第 1.1 节。

正确的表述应为：活塞杆螺纹应符合 GB 2350 的规定。

② 原标准编号为 GB 2350—80。

（5）GB/T 2828.1—2003

GB/T 2828.1—2003《计数抽样检验程序 第 1 部分：按接受质量限（AQL）检索的逐批检验抽样计划》在 JB/T10205—2010《液压缸》中的引用为：

10.2 抽样 批量产品的抽样方案按 GB/T 2828.1 的规定。

（6）GB/T 2878—1993

1）引用。GB/T 2878—1993《液压元件螺纹连接 油口型式和尺寸》在 JB/T 10205—2010《液压缸》中的引用为：

6.1.3 油口连接螺纹尺寸应符合 GB/T 2878 的规定。

2）应用。GB/T 2878—1993《液压元件螺纹连接 油口型式和尺寸》已被 GB/T 2878.1—2011 代替，而且现在经常使用的是 GB/T 19674.1—2005 规定的螺纹油口。

正确的表述应为：6.1.3 油口应符合 GB/T 2878.1 的规定；或者为：6.1.3 螺纹油口应符合 GB/T 19674.1 的规定；或者为：油口应符合 GB/T 2878.1 或 GB/T 19674.1 的规定。

具体可参见本手册第 2.15.10 节。

（7）GB/T 2879—2005

1）引用。GB/T 2879—2005《液压缸活塞和活塞杆动密封沟槽尺寸和公差》在 JB/T10205—2010《液压缸》中的引用为：

6.1.4 密封沟槽应符合 GB/T 2879、……的规定。

2）被引用标准摘要。

7 挤出间隙

挤出间隙决定于与密封件相邻的金属件的直径（d_4 或 d_3）。

注 1：当活塞或活塞杆与缸的一端或另一端（支承端）相接触时，挤出间隙达到最大。

注 2：因内压引起的缸筒膨胀会进一步使活塞密封件的挤出间隙增大。

8 表面粗糙度

与密封件接触的元件的表面粗糙度取决于应用场合和对密封件寿命的要求，宜由制造商与用户协商确定。

3）应用。

①尽管 GB/T 2879—2005 的标注说明中没有包括在标准中的采用说明，但其表述是可供参考的，即液压缸活塞杆和活塞的密封沟槽尺寸及公差符合 GB/T 2879—2005/ISO 5597：1987《液压缸活塞和活塞杆动密封沟槽尺寸和公差》。

正确的表述应为：6.1.4 动密封沟槽尺寸及公差应符合 GB/T 2879、……的规定；或者可进一步表述为：6.1.4 液压缸活塞和活塞杆动密封沟槽尺寸及公差应符合 GB/T 2879、……的规定。

② 被引用标准中缺少密封沟槽边（槽）棱倒角、安装倒角表面粗糙度、槽底圆柱面同轴度公差等。

③ 在被引用标准"7 挤出间隙"注中，只有注 2 表述正确。

④"8 表面粗糙度"的规定有问题。根据 GB/T 1.1—2009《标准化工作导则 第 1 部分：标准的结构和编写》给出的规则，上文中"表面粗糙度"不符合标准中"要求"的表述，即要求的表述应与陈述和推荐的表述有明显的区别；表述不同类型的条款

应使用不同的助动词,要求型条款应使用"应""应该",而不应使用推荐型条款应使用的"宜""推荐"和"建议"等助动词。

在标准中对必须明确规定的技术要求采用如此表述,其标准还如何能称(成)为标准。不但下面引用的标准中还存在同样问题,而且这样的问题在新发布、实施标准中越来越多、越来越严重。

(8) GB/T 2880—1981

1)引用。GB/T 2880—1981《液压缸活塞和活塞杆窄断面动密封沟槽尺寸系列和公差》在 JB/T 10205—2010《液压缸》中的引用为:

6.1.4 密封沟槽应符合……、GB/T 2880、……的规定。

2)被引用标准摘要。被引用标准中表 1 注的摘要:

注:① 公称内径 D 大于 500mm 时,按 GB 321—80 (2005)《优先数和优先数系》中 R10 数系选用。

② 滑动面公差配合推荐 H9/f8。

⑥ 活塞用动密封的标注方法:$D×d×L$-型式-材质

D——液压缸公称内径;d——活塞沟槽公称底径;L——沟槽长度。

型式:Z——窄断面 Y 形圈;K——宽断面 Y 形圈。

材质:NBR——丁腈橡胶;AU——聚氨酯橡胶;FPM——氟橡胶。

被引用标准中表 2 注的摘要:

注:① 活塞杆公称外径 d 大于 360mm 时,可按 GB 321—80 (2005) 中 R20 数系选用。

② 滑动面公差配合推荐 H9/f8。

⑥ 活塞用动密封的标注方法:$d×D×L$-型式-材质

d——液压杆公称外径;D——沟槽公称底径;L——沟槽长度。

型式:Z——窄断面 Y 形圈;K——宽断面 Y 形圈。

材质:NBR——丁腈橡胶;AU——聚氨酯橡胶;FPM——氟橡胶。

3)应用。

① 正确的表述应为:6.1.4 动密封沟槽尺寸及公差应符合……、GB 2880、……的规定;或者可进一步表述为:6.1.4 液压缸活塞和活塞杆窄断面动密封沟槽尺寸及公差应符合……、GB 2880、……的规定。

但是,在现行密封件(圈)产品标准中无一引用(应用)该沟槽。

② 橡胶材料(材质)中还有 EU 类聚氨酯橡胶。

③ 原标准编号为 GB 2880—81。

(9) GB 6577—1986

1)引用。GB/T 6577—1986《液压缸活塞用带支承环密封沟槽型式、尺寸和公差》在 JB/T 10205—2010《液压缸》中的引用为:

6.1.4 密封沟槽应符合……、GB/T 6577、……的规定。

2)被引用标准摘要。

1 引言

1.1 本标准规定的密封沟槽型式、尺寸和公差,适用于安装在往复运动的液压缸活塞上起双向密封作用的带支承环组合密封圈。

注:② 除缸内径 $D=25\sim160$mm,在使用小截面密封圈外,缸内径 D 的加工精度可选 H11。

3)应用。

① "带支承环组合密封圈"在 GB/T 5719 和 GB/T 17446 及其他标准中无此术语和定义。

② 正确的表述应为:6.1.4 (动)密封沟槽尺寸及公差应符合……、GB 6577、……的规定;或者可进一步表述为:6.1.4 液压缸活塞用带支承环密封沟槽尺寸及公差应符合……、GB 6577、……的规定。

③ "缸内径 D 的加工精度可选 H11"有问题。

④ 原标准编号为 GB 6577—86。

(10) GB/T 6578—2008

1)引用。GB/T 6578—2008《液压缸活塞杆用防尘圈沟槽型式、尺寸和公差》在 JB/T 10205—2010《液压缸》中的引用为:

6.1.4 密封沟槽应符合……、GB/T 6578 的规定。

2)引用标准摘要。

本标准规定的防尘圈安装沟槽型式适用于普通型和 16MPa 紧凑型往复运动液压缸。

7 表面粗糙度

与密封圈接触的元件的表面粗糙度取决于应用场合和对防尘圈寿命的要求,宜由制造商与用户协商确定。

3)应用。

① 正确的表述应为:6.1.4 密封(防尘圈)沟槽尺寸及公差应符合……、GB/T 6578 的规定。

② 普通型往复运动液压缸和 16MPa 紧凑型往复运动液压缸,包括普通型液压缸和紧凑型液压缸,在

相关标准中无此术语和定义。

③"表面粗糙度"的规定有问题，具体请见上文第（7）项3）款④段。

（11）GB/T 7935—2005

1）引用。GB/T 7935—2005《液压元件 通用技术条件》在 JB/T 10205—2010《液压缸》中的引用为：

6.3.2 液压缸的装配应符合 GB/T 9735—2005 中的 4.4~4.7 的规定。

6.4.1 外观应符合 GB/T 9735—2005 中的 4.8、4.9 的规定。

11.1 液压缸的标志或铭牌的内容应符合 GB/T 7935—2005 中 6.1 和 6.2 的规定。

11.3 液压缸包装时应符合 GB/T 7935—2005 中 6.3~6.7 的规定，……。

2）引用标准摘要。

4.4 元件应使用经检验合格的零件和外购件按相关产品标准或技术文件的规定和要求进行装配。任何变形、损伤和腐蚀的零件及外购件不应用于装配。

4.5 零件在装配前应清洗干净，不应带有任何污染物（如铁屑、毛刺、纤维状杂质等）。

4.6 元件装配时，不应使用棉纱、纸张等纤维易脱落擦拭壳体内腔及零件配合表面和进、出流道。

4.7 元件装配时，不应使用有缺陷及超过有效使用期限的密封件。

4.8 应在元件的所有连接油口附近清晰标注该油口功能的符号。除特殊规定外，油口的符号如下：

P——压力油口；

T——回油口；

A、B——工作油口；

L——泄油口；

X、Y——控制油口。

4.9 元件的外露非加工表面的涂层应均匀，色泽一致。喷涂前处理不应涂腻子。

6.1 应在液压元件的明显部位设置产品铭牌，铭牌内容应包括：

——名称、型号、出厂编号；

——主要技术参数；

——制造商名称；

——出厂日期。

6.2 对有方向要求的液压元件（如液压泵的旋向等），应在元件的明显部位用箭头或相应记号标明。

6.3 液压元件在出厂装箱时应附带下列文件：

——合格证；

——使用说明书（包括：元件名称、型号、外形图、安装连接尺寸、结构简图、主要技术参数，使用条件和维修方法以及备件明细表等）；

——装箱单。

6.4 液压元件包装时，应将规定的附件随液压元件一起包装，并固定在箱内。

6.5 对有调节机构的液压元件，包装时应使调节弹簧处于放松状态，外露的螺纹、键槽等部位应采取保护措施。

6.6 包装应结实可靠，并有防震、防潮等措施。

6.7 在包装箱外壁的醒目位置，宜用文字清晰地标明下列内容：

——名称、型号；

——件数和毛重；

——包装箱外形尺寸（长、宽、高）；

——制造商名称；

——装箱日期；

——用户名称、地址及到站站名；

——运输注意事项或作业标志。

3）应用。

① 一般液压缸上未见有标注油口符号的和往复运动箭头的，因此规范性引用该文件中的第 4.8、6.2 条似有多余。

② 其他的相关内容见下文。

（12）GB/T 9286—1998

1）引用。GB/T 9286—1998《色漆和清漆 漆膜的划格试验》在 JB/T 10205—2010《液压缸》中的引用为：

6.4.3 涂层附着力：

液压缸表面油漆附着力控制在 GB/T 9286—1998 规定的 0 级~2 级之间。

2）引用标准摘要。

1 范围

1.1 该标准规定了在以直角网格图形切割涂层穿透至底材时来评定涂层从底材上脱离的抗性的一种试验方法。用这种经验性的试验程序测得的性能，除了取决于该涂料对上道涂层或底材的附着力外，还决于其他各种因素。所以不能将这个试验程序看作是测定附着力的一种方法。

3）应用。因在 GB/T 9286 中有"所以不能将这个试验程序看作是测定附着力的一种方法。"的规定，所以在 JB/T 10205—2010《液压缸》中引用其规定"涂层附着力"有问题。关于液压缸表面油漆附着力等级可参考第 1.7.6 节表 1-121 涂层附着力等级（摘自 JB/T 8595—2014）。

正确的表述应为：液压缸表面油漆涂层附着力应控制在 JB/T 8595—2014 规定的 0 级~2 级之间。

（13）GB/T 9969—2008

GB/T 9969—2008《工业产品使用说明书　总则》在 JB/T 10205—2010 液压缸中的引用为：

11.2　液压缸的使用说明书的编写格式应符合 GB/T 9969 的规定。

（14）GB/T 13306—1991

1）引用。GB/T 13306—1991《标牌》在 JB/T10205—2010《液压缸》中的引用为：

11.1　液压缸的标志或铭牌的内容应符合 GB/T 7935—2005 中 6.1 和 6.2 的规定。铭牌的型式、尺寸和要求应符合 GB/T 13306 的规定，图形符号应符合 GB/T 786.1 的规定。

2）引用标准摘要。

1　范围

本标准规定了标牌的型式与尺寸、标记、技术要求、检验方法、检验规则、包装和贮运。

本标准适用于各种机电设备、仪器仪表及各种元器件用的产品铭牌、操作提示牌、说明牌、路线示意图牌、设计数据图表牌和安全标志牌等（总称标牌）。

3）应用。

① GB/T 13306—1991《标牌》已被 GB/T 13306—2011《标牌》代替。

② 在 GB/T 7935—2005 中 6.1 和 6.2 条的规定没有关于图形符号的内容，具体请见上文第（1）项 3）款。

（15）GB/T 14039—2002

1）引用。GB/T 14039—2002《液压传动　油液固体颗粒污染等级代号》在 JB/T 10205—2010 液压缸中的引用为：

6.3.1　清洁度　液压缸缸体内部油液固体颗粒污染等级不得高于 GB/T 14039—2002 规定的—/19/16。

7.2.3　污染度等级　试验液压系统油液的固体颗粒污染度等级不得高于 GB/T 14039—2002 规定的—/19/15。

2）引用标准摘要。

3.2　代号组成　用显微镜计数所报告的污染等级代号，由≥5μm 和≥15μm 两个颗粒范围的颗粒浓度代码组成。

3.3　代码的确定

3.3.1　代码是根据每毫升液样中的颗粒数确定的。

3）应用。尽管 GB/T 14039—2002 的标注说明中

没有包括在标准中的采用说明，但其表述是可供参考的，即当选择使用该标准时，在试验报告、产品样本及销售文件中使用如下说明："油液的固体污染等级代号，符合 GB/T 14039—2002《液压传动　油液固体颗粒污染等级代号》。"

正确的表述应为：6.3.1　清洁度　液压缸缸体内部油液固体颗粒污染等级代号不得高于 GB/T 14039—2002 规定的—/19/16；7.2.3　污染度等级试验液压系统油液的固体颗粒污染等级代号不得高于 GB/T 14039—2002 规定的—/19/15。

（16）GB/T 15622—2005

1）引用。GB/T 15622—2005《液压缸试验方法》在 JB/T 10205—2010 液压缸中的引用为：

7　性能试验方法

液压缸的试验方法按 GB/T 15622—2005 的相关规定。

2）引用标准摘要及其应用见本章第 5.1.1 节等。

（17）GB/T 17446—1998

1）引用。GB/T 17446—1998《流体传动系统及元件　术语》在 JB/T 10205—2010《液压缸》中的引用为：

3　术语和定义

GB/T 17446 中确立的以及下列术语和定义适用于本标准。

2）应用。

① GB/T 17446—1998《流体传动系统及元件术语》已被 GB/T 17446—2012《流体传动系统及元件　词汇》代替。

② 仅从 GB/T 17446—2012 自身比较（如正文与索引比较等），如气穴与气蚀、相容流体与相容油液、极限工况与极限运行条件、流体力学与液力技术、挡圈与防挤出圈、双杆缸与双出杆缸、间歇工况与间歇运行条件、动密封与动密封件等，有多处不一致。

另外，缸脚架安装与脚架安装近为同义词。

"气蚀"和"防挤出圈"分别见 GB/T 17446—2012 标准中第 3.2.40 条"防气蚀阀"定义和第 3.2.528 条"聚酰胺"注中。

（18）JB/T 7858—2006

1）引用。JB/T 7858—2006《液压元件清洁度评定方法及液压元件清洁度指标》在 JB/T 10205—2010《液压缸》中的引用为：

6.3.1　清洁度　……，液压缸清洁度指标值应符合表 8（即 JB/T 7858—2006 的表 2）的规定。

2）应用。在 JB/T 10205—2010《液压缸》中给出的"称重法"清洁度指标（表 8）与"颗粒计数

法"指标—/19/16 是何种对应关系，可能是更为复杂的问题。

4. JB/T 10205—2010 活塞式单、双作用液压缸内泄漏量摘要及其应用

（1）摘要

双作用液压缸的内泄漏量不得大于表 5-7 的规定。

表 5-7　双作用液压缸的内泄漏量

液压缸内径 D/mm	内泄漏量 q_V/(mL/min)	液压缸内径 D/mm	内泄漏量 q_V/(mL/min)
40	0.03(0.0421)	180	0.63(0.6359)
50	0.05(0.0491)	200	0.70(0.7854)
63	0.08(0.0779)	220	1.00(0.9503)
80	0.13(0.1256)	250	1.10(1.2266)
90	0.15(0.1590)	280	1.40(1.5386)
100	0.20(0.1963)	320	1.80(2.0106)
110	0.22(0.2376)	360	2.36(2.5434)
125	0.28(0.3067)	400	2.80(3.1416)
140	0.30(0.38465)	500	4.20(4.9063)
160	0.50(0.5024)		

注：1. 使用滑环式组合密封时，允许泄漏量为规定值的 2 倍。

　　2. 液压缸采用活塞环密封时的内泄漏量要求由制造商与用户协商确定。

　　3. 括号内的值为作者按（缸回程方向）沉降量 0.025mm/min 计算出的内泄漏量。

活塞式单作用液压缸的内泄漏量不得大于表 5-8 的规定。

表 5-8　活塞式单作用液压缸的内泄漏量

液压缸内径 D/mm	内泄漏量 q_V/(mL/min)	液压缸内径 D/mm	内泄漏量 q_V/(mL/min)
40	0.06(0.0628)	110	0.50(0.4749)
50	0.10(0.0981)	125	0.64(0.6132)
63	0.18(0.1558)	140	0.84(0.7693)
80	0.26(0.2512)	160	1.20(1.0048)
90	0.32(0.3179)	180	1.40(1.2717)
100	0.40(0.3925)	200	1.80(1.5708)

注：1. 使用滑环式组合密封时，允许泄漏量为规定值的 2 倍。

　　2. 液压缸采用活塞环密封时的内泄漏量要求由制造商与用户协商确定。

　　3. 采用沉降量检查内泄漏时，沉降量不超过 0.05mm/min。

　　4. 括号内的值为作者按（缸回程方向）沉降量 0.05mm/min 计算出的内泄漏量。

（2）应用

JB/T 10205—2010《液压缸》代替了于 2000 年 8 月首次发布的 JB/T 10205—2000《液压缸技术条件》。在 JB/T 10205—2000 中，双作用液压缸的内泄漏量（表5）和（活塞式）单作用液压缸的内泄漏量（表6）与表 5-7 和表 5-8 仅在"注"上略有不同，说明在 20 年后的液压缸出厂试验中，活塞式单、双作用液压缸内泄漏量性能指标方面没有变化。

在 JB/JQ 20301—1988《中高压液压缸产品质量分等（试行）》表 1 中，其检查项目和质量分等的关键项目，缸内径为 40～250mm 的中高压液压缸内泄漏量指标也与表 5-7 相同，而在其中却没有将活塞式双作用液压缸和活塞式单作用液压缸的内泄漏量进行区分，也没有关于采用沉降量检查内泄漏的"注"。

根据上述摘要及该标准所代替的历次版本分布情况，在应用 JB/T 10205—2010 中活塞式单、双作用液压缸内泄漏量性能指标方面应注意以下几点：

1）活塞式单作用液压缸内泄漏量。在 JB/T 10205—2010 表 7 中所列活塞式单作用液压缸的内泄漏量（数值）为表 6 所列双作用液压缸的内泄漏量（数值）2 倍或还多。

JB/T 10205—2010 表 6 起码可以追溯到 JB/JQ 20301—1988，其沿革清楚，应为行业内共识；但 JB/T 10205—2010 表 7 在 JB/JQ 20301—1988 中没有，只能追溯到 JB/T 10205—2000。

从液压缸密封结构、机理及试验情况等方面考虑，在 JB/T 10205—2010 表 7 中所列活塞式单作用液压缸的内泄漏量（数值）不尽合理。

2）采用沉降量检测活塞式双作用液压缸内泄漏量。既然活塞式单作用液压缸可以采用沉降量检查（测）内泄漏，那么活塞式双作用液压缸也应该可以采用沉降量检查（测）其内泄漏。在 JB/T 9834—2014《农用双作用油缸　技术条件》、JB/T 11588—2013《大型液压油缸》等标准中就规定了可以采用沉降量检测或计算双作用液压缸的内泄漏量。

在采用沉降量检测或计算双作用液压缸的内泄漏量时应规定测试（试验）方法。

沉降量与内泄漏量之间有一一对应关系且经换算后数值基本相当，具体见上表 5-7。如果确认 JB/T 10205—2010 中表 6 给出的双作用液压缸内泄漏量合理，则双作用液压缸的沉降量只能是在 0.025mm/min 左右。

3）液压缸内泄漏量与技术进步。尽管 JB 2146—

1977《液压元件出厂试验技术指标》与 JB/JQ 20301—1988《中高压液压缸产品质量分等（试行）》及 JB/T 10205—2000《液压缸技术条件》和 JB/T 10205—2010《液压缸》没有代替或引用关系，但因在 JB 2146—1977 中规定，内泄漏量允许值是按油缸 0.5mm/5min（0.1mm/min）沉降量来计算的。这不仅说明可以采用沉降量检测活塞式双作用液压缸内泄漏量，由此也可以看出液压缸内泄漏量性能指标的技术进步。

标准应充分考虑最新技术水平，并为未来技术发展提供框架。JB/T 10205—2010《液压缸》中仅就双作用液压缸的内泄漏量这一液压缸性能指标而言，从 1988 年 10 月实施的 JB/JQ 20301—1988《中高压液压缸产品质量分等（试行）》算起，在近三十来没有变化，该标准无法体现是建立在现代科学、技术和经验的总结的基础上的。

技术总是在进步的，在 JB/T 11588—2013《大型液压油缸》表 7 注中就有："特殊规格的液压油缸内泄漏量按照无杆腔加压 0.01mm/min 位移量计算。"

JB/T 11588—2013 的上述表述并不完全正确。进一步可参考本章第 5.1.3 节表 5-10 中 JB/T 9834—2014《农用双作用油缸　技术条件》。

5.《液压缸》其他部分摘要及其应用

（1）公称压力与额定压力

1）摘要。

本标准适用于公称压力在 31.5MPa 以下，以液压油或性能相当的其他矿物油为工作介质的单、双作用液压缸。

7.3.3　耐压试验　将被试液压缸活塞分别停在行程的两端（单作用液压缸处于行程极限位置），分别向工作腔施加 1.5 倍公称压力的油液，型式试验保压 2min，出厂试验保压 10s，应符合 6.2.7 的规定。

7.3.4　耐久性试验　在额定压力下，使被试液压缸以设计要求的最高速度连续运行，速度误差±10%，每次连续运行 8h 以上。在试验期间，被试液压缸的零部件均不得进行调整，记录累计行程或换向次数。试验后各项要求应符合 6.2.6（的）规定。

7.3.8　高温试验　在额定压力下，向被试液压缸输入 90℃的工作油液，全行程往复运行 1h，应符合 6.2.9 的要求。

2）应用。"公称压力"是标准规定的基本参数，现在又采用"额定压力"，这样不但很混乱，而且问题很复杂，已不是仅仅不符合相关标准规定

的问题。

具体可参见本章第 5.1.3 节和第 7.2.2.2 节。

（2）术语和定义

1）摘要。

3　GB/T 17446 中确立的以及下列术语和定义适用于本标准。

3.1　滑环式组合密封

滑环（由具有低摩擦系数和自润滑性的材料制成）与 O 形圈等组合而成的密封型式。

3.2　负载效率

液压缸的实际输出力和理论输出力的百分比。

3.3　最低起动压力

使液压缸起动的最低压力。

2）应用。在 JB/T 8241—1996《同轴密封件　词汇》中已确定了同轴密封件的术语及其定义，即

2　术语

2.1　同轴密封件

塑料圈与橡胶圈组合在一起并全部由塑料圈作摩擦密封面的组合密封件。

2.2　塑料圈

在同轴密封件中作摩擦密封面的塑料密封圈。

2.3　橡胶圈

在同轴密封件中提供密封压力并对塑料圈磨耗起补偿作用的橡胶密封圈。

在 GB/T 17446—2012（1998）中已界定（确定）了下面两个术语，即

3.2.82（2.2.4.12）　起动压力

开始运动所需的最低压力。

3.2.164（3.5.3.7.1）　缸输出力效率（输出力效率）

缸的（实际输出力与理论输出力之间的比值）。

在其他现行标准中已经确定（界定）了的术语（词汇）没有必要重新定义，况且经比较、其重新定义的还存在一些问题：

① 滑环式组合密封中的滑环，没有明确指出应为塑料环。

② 滑环式组合密封中 O 形圈等，其一组成的不全是 O 形圈，还可能是方（矩）形圈；其二 O 形圈等的表述容易产生歧义。

③ 负载效率中的百分比，表述不准确。

④ 最低起动压力中"最低"两字多余。

进一步可参见本章第 5.1.1 节。

（3）量、符号和单位

1）摘要。

量、符号和单位应符合表 5-9 的规定。

表 5-9　量、符号和单位

名　称	符号	单位
压力	p	Pa（MPa）
压差	Δp	Pa（MPa）
缸内径、套筒直径	D	mm
活塞杆直径、柱塞直径	d	mm
行程	L	mm
外渗漏量、内泄漏量	q_V	mL
活塞杆有效面积	A	mm²
实际输出力	W	N
温度	θ	℃
运动黏度	v	m²/s（mm²/s）
负载效率	η	-

7.3.7　负载效率试验　将测力计安装在被试液压缸的活塞杆上，使被试液压缸保持匀速运动，按下面的公式计算出在不同压力下的负载效率，并绘制负载效率曲线，见图 2。

$$\eta = \frac{W}{pA} \times 100\%$$

式中　η——负载效率；

W——实际输出（推力或拉力）的数值，单位为 N；

p——压力的数值，单位为 MPa；

A——活塞有效面积的数值，单位为 mm²。

2）应用。

① 术语。在 GB/T 17446 中界定了如下术语或词汇。

缸径：缸体的内径。

缸行程：其可动件从一个极限位置到另一个极限位置所移动的距离。

缸输出力：由作用于活塞上的压力产生的力。

缸输出力效率：缸的实际输出力与理论输出力之间的比值。

外泄漏：从元件或配管的内部向周围环境的泄漏。

内泄漏：元件内腔之间的泄漏。

缸有效面积：流体压力作用其上，以提供可用力的面积。

在 GB/T 17446 中没有界定如下术语或词汇。

缸内径、套筒直径、活塞杆直径、柱塞直径、外渗漏（量）、活塞杆有效面积、实际输出力、负载效率。

② 在 GB/T 2348—1993《液压气动系统及元件 缸内径及活塞杆外径》中规定了液压气动系统及元件用液压缸、气缸的缸内径和活塞杆直径。

③ 在表 5-9（JB/T 10205—2010 表 1）中 A 为活塞杆有效面积，而在摘要 7.2.7 中 A 又为活塞有效面积的数值，前后不一致。

④ 在表 5-9（JB/T 10205—2010 表 1）中 W 为实际输出力，而在摘要 7.2.7 中 W 又为实际出力，前后不一致。

⑤ 根据 GB 3102.1—1993《空间和时间的量和单位》的规定，L 为长度的符号，s 才是行程（程长）的符号；根据 GB 3102.3—1993《力学的量和单位》的规定，W 为重量或功的符号，F 才是力的符号。

⑥ 缸输出力效率计算请参见本章第 5.1.1。

（4）外渗漏和外渗漏量

1）摘要。

6.2.3　外渗漏

6.2.3.1　除活塞杆（柱塞杆）处外，其他各部位不得有渗漏。

6.2.3.2　活塞杆（柱塞杆）静止时不得有渗漏。

6.2.3.3　外渗漏量

（略）

6.2.4　低压下的泄漏

液压缸在低压试验过程中，观测：

a）液压缸应无振动或爬行；

b）活塞杆密封处无油液泄漏，试验结束时，活塞杆上的油膜应不足以形成油滴或油环；

c）所有静密封处及焊接处无油液泄漏；

d）液压缸安装的节流和（或）缓冲元件无油液泄漏。

2）应用。

① 在 GB/T 17446—2012（1998）中无"渗漏"这一术语（词汇）及定义。

② 从摘要中可以看出，其使用"渗漏"或"泄漏"在前后不一致。

③ 由摘要中可以看出，外渗漏和外渗漏量是一种"同义现象"，不符合 GB/T 1.1—2009 中关于"统一性"的规定，即对于同一概念应使用统一术语，对于已定义的概念应避免使用同义词。

④ 如果按照 GB/T 241—2007《金属管 液压试验方法》中"渗漏"定义判断，其问题不仅如此。关于渗漏还可参见第 1.3.2 节。

（5）性能试验方法

1）摘要。

7.3.3　耐压试验

具体内容见本条第（1）项。

2）应用。在 GB/T 17446—2012 中没有"行程"只有"缸行程"这一术语和定义。根据下文"单作用液压缸处于行程极限位置"和缸行程定义判断，上文"行程的两端"应分别是缸进程极限位置和缸

回程极限位置。

在一般液压缸中，单、双作用活塞缸的活塞和单作用柱塞缸的活塞杆头经常被用作限位器。当活塞或活塞杆头与其他缸零件抵靠时，即是缸行程的一端（缸进程极限位置或缸回程极限位置）。

在高压、高速（缸回程高速）液压缸中，一般活塞直径（或缸内径）与活塞杆直径、活塞杆头直径与活塞杆直径相差不大。在此情况下，如果在缸进程极限位置，向工作腔施加 1.5 倍公称压力的油液做耐压试验，即可能损坏缸零件。因此，在一些其他液压缸产品标准中有："（在液压缸耐压性能试验时）将被试液压缸的活塞分别停留在行程两端（不能接触缸盖）"或"（在双作用活塞式液压缸耐压试验时）从无杆端加压时将活塞固定在靠近行程终点位置进行试验；从有杆端加压时将活塞固定丁靠近行程起始位置进行试验"等。关于缸行程还可参见第 1.3.2 节。

（6）出厂检验

1）摘要。

10.1.2　出厂检验

出厂检验系指产品交货时必须逐台进行的检验，分必检和抽检项目。

10.1.2.1　出厂检验必检项目中性能检验项目和方法按 7.1～7.3 的规定，其中试验项目为 7.3.1、7.3.2、7.3.3、7.3.5、7.3.6、7.3.9；性能要求应分别符合 6.2.1、6.2.7、6.2.2、6.2.3.1、6.2.3.2、6.2.4、6.2.8、6.1.6 的规定。

2）应用。在 JB/T 10205—2010 中根本没有"6.1.6"这一条款，其"性能要求应符合 6.1.6 的规定"指向空无。

（7）缓冲试验

1）摘要。

6.2.8　缓冲

液压缸对缓冲性能有要求的，由用户和制造商协商确定。

7.3　缓冲试验

将被试液压缸工作腔的缓冲阀全部松开，调节试验压力为公称压力的 50%，以设计的最高速度运动，当运行至缓冲阀全部关闭时，缓冲效果应符合 6.2.8 要求。

2）应用。缓冲是运动件（如活塞）在趋近其运动终点时借以减速的手段，主要有固定（式）或可调节（式）两种。显然在 GB/T 10205—2010 中缺少固定（式）缓冲（装置）的试验方法。

缓冲阀缓冲（装置）一般由单向阀和可调节的节流阀组合而成，在 GB/T 10205—2010 中所述"缓冲阀松开"应为节流阀松开，但节流阀的调节一般不是靠缓冲行程来调节的，即在液压缸运行中缓冲阀不能自行关闭。

关于这一点，由 JB/T 10205—2010 中"液压缸安装的节流和（或）缓冲元件无油液（外）泄漏。"可为旁证。

（8）其他注意事项

除上述具体指出的在选择应用 JB/T 10205—2010《液压缸》时应注意的事项外，还应注意以下几点：

1）规范性引用文件中没有液压缸静密封用密封件（圈）沟槽。

2）规范性引用文件中没有 GB/T 15242.3—1994 这一项标准，其术语和定义中"滑环式组合密封"这种密封型式没有对应的安装沟槽，无法使用。

3）分类、标记和基本参数中无型号标记规定和标记示例。

4）液压缸安全技术要求缺失。

5）耐压性及耐压试验的规定缺乏理论基础，而且与其他标准，如 JB/T 3818—2014 不一致。

6）液压缸的工作介质温度规定缺乏理论基础，而且与其他标准，如 JB/T 3818—2014 不一致。

7）双作用液压缸内（的）泄漏量（规定值或允许值）与活塞式单作用液压缸的内泄漏量（规定值或允许值）至少有一组值得商榷。

8）液压缸的低温性能、行程定位性能、半行程内泄漏量、活塞（杆）偏摆和在一定侧向力作用下的耐久性等，在 JB/T 10205—2010 标准中缺失。

9）其他，如条款表述中缺助动词或不符合 GB/T 1.1—2009 中给出的助动词使用规则的情况很多。

到现在（2020 年 10 月）也未见 JB/T 10205—2010《液压缸》有修改单，包括勘误表。

总之，为了能够通过遵守《液压缸》标准，进而设计、制造出符合标准规定的液压缸，《液压缸》标准本身首先应该是严谨、准确的，并且应该是科学、技术和经验的总结，同时还应为液压缸未来技术发展提供框架。

5.1.3　各现行标准液压缸试验方法比较与应用

1. 液压缸试验项目和试验方法

液压缸各现行标准规定的液压缸试验项目和试验方法见表 5-10，适用于液压缸产品性能的出厂检验和/或型式检验。

表 5-10 中所列各试验方法的一般性错误已经修改，但更为严重的错误请见其他章节的专门论述。

表 5-10　液压缸试验项目和试验方法

标准章节号	试验项目	试 验 方 法
GB/T 15622—2005《液压缸试验方法》		
6.1	试运行	调整试验系统压力，使被试液压缸在无负载工况下起动，并全行程往复运动数次，完全排除液压缸内的空气
6.2	起动压力特性试验	试运转后，在无负载工况下，调整溢流阀，使无杆腔（双作用液压缸，两腔均可）压力逐渐升高，至液压缸起动时，记录下的起动压力即为最低起动压力
6.3	耐压试验	使被试液压缸活塞分别停在行程的两端（单作用液压缸处于行程极限位置），分别向工作腔施加 1.5 倍的公称压力，型式试验保压 2min；出厂试验保压 10s
6.4	耐久性试验	在额定压力下，使被试液压缸以设计要求的最高速度连续运行，速度误差为 ±10%，一次连续运行 8h 以上。在试验期间，被试液压缸的零件均不得进行调整。记录累计行程
6.5.1	内泄漏	使被试液压缸工作腔进油，加压至额定压力或用户指定压力，测定经活塞泄漏至未加压腔的泄漏量
6.5.2	外泄漏	进行 6.2、6.3、6.4、6.5.1 规定的试验时，检测活塞杆处的泄漏量；检查缸体各静密封处、结（接）合面和可调节机构处是否有渗（泄）漏现象
6.5.3	低压下的泄漏试验	当液压缸内径大于 32mm 时，在最低压力 0.5MPa(5bar) 下；当液压缸内径小于等于 32mm 时，在 1MPa(10bar) 压力下，使液压缸全行程往复运动 3 次以上，每次在行程端部停留至少 10s 在试验过程中进行下列检测： a）检查运动过程中液压缸是否振动或爬行 b）观察活塞杆密封处是否有油液泄漏。当试验结束时，出现在活塞杆上的油膜不足以形成油滴或油环 c）检查所有静密封处是否有油液泄漏 d）检查液压缸安装的节流和（或）缓冲元件是否有油液泄漏 e）如果液压缸是焊接结构，应检查焊缝处是否有油液泄漏
6.6	缓冲试验	将被试液压缸工作腔的缓冲阀全部松开，调节试验压力为公称压力的 50%，以设计的最高速度运行，检测当运行至缓冲阀全部关闭时的缓冲效果
6.7	负载效率试验	将测力计安装在被试液压缸的活塞杆上，使被试液压缸保持匀速运动，按下式计算出在不同压力下的负载效率，并绘制负载效率特性曲线，如图 6（暂略）所示 $$\eta = \frac{W}{p \cdot A} \times 100\%$$
6.8	高温试验	在额定压力下，向被试液压缸输入 90℃ 的工作油液，全行程往复运行 1h
6.9	行程检验	使被试液压缸的活塞或柱塞分别停在行程两端极限位置，测量其行程长度
GB/T 24946—2010《船用数字液压缸》		
6.4.1	外观	用目测法检查数字缸的表面
6.4.2.2	材料	按 GB/T 5777 规定的方法对缸筒和法兰焊缝进行 100% 的探伤
6.4.3.1	（高环境）温度	在环境温度为 65℃±5℃ 时，将试验液压液的温度保持在 70℃±2℃，数字缸以 100~120mm/s 的速度，全行程连续往复运行 1h
6.4.3.2	（低环境）温度	在环境温度为 -25℃±2℃ 时，保温 0.5h，然后供入温度为 -15℃ 的液压油，数字缸以 100~120mm/s 的速度，全行程连续往复运行 5min
6.4.4	倾斜与摇摆	按 CB 1146.8 规定的方法对数字缸进行倾斜与摇摆试验
6.4.5	振动	按 CB 1146.9 规定的方法对数字缸进行振动试验

（续）

标准章节号	试验项目	试 验 方 法
GB/T 24946—2010《船用数字液压缸》		
6.4.6	盐雾	按 CB 1146.12 规定的方法对数字缸进行盐雾试验
6.4.7	工作介质	用颗粒计数法或显微镜法测量油液的固体颗粒污染度等级
6.4.8	耐压强度	将被试数字缸的活塞分别停留在缸的两端（单作用数字缸处于行程极限位置），分别向工作腔输入 1.5 倍的公称压力的油液，保压 5min
6.4.9	密封性	将被试数字缸的活塞分别停留在缸的两端（单作用数字缸处于行程极限位置），分别向工作腔输入 1.25 倍的公称压力的油液，保压 5min
6.4.10	最低起动压力	数字缸在无负载工况下，调整溢流阀，使油压力逐渐升高，至数字缸起动，测量此时的液压进口压力
6.4.11	脉冲当量	将油缸活塞杆前端固定一个防止活塞杆转动的导轨。给定 1000 个脉冲，检查油缸的行程，连续往一个方向运行 5~10 次，最后用总行程除脉冲总数，得到平均脉冲当量为脉冲当量的实际值
6.4.12	最低稳定速度	在回油背压小于 0.2MPa、活塞杆无负载的情况下，使数字缸平稳运行，全程运行不少于 2 次，测量数字缸运行速度
6.4.13	最高速度	用数字控制器控制数字缸，使速度达到每秒 2000 个脉冲当量并走满行程
6.4.14	（行程）重复定位精度	用数字控制器控制数字缸，在保证液压缸活塞杆无转动的情况下，用百分表或传感器检测（行程）重复定位精度，在不同位置上重复 3 次，求平均值
6.4.15	分辨率	用数字控制器控制数字缸，在保证液压缸活塞杆无转动的情况下，用百分表或传感器检测分辨率
6.4.16	死区	用数字控制器控制数字缸，在保证液压缸活塞杆无转动的情况下，用百分表或传感器检测死区
6.4.17.1	（高）脉冲频率	重复向被试数字缸输入 1000 个脉冲，脉冲频率从 2000Hz 开始，每次增加 100Hz，直到 3000Hz
6.4.17.2	（低）脉冲频率	重复向被试数字缸输入 500 个脉冲，脉冲频率从 50Hz 开始，每次减少 5Hz，直到 10Hz
6.4.18	耐久性	在公称压力下，被试数字缸按图 2 试验回路，以设计的最高速度（误差在 ±10%之间）连续运行，一次连续运行时间不小于 8h，试验期间被试数字缸的零件均不应进行调整
6.4.19	清洁度	按 JB/T 7858 规定的方法，测量数字缸的清洁度
CB/T 3812—2013《船用舱口盖液压缸》		
5.3.1	试运行	在无负荷工况下，全行程往复运行 5 次以上，排出空气，观察运行、外观
5.3.2	最低起动压力	将液压缸放在水平安装位置并在无负荷工况下，使进入液压缸的油压从零逐步升高，测量液压缸活塞起动时的压力
5.3.3	最低稳定速度	在公称压力下，被试液压缸以 8~10mm/s 的速度，全行程动作 2 次以上，不得有爬行等异常现象
5.3.4	内泄漏量	分别将活塞停在液压缸的两端及中部，在被试液压缸工作腔输入公称压力的油液，测量经活塞泄漏至未加压腔的泄漏量
5.3.5	负载效率	将测力计装在被试液压缸的活塞杆上，使进入被试液压缸的压力逐渐升高，按公式（2）、（3）求出各点效率： $$\eta = \frac{W}{F} \times 100\% \quad\cdots\cdots\cdots\cdots\cdots\cdots \quad (2)$$ $$F = p_1 S_1 - p_2 S_2 \quad\cdots\cdots\cdots\cdots\cdots\cdots \quad (3)$$
5.3.6	耐压试验	将被试液压缸的活塞停留在行程的两端，使进入液压缸的油压力为公称压力的 1.5 倍，保压 5min

（续）

标准章节号	试验项目	试 验 方 法
GB/T 3812—2013《船用舱口盖液压缸》		
5.3.7	外泄漏量	在公称压力下全行程往复运行 10 次，活塞杆密封处应无油滴下；各静密封处和动密封处静止时，不应有泄漏；活塞杆动密封换向 1 万次后，外泄漏不成滴；每移动 100mm：对活塞杆直径 $d \leqslant 50mm$，外泄漏量不大于 0.05mL/min；对活塞杆直径 $d>50mm$，外泄漏量不大于 $0.001d$（mL/min）
5.3.8	缓冲效果	将（在）被试液压缸的输入压力为公称压力的 50% 情况下以设计的最高速度进行试验，观察活塞运动情况
5.3.9	耐久性	在公称压力下，连续动作试验累计往复动作 5000 次，要求运行正常，不得更换零部件（含密封件），检查外泄漏及内泄漏
5.3.10	拆检	试验完毕后，检查外形尺寸及缸筒内径，活塞外径，导向塞（套）外径、活塞杆直径、密封件等
5.4	清洁度	清洗液压缸内腔，然后将清洗液缓慢倒入放置在漏斗孔口的滤膜（精度为 $0.8\mu m$）上过滤，过滤完后烘干，称重，过滤膜滤后的重量与过滤前的重量之差，即为液压缸内腔污染物的重量
5.5.1	（高温）环境适应性	在环境温度为 65℃±5℃ 时，将试验液压液的温度保持在 70℃±2℃，液压缸以 100~120mm/s 的速度，全行程连续往复运行 1h
5.5.2	（低温）环境适应性	在环境温度为 -25℃±2℃ 时，保温 0.5h，然后供入温度为 -15℃ 的液压油，工作约 10min
JB/T 6134—2006《冶金设备用液压缸（$PN \leqslant 25MPa$）》		
6.4.1	空载运转	被试液压缸在无载工况下，全行程上进行 5 次试运转
6.4.2	有载运转	把试验回路压力设定为公称压力施加负载，以表 1 的最低及最高速度，分别在全行程动作 5 次以上。当被试液压缸的行程特别长时，可以改变加载液压缸的位置，在全行程上依次分段进行有载试运转
6.4.3	最低起动压力	在 6.4.1 试验时，从无杆侧逐渐施加压力，测其活塞的最低起动压力
6.4.4	内泄漏	将被试液压缸的活塞固定在行程的两端（当行程超过 1m 时，还需固定在中间），在活塞的一侧施加公称压力，测量活塞另一侧的内泄漏量
6.4.5	外泄漏	在 6.4.1、6.4.2、6.4.4、6.4.7、6.4.9 试验时，测量活塞杆防尘圈处的泄漏量
6.4.6	负载效率	调节溢流阀，使进入被试液压缸无杆侧的压力逐渐升高，测出不同压力下的负载效率，并绘出负载曲线
6.4.7	耐压试验	在被试液压缸无杆侧和有杆侧分别施加公称（压）力 PN 的 1.5 倍（当 PN>16MPa 时，应为 1.25 倍），将活塞分别停在行程的两端，保压 2min 进行试验
6.4.8	耐高温试验	被试液压缸在满载工况下，通入 90℃±3℃ 的油液，连续运转 1h 以上进行试验
6.4.9	耐久性试验	被试液压缸在满载工况下，使活塞以表 1 规定的最高速度 ±10% 连续运转，一次连续运转时间不得小于 8h。活塞移动距离为 150km，在试验中不得调整被试液压缸的各个零件
6.4.10	全行程检验	在 6.4.1 试验时，将活塞分别停留在行程的两端，测量全行程长度，应符合设计要求及表 15 的规定
JB/T 9834—2014《农用双作用油缸 技术条件》		
7.3.1.1	试运行	被试油缸排出内腔空气后，分别在空载压力下和试验压力下全行程往复运行 5 次

（续）

标准章节号	试验项目	试 验 方 法
JB/T 9834—2014《农用双作用油缸　技术条件》		
7.3.1.2	最低起动压力	分别给无外负荷的被试油缸两腔供油，并逐渐增加压力至活塞开始运动。活塞开始移动的压力称为起动压力。本试验中油缸非工作腔中压力应为 0，加载油缸应脱开
7.3.1.3	耐压性	活塞分别位于油缸两端，向空腔供油，使油压为试验压力的 1.5 倍，保压 2min
7.3.1.4	内泄漏	分别向被试油缸两腔供油，关死通供油腔的截止阀。用加载油缸使供油腔油压达到试验压力，1min 后进行测量。本试验非供油腔油压为 0
7.3.1.5	定位性能	将定位卡箍固定在活塞杆中间位置，在试验压力下运行 5 次
7.3.1.6	行程检验	使活塞分别停留在行程两端的极限位置，测量其行程长度
7.3.1.7	装配质量	采用目测法
7.3.1.8	外观质量	采用目测法或手摸法
7.3.1.9	外泄漏检验	在上述各项试验过程中，活塞杆处不得泄漏
JB/T 11588—2013《大型液压油缸》		
5.2.1.1	准备运转与试运行	试验前应进行准备运转。在无负荷状态下起动，并全行程往复运动数次，完全排除液压油缸内的空气，运行应正常
5.2.1.2	最低起动压力	不加负荷，用液压从零增加至活塞杆平稳移动时，测定活塞在缸内接近两端及中间的三处的最低起动压力，取其最大值
5.2.1.3	内泄漏	在公称工作压力下，活塞分别停于液压油缸的两端，保压 30min，测定经活塞泄漏至未加压腔的泄漏量
5.2.1.4	外泄漏	在公称工作压力下，活塞分别停于液压油缸的两端，保压 30min，观测泄漏情况
5.2.1.5	耐压性	使被试液压油缸活塞分别停在行程的两端，分别向工作腔施加 1.5 倍的公称工作压力，型式试验保压 2min；出厂试验保压 10s
5.2.2	低压下的泄漏	在最低起动压力下，使液压油缸全行程往复运动 3 次以上，每次在行程端部停留至少 10s 在试验过程中进行下列检测： a）检查运动过程中液压油缸是否振动或爬行 b）观察活塞杆密封处是否有油液泄漏。当试验结束时，出现在活塞杆上的油膜不足以形成油滴或油环 c）检查所有静密封处是否有油液泄漏 d）检查液压缸安装的节流和（或）缓冲元件是否有油液泄漏 e）如果液压缸是焊接结构，应检查焊缝处是否有油液泄漏
5.2.3	缓冲试验	将被试液压油缸工作腔的缓冲阀全部松开，调节试验压力为公称压力的 50%，以设计的最高速度运行，检测当运行至缓冲阀全部关闭时的缓冲效果
5.2.4	清洁度	利用一腔加压另一腔排油，用油污检测仪对液压油缸排出的油液进行检测
5.2.5	动负荷试验	液压油缸动负荷试验在用户现场进行，观察动作是否平稳、灵活
5.2.6	行程检验	使被试液压油缸的活塞分别停在行程极限位置，测量其行程长度
JB/T 13141—2017《拖拉机　转向液压缸》		
7.3.2.1	试运转	液压缸排除内腔空气后，分别在空载压力下和试验压力下全行程往复运行 5 次
7.3.2.2	起动压力	试运转后，在无负载工况下，调整压力，使无杆腔（对于双活塞杆液压缸，两腔均可）压力逐渐升高，另一腔压力为 0，至活塞杆开始移动时的压力即是起动压力 注："对于双活塞杆液压缸，两腔均可"的表述不正确。按 GB/T 17446—2012 的规定，应为"双杆缸"或"双出杆缸"，而不是"双活塞杆液压缸"

（续）

标准章节号	试验项目	试 验 方 法
JB/T 13141—2017《拖拉机 转向液压缸》		
7.3.2.3	耐压性	活塞分别位于液压缸两端，向空腔供油，使油压为试验压力的1.5倍，保压2min
7.3.2.4	内泄漏	油温为65℃±2℃，在液压缸无杆腔（双活塞杆液压缸，两腔均可）输入油液，活塞位于1/2行程、行程两端极限位置时，依次施加0.2倍、0.5倍、1倍、1.5倍公称压力，测量经活塞泄漏至未加压腔的油液泄漏量（也允许采用位移或压力等间接测量方法测量内泄漏量）
7.3.2.5	行程准确性	使活塞分别停留在行程两端的极限位置，测量其行程长度
7.3.2.6	装配质量	采用目测法
7.3.2.7	外观质量	采用目测法或触摸法
7.3.2.8	外泄漏	在试验条件下，活塞做往复运动，活塞移动总距离为100m。活塞运动过程中测量活塞杆处的漏油量
7.3.2.9	负载效率	液压缸活塞在试验条件下，以额定速度（实际使用的最高速度）运动，用测力计测出活塞杆上所受的力，按下式计算负载效率 $$\eta = \frac{F}{pA - p_1 A_1} \times 100\%$$ 式中 F—活塞杆上所受的力，单位为 N p—工作腔中油压，单位为 MPa A—工作腔活塞作用面积，单位为 mm^2 p_1—非工作腔中油压，单位为 MPa A_1—非工作腔活塞作用面积，单位为 mm^2
7.3.2.10	高温性能	试验油温为90~95℃时，在试验压力下，液压缸活塞全行程往复运行1h
7.3.2.11	低温性能	试验油温为-25~-20℃时，在试验压力下，液压缸活塞全行程往复运行5次
7.3.2.12	内部清洁度	按JB/T 7858的规定，采用称重法测量
7.3.2.13	耐久性试验	液压缸在试验条件下，活塞行程不小于全行程的95%，平均运行速度在50~150mm/s范围内；活塞运行总距离不少于120km，或者循环次数为30×10^4次循环，每次连续运行不得少于8h 试验分四个阶段进行，每阶段循环次数为总循环次数的25%（或活塞运行距离为活塞运行总距离的25%）。每阶段之后，应进行内泄漏、外泄漏性能检查（其中外泄漏可在耐久性试验过程中进行检查） 用于受侧向力的液压缸，试验时所加侧向力为100N，受力部位在液压缸最大行程最接近中部的位置，每次连续运行不得少于8h 注：1. 被试液压缸应从出厂试验合格产品中随机抽取两台（1台用来做耐久性试验，另1台用作陪试） 2. 被试液压缸先按表中的7.3.2.1~7.3.2.2内容进行检测，检测的结果在满足JB/T 13141中表4的相应要求后，才能进行耐久性试验
7.3.2.14	耐泥水性	在80%公称压力和65℃±2℃油温下，活塞行程不小于全行程95%，运行速度控制在50~150mm/s范围内，模拟拖拉机实际转向时的工况进行试验。试验次数为20×10^4次循环。试验过程中将泥浆连续浇注在活塞杆上。泥浆配比如下 a）固体介质成分及配比：泥土、二氧化硅（150目）、二氧化硅（240目）、二氧化硅（400目）、氯化钠的配比（质量比）为6∶1∶1∶1∶1 b）固体介质与水的配比：125g/L（1L水中拌入125g固体介质配成泥浆）

（续）

标准章节号	试验项目	试　验　方　法
JB/T 13141—2017《拖拉机　转向液压缸》		
7.3.2.15	耐腐蚀性	按照 GB/T 10125 的规定对活塞杆表面进行 96h 中性盐雾试验
7.3.2.16	耐冲击性	在液压缸 1/2 行程处固定住活塞杆，在公称压力下两腔交替进行 20 万次冲击试验，冲击频率为 1~2Hz
DB44/T 1169.2—2013《伺服液压缸　第 2 部分：试验方法》		
4.1	试运行	使被试液压缸在无负载工况下起动，并全程往复运动 5~8 次，完全排净液压缸内空气，初步检查装配、运行是否良好
4.2.2	无杆腔耐压试验	当被试液压缸额定工作压力≤16MPa 时，耐压试验压力为额定工作压力的 1.5 倍；当被试液压缸额定工作压力>16MPa 时，耐压试验压力为额定工作压力的 1.3 倍。在（上述）调定压力下进行保压（型式试验保压 10min，出厂试验保压 5min），在保压过程中，观察被试液压缸缸体是否有过大变形、开裂、渗漏或泄漏
4.2.4	有杆腔耐压试验	
4.3.2	无杆腔内泄漏试验	在额定工作压力（试验压力）下保压 5min，并用适当容器收接从有杆腔油口 E 流出的全部油液。计算每分钟流出油液的体积，即为被测液压缸无杆腔在试验压力下的内泄漏流量
4.3.4	有杆腔内泄漏试验	在额定工作压力（试验压力）下保压 5min，并用适当容器收接从无杆腔油口 E 流出的全部油液。计算每分钟流出油液的体积，即为被测液压缸有杆腔在试验压力下的内泄漏流量
4.4.2	无杆腔外泄漏试验	（在）进行 4.3.2 试验时，检测活塞杆密封处的外泄漏量，检查缸体各密封部位、可调节机构以及传感器等安装部位是否有渗漏现象
4.4.4	有杆腔外泄漏试验	（在）进行 4.3.4 试验时，检测活塞杆密封处的外泄漏量，检查缸体各密封部位、可调节机构以及传感器等安装部位是否有渗漏现象
4.5	最低起动压力试验	（省略）
4.6	带载动摩擦力试验	（在）活塞杆带负荷移动条件下，缸筒、端盖和密封装置对活塞杆产生的运动阻力（进行检测）
4.7	阶跃响应试验	（省略）
4.8	频率响应试验的一般规定	在带载条件下，对被试液压缸位移跟踪稳态响应参数进行检测
4.9.1	偏摆试验的一般规定	在带负载条件下，对活塞直径大于 500mm 的被试液压缸活塞运动过程中产生的偏摆量进行检测
4.10	低压下的泄漏试验	试验步骤如下： a）在供油压力 0.5MPa、1.5MPa、3MPa 下，分别使液压缸全程往复运动 6 次，每次在行程终端停留至少 10s b）检查运动过程中液压缸是否有卡滞或爬行 c）观察活塞杆密封处是否有油液泄漏，当检验结束时出现在活塞杆上的油膜不足以形成油滴 d）检查所有静密封处、焊缝处是否有油液泄漏
4.11	行程检测	使被试液压缸的活塞或柱塞分别停留在行程两端极限位置，测量其行程
4.12	负载效率试验	对产品有此要求时，参考 GB/T 15622 液压缸试验方法相关条款进行
4.13	高温试验	对产品有此要求时，在额定压力下，向被试液压缸输入 90℃的工作油液，全行程往复运行 1h，观察液压缸是否有异常现象
4.14	耐久性试验	在额定压力下，使被试液压缸以设计的最高速度连续运行，速度误差 ±10%。一次连续运行 8h 以上。在试验期间，被试液压缸的零件均不得进行调整。记录累计行程

2. 液压缸试验装置

在 GB/T 15622—2005《液压缸试验方法》中，液压缸出厂试验装置中不包括加载装置。液压缸出厂试验液压系统原理图（GB/T 15622—2005 图 3）与液压缸型式试验装置中被试液压缸型式试验液压系统原理图相同（GB/T 15622—2005 图 4），如图 5-1 所示。

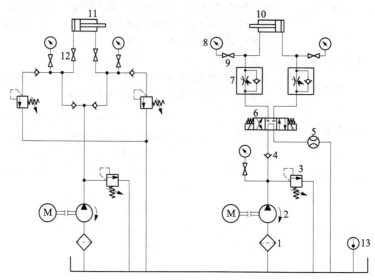

图 5-1 液压缸型式试验液压系统原理图

1—过滤器 2—液压泵 3—溢流阀 4—单向阀 5—流量计 6—电磁换向阀 7—单向节流阀
8—压力表 9—压力表开关 10—被试液压缸 11—加载液压缸 12—截止阀 13—温度计

注：根据 GB/T 786.1—2009 对 GB/T 15622—2005 图 4 进行了重新绘制，但被试液压缸 10 与加载液压缸 11 没有连接。

在 GB/T 24946—2010《船用数字液压缸》型式检验的液压系统原理图中，还有不同于上述 GB/T 15622 标准的另一种加载装置液压系统原理图，如图 5-2 所示。

3. 液压缸试验项目和方法的应用

在应用或引用各标准中的试验项目和方法时，应注意以下几点。

（1）耐压（试验）压力

在耐压试验中，对耐压（试验）压力，各标准有着不同的规定，如公称压力、额定压力、公称工作压力、额定工作压力等。

只有"公称压力"和"额定压力"在 GB/T 17446—2012 中有定义。

用公称压力或额定压力表示的耐压压力具有特定含义，其他则可能产生歧义。

在表 5-10 所列标准中，以耐压（试验）压力为"1.5 倍的公称压力"的为最高。耐压压力在液压传动系统及元件中是仅次于爆破压力的压力，一般在耐压压力下，只能做耐压（性能）试验，而不能做其他性能试验。耐压试验是静压试验，对于大型液压油

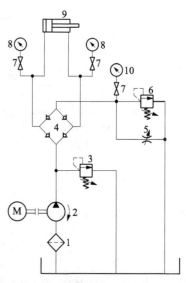

图 5-2 数字液压缸型式试验的加载装置液压系统原理图

1—过滤器 2—低压供油泵 3—溢流阀 4—桥式回路
5—加载阀 6—安全阀 7—压力表开关
8—压力表 9—加载液压缸

注：根据 GB/T 786.1—2009 对 GB/T 24946—2010 图 2 中加载装置（缸）液压系统原理图进行了重新绘制，并按 GB/T 24946—2010 图 2 中元件名称进行了重新编号。

缸此点尤为重要。

在耐压试验中，以"出厂试验保压 10s"的规定最为科学。其他如在 1.5 倍的公称压力下保压 2min（甚至还有的要求保压 5min）进行耐压试验，即使被试液压缸顺利通过了试验，可能对被试液压缸造成的损害也是不可维修的。

"公称压力"和"额定压力"也被用于密封性试验中。无论如何，液压缸的密封性试验压力不应高于或等于耐压试验压力，对应的静态密封性出厂试验的保压时间也应规定合理。否则，液压缸出厂试验后，被试液压缸即行报废。

（2）活塞与活塞杆

活塞和活塞杆都是相对于液压缸缸体（筒）可进行往复运动的缸零件，而且活塞与活塞杆同轴并联为一体。

在一些液压缸试验标准中，涉及液压缸运行和停止的状态多以活塞与缸体（筒）间的相对位置加以描述。这样的描述多数是必要的，但活塞内藏于缸体（筒）内，不直接可视，液压缸试验时只能通过外露的活塞杆加以目视判断。因此，涉及液压缸运行和停止时的活塞位置描述缺乏对活塞杆的同期描述。

在 DB 44/T 1169.2—2013 中，且不论其中规定的试验方法正确、可行与否，仅在偏摆试验一般规定"在带负载条件下，对活塞直径大于 500mm 以上被试液压缸活塞运动中所活塞杆的偏摆量进行检测"中，被试液压缸活塞运动"所活塞杆"的"所"字就很难理解。

即使带内置式位移传感器的液压缸或伺服液压缸，同样也存在在液压缸运行和停止时，以活塞及活塞杆的同期描述问题。

另外，柱塞缸没有活塞，只有活塞杆，以活塞杆描述液压缸的状态更为确切。

（3）液压缸放置

在 GB/T 15622—2005 中给出了液压缸试验时的两种放置方式：水平放置和倾斜放置。

液压缸试验时一般无法模拟实际使用工况，即无法模拟在主机上的安装型式、连接型式和受力情况。因此，一般被试液压缸不承受侧向载荷或进行侧向力加载。

被试液压缸的不同放置，可能直接影响测试结果，而且可能一些性能还无法测试，如液压缸的沉降量。

在 JB/T 10205—2010 中还有："液压缸的试验装置原则上采用以水平基准为准的平面装置"的规定。

（4）内泄漏试验

大部分液压缸试验都要求在"使被试液压缸活塞分别停在行程的两端"，测定经活塞泄漏至未加压腔的泄漏量。

暂且不讨论两端是（行程）极限位置或是其他，但"分别将活塞停在液压缸的两端及中部"进行内泄漏试验比较合理，尤其行程超过 1000mm 的液压缸，这种规定更加合理。

在内泄漏试验中，向被试液压缸输入的液压油（液）温度不能降低，否则试验测量值不准确。更重要的是试验用液压油的黏度必须符合规定或按制造商与用户商定的。否则，在用户现场进行的内泄漏试验，包括沉降试验，就可能超标。

（5）沉降量检测方法

在 JB/T 9834—2014 表 6 中给出的内泄漏出厂试验方法不尽合理（见表 5-10）。例如，分别向被试油缸两腔供油，但应规定不能使液压缸高速运行；关死通供油腔的截止阀只能是安装在无杆腔的截止阀，而不能是安装在有杆腔的截止阀；加载油缸使供油腔油压达到试验压力，但必须规定是无杆腔。

采用沉降量检验内泄漏的正确方法应为：向双作用液压缸的两腔分别供油，使其低速运行；在确保无杆腔排净空气、试验油液空气混入量符合规定的情况下，关死临近无杆腔油口的截止阀，使活塞及活塞杆停止在离开缸回程极限位置一段距离处或指定位置（一般应包括缸进程极限位置和缸行程中间位置），并打开有杆腔油口，使其直接通大气；通过外部加载（力）使无杆腔压力始终保持在试验压力（公称压力）下，并在 1min 后进行活塞（活塞杆）的位移量测量。

根据上述作者给出的沉降量检测方法，图 5-1 所示的液压缸型式试验液压系统原理图及图 5-2 所示的数字液压缸型式检验的加载装置液压系统原理图都不具备定向定压主动加载功能，无法用于完成该项试验。

5.1.4 液压缸密封性能试验

除有产品标准的液压缸外，其他液压缸（包括有特殊技术要求和特殊结构和液压缸）可据此进行密封性能试验。对各产品标准中缺少的密封性能试验项目，也可参照本方法和规则进行试验。

5.1.4.1 液压缸密封性能试验项目、条件与试验装置

1. 试验项目与条件

液压缸密封试验用现行标准主要包括 GB/T 15622—2005《液压缸试验方法》、JB/T 10205—2010

《液压缸》以及其他现行液压缸相关标准。

出厂试验系指液压缸出厂前为检验液压缸质量所进行的试验。表 5-11 所列的液压缸密封性能试验属于液压缸出厂试验，且必须逐台进行试验；其所列的试验项目分必试（必检）和抽试（抽检），其抽试项目应按相关标准规定或定期抽测。

表 5-11　液压缸密封性能试验项目

序号	项　目	要求	备　注
1	试运行	必试	在 JB/T 10205 中规定的必检项目"7.31　试运行"，无需加外负载
2	低压、低速试验	必试	在 JB/T 10205 中规定的必检项目"7.3.2　起动压力特性试验"和"7.3.5.3 低压下的泄漏"，除起动压力特性试验外，需要加（小的）外负载
3	高速试验	抽试	在 JB/T 10205 中规定的抽检项目"7.3.4　耐久性试验"，需加外负载
4	耐压试验	必试	在 JB/T 10205 中规定的必检项目"7.3.3　耐压试验"，一般需加外负载
5	内泄漏试验	必试	在 JB/T 10205 中规定的必检项目"7.3.5.1　泄漏试验"，一般需加外负载
6	高温试验	抽试	在 JB/T 10205 中规定的抽检项目"7.38　高温试验"，需加外负载
7	缓冲试验	抽试	在 JB/T 10205 中规定的必检项目"7.36　缓冲试验"，需加外负载
8	动特性试验	抽试	在 JB/T 10205 中无规定，一般不需要加外负载
9	外泄漏试验	必试	在 JB/T 10205 中规定的必检项目，包括上述所有试验项目

除 JB/T 9834 规定的农用双作用液压缸、JB/T 11588 规定的大型液压油缸和 JB/T 13141 规定的拖拉机转向液压缸外，其他液压缸试验时，试验台液压油油温在 +40℃ 时的运动黏度应为 29~74mm²/s，且宜与用户协商一致。

试验用油液品种牌号与黏度等级宜与用户协商确认，并达成一致。在 GB/T 7935—2005 中规定的试验用油黏度为：油液在 40℃ 时的运动黏度应为 42~74mm²/s（特殊要求另作规定）。在 JB/T 13141—2017 规定的试验用油液黏度为：油液在 40℃ 时的运动黏度应为 90~110mm²/s，或者在 65℃ 时的运动黏度为 25~35mm²/s。

除特殊规定外，出厂试验应在液压油油温为 50℃±4℃ 下进行。出厂试验允许降低油温，但在油温低于 50℃±4℃ 下所取得的试验测量值经换算后，其换算值一般不准确。

在 JB/T 13141—2017 规定，除另行规定外，油温在型式检验时为 65℃±2℃，在出厂检验时为 65℃±4℃。

试验用液压油应与被试液压缸的材料主要是密封件的密封材料相容，且试验液压系统油液的固体颗粒污染等级代号不得高于 GB/T 14039 规定的 19/15 或—/19/15。

在 JB/T 13141—2017 规定，试验液压系统用油液固体颗粒污染度等级应不高于 GB/T 14039—2002 规定的—/19/16。

试验中各参量应在稳态工况下测量并记录，出厂试验测量准确度可采用 C 级。在 JB/T 10205—2010 中规定的被控参量平均显示值允许变化范围见表 5-12，测量系统允许系统误差见表 5-13。

液压缸（型式）试验时的安装和连接及放置方式宜与实际使用工况一致。

表 5-12　被控参量平均显示值允许变化范围
（摘自 JB/T 10205—2010）

被　控　参　量		平均显示值允许变化范围	
		B 级	C 级
压力	在小于 0.2MPa 表压时/kPa	±3.0	±5.0
	在等于或大于 0.2MPa 表压时（%）	±1.5	±2.5
温度/℃		±2.0	±4.0
流量（%）		±1.5	±2.5

在试验中，试验系统各被控参量平均显示值在表 5-12 规定的范围内变化时为稳定工况。

表 5-13　测量系统允许系统误差
（摘自 JB/T 10205—2010）

测　量　参　量		测量系统的允许系统误差	
		B 级	C 级
压力	在小于 0.2MPa 表压时/kPa	±3.0	±5.0
	在等于或大于 0.2MPa 表压时（%）	±1.5	±2.5
温度/℃		±1.0	±2.0
力（%）		±1.0	±1.5
流量（%）		±1.5	±2.5

2. 试验装置

液压缸密封性能出厂试验装置一般应由加载试验装置和液压缸试验操作台（含液压系统、检测仪器、仪表、装置和/或电气控制、操作装置及其他控制装

置等）组成。

根据液压缸试验相关标准，液压缸密封性能出厂试验装置应具备以下性能：

1) 应具有对被试液压缸施加外负载装置，且应使该负载作用沿液压缸的中心线发生。其作用能使被试液压缸各工作腔产生大于或等于 1.5 倍公称压力的压力，并可作为被试液压缸在行程各个位置，包括液压缸行程的两个极限位置（即所谓行程两端）的实际限位器。还可设置对被试液压缸施加侧向力（负载）装置。液压缸（型式）试验时的安装和连接及放置方式宜与实际使用工况一致。

2) 液压系统应设置溢流阀来防止被试液压缸承受超过 1.1×1.5×公称压力的压力，尤其应防止液压缸有杆腔由于活塞面积差引起的增压超过上述压力；应设置被试液压缸各腔手动卸压装置；应设置必要的安全装置，采用可取的保护办法、防护措施来保证设备、人员安全。

3) 液压系统应能对被试液压缸施加 0~1.5 倍公称压力或以上的压力；应能使液压缸以公称压力（或额定压力）、0~最高设计速度连续（换向）稳定运行；应能对被试液压缸施加 0.2MPa 的背压；应能使油箱内及输入液压缸油口的油液温度达到并保持 +50℃±4℃ 或 +90℃±4℃；应能使油箱内及输入液压缸油液的固体颗粒污染等级代号不得高于 GB/T 14039 规定的 19/15 或—/19/15。

4) 被试液压缸两腔（油口）应能既可与系统连接，也可与系统截止，还可在与系统截止后直通大气；压力测量点应设置在距被试液压缸油口约 $2d~4d$ 处（d 为连接管路内径），温度测量点应设置在距测压点 $2d~4d$ 处（d 与上同）。

5) 测量系统允许系统误差及被控参量平均显示值允许变化范围应按相关标准规定。应能检测 0.03MPa（伺服液压缸最低起动压力）直至 1.1×1.5×公称压力的压力，且（压力表）量程一般应为 (1.5~2.0)×1.5×公称压力；应能检测 0.02mL/min 直至使被试液压缸能以设计最高速度运行的输入流量；应能检测大于或等于被试液压缸理论输出力的力；应能检测一般被试液压缸的行程及偏差；或者能精确检测有特殊技术要求或特殊结构的被试液压缸的缸行程定位精度和行程重复定位精度等。

还应能自动累计换向次数（计数）、计时、环境温度测量等。液压缸的倾斜、摇摆、振动及偏摆的测量按相关标准规定。

6) 电气控制电压宜采用 DC24V，并配有可靠的接地连接。电气操作装置（台）宜独立设置且可移动。试验装置安装场地的环境污染程度、背景噪声级别、电源容量及质量、消防设施、安全防护措施等都应符合相关标准规定。

以 GB/T 15622—2005《液压缸试验方法》给出的"图 3　出厂试验液压系统原理图"（见图 5-1）为例，根据 JB/T 10205—2010《液压缸》规定的液压缸出厂必检项目、规则（方法或步骤）及所对应的液压缸密封性能必试项目及规则，在应用 GB/T 15622—2005"图 3　出厂试验液压系统原理图"时应注意如下几点：

(1) 油箱

由于 GB/T 15622—2005 图 3 所示的油箱内没有设计、安装热交换器，油箱内及输入液压缸油口的油液温度无法保证达到并保持规定的温度及变化范围允许值，因此在 JB/T 10205 中规定的所有必检项目及在液压缸密封性能试验中规定的所有必试项目都无法取得准确的试验测量值及换算值，即不符合在 JB/T 10205 中所规定的试验条件。

(2) 过滤器

由于液压泵吸油管路上允许用粗滤器，因此 GB/T 15622—2005 图 3 所示的过滤器只能是一台粗滤器。经粗滤器过滤的油液无法保证符合 JB/T 10205 中规定的及液压缸密封性能试验中规定的试验用油污染度等级，即输入液压缸油口的油液的固体颗粒污染等级代号不得高于 GB/T 14039 规定的 19/15 或—/19/15，也就是不符合在 JB/T 10205 中所规定的试验条件。

(3) 液压泵

由于 GB/T 15622—2005 图 3 中只有一台定量液压泵、一台溢流阀，而且为回油节流、无旁路节流调速系统，因此该系统无法实现（取得）在无负载工况下低压、低速的稳定运行（工况），即无法进行在 JB/T 10205 中规定的必检项目及在液压缸密封性能试验中规定的必试项目"试运行"，即"起动压力特性试验"；或者还无法进行"低压、低速试验"和"低压下的泄漏"试验项目。

(4) 溢流阀

由于 GB/T 15622—2005 图 3 中只有一台溢流阀，如要将液压系统在小于 0.3MPa（或 0.03MPa）与大于或等于 1.5×31.5MPa（或 1.1×1.5×公称压力）之间都能调整出稳定的压力工况，以现有溢流阀的性能（如调压范围）而言，这几乎是不可能的。

况且，为防止被试液压缸有杆腔由于活塞面积差引起的增压，无杆腔应设置溢流阀。

(5) 加载装置

因 GB/T 15622—2005 图 3 中没有加载装置，而 GB/T 图 4 所示"型式试验液压系统原理图"中有加载装置，所以判断，GB/T 15622—2005 图 3 所示的"出厂试验液压系统原理图"没有加装装置。

没有加载装置不但无法检验沉降量，而且在 JB/T 10205 中规定的必检项目"7.3.3 耐压试验"可能也无法进行。因为不是所有被试液压缸都允许活塞分别停在行程两端（极限位置）（单作用液压缸处于行程进行位置）对其施加耐压压力，如果被试液压缸有如上要求，则液压系统将无法加压至耐压压力，进而无法向工作腔施加 1.5 倍公称压力（或额定压力）的油液，所以也就无法进行耐压试验。

同样，没有加载装置也无法进行缸出力效率或负载效率试验。

（6）压力表与流量计及其他

压力表与流量计与上述溢流阀相似，主要是单一一只（台）压力表或流量计的量程和精度无法达到相关标准规定要求。

温度测量点也不能只设在油箱上，相关标准规定温度测量点应设在压力测量点附近。

由于在 GB/T 15622—2005 图 3 所示的液压系统中没有旁路节流调速（回路），该系统很难满足被试液压缸试验时的各种速度要求，如设计的最高速度。

现行标准没有要求所有液压缸都应设有排（放）气装置，因此液压系统应设置排（放）气装置，以使尽量少的空气进入管路、元件及附件（如油箱）。

综上所述，有必要给出一种液压缸密封性能出厂试验装置液压系统原理图，如图 5-3 所示。

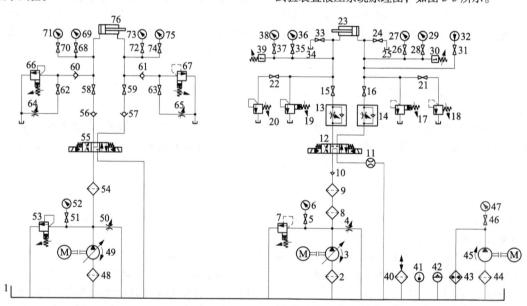

图 5-3　液压缸密封性能出厂试验装置液压系统原理图

1—油箱　2、8、9、44、48、54—滤油器　3、49—变量液压泵　4、50、64、65—节流阀
5、26、28、35、37、46、51、68、70、72、74—压力表开关　6、27、29、36、38、47、52、69、71、73、75—压力表
7、17、18、19、20、53、66、67—溢流阀　10、56、57、60、61—单向阀　11—流量计　12、55—电液换向阀
13、14—单向节流阀　15、16、21、22、24、33、58、59、62、63—截止阀　23—被试液压缸　25、34—接油箱
30、39—压力继电器　31—温度计截止阀　32、41—温度计　40—空气滤清器
42—液位计　43—温度调节器　45—定量液压泵　76—加载液压缸

说明：

1）图 5-3 所示的液压系统原理图，没有包括侧向力加载装置液压回路。

2）油箱 1 为带盖油箱（图中未示出油箱盖），其他未给出序号的油箱皆为此油箱。

3）滤油器分粗滤器（滤网）、粗过滤器和精过滤器。

4）泄漏油路在图 5-3 中未示出。

5）压力表（或电接点压力表）量程及精度等级各有不同。

6）节流阀可以采用其他更为精密的流量调节阀，如调速阀；单向节流阀也可如此。

7）流量计在一些情况下可考虑不安装，如可采用量筒计量的。

8）各截止阀皆为高压截止阀，且要求性能良好，能够完全截止。

9）压力、温度测量点位置按相关标准规定（按文中所述）。

10）接油箱 25、34 一般为液压缸试验操作台前油箱，也可另外选用容量足够的清洁容器，但应对油液喷射、飞溅等采取必要的防范措施。

11）没有设计排（放）气装置的液压缸应首选采用通过截止阀 24 或 33 排（放）气。

12）溢流阀 17、19、66 和 67 应安装限制挡圈，限定其可调节的最高压力值。

13）由 43、44、45、46、47 等元件组成的油温控制装置，现在已有商品。

14）各滤油器旁路及报警、电液换向阀控制、各仪表电接点等在图 5-3 中没有进一步示出。

溢流阀安装限制挡圈的方法应符合相关标准规定。手册中其他压力和流量控制阀也应符合"如果改变或调整会引起危险或失灵，应提供锁定可调节元件设定值或锁定其附件的方法。"的规定。

5.1.4.2 液压缸密封性能试验方法与检验规则

1. 液压缸密封性能技术要求

在下述所有试验中，不应有零部件（包括密封件）损坏现象。

在下述所有试验中，除活塞杆密封处外，其他各处都不应有外泄漏或渗漏；活塞杆处在液压缸静止时不应有外泄漏；液压缸缸体（筒）外表面不应有渗漏。

在低压、低速试验和内泄漏试验中，内泄漏量不应超过标准规定值。

采用沉降量法检查（测）内泄漏量时，其沉降量不应超过标准规定值。

运行中，液压缸不应有振动、异响、突窜、卡滞和爬行等现象。

必要情况下，建议进行环境适应性试验。

运行工况一般应包括高低压下、高低温下和高低速下及它们的组合。

有偏摆性能要求的液压缸，其偏摆值不应大于规定值。

关于液压缸起动、运行状态（况）描述还可参见本手册第 2.18 节。

2. 液压缸密封性能出厂试验方法

（1）试运行（必试）

液压缸在无负载工况下起动，并全行程往复运动数次，完全排出液压缸内的空气。

（2）低压、低速试验（必试）

1）压力调整范围：0~0.5MPa 或 0~1.0MPa。

2）速度调整范围：0~4.0（8.0）mm/s 或 0~5.0（10.0）mm/s。

调整压力和速度，最后选择压力 0.5MPa 或 1.0MPa 和速度 4.0（5.0）mm/s 或 5.0（10.0）mm/s，应全行程往复运动至少 3 次（6 次），每次在行程端部停留至少 10s。

最低稳定速度指标宜与用户协议确定，且应订立在合同中。另外，两组最低速度指标分别见 GB/T 13342 和 CB/T 3812。

（3）高速试验（抽试）

在公称压力下，液压缸以设计要求（规定工况或额定工况下）的最高速度（最高速度指标宜与用户协议确定，且应订立在合同中）连续运行，速度误差±10%，每次应连续运行 8h 以上。

高速试验（抽试）也称为耐久性试验。

（4）耐压试验（必试）

除技术要求明确规定不得以缸零件做实际的限位器的液压缸外，其他的液压缸进行耐压试验时，应将液压缸活塞分别停在行程的两端（单作用液压缸处于行程极限位置），分别向工作腔施加 1.5 倍或 1.25 倍公称压力的油液，出厂试验应保压 10s。

（5）内泄漏试验（必试）

液压缸应分别停在行程的两端或应分别停在离行程端部（终点）10mm 处，分别向工作腔施加公称压力（或额定压力）的油液进行试验。

行程超过 1m 的液压缸，除应进行内泄漏试验（必试）外，还应使液压缸停在一半行程处，进行上述内泄漏试验（必试）。

建议通过制造商与用户协商确定，内泄漏试验压力采用"额定压力"。

（6）高温试验（抽试）

在公称压力下，向液压缸输入 90℃的工作油液，应全行程往复运行 1h。

仅当对产品有高温性能要求时，才应对液压缸进行高温试验。试验后，是否进行拆检及更换密封件，应由制造商与用户协商确定。

（7）缓冲试验（抽试）

在公称压力的 50%的压力或最高工作压力下，液压缸应以设计要求（规定工况或额定工况下）的最高速度运行数次。

仅当对产品有缓冲性能要求时，才应对液压缸进行缓冲试验。此试验主要检验在"缓冲压力"或"缓冲压力峰值"作用下液压缸的密封性能。

（8）动特性试验（抽试）

有动特性要求的液压缸，动特性试验按其产品，如数字液压缸和伺服液压缸的标准规定进行。没有产品标准规定的液压缸如有动特性要求的，至少应按制造商与用户商定的（特殊）技术要求（条件或指标）进行检验。

建议制造商根据产品起草、制订产品企业标准。

动特性试验时可能有超出规定工况的极限工况出现。

（9）外泄漏试验（必试）

外泄漏试验包含在上述所有试验中；在上述试验结束时，出现在活塞杆上的油膜应不足以形成油滴或油环。

没有进行抽试项目的液压缸，应在公称压力（或额定压力）下，全行程往复运动 20 次以上，检查外泄漏量，要求同上。

液压缸的进出油口、排（放）气（阀）装置、缓冲（阀）装置、行程调节装置（机构）、输入装置（含减速装置和驱动装置等）、液压阀或油路块、检测和监测等仪器仪表、传感器的安装处（面）不应有外泄漏。

3. 液压缸密封性能出厂试验检验规则

液压缸出厂时必须逐台进行液压缸密封性能出厂试验，其必检（试）项目和与用户已商定的抽检（试）项目的检验结果（试验测量值）应符合相关标准规定。

经过型式试验的已定型或批量生产的液压缸，其抽检（试）项目也应定期进行。

4. 液压缸密封性能试验注意事项

1）液压缸试验应由经过技术培训并具有专业知识的专门人员操作。

2）液压缸试验时存在危险，如可能造成缸体断裂、连接（包括焊接）失效、活塞杆脱节（射出）和密封装置（系统）失效等事故，应采取必要的防护措施，包括安装、使用防护罩等，以避免高压和/或高温油液飞溅、喷射可能对人身造成的伤害。

3）设计了排（放）气装置的液压缸，在试运行时应使其完全排出液压缸内的空气，并应避免排出油液飞溅、喷射对人员造成危险。

4）没有排（放）气装置的液压缸（包括试验系统）在试运行时，应全行程往复运动数次，完全排出液压缸内的空气，并应停置一段时间再进行其他项目试验，以便使混入空气在油箱内从油液中析出。

5）液压缸密封性能试验用油宜与其所配套的液压系统或主机的工作介质品种牌号和黏度等级一致，否则可能造成产品批量不合格。

6）除高、低温试验外，其他液压缸密封性能检验宜在工作腔内工作介质温度为 52℃±4℃（考虑了测量系统允许系统误差）下进行，否则可能造成产品批量不合格。

7）在 JB/T 10205 中规定的活塞式单作用液压缸的沉降量是指无杆腔油液通过活塞密封装置（系统）向有杆腔的泄漏所造成的缸（活塞及活塞杆）回程方向上的位移量，而安装在主机上的（活塞式）双作用液压缸的沉降（量），既可能是缸回程方向上的位移（量），也可能是缸进程方向上的位移（量）。因此，应注意双作用液压缸缸进程方向上的沉降量与内泄漏量的换算关系，同时应注意液压缸的沉降量是外部加载造成的，无加载试验装置的液压缸试验台无法检测该项目。

8）在试验时，应缓慢、逐级地对液压缸进行加载（加压）和卸载（卸压）。进行耐压试验时，不应超过标准规定的保压时间（出厂试验保压 10s）。

9）在 JB/T 10205 中规定的双作用液压缸内（的）泄漏量（规定值）与活塞式单作用液压缸的内泄漏量（规定值）至少有一组值得商榷，试验前应与用户进一步协商确定。

10）以目视检查活塞杆处外泄漏时，宜在试运行后再次擦拭干净后检查，以避免假"泄漏"被误判为泄漏。

11）对渗漏或外泄漏检查，可使用贴敷干净吸水纸（对固定缸零件表面，如缸体表面）或沿程铺设白纸（对移动缸零件沿程，如活塞杆往复运动沿程）的办法检查，以纸面上有油迹或油点为渗漏或外泄漏。

12）所有抽检项目试验都可能对液压缸密封造成一定损伤，建议首台进行了抽检项目试验的液压缸在试验后进行拆检。

5.2 船用舱口盖液压缸的试验方法

1. 船用舱口盖液压缸试验方法的比较及应用

在 CB/T 3812—2013《船用舱口盖液压缸》中规定的船用舱口盖液压缸试验方法与在 GB/T 13342—2007《船用往复式液压缸通用技术条件》、GB/T 15622—2005《液压缸试验方法》和 JB/T 10205—2010《液压缸》中规定的液压缸试验方法有许多不同之处，在应用时应注意以下几点。

（1）液压系统原理图

在 CB/T 3812—2013 中规定，液压缸试验用液压系统原理图按 GB/T 13342 中的规定。GB/T 13342—

2007 中规定的图 1（双作用活塞式液压缸型式检验的液压系统原理图）与 GB/T 15622—2005 中规定的图 4（型式试验液压原理图）相比，具有一定的技术进步，但也存在一些不尽合理的地方：

1) 在被试液压缸回路中，GB/T 13342—2007 给出的液压原理图多出了被试液压缸油口处的温度计、回油路上的冷却器和过滤器。

2) 在加载液压缸回路中，GB/T 13342—2007 给出的液压原理图采用了单向阀桥式整流回路，可以通过节流阀对速度或背压进行调节。与 GB/T 15622—2005 给出的回路比较，可以减少一台溢流阀。

3) 被试液压缸油口处的温度计与压力表安装位置颠倒，不符合相关标准的规定。

4) 由流量计+冷却器+过滤器及配管组成的回油路具有一定的背压，对液压缸试验影响很大。

5) 图形符号多处比例不对，画法不对。

6) 所有标称为滤清器（1、27、29—滤清器）的名称都应是（液压）过滤器。

（2）材料试验、清洁度试验和环境适应性试验

CB/T 3812—2013 试验方法中给出的材料试验、清洁度（试验）和环境适应性（试验）都是在 GB/T 15622—2005 和 JB/T 10205—2010 中没有的，具体为：

1) 材料试验。查看各零件的材质证明。

2) 清洁度试验。清洗液压缸内腔，然后将清洗液缓慢地倒入放置在漏斗孔口的滤膜（精度为 0.8μm）上过滤，过滤完后烘干，称重，过滤膜过滤后的重量与过滤前的重量之差，即为液压缸内腔的污染物的重量。

3) 环境适应性试验。在环境温度为 65℃±5℃ 时，将试验液压液的温度保持在 70℃±2℃，液压缸以 100~120mm/s 的速度，全行程连续往复运行 1h。在环境温度为-25℃±2℃ 时，保温 0.5h，然后供入温度为-15℃的液压油，工作约 10min。

"试验"是有明确定义的，查看各零件的材质证明不能称为"材料试验"，但在液压缸试验前，检查并核对所使用材料的牌号和材质说明书是必要的。

尽管该标准给出了清洁度试验方法，这样做是可以的，其可能方便标准的使用，但必须完整、准确、符合相关标准规定。该标准给出的清洁度要求和清洁度试验方法都来源于 JB/T 7858—2006，但问题很大，具体见下文。

（3）液压缸性能试验方法

1) 标准 CB/T 3812—2013 与其他两项标准（GB/T 15622—2005 和 JB/T 10205—2010）比较，其在液压缸性能试验方法中多了最低稳定速度和拆检两

个试验项目，缺少了行程检验，其中拆检项目只在型式试验时进行。行程应是液压缸的基本参数，在 CB/T 3812—2013 规定的产品标识中也包括行程，但该标准中既无行程技术要求，也无检验办法。

2) "负载效率"技术要求和试验方法在这些标准中都有，但在 CB/T 3812—2013 中给出的试验方法为：将测力计装在被试液压缸的活塞杆上，使被试液压缸工作腔的压力逐渐升高，按公式（2）、（3）求出各点效率。与其他三项标准有所不同，缺少"使被试液压缸保持匀速运动"或"保持被试液压缸匀速运动"这一试验条件，即可能不是在稳态工况下测量和记录各个参量。因此，在 CB/T 3812—2013 中给出的"负载效率"试验方法存在不足之处。

另外，其给出的计算公式（2）：$\eta=\frac{W}{F}\times100$ 有误，应为 $\eta=\frac{W}{F}\times100\%$。

3) 缓冲的技术要求和试验方法在 GB/T 13342—2007 中没有，而其他三项标准中都有。在 CB/T 3812—2013 中给出"缓冲效果"试验方法为：将被试液压缸输入压力为公称压力的 50% 情况下以设计的最高速度进行试验，观察活塞运动情况。与在 GB/T 15622—2005 中给出的"缓冲试验"，即将被试液压缸工作腔的缓冲阀全部松开，调节试验压力为公称压力的 50%，以设计的最高速度运行，检测当运行至缓冲阀全部关闭时的缓冲效果比较，其适用范围可能更广。但是活塞是不可见的，通过"观察活塞运动情况"来确定缓冲效果是行不通的。

4) 在 CB/T 3812—2013 中给出的"耐久性"试验方法与其他三项标准有所不同。其为在公称压力下，连续动作试验累计往复动作 5000 次，要求运行正常，不得更换零部件（含密封件），检查外泄漏及内泄漏；并给出了连续动作时间以进液压缸的油液工作温度 50℃±2℃ 为准，油温低于或高于这个温度时均要停止试验，待温度正常后再继续试验，直至试验完 5000 次，但每次连续动作时间不得低于 6h。

以连续动作累计往复运动次数来检验液压缸的"耐久性"没有问题，但如果对液压缸的往复运动速度没有规定的话，其检验结果可能产生异议。另外，该标准中连续动作时间的表述也存在一定问题。

5) 在 CB/T 3812—2013 给出的"拆检"中，有"试验完毕后，检查外形……、导向塞外径、……"的规定，但"导向塞"在 GB/T 17446—2012 中没有这样的术语和定义。

其他如运转与运行、负荷、油压、水平安全位

子、泄露、泄露量等或在其他地方已经说明，或者在表 5-10 中已经修改，此处不再赘述。

2. 船用舱口盖液压缸的清洁度与环境适应性试验方法

（1）清洁度

1）清洁度指标。在 CB/T 3812—2013 中给出的清洁度要求为：液压缸内腔的污染颗粒质量（行程以 1m 计算）按表 5-14（CB/T 3812—2013 表 13）规定。

而在 JB/T 10205—2010 中给出的清洁度要求为：所有零部件从制造到安装过程的清洁度控制应参照 GB/Z 19848 的要求，液压缸清洁度指标应符合表 5-15（JB/T 10205—2010 表 8，即 JB/T 7858—2006 的表 2）的规定。

表 5-14　液压缸内腔的污染颗粒质量

（行程以 1m 计算）

内径/mm	污染物质量/mg
100	250
125~180	300
200~250	400
260~320	500

注：当行程超过 1m 时，每增加 1mm，污染物质量按以下公式计算：

$$W = G(1 + 0.1L)$$

式中　W—总污染物质量的数值，单位为 mg；

G—行程 1m 时表 5-14 中的数值，单位为 mg；

L—液压缸行程的数值，单位为 m。

表 5-15　清洁度指标

产品名称	产品规格/mm		行程为 1m 时的清洁度指标值/mg	说　明
双作用液压缸	缸筒内径	≤63	≤35	实际指标值按下式计算：$$G \leq 0.5(1+x)G_0$$ 式中　G—实际指标值，单位为 mg　　x—缸实际行程，单位为 m　　G_0—表中给出的指标值，单位为 mg
		80~110	≤60	
		125~160	≤90	
		180~250	≤135	
		320~500	≤260	
活塞式、柱塞式单作用液压缸	缸筒内径、柱塞直径	<40	≤30	
		40~63	≤35	
		80~110	≤60	
		125~160	≤90	
		180~250	≤135	
多级套筒式单、双作用液压缸	套筒外径	≤70	≤40	
		80~100	≤70	
		110~140	≤110	
		160~200	≤150	

注：1. 多级套筒式单、双作用液压缸套筒外径为最终一级柱塞直径和各级套筒外径之和的平均值。

2. 表中未包括的产品规格，其清洁度指标可参照同类型产品相近规格的指标。

在 GB/T 13342—2007、GB/T 24946—2010 中还规定：液压缸内径 25~32mm，污染物质量极值为 18mg；液压缸内径 630~800mm，污染物质量极值为 416mg。

仅对两表中 1m 行程双作用液压缸的清洁度指标进行比较，在 CB/T 3812—2013 中给出的液压缸内腔的污染颗粒质量指标远远超过了在 JB/T 10205—2010 中给出的清洁度指标，最高超过了 4 倍多。

在 CB/T 3812—2013 规范性引用文件中包括 GB/T 13342—2007，而在 GB/T 13342—2007 规范性引用文件中包括了 JB/T 7858—2006，但 CB/T 3812—2013 却没有按照 JB/T 7858—2006 给出清洁度指标。

2）清洁度试验方法。在 JB/T 7858—2006 中给出的检测程序和单滤膜质量分析程序如下：

① 测量并记录被测元件的磁性，需要时退磁到 12Gs（高斯，$1Gs = 10^{-4}T$）以下。

② 清洗被测元件的外表面。

③ 确定被测元件的内腔湿容积。

④ 将被测元件解体（工艺螺堵及过盈配合的部件不拆卸）。

⑤ 取下各结合面的密封件（液压缸活塞密封件除外），用白绸布擦净密封面上不与工作介质接触的部分。

⑥ 将元件解体后的所有内腔零件放入洁净容器内。

⑦ 用洁净清洗液喷洗与工作介质接触的零件。对与工作介质部分接触的零件，只清洗其接触工作介质的部分。不与工作介质接触的零件（如泵的法兰

盘、阀的手柄、缸的耳环等）不清洗。洁净清洗液用量为被测元件内腔湿容积的 2~5 倍。

⑧ 将⑦的清洗液收集至符合清洁度要求的容器中，并标注容器编号（如 1 号样）。

⑨ 重复⑥~⑧的步骤，容器编号依次为 2 号样和 3 号样。

⑩ 按下述单滤膜或双滤膜质量分析程序，对 1 号样、2 号样、3 号样进行质量分析。

注：单滤膜和双滤膜质量分析法是两种可供选择的质量分析法。当确信能够充分冲洗滤膜时，可选择单滤膜分析法。

⑪ 单滤膜质量分析程序：

a）取适量备用滤膜（0.8μm）置于培养皿中，半开盖放入干燥箱，在 80℃（或滤膜规定的使用温度）恒温保持 30min。取出后合盖冷却 30min。此过程应保持滤膜平整，无变形。

b）从培养皿中取出一张经烘干的滤膜，称出其初始质量 G_A。

c）将滤膜固定在过滤装置上，充分搅拌待测样品后倒入过滤装置，再用 50mL 清洁清洗液冲洗样品容器并倒入过滤装置。盖上漏斗盖进行抽滤，待抽滤到约剩余 2mL 余液时，取下漏斗盖用清洁清洗液冲洗漏斗侧壁，再盖上漏斗盖并继续抽滤，直至抽干滤膜上的清洗液。

d）用注射器吸取清洁清洗液，顺漏斗壁注射清洗，直至滤膜上无清洗液为止。

e）停止抽滤。小心取下滤膜放入培养皿中。将培养皿半开盖放进干燥箱内，在 80℃（或滤膜规定的使用温度）恒温下保持 30min。取出后合盖冷却 30min，称出质量 G_B。

f）被测样本的污染物质量 $G_n = G_B - G_A$。

将在 JB/T 7858—2006 中给出的检测程序和单滤膜质量分析程序与在 CB/T 3812—2013 中给出的清洁度试验方法进行对比，其中的问题一目了然。不按标准规定的程序或方法进行的检验，其结果无效。

（2）环境适应性

1）环境适应性指标。在 CB/T 3812—2013 中规定的环境适应性要求为：环境温度等应符合 GB/T 13342 的有关规定。而在 GB/T 13342—2007 中规定的温度要求为：5.4.1　环境温度为 -25~65℃ 时，液压缸应能正常工作。5.4.2　工作介质温度为 -15℃ 时，液压缸应无卡滞现象。5.4.3　工作介质温度为 70℃ 时，液压缸各结合面应无泄漏。

在 CB 1146.2—1996《舰船设备环境试验与工程

导则　低温》中规定了低温工作试验的试验温度严酷等级（试验温度）；在 CB 1146.3—1996《舰船设备环境试验与工程导则　高温》中规定了高温工作试验的试验温度严酷等级（试验温度）。其中在 CB/T 3812—2013 中规定的"在环境温度为 65℃±5℃ 时，将试验液压油的温度保持在 70℃±2℃"不符合 CB 1146.3—1996 的规定，而且在实际操作中也很难实现。

2）环境适应性试验方法。仅以在 CB 1146.3—1996 中规定的高温工作试验——中间检测（摘录）为例："5.2.4.3　对安装在舰船露天甲板的通信导航设备、航行设备、雷达设备，温升到 70℃±2℃，持续 10h 后可接通试品本身具备的各种温控装置，并在 30min 内将试验箱（室）的温度按规定的［不大于 1℃/min（在 5min 内的平均值）］速率降至 55℃±2℃，然后起动试品连续工作 2h，并在 55℃±2℃ 环境条件下进行有关性能测试，其性能应在规定范围内。"与在 CB/T 3812—2013 中规定的环境适应性试验方法比较，其有很大不同。

a）环境温度与工作介质温度是相同的，都是 70℃±2℃。

b）试品（液压缸）在 70℃±2℃ 环境条件下不工作。

c）工作试验——中间检测是在 55℃±2℃ 环境条件下进行的。

d）连续工作（连续往复运行）时间是 2h。

综合上述情况，作者认为，标准的编制应考虑涉及健康和安全的要求，如在环境温度为 65℃±5℃ 时对环境适应性检验，是否适当是个问题。环境试验是有标准，有标准还是遵照标准为好，否则试验结果很可能不具有有效性。

5.3　大型液压油缸的试验方法

1. 大型液压油缸试验方法比较

在 JB/T 11588—2013《大型液压油缸》中规定的大型液压油缸试验方法与在 GB/T 15622—2005《液压缸试验方法》和 JB/T 10205—2010《液压缸》中规定的液压缸试验方法有多处不同，主要有：

1）在 JB/T 11588—2013 中没有给出试验装置。

2）在 JB/T 11588—2013 中给出："试验的环境温度为室温。"而其他两项标准没有直接给出。

3）在 JB/T 11588—2013 中缺少了"试验用油液"这样的标题，以至于其下的关于试验用液压油液的表述（要求）可能被误解。而其他两项标准都是在"试验用油液"的标题下给出的关于液压油液

要求的。

4) 在 JB/T 11588—2013 中"清洁度：内部清洁度应不得高于 GB/T 14039—2002 规定的 19/15 或—/19/15。"的表述（要求）存在错误。具体请见第 6.1.2 节第 2 条第 15 项 GB/T 14039—2002 标准引用及其应用。

5) 在 JB/T 11588—2013 中给出，试验用压力表的精度：型式试验时，为 0.5 级；出厂试验时，为 1.0 级；量程为试验最大压力值的 140% ~ 200%。而没有像其他两项标准那样给出测量系统允许误差和被控参量平均显示值允许变化范围。

6) 在 JB/T 11588—2013 中将试验分为液压油缸的静压试验（方法）和液压油缸动负荷试验，而其他两项标准没有进行这样的试验分类。

7) "试运转"与"试运行"混用问题在三项标准中都存在，但在 JB/T 11588—2013 中"试验前应先进行准备运转。无负荷状态下起动，并全行程往复运动数次，完全排除液压油缸内的空气，运行应正常。"这样的表述（要求）至少存在使用术语不统一（试运转与试运行）、使用术语不规范问题（如状态、负荷）、试验方法标题下提出性能要求（如运行应正常）等问题。

8) 在 JB/T 11588—2013 中"最低起动压力：不加负荷，液压从零渐增至活塞杆平稳移动时，测定活塞在缸内接近两端及中间的三处的最低起动压力，取其最大值。"这样的表述与其他两项标准有几处不同，如液压从零渐增至……、……活塞杆平稳移动时、测定活塞在……三处的最低起动压力、取其最大值等。"……活塞杆平稳移动时、测定活塞在……三处的最低起动压力"与其他两项标准中定义的"最低起动压力"不符，与在 GB/T 17446—2012 中定义的"起动压力"也不符；"液压"一般不是液体压力的简称，也不能与"压力"等同使用。

9) 在 JB/T 11588—2013 中的内泄漏与外渗漏也与其他两项标准有不同之处，如明确提出"保压 30min"、内泄漏试验与外渗漏分别进行。

10) 在 JB/T 11588—2013 中给出了液压油缸的清洁度试验，即利用一腔加压另一腔排油，用油污染检测仪对液压油缸排出的油液进行检测。而其他两项标准没有给出。

11) 在 JB/T 11588—2013 中要求"液压油缸动负荷试验在用户现场进行"并要求"观察动作是否平稳、灵活。"这条还是存在术语不统一（如动作）的问题。

12) 在 JB/T 11588—2013 中的"行程检验"，因在该标准中没有"行程"方面的要求，所以其不能进行所谓的"行程检验"；而且在"使被试液压油缸的活塞分别停在行程两端极限位置，……。"中又出现了"行程两端极限位置"，这与前面的多处"行程两端"表述不一致。

13) 与其他两项标准比较，在 JB/T 11588—2013 中没有关于"稳态工况"的规定和要求、"耐久性"的要求和试验方法、"负载效率"的要求和试验方法、"高温性能"的要求和试验方法等。

14) 在 JB/T 11588—2013 中没有关于"环境试验"的规定和要求。

2. 大型液压油缸试验方法的应用

（1）标准引用

在 JB/T 11588—2013 中没有规范性引用 GB/T 15622—2005《液压缸试验方法》和 JB/T 10205—2010《液压缸》这两项标准，但通过以上比较发现，JB/T 11588—2013 中关于"试验方法"的内容基本与其他两项标准近似或相同。

没有规范性引用上述两项标准，有如下问题无法解决：

1) GB/T 15622—2005 发布、实施在前，而在 JB/T 11588—2013 中大量引用了 GB/T 15622—2005 的内容，却不把 GB/T 15622—2005 列入规范性引用文件，以至于使没有参加起草标准的人可能对该标准产生诸多异议，或者不能利用更为权威的规范性引用文件对这些异议加以解疑。

2) 至少出厂试验液压系统原理图没有了参考。如果一种"试验方法"没有了试验装置和试验装置原理图，要想清楚描述或给出试验方法确实很难，也非常容易产生问题。

3) 标准可以修订、可以裁剪，但一定是向更为标准、更为适用方向发展，而不是相反。

（2）耐压性

在 JB/T 11588—2013 中规定的"耐压性"试验为：使被试液压油缸活塞分别停在行程的两端，分别向工作腔施加 1.5 倍的公称工作压力，型式试验保压 2min，出厂试验保压 10s。该标准的"耐压试验"与上述两项标准的"耐压试验"的最大不同之处在于"公称工作压力"。

该标准的"公称工作压力"有多处使用，如在内泄漏和外泄漏试验中使用，且与"公称压力"不同，因为该标准在缓冲试验中又使用了"公称压力"。

"公称工作压力"是否是该标准首先使用这不重要，但其究竟是什么压力，没有明确定义。因为在 GB/T 17446—2012 中只有"公称压力""最高工作压

力"和"最高压力"有定义，由此可能会产生一系列问题：

1）该标准中没有关于术语、词汇的规范性引用文献，对其在标准中使用的术语和定义也未作规定，没有办法确定这一"公称工作压力"，由此也无法进行"耐压试验"。

2）如果将"公称工作压力"与"公称压力"按同义词来处理，则因大型液压油缸结构的特殊性，在缸进程极限位置处进行耐压试验存在损坏液压缸的危险。

3）如果将"公称工作压力"与"最高工作压力"按同义词来处理，则在缸进程极限位置处进行耐压试验存在损坏液压缸的危险可能稍小。

（3）运行状态

液压缸运行状态是液压缸技术要求之一，见第2.18 节液压缸运行的技术要求。

在 JB/T 11588—2013 中有多处关于运行的描述，如"运行应正常""平稳移动""是否有振动或爬行""动作是否平稳、灵活"等。

现在的问题是在最低起动压力试验中如何确定是否"……活塞杆平稳移动"了。起动压力一般是低一点为好，尤其是有动特性的液压缸。对于该标准的这种规定可能存在如下问题：

1）在相同试验条件下，不同的试验人员、甲乙双方都可能得出不一致的测试结果，并容易对测试结果产生异议。

2）对于大型液压油缸而言，液压缸在试验时的姿态对起动压力会有很大影响。如果不规定液压缸试验时姿态，可能也会出现更大的争议。

3）对于大型液压油缸而言，其最低起动压力可能不仅仅与液压缸的密封件型式有关，可能还与液压缸的缸径、活塞杆直径有关。

另外，关于 M 型为标准密封、T 型为低摩擦密封等不知其来源何处。

5.4　比例/伺服控制液压缸的试验方法

5.4.1　GB/T 32216—2015《液压传动　比例/伺服控制液压缸的试验方法》

在 GB/T 32216—2015《液压传动　比例/伺服控制液压缸的试验方法》（2015-12-10 发布，2017-01-01 实施）中规定的范围为：该标准规定了比例/伺服控制液压缸的型式试验和出厂试验的试验方法。该标准适用于以液压油液为工作介质的比例/伺服控制的活塞式和柱塞式液压缸（以下简称液压缸或活塞缸、柱塞缸）。

1. 试验装置和试验条件

（1）试验装置

1）试验原理图。比例/伺服控制液压缸的稳态和动态试验原理图如图 5-4~图 5-6 所示。图中所有图形符号符合 GB/T 786.1 的规定。

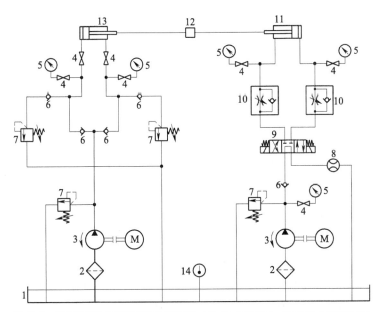

图 5-4　液压缸稳态试验液压原理图（按 GB/T 32216—2015 图 1 重新绘制）

1—油箱　2—过滤器　3—液压泵　4—截止阀　5—压力表　6—单向阀　7—溢流阀　8—流量计　9—电磁（液）换向阀　10—单向节流阀　11—被试液压缸　12—力传感器　13—加载液压缸　14—温度计

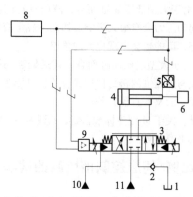

图 5-5　活塞缸动态试验液压原理图
（按 GB/T 32216—2015 图 2 重新绘制）
1—（回到）油箱　2—单向阀　3—比例/伺服阀
4—被试比例/伺服阀控制液压缸（活塞式）
5—位移传感器　6—加载装置　7—自动记录分
析仪器　8—可调振幅和频率的信号发生器
9—比例/伺服放大器　10—控制用液压源
11—液压（动力）源

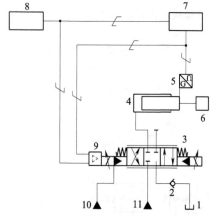

图 5-6　柱塞缸动态试验液压原理图
（按 GB/T 32216—2015 图 3 重新绘制）
1—（回到）油箱　2—单向阀　3—比例/伺服阀
4—被试比例/伺服阀控制液压缸（柱塞式）
5—位移传感器　6—加载装置　7—自动记录分析仪器
8—可调振幅和频率的信号发生器　9—比例/伺服放
大器　10—控制用液压源　11—液压（动力）源

2）安全要求。试验装置应充分考虑试验过程中
人员及设备的安全，应符合 GB/T 3766 的相关要求，
并有可靠措施，防止在发生故障时，造成电击、机械
伤害或高压油射出等伤人事故。

3）试验用比例/伺服阀。试验用比例/伺服阀响
应频率应大于被试液压缸最高试验频率的 3 倍以上。

试验用比例/伺服阀的额定流量应满足被试液压
缸的最大运动速度。

4）液压源。试验装置的液压源应满足试验用的
压力，确保比例/伺服阀的供油压力稳定，并满足动
态试验的瞬时流量需要；应有温度调节、控制和显示
功能；应满足液压油液污染度等级要求，见 2.（3）。

5）管路及测压点位置。

① 试验装置中，试验用比例/伺服阀与被试液压
缸之间的管路应尽量短，且尽量采用硬管；管径在满
足最大瞬时流量前提下，应尽量小。

② 测压点应符合 GB/T 28782.2—2012 中 7.2 的
规定。

6）仪器。

① 自动记录分析仪器应能测量正弦输入信号之
间的幅值比和相位移。

② 可调振幅和频率的信号发生器应能输出正弦
波信号，可在 0.1Hz 到试验要求的最高频率之间进行
扫频；还应能输出正向阶跃和负向阶跃信号。

③ 试验装置应具备对被试液压缸的速度、位移、
输出力等参数进行实时采样的功能，采样速度应满足
试验控制和数据分析的需要。

7）测量准确度。测量准确度按照 JB/T 7033—
2007 中 4.1 的规定，型式试验采用 B 级，出厂试验
采用 C 级。测量系统的允许系统误差应符合表 5-16
的规定。

表 5-16　测量系统的允许系统误差

测量参量		测量系统的允许误差	
		B 级	C 级
压力	$p < 0.2$MPa 表压时/kPa	±3.0	±5.0
	$p \geq 0.2$MPa 表压时（%）	±1.0	±1.5
温度/℃		±1.0	±2.0
力（%）		±1.0	±1.5
速度（%）		±0.5	±1.0
时间/ms		±1.0	±2.0
位移（%）		±0.5	±1.0
流量（%）		±1.5	±2.5

（2）试验用液压油液

1）黏度。试验用液压油液在 40℃时的运动黏度
应为 29~74mm²/s。

2）温度。除特殊规定外，型式试验应在 50℃±
2℃下进行；出厂试验应在 50℃±4℃下进行。出厂试
验可降低温度，在 15~45℃范围内进行，但检测指标
应根据温度变化进行相应调整，保证在 50℃±4℃时
能达到产品标准规定的性能指标。

3）污染度。对于伺服控制液压缸试验，试验用

液压油液的固体颗粒污染度不应高于 GB/T 14039—2002 规定的-/17/14；对于比例控制液压缸试验，试验用液压油液的固体颗粒污染度不应高于 GB/T 14039—2002 规定的-/18/15。

4）相容性。试验用液压油液应与被试液压缸的密封件以及其他与液压油液接触的零件材料相容。

（3）稳态工况

试验中，各被控参量平均显示值在表 5-17 规定的范围内变化时为稳态工况。应在稳态工况下测量并记录各个参量。

表 5-17　被控参量平均显示值允许变化范围

被控参量		平均显示值允许变化范围	
		B 级	C 级
压力	$p<0.2$MPa 表压时/kPa	±3.0	±5.0
	$p\geqslant0.2$MPa 表压时（%）	±1.5	±2.5
温度/℃		±2.0	±4.0
力（%）		±1.5	±2.5
速度（%）		±1.5	±2.5
位移（%）		±1.5	±2.5

2. 试验项目和试验方法

（1）试运行

应按照 GB/T 15622—2005 的 6.1 进行试运行。

（2）耐压试验

使被试液压缸活塞分别停留在行程的两端（单作用液压缸处于行程的极限位置），分别向工作腔施加 1.5 倍额定压力，型式试验应保压 10min，出厂试验应保压 5min。观察被试液压缸有无泄漏和损坏。

（3）起动压力特性试验

试运行后，在无负载工况下，调整溢流阀的压力，使被试液压缸一腔压力逐渐升高，至液压缸起动时，记录测试过程中的压力变化，其中的最大压力值即为最低起动压力。对于双作用液压缸，此试验正、反方向都应进行。

（4）动摩擦力试验

在带负载工况下，使被试液压缸一腔压力逐渐升高，至液压缸起动并保持匀速运动时，记录被试液压缸进、出口压力（对于柱塞缸，只记录进口压力）。对于双作用液压缸，此试验正、反方向都应进行。本项试验因负载条件对试验结果会有影响，应在试验报告中记录加载方式和安装方式。动摩擦力按式（5-1）计算：

$$F_d=(p_1A_1-p_2A_2)-F \qquad (5-1)$$

式中　F_d——动摩擦力，单位为 N；

　　　p_1——进口压力，单位为 MPa；

　　　p_2——出口压力，单位为 MPa；

　　　A_1——进口腔活塞有效面积，单位为 mm²；

　　　A_2——出口腔活塞有效面积，单位为 mm²；

　　　F——负载力，单位为 N。

（5）阶跃响应试验

调整油源压力到试验压力，试验压力范围可选定为被试液压缸的额定压力的 10%~100%。

在液压缸的行程范围内，距离两端极限行程位置 30%缸行程的中间区域任意位置选取测试点；调整信号发生器的振幅和频率，使其输出阶跃信号，根据工作行程给定阶跃幅值（幅值范围可选定为被试液压缸工作行程的 5%~100%）；利用自动分析记录仪记录试验数据，绘制阶跃响应特性曲线，根据曲线确定被试液压缸的阶跃响应时间。

对于双作用液压缸，此试验正、反方向都应进行。对于两腔面积不一致的双作用液压缸，应采取补偿措施，确保正、反方向阶跃位移相等。

本项试验因负载条件对试验结果会有影响，应在试验报告中记录加载方式和安装方式。

（6）频率响应试验

调整油源压力到试验压力，试验压力范围可选定为被试液压缸的额定压力的 10%~100%。

在液压缸的行程范围内，距离两端极限行程位置 30%缸行程的中间区域任意位置选取测试点；调整信号发生器的振幅和频率，使其输出正弦信号，根据工作行程给定幅值（幅值范围可选定为被试液压缸工作行程的 5%~100%），频率由 0.1Hz 逐步增加到被试液压缸响应幅值衰减到-3dB 或相位滞后 90°，利用自动分析记录仪记录试验数据，绘制频率响应特性曲线，根据曲线确定被试液压缸的幅频宽及相频宽两项指标，取两项指标中较低值。

对于两腔面积不一致的双作用液压缸，应采取补偿措施，确保正、反方向阶跃位移相等。

本项试验因负载条件对试验结果会有影响，应在试验报告中记录加载方式和安装方式。

（7）耐久性试验

在设计的额定工况下，使被试液压缸以指定的工作行程和设计要求的最高速度连续运行，速度误差为±10%。一次连续运行 8h 以上。在试验期内，被试液压缸的零件均不应调整。记录累积运行的行程。

（8）泄漏试验

应按照 GB/T 15622—2005 的 6.5 分别进行内泄漏、外泄漏以及低压下的爬行和泄漏试验。

（9）缓冲试验

当被试液压缸有缓冲装置时，应按照 GB/T

15622—2005 的 6.6 进行缓冲试验。

（10）负载效率试验

应按照 GB/T 15622—2005 的 6.7 进行负载效率试验。

（11）高温试验

应按照 GB/T 15622—2005 的 6.8 进行高温试验。

（12）行程检验

应按照 GB/T 15622—2005 的 6.9 进行行程检验。

3. 型式试验

型式试验应包括下列项目：

1）试运行。

2）耐压试验。

3）起动压力特性试验。

4）动摩擦力试验。

5）阶跃响应试验。

6）频率响应试验。

7）耐久性试验。

8）泄漏试验。

9）缓冲试验（当产品有此项要求时）。

10）负载效率试验。

11）高温试验（当产品有此项要求时）。

12）行程检验。

4. 出厂试验

出厂试验应包括下列项目：

1）试运行。

2）耐压试验。

3）起动压力特性试验。

4）动摩擦力试验。

5）阶跃响应试验。

6）频率响应试验。

7）泄漏试验。

8）缓冲试验（当产品有此项要求时）。

9）行程检验。

5. 环境试验（非 GB/T 32216—2015 规定内容）

对于该标准规定的试验，应在该标准规定的试验条件下进行。然而，由于液压装置在不同环境条件下的实际应用不断增加，也许有必要进行其他试验来证实在不同环境下液压缸的特性。在这种情况下，环境测试的要求宜由供应商和用户商定。

环境试验包括以下内容：

1）环境温度范围。

2）油液温度范围。

3）振动。

4）冲击。

5）加速度。

6）防爆阻抗。

7）防火阻抗。

8）浸蚀阻抗。

9）真空度。

10）环境压力。

11）防热辐射。

12）抗浸水性。

13）湿度。

14）电灵敏度。

15）空气粉尘含量。

16）EMC（电磁兼容性）。

17）污染敏感度。

6. 几点说明

1）因伺服控制液压缸需要与电液伺服阀配套使用，若其试验条件与电液伺服阀不一致，则其试验结果包括特性曲线都可能存在一些问题。

作者认为，一般应在其所配套的电液伺服阀的标准试验条件下对液压缸进行试验，同时不同意"出厂试验可降低温度"的说法和/或做法。

2）特别需要说明的是："对于伺服控制液压缸试验，试验用液压油液的固体颗粒污染度不应高于 GB/T 14039—2002 规定的 -/17/14"这样的要求偏低，应按电液伺服阀标准试验条件（参见参考文献［118］）规定伺服液压缸试验用液压油液的污染度等级，即试验用液压油液的固体颗粒污染等级代号应不劣于 GB/T 14039—2002（ISO 4406：1999，MOD）中的 -/15/12（相当于 NAS 1638 规定的 6 级）。

3）关于伺服液压缸起动摩擦力问题，已在第 2.10.8 节中有所论述，并且认为：以起动压力不超过 0.3MPa 的电液伺服阀控制液压缸为低摩擦力液压缸的这种提法较为合适。现在的问题是，如果按照"对于双作用液压缸，此试验（起动压力特性试验）正、反方向都应进行"，那么对于差动伺服液压缸（单杆缸），究竟是无杆腔起动压力，还是有杆腔起动压力，以及应在试运行多少次后才能进行测试。

存在上述问题，不利于提高伺服控制液压缸试验的规范性，也不利于提高记录伺服控制液压缸性能数据的一致性。

对单杆缸而言，以无杆腔起动压力为准为好，且宜在试运行 20 次后进行检测。

4）关于带载动摩擦力试验，因负载条件对试验结果会有影响，因此此项试验可能存在很大问题。

试验时给出偏载曲线是个解决办法，具体可参考参考文献［99］第 22-421 页。

5）内或外置传感器是一般伺服控制液压缸都带有的重要部件，其性能直接影响或标志伺服控制液压缸的质量或档次，本应在伺服控制液压缸试验中有所表示，但在现行标准中却缺失与传感器相关的技术要求和试验方法。

至少应在伺服控制液压缸试验报告中反映出所带传感器型号和精度（等级）。

6）伺服控制液压缸的安装和连接都很重要，作者在参考文献［118］中对连接有所论述。仅在动摩擦力试验、阶跃响应试验、频率响应试验时"应在试验报告中记录加载方式和安装方式"是不够的，同样存在上述两项"不利于"问题。

对有具体应用的伺服控制液压缸，宜有模拟实际安装和连接，包括安装姿态的台架试验，否则该液压缸在实际使用时可能问题很多。

7）伺服控制液压缸的液压固有频率这个参数很重要，尤其对于应用于动态特性要求较高的场合的伺服控制液压缸。

试验时复核一下该液压缸最低液压缸固有频率是必要的。

8）比例/伺服控制液压缸的试验报告格式在 GB/T 32216—2015 资料性附录 A 中给出；带液压保护模块的伺服控制液压缸可采用表 5-18 的报告格式做出试验报告。

表 5-18　带液压保护模块的伺服控制液压缸试验报告

试验类别			油温		试验日期	
伺服阀编号			试验装置名称		实验室名称（盖章）	
保护模块编号						
被试液压缸编号						
试验用液压油液类			油液污染度		检验操作人员（签字）	
打压腔（正反向试验）			加载方式			
被试液压缸特征	类　型			油口尺寸/mm		
	额定压力/MPa			安装尺寸/mm		
	工作压力范围/MPa			传感器型号		
	缸径/mm			缓冲装置		
	活塞杆直径/mm			密封件材料		
	缸最大行程/mm			制造商名称		
	缸工作行程范围/mm			出厂日期		
序号	试验项目		技术要求	试验测量值	试验结果	备注
1	外观					
2	紧固件及拧紧力矩					
3	试运行					
4	耐压试验					
5	起动压力特性试验					
6	信号极性与控制方向					
7	电液伺服阀零偏					
8	缸行程检验					
9	动摩擦力试验					
10	阶跃响应试验					
11	频率响应试验					
12	泄漏试验	内泄漏				
		外泄漏				
		低压下的泄漏				
		低压下的运行				
13	保护模块	限压性能试验				
		泄压性能试验				
		保压性能试验				
		其他性能试验				
14	传感器精度检验					

（续）

序号	试验项目	技术要求	试验测量值	试验结果	备注
15	缓冲试验				
16	负载效率试验				
17	高温试验				
18	耐久性试验				
19	环境试验（可选）				

注：如果需要，表中还可增添合同或技术文件规定的其他试验或检验项目。

5.4.2 DB44/T 1169.2—2013《伺服液压缸 第2部分：试验方法》

在 DB44/T 1169.1—2013（已废止，仅供参考）中将伺服液压缸定义为：有静态和动态指标要求的液压缸。通过与内置或外置传感器、伺服阀或比例阀、控制器等配合，可构成具有较高控制精度和较快响应速度的液压控制系统。静态指标包括试运行、耐压、内泄漏、外泄漏、最低起动压力、带载动摩擦力、偏摆、低压下的泄漏、行程检测、负载效率、高温试验、耐久性等。动态指标包括阶跃响应、频率响应等。

作者认为，上述伺服液压缸定义存在一定问题，其应是伺服液压缸这一概念的表述，反映伺服液压缸的本质特征和与其他液压缸的区别特征，不应包含要求，且宜能在上下文表述中代替其术语。

尽管如此，按 DB44/T 1169.2—2013《伺服液压缸 第2部分：试验方法》中规定的试验方法，也应能将上述所列伺服液压缸的静态和动态指标要求（项目）试（检）验出来。

图5-7所示为在 DB44/T 1169.2—2013 中给出的伺服液压缸性能试验液压系统原理图（按 DB44/T 1169.2—2013 图2绘制，但元件图形符号的基本要素及其相对位置可能有所修改）。

根据 GB/T 3766—2015、GB/T 15622—2005、GB/T 17446—2012、JB/T 10205—2010、DB44/T 1169.1—2013 和 DB44/T 1169.2—2013 等标准以及其他相关标准，在应用 DB44/T 1169.2—2013 中规定的试验方法时，应注意以下几点。

1. 试运行

对 DB44/T 1169.2—2013 中4.1条规定的试验回路和设定以及试验步骤：

1）试验液压系统中的油口D一旦与被试液压缸19油口E连接，则不可能实现使被试液压缸19在无负载工况下起动。

2）伺服阀11图形符号不正确，一般理解其左或右位中的一个换向功能无法实现。

3）以加与不加调节垫块20的形式来决定液压缸行程长短很不科学，且实现起来困难太大。

4）试验液压系统中不带排气装置，若被试液压缸本身也不带排气器，则试验液压系统以及被试液压缸19排（放）气困难。

5）试验液压系统中的各压力表都未采取保护措施，且每一液压源压力管路上只安装一块压力表，其不可能完成0~40MPa间的所有压力在测量系统允许误差范围内的检测或指示。

6）被试液压缸的放置姿态应予以说明，其试验步骤表述也不够不细致。

2. 耐压性能试验

对在 DB44/T 1169.2—2013 中4.2条规定的试验回路和设定以及试验步骤：

1）尽管在 DB44/T 1169.1—2013 中没有规定伺服液压缸的基本技术参数或主要技术参数，但"公称压力"不能被排除在基本参数之外，以何种压力，如公称压力、额定压力或额定工作压力为依据进行耐压试验即是一个问题。

2）在 DB44/T 1169.2—2013 中规定的保压时间没有理论依据，其可能造成液压缸报废。

3）伺服液压缸是否允许在缸进程终点以液压缸为实际定位器做耐压试验不清楚。

4）耐压试验不仅仅只是对液压缸缸体的试验，还应包括对其他缸零件的试验。

5）试验步骤表述不够不细致。

3. 内泄漏、外泄漏试验

对 DB44/T 1169.2—2013 中4.3和4.4条规定的试验回路和设定以及试验步骤：

1）对双作用液压缸而言，划分"无杆腔内泄漏"和"有杆腔内泄漏"及"无杆腔外泄漏"和"有杆腔外泄漏"并不一定科学，且其在 DB44/T 1169.2—2013 中规定的试验步骤（要求）还存在着错误。

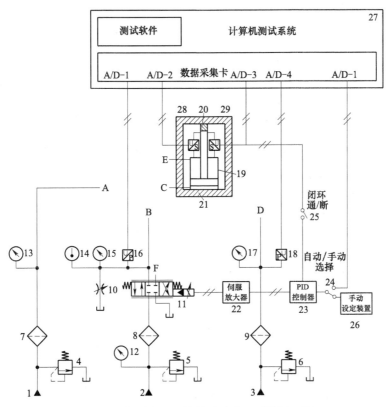

图 5-7　伺服液压缸性能试验液压系统原理图

1、2、3—液压源　4、5、6—溢流阀　7、8、9—过滤器　10—截止节流阀　11—伺服阀　12、13、15、17—压力表
14—温度传感器　16、18—压力传感器　19—被试液压缸　20—调节垫块　21—机架　22—伺服放大器
23—PID 控制器　24—自动/手动选择开关　25—闭环通/断开关　26—手动设计装置
27—计算机测试系统　28、29—位移传感器

注：1.　——液压管路。

2.　—·—控制电缆。

3.　A、B、C、D、E、F 分别表示测试系统中不同的液压油路接口，其中 F 口堵塞。

2）在"额定工作压力"下进行内泄漏试验不一定可行。

3）泄漏的油液体积的测量器具未规定其精度或允许误差（值），易引发质疑或争议。

4）无法体现液压缸的放置姿态对伺服液压缸内、外泄漏量的影响。

4. 最低起动压力试验

对 DB44/T 1169.2—2013 中 4.5 条规定的试验回路和设定以及试验步骤：

1）何谓"试验压力"，试验压力如何设定或设定多少都不清楚。

2）其试验步骤（方法）所要达到的目的与在 DB44/T 1169.1—2013 中定义的"最低起动压力"术语不符。

3）在 DB44/T 1169.2—2013 中，图 3 的设计（置）目的不清楚。

4）对伺服液压缸最低起动压力试验原理存疑。

5）缺少缸回程最低起动压力试验。

5. 带载动摩擦力试验

对 DB44/T 1169.2—2013 中 4.6 条规定的试验回路和设定以及试验步骤：

1）在 DB44/T 1169.2—2013 中，图 1 所示的机架加载试验装置，无法在伺服液压缸运动中对其加载，即无法实现"被试液压缸 19 在带载工况下从 S_a 运动到 S_b，然后再从 S_b 回到 S_a"。

2）在"使被试液压缸 19 活塞杆压紧机架 21 上横梁"情（工）况下，其检测（试验）的不是带载动摩擦力。

3）其试验步骤（方法）所要达到的目的与在 DB44/T 1169.1—2013 中定义的"带载动摩擦力"术语不符。

4）对伺服液压缸带载动摩擦力试验原理存疑。

5）按在 DB44/T 1169.2—2013 中规定的试验方法，对在 DB44/T 1169.2—2013 中图 4 所示的带载动摩擦力曲线存疑。

鉴于本手册篇幅的限制，对其他如阶跃响应试验（4.7 条）、频率响应试验（4.8 条）、偏摆试验（4.9 条）、低压下的泄漏试验（4.10 条）、行程检测（4.11 条）、负载效率试验（4.12 条）、高温试验（4.13 条）、耐久性试验（4.14 条）等在此就不一一说明了。

作者对该标准中的"伺服液压缸"定义、"伺服液压缸"这一称谓以及如此分类液压缸也有一些看

法。如果配置有伺服阀或比例阀的液压系统及回路中的液压缸，就可以将其命名为伺服液压缸，那么按此逻辑，配置有"电控阀"的液压系统及回路中的液压缸都可称为"电控液压缸"，这显然是不妥的；或者将配置有比例阀的液压系统及回路中的液压缸，还可命名为比例液压缸，而不是伺服液压缸，这也与上述伺服液压缸的定义相矛盾。

5.5 船用数字液压缸的试验方法

根据在 GB/T 24946—2010 中对数字液压缸的定义，数字液压缸是由电脉冲信号控制位置、速度和方向的液压缸。

在 GB/T 24946—2010 中给出了数字液压缸的典型结构示意图（作者按 GB/T 24946—2010 中图 1 绘制，但添加了油口标识），如图 5-8 所示。

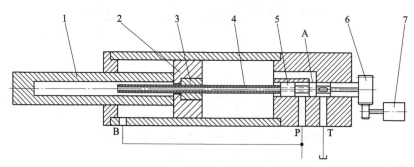

图 5-8 数字液压缸的典型结构示意图
1—活塞杆 2—活塞 3—螺母 4—螺杆 5—控制阀阀芯 6—减速齿轮 7—步进电机

在 GB/T 24946—2010 中同时给出了数字液压缸型式检验的液压系统原理图（作者按 GB/T 24946—2010 中图 2 绘制，但元件图形符号的基本要素及其相对位置可能有所修改，且添加了油口标识），如图 5-9 所示。

根据图 5-8（GB/T 24946—2010 中图 1）和图 5-9（GB/T 24946—2010 中图 2），在应用该项标准中规定的数字液压缸型式检验的液压系统原理图（GB/T 24946—2010 中图 2）时，应注意以下两点。

（1）数字液压缸的名称

经查对，图 5-8 所示数字液压缸的典型结构示意图（GB/T 24946—2010 中图 1）还见于 1990 出版的参考文献 [15]，但其名称为电液步进（液压）缸原理图（图 9.3.24）。

电液步进液压缸是在 JB/T 2184—2007 以及被其代替的 JB 2184—77 中规定的七种液压缸之一。

根据上述情况，作者认为，在 GB/T 24946—2010 中规定的"数字液压缸"就是在 JB/T 2184—

2007（1997）中规定的"电液步进液压缸"。

需要进一步说明的是，GB/T 17446—2012 中没有"数字液压缸"或"数字缸"这一术语。

（2）数字液压缸的典型结构示意图与液压系统原理图

根据图 5-8 所示，其液压能量放大元件应为双边圆柱滑阀（三通阀），而非是在图 5-9 中所示的四通阀，即数字液压缸的典型结构示意图与液压系统原理图不符。

尽管四通阀也是一种常见的液压能量放大元件，且在电液步进马达中就有应用，但由于电液步进液压缸多采用差动回路（连接），因此可采用三通阀。

鉴于本手册篇幅的限制，对图 5-9 中的其他问题在此就不一一说明了，如加载液压缸无法自行做缸回程运动等。

为了解决上述问题，作者绘制了数字液压缸出厂试验液压系统原理图，如图 5-10 所示。

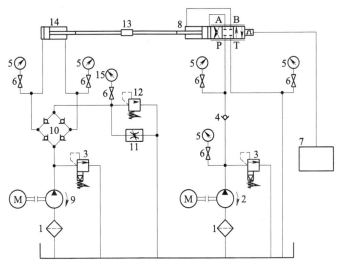

图 5-9　数字液压缸型式检验的液压系统原理图

1—过滤器　2—液压泵　3—溢流阀　4—单向阀　5—压力表　6—压力表开关　7—数字控制器
（包括 PLC、计算机、专用控制腔等）　8—被试数字液压缸　9—低压液压缸　10—单向阀桥
式整流阀组　11—加载阀　12—安全阀　13—传感器　14—加载液压缸　15—加载压力显示

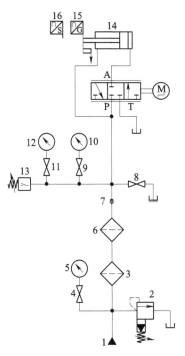

**图 5-10　数字液压缸出厂
试验液压系统原理图**

1—液压源　2—溢流阀　3、6—过滤器　4、9、11—压力
表开关　5、10、12—压力表　7—单向阀　8—截止阀
13—压力继电器　14—被试数字液压缸（一般包括
液压缸、带机械反馈的伺服阀和步进电机）
15—位置传感器　16—速度传感器

请参考图 5-3 的说明来理解图 5-10 中的各元件。

数字液压缸按通常说法是一种液压动力元件（或称为液压动力机构），一般由液压功率（能量）放大元件（液压控制元件）和液压缸（液压执行元件）及步进电机等组成，以其作为驱动装置的反馈控制系统即为一种液压伺服控制系统。以此而论，在 GB/T 24946—2010 中的"数字液压缸"定义存在的问题显而易见。

5.6　液压缸环境试验方法

伺服控制液压缸通常是由电液伺服阀控制的，现行电液伺服阀标准，如 GB/T 10844—2007《船用电液伺服阀通用技术条件》、GB/T 13854—2008《射流管电液伺服阀》中都有"环境要求"，伺服液压缸尤其是集成了伺服阀的液压缸与伺服液压缸对环境的要求一般应是相同的。在 GB/T 15623.1—2003（已被代替）《液压传动　电调制液压控制阀　第 1 部分：四通方向流量控制阀试验方法》和 GB/T 15623.1—2003（已被代替）《液压传动　电调制液压控制阀　第 2 部分：三通方向流量控制阀试验方法》中都有"环境试验"，但在 GB/T 15623.1—2018 和 GB/T 15623.2—2017 中却没有了"环境试验"内容。同样，在 GB/T 32216—2015 中也缺少"环境试验"。

电液伺服阀（伺服液压缸）在不同的使用环境下或不同的应用领域内，其环境要求和试验方法也不同。舰船用电液伺服阀环境试验方法见表 5-19。

表5-19　舰船用电液伺服阀环境试验方法（摘自 GJB 4069—2000）

序　号	项　目	试验方法标准
1	低温及低温启动	GJB 4069—2000 规定的试验方法
2	高低温	GJB 4069—2000 规定的试验方法
3	温度冲击	GJB 4069—2000 规定的试验方法
4	湿热	GJB 4.6《舰船电子设备环境试验　交变湿热试验》
5	盐雾	GJB 4.11《舰船电子设备环境试验　盐雾试验》
6	霉菌	GJB 4.10《舰船电子设备环境试验　霉菌试验》
7	振动	GJB 4.7《舰船电子设备环境试验　振动试验》
8	颠震	GJB 4.8《舰船电子设备环境试验　颠震试验》
9	冲击	GJB 4.9《舰船电子设备环境试验　冲击试验》

注：GJB 4 系列标准已经作废。

飞机电液流量伺服阀环境试验方法见表5-20。

表5-20　飞机电液流量伺服阀环境试验方法（摘自 GJB 3370—1998）

序　号	项　目	试验方法标准
1	高温试验	GJB 150.3—86《军用设备环境试验方法》
2	低温试验	GJB 150.4—86《军用设备环境试验方法》
3	湿热试验	GJB 150.9—86《军用设备环境试验方法》
4	霉菌试验	GJB 150.10—86《军用设备环境试验方法》
5	盐雾试验	GJB 150.11—86《军用设备环境试验方法》
6	加速度试验	GJB 150.15—86《军用设备环境试验方法》
7	振动试验	GJB 150.16—86《军用设备环境试验方法》
8	冲击试验	GJB 150.18—86《军用设备环境试验方法》

注：表中标准已更新为 GJB 150A—2009《军用装备实验室环境试验方法》

　　液压缸，尤其是比例/伺服控制液压缸，在其有关技术文件中应明确环境要求、环境试验方法遵守或参照的标准，并应写入甲乙双方订立的合同及技术文件中，成为合同的重要组成部分，以评价或确定包括验证在此环境中液压缸的安全性、完整性以及对液压缸性能（如可靠性，见第5.7节）的影响，或者还可以评价液压缸及其材料保护性覆盖层和装饰层的质量和有效性，定位潜在的问题区域、发现质量控制缺陷和设计缺陷、优化材料等。

　　即使按照 GB/T 32216—2015《液压传动　比例/伺服控制液压缸的试验方法》对比例/伺服控制液压缸进行试验，以下各环境试验方法（如高温试验、盐雾试验等）对其也有重要的参照价值。

5.6.1　高温试验

　　尽管 GJB 150.3A—2009《军用装备实验室环境试验方法　第3部分：高温试验》规定，该标准适用于对军用装备进行高温试验，但其对其他领域应用的液压缸的高温试验具有参照价值。

1. 目的与应用

（1）目的

本试验目的在于获取有关数据，以评价高温条件对装备的安全性、完整性和性能的影响。

（2）应用

本试验适用于评价在高温环境中使用的装备。

（3）限制

本试验仅适用于评价时间较短（数月而不是数年）、整个试件热分布均匀的热效应，一般不适用于：

　　a）评价长期稳定地暴露于高温条件（贮存或工作）期间性能随时间劣化的效应（因为这种情况下可能包括一些叠加效应）。这种高温劣化效应宜采用自然环境进行评价。

　　b）评价太阳辐射引起的热效应，因为太阳辐射会在装备中产生明显的温度梯度。太阳的直接照射效应，应采用 GJB 150.7A—2009 的程序 I 进行评价。

　　c）评价光化学效应（光化学效应应采用 GJB 150.7A—2009 的程序 II 进行评价）。

　　d）评价气动加热效应。

2. 剪裁指南

（1）选择试验方法

1）概述。分析有关技术文件的要求，应用装备（产品）订购过程中实施 GJB 4239—2001《装备环境工程通用要求》得出的结果，确定装备寿命（周

期内高温环境出现的阶段，根据下列环境效应确定是否需要进行本试验。当确定需要进行本试验，且本试验与其他环境试验使用同一试件时，还需确定本试验与其他试验的先后顺序。

2）环境效应。高温会改变装备所用材料的物理性能或尺寸，因而会暂时或永久地降低装备的性能。下面列举了与受试装备相关的高温条件下可能会出现的典型问题：

a）不同材料膨胀不一致使得零部件相互咬死。

b）润滑剂黏度变低和润滑剂外流造成连接处润滑能力降低。

c）材料尺寸全方位改变或有方向性的改变。

d）包括材料、衬垫、密封垫、轴承和轴发生变形、咬合和失效，引起机械故障或完整性损坏。

e）衬垫出现永久性变形。

f）外罩和密封条损坏。

g）固定电阻的阻值改变。

h）温度梯度不同和不同材料的膨胀不一致使电子线路的稳定性发生变化。

i）变压器和机电部件过热。

j）继电器以及磁动或热动装置的吸合/释放范围变化。

k）工作寿命缩短。

l）固体药丸或药柱分离。

m）密封壳体（炮弹、炸药等）内产生高压。

n）爆炸物或推进剂的加速燃烧。

o）浇注炸药在其壳体内膨胀。

p）炸药熔化并渗出。

q）有机材料褪色、裂解或龟裂纹。

r）复合材料放气。

零部件相互咬死、轴承和轴发生咬合的另一种表述或可为"抱轴"，具体请见 JB/T 11772—2014 和 JB/T 13101—2017 等标准。

3）选择试验顺序。

① 一般要求。见 GJB 150.1A—2009《军用装备实验室环境试验方法　第 1 部分：通用要求》中的 3.6。

② 特殊要求。确定试验顺序至少有两个可以遵循的原则：

a）节省寿命。首先对试件施加使试件损伤最小的环境应力，以使试件能做更多的试验项目。为此，本试验应在试验顺序的早期进行。

b）施加的环境应能最大限度地显示叠加效应。为此，本试验应在振动和冲击等力学环境试验之后进行。

注：本试验对密封产品的低气压试验结果也会产生显著的影响［见 2.（1）2）d）~f)]。

（2）选择试验程序

1）概述。本试验包括两个试验程序：程序 I——贮存和程序 II——工作。试验前应确定采用的试验程序。

2）选择试验程序考虑的因素。选择试验程序时应考虑：

a）装备的用途。

b）自然暴露环境。

c）与装备的实际使用情况相符的试验数据。

d）程序的顺序。若选择了上述两个程序，则先进行程序 I，再进行程序 II。

e）影响装备的其他主要热源，如电动机、发动机、电源或排出的尾气等。

3）各程序的差别。

① 概述。两个程序的差别是进行性能检测的时间不同，程序 I 是在高温暴露试验之后进行性能检测，程序 II 是在高温暴露试验期间进行性能检测。程序 I 适用于评价高温贮存后对装备性能的影响，程序 II 适用于评价装备工作期间高温对它的影响。

② 程序 I——贮存。程序 I 用来考查贮存期间高温对装备的安全性、完整性和性能的影响。本程序是先将试件暴露于装备贮存状态可能遇到的高温（适用时还有低湿度）下，随后在标准大气条件下检测性能。

③ 程序 II——工作。程序 II 用来考查装备工作时高温对性能的影响。有两种实施方法：

a）将试件暴露于试验箱温度循环的条件下，使试件连续工作，或者在温度最大响应（试件达到最高温度）期间工作。

b）将试件暴露于恒定温度下，使试件在其温度达到稳定时工作。

（3）确定试验条件

1）概述。选定本试验和相应程序后，还应根据有关文件的规定和为该程序提供的信息，选定该程序所用的试验条件和试验技术。确定试验条件时应考虑 2.（3）2）~2.（3）6）的内容。

2）气候条件。世界范围内基本热和热两种气候类型的高温循环数据见表 5-21 和表 5-22。我国的地面高温条件见 GJB 1172.2—1991《军用设备气候极值　地面气温》，其中高气温全国 1% 工作极值相应的温度日变化见 GJB 1172.2—1991 中的表 1。应确定贮存和使用装备的地域的气候条件。确定高温条件时

应考虑：

a）所涉及的气候区。

b）装备是否暴露于太阳辐射环境，太阳辐射是否直接作用于装备、运输包装箱、保护性包装遮盖物等。

c）周围空气和太阳辐射向设备传热的途径。

表 5-21 高温日循环

一天中的时间	气候类型—基本热				气候类型—热			
	环境空气温度		诱发条件		环境空气温度		诱发条件	
	温度/℃	湿度（%RH）	温度/℃	湿度（%RH）	温度/℃	湿度（%RH）	温度/℃	湿度（%RH）
0100	33	36	33	36	35	6	35	6
0200	32	38	32	38	34	7	34	7
0300	32	41	32	41	34	7	34	7
0400	31	44	31	44	33	8	33	7
0500	30	44	30	44	33	8	33	7
0600	30	44	31	43	32	8	33	7
0700	31	41	34	32	33	8	36	5
0800	34	34	38	30	35	6	40	4
0900	37	29	42	23	38	6	44	4
1000	39	24	45	17	41	5	51	3
1100	41	21	51	14	43	4	56	2
1200	42	18	57	8	44	4	63	2
1300	43	16	61	6	47	3	69	1
1400	43	15	63	6	48	3	70	1
1500	43	14	63	5	48	3	71	1
1600	43	14	62	6	49	3	70	1
1700	43	14	60	6	48	3	67	1
1800	42	15	57	6	48	3	63	2
1900	40	17	50	10	46	3	55	2
2000	38	20	44	14	42	4	48	3
2100	36	22	38	19	41	5	41	5
2200	35	25	35	25	39	6	39	6
2300	34	28	34	28	38	6	37	6
2400	33	33	33	33	37	6	35	6

注：1. 这些值代表了在该种气候类型中的典型高温日循环条件。"诱发条件"是指装备在贮存或运输状态下可能暴露于其中的由日晒而加剧的空气温度条件。

2. 高温试验期间通常不必控制湿度，这些值只在特殊情况下使用。

表 5-22 高温日循环温度变化范围一览表

气候类型	地理位置	周围空气温度/℃	诱发温度/℃
基本热	亚洲、美国、墨西哥、非洲、澳大利亚、南非、南美、西班牙南部和西南亚外延的世界许多地方	30~43	30~63
热	北非、中东、巴基斯坦和印度，美国西南部和墨西哥北部	32~49	33~71

注：1. 温度和湿度日循环数据由表 5-21 给出。

2. "诱发条件"是指装备在极端的贮存或运输情况下可能暴露于其中的空气温度条件。

3）暴露条件。

① 概述。在确定试验温度量值之前，应确定装备在正常贮存环境和工作环境中的热暴露方式。至少应考虑 2.(3)3)②~2.(3)3)③中的暴露状态。

② 装备的技术状态。装备的技术状态如下：

a）敞开暴露状态。装备在无任何保护性遮蔽的情况下所经历的最严酷条件。

b）有遮蔽状态。邻近有无遮光物等，都能对被遮盖装备的周围空气的温度产生很大影响，装备有遮蔽的示例如下：

- 不通风的罩壳内。
- 封闭的车体内。
- 具有经受日晒加热的表面的飞机舱段内。
- 帐篷内。
- 封闭的防水油布下。
- 地面以上、地面或地面之下。

③ 特殊条件。高温试验通常只考虑装备周围空气的平均温度。但特殊的加热条件能产生显著的局部加热，使局部温度明显地高于周围空气的平均温度，从而对装备的热特性和性能的评价产生显著的影响。当下列条件存在时，在高温试验装置中应尽可能地包括或模拟这些条件：

a) 强化的太阳辐射。当装备位于玻璃或透明材料面板之下，或者位于薄金属蒙皮之下的密闭的、不透风的舱室内时，太阳的直接照射可能使局部空气暂时升高。由于损坏的可能性增加，因此在应用极值温度时应谨慎。在这种情况下，试验应以现场实测数据为依据（这种情况下可以单独进行太阳辐射试验，也可两个试验都做）。

b) 人为热源。人为发热装置（电动机、发动机、电源、高密度电子封装件等）通过辐射、对流或排出气流的冲击作用都可使装备周围的局部气温显著增高。

4) 试验持续时间。

① 概述。确定装备在已确定的各种暴露条件下所要经受的暴露持续时间。暴露可以是恒定的，也可是循环的。在循环的情况下，还要确定暴露发生的次数。

② 恒温暴露。试件暴露于高温环境中达到温度稳定后，再保持试验温度至少 2h。

③ 循环暴露。循环暴露的试验持续时间应根据满足设计要求所需要的预计循环数和以下导则来确定。程序Ⅰ和程序Ⅱ都要将试件暴露在循环温度下，所以循环数很关键。除另有规定外，每循环周期为 24h。

a) 程序Ⅰ——贮存。贮存试验至少进行 7 个循环，与最严酷地区正常年份最严酷月份中极端温度出现率为 1% 时的小时数相对应。每个循环中最高温度出现的时间大约为 1h。若要延长关键材料或高温敏感材料的贮存时间，则应增加循环数以确保满足设计要求。

b) 程序Ⅱ——工作。工作暴露试验至少进行 3 个循环。这通常足以使试件达到其最高响应温度。当难以重现温度响应时，建议最多采用 7 个循环。

5) 试件的技术状态。试件的技术状态应根据装备贮存和工作中预期的实际状态确定，至少应考虑以下技术状态：

a) 装入运输/贮存容器内或转运箱内。

b) 有保护状态或无保护（有顶棚、遮蔽）状态。

c) 正常使用状态。

d) 为特殊用途改装后的状态。

e) 堆码或托板堆码的技术状态。

(4) 试件工作

试件必须工作时，按下列要求编制试验操作程序：

1) 一般要求见 GJB 150.1A—2009 中 3.9.2。

2) 特殊要求如下：

a) 应包括功率最大（产生的热量最多）的工作状态。

b) 电压改变会影响试件的热耗或温度响应（如动力的产生和风扇的转速）时，应包括所需要的输入电压条件的变化范围。

c) 应引入使用期间通常使用的冷却介质（如强迫的冷却空气或冷却液）。使用冷却介质时应考虑冷却介质入口处的温度和流量，以反映典型情况和最坏情况下的温度与流量条件。

d) 对于恒定温度试验，当内部关键工作部件的温度相对恒定时，就认为温度达到了稳定（实际上由于试件工作的周期性或试件的工作特性，工作温度不可能恒定）。

e) 对于循环温度试验，试件的温度与循环温度及试件的特性相关，因此此温度不可能稳定。在这种情况下，试件的温度响应也是循环的，即峰值响应温度和前一个循环的峰值响应温度相比在 2℃ 之内。

3. 信息要求

(1) 试验前需要的信息

1) 一般信息。见 GJB 150.1A—2009 中的 3.8。

2) 特殊信息。相对湿度控制要求（适用时）见 2.(3)6)。

3) 温度传感器的位置。用于测量温度响应和温度稳定的温度传感器的位置（说明在试件的哪个部位、哪个组件和/或结构上）。

(2) 试验中需要的信息

一般信息见 GJB 150.1A—2009 中的 3.11，特殊信息如下：

a) 试验箱温度（适用时还有湿度)-时间数据。

b) 试验期间试件的温度-时间数据。

(3) 试验后需要的信息

见 GJB 150.1A—2009 中的 3.14。

4. 试验要求

（1）试验设备

1）试验箱（室）应配备辅助仪器，辅助仪器应能保持和监控试件周围的空气高温条件（适用时还有湿度）。

2）除装备的平台环境已证明使用其他速度是合理的，并且要防止在试件中产生与实际不符的热传递外，试件附近的风速不应超过 1.7m/s。

3）应能连续记录试验箱内温度的测量值，必要时还应能连续记录试件的温度测量值。

（2）试验控制

1）温度。除技术文件另有规定外，若试件工作以外的任何动作（如打开箱门）会引起试验温度或试验箱温度产生显著变化（大于2℃）时，则在继续试验前应使试件重新稳定到规定的温度。若15min内不能完成工作性能检测，则在继续检验之前应使试件的温度/湿度恢复到规定的条件。

2）温度变化速率。除另有规定外，温度变化速率应不超过3℃/min，以免造成温度冲击。

（3）试验中断

1）一般要求。见 GJB150.1A—2009 中的 3.12。

2）特殊要求。

① 欠试验中断。

a）循环试验。若高温循环试验在进行过程中发生意外中断，使得试验条件向标准大气条件温度下降并超出允差，则应从上一次成功完成的循环结束点恢复试验。

b）恒定试验。若恒定试验在进行过程中出现意外中断，使得试验条件向标准大气条件温度下降并超出允差，则应使试件重新稳定在规定的试验温度，并从试验条件偏离点开始继续进行试验。中断期间温度超出允差的时间不记入总试验时间。应记录中断前和中断后试验段的持续时间。

② 过试验中断（如试验箱失控）。

a）物理检查和性能检测。若循环试验或恒定试验的中断，使得试件暴露于比产品规范要求更为严酷的环境中时，则应在中断之后进行全面的物理检查和工作性能检测（如可能），然后根据检查、检测结果决定是否继续进行试验。

b）安全、性能和材料问题。当过试验后发现安全、性能和材料问题时，最好的措施是结束这次试验，并用新的试件重新进行试验。若不这样做而在余下的试验中试件出现故障，则会因试验条件而认为此试验结果无效。若没有发现安全、性能和材料问题，应按以下办法处理：

• 对于恒温试验，则应恢复之前的条件，并从试验允差超出点继续进行试验，试验中断期间的时间记入总的试验时间。

• 对于循环温度试验，应从上一次成功完成的循环结束点恢复试验，过试验中断时的循环（不完整的循环）不记入总的循环数。

（4）试件的安装与调试

1）一般要求。见 GJB 150.1A—2009 中的 3.9。

2）特殊要求。试件的安装与调试应包括所有附加的热源或合适的模拟热源（见 2.（3）3）③）

5. 试验过程

（1）试验准备

1）试验前准备。试验开始前，根据有关文件确定试验程序、试件的技术状态、循环数、试验持续时间、试件贮存/工作环境参数的量值等。

2）初始检验。试验前所有试件均需在标准大气条件下进行检测，以取得基准数据。检测按以下步骤进行：

a）对试件进行目视检查，应特别注意应力区（如铸件拐角部位），记录检查结果。

b）按技术文件的规定，在试件内、试件上或其周围安装温度传感器。对于程序Ⅱ，为了确保测量到试件的最大温度响应，温度传感器应装在功能元件上。

c）在标准大气条件下，将试件装入试验箱。

d）按技术文件的规定进行工作性能检测，记录检测结果。若试件工作正常，则根据具体情况进行程序Ⅰ或程序Ⅱ。

（2）试验程序

1）程序Ⅰ——贮存。

① 循环贮存。循环贮存的试验步骤如下：

a）使试件处于贮存技术状态。

b）将试验箱内的环境调节到试验开始阶段的试验条件，并在该条件下使试件温度达到稳定。

c）将试件暴露于贮存环境的温度（适合时还有湿度）条件下，暴露持续时间至少应为 7 个循环（若采用24h循环，则总共168h）或技术文件规定的循环数。若技术文件有要求，则应记录试件的温度响应。

d）在循环温度暴露结束后，将试验箱内空气温度调节到标准大气条件，并且保持在标准大气条件下，直至试件温度稳定。

e）对试件进行目视检查和工作性能检测，记录结果，并与试验前数据进行比较。

② 恒温贮存。恒温贮存的试验步骤如下：

a）使试件处于贮存技术状态。

b）将试验箱内的环境调节到规定的试验条件，并在该条件下使试件温度达到稳定。

c）在试件温度达到稳定后再继续保持试验温度至少 2h，以确保测量不到的内部元/部件的温度真正达到稳定。若内部元/部件的温度无法测量，则应根据热分析确定额外的热浸时间，以确保整个试件的温度达到稳定。

d）在恒定温度暴露结束后，将试验箱内空气温度调节到标准大气条件，并保持在该标准大气条件下，直至试件温度稳定。

e）对试件进行目视检查和工作性能检测，记录结果，并与试验前数据进行比较。

2）程序 Ⅱ——工作。

① 恒温工作。恒温工作的试验步骤如下：

a）按工作技术状态安装好试件。

b）调节试验箱内的空气温度使之达到所要求的恒定温度（适用时还有湿度）。

c）在试件温度达到稳定后继续保持试验箱内条件至少 2h。若内部元/部件的温度无法测量，则应根据热分析确定额外的热浸时间，以确保整个试件的温度达到稳定。

d）尽可能目视检查试件，记录检查结果，并与试验前的数据进行比较。

e）使试件工作，并使其温度重新稳定。根据技术文件的要求对试件进行性能检测，记录检测结果并与试验前的数据进行比较。

f）使试件停止工作，将试验箱内的空气温度调节到标准大气条件，并保持该条件直到试件温度达到稳定。

g）按技术文件的要求对试件进行全面的目视检查和工作性能检测，记录检查和检测结果，并与试验前数据进行比较。

② 循环工作。循环工作的试验步骤如下：

a）按工作技术状态安装好试件。

b）调节试验箱内的空气温度（适用时还有湿度）使之达到技术文件规定的工作循环初始条件，并保持此条件直至试件温度达到稳定。

c）将试件暴露至少 3 个循环或为确保达到试件的最高响应温度所需要的循环数。循环暴露期间尽可能对试件进行全面的目视检查，并记录检查结果。

d）在暴露循环的最高温度响应时段使试件工作（由于试件的热滞后效应，最高温度响应时段与温度循环的最高温度时段可能不一致）。重复进行本步骤，直到按技术文件完成试件的全部工作性能检测。

记录检测结果。

e）使试件停止工作，将试验箱内的空气温度调节到标准大气条件，保持该条件直到试件温度达到稳定。

f）按技术文件的要求对试件进行全面的目视检查和工作性能检测，记录检查和检测结果，并与试验前数据进行比较。

6. 结果分析

除 GJB 150.1A—2009 中 3.17 提供的指南外，下列信息也有助于评价试验结果。凡试件不满足产品规范要求的数据都可用于本试验的分析。同时考虑下列相关信息：

a）在极端温度下进行贮存试验后的非破坏性检查的结果（适用时）。

b）极端高温下工作性能的下降或改变的情况。

c）高温暴露时专用成套工具或特定的工作程序的必要性。

d）润滑不当的证据以及规定环境条件下使用润滑剂的证明。

5.6.2　低温试验

尽管 GJB 150.4A—2009《军用装备实验室环境试验方法　第 4 部分：低温试验》规定，该标准适用于对军用装备进行低温试验，但其对其他领域应用的液压缸的低温试验具有参照价值。

1. 目的和应用

（1）目的

本试验的目的在于评价在贮存、工作和拆装操作期间，低温条件对装备的安全性、完整性和性能的影响。

（2）应用

本试验适用于评价在低温环境中使用的装备。

（3）限制

本试验不适用于在非增压的飞机上安装并工作的装备，这类装备通常按 GJB 150.24A—2009 的规定进行试验。

2. 剪裁指南

（1）选择试验方法

1）概述。分析有关技术文件的要求，应用装备（产品）订购过程中实施 GJB 4239—2001《装备环境工程通用要求》得出的结果，确定装备寿命（周）期内低温环境出现的阶段，根据下列环境效应确定是否需要进行本试验。当确定需要进行本试验且本试验与其他环境试验使用同一试件时，还需确定本试验与其他试验的先后顺序。

2）环境效应。低温几乎对所有的基体材料都有不利的影响。对于暴露于低温环境的装备，由于低温会改变其组成材料的物理特性，因此可能会对其工作性能造成暂时或永久性的损害。所以，只要装备暴露于低于标准大气条件的温度下，就要考虑做低温试验。考虑以下典型低温环境效应，有助于确定本试验是否适用于受试装备：

a）材料的硬化和脆化。

b）在对温度瞬变的响应中，不同材料产生不同程度的收缩，以及不同零部件的膨胀率不同，引起零部件相互咬死。

c）由于黏度增加，润滑油的润滑作用和流动性降低。

d）电子器件（电阻器、电容器）性能改变。

e）变压器和机电部件的性能改变。

f）减振架刚性增加。

g）固体爆炸药丸或药柱（如硝酸铵）产生裂纹。

h）破裂与龟裂、脆裂、冲击强度改变和强度降低。

i）受约束的玻璃产生静疲劳。

j）水的冷凝与结冰。

k）穿防护服的操作人员灵活性、听力和视力降低。

l）燃烧率变化。

3）选择试验顺序。

① 一般要求。见 GJB 150.1A—2009《军用装备实验室环境试验方法 第 1 部分：通用要求》中 3.6。

② 特殊要求。确定试验顺序至少应遵循下列两条原则：

a）节省寿命。首先对试件施加使试件损伤最小的环境应力，以使试件能做更多的试验项目。为此，本试验应在试验顺序的早期进行。

b）施加的环境应能最大限度地显示叠加效应。为此，本试验应在振动和冲击等力学环境试验之后进行。

虽然没有明确规定，但本试验可以与振动和冲击试验结合进行，以评价力学事件（即运输、装卸、冲击）对低温下材料的影响。同时，本试验也会显著改变产品在 GJB 150.2A—2009 低气压试验时的密封性能。

（2）选择试验程序

1）概述。本试验包括三个试验程序：程序Ⅰ——贮存、程序Ⅱ——工作和程序Ⅲ——拆装操作。根据对试验数据的需求，确定适用的试验程序、试验程序组合或实施各程序的顺序。在大多数情况下，所有三个程序都要使用。

2）选择试验程序考虑的因素。选择试验程序时应考虑：

a）装备的用途。根据有关文件的要求，确定装备在低温环境和其他任何限制性的条件（如贮存）下应实现的功能。

b）自然暴露环境。

c）与装备的实际使用情况相符的下列试验数据：

• 部署地区预期温度。

• 在部署地区预期的持续时间。

• 装备的技术状态。

d）程序的顺序。确定三个低温试验顺序时应考虑：

• 程Ⅱ可在程序Ⅰ/程序Ⅲ之后进行。若装备在使用之前要在低温下贮存，程序Ⅰ要在程序Ⅱ之前进行；若要求做拆装操作试验，则程序Ⅲ可在工作试验前进行；若装备不打算在低温下进行贮存或在使用前进行拆装操作，则直接进行程序Ⅱ。

• 若需要的话，拆装操作试验可在贮存试验/工作试验之后进行。

3）各程序的差别。虽然所有程序都涉及低温，但它们在性能测试的时间选择和性能方面有根本不同。

a）程序Ⅰ用于检查贮存期间的低温对装备在贮存期间和贮存后的安全性，以及贮存后对装备性能的影响。

b）程序Ⅱ用于检查装备在低温环境下的工作情况。本部分的“工作”是指装备在人员接触最少情况下的起动和运行。

c）程序Ⅲ用于检测操作人员穿着厚重的防寒服组装和拆卸装备时是否容易。

（3）确定试验条件

1）概述。选定本试验和相应程序后，还应根据有关文件的规定和为该程序提供的信息，选定该程序所用的试验条件和试验技术。确定试验条件应考虑 2.(3)2)～2.(3)4) 的内容。

2）气候条件。最好根据有关文件选择具体的试验温度，若没有这方面的信息，则应根据装备要使用的区域以及其他因素来确定试验温度。虽然低温环境通常是周期性变化的，但许多情况下使用恒定低温进行试验是可以接受的。只有那些在设计评估时认为暴露于低温变化环境很重要的情况下，才适合选用低温循环试验。低温循环试验的低温条件应根据有关文件确定。以下分别为在特定地区（气候类型）使用、

世界范围内贮存和使用的装备，以及在世界范围内长期贮存（两年或两年以上）的装备选择试验温度提供了指南：

a) 特定地区使用的装备。当装备仅用于特定地区时，表 5-23 可用来确定试验温度。表 5-23 中所示的空气温度极值，是以该气候地区（极冷地区除外，极冷地区是根据 20% 的出现概率来确定的）所包括的地理位置内最冷的地点、在最冷的月份内出现该温度值的小时数为 1% 的频度为基础的。表 5-23 中所示数值代表温度日循环的范围。在本试验中通常仅考虑每一范围的最低值。

表 5-23　低温环境循环范围摘要

类型	地 理 位 置	温度/℃	
		自然环境空气	诱发环境
微冷 （C0）	主要受海洋影响的西欧海岸区、澳大利亚东南部、新西兰的低洼地	$-6 \sim -19$	$-10 \sim -21$
基本冷 （C1）	欧洲大部分地区；美国北部边界区；加拿大南部；高纬度海岸区（如阿拉斯加南部海岸）；低纬度的高原地带	$-21 \sim -31$	$-25 \sim -33$
冷 （C2）	加拿大北部、阿拉斯加（其内陆除外）；格陵兰岛（"冷极"除外）；斯堪的纳维亚北部；北亚（某些地区）；高海拔地区（南北半球）；阿尔卑斯山；喜马拉雅山；安第斯山	$-37 \sim -46$	$-37 \sim -46$
极冷 （C3）	阿拉斯加内陆；尤卡（加拿大）；北方岛内陆；格陵兰冰帽；北亚	-51	-51

b) 世界范围内贮存和使用的装备。当装备将在世界范围内贮存或工作时，温度的选择不但要考虑极端低温，还要考虑该极端低温出现的频度。若不考虑出现的频度，可能会造成过试验条件。这里的频度是在世界范围内最极端的地区、最极端的月份的总的小时数的百分比，也称为时间风险率。在这种比例相应的小时数内，出现的最低温度将等于或低于给定的试验低温温度。大多数情况下采用 20% 的频度；为满足特定应用和试验要求，也可选择其他值（见表 5-24）。

表 5-24　低温极值出现概率

中国的低温极值[①]		世界范围的低温极值	
$-41.3℃$	20%	$-51℃$	20%
$-44.1℃$	10%	$-54℃$	10%
$-46.1℃$	5%	$-57℃$	5%
$-48.8℃$	1%	$-61℃$	1%

① 数据来自 GJB 1172.2—1991《军用设备气候极值地面气温》，这里的出现概率是指时间风险率。

c) 世界范围内长期贮存和使用的设备。若装备在没有遮盖或保护的情况下长期（以年计）贮存于温度极低的地区（如西伯利亚东北部或格陵兰岛中心的"冷极"），则装备经受很低的温度（接近 $-65℃$）的机会会增大。在如此极端低温下的长期暴露可能会影响诸如弹药、生命保障装备等的安全性。因此，应选择这一温度作为试验温度。

3) 暴露持续时间。低温暴露持续时间影响装备安全性、完整性和性能，可根据装备自身材料、结构特性和使用情况进行选择：

a) 非危险性或与安全性无关（非生命保障型）的装备。该类装备（处于非工作状态）中的大多数（可能有机塑料除外），在低温下达到温度稳定后，将不会出现性能退化现象。若没有其他合适的时间，试件温度稳定后，贮存时间可取 4h。

b) 含爆炸物、弹药、有机塑料等产品的装备。这些装备中的这类产品在温度稳定后性能可能还会继续恶化，因此需要对它们进行长时间的低温试验。在试件温度稳定后，至少要进行 72h 的贮存试验，因为这是此类产品典型的低温暴露持续时间。

c) 含限位玻璃等产品的装备。需要安装或限定在特定位置的玻璃、陶瓷和玻璃类产品，或者需安装或限定在其特定位置的装备（如光学系统、激光系统和电子系统），往往会由于这类产品出现静疲劳而使装备损坏。因此，或许需要更长的低温试验时间才能诱发出这一现象。若没有其他参考数据，推荐使用 24h 的暴露时间。

4) 试件的技术状态。试件的技术状态是决定其受温度影响程度的重要因素。因此，试验时应采用装备在贮存或使用期间预期的技术状态。至少应考虑以下技术状态：

a) 装在运输/贮存容器内或运输箱内。

b) 有保护或无保护状态。

c) 正常使用状态。

d) 为特定用途改装后的状态。

3. 信息要求

（1）试验前需要的信息

1）一般信息。见 GJB 150.1A—2009 中的 3.8。

2）特殊信息。试验温度、需要的防护服种类和其他信息。

3）温度传感器位置。用于测量温度响应和温度稳定的温度传感器的位置（说明在试件的哪个部件、哪个组件/结构上）。

（2）试验中需要的信息

一般信息见 GJB 150.1A—2009 中的 3.11，特殊信息如下：

a）试验箱的温度-时间记录。

b）装拆操作中使用的防护服。

（3）试验后需要的信息

一般信息见 GJB 150.1A—2009 中的 3.14，特殊信息如下：

a）每一次性能检测所需的时间。

b）试件和试验箱的温度-时间数据。

c）组装和拆卸试件时用的防护服和专用设备。

d）进行拆装操作时必要的操作人员的人体测量数据。

4. 试验要求

（1）试验设备

1）所需要的设备，包括试验箱（室）及能够保持和监控（见 GJB 150.1A—2009 中的 3.8）试件周围空气所需的低温条件的辅助仪器。

2）除设备的平台环境已证明使用其他速度是合理的，并且要防止在试件中产生与实际不符的热传递外，试件附近的风速不应超过 1.7m/s。

（2）试验控制

1）温度。除技术文件中另有规定外，若除试件工作以外的其他任何动作（如打开箱门）会引起试件温度产生显著的变化（大于 2℃）时，则在继续试验前应使试件温度重新稳定在规定值。若 15min 时间内不能完成工作性能检测，则在继续检测前应使试件温度重新稳定。

2）温度变化速率。除另有规定外，为防止温度冲击的效应，应控制温度变化率不超过 3℃/min。

3）温度测量。在试件内或试件上安装温度传感器，以测量温度稳定数据。

4）温度记录。若需要，应连续记录试验箱和试件的温度。

（3）试验中断

一般要求见 GJB 150.1A—2009 中的 3.12，特殊要求如下：

a）欠试验中断。对于使试验温度向周围环境温度变化并超出允差范围的试验中断，应对试件进行全面的物理检查和工作性能检测（若可能的话）。若没有发现问题，则使试件重新稳定在试验温度，并从中断点开始继续试验。由于未遇到极端条件，出现任何问题均应认为是试件本身的问题。中断期间温度超出允差的时间不记入总的试验时间。

b）过试验中断。对于使试件暴露于比产品规范要求的更为严酷的条件下的试验中断，在继续试验之前应对试件进行全面的物理检查和工作性能检测（若可能的话）。当存在安全问题时（如弹药），尤其需要这样做。若发现有问题，最好的办法是结束此次试验，用新的试件重新做，否则在后续试验期间试件失效时，由于出现过过试验条件可认为试验结果无效；若没有发现问题，则恢复中断前的试验条件继续试验。试验中断期间的时间记入总的试验时间。

（4）试件的安装与调试

见 GJB 150.1A—2009 中的 3.9。

5. 试验过程

（1）试验准备

1）试验前准备。试验开始前，根据有关文件确定试验程序、试件技术状态、循环数、持续时间、试件贮存/工作环境参数量值等。

2）初始检测。试验前所有试件均需在标准大气条件下进行检测，以取得基准数据。检测按以下步骤进行（大的试件可能需要改变步骤顺序）：

a）对试件进行全面的目视检查，特别注意如铸件棱角一类的应力区。记录检查结果。

b）若要测定试验温度，根据要求在试件内或试件上安装温度传感器。

c）按 GJB 150.1A—2009 中 3.9.1 要求的技术状态准备试件，将试件装入试验箱，使之在标准大气条件下达到稳定温度。

d）按技术文件对试件进行工作性能检测，并记录检测结果。若试件正常工作，则按技术文件的规定进行试验。

（2）试验程序

1）程序 I——贮存。程序 I 的试验步骤如下：

a）使试件处于贮存技术状态。

b）将试验箱内空气温度调节到技术文件中规定的低温贮存温度。

c）试件温度稳定后，按技术文件中规定的持续时间保持此贮存温度。

d）对试件进行目视检查，并将检查结果与试验前的数据进行比较，记录检查结果。

e）若要求进行低温工作试验，则接着进行 5.（2）2）c），否则（接着）进行 f）。

f）将试验箱内空气温度调节到标准大气条件下的温度，并保持此温度到试件达到温度稳定。

g）对试件进行全面的目视检查，并记录检查结果。

h）需要时，对试件进行工作性能检测，并记录检查结果。

i）将这些数据与试验前的数据进行比较。

2）程序Ⅱ——工作。程序Ⅱ的试验步骤如下：

a）试件装入试验箱后，调节试验箱内空气温度到技术文件中规定的低温工作温度，在试件达到温度稳定后，保持此温度至少 24h。

b）在试验箱条件允许的情况下，对试件进行全面的目视检查，记录检查结果。

c）按技术文件对试件进行工作性能检测，记录检测结果。

d）若要求在低温下进行拆装操作试验，则接着进行 5.（2）3）d），否则接着进行 e）。

e）将试验箱内空气温度调节到标准大气条件下的温度，并保持此温度到试件达到温度稳定。

f）对试件进行全面的目视检查，并记录检查结果。

g）需要时，进行工作性能检测，记录检查结果，并与 5.（1）2）d）中得到的数据进行比较。

3）程序Ⅲ——拆装操作。程序Ⅲ的试验步骤如下：

a）试件装入试验箱后，将试验箱内空气温度调节到技术文件规定的低温工作温度，在试件温度稳定后，保持此温度 2h。

b）保持低温工作温度的同时，按 d）中的选择方案使试件处于其正常工作技术状态。

c）使温度恢复到 a）中的温度。

d）根据所使用的试验箱种类的不同，选择适用的操作方法：

•使用步入式实验室时，操作人员就像他们在低温作战状态下那样穿戴和装备好，并像在战场上那样拆卸试件，再将试件用正常的运输/贮存容器、运输箱或其他模式和技术状态重新包装。

•使用小试验箱时，按Ⅰ）进行，不同的只是拆卸和包装作业时，操作人员就像在自然环境中要求的那样带上厚手套，手从试验箱检测孔或打开的箱门伸入试验箱内。按拆装操作试验要求进行组装或拆卸，每次限时 15min，两次操作之间应恢复上面 a）中的温度。

注：打开试验箱门除了会使试件逐渐升温外，还会使试件上结霜。

e）若要求试件在低温下进行工作试验，则重复 b），然后接着进行 5.（2）2）a），否则（接着）进行 f）。

f）对试件进行全面的目视检查，记录检查结果，以便与试验前的数据进行比较。

g）将试验箱内空气温度调节到标准大气条件下的温度，保持此温度直到试件达到温度稳定。

h）对试件进行全面的目视检查，记录检查结果。

i）需要时，对试件进行工作性能检测，记录检测结果，并与 5.（1）2）d）中得到的数据进行比较。

6. 结果分析

除根据 GJB 150.1A—2009 中 3.17 提供的指南外，下列信息也有助于评价试验结果。任何与试件故障相关的数据，都可以用来进行是否满足产品规范要求的试验分析，同时考虑下列相关信息：

a）低温暴露后，在低试验温度下进行非破坏性试验/检查的结果。

b）低温条件下允许的工作性能的下降。

c）使用专用成套工具或特定的冷气候程序的必要性。

d）润滑不当的证据以及在规定环境条件下使用润滑剂的证明。

e）对内燃机起动故障，使用的燃料和防冻剂是否合适及有关证据。

f）动力源的状况和适用性。

5.6.3　湿热试验

尽管 GJB 150.9A—2009《军用装备实验室环境试验方法　第 9 部分：湿热试验》规定该标准适用于对军用装备进行湿热试验，但其对其他领域应用的液压缸的湿热试验具有参照价值。

1. 目的和应用

（1）目的

本试验的目的是确定装备（包括液压缸，以下同）耐湿热大气影响的能力。

（2）应用

本试验适用于：

a）可能在湿热环境中贮存或使用的装备。

b）可能在产生高湿度的环境中贮存或使用的装备。

c）显示装备可能与湿热相关的潜在问题。

当然，选择合适的自热环境现场对装备进行试验效果更好。

（3）限制

本试验不能重现与自然环境相关的所有的湿度影响，如长期效应；也不能重现与低湿度环境相关的湿度影响。本试验不重现复杂的温湿度环境，而是提供一个通用的应力（用）环境以暴露装备可能出现的问题，因此本试验不包含自然的或诱发的温湿度循环。本试验不对气密密封组件（如液压缸）的内部进行评价，也没有考虑下列情况：

a）压力和温度变化导致的机载和地面装备内的凝露。

b）黑体辐射（如夜空效应）引起的凝露。

c）生物和化学污染物与湿气或凝露的综合效应。

d）聚集在装备或包装内并在相当长的时间内留存的液态水。

2. 裁剪指南

（1）选择试验方法

1）概述。分析有关技术文件的要求，应用装备（产品）订购过程中实施的 GJB 4239—2001《装备环境工程通用要求》得出的结果，确定装备寿命（周）期内湿热环境出现的阶段，根据下列环境效应确定是否需要进行本试验。当确定需要进行本试验且本试验与其他环境试验使用同一试件时，还需确定本试验与其他试验的先后顺序。

2）环境效应。潮湿会对装备产生物理和化学影响；温湿度的变化可以导致装备内部出现凝露现象。与湿度有关的物理现象参见 7（即 GJB 150.9A—2009 附录 A）。考虑下列典型问题（未包括所以问题），有助于确定本试验是否适用于受试装备：

a）表面效应，如：

① 金属氧化/电化学腐蚀。

② 加速化学反应。

③ 有机或无机表面覆盖层的化学或电化学破坏。

④ 表面水汽和外来附着物相互作用产生的腐蚀层。

⑤ 摩擦因数的改变导致的黏结或黏附。

b）材料性质的改变，如：

① 因吸收效应产生的材料膨胀。

② 其他性质变化，如物理强度降低、电气绝缘和隔热特性改变、复合材料的分层、塑性或弹性的改变、吸湿材料性能降低、润滑剂性能降低等。

c）凝露和游离水产生的影响，如：

① 电气短路。

② 热传导特性变化等。

3）选择试验顺序。

① 一般要求。见 GJB 150.1A—2009《军用装备实验室环境试验方法　第 1 部分：通用要求》中的 3.6。

② 特殊要求。若湿热试验对同一试件的其他后续试验有影响，则应将湿热试验安排在这些试验之后。同样，由于潜在的综合环境影响没有代表性，一般不宜在经受过盐雾试验、砂尘试验或霉菌试验的同一试件上进行本试验。

（2）选择试验程序

本试验只有一个试验程序。

（3）确定试验条件

1）概述。选定本试验后，还应根据有关文件的规定和为该程序提供的信息，选定该程序所用的试验条件和试验技术。应确定温湿度循环周期数、试验持续时间、温湿度量值等试验参数和试件的技术状态，还应考虑试件工作与性能检测要求、试验通风要求，确定时应考虑 2.（3）2）~2.（3）4）的内容。

2）试验持续时间。本试验以 24h 为一个循环周期，最少进行 10 个周期。一般 10 个周期足以展现湿热环境对大多数装备的潜在影响。为了使湿热试验结果更真实地反映装备耐湿热环境的能力，可按有关文件的规定，延长试验的持续时间。

3）温湿度量值。温湿度量值见 GJB 150.9A—2009 中图 1，即湿热循环控制图（一个循环周期为 24h）。虽然温度为 60℃ 和相对湿度为 95% 的综合在自然环境中不会出现，但该温度和相对湿度量值的综合能发现装备有潜在问题的部位。

4）试验说明。本试验程序是为了重现湿热环境对装备的主要影响，不再现自然界发生的或在使用中诱发的温湿度随时间变化的历程，也不再现太阳辐射之后的湿热效应。本程序可能诱发显示长期效应的故障。

3. 信息要求

（1）试验前需要的信息

一般信息见 GJB 150.1A—2009 中的 3.8，特殊信息如下：

a）在试验期间，试件的密封部分应打开还是关闭。

b）试件工作时间或规定的目视检查次数。

c）试验程序操作信息（适用时）。

（2）试验中需要的信息

一般信息见 GJB 150.1A—2009 中的 3.11，特殊信息如下：

a）试验箱的温湿度随时间变化的记录。

b）试件性能参数和检测的时间点与持续时间。

（3）试验后需要的信息

一般信息见 GJB 150.1A—2009 中的 3.14，特殊信息如下：

a）试件已经进行过的试验。

b）每次性能检测（试验前、试验期间和试验后）和目视检查的结果（适用时应拍照）。

c）每次性能检测所需的时间。

d）暴露持续时间或试验循环的周期数。

e）试件的技术状态和专用装置的规定。

4. 试验要求

（1）试验设备

1）试验箱（室）。除另有规定外，试验箱（室）应能防止箱（室）壁冷凝水滴落到试件上。试验箱（室）应设置排气孔，以防止箱（室）内压力升高，还应注意防止外来污染。

2）传感器和检测仪器。使用不受冷凝水影响的固体传感器测量相对湿度，也可以使用快速反应干湿球传感器或露点测试仪等进行测量。本试验是高相对湿度的试验，不应采用对冷凝水敏感的传感器，如氯化锂型传感器。需要数据采集系统测量试验条件，该测量系统应装有适当的记录装置。数据采集系统一般与试验箱（室）控制器分开。如果使用有刻度的记录纸，该记录纸应至少精确到 ±0.6℃。若采用湿球控制方法，则湿球和容器应保持清洁，并在每次试验前更换新的湿球纱布，且至少每 30d 更换一次。使用的湿球纱布应尽可能薄，以便于水蒸发，并保持传感器表面湿润。湿球系统所用的水应与加湿用水的水质相同。如果可能，试验期间应至少每 24h 对水容器、湿球纱布、传感器和其他组成相对湿度测量系统的部件进行目视检查，以保证预期功能。

3）风速。流过湿球传感器的风速不应低于 4.6m/s，且湿球纱布应在风扇吸气的一侧以避免风扇热量的影响。试件周围空气任何部位的风速应保持在 0.5~1.7m/s。

4）加湿方法。采用蒸汽或喷水的方法加湿试件周围的空气。加湿所用的水应符合 GJB 150.1A—2009 中 3.2 的要求。应定期（不超过 15d）检查水质以确保水质合格。如果用喷水加湿，在喷水之前应调节水的温度以避免破坏试验条件，而且不能直接将水喷入试验区。在试验期间，试验箱（室）内产生的冷凝水应从试验箱（室）内排除出去。

5）防止污染。除水之外，不应有其他物质与试件直接接触，以防止引起试件的劣化或影响试验结果，不应将任何锈蚀或腐蚀性污染物及其他物质引入试验箱（室）内。试件周围空气的除湿、加湿、加热、冷却所用的方法不应改变试验箱（室）内的空气、水和水蒸气的化学成分。

（2）试验控制

试验控制应满足下列要求：

a）试验箱（室）应有测量和记录装置，并应与试验箱（室）的控制器分开。

b）除另有规定外，试验期间应对温度和相对湿度的模拟量进行连续测量。若需要数字测量，则测量的时间间隔应不大于 15min。

c）所采用的仪器与试验箱（室）应满足 GJB 150.1A—2009 中 3.3 的允差要求。

（3）试验中断

一般要求见 GJB 150.1A—2009 中的 3.12，特殊要求如下：

a）欠试验中断。若试验发生了意外的中断，导致试验条件低于规定值并超过了允差，则应从中断前最后一个有效循环的结束点重新开始试验。

b）过试验中断。见 GJB 150.9A—2009 中 6.3b）。

（4）试件的安装与调试

1）一般要求。见 GJB 150.1A—2009 中的 3.9.1。

2）特殊要求。检查用于试验条件监测的传感器类型是否合适，安装位置是否正确，以便获得所需的试验数据。

5. 试验过程

（1）概述

单独或组合使用下列步骤进行湿热试验，收集湿热环境中有关试件的必要信息。

（2）试验准备

1）试验前准备。试验开始前，根据有关文件确定试件的技术状态、温度、湿度、持续时间和试验周期数等。

2）初始检测。试验前所有试件均要在标准大气条件下进行检测，以取得基准数据。检测应按以下步骤进行：

a）将试件安装在试验箱（室）内。

b）按规定的技术状态准备试件。

c）全面目视检查试件。

d）记录检查结果。

e）根据技术文件进行工作检测（适用时），并记录结果。

3）试验程序。试验程序的步骤如下：

a）完成初始检测后，试验箱（室）的温度调节为 23℃±2℃、相对湿度为 50%±5%，并保持 24h。

b）调节试验箱（室）的温度为 30℃、相对湿度为 95%。

c）按 GJB 150.9A—2009 中图 1 所示的试验条件暴露试件。试验周期由 2.(3)2)确定。对试件进行性能检测，推荐在第 5 或第 10 个循环周期的末尾，如 GJB 150.9A—2009 中图 1 所示时间段内进行，完成检测所需时间为验证试件性能所需的最短时间。对试件进行性能检测也可按有关文件进行。记录检测结果。如果试件出现故障，则（应）终止温湿度循环，进行步骤 d)。若试件能正常工作，继续试验。

如果在试件工作性能检测时需要打开试验箱（室）门，或者需要从试验箱（室）内取出试件，并且试件工作性能检测不能在 30min 内完成时，为了防止不真实的干燥，将试件在温度为 30℃ 和相对湿度为 95% 条件下保持 1h，然后进行检测，直到检测完毕。

如果试件工作性能检测在试验箱（室）内进行，而且检测时间超过 GJB 150.9A—2009 中图 1 所示的 4h，则不能按 GJB 150.9A—2009 中图 1 所示进行后续循环，而应延长时间直到检测完毕。一旦检测完毕，按照 GJB 150.9A—2009 中图 1 所示继续进行后续循环。

d）调节温湿度条件使其达到标准大气条件。进行性能检测以便与试验前检测结果对比。

e）全面目视检查试件，并记录试件在（温）湿度条件下暴露引起的变化情况。

6. 结果分析

除 GJB 150.1A—2009 中 3.17 提供的指南外，下列信息有助于评价试验结果：

a）允许的或可接受的工作性能下降。

b）进行试验所需要的特定操作程序或专用装置可能导致的影响。

c）是否可以将温度效应与湿度效应分开考虑。

7. 与潮湿相关的物理现象

（1）凝露

水蒸气在温度低于周围空气露点的表面凝结的现象，称为凝露。凝露会使水蒸气转变成液态水。

空气中的水蒸气量决定着露点的高低。露点、绝对湿度和水蒸气压力相互关联。放置在试验箱（室）内的试件，当其表面温度低于试验箱（室）内空气露点时，就会产生凝露。因此，为了防止凝露的产生，试件应先预热。

通常，凝露只用目测测定，但不包括所有情况，

特别是表面粗糙的小试件难以用目测来判别。若试件的热容量很小，只有在空气温度快速上升或相对湿度接近 100% 时才会产生凝露。可以观察到由于试件周围温度的降低，而使箱（室）内表面产生的轻微凝露。

（2）吸附

水分子在温度比露点高的表面黏附的现象，就是吸附。黏附在试件表面的水分子的量，取决于材料的类型、表面结构和周围空气的水蒸气压力。单独评价吸附的影响是不容易的，因为与吸附同时发生的吸收的影响通常会更明显。

（3）吸收

水分子在材料内部的集聚称为吸收。吸收水气的量部分取决于周围空气中水的含量。吸收过程一直持续到平衡为止。水分子渗透的速度随温度的上升而提高。

（4）扩散

由于局部压力不同而造成的水分子在材料中的移动，称为扩散。电子产品中常遇到的扩散现象的例子是：水气通过电容或半导体上的有机覆盖层，或者通过密封腻子渗透到电子产品内部。

（5）呼吸

由于温度变化而引起的试件空腔内外空气交换的现象称为呼吸。呼吸作用通常会使试件空腔内产生凝露现象。

5.6.4 霉菌试验

尽管 GJB 150.10A—2009《军用装备实验室环境试验方法 第 10 部分：霉菌试验》规定该标准适用于对军用装备进行霉菌试验，但其对其他领域应用的液压缸的霉菌试验具有参照价值。

1. 目的和应用

（1）目的

本试验的目的在于评定装备（包括液压缸，以下同）长霉的程度以及长霉对装备性能或使用的影响程度。

（2）应用

1）本试验用于确定：

① 装备或组件是否长霉。

② 霉菌在装备上的生长速度。

③ 霉菌在装备上生长后对装备及其任务完成和使用安全性的影响。

④ 装备能否在环境中有效贮存。

⑤ 若有霉菌生长，有无简单的去除方法。

2）本试验涉及高度专业化的技术，并含有潜在

危害的微生物。只有具备专业技术资格的人员（如微生物专家）才能进行本试验。进行本试验所需的安全信息见 GB/T 2423.16—2008。

（3）限制

本试验不适用于基体材料的检测，基体材料的检测应采用其他材料检测方法，如土埋、纯培养、混合培养和平板试验等方法。

2. 剪裁指南

（1）选择试验方法

1）概述。分析有关技术文件的要求，应用装备（产品）订购中实施 GJB 4239—2001《装备环境工程通用要求》得出的结果，确定装备寿命（周）期内霉菌生长环境出现的阶段，根据下列环境效应确定是否需要进行本试验。当确定需要本试验且本试验与其他环境试验使用同一试件时，还需确定本试验与其他试验的先后顺序。

2）霉菌生长的影响。由于微生物劣化作用随温度和湿度的变化而变化，并且与湿热带和中纬度地区条件密不可分，因此在设计装备时应予以考虑。霉菌生长会改变装备的物理性质而削弱装备的功能或影响使用。

① 有害影响。霉菌生长造成的有害影响汇总如下：

a）对材料的直接侵蚀。非抗霉材料易受直接侵蚀，因为霉菌能分解材料并将它们作为自己的养分。这就导致了装备物理性能的劣化。非抗霉材料有：

● 天然材料：植物纤维材料（木材、纸、天然纤维织物和绳索等），动物基和织物基的胶黏剂，油脂、油和许多碳氢化合物，皮革。

● 合成材料：聚氯乙烯制品（用脂肪酸酯塑化的制品等）、某些聚氨酯类（如聚酯和某些聚醚），含有机填充层压材料的塑料，含有对霉菌敏感组分的涂料和清漆。

b）对材料的间接侵蚀。对抗霉材料的破坏来自间接侵蚀，出现的情形如下：

● 即使底层材料能抵抗霉菌的直接侵蚀，在其表面沉积的灰尘、油脂、汗渍和其他污染物（在制造或使用过程中形成的）上生长的霉菌对底层材料造成损害。

● 霉菌分泌的代谢产物（如有机酸）会导致金属腐蚀、玻璃蚀刻、塑料和其他材料着色或降解。

● （在）对直接侵蚀敏感的材料上生长的霉菌，其代谢产物与邻近的抗霉材料接触而产生侵蚀。

② 物理影响。可能出现的物理影响如下：

a）电气或电子系统：直接或间接侵蚀均可导致电气或电子系统的损坏。例如，霉菌在绝缘材料上能够形成不希望有的导电通路，或者对精密调节电路的电特性产生负面影响。

b）光学系统：光学系统的损害主要是由于间接侵蚀引起的。霉菌对光学系统中光的传播能产生负面影响，阻塞精密活动部位，使干燥表面变潮湿并伴随性能的降低。

③ 健康和审美因素

装备长霉会导致人的生理问题（如过敏症），或者影响装备的美观，从而导致使用者不愿意使用该设备。

3）选择试验顺序。

① 一般要求。见 GJB 150.1A—2009《军用装备实验室环境试验方法　第 1 部分：通用要求》中的 3.6。

② 特殊要求。本试验一般不适宜在事先做过盐雾、砂尘或湿热试验的试件上进行。如果需要，可在盐雾或砂尘试验前做霉菌试验。大量聚集的盐分会影响霉菌的发芽和生长，而砂尘能为霉菌提供养分，因此可能对试件的生物敏感性造成假象。

（2）选择试验程序

本试验只有一个程序。由于温度和湿度的组合对微生物的生长很关键，因此应按照本试验的规定保证试验时的温湿度条件。

（3）确定试验条件

1）试验持续时间。霉菌试验的最短持续时间为 28d（霉菌发芽、分解含碳分子以及降解材料的最短时间是 28d）。由于长霉对试件产生的间接侵蚀和物理影响不可能在较短的试验持续时间内出现，如果要求在确定长霉对试件的影响方面需要提高确定度或降低风险时，则应考虑将试验持续时间延长至 84d。

2）霉菌菌种选择。表 5-25 中列出了两组常用的霉菌菌种。试验时应选择其中的一组，如需要可按 2.（3）2）②对菌种进行调整。这些菌种是按照其对材料的降解能力、在地球上的分布状况及其本身的稳定性来选定的。表 5-25 中所列菌种都相应表明了侵蚀的材料种类，如有需要可在已选定其中一组菌种的基础上额外增加菌种。

① 由于试件在试验前无须灭菌，试件表面上可能存在其他微生物。试验期间，这些微生物会与试验菌种争夺养分，因此试验结束时试件上可能会有非试验用菌种的生长。

表 5-25 试验可选用的菌种组别和菌种

菌种组	霉菌名称	菌种编号	受影响的材料
1	黑曲霉	AS3.3928	织物、乙烯树脂、敷形涂覆、绝缘材料等
	土曲霉	AS3.3935	帆布、纸板、纸
	宛氏拟青霉	AS3.4253	塑料、皮革
	绳状青霉	AS3.3875	织物、塑料、棉织品
	赭绿青霉	AS3.4302	塑料、织物
	短柄帚霉	AS3.3985	橡胶
	绿色木霉	AS3.2942	塑料、织物
2	黄曲霉	AS3.3950	皮革、织物
	杂色曲霉	AS3.3885	皮革
	绳状青霉	AS3.3875	织物、塑料、棉织品
	球毛壳霉	AS3.4254	纤维素
	黑曲霉	AS3.3928	织物、乙烯树脂、敷形涂覆、绝缘材料等

② 可在本试验要求的菌种中加入其他霉菌菌种。增加的菌种应按其对材料的降解情况来选择。

3. 信息要求

（1）试验前需要的信息

一般信息见 GJB 150.1A—2009 中的 3.8，特殊信息如下：

a）菌种组的选择。

b）要增加的菌种。

c）试件是否清洁及清洁方法。

（2）试验中需要的信息

一般信息见 GJB 150.1A—2009 中的 3.11，特殊信息如下：

a）记录随时间变化的试验箱温度和相对湿度。

b）在七天检查时棉布对照条上霉菌生长情况的记录。

（3）试验后需要的信息

一般信息见 GJB 150.1A—2009 中的 3.14，特殊信息如下：

1）试验结束时霉菌生长情况的记录。

2）描述霉菌的生长情况，包括颜色、覆盖面积、生长形式和生长密度（若可能则拍照），见表5-26。

表 5-26 外观影响的评定

生长程度	等　级	注　　释
无	0	材料无霉菌生长
微量	1	分散、稀少或非常局限的霉菌生长
轻度	2	材料表面霉菌断续蔓延或菌落松散分布，或者整个表面有菌丝连续伸延，但霉菌下面的材料表面依然可见
中度	3	霉菌大量生长，材料可出现可视的结构改变
严重	4	厚重的霉菌生长

注：使用本表作为指导，但若需要可增加更多其他描述。

3）霉菌对试件性能或使用的影响：

① 试件从试验箱取出时的情况。

② 在去除霉菌后的情况（若合适）。

③ 生理或审美的考虑。

4）有助于故障分析的观察资料。

4. 试验要求

（1）试验设备

1）试验箱。试验箱和附件的结构应防止冷凝水滴落在试件上。试验箱通过带过滤功能的通气孔与大气相连，既能防止试验箱内的压力增大，又能防止向大气排放霉菌孢子。

2）传感器。使用不受冷凝影响的湿度测量系统或传感器来监测和控制试验箱内的湿度（见 GBJ 150.1A—2009 中的 3.18）。控制试验箱环境的传感器与记录湿度和温度的传感器应分开。

3）风速。流经湿度传感器的风速至少为 4.5m/s。流经试件和对照条附近的风速应控制在 0.5~1.7m/s 之间。如果需要则在试件周围安置折向装置或滤网。湿度传感器应安装在不受风扇马达热影响的地方。

（2）试验控制

1）概述。除了 GJB 150.1A—2009 中 3.18 提供的信息外，4.（2）2）~4.（2）5）的控制也（适）用于本试验。

2）相对湿度。应使用不受水冷凝影响的固态传感器或等效的方法（如快速响应的干湿球传感器）测定相对湿度，不要使用对冷凝敏感的氯化锂传感器，同时还要注意：

a）当使用湿球控制方法时，清洁湿球组件，每次试验都装上新纱布条。

b）为了在传感器上获得测量湿球温度所必需的蒸发，应确保流经湿球的风速不小于 4.5m/s。

c）因为来自风扇马达的热可能影响温度读数，因此不要在靠近用于满足 4.（2）2）b）要求的风扇或送风的散热处安装湿球和干球传感器。

3）空气流通。保证空气在试件周围的自由流动，并使支撑试件的支架与试件的接触面积维持最小。

4）水汽。不要将水汽直接导入试验箱工作空间内，因为它对试件和微生物活性可能产生不利影响。

5）试剂和水。本部分试验用试剂和水的要求如下：

a）使用合格的试剂。

b）本部分提到的水均指符合 GJB 150.1A—2009 中 3.2 规定的蒸馏水或相同纯度的水。

（3）试验中断

1）一般要求。见 GJB 150.1A—2009 中 3.12。

2）特殊要求。

① 与其他环境试验不同，霉菌试验涉及活的微生物。如果试验中断，应考虑涉及活性微生物的实际情况。

② 如果中断出现在试验的最初 10d，则使用新的试件或清洁过的相同试件重新做试验。

③ 如果中断出现在试验的后期，则检查试件长霉的情况。若试件已长霉，则不必重新试验；若棉布对照条存活菌，但无迹象显示试件长霉，则按下面给出的指导进行处理：

a）温度降低。试验箱的温度降低一般会延缓霉菌的生长。如果相对湿度不变，则重新建立试验条件，然后从温度降低的规定允差之下的时间点继续试验；否则按 c）规定执行。

b）温度升高。升高的温度可能会显著影响霉菌的生长。如果下列其中一条出现，则要求从头开始重新试验；否则重新建立试验条件并从中断点处继续试验。

- 温度超过 40℃。
- 温度超过 31℃达 4h 或以上。
- 在对照条上生长的霉菌出现衰退。

c）湿度降低。如果下列其中一条出现，则从头开始重新试验；否则重新建立试验条件并从中断点处继续试验。

- 相对湿度低于 50%。
- 相对湿度低于 70%达 4h 或以上。
- 在对照条上生长的霉菌出现衰退。

（4）去污染

暴露于霉菌后的试验设备和试件应进行去污染处理（参见 GJB 150.10A—2009 中附录 A）。

5. 试验过程

（1）试验准备

1）试验前准备。试验开始前，根据有关文件确定试件的技术状态、持续时间、菌种、贮存/工作的参数量值等。

2）试件预处理。最好用新的试件，也可用做过其他试验的试件。若要求清洁试件，则应在清洁完成后至少 72h 才开始试验，以使挥发性物质蒸发。清洁试件应采用典型的方法。

3）指导信息。下列指导信息有助于实施本试验：

a）应选择对设备上多数材料有侵蚀能力的菌种组。如果需要，可以添加其他菌种 [见 2.（3）2）]。

b）应有专业人员在专业实验室内进行。

c）孢子发芽和生长需要潮湿环境。当环境空气的相对湿度超过 70%时，霉菌孢子开始发芽和生长；当相对湿度高于这个数值时，如 90%~100%，霉菌的发芽和生长会变得更快。

d）试验温度为 30℃±1℃，此温度最有利于试验霉菌的生长。

e）5.（1）6）规定的棉布对照条用于：

- 验证接种液中所用霉菌孢子的活性。
- 验证试验箱内的环境适宜霉菌生长的程度。

f）材料和部件的霉菌试验不能完全代表其所构成装备的霉菌生长情况，因此如需要装备长霉的全面信息，应用整机进行试验。

g）菌种保藏在 6℃±4℃不应超过 4 个月，在此期间内应再进行接种并作为新的保藏菌种。

h）每次试验最好使用新鲜制备的孢子悬浮液。若孢子悬浮液不是新鲜制备的，则其在 6℃±4℃保藏时间不能超过 14d。

4）无机盐溶液的制备。使用清洁器皿，按表 5-27 制备无机盐溶液，并使溶液的 pH 保持在 6.0~6.5 之间。

表 5-27　无机盐溶液成分

溶液成分	质量或体积
磷酸二氢钾（KH_2PO_4）	0.7g
磷酸氢二钾（K_2HPO_4）	0.7g
七水合硫酸镁（$MgSO_4 \cdot 7H_2O$）	0.7g
硝酸铵（NH_4NO_3）	1.0g
氯化钠（$NaCl$）	0.005g
七水合硫酸亚铁（$FeSO_4 \cdot 7H_2O$）	0.002g
七水合硫酸锌（$ZnSO_4 \cdot 7H_2O$）	0.002g
一水合硫酸锰（$MnSO_4 \cdot H_2O$）	0.001g
蒸馏水	1000mL

5）混合孢子悬浮液的制备。混合孢子悬浮液制备的要求与过程如下：

a）使用无菌技术制备至少包含 2.（3）2）规定试验菌种的孢子悬浮液。

b）将纯菌种分别培养在合适的培养基上（如马铃薯葡萄糖琼脂），而球毛壳霉应在无机盐琼脂表面的滤纸上进行培养。无机盐琼脂的配置方法：将 15.0g 琼脂溶解在 5.（1）4）规定的 1L 无机盐溶液中。

c）试验前检查菌种的纯度。

d）制备保藏纯菌种的初次培养菌种，并在 30℃±1℃ 培养 10~21d。

注：大多数霉菌培养期为 10~21d，在较长时间的培养后可能出现退化现象。某些菌种如球毛壳霉需要培养 21d 或更长时间。

e）向每种次级培养菌种的试管中注入每升含 0.05g 无毒润湿剂（如二辛基硫代丁二酸钠或十二烷基硫酸钠）的水溶液 10mL。

f）用无菌玻璃棒、铂丝或镍铬丝在试验菌种的表面轻刮。

g）将孢子提取液注入 125mL 带盖锥形瓶，瓶内装 45mL 水、50~70 粒直径为 5mm 的实心玻璃球。

h）剧烈振荡锥形瓶，以打碎孢子并使孢子从菌丝体中释放出来。

i）用装有 6mm 厚玻璃棉的玻璃漏斗，将霉菌孢子悬浮液过滤到锥形瓶中，以去除大的菌丝体碎片和琼脂块。

j）将滤后的孢子悬浮液离心，弃掉上层液。

k）在剩余物种加入 50mL 水重新悬浮并离心。将获得的每种霉菌孢子以这种方法至少离心 3 次（直到上层液变清）。

l）用无机盐溶液稀释已离心的最后剩余物，通过计数器计算，最终使得每升孢子悬浮液含有 1000000×（1±20%）个孢子。

m）对试验用的每一种菌种重复 c）~l）的操作。

n）按照 5.（1）6）对每种菌种孢子进行活力检验。

o）将相等容积的每种孢子悬浮液混合，得到最后的混合孢子悬浮液。

6）验证试验。

① 概述。本试验应进行两种验证试验，以检查孢子悬浮液的活力以及试验箱环境是否适合霉菌生长。

② 孢子悬浮液的活力。试验步骤如下：

a）在制备混合孢子悬浮液前，将 0.2~0.3mL 的每种霉菌孢子悬浮液分别接种在无菌马铃薯葡萄糖或其他琼脂平板上，每种菌种使用单独的琼脂平板。

b）将接种液涂布于琼脂平板的整个表面。

c）接种后的琼脂平板应在 30℃±1℃ 的培养箱中培养 7~10d。

d）培养结束后检查霉菌的生长。

注：任何一种试验菌种在各平板的整个表面没有出现大量生长，都证明使用这些菌种孢子所进行的试验无效。

③ 试验箱环境。试验步骤如下：

a）按表 5-28 制备溶液，并用 HCl 和 NaOH 调节最终溶液的 pH 到 5.3。

b）将未漂白的普通 100% 棉布剪成约 3cm 宽的长条来制备对照条。只使用不含防霉剂、憎水剂和浆料添加剂的棉布条。为了去除棉布条上的任何处理材料，建议将其用蒸馏水煮沸，然后将棉布条浸入表 5-28 的溶液中，应确保棉布条已彻底湿润，浸透后除去棉布条上的多余液体，在放入试验箱接种前悬挂晾干。

c）在试验箱内将对照条靠近试件垂直悬挂，确保对照条和试件经受相同的试验环境。对照条的长度至少要与试件的高度相等。

d）为了确保试验箱内的正确条件以促进霉菌生长，应放置 3 件对照条和试件一起接种。

表 5-28　溶液成分

溶液成分	质量或体积
甘油	10.0g
磷酸二氢钾（KH_2PO_4）	0.1g
硝酸铵（NH_4NO_3）	0.1g
七水合硫酸镁（$MgSO_4 \cdot 7H_2O$）	0.025g
酵母提取物	0.05g
蒸馏水	加至100mL 总体积
无毒润湿剂（如二辛基硫代丁二酸钠或十二烷基硫酸钠）	0.005g

7）初始检测。试验前，所有试件均需在标准大

气条件下进行检验，以取得基准数据。检测应按以下步骤进行：

a）记录实验室内的大气条件。

b）对试件进行全面的外观目视检查，记录检查结果（若需要，可照相）。

c）如需要按技术文件的要求对试件做工作性能检测，应记录检测结果。若试件工作正常，则继续进行后续的试验程序；若试件工作不正常，则应解决问题，并重新对试件进行初始检测，直到正常为止。

（2）试验程序

试验程序按以下步骤进行：

a）将试件按照要求的技术状态安装在试验箱内合适的支架上或进行悬挂。

b）在接种前将试件放置在工作中的试验箱内（温度 30℃±1℃、相对湿度 95%±5%）至少 4h。

c）通过喷雾器将混合孢子悬浮液以很细的薄雾喷在棉布对照条上以及试件表面和里面（若非永久密封或气密密封）进行接种。应在对试件有适当了解的人员帮助下暴露试件的内表面并对其进行接种。

d）为了使空气能进入试件内部，在复位试件的外壳时不要上紧紧固件。

e）接种后立即开始试验培养。

注：在使用混合孢子悬浮液对试件和对照条喷雾时，喷雾要覆盖试件在使用或维修期间暴露的所有外表面和内表面。若表面未湿润，则继续喷雾直到液滴在表面开始形成为止。

f）除 g）和 h）两个步骤外，在恒定温度 30℃±1℃、相对湿度 95%±5% 的条件下进行试验（至少 28d）。

g）在试验 7d 后，检查对照条的霉菌生长以确认试验箱内的环境适合霉菌生长。此时与试件处于同一水平位置的每个对照条应至少有 90% 的表面被霉菌覆盖。否则，调节试验箱到所要求的适合霉菌生长的条件后重新开始整个试验。在试验期间对照条留在试验箱内。

h）若在试验 7d 后对照条 90% 以上的表面出现霉菌生长，则继续试验直到试验所要求的时间为止。若在试验结束时与试验 7d 时相比对照条上霉菌的生长没有增加，则说明本次试验无效。

i）在试验结束时应立即检查试件。如果可能，则在试验箱内进行检查。在试验箱外的检查如果不能在 8h 内完成，则应将试件放回试验箱内或相似潮湿环境中至少 12h。除气密性装备外，应打开试件外壳并检查试件内部和外部。记录检查结果。

j）如果试验后要求检测试件（如电子装备）的工作性能，则在 i）规定的检查期间使试件工作。检查时应有对试件有适当了解的人员在场，以帮助暴露试件内部进行检查以及使试件工作和使用。在工作检查时，任何对霉菌生长造成的干扰都必须保持在最低程度。

6. 结果分析

除 GJB 150.1A—2009 中 3.17 的指南外，下列信息也有助于评价试验结果：

1）在试件上生长的任何霉菌必须进行分析，已确定是生长在试件材料上还是生长在污染物上。

2）在试件材料上生长的任何霉菌，无论来自接种液还是其他来源，都必须由具备资格的人员进行如下评价：

a）敏感元件或材料上霉菌生长的程度。使用表 5-26 来指导评价，但任何霉菌生长都必须完整描述。

b）霉菌生长对装备物理特性的直接影响。

c）霉菌生长对装备的长期影响。

d）支持霉菌生长的特定材料（养分）。

5.6.5　盐雾试验

1. 国标盐雾试验

在 GB/T 10125—2012《人造气氛腐蚀试验　盐雾试验》标准的引言中指出：由于影响金属腐蚀的因素很多，单一的抗盐雾性能不能代替抗其他介质的性能，所以本试验获得的试验结果不能作为被试材料在所有使用环境中抗腐蚀性能的直接指南。同时，各种材料在试验中的性能也不能作为这些材料在使用中的耐蚀性的直接指南。

尽管如此，该标准规定的方法仍可作为检验被试材料有或无防腐蚀性能的一种方法。

盐雾试验可作为快速评价有机和无机覆盖层的不连续性、孔隙及破损等缺陷的试验方法，也可作为具有相似覆盖层的试样的工艺质量比较。

从盐雾试验的比较结果得出不同涂层体系的长期腐蚀行为是不可靠的，因为这些涂层体系在实际环境中的耐腐蚀性与在盐雾试验中的耐腐蚀性明显不同。

作者注：由上述"抗盐雾性能""抗腐蚀性能""耐蚀性""防腐蚀性能"和"耐腐蚀性"及下述"防蚀性能"等术语或词汇的使用情况来看，该标准明显带有翻译痕迹（该标准采用翻译法等同采用 ISO 9227：2006《人造气氛腐蚀试验　盐雾试验》），读者在引用时应予以注意。

（1）范围

在 GB/T 10125—2012《人造气氛腐蚀试验　盐

雾试验》中规定了中性盐雾（NSS）试验、乙酸盐雾（AASS）试验和铜加速乙酸盐雾（CASS）试验使用的设备、试剂和方法，适用于评价金属材料及覆盖层的耐蚀性。

被试对象可以是具有永久性或暂时性防蚀性能的，也可是不具有永久性或暂时性防蚀性能的。

该标准也规定了评估试验箱环境腐蚀性的方法。

该标准未规定试样尺寸，特殊产品的试验周期和结果解释，这些内容参见相应的产品规范。

该试验适用于检测金属及其合金，金属覆盖层、有机覆盖层、阳极氧化膜和转化膜的不连续性、孔隙及其他缺陷。

1）中性盐雾试验适用于：

① 金属及其合金。

② 金属覆盖层（阳极性或阴极性）。

③ 转换膜。

④ 阳极氧化膜。

⑤ 金属基体上的有机涂层。

2）乙酸盐雾试验和铜加速乙酸盐雾试验适用于铜+镍+铬或镍+铬装饰性镀层，也适用于铝的阳极氧化膜。

本试验适用于对金属材料具有或不具有腐蚀保护时的性能对比，不适用于不同材料进行有腐蚀性的排序。

（2）试验条件

1）试验条件见表5-29。

表 5-29 试验条件

试验方法	中性盐雾（NSS）试验	乙酸盐雾（AASS）试验	铜加速乙酸盐雾（CASS）试验
温度/℃	35±2		50±2
80cm² 的水平面积的平均沉降率/(mL/h)	1.5±0.5		
氯化钠溶液的浓度（收集溶液）/(g/L)	50±5		
pH 值（收集溶液）	6.5~7.2	3.1~3.3	

2）试验前，应在盐雾箱内空置或装满模拟试样，并确认盐雾沉降率和其他试验条件在规定范围内后，才能将试样置于盐雾箱内并开始试验。

3）每个收集装置的收集液氯化钠浓度和 pH 值应在表5-29给出的范围内。盐雾沉降的速度应在连续喷雾至少 24h 后测量。

4）用过的喷雾溶液不应重复使用。

作者注：1. 如"试验前，应在盐雾箱内……装满模拟试样"，则试样将无法置于盐雾箱内并开始试验。

2. "80cm² 的水平面积的平均沉降率"应理解为"盐雾沉降的速度"。

（3）试验周期

1）试验周期应根据被试材料或产品的有关标准选择。若无标准，可经有关方面协商决定。推荐的试验周期为 2h、6h、24h、48h、72h、96h、144h、168h、240h、480h、720h、1000h。

作者注：如果选择 2h、6h 或 24h 的试验周期，则盐雾沉降的速度将无法测量。

2）在规定的试验周期内喷雾不得中断，只有当需要短暂观察试样时才能打开盐雾箱。

3）如果试验终止取决于开始出现腐蚀的时间，应经常检查试样。因此，这些试样不能同要求预定试验时间的试样一起试验。

4）可定期目视检查预定试验周期的试样，但在检查过程中，不能破坏被试表面，开箱检查的时间与次数应尽可能少。

（4）试验后试样的处理

试验结束后取出试样，为了减少腐蚀产物的脱落，试样在清洗前放在室内自然干燥 0.5~1h，然后用温度不高于 40℃ 的清洁流动水轻轻清洗以除去试样表面残留的盐雾溶液，接着在距离试样约 300mm 处用气压不超过 200kPa 的空气立即吹干。

注：可以采用 ISO 8407 所述的方法处理试验后的试样。

在试验规范中，如何处理试验后的试样应考虑工作实用性。

（5）试验结果的评价

试验结果的评价标准，通常应由被试材料或产品标准提出。一般试验仅需考虑以下几个方面：

1）试验后的外观。

2）除去表面腐蚀产物后外观。

3）腐蚀缺陷的数量及分布（即点蚀、裂纹、气泡、腐蚀或有机涂层划痕处腐蚀的蔓延程度等），可按照 ISO 8993 和 ISO 10289 所规定的方法及 ISO 4628-1、ISO 4628-2、ISO 4628-3、ISO 4628-4、ISO 4628-5、

ISO 4628-8 中所述的有机涂层的评价方法进行评定。

4）开始出现腐蚀的时间。

5）质量变化。

6）显微形貌变化。

7）力学性能改变。

注：被试涂层或产品的恰当评价是在良好的工程实践中确定的。

（6）试验报告

1）试样报告必须写明采用的评价标准和得到的试验结果。如有必要，应有每个试样的试验结果，每组相同试样的平均试验结果或试验照片。

2）根据试验目的及其要求，试验报告应包括如下内容：

① 该标准号和所参照的有关标准。

② 试验使用的盐和水的类型。

③ 被试材料或产品的说明。

④ 试样的尺寸、形状、面积和表面状态。

⑤ 试样的制备，包括试验前的清洗和对试样边缘或其他特殊区域的保护措施。

⑥ 覆盖层的已知特征及表面处理的说明。

⑦ 试样数量。

⑧ 试验后试样的清洗方法，如有必要，应说明由清洗引起的失重。

⑨ 试样放置角度。

⑩ 试样位移的频率和次数。

⑪ 试验周期以及中间检查结果。

⑫ 为了检查试验条件的准确性，特地放在盐雾箱内的参比试样的性能。

⑬ 试验温度。

⑭ 盐雾沉降率。

⑮ 试验溶液和收集溶液的 pH 值。

⑯ 收集液的密度。

⑰ 参比试样的腐蚀率（重量损失，单位为 g/m^2）。

⑱ 影响试验结果的意外情况。

⑲ 检查的时间间隔。

2. 国军标盐雾试验

尽管 GJB 150.11A—2009《军用装备实验室环境试验方法　第 11 部分：盐雾试验》规定，该标准适用于对军用装备进行盐雾试验，但其对其他领域应用的液压缸的盐雾试验具有参照价值。

（1）目的和应用

1）目的。本试验的目的在于：

① 确定材料保护层和装饰层的有效性。

② 测定盐的沉积物对装备物理和电气性能的影响。

2）应用。本试验适用于：

① 评价装备（包括液压缸，以下同）及其材料保护性覆盖层和装饰层的质量和有效性，定位潜在的问题区域，发现质量控制缺陷和设计缺陷等。

② 优化材料和评价装备。

③ 主要暴露于含盐量高的大气中的装备。

3）限制。本试验：

① 不重现海洋大气环境的影响，因为海洋和其他腐蚀环境的化学组成和浓度与本试验不同。

② 不能说明在盐雾腐蚀与其他介质引起的腐蚀之间存在直接关系。

③ 不能证明经受住本试验的装备在所有的腐蚀环境中都能经受住腐蚀。

④ 已被证实用于预测不同材料和覆盖层的使用寿命往往是不可靠的。

⑤ 不能代替对湿热和霉菌引起的腐蚀的评估。

⑥ 不能用样品或样件的试验代替组件的试验。

（2）剪裁指南

1）选择试验方法。

① 概述。分析有关技术文件的要求，应用装备（产品）订购过程中实施 GJB 4239—2001《装备环境工程通用要求》得出的结果，确定装备寿命（周）期内大气腐蚀出现的阶段，根据下列环境效应确定是否需要进行本试验。当确定需要进行本试验且本试验与其他环境试验使用同一试件时，还需要确定本试验与其他试验的先后顺序。

② 环境效应。

a. 腐蚀效应。盐雾环境可能导致装备（产品）产生下列腐蚀效应：

a）电化学反应导致的腐蚀。

b）加速应力腐蚀。

c）盐在水中电离形成酸性或碱性溶液。

b. 电气效应。盐雾环境可能导致装备（产品）产生下列电气效应：

a）盐沉积物会导致电气设备的损坏。

b）产生导电的覆盖层。

c）绝缘材料及金属的腐蚀。

c. 物理效应。盐雾环境可能导致装备（产品）产生下列物理效应：

a）机械部件和组件的活动部分阻塞或卡死。

b）由于电解作用而导致涂层起泡。

③ 选择试验顺序。

a. 一般要求。见 GJB 150.1A—2009《军用装备

实验室环境试验方法 第 1 部分：通用要求》中 3.6。

b. 若使用同一试件完成多种气候试验，在绝大多数情况下，建议在其他试验后再进行盐雾试验。盐沉积物会干扰其他试验的效果。一般不使用同一试件进行盐雾、霉菌和湿热试验，但若需要，也应在霉菌和湿热试验之后再进行盐雾试验。一般不使用同一试件进行砂尘试验和盐雾试验，但若需要，应将砂尘试验安排在盐雾试验之后。

2）选择试验程序。本试验只有一个程序。

3）确定试验条件。

① 概述。选定本试验和相应程序后，应根据有关文件的规定和为该程序提供的信息，选定该程序所用的试验条件和试验技术。应确定盐溶液浓度和 pH 值、试验持续时间、盐雾的沉积率、试验温度等试验参数和试件的技术状态、确定时应考虑 2.（3）2）~ 2.（3）7）的内容。

② 盐溶液。除另有说明外，盐溶液的浓度应为 5%±1%。用水应符合 GJB 150.1A—2009 中 3.2 的规定，避免带来污染或酸碱条件的变化从而影响试验结果。

③ 试验持续时间。本试验推荐使用交替进行的 24h 喷盐雾和 24h 干燥两种状态共 96h（两个喷盐雾湿润阶段和两个干燥阶段）的试验程序。经验证明，这种交变方式和试验时间，能提供比连续喷盐雾 96h 更接近真实暴露情况的盐雾试验结果，并具有更大的潜在破坏性，因为在从湿润状态到干燥状态的转变过程中，腐蚀速率更高。如果需要比较多次试验之间的腐蚀水平，为了保证试验的重复性，要严格控制每次试验干燥过程的速率，将装备干燥 24h。为了对装备耐受腐蚀环境的能力给出更高置信度的评价，可以增加试验的循环次数；也可能采用 48h 喷盐雾和 48h 干燥的试验程序。

④ 温度。喷盐雾阶段的试验温度为 35℃±2℃。此温度并不模拟实际暴露温度。如果合适，也可使用其他温度。

⑤ 风速。试验过程中应保证试验箱内的风速尽可能为零。

⑥ 沉降率。调节盐雾的沉降率，使每个收集器在 80cm² 的水平收集区内（直径 10cm）的收集量为每小时 1~3mL 溶液。

⑦ 试件的技术状态。试件在盐雾试验中的技术状态和取向是确定环境对试件影响的重要参数。除另有说明外，试件应按其预期的贮存、运输或使用中的技术状态和取向来放置。下列内容提供了假定装备暴露于腐蚀性大气中最有可能采取的技术状态，试验时应选择能带来最严酷试验结果的技术状态：

a. 在运输/贮存容器或运输箱中。

b. 在运输/贮存容器之外，但是具有有效的环境控制系统，能部分排除盐雾环境。

c. 在运输/贮存容器之外并按其正常的工作状态安装。

d. 为了特殊用途改装后的状态。

（3）信息要求

1）试验前需要的信息。一般信息见 GJB 150.1A—2009 中 3.8，特殊信息如下：

① 试件目视检测（查）和性能检测的范围，以及包括或排除这些范围的说明。

② 盐溶液的浓度（若不是 5% 时）。

③ 水的电阻率和水的类型。

2）试验中需要的信息。

一般信息见 GJB 150.1A—2009 中 3.11，特殊信息如下：

① 试验箱内温度随时间变化的记录。

② 盐溶液的沉降率 [mL/（80cm²·h）]。

③ 盐雾的 pH 值。

3）试验后需要的信息。一般信息见 GJB 150.1A—2009 中 3.14，特殊信息如下：

① 试件目视检测（查）和性能检测的范围，以及包括或排除这些范围的说明。

② 试验变量：

a. 盐溶液的 pH 值。

b. 盐溶液的沉降率 [mL/（80cm²·h）]。

③ 腐蚀效应、电气效应和物理效应的检测结果。

④ 用于失效分析的观察结果。

（4）试验要求

1）试验设备。

① 试验箱。使用对盐雾特性没有影响的支撑架（样品架）。与试件接触的所有部件都不能引起电化学腐蚀。冷凝液不能滴落在试件上。任何与试验箱或试件接触过的试验溶液都不能返回到盐溶液槽中。试验箱应有排风口以防止试验空间内压力升高。应根据我国的有关法规对废液进行处理。

② 盐溶液槽。使用不与盐溶液发生反应的材料制备盐溶液槽，如玻璃、硬质橡胶或塑料等。

③ 盐溶液注入系统。

a. 过滤盐溶液并输送到试验箱中。试验箱带有雾化器，能产生分散精细而湿润的浓雾。雾化喷嘴和管路系统应使用不与盐溶液发生反应的材料制成。防止盐沉淀堵塞喷嘴。

b. 在下列条件下，在体积小于 0.34m³ 的试验箱内能获得合适的盐雾：

a) 喷嘴压力尽可能低到所要求的速率喷盐雾。

b) 喷嘴的直径在 0.5～0.76mm 之间。

c) 在每 0.28m³ 的试验箱内，每 24h 大约雾化 2.8L 的盐溶液。

当采用容积远大于 0.34m³ 的试验箱时，a)～c) 所述的条件需要修改。

④ 盐雾收集器。用至少两个盐雾收集器来收集盐溶液样品。一个放置在试件的边缘最靠近喷嘴处，另一个也放置在试件的边缘但应离喷嘴最远。若使用多个喷嘴，此原则同样适用。收集器的安装位置不应被试件遮蔽，也不能让收集器收集到的从试件或其他地方滴落的盐水。

2）试验控制。压缩空气除去油和污物后，应进行预热和加湿。预热的目的是为了弥补压缩空气膨胀到大气压时的降温效应。表 5-30 给出了推荐使用的压缩空气压力与相应的预热温度要求值。

表 5-30　压缩空气压力与相应的预热温度要求值

空气压力/kPa	预热温度（雾化前）/℃
83	46
96	47
110	48
124	49

3）试验中断。一般要求见 GJB 150.1A—2009 中的 3.12，特殊要求如下：

① 欠试验中断。若发生了意外的试验中断，导致试验条件低于规定值并超过了允差，应对试件进行全面的目视检查，做出试验中断对试验结果影响的技术评估。将试件稳定在试验条件下，从中断点重新开始试验。

② 过试验中断。若发生了意外的试验中断，导致试验条件高于规定值并超过了允差，应使试验条件稳定在允差内并保持这一水平，直到能够进行全面的外观检查和技术评价以确定试验中断对试验结果的影响为止。若外观检查或技术评价得出试验中断并没有对最终试验结果带来不利影响，或者确认中断的影响可以忽略，则应重新稳定中断前的试验条件，并从超过允差的时刻点起继续试验。否则采用新的试件重新开始试验。

4）试件的安装与调试。

① 一般要求。见 GJB 150.1A—2009 中的 3.9.1。

② 特殊要求。确保试验箱内沉降量收集器放置的位置不会收集到从试件上滴落的液滴。

（5）试验过程

1）试验准备。

① 预备步骤。

a. 概述。试验开始前，根据有关文件确定程序变量、试件的技术状态、循环次数、持续时间、贮存/工作的参数量级等。

b. 试件预处理与技术状态。应对受污染的试件表面进行预处理，以确保试件表面没有污染物，如油、脂或污物（灰尘）等，因为它们会导致表面水膜破裂。任何清洗方法均不能使用腐蚀性溶剂，不应使用在试件表面形成腐蚀层或保护层的溶剂，不应使用除纯的氧化镁以外的磨料。对试件的预处理应尽可能少。

c. 试验溶液的配制。本试验所用的盐为氯化钠，这种氯化钠（干燥状态）含有的碘化钠不能多于 0.1%，所含有的杂质总量不能超过 0.5%。不应使用含有防结块剂的氯化钠，因为防结块剂会产生缓蚀剂的作用。

除另有规定外，5%±1% 的氯化钠溶液应按以下方法制备：

把 5 份重量的氯化钠溶解于 95 份重量的水中。通过调节温度和浓度，来调整和保持盐溶液的相对密度。若必要，盐溶液中可加入硼砂（$Na_2BO_7 \cdot 10H_2O$）作为 pH 值缓冲剂，在 75L 盐溶液中加入的硼砂量不超过 0.7g。应保持盐溶液的 pH 值，使在试验箱中收集到的沉降盐溶液的 pH 值，在温度为 35℃±2℃ 时保持 6.5～7.2 之间。只能使用稀的化学纯的盐酸或氢氧化钠来调节 pH 值。pH 值的测量可采用电化学法或比色法。

d. 试验箱的运行检查。若试验箱在试验前 5d 内没有使用过或喷嘴未被堵塞，则应在试验开始前，在空载条件下调整试验箱所有的试验参数，以达到本试验的要求。保持此试验条件至少 24h，或者保持试验条件直至正常的运行状况和盐雾沉降率被确认为止。为确保试验箱工作正常，24h 后仍要监测盐雾的沉降率。应连续监测和记录试验箱的温度，或者每隔 2h 监测一次直至试验开始。

② 初步检测。试验前，所有试件均应在标准大气条件下进行检测，以取得基准数据。检测应按以下步骤进行：

a. 记录实验室内的大气条件。

b. 对试件进行全面的目视检查，注意以下内容：

a) 高应力区。

b) 不同类金属接触的部位。

c) 电气和电子部件——特别是相互靠近、没有

涂覆或裸露的电路元件。

d）金属表面。

e）已经出现或可能出现冷凝的封闭区域。

f）带有覆盖层或经过表面防腐处理的表面或部件。

g）阴极保护系统。

h）由于盐沉积物的阻塞或覆盖而发生故障的机械系统。

i）电和热的绝缘体。

注：若要求更为彻底的目视检查，应当考虑部分或全部拆开试件。但必须小心，不能损坏任何保护性覆盖层等。

c. 记录检查结果（若需要，可拍照）。

d. 将试件安装在试验箱内，并符合所要求的技术状态。

e. 根据有关文件要求进行运行检测，按 GJB 150.1A—2009 中 3.10 的要求记录试验结果。

f. 若试件工作不正常，则应解决问题，并从上面最适当的步骤开始，重新进行试验前标准大气条件下的检测。

2）试验程序。

试验程序的步骤如下：

① 调节试验箱温度为 35℃，并在喷盐雾前将试件保持在这种条件下至少 2h。

② 喷盐雾 24h 或有关文件规定的时间。在整个喷盐雾期间，盐雾沉降率和沉降溶液的 pH 值至少每隔 24h 测量一次，保证盐雾的沉降率为 1~3mL/（80cm³·h）。

③ 在标准大气条件温度（15~35℃）和相对湿度不高于 50% 的条件下干燥试件 24h 或有关文件规定的时间。在干燥期间，不能改变试件的技术状态或对其机械状态进行调整。

④ 干燥阶段结束时，除另有规定外，应将试件重置于盐雾箱内重复 b）和 c）至少一次。

⑤ 进行物理和电气性能检测，记录试验结果（若需要，可拍照）。若对此后的腐蚀检查有帮助，则可以在标准大气条件下用流动水轻柔冲洗试件，然后再进行检测并记录试验结果。

⑥ 按 5.（1）2）对试件进行目视检查，并记录检查结果。

（6）结果分析

除 GJB 150.1A—2009 中的 3.17 提供的指南外，下列信息（也）有助于评价试验结果：

1）物理。盐沉积能引起机械部件或组件的阻塞或粘接。本试验产生的任何盐沉积可能代表预期环境所导致的结果。

2）电气。24h 的干燥阶段后，残留的潮气会导致电性能故障。应考虑将这种故障与实际使用中的故障联系起来。

3）腐蚀。从短期和潜在的长期影响角度，分析腐蚀对试件正常功能和结构完整性的影响。

5.6.6　加速度试验

尽管 GJB 150.15A—2009《军用装备实验室环境试验方法　第 15 部分：加速度试验》规定该标准适用于对军用装备进行加速度试验，但其对其他领域应用的液压缸的加速度试验具有参照价值。

1. 目的和应用

（1）目的

本试验的目的在于验证：

a）装备在结构上能够承受使用环境中由平台加、减速和机动引起的稳态惯性载荷的能力，以及在这些载荷作用期间和作用后其性能不会降低。

b）装备承受坠撞惯性之后不会发生危险。

（2）应用

本试验适用于安装在飞机、直升机、载人航天器、飞机外挂物和地面发射导弹上的装备。

（3）限制

1）其他加速度。本试验中所提到的加速度是一个过载系数，它的施加足够慢，且在一段足够长的时间内保持不变，以至于使装备有足够的时间来分散产生的内部载荷，而不产生装备动态响应的激励。如果载荷不满足这个定义，则需要其他复杂的分析、设计和试验方法。

2）气动载荷。当平台飞行时，暴露在气流中的装备表面，除了承受惯性载荷外，它还承受气动载荷。本试验通常不适用这种情况。装备承受气动载荷应按照这些载荷的最严重组合情况来设计和试验。这通常需要涉及更复杂的结构（静力和疲劳）试验方法。

3）冲击。冲击是一种快速的运动，它能激励装备的动态（共振）响应，但产生的总变形（应力）很小。冲击试验准则和试验方法不能代替加速度准则和试验方法，反之也一样。

2. 剪裁指南

（1）选择试验方法

1）概述。分析有关技术文件的要求，应用装备（产品）订购过程中实施 GJB 4239—2001《装备环境工程通用要求》得出的结果，确定装备寿命（周）期内加速度环境出现的阶段，根据下列环境效应确定

是否需要进行本试验。当确定需要进行本试验且本试验与其他环境试验使用同一试件时，还需要确定本试验与其他试验的先后顺序。

2）环境效应。加速度通常在装备安装支架上和装备内部产生惯性载荷。应注意装备的所有部分（包括液体）都受载。下面列出一部分由高量值加速度引起的损坏情况，任何可能会出现下列情况的装备都应进行加速度试验。

a）结构变形从而影响装备运行。

b）永久性的变形和断裂致使装备失灵或损坏。

c）紧固件或支架的断裂致使装备散架。

d）安装支架的断裂导致装备松脱。

e）电子线路板短路和开路。

f）电感和电容值变化。

g）继电器断开或吸合。

h）执行机构或其他机构卡死。

i）密封泄漏。

j）压力和流量调节数值变化。

k）泵出现气蚀。

l）伺服阀滑阀移位引起错误和危险的控制系统响应。

3）选择试验顺序。

① 一般要求。见 GJB 150.1A—2009《军用装备实验室环境试验方法　第 1 部分：通用要求》中 3.6

② 特殊要求。在加速度试验前进行高温试验。

（2）选择试验程序

1）概述。本试验包括三个试验程序：程序Ⅰ——结构试验、程序Ⅱ——性能试验、程序Ⅲ——坠撞安全试验。

2）选择试验程序考虑的因素。除另有规定外，装备要进行程序Ⅰ和程序Ⅱ两种试验。对于有人飞机，安装在工作区域或进、出口通道处的装备要进行程序Ⅲ试验。

3）各程序的差别。

① 程序Ⅰ——结构试验。程序Ⅰ用来验证装备结构承受由使用加速度产生的载荷的能力。

② 程序Ⅱ——性能试验。程序Ⅱ用来验证装备在承受由使用加速度产生的载荷时的以及之后的性能不会降低。

③ 程序Ⅲ——坠撞安全试验。程序Ⅲ用来验证装备在坠撞加速度作用下不会破裂或不从固定架上脱落。

（3）确定试验条件

1）概述。试验随加速度量值、加速度轴向、持续时间、试验设备和试件工作状态的不同而各有不同。每个装备的试验加速度值应由平台结构载荷分析获得。如不知用于何种平台，则可使用表 5-31、表 5-32 和表 5-33 中的值，以及下面内容来预估试验条件。

2）试验轴向。对于这些试验，总以前向加速度方向为平台前向加速度的方向。对于每个试验程序，试件应沿三个相互垂直轴的每个轴向进行试验。一个轴与平台的前向加速度一致（前和后，X），另一个轴与平台翼展方向一致（侧向，Z），而第三个轴垂直于上述两轴所构成的平面（上和下，Y）。GJB150.15A—2009 中图 1 给出了典型的飞机加速度三个线性和三个转动轴的定义。

3）试验量值和条件——通用。表 5-31、表 5-32、表 5-33 分别列出了程序Ⅰ——结构试验，程序Ⅱ——性能试验和程序Ⅲ——坠撞安全试验的试验量值。当装备相对于运行平台的定向未知时，各个轴的试验应选用表中所列的各轴向对应值的最大量值。

4）试验量值和条件——歼击机和强击机。从表 5-31 和表 5-32 中确定的试验量值是根据平台重心处的加速度确定的。对于歼击机和强击机来说，考虑到横滚、俯仰和偏航机动产生的载荷，远离中心的装备其试验量值应该增大。当确定具体飞机的试验条件时，要考虑机动情况所引起的附加角加速度对线性加速度的影响。具体见 GJB 150.15A—2009。

（4）特殊考虑

1）偏摆幅值测量。若装备是安装在减振器上的，则应将装备装在减振器上一起进行试验，并测量装备偏摆幅度，以确定其对临近装备的潜在影响（确定偏摆间隙要求）。

2）加速度模拟。由于不同试验设备产生加速度载荷的方式不同，所以在选择加速度试验设备时，应仔细分析试件的功能和特性。常用的设备有两类：离心机和带滑轨火箭撬。

3）离心机。见 GJB 150.15A—2009。

4）带滑轨火箭撬。见 GJB 150.15A—2009。

3. 信息要求

（1）试验前需要的信息

一般信息见 GJB 150.1A—2009 中的 3.8，特殊信息如下：

1）试件相对夹具的定向。

2）夹具相对加速度方向的定向。

（2）试验中需要的信息

1）一般信息。见 GJB 150.1A—2009 中的 3.11。

表 5-31　程序 I —结构试验推荐 g 值

飞行器分类[1]		前向加速度[2] A/g	试验量值					
			飞行器加速度方向（见 GJB 150.15A—2009 中图 1）					
			前	后	上	下	侧向	
							左	右
飞机[3][4]		2.0	1.5A	4.5A	6.75A	2.25A	3.0A	3.0A
直升机		[5]	4.0	4.0	10.5	4.5	6.0	6.0
载人航天器		6.0~12.0[6]	1.5A	0.5A	2.25A	0.75A	1.0A	1.0A
飞机外挂物	安装在机翼/浮筒上	2.0	7.5A	7.5A	9.0A	4.9A	5.6A	5.6A
	安装在机翼翼尖上	2.0	7.5A	7.5A	11.6A	6.75A	6.75A	6.75A
	安装机身上	2.0	5.25A	6.0A	6.75A	4.1A	2.25A	2.25A
陆基导弹		[7][8]	1.2A	0.5A	1.2A'[9]	1.2A'[9]	1.2A'[9]	1.2A'[9]

① 按不同平台和安装在平台的不同位置取值；仅当平台量值未知时，使用表中的值。

② 当飞行器前向加速度未知时，用该表值；已知时，A 采用已知值。

③ 对于舰载飞机，A 至少取 4，这代表了弹射的基本情况。

④ 对于强击机和歼击机，应适当增加俯仰、偏航和横滚的加速度 [见 2.(3)4)]。

⑤ 直升机的前向加速度与其他方向的加速度无关，试验值以在役和新一代直升机的设计要求为依据。

⑥ 前向加速度未知时，应取上限值。

⑦ A 是由最高燃烧温度的推力曲线数据推导而来的

⑧ 有时最大机动加速度和最大纵向加速度会同时出现，此时对试件应在最大加速度方向试验量值乘以系数进行试验。

⑨ A' 为最大机动加速度。

表 5-32　程序 II —性能试验推荐 g 值

飞行器分类[1]		前向加速度[2] A/g	试验量值					
			飞行器加速度方向（见 GJB 150.15A—2009 中图 1）					
			前	后	上	下	侧向	
							左	右
飞机[3][4]		2.0	1.0A	3.0A	4.5A	1.5A	2.0A	2.0A
直升机		[5]	2.0	2.0	7.0	3.0	4.0	4.0
载人航天器		6.0~12.0[6]	1.0A	0.33A	1.5A	0.5A	0.66A	0.66A
飞机外挂物	安装在机翼/浮筒上	2.0	5.0A	5.0A	6.0A	3.25A	3.75A	3.75A
	安装在机翼翼尖上	2.0	5.0A	5.0A	7.75A	4.5A	4.5A	4.5A
	安装机身上	2.0	3.5A	4.0A	4.5A	2.7A	1.5A	1.5A
陆基导弹		[7][8]	1.1A	0.33A	1.1A'[9]	1.1A'[9]	1.1A'[9]	1.1A'[9]

① 按不同平台和安装在平台的不同位置取值；仅当平台量值未知时，使用表中的值。

② 当飞行器前向加速度未知时，用该表值；已知时，A 采用已知值。

③ 对于舰载飞机，A 至少取 4，这代表了弹射的基本情况。

④ 对于强击机和歼击机，应适当增加俯仰、偏航和横滚的加速度 [见 2.(3)4)]。

⑤ 直升机的前向加速度与其他方向的加速度无关，试验值以在役和新一代直升机的设计要求为依据。

⑥ 前向加速度未知时，应取上限值。

⑦ A 是由最高燃烧温度的推力曲线数据推导而来的。

⑧ 有时最大机动加速度和最大纵向加速度会同时出现，此时对试件应在最大加速度方向试验量值乘以系数进行试验。

⑨ A' 为最大机动加速度。

表 5-33　程序Ⅲ—坠撞安全试验推荐 *g* 值[③]

飞行器分类		试验量值[①]					
		飞行器加速度方向（见 GJB 150.15A—2009 中图 1）					
		前	后	上	下	左	右
除运输机外所有有人驾驶飞机	乘员舱	40	12	10	25	14	14
	弹射座椅	40	7	10	25	14	14
	所有其他部件[②]	40	20	10	20	14	14
运输机	驾驶员和空勤人员座椅	16	6	7.5	16	5.5	5.5
	乘员座椅	16	3	4	16	5.5	5.5
	两侧面对面部队座椅	3	3	5	16	3	3
	乘员安全装置	10	5	5	10	3	3
	密集型部队座椅	10	5	5	10	10	10
	所有其他部件[②]	20	10	10	20	10	10

[①] 按不同平台和安装在平台的不同位置取值；仅当平台量值未知时，使用表中的值。

[②] 本试验的目的是考核装备结构不能因为坠撞时或坠撞后造成损坏而伤及乘员，考核当受坠撞时装备安装、减振装置不会失效，装备上零件不会损坏飞出。适用范围：安装在乘员活动区域的装备，以及受坠撞后有可能堵塞空勤人员、乘员和营救人员的通道的装备。

[③] 本试验不需考核性能。因为可用其他试验不能用的试件进行本试验。试件可以用结构上的模拟件（强度、刚度、质量。惯量模拟）代替，装备内外的所有零件（包括液体）都应考虑。

2）特殊信息。特殊信息包括在所选程序加速度的作用下，试件失效准则的信息。要仔细考虑传感器测试设备和测试方法。例如，应确定如何采集离心机上的试件的测试信号，是通过离心机将信号引出了，还是遥测信号，或者用装在离心机上记录仪记录信号，还要考虑加速度对记录仪的影响。

3）试验后需要的信息。一般信息见 GJB 150.1A—2009 中的 3.14，特殊信息如下：

a）试件相对夹具的定向。

b）夹具相对加速度方向的定向。

4. 试验要求

（1）试验设备

可以使用尺寸合适的离心机或带滑轨火箭撬。对于程序Ⅰ（结构试验）、程序Ⅲ（坠撞安全试验）和大多数程序Ⅱ（性能试验）推荐使用离心机。当严格要求直线加速度时，对于程序Ⅱ（性能试验），推荐使用带滑轨火箭撬。对试件正确施加加速度的验证按照试验设备规定进行。

（2）试验控制

1）校准。对测试仪器的测量幅值和频率范围进行正确校准，保证加速度测量可靠。

2）允差。试件所有点上的加速度值允差是规定值的±10%。

3）试验中断。一般要求见 GJB 150.1A—2009 中的 3.12，特殊要求如下：

a）如试件在规定的试验量值上发生意外的中断，可再次起动，完成试验。若中断若干次，应评估

试件的疲劳损伤（每次施加加速度是一个载荷循环，一个循环的持续时间不会影响试验的结果）。

b）如试件经受超出试验规定量值的加速度载荷，应停止试验，并对试件进行检查和功能测试。根据检查和功能测试结果，做出工程判断，决定是用原试件继续进行试验还是更换新试件。

5. 试验过程

（1）试验准备

1）初始检测。试验前所有试件均需在大气条件下进行检测，以取得基准数据，在试验中和试验后还要进行另外的检查和性能检查。检测按以下步骤进行：

a）检查试件的物理损伤等情况。

b）按技术文件要求的技术状态安装试件。

c）测量试件准确的尺寸，为评价试验中产生的物理损伤提供参考基准。

d）检查试件、夹具、离心机或滑撬的安装是否和试件、技术文件要求一致。

e）若可能的话，按技术文件进行性能检测，并记录结果。

f）记录检验结果。

2）试件的安装。

① 概述。使试件处于工作状态，采用装备正常安装的支架将试件安装在试验设备上。

② 离心机上安装。在离心机上安装的步骤见 GJB 150.15A—2009。

③ 滑轨火箭撬上安装。在滑轨火箭撬上安装的

步骤见 GJB 150.15A—2009。

（2）试验程序

1）程序 I——结构试验。程序 I 的步骤如下：

a）按 5.（1）2）规定，定向安装试件，并将其置于工作模式。

b）使离心机达到试件能产生 2.（3）和表 5-31 所规定的 g 值的转速。离心机转速稳定后，在该值上至少保持 1min。

c）按 5.（1）1）中规定对试件进行功能测试和检查。

d）按 5.（1）2）中规定的其余 5 个试验方向，重复本试验过程。

e）当 6 个试验方向全部完成后，按 5.（1）1）规定对试件进行功能测试和检查。

2）程序 II——性能试验。

① 采用离心机试验。步骤如下：

a）按 5.（1）2）规定，定向安装试件，并将其置于工作模式。

b）按 5.（1）1）中规定对试件进行功能测试和检查。

c）将试件处于工作状态，使离心机达到试件能产生 2.（3）和表 5-32 所规定的 g 值的转速。离心机转速稳定后，在该值上至少保持 1min。进行性能检测并记录结果。

d）按 5.（1）2）中规定的其余 5 个试验方向，重复步骤 a）~d）。

e）当 6 个试验方向全部完成后，按 5.（1）1）规定对试件进行功能测试和检查。

② 采用带滑轨火箭撬试验。步骤如下：

a）按 5.（1）2）规定，定向安装试件，并将其置于工作模式。

b）按 5.（1）1）中规定对试件进行功能测试和检查。

c）将试件处于工作状态，加速火箭撬到试件能产生 2.（3）和表 5-32 所规定的 g 值。当试件达到规定 g 值时，进行性能检测，记录结果。

d）评价试验滑跑参数，确认是否达到所要求的试验加速度。若需要，应在规定的试验加速度下重复滑跑试验来验证试件的性能是否合格。记录试验滑跑参数。

e）按 5.（1）2）中规定的其余 5 个试验方向，重复本试验过程。当 6 个试验方向全部完成后，按 5.（1）1）规定对试件进行功能测试和检查。

3）程序 III——坠撞安装试验。程序 III 的步骤如下：

a）按 5.（1）2）规定，定向安装试件，并将其置于工作模式。

b）使离心机达到试件能产生 2.（3）和表 5-33 所规定的 g 值的转速。离心机转速稳定后，在该值上至少保持 1min。

c）按 5.（1）1）规定检查试件。

d）按 5.（1）2）中规定的其余 5 个试验方向，重复本试验过程。

e）当 6 个试验方向全部完成后，按 5.（1）1）规定对试件进行功能测试和检查。

6. 结果分析

一般要求见 GJB 150.1A—2009 中的 3.17，特殊要求如下：

a）结构试验。若试验完成后，试件没损伤，功能完好，则试验是合格的。

b）性能试验。若试验中试件功能正常，试验后试件没有损坏，功能完好，则试验是合格的。

c）坠撞安装试验。若试验完成后，试件结构还连接在支座上，没有零件、碎片掉离试件，则试验是合格的。

作者注：结果分析中"则试验是合格的"是否应表述为"则试件试验是合格的"或"则试件是合格的"。

5.6.7　振动试验

尽管 GJB 150.16A—2009《军用装备实验室环境试验方法　第 16 部分：振动试验》规定该标准适用于对军用装备进行振动试验，但其对其他领域应用的液压缸的振动试验具有参照价值。

GJB 150.16—1986《军用设备环境试验方法　振动试验》为 CB 1374—2004《舰船用往复式液压缸规范》的规范性引用文件。

1. 目的与应用

（1）目的

本试验的目的在于：

1）使得研制的装备能承受寿命周期内的振动与其他环境因素叠加的条件并正常工作。考虑振动与其他环境因素叠加时应参考 GJB 150.1A—2009 及 GJB 150.16A—2009 其他相关部分。

2）验证装备能否承受寿命周期内的振动条件并正常工作。

在 GB/T 2900.99 中给出术语"寿命周期（生命周期）"的定义为：产品经历从概念到废弃的一系列可划分阶段。其中示例：典型的系统寿命周期包括：概念和定义；设计和开发；制造、安装和试运

行；使用和维护；寿命期升级或延寿；退役和废弃。

（2）应用

1）概述。除 1.（3）指明外，本试验方法适用于各类试验。振动与其他环境的综合环境试验还要根据其他适用的技术文件进行试验。本试验方法可用于确定振动试验量级、持续时间、数据处理和试验程序。

2）试验目的。本试验方法中的试验程序和指南可根据研制试验、可靠性试验和鉴定试验等不同的试验目的来进行调整（详见 GJB 150.16A—2009 附录 B）。

3）寿命周期中经历的振动。表 5-34 给出了装备在不同寿命周期阶段可能经历的振动环境类别。GJB 150.16A—2009 附录 A 给出了预估的振动量级、持续时间及选择试验程序的指南。GJB 150.16A—2009 附录 B 给出了用于说明和应用这些试验的定义和工程指南。

表 5-34　振动环境类别

寿命阶段	平　台	类　　别	装备描述	试验量值和持续时间（见附录A）	试验程序[①]
制造/维修	工厂设备/维修设备	1. 制造/维修过程	装备/组件/零件	A.2.1.2	见附录 A
		2. 运输和装卸	装备/组件/零件	A.2.1.3	见附录 A
		3. 环境应力筛选	装备/组件/零件	A.2.1.4	采用合适的环境应力筛选程序
运输	货车/拖车/履带车	4. 紧固货物	装备作为紧固货物[②]	A.2.2.2	I
		5. 散装货物	装备作为散装货物[③]	A.2.2.3	II
		6. 大型组装件货物	大型组件，外部防护装置，货车和拖车车厢	A.2.2.4	III
	飞机	7. 喷气式	装备作为货物	A.2.2.5	I
		8. 螺旋桨式	装备作为货物	A.2.2.6	I
		9. 直升机	装备作为货物	A.2.2.7	I
	舰船	10. 水面舰船	装备作为货物	A.2.2.8	I
	铁路	11. 火车	装备作为货物	A.2.2.9	I
工作	飞机	12. 喷气式	安装的设备	A.2.3.2	I
		13. 螺旋桨式	安装的设备	A.2.3.3	I
		14. 直升机	安装的设备	A.2.3.4	I
	飞机外挂	15. 喷气式	组合外挂	A.2.3.5	IV
		16. 喷气式	安装在外挂内	A.2.3.6	I
		17. 螺旋桨式	组合外挂/安装在外挂内	A.2.3.7	IV/I
		18. 直升机	组合外挂/安装在外挂内	A.2.3.8	IV/I
	导弹	19. 战术导弹	组装导弹/安装在导弹内（自由飞阶段）	A.2.3.9	IV/I
	地面	20. 地面车辆	在轮式/履带/拖车内安装	A.2.3.10	I/III
	水上运输工具	21. 舰船	安装的设备	A.2.3.11	I
	发动机	22. 涡轮发动机	安装在发动机上的设备	A.2.3.12	I
	人体	23. 人体	由人员携带的设备	A.2.3.13	见附录 A
其他	全部	24. 低限完整性	安装在减振器上/寿命周期不确定	A.2.4.1	I
	所有运输工具	25. 外部悬挂	天线、机翼、桅杆	A.2.4.2	见附录 A

① 见 4。

②③ 见 2.（3）3）。

4）制造。装备在制造和验收过程中都会经历振动环境。假定要进行环境试验的试件与要交付的产品在制造和验收过程上相同，这样试件在试验前与产品在交付前累计了同样的损伤，环境试验才可验证交付产品的外场寿命。若制造过程发生变化，造成振动环境增大，应评估这种振动量值增大的影响，以保证后续生产产品的外场寿命不缩短。例如，原型机可能是同一场地完成组装，而交付的装备在一个场地分装后，要运到另一地点进行总装。这种振动环境可作为预处理合并到试验大纲中。

5）环境应力筛选（ESS）。许多装备在交付前，有时在维修期间要进行环境应力筛选、老化或其他产品验收试验。与基本的生产过程一样，假定被试装备和外场装备所受的振动环境相同，这样环境试验结果对外场装备是有效的。对于不必经历相同振动环境（如多次通过环境应力筛选）的设备，可将所允许的最大振动环境施加在设备上，作为环境试验的预处理试验（见 GJB 150.16A—2009 附录 A.2.1.4 和 B.2.1.9）。

（3）限制

1）安全性试验。在与负责安全性的部门协商后，本方法可以作为特定安全试验要求，在此不讨论和提供特定安全试验的振动量级和持续时间。

2）平台/装备的耦合作用。在本试验方法中，通常用对装备的输入来描述振动要求，装备相对于振动激励装置（平台、振动台等）将被视为一个刚体。尽管通常这个简化不够准确，对于较小的装备还是可以接受的；但对于大的装备，应把装备和激励装置结合在一起视为一个柔性系统的振动。没有简单的规则来确定这种假设的有效性（见 GJB 150.16A—2009 附录 B.2.4）。对于给定的装备，正确的试验方法应根据平台来确定。当平台/装备与实验室振动台/试件之间的阻抗不一致时，就要采取力限方法或加速度限控制方法，以防止出现不真实的强烈振动响应（见 GJB 150.16A—2009 中 6.2）。这种控制限取决于外场和实验室的测量数据。对不能采用过分保守的试验方法的敏感装备，可选用力限或加速度限控制。有时，在一些小的构件上，若在外场的响应测量数据能被很具体地描述，且振动持续的时间短，则可根据外场测量数据在实验室内进行开环波形控制的振动试验。

3）制造与维修。在工厂内加工过程中或维修过程中所经历的振动在本方法中未提及，有关运输环境的指南可用于制造或维修过程中的运输环境确定。

4）环境应力筛选（ESS）。本方法不包含选择环境应力筛选的指南，在 GJB 150.16A—2009 附录 A.2.1.4 中进行了一些讨论。

2. 裁剪指南

（1）选择试验方法

分析有关技术文件的要求，应用装备（产品）订购过程中实施 GJB 4239—2001《装备环境工程通用要求》得出的结果，确定装备寿命（周）期内振动环境出现的阶段，根据下列环境效应确定是否需要进行本试验。当确定需要进行本试验且本试验与其他环境试验使用同一试件时，还需要确定本试验与其他试验的先后顺序。

（2）选择振动试验方法

1）概述。试验方法根据表 5-34 选择振动环境类别和试验程序，并从 GJB 150.16A—2009 附录 A 中确定相应的试验量级和试验持续时间。选择振动试验方法还应考虑：

a）试验量级选择的保守性：振动试验条件通常包含附加的裕度来代表那些在制定条件时不能涵盖的因素。这些因素通常包括未能确定的最严重工况、同其他环境应力（温度、加速度等）的叠加作用和正交轴方向上三维振动与三个轴向分别振动的不同等。为降低重量和造价，常不考虑这些裕度，但要意识到这样可能增大装备寿命和功能风险。

b）测量数据的保守性：应尽可能用特定装备的测量数据作为振动条件的基础。由于受传感器数量、测量点的可及性、极端情况下数据的线性度以及其他一些原因所限，测量可能无法涵盖所有的极端工况。另外，试验还受到实施条件的限制，如用单轴振动代替多轴振动，用试验夹具模拟支撑平台等。当采用实测数据来确定试验条件时，应增加裕度来代表这些因素。如果有足够的测量数据，则应采用 GJB 150.18A—2009 中给出的统计方法。

c）预估数据的保守性：在无法得到测量数据时，可从 GJB 150.16A—2009 附录 A 和附录 D 获取试验条件的预估数据。GJB 150.16A—2009 附录 A 中的数据是基于对多种工况的包络，对任何工况都是保守的，因而不再推荐另外附加的裕度。

2）环境效应。振动导致装备及其内部结构的动态位移。这些动态位移和相应的速度、加速度可能引起或加剧结构疲劳，结构、组件和零件的机械磨损。另外，动态位移还能导致元器件的碰撞/功能的损坏。由于振动问题引起的一些典型现象如下：

a）导线磨损。

b）紧固件/元器件松动。

c）断续的电气接触。

d）电气短路。

e）密封失效。

f）元器件失效。

g）光学上或机械上的失调。

h）结构裂纹或断裂。

i）微粒和失效元器件的移位。

j）微粒或失效元器件掉入电路或机械装置中。

k）过大的电气噪声。

l）轴承磨蚀。

3）选择试验顺序。利用预期寿命（周）期事件的顺序作为通用的试验顺序，同时考虑下列因素：

a）振动应力引起的累积效应可能影响在其他环境条件（如温度、高度、湿度、泄漏或电磁干扰/兼容）下装备的性能。如果要评估振动和其他环境因素的累积效应，用一个试件进行所有环境因素的试验，通常先进行振动试验。但若预计其他环境因素（如温度循环）造成的损伤使装备对振动更敏感，则应在振动试验前先进行这个环境因素的试验。例如，温度循环可能产生初始疲劳裂纹，裂纹在振动作用下会扩展。

b）试件一般要按寿命周期的顺序逐个进行各项振动试验。对大多数试验，为了适应试验装置的计划安排或由于其他原因，可以对试验顺序进行调整。但某些试验必须按其在寿命周期中的顺序进行。如在振动试验之前应完成与制造过程有关的预处理（包括环境应力筛选），在进行代表任务的环境试验之前应先完成与维修过程有关的预处理（包括应力筛选），最后进行代表任务最后阶段的关键环境试验。

（3）选择试验程序

1）概述。表 5-34 列出了各类振动环境及其对应的试验程序。每类振动试验的说明见 4 和 GJB 150.16A—2009 附录 A。在没有测量数据时可从中获得环境条件。一般来说，装备在寿命周期内经历的每类振动环境都要进行试验。试验程序的剪裁应能达到试验目的（见 GJB 150.16A—2009 附录 B.2.1）并尽量符合实际状态（见 GJB 150.16A—2009 附录 A.1.2）。

2）选择试验程序考虑的因素。在装备的试验大纲中，可以根据严酷度对代表寿命周期内某些特殊事件的振动试验进行删减，但在删减时应同时考虑重要频率段上振动幅度和潜在疲劳损伤。应根据简化的和可已知的装备模型预估潜在疲劳损伤。选择程序时还应考虑：

a）运输振动比使用振动更严酷的情况：地面装备和某些舰载装备的运输振动量级一般比使用振动量级更为严酷。对这些设备，运输试验（试件不工作）和使用试验（工件工作）都要进行。

b）使用振动比运输振动更为严酷的情况：如果使用振动量级比运输振动量级更为严酷，则可以取消运输试验。也可以修改使用振动试验的振动谱或持续时间，使之包含运输振动试验要求。如在飞机振动试验中，有时用低限完整性试验（见 GJB 150.16A—2009 附录 A.2.4.1）来代替运输和维修振动试验。

c）运输状态与使用状态的对比：在评估环境的相对严酷度时，应包括运输状态（包装、支撑和折叠等）与使用状态（安装在平台上状态、工作时各部件展开布置状态等）的差别。另外，通常用为对包装的输入来定义运输状态的环境，而用对装备安装结构上的输入或装备对环境的响应来描述使用状态的环境。

3）各程序的差别。

① 程序 I——一般振动。程序 I 适用于那些试件固定在振动台上的情况，振动通过夹具/试件界面作用在试件上。根据试验要求，可以施加稳态振动或瞬态振动。

② 程序 II——散装货物运输。程序 II 用于由货车、拖车或履带车运输的且没有固定安装（捆绑）到运输工具上的装备。试验量值不能剪裁，它代表军用车辆通过恶劣道路时散装件所经历的运输振动。

③ 程序 III——大型组件运输。程序 III 用于复现在轮式或履带车上安装或运输的大型组件经受的振动和冲击环境。它适用于大型装备或占车辆总质量比例很高的货物堆，以及成为车辆内部组成部分的装备。在本程序中，用规定类型的车辆对装备施加振动激励。车辆在典型的服役情况的路面上行驶，真实地模拟振动环境和所试装备对环境的动态响应。一般不用实测数据来确定这种试验级，但试验中经常要采集测量数据，以检验装备组件的振动和冲击条件是否真实。

④ 程序 IV——组合式飞机外挂的挂飞和自由飞。程序 IV 用于飞机外挂在固定翼飞机上的挂飞和自由飞，以及地面或海上发射导弹的自由飞。对外挂寿命周期内其他部分可采用程序 I、II、III。如果合适，可施加稳定振动或瞬态振动。程序 I 不适用于固定翼飞机的挂飞和自由飞。

（4）确定试验条件

1）概述。对激励形式（稳态或瞬态）、激励量级、控制方案、持续时间和实验室条件的选择应尽可能真实模拟装备环境寿命周期中的振动环境。上述参数应尽量以实测数据为依据。环境寿命周期中的各阶段典型情况、重要参数的讨论和试验参数的选择指南

见 GJB 150.16A—2009 附录 A。GJB 150.16A—2009 附录 B 提供了与共振试验有关的工程信息的说明。

2）气候条件。多数实验室振动试验是在 GJB 150.1A—2009 所规定的标准大气条件下进行，但当要模拟寿命周期中实际环境的气候条件与标准大气条件有明显差别时，应在振动试验时考虑施加这些环境因素。可用 GJB 150.16A—2009 中的单应力气候试验方法来确定相应的气候环境条件，GJB 150.24A—2009 和 GJB 150.25A—2009 中有关于综合环境试验的特殊指南。对于需要在温度条件下进行的试验，尤其是高温条件下高能材料或爆炸物的高温试验，要考虑极端温度下材料的老化，要求其总试验程序的气候暴露不能超过材料的寿命。

3）试件的技术状态。试验应模拟所对应的寿命周期阶段的技术状态。在模拟运输时，要包括所有包装、支撑、填充物和其他特殊运输方式的技术状态的修改。运输技术状态可能由于运输方式的不同而有所区别：

a）散装货物：表 5-34 中的方法是经验和实测的综合，其条件不能剪裁（见 GJB 150.16A—2009 附录 A.2.2.3）。对于货车、拖车和其他地面运输，最符合实际情况的是程序Ⅲ的方法。要注意，程序Ⅲ要求有运输车辆和满载货物。

b）紧固货物：程序Ⅰ假定车辆货箱或飞机货舱与货物之间没有相对运动。这个程序直接用于捆绑的装备或以其他形式固定的装备，这些装备在振动、冲击和加速度作用下不允许有相对位移。当货物没有固定或允许有限的相对位移时，应在试验装置和振动激励系统中留有一定间隙以考虑这种运动。对于地面运输的装备，也可采用程序Ⅲ。

c）堆放货物：对于成组堆放或捆绑在一起的装备，可能会影响传递到每个货物上的振动。要保证试件的技术状态含有合适的装备数目和组数。

（5）试件工作

只要可能，应尽量保证试件在振动试验期间运行工作，监测并记录试件的性能，要尽量多地获取数据以确定装备对振动的敏感程度。在进行振动功能试验时，试件应工作；其他情况下试件工作与否应根据实际情况决定。多数情况下，装备在运输期间不工作，但也存在这样的情况，即装备的功能技术状态随任务阶段而不同而变化，或者在高量级振动下不要求工作，否则可能导致装备的损坏。

3. 信息要求

（1）概述

为了更好进行和记录振动试验，需要有下面信息，所列项目应按实际情况裁剪。如可行，应对夹具和装备的模态进行测定。可以用这些模态测定数据来评估试验结果。当对装备的技术要求发生变化时或将装备用于新用途时，也可来评价装备的适应性。如果未来关注的重点是将现有装备用于新用途，这些数据就尤为重要。当因故取消模态测定时，简单的共振搜索也可提供有用的信息。

（2）试验需要的信息

1）通用信息。一般信息见 GJB 150.1A—2009 中的 3.8 和 3.10，特殊信息如下：

a）试验夹具的要求。

b）试验夹具模态测试方法。

c）试件/夹具模态测试方法。

d）振动台控制方案。

e）试验允差。

f）综合环境的要求。

g）试验顺序和持续时间。

h）振动的轴向。

i）测量仪器的技术状态。

j）试验设备或试件发生故障或失效时的试验安全关机程序。

k）试验中断后恢复程序。

l）试验结束条件。

2）程序的特殊信息。程序的特殊信息如下：

a）程序Ⅱ——散装货物振动：确定试件相对于试验台抛掷轴的朝向。

b）程序Ⅲ——大型组件运输：确定试验车辆、载荷、路况、距离和车速。

注：试验夹具和试件的模态测定是非常重要的。在大型复杂夹具上的大型试件经常在试验频率范围内出现夹具的共振现象。这些共振会在试件的特定频率或特定位置上导致过试验或欠试验。当夹具和试件耦合共振时，结果可能会是灾难性的。即使振动台和夹具系统设计得很好，类似的问题在小试件中也可能发生。这时因为夹具的最低共振频率很难高于 2000Hz。如果夹具和试件的共振耦合不可避免，应考虑加速度限或力限控制等特殊的振动控制方案。

（3）试验中需要的信息

见 GJB 150.1A—2009 中的 3.11。

（4）试验后需要的信息

一般信息见 GJB 150.1A—2009 中的 3.14，特殊信息如下：

a）试验、试验中断和试验故障的概况和记录。

b）试验的讨论和分析。

c）功能验证数据。

d）试件模态分析数据。

e）夹具模态分析数据。

f）所有的振动测量数据。

4. 试验要求

（1）试验设备

1）概述。试验设备（包括所有辅助设施）应能达到 4.（2）规定的振动环境、控制方案和试验允差要求。测量传感器、数据记录和数据处理设备应符合数据测量、记录、分析和显示的要求。除另有规定外，应在 GJB 150.1A—2009 中 3.1 规定的标准大气条件下进行振动试验和测量。

2）程序Ⅰ——一般振动。本程序利用通用的实验室振动台（激振器）、滑台以及夹具。根据所要求的试验频率范围、低频行程（位移）以及试件和夹具的尺寸与质量来选定振动台。

3）程序Ⅱ——散装货物运输。这种环境需要用运输颠簸台（见 GJB 150.16A—2009 中图 C.5）来模拟，它能在台面的垂直面内产生频率为 5Hz、双振幅值为 25.4mm 的圆周运动。运动发生在垂直平面上，图上显示所需的夹具。夹具并不是把试件固定在运动颠簸台的台面上，运动颠簸台的大小应足够放置特定的试件（大小和重量）。试验台面和挡板的要求见 GJB 150.16A—2009。

4）程序Ⅲ——大型组件运输。本程序所用的试验设备是能代表装备在运输和服役阶段的所受振动环境的试验路面和车辆。其他要求见 GJB 150.16A—2009。

5）程序Ⅳ——组合式飞机外挂的挂飞和自由飞。本程序用通用的实验室振动台（激振器）直接或通过夹具驱动试件。试件用激振器独立的试验架支撑［见 4.（4）4）］。根据所要求的试验频率范围、台面低频行程（位移）以及试件和夹具的尺寸与质量来选择振动台。

（2）试验控制

1）概述。振动环境的产生和测量的准确度在很大程度上与试验夹具及试件的安装、测量系统和激振器控制方案有关。要确保所有仪器保持最佳状态。为达到 4.（2）3）所规定的允差，精心地设计试验装置、夹具、传感器安装和布线以及完善的质量控制是必要的。

2）控制方案。

①说明。选择的控制方案应能在要求的试件位置上产生所需的振动量值。这种选择取决于所要求的振动特性和平台/装备之间的动力振动耦合作用，见［1.（3）2）］和 GJB 150.16A—2009 附录 B.2.4］。

一般采用单一控制方案，也可同时采用多种控制方案。

②加速度输入控制方法。加速度输入控制是振动试验的传统方法。控制加速度计安装在与试件连接的夹具上。振动台的运动由控制加速度计的反馈来控制，以保证夹具/试件界面达到规定的振动量值。根据试验要求，控制信号可以是若干安装在试件/夹具界面上加速度计输出信号的平均值。这种控制方案适用于模拟平台对装备的输入并假定装备不会影响平台的振动。

③力限控制方法。在振动台/夹具和试件中间安装动态力传感器。振动台的运动由力传感器的反馈来控制，以再现外场实测的界面力。当外场（平台/装备）的动力耦合与实验室（振动台/试件）的动力耦合有明显差异时，应采用这种方法。这种控制方法能保证在实验室振动台与试件的界面上输入正确的外场所测的动态力。使用这种方法可避免装备在结构最低共振频率上过试验或欠试验，而用其他方式控制可能无法避免。

④加速度限控制方法。按 4.（2）2）②的规定输入振动。另外，装备特定点上的振动加速度响应限也要加以规定（根据外场的测量数据确定），在这些特定点上安装监测加速度计。按 4.（2）2）②对试件进行激励，用试件安装点的加速度计信号控制振动台。当某些频带上出现监测加速度计的响应值超过预先设定的响应限时，可对输入谱进行修改，以将监测加速度计的响应限制在预先规定的响应限内。在能满足所规定的响应限制的情况下，对输入谱（带宽和量级）的这种修改应尽可能小。

⑤加速度响应控制方法。用试件上或试件内的特定点的状态来规定振动条件。控制加速度计安装在振动台/夹具的界面上，监测加速度计安装在试件的特定点上。在试验开始时，先对试件施加一个随意的低量级振动，用控制传感器的反馈信号进行控制，然后在试验中根据经验调节振动的输入，直到监测加速度计的振动量级达到规定的振动量级。当已有外挂对动力学环境的响应测量数据或评估数据时，飞机组合外挂通常采用这种方法。这种方法也适用于那些已有外场实测响应数据的装备。

⑥开环波形控制方法。监测加速度计安装在试件上，安装位置与实测时一样。振动台由经适当补偿的时间/电压波形来驱动，这个补偿波形直接从外场测量数据或特定的数字化波形中获得。试验时测量监测加速度计的响应，并与给定的条件进行比较。一般来说，上述补偿电压波形的确定方法与冲击试验时确

定波形的方法相同，即要求的响应波形与逆系统脉冲响应函数的卷积。这种方法一般不适用于本部分的试验程序，更适用于控制 GJB 150.18A—2009 冲击试验中的瞬态或短持续时间的时变随机振动。

3）允差。

① 概述。除另有规定外，应使用 4. (2)3)②~4. (2)3)⑤中的允差。若不能满足这些允差，则应提出可达到的允差并在试验前得到研制单位和用户的确认。要保护测量传感器，使之避免与安装之外的表面接触。

② 加速度谱密度。应仔细分析外场所测响应数据的概率密度信息中的非高斯分布特性。特别要确定外场测量的响应数据与实验室中经常采用峰值 3σ 限削波技术后的再现数据之间的关系。加速度谱密度的允差要求为：

a）振动环境：在给定的频率范围内，将控制传感器上加速度谱密度保持在 2.0dB 或 -1.0dB 之内。对于小型紧凑试件（如中小型尺寸的方形电子设备）、设计合理的夹具和先进的控制设备，这个允差通常容易达到。当试件很大或很重，或者无法消除夹具的共振，或者当谱中出现很陡斜率（大于 20dB/Oct）时，可能必须要增大这个允差。此时，要尽可能保证所选择的允差是最小的，并与试验目的相兼容。在任何情况下，整个试验频率范围内的允差应不超过±3dB；500Hz 以上可以为 3dB，-6dB。这些超过允差的累计带宽应限制在整个试验频带范围的 5% 以内，否则就应更改试验、夹具或试验装置以满足试验目的的。对于程序Ⅳ——组合式飞机外挂，允许偏差为±3dB。

b）振动测量：要保证在试验频率范围内，振动测量系统提供传感器安装面上（或传感器连接块安装面上）的加速度谱密度测量数据，其准确度为振动量级的±0.5dB 之内。对于频率不大于 25Hz，分析带宽应小于等于 2.5Hz；对于频率大于 25Hz，分析带宽应不大于 5Hz。对于基于快速傅里叶变换的控制和分析系统，在试验频带内至少要使用 400 线的谱线数。对于更宽的频率范围，推荐使用 800 线。保证统计自由度值不小于 120。

c）均方根（RMS）加速度值：不要用均方根加速度来规定或控制振动的试验，因为它不包含谱信息。均方根值在监测振动试验时是很有用的，因为可以对它进行连续监测，而测量谱是根据延迟的、周期性数据得到。还有，均方根值在检测试验谱设定中的错误时是很有用的。根据试验变量和试验设备来规定均方根监测值的允差。不要将随机振动的均方根加速

度和正弦振动的峰值进行比较，它们之间没有关系。

③ 正弦峰值加速度。正弦峰值加速度的允差要求为：

a）振动环境：保证在规定频率范围内，控制传感器上的正弦峰值加速度偏差不大于规定值的±10%。

b）振动测量：保证在试验频率范围内，振动测量系统提供传感器安装面上（或传感器连接块安装面上）的正弦峰值测量数据，其偏差在振动量值的±5% 之内。

c）均方根（RMS）加速度值：正弦振动均方根加速度等于 0.707 倍的峰值加速度。它与随机振动谱（g^2/Hz）的均方根加速度没有关系，不要用它来比较正弦条件（g）和随机条件（g^2/Hz）。

④ 频率测量。在试验频率范围内，振动测量系统提供传感器安装面上（或传感器连接块安装面上）频率偏差应在±1.25% 内。

⑤ 横向加速度。在任何频率上，相互正交并与试验驱动轴正交的两个轴上的振动加速度应不大于试验轴向上的加速度的 0.45 倍（或加速度谱密度的 0.2 倍）。在随机振动试验中，横向加速度谱密度常有一些高而窄的尖峰，在裁剪横向允差时要考虑这些因素。

（3）试验中断

见 GJB 150.1A—2009 中 3.12，特殊要求如下：

a）若因试件的失效而中断试验，就要分析失效原因。根据分析结果决定是否重新开始试验、更换试件或修复失效部件后继续试验或结束试验。

b）若鉴定试验因为部件失效而中断，更换该失效部件后从中断点继续进行的试验不能保证所更换部件满足试验要求。在做出试验通过的决定前，每个更换的部件都应承受完整的振动试验。进一步说明见6b）。

（4）试件的安装与调试

1）一般要求。见 GJB 150.1A—2009 中 3.9。

2）程序Ⅰ——一般振动。

① 概述。试件的技术状态应与所要模拟的寿命周期阶段的装备状态一致。

② 运输。试件的技术状态应与运输时一样，有保护箱、保护装置/包装。按照寿命周期内运输方式将试件固定/捆绑安装在夹具上。

③ 工作。试件的技术状态应与工作使用时一样。用与寿命周期内工作使用时相同类型的固定装置，把试件固定在试验夹具安装部位上。提供装备在运行时要使用的所有的机械、电气、液压、气动或其他的连接。除另有规定外，要保证这些连接能动态模拟服役

时的连接状态，而且功能完全一致。

3）程序Ⅱ——散装货物运输。

① 概述。根据以下两种试件类型选择挡板设施（如果用多个试件，指的是相同试件而不是不相关试件的混合）：

a）容易在试验面上滑动的或"矩形截面试件"（典型包装试件）。

b）容易在试验面上滚动的或"圆形截面试件"。

②矩形截面试件、4个（含4个）以上圆形截面试件、3个（含3个）以下圆形截面试件的选择挡板设施见 GJB 150.16A—2009。

4）程序Ⅲ——大型组件运输。见 GJB 150.16A—2009。

5）程序Ⅳ——组合式飞机外挂的挂飞和自由飞。见 GJB 150.16A—2009。

5. 试验过程

（1）概述

单独或组合进行以下步骤，都为收集振动环境中试件的耐久性和功能有关的数据提供了依据。

（2）试验准备

1）试验前准备。试验开始前，根据有关文件确定试验程序、试件技术状态、试验量级、试验持续时间、振动台控制方法、失效判据、试件功能要求、测量仪器要求、试验设备能力及夹具等。此外还需要：

a）选择合适的振动台和夹具。

b）选择合适的数据采集系统（仪器、电缆、信号调节器、记录仪和分析设备等）。

c）在没有安装试件前，对振动设备进行预调试，以确认工作正常。

d）保证数据采集系统的功能符合技术要求。

2）初始检测。所有试件都应在标准大气条件下进行试验前检测，以得到原始基准数据。检测按以下步骤进行：

a）检查试件是否有物理损伤并记录结果。

b）按技术文件的规定，如果有要求就按工作技术状态准备试件。

c）检查试件、夹具与振动台的组合是否符合试件和技术文件的要求。

d）如适用，则按技术文件对试件进行工作状态下的工作检查并记录检查结果，以便与试验中和试验后得到的数据比较。

（3）试验程序

1）程序Ⅰ——一般振动。程序Ⅰ的步骤如下：

a）对试件进行外观检查和功能检查。如果发现失效，按 4.（3）处理。

b）如有要求，进行夹具的模态测试以验证夹具是否满足要求。

c）将试件按寿命周期实际使用状态安装在夹具上。

d）在试件/夹具/振动台连接处或附近安装数量足够的传感器，测量试件/夹具界面的振动数据，根据控制方案的要求控制振动台并测量其他需要的数据。把控制传感器安装在尽量靠近试件/夹具的界面处。保证测量系统的总体精度足以验证振动量级在 4.（2）3）中规定的允差之内，并能满足附加的具体精度要求。

e）如有要求，进行试件模态测试。

f）对试件进行外观检查，如果适用，还要进行功能检查，如发现失效，按 4.（3）处理。

g）在试件和夹具连接处施加低量级振动。如有要求，还有施加其他环境应力。

h）检查振动台、夹具和测量系统是否符合规定要求。

i）在试件/夹具连接处施加所要求的振动量级以及其他要求的环境应力。

j）检查试件/夹具连接处的振动量值是否符合规定。如果试验持续时间不大于 0.5h，在首次施加满量值振动后和全部试验结束前立即进行这个步骤。否则，在首次实际满量值振动后，此后每隔 0.5h 和全部试验结束前立即进行这个步骤。

k）在整个试验过程中监测振动量值，如可行，应连续检测试件性能。如果振动量级出现变化或发生失效，按照 3.（2）1）j）关机程序终止试验。确定振动量级变化原因，然后按试验中断恢复程序 3.（2）1）k 进行处理。

l）在达到要求的试验持续时间时，停止振动。根据试验目的，技术文件可能会要求在结束试验前进行附加的不同量级的振动。如果这样，根据技术文件的要求重复 f）~l）。

m）检查试件、夹具、振动台和测量仪器。如果发生失效、磨损、松动或其他异常，按试验中断恢复程序 3.（2）1）k）进行处理。

n）检查测量设备的功能，进行试件的功能检查。如果发生失效，按 4.（3）处理。

o）在每个要求的激振轴向上重复步骤 a）~n）。

p）在每种要求的振动环境上重复步骤 a）~o）。

q）将试件从夹具上卸下，检查试件、安装硬件和包装等。如发生失效，按 4.（3）处理。

作者注：在标准 GJB 150.16A—2009 中，上面 k）和

m）的表述不一定准确，如试验中断恢复程序应为 4.（3）试验中断，而不应是 3.（2）1）k）。

2）程序 Ⅱ——散装货物运输。程序 Ⅱ的步骤如下：

a）对试件进行外观检查和功能检查。

b）如有要求，进行试件的模态测试。

c）把试件按 4.（1）3）和 4.（4）3）的要求放在运输颠簸台上的限制挡板内。

d）安装足够的传感器，测量所有需要的数据。保证测量系统的精度满足规定的精度要求。

e）运行运输颠簸台，运行时间为预定试验持续时间的一半。

f）对试件进行外观检查和功能检查。如果发生失效，按 4.（3）处理。

g）根据 4.（4）3）的要求，调整试件与挡板/碰撞墙的朝向。

h）运行运输颠簸台，运行时间为所规定试验持续时间的一半。

i）对试件进行外观检查和动能检查。如果发生失效，按 4.（3）处理。

3）程序 Ⅲ——大型组件运输。程序 Ⅲ的步骤见 GJB 150.16A—2009。

4）程序 Ⅳ——组合式飞机外挂的挂飞和自由飞。程序 Ⅳ的步骤见 GJB 150.16A—2009。

6. 结果分析

除 GJB 150.1A—2009 中的 3.17 提供的指南外，下列信息也有助于评价试验结果：

1）失效机理。与振动相关的失效分析应将失效机理与失效装备的动态特性和动力学环境关联。简单地确定某个装备是由于高周疲劳或磨损损坏的是不充分的，必须将失效与动态环境和装备动态响应关联在一起。所以，在失效分析中，除了通常的材料特性、裂纹初始位置等数据外，还包含共振频率、模态、阻尼值和动态应变分布的确定（见 GJB 150.16A—2009 中的 B.2.5）。

2）鉴定试验。当试验是用于鉴定与合同要求的符合程度时，推荐使用下列定义：

a）失效：如果装备出现永久变形或断裂，如果固定零件或组件出现松动，如果组件的活动或可动部分在工作时变为不受控制或动作不灵敏，如果可动部件或受控量在设定、定位或调节上出现漂移，如果装备的性能在功能振动中和耐久试验后不能满足规定的要求，可认定该装备失效。

b）试验完成：在试件的所有元件成功地通过了整个试验后，振动鉴定试验完成。如果出现失效，应终止试验，分析失效原因并修复试件。继续进行试验直到所有的修复措施都经历了整个试验。在每个元件成功地通过了整个试验后元件才被视为合格。合格的元件在试验延长期内出现失效不被视为失效。可以修复并承认试验完成。

3）其他试验。对于鉴定试验之外的试验，应制定相应的试验目的/失效的判据及试验完成的判据。

5.6.8 冲击试验

尽管 GJB 150.18A—2009《军用装备实验室环境试验方法 第 18 部分：冲击试验》规定该标准适用于对军用装备进行冲击试验，但其对其他领域应用的液压缸的冲击试验具有参照价值。

GJB 150.18—1986《军用设备环境试验方法 冲击试验》为 CB 1374—2004《舰船用往复式液压缸规范》的规范性引用文件。

1. 目的与应用

（1）目的

本试验的目的在于：

a）评估装备的结构和功能承受装卸、运输和使用环境中不常发生的非重复冲击的能力。

b）确定装备的易损性，用于包装设计，以保护装备结构和功能的完好性。

c）测试装备固定装置的强度，该装备安装在可能发生碰撞的平台上。

（2）应用

本试验适用于评估装备在其寿命（周）期内可能经受的机械冲击环境下的结构和功能特性。机械冲击环境的频率范围一般不超过 10000Hz，持续时间不超过 1.0s。多数机械冲击环境作用下，装备的主要响应频率不超过 2000Hz，响应持续时间不超过 0.1s。

（3）限制

本试验不包括：

a）由火工装置动作导致装备经受的冲击效应（这类冲击试验参见 GJB 150.27—2009）。

b）由高速局部撞击（如弹道冲击）导致装备经受的冲击效应（对这类冲击试验，应根据试验数据专门设计，并参见 GJB 150.29—2009）。

c）舰载装备经受的强冲击效应（按舰船冲击试验方法相关标准进行舰载装备的冲击试验）。

d）引信系统经受的冲击效应（按 GJB 573A—1998 进行引信及其部件的安全性和功能冲击试验）。

e）由于受到高压波冲击（如炮击使装备表面受到的压力波冲击）而导致装备经受的冲击效应（对

于这类冲击试验和其导致的装备响应，应根据试验数据专门设计，并参见 GJB 150.20A—2009）。

f）大型展开的装备（如建筑管网分布系统）受到的冲击效应。这种装备的各部分会经受不同且不相关联的冲击（对于这类冲击试验，应根据试验数据专门设计）。

g）在高低温下进行冲击试验的特殊规定。如果没有特殊要求，试验一般在室温下进行。但是，GJB 150.18A—2009 的内容有助于高低温环境下冲击试验的设计和实施。

h）由于试验设备或其他故障而引起试验意外中断的有关工程指南。（如果在冲击脉冲输入期间发生中断，一般应重新输入设个冲击脉冲，但应确定由中断的冲击脉冲而引起的应力不会造成随后的试验结果无效。在继续试验前，应对所有试验设备上因中断产生的数据进行记录并进行分析。另外，要对装备进行检查，以保证冲击试验前装备的完好性）。

2. 裁剪指南

（1）选择试验方法

1）概述。分析有关技术文件的要求，应用装备（产品）订购过程中实施 GJB 4239—2001《装备环境工程通用要求》得出的结果，确定装备寿命（周）期内冲击环境出现的阶段，根据下列环境效应确定是否需要进行本试验。当确定需要进行本试验且本试验与其他环境试验使用同一试件时，还需要确定本试验与其他试验的先后顺序。

2）环境效应。通常，冲击可能对整个装备的结构和功能完好性产生不利影响。不利影响的程度一般随冲击的量级和持续时间的增减而改变。当冲击持续时间与装备固有频率的倒数一致，或者输入冲击环境波形的主要频率分量与装备的固有频率一致时，会增加对装备结构和功能完好性的不利影响。

装备对机械冲击环境的响应具有以下特征：高频振荡、短持续时间、明显的初始上升时间和高量级的正负峰值。机械冲击的峰值响应一般可用一个随时间递减的指数函数包络。对于具有复杂多模态特性的装备，其冲击响应包括以下两种频率响应分量：施加在装备上的外部激励环境的强迫频率响应分量和在激励施加期间或之后装备的固有频率响应分量。这些响应会导致：

a）零件之间摩擦力的增加或减少，或者相互干扰而引起的装备失效。

b）装备绝缘强度变化，绝缘电阻抗下降、磁场和静电场强的变化。

c）装备电路板故障、损坏和电连接器失效（有

时，装备在冲击作用下，可能使电路板上多余物移位而导致短路）。

d）由于装备结构或非结构件的过应力引起装备的永久性机械变形。

e）由于超过极限强度导致装备机械零件的损坏。

f）材料加速疲劳（低周疲劳）。

g）装备潜在的压电效应。

h）由于晶体、陶瓷、环氧树脂或玻璃封装破裂引起的装备失效。

3）选择试验顺序。

① 一般要求。见 GJB 150.1A—2009 中 3.6。

② 特殊要求。与其他试验共同使用同一试件时的试验顺序取决于试验的类型（如研制试验、鉴定试验、耐久性试验等），以及试件的通用性。一般情况下，在试验程序中应尽早安装冲击试验，但应在振动试验之后。具体要求如下：

a）如果冲击环境特别严酷，且装备在主要结构或功能不失效的情况下，通过试验的可能性较小时，则应在试验序列中首先安排冲击试验。这样在进行其他的环境试验前，能够对装备进行重新设计，以满足冲击技术要求，并能节省费用。

b）如果冲击环境虽然严酷，但装备在主要结构或功能不失效情况下，通过试验的可能性较大时，则应在振动和温度试验之后进行冲击试验，这样可以暴露振动、温度冲击组合环境下的故障。

c）如果冲击试验量级没有振动试验量级严酷，可以从试验序列中删除冲击试验。

d）在气候试验之前进行冲击试验通常是有利的（如果此顺序代表了实际的使用条件）。试验经验表面，在进行冲击试验后，往往能更加清晰地显示出装备对气候敏感的缺陷。但是，内部或外部的热应力会永久地削弱装备耐振动和冲击的能力，如果冲击试验在气候试验之前进行，就不能检测到这些缺陷。

（2）选择试验程序

1）概述。本试验包括八个试验程序：

a）程序Ⅰ——功能性冲击。

b）程序Ⅱ——需包装的装备。

c）程序Ⅲ——易损性。

d）程序Ⅳ——运输跌落。

e）程序Ⅴ——坠撞安全。

f）程序Ⅵ——工作台操作。

g）程序Ⅶ——铁路撞击。

h）程序Ⅷ——弹射起飞和拦阻着陆。

2）选择试验程序考虑的因素。应根据试验要求，考虑装备在寿命（周）期（包括后勤保障和工

作状态）内所有预期的冲击环境，确定使用的试验程序、程序的组合以及程序的顺序。当选择试验程序时，应考虑下列内容：

a）装备的用途。根据技术文件要求，确定装备在冲击前、冲击期间和冲击后的工作或功能。

b）经受环境。程序Ⅰ～程序Ⅶ是指由于装备或装备的支撑结构与其他物体之间动量交换导致的单次冲击。程序Ⅷ中的弹射起飞包含了由两个冲击组成的序列，这两个冲击由一个持续时间相对较短的振动（如瞬态振动）来分隔。程序Ⅷ中阻拦着陆可认为在一个单次冲击之后紧跟一个瞬态振动。

c）数据要求。要求记录试验环境数据和用于验证装备试验前、试验期间、试验后性能的试验数据。

d）试验顺序，见2.（1）3）。

3）各程序的差别。

① 程序Ⅰ——功能性冲击。对处在工作状态下的装备（包括机械的、电气的、液压的和电子的）进行冲击试验，以评估在冲击作用下装备的结构完好性和功能一致性。通常，要求装备在冲击作用期间能工作，并且要求装备在实际使用期间可能遇到那些典型冲击作用时不受损坏。

② 程序Ⅱ——需包装的装备。用于需要集装箱运输的装备。它将最小临界冲击能力规定为装卸跌落高度，为包装设计人员提供设计依据。该程序不能用于极易损坏装备（如导弹制导系统、精确校准试验设备、陀螺和惯性制导平台等）的试验。对特别易损的装备，其抗冲击能力的量化应考虑采用程序Ⅲ。

③ 程序Ⅲ——易损性。用于确定装备的易损性量级，为装备包装设计或重新设计装备提供依据，以满足运输或搬运要求。该程序用于确定装备的临界冲击条件，在临界冲击条件下装备的结构和功能有可能降级。如果要获得更实际的极限能力，该程序应在极限环境温度下进行。

④ 程序Ⅳ——运输跌落。用于确定装备是否能经受住正常装卸所引起的冲击，这些装备通常搬入或搬出运输箱或组合箱内外，或者供外场使用（靠人力、货车、火车等运到战场）。这类冲击是偶然的，但可能削弱装备的功能。该程序不适用于正常后勤运输环境中所遇到的冲击，如集装箱内的装备经受的并在装备寿命周期剖面中确定的冲击（见程序Ⅱ——需包装的装备）。

⑤ 程序Ⅴ——坠撞安全。用于安装在空中及地面运载工具上的装备，在坠撞中装备可能从安装夹具、系紧装置或箱体结构上脱离，危及人员安全。该程序验证模拟的坠撞条件下，装备的安装夹具、系紧装置或箱体结构的结构完好性。本程序也验证装备整体结构的完好性，如在冲击作用下装备的零部件不会弹出。本程序不适用于作为货物运输的装备，这些装备应按 GJB 150.15A—2009 或 GJB 150.16A—2009 进行。

⑥ 程序Ⅵ——工作台操作。用于需在工作台上操作、维护或包装的装备。该程序用于确定装备是否能够承受在典型的工作台上操作、维护、包装中产生的冲击。这类冲击可能在装备维修期间内遇到。本程序也可应用于伸出部件的装备试验，由于有伸出部件，即使整个装备未受冲击，装备也极易受损。这种试验应特别注意装备伸出部件的结构在工作台上操作、维护或包装时受损的情况。本程序适用于从装在最长边大于23cm的运输箱中搬出的装备，而对于小于该尺寸的装备，一般按程序Ⅳ（运输跌落）在较高量级上进行试验。

⑦ 程序Ⅶ——铁路撞击。用于由铁路运输的装备试验。该程序用于验证在铁路运输中常规铁路车辆撞击时，装备的结构完好性，评估系紧系统和系紧程序的适用性。如果对装备的运输要求没有专门的规定，所有装备应在最大额定总重量（满负荷）下试验。该程序不适用于小的、单独包装的、通常安装在货架上或作为大型装备的一部分来运输（或试验）的装备试验。

⑧ 程序Ⅷ——弹射起飞和拦阻着陆。用于安装在经受弹射起飞和拦阻着陆的固定翼飞机内或上的装备。对于弹射起飞，装备首先经受一个初始冲击，紧接着经受一个有一定持续时间的低量级的瞬态振动，该振动的频率与安装平台最低频率分量相近，最后依据弹射程序再经受一个冲击。对于拦阻着陆，装备会经受一个初始冲击，紧接着经受一个具有一定持续时间的低量级的瞬态振动，该振动的频率与安装平台最低频率分量相近。

（3）确定试验条件

1）概述。选定本试验和相应程序后，还应根据有关文件的规定和为该程序提供的信息，选定该程序所用的试验条件和试验技术。确定试验参数时应考虑 2.（3）2）～2.（3）4）的内容。

2）一般考虑。有关冲击环境及冲击响应的描述见 GJB 150.18A—2009 附录 A。冲击响应的时域特征可用振幅和持续时间等来描述。冲击有效持续时间有两种定义方式，推荐使用有效持续时间 T_e；冲击响应的频域特征可用冲击响应谱、能量谱和傅里叶谱等描述。冲击响应谱的定义也有数种，推荐使用最大绝对加速度冲击响应谱作为冲击响应的描述方法，最大

伪速度的冲击响应谱作为次选方法。冲击试验一般测量输入的加速度冲击环境和装备的加速度响应，也可测量装备的其他响应，如速度、位移、应变、力或压力等。

通常，如果对系统完好性的要求相当，在进行过任一足够严酷的随机振动试验的轴向上，就不需要再沿这些轴向进行任何冲击试验程序。如果有关标准规定装备要进行随机振动试验和冲击试验，根据规定的随机振动激励谱求得的单自由度系统的高斯3σ加速度响应谱，在指定的固有频率范围内每一处都超过根据规定的冲击激励求得的最大加速度冲击响应谱，则认为随机振动试验是足够严酷的，可用一个相对比较高量级的随机振动试验来代替相对较低量级的冲击试验。用于响应谱分析的Q值一般取10，相当于5%的临界黏性阻尼。随机振动试验的3σ冲击响应谱为单自由度系统的固有频率的函数，可由式 (5-2) 给出：

$$A(f) = 3\left[\frac{\pi}{2}G(f)fQ\right]^{\frac{1}{2}} \tag{5-2}$$

式中　$A(f)$——加速度冲击响应谱在频率 f 处的
　　　　　　幅值；
　　　$G(f)$——在频率 f 处的加速度谱密度值。

GJB 150.18A—2009 附录 D 中讨论了加速度谱密度量级和相应的冲击响应谱量级之间的关系。

3）确定试验中的冲击响应谱和有效持续时间。

① 概述。可根据装备工作环境所测的时间历程数据、相似动态环境测量数据的外推数据、预计数据或这三种数据的综合进行统计处理，确定冲击响应谱 SRS 和有效持续时间 T_e（见 GJB 150.18A—2009 附录 C）。为了便于剪裁，应尽量在装备寿命（周）期剖面内使用环境相似的条件下测量数据。推导出冲击响应谱 SRS 和有效持续时间 T_e 后，按数据获取的情况选用试验方法：

a）有测量数据，用波形控制方式，通过振动台再现实测冲击波形。

b）有测量数据，通过一个复杂瞬态过程合成冲击波形，该冲击的有效持续时间 T_e 与实测冲击的有效持续时间 T_e 近似，波形相似，峰值和过零点相似。

c）没有测量数据，但以前的冲击响应谱估计可用，冲击波形可通过复杂瞬态过程来合成，有效持续时间 T_e 的确定要适当考虑装备的固有频率响应特性。

d）没有测量数据，但可用经典脉冲的冲击复现冲击波形。只有在分析中能证实使用这些脉冲是合理时，才能使用经典脉冲。

② 有测量数据。试验的有效持续时间 T_e 通过对典型的冲击时间历程的分析来确定。T_e 从冲击时间历程上第一个有响应的点开始，一直延伸到由分析得到的有效持续时间或仪器系统的本底噪声中的较短值。试验要求的冲击响应谱通过分析计算确定。如果有效持续时间 $T_e < \frac{1}{2f_{min}}$（其中 f_{min} 为冲击响应谱最低频率），试验的有效持续时间 T_e 可延长到 $\frac{1}{2f_{min}}$；至少在 5~2000Hz 内，取 $Q=10$，以 1/12 倍程或更小的频率间隔，对交流耦合的时间历程进行冲击响应谱分析。按以下要求处理：

a）当有足够数量的有代表性的冲击响应谱时，应使用适当的统计包络技术确定所要求的试验谱（见 GJB 150.18A—2009 附录 B），试验的有效持续时间 T_e 取分析得到的 T_e 与 $\frac{1}{2f_{min}}$ 两者的较大值。

b）当没有足够的数据可用于统计分析时，考虑到冲击环境的随机性和所用预计方法的不确定性，应根据有理论依据的工程判断，在所得到的最大谱值上再增加一定裕量来确定所要求的试验谱。依据试验量级期望的保守程度（见 GJB 150.18A—2009 附录 B.4.2），通常对估计的冲击响应谱包络增加 3dB 或 6dB 的裕量。试验的有效持续时间 T_e 应取分析得到的 T_e 与 $\frac{1}{2f_{min}}$ 两者的较大值。

③ 没有测量数据。如果没有测量的数据，对于程序 I（功能性冲击）和程序 V（坠撞安全）可使用 GJB 150.18A—2009 图 1 中的合适的谱作为每个轴向的试验谱，而且冲击时间历程的持续时间 T_e 应在表 5-35 中给出的值之间，GJB 150.18A—2009 中图 1 给出的谱与后峰锯齿脉冲的冲击响应谱相似。推荐的冲击波形合成方法有两个：一个是有限个指定频率的衰减正弦波的叠加；另一个是有限个指定频率的调幅正弦波（小波）的叠加。这种波形的冲击响应谱与 GJB 150.18A—2009 中图 1 的冲击响应谱相似，冲击波形的持续时间是表 5-35 提供的 T_e 的最大值。只要瞬态脉冲的响应谱在 5~2000Hz 频率范围内等于或超过 GJB 150.18A—2009 中图 1 给出的谱，且持续时间满足要求，就可采用作为冲击波形。采用经典后峰锯齿脉冲和梯形脉冲是在没有测量数据情况下最低可接受的选择。

如果规定装备除了进行冲击振动试验外还需进行随机振动试验，在试验剪裁时，有可能用随机试验代替冲击试验。

表 5-35 没有测量数据时使用的试验冲击响应谱

试验程序	峰值加速度/g	T_e/ms	频率折点/Hz
飞行器设备功能性试验	20	15~23	45
地面设备功能性试验	40	15~23	45
飞行器设备坠撞安全试验	40	15~23	45
地面设备坠撞安全试验	75	8~13	80

④ 经典冲击脉冲。如果程序要求采用经典冲击脉冲，并且实测的数据在经典脉冲的允差之内，则可采用经典冲击脉冲，否则，不予采用。

4）试验轴向和冲击次数。

① 一般要求。受试装备应承受足够次数的冲击。为满足规定的试验条件，三个正交轴的每一轴的两个方向上至少各进行三次冲击。对每个试验轴的每个方向上的经典冲击脉冲或复杂瞬态冲击脉冲，其在规定频率范围内的冲击响应谱应在要求的试验谱允差之内。并且其有效持续时间在 20% 的允差之内。计算最大绝对加速度谱（或等效静态加速度谱）时 Q 一般取 10，频率间隔应小于或等于 1/12 倍程。如果要求的试验谱在一个轴的两个方向上同时满足，则重复三次冲击可满足该轴的要求。如果仅一个方向能满足试验要求，可在改变冲击时间历程的极性或调换装备的方向后，对装备再施加三次冲击，以满足另一个方向的试验要求（对于复杂瞬态脉冲，变换试验冲击时间历程的极性通常不会明显影响试验量级）。下述考虑适用于经典冲击脉冲和复杂瞬态脉冲：

a）对可能很少承受冲击的装备，对每种环境条件可进行一次冲击；每个轴向最少做一次；如果考虑极性，每个轴向可进行两次冲击。对于速度变化量较大的冲击，对每种冲击环境只进行一次。

b）对于可能经常承受某一冲击、但不能确定此冲击的次数的装备，应根据装备预期的使用情况，在每种冲击环境条件下进行三次或更多次的冲击；每个轴向做少进行三次冲击；如果考虑极性，每个轴向应至少进行六次冲击。

c）如果装备没有明显的低频模态响应，允许冲击响应谱的低频部分超出允差限，以满足响应谱对高频部分的要求。高频部分至少应从低于装备的第一阶固有频率的一倍频程处开始。持续时间应保持在允差内。

d）如果装备有明显的低频模态响应，为了满足冲击响应谱对低频部分的要求，如果复杂瞬态脉冲持续时间不超过 $T_e + \dfrac{1}{2f_{min}}$，复杂瞬态脉冲的持续时间可

超出允差范围。如果持续时间必定超出 $T_e + \dfrac{1}{2f_{min}}$，就应采用其他冲击程序。

② 对复杂瞬态脉冲的特殊处理办法。满足给定脉冲响应谱的合成复杂瞬态冲击波形不唯一。由冲击响应谱合成的复杂瞬态冲击脉冲，如果超过了冲击施加系统的能力（通常在位移或速度上），或者持续时间比给定的 T_e 长 20% 以上，应折中考虑谱形和持续时间的允差。处理方法如下：

a）如果装备没有明显的低频模态响应，为了满足冲击响应谱对高频部分的要求，允许冲击响应谱的低频部分超出允差限，高频部分规定为至少应从低于装备的第一阶固有频率的一倍频程处开始。持续时间应保持在允差内。

b）如果装备有明显的低频模态响应，为了满足冲击响应谱对低频部分的要求，如果复杂瞬态脉冲持续时间不超过 $T_e + \dfrac{1}{2f_{min}}$，允许复杂瞬态脉冲的持续时间超出允差限。如果为了保持 SRS 的低频部分在允差内，而持续时间超过 $T_e + \dfrac{1}{2f_{min}}$，则应采用其他冲击程序。

不能采用将一个冲击响应谱分解成低频（大速度和位移）和高频两部分的办法来满足冲击要求。为实现最佳方案满足试验要求，可合理地设置复杂瞬态脉冲合成算法的输入参数。

（4）试件的技术状态

试件的技术状态会严重影响试验结果。采用在装备的寿命（周）期剖面中预期的技术状态，至少应考虑以下技术状态：

a）在集装箱/储存容器或运输箱中。

b）在工作环境中。

3. 信息要求

（1）试验前需要的信息

一般信息见 GJB 150.1A—2009 中的 3.8，特殊信息如下：

1）试验夹具模态测量的有关信息。

2）试件/夹具模态测量有关信息。

3）下列冲击环境之一：

a）预估的冲击响应谱或复杂冲击脉冲的合成波（衰减正弦、调幅正弦或其他波形等叠加），具有规定的谱形、峰值、转折点和脉冲持续时间。

b）选用的测量数据连同冲击响应谱合成技术（如果采用冲击响应谱合成技术，应确保谱形和冲击的持续时间与规定值相同）。

c）在直接波形控制下，一个已补偿的波形输入
到振动/冲击系统中的测量数据。

4）用于处理输入和输出响应数据的技术。

（2）试验中需要的信息

1）一般信息。见 GJB 150.1A—2009 中的 3.11。

2）特殊信息。包括与装备在加速度作用下失效
判据有关的信息。特别注意从传感器接收信号的测量
仪器，对速度高的冲击试验，应避免电缆的甩动而给
测量仪器带来的噪声。

（3）试验后需要的信息

一般信息见 GJB 150.1A—2009 中的 3.14，特殊
信息如下：

a）每次冲击的持续时间和冲击的次数。

b）每次外观检查后试件的状态。

c）响应时间历程和对响应时间历程处理后的信
息。一般情况下，最大绝对加速度的冲击响应谱和伪
速度冲击响应谱应作为单自由度系统的无阻尼固有频
率的函数而提供。有时，需提供能量谱密度和傅里
叶谱。

d）试件/夹具的模态分析数据。

4. 试验要求

（1）试验设备

所用的冲击试验设备应能产生本试验的有关文件
所确定的试验条件。冲击试验设备可以是自由跌落、
弹性回弹、非弹性回弹、液压、压缩气体、电动振动
台、电液振动台、有轨车辆和其他激励装置。选择试
验设备时，应考虑试验设备能产生试件所要求的冲击
持续时间、幅值和频率范围。如电动振动台能产生冲
击的频率范围是 5～3000Hz，而电液振动台的可控频
率范围是 DC～500Hz。程序Ⅱ和程序Ⅲ需要有相对较
大位移的冲击试验设备。程序Ⅶ采用了铁路车厢的特
殊试验装置，它能同时提供甚低频和中高频的响应。
程序Ⅷ通过采用两个冲击脉冲和一个位于这两个冲击
脉冲之间的瞬态振动来满足弹射起飞的要求。

作者注：在 GJB 150.18A—2009 中的上述表述"而电液
振动台的可控频率范围是 DC～500Hz。"不知其来源何处。
现在还没有"电液振动台"标准，而在 GB/T 21116—2007
《液压振动台》中规定的（最大）额定频率范围为："0.1
（1）～1000Hz"。

（2）试验控制

1）校准。按所选择的试验程序中规定的试验要
求，对试验装置性能进行校准。测量装置响应的设备
应校准。为达到试验规范的要求，一般采用一个
"模拟负载"。"模拟负载"的质量和刚度应与装备相

似，即"模拟负载"应尽可能地复现装备的模态特
性，特别是与夹具/试验设备的模态相互耦合的那些
特性。校准时，对"模拟负载"连续进行两次冲击，
要求满足程序Ⅰ、程序Ⅱ、程序Ⅲ、程序Ⅴ或程序Ⅵ
所述的试验条件（程序Ⅳ不需要进行校准，程序Ⅶ
有一套特别的校准程序）。如果"模拟负载"上的响
应数据满足试验允差要求，可卸去"模拟负载"，装
上装备进行冲击试验。建议所有试验都使用"模拟
负载"进行校准。

2）允差。

① 概述。为了保证试验的有效性，应满足各程
序规定的允差以及下述指南的要求。如果无法满足这
个允差，则对允差的要求需在试验前经有关部门同意
后方可放宽。根据下面指南独立制定的允差，应在所
规定的测量校准、仪器、信号调节和数据分析方法的
限制范围之内。

② 冲击脉冲的时域允差。时域允差规定对复现
冲击测量数据和使用电动振动台、电液振动台进行易
损性试验是有用的。经典后峰锯齿波与梯形波脉冲的
峰值和持续时间允差分别如 GJB 150.18A—2009 中图
3 和 GJB 150.18A—2009 中图 4 所示。复杂瞬态脉冲
的允差要求制定是基于下述假设：要求测量数据的峰
谷顺序按所规定时间历程的峰谷顺序排列。复杂瞬态
冲击脉冲的主要峰值和谷值定义为超过其最大峰
（谷）值75%的峰（谷）值，其90%的主要峰值和谷
值的允差应分别在所要求的峰（谷）值的±10%内，
此允差限假定冲击试验设备能够用波形控制程序精确
地复现所要求的冲击波形。

③ 响应谱的允差。对于 GJB 150.18A—2009 中
图 1 规定的最大冲击响应谱得到的瞬态冲击脉冲和其
他测量数据得到的复杂瞬态冲击脉冲，允差一般根据
给定频带上的幅值和持续时间的允差给定。如果以前
的实测数据是适用的或进行了一系列的冲击测量，在
10～2000Hz 的频带内至少 90% 的频带，以 1/12 倍频
程的频率分辨率计算的最大加速度响应谱允差应在
−1.5～3dB 范围内，对余下的 10% 频带，允差应在
−3～6dB 内。复杂瞬态脉冲的持续时间允差应在测量
脉冲有效持续时间 T_e 的±20%之内。

伪速度冲击响应谱规定的允差应从最大加速度响
应谱的允差导出，并与最大加速度响应谱的允差和有
效持续时间允差相一致；对于按"区域"定义的一
组测量数据，幅值允差按"区域"内测量数据的平
均值规定。但应注意，这实际上放松了单个测量数据
的允差，即个别测量值实际上可能超出了允差，但平
均值在允差内。一般，在一个区域内，当用两个以上

测量数据的平均值规定允差时，允差带不应超过由其对数变换的冲击响应谱估计的 95/50 单边正态容差上限，或者不能比平均值低 1.5dB。使用任何"区域"允差和平均技术时，应有相关技术文件支持。脉冲持续时间的允差也适用于测量数据组的脉冲持续时间。

（3）试验中断

1）一般要求。见 GJB 150.1A—2009 中的 3.12。

2）特殊要求。一般情况下，冲击试验程序的中断不会产生任何有害的影响，可从中断点继续试验。

（4）测试仪器

1）概述。通常采用加速度计进行定量测量，有时可使用其他类型传感器，如，线性位移/电压传感器、力传感器、激光测速仪、速率陀螺等。这些设备的性能应满足校准、测量和分析的技术要求。所有测量仪器应计量检定合格并在有效期内。此外，测量装备功能的仪器也应检定。

2）加速度计。

a）横向灵敏度小于或等于 5%。

b）在试验要求的峰值加速度的 5%~100% 内，幅值线性度在 10% 以内。

c）对程序 I、程序 II、程序 III、程序 IV、程序 V、程序 VI 和程序 VIII，在 2~2000Hz 频率范围内，频率响应的平直度在 ±10% 以内。

d）当响应低于 2Hz 时，应采用压阻加速度计，在规定的测量频带内，频率响应的平直度在 ±10% 以内。

e）测量传感器以及安装应与相关的技术要求一致。

3）其他测量仪器。用于数据采集的所有其他测量仪器应满足试验要求，尤其要满足 4.（2）规定的调校和允差要求。

4）信号适调器。使用的信号适调器应满足有关试验程序对仪器的技术要求，特别是模拟电压信号的滤波应满足时间响应历程的要求（通常在响应频带内应具有线性相位），滤波的配置不会将由于削波造成的异常加速度数据错误地当作响应数据。对放大器输入端加速度信号滤波应特别小心。为防止滤掉畸变的数据而造成无法检测到这些畸变的数据，不要对进入放大器的信号进行滤波。信号调节后的信号在进行数字化之前应进行抗混滤波。

（5）数据分析

应考虑以下问题：

1）在分析频带内模拟抗混滤波器性能应满足：

a）混叠测量误差不超过 5%。

b）具有线性相位移特性。

c）幅值平直度应在 ±1dB 内。

2）在后续数据处理中，使用的数字滤波器性能应与模拟抗混滤波器相当，特别是用于时间历程处理的数字滤波器应具有线性相位特性。

3）分析过程应按相关的技术要求进行，特别是要验证冲击加速度的幅值时间历程。在处理响应时间历程之前，对每个幅值时间历程进行积分以检查测量系统的异常现象，如导线断裂、放大器压摆率超限、数据削波、无法解释的加速度计零漂等。如果发现异常现象，应剔除无效的响应时间历程测量数据。

5. 试验过程

（1）试验准备

1）试验前准备。试验开始前，根据有关文件确定试验程序、模拟负载、试件的技术状态、测量仪器的技术状态、冲击量级、持续时间、冲击次数等。

2）初始检测。试验前，所有试件均需在标准大气条件下进行检测，以取得基准数据。检测按以下步骤进行：

a）对试件进行全面的外观检查，特别注意关键部位或损伤的区域，并记录结果。

b）试件合格，将试件安装在夹具上。

c）按技术文件的规定，进行试件的运行检测，记录检测结果。

d）若试件工作正常，则继续后续的试验程序；若试件工作不正常，则设法解决问题，再从步骤 a）开始。

3）试验程序概述。涉及冲击试验信息的收集要求见 5.（2）。除了 GJB 150.1A—2009 的 3.17 提供的一般指南外，每一试验程序中还包含对试验结果评估有用的信息，用于故障分析。分析试件所有未能满足系统规范要求的情况。

（2）试验程序

1）程序 I——功能性冲击。

① 概述。本试验程序的目的是发现在外场使用中可能由冲击引起的装备故障。虽然装备已在包装/运输冲击试验中成功地经受住了相当严酷的冲击，但由于存在着支撑和固定方法的差别，以及功能性检查要求方面的差别，还有必要进行这项试验。当有可用数据、数据可测量或数据可用的动力学类比技术根据相关数据进行估计时，要求对试验进行剪裁。当没有用于剪裁的外场测量数据时，冲击试验的输入冲击响应谱由 GJB 150.18A—2009 中图 1 和表 5-35 的信息确定。用电动振动台或电液振动台进行冲击试验时，校准程序应将上述冲击响应谱经补偿后的复杂波形作用于模拟负载。在剪裁中，如果不能证明外场冲击环境

近似于经典冲击脉冲（如半正弦、后峰锯齿等），一般不可使用经典冲击脉冲；但若无其他方法可用，则可用 GJB 150.18A—2009 中图 3 的后峰锯齿波进行试验。为确保正负两个方向都满足 GJB 150.18A—2009 中图 1 对谱的要求，试验应在正、负两个方向上进行。GJB 150.18A—2009 中图 2 给出了与 GJB 150.18A—2009 中图 1 冲击试验响应谱等效的随机振动的加速度谱密度。如果试件在冲击试验前已经做过随机振动，随机振动的加速度谱密度达到或超过了 GJB 150.18A—2009 中图 2 的加速度谱密度量级，并且随机振动试验中的功能试验要求和冲击试验的相同，则经许可后可不进行功能性冲击试验。

② 控制。当没有测量数据且试件为飞行器设备或地面设备时，GJB 150.18A—2009 中图 1 给出了预计的功能性冲击试验的输入冲击响应谱，持续时间 T_e 由表 5-35 给出。GJB 150.18A—2009 中图 2 提供了与 GJB 150.18A—2009 中图 1 冲击试验响应谱等效的随机振动的加速度谱密度。如果试件在冲击试验前已经做过随机振动，先前的随机振动的加速度谱密度达到或超过了 GJB 150.18A—2009 中图 2 的加速度谱密度量级，并且随机振动试验中的功能试验要求又与冲击试验的相同，则经批准后可不进行功能性冲击试验。

作者注：GJB 150.18A—2009 中"控制"与"概述"内容重复。

③ 试验允差。对具有复杂瞬态波形的测量数据，应确保试验允差符合 4.（2）2）有关的要求。当用随机试验的加速度谱密度进行等效冲击响应谱试验时，GJB 150.18A—2009 中图 2 的加速度谱密度允差下限在整个频带内为 -1dB，而允差带的上限没有规定（一般情况下，采用等效试验是因为振动的环境通常比 GJB 150.18A—2009 中图 2 中规定的加速度谱密度更严酷）。GJB 150.18A—2009 附录 D 给出了 $Q=5$ 时，GJB 150.18A—2009 图 2 中的随机加速度谱密度所对应的最大冲击响应谱的经验分布信息。

对于经典的后峰锯齿波脉冲试验，表 5-36 规定的试验参数允差要求如 GJB 150.18A—2009 中图 3 所示。

表 5-36　后峰锯齿波脉冲试验参数允差要求（见 GJB 150.18A—2009 中图 3）

试验	最小峰值 P/g		标称持续试件 T_D/ms	
	飞行器设备①	地面设备	飞行器设备①	地面设备
功能性试验	20	40②	11	11

① 推荐用于无防冲击的装备和质量低于 136kg 的装备。
② 对安装在货车和拖车上的装备，用 20g 的峰值。

④ 试验步骤。程序Ⅰ的步骤如下：

a）选择试验条件，并按如下要求校准冲击试验设备：

• 选择满足或优于相关技术要求的加速度计和分析技术。

• 按类似于试件技术状态将模拟负载安装在冲击试验设备上。若装备安装在振动/冲击隔振器上，应确保试验期间隔振器起作用。若冲击试验设备输入波形是在波形控制中通过输入输出脉冲响应函数进行补偿得到，要特别注意校准的状态和后续的数据处理细节。

• 进行冲击校准，直到作用在模拟负载上的连续二次冲击所产生的波形至少在一个轴向上达到或超过规定的试验条件，并符合 5.（2）1）③规定的试验允差要求。

• 卸去模拟负载，把试件安装到冲击设备上。

b）对试件进行冲击前的功能检查。

c）在工作状态下，对试件施加冲击激励。

d）记录必要的数据以检查试验是否达到或超过要求的试验条件，并符合 5.（2）1）③规定的允差要求。这些数据包括试验装置照片、试验记录、从数据采集系统得到的实际冲击波形照片等。对内装有隔振部件的试件，应对隔振部件做测量/检查，以确保这些部件不与相邻的部件发生碰撞。若需要，记录的数据能够说明在冲击期间装备的功能满足要求。

e）对试件进行冲击后的功能检查，记录性能数据。

f）若采用规范规定的冲击响应谱，在每一正交轴上重复步骤 b）~ e）三次。如果采用经典冲击脉冲，试件应承受正反两个方向的输入脉冲。若冲击响应谱的波形既满足脉冲时间历程允差，有满足冲击响应谱允差，考虑极性的影响，每一正交轴上应进行两次，总共六次冲击试验。如果试验脉冲的时间历程和冲击响应谱中有一种超差或都超差，则需继续调整波形，直到两者的试验都满足允差为止。若两种允差不能同时满足，则应优先满足冲击响应谱试验允差。

⑤ 结果分析。按 GJB 150.1A—2009 中 3.17 进行试验结果评估。关注在冲击期间或之后的任何装备功

能中断，这与装备功能试验要求密切相关。这些信息也有助于评估试验结果。

2）程序Ⅱ——需包装的装备。

① 概述。本试验（的）目的是确保有包装的装备在包装前、包装期间或包装后不慎跌落后其功能正常。

② 其他。概述中的其他内容以及控制、试验允差、试验步骤、结果分析等见 GJB 150.18A—2009。

3）程序Ⅲ——易损性。

① 概述。本试验的目的是确定装备能承受住的最高冲击量级（在此量级下，装备仍能够按要求继续工作而结构没有损伤）或损伤装备的最低输入冲击量级（若经受稍高量级的冲击输入，则装备将很可能出现功能故障或结构损伤）。确定易损性的量级应通过对试件从低的冲击量级开始，然后逐渐增加冲击量级进行试验，直到以下条件之一出现为止：

a）试件出现失效。

b）在试件不发生失效情况下，达到预定的试验目的。

c）达到冲击临界量级，表面在稍高于此冲击量级作用下肯定发生失效。

最后一点 c）意味着在试验前已对装备进行了分析；确定了关键部件及其“应力阈值”；并建立了与冲击输入量级有关的装备失效模型。此外，在试验期间，这些关键部件的“应力阈值”可被监测，并输入到失效模型中，用于预测在所给定冲击量级下的失效情况。通常，这种输入会使装备产生较大的速度/速度变化量，如果大的速度/速度变化量超过了电动振动台、电液振动台的能力，可在经校准的跌落式冲击机上用经典梯形波实现（试验）。但如果电动振动台、电液振动台能满足大的速度/速度变化量的要求，应考虑用复杂瞬态波形来剪裁试验。如没有提供可剪裁为复杂瞬态波形的冲击输入数据，可考虑在电动振动台、电液振动台上使用经典梯形脉冲。在试验中，应注意：在保持冲击试验最大速度变化量近似不变的情况下，只有一个单一的参数（冲击输入峰值）来定义易损性量级。在冲击响应谱合成波形试验中，最大速度变化量不像在经典梯形脉冲中那样有明确的定义，也不重要、也不容易控制。当有数据可用、数据可测量或可用动力学类比技术从相关数据估计时，要对试验进行剪裁。易损性试验的一个重要假设是损伤势能随冲击量级增加而线性增加，否则，需采用其他试验程序来确定装备的易损性量级。

② 其他。控制、试验允差、试验步骤、结果分析等见 GJB 150.18A—2009。

4）程序Ⅳ——运输跌落。

① 概述。试验的目的是确定装在运输箱或组装箱内的装备，在运输跌落状态下的结构和功能的完好性。

② 其他。概述中的其他内容以及控制、试验允差、试验步骤、结果分析等见 GJB 150.18A—2009。

5）程序Ⅴ——坠撞安全。

① 概述。本试验（程序）的目的是暴露在空中或地面运输工具上的装备或装备支架的结构故障。

② 其他。概述中的其他内容以及控制、试验允差、试验步骤、结果分析等见 GJB 150.18A—2009。

6）程序Ⅵ——工作台操作。

① 概述。该试验的目的是确定装备在典型工作台上维护和修理时，承受冲击的能力。所有可能经历工作台或类似工作台上维修的装备都要进行该试验。它主要考核装备结构和功能的完好性。

② 控制。确保试件与真实装备的功能完全相同。将试件的一边抬高到高出坚固木质工作台面 100mm，或者使底盘与工作台面形成 45°夹角，或者达到平衡点，取其中高度最低的（工作台面厚度至少应为 42.5mm），按规范要求进行一系列跌落试验。试验中使用的高度是由一些典型的实际跌落数据来确定的，这些跌落通常是由工作台技术人员和装配人员造成的。

③ 试验允差。确保试验跌落高度允差在 5.（2）6)②中规定的跌落高度的 2.5% 以内。

④ 试验步骤。程序Ⅵ的步骤如下：

a）在进行功能和结构检查后，按实际使用状态装配试件，如拆除机壳的底盘和前壁板组件，按使用状态安置试件。试件在试验期间一般不工作。

b）用一条边作为转轴，把地盘的另一边抬高，抬高到下列条件之一出现（取决于哪一个先发生）：

• 底盘抬高的那一边已高出了水平工作台面 100mm。

• 底盘与水平工作台面成 45°角。

• 底盘被抬高的那边正好处在完全平衡点下方。

c）使底盘自由跌落在水平工作台面上，以同一水平面的其他可用边作为转轴，依次重复上述过程，共计跌落四次。

d）对试件其余面重复步骤 b）和步骤 c），使试件在实际使用中可能放置的每个面都进行了总计 4 次跌落试验。

e）进行试件外观检查。

f）记录试验结果。

g）按技术文件的规定使试件运行。

h）记录试验结果，并与步骤 a）中得到的数据进行比较。

⑤ 结果分析。按 GJB 150.1A—2009 中 3.17 进行试验结果评估。通常，应记录试件在功能上或结构上与 5.(2)6)④ a）的所有差别，并加以分析。

7）程序Ⅶ——铁路撞击。

① 概述。该试验的目的是确定普通铁路车辆在运输中撞击对装备的影响，以检验装备的结构完好性，并评估系紧系统与系紧程序的适应性。

② 其他。控制、试验允差、试验步骤、结果分析等见 GJB 150.18A—2009。

8）程序Ⅷ——弹射起飞和拦阻着陆。

① 概述。本试验（的）目的是验证安装在固定翼飞机上或飞机内的装备在承受弹射起飞和拦阻着陆时的功能和结构的完好性。

② 其他。控制、试验允差、试验步骤、结果分析等见 GJB 150.18A—2009。

5.6.9　倾斜和摇摆试验

尽管 GJB 150.23A—2009《军用装备实验室环境试验方法　第 23 部分：倾斜和摇摆试验》规定该标准适用于对军用装备进行倾斜和摇摆试验，但其对其他领域应用的液压缸的倾斜和摇摆试验具有参照价值。

GJB 150.23—1986《军用设备环境试验方法　倾斜和摇摆试验》为 CB 1374—2004《舰船用往复式液压缸规范》的规范性引用文件。

1. 目的和应用

（1）目的

本试验的目的在于确定装备能否：

a）在倾斜和摇摆环境下保持结构完好。

b）在倾斜和摇摆环境下工作。

（2）应用

本试验适用于评价：

a）在水面舰船上使用、运输或贮存的装备。

b）在潜艇中使用、运输或贮存的装备。

（3）限制

本试验不适用于飞行器。

2. 剪裁指南

（1）选择试验方法

1）概述。分析有关技术文件的要求，应用装备（产品）订购过程中实施 GJB 4239—2001《装备环境工程通用要求》得出的结果，确定装备寿命（周）期内倾斜和摇摆环境出现的阶段，根据下列环境效应确定是否需要进行本试验。当确定需要进行本试验且

本试验与其他环境试验使用同一试件时，还需要确定本试验与其他试验的先后顺序。

2）环境效应。倾斜和摇摆可能导致装备（产品）产生下述效应：

a）装备系统内原有作用力平衡的改变或破坏。

b）润滑条件的恶化。

c）液面位置变化而导致工作失效或外泄。

3）选择试验顺序。

① 一般要求。见 GJB150.1A—2009《军用装备实验室环境试验方法　第 1 部分：通用要求》中的 3.6。

② 特殊要求。若使用同一试件进行一种以上的环境试验，一般应在高、低温试验后再进行本试验。

（2）选择试验程序

1）概述。本试验包括三个试验程序：程序Ⅰ——倾斜、程序Ⅱ——摇摆、程序Ⅲ——倾斜和摇摆综合试验。若无特殊要求，一般可先进行倾斜试验再进行摇摆试验。也可同时进行倾斜和摇摆综合试验。

2）选择试验程序考虑的因素。选择程序时应考虑在装备寿命（周）期内，在后勤保障和工作状态下能预见到的最严酷的暴露程序，同时还应考虑：

a）装备的技术状态。

b）装备的后勤保障和操作要求（目的）。

c）装备的用途。

d）程序顺序。

3）各程序的差别如下：

a）程序Ⅰ——倾斜。适用于舰船倾斜时需正常工作的装备。

b）程序Ⅱ——摇摆。适用于舰船在风浪中摇摆时需正常工作的装备。

c）程序Ⅲ——倾斜和摇摆综合试验。适用于舰船同时产生倾斜和摇摆时需正常工作的装备。

（3）确定试验条件

1）概述。选定本试验和相应程序后，还应根据有关文件的规定和为该程序提供的信息，选定该程序所用的试验条件和试验技术，并确定装备在倾斜和摇摆环境中所能完成的功能。凡是倾斜和摇摆状态下性能受到影响或结构具有旋转运动、液态介质和重力不平衡运动系统，应进行倾斜和摇摆试验。应确定试验纵倾和横倾角度、试验纵摇和横摇角度、试验摇摆周期、试验持续时间等试验参数和试件的技术状态，确定时应考虑 2.(3)2)～2.(3)5) 的内容。

2）试验倾斜和摇摆角度。根据装备用途、产品规范或实际测量数据，确定试验的倾斜和摇摆角度。

除另有规定外，试验的倾斜和摇摆角度可参照表5-37和表5-38确定。

在GB/T 24946—2010《船用数字液压缸》中给出倾斜、摇摆角，但其引用标准为CB1146.8。

3）试验摇摆周期。摇摆周期应根据舰船的排水量、海况确定。同一舰船的纵摇和横摇也不同。当装备技术文件能提供其实际摇摆周期时，应按实际使用条件确定试验周期。除另有规定外，摇摆试验周期可参照表5-37和表5-38确定。

表5-37 水面舰船倾斜与摇摆试验量值

倾斜、摇摆	角度/(°)	周期/s	试验持续时间/min
纵倾①	±5 或±10	—	≥30
横倾①	±15 或±22.5	—	
纵摇	±10	4~10	
横摇	±45	3~14	

① 具体角度由产品规范规定。

表5-38 潜艇倾斜与摇摆试验量值

航行状况	倾斜、摇摆	角度/(°)	周期/s	试验持续时间/min
水上航行	纵倾	±10	—	≥30
	横倾	±15	—	
	纵摇	±15	4~10	
	横摇①	±45 或±60	3~14	
通气管航行	纵倾	±10	—	
	横倾	±15	—	
	横摇	±30	3~14	
水下航行	纵倾	±30	—	
	横倾	±15	—	
	横摇	±30	3~14	

① 具体角度由产品规范规定。

4）试验持续时间。程序Ⅰ、Ⅱ、Ⅲ的试验时间应当代表预期的倾斜和摇摆环境下的使用试件，但对于大多数装备来说，如这段时间太长，则试验持续时间至少30min。

5）试件技术状态。根据预期的装备运输、贮存或工作的实际状态，确定试件的技术状态。试验至少应考虑以下技术状态：

a）在运输及贮存容器或运输箱内。

b）处于其正常工作技术状态。

3. 信息要求

（1）试验前需要的信息

一般信息见GJB 150.1A—2009中的3.8，特殊信息如下：

a）倾斜和摇摆角度。

b）摇摆周期。

c）试件的技术状态。

d）试验持续时间。

（2）试验中需要的信息

见GJB 150.1A—2009中的3.11。

（3）试验后需要的信息

一般信息见GJB 150.1A—2009中的3.14，特殊信息如下：

a）试件已经受到的试验。

b）倾斜和摇摆角度对试件性能的影响。

c）摇摆周期对试件性能的影响。

4. 试验要求

（1）试验设备

1）试验平台。试验平台用作倾斜试验；试验平台应紧固水平。

2）摇摆试验台。

① 摇摆试验台用作摇摆或倾斜与倾斜综合试验。当在摇摆试验台上进行倾斜试验时，试件应在其最大试验载荷下能稳定地保持在所规定的位置上，不应发生明显的晃动和漂移。

② 摇摆试验台至少应能模拟一种形式的舰船摇摆，通常为横摇（或）纵摇，摇摆角度和周期应能任意调节，并能满足4.（2）对试验允差的要求，波形失真度应小于15%。

3）测量系统。进行摇摆试验时，应对摇摆试验室的摇摆角度和周期进行监测，测量系统的精度应符合GJB 150.1A—2009有关规定。

（2）试验控制

测试、监测和为了保证试件工作或通电的外部连接所形成的附加质量和约束，应保持最小或尽可能与实际安装时相似，并使摇摆角度、摇摆周期和倾斜角度的允差不超过规定值的±5%。

（3）试验中断

1）一般要求。见GJB 150.1A—2009中的3.12。

2）特殊要求。若试验中断应重新试验。

（4）试件的安装与调试

见GJB 150.1A—2009中的3.9。

5. 试验过程

（1）概述

单独或组合进行以下步骤，都为收集试件在倾斜和摇摆环境下所必要的信息提供依据。除另有规定外，应将实验室温度保持在标准环境温度上。

（2）试验准备

1）试验前准备。试验开始前，根据有关文件确定试验程序、试件的技术状态、试验角度、摇摆周期、试验持续时间、贮存或工作的参数量值等。

2）初始检测。试验前所有试件均需在标准大气条件下进行检测，以取得基准数据。检测按以下步骤进行：

a）按技术文件的规定（如必要），在试件上安装检测传感器。

b）在标准大气条件下将试件装上试验台。

c）目视检查试件外观，并记录结果。

d）按技术文件的规定，进行工作性能检测，记录检测结果。

e）若试件工作正常，则继续相应的试验程序；若试件工作不正常，则应解决问题，再重复步骤 d）。

（3）试验程序

1）程序Ⅰ——倾斜。程序Ⅰ的步骤如下：

a）将试件按其实际工作状态安装在试验台上。

b）除技术文件另有规定外，应使试件处在（其）工作状态，并稳定在要求的温度下（如适用），用监测仪器对试验参数进行监视。

c）按技术文件将试验台调至规定的倾斜角度。

d）按技术文件对试件进行工作性能检测，并记录检测结果（贮存或运输除外）。

e）除技术文件另有规定外，应保持该条件至少 30min。

f）按技术文件规定的速率，将试验台恢复至试验前的角度。

g）对试件进行尽可能全面的目视检查和工作性能检测，记录检测结果。

2）程序Ⅱ——摇摆。程序Ⅱ的步骤如下：

a）将试件按其实际工作状态安装在试验台上。

b）除技术文件另有规定外，应使试件处在其工作状态，并稳定在要求的温度下（如适用），用监测仪器对试验参数进行监视。

c）按技术文件确定的试验摇摆角度和摇摆周期进行试验。

d）按技术文件对试件进行工作性能检测，并记录检测结果（贮存或运输除外）。

e）除技术文件另有规定外，应保持该条件至少 30min。

f）将试验台恢复至试验前的状态。

g）对试件进行尽可能全面的目视检查和工作性能检测，记录检测结果。

3）程序Ⅲ——倾斜和摇摆综合。程序Ⅲ的步骤如下：

a）将试件按其实际工作状态安装在试验台上；

b）除技术文件另有规定外，应使试件处在其工作状态，并稳定在要求的温度下（如适用），用检测

仪器对试验参数进行监视；

c）按技术文件确定的倾斜角度、摇摆角度和摇摆周期进行试验；

d）按技术文件对试件进行工作性能检测，并记录检测结果（贮存或运输除外）；

e）除技术文件另有规定外，应保持该条件至少 30min；

f）将试验台恢复至试验前的状态；

g）对试件进行尽可能全面的目视检查和工作性能检测，记录检测结果。

6. 结果分析

除 GJB 150.1A—2009 中的 3.17 提供的指南外，下列信息也有助于评价试验结果：

a）性能参数的检测结果超过有关标准或技术文件规定的允许极限。

b）结构卡死或损坏。

c）润滑不正常或有泄漏现象。

d）轴承温升超过允许值。

e）误动作、误接触或呆滞。

f）指示失灵或失误。

5.7　液压元件可靠性评估方法

GB/T 35023—2018《液压元件可靠性评估方法》于 2018-05-14 发布、2018-12-01 实施。该标准规定了适用于 GB/T 17446 中定义的液压元件（指缸、泵、马达、阀、过滤器等液压元件）的可靠性评估方法：

a）失效或中止的实验室试验分析。

b）现场数据分析。

c）实证性试验分析。

适用于液压元件无维修条件下的首次失效。

1. 可靠性的一般要求

1）可靠性可通过下面"评估可靠性的方法"给出的三种方法求得。

2）应使用平均失效前时间（MTTF）和 B_{10} 寿命来表示。

3）应将可靠性结果关联置信区间。

4）应给出表示失效分布的可能区间。

5）确定可靠性之前，应先定义"失效"，规定元件失效模式。

6）分析方法和试验参数应确定阈值水平，通常包括：

a）动态泄漏（包括内部和外部的动态泄漏）。

b）静态泄漏（包括内部和外部的静态泄漏）。

c）性能特征的改变（如失稳、最小工作压力增大、流量减少、响应时间增加、电气特征改变、污染

和附件故障导致性能衰退等）。

注：除了上述阈值水平，失效也可能源自突发性事件，如爆炸、破坏或特定功能丧失等。

2. 评估可靠性的方法

通过失效或中止的实验室试验分析、现场数据分析和实证性试验分析来评估液压元件的可靠性。而无论采用哪种方法，其环境条件都会对评估结果产生影响。因此，评估时应遵循每种方法对环境条件的规定。

3. 失效或中止的实验室试验分析

（1）概述

1）进行环境条件和参数高于额定值的加速试验，应明确定义加速试验方法的目的和目标。

2）元件的失效模式或失效机理不应与非加速试验时的预期结果冲突或不同。

3）试验台应能在计划的环境下可靠地运行，其布局不应对被试元件的试验结果产生影响。可靠性试验过程中，参数的测量误差应在指定范围内。

4）为使获得的结果能准确预测元件在指定条件下的可靠性，应进行恰当的试验规划。

（2）试验基本要求

试验应按照标准适用的被评估元件相关部分的条款进行，并应包括：

a）使用的统计分析方法。

b）可靠性试验中应测试的参数及各参数的阈值水平，部分参数适用于所有元件，阈值水平也可按组分类。

c）测量误差要求按照 JB/T 7033 的规定。

d）试验的样本数，可根据实用方法（如经验或成本）或统计方法（如分析）来确定，样本应具有代表性并应是随机选择的。

e）具备基准测量所需的所有初步测量或台架试验条件。

f）可靠性试验的条件（如供油压力、周期率、负载、工作周期、油液污染度、环境条件、元件安装定位等）。

g）试验参数测量的频率（如特定时间间隔或持续监测）。

h）当样本失效与测量参数无关时的应对措施。

i）达到终止循环计数所需的最小样本比例（如 50%）。

j）试验停止前允许的最大样本中止数，明确是否有必要规定最小周期数（只有规定了最小周期数，才可将样本归类为中止样本或不计数样本）。

k）试验结束后，对样本做最终检查，并检查试验仪器，明确这些检查对试验数据的影响，给出试验通过或失败的结论，确保试验数据的有效性（如一个失效的电磁铁在循环试验期间可能不会被观测到，只有单独检查时才能发现；或者裂纹可能不会被观测到，除非单独检查）。

（3）数据分析方法

1）应对试验结果数据进行评估。可采用威布尔分析方法进行统计分析。

2）应按照下列步骤进行数据分析：

a）记录样本中任何一个参数首次达到阈值的循环计数，作为该样本的终止循环计数。若需其他参数，该样本可继续试验，但该数据不应用于后续的可靠性分析。

b）根据试验数据绘制统计分布图。若采用威布尔分析方法，则用中位秩。若试验包含截尾数据，则可用修正的 Johnson 公式和 Bernard 公式确定绘图的位置。数据分析示例参见 GB/T 35023—2018 附录 A。

c）对试验数据进行曲线拟合，确定概率分布的特征值。若采用威布尔分析方法，则包括最小寿命 t_0、斜率 β 和特征寿命 η。此外，使用 1 型 Fisher 矩阵确定 B_{10} 寿命的置信区间。

注：可使用商业软件绘制曲线。

4. 现场数据分析

（1）概述

1）对正在运行产品采集现场数据，失效数据是可靠性评估依据。失效发生的原因包括设计缺陷、制造偏差、产品过度使用、累计磨损和退化，以及随机事件。产品误用、运行环境、操作不当、安装和维护情况等因素直接影响产品的寿命。应采集现场数据以评估这些因素的影响，记录产品的详细信息，如批号代码、日期、编码和特定的运行环境等。

2）数据采集应采用一种正式的结构化流程和格式，以便于分配职能、识别所需数据和制定流程，并进行分析和汇报。可根据事件或检测（监测）的时间间隔采集可靠性数据。

3）数据采集系统的设计应尽量减小人为偏差。

4）在开发上述数据采集系统时，应考虑个人的职位、经验和客观性。

5）应根据用于评估或估计的性能指标类型选择所要收集的数据。数据收集系统至少应提供：

a）基本的产品识别信息，包括工作单元的总数。

b）设备环境级别。

c）环境条件。

d）运行条件。

e）性能测量。

f）维护条件。

g）失效描述。

h）系统失效后的变更。

i）更换或修理的纠正措施和具体细节。

j）每次失效的日期、时间和（或）周期。

6）在记录数据前，应检查数据的有效性。在将数据录入数据库之前，数据应通过验证和一致性检查。

7）为了数据来源的保密性，应将用作检索的数据结构化。

8）可通过以下三个原则性方法识别数据特定分布类型：

a）工程判断，根据对生成数据物理过程的分析。

b）使用特殊图表的绘图法，形成数据图解表（见 GB/T 4091—2001《常规控制图》）。

c）衡量给出样本的统计试验和假定分布之间的偏差；GB/T 5080.6—1996《设备可靠性试验 恒定失效率假设的有效性检验》给出了一个呈指数分布的此类试验。

9）分析现场可靠性数据的方法可用：

a）帕累托图。

b）饼图。

c）柱状图。

d）时间序列图。

e）自定义图表。

f）非参数统计法。

g）累计概率图。

h）统计法和概率分布函数。

i）威布尔分析法。

j）极值概率法。

注：许多商业软件包支持现场可靠性数据的分析。

（2）现场调查数据的可靠性估计方法

计算现场数据平均失效前时间（MTTF）或平均失效前次数（MCTF）的方法，应与处理实验室数据的方法相同。使用 3.（3）给出的方法，示例参见 GB/T 35023—2018 附录 A，补充信息参见 GB/T 35023—2018 附录 B。

5. 实证性试验分析

（1）概述

1）实证性试验应采用威布尔法，它是基于统计方法的实证性试验方法，分为零失效和零/单失效试验方案。通过使用有效历史数据定义失效分布，是验证小样本可靠性的一种高效方法。

2）实证性试验方法可验证与现有样本类似的新样本的最低可靠性水平，但不能给出可靠性的确切值。若新样本通过了实证性试验，则证明该样本的可靠性大于或等于试验目标。

3）试验过程中，首先选择威布尔的斜率 β；然后计算支持实证性试验所需的试验时间（历史数据已表明，对于一种特定的失效模式，β 趋向于一致）；最后对新样本进行小样本试验。如果试验成功，则证实了可靠度的下限。

注：GB/T 35023—2018 的参考文献［2］介绍了韩国机械与材料研究所提供液压元件的斜率值 β。

4）在零失效试验过程中，若试验期间没有失效发生，则可得到特定的 B_i 寿命。

注：i 表示累计失效的百分比的下标变量，如对于 B_{10} 寿命，$i = 10$。

5）除了在试验过程中允许一次失效外，零/单失效试验方案和零失效试验方案类似。零/单失效试验的成本更高（更多试验导致），但可降低设计被驳回的风险。零/单失效试验方案的优势之一在于：当样本进行分组试验时（如试容容量的限制），若所有样本均没有失效，则最后一个样本无须进行试验。该假设认为当有一个样本发生失效时，仍可验证设计满足可靠性的要求。

（2）零失效方法

1）根据已知的历史数据，对所要试验的元件选择一个威布尔斜率值。

2）根据式（5-3）确定试验时间或根据式（5-4）确定样本数（推导过程见 GB/T 35023—2018 附录 C）

$$t = t_i \left[\frac{\ln(1-C)}{n \times \ln(R_i)} \right]^{1/\beta} = t_i \left[\left(\frac{1}{n} \right) \frac{\ln(1-C)}{\ln R_i} \right]^{1/\beta}$$

$$= t_i \left(\frac{A}{n} \right)^{1/\beta}$$

（5-3）

$$n = A \left(\frac{t_i}{t} \right)^{\beta}$$

（5-4）

式中 t——试验的持续时间，以时间、周期或时间间隔表示；

t_i——可靠性试验指标，以时间、周期或时间间隔表示；

β——威布尔斜率，从历史数据中获取；

R_i——可靠度（100−i）/100；

i——累计失效百分比的下标变量（如对于 B_{10}

寿命，$i=10$）；

n——样本数；

C——试验的置信度；

A——查表 5-39 或根据式（5-3）计算。

表 5-39 A 值

$C(\%)$	R_i				
	R_1	R_5	R_{10}	R_{20}	R_{30}
95	298.1	58.40	28.43	13.425	8.399
90	229.1	44.89	21.85	10.319	6.456
80	160.1	31.38	15.28	7.213	4.512
70	119.8	23.47	11.43	5.396	3.376
60	91.2	17.86	8.70	4.106	2.569

3）开展样本试验，试验时间为上述定义的 t，所有样本均应通过试验。

4）若试验成功，则元件的可靠性可阐述如下：

元件的 B_i 寿命已完成实证性试验，试验表明：根据零失效威布尔方法，在置信度 C 下，该元件的最小寿命至少可达到 t_i（如循环、小时或公里）。

（3）零/单失效方法

1）根据已知的历史数据，确定被试元件的威布尔斜率值 β。

2）根据式（5-5）确定试验时间（参见 GB/T 35023—2018 附录 C）。

$$t_1 = t_j \left(\frac{\ln R_0}{\ln R_j} \right)^{1/\beta} \qquad (5\text{-}5)$$

式中 t_1——试验的持续时间，以时间、周期或时间间隔表示；

t_j——可靠性试验指标，以时间、周期或时间间隔表示；

β——威布尔斜率，从历史数据中获取；

R_j——可靠度 $(100-j)/100$；

R_0——零（单）失效的可靠度根值（见表 5-40）。

j——累计失效率百分比的下标变量（如对于 B_{10} 寿命，$j=10$）。

表 5-40 R_0 值

$C(\%)$	n								
	2	3	4	5	6	7	8	9	10
95	0.0253	0.1353	0.2486	0.3425	0.4182	0.4793	0.5293	0.5708	0.6058
90	0.0513	0.1958	0.3205	0.4161	0.4897	0.5474	0.5938	0.6316	0.6631
80	0.1056	0.2871	0.4176	0.5098	0.5775	0.6291	0.6696	0.7022	0.7290
70	0.1634	0.3632	0.4916	0.5780	0.6397	0.6857	0.7214	0.7498	0.7730
60	0.2254	0.4329	0.5555	0.6350	0.6905	0.7315	0.7629	0.7877	0.8079

3）样本试验的时间 t_1 由式（5-5）确定，在试验中最多只能有一个样本失效。当不能同时对所有样本进行试验时，若除了最后一个样本以外的所有样本均试验成功，则最后一个样本无须试验。

4）若试验成功，则元件的可靠性可阐述如下：

元件的 B_j 寿命已完成实证性试验，试验表明：根据零/单失效威布尔方法，在置信度 C 下，该元件的最小寿命至少可达到 t_j（单位为循环、小时或公里）。

6. 试验报告

试验报告应包含以下数据：

a）相关元件的定义。

b）试验报告时间。

c）元件描述（制造商、型号、名称、序列号）。

d）样本数量。

e）测试条件（工作压力、额定流量、温度、油液污染度、频率、负载等）。

f）阈值水平。

g）各样本的失效类型。

h）中位秩和 95% 单侧置信区间下的 B_{10} 寿命。

i）特征寿命 η。

j）失效数量。

k）威布尔分布计算方法（如极大似然法、回归分析、Fisher 矩阵）。

l）其他备注。

7. 标注说明

当遵循 GB/T 35023—2018 标准时，在试验报告、产品样本和销售文件中做下述说明：

"液压元件可靠性测试和试验符合 GB/T 35023《液压元件可靠性评估方法》的规定"。

8. 说明

1）标准 GB/T 35023—2018《液压元件可靠性评估方法》于 2018-05-14 发布、2018-12-01 实施，而其中规范性引用文件 GB/T 2900.13—2008《电工术语 可信性与服务质量》已于 2017-07-01 废止（2016 年 12 月 13 日公告）。

2）在该标准术语和定义中又对"元件"这一术语进行了定义，但经与 GB/T 17446—2012 中术语"元件"定义的比对，其应属于改写（重新编排词语），但改写得不尽合理。

标准中"可靠性""失效""平均失效前时间"等术语也与部分代替 GB/T 2900.13—2008 的 GB/T 2900.99—2016《电工术语　可信性》中给出的术语和定义不一致，或者可能涉及该标准的理论基础，具体可参见 GB/T 2900.99—2016 或第 1.3.1 节。

3）该标准第 1 章范围内的可靠性评估方法与第 6 章评估可靠性的方法中的内容重复。

4）标准 JB/T 5924—1991《液压元件压力容腔体的额定疲劳压力和额定静态压力验证方法》于 2017-05-12 废止后，液压缸的失效模式如何确定值得商榷。

5）"动态泄漏""静态泄漏"和"附件"等都不是 GB/T 17446—2012 界定的术语。

注：在 GB/T 35023—2018 术语和定义中规定：GB/T 2900.13、GB/T 3358.1、GB/T 17446 界定的以及下列术语和定义适用于本文件。

GB/T 2900.99—2016《电工术语　可信性》部分代替了 GB/T 2900.13—2008。

6）"元件的失效模式或失效机理不应与非加速试验时的预期结果冲突或不同。"这句话不好理解或可能有误。

7）表述不一致，如"（如循环、小时或公里）""（单位为循环、小时或公里）"且"公里"不是在 GB 3100—1993 中规定的法定计量单位。

8）在该标准中缺少"试验准则"的（详细）规定。这不但可能在样本数的选取上会出现问题，而且究竟是由元件制造商还是由用户提出进行该试验确实是个大问题。况且，试验结果的权威性究竟可由哪个单位来确认也是个问题。

9）试验报告中以"工作压力"为测试条件，可能有问题。

第6章 液压缸的再制造

6.1 液压缸的再制造概述

根据现行标准，再制造是对再制造毛坯进行专业化修复或升级改造，使再制造产品的质量特性和安全性能不低于原型新品的制造过程。

再制造过程一般包括再制造毛坯的回收、检测、拆解、清洗、分类、评估、修复加工、再装配、检测（验）、标识及包装等。

再制造是我国倡导的循环经济中"再利用"的高级形式，其既是制造的创新，也是经济模式的创新，已成为现代制造服务的重要内容。

根据再制造加工的范围，可将再制造分为恢复性再制造和升级性再制造。

1）恢复性再制造就是恢复再制造毛坯质量特性和安全性能的再制造模式。

2）升级性再制造就是对再制造毛坯进行技术改造、局部更新、改善或提升其质量特性和安全性能的再制造模式。

根据有关文献、资料介绍，再制造技术源于制造和维修技术，是制造和维修过程的延伸和扩展，再制造具有如下特点：

（1）先进性

再制造过程中采用比原产品制造更为先进的高新技术和现代化生产管理，包括现代表面工程技术、先进的检测技术、先进的加工技术等。

（2）创新性

再制造的对象是退役的产品，不同种类的废旧产品、不同使用环境、不同的失效模式，要求再制造应在传统制造的基础上进行创新，不断采用新方法、新设备，呈现出动态特征，来解决产品因性能落后而面临淘汰的问题。

（3）可靠性

再制造的基本要求是对不再使用的废旧产品性能进行全面恢复，它又是批量的生产方式，具有产业化规模，其质量保证体系健全。我国规定，从事再制造的企业要获得认证，出售的再制造产品应明确的标识。我国（还将）公布、实施各项再制造标准，使再制造产品可以按照相关标准设计、制造。这些措施都对确保再制造产品的质量起到了促进和监督作用。

（4）经济性

再制造对废旧（或报废）产品的若干零件进行再利用，减少了废弃物的数量，很大程度上保存了废旧零件中的剩余值，减少了原材料和新产品生产过程中各种污染，保护了环境，使加工成本降低。这既延长了产品的使用寿命，又间接地节约了资源，对生产者和消费者都有一定的经济性。

对液压缸而言，由产品的质量特性（一般包括产品功能、技术性能、绿色性、经济性等）出发，从事工程机械用液压缸，液压支架立柱、千斤顶，比例/伺服控制液压缸等废旧液压缸的再制造应具有较为广阔的前景。

关于再制造产业发展的重点领域，进一步可以查阅发改环资〔2010〕991号《关于推进再制造产业发展的意见》。

6.2 液压缸及其零件再制造通用技术要求

1. 总则

1）废旧液压缸再制造应符合我国有关资源利用、环境保护法律法规及相关标准的规定。

2）废旧液压缸经再制造，其质量特性和安全性能应不低于原型新品。

3）废旧液压缸再制造基本流程如图6-1所示。

4）拆解后和/或前的废旧液压缸及其零件应进行清洗。

5）拆解及清洗后的废旧液压缸及其零件应进行再制造性评估并分类。

6）可再制造的废旧液压缸应进行再制造设计，包括制订再制造技术方案及实施技术依据。

7）再制造液压缸出厂前应通过产品性能检测。

8）再制造液压缸必须明示再制造标识，标识应符合GB/T 27611的规定。

9）再制造液压缸包装和随机技术文件参照原型新品要求执行。

在GB/T 27611—2011中对再制造品通用要求为：依据相应新产品的检测方法，再制造品的质量、安全、性能、环保等各项指标（应）不低于原型产品相关标准要求。

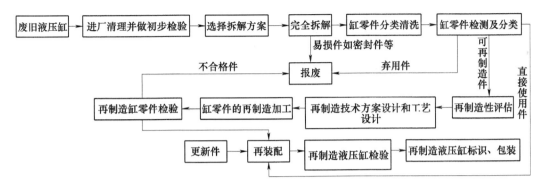

图 6-1　废旧液压缸再制造基本流程

注：参考了 GB/T 28618—2012 附录 A 中图 A.1。

2. 通用技术要求

（1）废旧液压缸的初步检验

1）废旧液压缸在再制造前应进行初步检验，以判断其是否符合再制造要求。

2）对于初步判断具有再制造价值的废旧液压缸，在拆解或清洗后应做进一步的再制造性评估。

（2）废旧液压缸拆解

1）废旧液压缸在拆解前应对其结构和状态进行确认，并据此选择不同的拆解方案。

2）废旧液压缸一般应拆解至最小不可拆解单元，拆解过程中应尽可能避免损伤零部件，但密封件一律做报废处理。

（3）缸零件清洗

1）对拆解的缸零件进行分类处理、对于不同物理形状及化学性质的缸零件选择相应的清洗方法。

2）缸零件清洗后应保证清洁无污物、无残留清洗液，避免造成锈蚀。

3）对于不同污垢应采用适合的方法处理，避免造成二次损伤并满足我国的相关环境保护要求。

4）对于清洗过程中产生的废弃物的处理，应满足我国的环保要求。

（4）零部件检测及分类

1）清洗后的缸零件应进行检测并分类，一般分为直接使用件、可再制造件和废弃件三类。

2）检测后的缸零件应做相应的检测记录并分类存放。

3）存放时应采取必要的防护措施，废弃件存放和处置应符合我国相关法律法规和标准的规定。

（5）再制造性评估

1）在对废旧液压缸及其零件进行性能测试和状况指标分析的基础上，综合考虑技术、经济、环境、资源等因素，进行再制造性评估。

2）评估一般包括废旧液压缸及其零件失效分析、剩余寿命评估、环境影响分析、资源利用及成本分析、能效分析等。

（6）再制造设计

1）结合再制造性评估结果及液压缸再制造要求，进行再制造液压缸技术方案和工艺方案设计等。

2）设计文件应满足再制造液压缸生产、检验、管理等需要。

（7）再制造加工

1）加工过程应严格按照再制造设计的图样及技术文件执行。

2）应根据可再制造件的特性及损伤程度选择合适的修复技术。

3）修复及加工后的可再制造件应不低于原型新品的质量和性能要求。

4）可再制造件应按工序检查验收，在前道工序检验合格后，方可转入下道工序制作。

5）用尺寸修理法加工的缸零件，加工后的主要配合尺寸应符合图样及技术要求。

6）成组配对加工的缸零件，应有配对标记。

（8）再制造装配

1）再制造装配应参照原型新品装配要求及相关规定进行。

2）装配环境，如温度、湿度、降尘量、照明、防振等必须符合相关规定。

3）缸零部件（包括更新件）须经检验合格后方可进行装配。

4）再制造装配过程要根据工艺要求进行过程检验并留有装配记录。

（9）标识

1）再制造液压缸的标识除应符合我国法律法规

和标准的规定外，还应在产品、产品说明书或产品包装物（如适用）的明显位置上标有再制造标识。标注再制造液压缸上的标识应能永久保持。

2）再制造液压缸标识至少应含有以下内容：

a）再制造液压缸名称。

b）再制造商名称。

c）再制造液压缸型号。

d）再制造日期。

（10）质量保证及包装

1）再制造液压缸的质量管理应符合 GB/T 31207 的规定。

2）再制造液压缸质量检验应符合原型新品或再制造液压缸要求。

3）再制造液压缸的质量保证要求应与原型新品相同。

4）再制造液压缸出厂文件应包含以下内容：

a）再制造液压缸合格证。

b）使用维修说明书。

c）质保卡。

5）再制造液压缸应采取必要的封尘、防腐蚀及防物理性损坏等措施。

6）再制造液压缸的包装应符合 GB/T 191 和 GB 6388 等标准的规定。

6.3 液压缸再制造工程设计导则

液压缸再制造工程设计是根据液压缸再制造生产要求，通过运用科学决策方法和先进技术，对液压缸再制造工程中的废旧液压缸回收、再制造生产及再制造市场营销等所有液压缸再制造环节、技术单元和资源利用进行全面规划，形成最优化液压缸再制造方案的过程。

建立液压缸再制造工程设计导则，可以规范液压缸再制造生产系统建设及生产过程管理评价，以便于液压缸再制造生产企业能够根据标准规范，优化液压缸再制造生产的总体设计、宏观管理及工程应用，促进液压缸再制造生产各系统之间达到最佳匹配与协调，实现及时、高效、经济和环保的液压缸再制造生产，从而实现液压缸再制造全过程中资源回收最大化、环境负荷最小化、产品性能最优化，能够提供基于当前条件的最优液压缸再制造生产实施方案，并提出改进的最优化液压缸再制造方案。

1. 基本原则

（1）全过程原则

面向液压缸再制造的全过程进行设计，主要包括废旧液压缸回收阶段、再制造生产阶段和再制造产品营销服务阶段，如图 6-2 所示。

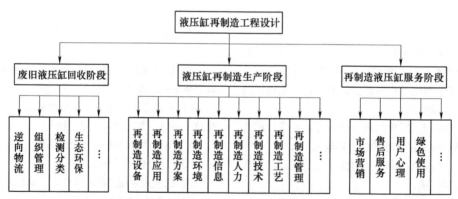

图 6-2 面向全过程的液压缸再制造工程设计阶段

注：参考了 GB/T 35980—2018 中图 1。

（2）综合效益原则

1）应结合现有的技术手段、设备保障、再制造液压缸性能要求等进行最优化液压缸再制造工程设计。

2）对液压缸再制造工程进行技术性整体设计，使得在拆解、清洗、检测、加工、装配、包装等技术工艺上达到整体最优化。

3）液压缸再制造的经济性设计要求废旧液压缸再制造能获得最大的效益，应考虑液压缸再制造的设计、生产、运输、储存等综合成本，以及液压缸再制造生产、经济活动对环境污染而产生的综合费用等。

4）液压缸再制造的环保性设计要求进行废旧液压缸再制造加工和再制造液压缸使用所产生的环境影响小于原型新品生产和使用所造成的环境影响。

5）液压缸再制造资源设计要求尽量多地利用原废旧液压缸的资源和可再生资源。

（3）遵循法律法规原则

液压缸再制造工程设计应在法律法规和强制性标准框架内实施，例如：

1）国际法规的限制性要求和责任。

2）我国法律、法规、政策和强制性标准的要求。

3）技术标准和自愿协定。

4）其他相关要求。

（4）相关方要求原则

液压缸再制造工程设计应考虑相关方要求，例如：

1）各方对原液压缸和再制造液压缸的有关权利要求。

2）市场或消费者的需要、发展趋势和期望。

3）社会和投资者的期望等。

4）其他相关要求。

2. 工作程序及内容

（1）基本工作程序

液压缸再制造工程设计的基本程序为：基于液压缸图样及技术要求、生产纲领、相关法律法规政策及标准、液压缸再制造数据库等内容，以提高生产质量、降低生产成本和资源消耗、减少环境污染等为目的，通过运用合理的技术途径和工艺过程优化、辅助物料优选等方法，进行液压缸面向再制造的回收物流、再制造生产工艺、再制造管理及再制造液压缸的市场营销与服务等设计，提出最优化的液压缸再制造方案，从而为液压缸再制造企业发展规划、再制造生产方案、再制造保障方案、再制造管理等提供具体支持。

（2）主要工作内容

1）废旧液压缸回收设计。废旧液压缸回收设计主要考虑废旧液压缸的回收、运输、仓储、分类等，已达到回收的最大经济效益和最小的环境污染。主要包括以下几个方面。

a）逆向物流。设计制订废旧液压缸回收模式与途径，确定必要的回收节点。

b）组织管理。设计制订废旧液压缸回收的管理方式及设置等。

c）检测分类。设计废旧液压缸回收中检测的节点位置及检测分类的标准与方法等。

d）生态环保。减少回收过程中液压缸损坏及对环境的污染，加强对物流包装材料的循环使用等。

2）再制造生产过程设计。再制造生产过程设计主要根据液压缸再制造质量要求，优化设计建立液压缸再制造生产模式及工艺标准，提供可执行的液压缸再制造生产方案。主要包括以下几个方面。

a）拆解工艺。设计确定拆解流程、拆解步骤、拆解工具及场所等内容。

b）清洗工艺。设计确定清洗部位、清洗工艺流程、清洗质量标准、清洗设备及场所等内容。

c）检测工艺。设计确定检测部位、检测工艺流程、检测质量标准、检测设备及场所等内容。

d）机械加工工艺。设计确定机械加工面、加工技术标准、加工设备及场所等内容。

e）表面技术工艺。设计确定表面技术恢复或性能升级的零件部位、工艺流程、技术标准、设备材料及场所等内容。

f）装配工艺。设计确定再制造液压缸装配流程、装配标准、装配设备及场所等内容。

g）检验工艺。设计确定再制造液压缸总成出厂检验（试验）标准、试验方法、试验设备及环境条件等内容。

再制造液压缸一般应按原型新品所遵照的标准进行出厂检验（试验），但也允许按再制造液压缸要求或甲乙双方商定的项目进行整机（总成）出厂检验。

h）涂装工艺。设计确定再制造液压缸涂装部位、涂装流程、涂装标准、涂装设备材料及场所空间等内容。

i）工厂布局。设计确定液压缸再制造车间布局、设备布局、工位布局、生产线布局等内容方案。

3）再制造管理方案设计。应根据再制造液压缸的质量要求及再制造生产过程的特点，统筹规划并设计、制订合理可行的液压缸再制造管理方案。主要包括以下几个方面。

a）质量管理。设计确定不同液压缸再制造过程及质量管理标准等。

b）生产管理。设计确定液压缸再制造生产过程的管理内容、人员及方案等。

c）信息化管理。设计确定再制造全过程中废旧液压缸数量、生产产量规划、生产技术、质量标准、人员、设备、备件等相关信息的统计及管理。

d）设备管理。设计确定液压缸再制造生产设备的使用、维护、维修等管理方案。

e）人员管理。设计确定再制造人力资源管理体系及方法等。

f）安全管理。设计确定面向液压缸再制造全过程的场地、设备、人员等安全管理体系。

g）环境保护管理。设计确定面向环境保护的生产、设备、资源等清洁生产管理体系。

h）产品标识管理。设计确定再制造液压缸标识及信息的标注及统计管理方法。

4) 再制造液压缸营销与服务设计。需研究再制造液压缸的市场需求，顾客对再制造液压缸的预期，再制造液压缸的营销、服务等内容，提高再制造液压缸效益及市场竞争力。主要包括以下几个方面。

a) 市场营销。确定再制造液压缸营销方案及策略，并引导再制造液压缸的绿色消费。

b) 服务模式。确定面向再制造液压缸的服务方案。

c) 用户分析。预测确定用户对再制造液压缸的需求预期，设计满足用户需求的再制造液压缸服务方案。

d) 绿色化。以绿色为目标，设计确定再制造液压缸销售、使用、保障等过程的绿色化实施方案。

3. 综合评价

可根据再制造工程需要，参考相关方法对再制造液压缸进行评价。

6.4 液压缸及其零件再制造技术规范

6.4.1 液压缸再制造性评价技术规范

1. 总则

1) 再制造性评价的对象既可以是液压缸总成，也可以是液压缸的零部件。

2) 对废旧液压缸及其零件（即再制造毛坯）的再制造性评价应在再制造前进行。

3) 对液压缸及其零件进行再制造性评价的目的是确定废旧液压缸及其零件所具有的再制造性；对液压缸及其零件在设计时所应有的再制造性达标情况进行评估，并对所暴露问题进行纠正。

4) 再制造性评价应依据再制造方案开展，结合再制造企业所提供的保障设备、技术手段、再制造产品性能要求等实际执行时的条件而定。

5) 液压缸及其零件的再制造性评价具有个体性。

6) 液压缸及其零件再制造性评价由定性评价和定量评价两部分组成。

7) 液压缸及其零件的再制造性由再制造时的技术可行性、经济可行性、环境可行性和再制造后的服役性综合确定。

8) 液压缸及其零件再制造的技术可行性要求对废旧液压缸及其零件进行再制造加工在技术及工艺上可行，即可以使原产品恢复、升级恢复或提高原产品性能，其常用参数指标包括可拆解率、清洗满足率、故障检测率等。

9) 液压缸及其零件再制造的经济性要求进行废旧液压缸及其零件再制造所投入的（资金）成本小

于其产出获得的经济效益，其利润率满足企业要求。

10) 液压缸及其零件再制造的环境可靠性要求废旧液压缸及其零件再制造加工过程及使用过程所产生的环境污染小于原产品生产及使用过程所造成的环境污染影响。

2. 定性评价

1) 对废旧液压缸及其零件进行再制造，应首先进行再制造性定性评价。再制造性一般应满足功能性、经济性、市场性、环境性等条件。

2) 再制造性定性条件如下。

a) 具有成熟的再制造恢复或升级技术，能够满足再制造毛坯运输、拆解、清洗、检测、加工、装配等再制造工艺要求。

b) 再制造毛坯能够满足再制造批量加工需要。

c) 再制造毛坯具有较高的剩余价值，并且能够通过再制造实现恢复。

d) 再制造毛坯应能实现标准化生产，零件具有互换性，备件易于从市场获取。

e) 再制造产品具有明确的市场需要。

f) 再制产生应满足我国在知识产权、环境保护等方面的相关规定。

3. 定量评定

（1）再制造技术性评价参数

1) 可拆解率：可拆解率（R_d）是指能够无损拆解所获得的缸零件数量与该液压缸含有的缸零件数量的比值，即

$$R_d = \frac{Q_{nd}}{Q_{rd}} \times 100\% \qquad (6-1)$$

式中　Q_{nd}——无损拆解的缸零件数量；

　　　Q_{rd}——该液压缸含有的缸零件总数。

可拆解率需要综合考虑相应的缸零件价值、拆解时间、拆解成本、拆解设备等因素。在具体进行拆解时，应根据实际情况进行分析、选择，并做出明确说明。

2) 清洗满足率：清洗满足率（R_c）是指能够通过清洗即可满足要求的缸零件数量与该液压缸含有的需要清洗的缸零件数量的比值，即

$$R_c = \frac{Q_{nc}}{Q_{rc}} \times 100\% \qquad (6-2)$$

式中　Q_{nc}——清洗后即可满足要求的缸零件数量；

　　　Q_{rc}——该液压缸含有的需要清洗的缸零件数量。

清洗满足率需要综合考虑清洗时间、清洗成本、清洗设备、环境影响等因素。在具体进行清洗时，应根据实际情况进行分析、选择，并做出明确说明。

3) 故障检测率：故障检测率（R_i）是指再制造

毛坯在规定的条件下，被测单元在规定的工作时间 T 内，正确检测出的故障数与同一被测单元实际发生的故障总数的比值，即

$$R_i = \frac{N_d}{N_T} \times 100\% \qquad (6-3)$$

式中　N_d ——被测单元正确检测出的故障数；
　　　N_T ——同一被测单元实际发生的故障总数。

故障检测率需要综合考虑检测时间、检测成本、检测设备等因素。在具体进行检测时，应根据实际情况进行分析、选择，并做出明确说明。

（2）再制造经济性评价参数

1）利润率：利润率（R_c）是单个再制造产品通过销售获得的利润与产品再制造投入成本的比值，即

$$R_c = \frac{R_b}{R_c} \times 100\% \qquad (6-4)$$

式中　R_b ——再制造产品通过销售获得的净利润；
　　　R_c ——产品再制造投入成本。

2）价值回收率：价值回收率（R_{cb}）是回收的液压缸及其零件的价值与再制造液压缸的总价值的比值，即

$$R_{cb} = \frac{R_{rc}}{R_{pc}} \times 100\% \qquad (6-5)$$

式中　R_{rc} ——回收液压缸及其零件的价值；
　　　R_{pc} ——再制造液压缸的总价值。

3）环境收益率：环境收益率（R_{ec}）是通过再制造减免的环境污染费用等直接环境经济效益和因再制造所获得的间接环境经济效益之和与再制造产品通过销售获得的净利润的比值，即

$$R_{ec} = \frac{R_{dc} + R_{jc}}{R_b} \times 100\% \qquad (6-6)$$

式中　R_{dc} ——直接环境经济效益；
　　　R_{jc} ——间接环境经济效益；
　　　R_b ——再制造产品通过销售获得的净利润。

4）加工效率：加工效率（R_m）是衡量再制造加工环节的时间性指标，用废旧液压缸及其零件再制造平均加工时间与该液压缸原型新品制造所需的平均加工时间的比值来表示，即

$$R_m = \frac{T_r}{T_m} \times 100\% \qquad (6-7)$$

式中　T_r ——废旧液压缸及其零件再制造平均加工时间；
　　　T_m ——该液压缸原型新品制造所需的平均加工时间。

加工效率需要考虑相应的生产设备、产品性能与成本价格等因素。在具体进行加工效率评估时，应根据实际情况进行分析、选择，并做出明确说明。

（3）环境性评估参数

1）节材率：节材率（R_{ma}）是可再制造件质量和可直接利用件质量之和与液压缸总成质量的比值，即

$$R_{ma} = \frac{W_{rm} + W_{ru}}{W_p} \times 100\% \qquad (6-8)$$

式中　W_{rm} ——可再制造件质量；
　　　W_{ru} ——可直接利用件质量；
　　　W_p ——液压缸总成质量。

2）节能率：节能率（R_{re}）是再制造节约的能量与废旧液压缸报废处理所消耗的能量的比值，计算见式（6-9）

$$R_{re} = \frac{PW_{md} - PW_{rm}}{PW_{md}} \times 100\% \qquad (6-9)$$

式中　PW_{md} ——废旧液压缸报废处理所消耗的能量；
　　　PW_{rm} ——该液压缸再制造耗能。

应选用先进适用的液压缸再制造技术以提高节能率。

3）CO_2 减排率：CO_2 减排率（R_{rq}）是通过再制造减少的 CO_2 排放量与对废旧液压缸进行报废处理产生的 CO_2 排放量的比值，即

$$R_{rq} = \frac{E_{md} - E_r}{E_{md}} \times 100\% \qquad (6-10)$$

式中　E_{md} ——废旧液压缸进行报废处理产生的 CO_2 排放量；
　　　E_r ——该液压缸再制造产生的 CO_2 排放量。

应选用先进适用的液压缸再制造技术以提高 CO_2 减排率。

4. 再制造性评价流程

（1）废旧液压缸的失效模式分析

1）应根据废旧液压缸的失效模式及可行的再制造方案进行再制造性评估。

2）废旧液压缸的失效模式分析应考虑以下原因：产品产生不能修复的故障（故障报废）、产品使用中费效比过高（经济报废）、产品性能落后（功能报废）、产品的污染不符合环保标准（环境报废）、产品款式等不符合人们的爱好（偏好报废）。

（2）液压缸再制造性影响因素分析

1）液压缸的再制造性应综合考虑技术可行性、经济可行性、环境可行性、产品服役性等影响因素及其综合作用。

2）应考虑不同的技术工艺路线对液压缸再制造的经济性、环境性和服役性产生的影响。

3）再制造液压缸的服役性指再制造液压缸本身具有一定的使用性能，能够满足相应市场需要。再制造液压缸的服役性由所采用的再制造技术方案确定，也直接影响其环境性和经济性。

4）应根据实际需求提供满足要求的再制造生产保障条件，保障条件包括设备情况、人员技术水平、技术应用情况、生产条件等。

5）应根据技术性、经济性、环境性要求，采用

失效模式预测分析与实物试验相结合的方式，进行上述3（1）和3（2）中各项量化评价参数的确定。

（3）再制造性定量评价流程

1）废旧液压缸及其零件的再制造性定量评价流程如图6-3所示。应首先根据废旧液压缸及其零件的服役性能要求和失效模式，进行再制造方案选择，其次进行再制造方案的经济性和环境性评价，最后通过多次反复评价对比，得出最佳再制造方案。

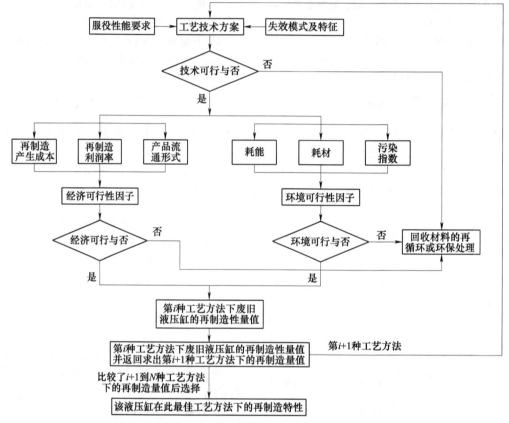

图6-3 废旧液压缸及其零件的再制造性定量评价流程

注：参考了 GB/T 32811—2016 附录 A 中图 A.1。

2）应根据失效模式、保障条件等充分考虑废旧液压缸及其零件再制造性的个体性及其再制造性值。

3）企业应根据实际情况建立合适的再制造性评价方法体系，并以文件形式规范。

（4）再制造性评价结果的使用

1）根据废旧液压缸及其零件的再制造性评价结果，决策是否进行再制造。

2）对于具有再制造价值的废旧液压缸及其零件，利用评价过程中的各因素决策优化因素，制订最优化的再制造方案。

6.4.2 再制造液压缸拆解技术规范

再制造液压缸（拆解对象）拆解按拆解损伤程度分为破坏性拆解、部分破坏性拆解和无损拆解。

1. 一般要求

（1）拆解前要求

1）对拆解对象进行登记，在醒目位置标识信息标签。

2）将拆解对象合理存放，避免存放不当造成产品锈蚀、变形等损伤。

3）应进行必要的清洗和初步检测，检查产品的

密封和破损情况。

4）应查阅有关图样资料，了解拆解对象的结构和装配关系，根据零部件连接形式和规格尺寸，设计或选用合适的拆解方法和工具。

5）测量被拆零件间的装配间隙及其与有关部件的相对位置，并做出标记和记录。

6）对拆解人员应进行相应的技能培训。

7）对存在危险的拆解操作，应制订专用方案。

（2）拆解过程要求

1）对能确保再制造后液压缸使用性能的部件可不全部拆解，应进行必要的试验或诊断，保证无隐蔽缺陷。

2）在拆解密封结合面时，宜采用振动或顶出的方式进行拆解，避免损伤结合面。

3）对螺栓断裂、结合面咬合等难以拆解的零部件，拆解时应避免损伤其他零部件。

4）对结构复杂的液压缸或缸部件，应画出再制造装配图或拆解时做好标记。

5）对轴孔配合件，应优先采用拆与装所用的力相同的原则。

6）避免破坏性拆解，保证缸零部件的可再利用性以及材料的可回收利用性。如果必须进行破坏性拆解，应采取保护高价值缸零部件的原则。

7）对含有危险品的拆解对象，应根据危险品拆解方案执行。

（3）拆解后要求

1）对拆解后的缸零部件进行状态标识，将直接使用件、可再制造件和弃用件分类存放，并记录相关信息。

2）对拆解后的偶合件和非互换件，应分组存放并做好标记。

3）对包含有害物质的部件，应表明有害物质的种类。

4）对包含有害废物的，应按类别分别收集、贮存，设置危险废物警示标志，并交由具有相应资质的机构进行处理。

5）拆解后废物的存储应按照 GB 18597 和 GB 18599 要求执行。

2. 安全与环保要求

1）拆解场地应设有通风、除尘、防渗等设施。

2）宜采用环保型拆解设备和工具，避免对人体和环境的影响。

3）拆解产生的有害固态、液态、气态废弃物应进行分类收集，按我国相关法律、法规、标准的规定处置。

4）拆解噪声应满足 GB 12348 相关要求。

5）对拆解人员应进行必要的劳动保护。

3. 常用的再制造拆解方法

在拆解中应根据实际情况选用拆解方法，在 GB/T 32810—2016 资料性附录中给出了常用的再制造拆解方法，具体可参照表 6-1。

表 6-1　常用的再制造拆解方法

拆解方法	拆解原理	特点	适用范围
击卸法	利用敲击或撞击产生的冲击能量将零件拆解分离	使用工具简单、操作灵活方便、适用范围广	拆解容易产生锈蚀的零件
拉拔法	利用通用或专用工具与零部件相互作用产生的静拉力拆卸零部件	拆卸件不受冲击力、零件不宜损坏	拆解精度要求较高或无法敲击的零件
顶压法	利用手压机、油压机等工具进行的一种静力拆解方法	施力均匀缓慢，力的大小和方向容易控制，不易损坏零件	拆解形状简单的过盈配合件
温差法	利用材料热胀冷缩的性能，使配合件在温差条件下失去过盈量，实现拆解	需要专用加热或冷却设备和工具，对温度控制要求较高	拆解尺寸较大、配合过盈量较大及精度较高的配合件
破坏法	采用车、锯、錾、钻、割等方法对固定连接件进行物理分离	拆解方式多样、拆解效果存在不确定性	使用其他方法无法拆解的零部件，如焊接件或结合面咬合件
加热渗油法	将油液渗入零件结合面，增加润滑，实现拆解	不宜擦伤零件的配合表面	拆解需经常拆卸或有腐蚀的零部件

注：对于特殊（如规定扭矩）的紧固件，应使用振动冲击型扳手，套筒扳手进行拆解；利用现有技术无法处理的可以选择暂存或弃用。

4. 典型连接件的拆解方法

典型连接件主要包括螺纹连接件、键连接件、静止连接件、销连接件、过盈连接件、不可拆连接件和柔性连接件,在 GB/T 32810—2016 资料性附录中给出了典型连接件的拆解方法,具体可参照表6-2。

表 6-2　典型连接件的拆解方法

连接类型		拆 解 方 法
螺纹连接	断头螺钉	断头螺钉在机体表面以上时,可以在螺钉上钻孔,打入多角淬火钢杆后拧出;断头螺钉在机体表面以下时,可在断头端中心钻孔,拧入反向螺钉后旋出;当断头螺钉较粗时,也可沿螺钉圆周剔出
	打滑内六角螺钉	当内六角螺钉磨圆后出现打滑现象时,可将孔径比螺钉头外径稍小的六方螺母焊接到内六角螺钉头上,用扳手拧出
	锈死螺钉	用煤油浸润后拆解,或者把螺钉向拧紧方向拧紧,再旋松,如此反复逐步拧出
	成组螺纹	拆解顺序为先四周后中间,沿对角线方向轮换拆解,同时应避免应力集中到最后的螺钉上损坏零件
	过盈配合螺纹	可将带内螺纹的零件加热,使其直径增大后再旋出
键连接	平键连接	若键已损坏,可用扁錾将键錾出。当键在槽中配合过紧时,可在键上钻孔、攻螺纹,然后用螺钉顶出
	楔键连接	需注意拆解方向,用冲子从键较薄的一端向外冲出。若楔键上带有钩头,可用钩子拉出
静止连接		可利用拉出器拆解,也可用局部加热或冷却的方式拆解
销连接		可用直径比销稍小的冲子冲出。当销弯曲时,可用直径比销稍小的钻头钻掉销。圆柱定位销可用尖嘴钳拔出
过盈连接		首先检查有无定位销、螺钉等附加定位或紧固装置,然后视零件配合的松紧程度由松至紧,依次用锥、棒、拉出器、压力机等工具或设备拆解。过盈量过大时,可加热包容件或冷却被包容件后迅速压出
不可拆连接		焊接件或铆接件可用锯割、扁錾切割、气割等方式破坏拆解
柔性连接		对柔性管连接按照螺纹连接的方法进行拆解,对钢丝连接可用剪切工具进行剪切拆解。如果柔性轴套与轴头之间没有锈蚀,宜按螺纹连接的方式拆解;如果发生锈蚀,可用液压剪对软轴进行剪切处理

6.4.3　再制造液压缸清洗技术规范

再制造液压缸及其零件(即再制造毛坯)清洗可有不同的分类,如按再制造工艺过程可分为拆解前清洗、拆解后清洗、再制造加工过程清洗、装配前清洗、表面涂装前清洗、试验检测后清洗等;如按清洗对象可分为零件清洗、部件清洗和总成清洗;如按表面污染物类型可分为油污清洗、积炭清洗、水垢清洗、涂装物清洗、杂质清洗、锈蚀清洗和其他污染物清洗;如按清洗技术原理可分为物理清洗、化学清洗和电化学清洗;如按清洗技术手段可分为热能清洗、超声波清洗、振动研磨清洗、抛丸清洗、喷砂清洗、干冰清洗、高压水射流清洗、激光清洗、紫外线清洗、溶液清洗等。

1. 总体要求

1)针对清洗对象及其表面污染物的特点,结合后续再制造加工工艺要求,制订合理的清洗方案和工艺指导书,保证清洗的经济性、环保性和安全性,避免对清洗对象、操作人员和外部环境产生损害。

2)再制造毛坯清洗应不影响后续的再制造评估检测、加工、装配和涂装,以及再制造后液压缸及其零件的质量和性能。

2. 一般要求

(1)清洁度要求

1)对于拆解前清洗,应确保再制造液压缸外部积存的尘土、油污、泥沙等污染物基本去除,便于后续拆解,并避免将污染物带入厂房工序内部。

2)对于再制造加工前清洗,应满足后续的再制

造加工工艺要求。

3）对于装配前清洗，应满足后续装配工艺要求。

4）对于表面涂装前清洗，应满足 GB/T 8923.1、GB/T 8923.2 等表面清洁度要求。

（2）再制造毛坯表面状态与组织结构要求

1）应根据再制造毛坯类型、清洗方法和再制造加工工艺合理控制再制造毛坯表面腐蚀状态和表面粗糙度。对于应用热喷涂等再制造加工工艺的再制造毛坯，在满足后续加工要求的条件下，可放宽毛坯表面粗糙度要求。

2）清洗过程应避免造成再制造毛坯表面的组织结构变化、应力变形和表面损伤，以免影响后续再制造加工和装配。

3）清洗过程中，应采取必要的防护措施，防止对非清洗表面造成损伤、破坏和腐蚀，避免硬质颗粒和腐蚀介质进入再制造毛坯内腔或不需要清洗的配合表面。

4）清洗完毕后，要采取措施，防止缸零件存放或运输过程中的污染、腐蚀等损伤。

（3）场地、劳动安全与环保要求

1）清洗场地应根据不同清洗工艺要求设有必要的通风、降噪、除尘、防渗等设施。

2）应对清洗操作人员进行必要的劳动保护，防止产生伤害。

3）应优先选用环保的清洗工艺、设备、材料和方法。

4）对清洗产生的各种有害固态、液态、气态废弃物进行分类收集，按我国相关法律、法规、标准的规定处置。

3. 常用再制造清洗方法

在 GB/T 32809—2016 资料性附录中给出的常用再制造清洗方法见表 6-3。

表 6-3　常用再制造清洗方法

序号	名称	基本原理	适用污染物
1	手工清洗	使用吹风机、金属刷、金属轮、刮刀、手电钻、砂纸、织物和布料等对再制造毛坯表面污染物进行手工去除，通常作为实施其他清洗方法的辅助手段	灰尘、油污、氧化层、涂装物（油漆、塑胶、橡胶）等
2	溶剂清洗	利用"相似相溶"原理，使用有机溶剂将油污、油漆等再制造毛坯表面污染物溶解并去除，属于化学清洗。常用的有机溶剂包括汽油、煤油、乙醇、丙酮、二甲苯和各种卤代烃等	灰尘、油污、涂装物（油漆、塑胶）
3	酸洗	利用酸溶液去除再制造毛坯表面油污、氧化皮和锈蚀物的方法，属于化学清洗。常用酸有硫酸、盐酸、磷酸、硝酸、铬酸、氢氟酸和各种有机酸等	氧化皮、锈蚀、水垢等
4	碱洗	利用碱溶液软化、松动、乳化及分散再制造毛坯表面污染物，通常在碱溶液内添加表面活性剂以增强清洗效果，属于化学清洗	油污、硅酸盐垢等
5	饱和蒸汽清洗	通过高温高压作用下的饱和蒸汽，将再制造毛坯表面的油污等污染物溶解，并使其气化、蒸发，属于物理清洗	油污等
6	超声波清洗	利用超声波在液体中的空化作用、加速作用及直进流作用对再制造毛坯表面污染物进行分散、乳化、剥离以实现清洗，常与清洗剂配合使用，通常属于化学清洗范畴	灰尘、油污、颗粒、磨屑、涂装物（油漆、塑胶）等
7	喷砂清洗	以压缩空气为动力，将磨料（石英砂、棕刚玉、金属砂、坚果壳等）以高速喷射到再制造毛坯表面，利用高速运动的磨料的冲击和切削作用，使再制造毛坯表面氧化皮、锈蚀等清除，并产生一定表面粗糙度，属于物理清洗	氧化皮、锈蚀、涂装物（油漆、塑胶）等
8	干冰清洗	以压缩空气为动力，将干冰颗粒加速，利用高速运动的固体干冰颗粒的动量变化、升华等能量转换，使再制造毛坯表面污染物冷冻、凝结、脆化、剥离，且随气流同时清除，属于物理清洗	油污、涂装物（油漆、塑胶）等

（续）

序号	名称	基 本 原 理	适用污染物
9	抛丸清洗	利用抛丸机抛投叶轮在高速旋转时产生的离心力将磨料以高速射向再制造毛坯表面，生产打击和磨削作用，除去氧化皮和锈蚀等污染物，并产生一定表面粗糙度，属于物理清理	氧化皮、锈蚀、涂装物（油漆、塑胶）等
10	高压水射流清洗	利用高压泵打出高压水，经过一定管路后达到高压喷嘴，将高压低速水流转换为高压高速水射流，水射流以较高的冲击能量连续作用在再制造毛坯表面，使污染物脱落清除，属于物理清洗	水垢、氧化物、油污、涂装物（油漆、塑胶）等
11	高温分解清洗	高温分解主要利用高温分解炉加热再制造毛坯，使表面油漆和油道内积存的各种油污受热分解，分解的油气需经处理后排入大气。经高温分解处理后的再制造毛坯需进行表面清理，属于物理清洗	油污等
12	激光清洗	采用高能激光束照射再制造毛坯表面，使表面的油污、氧化层或涂层发生瞬间蒸发和剥离，属于物理清洗	氧化层、油污等
13	紫外线清洗	紫外线清洗技术是利用有机化合物的光敏氧化作用达到去除黏附在再制造毛坯表面的有机物质，经过光清洗后的材料表面可以达到"原子清洁度"。紫外线清洗技术也称紫外线-臭氧并用清洗法（UV-O_3法），属于绿色化学清洗	积炭、有机污染物等
14	振动研磨清洗	利用螺旋翻滚流动和三次元振动原理，使再制造毛坯表面与研磨石及研磨助剂相互研磨，从而去除再制造毛坯表面毛刺、氧化皮、油污等，适用大批量中小尺寸零件的抛光研磨清洗，属于物理清洗	氧化层、锈蚀、涂装物（油漆、塑胶、橡胶）等

6.4.4 再制造缸零件表面修复技术规范

再制造缸零件表面修复技术是指对再制造缸零件（再制造毛坯）进行表面修复，使其恢复至原型新品的几何参数和性能过程中涉及的一系列表面工程技术，其中也包括增材制造技术。

再制造缸零件表面修复技术可有不同的分类方法，如按表面修复层与毛坯基体结合原理可分为冶金结合修复技术、机械结合修复技术、半冶金/半机械结合修复技术、化学结合修复技术和物理结合修复技术；如按再制造毛坯的损伤程度可分为表层损伤修复技术和体积损伤修复技术；如按修复技术手段分可为焊接修复技术、表层沉积修复技术、表面涂装修复技术和粘涂修复技术等。

1. 设计与选择原则

（1）适应性原则

1）修复层与再制造毛坯材料在物理、化学和力学性能上应具有良好的匹配性，修复工艺对再制造毛坯形状、尺寸、性能等的影响应符合相关图样及技术要求。

2）应根据再制造毛坯的原始服役环境、受力状态、工作介质和失效模式等，综合考虑修复层应具有的力学性能、理化性能、环境特性和组织结构，选择合适的表面修复技术和材料。

（2）经济性原则

在满足再制造缸零件质量和性能要求的前提下，综合考虑技术投入成本、工艺流程复杂度和再制造经济性等指标，优先选用低成本、低污染的修复材料与技术，优先采用自动化修复工艺，并尽量简化工艺流程。

（3）环保性原则

在选择表面修复技术时，应考虑减少资源消耗、能源消耗和对环境的污染；在修复工艺设计和材料选择上，要为实现缸零件多次再制造、循环利用或延长服役寿命创造条件。

2. 要求

（1）基本要求

1）再制造缸零件表面修复应优先选用环保的工艺、设备、材料和方法。

2）修复后的再制造缸零件应不低于原型新品的

尺寸精度、技术参数、质量特性和安全性能要求。

（2）修复前要求

1）应根据液压缸及其零件服役工况、失效模式和功能要求进行再制造表面修复设计、论证，综合考虑技术、环境和经济可行性，确定修复技术方案和工艺流程，并制订修复作业指导书，确定表面修复层类型、成分、结构及相关理化性能和力学性能指标。

2）应根据表面修复技术对材料表面状态的要求，对再制造毛坯进行清洗、检测和相应的预处理及表面防护，清洗应符合 GB/T 32809 的规定，检测应符合 GB/T 31208 的规定。

（3）修复过程要求

1）修复后应对再制造缸零件及其表面修复层进行检测，检测的内容、方法、方案和结果应符合相关技术文件规定。

2）应对再制造缸零件及其表面修复层进行尺寸检测和精度检测，确保修复部位整体和局部尺寸及精度均满足工艺指导书要求。

3）应根据修复层质量要求进行必要的硬度、结合强度、残余应力或缺陷检测，优先使用无损检测技术并依据相关标准进行。

4）应根据液压缸测试要求进行必要的出厂测试，如密封性测试等。

5）应采取措施，防止修复后缸零件在存放或运输中污染、腐蚀、损伤或变形。

3. 常用再制造表面修复技术

在 GB/T 35977—2018 资料性附录中给出的常用再制造表面修复技术见表 6-4。

4. 不同失效模式再制造毛坯表面修复原则

在 GB/T 35977—2018 资料性附录中给出的不同失效模式再制造毛坯表面修复原则见表 6-5。

表 6-4　常用再制造表面修复技术

序号	名称	基本原理	技术特点	适用的再制造毛坯
1	激光熔覆技术	采用高能量密度的激光束为热源，采用同步送粉或铺粉等填料方式，在再制造毛坯表面损伤部位添加熔覆材料，经激光照射，使之与基体表面薄层同时熔化，并快速凝固后形成修复层	修复层与基体为冶金结合，表面粗糙度值较大，稀释率低，对基体热影响小	适用于结构形状较复杂，结合强度要求高的重要零件的再制造，既可用于表层损伤修复，也可用于体积损伤修复
2	等离子熔覆技术	采用等离子弧为热源，采用同步送粉或铺粉等填料方式，在再制造毛坯表面损伤部位添加熔覆材料，经等离子弧加热，使之与基体表面薄层同时熔化，并快速凝固后形成修复层	修复层与基体为冶金结合，表面粗糙度值大，稀释率较低，对基体热影响小，涂层沉积效率较高	适用于结构形状较复杂，结合强度要求高的重要零件的再制造，既可用于表层损伤修复，也可用于体积损伤修复
3	堆焊修复技术	采用熔化焊方法，使再制造毛坯表面形成具有特定性能的修复层的一种工艺过程。根据原理和操作过程可分为手工电弧堆焊、振动电弧堆焊、宽带极堆焊、高频感应堆焊、氧-乙炔火焰堆焊、等离子堆焊等	修复层与基体为冶金结合，表面粗糙度值大，稀释率通常较高，对基体热影响通常较大	适用于结构形状较简单，结合强度要求高的一般零件的再制造。既可用于表层损伤修复，也可用于体积损伤修复
4	热喷涂修复技术	粉末或丝材经热源（火焰、电弧、等离子弧）加热至熔化或半熔化状态，在高压气流的作用下雾化并喷射到再制造毛坯表面，形成片层结构并堆积成涂层。根据喷涂原理可分为电弧喷涂、等离子喷涂、火焰喷涂、爆炸喷涂等	修复层与基体为机械结合或半冶金/半机械结合，表面粗糙度值较大，对基体的热影响较小	适用于结构和形状规则，对结合强度要求不高的零件的再制造，多用于表层损伤修复

（续）

序号	名称	基本原理	技术特点	适用的再制造毛坯
5	电沉积修复技术	在含有金属离子的溶液中，以再制造毛坯基体金属为阴极，通过电解作用，使镀液中欲镀金属的阳离子在阴极表面还原成金属原子，并沉积在基体金属表面，形成镀层，包括电镀技术和电刷镀技术	修复层与基体为化学键结合，表面粗糙度值小，对基体无热影响	电镀技术适用于结构和形状复杂的再制造毛坯修复，而电刷镀技术适用于结构和形状规则的再制造毛坯修复。对修复层厚度要求通常小于 $100\mu m$ 的再制造毛坯，多用于表层修复
6	气相沉积技术	在真空或气氛条件下，利用物理方法或借助气相作用和化学反应，在再制造毛坯表面沉积形成薄膜修复层。根据原理可分为物理气相沉积技术和化学气相沉积技术	薄膜与基体为化学结合或冶金结合，表面粗糙度值极小，对基体无热影响	适用于精密配合零件和功能器件的再制造表层损伤修复，修复层通常在几十纳米至几微米，仅能用于表面微小损伤的修复
7	表面粘接技术	将高分子聚合物与特殊填料（如石墨、二硫化钼、金属粉末、陶瓷粉末和纤维等）混合成复合胶黏剂，涂敷于再制造毛坯损伤表面，实现密封、堵漏、导电、缺陷修补和尺寸恢复	粘接修复层与基体为物理结合，修复层厚度可调，对基体无热影响	适用于对裂纹、划伤、尺寸超差和铸造缺陷的修复，以及对温度敏感性较强的金属零部件的再制造表面修复

表 6-5　不同失效模式再制造毛坯表面修复原则

序号	损伤或失效类型	表面修复的原则
1	磨损失效	应根据磨损失效机制对修复层材料性能的要求，设计和选择修复材料及其相适应的表面修复技术，修复层应具有足够的硬度、韧性和结合强度
2	腐蚀失效	应根据腐蚀介质的成分选择相应的修复技术和材料，并考虑以下因素：1）优先选用单相结构修复层；2）在电解质存在的条件下，修复层应具有比基体更低的电极电位，以便起到有效的牺牲阳极保护作用；3）如果修复层有孔隙，应进行必要的封孔处理
3	高温失效	修复层材料应具有较好的高温化学稳定性，在高温条件下不会发生分解、升华或有害的晶形转变，同时修复层应具有较好的热疲劳性能或高温力学性能，与基体的线膨胀系数、导热性等具有良好的匹配性
4	疲劳失效	修复前应进行再制造毛坯表面和内部裂纹、应力集中等无损检测，同时进行剩余寿命评估，并在此基础上选择合适的表面修复技术
5	断裂失效和体积损伤	应根据机械产品的服役工况与失效模式，选择合适的增材再制造技术与材料进行修复，同时对再制造机械产品进行强度、刚度和结构安全检测验证

6.5　常用缸零件修复技术

缸零件修复或再制造技术有很多种（项），但针对某一缸零件修复或再制造技术具有个体性，并且首先应保证技术可行性。尽管下列各项技术现在的名称不一定是专指缸零件修复或再制造的，但这些较为先进的技术却可以应用于液压缸及（金属）缸零件修复或再制造。

6.5.1　电刷镀修复技术

1. 电刷镀修复技术概述

在《机电产品再制造技术与装备目录》及其附录《典型机电产品再制造技术及装备》中所列的电刷镀修复技术见表 6-6（按原序号）。

表 6-6　电刷镀修复技术

序号	名称	适用领域	主要内容	解决的主要问题	类别
《机电产品再制造技术与装备目录》（一，再制造成形与加工技术）					
7	纳米复合电刷镀技术	坦克、舰船、飞机、汽车、机床等军用装备和民用装备重要零部件	金属离子在电场力的作用下扩散到工件表面，形成复合镀层的金属基质相；纳米金属颗粒沉积到工件表面，成为复合镀层的颗粒增强相，纳米颗粒与金属发生共沉积，形成复合刷镀层	将纳米技术与传统的电刷镀技术结合起来，在金属基镀液中加入纳米陶瓷颗粒，制备了纳米颗粒复合电刷镀液及镀层。研究其使用性能发现，该技术在耐磨损、耐腐蚀、耐高温、抗疲劳性能等方面相对于传统电刷镀技术都有大幅度提升，可用于装备损伤零部件的再制造及产业化应用	应用推广
《典型机电产品再制造技术及装备》					
3	发动机内孔电刷镀技术	汽车发动机内孔零部件	通过数字控制器将电镀刷伸到发动机孔内，然后在发动机孔内上下运动，电镀刷喷出电镀液，在电镀刷和发动机加载正负极电压，就可以均匀将镀液刷在缸孔内	通过数控方法，在发动机内孔表面制造出纳米晶镀层，使废旧发动机或其他零件在综合性能上达到原型新品件	研究开发

可应用推广的纳米复合电刷镀技术与传统（或普通）的电刷镀技术的基本原理是相似的。不同之处在于：在刷镀过程中，复合镀液中的纳米颗粒(1~100nm)在电场力作用下或在络合离子挟持等作用下，沉积到工件表面，成为复合镀层的颗粒增强相，纳米颗粒与金属发生共沉积，形成复合电刷镀层。

复合镀液中的纳米颗粒是把具有特定性能的纳米颗粒加入电刷镀液中，根据需要可以加入不同材料（体系）的纳米颗粒，陶瓷纳米颗粒仅是可选颗粒材料之一。

纳米复合电刷镀技术是一种新兴的复合电刷镀技术，既具有传统（或普通）电刷镀技术的一般特点，又具有不同于传统（或普通）电刷镀技术的特点，主要表现在电刷镀液、镀层组织和性能等方面：

1) 纳米复合电刷镀液中含有纳米尺寸的不溶性固体颗粒，纳米颗粒的存在并不显著影响镀液的性质（如酸碱性、导电性、耗电性等）和沉积性能（如镀层沉积速度、镀覆面积等）。

2) 通过纳米复合电刷镀技术所获得的复合刷镀层组织更致密、晶粒更细小。复合镀层（纤维）组织特点为：纳米颗粒弥散分布在金属基相中，基相组织主要由微纳米晶构成。

3) 纳米复合电刷镀层的耐磨性能、耐高温性能等综合性能优于同种金属镀层。纳米复合电刷镀层可在更高温度下工作。

4) 根据加入的纳米颗粒材料体系的不同，可以获得具有耐腐蚀、润滑减磨、耐磨等多种性能的复合镀层以及功能镀层。

5) 在同一基质金属的纳米复合镀层中，固体颗粒的成分、尺寸、质量分数、纯度等对纳米复合电刷镀层性能有不同程度的影响，优化这些影响因素可以获得性能/价格比最佳的纳米复合电刷镀层。这也是获得含有纳米结构的金属陶瓷材料的途径。

6) 纳米复合电刷镀技术的关键是制备纳米复合电刷镀液。不同的纳米复合电刷镀液有不尽相同的纳米复合电刷镀工艺，可获得不同性质的纳米复合电刷镀层。

参考文献［31］介绍：纳米电刷镀镀液中含有约20g/L的纳米颗粒，纳米颗粒要先进行特殊的分散处理。

还有参考文献、资料介绍，由于以上特点，纳米复合电刷镀成为再制造产品恢复尺寸的重要手段，尤其在对薄壁件、细长杆、精密件的再制造过程中经常应用。纳米颗粒的加入使镀层的性能大大提高，可解决再制造过程中的许多难题。

纳米复合电刷镀技术不仅是表面工程新技术，也是零件再制造的关键技术，还是制造金属陶瓷材料的新方法。纳米复合电刷镀技术是纳米技术与传统技术的结合，不仅保持了电镀、电刷镀、化学镀等传统技术的全部功能，还拓宽其应用范围，获得了更广、更好、更强的应用效果：

（1）提高零件表面的耐磨性

选用加入了纳米陶瓷颗粒电刷镀液进行纳米复合电刷镀，由于纳米陶瓷颗粒弥散分布在镀层基体金属中，形成了金属陶瓷刷镀层，电刷镀层基体金属中的无数纳米陶瓷硬质点，使电刷镀层的耐磨性显著提高。使用该种电刷镀层可以代替零件镀硬铬、渗碳、渗氮、相变硬化等工艺。

（2）降低零件表面的摩擦因数

选用加入了具有减磨作用的纳米固体颗粒（如二硫化钼、石墨等）电刷镀液进行纳米复合电刷镀，可获得纳米复合减磨层。这种电刷镀层中弥散分布了无数个固体润滑点，能有效降低摩擦副的摩擦因数，起到固体减磨作用，因而能减少零件表面的磨损，延长零件的使用寿命。

（3）提高零件表面的高温耐磨性

选用加入了纳米陶瓷颗粒电刷镀液进行纳米复合电刷镀，其形成的金属陶瓷镀层中的陶瓷相具有优异的耐高温性能。当电刷镀层在较高温度下工作时，陶瓷相能保持优良的高温稳定性，对电刷镀层整体起到支撑作用，有效提高了电刷镀层的高温耐磨性。

（4）提高零件表面的抗疲劳性能

许多表面工程技术所获得的镀层、涂层都能迅速恢复损伤零件的尺寸精度和几何精度，提高零件表面的硬度、耐磨性、防腐性，但都难以承受交变载荷，抗疲劳性能不高。纳米复合电刷镀层有较高的抗疲劳性能，因为纳米复合电刷镀中无数个纳米固体颗粒沉积在镀层的缺陷部位，相当于在众多的位错线上打下了无数个"限制桩"，这些"限制桩"可以有效阻止晶格滑移。位错是晶体中的一种内应力源，"限制桩"的存在也改变了晶体的应力状况。因此，纳米复合电刷镀层的抗疲劳性能明显高于普通电刷镀层。

（5）改善有色金属表面的使用性能

许多零件或零件表面使用有色金属制造，主要是为了发挥有色金属的导电、导热、减磨、防腐等性能，但是有色金属往往因硬度较低、强度较差，造成使用寿命较短、易损坏。制备纳米复合电刷镀层，不仅能保持有色金属固有的各种优良性能，还能改善有色金属的耐磨性、减磨性、防腐性、耐热性。如用纳米复合电刷镀处理各种铅青铜、锡青铜轴瓦（液压缸导向套）等，都可有效改善其使用性能。

（6）实现零件的再制造并提升其性能

液压缸的再制造是以废旧缸零件为毛坯，首先要恢复缸零件损伤的尺寸精度和几何精度。因此，可先采用传统的电镀、电刷镀的方法，快速恢复磨损的尺寸，然后采用纳米复合电刷镀技术在尺寸镀层上电刷镀纳米复合镀层作为工作层，以提高零件的表面性能，使其性能优于原型新品。

采用电刷镀或电刷镀+电刷镀纳米复合镀修补缸零件（如缸筒、活塞杆等）上的划伤沟槽、压坑，是一种既快又好的工艺方法。

因电刷镀技术已是传统或普通技术，而且相关文献、资料丰富，在此就不做介绍了。

2. 电刷镀修复技术工艺

纳米复合电刷镀的一般工艺过程见表6-7。常用金属材料的纳米复合电刷镀工艺见表6-8。

表6-7　纳米复合电刷镀的一般工艺过程

工序号	工序名称	工序名称和目的	备　注
1	表面准备	去除油污、修磨表面、保护非镀表面	—
2	电净	电化学除油	镀笔接正极
3	强活化	电解蚀刻表面、除锈、除疲劳层	镀笔接负极
4	弱活化	电解蚀刻表面、去除碳钢表面炭黑	镀笔接负极
5	镀底层	提高界面结合强度	镀笔接正极
6	镀尺寸层	快速恢复尺寸	镀笔接正极
7	镀工作层	满足尺寸精度和表面性能	镀笔接正极
8	后处理	吹干、烘干、除油、去应力、打磨、抛光等	依据应用要求选定

表 6-8　常用金属材料的纳米复合电刷镀工艺

工序号	毛坯（工件）材料					
	不锈钢	低碳钢	高碳钢	铸钢	铜合金	铝合金
	纳米复合电刷镀工艺					
1	表面准备	表面准备	表面准备	表面准备	表面准备	表面准备
2	电净	电净	电净	电净	电净	电净
3	2 号活化液活化	1 号或 2 号活化液活化	1 号活化液活化	1 号活化液活化	—	2 号活化液活化
4	—	—	3 号活化液活化	3 号活化液活化	3 号活化液活化	—
5	特殊镍打底	特殊镍打底	特殊镍打底	快速镍打底	特殊镍打底	中性镍或碱铜打底
6	镀尺寸层	镀尺寸层	镀尺寸层	镀尺寸层	镀尺寸层	镀尺寸层
7	镀工作层	镀工作层	镀工作层	镀工作层	镀工作层	镀工作层
8	后处理	后处理	后处理	后处理	后处理	后处理

在纳米复合电刷镀重要工艺参数选择时应注意：

1）刷镀电压。由于纳米电刷镀液中含有大量的纳米颗粒，为了使其能很好在刷镀层中沉积，刷镀电压一般比基质金属镀液刷镀电压稍高。通常，当工件尺寸较小、工件温度较低或镀笔与工件相对运动速度较小时，刷镀电压应低一些。在纳米复合电刷镀过程中，起镀电压应当稍高，过一段时间（如 10 ~ 20s）后再降到正常刷镀电压。

2）刷镀温度。在整个纳米复合电刷镀过程中，工件的理想施镀温度为室温。这样可以使镀液的物化性能保持稳定，使镀液的刷镀效果（沉积速度、均镀能力、电流效率等）始终处于最佳状态，有利于纳米颗粒的沉积，所获得的纳米复合镀层内应力小、结合强度高。

有参考文献介绍，在整个纳米复合电刷镀过程中，刷镀温度最低应当不低于 15℃，最高不宜高于 50℃。

3）在纳米复合电刷镀过程中，工件与镀笔之间的相对运动速度一般为 6 ~ 10m/min。当相对运动速度太快时，不利于纳米颗粒的沉积，而且易于引起纳米复合镀层应力过大；当速度太慢时，局部发热量大，容易引起纳米复合镀层表面发黑，而且易造成组织疏松、表面粗糙。

6.5.2　微脉冲电阻焊与类激光高能脉冲精密冷补焊修复技术

在《机电产品再制造技术与装备目录》及其附录《典型机电产品再制造技术及装备》中所列的微脉冲电阻焊（冷焊）与类激光高能脉冲精密冷补焊修复技术见表 6-9（按原序号）。

表 6-9　微脉冲电阻焊与类激光高能脉冲精密冷补焊修复技术

序号	名称	适用领域	主要内容	解决的主要问题	类别
《机电产品再制造技术与装备目录》（一、再制造成形与加工技术）					
10	类激光高能脉冲精密冷补焊技术	机械零部件划伤、点蚀等表面微区损伤，沟槽、薄壁等特性表面以及裂纹、缺损等部位	该技术利用瞬间高能量集中的电脉冲在电极和工件之间形成电弧，在氩气的保护下，使补焊材料和工件迅速熔结在一起，实现热影响区相对较小的冶金结合	解决机械零部件表面微区损伤、特性表面以及特种失效的再制造难题，这是一种高精度、高结合强度、热影响区较小的新型补焊技术，其补焊质量可达到激光焊的效果。特别适用于划伤点蚀、沟槽薄壁、裂纹缺损，以及形状复杂、位置特殊的表面失效再制造	产业化示范

（续）

序号	名称	适用领域	主要内容	解决的主要问题	类别
			《典型机电产品再制造技术及装备》		
22	混凝土泵车油缸、销轴等零部件再制造技术	工程机械混凝土机械	采用电刷镀技术、冷焊技术、堆焊技术及退铬并重新镀铬技术，实现油缸、销轴等轴类零部件再制造工艺路线，完成油缸及销轴类零件再制造工艺规范	恢复油缸、销轴等的尺寸及性能，实现油缸、销轴等轴类零部件的再制造，节约了大量原材料，并降低了能源消耗，减少了污染物的排放	研究开发

1. 微脉冲电阻焊修复技术

微脉冲电阻焊修复技术是以《GM-3450 系列工模具修补机及其工艺》为代表的，该项技术也是根据机械零件维修实践的需要研发的。

GM-3450 系列工模具修补机是一种序列可控电脉冲输出设备，实质上是一种贮能点焊机，现有三种机型，其主要技术参数见表 6-10。

表 6-10　GM-3450 系列工模具修补机主要技术参数

项　目	参　数	机　型
输入电压	AC 220V±10%，50Hz	
输出峰值电压	DC 0~22V，连续可调	GM-3450A GM-3450B GM-3450C
负载持续率	50%	
连续模式工作频度	3.6 次/s	
机内保护	热保护、过载保护	
一次最大贮能	125J	GM-3450A
	250J	GN-3450B
	375J	GM-3450C
输入电熔丝容量	10A	GM-3450A
	15A	GN-3450B、GM-3450C

GM-3450 系列工模具修补机的修补工艺就是将补材通过电脉冲作用熔融到母材上的过程。可以采用粉末材料、丝状材料和片状材料三类补材。将补材贴靠在待修母材上，修补机电源负极接母材，修补机电源正极接施焊电极，手持施焊电极通过补材对母材施压，在补材与母材之间形成了一个接触电阻 R。此时若脉冲电流 I 经由正极→施焊电极→补材→接触电阻 R→母材→负极，则在 R 上产生的焦耳热正比于 $I^2 R \Delta t$（其中 Δt 为电脉冲的持续时间），这一热量可导致补材、母材界面一个微小区域的温度迅速上升，直至生产金属熔融。熔融区界于补材和母材之间，有一个极短暂的冶金反应发生，之后电脉冲消失，由于热传导迅速冷却，从而得到一个微区熔接点。众多的这种熔接点构成了 GM-3450 系列工模具修补机的施工工艺。

由于无电脉冲的时间足够长，这个冷却过程完成得十分充分。从宏观上看，在施焊过程中，工件（母材）在修补区的整体温升很小。因此，微脉冲电阻焊是一种"冷焊"技术。

根据被修补工件的材料、结构、状况、失效模式等选择适当的补材和工艺参数，可以达到不损伤母材，补材与母材结合牢固，有改性作用的表面金属修

补层。

采用 GM-3450 系列工模具修补机实现的微脉冲电阻焊修复技术有如下特点：

（1）补材选择面广

选用不同的补材，可以得到不同硬度、耐磨、耐冲击、耐高温或耐腐蚀的修补层。

（2）对修补工件适应性强

应用这种技术既可以修复工件尺寸，又可修复工件形状，并且特别适于修补各种零件的缺损，如气孔、砂眼、划痕、崩刃、钝边、凸边、凹槽等剥落性磨损；对于加工尺寸超差或加工缺陷的零件，也能采用这种技术进行修补。

（3）修补层加工性能好

采用该技术得到的修补层，可以进行车、铣、刨、磨削加工和各种精加工，并能进行精研以达到很低的表面粗糙度值。上述各种加工都不会使修补层脱落，而且修补和加工可以交替进行，直到获得满意的修补效果。

（4）修补尺寸范围大

要得到从几微米到若干毫米的修补层，都可以采用这种技术进行修补。因此，这种技术可应用于修补小工件，也可用于修补大工件。

（5）实施、操作简便

设备体积小、便于携带，容易接近大工件以完成操作。设备操作简单、容易，熟练操作工人也容易培养。

据参考文献介绍，该技术在液压缸缸体、活塞杆等修复上都有成功的应用。

2. 类激光高能脉冲精密冷补焊修复技术

类激光高能脉冲精密冷补焊修复技术是在惰性气体保护下，利用钨极与工件之间产生的高能脉冲电弧热快速熔化母材和填充焊材（如焊丝），实现精密冷补的一种新型补焊技术。该技术的冷补质量、补焊精度可达到激光补焊效果，可对零部件表面划伤、点蚀、裂纹等缺损以及特形表面进行精密冷补。

图 6-4 所示为类激光高能脉冲精密冷补焊设备工作原理。

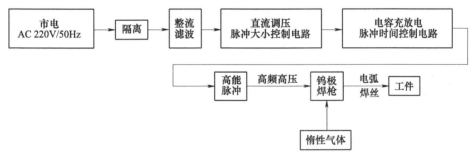

图 6-4　类激光高能脉冲精密冷补焊设备工作原理

将 200V/50Hz 的交流电通过降压、整流后给储能电容充电，再将储存在电容器中的电能通过高能脉冲产生的电弧释放于钨极和工件之间，温度极高的电弧使焊丝和工件迅速熔化而熔接在一起。

类激光高能脉冲精密冷补焊设备的主要技术指标见表 6-11。

表 6-11　主要技术指标

项　　目	指　　标
输入电压	AC 220V，50Hz
功率消耗	10~1000W
瞬时最大功率	40kW
脉冲电流	2~200A 连续可调
脉冲工作时间	1~300ms 连续可调
输出脉冲频率	1Hz、2Hz、3Hz、5Hz、10Hz

类激光高能脉冲精密冷补焊工艺参数主要有脉冲电流种类及大小、钨极直径及尖端锥角、保护气体流量等。一般按以下几项选择工艺参数。

1）脉冲电流种类及大小。类激光高能脉冲精密冷补焊工艺不同于一般的氩弧焊过程，要求的脉冲电流非常集中，并且时间短，而脉冲电流大小和脉冲时间是相互关联的，一般根据补材焊丝规格选择脉冲时间和电流大小。脉冲电流大小是决定修补熔层深浅的最主要参数，它主要取决于补材材料、规格、修补位置等因素。

表 6-12 列出了 45 钢的平面修补参数。

2）钨极直径及尖端锥角。钨极尖端锥角是重要的工艺参数，根据所用补焊电流种类，选用不同的钨极尖端锥角。钨极尖端锥角的大小会影响钨极的许用电流、引弧及稳弧性能。小电流补焊时，选用小直径

钨极和小的尖端锥角，可使电弧容易引燃和稳定；在大电流补焊时，增大尖端锥角，可避免钨极尖端过热熔化，减少损耗，并防止电弧向上扩展而影响阴极斑点的稳定性。

表 6-12   45 钢的平面修补参数

焊丝规格/mm	$\phi0.3$	$\phi0.4$	$\phi0.5$	$\phi0.6$	$\phi0.7$	$\phi0.8$	$\phi1.0$	$\phi1.2$	$\phi1.3$
脉冲电流/A	6	9	12	15	20	25	32	36	48
脉冲时间/ms	10	12	15	18	22	27	35	40	55

钨极尖端锥角对焊缝熔深和熔宽也有一定影响。减小尖端锥角，焊缝熔深减小，熔宽增大，反之则熔深增大，熔宽减小。

3）在一定条件下，用于保护的惰性气体流量和喷嘴直径有一个最佳范围，此时惰性气体的保护效果最佳，有效保护区最大。如果惰性气体流量过低，气流挺度较差，排除周围空气的能力弱，保护效果不佳；如果惰性气体流量太大，容易变成紊流，使空气卷入，也会降低保护效果。因此，惰性气体流量和喷嘴直径要有一定的匹配。

类激光高能脉冲精密冷补焊的一般修复工艺过程如下：

1）根据焊丝的规格，选择脉冲电流大小及脉冲时间。

2）手持焊枪，使钨极与工件成 70°夹角，放置焊丝与工件成 15°夹角。

3）踩脚踏（或手控）开关，即可产生一个焊点，依次操作，即可产生连续焊线。

4）达到所需修复尺寸，进行表面修整。

类激光高能脉冲精密冷补焊具有如下性能特点：

1）具有较高的补焊精度。由于该技术可对输出电流、时间进行精确控制，在一定范围内任意调节，稳定运行，因此即使使用 $\phi0.2mm$ 的焊丝也可得到完美的补焊，达到激光补焊的精度。

2）具有较小的补焊冲击。由于该技术采用脉冲电流、能量集中，起弧电流低、作用时间短，克服了补焊过程对工件的冲击，可进行薄壁件的修补，补焊应力和焊后变形小。

3）具有较小的热影响区。由于该技术可对输出电流、时间进行精确控制，因而输入的能量可得到精确的控制，确保输入的能量仅够用于工件与补材之间的熔合，对基体热输入量小，热影响区小，基体性能无退化，无宏观热变形。

4）具有较高的结合强度。该技术可以实现基体与补材的冶金结合，焊后结合强度高，可适用各种加工方法，不会出现结合不牢固、脱落等现象。

5）具有较宽的修补范围。除了对锌、锡等熔点很低的材料和硬质合金外，其他各种金属材料工件均可采用该技术进行修复。

6）该技术对补材材料没有特殊要求，普通氩弧焊焊条均可用作补焊材料。

6.5.3 表面粘涂修复技术

在《机电产品再制造技术与装备目录》中所列的表面粘涂修复技术见表 6-13（按原序号）。

表 6-13   表面粘涂修复技术

序号	名称	适用领域	主要内容	解决的主要问题	类别
			《机电产品再制造技术与装备目录》（一、再制造成形与加工技术）		
11	金属零部件表面粘涂修复技术	各类金属零部件内外沟槽、内孔磨损，以及难以补焊的诸多零部件多种缺陷	表面粘涂技术是将填加特殊材料的胶黏剂涂敷于零件表面，以赋予表面特殊功能（如耐磨损、耐腐蚀、绝缘、导电、保温、防辐射）的一项表面新技术。表面粘涂是在零件表面形成功能涂层，达到并超越原技术性能指标	对设备零部件出现的磨损、沟槽、不良划痕等进行粘涂修复，可以恢复零部件精度，还使其性能大大提高，使用寿命增加 2~3 倍	应用推广

表面粘涂修复技术（简称表面粘涂技术）是将高分子聚合物与特殊填料（如石墨、二硫化钼、金属粉末、陶瓷粉末和纤维等）混合成复合胶黏剂涂敷于再制造毛坯损伤表面，实现特定用途（如密封、堵漏、耐磨损、耐腐蚀、绝缘、导电、保温、防辐射、缺陷修补和尺寸恢复以及其复合等）的一项表面工程技术。

表面粘涂技术工艺简单，修复层厚度可调，不会使基体产生热影响区和变形，不但适用于对裂纹、划伤、尺寸超差和铸造缺陷的修复，以及对温度敏感性较强的金属零部件的再制造表面修复，还可以用来修补有爆炸危险（如井下设备、油气设备）的失效零部件。该技术安全可靠，无须专门设备，可现场作业，再制造周期短，节省工时，有效地提高了生产率，是一项快速价廉的再制造技术，有着十分广泛的应用前景。

表面粘涂工艺包括以下步骤：

1）初清洗。初清洗主要是除掉待恢复表面的油污、锈迹，以便测量、制订粘涂修复工艺和预加工。零件的初清洗可在汽油、煤油或柴油中粗洗，最后用丙酮清洗。

2）预加工。为了保证零件的修复层有一定的厚度，在涂胶前必须对零件进行机械加工，零件的待修复表面的预加工厚（深）度一般为 0.5～3mm。为了防止涂层边缘损伤，在待涂面加工时，两侧应留出1～2mm 宽的边。为了增强涂层与基体的结合强度，被粘涂面应加工成"锯齿形"，带有锯齿的粗糙表面可以增加粘涂面积，提高粘涂强度。

3）最后清洗及活化处理。最后清洗可用丙酮清洗；有条件时可以对粘涂表面喷砂，进行粗活化处理，彻底清除表面氧化层，也可进行火焰处理、化学处理，以提高粘涂表面活性。

4）配胶。涂层材料通常由两组组成。为了获得最佳效果，必须按比例配制。涂层材料在完全搅拌均匀之后，应立即使用。

5）粘涂涂层。涂层施工有刮涂法、涂层压印法、模具成形法等。

6）固化。涂层的固化速度与环境温度有关，温度高时固化快。一般涂层，室温固化需 24h，达到最高性能需 7 天；若加温 80℃固化，则需 2～3h。

7）修整、清理或后加工。不需后续加工的涂层，可用锯（刀）片、锉刀等修整零件边缘多余的粘涂料。涂层表面若有大于 1mm 的气孔时，先用丙酮清洗干净，再用胶修补，固化后研干。

对于需要后续加工的涂层来说，可用车削或磨削的方法进行加工，以达到恢复尺寸和精度的目的。

近几十年来，随着新型粘涂剂的不断出现，表面粘涂技术得到了较大发展，在设备维修与再制造领域中应用十分广泛，如应用于零件磨损及尺寸超差的恢复。零件磨损后，采用耐磨修补胶直接涂覆于磨损的表面，然后采用机械加工或打磨，使零件尺寸恢复到设计尺寸。该方法与堆焊、热喷涂、电镀、电刷镀方法相比，具有可修复对温度敏感性强的金属零部件的优势和修复层厚度可调的特点。德国研制的爱司凯西（SKC）及钻石（DIAMANT）两大系列冷粘耐磨涂层，较早地在重型龙门铣床的工作台导轨、横梁导轨、液压缸活塞等零部件上使用，效果很好。我国广州机床研究所研制的 HNT 环氧耐磨涂层材料是国内较早研制出的产品，用于机床导轨或其他摩擦面（修复）；襄樊市胶粘技术研究所研制的 AR-4、AR-5，装甲兵工程学院研制的 TG 系列超金属修补剂都广泛地应用于机械零部件耐磨损和耐腐蚀修复及预保护处理等领域，收到了很好的使用效果。

此外，还可利用固体润滑膜，解决火箭、飞船等机械摩擦副的润滑难题；采用表面粘涂层来恢复和预保护化工管道、船舶壳体和螺旋桨等；修复液压缸缸体、机床导轨的划伤，恢复磨损及加工超差的零件到设计尺寸；解决密封和耐腐蚀等问题。

但由于胶黏剂性能的局限性，目前其应用受到下述限制：

1）表面粘涂层在湿热、冷热交变、冲击条件下，以及其他复杂环境条件下工作时寿命有限。

2）有机胶黏剂构成的表面粘涂层耐温性不高，一般不超过 350℃。无机胶黏剂可耐 1000℃高温，陶瓷胶黏剂耐温达 2000℃以上，但较脆。

3）表面涂层有较高的抗拉、抗剪强度，但抗剥离强度较低。

4）使用有机胶黏剂，尤其是溶剂型胶黏剂，存在易燃、有毒等安全问题。

随着材料科学的发展，胶黏剂性能也在大力改进。提高涂层结合强度和快速固化的性能，发展新的环保型、耐高温、长寿命、强度高和具有特殊功能的纳米胶黏剂是粘接技术的主要发展方向。

6.5.4　等离子熔覆、喷焊与热喷涂修复技术

在《机电产品再制造技术与装备目录》及其附录《典型机电产品再制造技术及装备》中，其所列等离子熔覆、喷焊和其他热喷涂修复技术见表 6-14（按原序号）。

表 6-14 等离子熔覆、喷焊和其他热喷涂修复技术

序号	名称	适用领域	主要内容	解决的主要问题	类别
			《机电产品再制造技术与装备目录》（一、再制造成形与加工技术）		
2	等离子熔覆成形技术	汽车工业、机械工业、石油工业、冶金工业等领域金属零部件裂纹、掉块、腐蚀、磨损、变形等部位	利用高温等离子体电弧作为热源，熔化由送粉器输送的合金粉末，在被修复工件表面重新制备一层高质量、低稀释率，具有优异耐高温、耐磨、耐腐蚀的强化层，实现金属零部件表面或三维损伤的再制造成形	通过等离子熔覆成形技术制备的工作层，在恢复零件尺寸的同时进一步提升零件的表面服役性能，实现产品的再制造。设备简单可靠，成形效率高	产业化示范
4	高速电弧喷涂技术	汽车工业、机械工业、石化工业、冶金工业等领域金属零部件腐蚀、磨损、变形等部位	通过机器人夹持高速电弧喷涂枪，控制喷枪在空间进行各种运动，使得喷枪能够按照设定的程序自动实现喷涂作业，采用高压空气流作雾化气流，获得性能优异的喷涂涂层	采用机器人自动化高速电弧喷涂技术对报废的零部件实施再制造，根据零件表面的失效特征设计合适的喷涂材料及工艺，在零件表面制备高性能涂层、恢复零件尺寸的同时进一步提升零件的表面服役性能，使再制造后零部件服役寿命不低于新品	产业化示范
5	高效能超音速等离子喷涂技术	汽车工业、机械工业、石化工业、冶金工业等领域金属零部件腐蚀、磨损、变形等部位	以高温的超音速等离子射流为热源，借助等离子射流来加热、加速喷涂材料，使喷涂材料达到熔融或半熔融状态，并高速撞击经预处理的零件表面，经扁平凝固后形成性能优异的喷涂涂层	根据零件表面的失效特征设计合适的喷涂材料及工艺，使零部件表面得到强化，恢复零件尺寸并提高零件表面的耐磨损、耐腐蚀、耐高温氧化等性能，提高零件的使用寿命	产业化示范
6	超音速火焰喷涂技术	冶金工业、石化工业、造纸等领域需耐磨、耐腐蚀、耐高温设备	经过高温、高速，将金属及其合金、金属陶瓷粉末熔化成熔融状，冲击经预处理的零件表面，使其表面能致密、均匀地附着一层喷涂涂层，且涂层与基体结合强度高	超音速火焰喷涂制备在涂层厚度、耐磨性、耐腐蚀性方面均优于电镀硬铬层，而且性价比也高于电镀硬铬层，是代替电镀硬铬技术的优先技术	应用推广
			《典型机电产品再制造技术及装备》		
1	发动机缸体等离子熔覆技术	汽车发动机缸体	发动机缸体经过长里程数的运行之后，缸壁的珩磨纹支撑率等参数会过度磨损，使得发动机性能和机油消耗等无法达到正常指标。在此，可以通过等离子喷涂技术，修复发动机缸体表面，使其恢复原始的设计尺寸、再进行镗缸、珩磨，使缸体得到重复的利用	等离子涂层表面物理性能稳定，耐磨性能好，完全可以满足工艺的原始设计要求。采用等离子喷涂技术，还可以避免再制造过程中，采购昂贵的非批量的特殊尺寸的活塞和活塞环，从而节省再制造的成本	研究开发

（续）

序号	名称	适用领域	主要内容	解决的主要问题	类别
			《典型机电产品再制造技术及装备》		
13	冷轧辊类热喷涂再制造技术	冶金工业	采用超音速火焰喷涂或等离子喷涂技术，将满足工况需求的粉体材料加热至熔融或半熔融状态，以极高的速度冲击经过预处理的表面，形成保护层，实现辊子的再制造	热镀锌锌锅沉没辊涂层突破了涂层结合强度、抗锌渣黏附能力、耐磨性能等关键技术瓶颈，使得带钢质量大大提高。涂层具有良好的抗 Mn 积瘤、抗 Fe 积瘤性能和高温耐磨性能。冷轧工艺辊涂层具有良好的耐磨性能和表面粗糙度保持性能，解决了滚面黏附异物的难题，并且使用寿命长	产业化示范
16	冶金装备备件热喷涂再制造技术	冶金工业	利用热源将喷涂材料加热至熔化或半熔化状态，并以一定的速度喷射沉积到经过预处理的基体表面形成涂层。具备防腐、耐磨、抗高温、抗氧化等一系列特殊功能，使其达到延长使用寿命，节约材料、能源的目的	它是实现备件长寿化的一项重要工艺技术，大大节约了备件用量。同时使得废旧备件可再生利用，其经济效益和社会效益较为明显	应用推广
30	压缩机转子再制造技术	轴流压缩机、离心压缩 TRT、汽轮机、增压机、往复式压缩机曲轴及离心泵的转子	综合采用等离子表面喷焊、微弧等离子、冷金属过渡及激光技术等多种表面工程领域的新技术，使制备的熔覆层与母材达到完全冶金结合，实现转子尺寸恢复和性能提升，可以抵抗载荷和交变载荷的作用	对失效和报废的压缩机转子进行再制造，使其恢复或超过原技术性能和应用价值的工艺技术	研究开发
32	电站高温高压阀门等离子喷焊再制造技术	机械、电力、石油化工等行业	以高温等离子电弧为热源，在损坏的高温高压电站阀门密封面上重新制备一层高质量、低稀释率、具有优异的耐高温性能、耐冲刷的强化层，使报废的阀门重新恢复到可用状态的再制造工艺方法	与常规的手工堆焊方法相比，等离子喷焊再制造技术得到的焊层质量优异，可以用较少的粉末消耗得到满足质量要求的密封面，节省了大量贵重的钴基合金。全机械化操作，生产效率高，工人劳动强度低	应用推广

注：根据参考文献［51］及相关标准，序号为 32 的名称应为"粉末等离子弧堆焊"。

1. 热喷涂修复技术概论

（1）热喷涂基本概念与特点

热喷涂修复技术（简称热喷涂技术）是指粉末或丝材经热源（火焰、电弧、等离子弧）加热至熔化或半熔化状态，在高压气流的作用下雾化并喷射到再制造毛坯表面，形成片层结构并堆积成涂层的一项再制造表面修复技术。

热喷涂是产品再制造的一种重要手段，其不仅可以恢复产品零部件的尺寸，还可以提高零部件的表面性能，已广泛应用于设备零部件的再制造与维修中，产生了显著的综合效益。

热喷涂具有以下特点：

1）热喷涂材料的选用范围广泛，几乎包括所有的金属、合金、陶瓷以及塑料等有机高分子材料。

2）修复层的功能多，包括耐磨损、耐腐蚀、耐高温、抗氧化、隔热、导电、绝缘、密封、减摩、润滑和防辐射等。

3）适用于各种基体材料，如金属、陶瓷、玻璃等无机材料和塑料、木材、纸等有机材料。

4）对基体的热影响较小，修复层厚度容易控制，但表面粗糙度值较大。

5）修复层与基体为机械结合或半冶金/半机械结合，结合强度低，其抗拉结合强度仅为30~40MPa。

6）热喷涂涂层通常为层状结构，存在孔隙，不完全熔融粒子、氧化膜等，并有残余应力。

参考文献［110］中提出，在使用喷涂方法修复内孔时，由于修复后内孔基体的冷却收缩，往往导致修复层的裂纹、起皮以致脱落。因此，该方法对于液压缸等内孔类零件的修复是不适合的。

（2）热喷涂基本原理与分类

以粉末喷涂为例，在热喷涂过程中，喷涂材料大致经过如下过程：加热→加速→熔化→再加速→撞击基体→冷却凝固→形成涂层，整体过程可近似地分成三个阶段：

1）喷涂材料被加热、加速、熔化。

2）熔化的材料被热气流雾化，进一步加速形成粒子流；熔化的粒子与周围的介质发生作用。

3）粒子在基体表面上发生碰撞、变形、凝固和堆积。

喷涂材料与被加热温度的高低、速度的大小、材料的种类、粉末粒度的大小、能源种类、喷枪构造、送粉方式等多种因素有关。

根据采用的热源（或原理），热喷涂可按如下分类：

1）以燃烧火焰为热源，包括火焰喷涂、爆炸喷涂、超音速火焰喷涂、塑料喷涂等。

2）以电弧为热源，包括电弧喷涂、高速电弧喷涂等。

3）以等离子为热源，包括大气等离子喷涂、超音速等离子喷涂、低压等离子喷涂（真空等离子喷涂）、水稳等离子喷涂等。

4）采用其他热源，包括线爆喷涂、激光喷涂、冷喷涂等。

热喷涂材料按形状分类，包括粉末、丝材、带材、棒材；按成分分类，包括金属、陶瓷、有机物、复合材料等；按功能分类，包括耐磨损、耐热、抗氧化、耐腐蚀等功能涂层材料。

（3）热喷涂工艺过程及特点

热喷涂的工艺过程如下：基体表面预处理，包括表面净化、预加工、粗糙化等；应用各种喷涂方法进行喷涂；涂层后处理，包括封孔处理、机械加工、热处理等。

热喷涂工艺特点见表6-15。

表6-15 热喷涂工艺特点

按热源种类分类	性能指标				特点
	冲击速度/(m/s)	近似温度值/℃	典型涂层孔隙率（%）	典型涂层抗拉结合强度/MPa	
火焰喷涂	150	3000	10~15	5~10	设备简单，工艺灵活，但通常孔隙率高，结合性差，对工件要加热
爆炸喷涂	1500	4000	1~2	80~100	孔隙率非常低，结合强度极佳，基材温度低，但成本高，效率低
电弧喷涂	200	5000	10~15	10~20	成本低，效率高，污染低，基材温度低，但只适用于导电喷涂材料，通常孔隙率较高
等离子喷涂	400	12000	1~10	30~70	孔隙率低，结合性好，多用途，基材温度低，污染低，但成本较高

注：在参考文献［60］表6-1中给出的等离子喷涂热源温度为5500~15000℃。

2. 等离子喷涂修复技术

（1）等离子喷涂设备

等离子喷涂设备主要包括以下几部分：

1）等离子喷枪。它实际上是一台非转移弧等离子发生器，是等离子喷涂设备中的核心装置。其上集中了整个系统的水、电、气、粉等，最关键的部件是喷嘴和阴极。其中，喷嘴由高导热性的纯铜制造，阴极多采用铈钨极（氧化钨的质量分数为2%~3%）。

2）电源。用于供给喷枪直流电，其通常为全波硅整流装置。常见的有额定功率为 40kW、50kW 和 80kW 三种规格。

3）送粉器。用来贮存喷涂粉末并按工艺要求向喷枪输送粉末的装置。对其的主要技术要求是送粉量准确度高、送粉调节方便，以及对粉末粒度的适应范围广。

4）热交换器。主要用于使喷枪获得有效冷却，达到延长喷枪使用寿命的目的，通常采用水冷系统。

5）供气系统。包括工作气和送粉气的供给系统。

6）控制设备。用于对水、电、气、粉的调节和控制，其可对喷涂过程的动作程序和工艺参数进行调节和控制。

（2）等离子喷涂工艺参数

在等离子喷涂过程中，影响涂层质量的因素很多，但主要工艺参数有：

1）等离子气体。常用气体包括氮气和氩气，气体纯度要求不低于 99.9%。气体的选择主要是根据其可用性和经济性。氮气价格便宜，其等离子焰热焓高，传热快，利于粉末的加热和熔化，但对于易发生氮化反应的粉末或基体则不可采用；氩气电离电位较低，等离子弧稳定且易于引燃，弧焰较短，适于小件或薄件的喷涂。氩气还有很好的保护作用，但氩气的热焓低，价格较高。

气体流量的大小直接影响等离子焰流的热焓和流速，从而影响喷涂效率、涂层气孔率和结合力等。如果气体流量过大，则气体会从等离子射流中带走有用的热，并使喷涂粒子的速度加快，减少了喷涂粒子在等离子焰中"滞留"的时间，导致喷涂粒子达不到变形所必要的半熔化或塑性状态，结果是涂层抗拉结合强度、密度和硬度都较差，沉积速率也会显著降低；相反，如果气体流量过小，则会使电弧电压值不适当，并大大降低喷涂粒子的速度。在极端情况下，会导致喷涂粒子过热，造成喷涂粒子过度熔化或气化，引起熔融的粉末粒子在喷嘴或粉末喷口聚集，然后以较大球状粒子沉积在涂层中，形成大的空穴。

2）等离子弧的功率。如等离子弧功率太高，会使更多的气体转变成等离子体，在大功率、低工作气体流量的情况下，几乎全部工作气体都转变成为活性等离子流，等离子焰温度也很高，这可能使一些喷涂粒子气化并引起涂层成分改变，喷涂粒子熔化的蒸气在基体与涂层之间或涂层内部凝结导致结合不良。此外，还可能使喷嘴和电极烧蚀。等离子弧功率太低，得到的是部分等离子气体和温度较低的等离子焰，又会造成喷涂粒子加热不足，涂层的抗拉结合强度、硬度和沉积效率都较低。

3）送粉。送粉速度必须与输入功率相适应，送粉速度过快，将会出现生粉（未熔化），导致喷涂效率降低；送粉速度过慢，将会使喷涂粒子氧化严重，并造成基体过热。送粉位置也会影响涂层结构和喷涂效率。一般来说，粉末必须送至焰心才能获得最好的加热效果和最高的喷涂速度。

4）喷涂距离与喷涂角。涂层材料和涂层特征都对喷涂距离很敏感。喷枪与工件的距离会影响喷涂粒子与基体撞击时的速度和温度。如果喷涂距离过大，喷涂粒子的速度和温度均将下降，涂层的抗拉结合强度、喷涂效率会明显下降、孔隙率会上升；如果喷涂距离过小，又会使基体温升过高，基体与涂层氧化，影响涂层的结合。但在基体温升允许的情况下，喷涂距离适当小一些为好。

喷涂角是指焰流轴线与被喷涂件表面之间的夹角。当该角小于 45° 时，由于"阴影效益"的影响，涂层结构会劣化形成空穴，导致涂层疏松。

5）喷枪与工件的相对运动速度。喷枪运动速度应保证涂层平坦，不致出现喷涂出脊背的痕迹。也就是说，每个行程的宽度之间应充分搭叠。在满足上述要求的前期下，喷涂操作时，一般采用较高的喷枪运动速度，这样可防止产生局部过热和表面氧化。

6）基体温度控制。较为理想的工艺是在喷涂前把工件预热到喷涂过程要达到的温度，然后在喷涂过程中对工件采用喷气冷却的办法，使其保持原来的温度。

3. 等离子喷焊修复技术

（1）等离子喷焊设备

等离子喷焊或等离子弧堆焊是一种较新的堆焊工艺，具有熔深浅、熔覆率高、稀释率低等优点。根据堆焊时使用的填充材料，等离子弧堆焊机可为热丝等离子弧堆焊机、冷丝等离子弧堆焊机、粉末等离子弧堆焊机和熔化极等离子弧堆焊机。其中，粉末等离子弧堆焊机是目前常用的一种。

粉末等离子弧堆焊机是利用等离子弧产生的高温来熔融特定的耐磨、耐腐蚀或耐高温合粉末，并将其熔融到工件表面上的堆焊设备。通过调节等离子弧参数，可在一定范围内方便地对堆焊层的厚度、宽度、硬度进行调节，得到具有优良性能的堆焊层。因此，这种设备广泛应用于轴承、轴颈、阀门板、阀门座、蜗轮叶片等零部件的堆焊，以及石油钻杆、轴承、轴、轧机辊的磨损后修复等。当然，这种设备也可应用于液压缸及金属缸零件的修复。

粉末等离子弧堆焊机与一般等离子焊机大体相

同，只不过是利用粉末堆焊枪代替了等离子焊机中的焊枪。粉末堆焊枪一般采用直接水冷并带有送粉通道，所用喷嘴的压缩孔道比一般不超过1。等离子弧堆焊时，一般采用转移弧或混合弧。除了等离子气及保护气外，还需要送粉气。送粉气一般采用氩气。

表6-16列出了部分国产粉末等离子弧堆焊机的技术参数。

表6-16　部分国产粉末等离子弧堆焊机的技术参数

型号		LU-150	LUP-300	LUP-500	LU-500	DP-500	LUF-315-A	LUF-315-B
电源输入	电压/V	380	380	380	380	380	380	380
	频率/Hz	50	50	50	50	50	50	50
	相数	3	3	3	3	3	3	3
额定输入容量/V		220					25	32
堆焊空载电压/V	非转移弧	70	70~76	70~76	70~80	80	68	68
	转移弧	140					85	85
负载持续率（%）		100	100	100	100	60	100	100
额定电流/A		150	250	400	500	500	315	315
电流调节范围/A	非转移弧	30~300	30~200	30~200	30~500	20~500	30~315	30~315
	转移弧	15~150	30~250	50~400				
衰减电流最小值/A			<30	<50				
衰减电流调节范围/A			100~10	200~15				
电流衰减时间/s			3~25	2~25	1~60			
转台	旋转速度/（r/min）	0.2~2	0.1~2	0.1~2	0.05~4	0.02~2	0.05~4	0.025~2
	回转角度/（°）	0~90	0~90	0~90	360			
堆焊件最大直径/mm		320	500	500	500	500	450	800
焊枪	直线行走速度/（m/h）	2.4~55	0.6~90	0.6~90	18.6			
	行程/mm	800	450	450	500			
	摆动频率/Hz	5~50	0~100	0~100	5~180	0~1000	0~500	0~500
	摆动幅度/mm	0~50				0~40	0~50	0~50
机架	旋转角度/（°）	180			360			
	升降距离/mm	490			350			
喷嘴微调距离/mm	上下	55			50		300	500
	前后	50			40		300	500
预先通气时间/s			>1（不可调）	>1（不可调）	1~5			
气体衰减时间/s			>4	>4	1~3			
送粉量/（kg/h）			9	9	3~5			

（续）

型号		LU-150	LUP-300	LUP-500	LU-500	DP-500	LUF-315-A	LUF-315-B
氩气流量 /（L/min）	离子气	17	10	10	3～4			
	送粉气	10	10	10	5～6			
	保护气	17	10	10				
冷却水流量（L/min）		≥3	1	1				
外形尺寸 /mm	电源 长	600	575	575	600			
	电源 宽	440	465	465	820			
	电源 高	940	820	820	920			
	控制箱 长	600	650	650	320			
	控制箱 宽	440	550	550	600			
	控制箱 高	1290	1650	1650	1400			
	机械装置 长	1970	1240	1240	450		2270	2400
	机械装置 宽	990	650	650	1500		1100	1400
	机械装置 高	2160	1700	1700	1700		2200	2500
备注		两台电源的外形尺寸相同	自编型号	自编型号				

注：本表摘自参考文献［51］中表 3.7.12。

（2）等离子喷焊或等离子弧堆焊工艺

根据参考文献［116］介绍，粉末等离子弧堆焊是将合金粉末自动送入等离子弧区实现堆焊的方法，也称为喷焊。粉末等离子弧堆焊采用氩气作为电离气体，通过调节各种焊接参数，控制过渡到工件的热量，可获得熔深浅、稀释率低、成形平整光滑的优质涂层。

粉末等离子弧堆焊一般采用两台具有陡降外特性的直流弧焊机作为电源，将两台焊机的负极并联在一起接至高频振荡器，再由电缆接至喷枪的铈钨极。其中，一台焊机的正极接喷枪的喷嘴，用于产生非转移弧；另一台焊机的正极接工件，用于产生转移弧。氩气作为离子气，通过电磁阀和转子流量计进入喷枪。接通电源后，借助高频火花引燃非转移弧，进而利用非转移弧射流在电极与工件间造成的导电通道，引燃转移弧。在建立转移弧的同时或之前，由送粉器向喷枪送粉，吹入电弧中，并喷射到工件上。转移弧一旦建立，就在工件上形成合金熔池，使合金粉末在工件

上"熔融"。随着喷枪或工件的移动，液态合金逐渐凝固，最终形成合金堆焊层。

粉末等离子弧堆焊的特点是稀释率低，一般控制在 5%～15%，有利于充分保证合金材料的性能，如焊条电弧堆焊需要堆焊 5mm，而等离子弧堆焊则只需堆焊 2mm。等离子弧温度高且能量集中，工艺稳定性好，指向性强，外界因素的干扰小，合金粉末熔化充分、飞溅少，熔池中熔渣和气体易于排除，从而获得的熔覆层质量优异，熔覆层平整光滑，尺寸范围宽且可精确控制。一次堆焊宽度可控制在 1～150mm，厚度 0.25～8mm，这是其他堆焊方法难以达到的。此外，粉末等离子弧堆焊生产率高，易于实现机械化和自动化操作，能减轻劳动强度。

6.5.5　激光修复技术

在《机电产品再制造技术与装备目录》及其附录《典型机电产品再制造技术及装备》中，其所列激光修复技术或激光再制造见表 6-17（按原序号）。

表 6-17　激光修复技术

序号	名称	适用领域	主要内容	解决的主要问题	类别
			《机电产品再制造技术与装备目录》（一、再制造成形与加工技术）		
1	激光熔覆成形技术	汽车工业、机械工业、石化工业、冶金工业等领域铁基零部件裂纹、掉块、腐蚀、磨损、变形等部位	在被涂覆基体表面上，以不同的填料方式放置选择的涂层材料，经激光辐照使之和基体表面薄层同时熔化，快速凝固后形成稀释度极低、与基体金属成冶金结合的涂层，从而显著改善基体材料表面的耐磨、耐蚀、耐热、抗氧化等性能，实现金属零部件表面或三维损伤的再制造成形	解决激光三维成形的尺寸精度控制和性能提升技术问题。对比换件维修而言，三维损伤激光熔覆再制造成形只需消耗可以拟补三维损伤部位等体积的材料，节材效果显著、成本较低，具有良好的经济、资源和环境效益	产业化示范
			《典型机电产品再制造技术及装备》		
2	发动机曲轴激光再制造技术	汽车发动机曲轴	常规修复工艺，如堆焊、电刷镀、热喷涂等存在变形量大或结合强度不理想等缺陷，采用激光熔覆从理论上可以弥补上述工艺的不足，达到熔覆层与基体的冶金结合，并通过新材料的优选，实现曲轴使用性能和寿命的提高，恢复曲轴轴颈原标准尺寸，以实现曲轴再制造	主要解决曲轴轴颈修理尺寸达到极限或局部超过极限尺寸造成曲轴报废的问题，满足曲轴使用要求的激光熔覆材料的选择和研发，确定激光熔覆最佳工艺参数，控制激光熔覆时曲轴变形和熔覆层裂纹，制定激光熔覆后的精加工工艺	研究开发
17	液压支架立柱再制造技术	矿山采煤机械设备	主要是修复矿用液压支架双伸缩立柱外缸、中缸和活柱表面。采用激光熔覆技术或高温旋压的工艺对矿用液压支架双伸缩立柱缸筒内覆不锈钢的方法，对立柱进行全面修复	激光熔覆再制造技术、工艺及配套装备已趋于成熟，可实现支架立柱的批量化制造。精选覆合材料，在缸筒的两端找平、缸口附近倒角、高温旋压等操作工艺已基本成熟，产品修复试验获得了初步的成功。使用该工艺修复液压缸成本大约可节约2/3，液压缸寿命比原液压缸可延长2～3倍	产业化示范
23	混凝土泵车传动件激光熔覆再制造技术	工程机械混凝土机械	利用高能激光束辐照到待加工材料（涂层材料和基层）表面，使之迅速熔化、扩展及快速凝固，在基材表面形成具有特殊性能（如耐磨、耐腐蚀、耐疲劳、抗氧化等）的冶金结合层的工艺，它可形成与常规性能不同的优质合金熔覆层	运用该技术对失效的齿轮进行再制造后，可挽救分动箱、回转支承、回转减速机整体使用寿命，经激光再制造的齿轮在耐磨性和强度等指标方面均不低于同类新品	研究开发

随着大功率激光设备可靠性的提高和激光加工技术的不断进步，对石化、冶金、电力、航空、矿山等行业的关键零部件进行修复和再制造，已经得到广泛应用并取得了显著的经济效益。

根据参考文献[86]介绍，激光再制造技术是应用激光束对废旧零部件进行再制造处理的各种激光技术的统称。按激光束对零件材料作用结果的不同，激光再制造技术主要可分为两大类，即激光表面改性技术和激光加工成形技术。激光再制造技术主要针对表面磨损、腐蚀、冲蚀、缺损等零部件损伤及尺寸变化进行结构尺寸恢复，同时提高零部件服役性能，是先进再制造技术的重要组成部分，对于恢复废旧产品核心件并提高零件使用性能具有重要作用，日益在再制造中得到应用。图6-5所示为部分常用的激光再制造技术。

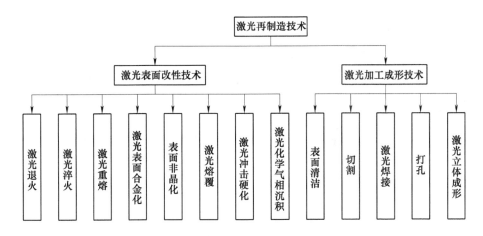

图 6-5　部分常用激光再制造技术

1. 激光熔覆修复技术

激光熔覆是利用高能量密度激光束加热熔化熔覆材料，在基材表面形成熔池，冷却凝固后在基材表面形成冶金结合层的一种激光加工技术，即激光熔覆修复技术。采用该项技术，可以恢复损伤零部件的形状和尺寸，并可使基材表面形成的冶金结合层具有耐磨、耐腐蚀、耐热、抗氧化等性能，进一步还可在低性能廉价钢材上制备出高性能的合金表面，它是一种经济效益较高的表面改性技术和废旧零部件维修与再制造技术。

按照激光熔覆材料向工件表面供给方式的不同，可分为送粉法激光熔覆、送丝阀激光熔覆、预置法激光熔覆；按照激光束工作方式的不同，可分为脉冲激光熔覆和连续激光熔覆。脉冲激光熔覆一般采用YAG（固体激光介质为掺钕钇铝石榴石）脉冲激光器，连续激光熔覆多采用连续波 CO_2 激光器。激光熔覆工艺包括两个方面，即优化和控制激光加热工艺参数；确定熔覆材料及向工件表面的供给方式。针对工业中广泛应用的 CO_2 激光器激光熔覆工艺，需要优化和控制的工艺参数主要包括激光输出功率、光斑尺寸及扫描速度等。

在 GB/T 29796—2013 中规定的激光修复工艺设计包括两项内容，即激光熔覆材料选择和激光器及工艺参数选择。

激光熔覆材料是指激光熔覆过程中所添加的材料，可选用粉末、丝、带或箔等材料，其中粉末材料应用最为广泛。目前，激光熔敷粉末材料一般都是借用热喷涂用粉末和自行设计开发粉末材料，主要包括自熔性合金粉末、金属与陶瓷复合（混合）粉末，以及各应用单位自行设计开发的金属粉末等。

激光熔覆常用的部分基材与熔覆材料见表6-18。

表 6-18　激光熔覆常用的部分基材与熔覆材料

基材	熔覆材料	应用范围
碳素钢、铸铁、不锈钢、合金钢、铝合金、铜合金、镍基合金、钛基合金	纯金属及其合金，如 Cr、Ni 及 Co、Ni、Fe 基合金等	提高工件表面的耐磨、耐热、耐蚀等性能
	氧化物陶瓷，如 Al_2O_3、ZrO_2、SiO_2、Y_2O_3 等	提高工件表面的绝热、耐高温、抗氧化及耐磨等性能
	金属、类金属与 C、N、B、Si 等元素组成的化合物，如 TiC、WC、SiC、B_4C、TiN 等并以 Ni 或 Co 基材料为黏结金属	提高工件表面的硬度、耐磨、耐蚀等性能

为了使激光熔覆层具有优良的质量、力学性能和成形工艺性能，减小其裂纹敏感性，必须合理设计或选用熔覆材料。在考虑熔覆材料与基材热膨胀系数相近、熔点相近以及润湿性等原则的基础上，还需对激光熔覆工艺进行优化。激光熔覆层质量控制主要是减少激光熔覆层的成分污染、裂纹和气孔，以及防止氧化与烧损等。

激光熔覆工艺评定和修复后零部件质量检验应按

GB/T 29796—2013 规定执行。

2. 激光仿形熔铸修复技术

根据参考文献［86］介绍，激光熔铸通常采用预置涂层或喷吹送粉方法加入熔铸金属，利用激光束聚焦能量极高的特点，在瞬间使基体表面仅仅微熔，同时使与基体材料相同或相近的熔覆金属粉末全部熔化，激光离去后快速凝固，获得与基体为冶金结合的致密（熔）覆层表面，使零件表面恢复几何外形尺寸，而且使表面涂层强化。激光仿形熔铸再制造（修复）技术的基本原理和技术实质与激光熔覆快速成型再制造技术相同。

激光仿形熔铸修复技术解决了振动焊、氩弧焊、喷涂、镀层等修复工艺无法解决的材料选用局限性、工艺过程热应力、热变形、材料晶粒粗大、基体材料结合强度难以保证等问题。该技术具有如下特点：

1）激光熔铸层与基体为冶金结合，结合强度不低于原本体材料的 90%。

2）基体材料在激光加工过程中仅表面微熔，微熔层为 0.05 ~ 0.1mm，基体热影响区极小，一般为 0.1 ~ 0.2mm。

3）激光加工过程中基体温升不超过 80℃，激光加工后无热变形。

4）激光熔铸技术可控性好，易实现自动化。

5）熔铸层与基体均无粗大的铸造组织，熔覆层以及界面层组织致密，晶体细小，无孔洞、无夹杂裂纹等缺陷。

6）激光熔铸层为由底层、中间层和面层组成的各具特点的梯度功能材料。底层具有与基体浸润性好、结合强度高等特点；中间层具有强度和硬度高、抗裂性好等优点；面层具有抗冲刷、耐磨损和耐腐蚀等性能。这使修复或再制造后的零件在设备上使用时性能更好，安全更有保证。

另据相关资料介绍，激光仿形熔铸又称激光随形熔铸，其需要解决两个问题：

1）如何模仿原型修复零件损伤部位，即仿形熔铸修复或随形熔铸修复。

2）如何保证修复层与基材冶金结合并且热影响区小，同时修复层单次外延生长最多。

为此，可参考（有偿）应用相关专有技术解决上述问题。

在应用激光仿形熔铸修复技术中，还应考虑 CO_2 激光与 Nd-YAG 激光辐照特性的不同，可在修复过程中交替使用，以适应不同区域的覆层加工。

6.6　缸零件表面修复层的机械加工技术

6.6.1　缸零件表面修复层机械加工的基本要求

缸零件表面修复层的机械加工是指缸零件表面再制造涂镀层、熔覆层的机械加工。对缸零件表面修复层的机械加工有一些基本要求。

1. 加工前要求

1）首先应确定加工区域、范围和工艺方案。

2）还应确定不存在影响性能的缺陷。

3）应清除加工区之外的残余修复层，防止影响后续加工。

2. 加工过程要求

1）加工需考虑几何公差，以确定其定位和工艺。

2）应根据不同缸零件的特点选用不同的工艺。

3）对定位基准需进行检查和修整，保证尺寸公差和几何公差能满足图样和技术要求，加工应按照工艺规程进行。

4）对再制造修复层进行机械加工时，应采用合适的刀具、切削参数，或者采用特种加工方法，刀具应具有足够的强度、刚度、韧性和耐磨性。

5）加工时应采用较小的切削进给量、背吃刀量和较低的速度，并强化对切削刀具和修复层的冷却，防止修复层脱落、开裂、烧伤等。

6）对再制造涂镀层，宜采用磨削加工；对再制造熔覆层，宜采用车削、铣削或磨削等加工。

7）缸零件机械加工应按工序检查、验收，在前道工序检查合格后，方可转入下道工序。

8）缸零件在搬运、加工、存放时，应防止磕碰、划伤、腐蚀和变形等损伤。

3. 加工后要求

1）加工后缸零件的表面性能、尺寸精度、几何精度和表面粗糙度等应符合图样和技术要求。

2）除特殊要求外，加工后的缸零件应进行锐角倒钝处理。

6.6.2　缸零件表面修复层的车削加工

车削加工是缸零件表面修复层最常用的机械加工之一，但因零件表面修复层自身的一些特性，使得该车削加工经常存在如下一些问题：

（1）加工过程中冲击与振动大

由于热喷涂涂层和金属堆焊层表面高低不平，以及其内部硬度不均匀且还有硬质点（碳化物、硼化

物等）及空隙等，这些都会使车削时的切削力呈波动状态，致使加工过程中产生较大的冲击和振动。因此，要求车床、夹具、工件、刀具等组成的工艺系统刚度要好，对于刀具的强度也提出了更高的要求。

（2）刀具容易崩刃和产生非正常磨损

由于金属堆焊层坚硬的外皮、砂眼、气孔等，热喷涂涂层内部的硬质点，再加上切削过程中的振动、冲击，容易使切削刃产生崩刃和非正常磨损，失去切削能力。

（3）刀具寿命短

由于金属堆焊层、热喷涂涂层一般都具有较高的硬度和耐磨性，特别是高硬度的金属堆焊层和热喷涂涂层，因此在加工时产生较大的切削力和切削热，使得切削刃加剧磨损、迅速变钝。这给切削加工带来很大的困难，甚至难以进行切削加工。由于刀具寿命短，限制了切削用量的提高，使生产率降低。

（4）热喷涂涂层易剥落

热喷涂涂层与基体结合强度不高，采用喷涂工艺得到的涂层，其与基体的结合为机械结合或半机械结合，抗拉结合强度一般为 $30 \sim 50\text{MPa}$，再加上涂层的厚度一般较薄，所以在切削加工时，当切削力超过一定限度时，涂层就容易剥落，这是在切削加工时应注意防止的。

6.6.2.1　堆焊层的车削加工

采用堆焊方法获得零件磨损表面的尺寸恢复层是一种常用的再制造方法。堆焊恢复层的金属性质虽然主要取决于堆焊焊条的材料，但由于堆焊方法使恢复层的厚度大且不均匀、表面硬化及层内组织的改变等，都会使堆焊层的可加工性变差，需要在切削加工时充分考虑和注意。

1. 低合金钢堆焊层的车削

低合金钢堆焊层由于堆焊焊条的碳含量不同，所得到的堆焊层的硬度也不同，从硬度上可分为中硬度堆焊层和高硬度堆焊层。在机械零件再制造中使用最广泛的是中硬度堆焊层。中硬度堆焊层是堆焊时在一般的冷却速度下形成的，堆焊层的组织为珠光体加上少量的铁素体；当冷却速度较快时，将出现马氏体。为了避免马氏体的出现，便于切削加工，应注意降低冷却速度，如采用保温冷却等。

中硬度堆焊层的硬度为 $200 \sim 350\text{HBW}$（如堆 107 焊条，堆焊层的硬度约为 250HBW；堆 127 焊条，堆焊层的硬度约为 350HBW）。堆焊金属中的 Cr、Mn 等合金元素将溶于铁素体，起到固溶强化作用，并能使渗碳体合金化，使堆焊层具有一定的硬度和耐磨性能，以及较好的抗冲击性能。

堆焊层具有一定的硬度与耐磨性，对其进行切削加工时，产生的振动与冲击较大。为了保证加工时不至于打坏刀具，以及保证刀具具有一定的寿命，根据目前常用刀具材料和切削性能和特点，粗加工时可选用硬质合金 YG8、YT5、YW1 等刀具。这些刀具材料的韧性较好，抗弯强度较高，加工时不易崩刃。精加工时，除要求刀具具有较好的耐磨性外，还要求能承受粗加工后遗留下来的硬质点、气孔、砂眼等的冲击和振动，此时可选用硬度较高、耐磨性较好的硬质合金 YT15 刀具。

2. 不锈钢堆焊层的车削

不锈钢堆焊层多采用奥氏体型焊条堆焊而得，金相组织为奥氏体。奥氏体组织塑性大，容易产生加工硬化。此外，导热性能也很低（约为 45 钢的 1/3），因此，奥氏体型不锈钢堆焊层也是较难加工的。

对于不锈钢堆焊层，YT 类硬质合金刀具不宜用于加工不锈钢堆焊层，因 YT 类硬质合金钢中的钛元素易与工件材料中的钛元素发生亲和而导致冷焊，加剧刀具磨损。所以，一般宜采用 YG 类、YH 类或 YW 类硬质合金刀具，也可采用高性能高速钢刀具。刀具几何参数：前角为 $-5° \sim 0°$；后角为 $4° \sim 6°$；刃倾角 $-5° \sim 0°$；适当减小主偏角，加大刀尖圆弧半径。切削用量选 $a_p = 1.5 \sim 2\text{mm}$，$f = 0.3 \sim 0.4\text{mm/r}$，$v_c = 14 \sim 18\text{m/min}$。

6.6.2.2　热喷涂涂层的车削加工

热喷涂涂层的最大特点是具有高的硬度和高的耐磨性，其硬度可达 $50 \sim 70\text{HRC}$。像这一类热喷涂涂层可称之为高硬度热喷涂涂层，它们很难加工。当对它们进行切削加工时，刀具材料、刀具几何参数以及切削用量的选择都比较特殊的要求。

1. 刀具材料的选择

热喷涂涂层对刀具材料总的要求是高的硬度、高的耐磨性、足够的抗弯强度与韧性。一般的硬质合金牌号不能用于加工高硬度热喷涂涂层。目前，加工热喷涂涂层较好的刀具材料有以下三种：

1）添加碳化钽、碳化铌的超细晶粒硬质合金。碳化钽（TaC）、碳化铌（NbC）在硬质合金中所起的主要作用如下：提高硬质合金常温与高温的硬度，因它们的熔点高达 $3500 \sim 3880℃$，从而提高硬质合金的耐磨性；阻止 WC 晶粒在烧结过程中长大，从而起到细化晶粒作用，提高 YT 类硬质合金的抗弯强度和冲击韧性与耐磨性；提高硬质合金与钢的粘接温度，因它们的粘接温度高于 WC 与 TiC，减轻合金成分向钢中的扩散，从而降低刀具粘接磨损，延长刀具寿命。在细晶粒硬质合金中，由于 WC 与钴高度分散，

增加了粘接面积，提高粘接强度，因此可提高硬度1.5~2HRA，抗弯强度也大大提高。因此，添加有碳化钽、碳化铌的超细晶粒硬质合金，在硬度与耐磨性及抗弯强度与韧性方面都有较好的表现，可用于低速切削而不容易崩刃，适应高硬度热喷涂涂层的切削加工。

2）陶瓷刀具材料。用作刀具材料的陶瓷有纯 Al_2O_3 陶瓷、Al_2O_3-TiC 混合陶瓷和 Si_3N_4 基陶瓷。我国的牌号有 SG5（94HRA，抗弯强度大于 0.7GPa）和 AG2（93.5~95HRA，抗弯强度大于 0.8GPa），用它们切削热喷涂涂层有较好的效果，但它们的抗弯强度还需要进一步提高。例如，用 SG5 刀片切削镍基102 喷涂层（55~60HRC），切削用量参数为 $a_p=0.1$mm，$f=0.3$mm/r，$v=29$m/min。加工直径为50mm、长度为 650mm 的外圆，刀具切削路程长达150m 后，刀具后面的磨损 VB 为 0.15mm，加工表面粗糙度值为 10~2.5μm。

3）立方氮化硼。立方氮化硼（CBN）是由六方氮化硼在高温、高压下加入催化剂转变而成的，它分为整体聚晶立方氮化硼和立方氮化硼复合刀片两种。立方氮化硼优点明显：有很高的硬度和耐磨性，其显微硬度达到 8000~9000HV，仅次于金刚石；有很高的热稳定性（耐热性可达 1400~1500℃），比金刚石（耐热性 700~800℃）要高得多；有很大的化学惰性，它与铁族金属在 1200~1300℃时也不易起化学作用。总体抗弯强度目前还处在较低水平，有的刀片可达 0.5GPa 以上。立方氮化硼刀具可用于硬质合金、淬火钢、冷硬铸铁、高温合金等难加工材料的切削，其加工效果可达磨削加工的水平。目前，对于高硬度的热喷涂涂层来说，它是切削效率最高的一种刀具材料，切削速度可比 YC09 硬质合金刀片提高 4~5 倍。

2. 刀具几何参数的选择

热喷涂涂层对刀具几何参数总的要求是要保证切削刃（或刀头）的强度与好的散热条件，这是选择刀具几何参数的原则。另外，还应注意系统的刚性，注意径向分力不能过大，以免引起振动。根据试验结果和实际加工情况，推荐的刀具几何参数见表 6-19。

表 6-19　推荐的刀具几何参数

工件材料		Ni60		G112	
刀具牌号		YC09		YH3	
工序		半精车	精车	半精车	精车
切削用量	a_p/mm	0.2	0.1	0.2	0.1
	f/(mm/r)	0.2	0.1	0.2	0.1
前角	γ_o	−5°	−5°~0°	−5°	−5°~0°
后角	α_o	8°	12°	8°	12°
主偏角	κ_r	10°	15°	10°	15°
负偏角	κ_r'	15°	10°	15°	10°
刃倾角	λ_s	−5°	0°	−5°	0°
刀尖圆弧半径	r_ε/mm	0.3	0.5	0.3	0.5
负倒棱	b_{r1}/mm	0.1	0.05	0.1	0.05
	γ_{01}	−15°	−10°	−15°	−10°

3. 热喷涂涂层切削用量的选择

热喷涂涂层的切削用量同样受刀具寿命的限制。对于热喷涂涂层的切削加工来说，其刀具的磨钝标准可用试验的方法通过求出刀具磨损量与切削时间的曲线而加以确定。切削速度对刀具寿命的影响最大，其次是进给量，而背吃刀量的影响最小。

因此，在优先切削用量时，其选择先后顺序如下：首先尽量选用大的背吃刀量 a_p，然后根据加工条件和加工要求选取允许的进给量，最后在刀具寿命或机床功率允许的情况下选取最大的切削速度。表 6-20 列出了部分热喷涂涂层国内外的切削用量选择参考数据。

表 6-20　部分热喷涂涂层国内外的切削用量选择参考数据

| 刀具牌号 | 物理力学性能 | | 切削数据（L 为切削路程长） | | | | |
	硬度/HRA	抗弯强度/GPa	热喷涂层材料	硬度/HRC	v_c/(m/min)	f/(mm/r)	a_p/mm
YC09（YD05）	94	1.20~1.40	Ni120+Fe	55~60	8.5	0.05	0.2~0.9
			Ni102+35%Co/WC	70	7.6	0.45	0.2
			Ni60	60	8.7	0.6	0.15
			Ni105+Fe	60	17	0.3	0.15~0.2
			Ni102+Fe	55~60	21.8	0.3	0.25~0.4
			Ni60	56	25	0.2	0.2
			G112	52~54	25	0.24	0.2
YC08	93.8	1.30~1.50	Ni102	55~60	12	0.3	0.15
YH1	≥92.5	≥1.65	Fe07	54	15	0.2	1
			Ni60	56	25	0.2	0.2
YH2	≥92.5	≥1.6	Fe07	54	15	0.2	1
YH3	≥92.5	≥1.6	Fe07	54	15	0.2	1
			Fe04	58	27	0.08	0.2
610	≥93	≥1.0	G112	52~54	7.9	0.24	0.2
			Ni102+Fe	55~60	8.5~11	0.3~0.6	0.1~0.3
			Ni102+35%Co/WC	68	70	0.4~0.6	0.2~0.4
600	≥93.5	≥1.0	313 铁基	250HV	90~130	0.06~0.12	0.1~0.2
813	≥90.5	≥1.6	313 铁基	250HV	90~110	0.12~0.6	0.1~0.2
1 号	≥91	≥1.6	313 铁基	250HV	90~110	0.06~0.12	0.1~0.2
T20	≥92	≥1.1	313 铁基	250HV	90~100	0.12~0.6	0.1~0.2
SG5	≥94	≥0.7	Ni102	55~60	29	0.3	0.1
			G112（镍基）	50~60	43	0.17	0.15
FDAW	5000HV	1.5	Ni102+Co/WC	70	79	—	—
LDP-J-CF	—	—	Ni102	50~60	76.6	0.2	0.1~0.3
LBN-Y	—	—	Ni60	56	25	0.2	0.2

注：1. 本表摘自参考文献［52］表 6-3，但有修改。
　　2. 原表指出除 G112（镍基）为喷涂层 ϕ110 端面，其他全部为喷熔外圆。
　　3. 原表中刀具牌号的 YC08 抗弯强度为 130~150GPa，而且多部参考文献都一样。

6.6.3　缸零件表面修复层的磨削加工

磨削主要适用于外圆、内圆、平面以及各种成形表面（齿轮、螺纹、花键等）的精加工。它可用于加工难加工的热喷涂涂层，但比起磨削加工其他难加工的金属材料，其生产率较低。一般磨削精度可达 IT6~IT5 级，表面粗糙度值可达 0.08~0.20μm。

1. 热喷涂涂层磨削加工特点

通过磨削可以获得更高的精度与更小的表面粗糙度值，所以通常采用它来进行热喷涂涂层的精加工。对于高硬度喷涂涂层来说，磨削加工比较困难，主要有以下两个原因：

1）砂轮容易迅速变钝而失掉磨削能力。砂轮迅速变钝的主要原因是砂轮砂粒被磨钝、破碎和砂轮"塞实"。这一点在磨削内孔时更为突出，因磨削内孔的砂轮直径受孔径大小限制，它不像磨削外圆时可以采用较大直径的砂轮。因此，在同一时间内砂粒磨削次数相对增多，磨损加剧，造成砂轮寿命缩短。

2）大的径向分力会引起加工过程的振动，以及磨削热容易烧伤表面和使加工表面产生裂纹等，它们都影响到加工表面质量和磨削用量的提高。所以，对高硬度热喷涂涂层的磨削，大多采用人造金刚石砂轮

和立方氮化硼砂轮。

目前，国内在使用人造金刚石砂轮、绿色碳化硅砂轮和白刚玉砂轮磨削镍基热喷涂涂层外圆的对比试验数据表明：人造金刚石砂轮的性能远远优于绿色碳化硅砂轮与白刚玉砂轮。

2. 国外部分热喷涂涂层的磨削规范

表 6-21 列出了用碳化硅砂轮磨削 Eutalloy 硬质材料涂层的规范。

表 6-22 列出了用金刚石砂轮磨削 Eutalloy 硬质材料涂层的规范。

表 6-21　用碳化硅砂轮磨削 Eutalloy 硬质材料涂层的规范

合金牌号	硬度 HRC	磨削方法	粒度	组织	黏合剂	圆周速度 /(m/s)
RW12999	59~63	I	80	8	V	18~25
10011	57~62	II	80	8	V	18~25
10092	45~50	III	60	5	V	20~25
10112	57~62					
10611	45~50	IV	60	5	V	15~20
10999	60~63					
RW12112	57~62					
RW12497	59~63	I	80	5	V	25~32
10009	55~62	II	60	8	V	25~32
10675	45~50	III	46	7	V	20~25
12093	50~52					
12495	45~50	IV	60	5	V	15~20
12486	55~62					

表 6-22　用金刚石砂轮磨削 Eutalloy 硬质材料涂层的规范

合金牌号	硬度 HRC	粒度 （按 FEPA 标准）	合金树脂黏合剂		金属黏合剂	
			圆周速度 /(m/s)	磨削方法	圆周速度 /(m/s)	磨削方法
RW12999	59~63	D151	8~16 18~22	干 湿	8~12 12~18	干 湿
10011	57~62	D151	8~16 18~22	干 湿	8~12 12~18	干 湿
10112	57~62	D151	8~16 18~22	干 湿	8~12 12~18	干 湿
10611	45~50	D151	8~16 18~22	干 湿	8~12 12~18	干 湿
10999	60~63	D151	8~16 18~22	干 湿	8~12 12~18	干 湿
RW12112	57~62	D151	8~16 18~22	干 湿	8~12 12~18	干 湿

6.6.4 缸零件表面修复层的特种加工技术

1. 电解磨削

电解磨削是利用电解液对被加工金属的电化学作用（电解作用）和导电砂轮对加工表面的机械磨削作用，达到去除金属表面层的一种加工工艺。电解磨削热喷涂涂层具有生产率高、加工质量好、经济性好、适应性强、加工范围广等特点，是加工难加工热喷涂涂层新的加工工艺。

电解液是电解磨削工艺中影响生产率及加工质量极其重要的因素。在实际生产过程中，应针对不同产品的技术要求和不同材料，选用最佳的应用于电解磨削的电解液。试验表明，电解磨削难加工热喷涂涂层，以磷酸氢二钠为主要成分的电解液有较好的磨削性能。

电解磨削的机床可采用专用的电解磨床或普通磨床、车床改装而成。电解磨削用的直流电源要求有可调的电压（$5 \sim 20V$）和较硬的外特性，最大工作电流根据加工面积和所需生产率可选用 $10 \sim 1000A$ 不等。供应电解液的循环泵一般用小型离心泵，配置有过滤和沉淀电解液杂质的装置。电解液的喷射一般都用管子和扁喷嘴，喷嘴接在管子上，向工作区域喷注电解液。内圆磨头由高速砂轮轴与三项交流电动机组成。制订电解磨削的工艺参数可参考如下因素：

1）砂轮的工艺参数。砂轮可采用金刚石青铜黏合剂的导电砂轮，也可采用石墨、渗银导电砂轮。砂轮圆周速度 $v_s = 15 \sim 20m/s$，轴向进给速度 $v_{fa} = 0.5 \sim 1m/min$（内、外圆磨），$v_{fa} = 10 \sim 15m/min$（平面磨），工件圆周速度 $v_w = 10 \sim 20m/s$，径向进给速度 $v_{fr} = 0.05 \sim 0.15m/min$（双行程）。

2）电压、电流规范。粗加工时，电压为 $8 \sim 12V$，电流密度为 $20 \sim 30A/cm^2$；精加工时，电压为 $6 \sim 8V$，电流密度为 $10 \sim 15A/cm^2$。

以上工艺参数在应用时，如果发现磨削表面出现烧黑现象，则应降低电压或减小径向进给速度，增大轴向进给速度。

2. 超声振动车削

超声振动车削是使车刀沿切削速度方向生产高频振动进行车削的一种加工方法，其与普通车削的根本区别在于，超声振动车削切削刃与被切金属形成分离切削，即刀具在每一次振动中仅以极短的时间便完成一次切削与分离，而普通车削，切削刃与被切金属则是连续切削的，切削刃与被切金属没有分离。因此，超声振动车削的机理已不同于普通车削。

超声振动车削的主要特点是切削力与切削热均比普通车削小得多，切削力约为普通车削的 $1/3 \sim 1/20$，切削热约为普通车削的 $1/5 \sim 1/10$，这是超声振动车削能获得高加工精度、好表面质量的基本原因。

试验表明，超声振动车削难加工热喷涂涂层要求刀具的切削刃和刀尖必须具有较高的强度和耐磨性，刀具材料和刀具几何参数选择应符合如下要求。

1）刀具材料。YC09、YW2 等刀具材料，在加工难加工 Ni60 热喷涂涂层时，均有较好的切削性能。对于 Al_2O_3 陶瓷喷涂层，则要求采用立方氮化硼刀片，它们的刀具寿命均达到较好的实用程度，并比普通车削时长。

2）刀具几何参数。为了使切削刃有较高的强度，一般前角选 $\gamma_o = 0°$；为了减小摩擦，一般选后角 $\alpha_o = 8° \sim 12°$；为了增强刀尖强度，主偏角 κ_r 与副偏角 κ_r' 均可取小值，刀尖圆弧半径 r_ε 可取大值，以便增强刀尖强度，一般选 $r_\varepsilon = 2 \sim 3mm$。

超声振动车削热喷涂涂层在工程实践中得到了很好的应用。某工程机械发动机活塞销磨损后大量报废，在对其采用热喷涂再制造恢复后（喷涂层材料为 Ni60，硬度为 60HRC），机械加工困难。活塞销外径的加工尺寸公差为 0.011mm，表面粗糙度值为 $0.32 \sim 0.04\mu m$，采用一般车削无法达到这一要求。采用超声振动车削，其工艺参数：振动频率 20kHz，振幅 $a = 15\mu m$，工件速度 $v_w = 4.8m/min$，进给量 $f = 0.08mm/r$，背吃刀量 $a_p = 0.1mm$。加工后的活塞销外圆经测量，尺寸误差为 0.009mm，表面粗糙度值为 $0.16\mu m$，满足了装配、使用要求。

3. 磁力研磨抛光

磁力研磨就是将磁性研磨材料放入磁场中，磨料在磁场力作用下沿磁力线排列成磁力刷，将工件置于 $N\text{-}S$ 磁极中间，使工件相对于两极保持一定的间隙。当工件相对于磁极转动时，磁性磨料对工件表面进行研磨。若在工件轴向置入超声振动装置，工件上每个点将以 $18000 \sim 25000Hz$ 做纵向振动，这种超声-磁力复合研磨效果极佳。设磁性磨粒 A 是靠近工件表面的一颗磨粒，在磁场作用下，A 点就会产生沿磁力线方向压紧工件的力 f_x。由于工件旋转，工件表面切向方向施加给 A 点切削反力 f_y，又因为磁极的磁场是不均匀的，在 A 点的切线方向还受到因磁场强度梯度变化产生的磁力 F_m，这个力与 f_y 方向相反，可以防止磨粒 A 受的磁场力（f_x 与 F_m 合力）大于切削反力 f_y，这时磁性磨粒 A 处于正常的切削状态。当磨粒 A 受到的磁场力小于切削反力 f_y 时，磨粒 A 就会产生滑动或滚动。磁力的大小与磁场强度的平方成正比，磁场强度的大小又随直流电源电压增加而增加。因此，只要调

节外加电压的大小，就可以调节磁场强度的大小。

磁力研磨主要用于精密零件的表面精整和去毛刺，毛刺的高度不能超过 0.1mm，如轴承、轴瓦、油泵齿轮、阀体内腔和精密偶合修复后的抛光及去毛刺。采用该方法，效率高、质量好，棱边倒角可控制在 0.01mm 以下。例如，用磁力研磨抛光圆柱形阶梯零件时，该方法可将棱边上 20~30μm 高度的毛刺在几分钟内除去，研磨成的棱边圆角半径为 0.01mm。这是其他方法无法或者很难实现的。

6.7 液压缸及其零件再制造质量检验方法

6.7.1 液压缸及其零件再制造前质量检验方法

根据 GB/T 28619—2012 的规定，可将再制造前的液压缸及其零件称为再制造毛坯。

液压缸及其零件再制造前质量检验的目的在于，根据再制造毛坯外观质量、内部缺陷及特殊性能检验结果，对再制造毛坯做出再制造性评价。

有条件的再制造企业可进行剩余寿命评估。依据毛坯在制造阶段的设计寿命、服役阶段的故障统计及失效分析结果，采用无损检测技术，确定再制造毛坯寿命劣化规律和劣化速率，提取表征再制造毛坯损伤程度的特征参量，评估再制造毛坯的损伤程度。

对不允许裂纹存在的再制造毛坯，查找再制造毛坯的潜在危险部位，选择表 6-23 中早期损伤的检测方法，基于无损检测寿命劣化过程中的特征信号变化规律，诊断早期损伤程度，预测剩余寿命。

1. 总则

1) 再制造毛坯及再制造模式应符合 GB/T 28619—2012 规定的定义。

2) 再制造毛坯的质量检验包括再制造毛坯的外观质量、内部缺陷及特殊性能的检验方法。再制造毛坯的外观质量指毛坯外形方面满足再制造的能力；内部缺陷指再制造毛坯内部存在的不合理或不安全的欠缺；再制造毛坯特殊性能的检验指涉及环保及电气安全的相关性能。

3) 再制造毛坯质量检验前应满足所选检验方法的技术要求。

4) 对再制造毛坯的质量进行检验时，应编制再制造毛坯质量检验规范和作业指导书。

5) 对再制造毛坯的质量进行检验时，应优先采用无损检测技术。

6) 无损检测技术的选择应充分考虑再制造毛坯的材质、结构、制造工艺、服役条件及无损检测技术成熟度等因素。

2. 再制造毛坯外观质量检验方法

1) 外观质量检验应根据再制造产品的实际需要选择检验内容和检验方法。检验内容包括零件的外形尺寸、局部变形、磨损、腐蚀、早期疲劳、残余应力状态及表面裂纹的检验。检验方法包括抽检和全检等不同方式。

2) 变形、磨损量可通过尺寸测量获得。根据故障统计确定重点检测部位，根据检测部位的形状要求确定检测工具：

a) 对于简单形状的再制造毛坯几何尺寸的测量，可采用满足要求的常规量具。

b) 对于复杂的三位空间零件的尺寸测量，应选择合适的专业工具，可参照表 6-23。

3) 表面腐蚀可通过人工目视并结合放大镜等辅助工具检验。

4) 表面裂纹可根据再制造毛坯的材质特性、结构尺寸及使用情况，选择表 6-23 中的技术方法。

5) 对承受疲劳交变载荷的关键再制造毛坯，需要评价早期疲劳损伤程度，选择表 6-23 中的技术方法。

6) 检验再制造毛坯表面残余应力状态，选择表 6-23 的方法。

7) 在选择再制造毛坯外部质量检测方法时，应兼顾检测效率和检测精度，与再制造生产工艺匹配。

表 6-23 再制造毛坯外观质量检测方法

检测类型	检测方法	检测特点	应用范围
变形、磨损量	坐标测量	三坐标测量机测量复杂形状表面轮廓尺寸，单轴测量精度每米内小于 1μm，空间精度达 1~2μm	缸体、导向套、活塞杆静压支承结构等空间型面的尺寸测量
	机器视觉测量	用机器代替人眼进行目标对象的识别、判断和测量，非接触、高速、高精度	各种材料缸零件的长度、角度、直径、弧度等典型几何参量测量

（续）

检测类型	检测方法	检测特点	应用范围
表面裂纹	渗透	测量金属或非金属再制造毛坯表面的开口缺陷，直观显示缺陷形状和位置	铸件表面裂纹、缩孔、疏松；锻件表面裂纹、分层；焊件表面裂纹、气孔等
	磁粉	检测导磁金属表面和近表面裂纹缺陷，采用交流电磁化可检测表面下 2mm 内缺陷；采用直流电磁化可检测表面下 6mm 缺陷	合金钢大型曲面薄壳体表面裂纹、夹层及折叠；含中心孔的圆筒件裂纹检测；焊接结构的裂纹检测
	涡流	基于电磁感应原理，检测导电金属材料表面缺陷及物理性能	有色金属材料，如铝、铜、锆等材料或构件中的裂纹、折叠、气孔及夹层
	超声	当超声波束与平面缺陷垂直时，对裂纹、夹层、折叠、未焊透等具有极高检测能力	适用于钢铁材料、有色金属和非金属材料，各种尺寸铸件、锻件、轧制件、焊缝裂纹检测
表面疲劳	金属磁记忆	利用自发磁信号检测铁磁材料表面疲劳损伤的危险区域	缸体等承受疲劳载荷的结构疲劳损伤评价
	声发射	利用缺陷自身发射声波进行检测，是一种动态无损检测技术	金属或非金属材料的疲劳监测
	红外	在线动态显示构件疲劳部位的温度差异	承受疲劳载荷的结构件
表面腐蚀	电化学腐蚀电流法	试验时间短，可以得出零件的腐蚀电位、腐蚀电流，评价零件腐蚀的倾向性和腐蚀速率	用于零件修复层选择的腐蚀试验和腐蚀机理的研究
残余应力	X 射线衍射	利用 X 射线入射材料测的晶格应变获得宏观残余应力。该方法不改变试样的原始应力状态	适用于多晶材料

3. 再制造毛坯内部质量检验方法

1）对于外观质量检验不能发现的内部缺陷，应实施内部质量检验。

2）内部质量检验应针对影响再制造后零件使用性能的各类缺陷进行检测。

3）内部质量检验应利用无损检测技术进行，具体可参考表 6-24 选择。

4）在选择再制造毛坯内部质量检测方法时，应兼顾检测效率和检测精度，与再制造生产工艺匹配。

表 6-24　再制造毛坯内部质量无损检测技术

无损检测技术	检测特点	适用范围
射线检测技术	利用射线在穿透物质的过程中被吸收和散射而衰减的原理直观地显示缺陷影像，对缺陷进行定性、定量与定位分析。但该方法难于发现垂直射线方向的平面缺陷	适用于所有材料内部体积型缺陷检测，对试件形状及其表面粗糙度均无特殊要求
超声检测技术	超声波在材料内部传播，与内部缺陷发生相互作用，根据反射信号的幅度评估缺陷大小	适用于金属、非金属、复合材料内部缺陷的定性、定量与定位测量

4. 再制造毛坯特殊性能的检验方法

再制造毛坯为比例/伺服控制液压缸时，其中的液压缸用传感器（开关）有绝缘要求的，应根据电气试验方法测试其绝缘性能；其他技术性能也应根据相应的技术要求（条件）和试验方法进行检测。

6.7.2　液压缸及其零件再制造后检验方法

根据 GB/T 28619—2012 的规定，可将再制造后的液压缸及其零件称为再制造产品。

如按照检验对象可将液压缸及其零件再制造后的

检验分为零部件检验和总成检验；如按照检验项目可将其分为机械加工检验、表面修复层检验、装配检验、性能检验、涂装检验、包装检验等。

1. 总则

1）按照相同的再制造工艺生产的同一类及相同型号的产品，为同一个检验批，同一检验批再制造产品的抽样样本数量应高于按照原型新品抽样样本的10%；对于单批次小于10件的产品，按照不低于50%的比例进行检验，其他要求按照 GB/T 2828.1 的规定。

2）检验前应制定明确的检验规程，对检验中所需的测量设备、测试设备、仪器、仪表、量具和工装均应做出适当的选择，以满足检验要求。

3）在检验中，应对所控制的检验环境提出明确要求，尤其是对环境敏感的精密测量。

4）检验过程应按要求做好防护，防止检验用高压和/或高温液压油液飞溅、喷射等可能对人身造成的伤害。

5）检验过程产生的废弃物应进行无害化环保处理。

2. 零部件检验

（1）机械加工检验

1）再制造零部件在加工过程中，受力部位和重要的工作面应不存在砂眼、划痕、碰伤、锈斑等降低零件强度、寿命及影响外观的缺陷。

2）零件加工表面热处理不应有氧化皮，经过加工后的配合表面应不需要退火处理。

3）由于加工或检验造成的有剩磁的工件，均应进行消磁处理。零件表面（包括键槽）上的毛刺应除净，锐边、尖角应倒钝。

4）对表面修复层机械加工后进行几何尺寸、几何公差和表面质量检测，其应满足图样和技术要求。

（2）修复层检验

1）喷涂层。

①使用强度拉伸机检验喷涂层的抗拉结合强度和硬度。

②涂层表面无裂纹、起皮和剥落等损伤，表面粗糙度应达到设计要求。

2）刷镀层。

①刷镀层可用硬度计进行检验。

②刷镀层经过机械加工后镀层无脱落、掉皮等影响使用的缺陷。

3）焊接层。

①通过疲劳、耐磨等试验与金相分析，判断焊接层是否满足力学性能要求。

②通过拉伸试验、压力试验（强度检验）和无损检测等手段，判断抗拉结合强度、气密性是否满足修复工艺要求。

③焊接层表面应均匀、无剥落、断层等，外形尺寸和标准质量应满足修复工艺要求。

4）其他修复层。对于有特殊检验要求的零部件，可按供需双方商定要求执行。

3. 装配检验

1）液压缸总成在装配前应将各零部件清理或清洗干净，不得有毛刺、飞边、氧化皮、锈蚀、切屑、砂粒、灰尘和油污等，并符合相应清洁度要求。除特殊要求外，在装配前零部件的尖角和锐边应进行倒钝处理。

2）用修配法装配的零部件，修整后的主要配合尺寸应符合图样和技术要求。

4. 性能检验

根据再制造产品的质量特性和安全性能应不低于原型新品的相关规定，液压缸总成检验方法按第5章相关各节。

凡属下列情况之一者，液压缸应进行型式检验：

1）再制造新产品或老产品转厂生产时。

2）正式生产后，每三年进行一次。

3）停产两年以上，恢复生产时。

4）出厂检验结果与上次型式检验有较大差异时。

5. 涂装检验

1）涂装前，应无毛刺、氧化皮、粘砂、油污等污物。

2）特殊部位应进行防护。

6. 包装检验

1）再制造液压缸的出厂文件应包括以下内容：

a）再制造液压缸合格证。

b）使用维修说明书。

c）质保卡。

2）应采用必要的防尘、防腐蚀及其他防物理损坏措施。

3）再制造液压缸的包装物上应标示再制造产品标识，其他要求按照 GB/T 28618 的规定。

6.8 几种再制造技术修复缸零件应用实例

液压缸的失效模式有多种多样，其中有些是属于可通过现场维修修复的失效，如密封圈的损坏。导致液压缸成为报废品的除磕碰、划伤、电镀层脱落、锈蚀等原因外，主要原因是各种磨损，包括磨粒磨损、腐蚀磨损、疲劳磨损。对于因过载或外部撞击等原因

导致的缸体（筒）或活塞杆塑性变形、断裂所引起的液压缸失效，其基本上已经失去再制造的意义。

6.8.1　液压缸体（筒）的再制造修复实例

液压缸体（筒）的再制造应根据检测结果采用相应的再制造技术，如参考文献［121］列举了一些具体方法：

1）对于缸体（筒）外壁的锈蚀，采用化学药剂和机械抛丸的综合方法除锈和去残留油漆。

2）对于缸体（筒）内孔的磨损、划伤，采用刮削滚光或珩磨的办法，配合零部件的结构调整或密封件的重新选型，使之满足使用性能的要求。

3）针对一些安装面和密封面的磕碰，采用冷焊机堆焊后，可采用机械加工和手工修复相结合的方法，达到安装和密封要求。

1. 珩磨技术在修复工程机械液压缸缸体上的应用

根据参考文献［122］的介绍，液压缸作为工程机械核心部件之一，耗材巨大，加工难度大，但液压缸的集中度高，主要由缸筒、活塞杆、活塞、缸盖等组成。液压缸再制造所用设备少，工艺相对简单，液压缸的附加值高，因此对工程机械液压缸进行再制造是非常必要和重要的。

（1）液压缸的失效模式分析

工程机械（用）液压缸的工作环境恶劣，导致液压缸的报废数量最多，主要的失效模式有磨粒磨损、疲劳磨损、黏着磨损和变形。

某工厂在对 100 台液压缸拆解、检测后，对其主要零部件损伤形式进行了数据统计，见表 6-25。

表 6-25　缸零件检测结果统计数据　　　（单位：件）

零件名称	直接可利用件	缸零件损伤形式及数量			
		磨粒磨损件	疲劳磨损件	黏着磨损件	变形件
缸筒	10	40	19	23	8
活塞杆	8	22	26	28	16
活塞	11	17	23	19	30
端盖	9	27	23	18	23

由统计数据可知，液压缸缸筒的主要失效形式是磨粒磨损。针对这种表面磨损的形式，采用珩磨技术对缸筒进行修理尺寸再制造。

（2）珩磨工艺

缸筒是液压缸的重要组成部分，大部分缸筒都是因内部有磨粒使缸筒内壁产生划痕，导致其内泄漏量超标，工作压力及缸输出力达不到要求而报废的，因此运用珩磨技术对缸筒内壁划痕进行修复成为其主要的方法。珩磨机的珩磨过程可分为粗珩、精珩和抛光三步。

粗珩时，刚开始阶段由于缸筒内壁有划痕或剥落，珩磨头油石也有棱角和毛刺，因此冲程速度及主轴负载要小一些，运行平稳后逐步增加，观察压力表指示数的变化，根据需要手动修正缸筒锥度；精珩时，主轴转速相应提高约 10%，主轴负载也相应增加，短冲程开关关；抛光时，主轴转速和主轴负载保持与精珩时一样，这时先关闭主轴转动，利用手动按钮缩小珩磨头，在油石下方加垫专用的抛光砂布胀紧继续进行珩磨，这样做是为了提高缸筒内壁的表面质量。观察缸筒内壁的划痕、剥落等损伤的地方是否被珩磨完，达到要求后对缸体进行清洗，除去里面残留的珩磨油；清洗干净后再涂一层保护油，保护缸筒内壁。

珩磨参数的设置：

1）主轴转速。在设置屏界面设置正确的缸内径尺寸，根据显示屏上主轴箱转速值档调整主轴箱上手轮的位置。

主轴的合理转速可按式（6-11）进行计算：

$$n_e = \frac{17500}{D} \qquad (6-11)$$

式中　n_e——主轴的合理转速，单位为 r/min；

　　　D——缸内径，单位为 mm。

2）冲程速度。按下冲程速度键设置，对于一个上道工序未曾珩磨过和零件在开始珩磨时，冲程速度可大约设置为 15m/min；经过几个冲程后，将冲程速度设置为需要的数值。

冲程速度 v_1 可按式（6-12）设置，即

$$v_1 = \pi Dn\tan30°/1000 \qquad (6-12)$$

式中　v_1——冲程速度，单位为 m/min；

　　　D——缸内径，单位为 mm；

　　　n——主轴转速。

3）进给速度

进给速度的调节可按表 6-26 进行设置。

表 6-26　进给速度对照表

工件直径/mm	主轴转速/(r/min)	进给速度设置（%）		备注
		粗糙孔	正常孔	
50	350	10	30	
75	230	10	40	
100	175	20	50	如需快速去除余量，则可以增加进给速率；如果油石磨损量过快，可以相应减少进给速度或更换较硬的油石进行加工
125	140	20	60	
140	125	20	60	
165	106	20	70	粗糙孔的前几个冲程使用这种设置，正常孔精珩时，进给速度设置为 15%～20%
200	88	20	70	
305	58	20	75	
380	46	20	75	

珩磨后的缸筒壁厚减薄，其力学性能（刚度、强度）也会下降，是否满足要求需要进行力学分析。

2. 冷焊技术在液压支架底缸修复再制造上试验应用

根据参考文献［123］的介绍，冷焊技术是近年来出现的一种新的冷弧焊接工艺，是对传统融化极气体保护焊工艺的重大改进。该技术采用先进的电子技术对焊接电流波形及电压进行控制，并配合熔滴的短路过渡，从而实现对焊接热输入的控制，不仅可以大幅度降低焊接热输入，降低熔覆层的稀释率，而且有利于提供熔覆层的质量。

冷焊技术具有如下主要特点：

1）焊接热输入小。冷焊时其热输入仅为传统熔化极气体保护焊的 1/3，甚至更低。因此，焊接热影响区小，工件变形小。

2）熔覆层稀释率低。冷焊后的熔覆层稀释率小于 2%，可媲美激光熔覆，获得质量及性能更高的熔覆层。

3）适用焊材及基材范围广。冷焊设备基本可适用于市面上所有的碳素钢、不锈钢、Al、Cu、Ni 等不同类型药芯、实心焊丝及基材。

4）飞溅少。冷焊焊接时飞溅极少，基本可做到无飞溅焊接。

（1）试验材料和设备

试验选用规格为 $\phi530mm$ 的液压支架底缸，试验设备选用河南省煤科院耐磨技术有限公司生产的 IG 冷焊设备。焊材直接影响冷焊后熔覆层的组织与性能，本试验所用焊材为铝青铜焊丝，其主要成分见表 6-27。

（2）液压支架底缸内壁冷焊工艺

液压支架底缸内壁冷焊主要工艺流程如图 6-6 所示。

1）冷焊前清洗。为了保证液压支架底缸内壁修复的质量，必须尽量减少冷焊过程中焊接缺陷的产生。因此，在进行冷焊前，必须对待焊的液压支架底缸内壁进行彻底的清理（如高压冲洗、乙醇擦拭等），以去除内壁表面的油污、锈点等杂质。

2）冷焊过程。根据液压支架底缸内壁冷焊修复的生产经验，冷焊的主要焊接参数见表 6-28。

表 6-27　试验用焊材的主要成分

成分	Al	Fe	Mn	Ni	Si	Zn	Cu
质量分数（%）	8～10	2.5～3.5	12.5～15	2.5～5	0.02～0.1	0.01～0.05	其余

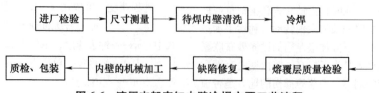

图 6-6　液压支架底缸内壁冷焊主要工艺流程

表 6-28　冷焊的主要焊接参数

焊接电压/V	焊接电流/A	焊接速度/(mm/min)	保护气流量/(L/min)
12	160	360	12

与传统的焊接工艺相比，冷焊过程中飞溅极少，从而减少焊接缺陷的产生，提高焊接质量。冷焊后内壁熔覆层形貌平整均匀，无明显的焊接缺陷。经测量，冷焊后熔覆层单边厚度约为 3mm，高低落差小于 0.5mm，其数值主要取决于冷焊时的焊接参数。为了保证液压支架底缸修复后的性能要求，必须在机械加工之前对熔覆层进行质量检验，发现缺陷补焊后方可进行后续的机械加工。

3）内壁的机械加工。将冷焊后的缸体完全冷却至室温后，使用深孔镗床进行镗削。经粗镗、精镗后，缸体内径保留 0.5mm 加工余量。镗削完成后，使用珩磨机将内壁珩磨至要求尺寸，加工完成的内壁表面粗糙度值不大于 $Ra0.4\mu m$。检验合格后即可实现液压支架底缸内壁的修复。

（3）冷焊技术应用效果分析

为了检测冷焊修复液压支架底缸内壁的应用效果，对其进行磨损试验和盐雾腐蚀试验。由于在液压支架底缸上取样难度大，故选用与液压支架底缸相同材质的钢板进行试验。采用相同的焊材以及冷焊焊接参数，对钢板进行熔覆。按照试验要求取标准试样进行试验，其相对耐磨性和相对耐蚀性如图 6-7 所示。

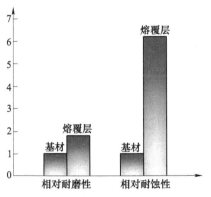

图 6-7　相对耐磨性和相对耐蚀性

由图 6-7 可知，冷焊技术应用效果显著。经冷焊技术修复后的液压支架底缸内壁，其耐磨性、耐蚀性均得到不同程度的提高。熔覆层与基材相比，其相对耐磨性约为 1.8 倍，相对耐蚀性约为 6.2 倍，表面熔覆层的性能得到了强化。耐磨性的提高，使得液压支架底缸内壁在工作过程中更不易被磨损，而且耐蚀性显著提高，延长了液压支架底缸的使用寿命。此外，

根据液压支架底缸的性能要求，可采用不同的焊材，达到不同性能的熔覆层，获得不同的强化效果。由此可见，冷焊技术在液压支架底缸内壁修复上有良好的应用前景。

3. 表面粘涂技术在修复大型液压油缸缸体上的应用

根据参考文献［60］的介绍，某厂 500t 液压机大型液压油缸缸体内壁划伤且胀缸，具体情况如下：

1）缸体内壁上部划伤长度为 450mm。

2）缸体下部胀缸长度为 350mm，胀大后尺寸为 $\phi 502^{+0.021}_{0}$ mm（原缸内径为 $\phi 500^{+0.155}_{0}$ mm）。

其采用了表面粘涂技术对该缸体进行了修复，具体工艺如下：

1）在经过表面预处理粗化的缸体划伤和胀缸处涂覆 AK02-3 自润滑减磨修补剂，并留出加工余量。

2）用红外灯加热固化。

3）用与缸内径尺寸相近的打磨工具加工至尺寸要求及圆柱度、直线度要求。

在该参考文献中没有介绍修复效果，但对于缸体变形（如胀缸）这样的再制造毛坯，应首先进行再制造评估。一般情况下，其已经失去了再制造意义。

6.8.2　液压缸活塞杆的再制造修复实例

液压缸活塞杆的再制造应根据检测结果采用相应的再制造技术，如参考文献［121］列举了一些具体方法：

1）对于活塞杆表面电镀层剥落，局部（轻微）锈蚀、磕碰、划伤，采用特殊的退镀工艺对电镀硬铬层进行退镀，修复局部损伤后再重新电镀硬铬。

2）对于必须减小活塞杆直径的如大面积锈蚀，采取把活塞杆直径做一定的调整，定制相应的密封件和端盖；同时对活塞杆进行热处理强化，提高活塞杆的机械强度，降低再制造的成本。

3）对于表面磕碰、划伤严重的活塞杆，采用冷焊机进行局部焊接，修复缺陷；同时也可利用等离子激光淬火，使活塞杆杆体尺寸变化，然后整体重新加工。等离子激光淬火也可以提高零部件的力学性能，延长使用寿命。

对于表面损伤严重的或欲提高质量特性的活塞杆，应采用等离子喷涂、激光熔覆等先进的再制造技

术予以修复。

1. 煤矿用液压支架立柱和千斤顶激光熔覆再制造技术应用

所谓煤矿用液压支架立柱和千斤顶激光熔覆再制造技术，是对因串液、镀铬层剥落、严重拉伤等原因失效的立柱和千斤顶，通过采用激光熔覆不锈钢粉末技术，使其质量特性达到或优于原有新品水平的一项再制造技术。

根据参考文献［124］的介绍，电镀修复立柱和激光熔覆再制造立柱在同一煤矿同一工作条件下的使用寿命为：电镀修复立柱使用寿命为 $1\sim1.5a$；激光熔覆再制造立柱在使用 4.5a 后仍未出现生锈和密封性能下降等问题。根据模拟试验结果，激光熔覆再制造立柱的实际使用寿命应为电镀修复立柱的实际使用寿命的 6 倍。

根据 DB 37/T 1932—2011 的规定，对立柱和千斤顶主要件进行彻底的清理、清洗、去脂等处理，进行缺陷评价，判断是否适合再制造。出现以下情况，（应）判定为不宜再制造：

a）中缸体、小柱密封配合面轴向划痕深度大于 2mm。

b）中缸体、小柱密封配合面径向划痕深度大于 2mm。

c）缸体有裂纹，缸体端部的螺纹、环形槽或其他连接部位不完整。

d）缸体内孔的直线度误差大于 0.05%；圆度、圆柱度误差大于公称尺寸的 0.2%。

e）活柱的直线度误差大于 0.1%。

关于零件评价可进一步参考 DB 37/T 2688.2—2015 等标准。

DB 37/T 1932—2011 还规定了主要零部件熔覆前要求和激光熔覆不锈钢再制造立柱要求。

主要零部件熔覆前要求：

a）外缸体、中缸体、活塞杆的焊缝应按 GB/T 6402、GB/T 5777 要求进行超声波检测。

b）检测外缸体和中缸体损伤、尺寸、直线度，必要时采用激光熔覆或电镀工艺进行修复内孔，达到技术要求。

激光熔覆不锈钢再制造立柱要求：

a）激光熔覆层的厚度不小于 0.5mm。

b）经激光熔覆后，表面硬度应不低于 40HRC。经滚压处理后应不低于 42HRC。

c）熔覆层应均匀、牢固，不应有起皮、脱落或起泡现象，不应有烧焦、裂纹及密集的麻点等外观缺陷。

（1）激光熔覆技术在煤矿液压支架上的应用

1）液压支架立柱油缸激光熔覆的必要性。根据参考文献［125］的介绍，山西汾西矿业集团液压支架大修、各类千斤顶的修理一种采用电镀工艺，根据环保需要，可电镀硬铬厂家逐年递减，电镀硬铬价格却在增高，已成为液压支架立柱、千斤顶修复中的瓶颈。而且电镀硬铬的质量难以满足煤矿用户的要求，特别是在有腐蚀性气体或液体的矿井，其中 H_2S 腐蚀性对镀硬铬层危害最大。

激光熔覆层的寿命是电镀硬铬层的 5 倍以上，目前国内的高端液压支架的再制造大多采用激光熔覆。

激光熔覆后，立柱的下一次检修特别简单。因为电镀硬铬的立柱如果有一个锈蚀点或划痕点，检修时电镀硬铬层必须经过全部退镀、补修后再电镀硬铬的复杂过程，费时费力，工序烦琐，污染环境。而经激光熔覆的立柱，在下一次的支架检修时，在密封有保障的前提下，大部分立柱不需拆解处理，个别损伤处只需微处理即可（将破损点用氩弧焊补焊，然后油石打磨抛光），费用低廉、省时、省力、环保。

2）立柱电镀层和激光熔覆层性能对比。电镀是利用电解工艺，将铬沉积在基体表面，形成铬镀层的表面处理技术。镀层与基体之间为化学键结合，结合力弱，容易造成鼓泡、龟裂、脱落。立柱、千斤顶电镀工艺普遍采用铜锡合金加硬铬的复合镀层技术。电镀层的厚度一般为 $0.05\sim0.06$mm。镀铬层的脆性较大，当局部受到压缩或冲击时，镀层极易发生裂纹，潮湿空气中的水分就会通过空隙渗到基材表面而形成锈斑。随着时间的延续，斑点不断扩大、增多而连成大片面积，严重时造成支架失效。

以大采高立柱中缸激光熔覆为例，激光熔覆技术利用大功率激光束聚集极高能量，瞬间将被加工件表面融化，同时使零件表面预置的合金粉完全融化，获得致密熔覆层与基体冶金结合的覆层。经过精加工后，熔覆层单边厚度保留 $0.50\sim0.60$mm，是电镀层的 $8\sim10$ 倍，并且与基材呈牢固的冶金结合。由于激光束能量集中密实特点，光能绝大部分用于融化粉末，只对基材表面微熔，而且基材热影响区极小，一般为 $0.1\sim0.2$mm，有效保证了基体材料的性能和形状不发生改变。

熔覆后的机械加工工艺有两种，一种是粗车→精车→抛光；另一种是粗车→磨削→抛光。精车后经专用抛光机抛光后的表面粗糙度值可达到 $Ra0.4\mu$m 以下。

3）经济性分析。经调研测算，采用激光熔覆工艺成本为 3189.5 元$/m^2$，采用电镀工艺成本为 1450

元/m。电镀工艺须在每次大修时先退镀、再镀铬，而激光熔覆工艺在大修时只需做修补，所以激光熔覆工艺后续运维成本大幅下降。从综合效益来看，激光熔覆工艺优于电镀工艺，并有效解决了制约支架大修、各类千斤顶修理过程中的电镀瓶颈问题。

（2）不锈钢熔覆再制造技术在修复液压缸杆件中的应用

根据参考文献［126］的介绍，有调查显示，由于综采支架长期使用于地下恶劣的自然环境条件下，处于高负荷状态，液压缸杆件工作时伸出液压缸约 2/3，容易腐蚀和弯曲，使防尘圈工作状况不好，产生恶性循环，将灰尘和杂质随着活柱体伸出和回缩带入液压缸内。同时，因大多超期服役，杆体表面出现麻坑，当液压缸杆件伸出时正好密封圈在麻坑位置就会使密封失效，液压缸稳不住压。对于上述情况杆件采用重新镀铜的方法，或者对杆体表面进行喷涂耐磨塑粉的方法。但如果间隙超差过大，镀铜就无法解决这个问题，而喷涂工艺往往又受各种因素的影响，喷涂层容易脱落，且塑粉的硬度及耐冲击性也不好。通过研究，采用不锈钢熔覆技术进行杆件再制造修复，使其表面硬度增加、表面粗糙度值减小、耐磨性和耐蚀性提高，从而提高了液压缸整体的使用寿命。因此，不锈钢熔覆技术再制造修复综采支架液压缸杆件可以获得较好的经济效益。

液压缸杆件不锈钢粉末熔覆修复是一种利用高能量激光束扫描工件，使被扫描的区域不锈钢粉末融化，达到表面硬化的技术。其基本原理是用一定能量密度（$10^3 \sim 10^5 \mathrm{W/cm^2}$）的激光照射液压缸杆件，使被照射的表层磨损区域急速加热至相变点以上；熔点以下的温度；此时工件表面涂覆的不锈钢粉末达到熔点开始融化，工件基体仍处于冷态，加热区与基体之间存在很大的温度梯度；当激光束停止照射时，由于热传导的作用，加热区会急速冷却（$10^6 \sim 10^8 \mathrm{℃/s}$）而发生不锈钢粉末溶液冷却，将不锈钢粉末熔融在金属液压缸杆体表面，使工件表层实现修复。

采用不锈钢熔覆再制造技术修复液压缸杆件具有如下特点：

1）激光束是快速加热、自激冷却，不需要保温和冷却液降温，是一种无污染绿色环保热处理工艺，可以很容易实现对液压缸杆件表面进行熔覆修复。

2）由于激光加热速度快，热影响区小，又是表面扫描加热，即瞬间局部加热，所以被修复的液压缸杆件变形很小。

3）由于激光散射角很小，具有很好的指向性，能够通过导光系统对液压缸杆件表面进行精确的局部

熔融修复。

4）激光表面熔覆的熔覆层厚度一般为 0.7 ～ 1.5mm，这种修复技术可以修复表面划痕拉伤深度超过 1.5mm 的液压缸杆件。

综上所述，使用不锈钢粉末熔覆技术修复各类矿用综采支架液压油缸杆件在经济上和技术上都是可行的。已在新汶矿业集团完成多批次试验，效果良好。

2. 高频熔焊、电刷镀再制造技术在修复船载打桩机变幅液压缸活塞杆上的应用

根据参考文献［60］的介绍，高频熔焊多金属缺陷修复，是利用一台高频熔焊多金属缺陷修补机（简称多金属缺陷修补机，该设备为北京奥宇可鑫集团公司的专利产品）对多种金属零部件表面的缺陷（如铸件的气孔、砂眼，不同金属零部件在使用过程中产生的剥落、磨痕等）进行修补修复。多金属缺陷修补机的工作原理是，在设备工作时，可以 $10^{-3} \sim 10^{-1}\mathrm{s}$ 的周期电容充电，并在 $10^{-6} \sim 10^{-5}\mathrm{s}$ 的超短时间高频放电，以各种金属补材作为修补机的电极，与待修金属基体缺陷部位接触时就由高频放电电压将气体击穿形成等离子体，从而产生达 6000℃ 以上高温的电火花，使电极（金属补材）与待修基体金属材料接触部（位）瞬间发生熔融，并进而过渡到待修件的表面层。由于补材与基材之间产生了合金化作用，从而向待修件内部扩散、熔渗，形成扩散层，得到了高强度的冶金结合。

由于在施焊过程中，每次放电时间与下次放电时间相比极短，修补机有足够的相对停止时间，因而热量会通过基材的基体迅速扩散到外界，基体上被修补部位不会有热量的聚集。虽然基材的升温几乎保持在室温，但由于瞬间熔化的原因，电极补材的温度可达到 1000℃ 左右。

利用高频放电修补加工时，虽然热量输入低，但其熔融区的结合强度很高。这是由于电极补材瞬间产生的高温使补材金属熔融，并迅速过渡到与基材金属的相接触部位，其修补部位表层深处形成了类似补材向基材"生根"似的强固扩散层，有些还可能形成冶金结合，从而呈现出很高的结合性能。

某航运工程局打桩船的桩架变幅是通过大型变幅液压缸来驱动完成的。因变幅液压缸工作频繁，负载较大，加之海上作业，腐蚀严重，施工场地岸边沙石飞扬，环境恶劣，导致活塞杆表面镀铬层剥落、拉伤，活塞杆密封损坏，发生漏油现象。

根据上述情况，此打桩船变幅液压缸有以下问题需要在修复中解决：

1）上端盖处活塞杆密封液压油外泄漏。

2）活塞杆表面镀铬层剥落、拉伤。

3）缸套内表面局部点腐蚀和拉伤。

经研究，决定采用高频熔焊与电刷镀相结合修复方案，具体修复步骤如下：

（1）液压缸的拆卸解体

1）液压缸的整体拆卸。此打桩船变幅液压缸最大外径为 1.27m，液压缸总长为 11.66m，液压缸净重约 28t。其中，活塞杆、活塞及活塞杆铰头重 12t，上端盖重 1.0t，底端盖重 3.0t，缸筒重 12t。在液压缸拆卸前，须将活塞杆缩回到极限位置，拆除软管并封堵好接头。利用起重设备提住液压缸，拆除铰轴，然后将液压缸装车、转运、进厂。

2）液压缸解体。拆下放气螺栓，取出钢球，将已准备好的管接头连接到放气孔上，接好管子，向下缸体内注入压缩空气（压力为 0.6～0.8MPa）。将上缸体内的液压油排放至干净的油桶中（需备 20 个空油桶）。将已准备好的支架滑车（或用枕木）放入活塞杆下，利用压缩空气把活塞及活塞杆整体压出来（行程为 8.25m），尽量使活塞运动到极限位置以便放尽液压缸中的液压油；同时，在此过程中务必保持缸筒与活塞及活塞杆的同心。

a）拆下上端盖。用滑车托住上端盖底部，将上端盖上各螺钉及周围清理干净，使用专用扳手拆下各螺钉。在端盖上对称焊接两个顶杆螺母，采用螺纹顶杆将上端盖顶出。

b）拆下底端盖。将底端盖上各螺钉及周围清理干净，使用专用扳手拆下各螺钉。

c）活塞及活塞杆抽出。在活塞即将被拉出时，滑车应靠近活塞。

因为此次采用的是高频熔焊与电刷镀相结合的修复工艺，所以活塞与活塞杆不需进一步解体，减少了拆卸工作量及难度。

（2）液压缸的检测

1）缸筒（内壁）、活塞及活塞杆等用轻柴油清洗干净，工具为绸布等。

2）检查测量各配合面的尺寸及公差，以及缸筒、活塞杆等的直线度、圆度和圆柱度等。

3）检查上端盖导向套是否有偏磨现象。

经过检测，结果如下：

a）活塞杆磨损及锈蚀严重，原镀铬层表面磨损及锈蚀长度达 4.6m，深度为 1.0mm。

b）缸筒内壁的磨损由原来的三道拉槽扩展宽度为 300～500mm，长度为 5.1m，深度为 1.0mm 的磨损面。

c）上端盖导向套磨损严重，V 形密封圈严重变形。

（3）活塞杆的修复

1）修复要求。达到耐磨损、耐腐蚀的目的，硬度在 55HRC 以上，表面粗糙度值不高于 $Ra0.2\mu m$。

2）工艺流程。采用高频熔焊与电刷镀相结合的修复工艺，工艺流程为：修整打磨基体表面→清理清洗→高频熔焊→修整打磨高频熔焊表面→电刷镀→磨损、腐蚀面恢复尺寸→机械抛光修复面。

3）修复过程。

①清洗及修复基准的确定。把待修复的活塞杆吊放到行走小车上（小车间距不小于 5m）。因未与活塞解体，应注意保护好活塞上的密封圈。用清洗剂清洗活塞杆表面油污，然后用外径千分尺测量基准面的尺寸（测量活塞杆下端靠近活塞部分的未磨损面），以此面尺寸作为修复的基准。

②待修复表面的打磨。用打磨机将已磨损、腐蚀的表面上残余的镀铬层打磨掉。对于磨损面，磨损比较严重的地方先用磨光机粗打磨后，再用打磨机打磨。打磨的砂带应根据打磨情况适时调整，按由粗磨带再到精磨带的顺序使用。对于腐蚀较深的地方，先用角磨机打磨后，采用高频熔焊修补机将腐蚀的地方焊平，再用专用打磨工具将补焊的地方打（研）磨平。

③应用电刷镀技术对待修复表面进行刷镀。用逆变脉冲电刷镀对待修复表面进行刷镀，工艺过程如下：电净→1 号活化液活化→2 号活化液活化→3 号活化液活化→4 号活化液活化→5 号活化液活化→特号活化液活化→铬面活化液→特殊镍→镍铬合金。对于腐蚀较多或有麻点的地方，可采用铜活化液活化。

在电刷镀过程中，电刷镀层的质量好坏是由控制的温度和电流以及操作人员的技术水平决定的。特别是对于过渡面的电刷镀是一个难点，两种材料是否能很好地接触，以及过渡面的尺寸控制等。在电刷镀过程中，采用改变内应力的夹心层工艺，可确保电刷镀层无裂纹、无麻点。

④机械抛光及检测。电刷镀层的厚度应留有一定的抛光加工余量，电刷镀后应进行机械抛光处理。在 4600mm 长的活塞杆被修复表面上，等距选择了 17 个检测点，检测活塞杆直径 $\phi370$ 的尺寸偏差，检测结果见表 6-29。

经检测，活塞杆被修复表面的外径尺寸控制在 $\phi(370\pm0.01)$mm 范围内，达到了预定的基准尺寸，也满足了新品要求；修复后的活塞杆表面无修复痕迹、无裂纹、无麻点、无起皮等现象，表面粗糙度达到了要求；用硬度计检测硬度，其值达 55HRC 以上。

表 6-29　活塞杆直径尺寸检测结果　（单位：μm）

测点	1	2	3	4	5	6	7	8	9	10	11	12	13	14	15	16	17
垂直向	+5	+7	+3	−4	−5	−8	−5	−5	−7	−6	−8	−7	−8	−6	−1	0	+4
水平向	+4	+8	+4	−4	−8	−4	0	0	−8	−6	−9	0	−8	0	0	+5	+2

（4）液压缸装配及调试

液压缸的装配顺序与拆解时顺序正好相反，并且应按新品装配技术要求进行。

此液压缸驱动桩架进行前 30°～后 30° 变幅时，应在 18～20min 内完成。液压缸最大工作压力为 14MPa。

1）空载试验。空载试验按新品试验方法进行，但应注意检查油箱液面，如需添加新液压油，也必须将新液压油过滤后方可加入。液压缸两腔的排气是必须的，但应注意防止喷射及环境污染，如造成油箱内液压油空气混入量过高，应留出足够静置时间，以使油箱内液压油自行排气。

在空载试验中，应检查液压缸及管路是否存在外泄漏等现象。

2）负载试验。将液压缸活塞杆铰头与桩架连接，并再次通过放气阀检查排气情况。

控制液压缸使其驱动桩架进行前 30°～后 30° 变幅，具体按 0°～前 30°、前 30°～0°、0°～后 30°、后 30°～0° 顺序进行，检查液压缸及管路是否存在外泄漏等现象，记录液压缸的工作压力和各阶段变幅的时间。

使桩架处于前 15°状态，静置 2h，观察桩架是否有自行移动的现象。

经试验，此液压缸既无外泄漏也无内泄漏。

注：应表述为"此液压缸的内、外泄漏量不超标。"

第7章 液压缸的使用及其维护

7.1 液压系统工作介质的选择、应用与维护

7.1.1 液压系统工作介质的选择与应用

1. 液压油牌号及主要应用

液压系统常用工作介质应按 GB/T 7631.2—2003 规定的牌号选择。根据 GB/T 7631.2—2003 的规定，将液压油分为 L-HL 抗氧防锈液压油、L-HM 抗磨液压油（高压、普通）、L-HV 低温液压油、L-HS 超低温液压油和 L-HG 液压导轨油五个品种。

特别强调：在存在火灾危险处，应考虑使用难燃液压油液。

JB/T 10607—2006 规定了液压系统工作介质的选择、使用、贮存和废弃处理的基本原则，以及相关的技术指导，适用于一般工业设备用液压系统和行走机械液压系统。

表 7-1 给出了液压系统常用工作介质的牌号及主要应用。

在 JB/T 12672—2016 附录 A（资料性附录）中给出了土方机械液压油的应用指南。常用液压油的选用可参考表 7-2，或按 GB/T 7631.2 和 GB/T 3141 的规定进行；当设备制造商有特定要求时，应按照设备制造商的规定。

表 7-1 H 组（液压系统）常用工作介质的牌号及主要应用（摘自 JB/T 10607—2006）

工作介质		组成、特征和主要应用介绍
工作介质牌号	黏度等级	
L-HH	15	本产品为无（或含有少量）抗氧剂的精制矿物油 适用于对液压油无特殊要求（如低温性能、防锈性、抗乳化性和空气释放能力等）的一般循环润滑系统、低压液压系统和十字头压缩机曲轴箱等的循环润滑系统，也可适用于轻负荷传动机械、滑动轴承和滚动轴承等油浴式非循环润滑系统 无本产品时可选用 L-HL 液压油
L-HH	22	
L-HH	32	
L-HH	46	
L-HH	68	
L-HH	100	
L-HH	150	
L-HL	15	本产品为精制矿物油，并改善其防锈性和抗氧性的液压油 常用于低压液压系统，也可适用于要求换油期较长的轻负荷机械的油浴式非循环润滑系统 无本产品时可用 L-HM 液压油或其他抗氧防锈型液压油
L-HL	22	
L-HL	32	
L-HL	46	
L-HL	68	
L-HL	100	
L-HM	15	本产品为在 L-HL 液压油基础上改善其抗磨性的液压油 适用于低、中、高压液压系统，也可适用于中等负荷机械润滑部位和对液压油有低温性能要求的液压系统 无本产品时，可用 L-HV 和 L-HS 液压油
L-HM	22	
L-HM	32	
L-HM	46	
L-HM	68	
L-HM	100	
L-HM	150	

（续）

工作介质		组成、特征和主要应用介绍
工作介质牌号	黏度等级	
L-HV	15	本产品为在 L-HM 液压油基础上改善其黏温性的液压油 适用于环境温度变化较大和工作条件恶劣的低、中、高压液压系统和中等负荷机械润滑部位，对油有更高的低温性能要求 无本产品时，可用 L-HS 液压油
	22	
	32	
	46	
	68	
	100	
L-HR	15	本产品为在 L-HL 液压油基础上改善其黏温性的液压油 适用于环境温度变化较大和工作条件恶劣的（野外工程和远洋船舶等）低压液压系统和其他轻负荷机械的润滑部位。对于有银部件的液压元件，在北方可选用 L-HR 油，而在南方可选用对青铜或银部件无腐蚀的无灰型 HM 和 HL 液压油
	32	
	46	
L-HS	10	本产品为无特定难燃性的合成液，它可以比 L-HV 液压油的低温黏度更小 主要应用同 L-HV 油，可用于北方寒季，也可全国四季通用
	15	
	22	
	32	
	46	
L-HG	32	本产品为在 L-HM 液压油基础上改善其黏温性的液压油 适用于液压和导轨润滑系统合用的机床，也可适用于要求有良好黏附性的机械润滑部位
	68	

表 7-2　常用液压油的选用

质量等级	黏度等级	产品特性和主要应用
L-HM 抗磨液压油	22、32、46、68、100、150	具有良好的抗氧性、防锈性，而且突出的抗磨性的液压油 L-HM（普通型）适用于 14MPa 以下的低、中压液压系统；L-HM（高压型）适用于 14MPa 以上中、高压液压系统 适用于对低温性能要求不高的液压系统，以 L-HM46 抗磨液压油为例，可以用于 -10℃ 以上的工作环境
L-HV 低温液压油	10、15、22、32、46、68、100	是在 L-HM 液压油基础上，改善其黏温性能和低温性能的液压油 适用于环境温度变化较大的，且对液压油低温性能有较高要求的低、中、高压土方机械液压系统，以 L-HV46 低温液压油为例，可以用于 -25℃ 以上的工作环境 L-HV 低温液压油可以代替同黏度级别的 L-HM 抗磨液压油
L-HS 超低温液压油	10、15、22、32、46	除了具有与 L-HV 低温液压油相同的抗氧、防锈、抗磨等性能外，还具有比 L-HV 低温液压油更好的低温性能 主要应用于严寒地区，也可在国内四季通用，以 L-HS46 超低温液压油为例，可以用于 -35℃ 以上的工作环境中的低、中、高压土方机械液压系统

液压油质量等级、黏度等级的选择：

1）首先根据液压系统的工作温度范围及最低环境温度情况，按表 7-2 选择液压油的质量等级。若选用 L-HM 质量等级，则还要根据工作压力的高低选择

"普通型"产品或"高压型"产品。

2）根据液压系统的设计参数、运行工况和环境温度范围等选用适宜黏度等级的液压油。黏度偏大，会使系统压力降和功率损失增加，在寒冷气候下启动

因难并可能产生气穴腐蚀。黏度偏小，泵的内泄漏增大，引起系统压力下降，容积效率降低，并且偏小的黏度会使磨损增加。

2. 抗磨液压油的技术要求

液压系统常用的 L-HM（高压、普通）抗磨液压油的技术要求见表7-3。

表7-3 L-HM（高压、普通）抗磨液压油的技术要求

项目			质量指标									
			L-HM（高压）				L-HM（普通）					
黏度等级			32	46	68	100	22	32	46	68	100	150
密度（20℃）/(kg/m³)			报告				报告					
色度/号			报告				报告					
外观			透明				透明					
开口闪点/℃		不大于	175	185	195	205	165	175	185	195	205	215
运动黏度/(mm²/s)	40℃		28.8~35.2	41.4~50.6	61.2~74.8	90~110	19.8~24.2	28.8~35.2	41.4~50.6	61.2~74.8	90~110	135~165
	0℃		—	—	—	—	300	420	780	1400	2560	—
黏度指数		不小于	95				85					
倾点/℃		不高于	-15	-9	-9	-9	-15	-15	-9	-9	-9	-9
以 KOH 计酸值/(mg/g)			报告				报告					
水分（质量分数,%）		不大于	痕迹				痕迹					
机械杂质			无				无					
清洁度			e				e					
铜片腐蚀/级		不大于	1				1					
硫酸盐灰分（%）			报告				报告					
液相腐蚀（24h）	A 法		—				无锈					
	B 法		无锈				—					
泡沫性（泡沫倾向/泡沫稳定性）/(mL/mL)	程序Ⅰ（24℃） 不大于		150/0				150/0					
	程序Ⅱ（93.5℃） 不大于		75/0				75/0					
	程序Ⅲ（后24℃） 不大于		150/0				150/0					
空气释放值（50℃）/min		不大于	12	10	13	报告	5	6	10	13	报告	报告
抗乳化性（乳化液到3mL的时间）/min	54℃	不大于	30	30	30	—	30	30	30	30	—	—
	82℃	不大于	—	—	—	报告	—	—	—	—	30	30
密封适应性指数		不大于	12	10	8	报告	13	12	10	8	报告	报告

（续）

项目		质量指标									
		L-HM（高压）				L-HM（普通）					
氧化安定性	以 KOH 计 1500h 后总酸值/（mg/g）　不大于	2.0				—					
	以 KOH 计 1000h 后总酸值/（mg/g）　不大于	—				2.0					
	1000h 后油泥/mg	报告				报告					
旋转氧弹（150℃）/min		报告				报告					
抗氧性 齿轮机试验/失效级　不小于		10	10	10	10	—	10	10	10	10	10
抗氧性 叶片泵试验（100h，总失重）/mg　不大于		—	—	—		100	100	100	100	100	100
抗氧性 磨斑直径（392 N，60min，75℃，1200r/min）/mm		报告				报告					
抗氧性 双泵（T6H20C）试验	叶片和柱销总失重/mg　不大于	15				—					
	柱塞总失重/mg　不大于	300				—					
水解安定性	铜片失重/（mg/cm²）　不大于	0.2				—					
	以 KOH 计水层总酸度/mg　不大于	4.0				—					
	铜片外观	未出现灰、黑色				—					
热稳定性（135℃，168h）	铜棒失重/（mg/200mL）　不大于	10				—					
	钢棒失重/（mg/200mL）	报告				—					
	总沉渣重/（mg/100mL）　不大于	100				—					
	40℃ 运动黏度变化率（%）	报告				—					
	酸值变化率（%）	报告				—					
	铜棒外观	报告				—					
	钢棒外观	不变色				—					

（续）

项目			质 量 指 标	
			L-HM（高压）	L-HM（普通）
过滤性/s	无水	不大于	600	—
	2%水	不大于	600	—
剪切安定性（250 次循环后，40℃运动黏度下降率）（%）		不大于	1	—

注："e" 清洁度由供需双方协商确定。也包括用 NAS 1638 分级。

3. 10 号航空液压油的技术要求

目前，我国常用的石油基航空液压油有 3 号、10 号、12 号和 15 号航空液压油，颜色为红色，也称红油。10 号航空液压油是我国研制的第一种航空液压油，其性能相当于俄罗斯的 AMΓ-10，且应用的机种最多。但根据使用通知的要求，自 2004 年起在原使用 10 号航空液压油的飞机上全面换用 15 号航空液压油。

除飞机外，其他电液伺服阀控制系统常用的 10 号航空液压油技术要求见表 7-4。

表 7-4　10 号航空液压油技术要求（摘自 SH 0358—1995）

项　目			质量指标	试验方法
外观			红色透明液体	目测
运动黏度/（mm²/s）	50℃	不小于	10	GB/T 265
	-50℃	不大于	1250	
腐蚀（70℃±2℃，24h）		不大于	2	GB/T 5096
初馏点/℃		不低于	210	GB/T 6536
酸值（KOH 计）/（mg/g）		不大于	0.05	GB/T 264①
闪点（开口）/℃		不低于	92	GB/T 267
凝点/℃		不高于	-70	GB/T 510
水分/（mg/kg）		不大于	60	GB/T 11133
机械杂质（%）			无	GB/T 511
水溶性酸或碱			无	GB/T 259
油膜质量（65℃±1℃，72h）			合格	②
低温稳定性（-60℃±1℃，72h）			合格	附录 A
超声波剪切（40℃运动黏度下降率）（%）		不大于	16	SH/T 0505
氧化安定性（140℃，60h）	1）氧化后运动黏度/（mm²/s）	50℃	不小于	9.0	SH/T 0208
		-50℃	不大于	1500	
	2）氧化后酸值（KOH 计）/（mg/g）		不大于	0.15	
	3）腐蚀度/（mg/cm²）	钢片	不大于	±0.1	
		铜片	不大于	±0.15	
		铝片	不大于	±0.15	
		镁片	不大于	±0.1	
密度（20℃）/（kg/m³）		不大于	850	GB/T 1884 及 GB/T 1885

① 用 95%乙醇（分析纯）抽提，用 0.1%溴麝香草酚蓝作指示剂。

② 油膜质量的测定：将清洁的玻璃片浸入试油中取出，垂直地放在恒温器中干燥，在 65℃±1℃下保持 4h，然后在 15~25℃下冷却 30~45min，观察在整个表面上油膜不得呈现硬的黏滞状。

所有与液压油液接触使用的元件应与该液压油液相容。应采取附加的预防措施，防止液压油液与下列物质不相容产生问题：

1）防护涂料和与系统有关的其他液体，如涂装、加工和（或）保养用的液体。

2）可能与溢出或泄漏的液压油液接触的结构或安装材料，如电缆、其他维修供应品和产品。

3）其他液压油液。

4. 15 号航空液压油的主要质量指标

符合 GJB 1177A—2013 的 15 号航空液压油可以满足美国 MIL-H-5606E 军用规范要求，其与 MIL-H-5606B 相比，现行标准规定的该牌号航空液压油增加了颗粒污染控制要求，可以适用于更加精密的液压系统，其使用温度为−54~134℃。

按 GJB 1177A—2013《15 号航空液压油规范》规定的成品油的质量指标应符合表 7-5 的要求。

表 7-5　成品油的质量指标要求

项　目			质量指标	试验方法
外观			无悬浮物，红色透明液体	目测
钡含量/(mg/kg)		不大于	10	GB/T 17476
密度（20℃）/(kg/m³)			报告	GB/T 1884
运动黏度/(mm²/s)	100℃	不小于	4.90	GB/T 265
	40℃	不小于	13.2	
	−40℃	不大于	600	
	−54℃	不大于	2500	
倾点/℃		不高于	−60	GB/T 3535
闪点（闭口）/℃		不低于	82	GB/T 261
酸值（以 KHO 计）/(mg/g)		不大于	0.20	GB/T 7304
水溶性酸或碱			无	GB/T 259
橡胶膨胀率（NBR-L 型标准胶）（%）			19.0~30.0	SH/T 0691
蒸发损失（71℃，6h）（质量分数，%）		不大于	20	GB/T 7325
铜片腐蚀（135℃，72h）/级			2e	GB/T 5096
水分（质量分数，%）		不大于	0.01	GB/T 11133
磨斑直径（75℃，1200r/min，392N，60min)/mm		不大于	1.0	SH/T 0189
腐蚀和氧化安定性（160℃，100h）	40℃运动黏度变化（%）		5~20	GJB 563—1998
	氧化后酸值（以 KOH 计）/(mg/g)	不大于	0.04	
	油外观①		无不溶物或沉淀	
	金属腐蚀（质量变化）/(mg/cm²)	钢（15） 不大于	±0.2	
		铜（T2） 不大于	±0.6	
		铝（2A12） 不大于	±0.2	
		镁（AZ40M） 不大于	±0.2	
		阳极镉②（Cd-0） 不大于	±0.2	
	金属片外观		金属表面上不应有点蚀或看得见的腐蚀，铜片腐蚀不大于 3 级	用 20 倍放大镜观察
低温稳定性（−54℃±1℃，72h）			合格	SH/T 0644

（续）

项　目				质量指标	试验方法
剪切安定性	40℃黏度下降率（%）		不大于	16	SH/T 0505
	-40℃黏度下降率（%）		不大于	16	
固体颗粒杂质	自动颗粒计数仪法可允许的颗粒数/（个/100mL）	5~15μm	不大于	10000	GJB 380.4A—2004
		>15~25μm	不大于	1000	
		>25~50μm	不大于	150	
		>50~100μm	不大于	20	
		>100μm	不大于	5	附录A
	重量法/（mg/100mL）		不大于	0.3	
过滤时间/min			不大于	15	附录A
泡沫性能（24℃）	吹起5min后泡沫体积/mL		不大于	65	GB/T 12579
	静置10min后泡沫体积/mL			0	
贮存安定性（24℃±3℃，12个月）				无混浊、沉淀、悬浮物等，符合全部技术要求	SH/T 0451

① 试验结束后立即观察。

② 阳极镉的组装为 GJB 563—1998 图 2 中银的位置。

5. 液压支架用乳化油、浓缩液及其高含水液压液技术要求

MT 76—2011 规定了乳化型（HFAE）和溶液型（HFAS）高含水液压液及配制液压液的乳化油或浓缩液的技术要求，适用于液压支架、外注式单体液压支柱等用高含水液压液及配制液压液的乳化油和浓缩液。

液压支架用乳化油、浓缩液及其高含水液压液的技术要求见表 7-6。

表 7-6　液压支架用乳化油、浓缩液及其高含水液压液的技术要求

项　目				技术要求
乳化油或浓缩液	外观，10~35℃			透明均一流体
	气味			无刺激气味
	开口闪点/℃			≥110 或无
	运动黏度（40℃）/（mm²/s）			≤100
	凝点/℃			≤-5
	耐冻融性（循环5次）			恢复原状
	水中分散性			均匀分散
高含水液压液	pH 值			7.5~10
	稳定性	室温，10~35℃，168h	液面析出物体积含量（%）	≤0.1
			絮状物、沉淀物、分层、析水	无
		（70±2）℃，168h	液面析出物体积含量（%）	≤0.1
			絮状物、沉淀物、分层、析水	无
	振动		析出物	无

（续）

项　目			技术要求
高含水液压液	防锈性，10~35℃，24h		无锈迹，无色变
	防腐蚀性 (70±2)℃，168h	钢棒	无锈迹
		黄铜棒	无色变、无腐蚀
	密封材料相容性，(70±2)℃，168h 体积膨胀率（%）		0~6
	润滑性（P_B 值）/N		≥392
	消泡性能，10~35℃，10min 残留泡沫体积/mL		≤2
	折光仪（20±2）℃		报告[①]

① 按规定使用浓度配液时的实际示数。

7.1.2　液压系统及其元件要求的清洁度指标

液压系统及其元件的清洁度指标应按相应产品标准的规定。产品标准中未作规定的主要液压元件和附件清洁度指标应按 JB/T 7858—2006《液压元件清洁度评定方法及液压元件清洁度指标》中的规定。液压油液的污染度（按 GB/T 14039 表示）应适合于液压系统控制要素如高可靠性或液压系统中对污染最敏感的元件，如比例阀、伺服阀、比例/伺服控制液压缸等。但是，一些液压系统的清洁度或污染等级要求是按系统（工作）压力分级的。

表 7-7 给出了满足运行液压系统高、中等清洁度要求的液压油液中固体颗粒污染等级的指南。

清洁度是与污染度对应的，衡量液压系统或元件清洁程度的量化指标。通常用于描述油液污染程度的量化术语——污染度是与可控环境有关的污染物的含量。在锻压机械液压系统中，JB/T 9954—1999 标准规定用两个代号以分数形式组成液压系统清洁度，第一组代号表示每毫升油液中颗粒尺寸大于 5μm 的全部颗粒数（置于分子位置），第二组代号表示每毫升油液中颗粒尺寸大于 15μm 的全部颗粒数（置于分母位置）。例如：18/15。

锻压机械液压系统的清洁度按系统的工作压力分级。

锻压机械液压系统的清洁度应符合表 7-8 和表 7-9 的规定。

重型机械液压系统的清洁度应符合表 7-10 的规定。

在 JB/T 12672—2016 给出的土方机械液压油的应用指南中，推荐是不同液压元件及系统类型可以接受的液压油固体颗粒清洁度等级见表 7-11。

电液伺服阀各相关标准规定的液压油液固体颗粒污染等级见表 7-12。

几种液压缸产品标准规定的液压缸清洁度指标见表 7-13。

表 7-7　满足运行液压系统高、中等清洁度要求的液压油液中固体颗粒污染等级的指南

液压系统压力/MPa（bar）	液压油液清洁度要求，按 GB/T 14039 表达	
	高	中等
≤16（160）	17/15/12	19/17/14
>16（160）	16/14/11	18/16/13

注：上表参考了 GB/T 25133—2010 中表 A.1，以此划分液压系统高、中清洁度应较为有根据。

表 7-8　锻压机械液压（润滑）系统清洁度指标（摘自 JB/T 9954—1999）

系统类型	中、低压系统	中、高压系统	高、超高压系统
压力/MPa	<8	>8~16	>16
清洁度	20/17	19/16	18/15

表7-9 锻压机械数控、比例控制液压系统清洁度指标（摘自 JB/T 9954—1999）

系统类型	中、低压系统	中、高压系统	高、超高压系统
压力/MPa	<8	>8~16	>16
清洁度	19/16	18/15	17/14

表7-10 重型机械液压系统清洁度指标（摘自 JB/T 6996—2007）

液压系统类型	ISO 4406、GB/T 14039 油液固体颗粒污染物等级代号									
	12/9	13/10	14/11	15/12	16/13	17/14	18/15	19/16	20/17	21/18
	NAS 1638 分级									
	3	4	5	6	7	8	9	10	11	12
精密电液伺服系统	+	+	+							
伺服系统			+	+	+					
电液比例系统					+	+	+			
高压系统				+	+	+				
中压系统							+	+	+	
低压系统							+	+	+	+
一般机器液压系统						+	+	+	+	+
行走机械液压系统				+	+	+				
冶金轧制设备液压系统				+	+	+	+			
重型锻压设备液压系统				+	+	+	+	+		

注：在 YB/T 4629—2017 中给出的"冶金设备液压系统 L-HM 液压油换油指标技术限值"与上表有所不同。

表7-11 液压油固体颗粒清洁度等级推荐值

清洁度等级		主要工作元件	系统类型
GB/T 14039	NAS 1638[①]		
-/16/13	7	高压柱塞泵、叶片泵、比例阀、高压液压阀	土方机械高压、高精度的液压系统，以及要求较高可靠性的液压系统
-/18/15	9	柱塞泵、叶片泵、中高压常规液压阀	土方机械中压、普通精度要求的液压系统，对系统可靠性无较高要求的液压系统

①NAS 1638 等级与 GB/T 14039 的等级是近似对应关系。

表7-12 电液伺服阀各相关标准规定的液压油液固体颗粒污染等级

标准	内容
GB/T 10844—2007	试验用油液的固体颗粒污染度等级代号应为-/17/14
GB/T 13854—2008	试验用油液的固体颗粒污染度等级代号应不劣于 GB/T 14039—2002 中的-/16/13
GB/T 15623.1—2018	固体颗粒污染应按 GB/T 14039 规定的代号表示
GB/T 15623.2—2017	固体颗粒污染应按 GB/T 14039 规定的代号表示
GB/T 15623.3—2012	固体颗粒污染应按 GB/T 14039 规定的代号表示，应符合制造商推荐值
GJB 1482—1992	液压附件内部油液的污染度应等于或优于 GBJ 420 规定的 8/A 级或符合型号规范规定的等级

（续）

标准	内　容
GJB 3370—1998	飞机液压系统污染度验收水平应不高于 GJB 420 7/A 级，控制水平不高于 GJB 420 8/A 级 对于喷嘴挡板型伺服阀，性能试验、验收试验和内部油封所用的工作液固体污染度验收水平不高于 GJB 420 6/A 级，控制水平不高于 7/A 级；其他试验所用的工作液固体污染度不高于 8/A 级 对于射流管和直接驱动式伺服阀，允许相应降低要求，并应符合详细规范的规定
GJB 4069—2000	伺服阀在工作液的污染度等级不高于 GB/T 14039 中 18/15 级的情况下，不应发生堵、卡、漂等故障 试验用油液的固体颗粒污染等级代号应为 17/14
QJ 504A—1996	试验所用的工作液一般应与实际工作时的工作液一致。每毫升内所含污染微粒极限应符合 QJ 2724.1 的要求。即颗粒尺寸：5/15/25/50/100；等级编码：19/17/14/12/9
QJ 2078A—1998	试验用工作液固体颗粒污染物等级代号为 QJ 2724.1 中规定的 13/11 级

表 7-13　几种液压缸产品标准规定的液压缸清洁度指标

标准	产品	缸体内部清洁度	试验用油液清洁度
GB/T 24946—2010	船用数字液压缸	不得高于 -/19/16	不得高于 -/19/16
JB/T 10205—2010	液压缸	不得高于 -/19/16	不得高于 -/19/15
JB/T 11588—2013	大型液压缸	不得高于 19/15 或 -/19/15	不得高于 19/15 或 -/19/15
DB44/T 1169.1—2013	伺服液压缸	不得高于 13/12/10	不得高于 13/12/10

注：用显微镜计数的代号中第一部分用符号 "-" 表示。

7.1.3　液压系统中管路和工作介质的冲洗和过滤

液压系统的初始清洁度等级将影响液压系统的性能和使用寿命。如果不清除液压系统在装配制造过程中产生的固体颗粒污染物，固体颗粒污染物会在液压系统中循环并破坏液压系统的元件。为了减小这种破坏的概率，液压油液和液压系统的内表面需要进行过滤和冲洗，使其达到指（规）定的清洁度等级。

冲洗液压系统的管路即是一种清除液压系统内部固体颗粒污染物的方法，但其不是唯一的方法。液压系统中管路和工作介质的冲洗和过滤应按如下方法进行。

1. 准备

1）从液压系统中管路冲洗的角度考虑，对液压系统及元件应做如下检查：

①液压系统中对污染最敏感的元件如比例阀、伺服阀，是否已经拆下并被冲洗板或其他阀代替。

②液压系统是否设计有不能冲洗的盲端。

③液压系统是否设计有并联连接管路，且无法使每条管路都能具有足够的流量。

④液压系统中是否存在限流元件或内部过滤器。

⑤液压系统中是否存在易被高流速或固体颗粒污染物损害的元件。

⑥液压系统各管路是否都能相互连接，便于冲洗。

液压系统中管路冲洗问题应在设计时给予充分考虑，否则，为了冲洗而改变液压回路或拆除一些元件，将会给管路冲洗带来麻烦或不良后果。但旁路或隔离一些元件是管路冲洗时的常规做法。

2）为了使液压系统中管路冲洗能达到指（规）定的清洁度等级，还需要考虑以下影响因素：

①液压系统中的各元件、配管及油箱必须是清洗过的，且符合相关标准规定的清洁度指标。

②油箱内的或新注入的液压油液的初始清洁度应符合液压泵的要求。

③液压系统如设计有独立的冷却、过滤系统，则使其首先运行足够长的时间是必要的。

④设计合适的冲洗程序是必要的。

⑤在管路内建立紊流状态是必要的。

⑥选择过滤比合适的过滤器，保证能在允许的时间周期内达到指（规）定的清洁度等级；

⑦管路冲洗前甲乙双方应确认提取油样的相关标准（或方法），以及油样检验所依据的标准。

具有资质的检验单位出具的油样检验报告是乙方提供给甲方的必备技术文件之一，所以管路冲洗前甲乙双方确定检验单位也是必要的。

2. 管路冲洗

1）对冲洗的管路建立专项文件来识别，并记录它们达到的清洁度等级。

2）冲洗方法宜与实际条件相适应。但是，为了获得满意的冲洗效果，应满足下列主要准则后再进行冲洗：

①油箱内的液压油液的初始清洁度要符合液压泵的要求，且与液压系统指（规）定的清洁度等级水平相当。

②不要将空气带入到液压系统中，如果必要，可将液压油液加满至溢流状态（设计上限），或采取必要的空气分离措施，如加热脱气。

③如在液压系统上加装冲洗过滤器，则应在回路管路上加装并靠近回油口。

④液压泵吸油口也可加装粗过滤器。

⑤加装的流量和温度测量装置应尽可能靠近回油口。

冲洗过滤器的过滤特性应根据液压系统要求的清洁度水平来选择，例如，液压系统许用清洁度等级（ACL）。ACL 代表一个可接受的污染度等级，ACL 应同时与最敏感的液压元件（如比例阀、伺服阀）所能接受的污染度等级以及过滤器的许用寿命相协调。如果 ACL 没有明确，那么 ISO 4406 中规定的分类作为选择过滤器精度的指南，具体见表 7-14。

表 7-14　ISO 4406 的分类作为选择过滤器精度的指南

船舶装置示例	压力/MPa	起动冲洗装置 ISO 4406	试验后产品提交的清洁度 ISO 4406	可承受污染物的极限值 ISO 4406	典型的过滤器精度要求（$\beta>75$）/μm
带伺服阀的减摇装置	≥16	15/13/10	16/14/11	18/16/13	3~5
带伺服阀的可调螺旋桨系统	<16	17/15/12	18/16/13	21/18/15	5~10

注：1. 过滤比的定义为单位体积的流入流体与流出流体中大于规定尺寸的颗粒数量之比，用 β 表示。
2. 上表摘自 GB/T 30508—2014 中表 1。

3）应使用雷诺数（Re）大于 4000 的液压油液冲洗管路，按式（7-1）或式（7-2）可以计算 Re 和所要求的流量（q_v）

$$Re = \frac{21220q_v}{vd} \quad (7\text{-}1)$$

或

$$q_v = \frac{dRev}{21220} \quad (7\text{-}2)$$

式中　q_v——流量，单位为 L/min；
　　　v——运动黏度，单位为 mm²/s；
　　　d——管路的内径，单位为 mm。

获得大于 4000 的 Re 可能比较困难，Re 随着液压油液流量的增大或黏度的降低而增大，降低液压油液的黏度是获得紊流的首选方法。

当雷诺数 Re≤3000 时，系统的清洁过程为透洗；当雷诺数 Re≥3000 时，系统的清洁过程为冲洗。

4）首选使用液压系统工作介质来冲洗或使用与此工作介质牌号相同的低黏度等级的液压油液来冲洗。

5）过滤器应带有堵塞监控装置（如压差指示器），并根据滤芯堵塞情况及时更换滤芯。

6）液压系统管路冲洗所需的最短冲洗时间主要取决于液压系统的容量和复杂程度。在冲洗一小段时间后，即使油样表明已经达到了指（规）定的清洁度等级，也应继续冲洗足够长的时间。

7）标准推荐的最短冲洗时间（t）可用式（7-3）估算

$$t = \frac{20V}{q_v} \quad (7\text{-}3)$$

式中　V——液压系统总容积，单位为 L；
　　　q_v——流量，单位为 L/min。

根据作者实践经验，如使电液伺服阀控制系统达到 NAS 1638 规定的 6 级，一般其所用时间远大于该公式计算值。

8）最终清洁度等级按甲乙双方确认的标准或按照 GB/Z 20423—2006 检验（验证），并应在冲洗操作完成前形成文件。

①按照液压系统指（规）定的清洁度等级要求，运用便携式液压泵站对油箱进行再次清洗有时也是必要的。

②过滤器的过滤能力应比液压系统指（规）定的固体颗粒污染等级代号至少低两个等级（见 ISO

4406）。

③如在液压系统上加装过滤器，可按液压系统额定流量的 2.5~3.5 倍选择过滤器的流量。

④可以采用增高油温的方法降低液压油液的黏度，但应将油温保持在 60℃ 以下防止油氧化。

⑤一个粗过滤器需要较长的冲洗时间且不能取得较高的清洁度水平。采用的过滤器过滤比（值）越高，在其他条件相同的情况下，冲洗时间越短，宜使用 $\beta>75$ 的过滤器。

7.1.4　液压系统工作介质的检（监）测与维护

对液压系统工作介质的检（监）测与维护，是为保证液压系统及元件（液压缸）所要求的液压油液清洁度等级不劣于规定值，并延长工作介质的使用寿命。

液压系统及元件中的污染物，尤其固体颗粒污染物是液压系统中最普遍、危害最大的一类污染物，其可能是液压系统及元件（包括配管）原有（或残留）的污染物，或由外界侵入、内部自生污染物，由外界侵入的污染物可能是如此产生并侵入系统的：

1）不恰当的清洗、安装或维修使固体颗粒、纤维、密封件碎片等污染物侵入系统。

2）空气中灰尘从密封不严的油箱或精度不高的空气滤清器侵入系统。

3）储运过程中液压油液受到污染，或未经精密过滤就将不合格的液压油液加注入系统。

4）开式加注液压油液时从空气中吸入灰尘。

需要强调的是，在液压系统制造过程中不恰当的清洗液压元件及配管，可能是造成污染物侵入系统的一个主要根源。不恰当的清洗的含义是，一方面本该通过清洗除去液压元件及配管中切屑、沙粒等污染物而没有去除；另一方面却在液压元件及配管清洗中使

织物纤维、灰尘等新的污染物侵入。

由内部自生污染物可能是如此产生的：

1）泵、缸、阀摩擦副的机械正常磨损产生的金属颗粒或密封件磨损产生的橡胶颗粒。

2）软管或滤芯的脱落物。

3）油液劣化产物。

这些物质污染物的种类一般有：

1）颗粒状污染物，铁锈、金属屑、焊渣、沙石、灰尘等。

2）纤维污染物，纤维、棉纱、密封胶带片、涂装层等。

3）化学污染物，液压油液氧化或残存的清洗溶剂引起的液压油液劣化及其产物如凝胶、油泥等。

4）水或空气，从油箱或液压缸活塞杆处带入水分，热交换器泄漏进水，液压油液中空气混入等。

还有一类污染物——能量污染物。从广义上讲，液压系统中的静电、磁场、热能及放射线等即是这种以能量形式存在的污染物。

1. 液压油液取样

为检查液压油液污染度状况，宜提供符合 GB/T 17489—1998《液压颗粒污染分析　从工作系统管路中提取液样》规定的提取具有代表性油样的方法。如果在高压管路中提供取样阀，应安放高压喷射危险的警告标志，使其在取样点清晰可见，并应遮护取样阀。

一般电液伺服阀-伺服液压缸控制系统中过滤器的布置如图 7-1 所示。

2. 液压油化验的主要项目

L-HM 液压油化验的主要项目、换油指标的技术要求和试验方法见表 7-15。其他液压油液化验的（主要）项目应按相关标准规定，或参考本手册相关内容。

表 7-15　L-HM 液压油化验的主要项目、换油指标的技术要求和试验方法

项　　目		换油指标	试验方法
40℃ 运动黏度变化率（%）	超过	±10	GB/T 256 及本标准 3.2 条
水分（质量分数,%）	大于	0.1	GB/T 260
色度增加/号	大于	2	GB/T 6540
酸值增加（以 KOH 计）[①]/（mg/g）	大于	0.3	GB/T 264、GB/T 7034
正戊烷不溶物[②]（%）	大于	0.1	GB/T 8926 A 法
铜片腐蚀（100℃，3h）/级	大于	2a	GB/T 5096
泡沫特性（24℃）（泡沫倾向，泡沫稳定性）/（mL/mL）	大于	450/10	GB/T 12579

（续）

项　　目	换油指标	试验方法
清洁度③	大于 -/18/15 或 NAS9	GB/T 14039 或 NAS 1638

注：1. 上表摘自 NB/SH/T 0599—2013《L-HM 液压油换油指标》中表1。

2. 经对照，该换油指标与在 JB/T 12672—2016 中给出的"液压油换油指标"一致。

3. YB/T 4629—2017《冶金设备用液压油换油指南　L-HM 液压油》给出的"冶金设备液压系统 L-HM 液压油换油指标技术限值"与上表基本相同，但正戊烷不溶物的质量分数大于 0.2%；清洁度为 NAS5（伺服系统）、NAS7（比例系统）、NAS9（一般系统）。

4. 应重视 YB/T 4629—2017 中"当正戊烷不溶物的质量分数超过 0.1% 时，要加强过滤和监控，油品超过限值且采取措施无效时建议更换新油"的判定和处置规定。

① 结果有争议时以 GB/T 7034 为仲裁方法。

② 允许采用 GB/T 511 方法，使用 60~90℃ 石油醚作溶剂，测定试样机械杂质。

③ 根据设备制造商的要求适当调整。

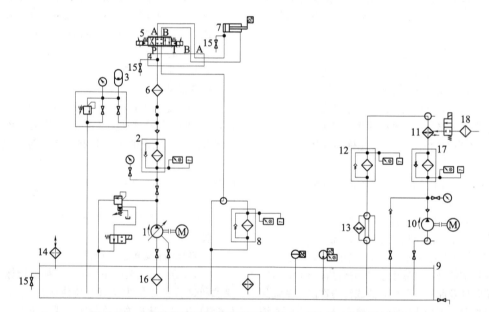

图 7-1　一般电液伺服阀-伺服液压缸控制系统中过滤器的布置

1—恒压泵　2—压力管路过滤器　3—液压蓄能器　4—油路块（安装座）　5—电液伺服阀
6—电液伺服阀前过滤器　7—伺服液压缸　8—回油管路过滤器　9—油箱　10—循环泵　11—冷却器
12—循环过滤器Ⅰ　13—磁性过滤器　14—空气滤清器　15—油样取样阀　16—粗过滤器
17—循环过滤器Ⅱ　18—冷却水过滤器

注：1. 对于管路很长的大型液压系统，压力管路过滤器可能不止一个。

2. 过滤器精度配置举例 A—2~6μm，B—6~12μm，C—12~20μm。

3. 上图参考了参考文献 [99] 表 22-4-46 中布置图，有修改。

3. 液压油含水量检测方法

在 JB/T 12920—2016《液压传动　液压油含水量检测方法》中规定了用卡尔费休滴定法检测液压油含水量的方法，适用于液压油含水量的检测，其他系统工作介质含水量的检测也可参照该标准执行。

（1）卡尔费休滴定仪工作条件要求

液压油含水量检测时，应满足下列工作条件要求：

1）环境温度：3~30℃。

2）相对湿度：≤70%。

3）无影响仪器使用的振动和电磁干扰。

4）室内无腐蚀性气体，有良好的通风装置，工作区域应避免直接光照，且与试验间空调系统的送风

口和排风口的距离不少于 2m。

卡尔费休滴定仪属于液压油含水量的专用检测仪器，其测量范围≥10μg/g（H_2O）。

（2）检测结果判定

1）重复性。由同一操作者按照 JB/T 12920—2016 标准的操作要求，在同一台仪器上，对同一被测样品进行 3 次检测，计算差值百分率（最大值与最小值的差值，除以 3 个检测结果算术平均值，取百分率的绝对值），结果应符合表 7-16 中的重复性要求，否则应重新检测。

表 7-16　检测结果的重复性和复现性要求

含水量/（μg/g）	重复性	复现性
≤50	差值百分率≤15%	
>50	差值百分率≤10%	

2）复现性。在同一实验室，由不同的操作者按照 JB/T 12920—2016 标准的操作要求，对同一被测样品进行 3 次检测并取算术平均值作为检测结果，计算差值百分率，结果应符合表 7-16 中复现性要求，否则应重新检测。

（3）数据表达

取三个检测结果的算术平均值作为被测样品含水量报告的数值。

（4）检测报告

检测报告至少包括以下信息：

1）检测依据标准。

2）检测环境。

3）被测样品名称、型号或牌号、来源。

4）检测结果。

5）检测日期。

6）检测单位。

7）检测人。

8）仪器名称及型号。

9）试剂。要求、取样、准备工作、检测步骤等见 JB/T 12920—2016。

4. 液压油液颗粒污染度的监测

在 GB/T 37162.1—2018《液压传动　液体颗粒污染度的监测　第 1 部分：总则》中规定了用于监测液压系统颗粒污染度的方法和技术，同时描述了各种方法的优缺点，以便在给定条件下正确选择监测方法。该标准描述的方法适用于监测：液压系统的清洁度；冲洗过程；辅助设备和试验台。

该标准也适用于其他液体（如润滑油、燃油、处理液）的监测。

用于监测颗粒污染的仪器不能当作或称为颗粒计数器，即使它们采用了与颗粒计数器相同的物理原理。

关于健康与安全要求见 GB/T 37162.1—2018。

（1）总则

监测仪器或方法的选择取决但不限于：

1）仪器的使用，即工作方式。

2）分析的目的。

3）待测的参数。

4）液体的性质。

（2）监测方法的选择

首先应综合考虑 GB/T 37162.1—2018 附录 A 和附录 B 所述的各种工作参数，然后根据监测要求选定监测方法，再选择确定监测仪器。

GB/T 37162.1—2018 附录 A 中 A.1 阐述了各种工作和分析方式，A.2 给出了选择监测方法时应综合考虑的各种因素，同时给出了选择表。GB/T 37162.1—2018 附录 B 给出了各种监测方法及其优缺点。

各种污染监测方法及其优缺点见表 7-17。

表 7-17　各种污染监测方法及其优缺点

监测方法	优　缺　点
滤膜对比法	（1）概要 滤膜对比法是将收集在被试滤膜表面上的颗粒与先前制备好的一系列表征不同污染度等级的标准滤膜（或其图片）进行光学对比的一种方法。被试滤膜既可以离线制备，也可在线制备，但需要采用与标准滤膜同样孔径和分析体积 被试滤膜或其图像准备好后，操作人员首先通过光学显微镜在与观察标准滤膜相同的放大倍数下，观察被试滤膜上总体颗粒浓度，然后将颗粒浓度与一系列表征不同污染度等级的标准滤膜进行比较，选定的等于或劣于被试滤膜的标准滤膜所代表的污染度等级，即是被测液样的污染度等级 滤膜通常称为膜片，因此该方法又常称为膜片试验 （2）主要特点 已确认的主要特点如下： 1）制备并分析一个液样约需 5min

（续）

监测方法	优　缺　点
滤膜对比法	2）成本低，效益高 3）要求中等操作技能水平 4）液样问题可直接观看到 5）可用于识别颗粒的种类，作为故障诊断的工具 6）可用于合格/不合格监测方法 （3）局限性 已确认的主要局限性如下： 1）仅用于离线分析 2）总的检测时间取决于滤膜的过滤时间 3）受环境影响，无法检测过于清洁的液样 4）为降低变动性，液样须精心准备 5）无法给出颗粒数或尺寸 6）颗粒可被油泥和凝胶遮蔽 7）与标准液样的一致程度取决于颗粒尺寸分布的相关性
激光衍射法	（1）概要 　　激光衍射法是一种光散射原理的颗粒分析方法，可用于测量宽分布的颗粒尺寸和浓度。这种方法通过将一束低功率的透射激光扩展为平行光束后，横向照射在传感通道上，当颗粒通过平行光束时，光将依据颗粒的尺寸按照不同的角度进行散射和衍射，衍射的光束被聚焦在一个多元的固态探测器上，然后通过对所测的衍射光束进行计算，或者通过采用特定试验粉末进行校准，可最终确定所测的颗粒尺寸分布 （2）主要特点 1）可用于离线和在线分析，采用玻璃测量窗口也可用于主线分析 2）颗粒尺寸测量范围宽（0.2~2000μm） 3）可分析高浓度的颗粒液样，例如：污染度劣于20/18/15（见 GB/T 14039—2002） 4）分析时间通常为5min （3）局限性 1）精确检测需要很高的颗粒浓度，污染度约为19/17/14（见 GB/T 14039—2002） 2）颗粒尺寸分布基于颗粒的体积 3）流体传动行业不常用 4）测量装置体积庞大 5）不适用于多相液体
电阻法	（1）概要 　　让导电液体通过一个两侧装有电极的绝缘小孔，若无颗粒时，电极两端的阻抗为常数；若有颗粒时，通过小孔的液体的导电率将会发生变化，产生一个与颗粒体积成比例的电脉冲 　　该方法由于分析过程涉及诸多其他工序，诸如分离颗粒并重新分散在电解液中，或制备一系列化学物质使油导电等，因此不常用于监测油基液体系统，而是用于监测水基液体系统 　　参见 GB/T 29025—2012《粒度分析　电阻法》 （2）主要特点 1）通过使用不同的分析小孔可实现宽的颗粒尺寸范围测量（0.5~1500μm） 2）精确的体积测量方法 3）可给出颗粒尺寸分布 4）若液样可直接分析，分析时间通常为5min （3）局限性 1）仅用于离线分析 2）要求被测液体导电 3）液样中的颗粒污染物与载液的电导率不能相同 4）液样是非导电液体时，分析时间将延长（通常为20~40min） 5）在流体传动行业应用较少

监测方法	优　缺　点
滤网堵塞法	（1）概要 　滤网堵塞法是当液样通过一个具有均匀且已知开口（或微孔）的滤网时，测定滤网特性变化的一种检测方法。当液样通过滤网时，尺寸大于微孔孔径的颗粒被滤除，滤网逐渐堵塞，从而引起滤网两端的压差增加（恒流量原理）或者通过滤网的流量减小（恒压差原理） 　通过分析滤网微孔堵塞的数量（堵塞状况）以及流过滤网的液体体积，或者通过校准的方法，可以估算出液样中尺寸大于滤网孔径的颗粒浓度，然后再将检测结果转换为污染度等级代号（GB/T 14039—2002） 　由于滤网的压降与黏度成正比，因此对于恒流量检测仪器，在分析过程中需修正黏度变化的影响，修正的程度取决于所用的仪器。分析过程中液样密度的变化对检测结果影响不大 　　参见 ISO 21018-3 （2）主要特点 1）可用于多种分析方式： 　——高低压管路在线分析 　——油箱和容器抽吸分析 　——取样瓶离线分析 2）可检测多种液体（如矿物油、合成液、乳化液、溶剂、燃油、清洗液和水基液体） 3）分析期间只要液体的状态不变，可检测带有光学界面的液体（如油中含水、液体中含气、不相容液体） 4）采用单一仪器可检测的污染度等级范围宽 5）根据仪器类型，分析时间通常为 3~6min （3）局限性 1）颗粒尺寸范围有限（目前的仪器通常只有一个或两个滤网） 2）恒压差仪器无法检测颗粒污染度等级低的液样（如污染度优于—/13/11） 3）恒流量仪器检测颗粒污染度等级低的液样（如污染度优于—/10/8）时，检测时间长（约为 8min） 4）无法测量单个颗粒，因为该方法仅限于监测系统大致的颗粒污染度水平 　根据 GB/T 37162.1—2018 中表 A.7，测量尺寸为 6~14μm
重量分析法	（1）概要 　重量分析法是通过真空抽滤的方法将液样中颗粒分离收集在预先称重的滤膜（孔径≤1.0μm）上，除油干燥后重新称量滤膜并计算颗粒质量的一种检测方法 　参见 GB/T 27613—2011《液压传动　液体污染　采用称重法测定颗粒污染度》 （2）主要特点 1）可测量量大的污染物 2）滤膜上的污染物可采用其他方法进行分析 （3）局限性 1）检测污染度等级低的液样时误差很大 2）除非增大分析液体的体积，否则不适用于过于清洁（污染度优于 17/15/12，见 GB/T 14039—2002）的系统 3）液样分析时间通常为 35min 4）无法测量颗粒尺寸分布 5）需要辅助设备（如烘箱和天平）
磁检法	（1）概要 　磁检法是测量含有磁性和顺磁性颗粒的被测液体通过传感区时产生的辐射磁场变化的一种检测方法。该类仪器具有多种配置： 　1）一些仪器可将样品（含有颗粒的液体、收集有颗粒的滤膜或含有磁性分离的颗粒的基片）放置到检测器中，测量磁性颗粒的含量。通过校准，该含量既可以无量纲的指数给出，也可以质量分数的形式给出。此类仪器测量颗粒尺寸的范围宽，并可检测亚微米尺寸的颗粒（<0.5μm）

（续）

监测方法	优　缺　点
磁检法	2）一些仪器可将磁性检测器安装在系统管路上检测通过的单个颗粒。此类仪器仅能检测大颗粒（>75μm），同时给出基于体积的颗粒数量测量结果 　3）一些仪器通过磁体收集颗粒，随着收集的颗粒浓度逐渐增加，传感器的电容将发生变化。收集的颗粒可通过关闭磁场或采用高电压汽化的方法除去。此类仪器称为磨屑检测器 　（2）主要特点 　1）可快速分析磁性颗粒（磨屑分析仅需 5s） 　2）操作简单 　3）仪器通常价格较低 　（3）局限性 　1）仅用于检测磁性和顺磁性颗粒 　2）检测结果无法给出颗粒尺寸分布或污染度等级代号 　3）除非增大分析液体的体积，否则对过于清洁（污染度优于 17/15/13，见 GB/T 14039—2002）液样的检测效果有限 　4）检测结果的单位混乱
自动颗粒计数法	（1）概要 　该类仪器中，被检测的液样通过传感器的一个被光照亮（如低功率的激光）的狭窄通道，当有单个颗粒通过光束时，检测器（通常位于液流的对面）接收到的光量减弱，减弱量与颗粒的投影表面积成比例，这样，颗粒通过光束时将会产生一个电压脉冲，进而被仪器检测并记录。仪器/传感器的颗粒尺寸与脉冲电压之间的对应关系可通过 GB /T 18854—2015《液压传动　液体自动颗粒计数器的校准》或 GB/T 21540—2008《液压传动　液体在线自动颗粒计数系统　校准和验证方法》校准获得。检测过程中需要一定体积的液样通过传感器 　参见 ISO 11500 和 ISO 21018-4 　（2）主要特点 　1）可用于多种分析方法： 　——高低压在线分析 　——固定安装在系统中主线分析 　——油箱和容器抽吸分析 　——取样瓶离线分析 　2）颗粒尺寸测量范围宽，可达 1.0~3000μm（根据设计，此类仪器的动态范围通常为 50~100） 　3）根据工作方式，分析时间通常为 2~15min 　4）具有自动检测功能，在线仪器不需要操作人员 　5）不稀释的情况下，可检测的颗粒浓度范围宽 　6）若增大测量体积，提高颗粒的统计数量，该方法在检测超洁净液体时准确度非常高 　7）操作相对简单，但需要数据理解能力 　（3）局限性 　1）所测液体要求是清澈的和均质的 　2）检测具有光学界面的液体（如油中含水、液中含气、不容液体的混合液、乳化液）时，会产生错误的颗粒计数 　3）严重污染的液体检测前需要稀释，否则会产生错误的结果 　4）液样中存在大量小于仪器最低设定尺寸的小颗粒时，将会影响计数的准确度 　5）离线分析对环境要求高 　6）大颗粒（>200μm）可堵塞传感器 　7）检测结果易受液体状态（如凝胶和不透明）的影响

监测方法	优　缺　点
光学显微镜计数法	（1）概要 通过真空抽滤的方式将液样中的颗粒分离收集在滤膜上，滤膜的孔径取决于液样的状态和所需计数的最小颗粒尺寸，但通常为 1.2μm。为便于人工计数，滤膜上通常印有 3.1mm 的方格，但采用图像分析法时无须使用带有方格的滤膜 滤膜干燥后，既可以直接放在光学显微镜下采用入射光进行分析，也可以处理透明后采用透射光进行分析。利用定标后的目镜标尺（人工计数）或通过分析颗粒所占据的像素数（图像分析）、按颗粒的最长弦来测量颗粒的尺寸。这两种方法均采用可溯源的测微尺进行校准 人工计数时，采用统计技术可减少测量时间。首先对选定数量的方格内的单个颗粒测量尺寸并计数，得到所需任一尺寸的数值，然后将其修正为通过滤膜的整个液样体积的结果。采用图像分析法自动计数时，可对整个滤膜的表面进行测量分析。测量不同的颗粒尺寸时，需采用不同的显微镜放大倍数 图像分析法也可以采用摄像机将滤膜上收集的颗粒或直接将液流中的颗粒转换为影像，然后利用计算机或电子装置进行图像分析 参见 GB/T 20082—2006《液压传动　液体污染　采用光学显微镜测定颗粒污染度的方法》 （2）主要特点 1）被认为是一种标准方法，大多数国际和国家标准规定的计数方法均涉及该方法 2）测量的颗粒尺寸范围宽（≥2μm） 3）颗粒是可见的，可及时发现潜在的计数问题 4）人工计数时设备费用低 5）需要时可获得颗粒的种类信息 6）若液体可过滤，则检测结果与液体的状态无关 7）采用图像分析法可自动检测，减小人为误差，提高测量准确度 8）图像分析法既可以离线分析，也可在线分析 （3）人工计数法的局限性 1）技能水平要求高 2）完成 6 个颗粒尺寸的计数需要 30min 3）环境要求高 4）仅用于离线分析 5）颗粒易被油泥、凝胶掩盖 （4）图像分析法的局限性 1）颗粒重合或不聚焦时，需要手动处理，导致检测时间延长 2）为使结果更具代表性，需要在其他放大倍数下检测复核
扫描电子显微镜法	（1）概要 将含有颗粒的一小片（通常 1cm²）滤膜固定在一个铝基座上，溅射一层导电层（金、银或碳），然后放入扫描电子显微镜的真空腔内采用电子轰击。电子照射样片（类似光学显微镜中光子的作用），并将图像显示在显示器上。最后以类似于图像分析法（参见上面的光学显微镜计数法）的方式对该图像进行电子处理并输出相应结果 当电子束聚焦在样品的表面时，使得原子电离，产生材料的 X 特性射线。通过分析 X 特性射线的光谱，可得到颗粒的元素成分及其含量 参见 ISO 16232-7 与 ISO 16232-8 （2）主要特征 1）分辨率高（颗粒的检测下限为 0.01μm） 2）采用图像分析法时，可同时给出颗粒尺寸和数量 3）可给出颗粒的元素成分 4）可给出几乎不受景深影响的高清晰度图像 5）采用软件可绘制基于种类和尺寸的颗粒图谱 （3）局限性 1）仅用于实验室分析 2）成本高，耗时长（分析时间通常为 1~3h） 3）需要熟练的操作人员 4）电子穿透材料的深度有限（约为 5μm）

（续）

监测方法	优 缺 点
薄膜磨蚀法	（1）概要 将监测仪安装在液压系统的支路上（在线分析），利用喷嘴导引液流以相对高的速度（25m/s）喷射到传感器两根金属条中的其中一根上。传感器中第二根金属条位于第一根金属条的正对面，且两根金属条上真空镀有一层薄的导电膜，经电气连接后形成桥接网络。碰撞正向（有源）传感器的颗粒，将会磨除部分导电膜，改变金属条的电阻，且电阻的改变量与颗粒的浓度、硬度和磨蚀度成比例。仪器记录电阻随时间和频率的变化量，并表示为磨蚀度。该方法可检测尺寸较大的单个颗粒 （2）主要特点 1）可给出颗粒的硬度和磨蚀度 2）用于在线/主线分析 （3）局限性 1）无法检测颗粒的尺寸、数量和污染度等级 2）在流体传动行业不常用 3）检测结果与液体的黏度相关 4）检测结果随颗粒的硬度变化

5. 过滤器的布置、功用及精度配置

图 7-1 所示为一般电液伺服阀-伺服液压缸控制系统中过滤器的布置。

一般电液伺服阀-伺服液压缸控制系统过滤器的布置、功用及精度配置见表 7-18。

6. 过滤系统的日常检查及清洁度检验

过滤系统的日常检查及清洁度检验见表 7-19。

7. 热污染对液压油液的影响

将液压工作介质中存在过多热量理解为一种能量污染物，这本身就是科学进步，因为在 GB/T 17446—2012 中定义的"污染物"不包括能量类污染物。尽管这种能量污染物是在给定条件下判定的，当条件发生了变化，其可能不再是污染物。

根据实践经验，液压系统如发生系统性故障，如元件及配管多处外泄漏、元件普遍磨损加剧、多种元件卡紧或堵塞等，其可能已经经历了长时间高温下运行或更高温下的短时间运行。在这种情况下，最直观的表象应该是原系统中的液压油液的劣化。

表 7-18　过滤器的布置、功用及精度配置

名　称		功　用	精度
主系统内过滤器	压力管路过滤器	防止泵磨损下来的污染物进入系统 防止液压阀或管路的污染物进入伺服阀块	B
	回油管路过滤器	防止元件磨损或管路中残存的污染物回到油箱	C
	空气过滤器	防止空气中灰尘进入油箱	A
	电液伺服阀前过滤器	拟采用无旁通阀的压力管路过滤器安装于电液伺服阀外部先导控制和供油管路上，以确保电液伺服阀性能稳定和工作可靠，并减小磨损，提高使用寿命	A
辅助系统内过滤器	循环（旁路）过滤器	对于大型或重要的液压系统配置循环过滤冷却系统，用于提高系统的清洁度和控制油温 循环过滤冷却系统上过滤器规格应按循环泵流量配置，一般按系统流量的 1/3~1/2 之间选择	A
	专用冲洗过滤器	对于长管路的液压系统，利用专用冲洗设备对短接的车间管路进行循环冲洗，防止将管路内的污染物带入系统	B
	注油过滤器	新油也必须经专用过滤设备（如过滤车）过滤后方可加注到液压系统中	A

表 7-19　过滤系统的日常检查及清洁度检验

内容		说　　明
日常检查	项目	1）检查并记录过滤器前后压力、压差 2）检查并记录过滤器堵塞发信器的信号或颜色 3）根据需要及时更换滤芯 注意：单筒压力管路过滤器必须停机并泄压后方可更换滤芯；双筒压力管路过滤器可以在运行状态下切换，切换后方可更换滤芯；双筒回油过滤器必须在停机状态下切换，因为其切换瞬间回油背压会剧增，切换后方可更换滤芯
	时间	新系统每日检查一次
清洁度检验	取样	从指定的取样口定期取样检验或送检
	时间	新系统每月检验一次，旧系统 3~6 个月检验一次

注：在 YB/T 4629—2017 中规定："伺服、比例液压系统或容易被污染的设备用油每季检测一次，其他设备每半年检测一次。"

液压油液温度高的最大危险是液压油液本身的最终分解，伴随液压油液黏性和润滑性损失，分解会导致在液压油液中形成清漆（氧化离子）类物质、酸类物质以及沉积性物质。清漆和沉积性物质会造成阀卡紧并最终造成堵塞，还会导致节流小孔堵塞；酸类物质会腐蚀金属表面，并加速泵、缸、阀的磨损。

在大多数情况下，高温会使液压油液黏性和润滑性损失都很严重。稀薄的液压油液或可造成更大的冲击和振动，增大元件损坏的可能性，甚至造成装配件和与座架连接的松动。如果失去润滑性、润滑油膜消失，就会出现金属与金属直接接触并在其表面留下刮擦痕。

温度是液压油液氧化的主要加速剂，温度每升高 10℃氧化反应就会加倍。低于 60℃时，氧化速率会很低；高于 60℃时，温度每升高 10℃矿物基油的寿命就会降低一半，而在 100℃时使用寿命损失率会高达 97%。

根据这些事实，液压系统工作温度较低有利于将氧化反应和液压油液降解降到最低。然而，油箱中油液温度并非实际的油液温度，泵出口的温度才能代表实际温度，这样局部氧化非常严重的区域表面会更热。

油液热稳定性是指其抵抗因由温度所引起分解作用的能力。如果在特定范围内其使用不受损坏，那么就确定了液压油极限温度的上限。

有资料介绍，液压系统尤其是电液伺服阀-伺服液压缸控制系统的绝大多数故障都是液压油液污染所致，尤其是固体颗粒污染物引起的。当系统出现间歇特性或其他不合理特性，以及出现原因不明的故障时，应首先怀疑是否是液压油液中固体颗粒污染物引起的。

7.2　液压缸的选择与使用

7.2.1　液压缸的选择

1. 液压缸的选择指南

在参考文献［54］中给出了液压缸的选择指南。

液压缸选用不当，不仅会给用户造成经济上的损失，而且有可能出现意外事故。选用时应认真分析液压缸的工作条件，选择适当的结构和安装型式，确定合理的参数。

选用液压缸应主要考虑以下几点：

1）液压缸结构型式。
2）缸进程输出力或缸回程输出力。
3）公称（最高额定或额定）压力及工作压力范围。
4）缸径和活塞杆直径。
5）缸最大行程及缸工作行程范围。
6）往复运动速度。
7）安装型式。
8）环境条件（如环境温度、环境污染物等）。
9）使用条件。
10）工作介质。
11）密封装置。
12）其他装置（如缓冲装置、排（放）气装置）等。

选用液压缸时，应该优先考虑使用有关系列的标准液压缸，这样做有很多好处：首先是可以大大缩短设计制造周期；其次是便于备件，且有较大的互换性和通用性。另外标准液压缸在设计时曾进行过周密的分析和计算，进行过台架试验和工作现场试验，加之专业厂生产中又有专用设备、工夹量具和比较完善的

检验条件，能保证质量，所以使用比较可靠。

我国各种系列的液压缸已经标准化了，目前重型机械、工程机械、农用机械、汽车、冶金设备、组合机床、船用液压缸等已经形成了标准或系列。

在参考文献［54］中给出的液压缸的选择指南见表7-20。

表 7-20　液压缸的选择指南

项目		选 择 方 法
液压缸主要参数的选定		选用液压缸时，根据运动机构的要求，不仅要保证液压缸有足够的作用（输出）力、速度和行程，而且还要有足够的强度和刚度 但在某些特殊情况下，为了使用标准液压缸或利用现有的液压缸例如液压缸的额定压力，可以略微超出这些液压缸的额定工作范围。例如液压缸的额定工作压力为 6.3MPa，为了提高其作用（输出）力，使它能推动超过额定负荷的机械运动，允许将它的工作压力提高到 6.5MPa 或再略微高一些。因为在设计液压缸零件时，都有一定的安全裕度。但应注意以下几个问题： ①液压缸的额定值不能超出太大，否则过多地降低其安全系数，容易发生事故 ②液压缸的工作条件应比较稳定，液压系统没有意外的冲击压力 ③对液压缸某些零件要重新进行强度校核。特别要验算缸筒的强度、缸盖的连接强度、活塞杆的纵向抗弯强度 注意：不建议超出液压缸的公称压力、最高额定压力或额定压力选用液压缸，尤其是已经使用过一段时间的液压缸
液压缸安装型式的选择	选择合理的安装型式	液压缸的安装型式很多，它们各具不同的特点。选择液压缸的安装型式，既要保证机械和液压缸自如地运动，又要使液压缸工作趋于稳定，并使安装部位处于有利的受力状态。工程机械、农用机械液压缸，为了取得较大的自由度，绝大多数都用轴线摆动式，即用耳环铰轴或球头等安装型式，如伸缩缸、变幅缸、翻斗缸、动臂缸、提升缸等；而金属切削机床的工作台液压缸却都用轴线固定式液压缸，即脚架、法兰等安装型式
	保证足够的安装强度	安装部件必须具有足够的强度。例如支座式液压缸的支座如果很单薄，刚性不足，即使安装得十分正确，但加压后缸筒向上翘曲，活塞就不能正常运动，甚至会发生活塞杆弯曲折断等事故 注意：此处的安装部件应认为是缸的附件；支座应为支架；但没有支座式液压缸，以下同
	尽量提高稳定性	选择液压缸安装型式时，应尽量使用稳定性较好的一种，如铰轴式液压缸头部铰轴的稳定性最好，尾部铰轴的最差 注意："铰轴"应为"耳轴"
	确定有利的安装方向	同一种安装型式，其安装方向不同，所受的力也不同。比如法兰式液压缸，有头部外法兰、头部内法兰、尾部外法兰、尾部内法兰四种型式。又由于液压缸推拉力作用方向不同，因而构成了法兰的八种工作状态。这八种工作状态中，只有两种状态是最好的。以活塞杆拉入为工作方向的液压缸，采用头部外法兰最为有利。以活塞杆推出为工作方向时，采用尾部外法兰最为有利。因为只有这两种情况下法兰不会产生弯矩，其他六种工作状态都要产生弯曲作用。在支座式液压中，径向支座受的倾覆力矩最小，切向支座的较大，轴向支座最大，这都是应该考虑的 注意：作者不同意上文中的一些观点，如"只有这两种情况下法兰不会产生弯矩"。作者认为无论何种法兰安装型式的液压缸，其法兰受弯矩作用。这两种情况之所以安装合理，是因为紧固螺钉不承受拉力。另外，法兰式的各安装型式的表述不符合 GB/T 9094—2006 的规定

（续）

项目		选 择 方 法
速度对选择液压缸的影响	微速运动时	液压缸在微速运动时应该特别注意爬行问题。引起液压缸爬行的原因很多，但无外乎有以下三个方面 ①液压缸所推动机构的相对运动件摩擦力太大，摩擦阻力发生变化，相互摩擦面有污物等，例如机床工作台导轨之间调整过紧、润滑条件不佳等 ②液压系统内部的原因。如调速阀的流量稳定性不佳、油液的可压缩性、系统的水击作用（水锤现象）、空气的混入、油液不清洁、液压力的脉动、回路设计不合理、回油没有背压等 ③液压缸内部的原因。如密封摩擦力过大、滑动面间隙不合理，加工精度及光洁度较低（表面粗糙度值较大）、液压缸内混入空气、活塞杆刚性太差等 因此，在解决液压缸微速运动的爬行问题时，除了要解决液压缸外部的问题外，还应解决液压缸内部的问题，即在结构上采取相应的技术措施。其中主要应注意以下几点： ①选择滑动阻力小的密封件。如滑动密封、间隙密封、活塞环密封、塑料密封件等 ②活塞杆应进行稳定性校核 ③在允许范围内，尽量使滑动面之间间隙大一些，这样，即使装配后有一些积累误差也不致使滑动面之间产生较大的单面摩擦而影响液压缸的滑动 ④滑动面的表面粗糙度值 Ra 应控制在 $0.05\sim0.2\mu m$ 之间 ⑤导向套采用能浸含油液的材料，如灰铸铁、铝青铜、锡青铜等 ⑥采用合理的排气装置，排除液压缸内残留的空气 注意："微速"这种提法没有根据；"滑动密封"不清楚所指（滑动密封、塑料密封等在参考文献［54］表20-6-21活塞和活塞杆的密封件中也没有）；滑动面的表面粗糙度值 Ra 应控制在 $0.05\sim0.2\mu m$ 之间不符合相关标准的规定，实际中也做不到
	高速运动时	高速运动液压缸的主要问题是密封件的耐磨性和缓冲问题 ①一般橡胶密封件的最大工作速度为 $60m/min$。但从使用寿命考虑，工作速度最好不要超过 $20m/min$。因为密封件在高速摩擦时要产生摩擦热，容易烧损、黏结、破坏密封性能，缩短使用寿命。另外，高速液压缸应采用不易拧扭的密封件，或采取适当的防拧扭措施 ②必要时，高速运动液压缸要采用缓冲装置。确定是否采用缓冲装置，不仅要看液压缸运动速度的高低以及运动部件的总质量与惯性力，还要看液压缸的工作要求。一般液压缸的速度在 $10\sim25m/min$ 范围内时，就要考虑采用缓冲装置，小于 $10m/min$，则可以不必采用缓冲结构。但是速度大于 $25m/min$ 时，只在液压缸上采取缓冲措施往往不够，还需要在回路上考虑缓冲措施 注意：高速往复运动的液压缸还存在一个问题，那就是外泄漏量会很大，甚至会使活塞杆密封失效
行程对选择液压缸的影响		使用长行程液压缸时，应注意以下两个问题 ①缸筒的浮动措施。长行程液压缸的缸筒很长，液压系统在工作时油温容易升高，以致引起缸体的膨胀伸长，如果缸筒两端都固定，缸体无法伸长，势必会产生内应力或变形，影响液压缸的正常工作。采用一端固定，另一端浮动，就可以避免缸筒产生热应力 ②活塞杆的支承措施。长行程液压缸活塞杆（或柱塞）很长，在完全伸出时容易下垂，造成导向套、密封件及活塞杆的单面磨损，因此应尽量考虑使用托架支承活塞杆或柱塞 注意：长行程液压缸可能还存在缸筒径向膨胀问题，因此一些液压缸（如行程超过1m的）要求液压缸停在一半行程处进行内泄漏试验。

（续）

项　目		选　择　方　法
温度对选择液压缸的影响		一般液压缸适于在-10~80℃范围内工作，最大不超过-20~105℃的界限。因为液压缸大都采用丁腈橡胶作密封件，其工作温度当然不能超过丁腈橡胶的工作温度范围，所以液压缸的工作温度受密封件工作性能的限制 另外，液压缸在不同温度下工作对其零件材料的选用和尺寸的确定也应有不同的考虑 ①在高温下工作时，密封件应采用氟化橡胶，它能在200~250℃高温中长期工作，且耐用度也显著地优于丁腈橡胶 除了解决密封件的耐热性外，还可以在液压缸上采取隔热和冷却措施。比如，用石棉等绝热材料把缸筒和活塞杆覆盖起来，降低热源对液压缸的影响 把活塞杆制成空心的，可以导入循环冷却空气或冷却水。导向套的冷却则是从缸筒导入冷却空气或冷却水，用来带走导向套密封件和活塞杆的热量 在高温下工作的液压缸，因为各种材料的线胀系数不同，所以滑动面尺寸要适当修整。例如，钢材的线胀系数是$10.6×10^{-6}$/℃，而耐油橡胶的线胀系数却是钢材的10~20倍。毫无疑问，密封件的膨胀会增加滑动面之间的摩擦力，因此需要适当修整密封件的尺寸。为了减轻高温对防尘圈的热影响，除了采用石棉隔热装置外，还可以在防尘圈外部加上铝青铜板 如果液压缸在高于它所使用材料的再结晶温度下工作时，还要考虑液压缸零件的变化，特别是紧固件的蠕变和强度的变化 ②在低温下工作时，如在-20℃以下工作的液压缸，最好也使用氟化橡胶或用配有0259混合脂增塑剂的丁腈橡胶制作密封件和防尘圈。由于在0℃以下工作时活塞杆容易结冰，为保护防尘圈不受破坏，因此常在防尘圈外侧再增设一个铝青铜合金刮板 液压缸在-40℃以下工作时要特别注意其金属材料的低温脆性破坏。钢的抗拉强度和疲劳极限随温度的降低而提高（碳的质量分数为0.6%的碳素钢例外，在-40℃时，它的疲劳极限急剧下降）。但冲击性能从-40℃开始却显著下降，致使钢材的韧性变坏。当受到强大的外力冲击时，容易折断破坏。因此在-40℃以下工作的液压缸，应尽量避免用冲击值低的高碳钢、普通结构钢等材料，最好用镍系不锈钢、铬钼钢及其他冲击性能较高的合金钢 液压缸如有焊接部位，也要认真检查焊缝在低温条件下的强度和可靠性 注意：上文中的很多内容不准确，参考时一定得注意，如一般液压缸的工作温度范围、密封件及密封材料的工作温度范围等都与现行相关标准不符
工作环境对选择液压缸的影响	概述	很多液压缸常在恶劣的条件下工作。如挖掘机常在风雨中工作且不断与灰土砂石碰撞；在海上或海岸工作的液压缸，很容易受到海水或潮湿空气的侵袭；化工机械中的液压缸，常与酸碱溶液接触等。因此，根据液压缸的工作环境，还要采取相应措施
	防尘措施	在灰土较多的场合，如铸造车间、矿石粉碎场等，应特别注意液压缸的防尘。粉尘混入液压缸内不仅会引起故障，而且会增加液压缸滑动面的磨损，同时又会析出粉状金属，而这些粉状金属又进一步加剧液压缸的磨损，形成恶性循环 另外，混入液压缸的粉尘，也很容易被循环的液压油带入其他液压装置而引起故障或加剧磨损，因此防尘是非常重要的 液压缸的外部防尘措施主要是增设防尘圈或防尘罩。当选用防尘伸缩套时，要注意在高频动作时的耐久性，同时注意在高速运动时伸缩套透气孔是否能及时导入足够的空气。但是，安装伸缩套给液压缸的装配调整会带来一些困难 注意：经查对，所谓"防尘罩""防尘伸缩套""伸缩套"等在参考文献[54]中的轻载拉杆式液压缸及其他参考文献中称"防护罩"

（续）

项目		选择方法
工作环境对选择液压缸的影响	防锈措施	在空气潮湿的地方，特别是在海上、海水下或海岸作业的液压缸，非常容易受腐蚀而生锈，因此防锈措施非常重要 有效的防锈措施之一是镀铬。金属镀铬以后，化学稳定性能抵抗潮湿空气和其他气体的侵蚀，抵抗碱、硝酸、有机酸等的腐蚀。同时，镀铬以后硬度提高，摩擦因数降低，所以大大增强了耐磨性。但它不能抵抗盐酸、热硫酸等的腐蚀 作为一般性防锈或仅仅为了耐磨，镀铬层只需 0.02~0.03mm 即可。在风雨、潮湿空气中工作的液压缸，镀铬层需 0.05mm 以上，也可镀镍。在海水中工作的液压缸，最好使用不锈钢等材料。另外，液压缸的螺栓、螺母等也应考虑使用不锈钢或铬钼钢
	活塞杆的表面硬化	有些液压缸的外部工作条件很恶劣，如铲土机液压缸的活塞杆常与砂石碰撞，压力机液压缸的活塞杆或柱塞要直接压制工件等，因此必须提高活塞杆的表面硬度。主要方法为高频感应淬火，深度为 1~3mm，硬度为 40~50HRC
受力情况对选择液压缸的影响	概述	液压缸受力情况比较复杂，在交变载荷、频繁换向时，液压缸振动较大；在重载高速运动时，承受较大的惯性力；在某些条件下，液压缸又不得不承受横向载荷。因此，设计选用液压缸时，要根据受力情况采取相应措施
	振动	液压缸产生振动的原因很多。除了泵阀和系统的原因外，自身的某些原因也能引起振动，如零件加工装配不当、密封阻力过大、换向冲击等 振动容易引起液压缸连接螺钉松动，进而引起缸盖离缝，使 O 形圈挤出损坏，造成漏油 防止螺钉、螺母松动的方法很多，如采用细牙螺纹，设置弹簧垫圈、止退垫圈、锁母、销钉、紧固螺钉等 另外，拧紧螺钉的应力比屈服强度大 50%~60% 以上，也可防止松动 振动较大的液压缸，不仅要注意缸盖的连接螺纹、螺钉是否容易松动，而且要注意活塞与活塞杆连接螺纹的松动问题 注意：根据作者的经验，"拧紧螺钉的应力比屈服强度大 50%~60% 以上，也可防止松动"这种防松方法未见在液压缸上应用
	惯性力	液压缸负载很大、速度很高时，会受到很大的惯性力作用，使油压力急剧升高，缸筒膨胀，安装紧固零件受力突然增大，甚至开裂，因此需要采用缓冲结构
	横向载荷	液压缸承受较大的横向载荷时，容易挤掉液压缸滑动面某一侧的油膜，从而造成过度磨损、烧伤甚至咬死。在选用液压缸滑动零件材料时，应考虑以下措施 ①活塞外部熔敷青铜材料或加装耐磨圈 ②活塞杆高频感应淬火，导向套采用青铜、铸铁或渗氮钢
选用液压缸时应注意密封件和工作油液的影响		密封件摩擦力大时，容易产生爬行和振动。为了减小滑动阻力，常采用摩擦力小的密封件，如滑动密封等 此外，密封件的耐高温性、耐低温性、硬度、弹性等对液压缸的工作有很大影响。耐高温性差的密封件在高温下工作时，容易黏化胶着；密封件硬度降低后，挤入间隙的现象更加严重，进而加速其损坏，破坏了密封效果；耐低温差的密封件在 -10℃ 以下工作时，容易发生压缩性永久变形，也影响密封效果；硬度低、弹性差的密封件容易挤入密封间隙而遭到破坏。聚氨酯密封件在水溶液中很容易分解，应该特别予以注意 工作油液的选择，应从泵、阀、液压缸及整个液压系统考虑，还要分析液压装置的工作条件和工作温度，以选择适当的工作油液 在温度高、压力大、速度低的情况下工作时，一般应选用黏度较高的工作油液。在温度低、压力小、速度高的情况下工作时，应选用黏度较低的工作油液。在酷热和高温条件下应使用不燃油。但应注意，使用水系不燃油时，不能用聚氨酯橡胶密封件；用磷酸酯系不燃油时，不能用丁腈橡胶密封件，否则会引起水解和侵蚀。精密机械中应采用黏度指数较高的油液

(续)

项目	选 择 方 法
选用液压缸时应注意密封件和工作油液的影响	除了机油、透平油、锭子油外，还可以根据情况选用适当的液压油。如精密机床液压油、航空液压油、舵机液压油、稠化液压油等 注意：上文中的一些说法不准确，如现在适用于水加乳化液的聚氨酯密封件（活塞往复运动密封圈、活塞杆往复运动密封圈）已经有标准，具体见 GB/T 36520.1—2018、GB/T 36520.2—2018；在 JB/T 10607—2006 中规定的"液压系统工作介质的选择、使用、贮存和废弃处理的基本原则，以及相关的技术指导"也与之不符

注：上表摘自参考文献 [54]，并按其第 2 版修改了几处文字，作者认为有问题的以注意的形式说明。

2. 多级液压缸的选用方法

UDZ 型多级液压缸属于单作用多级伸缩式套筒液压缸，具有尺寸小、行程大等优点。UDZ 型多级液压缸有缸底关节轴承耳环、缸体铰轴和法兰三种安装型式，缸头首级带关节轴承耳环。UDZ 型多级液压缸有七种柱塞直径，可组成六种二级缸、五种三级缸、四种四级缸和三种五级缸。在稳定性允许的前提下，液压缸制造商可提供行程超过 20m 的 UDZ 型多级液压缸。

由于 UDZ 型多级液压缸是由多种直径柱塞缸组成，因此在系统流量恒定时，每级缸的速度不同。在举升负载过程中，正常情况下先是最大直径柱塞先伸出，且速度较慢；大柱塞行程终了时，下一级大直径柱塞再伸出，且速度会变快；最小直径柱塞最后伸出，但其伸出速度最快。当在外力作用下缩回时，先是最小直径柱塞先缩回，速度最快；然后依次缩回；最大直径柱塞最后缩回，缩回速度也最慢。对于 UDZ 型多级液压缸的速度要求，一般是规定全行程需用时间，或某一级的运行速度。

下面以 UDZ 型多级液压缸为例，给出多级缸选用方法：

1）工作压力。UDZ 型多级液压缸额定压力为 16MPa（出厂测试压力为 24MPa），用户系统应调定在 16MPa 范围内，每级行程小于或等于 500mm 的短行程 UDZ 型多级液压缸，额定压力可达 21MPa，但在订货型号上必须标明。

2）确定 UDZ 型多级液压缸缸径。若需要全行程输出恒定的推力，则首级（直径最小的一级）柱塞在提供的介质压力时产生的推力一定要大于所需要的恒定推力。例如，需要恒定推力是 30kN，系统压力是 12MPa，这时选用的首级柱塞直径为 56.4mm，此时应选用规格中近似 $\phi 60$mm 首级缸。如果系统压力是 16MPa，就可以根据表 7-21 直接选用 $\phi 60$mm 首级缸。若需要的推力是变量，则应变量力与行程曲线图和 UDZ 型多级液压缸行程推力曲线图，做出最佳缸径选择。由于 UDZ 型多级液压缸是单作用缸，所以回程时必须依靠重力载荷或其他外力驱动。UDZ 型多级液压缸最低起动压力小于或等于 0.3MPa，由此可计算出每一柱塞缸的最小回程力。

表 7-21 UDZ 型多级液压缸技术参数

柱塞直径 ϕ/mm	28	45	60	75	95	120	150
1MPa 压力时推力/kN	0.615	1.59	0.827	4.418	7.088	11.31	17.67
16MPa 压力时推力/kN	9.85	25.44	45.23	70.69	113.4	181	282.7
21MPa 压力时推力/kN	12.93	33.4	59.37	92.78	148.8	237.5	371.1

注：上表摘自参考文献 [99] 表 21-6-103，略有修改。

3）确定 UDZ 型多级液压缸级数。在 UDZ 型多级液压缸缸径确定后，根据所需 UDZ 型多级液压缸行程和最大允许闭合尺寸，可确定 UDZ 型多级液压缸级数。例如，选用 R 型安装型式时，所需行程为 5000mm，首级柱塞直径为 45mm，两耳环中心距最大允许为 1800mm，先设想 UDZ 型多级液压缸为三级，此时查表 7-22 得 $L_3 = 303$mm$+s/3$，$L_{17} = 105$mm，$L_3 + L_{17} = 303$mm $+ 5000$mm$/3 + 105$mm $= 2074$mm > 1800mm，三级缸不符合使用要求，因此再选用四级缸。查表 7-21 得 $L_3 = 315$mm$+s/4$，$L_{17} = 130$mm，$L_3 + L_{17} = 315$mm$+ 5000$mm$/4 + 130$mm $= 1695$mm < 1800mm，四级缸符合使用要求。

表 7-22　UDZ 型多级液压缸安装尺寸（摘录）　　　　　（单位：mm）

规格		ϕ_1	L_2	L_3	L_4	L_9	L_{13}	L_{14}	L_{17}
二级缸	28/45	$30_{-0.010}^{0}$	18	279+s/2	231+s/2	34	49	20	60
	45/60	$30_{-0.010}^{0}$	20	284+s/2	234+s/2	34	49	25	65
	60/75	$40_{-0.012}^{0}$	20	299+s/2	241+s/2	44	54	25	105
	75/95	$50_{-0.012}^{0}$	20	307+s/2	245+s/2	54	54	30	130
	95/120	$50_{-0.012}^{0}$	20	328+s/2	253+s/2	54	54	40	140
	120/150	$60_{-0.015}^{0}$	20	345+s/2	262+s/2	64	56	50	160
三级缸	28/45/60	$30_{-0.010}^{0}$	18	288+s/3	238+s/3	34	57	25	65
	45/60/75	$40_{-0.012}^{0}$	20	303+s/3	245+s/3	44	57	25	105
	60/75/95	$50_{-0.012}^{0}$	20	311+s/3	249+s/3	54	63	30	130
	75/95/120	$50_{-0.012}^{0}$	20	332+s/3	257+s/3	54	62	40	140
	95/120/150	$60_{-0.015}^{0}$	20	349+s/3	266+s/3	64	64	50	160
四级缸	28/45/60/75	$40_{-0.012}^{0}$	18	307+s/4	249+s/4	44	65	25	105
	45/60/75/95	$50_{-0.012}^{0}$	20	315+s/4	253+s/4	54	65	30	130
	60/75/95/120	$50_{-0.012}^{0}$	20	336+s/4	261+s/4	54	70	40	140
	75/95/120/150	$60_{-0.015}^{0}$	20	353+s/4	270+s/4	64	70	50	160
五级缸	28/45/60/75/95	$50_{-0.012}^{0}$	18	319+s/5	257+s/5	54	73	30	130
	45/60/75/95/120	$50_{-0.012}^{0}$	20	340+s/5	265+s/5	54	73	40	140
	60/75/95/120/150	$60_{-0.015}^{0}$	20	357+s/5	274+s/5	64	78	50	160

注：1. 上表摘自参考文献 [99] 表 21-6-104。
　　2. UDZ 型多级液压缸安装型式：R—耳环式；Z—铰轴式；F—法兰式；X—其他（标记"X"时需附图样）。
　　3. 铰轴位置尺寸 X（用户自定）按：$L_4-L_{9/2} \geqslant X \geqslant L_{12}$；法兰位置尺寸 X（用户自定）按：$L_4-L_{14} \geqslant X \geqslant L_{13}$。
　　4. 具体选用时请仔细查对液压缸制造商产品样本，包括法兰止口 $\phi5$（e8）和 L_{16}（D）等。

4）确定 Z 型、F 型 UDZ 型多级液压缸的 X 尺寸。Z 型缸铰轴和 F 型法兰缸法兰的位置可按需要确定，但是 X 尺寸不得超出表 7-22 规定的范围，即铰轴和法兰不能超出缸体两端。

5）确定 F 型 UDZ 型多级液压缸的定位止口。法兰止口 $\phi5$（e8）是为了精确定位缸体轴心设置的。法兰两侧的两个定位止口，只需选择一个即可，大多数情况下常选用 L_{16}（D）；在无须精确定位缸体轴心的场合，也可不选定位止口。

6）UDZ 型多级液压缸使用时严禁承受侧向力；长行程 UDZ 型多级液压缸不宜水平使用。如需要以上两种工况的多级缸，请与液压缸制造商订购特殊设计的产品。

7）UDZ 型多级液压缸的工作介质。标准 UDZ 型多级液压缸使用清洁的矿物油（NAS7～NAS9）作为工作介质，如使用水-乙二醇、乳化液等含水介质，应在订货时加 W 标识。其他如磷酸酯及酸、碱性介质等应用文字说明。

8）UDZ 型多级液压缸的温度。标准 UDZ 型多级液压缸工作温度范围为-15～80℃，高温 UDZ 型多级液压缸工作温度范围为-10～200℃。

在 MT/T 94—1996 中规定，在各级缸中一级缸径与一级杆径匹配，且为最大缸径与最大缸径匹配。

7.2.2　液压缸的使用工况

液压缸的使用工况一般是指由液压缸的用途所决定的环境条件、公称压力或额定压力、速度、工作介质等一组特性值，液压缸设计时一般以额定使用工况给出。

液压缸使用时的环境条件应包括环境温度及变化范围、倾斜或摇摆状况、振动、空气湿度（含结冰）、盐雾、环境污染、辐射（含热辐射）等；额定压力包括最低额定压力（即为起动压力）和最高额定压力（即为耐压压力）、速度包括最低（稳定）速

度和最高速度；工作介质包括液压缸液黏度和污染等级等。

额定使用工况是液压缸设计时必须给出或确定的，并按此设计液压缸才能保证液压缸使用寿命足够。

极限使用工况是一个特殊工况，在此工况下，液压缸只能运行一个给定时间，否则将对液压缸造成不可维修的损伤，如在耐压压力下或高温试验时的超时运行。

1. 环境温度范围

额定使用工况：

一般情况下，液压缸工作的环境温度应为 -20 ~50℃。

极限使用工况：

有标准规定，在环境温度为 65℃±5℃ 时，工作介质温度为 70℃±2℃。液压缸应可以以规定速度全行程连续往复运行 1h。

在环境温度为 -25℃±2℃ 时，工作介质温度为 -15℃，液压缸应可以以规定速度全行程连续往复运行 5min。

所以，极限环境温度范围暂定为：-25~65℃。

2. 最高额定压力

因为最高额定压力即为耐压压力，耐压压力理论上是由液压缸结构强度，主要是由液压缸广义缸体结构强度决定的，所以如果液压缸结构已确定，那么，该液压缸的耐压压力也可确定。

尽管在液压缸设计中可以通过类比、反求设计等按上述办法确定最高额定压力，但通常还是以 1.5 倍的公称压力确定最高额定压力，即耐压压力。

JB/T 10205—2010《液压缸》标准适用于公称压力为 31.5MPa 以下，以液压油或性能相当的其他矿物油为工作介质的单、双作用液压缸。

按照 GB/T 2346—2003《流体传动及元件 公称压力系列》中 31.5MP 以下为 25MPa，则该标准规定了最高额定压力（耐压压力）为 1.5×25MPa = 37.5MPa 的以液压油或性能相当的其他矿物油为工作介质的单、双作用液压缸。

建议通过制造商与用户的协商，将液压缸的耐压试验压力确定为：当公称压力大于或等于 20MPa 时，耐压试验压力应为 1.25 倍公称压力。

如果是这样，则 JB/T 10205—2010《液压缸》标准规定了最高额定压力（耐压压力）为 1.25×25MPa = 31.25MPa 的以液压油或性能相当的其他矿物油为工作介质的单、双作用液压缸。

还要强调几点：

1）最高额定压力或耐压试验压力应与相应温度组合成组合工况。

2）最高额定压力或耐压试验压力应是静态压力，且可以验证。

3）最高额定压力是仅次于爆破压力的压力。

3. 速度范围

在液压缸试验中，一般（最低）起动压力对应的不是最低速度，因为此时只是液压缸起动，而非具有稳定的速度。

现行标准包括密封件标准规定的液压缸最低速度一般不低于 4.0mm/s，通常最低速度为 8.0mm/s；船用数字液压缸的最低稳定速度应不大于每秒 20 个脉冲当量。

液压缸的最高速度与密封件及密封系统设计密切相关，丁腈橡胶制成的密封圈一般限定速度在 500mm/s 以下，通常最高速度为 300mm/s 以下；船用数字液压缸的最高速度可达到每秒 2000 个脉冲当量。

速度高于 200mm/s 的液压缸必须设置缓冲装置。

4. 工作介质

JB/T 10205—2010《液压缸》标准中规定的单、双作用液压缸是以液压油或性能相当的其他矿物油为工作介质的。工作介质必须与材料主要是密封材料相容。

除特殊要求外，在其他液压缸试验时，试验台用液压油油温在 40℃ 时的运动黏度为 29~74mm²/s，且最好与用户协调一致。

GB/T 7935—2005《液压元件 通用技术条件》中规定试验用液压油油温在 40℃ 时的运动黏度应为 42~74mm²/s（特殊要求另做规定）。

JB/T 6134—2006《冶金设备用液压缸（PN≤25MPa）》中规定的试验用油液黏度等级为 VG32 或 VG46。

JB/T 9834—2014《农用双作用油缸 技术条件》中规定的试验用油液推荐用 N100D 拖拉机传动、液压两用油或黏度相当的矿物油，其在 40℃ 时的运动黏度应为 90~110mm²/s。

JB/T 13141—2017《拖拉机 转向液压缸》中规定的试验用油液黏度：油液在 40℃ 时的运动黏度应为 90~110mm²/s，或在 65℃ 时的运动黏度为 25~35mm²/s。

JB/T 3818—2014《液压机 技术条件》中规定油箱内的油温（或液压泵入口的油温）最高不应超过 60℃，且油温不应低于 15℃。

用户与制造商协商确定有高温性能要求的液压

缸，输入液压缸的工作介质温度一般不能高于 90℃，且应限定高温下的运行时间。

一般液压缸（包括船用数字缸）的试验用油液的固体颗粒污染等级不得高于 GB/T 14039—2002 规定的—/19/15；DB44/T 1169—2013《伺服液压缸》中规定的试验用油液的固体污染等级不得高于 GB/T 14039—2002 规定的 13/12/10。

7.2.3 液压缸使用的技术要求

1. 一般要求

1）JB/T 10205—2010《液压缸》规定了公称压力在 31.5MPa 以下，以液压油或性能相当的其他矿物油为工作介质的单、双作用液压缸的技术要求。对于公称压力高于 31.5MPa 的液压缸可参照该标准执行。

2）一般情况下，液压缸工作的环境温度应在 −20～50℃ 范围内，工作介质温度应在 −20～80℃ 范围内，最好将工作介质温度限定在 15～60℃ 范围内。

3）液压系统的清洁度应符合 JB/T 9954—1999《锻压机械液压系统 清洁度》的规定。

4）一般应使用液压缸设有的起吊孔或起吊钩吊运和安装液压缸，避免磕碰、划伤液压缸，保护好标牌，防止液压缸锈蚀。

5）液压缸安装和连接应尽量使活塞和活塞杆免受侧向力，安全可靠，并保证精度。

6）尽量避免以液压缸作为限位器使用。当液压缸作为限位器使用时，应根据被限制机件所引起的最大负载确定液压缸的尺寸和选择液压缸的安装型式。

7）安装有液压缸的液压系统必须设置安全阀，保证液压缸免受公称压力 1.1 倍以上的超压压力作用，尤其要避免因活塞面积差引起增压的超压。

可按所在主机超负荷试验压力设定安全阀压力，尤其应以 1.1 倍额定压力设定超负荷试验压力。

2. 性能要求

1）液压缸在试运行中应能方便排净各容腔内空气。

2）液压缸应能在规定的（最低）起动压力下正常起动，且在低压下能平稳、均匀运行，应无振动、爬行和卡滞现象。

3）除活塞杆密封处外，其他各部位不得有外泄漏（渗漏）；停止运行后，活塞杆密封处不得有外泄漏；运行中活塞杆密封处（包括低压下）的外泄漏量应符合相关标准规定。

4）液压缸的内泄漏量应符合相关标准规定。

5）在公称压力以下，负载效率 90% 以上的液压缸应能正常驱动负载。

6）液压缸行程及公差应符合相关标准规定或设计要求。

7）有行程定位性能的液压缸，其定位精度和重复定位精度应符合相关规定。

8）液压缸的耐压性、耐久性、缓冲性能、高温性能等应符合相关标准规定。

3. 安全技术要求

1）液压缸使用时，应根据液压缸设计时给出的失效模式进行风险评价，并采取防护措施。

2）活塞杆连接的滑块（或运动件）有意外下落危险的应采取安全防范措施。

3）液压缸意外超压时有爆破危险，最好在液压缸外部设置防护罩。

4）液压缸安装和连接必须牢固、可靠，避免倾覆、脱落、断开。

5）安装和连接液压缸的紧固件宜尽量避免承受剪切力，并应采取防松措施。

在 GB/T 3766—2015 中规定："脚架安装的液压缸可能对其安装螺栓施加剪切力。如果涉及剪切载荷，宜考虑使用具有承受剪切载荷机构的液压缸。安装用的紧固件应足以承受倾覆力矩。"

6）在液压缸设计强度、刚度内使用液压缸，避免由于推或拉动负载引起液压缸结构的过度变形。液压缸在推动负载时活塞杆有弯曲或失稳的可能，应避免其超过设计规定值。

在 GB/T 3766—2015 中规定："为了避免液压缸的活塞杆在任何位置产生弯曲或失稳，应注意缸的行程、负载和安装型式。"

7）液压缸活塞（活塞杆）运动速度超过 200mm/s 时，活塞必须经缓冲后才能与缸底或缸盖（导向套）接触。

8）一般情况下，工作介质温度超过 90℃、环境温度超过 65℃ 或低于 −25℃ 时，必须停机。

9）液压缸泄漏会造成环境污染，尤其当液压油喷射可能会造成更大的危害，应采取防护措施，消除人身伤害和火灾危险。

10）使用中的液压缸不可检修、拆装。

7.3 液压缸的维护

7.3.1 液压油液污染度评定与控制

液压系统使用的液压油液应与系统所有元件、附件、合成橡胶和滤芯相容。

1. 液压油液污染度评定

在液压系统及元件中，污染物都或多或少地存

在，评定这种污染程度的量化指标即为污染度或清洁度，污染度的反义词即为清洁度。

存在于液压油液中固体颗粒污染物因可能造成严重后果，因而需要对其测量。

在 GB/T 14039—2002《液压传动　油液　固体颗粒污染等级代号》中规定了确定液压系统中油液中固体颗粒污染物等级所采用的代号。

在 GB/Z 20423—2006《液压系统总成　清洁度检验》中规定了对于总成后的液压系统在出厂前要求达到的清洁度水平进行测定和检验的程序。

在 GB/T 27613—2011《液压传动　液体污染　采用称重法测定颗粒污染度》中规定了测定液压系统工作介质颗粒污染度的两种称重法，即双滤膜和单滤膜法。该标准适用于检测颗粒污染度大于 0.2mg/L 的液压系统工作介质。

在 JB/T 9954—1999《锻压机械　液压系统清洁度》中规定了锻压机械液压系统清洁度的表示方法、限值及其测量方法。其中 GB/T 14039—2002 被 JB/T 10205—2010《液压缸》规范性引用。

2. 液压油液污染度控制

液压系统中包括各类液压元件、附件、管路（油路块）、油箱、工作介质等，液压缸作为一类液压元件，其中存在的污染物会引起液压系统的性能下降和可靠性降低，对液压缸从制造到安装过程中的污染度（清洁度）控制，可以达到和控制液压油液期望的清洁度等级。但是，首先应该控制好液压油液的清洁度。

（1）液压油液清洁度控制

液压系统对液压油液清洁度的要求，可根据液压系统中主要液压元件对污染的敏感程度和系统控制精度的要求而定，或按照主要液压元件说明书的要求，确定液压油的可接受清洁度。

新购入的液压油液清洁度可以比系统要求的清洁度低 1~2 级，油品装机时可通过过滤，达到系统清洁度的要求。

在液压系统正常使用过程中，要按照液压系统的要求，定期或根据过滤器的压差报警信号及时更换滤芯，以保证过滤精度，使液压油液达到规定的清洁度要求。

另外，防止水分的污染也是液压油清洁度控制的重要内容。水分混入液压油后，会降低液压油的润滑性，造成液压元件的腐蚀和油品的乳化。在低温工作条件下，油中的微粒水珠能凝结成冰粒，会堵塞控制元件的间隙或小孔，引起系统故障。必要时，应按照 JB/T 12920—2016《液压传动 液压油含水量检测方法》给出的方法对新油品中含水量进行检测。

（2）液压缸清洁度控制

由于液压缸的清洁度（污染度）可以以液压缸内部残留的污染物质量多少来评定（见 JB/T 7858—2006《液压元件清洁度评定方法及液压元件清洁度指标》）或通过单位体积油液中固体颗粒计数法来标定污染等级（见 GB/T 14039—2002《液压传动　油液　固体颗粒污染等级代号》），因此，液压缸清洁度控制就是要使液压缸的清洁度（污染度）符合相关标准的规定。

在 JB/T 11588—2013《大型液压油缸》中液压缸的清洁度试验是利用一腔加压另一腔排油，用油污检测仪对液压缸排出的油液进行检测。

在 CB/T 3812—2013《船用舱口盖液压缸》中液压缸的清洁度是通过清洗液压缸内腔，然后将清洗液缓慢倒入放置在漏斗孔口的滤膜（精度为 0.8μm）上过滤，过滤完后烘干、称重，过滤膜滤后的质量与过滤前的质量之差即为液压缸内腔污染物的质量。

液压缸清洁度的控制方法一般应按如下规定：

1）液压缸的清洁度是靠适当的程序（工艺）来控制和维护的，因此需要建立一套程序。

2）各工序、各程序需要人来操作和执行，应对员工进行污染控制的基础教育。

3）控制工作间环境污染，消除脏环境。

4）通过清洗工序控制缸零件清洁度，但密封件一般不得清洗。

5）试验后的液压缸应排空各容腔液压油液，并及时封堵各油口。

6）避免涂漆污染液压缸内部，保护好活塞杆表面免受涂料污染。

7）包装、贮存、运输等应保证液压缸免受污染。

液压缸进一步控制污染可参照 GB/Z 19848—2005《液压元件从制造到安装达到和控制清洁度的指南》。

（3）液压系统清洁度控制

液压系统中可能存在大量污染物，这些污染物可能是组成液压系统的各部分的残留物，如切屑、沙子、锉屑、灰尘、焊滴、焊渣、橡胶、密封胶、水、含水杂质、氯、酸和除垢剂等残留物。液压系统在使用过程中还可能产生或增加一些污染物，如水、酸、磨损金属（机械杂质）、（正戊烷）不溶物等。

液压系统清洁度的控制方法一般应按如下规定：

1）制造商应通过有效信息，告知买方污染物进入元件内部会造成的有害影响。

2）应提供符合 GB/T 17489—1998《液压颗粒污

染分析　从工作系统管路提取液样》的提取具有代表性油样的手段，检查液压油清洁度等级状态。

3）液压油液的清洁度等级必须与液压缸等元件的清洁度等级相同或更高。

4）液压系统需配备适当的过滤装置，在线迅速去除使用过程中产生的污染物。

5）使用 GB/T 3766—2015《液压传动　系统及其元件的通用规则和安全要求》中规定的油箱，保证液压油在规定的温度范围内，尤其不得超高温。

6）一般来说，买方不得拆卸液压元件及液压系统，即使作为质量保证程序中的部分内容而按百分比抽样基础上的拆卸也不允许。

7）制定换油指标，及时检测，及时换油。

7.3.2　液压缸失效模式与风险评价

液压缸的失效是执行要求的能力的丧失。失效原因可来源于产品规范、设计、制造、安装、运行或维修等。根据其后果的严酷度可用如灾难的、致命的、严重的、轻度的、微小和无关紧要的修饰词进行失效分类，严酷度的选择和定义取决于应用的领域。

液压缸失效是导致液压缸故障的一次事件，液压缸的故障是内在的状况丧失按要求执行的能力。液压缸的故障产生于产品自身的失效，或者由寿命周期早期阶段，诸如产品规范、设计、制造或维护的不足引致的失效。可用诸如产品规范、设计、制造、维护或误用等修饰词，指明故障的原因。

故障类型可与相应的失效类型关联，如耗损故障与耗损失效关联；形容词"有故障的"表明液压缸有一个或多个故障。

故障是不能按要求执行某规定功能的一种特征状态。它不包括在预防性维护和其他有计划的行动期间，以及因缺乏外部资源条件下不能执行规定功能。

失效通常是可靠性设计中研究的问题，失效是可靠的反义词，如工程中液压缸密封件失去原有设计所规定的密封功能称为密封失效。

失效包括完全丧失原定功能、功能降低或有严重损伤或隐患，继续使用会失去可靠性及安全性。

判断失效的模式，查找失效原因和机理，提出预防再失效的对策的技术活动和管理活动称为失效分析。

失效分析是一门新兴发展中的学科，其在提高产品质量，技术开发、改进，产品修复及仲裁失效事故等方面具有重要现实意义。

1. 缸体失效模式

（1）在额定静态压力下出现的失效模式

1）结构断裂、材料分离。

2）因内部静态压力作用而产生的任何裂纹。

3）因变形而引起密封处的过大泄漏。

4）产生有碍压力容腔体正常工作的永久变形。

额定静态压力验证准则：

被试压力容腔不得出现如上任何一种失效模式。

（2）在额定疲劳压力下出现的失效模式

1）结构断裂、材料分离。

2）在循环试验压力作用下，因疲劳产生的任何裂纹。

3）因变形而引起密封处的过大泄漏。

额定疲劳压力验证准则：

被试压力容腔不得出现如上任何一种失效模式。

2. 活塞杆失效模式

一般情况下，活塞杆出现的失效模式：

1）冲击损坏。

2）压凹、磕碰、刮伤和腐蚀等损坏。

3）弯曲或失稳。

4）因变形而造成活塞杆表面镀层损坏。

活塞杆失效判定准则：活塞杆不得出现如上任何一种失效模式。

3. 液压缸密封系统失效模式

为了配合 GB/T 35023—2018 标准的实施，应明确规定液压缸密封系统失效类型。下面试给出液压缸密封系统失效类型，供读者参考使用。

（1）液压缸静态泄漏

1）内部的静态包括低压、额定或公称压力、高温下及耐压性试验中、耐久性试验后泄漏量超过规定值。

2）外部的包括油口的，静态包括低压、额定或公称压力、高温下及耐压性试验中、耐久性试验后泄漏量超过规定值。

（2）液压缸动态泄漏

1）内部的动态泄漏量大。

2）外部的包括油口的，动态泄漏量大或超过规定值。

（3）液压缸密封性能的改变

1）试运行时和低压、高温下出现振动、异响、突窜、卡滞或爬行。

2）起动压力超过规定值。

3）动摩擦力或带载动摩擦力超过规定值。

4）比例或伺服液压缸动态特性超过规定值。

5）液压缸输出力效率超过规定值。

6）液压缸湿容积内液压油液污染度超过规定值。

当然，密封耦合件密封面、密封件及其沟槽的损

坏也是一种液压缸密封系统的失效模式。

另外，作为一种液压缸密封（系统）失效模式，液压缸内部（如活塞密封）的动态泄漏量检测方法现在还没有标准。

在参考文献［102］中给出了往复运动用橡胶唇形密封圈失效原因（模式），分别为挤出、破损、撕裂、磨损、硬化、软化溶涨、变形、划伤、凹痕、烧伤，还有老化等，其中磨损或可分为过度磨损、疲劳磨损、黏着磨损；在确定同轴密封件的失效型式时也可参考；但这些失效模式总体表述为密封件损坏。

4. 一般液压缸失效模式

除上述液压缸缸体、活塞杆失效模式外，一般液压缸的主要失效模式有：

1）液压缸安装或连接结构变形或断裂。

2）液压缸附件结构变形或断裂。

3）弯曲或失稳。

4）缸零件压凹、磕碰、刮伤和腐蚀等损坏。

5）有除活塞杆密封处外的外泄漏或渗漏。

6）内泄漏大，活塞杆密封处外泄漏大。

7）规定的高温或低温、低压下，内泄漏或外泄漏大。

8）外部污染物（含空气）进入液压缸内部。

9）起动压力大。

10）活塞和活塞杆运动时出现振动、异响、爬行、偏摆或卡滞等异常。

11）金属、橡胶、塑料等缸零件出现不正常磨损，工作介质被重度污染。

12）缸零件间连接松脱、结合面分离。

13）最大缸行程变化，或行程定位不准。

14）排气装置无法排出或排净液压缸各容腔内空气。

15）组成液压缸容腔的缸零件气蚀。

16）活塞或活塞头与其他缸零件过分撞击。

17）油口损坏。

5. 风险评价

风险是伤害发生概率和伤害发生的严重程度的综合。但在所有情况下，液压缸应该这样设计、选择、应用、安装和调整，即在发生失效时，应首先考虑人员的安全性，应考虑防止对液压系统和环境的危害。

液压缸在设计时，应考虑所有可能发生的失效（包括控制部分的失效）。

风险评价是包括风险分析和风险评定在内的全过程，是以系统方法对与机械相关的风险进行分析和评定的一系列逻辑步骤。目的是为了消除危险或减小风险，如通过风险评价，存在起火危险之处的液压缸，

应考虑使用难燃液压液。

风险评定是以风险分析为基础和前提的，进而最终对是否需要减少风险做出判断。

风险分析包括：

1）机械限制的确定。

2）危险识别。

3）风险评估。

风险评价信息包括：

1）有关机械的描述。

2）相关法规、标准和其他适用文件。

3）相关的使用经验。

4）相关人类工效学原则。

其中用户液压缸使用（技术）说明书、液压缸预期使用寿命说明（描述）、失效模式、相关标准等，对液压缸设计与制造都非常重要。

另外，单个液压缸可以正常承受的压力与其额定疲劳压力和额定静态压力有一定的关系。这种关系可以进行估算，并且可作为液压缸在单独使用场合下寿命期望值的评估基础。这种评估必须由用户作出，用户在使用时还必须对冲击、热量和误用等因素做出判断。

在 JB/T 8779—2014 中规定："需方应制定压机超高压零部件的定期检修、更换和压机报废制度，以确保压机的工作安全。"

6. 液压缸的疲劳压力试验方法

由于疲劳失效模式与液压缸的安全功能和工作寿命密切相关，所以对于液压缸的制造商和客户，掌握液压缸的可靠性数据就显得非常重要。

在 GB/T 19934.1—××××/ISO 10771-1：2015《液压传动 金属承压壳体的疲劳压力试验 第 1 部分：试验方法》中规定了在连续稳定且具有周期性的内部压力载荷下，对液压元件金属承压壳体进行疲劳试验的方法。

该试验方法仅适用于用金属制造、在不产生蠕变和低温脆化的温度下工作、仅承受（内部）压力引起的应力、不存在由于腐蚀或其他化学作用引起的强度降低的液压元件承压壳体。承压壳体可以包括垫片、密封件和其他非金属零件，但这些零件在试验中不作为被试液压元件承压件壳体的组成部分。

该试验方法不适用于 ISO 4413 中规定的管路元件（如管接头、软管、硬管等）。对于管路元件的疲劳试验方法见 ISO 6803 和 ISO 6605。

试验压力由用户确定，评价方法见 ISO /TR 10771-2。

（1）试验条件

1）试验开始前，应对被试液压缸和回路排气。

2）被试液压缸内的油液温度应在 15~80℃ 之间。被试元件的温度应不低于 15℃。

（2）试验规程

1）循环压力试验。试验循环次数应在 $10^5 \sim 10^7$ 范围内。

2）一般要求

①利用非破坏性的试验方法验证被试液压缸与制造说明书的一致性。

②如有需要，可在被试液压缸内部放置金属球或其他类似等效的松散填充物，以减少压力油液的体积，但要保证放置的物体不妨碍压力达到所有试验区域，且不影响该液压缸的疲劳寿命（如喷丸强化）。

③当液压缸因设计存在多个腔室且承压能力不同时，腔室之间的隔离部分应作为承压壳体的一部分进行机械疲劳性测试。

（3）失效准则

以下情况判定为失效：

1）由疲劳引起的任何外部泄漏。

2）由疲劳引起的任何内部泄漏。

3）材料破裂（如裂缝等）。

（4）液压缸的特殊要求

1）概述。

①GB/T 19934.1—××××/ISO 10771-1：2015 附录 B 规定了液压缸壳体进行疲劳压力试验的方法，适用于按照 ISO 标准（如 ISO 6020-1）设计的、缸径 200mm 以内的以下各类型液压缸：拉杆型、螺钉型、焊接型、其他连接类型。

②本试验方法不适用于以下情况：在活塞杆上施加侧向负载；由负载/应力引起活塞杆挠性变形。

③液压缸的承压壳体包含：缸体、缸的前、后端盖、密封件沟槽、活塞、活塞和活塞杆的连接、任何承压元件（如缓冲节流阀、单向阀、排气阀、堵头等）、用于前端盖、后端盖、密封沟槽、活塞和固定环的紧固件（如弹簧挡圈、螺栓、拉杆、螺母等）。

其他部分，如底板、安装附件和缓冲件，不作为承压壳体的元件部分。

虽然底板不是承压件，但可利用本试验方法对其做耐久性的疲劳试验。

2）常规液压缸承压壳体的试验装置。液压缸的行程应至少为图 7-2 确定的长度。

使用试验装置将活塞杆端头固定且保持与活塞杆同轴（为满足要求，可修改活塞杆伸出端）。该试验装置应确定活塞的大致位置，对于拉杆型液压缸，应使活塞距后端盖的距离 L（见图 7-3）在 3~6mm 之

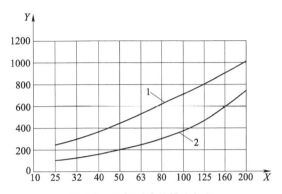

图 7-2　缸径对应的最小行程

1—拉杆型液压缸　2—其他类型液压缸

X—缸径　Y—行程

间；对于非拉杆型液压缸，应使活塞大致位于缸体的中间。

为减少壳体受压容积，可在承压壳体内放置填充物（如钢球、隔板等）。但是，填充物不应影响对被试元件加压。

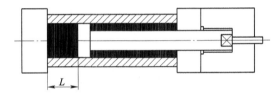

图 7-3　液压缸试验装置

3）试验压力的施加。液压缸的前、后两端宜有两组油口，一个链接压力源，另一个链接测压装置。

首先以高压循环试验高压上限值（p_U）的试验压力施加于活塞的一侧，以低于循环试验低压上限值（p_L）的试验压力施加于活塞的另一侧。然后交换这两个压力，产生一个压力循环，如图 7-4 所示。

对于活塞的增压一侧，时间段 T_2 应比 T_1 长。为此，活塞两侧的时间段 T_1 不应在另一侧压力降低到 p_L 以下之前开始。活塞任一侧的时间段 T_1 应在另一侧压力上升到 p_U 以上之前结束。

加压波形可是任何形状。

说明：

①在 GB/T 19934.1—××××/ISO 10771-1：2015 征求意见稿的引言中提到的“疲劳失效模式”，对液压泵和液压马达、液压缸、液压充气式蓄能器、液压阀等而言没有具体规定。

②在该标准（征求意见稿）规定的“失效准则”

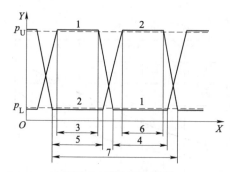

图 7-4　试验压力波形

1—侧面 1　2—侧面 2　3—侧面 1 的 T_1　4—侧面 1 的 T_2

5—侧面 2 的 T_2　6—侧面 2 的 T_1　7—一个循环

X—时间　Y—压力

中，如何区分和判定"由疲劳引起的任何内部泄漏"，如果无法区分和判定，则一些液压元件如液压缸等在试验前即可能被认为已经失效。

③在该标准（征求意见稿）的各类型液压缸中列举了"螺钉型"，但承压壳体中却没有包含"螺钉"。

④在该标准（征求意见稿）的"图 B.3　试验压力波形"中增压侧波形与 p_U 重叠，此与该标准中的叙述不一致，也与"图 1　试验压力波形"不一致。

7.3.3　液压系统及液压缸在线状态监测与故障诊断

液压缸在线监测主要是利用安装在机器或液压缸上、液压系统上的仪器仪表或装置对液压缸各容腔压力、温度、输入输出流量、工作介质污染度（清洁度）、活塞杆运动速度、位置等进行监测。

一般液压机上的液压缸主要是进行压力、温度和活塞杆运动极限位置监测。

1. 压力监测

液压缸在线监测压力经常使用一般压力表、电接点压力表、数字压力表等仪表。其中数字压力表必须配有压力传感器或压力模块等感压元件一同使用。

一般压力表只能目视监测。永久安装的压力表，应利用压力限制器（压力表阻尼器）或压力表开关来保护，且压力表开关关闭时须能完全截止。压力表量程的上限至少宜超过液压缸（液压系统）公称压力的 1.75 倍左右。

电接点压力表和数字压力表可进一步通过检测到的压力并控制其他元件，限定或调节整液压缸（液压系统）的压力。

用于检测液压缸压力的压力表（或压力传感器）测量点宜位于离液压缸油口 2~4 倍连接管路内径处。

2. 温度监测

液压缸在线温度监测装置一般应安装在油箱内。为了控制工作介质的温度范围，一般液压系统上都设计有冷却器或加热器（统称为热交换器）。

最简单的温度监测装置是安装在油箱上的液位液温计，它只能用于目视监测。

液压温度计或控制器既可由于油箱温度监测，也可用于热交换器控制。

在液压缸出厂检验时，一般要求用于检测液压缸温度的测量点应位于液压缸油口 4~8 倍连接管路内径处。

3. 工作介质污染度监测

除大型、精密、贵重的液压设备外，一般液压系统或液压设备上不安装工作介质污染度在线监测装置（如在线颗粒计数器）。

为了较为准确地监测液压缸容腔内工作介质的污染度，应按相关标准要求设置油样取样口。

实践中最为困难的是是否能够坚持定期监测，并在监测到问题时及时处理。

在 JB/T 11588—2013《大型液压油缸》中规定用油污检测仪对液压缸排出的油液进行检测。

4. 活塞杆运动极限位置监测

非以液压缸为实际限位器的一般液压缸，监测活塞或活塞杆位置主要是为了防止活塞直接与缸底或缸盖（导向套）接触（碰撞），即限定活塞和活塞杆行程的极限位置。其经常采用的是行程开关和接近开关或是在数控系统中设定软限位。

有行程定位和重复定位精度要求的液压缸，一般在液压缸内或外设置位移传感器（如磁致伸缩位移传感器），或在液压缸活塞杆（或其连接件，如滑块）上安装或连接位移传感器（如拉杆式、滑块式位移传感器）。其中在液压机上采用最多的是光栅线位移传感器，即光栅尺。

5. 液压缸故障诊断

因为液压缸失效后，液压缸某一或若干功能项有故障，所以根据液压缸失效模式，对液压缸故障进行诊断。

液压缸故障不单单表现在规定的条件下及规定的时间内，不能完成规定的功能，而且可能表现在规定的条件下及规定的时间内，一个和几个性能指标超标，或液压缸零部件损坏（包括卡死或咬死）。

本节所列故障不包括因液压控制系统或液压缸驱

动件（如滑块）非正常情况而造成的液压缸故障或故障假象。

在参考文献［116］中给出了液压缸常见故障及其诊断排除方法，见表 7-23。

表 7-23　液压缸常见故障及其诊断排除方法

故障现象及原因		故障分析	故障排除
活塞杆不能动作	压力不足	1）油液未进入液压缸 ①换向阀未换向 ②系统未供油	1）排除方法如下 ①检查换向阀未换向的原因并排除 ②检查液压泵和主要液压阀并排除故障
		2）有油，但无压力 ①是泵或溢流阀有故障 ②内部泄漏，活塞与活塞杆松脱，密封件损坏严重	2）排除方法如下 ①更换泵或溢流阀，查出故障并排除 ②将活塞与活塞杆紧固牢靠，更换密封件
		3）压力达不到规定值 ①密封件老化，失效，唇口装反或有破损 ②活塞杆损坏 ③系统压力过低 ④压力调节阀有故障 ⑤压力补偿阀的流量过小，因液压缸内泄漏，当流量不足时会使压力不足	3）排除方法如下 ①检查泵（液压缸）密封件，并正确安装 ②更换活塞杆 ③重新调整压力，达到要求值 ④检查原因并排除 ⑤流量阀的通过流量必须大于液压缸的泄漏量
	压力已达要求，但仍不动作	1）液压缸结构上有问题 ①活塞端面与缸筒端面紧贴在一起，工作面积不足，不能起动 ②具有缓冲装置的缸筒上单向回路被活塞堵住	1）排除方法如下 ①端面上要加工一条通道，使工作油液流向活塞的工作端面，缸筒的进、出油口位置应与接触表面错开 ②排除活塞堵住的故障
		2）活塞杆移动"别劲" ①缸筒与活塞及导向套与活塞杆配合间隙过小 ②活塞杆与夹布胶木导向套之间的配合间隙过小 ③液压缸装配不良（如活塞杆、活塞和缸盖之间同轴度超差、液压缸与工作台平行度超差）	2）排除方法如下 ①检查配合间隙，并研配到规定值 ②检查配合间隙，修配导向套孔，达到要求的配合间隙 ③重新装配和安装，更换不合格零件
		3）液压缸背压腔油液未与油箱相通，回油路上的调速节流口过小或换向阀未动作	3）检查原因并排除
	内泄漏严重	①密封件破损严重 ②油的黏度过低 ③油温过高	①更换密封件 ②更换黏度适宜的液压油 ③检查原因并排除
	外负载过大	①工作压力过低 ②工艺和使用错误，造成外负载比预定值大	①核算后更换元件，调大工作压力 ②按设备规定值使用

（续）

故障现象及原因		故障分析	故障排除
速度达不到规定值	活塞移动时"别劲"	1）加工质量差，缸筒孔锥度和圆度超差 2）装配质量差 ①活塞、活塞杆与缸盖之间同轴度超差 ②液压缸与工作台平行度超差 ③活塞杆与导向套配合间隙小	1）检查零件尺寸，更换无法修复的零件 2）排除方法如下 ①按要求重新装配 ②检查配合间隙，修理导向套孔，达到要求的配合间隙
	污物进入滑动部位	①油液过脏 ②防尘圈破损 ③装配时未清洗干净或带入污物	①过滤或更换油液 ②更换防尘圈 ③拆洗，装配时要注意清洁
	活塞在端部行程速度急剧下降	①缓冲节流阀的节流口过小，在进入缓冲行程时，活塞可能停止或速度急剧下降 ②固定式缓冲装置中节流孔直径过小 ③缸盖上固定式缓冲节流环与缓冲柱塞间的间隙小	①缓冲节流阀的节流口要调节合适，并能起到缓冲作用 ②适当增加节流孔直径 ③适当加大间隙
	活塞移动到中途速度较慢或停止	①缸壁（筒）内径加工精度差，表面粗糙，使内泄量增大 ②缸壁胀大使内泄量增大	①修复或更换缸筒 ②更换缸筒
液压缸爬行	液压缸活塞杆运动"别劲"	1）液压缸结构上有问题 ①活塞端面与缸筒端面紧贴在一起，工作面积不足，不能起动 ②具有缓冲装置的缸筒上单向回路被活塞堵住	1）排除方法如下 ①端面上加工一条通道，使工作油液流向活塞的工作端面，缸筒的进、出油口位置应与接触表面错开 ②排除活塞堵住故障
		2）活塞杆移动"别劲" ①缸筒与活塞及导向套与活塞杆配合间隙过小 ②活塞杆与夹布胶木导向套之间的配合间隙过小 ③液压缸装配不良（如活塞杆、活塞和缸盖之间同轴度超差、液压缸与工作台平行度超差）	2）排除方法如下 ①检查配合间隙，并研配到规定值 ②检查配合间隙，修配导向套孔，达到要求的配合间隙 ③重新装配和安装，更换不合格零件
		3）液压缸背压腔油液未与油箱相通，回油路上的调速节流口过小或换向阀未动作	3）检查原因并排除
	缸内进入空气	①新的或修理后的液压缸或设备停机时间过长的液压缸，液压缸内有气或液压缸管道中排气不净 ②缸内部形成负压，从外部吸入空气 ③从液压缸到换向阀之间的管道容积比液压缸内容积大得多，液压缸工作时，这段管道上油液未排完，所以空气也很难排净 ④泵吸入空气 ⑤油液中混入空气	①空载大行程往复运动，直到把空气排净 ②先用油脂封住结合面和接头处，若吸空情况有好转，则将螺钉及接头紧固 ③在靠近液压缸管道的最高处加排气阀，活塞在全行程情况下运动多次，把气排净后，再关闭排气阀 ④拧紧的吸油管接头 ⑤利用液压缸的排气阀放气，油质本身欠佳时换油

（续）

故障现象及原因		故障分析	故障排除
缓冲装置故障	缓冲作用过度	①缓冲节流阀的节流口过小 ②缓冲柱塞"别劲" ③在斜柱塞头与缓冲环之间有毛刺和污物 ④固定式缓冲装置柱塞头与衬套之间的间隙太小	①将节流口调节合适并紧固 ②拆开清洗，适当加大间隙，更换不合格零件 ③修去毛刺并清洗干净 ④适当加大间隙
	失去缓冲作用	①缓冲调节阀处于全开状态 ②惯性能量过大 ③缓冲节流阀不能调节 ④单向阀处于全开状态或单向阀阀座封闭不严 ⑤活塞上的密封件破损，当缓冲腔压力升高时，工作液体从此腔向工作压力腔倒流，故活塞不减速 ⑥柱塞头或衬套内表面上有伤痕 ⑦镶在缸盖上的缓冲环脱落 ⑧缓冲柱塞锥面长度与角度不对	①调节到合适位置并紧固 ②设置合理的缓冲机构 ③修理或更换 ④检查尺寸，更换锥阀阀芯和钢球，更换弹簧，并配研修复 ⑤更换密封件 ⑥修复或更换 ⑦修理或更换缓冲环 ⑧修正
	缓冲行程段出现"爬行"	①加工不良，如缸盖、活塞端面不符合要求，在全长上活塞与缸筒间隙不均匀，缸盖与缸筒不同轴，活塞与螺母端面垂直度不合要求，造成活塞杆弯曲等 ②装配不良，如缓冲柱塞与缓冲环相配合的孔有偏心或倾斜等	①仔细检查每个零件，不合格者不允许使用 ②重新装配，保证质量
泄漏过大	装配不良	1) 液压缸装配时缸盖装偏，活塞杆与缸筒定心不良，使活塞杆伸出困难，加速密封件磨损 2) 液压缸与工作台导轨面平行度差，使活塞杆伸出困难，加速密封件磨损 3) 密封件安装差错，如密封件划伤或切断、密封唇装反、唇口破损或轴倒角尺寸不对及漏装或装错 4) 密封件压盖未装好 ①压盖安装有偏差 ②紧固螺钉受力不均 ③紧固螺钉过长，使压盖不能压紧	1) 拆检并重新装配 2) 拆检，重新安装，并更换密封件 3) 更换并重新安装密封件 4) 排除方法 ①重新安装 ②拧紧螺钉并使之受力均匀 ③按螺孔深度合理选择螺钉长度
	密封件质量不佳	①库存期过长，自然老化失效 ②保管不良，变形或损坏 ③胶料性能差、不耐油或胶料与油液相容性差 ④制品质量差，尺寸不对，公差不符合要求	更换密封件
	活塞杆和沟槽加工质量差	1) 活塞杆表面粗糙，活塞杆头上的倒角不符合要求或未倒角 2) 沟槽尺寸及精度不符合要求 ①设计图样有错误 ②沟槽尺寸加工不符合标准 ③沟槽精度差，毛刺多	1) 表面粗糙度值为 $Ra0.2\mu m$，并按要求倒角 2) 排除方法 ①按有关标准设计沟槽 ②检查尺寸，并修正到要求尺寸 ③修正并去毛刺

（续）

故障现象及原因			故障分析	故障排除
泄漏过大	油的黏度过低		①用错了油品 ②油液中渗有乳化液	更换合适的油液
	油温过高		①液压缸进油口阻力过大 ②周围环境温度过高 ③泵或冷却器有故障	①检查进油口是否通畅 ②采用隔热措施 ③检查原因并排除
	振动大		①紧固螺钉松动 ②管接头松动 ③安装位置变动	①定期紧固螺钉 ②定期紧固管接头 ③应定期紧固安装螺钉
	活塞杆拉伤		①防尘圈老化，失效 ②防尘圈内侵入砂粒，切屑等	①更换防尘圈 ②清洗并更换防尘圈，修理活塞杆表面拉伤处

注：1. 对于损坏的缸零件，如活塞杆等金属件，在条件允许的情况下，可先考虑采用修理的方法修复。

　　2. 泵吸入空气经常是因油箱内液面过低造成的，因此可先检查油箱液面的工作高度。

在参考文献［118］中给出了（伺服）液压缸常见故障及诊断，具体见表7-24。

表7-24　（伺服）液压缸常见故障及诊断

序号	故障	诊断
1	缸体变形或结构断裂	①缸体结构、材料、热处理等可能有问题，其强度、刚度不够 ②压力过高或受耐压压力作用时间过长 ③活塞高速撞击缸底或缸盖（导向套） ④缓冲腔内压力峰值过高 ⑤缸零件间连接有问题 ⑥缸安装和连接有问题 ⑦受外力作用造成的缸体变形 ⑧低温下缸零件材料选择有问题等
2	缸体因疲劳产生裂纹	①缸体结构、材料、热处理等可能有问题 ②各表面尤其是缸内径表面质量有问题 ③过渡圆角、砂轮越程槽或退刀槽等处应力集中 ④压力过高或交变力频率过高 ⑤已达到使用寿命 ⑥对高频振动用液压缸设计时欠考虑，疲劳安全系数选取不当等
3	缸零件如活塞杆因冲击、压凹、刮伤和腐蚀等造成损坏	①受外力作用造成活塞杆损坏 ②受外部环境因素影响造成活塞杆损坏 ③缺少必要的活塞杆保护措施，如没有加装活塞杆防护套 ④活塞杆材料选择不合理 ⑤活塞杆（机体）表面硬度低 ⑥活塞杆表面镀层硬度低等
4	活塞杆受力后弯曲或失稳	①液压缸设计不合理或超过设计负载、工况（包括行程）使用 ②缸安装或连接有问题等
5	因变形而造成活塞杆表面镀层损坏	①热处理尤其是活塞杆表面热处理可能有问题，包括硬度不均 ②活塞杆刚度不够或受超高负载作用 ③镀层太厚或太薄，镀层硬度低 ④镀层质量有缺陷等

（续）

序号	故　障	诊　断
6	液压缸安装或连接部结构变形或断裂	①液压缸及其附件设计、安装或连接不合理 ②螺纹连接或标准件性能等级低 ③连接松脱，螺纹连接缺少防松措施 ④接合件（包括附件）强度、刚度低 ⑤没有按规定及时检修、维护，如活塞杆螺纹锁紧螺母松脱、销轴上开口销或锁板脱落等 ⑥超高负荷或疲劳断裂等
7	液压缸整体受力后弯曲或失稳	①设计、安装和/或连接、使用不合理 ②活塞杆刚度不够或受超高负载作用等
8	有除活塞杆密封处外的外泄漏	①静密封的设计、制造有问题 ②密封件质量可能有问题 ③漏装、少装或装错（反）了密封件（含挡圈） ④缸零件受压变形或缸筒膨胀过大 ⑤密封件损伤，主要可能是安装时损伤 ⑥沟槽和/或配合偶件尺寸、几何精度或表面粗糙度有问题 ⑦超高温、超低温下运行 ⑧缸体结构、材料、热处理等有问题，表面会出现渗漏 ⑨如在焊接结构的缸体焊缝处泄漏，则焊接质量差等
9	活塞杆密封处外泄漏量大	①活塞杆密封（系统）设计不合理 ②密封件质量可能有问题 ③漏装、少装、装错（反）了密封圈（含挡圈） ④活塞杆超高速下运行 ⑤超高温、长时间下运行 ⑥超低温下运行 ⑦活塞杆变形，尤其是局部压凹、弯曲 ⑧活塞杆几何精度有问题 ⑨活塞杆表面（含镀层）质量有问题 ⑩导向套或缸盖变形 ⑪活塞杆（局部）磨损 ⑫密封圈磨损，包括防尘密封圈失效导致的 ⑬工作介质（严重）污染 ⑭活塞杆密封系统因内、外部原因损坏等
10	内泄漏量大	①活塞密封（系统）包括间隙密封设计不合理 ②密封件沟槽设计错误或制造质量差 ③活塞往复运动太快等 ④缸内径尺寸和公差、几何精度或表面质量差 ⑤缸内径与导向套（缸盖）内孔同轴度有问题 ⑥超过 1m 行程的液压缸缸筒中部受压膨胀过大 ⑦密封件破损，包括被绝热压缩的高温空气烧伤（毁） ⑧缸内径、密封件磨损或已达到使用寿命 ⑨液压缸受偏载作用 ⑩超高压、超低压、超高温、超低温运行 ⑪工作介质（严重）污染 ⑫高频、短行程往复运动致使缸筒局部磨损 ⑬可能长期闲置或超期贮存，密封件性能降低

（续）

序号	故　障	诊　断
11	高温下，有除活塞杆密封处外的外泄漏	①设计对高温这一因素欠考虑，主要是热膨胀问题 ②密封件沟槽设计、密封件选型、工作介质选择等有问题 ③对密封件预期寿命设定过高等
12	高温下，活塞杆密封处外泄漏量大	
13	高温下，内泄漏量大	
14	低温下，有除活塞杆密封处外的外泄漏	①设计对低温这一因素欠考虑，主要是冷收缩问题 ②密封件沟槽设计、密封件选型、工作介质选择等有问题 ③对密封件预期寿命设定过高等
15	低温下，活塞杆密封处外泄漏量大	
16	低温下，内泄漏量大	
17	外部污染物（含空气）进入液压缸内部	①没有设计、安装防尘密封圈 ②液压缸结构设计不合理，活塞杆端安装导入倒角缩入防尘密封圈内 ③防尘密封圈沟槽设计、制造有问题 ④防尘密封圈选型有问题，如在低温、高温下的选型 ⑤防尘密封圈被内压破坏（撕裂）或顶出 ⑥防尘密封圈被外部尖锐物体刺穿 ⑦防尘密封圈被冰损坏或飞溅焊渣烧坏 ⑧防尘密封圈磨损 ⑨防尘密封圈被外部水、水蒸气、盐雾或其他物质损坏 ⑩防尘密封圈在超低温、超高温下损坏 ⑪防尘密封圈被损坏的活塞杆表面损坏 ⑫防尘密封圈被连接件或附件损坏 ⑬防尘密封圈被重度环境污染损坏（包括泥浆等） ⑭防尘密封圈被臭氧、紫外线、热辐射等损坏 ⑮液压缸吸空时，混入空气从液体相分离 ⑯防尘密封圈缺少必要的活塞杆防护罩（套）保护等
18	活塞和活塞杆无法起动	①长期闲置且保护不当，活塞或活塞杆锈死 ②密封件与金属件粘附或对金属件腐蚀 ③活塞密封损坏或无密封（无缸回程） ④密封件压缩率过大或溶胀过大 ⑤聚酰胺等材料制造的挡圈、支承环等吸湿后尺寸变化 ⑥金属件间烧结、粘连（粘接） ⑦缸零件变形，尤其可能是活塞杆弯曲 ⑧异物进入液压缸内部 ⑨装配质量问题，尤其可能是配合问题等
19	（最低）起动压力大	①密封系统设计不合理，密封件选择错误 ②密封圈压缩率过大或溶涨过大 ③聚酰胺等材料制造的挡圈、支承环等吸湿后尺寸变化 ④密封系统冗余设计 ⑤导向与支承结构设计不合理 ⑥缸零件公差与配合、几何精度、表面质量有问题 ⑦支承环沟槽设计、加工有问题，或支承环尺寸有问题 ⑧装配质量问题，尤其可能是配合问题等

（续）

序号	故　障	诊　断
20	活塞和活塞杆运动时出现振动、爬行、偏摆或卡滞等异常	①容腔内空气无法排出或未排净 ②工作介质中混入空气或其他污染物 ③缸径尺寸和公差、几何精度有问题 ④缸径或导向套同轴度有问题 ⑤缸径和/或导向套内孔表面质量有问题 ⑥活塞杆弯曲或失稳 ⑦活塞杆直径尺寸和公差、几何精度有问题 ⑧活塞杆表面质量有问题 ⑨活塞和/或活塞杆密封有问题 ⑩缸径和/或活塞杆局部磨损 ⑪液压缸装配质量问题 ⑫液压缸安装和/或连接问题等
21	缸输出效率低或实际输出力小	①设计时活塞尺寸圆整不合理，甚至设计计算错误 ②装配质量差，缸零件间有干涉或干摩擦 ③摩擦力或带载动摩擦力过大，最可能是密封圈、支承环或挡圈等压缩率过大 ④活塞密封系统装置泄漏量大 ⑤油温过高，内泄漏加大 ⑥系统背压过高 ⑦缸容腔压力测量点或压力表有问题 ⑧系统溢流阀设定压力低等
22	金属、橡胶等缸零件快速或重度磨损	①缸零件公差与配合的选择有问题 ②相对运动件表面质量差，表面硬度低或硬度差不合理 ③工作介质（严重）污染或劣化 ④高温或低温下零件尺寸（形状）变化 ⑤缸零件加工工艺选择不合理，如缸筒选择滚压还是珩磨做精整加工以适应不同材料的密封件、支承环和挡圈 ⑥缸零件及零件间几何精度、表面粗糙度等有问题 ⑦装配质量有问题 ⑧缸安装和/或连接有问题 ⑨缸零件变形，尤其是活塞杆弯曲或失稳 ⑩已达到使用寿命等
23	工作介质污染	①使用劣质液压油液试验液压缸 ②液压缸及液压系统其他部分的清洁度在组装前不达标 ③加注工作介质时没有过滤 ④油箱设计不合理，或加注劣质液压油液 ⑤拆解、安装液压缸或液压系统其他元件、附件和管路等带入污染物 ⑥外泄漏油液直回油箱 ⑦防尘密封圈破损，在液压缸缸回程时带入污染物 ⑧过滤器滤芯没有及时清理或更换 ⑨液压元件中的零配件含密封件（严重）磨损 ⑩工作介质超过换油期等

（续）

序号	故　障	诊　断
24	缸零件间连接松脱	①设计不合理，包括螺纹连接缺少防松措施 ②没有按规定及时检修、维护 ③加工、装配质量有问题，包括螺纹连接拧紧力矩未达到规定值 ④液压缸超负载工作 ⑤设计时对振动、倾斜、摇摆等欠考虑 ⑥高速撞击等
25	（最大）缸行程变化	①缸内零件连接松脱 ②缸零件定位设计不合理，或没有定位 ③装配质量有问题，包括螺纹连接拧紧力矩未达到规定值 ④缸零件刚度不够 ⑤静压、冲击造成缸零件变形 ⑥缓冲装置处有问题，其中一种可能是出现困油等
26	行程定（限）位不准	①行程定位结构设计不合理、不可靠 ②定（限）位件松脱，如安装在活塞杆上的定位卡箍松动 ③定（限）位装置精度差，包括输入装置精度差 ④其他因素，如传感器、控制系统问题等
27	排气装置无法排出或排净液压缸各容腔内空气	①设计不合理，或没有放（排）气装置设计 ②密封件安装工艺有问题，唇形密封圈凹槽内存有空气 ③试验时与主机安装时的液压缸放置位置不同，致使液压缸无法自动放气或无法接近、操作排（放）气装置 ④液压缸试运行次数太少或混入空气没有足够时间排出等
28	活塞与其他缸零件过分撞击	①液压缸上没有缓冲装置设计，或设计不合理 ②超设计（额定）工况使用或工况变化过大 ③缸连接的可动件（如滑块）带动非正常下落 ④高温下高速运行 ⑤环境温度升高 ⑥使用低黏度工作介质 ⑦缓冲阀调整不当，如全部松开或开启太大 ⑧控制系统软限位设置不当等
29	油口损坏	①使用非标接头与标准孔口螺纹旋合 ②油口设计不规范、加工质量差 ③使用被代替的标准接头与现行标准油口连接 ④用错密封件 ⑤油口螺纹（攻螺纹）长度短等

7.3.4　液压缸现场维修与保养

1. 液压缸维修规程

（1）准备

1）液压缸在定期检修或发生故障时应由经过专业培训的技术人员检修。

2）应有维修计划，查清故障，备好图样、零配件、拆装工具等，预定好工期。

3）准备好维修场地，处理好外泄漏油液，保证清洁、无污染作业。

4）拆卸液压缸前一定要将连接件（如滑块等）支承、固定好，并使用吊装工具吊装。

5）必要时应对维修后的液压缸性能（包括精度）的恢复、安全性、可靠性等进行预评估。

6）液压缸必须在停机后检修，包括断开总电源（动力源）。

7）油口处接头拆卸后，应立即采取封堵措施，避免和减少对环境的污染。

8）一般液压缸拆卸应由制造商完成。制造商与用户商定由用户自行拆卸的，制造商一般应提供作业指导文件。

警告：在拆卸液压缸油口处接头及管路前，必须将液压缸与所驱动件（如滑块等）的连接断开，并将液压缸各腔压力卸压至零。否则，拆卸液压缸将可能出现危险。

（2）拆卸

1）按照图样及工艺（作业指导书）拆卸液压缸，杜绝野蛮拆卸，如直接锤击缸零件。

2）拆检前，没有安装工作介质污染度在线监测装置的，应对液压缸容腔内工作介质采样后，再对液压缸表面进行清污处理。工作介质的离线分析应与液压缸维修同步进行。

3）清污处理后，应首先对液压缸安装和连接部位进行检查，并做好记录。

4）活塞密封（系统）和活塞杆密封（系统）上的密封件必须检查、记录后再拆卸，拆卸时应尽量保证其完整性，并不得损伤其他零件。拆卸下的密封件（含挡圈、支承环等）必须作废，但应按规定保存一段时间备查。

5）除对液压缸外形尺寸、缸内径、活塞杆直径、活塞外径、导向套（缸盖）配合孔和轴（主要是导向套内孔）、各密封件沟槽的表面质量及尺寸进行检查外，主要应对故障所涉及的零部件进行重点检查和分析。

6）查找故障原因即失效分析是一门科学，应由具有专业知识的工程技术人员协同完成。根据工程技术人员做出的《失效分析报告》，对液压缸的各零部件分别采取措施，具体包括：再用、修复、更换、修改设计重新制作、报废或整机退货（报废）等。

7）定期检修时的拆卸，也应有《失效分析报告》。对液压缸及其零件功能降低或有严重损伤或隐患，继续使用会失去可靠性及安全性的零部件或整机做出具体说明。

8）未做出《失效分析报告》的已拆卸的液压缸，不得重新装配。

（3）维修

1）需要维修的零部件应运离拆装工作间。

2）未拆解的液压缸不许焊接。

3）维修不得破坏原液压缸及其零件的基准，尤其不得破坏活塞杆两中心孔。

4）维修后的液压缸应尽量符合相关标准，如缸内径、活塞杆直径、活塞杆螺纹、油口、密封件沟槽等。

5）具体问题，具体分析，并采用安全、可靠、快速、性价比好的维修办法修复。一般而言，除更换所有密封件包括挡圈、支承环等外，液压缸及其零件可修复性较差。

6）因强度、刚度问题变形、断裂的缸零件一般不可维修再用，即有"无可修复性"。

（4）装配

1）液压缸装配应按照液压缸装配工艺进行。

2）用于液压缸装配的所有件必须是合格件，包括外协件和外购件。如需使用已经磨损超差的再用件用于装配，必须经过批准。

3）所有原装密封件必须全部更换，包括挡圈、支承环等。

4）保证液压缸清洁度要求。

（5）试验

1）维修后的液压缸应在试验台上检验合格后，再用于主机安装。

2）利用主机液压系统检验液压缸时，存在危险。可能的危险有：

①不可预知的误操作、误动作。

②液压油液喷射、飞溅。

③超压、爆破。

④对其他零部件的挤压等。

3）至少应经过密封性能试验，液压缸才能与所驱动件（如滑块）连接。

4）液压缸应在无负载、低速下试运行多次，直至缸内空气排净后，再与所驱动件连接。

5）可采用测量沉降量来检查液压缸内泄漏量。

2. 液压缸保养

液压缸保养对保证液压缸的安全性和可靠性，延长液压缸的使用寿命都具有重要意义。液压缸的保养应着眼液压系统乃至整机，日常保养最主要的内容是保证工作介质的清洁和在规定的温度下工作。具体应包括以下内容：

1）及时清理、更换滤油器滤芯。

2）保证换热器换热介质充足。

3）定期监测、检查油品质量，并按换油周期及时换油。

4）按规定巡检或点检油箱温度，并保证液压机在规定的温度范围内工作。

5）定期检查液压缸安装和连接。

6）活塞杆防护套破损后及时更换。

7）按规定时间检修，并更换全部密封件（含挡圈、支承环）等。

8）一般液压缸在经历剧烈地振动、倾斜和摇摆

后应进行试运行再开始工作。

9）发生故障的液压缸应及时检修，不得带病工作。

10）长期闲置的液压缸应将液压缸各容腔卸压，但不得排空液压油液。

11）保护液压缸外表面不得锈蚀，并可重新涂装。

12）保护好标牌和警示、警告标志。

13）整机吊运时，不得使用作为部件的液压缸起吊孔或起吊钩。

14）达到预期使用寿命的液压缸一般应予报废。如用户继续使用，则须特别防护。

液压缸是液压机上的主要部件，一旦出现故障，液压机就可能被迫停机。液压缸又是一种较为精密的液压元件，需要具有专业技能的人员精心维护与保养。液压缸的维护与保养应列入液压机的技术文件中，并得到切实执行。

参考文献

[1] 天津市锻压机床厂．中小型液压机设计计算 [M]．天津：天津人民出版社，1973．

[2] 联合编写组．机械设计手册：下册 [M]．2版．北京：石油化学工业出版社，1978．

[3] 盛敬超．液压流体力学 [M]．北京：机械工业出版社，1980．

[4] 唐英千．锻压机械液压传动的设计基础 [M]．北京：机械工业出版社，1980．

[5] 皮萨连科，等．材料力学手册 [M]．范钦珊，朱祖成，译．北京：中国建筑工业出版社，1981．

[6] 孙键，曾庆福．机械制造工艺学 [M]．北京：机械工业出版社，1982．

[7] 俞新陆．液压机 [M]．北京：机械工业出版社，1982．

[8] 何存兴．液压元件 [M]．北京：机械工业出版社，1982．

[9] 胜帆，罗志骏．液压技术基础 [M]．北京：机械工业出版社，1985．

[10] 联合编写组．机械设计手册：下册 [M]．2版．北京：化学工业出版社，1987．

[11] 贾培起．液压缸 [M]．北京：北京科学技术出版社，1987．

[12] 林建亚，何存兴．液压元件 [M]．北京：机械工业出版社，1988．

[13] 王信义，计志孝，王润田，等．机械制造工艺学 [M]．北京：北京理工大学出版社．1989．

[14] 张仁杰．液压缸的设计制造和维修 [M]．机械工业出版社，1989．

[15] 雷天觉．液压工程手册 [M]．北京：机械工业出版社，1990．

[16] 骆涵秀．试验机的电液控制系统 [M]．北京：机械工业出版社，1991．

[17] 徐灏．机械设计手册．第5卷 [M]．北京：机械工业出版社，1992．

[18] 刘震北．液压元件制造工艺学 [M]．哈尔滨：哈尔滨工业大学出版社，1992．

[19] 成大先．机械设计手册：第4卷 [M]．3版．北京：化学工业出版社，1993．

[20] 赵应樾．常用液压缸及其修理 [M]．上海：上海交通大学出版社，1996．

[21] 雷天觉．新编液压工程手册：下册 [M]．北京：北京理工大学出版社，1998．

[22] 徐灏．机械设计手册：第5卷 [M]．2版．北京：机械工业出版社，2000．

[23] 章宏甲，黄谊，王积伟．液压与气压传动 [M]．北京：机械工业出版社，2000．

[24] 路甬祥．液压气动技术手册 [M]．北京：机械工业出版社，2002．

[25] 黄迷梅．液压气动密封与泄漏防治 [M]．北京：机械工业出版社，2003．

[26] 成大先．机械设计手册：单行本 液压传动 [M]．北京：化学工业出版社，2004．

[27] 范存德．液压技术手册 [M]．沈阳：辽宁科学技术出版社，2004．

[28] 纪晏宁．电动液压道岔转换系统 [M]．北京：中国铁道出版社，2004．

[29] 姚正耀．铸造手册：第2卷 [M]．2版．北京：机械工业出版社，1993．

[30] 于万成．质量控制与检测技术 [M]．北京：机械工业出版社，2006．

[31] 王先逵．机械加工工艺手册：第2卷 [M]．2版．北京：机械工业出版社，2006．

[32] 成大先．机械设计手册：第5卷 [M]．5版．北京：化学工业出版社，2007．

[33] 徐滨士，等．装备再制造工程理论与技术 [M]．北京：国防工业出版社，2007．

[34] 邵俊鹏，周德繁，韩桂华，等．液压系统设计禁忌 [M]．北京：机械工业出版社，2008．

[35] 陈宏钧．机械加工工艺装备设计员手册 [M]．北京：机械工业出版社，2008．

[36] 俞新陆．液压机的设计与应用 [M]．北京：机械工业出版社，2007．

[37] 聂恒凯．橡胶材料与配方 [M]．北京：化学工业出版社，2009．

[38] 张凤山，静永臣．工程机械液压、液力系统故障诊断与维修 [M]．北京：化学工业出版社，2009．

[39] 湛从昌，等．液压可靠性与故障诊断［M］．北京：冶金工业出版社，2009.

[40] 付平，常德功．密封设计手册［M］．北京：化学工业出版社，2009.

[41] 朱胜，姚巨坤．再制造理论及应用［M］．北京：机械工业出版社，2009.

[42] 臧克江．液压缸［M］．北京：化学工业出版社，2009.

[43] 武友德，吴伟．机械零件加工工艺编制［M］．北京：机械工业出版社，2009.

[44] 张以忱，等．真空镀膜技术［M］．北京．冶金工业出版社，2009.

[45] 马玉林，许金渤．液压设备使用与维护［M］．北京：机械工业出版社，2010.

[46] 魏龙．密封技术［M］.2 版．北京：化学工业出版社，2010.

[47] 崔建昆．密封设计与实用数据速查［M］．北京：机械工业出版社，2010.

[48] 田欣利，黄燕滨．装备零件制造与再制造加工技术［M］．北京：国防工业出版社，2010.

[49] 闻邦椿．机械设计手册：第 4 卷［M］.5 版．北京：机械工业出版社，2010.

[50] 田欣利．再制造与先进制造的融合及其相关技术［M］．北京：国防工业出版社，2010.

[51] 邹增大．焊接材料、工艺及设备手册［M］．北京：化学工业出版社，2010.

[52] 朱胜，姚巨坤．再制造技术与工艺［M］．北京：机械工业出版社，2011.

[53] 李新华．密封元件选用手册［M］．北京：机械工业出版社，2011.

[54] 秦大同，谢里阳．现代机械设计手册［M］．北京：化学工业出版社，2011.

[55] 赵丽娟，冷岳峰．机械精度设计与检测［M］．北京：清华大学出版社，2011.

[56] 赵静一，姚成玉．液压系统可靠性工程［M］．北京：机械工业出版社，2011.

[57] 容一鸣．汽车液压传动［M］．广州：华南理工大学出版社，2011.

[58] 许贤良，韦文术．液压缸及其设计［M］．北京：国防工业出版社，2011.

[59] 李壮云．液压元件与系统［M］.3 版．北京：机械工业出版社，2011.

[60] 彭兴礼．机械再制造特种修复技术［M］．北京：化学工业出版社，2011.

[61] 蒋波．现代工程机械电液控制技术［M］．重庆：重庆大学出版社，2011.

[62] 袁子荣，吴张永，袁锐波，等．新型液压元件及系统集成技术［M］．北京：机械工业出版社，2012.

[63] 宗培言．焊接结构制造技术手册［M］．上海：上海科学技术出版社，2012.

[64] 刘笃喜，王玉．机械精度设计与检测技术［M］．北京：国防工业出版社，2012.

[65] 张绍九，等．液压密封［M］．北京：化学工业出版社，2012.

[66] 刘丽华，李争平．机械精度设计与检测基础［M］．哈尔滨：哈尔滨工业大学出版社，2012.

[67] 叶玉驹，焦永和，张彤．机械制图手册［M］.5 版．北京：机械工业出版社，2012.

[68] 袁锐波．有色冶金设备液压技术及其应用［M］．北京：机械工业出版社，2012.

[69] 王恩涛．飞机液压元件与系统［M］．北京：国防工业出版社，2012.

[70] 丁祖荣．工程流体力学［M］．北京：机械工业出版社，2013.

[71] 王春行．液压控制系统［M］．北京：机械工业出版社，1999.

[72] 张利平．液压控制系统设计与使用［M］．北京：化学工业出版社，2013.

[73] 吴晓玲，袁丽娟．密封设计入门［M］．北京：化学工业出版社，2013.

[74] 蔡仁良．流体密封技术—原理与工程应用［M］．北京：化学工业出版社，2013.

[75] 中国机械工程学会热处理学会．热处理手册［M］.4 版修订本．北京：机械工业出版社，2013.

[76] 杨华勇，赵静一．压土平衡盾构电液控制技术［M］．北京：科学出版社，2013.

[77] 侯清泉，王本勇，林海鹏．煤矿机械液压传动［M］．北京：哈尔滨工程大学出版社，2013.

[78] 徐滨士，等．装备再制造工程［M］．北京：国防工业出版社，2014.

[79] 张玉庭，等．机械零件选材及热处理设计手册［M］．北京：机械工业出版社，2014.

[80] 李艳军．飞机液压传动与控制［M］．北京：科学出版社，2014.

[81] 关月华，陈根琴，罗长根．机械零件加工工艺编制及夹具设计［M］．南京：南京大学出版社，2014.

[82] 韩桂华，时玄宇，樊春波．液压系统设计技巧

与禁忌［M］.2 版．北京：化学工业出版社，2014.

[83] 王永熙．飞机飞行控制液压伺服作动器［M］．北京：航空工业出版社，2014.

[84] 宋惠珍．零件及加工工艺设计［M］.北京：机械工业出版社，2014.

[85] 湛从昌，陈新元，等．液压元件性能测试技术与试验方法［M］．北京：冶金工业出版社，2014.

[86] 徐滨士，等．再制造技术与应用［M］.北京：化学工业出版社，2014.

[87] 朱家琏．行走机械液压技术［M］.北京：化学工业出版社，2015.

[88] 汪云祥，沈燕萍．液压启闭机设计与应用[M]．北京：中国水利水电出版社，2015.

[89] 卞永明．大型构件液压同步提升技术［M］.上海：上海科学技术出版社，2015.

[90] 张海平，等．实用液压测试技术［M］.北京：机械工业出版社，2015.

[91] 闻邦椿．现代机械设计师手册［M］.北京：机械工业出版社，2015.

[92] 徐滨士，董丽虹．再制造质量控制中的金属磁记忆检测技术［M］．北京：化学工业出版社，2015.

[93] 张利平．现代液压技术应用 220 例［M］.3 版．北京：化学工业出版社，2015.

[94] 李光远，等．石油机械液压与气动系统设计及应用［M］.北京：中国电力出版社，2015.

[95] 刘宝权，王军生，张岩，等．带钢冷连轧液压与伺服控制［M］.北京：科学出版社，2016.

[96] 汪首坤．液压控制系统［M］.北京：北京理工大学出版社，2016.

[97] 苏欣平，刘士通．工程机械液压与液力传动［M］.北京：中国电力出版社，2016.

[98] 冯跃虹，张明军．工程机械液电一体化技术［M］.北京：机械工业出版社，2016.

[99] 成大先．机械设计手册：第 5 卷［M］.6 版．北京：化学工业出版社，2016.

[100] 徐滨士，董士运，等．激光再制造［M］.北京：国防工业出版社，2016.

[101] 陈宏钧．实用机械加工工艺手册［M］.4 版．北京：机械工业出版社，2016.

[102] 唐颖达．液压缸密封技术及其应用［M］.北京：机械工业出版社，2016.

[103] 李振水，李昆．液压系统污染分析与故障预

防［M］.北京：航空工业出版社，2016.

[104] 郭彦青．类磁栅液压缸集成位移传感器关键技术［M］.北京：电子工业出版社，2016.

[105] 方庆琯，等．现代冶金设备液压传动与控制［M］.北京：机械工业出版社，2016.

[106] 沈刚．并联冗余驱动电液振动台控制系统［M］.北京：科学出版社，2016.

[107] 梁秀兵，陈永雄，史佩京，等．汽车零部件再制造设计与工程［M］.北京：科学出版社，2016.

[108] 唐颖达．液压缸设计与制造［M］.北京：化学工业出版社，2016.

[109] 欧阳小平，杨华勇，郭生荣，等．现代飞机液压技术［M］.杭州：浙江大学出版社，2016.

[110] 赵静一，郭锐，程斐．液压系统故障诊断与排除案例精选［M］.北京：机械工业出版社，2017.

[111] 姜万录，刘思远．液压气动系统状态监测与故障诊断技术［M］.北京：化学工业出版社，2017.

[112] 訚耀保．高端液压元件理论与实践［M］.上海：上海科学技术出版社，2017.

[113] 谢苗，魏晓华．液压元件设计［M］.北京：煤炭工业出版社，2017.

[114] 中国机电装备维修与改造技术协会．机床再制造产业技术及工程实践［M］.北京：化学工业出版社，2018.

[115] 闻邦椿．机械设计手册：第 4 卷［M］.6 版．北京：机械工业出版社，2017.

[116] 张利平．现代液压系统使用维护及故障诊断［M］.北京：化学工业出版社，2017.

[117] 苗景国．金属表面处理技术［M］.北京：机械工业出版社，2018.

[118] 唐颖达，刘尧．电液伺服阀/液压缸及其系统［M］.北京：化学工业出版社，2018.

[119] 杨洁. 装备液压与气动技术［M］.北京：化学工业出版社，2019.

[120] 杨连发. 脉动液压胀形技术［M］.北京：化学工业出版社，2019.

[121] 姚爱民. 工程机械液压缸再制造技术［J］.工程机械与维修，2015（12）：45.

[122] 于子旺，范永海.矿用液压支柱再制造技术研究［J］.煤矿机械，2010（11）：20-122.

[123] 丁紫阳，马宗彬，黎文强.冷焊技术在液压支架修复再制造的应用研究［J］.煤矿机械，

2017 (3)：127-128.

[124] 杨庆东，高荣惠，董春春，等. 激光熔覆和电镀再制造的液压支架立柱效益分析 [J]. 中国煤炭，2015 (1)：78-81.

[125] 高宇. 激光熔覆技术在液压支架立柱再制造中的应用 [J]. 煤矿现代化，2018 (2)：84-85，88.

[126] 王围，陈恽，邹元平，等. 不锈钢熔覆技术再制造修复液压油缸杆件的探讨 [J]. 现代制造技术与装备，2013 (5)：46，52.